中国科学院科学与社会系列报告

2011科学发展报告

2011 Science Development Report

● 中国科学院

科 学 出 版 社

北 京

内 容 简 介

本书是中国科学院发布的年度系列报告《科学发展报告》的第十四本，旨在综述 2010 年度世界科技进展与发展趋势，评述科学前沿与重大科学问题，报道我国科学家所取得的突破性成果，介绍科学在我国实施“科教兴国”与“可持续发展”两大战略中所起的作用，并向国家提出有关中国科学发展战略和政策的建议，特别是向全国人大和全国政协会议提供科学发展的背景材料，为高层科学决策提供参考。

本书可供各级管理人员、科技人员、高校师生阅读和参考。

图书在版编目（CIP）数据

2011科学发展报告/中国科学院编. —北京：科学出版社，2011. 3
（中国科学院科学与社会系列报告）
ISBN 978-7-03-030274-8

Ⅰ.①2… Ⅱ.①中… Ⅲ.①科学技术—发展战略—研究报告—中国—2011 Ⅳ.①N12②G322

中国版本图书馆CIP数据核字（2011）第022173号

责任编辑：侯俊琳 郭勇斌 胡升华 / 责任校对：朱光兰
责任印制：赵德静 / 封面设计：无极书装

编辑部电话：010-64035853
E-mail：houjunlin@mail.sciencep.com

科学出版社出版
北京东黄城根北街16号
邮政编码:100717
http://www.sciencep.com

中国科学院印刷厂 印刷
科学出版社发行 各地新华书店经销

*

2011年3月第 一 版 开本：787 × 1092 1/16
2011年3月第一次印刷 印张：25
印数：1—7 000 字数：503 000

定价：**95.00**元
（如有印装质量问题，我社负责调换）

专家委员会

（按姓氏笔画排序）

丁仲礼　杨国桢　杨福愉　陆　埮
陈凯先　姚建年　郭　雷　曹效业

总体策划

曹效业　潘教峰

课题组

组　　长　张志强
执行组长　叶小梁
副 组 长　汪凌勇
成　　员　黄　矛　黄　群　刘峰松　刘勇卫
　　　　　申倚敏　任　真　帅凌鹰　王艳霞
　　　　　瞿欢欢

审稿专家

（按姓氏笔画排序）

丁仲礼　于　渌　于在林　习　复　王　东
韦方强　白登海　刘国诠　纪立农　李　卫
李玉同　李喜先　杨福愉　何　珂　陆　埮
张利华　张春义　张树庸　郑咏梅　胡亚东
胡显文　赵保京　夏建白　郭　雷　郭兴华
高怡鸿　陶宗宝　曹效业　潘教峰

迎接新科技革命挑战，引领和支撑中国可持续发展（代　序）

路甬祥

一、世界处在新科技革命前夜，各国更加重视科技创新

当今世界，经济竞争、社会进步、人民富裕和国家安全都高度依赖科技创新。科技已经成为推动引领经济社会发展的主导力量和保障国家安全的核心要素。近现代史表明，科技的重大创新与突破，都会极大地提高社会生产力，乃至改变社会生产方式、人的生活方式，进而改变世界政治经济格局。以大规模耗用自然资源和破坏生态环境为代价的发展模式难以为继，化石能源、原材料价格大幅攀升，环境和全球气候变化等问题日趋严峻，强烈呼唤着科技创新与新的科技革命。2008 年国际金融危机以来，

世界主要国家都更寄希望于科技创新，培育战略性新兴产业，加速产业优化升级，抢占新一轮国际竞争的先机和制高点。

（一）科技革命源于科技创新突破，源于需求的推动

科学技术具有内在的革命性。科学革命往往源于现有理论与实验观察之间的矛盾，发端于提出理解自然的新观念和观察自然工具的新发明，是科学思想的飞跃、研究范式的变革、知识体系的新拓展。技术革命则源于人类对生存发展方式的新探索和对生产力发展的新追求，往往发端于实践经验的升华、重大工具与方法的发明和科学知识与理论的创造性应用，是人类生存发展手段的变革、利用和适应自然能力的跃升以及技术范式的新发展。20 世纪以来，科学与技术的联系更加紧密，相互依托，相互促进，并表现为某些领域率先突破，进而引发其他领域群发创新、新兴交叉领域不断涌现的特征。

科技革命源于人类发展需求的强大推动。包括中国在内的全球 20 亿~30 亿人口追求小康生活和实现现代化，是人类历史上前所未有的大事件、大变革，这将为全球科技创新和文明进步注入前所未有的动力与活力，也对全球资源供给能力和生态环境承载能力带来了新挑战。传统的发展方式不可持续，必须创新生产与生活方式，走科学发展道路。人类现代化进程强烈呼唤新的科技进步与革命。

全球性经济危机往往催生重大科技创新和革命。经济危机是社会生产、分配、消费失衡和矛盾日益尖锐的产物，一些传统产业产能过剩，新兴产业应运而生。为了克服危机，社会对科技创新的需求更为迫切，创新投入增加，创新战略导向更加明确，从而加快科技革命的到来。例如，1857 年的世界经济危机加快了以电气革命为标志的第二次技术革命，1929 年的世界经济危机以及第二次世界大战引发了以电子技术、航空航天和核能等技术突破为标志的第三次技术革命。

科技革命催生产业革命，并引发社会重大变革。19 世纪初电磁感应现象的发现，麦克斯韦尔方程的建立，成为电气革命的知识基础，电机电器相继发明，进而发展出电力电气等新兴产业，人类进入电气时代。20 世纪初，量子力学的建立、半导体物理和材料的进展、现代计算机理论模型的提出等，成为电子信息技术的科学基础，发展出电子信息、计算机等新兴产业，人类进入电子信息时代。展望未来，以能源、材料、信息与生物为核心的新科技革命，将引领人类进入绿色、智能和可持续发展的新时代，为生产力发展打开新的空间，催生战略性新兴产业，推动全球产业结构的新变革。

（二）科技革命发生的领域和方向

准确预见科技革命何时、何处发生是困难的，但也并非无迹可寻。从资源与需求面临的挑战看，以下领域和方向将最有可能发生重大科技创新突破。

——在能源与资源领域，人类必须转变无节制耗用化石能源和自然资源的发展方式，迎来资源节约、高效、清洁、可循环利用的时代。这要求在一些基本科学问题上取得突破。例如，先进可再生能源和核能的开发，高效制氢与存储技术，不可再生资源的高效、清洁和循环利用，水资源高效利用及清洁循环，生物资源开发利用，深部地球、海洋和空间资源的开拓，等等。

——在信息领域，无论是集成电路、存储器、计算机还是互联网等现有信息技术，都将遇到难以继续发展的障碍，呼唤信息科技新的突破。例如，新的网络理论，网络云计算，网络安全与智能管理，人机交互与语言文字图像的智能处理，海量数据挖掘与管理，自旋电子、分子、量子器件，光电子、量子、基因计算，等等。

——在先进材料与制造领域，未来30~50年，能源、信息、环境、人口健康、重大公共工程等对材料和制造的需求将持续增长，先进材料和制造向全球化、绿色化、智能化方向发展，制造过程将更加清洁、高效和环境友好。新的突破可能发生在：绿色、智能材料结构与性能设计，制备过程精确控制及全寿命成本控制，极端条件下材料结构和性能演化规律，近终尺寸形貌加工以及材料器件一体化等。

——在农业领域，将进入生态、高效、可持续的时代，在保障食物安全功能的同时，农业还将担负起缓解能源危机、提供多样需求和保护生态环境等使命。这要求在一些基本问题上取得突破，例如，生物多样性规律，高效、优质、抗逆农业育种的科学基础与方法，营养、土壤、水、光、温与作物相互作用机制和精准控制方法，耕地可持续利用的科学基础，农业对气候变化的响应，健康食品的科学基础，等等。

——在人口健康领域，全球人口在21世纪中叶可能达到90亿~100亿，人类必须控制人口增长，提高人口质量，保证食品和生态安全，防治重大流行病，并将关口前移，走一条低成本、普惠保健之路。这要求在一些基本科学技术问题上取得进展。例如，营养、环境、行为对人的生理心理健康的影响，基因遗传、变异与修复机制，疾病早期预测诊断与预防干预的科学基础，干细胞与再生医学，生殖健康和早期诊断治疗，老年退行性疾病延缓和治疗的科学基础等。

——一些重要基本科学问题也正孕育着重大突破。例如，对暗物质、暗能量、反物质的探测，将深化人类对宇宙和物质世界的认识。探索对构成物质的分子、原子和电子的精确调控，进而在光/电/热转化、光合作用与光催化，能量、信息的储存、传输、处理等领域实现新突破。合成生物学的出现打开了从非生命的物质向人造生命转化的大门，为探索生命起源和进化开辟了新途径。人类将不断深化对脑和认知的探索，一旦突破，将导致科学思维方法的创新，进而推动认知科学、教育学、心理学、信息与计算科学的革命。

（三）为新科技革命做好准备，是把握未来的战略选择

发达国家为保持其科技与经济的领先地位，抓住科技革命和产业发展的新机遇，都在积极谋划未来。选择重点领域，增加创新投入，抢占未来科技和产业制高点。

2009 年 4 月，奥巴马在美国科学院的演说中指出，20 世纪，美国之所以领导了世界经济，是因为美国领导了世界的创新。他提出要重塑美国科技的领先地位，为未来 50 年繁荣奠定基础，并承诺将 R&D 投入提高到占 GDP 的 3%。同年 9 月，美国政府出台《美国创新战略》，阐释了清洁能源、电动汽车、信息网络和基础研究等领域的新战略。2008 年底，欧盟举行首届创新大会，提出依靠创新克服金融危机、拉动经济增长，各国共同融资成立欧洲创新基金，支持中小企业和科研院所创新。2009 年，为应对全球经济衰退，日本政府紧急出台“数字日本创新计划”，力图促进绿色、智能等新兴产业发展。

中国必须为新科技革命做好充分准备。胡锦涛总书记最近明确指出，我们必须紧紧抓住新一轮世界科技革命带来的战略机遇，更加注重自主创新，谋求经济长远发展主动权，形成长远竞争优势，为加快经济发展方式转变提供强有力的科技支撑。温家宝总理在新兴产业发展座谈会上强调，发展战略性新兴产业是我们立足当前渡难关、着眼长远上水平的重大战略选择。面对新形势、新挑战、新机遇，中国必须大力提升科技创新能力，在新科技革命和国际科技经济竞争中，赢得先机、占居主动，实现跨越发展。

二、突破关键核心技术，提高我国产业竞争力

国际金融危机加快了全球产业结构调整，一批战略性新兴产业快速崛起，全球科技与产业竞争更加激烈。在世界多极化、经济全球化深入发展的同时，贸易保护主义、绿色壁垒、技术壁垒更加突出，知识产权成为赢得竞争优势的重要手段。利用发达国家产业转移，以市场、资源换取技术的发展模式将遇到困难；依靠跟踪模仿难以实现建设创新型国家战略目标。要从经济大国走向经济强国、从制造大国走向制造强国，必须提高自主创新能力，着力突破产业关键核心技术，加快产业结构优化升级，提高产业的国际竞争力。

我国积极应对国际金融危机冲击，推出了扩内需、保增长、惠民生、调结构、抓改革、促创新的有力举措，培育发展战略性新兴产业成为共识。“十二五”期间，国家一方面要继续实施十大重点产业调整和振兴规划，实施《国家中长期科学和技术发展规划纲要（2006—2020 年）》，促进产业结构的调整和优化；另一方面，要选择

若干重点领域，制定战略性新兴产业发展规划，组织产学研力量，加强自主创新，前瞻部署关键核心技术攻关，加快使战略性新兴产业发展成为先导支柱产业。

（一）能源产业技术领域

能源产业技术具有投资大、周期长、集成度高的特点。要从发展绿色、循环经济，实现自主减排目标出发，着力发展节能减排和低碳技术，提高能源利用效率，大力发展节能建筑、轨道交通和电动汽车技术，根据我国资源实际，加强煤的清洁高值综合利用、煤转天然气和煤制重要化学品技术研发。从调整能源结构、建设可持续能源体系目标出发，在大力发展可再生能源与先进核能等清洁能源的同时，加快专项技术研究和系统集成，构建覆盖城乡的智能、高效、可靠的电力网体系。

（二）信息产业技术领域

信息科技和产业是我国经济发展的战略基础和引擎。要以应用为牵引，创新信息产业技术，以信息化带动工业化。依托信息技术与基础设施，促进现代服务业和现代文化产业发展。以建设信息和知识为重要资源与要素的信息社会为目标，继续发展和普及互联网技术，加快部署发展物联网技术，并促进两者融合。重视网络计算和信息存储技术开发，加快相关基础设施建设，着力改变我国信息资源行业分隔、部分网络信息存储在外的局面，促进信息共享，保障信息安全。

（三）材料产业技术领域

材料是工业社会的基础产业。我国一方面要加快推进钢铁、有色、水泥、玻璃、高分子等材料产业调整结构，提高产品技术标准，降耗减排；另一方面，要从我国资源特点与发展需求出发，加快发展先进轻结构材料与复合材料、功能材料等，加快发展电子信息材料、器件与系统技术。改变传统发展思路，重视材料的环境友好性、可再生循环性和制备使役全过程中的节能减排特性等，建设强大的材料创新能力和材料工业体系，加快从材料大国转变成为材料强国。

（四）生物产业技术领域

生物技术与产业是绿色经济的重要支柱。我国生物资源丰富，市场宏大，发展空间巨大。应着力发展先进育种技术，提高农产品的质量、产量和抗逆性；研发推广节约资源、减少面源污染、农业废弃物资源化利用等技术；加强药物研发，形成以创新药物为龙头的生物医药产业链；推进工业生物技术的研发，发展生物制造产业，使我国成为生物产业强国。

三、面向未来，前瞻部署，引领和支撑我国可持续发展

在全面建设小康社会、实现现代化的历史进程中，我国既面临着新科技革命和战略性新兴产业兴起的难得机遇，又面临着能源资源、生态环境、人口健康、拓展空天海洋、传统与非传统安全等挑战。能否面向未来，前瞻部署，加速提升自主创新能力、建设创新型国家，引领和支撑经济社会可持续发展，将影响决定我国现代化建设的进程。

（一）依靠科技创新，构建支撑持续发展的战略体系

一是构建可持续能源与资源体系，大幅提高能源与资源利用效率，大力发展战略性资源的大陆架和地球深部勘探与开发，大力发展新能源、可再生能源与新型替代资源；二是构建先进材料与绿色、智能制造体系，加速材料和制造技术绿色化、智能化、可再生循环的进程，加快材料与制造业产业升级；三是构建普惠泛在的信息网络体系，发展智能宽带无线网络、网络超级计算、先进传感与显示和软件技术，走普惠、可靠、低成本的信息化道路；四是构建生态高值农业和生物产业体系，发展高产、优质、高效、生态农业，保证粮食与农产品安全，促进农业产业结构升级和生物产业发展；五是构建普惠健康保障体系，推动医学模式由疾病治疗为主向预测、预防为主转变，将当代生命科学与我国传统医学优势相结合，发展中国特色的先进健康科学体系和普惠的医疗保健体系；六是构建生态与环境保育体系，提升生态环境监测、保护、修复能力和应对全球气候变化的能力，提升对自然灾害的预测、预报和防灾、减灾能力；七是构建空天海洋能力拓展体系，提升空间探测和对地观测及信息应用能力，提高海洋探测及应用研究能力和海洋资源开发利用能力；八是构建国家与公共安全体系，发展传统与非传统安全防范技术，提高监测、预警和应对能力。

（二）前瞻部署，突破一批影响全局的战略性科技问题

在组织实施好 16 个重大科技专项的同时，要面向未来，前瞻部署，集中力量突破一批影响现代化全局的战略性科学问题与关键核心技术，抢占长远发展和未来产业竞争的制高点，实现创新驱动，支持科学、持续发展。

一是影响我国国际竞争力的战略性科技问题。包括：“后 IP”网络的新原理新技术研究和试验网建设，高品质基础原材料的绿色制备，资源高效清洁循环利用的工业过程技术，信息化智能制造系统，艾级（10^{18}）超级计算技术，农业动植物品种

的分子育种。例如，“后 IP”网络的新原理新技术研究和试验网建设，在继承现有互联网开放、共享的基础上，创新未来网络体系结构，突破低成本、高效、普惠、安全、可管理的网络服务核心技术，使我国在未来网络升级换代和信息社会的过渡中赢得优势。

二是影响我国可持续发展能力的战略性科技问题。包括：深部矿产资源勘探与开发，新型可再生能源和智能电力系统，深层地热发电技术，新型核能系统，海洋实时观测研究网络，干细胞与再生医学，重大慢性疾病早期诊断与系统干预。例如，干细胞与再生医学，是当今世界生命科学的热点领域，有望成为继药物、手术治疗之后的新治疗模式。需要认识干细胞更新的分子机制，突破干细胞繁殖的技术瓶颈，解决干细胞定向分化、重编程、免疫排斥、安全植入以及活体精确观测等关键科技问题。形成特色和优势，造福人民。

三是影响国家与公共安全的战略性科技问题。包括：空间感知网络，社会计算与平行管理系统。例如，社会计算与平行管理系统，社会计算主要是利用开源信息对社会态势进行模拟分析与实验，实现对重大社会可能事件的定性定量评估与预警决策；平行管理是利用社会计算，仿真事件发生过程，预测发展趋势，支撑突发事件应急管理和对重大政策时效的预评估。构建可广泛应用的社会计算与平行管理系统。

四是可能出现革命性突破的基础科学问题。包括：暗物质与暗能量的探索，物质结构与性状调控，人造生命与合成生物学，光合作用。例如，物质结构与性状调控，人类可以对分子、原子和电子实现调控，进而按需设计和合成新材料、调控粒子间相互作用、产生奇异物态。这将可能是人类对物质世界认识与调控的新飞跃。需要加紧部署利用新一代光源、先进中子源及各类极端条件实验装置，使在该领域的研究居世界前列，为信息、能源革命和保健提供新的科学基础。

五是发展迅速的综合交叉前沿方向。包括：纳米科技，空间科学，数学及复杂系统研究。例如，空间科学，是以航天器为工作平台，研究日地间、行星间和整个宇宙空间的天文、物理、化学及生命等自然现象及其规律的交叉科学，能引领带动空间技术发展，是重要战略高科技领域。应以科学目标为牵引，加快发展空间科学卫星系列，为建设空间强国提供新的知识源泉和科技支撑。

四、加快国家创新体系建设，走中国特色科技创新道路

胡锦涛总书记多次强调，要加快提高自主创新能力，推进国家创新体系建设，坚定不移走中国特色自主创新道路。当前，中国特色国家创新体系建设已取得重要进展，我国科技创新能力显著提升。但应当清醒地看到，我国科技工作总体上仍以跟踪模仿

为主，原创科学成就和自主创造的关键核心技术还比较少，走出一条中国特色的自主创新道路，任务紧迫，责任重大。

纵观一些国家创新发展史，一般都经历从模仿到自主创新的转变，但这种转变不是自然发生的。那些成功实现转变的国家，都是从本国国情出发，主动探索转变的途径和方式。政府往往发挥主导作用，适时调整发展战略，完善法律制度，构建公平诚信、鼓励创新的市场环境、投融资环境和社会文化环境；优先改革发展教育，提高国民素质，培养凝聚创新创业人才；加大创新投入，前瞻部署科技发展战略和创新基础设施建设；引导扶持企业创新，改革体制机制，构建国家创新体系；促进国际交流合作，促进知识、人才、技术的流动和转化，提升创新动力与活力。

我国也正面临从跟踪模仿为主向自主创新的战略转变。由于国情、发展阶段和制度文化不同，我们应当借鉴但决不能简单照搬他国科技发展的体制与模式。既要面向世界、面向未来，更要从我国实际和现代化建设的需求出发，走一条符合规律、符合国情和时代特点的创新道路。

1. 坚持开放，有效利用全球创新资源

我国的发展得益于开放，我国科技的进步也得益于开放。面向未来，要以更加开放的心态对待人类创造的一切知识，把有效利用全球创新资源作为自主创新的重要基础和起点，防止把自主创新异化为自我封闭，搞大而全小而全。要不断拓展全球视野和战略眼光，加强国际交流合作，坚持自主、合作、共赢，共创共享全球科技资源，培育具有强大创新能力和国际品牌的跨国企业。前瞻部署基础前沿研究，提升我国科学和技术的原创能力、集成创新能力和引进消化吸收再创新能力，大幅降低对外技术的依赖程度，在全球科技竞争合作中赢得优势和主动权。

2. 坚持以人为本，凝聚造就创新创业人才

将沉重的人口压力转化为取之不尽、富有创新活力的人力资源，是提升国家创造力的根本所在。中国的发展提供了世界上最为广阔多样的创新创业机会，要不断完善引进海外人才和智力的政策举措，以公平、多样的发展机会和事业吸引、凝聚海外人才与智力。在创新实践中培养造就宏大的具有全球竞争力的创新人才队伍。用正确的价值观引导人才，用共同发展的理念凝聚人才，用创新的事业培养造就人才，用科学合理的方法评价人才。营造诚信和谐的学术环境和鼓励创新创业的文化环境，形成“让科技工作者更加自由地讨论、更加专心地研究、更加自主地探索、更加自觉地合作”的环境和氛围。尤其要关注青年人才培养，给予更大的关爱和支持，使他们在实践中增长才干，创造形成只要努力，人人可以成才，人人可以成就事业，创新人才辈出的局面。

要加快教育改革与发展。革除应试教育弊端，将创新教育作为素质教育的重要

内涵贯穿于各级各类教育的全过程。尊重学校办学自主权，尊重教师、学生主体地位，更新教育思想与方法，按照培养创新人才的要求改革课程设置、教学环节和教学内容，废止灌输式教育，转变为引导受教育者主动探索实践、思考学习的教育方式。改革教育评价机制，促进教育适应社会需求，提高质量，优化结构。建设人力资源强国。

3. 深化改革，解放创新活力，提升国家创新能力

改革一切束缚科技生产力发展和公平竞争的体制机制，充分发挥市场在科技资源配置中的基础作用。加大鼓励创新的税收、政府采购、金融、知识产权等政策的实施力度，引导支持企业投入研发，发挥技术创新主体作用，促进产学研结合和知识、人才、技术的流动与转化。完善产业技术创新政策，着力扶持重点产业、中小企业创新和战略性新兴产业发展。

加快建设科学研究与人才培养有机结合的知识创新体系，发挥国家科研机构的骨干和引领作用，发挥大学的基础和生力军作用。引导和支持国家科研机构从国家发展战略出发，着力开展定向基础研究、战略高技术创新与系统集成、重大公益性研究，培养创新创业人才；引导和支持大学做好培养人才这一中心工作的同时，积极开展基础前沿研究和社会服务。实现各创新单元功能互补、联合互动、形成合力，提升国家整体创新能力。

加大科技投入，逐步将 R&D 投入提高到占 GDP 的 2.5%以上。中央政府的投入重点应是基础前沿研究、事关国家全局的战略科技领域和事关民生的公益性科技领域。地方政府科技投入应引导集聚创新要素，增强区域创新能力，提供创新公共服务，扶持中小企业，保护生态环境。

4. 坚持统筹协调，以管理创新促进科技创新

建立科学高效的科技宏观管理系统。明晰和调整各功能主体的职能定位。政府工作重点要集中到制定战略规划、优化政策供给、建设制度环境上，成为战略谋划和政策供给的主体；国家科研机构、研究型大学、部门行业与地方研究机构和企业是自主创新组织实施的主体。

加快建立完善分类管理的制度体系，对基础研究、战略高技术研究、社会公益性研究、技术服务与转化应用等采取不同的目标管理、资源配置、绩效评价和政策导向。

进一步改革科技评价奖励。强化原创导向，引导和鼓励原始科学创新、关键核心技术创新和系统集成，攀登世界科学高峰，占领世界产业技术的制高点。基础前沿研究应接受同行和历史检验，应用研究和技术创新应接受市场和应用的检验。强化需求导向，引导和鼓励科技创新与实际应用相结合，根本改变科技与经济社会发展两张皮现象，使得创新成果更好、更多、更快地得到转化与应用。

5. 完善法律体系，为创新提供保障

改革开放以来，围绕实施科教兴国、可持续发展和建设创新型国家等战略，我国科技立法全面推进，已颁布了《科技进步法》、《促进科技成果转化法》、《科学技术普及法》、《专利法》、《农业技术推广法》、《计算机软件保护条例》、《植物新品种保护条例》等法律法规，我们仅用30多年时间走过了发达国家百余年历程，基本实现了科技创新有法可依。同时，还应看到，有关科技创新的立法和法律实施工作尚需进一步完善与加强。

例如，要依法规范保障对科技创新的投入，确立科技投入占国家公共财政和GDP的比例，完善立法鼓励企业和社会多渠道对科技创新的投入；依法明确和保障各类创新主体的职责和权益，促进企业真正成为技术创新的主体，促进成果转移转化，形成产学研紧密结合、分工协作的高效体制；重视科技进步对立法提出的新要求，诸如信息安全、网络安全、转基因食品、人类基因保护、干细胞研究与应用、生物制品安全等，完善相关法律，保护公民和法人权益，促进科研和新兴产业健康发展；在完善知识产权相关法律和加大执法力度的同时，要依法打破信息、知识、创新公共资源的分隔和垄断，提高创新资源公平共享程度等。

前　言

科学技术的迅猛发展及其对社会与经济发展的巨大推动作用，已成为当今社会的主要时代特征之一。科学作为技术的源泉和先导，作为现代文明的基石，它的发展已成为全社会关注的焦点之一。中国科学院作为我国科学技术方面的最高学术机构和自然科学与高技术的综合研究机构，有责任也有义务向社会和决策层报告世界和中国科学的发展情况，这将有助于我们把握科学技术的整体发展脉络，对未来进行前瞻性的思考，提高决策过程的科学水平。同时，也有助于提高全民族的科学素质。

1997 年 9 月，中国科学院决定发表名为《科学发展报告》的年度系列报告，不断综述世界科学进展与发展趋势，评述科学前沿与重大科学问题，报道我国科学家所取得的突破性成果，介绍科学在我国实施"科教兴国"与"可持续发展"两大战略中所起的作用，并向国家提出有关中国科学发展战略和政策的建议，特别是向全国人大和全国政协会议提供科学发展的背景材料，供高层科学决策参考。我们采取的是每年《报告》的框架大体固定，但内容与重点有所不同的方式，每一年所表达的科学内容，并不一定能体现科学发展的全部，而是从当年最热门的科学前沿领域中，从当年中外科学家所取得的重大成果中，择要进行介绍与评述，进而逐步反映世界科学发展的整体趋势，以及我国科学发展水平在其中的位置。

《2011 科学发展报告》是该系列报告的第十四本，主要包括以下 8 个部分内容。

一、科学展望；二、科学前沿；三、2010 年诺贝尔科学奖评述；四、2010 年中国科学家具有代表性的部分工作；五、公众关注的科学热点；六、科技战略与政策；七、中国科学发展概况；八、科学家建议。

本报告的撰写与出版是在中国科学院路甬祥院长的关心和指导下完成的，并得到了中国科学院规划战略局、中国科学院院士工作局支持。中国科学院国家科学图书馆、中国科学院自然科学史研究所承担本报告的组织、研究与撰写工作。丁仲礼、杨国桢、杨福愉、陆埮、陈凯先、 姚建年、郭雷、曹效业、潘教峰、夏建白、于渌、高庆狮、陈创天、胡亚东、李喜先、张利华、刁复、刘国诠、王东、于在林、郭兴华、张春义、张树庸、胡显文、李卫等专家参与了本报告的咨询与审稿工作，本报告的部分作者也参与了审稿工作，中国科学院规划战略局陶宗宝、刘剑同志对本报告的工作予以了帮助。在此一并感谢。

中国科学院"科学发展报告"课题组

目　　录

CONTENTS

第一章

An Outlook on Science

1.1 化学：发现与创造的科学*

——写在国际化学年百年纪念

白春礼

（中国科学院）

化学是研究物质的结构、性能和转化过程的科学，更是创造新物质、探索新应用的一门承上启下的学科，它与数学、物理和生物等学科构成了自然科学的基础。百年化学的发展表明，它在创造奇妙的新物质方面起到了核心作用，是开启物质世界资源宝库的钥匙；同时，化学科学的发展与人类社会的发展同行，对于科学与社会的不断进步和人类物质生活质量的不断改善与提高，化学科学都发挥了不可替代的作用。2008年12月30日，联合国第63届大会通过议案，将2011年作为联合国“国际化学年”，其主题是“我们的生活，我们的未来”，以纪念和表彰化学对于知识进步和经济发展做出的重要贡献。国际纯粹与应用化学联合会（IUPAC）表示：“国际化学年”将在全球范围内对化学科学的发展起到促进作用。”[1]

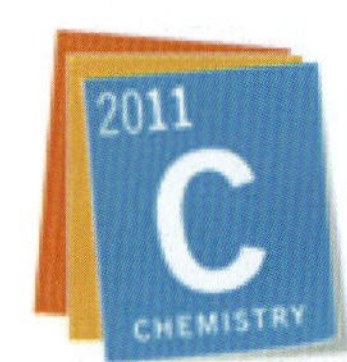

图1

我国近代化学发展虽晚于西方，但在百年的发展中也产生了一些有影响的工作，特别是经过近30年的发展，已进入世界化学大国的行列。在强调坚持科学发展、可持续发展的今天，化学家应关注更广度、更深层次的化学问题，应更加注重低能耗、低排放直至零排放、资源的可再生和循环与综合利用，开发新型能源和绿色产品等一系列目标的实现。我相信，化学科学作为一门“中心科学”，它的贡献应该而且必将会得到更加极致的体现。

---

*本文原载《中国科学院院刊》2011年第一期。

一、百年化学带来的启示

回顾化学发展的历史，19世纪化学各种学说的提出推动了化学的继往开来，如1811年引入“分子”概念成为整个化学的基础和发展源泉；1869年门捷列夫在批判和继承前人工作的基础上，发现元素周期率，把化学元素及其化合物纳入一个统一的理论体系，对于化学和其他自然科学的发展起到了重大指导作用。因此，化学的理论与实验相互促进，推动了化学的发展。近百年的化学也是如此，一方面化学的理论不断完善与发展，另一方面，在这些理论的指导下，化学家对组成分子的化学键本质、催化机制、分子间相互作用等的认识逐步系统和深入，以此为基础使得化学在发现与创造新物质的征程上更加如鱼得水，并逐步渗透到国民经济发展、人类生活改善以及国家安全保护的每个角落。

纵观百年来化学的发展，带给我们以下启示。

（一）化学理论的建立与完善，推动了化学学科的发展

20世纪，化学完整理论体系的建立促进了化学的日臻完善，特别是量子力学的发展给化学带来了新的生机。早在1927年海特勒（Heitler）和伦敦（London）就运用量子力学研究了氢分子的电子结构，他们的工作宣告了量子化学这门新学科的诞生。他们采用的价键理论强调通过量子力学来理解化学概念和规律，成功地解释了刘易斯（Lweis）于1916年提出化学键的电子配对理论。另外一种流行的量子化学方法是分子轨道理论，它认为电子在整个空间是离域的，可以方便地应用到各种复杂的体系。一个促使量子化学方法获得广泛应用的里程碑式的进展是密度泛函理论的提出。密度泛函理论通过引入交换关联近似，能够以较小的计算量获得比较准确的计算结果。

随着理论框架与计算方法的不断发展，理论与计算化学现在已经渗透到化学的各个分支，以及物理、生物、材料等学科。从小分子反应到生物酶催化，从复杂体系结构表征到功能材料理论设计，理论与计算化学都发挥着不可或缺的作用。迄今已有7位化学家因为在该领域的杰出贡献而获得了诺贝尔化学奖：鲍林的价键学说和杂化轨道理论（1954）、莫利肯的分子轨道理论（1966）、福井谦一的前线轨道理论，霍夫曼的分子轨道对称守恒原理（1981）、马库斯的电子转移理论（1992）、科恩的电子密度泛函理论、波普尔的量子化学计算方法（1998）。

（二）化学是带来重大发明创造的中心科学，是赋予人们能力的科学，是打开物质世界的钥匙

作为自然科学的一个分支，化学有别于其他自然科学的地方在于可以制造奇妙的

物质。化学发展的基础是合成化学的发展，在过去的一个世纪，新分子和化合物的数目从几十万种增加到几千万种以上，成为“取之不尽”的资源宝库。以手性化合物为例，手性是自然界的基本属性，手性化合物对映体的分子量、分子结构相同，具有不同的空间排列形式，其性质截然不同。20世纪50年代末60年代初，“反应停（沙利度胺）”悲剧促进了人们对手性药物的深入研究与高效开发。2001年诺贝尔化学奖授予了分子手性催化领域的三位杰出科学家威廉·诺尔斯（William S. Knowles）、野依良治（Ryoji Noyori）和巴里·夏普莱斯（K. Barry Sharpless），他们做出的重要贡献就在于开发出可以催化重要反应的分子，从而能保证只获得手性分子的一种镜像形态。这种催化剂分子本身也是一种手性分子，只需一个这样的催化剂分子，往往就可以产生数百万个具有所需镜像形态的分子。瑞典皇家科学院评价说，三位获奖者为合成具有新特性的分子和物质开创了一个全新的研究领域。现在，像抗生素、消炎药和心脏病药物等许多药物，都是根据他们的研究成果制造出来的。目前世界上使用的药物总数约为1900种，其中手性药物占50%以上，在临床常用的200种药物中，手性药物多达110余种。同时，正在开发的药物中2/3以上是手性的。现在世界手性药物销售以每年15%以上的速度增长，而我国的手性药物市场超过千亿元。因此，国际上手性和手性药物的研究正处于方兴未艾的阶段，过去30年中手性科学取得的巨大进展更将推动这一研究领域的蓬勃发展。

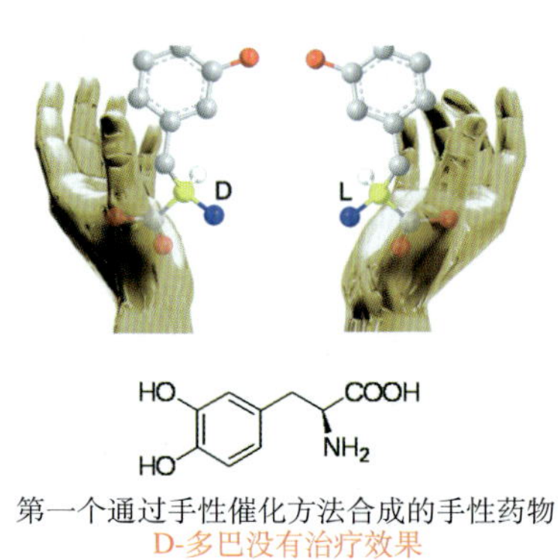

图2 L-多巴（治疗帕金森病）

（三）化学支撑人类社会的可持续发展

化学在百年的发展中，对推动人类社会的可持续发展起到了核心作用。20世纪初，德国物理化学家弗里茨·哈伯发明的“哈伯法”合成氨方法功不可没，结束了人类完全依靠天然氮肥的历史，将人类从饥饿中拯救出来。20世纪80年代初，穿的确良是当时一大时尚，是一个洋气的必不可少的砝码。现在，从棉花和竹子等生物质资源中提取的纤维素纤维因具有良好的皮肤接触性、穿着舒适性、生理安全性、吸湿性和易整理性而得到广泛应用。20世纪50年代，合成染料的逐步应用使我们的生活更加多姿多彩。随着有机合成理论和技术的发展，人们对药物分子改造的设想也得以实现，使得合成药物成为人们主要应用的药品。

现在，化学已为新能源、新材料的研究，乃至信息、医药、资源和环境等方面的发展提供了物质基础和技术保障。

以能源领域为例，1901年美国得克萨斯州的斯平德勒托普（Spindletop）油田的发现，使得石油在20世纪50年代开始逐步成为超过了煤的主要燃料来源。由原油中分离出不同化学馏分的炼油技术在不断地改进，最初采用的是简单的常压蒸馏，后来采用减压蒸馏，再后来发展为高温裂解，直至现在采用的催化裂解。现在在汽车行业，人们在汽油中添加少量的化学物质（醇类、醚类）来提高辛烷值、改善汽油的性能和降低发动机的摩耗以延长发动机的寿命。可以说化学的作用得到了最有力的证明。包括核电在内的和平利用核技术，始于1951年美国艾森豪威尔总统的和平原子能计划。自此，化学在包括了生产用于反应堆的核燃料和用于调节放射性衰变产生的中子流的控制棒、用过的燃料棒的再加工、核废料处理、环境保护和减少核辐射的伤害在内的整个核技术中发挥了不可或缺的作用[2]。短短200年，电池成为人类生活不可或缺的宝物，从铅酸蓄电池到锌锰电池、镍镉电池、镍氢电池，再到锂离子电池，化学的身影无处不在；1889年化学家提出了燃料电池的概念，1965年和1966年将改进的培根氢氧燃料电池应用于双子星座和阿波罗飞船，使人们对燃料电池的兴趣达到顶点（图3），20世纪90年代，实现燃料技术上的真正突破，使得燃料电池进入了应用阶段；当电力、煤炭、石油等不可再生能源频频告急，能源问题日益成为制约社会经济发展的瓶颈时，越来越多的国家开始实行“阳光计划”，开发太阳能资源，寻求经济发展的新动力。1839年科学家发现了光伏效应，1954年生产出第一个硅基太阳能电池，1977年第一个非晶硅太阳能电池问世，20世纪90年代世界太阳能电池年产量稳步增长，2007年，特拉华大学“超高效太阳能电池”转换效率达到42.8%，这一系列里程碑式的进展

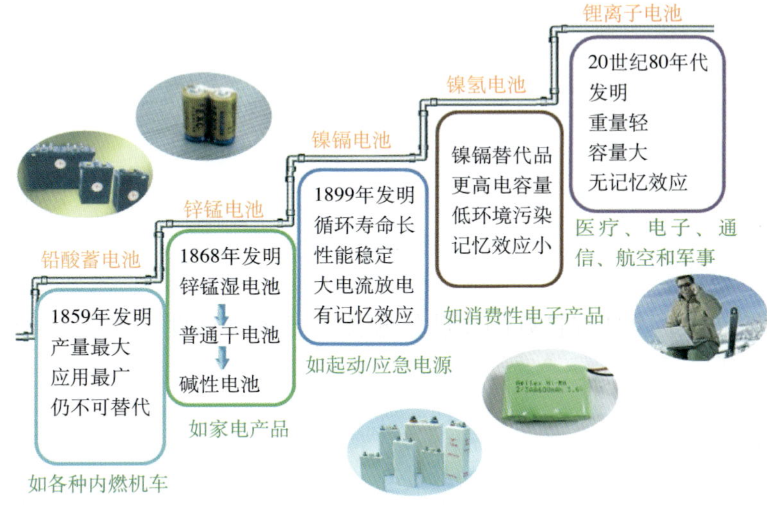

图3　电池发展史

为人类未来大规模利用太阳能提供了极大的信心，使得太阳能电池这一近乎无限的能源体系有望成为未来重要的能量来源。

在材料领域，化学本身是一面魔术镜，将100多种元素巧妙地结合，组成了神奇美丽的材料世界，成为支持社会经济可持续发展的基石。如在任何天气情况和长期使用中，公路必须保持其外表结构不产生明显的破坏。建筑和维护材料的创新使道路返修的间隔变得越来越长，其中混凝土密封剂、沥青和钢材对延长道路寿命是非常重要的。另外作为黏合添加剂使用的高分子聚合物也增强了沥青路性能，例如，加入苯乙烯-丁二烯-苯乙烯共聚物（SBS）能避免路面形成车辙和开裂。20世纪70年代能源危机后，为了提高燃油效率，人们开始寻找能替代金属的、重量轻的材料。化学的成就使得汽车中的某些部件从用金属向塑料或新型高性能材料演变，从而使得减轻汽车的重量成为现实。在汽车设计中已经得到应用的有：注塑成型制造的复杂的车体、热塑性塑料保险杠、易着色和在紫外线下稳定的聚丙烯纤维，以及特殊的油漆、涂料和黏合剂等。天然橡胶产品出现于19世纪初期，但由于它在炎热天气下会变软，而在寒冷天气下又会变脆，因此缺乏实用性。1839年发明的天然橡胶硫化技术解决了这一问题，现在通过加入化学促进剂和稳定剂而得到改善的这一基本方法仍在继续使用。从20世纪20年代早期试验火箭的首次发射，到20世纪50年代的通信卫星，再到20世纪80年代的可重复使用的航天飞机，人类在探索太空方面取得了骄人的业绩。成功的太空旅游依赖于具有足以克服地球引力的高推力速度的火箭，其升空的基本原理是将推进剂的化学能转变成推进力。飞机的设计是从木头和纤维到复杂的工程材料的演变过程，在这个过程中，化学技术提供了符合设计要求的材料。研制出来的铝和钛金属合金为飞机的制造提供了强度高、重量轻、耐高温和耐腐蚀的材料[2]。随着对碳纤维及复合材料研究的不断深入，其技术和产品也逐渐进入军用和民用领域，如用作飞机结构材料、电磁屏蔽除电材料、人工韧带等身体代用材料以及用于制造火箭外壳、机动船、工业机器人、汽车板簧和驱动轴等。在不久的将来，各种新颖材料的出现，如可以被随意挤压成各种形状，正常情况下保持松弛的状态，受到外力的高速剧烈撞击时分子互相交错并锁在一起变紧变硬的凝胶材料，制作小魔法师哈里·波特向我们炫耀的隐身斗篷的隐身材料，透明铝、透光混凝土材料，以及被称为“冻结的烟雾”的气凝胶材料，等等，你也许会见怪不怪。

（四）化学引领相关科学与技术的进步

现代化学学科的形成和发展源自于工业革命的推动。它广泛应用现代科学的理论、技术和方法，在物质的合成、测试和认识物质的组成、结构等方面不断取得进步。20世纪中期以后，化学与生命、材料、能源、环境、信息等学科的交叉融合，不仅推动了化学自身的发展，也催生了众多新兴交叉前沿学科。

如在与生命科学交叉融合的过程中，诞生了生物化学、分子生物学、生物无机和生物有机化学、化学生物学以及细胞层次的化学等，可以说化学架起了生命科学的桥梁，据统计，与生命科学相关的诺贝尔化学奖有18次之多；同时，生物学家和药学家也因对分子调控和机制的深入认识而获益匪浅，例如，硝酸甘油（TNT）能缓解心绞痛的机制困惑了医学家、药理学家100余年，直到20世纪80年代，才被药理学家弗奇戈特（R.F.Furchgott）、伊格纳罗（L.J.Ignarro）和穆拉德（F.Murad）的出色工作所解决，他们于1998年获得诺贝尔生理学/医学奖。原来TNT能缓慢释放NO，而NO能使血管扩张，它是一种传递神经信息的“信使分子”。根据这一原理，美国辉瑞（Pfizer）制药公司研制出了新药伟哥（Viagra）。

再以纳米技术为例，1959年费曼的幻想点燃纳米技术之火，历经半个世纪的发展，它已逐步从幻想走向了现实。现在人们从电视广播、书刊报纸、互联网络等渠道一点点认识了“纳米”，同时“纳米”也悄悄改变着我们。传统化学研究对象通常包含天文数字的原子/分子，如1克水包含了约3.346×10^{22}个水分子。从化学角度看，纳米结构是原子数目在几十个到上百万个之间的聚集体，研究对象变成了纳米尺度的物质，或在纳米尺度下隔离出来的几个、几十个可数原子或分子。因此，纳米技术为化学研究开辟了一个新的层次，纳米技术使化学在结构基元、结构层次、合成与组装方法、体系的功能等方面皆拓宽了人们的视野，注入了新的活力。同时，化学也为纳米技术创造了丰富的研究对象，如前所述，化学的研究对象丰富多彩，是制造物质新品种最多的一级学科，如已知的上千万种分子和化合物，有很大一部分是人工合成的新品种；而构造复杂的纳米结构系统也需要对分子自组织进一步深入理解。化学家随心所欲地构造出各种形状并具有不同性质的纳米结构，不仅为纳米材料、纳米器件、纳米药物的研究提供最重要的基础，也不断丰富纳米技术的研究内容。最后，化学与纳米将成为融科学前沿和先进技术于一体的完整体系，为知识进步和经济发展做出更重要的贡献。

社会发展、科技进步总伴随着工具的完善和革新，扫描隧道显微镜的发明使人类实现了观察和操纵单个原子/分子的愿望，成为20世纪80年代世界十大科技成就之一。在此基础上，科学家对纳米技术的认识逐渐由浅入深，产生了大量的变革性理念和技术，如我国科学家提出了“纳米限域效应”的原创性理念，通过纳米孔道限域、晶面选择性暴露，以及强相互作用等方法，实现了催化特性的“自由”调控。基于纳米催化的世界首创“煤制乙二醇”成套技术，将对我国的能源和化工产业产生重要影响。基于“微/纳结构浸润性可控转换”原理的纳米绿色打印制版技术有望以“非感光、低成本、无污染、高度自动化”的优势成为未来印刷制版市场的主流技术，让我国印刷行业最终“告别污染，走向光明（无需避光）”，再创我国印刷技术的辉煌。

二、数据看中国化学

1932年8月4日中国化学会在南京成立，1949年后，科学教育与科学研究受到政府的重视，零散的化学学科逐步整合，化学学科体系得以重建。20世纪中国化学在世界化学快速发展的大背景下，经过几代化学家的不懈努力，化学基础研究和以化学为依托的化学工业都取得了长足发展。例如，侯德榜发明的侯氏制碱法、1965年人工合成“结晶牛胰岛素”、抗疟新药青蒿素等工作，都是中国化学家做出的突出贡献。改革开放30年，我国的化学科学步入了高速发展的盛世时期，我国已经成为国际化学社会中的一支彰显巨大影响的重要力量，不仅在基础研究领域取得了一批国际上有相当影响的成果，而且为国民经济的发展做出了重要贡献。

（一）论文产出呈快速发展态势，国际学术影响力逐步提升

我国已与美国、日本、德国等化学领域科研强国一并成为化学研究成果的主要产出国家。据中国科学院国家科学图书馆2009年10月的统计[3]，1999~2009年，中国化学领域SCI论文总量位列世界第2位，成为SCI论文增长速度最快的国家；同时，我国科学家的部分研究工作已在化学领域重要成果中占据一席之地，2005~2008年中国拥有高被引论文的数量超过日本，成为重要研究成果的主要产出国家之一。此外，许多化学领域著名学术机构和学术期刊相继出版中国专辑，向世界宣传中国科学家的学术成就，德国威利（Wiley）出版社先后为中国科学院化学研究所、中国科学院物理研究所、北京大学化学与分子工程学院和中国科学技术大学等单位出版《先进材料》（*Adv. Mater.*）专刊。我国国际学术影响不断扩大的另外一个体现是，国际著名学术期刊纷纷发表多篇中国化学家撰写的特邀论文。对近2年影响因子在10以上的7种综述性期刊的统计表明，中国内地科学家共发表了116篇综述。中国科学家积极参与国际学术活动。在包括IUPAC重要学术机构担任重要职务的人数越来越多，越来越多的中国化学家担任包括*Acc. Chem. Res.*, *Chem. Soc. Rev.*, *J. Am. Chem. Soc.*, *Angew. Chem. Int. Ed.*, *Adv. Mater.* 等重要学术期刊的编辑、副主编、编委、顾问编委。这里需要指出的是，虽然我国化学在国际学术的影响力在逐步提升，各项指标大幅上升，但我们应有清醒的认识，中国化学科学影响力的提升在很大程度上应归因于发表SCI论文数量的快速增长，在领域的开拓、成果的原创性等方面还需进一步加强。

（二）化学是我国的优势学科

经过 20世纪70 年代末到20世纪 90 年代初的调整与发展，我国的化学学科已比较完善，研究方向已基本明确，为全面发展奠定了较为坚实的基础。

自然科学发表论文中化学居首。中国科学院国家科学图书馆对19个学科的SCI论文做了详细的统计，1999~2009年，化学无论是发表论文数量还是被引总频次都高居19学科之首，分别达到了158 668篇和931 016次。同时2009年11月27日中国科学技术信息研究所发布的统计数据中，2003~2007年SCI收录的我国科技人员作为第一作者的论文在2008年被引用论文篇数为94 856篇，其中化学占35.13%；被引用次数为279 635次，其中化学占41.82%。同时，1998~2007年我国发表论文累计引用次数超过200次的论文共62篇，其中化学27篇位居第一，占43.54%。这些数据充分说明，在国家的重视与支持下，经过科技人员的辛勤努力，保证了化学这一传统科学在我国的全面可持续发展。需要指出的是，从2009年TOP10国家19个学科标准分数据（论文总数、总被引频次、热点论文情况和高被引论文统计整体进行考虑，采用标准分统计方法计算）来看，化学得分15.8，低于数学的20.5分、材料科学的20.5以及工程技术的20.2分。同时上述三个学科在国际的排名已跃居第二，而我国化学学科世界排名近三年一直稳居在第四位。

化学期刊被SCI收录居首。2010年6月下旬，汤姆森路透发布了“期刊引证报告（JCR）”（2009版），即所谓SCI收录期刊的名录和它们的影响因子等数据。我国科技期刊被收录总数由2008版报告的81种增加到114种，在世界上的排位自2008年之后继续名列世界各国家和地区的第9位、亚洲的第2位。其中化学继续是国内自然科学各学科领域中被SCI收录期刊数量最多的学科，按照JCR报告列出的所收录期刊的学科分类，2009年我国共有25种期刊是属于化学（含化工和生物化学）类的，占我国被收录期刊总数114种的21.93%。特别值得一提的是，被收录的化学期刊数量排名，中国超过日本、法国和瑞士而名列全球第6位；同时，一些新的化学类期刊以高起点被收录。如创刊于2008年6月，由美国斯坦福大学戴宏杰教授和清华大学薛其坤院士任主编，清华大学化学系李亚栋教授和浙江大学彭笑刚教授任副主编，清华大学出版社和德国斯普林格（Springer）出版社联合出版《纳米研究》英文期刊，创刊仅1年之后即以超过4的影响因子进入了高端期刊的行列。此外，创刊于2006年，由中国科学院大连化学物理研究所和中国科学院成都有机化学研究所合办，包信和院士任主编并由爱思唯尔（Elsevier）出版社出版的英文期刊《天然气化学杂志》（*J. Nat. Gas Chem.*）2009年首次被JCR报告收录，其影响因子是目前国内被收录的传统化学领域的期刊中最高的（0.950）[4]。

化学领跑国家科技奖。2009年，我国化学化工工作者获得27项国家自然科学奖二等奖中的11项，国家科技发明奖获奖项目中属于化学领域的有16项，占获奖项目总数的41%，国家科学技术进步奖获奖项目中，化学化工类有13项获奖，占总数的5.9%。2010年，公示的国家科技奖中，化学化工类获奖项目继续呈现领跑之势，其中国家自然科学奖二等奖的30项中与化学化工学科有关的共有14项，占总数的46.67%，属于化学化工领域的科技发明奖二等奖有12项，占总数的35.3%，化学化工有关的科学技术进步奖获奖项目占总数13.6%。这充分表明我国化学科学的发展无论是基础科学研究，还是技术和应用创新研究，对科学、国民经济和社会发展都做出了十分重要的贡献。相对于自然科学奖和科技发明奖而言，科学技术进步奖的获奖项目中化学化工类的比例还不够高，也反映出我国从技术发明到工业应用方面的集成创新能力还亟待提高这一“老”问题，值得化学化工工作者下更大气力解决。

三、化学的发展趋势

化学作为一门与社会、国民经济各个领域戚戚相关、密不可分的基础科学和承上启下、渗透于各种新兴、交叉学科的中心科学，其未来的发展，从总体上说，应该特别注重加强在资源的有效合理开发、无害化使用、再生和循环利用方面的工作，要为经济的可持续发展提供物质保障和为改善人类的生活环境、提高生活质量提供更加绿色、更为质优价廉的衣食住行条件，要不断加强科学积淀以促进学科自身发展，但不要在学科交叉中迷失。为此，强化基础研究将始终是发展化学科学之根本，取得新进展与成果、提出新理论与观点、开发新材料与性能、创造新方法与工艺、建立新技术与装备将是学科发展的强大驱动力，而服务于社会和国民经济的发展则是化学工作者须臾不可忘的历史使命[4]。化学学科的发展我认为有以下三点趋势。

（一）化学将向更广度、更深层次的方向延伸

首先，原子/分子层次的认识将更为深入。技术能力和仪器设备研发能力的不断进步，空前准确和灵敏的仪器不断被创造和应用，使得科学家不仅能在原子、分子甚至电子层次观察并研究微观世界的性质，而且能够对其物质结构和能量过程进行操控。如扫描隧道显微镜用于观察和移动单个原子、分子；飞秒激光能描绘与控制分子内部的动力学过程；分子束技术可逐层、逐列地将原子、分子构筑成晶体等。

其次，多层次分子间相互作用、复杂化学体系的研究更为系统。超分子体系是分子结构与宏观性能的关键纽带，是产生更高级结构的基础。化学研究将更加注重探索和认识大分子、超分子、分子聚集体及分子聚集体的高级结构的形成、构筑、性能以及分子间相互作用的本质，同时更加注重对复杂化学体系中的尺度效应和多尺度化学过程，更加注重对复杂生命体系的理解、模拟及其调控的研究。

再次，在创造新分子、新材料的基础上，将更加注重功能性。未来化学不仅可以设计和合成分子，而且能将这些分子组装、构筑成有特定功能的材料。

（二）绿色化学将引起化学化工生产方式的变革，将让我们迈向清洁和可持续

从科学角度看，绿色化学是对传统化学思维方式的更新和发展；从环境角度看，它是从源头上消除污染、与生态环境协调发展的更高层次的化学；从经济角度看，它要求合理地利用资源和能源、降低生产成本，符合经济可持续发展的要求。

绿色化学不仅涉及对现有化学过程的改进，更涉及新概念、新理论、新反应途径、新过程的研究。未来化学将会更加注重绿色产品设计的理念，如果一个产品本身对环境有害，仅仅降低其成本和改进其生产工艺来减轻对环境的影响是不够的；未来化学将更加注重经济、高效、环境友好的途径来制备与人类生活息息相关的物质，合成我们可持续的未来；同时，未来化学不仅需要创造新一代绿色、可持续化学产品，也需要变废为宝，需要将今天的废弃物变为明天的有用资源。

（三）社会发展不断对化学学科提出新的需求

当前，我国所面临的挑战有能源问题、环境问题、健康问题、资源与可持续发展问题等，如何从化学的角度，通过化学方法解决其中的问题，为我国的发展和民族振兴做出更大的贡献，已经成为化学工作者义不容辞的责任。

能源问题是世界各国面临的重大挑战。新能源将为世界经济可持续发展提供不竭动力。如太阳能电池的发展已历经160多年漫长的发展历史，迄今为止，其基本结构和机制并没有发生改变。未来化学应致力于开发太阳能利用的新原理、新材料、新结构、新方法，纳米结构和量子效应的研究有望为解决太阳能电池发展中的核心问题提供新的途径。

环境问题已成为全球的共性问题。世界各国可获得的自然资源和所拥有的环境容量，与越来越扩大的需求相比，变得越来越紧缺。同时，化学是把双刃剑，在创造更加美好的生活的同时，引起的环境污染问题日益受到关注。由于认识的滞后与局限以及经济基础、技术条件的限制，发达国家的环境治理无一例外，走的都是一条“先污染后治理”之路。因此，未来化学应更加注重开发经济、高效的污染控制及修复技术，应更加注重从源头上消除污染的设计理念。

资源问题是可持续发展的保障。人类要实现可持续发展，仅仅注重资源开发是远远不够的，还必须做到合理、高效开发资源、最大限度地利用资源和实现资源的综合利用。同时，要有前瞻考虑，应更加注重开发稀缺资源的替代利用研究，如后石油时代的资源综合利用等，未来化学在这方面必定会发挥更为重要的作用。

材料创新是衡量科技进步的重要标志。材料对人类生产活动的影响是至关重要的。可以说，我们已步入了“新材料时代”。新材料的研发水平及成果转化规模正成为衡量一个国家经济发展和科技进步的重要标志。随着化学研究水平的提升，理论与实验的结合将更为密切，使得化学家预测、裁剪、设计分子的能力更为突出，揭示组成–结构–功能之间的关系更为有效，这为材料进一步发展提供了坚实基础。材料的发展将更加注重由结构材料向功能材料、多功能材料并重的方向发展，更加注重向智能材料方向发展。而通过“师法自然”并揭开其奥秘，会给我们以无穷的启发，将为开发新材料提供一条广阔的途径。

探索生命奥秘是人类永恒的主题。研究生命的调控机制、生命的起源与进化、疾病的发生机制和药物的作用机制，探索人脑工作的奥秘、智能的产生等，是科学家孜孜不倦致力研究的热点领域。未来化学将在分子和细胞水平上认识和研究生命过程中生物活性物质的结构和功能，以及动态相互作用的机制，显示出十分重要的作用。

社会公共安全问题呼唤化学。社会公共安全已成为全球关注的一个重要问题，其中不确定性和应急性是公共安全突发事件的重要特征。从化学的角度来说，防患于未然以及处理已经发生的危机，是化学家义不容辞的责任和义务。化学将会为构建和谐社会和国家的长治久安做出贡献，如化学将会在食品安全检测、化学事故处理救援、炸药与毒品等危险品的检测及处置、建筑阻燃与消防安全、人身防护材料等方面发挥至关重要的作用。

四、结　语

化学是一门发现的科学、创造的科学，也是支撑国家安全和国民经济发展的科学。化学在解决粮食问题、战胜疾病、解决能源问题、改善环境问题、发展国家防御与安全用的新材料和新技术等方面起着不可或缺的关键作用。回眸百年，展望未来，化学将继续在发现与创造的征程上不断前进，化学将面对能源、环境以及资源的挑战，不断为人类的可持续发展、创造美好生活提供有力的支撑。化学的发展一方面依赖于化学的持续不断的创新，另一方面也依赖于社会的巨大需求。面对新时期，新发展，我们要思考如何进一步提高原创能力，如何凝练目标形成我国化学发展的特色，如何使我国成为真正的化学强国等问题。希望这篇文章能引起我们更深的思考，站在国家需求和科学发展两个方面，进一步思索未来化学科学的发展。

参考文献

1　Significance of the International Year of Chemistry 2011. Chem. Eur. J. published online:8 DEC 2010

2 摘自中国化学会获得美国化学会授权的翻译文本《化学家眼中的技术里程碑》（2007）

3 中国科学院基础科学局，中国科学院国家科学图书馆编. 中国及中国科学院化学领域文献计量统计报告（1998~2009年）. 2009

4 中国化学会编. 化学学科发展研究报告（2008—2009）. 北京：中国科学技术出版社，2009

Chemistry: Science of Discovery and Creation

—Composed on the Centennial of International Year of Chemistry

Bai Chunli

Chemistry is the science of study on the structures, properties and conversion processes of material, it's more of a discipline that creates new substances and explores new applications, it's a connecting link between the preceding and the following, and it, jointly with mathematics, physics and biology, constitutes the base of natural science. ① A general survey of the development of chemistry gets the following enlightenment: establishment and perfection of chemical theory drive the development of chemistry subjects; chemistry is the central science that brings about invention and creation of great significance, a science that endows people with abilities, and the key to the material world; chemistry supports sustainable development of human society, and guides the progress in related science and technology.② The status of chemistry development in China, viewed from data: the output of papers exhibits fast growth trend, and its international academic impact advances step by step; chemistry has become our country's superior discipline. ③ Development tendency of chemistry: Firstly, chemistry will extend in the direction of larger range and deeper layering, and, for one, understanding at atomic and molecular levels will be more thorough. Secondly, the study on complex chemical system with interaction between multilevel molecules will be more systematic. Thirdly, on the basis of creating new molecules and new materials, functionality will be more emphasized.

1.2 合成生物学：进展与展望

赵学明　陈　涛
（天津大学化工学院，天津大学生命科学与工程研究院）

合成生物学（synthetic biology）一词最早出现于1911年。随着国际人类基因组计划（HGP）的完成，21世纪初合成生物学一词才在学术刊物及互联网上逐渐大量出现[1]。2004年美国MIT出版的《技术评论》把合成生物学选为将改变世界的十大技术之一。2009年11月，美国国家科学院出版了研究报告《合成生物学：对国家建设的启示》。2009年12月《自然·生物技术》出版了"Focus on Synthetic Biology"的合成生物学专辑[2]，包括社论、进展综述、前景展望、产业发展、专利产权、政府监管等16篇论文。社论指出：合成生物学通过计算机设计，用4瓶化学品（A、G、T和C四种核苷酸）进行基因合成，然后"即插即用"到具有最小化基因组的底盘生物中，可以想象我们在将来能够毫不费力地创造不同形式的生命，这项突破性的技术具有改变生物工程的潜力。2010年1月，《自然》杂志在纪念该刊发表基因线路等合成生物学论文10周年之际，考虑到合成生物学与系统生物学密不可分，将相关重要论文编为"合成系统生物学"网络专辑（Web Focus: Synthetic Systems Biology）[3]。2010年12月，《科学》杂志评出的十大科学突破，合成生物学排第2位，《自然》杂志盘点出2010年12件重大科学事件，合成生物学排第4位。此外，《科学美国人》的2010年十大科学新闻、《时代》周刊的十大医学突破、《国际财经日报》的十大科学发现、我国《科技日报》的国际十大科技新闻均包括合成生物学。2011年1月《自然》杂志预测的2011年13件重要发现及事件中也包括合成生物学。2000年以来发表的合成生物学相关论文及专利如图1所示，从中可以看出合成生物学的发展概况。

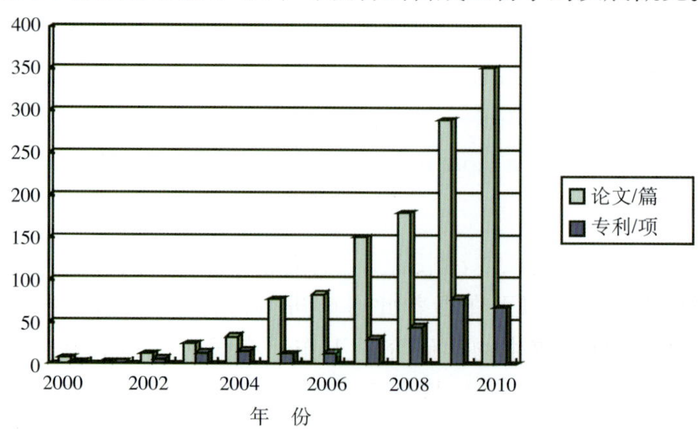

图1　2000~2010年合成生物学论文及专利发表情况（Scopus 数据库）

一、 合成生物学及其研究策略

（一）合成生物学的定义

合成生物学是一个涉及生物学、工程学、遗传学、化学及计算机科学的交叉学科。来自上述众多学科的人员，带着他们广泛的知识和经验，积极参与到合成生物学的研究中，因此具有不同学科背景的人会从不同的角度来看合成生物学。2006年《科学家》杂志对从事合成生物学研究的多名学者进行了调查，他们对合成生物学的定义有非常不同的看法[1]。2009年12月，针对定义合成生物学这一难题，《自然・生物技术》在其专辑[2]中就合成生物学的定义发表了20位专家的看法。其中哈佛大学遗传学教授乔治・丘奇（George Church）说：基因工程关注个别基因（主要是克隆和表达），基因工程合乎逻辑地延伸到系统水平是基因组工程，介于两者之间的是代谢工程。合成生物学是建立“标准”的总括，即在生物零件、装置、系统的组装和功能化过程中，需要建立模块间相互协调的标准。这种分层次的性质容许在不同水平上进行计算机辅助设计。2010年美国生物伦理委员会的报告[4]汇总大家的讨论后得到共识：合成生物学是一个科学学科，其依赖于化学合成的DNA，通过标准化和自动化的过程，创造具有全新的或增强了特征或性能的生物体，以满足人类的需要。

（二）合成生物学的研究策略

合成生物学研究方法可分为自上而下法（top-down approach）和自下而上法（bottom-up approach）。两种方法可以在某种程度上互相交叉，它们都有共同目标：工程化设计特定的生物功能，使其具有可预测性及可靠性。将来这两种方法可能会融会贯通到一起。

（1）自上而下法：人们利用合成生物学对现有生物或基因序列进行重新设计，以去掉不必要的零件，或取代或添加特定的零件。2006年，文特尔研究所（JCVI）进行的生殖支原体最小基因组必需基因的研究，为自上而下法提供了原理的证明。

（2）自下而上法：人们利用非生命组分作为原材料来构建生命系统。与自上而下法相比，采用该方法开展研究的时间较短，工作挑战性非常大。虽然目前还没有一个完全真正的人造细胞，但JCVI正在沿着此方向进行研究，图2是他们的工作过程。此外，采用自下而上法进行合成生物学研究的工作还有很多，其中突出的工作是构建具有各种功能的标准零件、基因调控线路及装置。

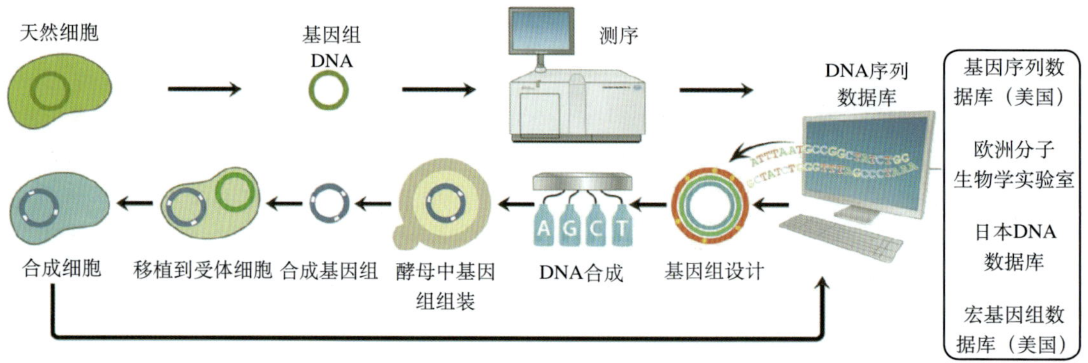

图2　JCVI用合成生物学技术构建合成细胞的过程流程

二、 合成生物学研究进展

短短几年，合成生物学正以空前的方式，在基础及应用研究、技术方法及产业化等方面取得了很大的进展。

（一）DNA合成

DNA合成技术是支撑合成生物学发展的重要技术之一，其在基因及调控元件的合成、基因线路和生物合成途径的重新设计组装，以及基因组的人工合成等方面都具有重要的应用。近几年来，DNA合成技术发展很快，成本越来越低。2010年12月，《自然·生物技术》在同一期发表了丘奇及其伙伴的两篇论文[5, 6]。他们用高通量焦磷酸测序技术进行识别，并对经过验证的DNA进行检索，从而可进行高保真度基因合成。在此基础上，利用取自高保真微阵列DNA库的选择性扩增，可以进行可扩展的基因合成。他们的技术可使合成一个核苷酸的成本小于1美分。《自然·生物技术》为这两篇论文配发了评论，并在封面专门做了介绍。

（二）基因线路

基因线路是合成生物学的重要组成部分，这些研究不仅可更深入地了解生命的构成方式和调控原理，还可设计具有所需功能的基因元件，进而构建合成生物系统。另外，基因线路的研究也是进行生物分子计算的基础。迄今为止，合成生物学家已经构建了具有各种功能的基因线路，主要包括反馈器和开关、逻辑门（logicgate）、基因振荡器、计数器以及通用性的RNA元件等。

1. 基因振荡器

研究者已经人工合成了各种简单的具有自持性、衰减性或可代谢控制的细菌振荡器，但这些振荡器大都缺乏鲁棒性（robustness）及可调性。2008年，斯特里克（Stricker）等[7]在大肠杆菌中构建了一个快速持续振荡的、具有鲁棒性的基因振荡器，在其控制下，几乎所有的细胞都展现出了大振幅的荧光振动。振动周期还可以通过改变诱导物的浓度、温度或培养基成分来进行调节。2009年，蒂格斯（Tigges）等[8]合成了一种可调的哺乳动物细胞振荡器，首次在哺乳动物细胞中实现了对基因表达的周期性控制。该振荡器能够自动使目标基因周期性表达，并且具有自持性和振荡频率可调的特点。这一研究结果不仅对哺乳动物细胞时钟运转的细节及自然节律过程动态变化的深入了解具有重要的意义，其在基因和细胞疗法的人工调控网络的设计中也具有重要的应用潜力。2010年，该研究组[9]又设计了一种维持哺乳动物血液中尿酸动态平衡的基因线路。结果表明，合成的基因网络元件可以独立地对致病代谢物的浓度进行控制，显示了在基因和细胞疗法中的良好应用前景。2010年达尼诺（Danino）等[10]利用微生物的群体感应系统构建了一个基因钟表，使一个群体中的细胞产生同步的振荡和协调的光脉冲。利用这个同步的基因钟表可以构建以振动作为输出信号的宏观生物传感器。

2. 计数器

合成的生物计数器也有许多潜在的应用，例如，在一定的细胞周期后调节细胞的死亡，接受一定的时间信号并控制细胞分化，非侵害性地监视细胞衰老过程，或者记录环境信号的频率，等等。2009年，弗里德兰（Friedland）等[11]构建了两个互补的合成基因计数器，可以进行3次计数。第一个计数器利用的是RNA调控的转录级联反应，第二个计数器则是一个基于重组酶的存储器级联反应。这个计数模块可以容许各种不同类型和频率的输入信号，而且可以被扩展以应用于更大的数字。这种计数器扩展了合成生物学家的工具箱，使他们能够设计出更新颖的细胞功能。

3. 逻辑门与生物分子计算

逻辑门是复杂数字电子线路的基本运算单元，基于电路中的逻辑门和真值表通过工程手段在活细胞中构建自动化的、可编程的分子计算元件是生物分子计算的一个主要目标，这些元件能够感应细胞或环境中某种分子的浓度而输出信号。2008年，斯莫克（Smolke）研究组[12]开发了一个通用的、由标准元件组装成的、具有特定逻辑电路功能的RNA元件的技术，这些RNA元件可以将分子输入信号和特定蛋白的表达相关联，可以行使各种逻辑门（包括与门、与非门、或门、或非门）和信号过滤器的功能，还可以实现输入信号对输出信号的协同性控制，从而能够对高层次细胞信息进行处理运算。这一研究成果表明可以通过预先编程的元件来改变细胞的生理行为，从而向实现生物分子计算的目标迈进了重要的一步。2010年，该研究组[13]进一步构建了一种可以感应细胞内特定蛋白质浓度而调节基因表达水平的RNA元件。为了展示这些元件的应用潜力，他们将该元件作为预先编程的基因调控系统，植入细胞内来检测与疾病相关的蛋白质信号分子，使细胞可以根据蛋白质信号分子的浓度，来自动调节治疗基因的表达。上述研究成果生动地显示了可以通过特定的RNA元件，对细胞中天然的基因表达调节网络进行重新接线，从而赋予细胞新的行为或控制细胞的行为，这在细胞天然途径和网络的改造中具有极大的应用价值。

生物分子计算是由许多基础的单元组成的高度有序的过程，如果每个细胞都实现一个简单的计算操作，那么这些细胞之间通过细胞间的通信就能够实现复杂的运算。2011年1月，《自然》杂志在同一期发表了两篇论文，创新性地描述了不同微生物进行的复杂逻辑运算。塔姆希尔（A. Tamsir）等[14]通过基因线路的群体感应实现更加复杂的计算过程。首先在大肠杆菌（*E. coli*）上构建一个简单的NOR逻辑门，在NOR逻辑门中由两个串联的启动子来控制一个抑制子的表达，抑制子控制着输出的表达。每个细胞中都包含有一个简单NOR逻辑门，通过对细胞通信线路的重新接线，实现了复杂的计算功能，这是由原来简单的逻辑线路进一步组装的更加复杂的基因线路。雷戈特（Regot）等[15]将能实现四种基本逻辑运算的基因线路，分别转入酿酒酵母中得到基本的逻辑运算细胞，由可从胞内扩散到培养基中的分子充当输出信号，输入信号是外部添加的信号分子和（或）可扩散的信号分子，其中可扩散信号分子可实现不同类型细胞之间的“接线”（即实现不同逻辑运算单元的连接），然后采用不同的组合方式，将各类细胞混合培养，可实现多路器和进位加法器等更复杂逻辑电路的功能。

（三）合成基因组（“合成细胞”）[16~19]

多年来，JCVI一直在进行合成基因组的工作。2003年，由合成的寡核苷酸，通过整个基因组组装，得到一个合成ϕX174噬菌体基因组。根据此技术，他们提出组装一个最小细胞的基因组的设想。2006年，对具有最小基因组的生殖支原体，进行了最小基因组必需基因的研究，为后来对基因组的操作奠定了基础。2007年，将蕈状支原体的整个基因组分离为“裸露”的DNA 并将其移植到山羊支原体中，实现了在细菌中的基因组移植: 将一种物种变为另一种物种。2008年，在酵母中得到完全的化学合成、组装、克隆的生殖道支原体基因组，这是第一个人工合成的细菌基因组。2009年，为了进一步利用酵母中的细菌基因组来构建活的微生物细胞，实现了基因组从酵母到其他物种的高效转移，打通了人工合成细胞的最后一步。2010年，他们报告了从数字化的基因组信息开始，设计、合成和组装了一个具有1.08兆个碱基对的蕈状支原体基因组，将其移植进一个山羊支原体受体细胞，从而创造了一个仅由合成染色体控制的新的蕈状支原体细胞。新细胞内仅有的DNA具有预期设计合成的DNA序列的表型性质，有连续自我复制的能力。文特尔等将新细胞命名为JCVI-syn1.0。

（四）基因组工程

基因组工程是指为了特定目的而对全基因组进行广泛的遗传改造，其中包括如下步骤：遗传系统设计，遗传材料的合成，启动所设计的遗传操作系统以使整个基因组运行，调试检查和排除障碍。2006年《科学》杂志发表了大肠杆菌基因组工程的研究，依据必需基因及非必需基因等指导原则，对基因组精确删除达15%以上，结果导致菌种电转化效率提高、稳定性增强。2008年日本花王公司发表了枯草芽孢杆菌基因组工程的研究工作：通过合理设计删除了20%的基因，结果增强了重组蛋白的生产能力，已应用于工业生产。同年，日本协和发酵公司发表了利用基因组简化的大肠杆菌生产L-苏氨酸的研究工作：与野生大肠杆菌相比，利用基因组敲除约25%的大肠杆菌作为宿主菌使L-苏氨酸的产量增加了2.4倍，菌体最终密度比野生菌高1.5倍，而菌体生长速度无明显变化。2009年丘奇研究组[20]开发了一种大尺度修改和进化细胞基因组的多元自动化基因组工程（MAGE）技术，该技术将大量人工合成的具有各种突变（包括碱基错配、插入和缺失）的单链DNA库导入宿主细胞进行重组，可以快速高效地得到各种突变株。作为这项技术的应用展示，他们对番茄红素生产途径上的24个基因的RBS序列同时随机引入各种突变，一天就能得到43亿种突变组合，并从突变库中挑选到番茄红素生产能力提高5倍的菌株。虽然该技术目前只能应用于大肠杆菌，但它使得快速高效地在全基因尺度上对菌株的基因组序列进行设计和修饰成为可能，并极大地加快细胞优化的进程。2009年8月，《科学》杂志发表评述认为，丘奇开发的MAGE技术和文特尔开发的从酵母到其他物种的基因组高效转移技术具有互补作用，都是合成生物学的重要进展，从中我们可以对合成生物学的含义有更好的理解。

（五）合成生物学应用举例

1. 生物能源

与乙醇相比，作为燃料汽油的高级醇具有更高的能量密度和更低的吸湿性。此外，支链醇还具有更高的辛烷值。但是高级醇不能用经济的办法由自然界的生物合成。2008年，Liao研究组[21]在《自然》杂志上，发表了用大肠杆菌的非发酵途径合成支链高级醇及生物燃料的论文。他们充分利用大肠杆菌本身的氨基酸合成途径，从酿酒酵母、乳酸乳球菌及丙酮丁醇梭菌中引入关键的2-酮酸脱氢酶，从酿酒酵母中引入乙醇脱氢酶，在大肠杆菌中过量表达，同时采取多种措施协调平衡引入异源途径酶引起的代谢不平衡问题。这一策略导致高产率、高专一性的异丁醇生产。

2009年，Liao研究组[22]在《自然·生物技术》杂志上，发表了利用CO_2光合成直接生产异丁醛的论文。异丁醛是其他化学品合成的前体，可以很容易转化为其他重要化学品。他们通过对细长聚球蓝细菌的基因工程改造增加固定CO_2的1，5-二磷酸核酮糖羧化酶/加氧酶的表达量，接着用取自乳酸乳球菌、枯草芽孢杆菌及大肠杆菌的相关基因进一步改造工程菌，使之利用CO_2和阳光生产异丁醛气体。该研究生动展示了将CO_2直接生物转化为燃料和化学品的诱人前景，获得了2010年美国总统绿色化学挑战奖。

脂肪酸是被细胞用作化学和能量储存物的初级代谢物。目前主要从植物油和动物油中分离制备。实际上，脂肪酸也可以从可再生原料出发通过微生物转化法生产。美国加利福尼亚大学与LS9公司等[23]采用合成生物学技术，利用大肠杆菌自身的脂肪酸合成途径，直接将脂肪酸代谢扩展到燃料（生物柴油）、脂肪醇和蜡等化学品的生物合成。同时，用人工合成的半纤维素酶基因在大肠杆菌中表达，从而使工程菌不仅能够利用糖，也可直接利用半纤维素作为原料，为直接利用植物纤维素原料奠定了基础。2010年7月，LS9公司在《科学》杂志上发表了微生物法烷烃生物合成的论文，通过工业合成生物学平台技术，用大肠杆菌生产C13~C17的烷烃和烯烃的混合物[24]。这种“可再生石油”技术，可有效将可再生资源转化为燃料和化学品，获得了2010年美国总统绿色化学挑战奖。

2. 生物医药

合成生物学结合代谢工程正在通过重新设计代谢途径，为人类生产新的医药产品或改进现有产品。以下是几个典型例子。

青蒿素生产[25~28]。青蒿素是治疗疟疾的首选药物，科斯林（Keasling）研究组用工程化大肠杆菌生产青蒿素的前体物青蒿酸，进而用化学法转化为青蒿素。从乙酰辅酶A开始，经中间产物甲羟戊酸、法尼基焦磷酸、紫穗槐二烯，最后到青蒿酸，共有分别来自细菌、酵母、植物的11个酶催化的反应。从合成生物学角度，将其分为以下几个模块：上游甲羟戊酸途径模块（3个酶）、下游甲羟戊酸模块（5个酶）、合酶模块（1个酶）、羟化酶模块（2个酶），如图3所示。他们通过维持异源甲羟戊酸途径与其他途径的平衡、使用组合工程在操纵子的基因间区协调多基因的表达、设计合成的蛋白质支架构建人工酶复合体来优化代谢通量等方法，协调所有生物合成酶的表达水平，避免了（毒性）物质的积累或中间代谢物的缺乏。通过发酵过程优化，紫穗槐二烯的产量高达27克/升，为青蒿素的工业生产奠定了基础。由于他们所建造的零件、装置、途经模块等具有通用性，很快在他们的生物能源等研究中也得到了成功应用。

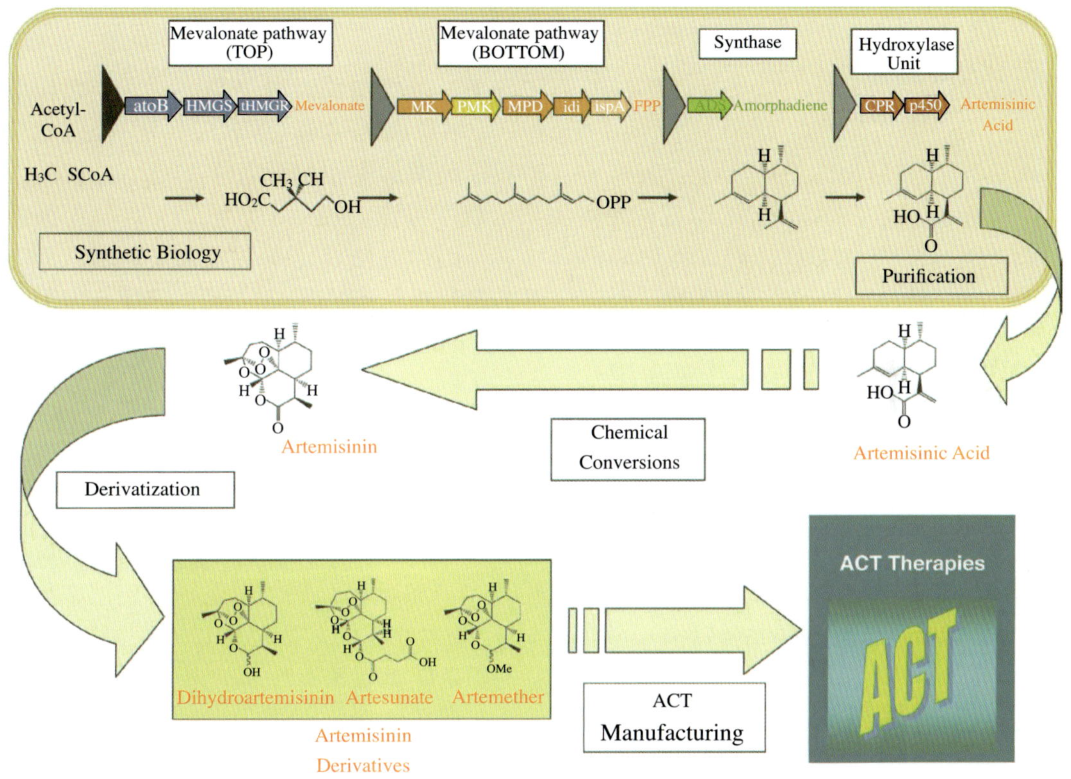

图3 微生物生产青蒿素的过程

注：Mevalonate pathway(TOP)：上游甲羟戊酸途径模块；Mevalonate pathway (BOTTOM)：下游甲羟戊酸模块；Synthase：合酶模块；Hydroxylase Unit：羟化酶模块；Acetyl-CoA：乙酰辅酶-A；Mevalonate：甲羟戊酸；FPP：法尼基焦磷酸；Amorphadiene：紫穗槐二烯；Artemisinic Acid：青蒿酸；Synthetic Biology：合成生物学；Purification:纯化；Chemical Conversions：化学转化；Derivatization：衍生；Artemisinin：青蒿素；Dihydroartemisinin：双氢青蒿素；Artesunate：青蒿琥酯；Artemether：青蒿甲醚；Artemisinin Derivatives：青蒿素衍生物；ACT Manufacturing：青蒿素组合制剂生产；ACT Therapies：青蒿素组合治疗。

紫杉醇[29]是一种强效抗癌药物，化学合成法需要51个步骤。MIT化工系格雷格里·斯特凡诺普洛斯（Gregory Stephanopoulos）研究组，利用大肠杆菌合成紫杉醇。他们将紫杉烯代谢途径分成两个模块：一个是大肠杆菌自身生成的异戊烯焦磷酸的上游模块，另一个是异源的下游萜类化合物形成模块。用一种多变量模块化的代谢途径工程方法，通过调整模块中各种基因元件的表达水平，减少中间物抑制物吲哚的累积，使得两个模块能很好平衡匹配，结果成功地使紫杉二烯（紫杉醇的前体物）的产量达加到1克/升，与改造前菌株制相比，提高了15 000倍！这种模块化的途径工程方法，为紫杉醇及萜类天然产物的大规模生产奠定了基础。

3. 化学品

卤代甲烷[30]是重要化学品及燃料的前体分子。虽然植物及微生物可以生产卤代甲烷，但由于产率非常低而不适合工业生产。单一甲基卤转移酶（MHT）可以将硫腺苷甲硫氨酸（SAM）的甲基转移给卤离子。2009年美国加利福尼亚大学旧金山分校的沃伊特（Voigt）研究组，从NCBI数据库用生物信息学方法，找到来自植物、真菌、细菌及未知生物的89个MHT基因，然后采用合成宏基因组方法，化学合成这些基因，从中筛选出可表达出最高活性MHT的基因，构建了卤代甲烷产率很高的酿酒酵母工程菌。接着他们用一种纤维素分解菌（*Actinotalea fermentans*）和酿酒酵母工程菌组成共生混合培养体系，既能直接利用玉米秸秆等纤维素原料，又能高效率生产卤代甲烷。该研究是利用生物信息学工具、数据库和快速基因合成技术，进行高效细胞工厂构建的典型范例。

D-葡糖二酸[31~33]是来自生物质资源的重要平台化学品，用于生产尼龙、超支链型聚酯等聚合物，也可以用作医药及食品。MIT化工系克里斯塔拉·琼斯·普拉特（Kristala L. Jones Prather）研究组，设计优化了一条葡糖二酸代谢途径。根据多种宿主中催化不同反应步骤的酶特性，分别从哺乳动物（小鼠）和酿酒酵母中获得2个基因在大肠杆菌中进行共表达，生产出的产品中主要是D-葡糖醛酸，其需要进一步转化才能得到目标产物D-葡糖二酸。接着他们又从丁香假单胞菌中获得一个基因，进一步在大肠杆菌中表达，加速了D-葡糖醛酸向D-葡糖二酸的转化。在此基础上，发现来自小鼠的基因酶活性由于受其底物的浓度影响很大，成了代谢通量的限制步骤。为此，他们利用人工合成的蛋白质骨架，将合成途径中相关的3个酶在空间上集中在一起，形成人工酶复合体，结果使得产品D-葡糖二酸的浓度提高约5倍。

长春花[34]。卤化对于天然产物的生物活性具有重要影响。因此，将卤化物导入药用植物的代谢中，可以生物合成各种新的、药理性质得到改进的植物产品。伦古攀（Runguphan）等将土壤菌中的氯化生物合成机器，成功导入了药用植物长春花中。这些原核生物的卤化酶，在植物细胞内起作用而产生氯化的色氨酸，其穿梭于单萜吲哚生物碱的代谢中，以产生氯化的生物碱。这样，一个新的功能基团被导入长春花，而且以一种可预测的和区域选择性的方式结合到植物生物碱产品中。尽管药用植物的遗传和发育的复杂性很高，但该研究结果表明其也可用作合成生物学的一个可行的平台。

4. 环境修复[35]

阿特拉津是使用量最大的除草剂之一，也是一种持久性的环境污染物，可造成地下水的广泛污染。贾斯廷·加利文（Justin P. Gallivan）用合成生物学方法，通过RNA选择法得到一个专门结合阿特拉津的RNA开关。RNA开关首先感应到阿特拉津的存在，进而可对大肠杆菌重新编程进行跟踪并移向阿特拉津，随后大肠杆菌启动降解基因将其降解。该研究表明合成生物学能够对细胞重新编程，以使其执行各种复杂的任务，关键是要有可选择性识别信号分子的RNA适配体，可以直截了当地转变为RNA开关来控制目标基因表达。

（六）合成生物学产业发展

2009年12月，《自然·生物技术》在合成生物学专辑[2]中发表了两篇涉及合成生物学产业的论文，介绍了涉及基因合成、生物燃料及化学品生产研发等60多家公司。为了提供专业水平的生物零件，在美国自然科学基金资助下，2009年底，加利福尼亚大学伯克利分校和斯坦福大学等，建立了世界上第一个生物零件设计制造工厂——BioFab。2010年7月，美国的《研究与市场》预计，到2015年合成生物学产业市场将超过45亿美元。2010年7月，埃克森美孚公司与文特尔的合成基因组公司签订了进一步合作的协议，将投入6亿美元进行微藻生物燃料的研发。2010年12月，《工业生物技术》杂志[36]刊登了排名前10位的风险投资支持的生物技术公司，其中大量的创投资金投资于生物燃料方面的合成生物学公司。美国生物技术产业组织发表报告介绍合成生物学目前在化学品和医药中的应用，涉及的产品包括：生物柴油、生物异戊二烯、生物丙烯酸、生物表面活性剂、生物已二酸、生物可降解塑料、西他列汀（2 型糖尿病用药）等，其中多项技术获得2010年美国总统绿色化学挑战奖[37]。合成生物学的基础研究催生了许多研发性的合成生物学公司，为合成生物学产业的发展提供了很好的技术平台，加快了产业化的进程。目前，所研发的产品大都完成中试，有的已与大公司合作进行工业化。

三、合成生物学展望

随着合成生物学研究的迅猛发展，在基础研究方面，已经可在实验室构建具有可预测特性的遗传线路和模块，可以创造能够协同存在的新的细胞组合系统，可以构建像JCVI-syn1.0一样的“合成细胞”。在应用方面，可以构建一些新的高效的微生物菌株等。这些都表明合成生物学作为一个新的多学科交叉领域，在构建生命、理解生命的基础科学研究中，在发展能源、医药、农业和其他产业的应用中，都具有巨大的潜力。

（一）基因工程及合成生物学会更加协调发展

基因工程重点聚焦于以分子生物学指导来构建DNA（例如，克隆和PCR）和自动化测序（读DNA）。合成生物学基于过去30多年所发展的工具，结合自动化DNA合成，运用标准的构建、复杂问题的抽提等工程原理，以简化设计过程（写DNA）。

2010年10月，《生物分析》杂志指出[38]，通过合成方法生产生物材料可分成图4所示的8个阶段，并认为从所有天然的DNA到所有合成的DNA之间是“无缝隙”过渡，这从一定意义上可以清楚看出基因工程与合成生物学之间的关系。人们会根据不同目标、不同阶段采用不同的技术手段。

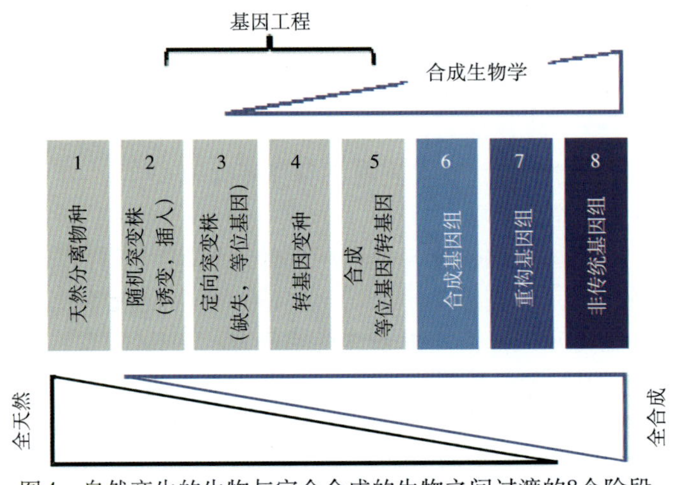

图4 自然产生的生物与完全合成的生物之间过渡的8个阶段

（二）大力发展，加强监管

2010年12月，美国生物伦理研究委员会发表了《新方向：合成生物学和新出现技术的伦理》的研究报告[4]。报告指出：在看到合成生物学提供的美好前景的同时，也要特别认真应对潜在的风险，要做负责任的管理者，周到地考虑对人类、其他物种、自然界及环境的影响。报告的发表得到了美国学术界、产业界、公众及媒体的广泛认可。JCVI发表声明，欢迎伦理委员会报告的发布。认为报告内容非常全面、建议非常聪明、监管非常必要。《自然》、《科学》、《柳叶刀》等杂志，《纽约时报》等媒体，“生物工业组织”等产业协会都做出了积极的反应。这些都为合成生物学的发展提供了极好的氛围和机会。预期本着“大力发展、加强监管”的原则，合成生物学一定会得到更快、更好、更健康的发展。

（三）今后几年，合成生物学将在以下几个方面取得重要进展

（1）更多的合成生物学零件及模块会得到表征及标准化；更复杂、更精细的合成基因线路会在原核生物及真核生物中得以应用。

（2）在JCVI-syn1.0的基础上，“合成细胞”会进一步进行。在原有基因组基础上，通过增加或减少基因组的组成，了解新“合成细胞”的功能，从而获得组成生命

的基本知识，为将来真正“自下而上”从头设计生命奠定基础。

（3）针对人类面临的资源、环境、健康等问题，采用自上而下法对自然界现有生物进行重新设计、改造及优化。将来可以根据“量体裁衣”的原则，来构建微生物，使其利用特定的原料来生产特定的化学品。这包括从零件表征开始，通过CAD软件对细胞代谢途径、酶、遗传控制线路进行设计，在FAB工厂对这些元件的DNA片段进行编码合成，然后整合到“底盘”生物中得到新的生物催化剂[39]。预计这些研究会在全球得到突飞猛进的发展，并加快合成生物学产业化的步伐。

参考文献

1 赵学明，王庆昭. 合成生物学：学科基础、研究进展与前景展望. 前沿科学，2007, 3: 56~66

2 Focus on Synthetic Biology. Nature Biotechnology, 2009, 27(12)

3 Ten years of synergy. Nature, 2010, 463:269~270; WEB FOCUS: synthetic systems biology. http://go.nature.com/Dq38zq

4 Presidential Commission for the Study of Bioethical Issues, NEW DIRECTIONS—The Ethics of Synthetic Biology and Emerging Technologies. http://www.bioethics.gov

5 Mark Matzas, et al. High-fidelity gene synthesis by retrieval of sequence-verified DNA identified using high-throughput pyrosequencing. Nature Biotechnology, 2010, 28: 1291~1294

6 Sriram Kosuri, et al. Scalable gene synthesis by selective amplification of DNA pools from high-fidelity microchips. Nat Biotechnol, 2010, 28: 1295~1299

7 Stricker J, et al. A fast, robust and tunable synthetic gene oscillator. Nature, 2008, 456: 516~519

8 Tigges M, et al. A tunable synthetic mammalian oscillator. Nature, 2009, 457: 309~312

9 Kemmer C, et al. Self-sufficient control of urate homeostasis in mice by a synthetic circuit. Nature Biotechnology, 2010, 28(4): 355~359

10 Danino T, et al. A synchronized quorum of genetic clocks. Nature, 2010, 463: 326~330

11 Friedland A E, et al. Synthetic gene networks that count. Science, 2009, 324: 1199~1202

12 Maung Nyan Win,Christina D Smolke. Higher-order cellular information processing with synthetic RNA devices. Science, 2008, 322: 456~460

13 Stephanie J Culler, et al. Reprogramming cellular behavior with RNA controllers responsive to endogenous proteins. Science, 2010, 330: 1251~1255

14 Tamsir A, et al. Robust multicellular computing using genetically encoded NOR gates and chemical “wires”. Nature, 2010, 469: 212~215

15 Regot S, et al. Distributed biological computation with multicellular engineered networks. Nature, 2010, 469: 207~211

16 JCVI. Genome transplantation in bacteria: changing one species to another. Science, 2007, 317: 632~638

17 JCVI. Complete chemical synthesis, assembly, and cloning of a Mycoplasma genitalium genome. Science, 2008, 319: 1215~1220

18 JCVI. Creating bacterial strains from genomes that have been cloned and engineered in yeast. Science, 2009, 325: 1693~1696

19 JCVI. Creation of a bacterial cell controlled by a chemically synthesized genome. Science, 2010, 328: 52~56

20 Wang H H, et al. Programming cells by multiplex genome engineering and accelerated evolution. Nature, 2009, 460: 894~898

21 Shota Atsumi, et al. Non-fermentative pathways for synthesis of branched-chain higher alcohols as biofuels. Nature, 2008, 451: 86~89

22 Shota Atsumi, et al. Direct photosynthetic recycling of carbon dioxide to isobutyraldehyde. Nature Biotechnology, 2009, 27(12): 1177~1180

23 Steen E J, et al. Microbial production of fatty-acid-derived fuels and chemicals from plant biomass. Nature, 2010, 463: 559~562

24 Schirmer A, et al. Microbial biosynthesis of alkanes. Science, 2010, 329: 559~562

25 Jay D Keasling'Lab. Engineering a mevalonate pathway in Escherichia coli for production of terpenoids. Nature Biotechnology, 2003, 21: 796~802

26 Jay D Keasling'Lab. Production of the antimalarial drug precursor artemisinic acid in engineered yeast. Nature, 2006, 440: 940~943

27 Jay D Keasling' Lab. Microbially derived artemisinin: a biotechnology solution to the global problem of access to affordable antimalarial drugs. Am J Trop Med Hyg, 2007, 77(4): 198~202

28 Jay D Keasling' Lab. High-level production of amorpha-4,11-diene, a precursor of the antimalarial agent artemisinin, in Escherichia coli. PloS one, 2009, 4: E4489

29 Parayil Kumaran Ajikumar, et al. Isoprenoid pathway optimization for taxol precursor overproduction in Escherichia coli. Science, 2010, 330: 70~74

30 Bayer T S, et al. Synthesis of methyl halides from biomass using engineered microbes. J Am Chem SOC, 2009, 131: 6508~6515

31 Tae Seok Moon, et al. Production of glucaric acid from a synthetic pathway in recombinant Escherichia coli. Appl Environ Microb, 2009, 75: 589~595

32 Tae Seok Moon, et al. Use of modular, synthetic scaffolds for improved production of glucaric acid in engineered E. coli. Metab Eng, 2010, 12 (3): 298~305

33 John E Dueber, et al. Synthetic protein scaffolds provide modular control over metabolic flux. Nature

Biotechnology, 2009, 27: 753~759

34 Runguphan W, et al. Integrating carbon-halogen bond formation into medicinal plant metabolism. Nature, 2010, 468: 461~464

35 Sinha J, et al. Reprogramming bacteria to seek and destroy an herbicide. Nature Chemical Biology, 2010, 6: 464~470

36 Pilipp Hasler. Investment considerations for industrial biotechnology: perspectives from a venture capitalist. Industrial Biotechnology, 2010, 6: 340~344

37 Biotochnology Industvy Orgnization. Current uses of synthetic biology for chemicals and pharmaceuticals. http://bio.org/ind/syntheticbiology/Synthetic_Biology_Everyday_Products.pdf

38 Victor de Lorenzo. Environmental biosafety in the age of synthetic biology: do we really need a radical new approach? Bioessays, 2010, 32: 926~931

39 Jay D Keasling. Manufacturing molecules through metabolic engineering. Science, 2010, 330: 1355~1358

Synthetic Biology: Progress and Prospect

Zhao Xueming, Chen Tao

Synthetic biology is a vibrant interdisciplinary science that combines elements of biology, engineering, chemistry, and computer science. Synthetic biology holds great promise to create new products for sustainable society. In this review, we introduce the common definition and research strategies of synthetic biology, illustrate the important advances in DNA synthesis, genetic circuits, “synthetic cell”, genome engineering, energy, medicine, chemicals, bioremediation, and synthetic biotechnology industry. The prospects of synthetic biology in both fundamental and applied research are also discussed.

第二章

Frontiers in Sciences

2.1　2009.9～2010.8物理学、化学、生物学、医学前沿的热门课题

黄　矛
（中国科学院国家科学图书馆）

本文以美国科学信息研究所（ISI）出版的双月刊《科学观察》（*Science Watch*）所提供的科学引文统计数据为基础，重点介绍一年来国际上物理学、化学、生物学、医学四大基础学科中最受人们关注和最新出现的前沿热门课题，其相关论文的引用频次均曾进入或多次进入这一时期6次公布的前10名排行榜。与以往的情况相比，除医学领域之外，在前沿热点的分布上都显示出一些变化。主导这四大领域前沿的最热门分支分别为物理学中的天文学、铁基超导体、M2膜，化学中的纳米技术、新型超导体、低带隙聚合物太阳能电池，生物学中有关基因、干细胞和T细胞的研究，医学中的癌症、糖尿病、心血管疾病和干细胞。

一、物　理　学

一年来，在物理学的前沿热点课题中，有关天文学的研究仍然占据着绝对的主导地位，在6次前10名的排行榜中总共出现了25次之多。在宇宙论和天体演化的研究中，最引人注目的可说是大天区伽马射线望远镜（LAT）的首批观测结果。因为这是10多年来对伽马射线天空首次新的研究。伽马射线只由极高能量的天体产生，因此要求一种新的望远镜来观察宇宙中这些最具爆炸性的事件。2008年6月11日GLAST被发射到一个近地轨道，以搜寻脉冲星、相互作用的双星、超新星残留物、伽马射线爆发以及活动星系核（AGN）。LAT具有8000厘米^{2}的收集面积，比其之前高能伽马射线实验望远镜（EGRET，运行至2000年）高6倍；它更为灵敏，而且它也具有大视场，这使它进行一次巡天观测只需3个小时。费米LAT国际合作涉及遍布12个国家的90个研究机构中400名

科学家。这项合作另一个显著的特点是，所有的数据都是公开的，在戈达德太空飞行中心几乎可以实时地获得。这种方式使得进行低能观测的天文学家能够看看他们的目标天体是否在发射伽马射线。对于每个伽马射线源来说，数据都包括一个位置、通量、可变性、等级、识别或关联的表格。这种分类包括30个关于脉冲星的严格识别，以及一个与高质量X射线双星的匹配。活动星系核长期以来被认为是定义明确的一类伽马射线源，在数据目录中有121个，其中两个与射电星系有联系，其余的则被分类为耀类星体。后者是由中央超大质量黑洞驱动的巨大椭圆星系。它们被认为是宇宙中最为猛烈的现象，对于我们理解宇宙的历史和星系的演化有着重大意义。

图1 费米伽马射线太空望远镜结构

图2 费米伽马射线太空望远镜发射升空情景

在过去一年中，M理论的进展再一次激发了人们对弦理论新的兴趣。有3篇弦论方面的文章同时进入物理学热点论文的前10名排行榜，证明了M理论方面研究的活跃程度在急剧上升。弦理论究竟是什么呢？简短的回答是，它将广义相对论和量子力学结合起来，以寻求一种引力场的量子论。该理论是几何学的：弦是一维物体，我们可以把它们理解为电子和夸克。而更高维的物体是膜（brane），这个词源自于“membrane”（膜）。对于非专业人士来说，这个理论在数学表达和技术语言方面有些高不可攀，这将不利于这一理论被更广泛地理解。在其数学形式是丰富多彩的意义上，弦理论是多层面的，而其概念中好像只有一小类与现实相连。在历史上，理论物理学一直被对统一和简化的追求所推动，如麦克斯韦的电磁理论把电和磁结合起来。基于同样的心情，弦理论家们追求概括一切事物的理论，早在1995年，他们就将11维的M理论确认为奠定他们的概念的基础。这一概念源于下面的事实，即M理论具有在三维空间中最大可能的超对称性。但是不仅如此：M理论还具有二元性，二元性在理论物理学中是一个有力的概念。M膜是神秘的物体，除了一个单一M膜的特殊情况外，人们对这方面知之甚少。这种二元性启动了量子引力方面许多新的研究领域。M理论具有一个已知的引力对偶，这是理解奇异点（如黑洞）上的M2膜的第一步。

这一时期，一篇关于具有高量子效率、基于聚合物的太阳能电池的论文以排行第5的位置进入了物理学排名前10名。一篇基于塑料光电子学的论文在这些物理学排名中占据重要位置，这还是第一次。该文中所报道的成果是使太阳能转换成电能并获得太阳能电池商业回报方面非常重要的一步，是对发展各种各样诸如激光器、光二极管、太阳能电池、用聚合物制造的集成电路等应用的重要激励。所有这些器件都具有一种共同的体系结构：它们都是薄膜，其中活性层是由半导体或金属聚合物制成的。所报道的异质结太阳能电池是基于由提供电子的聚合物和接受电子的富勒烯组成的复合材料制成的。这样的电池对于工业规模的制造是大有希望的，因为这些材料便宜、可印刷、可携带、易弯曲。这样的特性使得聚合物太阳能电池能有希望沿着发光二极管和固体激光器的发展轨迹成为一种消费产品（或小器具）。但是在太阳能电池板成为一种市场产品之前，还要解决从太阳光子到电能的转换率太低的问题。该论文描述了一种具有接近100%的内部量子效率的异质结的器件结构和能级图，其新颖之处在于器件的结构：顶层，即电极，是一层铝膜。紧接其下的是一个由氧化物TiO_x制成的光学间隔和孔拦截器。这一层是关系该器件效率的关键：它借助避免从内部反射而来的相消干涉来重新分配异质结内部的光。在TiO_x光学间隔下面有带C_{70}的一层作为受体。外层是能让光进入的玻璃。

物理学领域的其他热门课题还包括石墨烯的特性、铁基超导体以及宇宙射线异常正电子丰度等。

二、化　学

与前一年类似，化学领域的前沿热门课题仍然为纳米材料和纳米技术及其应用、新型的铁基超导体以及低带隙聚合物太阳能电池所主导。特别是包括石墨烯在内的与纳米技术有关的研究成果的报道占据了化学领域热点论文的绝对优势，在6次热点论文前10名排行榜中总共出现了37次。与新型铁基超导体有关的论文也频繁出现，达17次之多。

黄金以其高度的化学惰性，过去总是被化学家排除在催化剂之外。直到20世纪80年代末，日本科学家春田正毅（Masatake Haruta）指出在半导体过渡金属氧化物上的金纳米颗粒在低温下能催化一氧化碳为二氧化碳。现今，黄金处于催化研究的最前沿，其重点是在工业上具有重要性的选择性氧化反应。理想的氧化过程是只用分子的氧和碳氢化合物作为反应剂，而无需其他不太理想的试剂，如过氧化物。科学家不久前证明了这是可能的。他们研究了苯乙烯，它能够被氧化为苯甲醛和氧化苯乙烯。该反应是在100℃下以甲苯为溶剂进行的，而催化剂则是以固定在氮化硼之类的惰性衬底上的重量占6%的金纳米颗粒。苯甲醛和氧化苯乙烯的产率分别达到80%和20%。科学家发现，纳米颗粒的大小对于其活性来说是关键。看来只有比较小的金颗粒才能引起使反应得以进行的氧分子到氧原子的预分解。接近1.4纳米的颗粒能很好地起作用。这样的颗粒由55个金原子构成的聚集体所组成。这里的55是所谓的“魔术数字”，它能保证一种特别稳定的排列。较大的颗粒则效率低。Au_{55}聚集体是用包含三苯基膦和氯离子的方法产生的，但是这些痕量化学成分必须用加热来清除，否则产率会降低。黄金作为均相催化剂和非均相催化剂都越来越有用，而且最近在金纳米颗粒催化作用方面的研究进展涉及溶液中进行的反应。科学家试图弄清催化剂的活性部位究竟在哪里，是在金纳米颗粒的表面呢，还是源于过滤到溶液中的可溶性原子团？

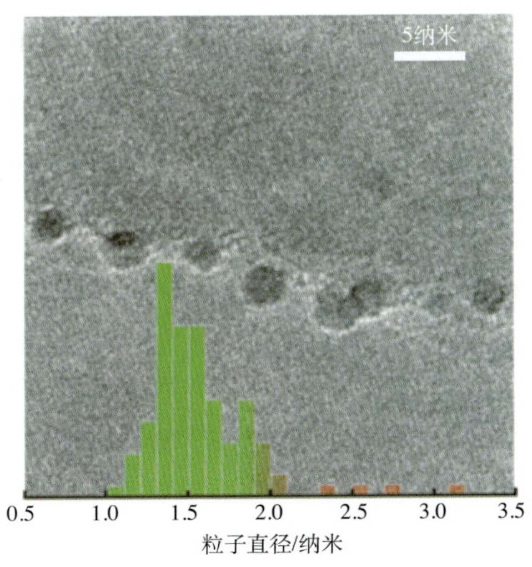

图3　金纳米颗粒（Au_{55}）的高分辨电子显微镜像及颗粒大小分布

石墨烯用作太阳能电池电极的研究十分吸引眼球。要利用太阳能，电池必须有透明的电极。目前有两种符合这一要求的材料：氧化铟锡（ITO）和氟氧化锡（FTO）。前者是首选，后者效率较低。不过，铟是稀有金属，而且必须从锌矿和铅矿中提取。这两种材料还有其他缺点。它们对于光谱的红外区缺乏透明性，这就限制了它们在广阔的范围聚集太阳能的能力。此外，它们在有酸和碱存在的情况下是不稳定的；它们的金属离子易于扩散到聚合物层中，从而降低效率。况且，除非它们在结构上完美无缺，它们还会有电流泄漏的问题。石墨烯则不同，它没有上述缺点，而且既便宜，又可持续开发。石墨烯薄膜是透明的，具有导电性，而且能制造成超薄型。科学家制成的石墨烯电极适用于固态、染料敏化的太阳能电池，它在宽广的光谱范围收集光。特别重要的是，对于这些基于二氧化钛的太阳能电池来说，石墨烯薄膜具有更高的化学稳定性，尤其是对于强酸而言。这些石墨烯薄膜的制作是首先将片状石墨用酸进行氧化，含有氧的产物能在水中分散开来，接着用低频超声将它们分成更薄的薄片，然后这些薄片沉积到石英之类的衬底上。薄膜的厚度可通过改变水性介质的温度来控制。这样获得的石墨氧化物是绝缘体，不过可以借助在氩和氢的气氛中将它们加热至高温而还原。最后形成的石墨烯薄膜为几十层厚，在500纳米波长处透过率为71%，且对于红外辐射是透明的。

催化毕竟是化学永恒的主题，另一个新出现的化学热门课题是关于芳烃催化交叉偶联反应。C—H键活化作用领域正在以一种人们5年前从未想到过的方式进行着一场变革。科学家提出一种采用钯催化剂成功实现两种不同的芳香族化合物的催化交叉耦合的方法。特别令人惊讶的是，催化剂能区分不同的芳香族C—H键的方式。该成果有望使合成芳烃化学产生变革，并很可能在商业上变得很重要，因为带有相连的芳烃团的分子已出现在一些服装中。它们还是发光二极管、液晶以及制药化合物的组成成分。将两个带有芳香环的分子（芳烃）结合在一起并非易事，人们在做这件事的方式上已经下了很多工夫，但产率较低，而且以溶剂、催化剂和试剂的形式产生不必要的废料。新的方法避免了活化反应物的形成，而是采用一种直接和有选择地起作用的催化剂。结果是获得所期望的交叉耦合的产物，而促进每一氢烃与其自身的反应。所研究的反应是将一个苯环附着在一个吲哚衍生物上。附着在这个吲哚上的基团的类型和位置可以改变，这样获得的产率高达84%。当采用微波加热时，反应时间从48小时减少到5小时。科学家尝试了各种催化条件，而最佳的催化作用是用钯（II）三氟醋酸盐结合铜（II）醋酸盐、3-硝基吡啶和铯三甲基乙酸盐得到的。催化剂看来是钯类物质，3-硝基吡啶则被认为起着稳定钯（0）的作用。

化学领域的其他热门课题还包括沸石咪唑框架的合成和修正的共价半径。

三、生　物　学

这一时期生物学的前沿热点课题的分布比以往显得更为集中。与前一年相比，有关基因的研究在生物学前沿热点课题中占据着更为显著的主导地位，在6次前10名排行榜中出现37次之多，即超过60%。另外，关于干细胞和T细胞的研究也表现非常出色，二者合在一起，在生物学热点论文前10名的6次排行榜中总共也差不多占据了1/3，而且再一次连续5次占据着榜首的地位。

有关人类基因组的研究产生了极其重大的科学成就，但是这些成就重大的应用价值可能在于找到人类疾病特别是疑难病与特定基因变异之间的关联。以精神分裂症为例，该疾病折磨着世界上大约1%的人口。虽然这种病症与家族病史有关，但其遗传方式就像疾病本身那么复杂。早期宣称发现了一个精神分裂症的基因，但其解释和重现性方面都存在许多困难。不久前科学家弄明白了为什么精神分裂症如此难以捉摸，而且更重要的是，他们阐明了该疾病真正的遗传基础。科学家发现，拷贝数变异（CNV）——即那些可能破坏几种基因的功能的相对大的缺失和复制——在精神分裂症患者中是普遍存在的，但不存在于这些人的未受影响的亲属或非精神分裂症患者之中。研究人员对418人进行了DNA扫描——其中150人被诊断患有精神分裂症或类似的精神病学方面的疾病——采用越来越强有力和广为流行的微阵列芯片分析工具来查看与疾病相联系变异DNA的模式。他们发现在这些变异型中，有53种变异型很明显是十分稀少的。当然，并不是所有这些变异型都改变基因的功能，但是对于那些的确改变基因功能的变异型而言，患精神分裂症的可能性是那些未受影响的对照人员的3倍。而且，那些年龄在18岁以下，显示症状较早的病例具有稀少变异型的可能性比对照者高出4倍。不影响基因功能的稀有变异在患者和对照者中同样普遍。那么，这些变异究竟破坏了基因中的什么呢？是否患者特定功能类基因被过分表现了呢？精神分裂症病例中受影响的基因的确过分表现了对智力发育明显重要的通道，这包括调控神经轴突的系统以及其他与特殊神经传递素有关的系统。

基因研究的另一个热点课题就是对实现个人基因组应用的可能性的探索。随着基因组测序成本的不断降低、耗费时间的不断减少，这种途径的实现正在一步步地靠近。不久前欧洲和美国科学家花了8周时间，获得了一位尼日利亚的约鲁巴人的全部DNA序列。中国等世界上11个研究机构也对一位汉族中国人做了类似的研究。这些工作的关键特点是，他们都演示了一条基因测序新途径的能力。提供第一个DNA序列的技术取决于首先将DNA克隆到细菌库中，然后读出相当长序列的编码，最后利用软件来装配整体。这一新途径读取短得多的序列，读取更频繁，并且需要强有力的计算机来构造最终的序列。至关重要的是，该途径也需要靠较老的、较慢的、更昂贵的技术建立起来的序列作为参考来构建新的序列。没有原来那个被人们一致同意的人类基因组序列，这个新途径能否取得成功是值得怀疑的。基因组测序的技术在细节上有所不同，但实质上都依赖于大规模并行处理。短节的单股DNA被吸附在玻璃衬底上并扩增，然后通过荧光标记物读出，一次读一个碱基。利用软件先把那些看来不可靠的读数丢弃，然后在人类基因组中找出能放置该短序列的精确位置，并与现存的标准序列比对有最少的差异。由于个人基因组测序成本的大幅降低，人们开始思考寻找人的疾病与个人基因组序列之间的联系，因为这种联系比疾病与单核苷酸多态性（SNP）之间的联系要直接得多。

诱导多能干细胞（iPS）的研究近年来非常热门。对该领域的兴趣最初是由日本科

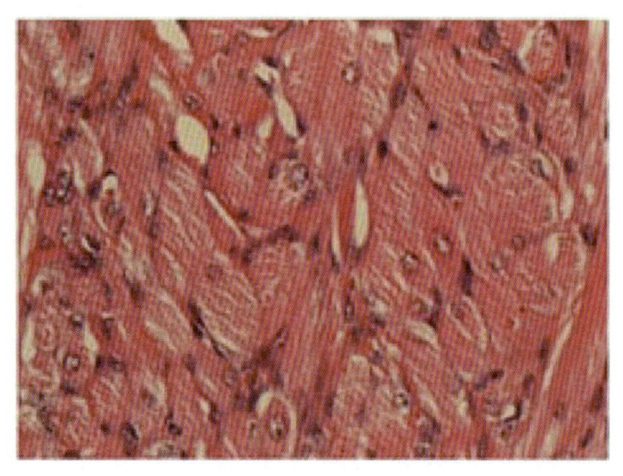
图4 分化为肌肉组织的诱导多功能干细胞

学家的一项发现引起的，他们在2007年11月发表的一篇论文中宣称，成人的细胞能够重新编程为干细胞，而这些干细胞能分化为任何类型的细胞。该文一经登出就一直在生物学热点论文前10名排行榜中占有一席，而且多半位居榜首。虽然存在一个与iPS有关的基本问题：使成人细胞得以更新的4个必要触发因素之一是所谓Myc反转录病毒，而不幸的是，重新激活c-Myc反转录病毒会在iPS细胞的后代中增加肿瘤发生的可能性。科学家后来对这个问题进行了更为深入的研究。他们对重编成人细胞的4个转录因子相关的“家庭成员”做了非常彻底的检查。每次检查都采用标准组件和一个同系物。出乎科学家的意料，几种类干细胞的群体在没有Myc反转录病毒的情况下也能获得。但是在早先的研究中，当Myc不存在时，没有获得过iPS细胞。科学家注意到，与以前的一个区别就在于选择被重新编程的细胞的药物时间。在以前的研究中，他们是在7天之后开始选择，但在后来的研究中，他们是在14天之后开始选择。这表示，在Myc不存在的情况下，iPS细胞的产生比Myc存在的情况下要慢。于是有一个权衡取舍的问题，即没有Myc存在的情况下，肿瘤发展的危险会显著降低，不过产生iPS细胞的效率也大大降低；在一半的实验中，没有Myc的情况下就没有可能产生iPS细胞。

生物学的其他热点课题还包括肾上腺素受体的晶体结构、动物的生命树分析。

四、医　学

糖尿病和癌症的机制和药物治疗的研究再一次主导着这一时期医学领域的前沿热点课题，它们分别在医学领域6次热点论文的前10名排行榜中占据了超过或接近1/3的位置。随着基因研究不断深入，这些常见病、疑难病的治疗也有希望走向个性化。美国临床肿瘤协会（ASCO）新近就作为临时的临床意见发表声明说，所有患转移性直肠癌的病人都应该对他们的肿瘤进行*KRAS*基因突变方面的测试，其他医学专家也认为，针对表皮生长因子受体（EGFR）的直肠癌治疗局限在肿瘤测试对野生型（非变异）*KRAS*呈阳性的患者身上的做法应该成为一种标准常规。美国国家综合癌症网有关直肠癌的临床指南也反映了这一点。英国一项带有或不带有针对EGFR的药物西妥昔单抗（cetuximab）的化学疗法临床试验的文件在设法征募具有晚期大肠癌的患者时将那些带有*KRAS*突变的人排除在外。*KRAS*是一种基因，是柯尔斯顿大鼠肉瘤-2病毒致癌基因的人类同系物，它与细胞信息通道有关，这些通道包括涉及EGFR本身的通道。有效对抗EGFR的药物包括西妥昔单抗和帕尼单抗（panitumumab）。科学家对*KRAS*突变进行了测试，作为比较帕尼单抗和对转移性直肠癌患者的最佳支持性照顾的随机试验的一部分。他们发现，药物的任何效用都只局限在具有野生型*KRAS*的患者。对西妥昔单抗的试验也有类似的结果，缺乏*KRAS*突变的患者用这种药物能获得明显较好的疾病控制。不过因为*KRAS*测试并不便宜，而西妥昔单抗之类的药物也很昂贵，那么从经济和临床的角度来看，不向那些肿瘤为野生型*KRAS*的患者提供这样的药物是否有道理呢？并非如此，因为*KRAS*测试所花的钱远远低于不把药物提供给那些从药物得不到任何好处的患者而节省的钱。

近年来关于男性是否应该进行前列腺特异性抗原（PSA）的筛查在医疗保健界一直是一个热烈争议的话题。前列腺癌的筛查符合确实有根据的筛查试验的严格标准的证据迄今还很难得到。欧洲前列腺癌筛查随机研究（ERSPC）是在7个国家进行的，其参与的机构所采用的方法有些不同。PSA高于3或4 纳克/毫升是应进行活组织检查的一个指标。该研究的着重点是前列腺癌导致的死亡率。在被筛查的人中，8.2%被检测到癌症，而在对照组中，有4.8%被检测到癌症。然而在随后的6年中，前列腺癌所导致的死亡率在两组中几乎保持一样。不过接着的情况开始向有利于筛查组的方向分化，前列腺癌所导致的死亡率的比明显地减少至0.80。这一前列腺癌死亡率20%的降低听起来很重要，但是从另一个角度说，这些数据意味着，为了防止一位患者死于前列腺癌，要对额外的48位男性实施治疗。不仅如此，对于因为升高的PSA而进行活组织检查的男性中的75.9%而言，PSA的测试结果是假阳性。过度诊断和过度治疗仍然是制定PSA筛查的官方政策的主要障碍。另外，一项规模小一些的试验——美国前列腺癌、肺癌、大肠癌和卵巢癌筛查试验（PLCO）的结果至少迄今是否定的。虽然该筛查以高出22%的比例检查出前列腺癌，但是在前列腺癌的死亡率方面却没有呈现明显的区别。无论是在美国还是在英国，都还没有对前列腺癌筛查的国家计划。两国所强调的是要将信息向要求进行PSA测试的男性完全公开。

关于一年多前世界范围爆发的大流行性甲型H1N1流感病毒的研究结果不仅进入医学领域热点论文前10名排行榜，而且在近期不分领域的热点研究论文中也名列前茅。这项国际合作研究是由2009年4月中旬在美国加利福尼亚州识别了两名新的甲型H1N1流感病毒感染者所引发的。这种病毒识别后不到两周，世界卫生组织（WHO）和美国当局都宣布了突发公共卫生事件。2009年4月末，WHO已将全球甲型H1N1流感大流行警示级别提高到第5级（总共6级）。该病毒的基因组构造意味着当时的疫苗不大可能起到防护作用。甲型H1N1流感的主要症状是发热、咳嗽和咽喉痛，但有1/4的患者伴有腹泻和呕吐。3/5的患者年龄不到19岁。科学家注意到，实验室确认的病例数多半低估了总的感染数。在所研究的病例中，虽有22位患者需要住院治疗（其中有两名死

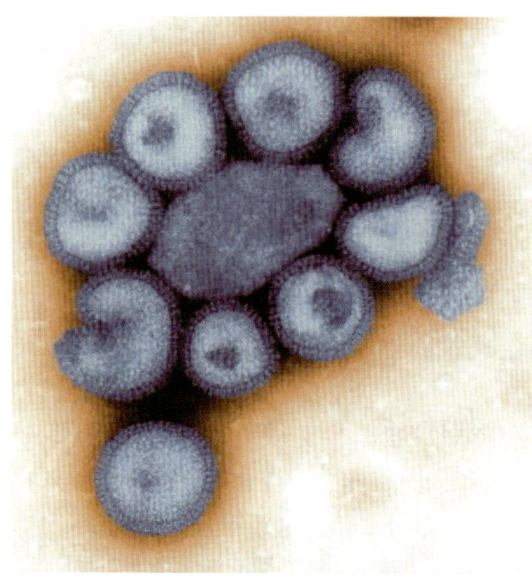
图5　甲型H1N1流感病毒的电子显微图像

亡），但是流感是自愈的，并不需要医疗救治。这一点得到英国一项大型流行病学研究的确认，认为感染数超过由临床监视所估计的数目达10倍之多。英国的经验还表明，儿童对这种感染具有易损性。有趣的是，2009年4月之前的血清样本显示，23%的65岁以上的成年人对这种新病毒有防护功能。至于该病毒大流行的潜力，关键的数字是由一个病例引起的病例数。从墨西哥的病例数来看，这个数字处于1.2到1.6之间。这种感染在人与人之间的传递率比季节性流感要高得多，这也是WHO为什么要提高甲型H1N1流感大流行警示级别的原因。

医学领域的其他热门课题还包括金黄色葡萄球菌的药物抵抗、重症病人的血糖控制、基因与肥胖等。

参 考 文 献

1　Science Watch, 2009, 5, 6

2　Science Watch, 2010, 1~4

Leading-edge and Hot Topics in Physics, Chemistry, Biology and Medicine from September 2009 to August 2010

Huang Mao

Hot topics and leading-edge areas in physics, chemistry, biology and medicine from September 2008 to August 2009 were identified and concisely introduced based on the statistical citation data published in the bimonthly *Science Watch* during the past year. The identification was achieved according to the top ten most highly cited papers in each field listed in each issue that reflect exciting and important discoveries in specific specialty areas by world leading institutions and researchers. The hottest branches dominating the top ten hot paper listings for this period are astronomy, iron-based superconductivity and M-2 brane in physics, nanotechnology, novel superconductor and low bandgap polymer solar cells in chemistry, gene-related topics, stem cells and T cells in biology, and cancers, diabetes, cardiovascular diseases and stem cells in medicine.

2.2 太阳活动和空间天气研究

汪景琇
（中国科学院国家天文台）

《国家中长期科学和技术发展规划纲要（2006—2020年）》将“太阳活动对地球环境和灾害的影响及其预报”列入重大前沿科学课题，对我国太阳物理学和空间天气科学研究既提出了新的要求，也提供了重要发展机遇。

太阳活动是太阳物理学研究的一个重要领域，为研究天体物理中普遍存在的激变现象和电磁相互作用提供了一个被详细观测的范例，特别是为理解天体复杂条件下流体、磁流体、等离子体物理过程提供了一个绝好的实验室。太阳活动对人类生存的日地空间环境有决定性的影响，因而太阳活动研究与实现国家发展和安全的目标有紧密联系。

20世纪90年代中期，美国多个政府部门，包括商业部、国防部、国家航空、能源部、内务部和国家自然科学基金委员会，率先制定了“美国国家空间天气战略计划”和“实施计划”。空间天气在太阳上和太阳风、磁层、电离层和热层中能影响空间、地面技术系统的运行和可靠性，以及危害人类健康和生命的状态，为各国科学界、公众和政府部门所重视。我国国民经济和科学技术的飞速发展，对空间和地面高技术系统的需求和依赖越来越重，因而对可靠的太阳活动和空间天气预报服务的需求也越来越高。

基础研究的最高层次是基于获知的基本理论的科学预见，即预测新的自然现象及其发展规律。太阳活动和空间天气的预报研究因而成为太阳物理学中一个最困难、最富挑战性和最能造福人类的课题，成为当代中国太阳物理学研究者一个不可推卸的历史责任。

由于我国学者独创发展的太阳磁场望远镜和南京大学太阳塔等骨干设备的投入工作，自20世纪80年代以来我国太阳物理学研究取得了长足的进步。自第21太阳活动周以来（1985~1996年），中国科学院已连续组织了四个太阳活动峰期的日地物理的联合观测和研究，取得了有影响的观测研究成果，培养了在太阳物理、空间物理和地球物

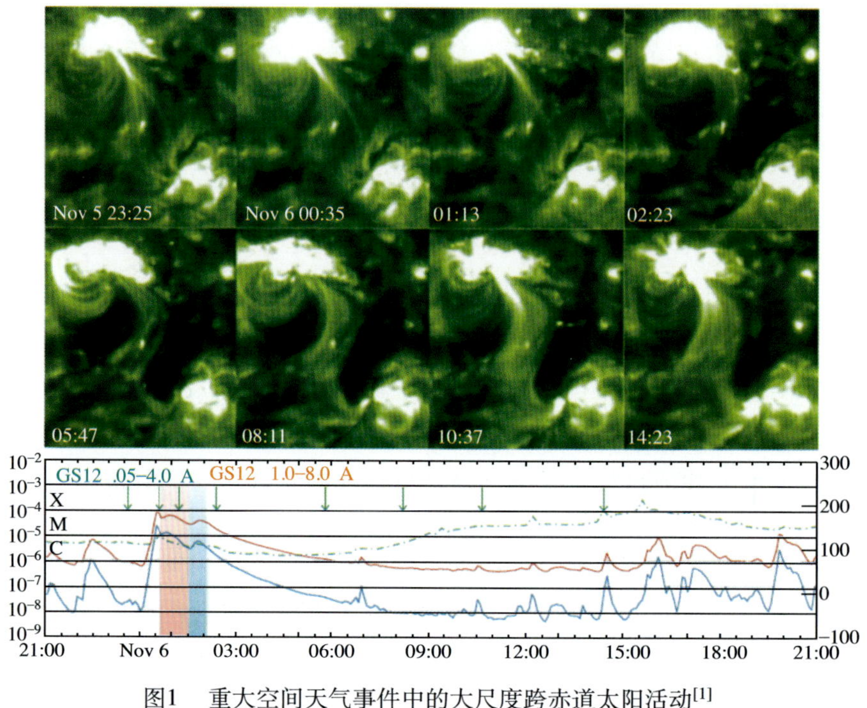

图1　重大空间天气事件中的大尺度跨赤道太阳活动[1]

理领域跨学科的合作研究队伍。自国家“十五”以来，以“太阳剧烈活动和空间灾害天气”和“日地空间灾害性天气发生、发展和预报研究”为主题的两个国家基础研究计划（“973”）项目得以实施。围绕实现空间灾害性天气可靠预报的国家目标，空间天气太阳源区的磁场结构和演化，以太阳耀斑爆发和日冕物质抛射为标志的空间天气初发过程，空间天气的行星际传播和相互作用，磁层、电离层和中高层大气中的空间天气过程及相关基础理论问题，进行了大尺度、跨学科的原始创新和集成研究，取得了在国际上有重要影响的研究成果。两个“973”项目在太阳物理和日地物理领域，共获得国家自然科学奖二等奖四项。项目把基础研究成果应用于空间灾害性天气预报的国家目标，发展新的预报模式和方法，迅速提升了我国空间环境服务保障的能力，多次执行国家重大空间环境保障任务，如载人航天（“神舟”系列）、“嫦娥”探月工程、北京奥运会期间的空间环境预报服务等，为国家安全和发展做出了突出的贡献。在前两个“973”项目成功实施的基础上，以“日地空间天气预报的物理基础和模式研究”为主题的第三个国家“973”项目在国家“十二五”开局之年立项启动。

国家目标与基础研究中重大科学前沿问题常常是一致的。我国太阳物理学由于空间天气研究和预报等需求的推动，近年取得进一步发展。1998~2009年太阳物理学无论在论文发表数目和引用上都进入国际前10名。按《太阳物理学》（*Solar Physics*）(2005~2010年)发表的论文的统计，我国学者的论文数和引文数与英格兰和德国学者并列第二名，均占7%，但远落后于美国学者。另一方面，我国学者有重大影响的论文数仍然偏少。在发展我国太阳活动和空间天气研究的路上，我们还有艰难的路要走。我们在这一重要领域应当也能够在国际上取得有更重大影响的成就。

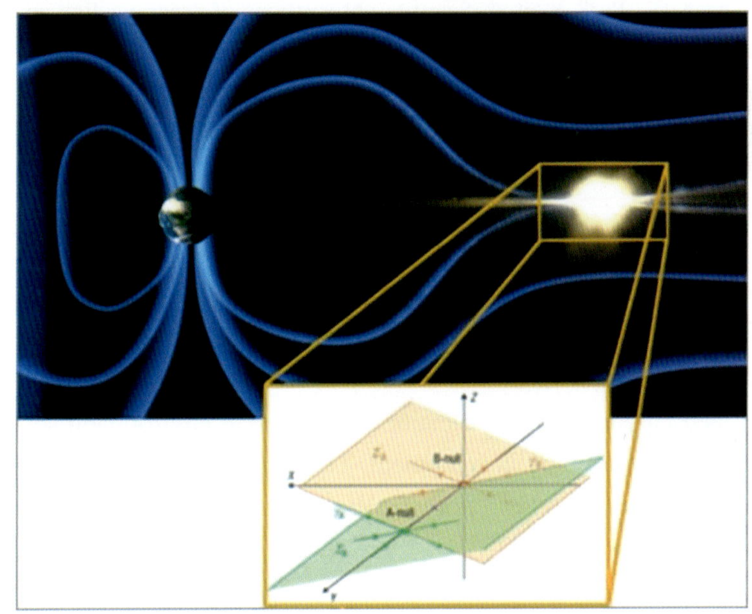

图2 在地磁尾发现的磁重联拓扑结构（磁零点和磁零点连线）的示意图

注：该组工作被欧洲空间局ClusterII项目评为五大成果之首[2, 3]。

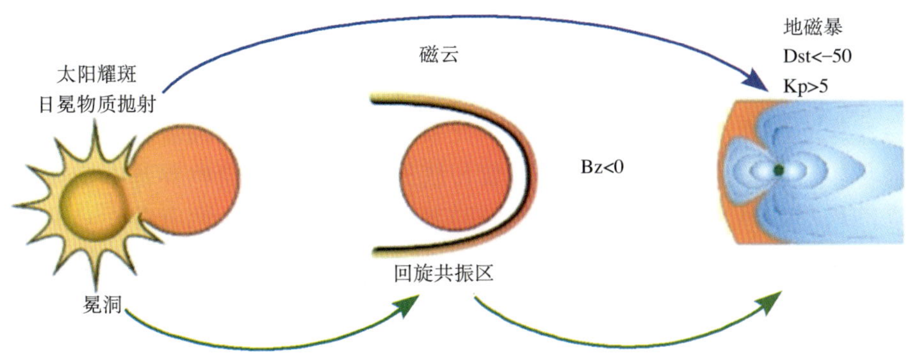

图3 为载人航天空间环境服务需要的准确地磁扰动预报所进行的跨学科研究路线图（刘四清提供）

参 考 文 献

1 Wang Jingxiu，Zhang Yuzong，Zhou Guiping, et al. Solar trans-equtorial activity. Solar Phys, 2007, 244：75~94

2 Xiao C J，Wang X G，Pu Z Y, et al. In situ evidence for the structure of the magnetic null in a 3D reconnection event in the Earth's magnetotail. Nature Phys，2006，2：478~483

3 Xiao C J，Wang X G，Pu Z Y, et al. Satellite observations of separator-line geometry of three-dimensional magnetic reconnection. Nature Phys，2007，3：609~613

4 中国科学院基础科学局天文力学与空间科学处，中国科学院国家科学图书馆. 中国及中国科学院天文学领域文献计量统计报告（1998~2009年）. 基础科学系列调研报告，No.2010-3(总第32期)

Studies of Solar Activity and Space Weather

Wang Jingxiu

In this report, we briefly summarized the progress and trend of the studies of solar activity and space weather in China. We emphasized on how the basic research has been transformed and applied to the major goal of space environment service for the national security and economy development. The rapid progress and advanced status of Chinese solar physics studies, amongst the international research community, is evaluated.

2.3 D 膜简介

高怡泓

（中国科学院理论物理研究所）

按照传统的物理理论，物质的基本单元及其相互作用的传递者皆为点状粒子，这些粒子遵从相对论与量子力学原理。尽管传统的粒子模型对自然界基本定律的描述获得了巨大的成功，但当相对论和量子论同时施用于点粒子时，两者并不总是相容的。例如，相对论要求高自旋粒子的相互作用项携带较高的动量幂次，而足够大的动量幂将导致量子散射振幅出现严重的紫外发散，人们无法诉诸寻常的重正化手段消除这种发散。引力子的自旋值为 2，刚好超过了可重正的界限，因此万有引力理论一直徘徊在量子的大门之外。 由于这个原因，物理学家长期以来缺乏适当的理论工具来了解微观区域内的强引力现象，如小黑洞蒸发到即将消失时的物理，宇宙在大爆炸瞬间的性态，以及近期观测到的宇宙中暗能量的量子起源，等等。

自20世纪70年代起，人们幸运地发现不同的粒子自旋对发散的贡献往往有互相抵消的倾向，突出的例子是具有超对称的量子理论。超对称是在整数自旋的玻色子和半整数自旋的费米子之间引进的一种对称性，携带这两种自旋的粒子发散形式类似，但差一个符号，因此它们的总贡献较之无超对称的理论有更好的紫外行为。在引力中加入简单的超对称得到的抵消并不完全，然而利用不同的自旋粒子来改善紫外行为的设想却颇具启发性。为了消除量子引力的发散，人们需要额外引进无穷多种不同的自旋粒子，这些粒子和引力子一起形成了弦。弦理论[1]的基本假设是：构成自然界物质的基本单元并非传统意义的点粒子，而是非常细小的弦，这些弦由无穷多个点组成，它们具有无限多种激发（或振动）模式，对应着各种不同自旋和质量的点粒子——普通的点粒子模型则是弦理论在低能时忽略了许多细节后的近似。点粒子模型本身在微观层级上并不完备，因而不能作为量子引力的基本理论。

格林（Green）和施瓦茨（Schwarz）[2]在1984年的一项工作引发了弦论的第一次革命。他们证明超弦理论中的量子反常当空维数取 $d = 10$、规范群为SO(32)或$E_8 \times E_8$时得到抵消，意味着弦模型在自洽性方面受到很强的数学约束。这个特点非常吸引人，因为它提供了从理论上预言时空维数和规范对称群的可能性。与点粒子比较，弦模型在“唯一性”上更具有优势——人们在微扰的框架中发现只有5种弦理论能够自洽存在：I-型超弦（含开弦的理论），II-A、B 型超弦（闭弦理论）及以SO(32)和$E_8 \times E_8$为规范群的两种杂弦理论。这些理论不仅有令人满意的数学结构，唯象上也允许把基本粒子的标准模型嵌入其中。由于超弦能同时描述量子引力，乐观的物理学家在这一时期把弦论誉为“万物之理”（The theory of everything）。

1989年，正当超弦第一次革命将要落下帷幕之际，戴（Dai）、李（Leigh）和普金斯基（Polchinski）[3]发表了一篇探讨弦理论中D膜结构的论文。这篇论文在当时的影响并不大，人们还需要等待6年的时间才能意识到D膜在物理中的重要性[4]。事实上，超弦的第二次革命正是伴随着对D膜的各种物理性质突破性的理解而爆发的，这场革命深刻揭示了5种微扰弦理论之间的对偶性，最终将这些看上去不同的弦模型纳入到一个统一的理论——M理论[5]之中。

物理学家了解到，拓扑上存在着两类形态不同的弦：闭弦和开弦。前者的场论极限为超引力理论，后者的低能有效理论则是超杨–米尔斯（Yang-Mills）理论。开弦和闭弦这两种理论在微扰框架中并不等价。首先，它们各自所具有的粒子谱是完全不同的，因而其低能有效场论极限也不同。其次，基于拓扑上的理由，单独由闭弦构成的系统可以自洽地存在，但自洽的开弦理论却必须包含一个闭弦的“分部”。注意到当弦发生相互作用时，单根弦将分裂成多根弦，或者多个弦合并成单个弦。对开弦来说，这将通过弦上某点处的断裂或联结达成，但对闭弦而言其基本相互作用是由交换“舞伴”来实现的，参见图1。图1中的第二幅显示，开弦经相互作用之后有一定的机会形成闭弦，故完备的开弦理论必须包含闭弦的“分部”。图1 中的第三幅却表明闭弦在相互作用的过程中只能产生出或湮没掉闭弦，这样的系统（至少在微扰论的意义上）可以只含闭弦而单独存在。

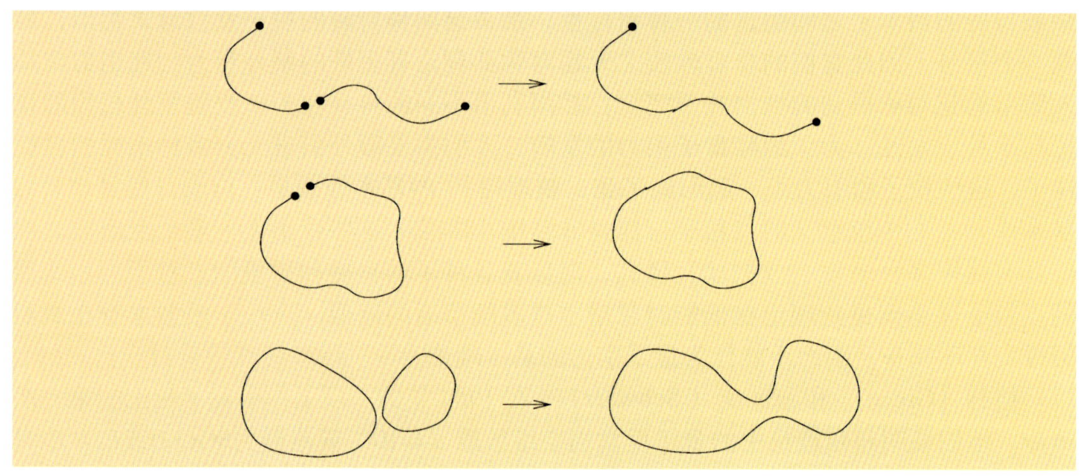

图1 开弦和闭弦的相互作用

因此开弦理论和闭弦理论在微扰论中是非常“不对称”的。从有效场论的角度很容易理解这种不对称：闭弦的低能极限是引力，而纯引力在时空中可以单独存在。另外，开弦的低能极限是规范场，它携带非零的能量动量张量，物理上该张量作为物质源必将产生引力场。换言之，引力是物质间“万有”之力，只要存在物质（开弦），就必定会出现引力（闭弦）；但即使对于没有任何物质的真空，如果时空的维数足够高（≥4 维），引力子仍然可以在其中传播并发生自相互作用。

如果开弦和闭弦之间存在着某种对称性，我们将不得不在非微扰论中寻找线索。进入闭弦非微扰区域的办法是增大弦耦合常数g_s。10 维牛顿常数G_{10}与弦耦合常数g_s之间的关系为$G_{10}=8\pi^6 g_s^2 \alpha'^4$，当$g_s$逐渐变大时，牛顿常数之值将随之增大。当$G_{10}$增至牛顿近似不再适用的程度，低能有效理论中的引力相互作用达到如此之强，以至类似于黑洞视界的解将作为典型的结构出现。

跨越视界的任何之物，只有视界外的部分才能被看到，谈论视界内的那部分并无可观测的意义。闭弦穿越视界时，看起来就像端点搭在视界上的开弦，开弦的端点可在视界上自由运动，但这两个端点沿着垂直于视界方向的位置是固定的。具有这种性质的开弦在平行于视界方向上满足通常的诺伊曼（Neumann）边界条件，而在垂直于视界的方向上满足狄利克雷（Dirichlet）边界条件。视界在时空中形成的超曲面称为D膜，如果超曲面的空间维数为 p，这样的膜就叫做D p-膜。特别当D 膜充满整个空间，即$p = D - 1$（D为时空维数）时，膜上的开弦就是普通意义上的开弦。由此我们看到闭弦的非微扰区域内将出现D 膜，与之相伴的是开弦的出现。于是，前面提到的闭弦理论和开弦理论之间的不对称在考虑了非微扰效应之后便消失了。

D 膜的存在有个先决条件。低能有效理论中并非所有结构，如视界结构，在回到原初的闭弦理论时都能够保持住；量子涨落通常会"洗"掉这些结构。超对称对这些结构的保护起到了关键的作用。事实上，弦的低能有效理论中存在一类满足"BPS 条件"的静态解，这些解具有足够多的超对称，其视界结构在量子修正下仍然能够保持，故从低能极限返回到闭弦理论之后，将给出所需要的D 膜。作为非微扰解，这些D 膜可看成闭弦理论中的孤子。

D 膜是研究弦论乃至量子场论重要的非微扰工具。在对量子引力的应用中，施特罗明格（Strominger）和瓦法（Vafa）[6] 利用D 膜的性质首次做出了黑洞熵的微观解释。通过对D 膜取近视界极限，还可建立著名的AdS/CFT 对应[7]，这个重要的全息对偶性质已经在夸克–胶子等离子体、强子物理、高温超导、冷原子、宇宙学等领域得到了广泛的应用。

参　考　文　献

1　Scherk J, Schwarz J. Dual models for nonhadrons. Nucl Phys, 1974, B81: 118

2　Green M, Schwarz J. Anomaly cancellation in supersymmetric D=10 gauge theory and superstring theory. Phys Lett, 1984, B149: 117

3　Dai J, Leigh R G, Polchinski J. New connections between string theories. Mod Phys Lett, 1989, A4: 2073

4　Polchinski J. Dirichlet-branes and Ramond-Ramond charges. Phys Rev Lett, 1995 75: 4724

5　Witten E. String theory dynamics in various dimensions. Nucl Phys, 1995, B443: 85; Townsend P K. The eleven-dimensional supermembrane revisited. Phys Lett, 1995, B35: 184

6　Strominger A, Vafa C. Microscopic origin of the Hekenstein-Hawking entropy. Phys Lett, 1996, B379: 99

7　Maldacena J M. The large N limit of superconformal field theories and supergravity. Adv Theor Math Phys, 1998, 2: 231

A Brief Introduction to D Branes

Gao Yihong

String theory is usually thought of as the most promising candidate for a consistent description of quantum gravity. When going to the nonperturbative sector of closed strings, gravitational interactions become so strong that horizons will appear as typical solutions in the underlying low-energy effective theory. Any closed string crossing such a horizon looks just like an open string ending on the horizon, and this structure will be preserved even beyond the low-energy approximations if there remain enough supersymmetries unbroken. D(Dirichlet) branes describe such solutions microscopically at the stringy level. These extended objects provide a powerful nonperturbative tool for investigating strings as well as various quantum field theories.

2.4 最薄的二维纳米材料

——石墨烯及其在光伏领域上的应用

毕 辉 黄富强

（中国科学院上海硅酸盐研究所能源转换材料重点实验室）

一、石墨烯的结构及性质

石墨烯是由碳六元环组成的二维（2D）周期蜂窝状点阵结构，如图1所示。它也是构建其他维数碳基材料（0D的富勒烯、1D的碳纳米管和3D的石墨）的基本单元[1]。石墨烯独特的晶体结构使其具有优异性质，如高热导性、高机械强度、奇特的电学性质和光学性质[2, 3]。因此，石墨烯是透明导电薄膜的首选材料，可作为薄膜太阳能电池的窗口电极，取代氧化铟锡（ITO）、掺氟氧化锡（FTO）等传统薄膜材料。石墨烯因具有优异的导电性能和高功函等特性，可作为染料敏化电池（DSC）对电极和CdTe电池的背电极。同时，石墨烯也可与TiO_2、P3OT和P3HT复合进一步提高DSC和有机太阳能电池（OPV）的效率。另外，石墨烯是能隙为零的半导体，如果能够开启让电子跳跃的能隙，石墨烯将有望取代硅（Si）基材料，作为吸收层制备全石墨烯基太阳能电池，在OPV、肖特基太阳能电池（Schottky solar cells）、CdTe电池和DSC等领域获得广泛应用。

图1 石墨烯结构示意图

二、石墨烯的制备

目前石墨烯的制备方法主要包括：机械剥离法、SiC外延生长法、化学剥离法和化学气相沉积法（CVD）。其中，化学剥离法和CVD法是能够实现大批量、高质量石墨烯的制备方法，同时也是将来大规模应用到光伏器件上的最为可行的方法。化学剥离法在氧化石墨制备过程中，破坏了原始石墨的共轭结构，引入大量缺陷，其电学性质受到一定影响，但该法仍是一种有望实现石墨烯低成本宏量制备的有效方法。目前，研究人员致力于尝试制备尺寸可控、导电性能优异的石墨烯，探索石墨烯作为透明电极、光阳极复合材料和电子受体材料应用到光伏电池中。近年，采用CVD法制备石墨烯方面取得突破性进展，基姆（Kim）等成功地在多晶Ni上生长了厘米级多层石墨烯[4]，劳夫（Ruoff）等首次采用Cu箔衬底成功地制备了高质量单层石墨烯[5]。韩国三星公司和成均馆大学制备出迄今为止最大尺寸的单层石墨烯透明导电膜[6]，在550 纳米可见光下透过率达97%，方块电阻为125 欧/□，四层石墨烯可见光透过率高达90%，方块电阻仅为30 欧/□，可与ITO和FTO相媲美，预示着石墨烯将在光伏领域获得广泛的应用。

三、石墨烯作为电极材料在光伏器件上的应用

1. 石墨烯透明电极

透明电极是太阳能器件的必备部件，ITO是最为常用的透明电极。但是，ITO存在高成本、化学性质活泼和机械性能差等问题。因此，开发ITO的替代品已迫在眉睫，石墨烯的出现为这一问题提供了解决方案。目前，研究人员已尝试将石墨烯薄膜作为透明电极用于太阳电池领域。利用氧化石墨热膨胀后热处理还原得到的石墨烯透明导电膜，方块电阻为1.08千欧/□，可见光透过率达70%，DSC效率为0.36%（图2a）[7]。化学剥离法制备的石墨烯电阻较大，导致电池效率很低。因此，制备导电和透光性能优异的石墨烯是提高太阳电池效率的关键。阿科（Arco）等采用CVD法制备出石墨烯薄膜[8]，方块电阻为230 欧/□，透过率为72%，OPV光电转换效率为1.18%（图2b），略

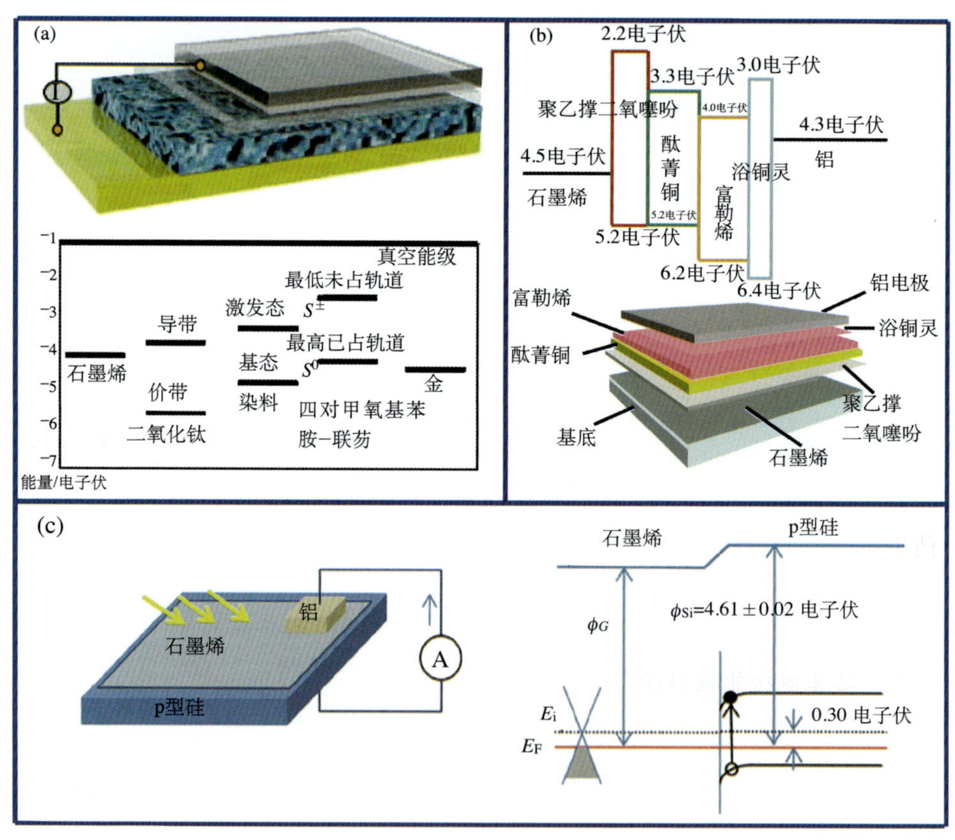

图2 石墨烯作为透明电极在光伏电池上的应用

(a) 染料敏化电池；(b) 有机电池；(c) 肖特基电池

低于采用ITO作为透明电极的电池效率（1.27%），在弯曲条件下石墨烯太阳电池性能优于ITO。此外，通过调控石墨烯的功函数，石墨烯与n型或p型（图2c）单晶硅结合构成了石墨烯/硅肖特基结，分别获得约1.5%和0.01%的光电转换效率。另外，石墨烯与n型CdS纳米线结合，获得电池效率高达1.65%。尽管采用石墨烯透明电极的电池效率较传统电池还有一定的差距，研究表明石墨烯仍然具有应用于光伏器件的潜力。目前，如何提高石墨烯导电和透光性能，实现与太阳电池功函数相匹配，优化电池的载流子分离、传输特性和光电转换效率是值得深究的问题。

2. 石墨烯对电极/背电极

对电极是DSC必不可少组成部分，石墨烯由于制备成本低，对$I^{3-}/I-$电对催化活性高，导电能力强，被看做是一种理想的金属箔（Pt）替代物。采用1-吡啶酸修饰的石墨烯/FTO作为对电极获得2.2%的电池效率，高于采用FTO对电极的电池效率（0.048）。此外，通过石墨烯与PEDOT：PSS复合作为对电极，电池效率达到4.5%。目前，研究人员通过不断提高石墨烯的质量，采用石墨烯作为对电极获得高效率DSC指日可待。目前，CdTe太阳电池的主要问题在于p型CdTe的功函数（5.9电子伏）较高，没有合适的背电极与之相匹配。笔者所在课题组利用硼掺杂来提高石墨烯的功函数，以使石墨烯背电极与CdTe形成良好的欧姆接触，提高了电池效率（7.68%）。

3. 石墨烯光阳极

在DSC制备过程中，粗糙的透明导电材料（transparent conducting oxide, TCO）表面很难被TiO_2颗粒完全覆盖，使部分TCO表面与电解质直接接触，造成开路电压降低。此外，由于电子在TiO_2电极传输过程中易与空穴复合，导致光生电流大量损失。因此，采用石墨烯与TiO_2复合是提高电池效率非常有效的办法。笔者所在课题组将石墨烯与TiO_2复合后制成光阳极，使其电池效率提高59%，电池效率达到4.3%。由于石墨烯提高了TiO_2电极中的电子迁移速率，抑制其与空穴复合，提高了电子寿命。同时，石墨烯独特的二维片状结构改善了光阳极粒子的堆积结构，使得染料吸附量明显提高，从而提高电池效率。

4. 石墨烯其他功能性用途

官能化的石墨烯可以作为电子受体，在 AM1.5 光照条件下，OPV电池效率为1.1%。石墨烯还可以同P3OT和P3HT复合用作光敏层，制得的太阳能电池效率可达1.4%。此外，Eda等利用$SOCl_2$还原处理氧化石墨烯，使其薄膜电阻减小到原来的1/5，实现石墨烯的p型掺杂，采用Cl^-掺杂的石墨烯作为有机太阳能电池的空穴收集材料，获得的电池效率为0.1%。

四、石墨烯吸收层

单层石墨烯有效质量为零，在狄拉克点附近，能带具有线性色散关系，双层石墨烯为近似抛物线状能带结构，三层以上的石墨烯能带结构逐渐变得复杂，如图3所示。若将石墨烯作为吸收层应用光伏器件，能隙的引入与调制是关键。目前，引入能隙的手段主要有：①在双层石墨烯中通过化学掺杂、电场诱导、应变诱导和化学势场等方式引入对称破缺，实现人工调制能隙；②利用量子限域效应和边缘效应，通过形成石墨烯纳米带引入能隙；③利用基底作用诱导（如SiC、BN基底上的外延石墨烯）产生能隙。其中，化学掺杂被认为是调控石墨烯电学性质的有效手段之一，研究人员采用CVD法生长了氮掺杂的少数层石墨烯，主要以石墨N形式存在，表现出 n 型导电特征。阿贾扬（Ajayan）研究组实现了BN在石墨烯晶格中的掺杂，能够使石墨烯实现半金属—半导体—绝缘体的转变，显示了这种掺杂方式在微电子工业中的潜在应用前景。

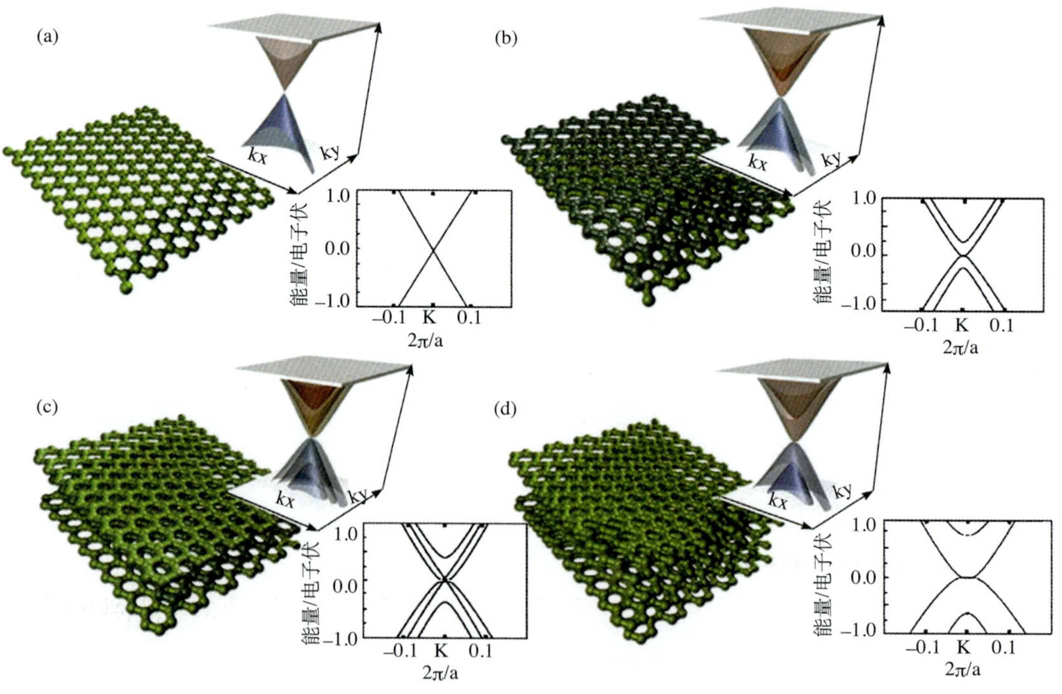

图3 石墨烯和石墨的能带图

(a) 单层；(b) 双层；(c) 多层；(d) 石墨烯和石墨

此外，对石墨烯边界引入含氧官能团、—NO_2和—CH_3等官能团进行化学修饰也可以达到石墨烯掺杂的目的，同时，石墨烯的导电性质得以改善。目前，石墨烯带隙调控方面的研究还处在探索阶段，带隙调控大小仍然有限。因此，如何根据光伏电池的需求对石墨烯带隙进行预期有效的调控是我们所面临的机遇和挑战。

五、全石墨烯基太阳能电池展望

石墨烯作为透明电极、光阳极、背电极、对电极和光活性层复合材料等在太阳能电池上获得尝试，尽管其效率仍然低于硅基太阳电池，但石墨烯因其制备成本低，优异的电学和光学特性，全石墨烯太阳能电池将是未来太阳能电池领域的一个发展方向。可以预见，随着石墨烯制备和电池组装技术的发展，全石墨烯基太阳能电池将会更加稳定，成本更低，也更加高效。

参 考 文 献

1 Novoselov K S, Geim A K, Morozov S V, et al. Electric field effect in atomically thin carbon films. Science, 2004, 306 (5696): 666~669

2 Lee C, Wei X D, Kysar J W, et al. Measurement of the elastic properties and intrinsic strength of monolayer graphene. Science, 2008, 321 (5887): 385~388

3 Novoselov K S, Geim A K, Morozov S V, et al. Two-dimensional gas of massless Dirac fermions in graphene. Nature, 2005, 438 (7065): 197~200

4 Kim K S, Zhao Y, Jang H, et al. Large-scale pattern growth of graphene films for stretchable transparent electrodes. Nature, 2009, 457 (7719): 706~710

5 Li X S, Cai W W, An J, et al. Large-area synthesis of high-quality and uniform graphene films on copper foils. Science, 2009, 324 (5932): 1312~1314

6 Bae S, Kim H K, Lee Y B, et al. Roll-to-roll production of 30-inch graphene films for transparent electrodes. Nat Nanotechnol, 2010, 5: 574~578

7 Wang X, Zhi L J, Mullen K. Transparent, conductive graphene electrodes for dye-sensitized solar cells. Nano Lett, 2008, 8 (1): 323~327

8 Arco L G D, Zhang Y, Schlenker C W, et al. Continuous, highly flexible, and transparent graphene films by chemical vapor deposition for organic photovoltaics. Nano, 2010, 4 (5): 2865~2873

The Thinnest Two-dimensional Nanomaterial

—Graphene and Its Photovoltaic Applications

Bi Hui, Huang Fuqiang

Graphene as the thinnest two-dimensional material exhibits unique optical and electrical properties. These exceptional advantages possess great promise for its potential applications in photovoltaic devices. In this review, preparation methods of graphene are described, and applications of graphene as transparent conductive electrodes, counter electrodes, back electrodes and photoelectrodes in organic solar cells, Schottky Junction solar cells, CdTe solar cells and dye-sensitized solar cells are presented, respectively. The bandgap engineering of graphene is expounded in details, and feasibility of graphene-based solar cells is also prospected.

2.5 高通量测序时代下的人类疾病研究进展

人类遗传与个体化医学课题组

（深圳华大基因研究院）

疾病发生和发展的机制一直是科学研究的前沿和热点。过去传统的疾病研究模式，是以假说为导向，即首先假设某基因为致病候选基因，再对其进行深入研究。这种旧的研究模式一次只能研究单个或几个基因，无异于大海捞针，即使成功也存在很多偶然性。然而，21世纪初随着测序技术的不断发展，人类基因组图谱的成功绘制，尤其是2005年起以罗氏（Roche）公司的“454”技术，依露米娜（Illumina）公司的索莱克沙（Solexa）技术和ABI公司的SOLiD技术为标志的第二代测序技术相继问世，标志着人类进入了“后基因组时代”。人类对疾病机制的研究逐步深入，疾病的研究模式也发生了重大改变，从过去以假说为导向的研究模式变成如今以数据为导向，现代化、工业化的研究模式，极大地加速了人们对于疾病的认识，为疾病的研究、诊断、预防及治疗都提供了更为有效的手段。

与第一代技术相比，第二代测序技术不仅保持了高准确度，而且大大降低了测序成本并极大地提高了测序速度。以前用第一代测序技术花30亿美元用了13年时间才完成的人类基因组，现在通过第二代高通量测序只需几万美元在一天内就可完成。这种高通量平行测序研究使人们能够以更低廉的价格，更全面、更深入地对疾病进行研究，打破了以前低通量对疾病研究的限制。由此得出的大量数据，与疾病相关的临床信息（发病年龄、治疗史、疗效、家族史、易感性等）相结合，为全面揭示疾病的生物学机制奠定了重要基础。

一、高通量测序技术在不同疾病研究中的进展

根据疾病的不同类型，其研究方法与手段也不同，在此，我们将疾病划分为三种类型，即复杂疾病、癌症、单基因病，来进行具体描述。

（一）复杂疾病

复杂疾病是由多个微效基因与环境因素共同作用所致，具有明显的遗传异质性、表型复杂性及种族差异性等特征。常见的复杂疾病包括肿瘤、糖尿病、心血管疾病、退行性疾病、神经精神疾病、自身免疫及免疫相关疾病、感染性疾病、消化系统疾病等严重影响人类身心健康的常见疾病。遗传因素在复杂疾病的发生中起到重要作用。随着国际人类基因组计划（HGP）和国际人类基因组单体型图计划的相继完成，基于芯片技术的基因组关联分析（genome wide association study，GWAS）研究为全面系统研究复杂疾病的发病机制提供了更多的线索。GWAS的兴起，掀起了人类研究复杂疾病易感基因的浪潮。目前，GWAS已经被广泛应用于高血压、糖尿病、癌症、精神分裂症等200多种复杂疾病的研究，并有超过700篇的GWAS文章已经发表。截至2010年11月23日，通过GWAS研究已发现3558个与疾病/性状相关单核苷酸多态性（single nucleotide polymorphism，SNP），确定的疾病/性状相关的易感基因或位点达700多个。这些易感基因的发现对进一步理解疾病的遗传学基础和发病机制具有重要的意义，不仅对今后疾病发病机制的研究奠定了基础，而且为基因诊断、靶向治疗带来契机。我国科学家也在银屑病、精神病和冠心病等方面开展了GWAS研究并取得成效，如安徽医科大学张学军研究团队就处于GWAS研究的领先水平。

然而这种基于传统芯片的GWAS研究的临床意义逐渐也受到较大质疑，因其仅能解释小部分常见疾病的遗传风险，如所捕获到的变异位点大多致病效力很低，不足以解释该疾病以及进行药物开发和疾病预防。这是由于目前的基因分型芯片挑选的SNPs大多都是频率在5%以上的常见SNPs，因而识别出的易感变异也大多都是常见变异，而这些常见变异对疾病发生的贡献度往往很低，不超过20%，这一现象被称为“遗传度缺失”，是当前复杂疾病基因组研究的一个主要难题。随着研究的不断深入，更多的数据证据显示，人类复杂疾病极有可能由大量低频的（次要等位基因频率，MAF<5%）、新的、稀有突变的累加效应所导致[1]。这一现状为高通量测序为复杂疾病的研究埋下了伏笔。

2010年10月4日，由深圳华大基因研究院与美国加利福尼亚大学伯克利分校、丹

麦哥本哈根大学等单位合作的研究成果——“对200个人类外显子的测序揭示大量低频率非同义突变的存在”，在国际著名学术杂志《自然·遗传学》上发表，该项研究对200个丹麦人的外显子区域18 654个编码基因进行了捕获测序[2]。研究结果显示编码区包含的低频有害突变比例比预期大很多。该研究完成了目前在人类外显子区域规模最大、分辨率最精细的遗传图谱，并以翔实的数据证明，人群当中的低频率多态性位点富集了大量能引起蛋白质氨基酸序列改变的变异，而这类变异在人群中受到自然选择作用，可能具有影响人类健康的功能。该研究是中丹合作糖尿病关联基因及变异研究（LuCAMP）项目的一部分，此项目旨在利用高通量测序技术对1000个内脏肥胖病人和1000名对照健康人进行外显子组测序，然后进一步在大量样本中进行基因分型验证，计划鉴定出新的与代谢疾病相关的常见突变和稀有突变（图1）。这一成果必将为大样本量外显子测序研究复杂疾病奠定了坚实的基础。据估计，人类基因组的蛋白质编码区域大约占到疾病诱导突变的85%，而这些编码蛋白质的外显子区域仅占人类基因组中1%，所以外显子测序相对于全基因组重测序费用更加低廉，更适合大样本量的研究，能够得到位于编码区的SNPs和小的插入与缺失（InDel），大大降低了测序成本

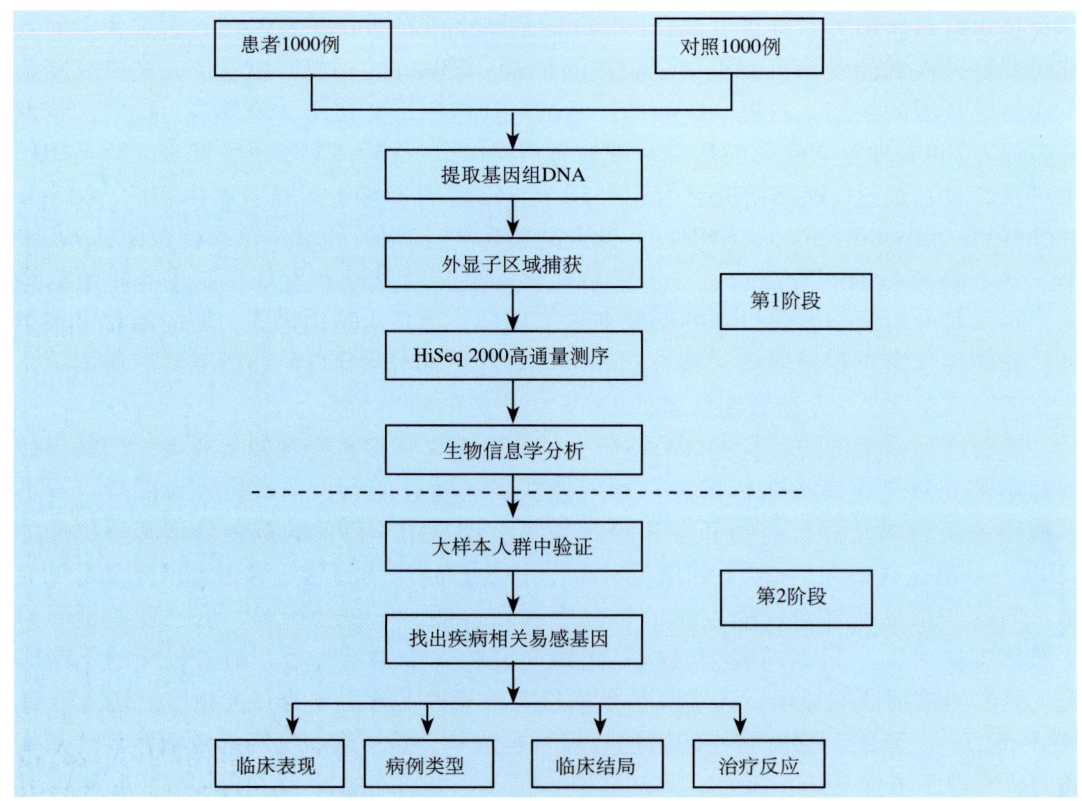

图1　中丹合作糖尿病关联基因及变异研究实验技术路线

并提高了效率，为复杂疾病的研究提供了崭新的思路。2010年10月，美国学者在《新英格兰医学杂志》上发表了第一篇运用外显子技术研究复杂疾病的文章，通过对一个低脂血症家系中2名患者及与该家系同祖先的60个正常人进行外显子深度测序，在患者中发现了约18 000个突变，通过公共数据库和60个正常人过滤后，只选取两名患者共有的突变，找到了在*ANGPTL3*基因中有2个非同义突变。研究者接着对家系其他成员展开验证工作，发现有这2个突变的个体患病，无此突变或者只有一个突变的表型正常。再扩大样本（1000多例）验证发现结果也非常一致[3]。这篇文章进一步证实了外显子组测序对复杂疾病的研究非常奏效。除了全基因组测序及外显子测序外，目标基因组区域测序在研究复杂疾病方面也日渐红火。这种测序方法基于大量前期研究（如GWAS等）结果，对与疾病相关的特定染色体或特定基因区域进行捕获后测序。这种更具针对性的测序策略大大缩短了研究周期并加速了临床应用，在基因靶向药物鉴定及治疗方面前途无量。

高通量测序技术不仅在DNA水平，在表观遗传学及宏基因组研究水平上，也显示出很大的优势。2010年9月，英国牛津大学等机构的研究人员在《基因组研究》杂志上发表了一篇关于利用染色体免疫共沉淀测序研究维生素D受体蛋白质的文章。文章中发现维生素D进入人体后会激活一种名叫维生素D受体的蛋白质，在DNA链上有2776个可供维生素D受体蛋白质结合的位点，对这些位点进行的分析显示，维生素D可以影响229个基因的活性。这些基因已经被证明与一系列疾病有关，如多发性硬化症、风湿性关节炎、慢性淋巴细胞性白血病、1型糖尿病和肠癌等[4]。2010年3月，深圳华大基因研究院与法国国家科学研究中心在美国《自然》杂志上公布人体肠道菌基因组研究成果，基于第二代测序技术，研究人员成功在人肠道中找到了330万左右的非冗余基因，其中78%是新发现的基因。此结果使人类更全面了解了人肠道中细菌的物种分布，并且对人肠道中细菌的基因进行功能注释，为后续研究肠道微生物与人肥胖、肠炎等复杂疾病的关系提供非常重要的理论依据[5]。

这些利用高通量测序技术研究复杂疾病的文章如雨后春笋般涌现在国际一线期刊上，成为疾病研究领域中一大亮点。虽然复杂疾病的研究道路还很漫长，但相信随着高通量测序技术的不断发展和进步，研究者会发现越来越多与复杂疾病相关的新的、低频的和稀有的突变位点。这些突变的发现会更好地解决“遗传缺失”这个难题。

（二）癌症

癌症是可怕的人类杀手，死亡率非常高，全球死亡的每8个人中就有1个死于癌症。癌症研究起源于20世纪，但当时科技水平的局限性，认识仅停留在细胞水平。20世纪80年代分子生物学的兴起，使人们能在更微观的水平研究癌症，发现了患有癌症的病人在染色体数目和形态方面存在相当大的变异。21世纪初随着国际人类基因组计划的完成，癌症研究逐渐深入到基因组水平。目前研究发现，基因组的不稳定性是癌症的一大特征。癌症发生的根本原因是基因组发生了变异，碱基突变激活癌基因和/或抑制抑癌基因的表达。

随着大规模高通量测序工业化的研究模式颠覆了传统模式，癌症研究领域也掀起了一轮发现癌基因的高潮。人们逐渐发现基因组突变分两种，即“司机”（driver）突变和“乘客”（passenger）突变，癌症正是这两种突变不断累计的结果。当基因组在体内微环境和外界环境作用下发生driver突变时，将造成致癌基因激活和/或抑制癌基因失活。如果driver突变不断出现并引起癌转移相关基因的突变时，病情将持续恶化并在全身形成癌的转移灶[6]。另外，癌症具有不同于单基因病和复杂疾病的一个特点，即高度异质性。也就是说，患同一种癌症的各个病人之间情况是不同的，同一病人的两个癌组织之间也存在异质性。这种高度异质性给研究者们提出了一个很大的挑战，不过目前基于第二代高通量测序的外显子组测序和全基因组测序为研究人员提供了强有力的武器。近几年，已经有研究人员用它们发现了一些非常有价值的研究结果。

美国《科学》杂志早在2010年初就预测外显子组测序将会成为应用第二代测序技术研究癌症的热点。第一篇真正应用基于高通量测序的外显子组测序技术研究癌症的文章发表在2010年10月的《科学》杂志上[7]，该文章发现*ARID1A*基因是透明细胞卵巢癌的致癌基因，其编码的一个蛋白会参与染色质重塑，从而引发癌症。最近发表的一篇应用外显子组测序技术研究癌症的文章，发表在2010年12月的《科学》杂志上，并被《科学》评为2010年度十大科学突破之一[8]。这是华盛顿大学医学院的研究人员在研究葡萄膜恶性黑色素瘤这种成年人中最多见的一种恶性眼内肿瘤时，发现一个叫做*BAP1*的关键基因，这一研究成果可能作为未来治疗这种癌症的靶标。

与外显子组测序相比，全基因组测序是最全面的研究手段，除了可检测编码区域的点突变，还可鉴定非编码区域的拷贝数变化和染色体内/间重组造成的结构变异等大范围基因组结构变异[6]。自2008年开始应用全基因组测序研究癌症以来，陆续发表了一些研究不同癌症的文章[9]。第一篇应用全基因组研究癌症的文章于2008年11月发表在《自然》杂志上[10]。该文章将急性骨髓白血病（AML）病人的肿瘤基因组与其皮肤中提取的正常基因组比对后，发现了10个可能与AML有关的突变，其中8个突变之前从未被认为与AML有关（图2）。美国国立人类基因组研究所前任主管弗朗西斯·柯林斯（Francis Collins）认为这在癌症研究中是一个真正的里程碑，因为首次确定人类癌症基因组的完全DNA序列，并与同一个体的正常组织相比较。这踏出了大规模基因组测序的关键一步，为揭示白血病及其他癌症的全貌打下了坚实基础。在这项研究有力地证明了全基因组测序技术的有效性并引起关注后，2009年和2010年相继有2篇应用全基因组测序技术研究急性骨髓白血病的文章发表在《新英格兰医学杂志》上，发现了更多致癌突变[11, 12]。

由于癌症基因组变异的复杂性，彻底破译癌症突变密码需要全球科学家通力合作。因此，2008年国际上发起成立了国际癌症基因组联盟（International Cancer Genome Consortium，ICGC），计划研究至少50种或亚种癌症，每种癌症至少研究500个患者，最终以25 000位癌症患者的基因为样本破译癌症基因组。这是一项与国际人类基因组计划具有同等重要意义的研究计划。如果癌症基因图谱绘制成功，将为全世界提供更好的诊断、治疗和预防癌症的方法。该计划的研究思路、研究方案以及参与国家已由200多名作者合著成论文，发表于2010年4月的《自然》杂志[13]。深圳华大基因研究院作为世界最大的基因组测序中心，是中国部分的主要承担者之一，主要负责胃癌的研究。

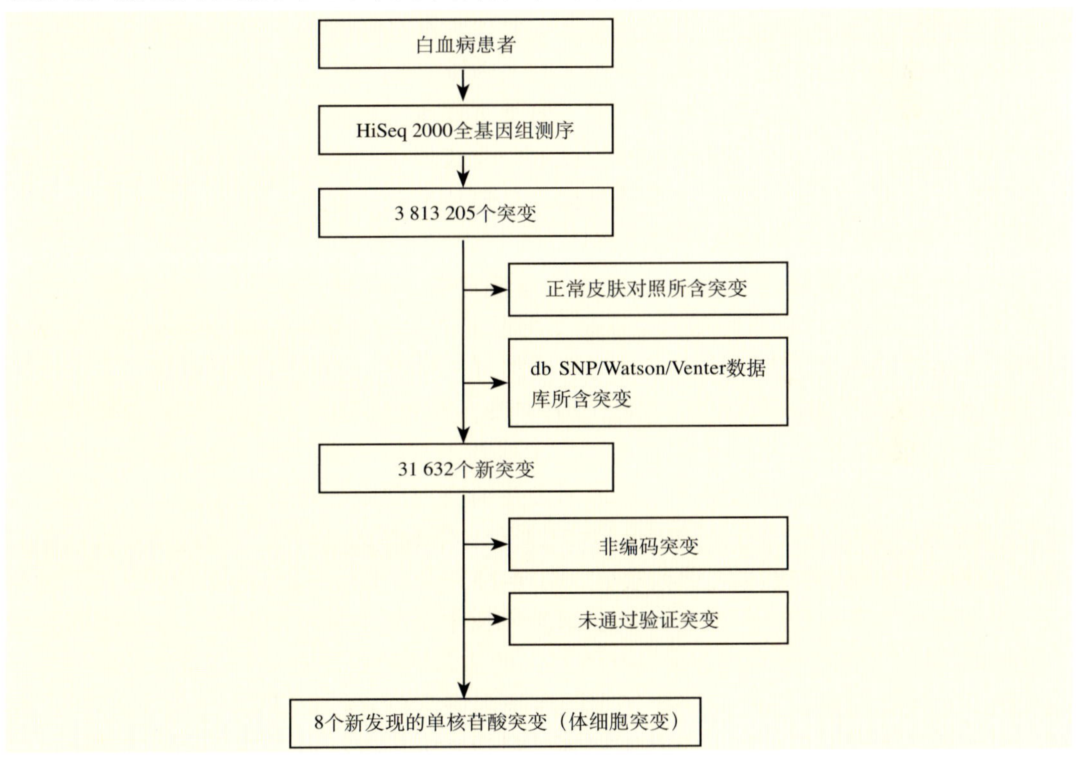

图2 白血病全基因组测序流程图

短期而言，这方面的研究结果还很少能作为生物靶标，暂时难以为癌症的预测和个体化治疗提供太大参考价值。不过，基因组学的发展速度常常是令人惊讶的，随着技术的巨大进步和价格急剧下降，这方面的研究前景是不可估量的，也将最大化利用个人基因组的数据。将来，我们也许可以就每个人的个人基因组读出很多有用信息，判断其患各种癌症的概率，并给出对应的保健建议。不仅如此，针对已患癌症病人还可进行针对其特异突变位点的个体化治疗，做到因人而异。这样可以有效避免现在的滥用药现象，将副作用和治疗费用降到最小，同时缩短疗程提高疗效。

（三）单基因病

单基因病指由单个基因突变所引起的疾病，符合孟德尔遗传规律。根据遗传方式的不同，分为常染色体显性遗传、常染色体隐性遗传、X连锁显性遗传、X连锁隐性遗传、Y连锁遗传。目前已发现的人类单基因病约5000种，常见的有短指症、β-地中海贫血、白化病、色盲、血友病、先天性聋哑等。单基因病与遗传背景有很大关系，很多人患病与否不是由其出生后的行为和生活方式决定的，而在很大程度上由自身所携带的遗传致病基因决定。因此，检测出各种单基因病的致病基因，对于通过个人基因组进行疾病的预测、诊断和治疗具有非常实际的意义。第二代高通量测序技术的出现大大推进了单基因病致病基因的发现速度。对家系样本不需要严格的要求在很大程度上解放了单基因病研究，可将不同家系的样本一起直接进行高通量测序，通过生物信息分析得到较少候选基因，使后期验证容易，且定位准确。此外，高通量技术和信息分析的突破，使研究时间单位从年缩短到月。

外显子组测序技术是当前第二代高通量测序技术中研究单基因病的有效途径。2009年8月在《自然》杂志发表的文章第一次报道了运用外显子组测序技术鉴定罕见孟德尔遗传疾病的诱发基因，证实了其可靠性和可行性[14]。自此，国际上掀起了一股用高通量测序技术研究单基因病的热潮。2010年8月单月就发表了3篇应用外显子组测序研究单基因病的文章[15~17]。中国方面，为了将我国丰富的单基因病遗传资源转化为科学发现，为人类健康和医疗服务，深圳华大基因研究院充分利用自身先进的测序能力和强大的生物信息分析能力在2010年5月启动了千种单基因病计划，加速单基因病研究进展。该计划最新研究成果在线发表在2010年11月的《脑》（*Brain*）杂志上，是和中南大学湘雅医院等单位合作利用外显子组测序技术研究小脑共济失调，发现了新的致病基因*TGM6*，这对今后阐明该病发病机制、遗传诊断和新药研发具有重要的研究和应用价值。这是我国科学家应用外显子组测序技术进行单基因病研究的一项突破[18]。外显子组测序技术已经得到国际单基因病领域科学家的广泛认可，也将越来越多地应用于单基因疾病的研究中。

全基因组测序技术也在逐渐应用于单基因病研究。2010年3月，《科学》杂志发表了利用全基因组重测序技术研究一个家族内的单基因遗传病的文章[19]。随着人们应用全基因组重测序技术和信息分析方法越来越成熟，这项技术也将更全面地阐明个人基因组与单基因病的关系。

作为疾病中最依赖于遗传的一种，单基因病基因组图谱的早日绘制成功，具有更重大的临床和现实意义。图谱中的突变基因将可直接作为预测、诊断和治疗的靶点。将来有家族史的人一出生，就可以通过测定自己的个人基因组而得知患病风险和发病概率，采取积极的预防措施。若患病，也可以根据家族的个人基因组信息对照疾病基因组图谱而确定适合自己的治疗策略。

二、结　　语

高通量测序技术的持续发展将通量进一步增加，费用进一步降低。除了DNA水平，高通量测序技术还将在RNA水平、表观基因组水平、宏基因组水平甚至蛋白质组水平等多组学得到广泛应用。当高通量测序将多组学水平打通后，人们将对个人基因组建立起系统和全面的理解。未来几年当个人测序价格降到1000美元时，就是个人基因组的时代。疾病大量相关数据的积累将发挥其注释作用，使一直隐藏在疾病背后的重大发病机制暴露在世人面前。到时，人人都可以根据自身基因组信息，了解自己的健康状况，在医生帮助下制定个性化治疗策略。在个人基因组时代即将来临的大背景下，我们需要做的是加快高通量测序在疾病研究上的技术应用和科学发现。虽然利用高通量测序技术研究疾病起步不久，但从已取得的巨大成果中我们有理由相信它将会为疾病的预防、诊断和治疗带来重大变革，最终为个性化医疗铺平道路。

参 考 文 献

1 Manolio T A, Collins F S, Cox N J, et al. Finding the missing heritability of complex diseases. Nature, 2009, (461): 747~753

2 Li Y, Vinckenbosch N, Tian G, et al. Resequencing of 200 human exomes identifies an excess of low-frequency non-synonymous coding variants. Nat Genet, 2010, (42): 969~972

3 Musunuru K, Pirruccello J P, Do R, et al. Exome sequencing, ANGPTL3 mutations, and familial combined hypolipidemia. N Engl J Med, 2010, (363): 2220~2227

4 Sreeram V, Ramagopalan Andreas Heger, Antonio J Berlanga, et al. A ChIP-seq defined genome-wide map of Vitamin D receptor binding: associations with disease and evolution. Genome Res, 2010, (20): 1352~1360

5 Qin J, Li R, Raes J, et al. A human gut microbial gene catalogue established by metagenomic sequencing. Nature, 2010, (464): 59~65

6 Stratton M R, Campbell P J, Futreal P A. The cancer genome. Nature, 2009, (458): 719~724

7 Jones S, Wang T L, Shih I M, et al. Frequent mutations of chromatin remodeling gene ARID1A in ovarian clear cell carcinoma. Science, 2010, (330): 228~231

8 Harbour J W, Onken M D, Roberson E D. Frequent mutation of BAP1 in metastasizing uveal melanomas. Science, 2010, (330): 1410~1413

9 Meyerson M, Gabriel S, Getz G. Advances in understanding cancer genomes through second-generation sequencing. Nat Rev Genet, 2010, (11): 685~696

10 Ley T J, Mardis E R, Ding L, et al. DNA sequencing of a cytogenetically normal acute myeloid leukaemia genome. Nature, 2008, (456): 66~72

11 Mardis E R, Ding L, Dooling D J, et al. Recurring mutations found by sequencing an acute myeloid leukemia genome. N Engl J Med, 2009, (361): 1058~1066

12 Ley T J, Ding L. DNMT3A mutations in acute myeloid leukemia. N Engl J Med, 2010, (363):2424~2433

13 Ledford H. The cancer genome challenge. Nature, 2010, (464): 972~974

14 Ng S B, Turner E H, Robertson P D, et al. Targeted capture and massively parallel sequencing of 12 human exomes. Nature, 2009, (461): 272~276

15 Ng S B, Bigham A W, Buckingham K J, et al. Exome sequencing identifies MLL2 mutations as a cause of Kabuki syndrome. Nat Genet, 2010, (42): 790~793

16 Bilgüvar K, Oztürk A K, Louvi A, et al. Whole-exome sequencing identifies recessive WDR62 mutations in severe brain malformations. Nature, 2010, (467): 207~210

17 Krawitz P M, Schweiger M R, Rödelsperger C, et al. Identity-by-descent filtering of exome sequence data identifies PIGV mutations in hyperphosphatasia mental retardation syndrome. Nat Genet, 2010, (42): 827~829

18 Wang J L, Yang X, Xia K, et al. TGM6 identified as a novel causative gene of spinocerebellar ataxias using exome sequencing. Brain, 2010, (133): 3510~3518

19 Roach J C, Glusman G, Smit A F, et al. Analysis of genetic inheritance in a family quartet by whole-genome sequencing. Science, 2010, (328): 636~639

The Research Progress on Human Disease in the High-throughput Sequencing Era

Department of Human Genetics & Personalized Medicine

The rise of second-generation sequencing technologies revolutionized methodologies in human disease research. With the rapid development of high-throughput sequencing and analysis technologies, the data-driven, industrialized modern research mode is challenging the conventional hypothesis-driven mode, which significantly boost discoveries in disease-related genes and our understanding of diseases. Future widely applications of high-throughput sequencing technologies in "omics" would establish solid basis for individual genome annotation, disease prevention, diagnosis and personalized therapy.

2.6 叶片衰老的分子调控与作物农艺性状的改良策略

蒯本科

（复旦大学）

功能叶片是植物生长发育的营养源器官。对于新生器官/个体（幼叶、枝条、无性繁殖器官、花果、合子）而言，功能叶片的光合作用类似于哺乳动物的“母体孕育”功能，为它们源源不断地提供生长发育所需的光合产物。叶片启动衰老以后，光合功能逐渐衰退，取而代之的是积累在其中的营养物质的高效再动员（remobilization）并快速转运到新生器官/个体中，进一步助推它们的健硕发育或物种的成功繁衍，这一过程类似于哺乳动物个体出生初期的“母体哺育”行为。对于许多一年生的作物而言，生长季节后期叶片集中启动衰老，将其中的营养物质高效转运到种子或收获器官，以近乎爆发的方式完成营养物质再动员。这种集中衰老的启动时间和进程速率关乎产量/品质性状形成的两个关键要素——光合总量和收获指数之间的平衡点；理想的叶片衰老特征是使得光合总量和收获指数双双达到最大化。

一、叶片衰老分子调控的研究进展

以光合功能衰退为基本属性特征的叶片衰老过程，耦合着具有显要生物学意义的营养物质的高效再动员，为此叶片衰老有别于动物器官的衰老，被界定为发育的最后阶段。虽然多种内外因素可以影响叶片衰老的启动和进展，叶片发育的阶段属性是制约叶片衰老启动时间和进展特征的基本因素。在发育至成熟之前，叶片不会启动衰老程序；待发育成熟之后，在衰老促进激素（乙烯、茉莉酸、脱落酸和水杨酸等）或逆境（病害、营养缺乏、干旱、极端温度、遮光、紫外线和臭氧等）的胁迫下，叶片可能会提前启动衰老程序，这种胁迫导致的衰老在胁迫因素消除之后有可能发生逆转；当成熟叶片逼近其功能期的末期，会自动启动衰老程序，这种自然的衰老进程是不可逆转的。Jing等[1]利用拟南芥模式系统，以乙烯诱导叶片衰老的响应性为切入点，鉴别出了多个与发育阶段属性有关的基因*OLDs*，并提出了叶片衰老的“窗口”（senescence window）学说，即只有当叶片发育到一定的程度，才能够被乙烯等因子诱导启动衰老程序。然而，目前关于这一属性的分子生物学机制和生物化学基础仍然知之甚少。Dai等[2]发现，糖浓度升高到一定程度可以诱导叶片启动衰老程序。

近年来，借助于突变体/遗传材料和转录组分析，先后鉴别出了多个叶片衰老的正负调控因子，其中关键的正调控因子有AtNAP、NAC和WRKY53 [3~5]；通过抑制表达或过表达这些因子，可以显著地延缓或促进叶片衰老的启动时间和进展速率。然而，这些正负调控因子之间，包括与上述不同类型激素之间，如何协同调控叶片衰老的启动与进程，仍有待深入探索。

二、叶片衰老启动与进程的调控：作物遗传改良的新策略

伴随着我国耕地面积的减少和农业生产环境的恶化，我国粮食生产的安全性长期处于一种警示状态。提高产量潜力是作物遗传改良的永恒主题。实际上，产量与品质和抗逆性（或适应性）的改良是互为前提、三位一体的遗传改良目标。目前的主流育种技术所能发掘的产量潜力已经或正在逼近一个平台。以水稻为例，新品系（新组合）的产量潜力增幅达到5%即可被审定成为新品种（新组合）。试图依据形态指标不断发掘新的种质资源和配置复杂的杂交（杂种）组合，在上述多个复杂性状上同时获得实质性的遗传改良进度已经变得愈来愈艰难，整个作物育种体系上期待着思路和技术途径上的创新和突破。

长期以来，育种工作者以产量要素（子粒大小和数目、穗数和分蘖数等）为筛选指标，通过杂交育种和/或杂种配制，培育了大量的划时代品种，使得产量潜力成倍增加。通过对过去几十年中主要作物代表性品种的系统分析发现，产量潜力的增加主要得益于光合作用持续时间和光合叶面积的增加，而非光合速率的提高[6]。自1939年至今，商业玉米品种籽粒产量增加了近6倍，其遗传改良上的进步主要归因于叶片功能期的延长[7]。这表明在叶片功能期的调控方面存在可被以产量为育种目标的定向选择而累积的丰富遗传变异度。这种遗传变异度不仅丰富，而且变异幅度显著，如小麦和燕麦育种姊妹系/近等基因系中叶片晚衰品系比对照可增产20%左右，而早衰品系可减产20%以上[8]。不仅如此，叶片衰老启动推迟和进程延缓还能够增加高粱、玉米和小麦等作物对干旱的抗性。不过，如果叶片衰老启动太迟，不仅会导致大豆和小麦等作物显著减产，而且还会导致种子营养品质下降[9]。这些相关性提示，功能叶片启动衰老的时间和衰老进程速率与农艺性状之间存在密切的内在联系，涉及多种信号和代谢途径的平衡调控，且不同类型作物中可能存在不同的平衡调控关系，其中的分子机制有待全面深入的探索。

令人鼓舞的是，近年来利用转基因技术在许多作物（莴笋、西兰花、白花菜、水稻、烟草等）中过表达单个细胞分裂素合成酶基因*IPT*能够显著延缓叶片衰老和提高植株对极度干旱的抗性，进而减少作物在逆境条件下的产量损失和延长蔬菜采后的货架期[9]；通过抑制衰老期间单个衰老正调控因子NAP的表达，可以显著地延缓主要作

物（大豆、棉花等）叶片衰老进程，增加了它们的产量潜力/抗逆性（研究成果待发表）。

三、结语与展望

叶片早衰是目前影响作物高产稳产的主要农业生产问题之一。通过研究主要作物叶片衰老与农艺性状之间的协同调控关系和途径，发掘重要的调控节点，借助于现代生物技术手段，恰到好处地调控叶片衰老启动的时间节点和提高衰老期间的营养物质再动员效率，有望发展出作物农艺性状生物技术改良的新颖策略和技术体系。

参 考 文 献

1 Jing H C, Sturre M J, Hille J, et al. Arabidopsis onset of leaf death mutants identify a regulatory pathway controlling leaf senescence. Plant J, 2002, (32): 51~63

2 Dai N, Schaffer A, Petreikov M, et al. Overexpression of Arabidopsis hexokinase in tomato plants inhibits growth, reduces photosynthesis, and induces rapid senescence. Plant Cell, 1999, (11): 1253~1266

3 Guo Y, Gan S. AtNAP, a NAC family transcription factor, has an important role in leaf senescence. Plant J, 2006, (46): 601~612

4 Uauy C, Distelfeld A, Fahima T, et al. A NAC gene regulating senescence improves grain protein, Zinc, and Iron content in wheat. Science, 2006, (314): 1298~1301

5 Miao Y, Laun T, Zimmermann P, et al. Targets of the WRKY53 transcription factor and its role during leaf-senescence in Arabidopsis. Plant Mol Biol, 2004, (55): 853~867

6 Richards R A. Selectable traits to increase crop photosynthesis and yield of grain crops. J Exp Bot, 2000, (51): 447~458

7 Lee E A, Tollenaar M. Physiological basis of successful breeding strategies for maize grain yield. Crop Sci, 2007, (47): 202~215

8 李宏伟,王淑霞,李滨等.早衰和小麦近等基因系旗叶产量和光合特性比较研究.作物学报, 2006 (32): 1642~1648

9 Gan S S. Senescence processes in plants. Annual Plant Reviews. Volume 26. Blackwell Publishing, 2007

Regulatory Mechanisms of Leaf Senescence and Their Exploitations in Crop Improvements

Kuai Benke

Leaf senescence is the last stage of leaf development, which is primarily regulated by the developmental status, promoted or retarded by different types of hormones, transcription factors as well as stressful environmental factors. Delaying leaf senescence usually enhances the crop yield potential and/or its resistances to stresses; however, over-delayed leaf senescence can cause reductions in the yield potential and the grain / seed quality. Increases in the level of cytokinin by the autoregulated or stress- and maturation-induced expression of IPT can significantly delay leaf senescence in many crops and consequently improve their resistances to stresses. Constitutively inhibiting the expression of endogenous NAP in soybean and cotton can also result in delayed leaf senescence and consequently an increase in their yield potential. It is therefore quietly likely to develop a novel strategy of crop improvement by adjusting the onset and progress of leaf senescence.

2.7 我国生物多样性研究进展

马克平

（中国科学院植物研究所植被与环境变化国家重点实验室）

一、引　言

生物多样性作为人类生存与发展的基础，正以前所未有的速度丧失。据国际自然保护联盟(IUCN)报道，全球6000多种两栖类中有30%受到严重威胁，自2000年以来每年有600万公顷原始森林丧失，在过去的20年中红树林丧失了35%，目前70%的珊瑚礁受到严重破坏。为了唤起全社会对生物多样性保护的重视，联合国于2010年1月11日在柏林宣布2010年为“国际生物多样性年”，主题是“生物多样性是生命，生物多样性是我们的生命”。联合国秘书长潘基文在2010年9月22日联合国大会举行的生物多样性高级别会议上强调：保护地球物种和栖息地及其所提供的物品和服务，是可持续发展和千年发展目标的核心使命。2010年10月18~29日在日本名古屋召开的《生物多样性公约》第10次缔约方大会确定了未来10年全球生物多样性保护的目标：“立即采取有效措施，遏制生物多样性丧失。”我国作为生物多样性大国积极采取行动，履行生物多样性公约。于2010年9月15日国务院126次常务会议审议并原则通过了《中国生物多样性保护战略与行动计划(2011—2030年)》，确定了我国生物多样性保护的纲领和重要举措。围绕着生物多样性保护和利用的主题，我国相关的研究工作在2010年也取得了明显的进展。

二、重要研究进展

1.生物多样性对气候变化的适应与减缓

陆地生态系统的碳平衡对生长季起止时期的温度变化非常敏感。北京大学通过分析大气二氧化碳浓度年际变化和北方陆地生态系统二氧化碳通量，发现过去20年大气二氧化碳在秋初到冬季时有增加的趋势，说明净碳吸收时期缩短。运用基于过程的陆地生物圈模型和遥感植被绿度值分析北方生态系统对秋季增温的响应，发现光合速率和呼吸速率都增加，但呼吸速率增幅要大；与此相反，春季增温时光合速率比呼吸速率增加得多。北方陆地生态系统在秋季增温时损失碳，速率为0.2 Pg℃C^{-1}，相当于春季增温吸收量的90%[1]。中国科学院昆明植物研究所在青藏高原对草地生态系统研究发现，暖冬可能缩短某些植物的生长季。因为这些植物需要有一定时期的低温休眠，暖冬会延长低温休眠时间而延迟春季返青[2]。这个结果与大多数关于植物对春季增温的响应的研究结果有所不同。北京大学在评估我国陆地生态系统碳平衡时得到结论：我国是每年0.19~0.26 PgC的碳汇，其中北方为碳源，南方为碳汇[3]。我国人口众多，二氧化碳释放量大，受气候变化的影响也是很大的，会威胁到粮食安全和可持续发展[4]。

温室气体之一的氧化亚氮浓度自工业革命以来显著增加，畜牧业被认为是主要贡献者之一。在内蒙古草原的研究却得到相反的结果：放牧可以显著降低温带草原氧化亚氮的排放。春季解冻期氧化亚氮短暂的快速释放主导了年度排放量。无放牧的草地春季解冻期氧化亚氮排放量占年释放量的72%，而重度放牧草地只占8%[5]。

2. 物种共存与生态系统维持机制

物种共存机制是理解生态系统维持机制的关键。中国科学院植物研究所以浙江古田山亚热带常绿阔叶林24公顷大型样地内14万多棵胸径大于1厘米的木本植物为研究对象，排除了易与密度制约现象混淆的生境异质性作用后，发现在常绿阔叶林内83%的物种都表现出密度制约现象，验证了密度制约机制在亚热带常绿阔叶林的普遍性[6]。根据样地幼苗动态监测数据，使用混合效应模型区分生境异质性和密度制约机制对常绿阔叶林幼苗动态的相对作用，发现生境异质性对幼苗动态的相对贡献占34.6%，密度制约机制的相对贡献占17.7%[7]。对于理解亚热带常绿阔叶林生态系统维持机制提供了量化的解释。

生态系统的恢复能力依赖于物种功能冗余和对干扰的响应多样性。包括我国海南岛的两个热带雨林生态系统在内的全球18个不同土地利用强度的生态系统类型的研究结果显示，土地利用强度明显降低物种冗余程度和功能响应多样性。这意味着为了获取资源的高强度管理可能增加生态系统对未来干扰的脆弱性[8]。这项研究涉及5个生物群区，至少2800种植物，具有比较好的代表性，也是功能性状研究的成功案例。

3.遗传多样性及其保护与利用的分子基础

大熊猫是世人瞩目的濒危物种。深圳华大基因研究院等发表了大熊猫全基因组序列框架图，拼接的重叠群为2.25 Gb, 包括大熊猫全基因组的94%左右，另外的0.05Gb可能包含食肉动物特异序列和串联序列。基因分析表明大熊猫食竹特性可能主要依赖于肠道微生物，而非本身的遗传组成。同时发现了270万个杂合子单核苷酸多态[9]。全基因组序列框架图的完成为理解大熊猫濒危机制提供了重要的信息。

基于家养动物的农业经济是多元发生的，导致人口增加，并携带家养动物和植物一起迁移。然而，早期的事件大多还是个谜。猪是家养动物中最早驯化的物种之一，中国农业大学等运用分子标记技术对1500个现代样品和18个古代样品进行分析，揭示了东亚猪的驯化历史。结果表明，中国的猪是独立驯化的，得到了基因和考古证据的支持。此外，还发现5个“隐形驯化”当地野猪种群的案例，一个在印度，3个在东南亚半岛，另一个在中国台湾沿海岛屿；这些案例还有待于考古证据证明。研究还发现大量的具有独特种质资源的野猪种群，目前还没有整合到家猪的基因组中[10]。

4.生物入侵与生物安全的生态学基础

中国科学院动物研究所以红脂大小蠹伴生菌为研究模型，以多物种协同作用为切入点，在红脂大小蠹入侵机制研究方面取得明显进展，提出共生入侵的新模式。中国红脂大小蠹伴生菌*Leptographium procerum*（*L. procerum*）通过降低寄主油松抗性和诱导寄主油松产生红脂大小蠹聚集化合物来协助红脂大小蠹在入侵地中国的侵入；另外，中国红脂大小蠹通过携带其伴生菌*L. procerum*和诱导寄主油松产生抑制其他伴生菌生长的化合物来协助中国红脂大小蠹伴生菌*L. procerum*在入侵地中国的侵入。由此从虫－菌种间协同、虫－寄主相互作用、菌－寄主相互作用和菌－菌种间竞争4个方面验证了红脂大小蠹与其中国伴生菌*L. procerum*的共生关系在入侵地的发展和保持，从而说明红脂大小蠹及其中国伴生菌*L. procerum*的入侵性。最终提出新的入侵模式——共生入侵[11]。

转基因棉花(Bt棉)自1997年开始在我国大面积种植，对棉铃虫有比较好的抗性，但对于非靶标害虫的长期影响在一定程度上受到忽视。中国农业科学院植物保护研究所利用长期监测结果揭示了Bt棉花种植对盲蝽象种群区域性灾变影响的机制。6月初到中旬，Bt棉田的棉花处于花期，且不喷洒农药，为盲蝽象等非靶标害虫的种群建立创造了条件；之后盲蝽象等非靶标害虫爆发，危害棉花和其他作物，造成区域性灾害。大面积种植Bt棉之前，控制棉铃虫的农药也能很好地控制盲蝽象等害虫。当时的棉田是盲蝽象等害虫的汇，现在变成了源[12]。

5.生物多样性编目与信息共享平台建设

《中国动物志》、《中国孢子植物志》和 *Flora of China*编研都有明显进展，2010年共正式出版8卷。泛喜马拉雅植物志的编研项目于2010年正式启动，联合喜马拉雅地区的国家和在该区域有良好基础的单位共同参与，计划50卷80册，12年完成。中国数字植物标本馆数字化标本信息达到331万号，中国自然标本馆的植物彩色照片达到170万张，《中国生物物种名录》（*CoL-China*）2008年正式发布，每年更新1次；2010年版包括中国生物物种5界27门54 836种，其中动物界16 484种、植物界35 360种、细菌界158种、色素界1543种、原生生物界1291种。在此基础上，中国科学院植物研究所组织全国的250余位植物学专家完成了我国全部的高等植物34 000多种的受威胁程度评估。结果显示有3587种高等植物为受威胁物种，占我国植物总数的10%以上。

三、结　语

我国在生物多样性研究方面具有良好的研究基础、队伍和平台，在已经取得的重要进展的基础上，需要面向国家战略需求和国际科学前沿，选择研究重点，为我国生物多样性的保护与持续利用提供科技支撑，为生物多样性科学的发展做出贡献。同时，要特别重视将一些进展比较好的项目延伸到亚洲或更大的区域，实现“走出去”战略。据此，建议重视下列重要研究方向：①生物多样性对气候变化的适应与减缓；②生物多样性的生态系统功能；③战略生物资源的保护和利用与生命条码技术的应用；④外来种入侵和转基因生物释放的环境效应；⑤生物多样性保护、恢复与重建技术与对策；⑥生物志书的编研和生物多样性编目。

参考文献

1 Piao Shilong, Philippe Ciais, Pierre Friedlingstein, et al. Net carbon dioxide losses of northern ecosystems in response to autumn warming. Nature, 2008, (451): 49~53

2 Yu Haiying, Eike Luedeling, Xu Jianchu. Winter and spring warming result in delayed spring phenology on the Tibetan Plateau. Proceedings of National Academy of Sciences, USA, 2010, (107): 22151~22156

3 Piao Shilong, Fang Jingyun, Philippe Ciais, et al. The carbon balance of terrestrial ecosystems in China.

Nature, 2009, (458):1009~1013

4 Piao Shilong, Philippe Ciais, Huang Yao, et al. The impacts of climate change on water resources and agriculture in China. Nature, 2010, (467): 43~51

5 Benjamin Wolf, Zheng Xunhua, Nicolas Brüggemann, et al. Grazing-induced reduction of natural nitrous oxide release from continental steppe. Nature, 2010, (464): 881~884

6 Zhu Yan, Mi Xiangcheng, Ren Haibao, et al. Density dependence is prevalent in a heterogeneous subtropical forest. Oikos, 2010, (119): 109~119

7 Chen Lei, Mi Xiangcheng, Liza Comita, et al. Community-level consequences of density dependence and habitat association in a subtropical broad-leaved forest. Ecology Letters, 2010, (13): 695~704

8 Etienne Laliberte, Jessie A Wells, Fabrice DeClerck, et al. Land-use intensification reduces functional redundancy and response diversity in plant communities. Ecology Letters, 2010, (13): 76~86

9 Li Ruiqiang, Fan Wei, Tian Geng, et al. The sequence and de novo assembly of the giant panda genome. Nature, 2010, (463): 311~317

10 Greger Larson, Liu Ranran, Zhao Xingbo, et al. Patterns of East Asian pig domestication, migration, and turnover revealed by modern and ancient DNA. Proceedings of National Academy of Sciences, USA, 2010, (107): 7686~7691

11 Lu M, Wingfield M J, Gillette N E, et al. Complex interactions among host pines and fungi vectored by an invasive bark beetle. New Phytologist, 2010, (187): 859~866

12 Lu Yanhui, Wu Kongming, Jiang Yuying, et al. Mirid bug outbreaks in multiple crops correlated with wide-scale adoption of Bt cotton in China. Science, 2010, (328): 1151~1152

Major Achievements of Biodiversity Research in China

Ma Keping

China is a net carbon sink in the range of 0.19~0.26 Pg carbon (PgC) per year. Northeast China is a net source of CO_2 to the atmosphere. By contrast, southern China accounts for more than 65 per cent of the carbon sink. In Inner Mongolia, grazing decreases rather than increases N_2O emissions. Intensified management of ecosystems for resource extraction can increase their vulnerability to future disturbances. Mirid bug outbreaks in multiple crops correlated with wide-scale adoption of Bt cotton in China. A draft sequence of the giant panda genome was generated and assembled. The assessment of panda genes potentially underlying some of its unique traits indicated that its bamboo diet might be more dependent on its gut microbiome than its own genetic composition. Finally, 6 priority areas for future biodiversity research in China were proposed.

2.8　艾滋病研究的现状与未来

张林琦
（清华大学，北京协和医学院）

一、艾滋病研究的现状

艾滋病是人类健康领域所面临的最大挑战之一。据联合国艾滋病规划署最新的全球艾滋病疫情报告指出，自从1981年艾滋病的发现，1983年艾滋病病毒（HIV）被分离并确定为艾滋病病原体的30年以来，全球已有近6000万人感染艾滋病病毒，其中死亡2500万。截至2010年底，全球感染者和艾滋病人数超过3300万。现在全世界平均每天新感染人数高达7000人，相当于每分钟有近5个人被艾滋病病毒感染。世界各国在艾滋病的预防、治疗和科研等方面投入了大量的人力、财力和物力，但艾滋病在世界上蔓延的趋势有增无减，严重危害着人类社会的健康发展。

我国艾滋病的流行趋势也不容乐观。我国卫生部和联合国艾滋病规划署、世界卫生组织联合评估的结果表明：截至2009年底，估计我国现存活艾滋病病毒感染者和病人约74万人，其中病人约10.5万人； 2009年新发感染者约4.8万人，因艾滋病相关死亡约2.6万人。最新的研究资料表明，艾滋病正在从高危人群向一般人群扩散，性传播逐渐成为主要的传播途径之一。历年报告病例中异性传播所占比例从2008年的40.3%上升到2009年的47.1%；男性同性性传播所占比例从2008年的5.9%上升到2009年的8.6%。虽然我国在配套政策、干预措施、诊疗救治和监测评估等方面取得了一定的成绩，但艾滋病防治工作的艰巨性、复杂性和长久性仍没有得到整个社会足够的重视。从现在的流行趋势和防治效果来看，艾滋病及其所带来的负面影响将会伴随我们几代甚至是几十代人。在国家“十一五”和“十二五”规划中，艾滋病的相关研究已列为国家重大专项之一。 我们迫切需要结合我国具体情况,吸收国外有益经验和教训，探索出符合我国国情的行之有效的防治措施，加大基础科学研究的支持和转化力度，力争把艾滋病在我国的流行控制在早期，为我国和世界艾滋病的防治做出突出贡献。

二、艾滋病与抗艾滋病治疗

艾滋病是由艾滋病病毒感染引起的以CD4+T淋巴细胞免疫功能缺陷为主的一种综

合性免疫缺陷疾病。它致使整个人体免疫功能遭到破坏，最终丧失对各种疾病的抵抗能力甚至导致死亡。HIV目前已发现两种，即在全球蔓延的Ⅰ型（HIV-1）和限于在非洲西海岸的Ⅱ型（HIV-2）。在致病性和传播力方面，HIV-1强于HIV-2，全球99%以上的艾滋病由HIV-1所致。我国与世界其他地区流行的HIV-1有着明显的遗传学特点。欧美主要以B亚型为主，非洲是多种亚型同时流行，而我国主要以B′、B′/C和A/E亚型为主。感染者的临床表现，大概可分为急性期、慢性期和终末期三个时期。急性期大约1~3个月，病毒在体内的高度复制与扩增。慢性期大约持续10年，是免疫系统与病毒复制长期不断的较量期。终末期是免疫系统最终衰亡殆尽，HIV进入急剧复制与扩增期，最终，HIV引起的多种机会性感染直接导致病人死亡。

至今，国际上已批准了31种抗HIV药物，这些药物可以有效抑制病毒在体内的复制，减少HIV传播，维持或恢复受损的人体免疫功能，提高感染者的生活质量，使一种被早期医学宣判为死刑的疾病转为一种可治疗和可控制的慢性疾病。但是，受到专利和昂贵价格等方面的限制，抗病毒治疗对于第三世界的绝大多数艾滋病病人来说，都是可望而不可即的。自2003年我国启动免费抗病毒治疗以来，累计已经有大约9万成年和儿童艾滋病患者接受政府提供的免费治疗，其中超过80%的患者正在治疗，部分死亡或失访。治疗的覆盖率约60%。 但目前使用的这些抗HIV药物，具有不同程度的药物毒副反应，可以诱导产生耐药毒株，并且无法把HIV从体内根本清除。根治艾滋病仍处于一种“天方夜谭”的状态。

三、艾滋病疫苗的研究进展

运用科学的方法，研发成功安全有效的艾滋病疫苗，是从根本上阻断艾滋病病毒传播最有效的预防措施。从艾滋病病毒被发现的那天开始，艾滋病疫苗一直是科学家们研究的重中之重。但由于我们对艾滋病病毒本身高度变异和灵活的免疫逃逸机制、疾病进程相关的免疫指标以及可靠的动物模型等重大科学难题缺乏根本的认知，使得艾滋病疫苗的研发一直困难重重，左右徘徊，进展非常缓慢。例如，我们至今仍然不清楚HIV是如何杀伤起关键作用的CDT+4淋巴细胞，为什么人体无法产生有效广谱的抗艾滋病病毒的免疫反应，为什么艾滋病病毒可以在人体细胞内潜藏而隐蔽起来不被免疫系统抑制，等等。过去5年，在HIV基础科研方面取得了长足的进展，包括黏膜对性传播HIV的屏障作用的认识，对HIV急性感染过程中免疫应答特点的掌握，对人类感染HIV是由极少量个别病毒引起的证实，用计算机辅助方法针对HIV病毒多样性的黏膜免疫原的设计和应用，对精英感染者控制病毒复制的遗传决定因素，对CD8+T细胞在控制艾滋病病毒重要性的认识，以及从HIV感染者体内直接分离具有广谱中和活性抗体的创新方法，为我们下一步疫苗的研发提供了重要参考。特别是2010年由美国国立卫生研究院与泰国共同主持的代号为RV144的艾滋病疫苗人体试验，显示痘病毒和重组蛋白的“初免与加强”联合免疫策略，在受试者中起到了31%抗HIV保护性作用，这是前所未有的成果。尽管仍然存在很多问题，但RV144试验对疫苗研发领域带来了曙光，也对疫苗策略的方向起了一定的指导作用。

我国的艾滋病疫苗研发与国际上基本同步。进入临床试验阶段的主要有长春百克生物科技股份公司研制的DNA-MVA载体复合型疫苗，中国疾病预防控制中心和北京生物制品研究所联合研制的DNA-天坛痘苗复合型AIDS疫苗。由于我国HIV经性传播的比例不断上升，研发能够诱导保护性抗HIV黏膜免疫应答的创新型AIDS黏膜疫苗显得重要而迫切。在国家“十一五”传染病重大专项的支持下，由清华大学、中国医学科学院、中国科学院和香港大学合作，研发能够在黏膜表面诱导高效的抗艾滋病病毒的黏膜疫苗已经在积极地进行中。研究的初步结果表明，创新型的黏膜疫苗，可以在猴子体内诱导出较强的、持续性的抗病毒免疫反应，并可以有效地控制，甚至是完全预防高剂量、高致病性病毒对恒河猴的黏膜攻击，此结果已达到甚至超过国际同类研究成果，为黏膜疫苗的进一步研发和优化打下了坚实的基础。

四、结论与展望

从艾滋病和艾滋病病毒发现到今天，虽然我们取得了很大的成绩，但艾滋病仍然是不治之症，艾滋病疫苗离我们仍然遥遥无期。我们必须清楚地意识到我们这个病毒对手的复杂性和艰巨性，以及对经济发展和社会稳定潜在的破坏性。我们必须：①加强多学科的通力合作与开拓，提高人体临床试验的力度和速度；②加大国际合作与信息交流,建立和优化病毒和免疫评估平台和实验动物平台；③鼓励更多的年轻科学家投身于艾滋病研究，勇于创新，敢于探索，不怕失败。我们迫切需要在中央政府的整体协调下，卫生疾控、临床医疗、科研企业、执行与监管等多部门的齐心协力与鼎力合作，在宣传教育与行为干预的同时，大力研发具我国自主知识产权的高效抗艾滋病病毒药物与疫苗，为我国乃至全世界的艾滋病防治事业做出及时有效的杰出贡献。一万年太久，只争朝夕。

参 考 文 献

1 Barré-Sinoussi F, Chermann J C, Rey F, et al. Isolation of a T-lymphotropic retrovirus from a patient at risk for acquired immune deficiency syndrome (AIDS). Science, 1983, 220 (4599): 868~871

2 Gallo R C, Sarin P S, Gelmann E P, et al. Isolation of human T-cell leukemia virus in acquired immune deficiency syndrome (AIDS). Science, 1983, 220 (4599): 865~867

3 Rerks-Ngarm S, Pitisuttithum P, Nitayaphan S, et al. Vaccination with ALVAC and AIDSVAX to prevent

HIV-1 infection in Thailand. N Engl J Med, 2009, 361: 2209~2220

4 McMichael A J, Borrow P, Tomaras G D, et al. The immune response during acute HIV-1 infection: clues for vaccine development. Nat Rev Immunol, 2010, 10 (1): 11~23

5 Mascola J R, Montefiori D C. The role of antibodies in HIV vaccines. Annu Rev Immunol, 2010, 28: 413~444

6 Walker B D, Burton D R. Toward an AIDS vaccine. Science, 2008, 320 (5877): 760~764

7 Richman D D, Margolis D M, Delaney M, et al. The challenge of finding a cure for HIV infection. Science, 2009, 323 (5919): 1304~1307

8 Hammer S M, Eron J J Jr, Reiss P, et al. Antiretroviral treatment of adult HIV infection: 2008 recommendations of the International AIDS Society-USA panel. JAMA, 2008, 300 (5): 555~570

9 Wei X, Decker J M, Wang S, et al. Antibody neutralization and escape by HIV-1. Nature, 2003, 422 (6929): 307~312

10 Hahn B H, Shaw G M, De Cock K M, et al. AIDS as a zoonosis: scientific and public health implications. Science, 2000, 287 (5453): 607~614

Current Status and Perspective of HIV Research

Zhang Linqi

Despite of our recent progress in HIV research and prevention, HIV continues to spread worldwide. Comprehensive approach is the only way possible to effectively control HIV epidemic. It requires commitment from public and private entities as well as collaboration among institutions from multiple disciplines. The time to act is now.

2.9 中国计算神经科学发展展望

吴 思

（中国科学院神经科学研究所）

一、什么是计算神经科学？

计算神经科学是国际上近年来迅猛发展起来的有关脑功能研究及应用的一个新的交叉学科[1, 2]。计算神经科学有两个重要目的：①以数学模型和方法为工具来细致阐明大脑的计算原理；②发展具有人工智能的信息处理方法。计算神经科学也许是跨学科最广的一个研究领域，它包括生物学、物理学、数学、计算机、工程控制、医学以及人工智能等（图1）。

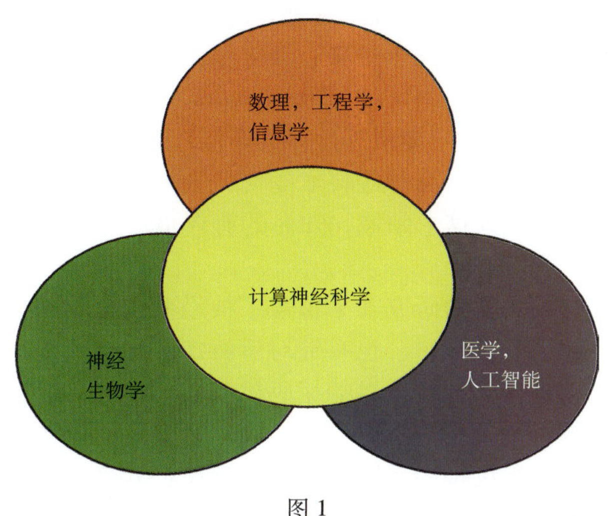

图 1

用数学方法刻画大脑的功能已经有了100多年的历史，但计算神经科学被学术界广泛接受为脑科学的一个独立分支却是近20年的事情。这个学科的迅速兴起主要归结为如下两大原因：①实验神经科学技术近年来取得快速发展，如多电极记录和脑成像技术，这些技术上突破使得实验科学家对脑的结构和功能的认识有了长足进展，积累了海量的数据，使得我们有可能对脑的高级功能建立一套有实验数据支持的完整的数学理论，从而使得我们对脑的了解产生重大的突破；②在过去的半个世纪里，人工智能的研究已经走入了一个瓶颈。科学家们意识到采用目前的模型和方法，如人工神经网络和霍普菲尔德（Hopfield）模型，是不可能描述脑的智能行为的。因此，我们必须从生物计算中获取灵感，才能产生不同于目前IT工业的新的信息技术革命。

二、国际计算神经科学的现状

计算神经科学近年在国际上越来越受到重视，并受到了各国政府的大量资助，取得了加速的发展。很多专注于计算神经科学的研究所或学术中心纷纷建立，比较著名的有：英国伦敦大学的盖茨比（Gatsby） 计算神经科学中心、日本理化学研究所脑科学分所的四个理论实验室、哥伦比亚大学的理论神经科学中心、麻省理工学院脑与认知科学中心以及散布在美国大学中的11个斯沃茨（Swartz）理论神经生物中心（在哈佛、普林斯顿、耶鲁等）。德国最近也建立了四个伯恩斯坦（Bernstein）计算神经科学中心，一个伯恩斯坦研究中心可以包括多个研究所。例如，哥廷根（Göttingen）的伯恩斯坦研究中心是在哥廷根的4个研究所的合作机构，包括：乔治·奥古斯都（Georg-August）大学、灵长类动物研究中心、马普研究所的动力学和自组织研究所及马普研究所的生物物理化学研究所。另外，各国政府还投资了很多大型的研究项目，比如“全脑模型模拟”就有几个方案：瑞士洛桑联邦理工大学（EPFL）的Henry Markram、美国IBM Almaden研究中心的 Dharmendra Modha 以及加拿大Rotman研究中心的Randy McIntosh。欧盟也有“虚拟（计算机模拟）的生理人”大项目。这些项目目前都处在早期阶段。为了培养计算神经科学的交叉人才，国际上还定期举办各类短期课程来训练有潜力的学生进入这个领域，知名的有Woods Hole、日本冲绳以及欧洲的计算神经科学课程。

当前国际上计算神经科学的研究几乎覆盖了神经系统功能和行为的各个层面，既有基于生物现象的抽象的原理探讨，也有针对于特定脑区或系统的细致的模型研究。一些重要的研究方向包括：①神经信息的编码机制；②学习、记忆及信息储存的神经网络机制研究；③感觉系统及不同感觉模式之间信息整合的计算理论；④简单模式动物的神经系统研究；⑤大尺度神经元网络的计算特性；⑥高级认知行为的计算模型；⑦脑功能研究中的数据分析和算法；⑧人工智能的应用。

与计算神经科学紧密相关的领域是未来的计算机技术及人工智能的发展。作为开发下一代智能机器人平台的脑计算机仿真已受到人们的广泛关注。美国国家工程院2008年发表了用工程方法重建人脑的倡议书[3]。IBM和DARPA（Defense Advanced Research Projects Agency）目前都积极地投入到这项研究中。欧盟也有以脑科学为基础的“机器人”（RobotCub）大计划。

三、中国计算神经科学的机遇与挑战

相对于科技发达国家，如美国、英国、日本和欧洲各国，中国计算神经科学还很落后。这体现在如下几个方面：①在领域内的科学家数目还非常小，没有形成较大规模的研究中心或团体；②在领域内还缺乏国际级的领军人物，所发表的论文受到的关注还较少；③计算和实验神经科学家之间的合作有待提高；④国家对该领域的投入还太少，目前还没有有关计算神经科学的大的科研项目（如“973”或“863”），公众对该领域的重要性的认识还远远不够。困难往往孕育着机遇。计算神经科学是一个很年轻的学科，这意味着通过中国科学家的努力，我们也可能在较短时间内达到国际先进水平。最近一段时间中国科学界的一些可喜变化也表明中国计算神经科学的发展有自身的优势。这包括：①国家加大了对基础科学的支持，中国科学家有充足的科研资源来挑战一些世界性的难题；②越来越多在海外工作或受训的学者回到了中国，他们带来了国外科学界的先进经验，有助于国内青年学者快速的成长；③中国有大量的研究人工智能的学者（人数不少于欧美），如果在合适的政策引导下，这些具有很强数理背景的学者能很快进入计算神经科学领域，做出应有的贡献；④中国的大学每年都会培养出数以万计具有很强数理背景的大学生，他们都是发展计算神经科学的重要资源；⑤实验神经科学近年来在中国取得快速发展（如中国科学院神经科学研究所和生物物理研究所，复旦大学、上海交通大学、清华大学、北京大学、北京师范大学等），这为计算神经科学的发展提供了坚实的基础。

当然，机遇也意味着挑战。要发展好计算神经科学这个领域，中国科学界需要用科学发展观的态度加大对该领域的支持，例如：①成立较大规模的专注于计算神经科学的交叉研究中心；②增加科研经费，增加科研项目，引导更多的中国学者和学生进入该领域；③对计算神经科学这个交叉领域所需要的特殊人才进行专门培训。

在过去的两年里，在国内外计算神经科学界的同仁共同努力下，我们组织了一系列的会议来推动国内该领域的发展，有较大影响力的包括：2009年11月于广州举行的由中国科学技术协会资助的科学论坛，2010年3月的香山会议，以及在中国神经科学年会上的专题讨论会。人才的培养和储备始终是学科发展的关键。为此我们组织了一系列的短期学习班，有影响力的包括：上海交通大学的冬季学习班（为期一周，中国学生，全免费）[4]，冷泉港－亚洲的暑期国际课程（为期两周，1/3是中国学生，教员全是国际顶尖科学家，冷泉港提供主要资助）[5]，以及清华大学的计算神经科学课程。我们希望在大家的努力下，在国家的进一步支持下，中国计算神经科学能尽快赶上和超过国际先进水平，为中国科学的发展贡献力量。

参 考 文 献

1 Abbott L. Theoretical Neuroscience Rising. Neuron, 2008, 60: 489~495

2 Altevogt B M, Hanson S L, Leshner A I. Molecules to minds: grand challenges for the 21st century. Neuron, 2008, 60: 406~408

3 National Academy of Engineering. Reverse-engineer the brain. http://www.engineeringchallenges.org/cms/8996/9109.aspx

4 上海交通大学致远学院. 2010年上海交通大学计算神经科学冬季短期班. http://zhiyuan.sjtu.edu.cn/NewsDetail.aspx?NID=226

5 Cold Spring Harbor Laboratory. Cold Spring Harbor Asia Summer School Computational & Cognitive Neurobiology. http://meetings.cshl.edu/CSHAsia/s-cosyne10.html

Computational Neuroscience in China

Wu Si

Computational Neuroscience (CNS) is a young and highly multidisciplinary field. It has two main goals: ① to use and develop mathematical models for elucidating brain functions; and ② to develop brain-style information processing techniques. The importance of CNS is receiving increasing attention from experimental neuroscience and other research areas, including artificial intelligence, robotics, computer vision, information science and machine learning. This report briefly reviews the current status of CNS in China and the prospect of its future development.

2.10　2010年世界科技发展综述

叶小梁[1]　汪凌勇[1]　黄　矛[1]　帅凌鹰[2]　黄　群[1]　任　真[1]　瞿欢欢[3]

(1中国科学院国家科学图书馆，2中国科学院动物研究所，

3 中国科学院过程工程研究所)

2010年，世界科技一如以往地以极快的速度发展，新的发现和成果更是层出不穷。本文将从天文学与物质科学、生命科学与生物技术、信息与通信技术、纳米科学技术、能源与环境以及航空航天6个方面对其中的主要发现和成果加以综述。

一、天文学与物质科学

2010年，全球学术界在天文、物理、材料、化学等方面的研究活动极为活跃，所取得的成果之多，令人目不暇接。

黑洞观察与研究是2010年天文领域的一大亮点。基于钱德拉X射线天文台采得的数据，哈佛大学X射线天文学家Shcherbakov领导的一个研究小组提出了一个关于黑洞进食习惯的新模型。澳大利亚研究人员通过运算和模拟实验得出了关于黑洞数量和大小的最新数据，发现宇宙耗尽能量的速度比以前想象的要快30倍。利用位于智利的甚大望远镜（VLT），欧洲南方天文台的科学家发现了迄今所知距离地球最远的小型黑洞，该黑洞距离地球约600万光年。天文学家还在螺旋星系NGC 300发现了距离太阳600万光年的黑洞，其质量是太阳质量的20倍，也是迄今发现的第二大恒星质量黑洞。

借助电脑模型，美国天文学家提出了超大质量黑洞克服离心力吞噬气体的机制。借助斯皮策太空望远镜，科学家发现了一对远古特大质量黑洞，它们属于一批没有尘埃环绕的类星体，这有助于科学家揭开恒星及星系形成的神秘面纱。来自荷兰乌特勒支大学的科学家发现了一个没有位于星系中心的超大质量黑洞。一个国际研究小组在M87星系中心观察到超大质量黑洞位置出现位移，并指出超大质量黑洞也许常常会在星系中心区漫游。美国天文学家根据“雨燕”卫星的长期观测数据发现了黑洞活动的确凿证据，该发现有助于解决为何少数黑洞可以释放出巨大能量这一难题。一项研究表明一颗最终变成强磁场中子星的恒星的质量至少是太阳的40倍，这可能将对恒星演变和黑洞诞生理论形成巨大挑战。英国莱斯特大学天文学系领导的研究小组对距离地球3亿光年X射线源的光线进行了研究分析，推测这个X射线源是一个中等质量大小的黑洞。德国研究人员使用柏林同步加速器（BESSY Ⅱ）在实验室成功产生了黑洞周边的等离子体。这表明天文物理实验也可以在地面进行，从而使诸多天文物理学难题有望得到解决。

有关宇宙起源与演化的研究取得多项重要突破。欧洲粒子物理研究所大型强子对撞机（LHC）ALICE实验重建了宇宙大爆炸之后几微秒出现的状况。实验结果表明，宇宙最初期不仅非常炽热，而且密度很大，其行为特征颇似炽热液体。科学家还借助LHC成功完成了具有里程碑意义的微型“宇宙大爆炸”实验，产生了一个温度为太阳核心温度100万倍的火球。一支多国研究团队通过对宇宙近50万个变形的星系进行深入研究，获得了宇宙正在不断加速扩张的确切证据，还发现了宇宙中物质如何在引力作用下组合在一起以及如何在暗能量的作用下分离的线索。英国天文学家称找到了支持多元宇宙论的证据。通过对宇宙微波背景辐射图的研究，他们发现了四个由“宇宙摩擦”形成的圆形图案，这表明我们的宇宙可能至少4次进入过其他宇宙。

围绕河外星系的观测与研究也取得了多项重大进展。利用哈勃太空望远镜，天文学家发现了7个星系，其形成年代可以回溯到宇宙大爆炸后的6亿~8亿年，而这些星系是由比自己还要早3亿年形成的恒星构成的。天文学家研究发现，近一半的螺旋星系在60亿年前曾呈现出一些非常奇怪的形状，这一时间也比此前所认为星系形状变化的时间要近得多。围绕星系的形成，天文学家还提出了“螺旋再造”假设。借助双子座南方望远镜，天文学家发现了一个大质量星系（ESO 146-IG 005），其质量约为银河系的20倍，可能是迄今为止在地球附近宇宙区域发现的质量最大的星系。日本的一个联合研究小组在距离地球超过80亿光年的遥远空间发现了近200个巨型星系，这些星系正在孕育的星系较之普通星系多出数百倍。借助斯皮策望远镜，天文学家观测到一个距离地球70亿光年的巨型星系团，其质量约为800万亿个太阳质量，包含数百个星系，其观测数据有助于加强对暗物质和暗能量的认识。借助哈勃太空望远镜，科学家发现年老的椭圆形星系借由吞噬较小星系保持其活力，从而继续诞生新恒星。

恒星是宇宙中最常见的天体，关于恒星的观测研究始终都是天文学界的热点领域。2010年对恒星观测而言可谓成果卓著。一项研究显示，在银河系的数十亿颗恒星当中，15%可能具有类似太阳系的恒星系。这一结论增大了银河系内拥有类地行星和生命形式的可能性。一支由法国和美国天文学家组成的研究小组对1857颗恒星所发出的光线进行了分析研究，证实了局部空洞的存在，其半径约为260光年。天文学家发现了一颗宇宙大爆炸之后形成的第二代恒星，该恒星位于距离地球29万光年之遥的矮星系御夫星座，具有不同寻常的化学成分。德国马普学会科学家发现，在NGC 3603恒星形成区内一个核心星团中恒星仍然在以不受其质量约束的速度运转，这将促使天文学家对星团的形成和演变进行重新考量。英国天文学家表示，他们可能观测到了迄今为止发现的宇宙中质量最大的恒星。这颗被命名为“R136a1”的恒星的质量比此前发现的最大恒星质量还大2倍。欧洲南方天文台科学家在距离地球127光年处发现了一个拥有7颗行星的“太阳系”，这是目前确认的太阳系外最大行星系。维也纳大学天文研究所与美国密歇根大学的同行合作，在大麦哲伦星云中首次发现具有特殊化学性质的恒星，并估计这个星云中约10%的恒星都可能是这种另类天体。由波兰华沙大学领导的一个研究小组发现了一个独特的双星系统，并对其成员恒星的质量、大小和轨道做了测定，其数据支持恒星脉动理论模型，这一成果对恒星距离测量方法具有重大意义。通过对Star 302的观测研究，密歇根大学的天文学家发现宇宙中大质量恒星可以在宇宙空间某处独立形成而不需要巨大的星系团培育，这一观点使恒星诞生理论得到了拓展。

太阳是距离人类最近的恒星，围绕太阳系各天体的观测与研究同样非常活跃。利用日本太阳观测卫星“日出号”搭载的可见光磁场望远镜，一个国际联合研究小组成功观测到太阳极地地区超过1000高斯的强磁场，磁场强度与太阳黑子相当。美国海军实验室的科学家称，借助双卫星组成的日地关系观测系统（STEREO），他们首次能够利用理论模型正确地解释太阳表面受磁力驱动而喷发的等离子体云团的运动。法国科学家发现土星光环可能形成了众多奇形怪状的小卫星，其中一些飞碟形状的卫星是由光环中的冰和尘埃所形成。在模拟“土卫六”海拔约600英里的大气层实验中，美国科学家发现了基础生命分子，其合成过程非常迅速，且无需水的参与。德国马普学会科学家发现，由“土卫二”释放的冰晶微粒不断地填充着环状结构的质量，这是行星科学史上的一项重大成果。

由于距离地球较近且环境与地球较为接近，长期以来火星一直是寻找外星生命的重点对象，也是太阳系内最受天文学界关注的行星。一项令人振奋的研究结果表明，火星上的冰川曾在不久前融化，再次结冰并形成小峡谷，而在过去两年中新形成的峡谷就有120米长。由加利福尼亚州地外文明搜索计划科学家领导的研究团队对在火星尼利·福萨地区获得的岩石做了研究，发现它们可能包含火星早期生命的遗体化石。墨西哥国家自治大学在智利阿塔卡马沙漠进行的一次模拟实验表明，火星土壤中存在富含碳的有机分子及高氯酸盐。

作为距离地球最近的天体，月球仍持续受到天文学家的关注。南非和荷兰的两位科学家针对月球成因提出了一种新的解释。他们认为，月球是由于地球自身的一次核爆炸从地球分离出去的。丹麦尼耳斯·玻尔研究所发现，地球和月球形成的时间比人们以前认为的时间更晚，大约是在太阳系诞生1.5亿年后。月球勘测轨道器发回的图片显示，月球上存在一些数百英尺深的天然坑洞，科学家认为这可能是熔岩洞塌陷形成的天窗结构。

在对系外行星的观测和研究方面，科学家们也有很多重要发现。美国天文学家2010年1月4日宣布，他们发现了5颗绕遥远恒星旋转的新行星，其温度均超过岩浆。通过哈勃太空望远镜，天文学家观测到银河系一颗行星正被它的母恒星吞噬，这证实了北京大学天文学家李树林在《自然》杂志上发表的预测。法国格勒诺布尔天体物理学实验室领导的一项研究发现，绘架座β星b(Beta Pictoris b)的历史可能只有几百万年，但已经“发育完全”，创造了最年轻系外行星的记录。加拿大天文学家表示，在太阳系外发现的一颗行星已被正式确认为绕类日恒星运转的系外行星，同时它也是由地面望远镜直接拍到的第一颗系外行星。世界第一台全景式巡天望远镜和快速反应系统（Pan-STARRS）中的PS1望远镜发现了一个对地球具有潜在威胁的小行星（2010 ST3）。一项研究认为，大约有1/4的恒星都拥有像地球一样的小型石质行星，而且这些行星都位于恒星的适居带，这意味着宇宙可能充满能够支持外星生命存在的行星。

除了上述热点领域，2010年天文学界在其他针对性观测与研究方面也取得了许多突破。英国赫特福德郡大学天文学家带领的一支国际小组发现迄今温度最低的褐矮星，估计不超过200℃。该校天文学家还观测到一颗距离地球仅有9.6光年的昏暗星体，它可能是迄今距离地球最近的褐矮星。天文学家还发现了一种在银河系中从未见过的新天体，其亮度和持久度都超过银河系中已知的微类星体。赫歇尔空间天文台在星际尘埃云中发现了带电太空水，这是首次在太空中发现的新的水“相”。来自法国一家天文学研究机构和美国得克萨斯州大学的天文学家在星际介质中发现了蒽，这是迄今为止在太空中发现的最为复杂的有机分子。美国宇宙学家利用费米伽马射线空间望远镜，在银河核心处发现关于暗物质粒子的最有说服力证据，并推测相撞而毁灭的暗物质粒子比质子重约8~9倍。借助哈勃太空望远镜和宇宙引力透镜效应，科学家们成功获取了阿贝尔1689星系团迄今为止最精确的暗物质分布图。利用斯皮策太空望远镜，科学家发现了宇宙中目前所知的最明亮的星爆现象，其发出的红外线总量相当于整个星系的红外线总量。

过去一年物理学界在微观领域同样取得了众多振奋人心的突破与进展。美国费米国家实验室的科学家在碰撞实验中发现，粒子碰撞过程中产生的μ介子数量比反μ介子多1%。这种看似细微的不对称性却向传统的粒子物理学理论提出了挑战，并有可能解释当前宇宙中反物质数量极少这一现象。来自美国耶鲁大学的科研队伍发现激光产生过程可以发生“逆转”，某些被称为凝聚完美吸收体的材料能够有效吸收特定波长的光子。美国布鲁克海文国家实验室的相对论重离子对撞机（RHIC）在一次实验过程中证实，宇称定律并非放之四海而皆准，其在极端条件下是存在误差的。美国加利福尼亚大学圣巴巴拉分校的物理学家利用一个0.0002毫米见方、由金属片包裹的石英晶片设计了一种精巧装置，其运动方式只能用量子力学来描述。这是人类制造的第一台不遵循经典力学法则的装置。一个多国科学团队通过量子模拟器发现，激光光点在人造晶体中扮演着截留在光中的电子位置的离子和原子的角色。这一发现为凝聚态物理学理论问题的解决提供了捷径，并可能最终帮助人们解开超导之谜。来自中国科学技术大学和清华大学的联合研究团队在河北怀来和北京八达岭之间分发了一对纠缠光子，其传送距离达16千米。这是目前国际上量子密钥分发的最大距离，堪称量子通信领域的一座里程碑。格兰–萨索实验室的研究人员称其成功观测到μ子中微子中的1个变成τ子中微子，这是首次找到中微子震荡的直接证据，它推翻了原有的粒子物理学标准模型，意义十分重大。意大利国家原子物理研究所的科学家称其在地球内部很深的地方发现了奇怪的反物质粒子（反中微子），并认为这些反物质粒子正是导致地球内部发生放射性衰变的原因。美国国家标准技术研究院的科学家设计了一项新实验，能在非常微小距离内测量万有引力和其他近距离的力（如卡西米尔力），该成果有助于开发新的检测方法和仪器设备。澳大利亚国立大学科研小组发明了一种牵引光束，并借此将微小颗粒成功移动了约1.5米，在激光移物领域取得了重大突破。德国波恩大学的物理学家成功合成出可以用作光源的“超级光子”，该发明不仅是物理学的重大突破，还将影响到诸如芯片制造、医疗成像等多个领域的发展。美国犹他大学和澳大利亚悉尼大学的一个合作研究小组在实验室内实现了数据的原子核自旋存储和首次电子方式阅读，其数据存储时长达112秒，这意味着原子核自旋有可能成为全球最小的计算机存储器。

材料科学领域同样取得了不少激动人心的突破。美国北卡罗莱纳州立大学科学家们研究出一种先进的方法，能从原子尺度分析出硅材料里的组合成分。这种技术增进了人们对原子结合形式的理解和控制，有望改善硅材料的结构性能，开发高效微晶片和新型设备。美国科学家还开发出了一种名为“连续渗透合成”（SIS）的技术，可以用一块由嵌段共聚物大分子组成的薄膜作为模板，制造出具有各种形状和图案的材料。该技术有望用于制造新一代太阳能电池、催化剂以及光子晶体。剑桥大学科学家在研究中发现，在一种含锰的磁性材料CoMnSi中，两个邻近原子之间的位移达到2%，这是迄今为止在金属磁体中发现的最大位移距离。该发现将在高效传感器、制冷剂等未来新材料的研发中发挥重要作用。美国加利福尼亚大学洛杉矶分校开发出了双扫描隧道显微和微波频率探针，可用于测量单个分子和接触基片表面的相互作用。清华大学物理系与中国科学院物理研究所的合作研究团队首次发展了高质量拓扑绝缘体薄膜的分子束外延制备技术，并观察到了拓扑绝缘体表面金属态的朗道量子化，从实验上证明了拓扑绝缘体是二维无质量的狄拉克–费米体系并受时间反演对称性保护。该项成果为实现理论预期的拓扑绝缘体的许多重要效应并使这种材料走向应用奠定了基础。

科学家在化学领域也取得了不少创新成果。美国和俄罗斯科学家联合为元素周期表增添了一名新成员——第117号元素，该元素稳定性强，其寿命超过了迄今为止的所有人造元素，并因此证实了理论界中“稳定岛”的存在。根据这一理论，超重元素可能稳定存在长达数月或者几年。德国柏林工业大学的研究人员开发出了一种新型铂铜合金催化剂，可使氢燃料电池的成本降低80%。中国科学院大连化学物理研究所研究人员借助贵金属（Pt）表面与单层氧化亚铁薄膜中铁原子的强相互作用所产生的界面限域效应，结合表面科学实验和密度泛函理论计算的结果，成功构建了表面配位不饱和亚铁结构（CUF）。这种界面限域的CUF中心与金属载体协同作用，在分子氧的低温活化过程中显示出非常独特的催化活性，在质子膜燃料电池的实际工作条件下，成功实现了燃料氢气中微量CO的高效去除，从而解决了催化剂CO中毒这一国际难题。分子马达是近年来科学界的研究热点，然而，如何在分子水平上实现马达的开和关都十分困难，来自荷兰格罗宁根大学的科学家们成功跨越了这个障碍，他们通过酸和碱的调控找到了分子马达开和关的方法，并对其控制机制进行了深入研究，此后，他们又找到了促使分子马达反向旋转的方法。这些重要的研究为分子马达的实际应用提供了很好的技术支撑。美国布朗大学的科研人员在石墨烯的生产过程中通过添加氢气进一步还原氧化石墨烯，从而剥离稳定存在石墨烯结构中的氧原子，此法大大增加了石墨烯的纯度。美国莱斯大学和以色列理工学院的科学家们则发明了一种可使用化学溶剂大批量生产高纯度石墨烯的方法，他们采用氯磺酸溶液作为溶剂，可使石墨中单个的石墨烯薄层自然剥落开来，并能形成透明薄膜或液晶，这项技术有望推进石墨烯的工业化进程。

二、生命科学与生物技术

2010年生命科学与生物技术领域生机勃勃，发展迅猛，成果异彩纷呈。

基因组学研究方兴未艾，伴随着更快捷、更廉价的新一代基因组测序技术的应用，这一领域的研究突飞猛进，并有逐步向其他学科和领域渗透的趋势。

人类基因组研究硕果累累。由中国、美国、英国等国科研机构共同发起的“千人基因组计划”，获得两个重大成果，一为找出了1000多万个大大小小的基因变种，其中约800万个是前所未知的，得出了迄今最详尽的人类基因多态性图谱；二为验证了在大型基因研究中综合使用多种基因测序手段的可行性。这两个成果标志着人类基因研究进入了一个划时代的新阶段。

国际人类基因组单体型图计划（HapMap）是继国际人类基因组计划（HGP）之后人类基因组领域的又一重大研究计划。2010年，第三期人类基因组单体型图完成，对来自11个全球人群的1184个个体进行了基因组变异筛查，鉴定了人类基因组核苷酸多态性（SNPs）和拷贝数多态性（CNPs），还对人类基因组10个100kb的区域进行了测序，他们发现大部分变异都不是普遍存在的（发生几率不超过10%），同时他们也发现了大量的罕见变异（发生几率不超过1%）或"个体"变异，获取了许多重要的遗传变异信息。

我国研究人员绘制完成了中国人全基因组DNA甲基化图谱（炎黄甲基化项目）。该研究对"炎黄一号"的外周血单核细胞DNA样品进行亚硫酸氢钠处理并用新一代测序技术进行深度测序，应用了自主开发的生物信息学软件。研究人员对各个基因元件以及基因组元件的甲基化模式进行了全面的分析，同时对等位基因特异的DNA甲基化也进行了分析并发现多个候选的印记基因。该研究对于表观遗传学研究，特别是疾病的表观遗传学的研究及其临床应用都具有积极的推动作用。

外显子组测序成果突出科研人员仅对某一基因组中的外显子进行测序，就能发现特殊的、至少造成12种疾病的基因突变。

癌症基因组研究发展势头良好。癌症基因组计划（CGAP）是美国科学家主持的一项重要的交叉学科研究计划。美国科研人员完成了脑癌细胞系全基因组测序，揭示了几乎所有潜在的致癌染色体易位及导致该癌症发展的基因缺失和突变，该成果还可展现出驱动癌症发展的分子异常，揭示出的靶标或将有助于开发出只针对癌细胞进行攻击同时又不损害健康细胞的新疗法。英国科学家领衔完成了肺癌（小细胞肺癌）的基因组测序，建立了肺癌的发病模型，解析肺癌肿瘤组织的发育和发展模式，他们发现吸烟与小细胞肺癌的发生有着极大的关联。英国研究人员还破译了皮肤癌和乳腺癌的基因密码。在破译乳腺癌基因序列的过程中，研究者发现无数断裂了又重新组合的基因序列，这令乳腺癌看起来不是一种疾病，而是二十几种潜在疾病的集合，不同的组合很有可能造成不同的结果，因此治疗方法也不应相同。印度研究人员成功绘制出了包含4000个基因的结核杆菌的基因组图谱，这将有助于研发有效治疗结核病的新型药物。

古基因组学研究获重要进展。尼安德特人是早期生活在欧洲大陆的一支古人类，约3万年前灭绝。一个由德国科学家领导的国际科学家团队完成了尼安德特人的基因组测序工作，他们将测序结果与来自世界5个地区的现代人基因组进行比较后发现，现代人有约1%~4%的基因源自尼安德特人，现代人与尼安德特人非常可能在小范围内发生过交配。

动物、植物基因组研究不断取得新的进展。我国科学家完成了大熊猫“晶晶”基因组测序，并绘制出大熊猫基因组精细图。这是全球第一个完全使用新一代合成法测序技术完成的基因组序列图，而且这一成果将成为基因组绘图的国际标准。中美科学家合作利用新一代测序技术完成了弓背蚁和印度跳蚁的基因组图谱。蚂蚁基因组图谱的完成将为蚂蚁成为研究社会行为、衰老以及神经生物学的新模式生物奠定基础，并为后续研究表观遗传对行为、衰老等过程的调控机制铺平道路。美国科研人员完成库蚊的测序，它们是携带诸如西尼罗病毒及圣路易脑炎病毒等的一种重要的媒介，也是携带可导致淋巴丝虫病的线虫的媒介。通过与另外两种蚊子的基因组比较，研究人员希望发现控制蚊虫传播疾病的新线索。在植物基因组研究中，与人们食物相关的工作更容易得到公众的关注。英国科学家发布部分小麦基因组测序结果，新成果可能将成为开发各种更加抗盐、抗旱或提高产量的小麦新品种的开始。一个由数国科研人员组成的研究小组成功破译了大麦的主要致病真菌——禾本科布氏白粉菌的基因组，该成果将有助于人们了解真菌的特性，从而研究出防治植物病虫害的新方法。我国研究人员结合第二代测序技术和自主开发的基因型分析方法，对517份中国水稻地方品种材料进行测序，构建了高密度的水稻单体型图谱，这对于阐明地方品种的重要农艺性状的遗传基础，对于提高水稻产量、保障粮食安全是非常重要的。一个国际科研小组绘出了苹果的基因组草图，这将有助于从基因水平上分析苹果性状，培育更多苹果新品种。英国等国科学家绘制出了野生草莓完整的基因组图谱，研究发现，野生草莓共有约3.5万个基因，是人类基因数量的1.5倍。

微生物基因组成为新的研究热点，特别是人体微生物组的研究越来越受到重视。欧盟支持的肠道微生物基因组计划取得了一系列突破性的研究成果：收集了124个来自于欧洲人肠道菌群的样本，采用了新一代大规模高通量的测序技术进行深度测序，产出近6000亿的碱基序列，获得330万个非冗余的人体肠道元基因组的参考基因，约是人自身基因的150倍。从这个基因集中可以估计人肠道中存在约1000~1150种细菌，理解人体菌群的分布变化差异对未来临床医学研究意义重大。美国科学家公布了人类微生物组计划的首份研究报告，包括对头178个与人类宿主有关的细菌基因组序列最初的分析。他们研发了对在自然环境中的微生物进行大规模基因组测序的标准化方法，目标之一是为至少900种人体寄居的细菌制作出参照基因组序列。该成果对了解某些人类疾病提供了重要线索。

干细胞研究仍旧是生命科学与生物技术领域最前沿、最热门的领域之一，其发展速度令人惊叹。诱导多能干细胞（iPS细胞）是由体细胞诱导而成的干细胞，具有和胚胎干细胞类似的发育多潜能性，它是干细胞研究领域中耀眼的“新星”。我国科学家成功地揭示了体细胞逆转为iPS细胞的启动机制，发现了4个关键基因在逆转过程中的作用机制，该研究揭示了间质细胞—表皮细胞转换过程在iPS细胞形成中的关键地位，这一发现不仅是iPS细胞机制研究的一个突破性里程碑，而且也为继续改进iPS细胞技术提供了理论依据。具有潜在致癌性和诱导效率低是iPS细胞技术实际应用的主要问题，美国科学家创建了一个更加安全快速培育iPS细胞的新途径，即通过把普通的人体皮肤细胞经过一系列实验快速地诱导转变成iPS细胞，完全避开了对胚胎的需求，并消除了插入病毒或致癌基因的风险，而且这一技术的效率大约是其他传统方式的100倍。该新发现为人们展示了一个在将来用干细胞作为一种新型健康细胞资源，来替代那些被疾病损坏的细胞的美好前景。德国科学家从人类胚胎的羊水中提取出羊水细胞，并将它们重组建立了iPS细胞，这种iPS细胞不仅能够形成人体各种器官和组织的干细胞，还能被医学领域广泛的应用。澳大利亚科学家成功地对成年实验鼠脂肪细胞再编程，从而获得了能够分化成各种各样的多能干细胞。新的研究帮助利于iPS开发出用于治疗人类疾病的方法向前推进了一大步。日本研究人员证实iPS细胞可用于进行癌症的免疫治疗，开发出了iPS细胞的自动培养装置，该技术不但避免了干细胞研究的伦理问题，而且更加简单方便。日本研究人员还成功利用大鼠的iPS细胞培育出小鼠的胰腺。

为了规避iPS细胞技术实际应用中的潜在风险，科学家们还另辟蹊径：美国研究人员绕过iPS的细胞重编程技术，开发了一项新的细胞重编程技术，成体细胞无需重回多能干细胞状态，可一步到位地编程为神经元细胞，该技术的方程式变为：成体细胞——定向功能细胞，该成果对再生医学、神经疾病等具有重要意义。

干细胞的应用成果不断扩展。美国科学家在动物大脑内植入由胚胎干细胞培育的神经细胞后发现，它能够与其原来的神经细胞进行成功连接整合。瑞典科学家的研究显示，干细胞移植能够修复受损的脑神经细胞。日本科学家通过移植神经干细胞的方法，让受到严重脊髓损伤的瘫痪老鼠重新走路，该方法弥补了再建损伤脊髓方面的空白，对于脑卒中（俗称“中风”）等中枢神经系统病患的恢复治疗也有很大的启发作用。韩国研究人员利用人类脐带血干细胞成功治愈了脊髓受伤导致两条后腿瘫痪的狗。英国科学家首次使用胚胎干细胞制造出红血球。加拿大科学家首次直接让人体皮肤细胞转化为血液细胞。这一新的造血方法不仅过程简单，所得到的血液功能正常、质量更佳，而且避免了排异以及产生癌症肿瘤的隐患。如果该技术发展成熟，“血荒”有望成为历史。美国科学家所领导的一国际研究小组利用实验鼠胚胎干细胞取代受损视网膜细胞，成功地帮助患色素性视网膜炎的实验鼠恢复了视力，该成果有望用于开发治疗人类色素性视网膜炎的新方法。英国科研人员成功地将实验鼠胸腺干细胞转变为毛囊细胞，迈出了器官组织再生研究重要一步。英国科学家成功地使用一位10岁儿童患者的干细胞重新培育出气管。我国台湾地区一研究团队，以兰屿猪为实验动物，利用纳米纤维水胶结合自体骨髓干细胞移植技术，成功治疗猪的急性心肌梗塞。

英国科学家从病人捐赠的腿部静脉血管中提取出干细胞，并且成功利用这些干细胞促使实验鼠受损肌肉中形成新的血管，将来可望用这一方法来治疗人类心脏病。美国研究人员以腿部肌肉受伤的年轻实验鼠为研究对象发现，植入肌肉干细胞可以使实验鼠肌肉恢复得比受伤前更强大，还可帮助实验鼠抵御因衰老而导致的肌肉萎缩。

癌症研究从发生机制、诊断、治疗到预防都取得了长足的进展。我国科学家揭示了致癌蛋白作用新机制。他们发现 PTB蛋白不仅能直接抑制靶基因的可变剪接，还能直接促进靶基因的可变剪接。该成果对基因转录后调控研究领域具有引领作用，对理解PTB蛋白的致癌机制和推动抗癌药物开发具有重要意义。一个国际联合小组研制了一种分子，能让控制癌症的基因指令失效，从根本上抑制了癌症肿瘤的生长。我科研人员发现了“对抗”肺癌转移的新机制，首次揭示了*LKB1*基因的功能性缺失会影响肿瘤细胞外微环境的重构从而促进肺癌转移，同时还鉴定了LOX能够作为肺癌患者预后诊断的生物学标记物以及肺癌治疗的重要“靶子”，为肺癌的临床治疗提供了理论基础和新策略。美国科研人员首次在组织培养皿中将人体正常细胞转变成三维癌细胞组织，该研究成果提供了观察细胞如何分裂和侵入周围组织的全新途径。美国研究人员发现无痛的拉曼激光束能探出癌症初发迹象，可能很快取代X射线作为一种非侵入式的疾病诊断方式。美国科学家借由促卵泡激素受体，发现了人体多种癌症通用标记，并借助扫描方法可让多种类型癌症自动“现形”。 美国科学家还使用尖端的成像技术绘制了首张精细的前列腺癌代谢产物化学图谱（三维彩色图谱），该方法可用于检测处于早期阶段的前列腺癌。英国科学家研究出使用“高强度聚焦超声”治疗前列腺癌的方法，能精准杀死很多癌细胞，还可避免手术或放射疗法等带来的部分副作用。美国科学家研发出纳米级抗癌“鸡尾酒疗法”，这是首次将不同作用的纳米粒子组合形成的纳米协作治疗系统，可对血液中的癌变肿瘤进行定位，并释放抗癌药物达到消灭肿瘤的目标。日本科学家在白血病干细胞中发现了25种可引起白血病复发的主要分子，根据这一发现，可开发出仅以白血病干细胞为标靶的新型药物。美国科学家研制出可以阻断与恶性黑色素瘤密切相关的B-RAF突变的抗癌药物，据称此成果堪与发现青霉素相媲美。

艾滋病研究不断推进。英美两国科学家解开艾滋病病毒（HIV）20年之谜，他们通过“迂回方法”模拟出HIV中整合酶的结构，并利用X射线衍射得出了其三维结构图，这将有助于研发更有效的艾滋病治疗药物。一家英国公司研制出可以识别HIV众多伪装，并能够充当“仿生学杀手”的免疫细胞，该公司正在把这项技术从实验室引入对艾滋病病人的临床试验中。法国科学家合成了一种分子，可以阻止HIV与淋巴TCD4＋的接触，阻止HIV在细胞间传播。德国科学家发现一种进入临床试验阶段、代号为VIR-576的新药可有效阻碍HIV在早期感染者体内增殖，而副作用比现行抗HIV药物更小，并有助于研发其他抗病毒药物。加拿大科研人员发现膜蛋白PD-1和细胞衍生因子IL-10这两种分子联手作用，影响了艾滋病人体内的CD4 T-细胞发挥正常作用，导致患者免疫系统受损并加快了患者病情发展，这对研究开发新型治疗艾滋病的药物将产生重要的推动作用。美国科学家发现，经常服用Truvada药物的人新感染HIV的几率可降低达73%。科研人员发现了一种能有效降低女性感染艾滋病几率的阴道凝胶“泰诺福韦”。对南非889名女性进行的研究表明，这种凝胶能将感染几率降低39%。中国具有自主知识产权的艾滋病疫苗研究临床试验第一阶段已经结束，结果显示疫苗“非常安全，效果非常好”，目前开始进入临床试验第二阶段。

古生物学研究惊喜不断。我国科学家发现亚洲人来自南方的证据。他们发现南方人群基因的多样性要比北方人多很多，由南向北呈现一个梯度分布，从而说明亚洲人群是从南向北进行迁移的。他们从全基因组水平揭示了亚洲人群遗传结构与地理分布的特点。中国、英国与爱尔兰科学家首次证明古鸟类和带毛恐龙可能“色彩斑斓”。他们利用环境扫描电镜和能谱等技术，在我国东北地区早白垩世热河生物群的古鸟类和恐龙羽毛中发现了两种黑色素体，其中褐黑色素体为化石中首次发现。该发现不仅首次从微观层次支持了恐龙原始羽毛和鸟类羽毛同缘的假说，从而有力支持了鸟类起源于恐龙的假说，而且也为羽毛起源研究以及科学复原恐龙和古鸟类羽毛的颜色提供了新的证据。我国科学家发现比始祖鸟更早的新的原始鸟——“原始沈师鸟”，其化石距今约1.2亿年，属于鸟类早期演化中的一个特殊类群——会鸟类，该化石可清楚地看到其头部还保存着恐龙等爬行类动物祖先的前部很高、很粗壮的头骨特点，并表现出比迄今世界最原始鸟类“始祖鸟”更原始的非流线型双颞窝型头骨，证明了在鸟类进化过程中鸟类可动性头骨的出现较为滞后。

一年来，在生命科学与生物技术研究中还有许多令人瞩目的成果，在此只能列举数项。

首例合成基因组细胞诞生。美国研究人员将化学物质拼在一起组成DNA（脱氧核糖核酸）片段，然后将它们“组装”成完整的基因组插入一个细胞内，最终得到了一个新的、完全被人造基因组控制的人造细胞，这标志着向人造生命的梦想迈出了关键一步。

破译NDM-1超级细菌。英国和印度科学家在一些赴印度接受过外科手术的病人身上找到一种特殊的细菌，这种细菌含有一种酶，它能存在于大肠杆菌等不同细菌DNA结构的一个线粒体上，并让这些细菌变得威力巨大，对几乎所有的抗生素都具备抵御能力。现在科学家们至少已经找到一种能够对抗这种超级细菌的化合物。

通过验血诊断阿尔茨海默病和检查心脏病。美国科学家能在阿尔茨海默病早期症状出现之前，通过分析血液中的超过24个蛋白质，以80%的准确率诊断出病人是否患了此种疾病，这为预防痴呆和神经退化提供了可能。美国研究人员确定了一个包含23个血液蛋白质基因编码的预检组，能以83%的准确率测出血管堵塞型心脏病，再结合现有的方法，包括了解胸痛症状和家庭疾病历史，与单独使用传统方法相比准确率提高了16%。

人造器官研究结奇葩。美国研究人员公布了首个可植入式人工肾脏的原型。该人工肾脏中包含有数千个微型过滤器和生物反应器，能过滤血液中的毒素，模拟真实肾脏的代谢功能和水平衡功能，有望完全取代患者对透析和肾脏移植供体的需求。美国的一个研究小组成功地制造出了人工卵巢。他们将三种基本卵巢细胞，放到一个模拟卵巢的三维结构中，这些细胞间能相互反应，可以实现一个真正卵巢的各种功能，能在它的小囊里把一个人类卵细胞从早期阶段培育到完全成熟。

发布首份全球海洋生物普查报告。由世界各国2700多名科学家历时10年完成的首次全球海洋生物普查的报告表明，海洋生物物种总计可能有约100万种，其中25万种是人类已知的海洋物种，其他75万种海洋物种人类知之甚少，它们大多生活在北冰洋、南极和东太平洋的海域。此次普查共发现6000多种新物种，以甲壳类动物和软体动物居多。

三、信息与通信技术

2010年，在信息与通信技术领域，各国科学家在激光器、二极管、晶体管、传感器、芯片、存储技术、量子计算与量子计算机研制、各种新型计算机以及超级计算机领域取得了许多创新性成果。

各国在激光器领域不断取得新进展。澳大利亚斯布鲁克大学的一个研究小组开发出能量更强的单原子激光器。该单原子激光器因最新实现的更高能量单原子激光，不但具有传统激光器的属性，还展示了单个原子相互作用的量子力学性质。瑞士联邦理工大学的物理学家开发出一种新型微激光器，长度仅为30微米，宽度为8微米，而波长为200微米，是迄今为止最小的电泵激光器，也是此类激光器首次小于其自身散发出的波长，有望掀起芯片领域的技术革命。此次微激光器的研发成功，意味着谐振器的尺寸将能够不受光波长度的限制，也意味着从理论上而言，谐振器可按照人们的预期，降至任何尺寸。美国哈佛大学和英国利兹大学的一个联合研究小组研制了一种新型太赫半导体激光器，其发射的太赫光波准直性能与传统太赫光源相比显著改善。美国西北大学的研究人员研制出了一种小型中红外激光二极管，其转换效率超过50%。这一成果是量子级联激光器研究的重大突破，使量子级联激光器向多个领域的实际应用，包括对危险化学品的远程探测，迈出了重要一步。美国能源部桑迪亚国家实验室开发出了首个集成太赫固态收发器，新设备比目前使用的太赫波设备更小，功能更强大。研究人员在实验中将一个小的肖特基二极管嵌入一个量子级联激光器的脊峰波导空腔中，让能量能够从量子级联激光器内部的磁场直接到达二极管的阴极，而不需要光耦合通路。美国劳伦斯–利弗莫尔国家实验室科学家利用世界上最大的激光器“国家点火装置”进行的一项实验取得了重大突破，实验中激光束成功地将目标物质压缩成球体，标志着“国家点火装置”正在向实现聚变反应点火的目标迈进。

光电二极管和各种发光二极管相继研制成功，并展现良好的应用价值与潜能。日本东芝公司研究人员利用新研发的光电二极管，将其密钥的传输速度提升到一个新的高度：该系统能以“兆比特/秒”级的速率分配少量密钥穿过50千米光纤，且可连续运行36个小时。研究团队还实施了一个反馈系统来稳定运行，使密钥分布不再像从前那样每隔几分钟就得停下来自我校准。美国伊利诺伊大学香槟分校和一个国际联合研究小组的研究人员开发出了一种超薄发光二极管软片，可用于医疗、传感器制造等多个领域。这种新型发光二极管呈网格状，100微米见方，厚度只有2.5微米，远远小于目前市场化的任何发光二极管阵列。研究人员称其具有良好的防水性能和生物相容性，因此在医学等领域都有着广泛的应用前景，可用于制作多种材料和设备，如可植入皮下的诊断仪器、发光的外科手术手套、缝合线以及智能送药系统等。日本理化学研究所和科学技术振兴机构的一个研究小组开发出波长为250纳米的深紫外线发光二极管，在世界上首次成功实现了15毫瓦的高输出功率，电子注入效率提高了80%。这种深紫外线发光二极管比目前的同类设备最高输出功率高出7倍，其杀菌效果好、可高速分解二噁英等有害物质，已达到实用化水平。日本东京工业大学和新日本石油公司研究人员开发出一种新技术，可以通过改变有机发光二极管（OLED）内部材料的表面结构，把有机材料涂层和电极表面加工成细小的褶皱状，将OLED发光效率提高近3倍。

多种新型晶体管研制获得突破。美国与澳大利亚科学家成功制造出世界上最小的晶体管——由7个原子在单晶硅表面构成的一个“量子点”，虽然这个量子点非常小，长度只有十亿分之四米，但却是一台功能健全的电子设备。它不仅能用于调节和控制像商业晶体管这样的设备的电流，而且标志着我们向原子刻度小型化和超高速、超强大电脑新时代迈出的重要一步。美国得克萨斯A&M大学物理学家杰罗·斯纳夫领导的一个国际科研小组研制出了首个能在高温下工作的自旋场效应晶体管，该设备由电力控制，其功能基于电子的自旋，其中包含一个与门逻辑设备。新突破将给半导体纳米电子学和信息技术领域带来新气象。日本物质材料研究机构与东京大学等共同开发出一种新型晶体管，可使电子器件的电力消耗控制在目前的百万分之一左右。新型晶体管不但能使电子产品大幅减少耗电量，还可让便携式通信工具充电次数减少，可能实现今后的计算机瞬间启动开机。新型晶体管由于耗电量小，能大幅减少充电次数，市场前景非常看好。意大利纳米材料研究院和美国保尔佳公司的研究人员联合研制出新的有机发光敏晶体管（OLET），其发光效率效率达到了5%，是采用相同发射层的优化有机发光二极管的2倍。研究人员预计，随着进一步对该OLET进行调整，新OLET的发光效率将能够进一步得到提高，将来或许有望在显示和照明领域取代OLED。

可望取代硅晶体管的忆阻器展现美好前景。美国惠普公司科学家发现忆阻器可进行布尔逻辑运算，用于数据处理和存储应用。惠普现正着手研究3纳米级的忆阻器，开、关的时间只需要十亿分之一秒。3年内，该公司生产的基于忆阻器的闪存，1平方厘米将可以存储20吉字节，这项技术有望成为低功耗计算机以及存储系统发展的里程碑。科学家认为，公众将在3年内看到忆阻器电路，其或许可取代硅晶体管，最终改变整个电脑行业。

传感器研究又有多项新进展。美国科学家研发出一种能接收神经脉冲等光学信号的传感器，这种传感器建立在一个聚合物的球壳上，这些球壳同一束光纤偶联在一起，光纤将发送一束光，经过球壳内部。光在这些球壳内“旅行”的方式被称为“回音壁模式”。他们使用的材料——光纤和聚合物与金属相比，不仅不太可能诱发身体的免疫反应，而且也不会被腐蚀。该传感器可进一步改进人体神经系统与义肢之间的连接，使通过大脑神经直接控制义肢的梦想朝现实迈进了一大步。比利时微电子研究中心报告了一种功耗仅为51微瓦的2.4GHz（吉赫）/915MHz（兆赫）自唤醒接收器。该自唤醒接收器芯片是利用90纳米数字CMOS技术实现的，芯片面积约为0.36平方毫米。该技术为研发出不用电池或可自动捕获能量的无线收发设备打开了大门，该技术也可广泛应用于远程射频识别及物流、智能建筑和医疗服务所使用的无线传感器节点。美国杜克大学研究人员利用携带全部生命信息的DNA的独特双螺旋结构，将经过改造的DNA片段和其他分子进行简单混合，即可制造出无数个同样的、细小的、像华夫饼干一样的器件。这些“华夫饼干”器件可成为未来计算机芯片的基本组件。由于这些纳米结构从根本上来说就是传感器，因此，它亦可应用于生物医学。研究人员可据此制造出细小的纳米器件，以对作为疾病标识的不同蛋白做出反应。利用这种技术，将来或只需一天时间就可达到现在全球每月的芯片生产量。

新型芯片研制有望解决现代社会中各种纷繁复杂的问题，并为个人电脑和高能效超级计算机带来革命性变革。IBM的科学家在电脑芯片技术上取得了重大进展，其以微硅片电路中的光脉冲取代铜线中的电子信号，在芯片间进行了信息交换。这不仅可大幅提高芯片的通信速度，还能显著降低能耗。IBM研制的新设备每秒可检测到40吉比特的光信号。此外，其只需1.5伏电压便可维持正常运行，这将大大降低仪器的能耗。同时，IBM的雪崩光电探测器还能探测到微弱的光脉冲，其噪声与传统雪崩光电探测器相比可降低50%~70%。这一发明使得芯片上的光学互联离现实又近了一步。美国Lyric半导体公司推出了一种新型芯片，该芯片的运算主要基于概率而非传统的二进制逻辑。它仍由晶体管制成，但它输入输出的值是概率而非0或1，这种新型芯片更适用于用来解决现代社会中各种纷繁复杂的问题。澳大利亚研究人员在一个与互补金属氧化物半导体（CMOS）工艺兼容的硅芯片上研制出了首个集成的全光学时间积分器，一块与电子技术兼容的光子芯片。新型时间积分器拥有前所未有的时间—频宽乘积。该全光学集成积分器可将包括超高速信号处理、计算以及光学存储等在内的大量光学功能集成在一块芯片上，并利用光使硅芯片的信息处理、计算以及存储过程达到超高速。英特尔公司推出了全球首款集传统微处理器、图形处理器于一身的“沙桥”微处理架构。沙桥芯片上集成有10亿个晶体管，可大大节省图形处理的时间。“沙桥”芯片还可延长电池的寿命，减少能源消耗。另外，沙桥还运用了特殊设计的电路技术，可处理视频格式转换。

存储技术在容量、效率、节能等多方面得到改进。日本庆应义塾大学的一个研究小组开发出的新存储卡使数据传输速度提高30多倍。该研究小组改用无线传输方式，因此整个存储卡的表面都可以用来传输数据。新存储卡不需要设置防止静电的电路，传输数据时消耗的电力降低到原先水平的1/10以下。澳大利亚国立大学领导的一个研究小组研发出了世界上迄今效率最高的激光量子存储技术，首次通过阻断和控制激光来操控晶体中的电子，这一系统史无前例的高效率和高精准度可使激光精妙的量子特性被存储、操控和忆起。新技术大大减少了激光穿越过程中光子的损失，使其从单光子水平的微弱相干态调整至500个光子水平的亮态，并能将存储效率提升至69%。俄亥俄州立大学科学家演示了世界上第一个塑料计算机存储设备，该设备利用电子自旋来读写数据，能以更小的空间存储更多数据，处理程序更快而且更加节能。这种磁性聚合物半导体，是第一个能在室温下运行的有机基磁体。不仅作为一种旋转极化器，使它在弱磁场中通过上旋或下旋来存储数据，还可以用作旋转探测器，以完整地读取所存储数据，从而向制造一种全有机材料的设备迈进了一大步。法国昂热大学科学家通过使用激光让分子结合、分离，开发出一种新的三维光学存储新技术，而且用这种方法存储的数据只能通过二次谐波(SHG)辅助成像技术进行读取。这种新奇的光学数据存储方法或许将成为一种有效的高容量数据存储方法。另外，因为这种读数据的过程只能由SHG成像技术实现，该存储方法能够用于敏感的领域，比如光学显微镜、极化显微镜和原子力显微镜等传统线性显微技术无法探测出的三维数据存储等。科学家找到了一种可结合两种硬盘写入方式（“热辅助磁记录技术”和“位式记录技术”）的新型数据存储方法，其可将每平方英寸的存储密度的几百吉字节提升至1太字节，并有望将介质的存储容量最高提升到10太字节/英寸^{2}左右，可被应用于光刻、生物传感器和纳米操控等诸多领域。

量子计算大大提高了运算速度，并展现喜人的应用价值。量子计算是未来计算技术进步的方向。量子计算的难点是选择何种材料和如何向量子材料上加载信息。日本自然科学研究机构分子科学研究所的科学家选用直径约0.3纳米的碘分子，用经过特殊设计的飞秒激光脉冲向这种分子上加载信息，并实现了一步运算，其运算速度达到最新型超级计算机的上千倍。美国哈佛大学和澳大利亚昆士兰大学的科学家利用量子计算机准确算出了氢分子所含的能量，这一突破性进展可提升分子系统模拟的准确性。研究人员使用了2个纠缠的光子编码信息，并对氢分子系统进行了模拟。每个光子计算出的能量级别可达20比特的准确度，这使得氢分子的几何态也能清晰可见，大大超出了传统计算机的能力范围。这一快速计算方式开辟了准确模拟复杂分子系统的新途径，有望实现对能量构成极低的胆固醇等复杂分子系统的计算和模拟。

量子计算机研制不断获得新的理论和技术上的支撑。美国耶鲁大学的科学家使用了既有技术和几项新技术，把氟化锶冷冻到仅有几百微开，这是单分子激光制冷首次达到这样的低温。由于超冷分子具有“磁体”特征，这意味着分子之间能通过磁场互相反应，使它们能执行分类量子计算，可能会突破现有计算机的编码和解码问题，实现量子重叠与牵连原理产生的巨大计算能力，从而向制造量子计算机迈进了一大步。美国国家标准技术研究院（NIST）的科学家，首次为由量子比特和量子传输总线组成的超导电路研发出了一个“光电开关”，该新开关是一个射频量子扰动超导探测器（SQUID），也是一个磁场探测器。通过协调施加于SQUID上的磁场，科学家能够改变位于量子比特和空腔之间的单个光量子携带的能量或者传输率，因此，该开关能够稳定地“协调”量子比特和量子客车之间相互作用的比率，从100兆赫到接近0赫。该新技术有望在未来的量子计算机中更好地实现信息的存储和传输，也有望加速实用型量子计算机研发工作的进展。NIST的科学家还将光纤耦合单光子发生源与增频单光子探测器相结合，首次将量子源产出的波长为1300纳米的近红外单光子转换成波长为710纳米的近可见光光子。这种单光子波长转换的实现有望帮助开发出拥有量子通信、量子计算和量子计量的混合型量子系统。一个英国和澳大利亚的联合研究小组设计了一种拓扑FTQC方案，具有高达24.9%的容错阈值和极强的抗损能力，让其在信息损失和计算错误同时存在的情况下，仍保持良好的工作能力。这让量子计算机具有强大的计算能力，理论上可以设计来破解公共密钥，或模拟复杂系统。

各种新型计算机研制从人类或其他哺乳动物的大脑、视觉系统和自我修复能力中获得灵感。美国密歇根大学电子工程与计算机科学系研究人员正在模仿猫脑的工作原理建造一台计算机，其方法和自然建造大脑一样，使用了完全不同于传统计算机的算法。研究人员用一个忆阻器连接了两个电路，并证明这套系统具有“时序依赖型可塑性”，并支持生物系统的记忆和学习过程。由日本筑波大学和美国密歇根理工大学的研究人员组成的研究团队在一个有机分子层上，成功地制造了同样一个类似于大脑功能的、能够自我进化的电路，首次在有机分子层上实现了类脑运算。利用单分子层所具有的自我组织功能，这种新型计算机的分子处理器在出现问题时，具有自我愈合能力。基于这种电路的新型计算机能够进行并行运算，这一点远远胜于目前最快的超级计算机。这种计算机能够为那些很难确定算法的问题提供解决方案，并能够解决同一个计算机网格内的很多问题。美国耶鲁大学工程和应用科学学院的一个研究小组开发出了基于人类视觉系统的超级计算机“神经流”，与人们过去所研制的同类计算机相比，其在速度和节能上均有很大提高。它能模仿人体视觉系统的神经网快速地识别自己周围的世界。与全尺寸的计算机相比，“神经流”系统要小巧得多。除为汽车导航外，“神经流”系统还能用于提高机器人进入有害或难以接近场所的导航能力，为战士提供战场360度环境的合成视觉功能，或用于现场动态监视。英特尔公司研究人员正在开发一种意念控制计算机。研究人员使用核磁共振成像（MRI）扫描仪，测量了大约20 000个脑区的活动，目前正在绘制当人们思考特定单词时的大脑活动图像。随着大脑扫描更加先进，计算机识别思想的能力也将提高。如果这项计划成功，用户只要想一想不需动手，就能实现网上冲浪、写电子邮件等活动。丹麦技术大学的一个研究小组受到人体自我修复能力的启发，研制出具有无需人工干预便可自行修复功能的计算机 “埃德娜”。与普通计算机拥有一个中央处理器不同，“埃德娜”有数目众多的小处理器，就像人体内的大量细胞一样。这些小处理器中，一部分正常运转，另外一部分则作为“备份”。一旦某个运转的小处理器出现问题，无法正常工作，就自动激活“备份”处理器中的一个，代替其执行任务，这样就不会因为某一个小处理器出问题就使整机陷于崩溃，整个计算机可以运行得更为可靠和稳定。

超级计算机运算速度不断刷新，中国在前三强中占据两席。国际TOP500组织11月14日公布了最新全球超级计算机前500强排行榜，中国首台千万亿次超级计算机系统“天河一号”雄居第一。“天河一号”由国防科学技术大学研制，其实测运算速度可以达到2570万亿次/秒。美国橡树岭国家实验室的“美洲虎”超级计算机此前排名第一，在新榜单中，其排名下滑一位。“美洲虎”的实测运算速度为1750万亿次/秒。排名第三的是中国曙光公司研制的“星云”高性能计算机，其实测运算速度为1270万亿次/秒。

四、纳米科学技术

纳米科技是年轻的前沿、交叉性新学科。从以下列举的一年来世界上许多国家在纳米科技方面取得的新进展来看，这一富有战略意义的领域正在朝着实现广泛的应用和深入理解纳米结构及其特性机制方面大步迈进，其中“神奇材料”石墨烯扮演着越来越重要的角色。

在纳米材料的制作和应用方面，美国科学家发现，氧化的石墨烯叠层能有效地储存氢燃料，以便用于汽车和其他应用。该材料能保存大约其重量10%的氢，这相当于石墨烯氧化物本身储氢能力的100倍，与当前研究得最多的金属有机构架接近。中国和美国科学家在制作含有纳米网的电纺聚合物薄膜方面取得重要进展，他们得到的聚苯烯酸纳米网的平均直径小于20纳米，这比常规的电纺纤维约小一个量级。这些纳米材料非凡的比表面积和高孔隙度使其成为可用于包括超灵敏传感器在内的一系列器件的极具吸引力的电纺纳米网材料。

美国和新加坡科学家开发了一种由自组装纳米颗粒组成的可调纳米结构的“光刻掩模”。他们利用磁场控制纳米颗粒的组装，从而控制“光刻掩模”的形状，以形成不同的几何图形。这项技术把光刻和自组装这两项基本纳米制造技术的优点结合起来，可能为建立更为通用、可扩展、成本效益好的纳米制造技术铺平道路。荷兰科学家开发了一种生长无缺陷、有序的纳米线阵列的加工工艺，他们演示用湿化学刻蚀结合热退火的方法能制作均匀的纳米线阵列。这种称为纳米压印刻蚀方法吸引人之处在于它能以较低廉的成本形成大面积的图案。科学家已利用该方法有效控制衬底上InP和GaP纳米线的位置。德国科学家利用一种“聚合物包装”技术来产生大量的、其中碳原子以同样方式排列的碳纳米管阵列，所以这些碳纳米管具有同样的手征性。目前，这些阵列包含高达90%具有同一手征性的碳纳米管，经过改进可能提高到几乎100%。这种材料可能应用于高性能电子学器件、传感和纳米机电系统中。美国科学家已找到一条将电子和光学元件添加到“神奇材料”石墨烯中而不牺牲其机械性质的途径。他们设计了一种技术，用量子点构造出加氢形态的石墨烯，实现从石墨烯到石墨烷的相变，伴随着从金属到绝缘体的转变，这给纳米工程师提供了制造非常小的稳定器件的机会。新加坡科学家演示了采用简单的银催化蒸汽传输法能可靠地生长出高度均匀和高结晶质量的2纳米超薄氧化锌纳米带。这一发现可能对相关的领域产生重要影响，因为氧化锌是最广泛深入追求的纳米材料之一，它可能用作自上而下的构建模块并促进高级器件的制作，诸如纳米级共振隧穿器件、场效应晶体管和发光器件等。

美国研究人员设计了一种新的纳米柱形物，其顶部和底部具有不同的直径，能在宽广的波长范围有效地吸收光。这样的结构在光伏效应和光探测器方面可能派上用场。细小的顶部意味着减少光的反射，而宽厚的底部则可以让最大数量的光子被吸收。科学家是用所谓模板辅助的蒸汽—流体—固体（VLS）生长过程制造这些纳米柱状物的。中国科学家发现石墨烯的派生物，如石墨烯氧化物和还原的石墨烯氧化物，可用来制作抗菌的纸张，这样的二维片材能有效地制止大肠杆菌的生长，而对人体细胞并无毒性。德国和瑞士研究人员开发了一种制作带有特定宽度和电子带隙的极窄的石墨烯带状物的新途径。与半导体硅不同的是，石墨烯是不具备其价导带之间的带隙的，而带隙对于电子学应用而言是必不可少的。将带隙引入石墨烯的一种办法就是制作这种材料的极其狭窄的带状物。

中国和美国科学家采用等离子体增强化学汽相沉积（PECVD）法实现了碳纳米球在单壁碳纳米管上成行或不成行地进行自发组装。这是一种无催化剂、共沉积和后沉积过程。而且该方法能通过控制反应时间和加热氧化的温度使沿着纳米管的碳纳米球有合适的密度和大小。这样制作的材料可用于传感器、超级电容器和电池等电化学器件。丹麦科学家开发出一种新的过滤膜，用它可以获得由只有H_2O分子组成的超纯净水。该过滤膜是一种特殊的薄膜，可以用来在空间站将污水重复利用，更重要的是用于半导体的生产中。加拿大化学家发现用简单的微波炉加热塑料可能有助于革新计算机芯片的制造。当他们加热嵌段共聚物时，其共聚的分子开始分离并自然地进行自组装，它们自发地排列成行，产生纳米尺寸的线，可用作复杂电路图案的模板压印在硅上来制作计算机芯片。

在纳米技术、器件及其应用方面，美国IBM的研究人员制成迄今最快的石墨烯晶体管，其截止频率高达100吉赫。他们首先通过热分解碳化硅基材制造高质量的石墨烯晶片，然后用这些晶片制造射频晶体管。该器件的性能远远胜过用硅制成的器件，可能应用于通信和成像，包括高分率雷达、医学和保安方面的成像等。

澳大利亚和芬兰科学家首次成功地演示了将单个电子置于硅芯片上一个纳米大小的器件中，为观察和控制电子的量子态或“自旋”从而形成量子比特奠定了基础。这是实现超高速量子计算的重要一步。美国耶鲁大学科学家首次制成能探测全血中癌的生物标记的纳米传感器。该传感器能在不足20分钟的时间内，在仅仅1微升的全血中探测到纳克数量的乳腺癌和前列腺癌标记。新传感器无需首先净化血液，故能直接在医院中使用，而不必将样品送到外面的实验室。

爱尔兰科学家成功制造出迄今首个无接点的晶体管，具有近乎“理想”的电性质，可能比目前市场上任何传统的晶体管运行得更快，功耗更小。该器件包含一根硅纳米线，其中的电流完全由一个硅栅极来控制。由于这种晶体管无需掺杂浓度的变化，故可以做得更小。英国和法国研究人员制成超快的“锁模”石墨烯激光器，这一成果出乎意料，因为石墨烯中不存在带隙。这可能为制作基于这种材料的光子器件铺平道路。这项成果使石墨烯的应用从纳米电子学扩展到光电子学和集成光子学。IBM的研究人员用石墨烯成功制造出第一个光探测器，它能精确地探测10吉比特/秒的光学数据流，这可以用来建立新型的电路，以便同时利用光和电流来处理和传输信息。该探测器中的电子和空穴移动得比通过其他任何材料都要快得多，而且对从可见到红外的广泛波长范围的光的吸收都非常好。

美国科学家利用低压电场辅助的组装技术成功地将单链DNA装饰的单壁碳纳米管结合到CMOS电路上而不造成对芯片的任何损坏。这标志着在一块芯片上实现超灵敏便携式纳米电子鼻系统方面走出重要的一步。DNA装饰能将单壁碳纳米管对甲醇的探测灵敏度提高大约300%。西班牙、法国和英国研究人员发明了一种基于新型的等离子体“纳米天线”的超速光学开关。该开关由两根相隔很近的金属纳米棒组成，纳米棒间的空隙由非晶硅填充。它运行于仅仅皮焦量级的超低抽运能量，可能在集成光子学电路和量子信息器件方面有应用价值。美国和法国科学家开发了一种新的石墨烯，该项技术包括利用加热的原子力显微镜的尖端将导电的纳米线“书写”到氧化石墨烯上，这对于从“神奇”材料制造柔性纳米器件和用简单的一步加工过程制作纳米电路非常理想。新加坡研究人员成功地演示了一种利用“直接书写”技术在单根纳米线上制作数字逻辑门电路的新途径。他们用高能电子束或离子束以极高的精度在衬底上直接“书写”出金属连接线和绝缘层，将耗尽型和增强型场效应晶体管集成到单根纳米线上，实现了一个纳米尺度的逻辑反向器。

在纳米科技的研究工具方面，IBM的研究人员用加热的纳米尺度的尖端在有机保护层中制造出小到15纳米的图案，这是用诸如电子束刻蚀之类的传统方法所能产生的最小结构的一半。该技术可能在将来成为制作纳米尺寸电子器件的理想方法。德国科学家利用新的仪器设计途径实现了高速原子力显微镜，将成像速度提高了1000倍。该仪器每秒能扫描数个图像，使快速动态过程的实时观察成为可能，这在生命科学中能发挥重要作用。仪器的主要部件是一个高速扫描器，其最大的扫描尺寸为23微米 × 23微米，这是该类仪器中迄今报道的最大扫描尺寸。英国和美国研究人员采用所谓环境透射电子显微镜（ETEM）观察了在催化化学蒸汽沉积中锗纳米线的生长。该技术以原子晶格的分辨率清楚地展示那些纳米线的实时生长。这种方法可能对于在合成中控制纳米线如何生长是重要的。ETEM将高分辨的透射电子显微镜法与低压化学沉积结合起来，使人们能够研究各种纳米结构的实时生长过程。日本研究人员建造了一种原子力显微镜，它使用石英悬臂与光学干涉偏转传感器相结合。该装置即便在采用钝尖端的情况下也能提供高分辨率原子成像和高的力灵敏度。

在纳米科技的基础研究方面，美国和韩国的研究人员发现，点燃一根被化学易燃材料涂布的碳纳米管就能触发一种沿着管道以10 000倍于扩散的化学反应的速度飞速传播的波。这种被称为“热力波”的新现象可能导致一条生产电力的新途径，还可能使微小的动力源驱动纳米器件。意大利研究人员采用由纳米尺度的金结构增强的拉曼光谱来探测朊蛋白PrPc并在活体中监视PrPc与Cu(II)的相互作用，从而提供了关于不同细胞系中朊蛋白的构象状态。加拿大研究人员成功地将用荧光素-异硫氰酸酯标签的磁性碳纳米管(FITC-mCNT)递送至造血干细胞与干细胞前驱细胞（HSPC）中。他们发现这样做的结果并不影响HSPC的生存能力和分化。该成果可能为对移植的干细胞进行标记和跟踪铺平道路。美国科学家设计成功高频噪声大为降低的纳米孔，可有效应用于DNA排序。美国和法国研究人员证实，石墨烯用来冷却计算机芯片比任何目前用于电子学中的材料更快。他们将石墨烯放置在二氧化硅上来测量其热导，发现石墨烯的导热性比铜线高一倍以上，比二氧化硅薄膜本身则高出50倍。不过在实际应用中，石墨烯必须与其他衬底连接起来，这会适当地降低其热导，但仍不失为冷却芯片的最佳选择。

五、能源与环境

为了应对全球气候变化，大力发展低碳能源技术已经成为世界各国的共识。各国不惜投入重金研发低碳能源技术，以期推动能源技术的革新或飞跃。减少二氧化碳排放是发展低碳能源技术重大课题之一，而减少二氧化碳排放的主要途径则是提高电力效能，同时，要有效利用风能、太阳能以及生物质能等新型可再生能源。

2010年4月，德国首个海上风力发电场在离海岸40多千米的北海海域正式并网发电，标志着德国在可再生能源利用方面迈入了一个新纪元。被命名为“阿尔法·文图斯”的海上风电场由12个约150米高的风力发电机组组成，风机的每个叶片长56米、重16.5吨。该风电场总装机容量达到60兆瓦，可满足5万个家庭的用电需求。无独有偶，世界上最大的海上风力发电站也于9月在英国投入运营，该风力发电站离海岸约12千米，在面积为35平方千米的海域里共安装了100台高约115米、装机容量达300兆瓦的风力发电机，能为20万户家庭提供电力，并使英国风力总发电能力足以支持300万户家庭的用电需求。

长期以来，光/电转换效率不高问题一直制约着太阳能电池技术的发展，因而成为各国科学家着力攻关的重要课题。德国弗劳恩霍夫协会成功地研制出了光/电转换效率高达41.1%的新型太阳能电池，其光/电转换效率是传统太阳能电池的1.42倍。美国科学家利用从植物中提取出来的蛋白质、磷酸酯以及碳纳米管等化合物质，研制出了一款大小仅为几纳米、能够自我组装和自我修复的迷你型太阳能电池，并宣称其理论光/电转换效率已接近100%。澳大利亚悉尼大学的科学家从海洋蓝细菌中提取出一种被称为叶绿素f的新型叶绿素。与其他类型的叶绿素相比，叶绿素f具有更宽的吸收光谱，能够吸收波长为0.7~0.8微米的近红外光。借助这一特性，科学家有可能大大提高太阳能电池的光/电转换效率。利用能吸收不同光波的各类叶绿素，太阳能电池就能够捕捉到更大范围的太阳光并将之转换为电能。美国南加州大学的科学家成功地研制出了一种柔韧性很好且极薄的新型碳原子透明薄膜材料，有望用于生产太阳能窗帘和能自行发电的服装。这种被称为石墨烯的新材料由一层导电性极好的碳原子组成，用它制成的有机光伏电池可把光能转化为电能。

法国国家科研中心的科学家利用植物光合作用产生的物质开发出了一种新型生态电池。科学家借助于仙人掌进行了相关实验，结果发现，一旦仙人掌发生光合作用，生态电池就会产生电流。绿色植物叶绿素在光的照射下会把二氧化碳和水合成有机物质和氧气，而所谓新型生态电池就是利用光合作用的产物开发出来的。这一研究成果为世人提供了开发生态新能源的新思路。

生物质能源是当前能源技术的一个热点。美国杜克大学的科学家利用基因改造技术培育出了一种多年生牧草，由于其根部更加坚韧、生长得也更快，从而成为制造生物燃料的重要原料。多年生牧草通常不会和粮食生产争夺土地，因此其发展前景格外引人注目。该项发明通过控制单个基因的表达来实现了植物根部的改良，并有可能导致一种全新的植物繁育方法——培育出具有“量身定做”特征的新苗木。这项新发明除了在生物燃料方面具有巨大的发展潜力之外，还有望培植出能够从大气中吸收更多温室气体的植物。

尽管世人常因安全问题而排斥核能，但是相关的研发活动却从未止步。美国洛斯阿拉莫斯实验室的科学家首次成功地利用光能获得了一种罕见的、带有独立铀氮结构末端的铀氮（U-N）分子合成物，该合成物末端上的氮原子仅与一个铀原子结合。这是一项非常重要的新突破，因为高密度、高稳定性和高热导性的铀氮物质有望成为未来先进反应堆所需的核燃料。新获得的铀氮分子能够帮助人们更好地认识单铀单氮结构单元的功能特性、电子结构和化学反应性，从而为铀化学揭开了新的篇章。

以上研发成果不仅代表了能源相关技术研发的重要成果，而且还标示出了未来研发活动的重要方向，有些则将在2011年成为能源市场上的新探路者。

面对日益紧迫的生存压力，既要保护环境与生态平衡，又要合理利用环境与生态资源。人类从未像今天这样陷入进退两难的窘境，也从未像今天这样面临各种稍纵即逝的发展机遇。在应对全球气候变化的科技竞争中，环境以及环境技术正日益受到各国政府的高度重视。

垃圾处理技术取得多项突破性进展。英国沃里克大学的科学家研发出了一种能够在缺氧状态下对塑料垃圾进行高温分解的新技术，并且适用于绝大多数种类塑料垃圾的分解，从而大大提高了塑料垃圾的循环利用率，既能减少环境污染，还能获得较高的经济收益。德国拜罗伊特大学与企业界合作研发出了一种经济有效且无污染的特氟龙材料回收方法，即首先将这种材料分解成较小的分子，继而以微波将其加热，在热解作用下该材料的回收率可达93%，从而有效地解决了特氟龙垃圾处理问题。英国布里斯托大学的科学家开发出了一种新的分离技术，通过一种特殊的微乳液（油水混合物）可以很轻易地将纳米粒子从混合物中分离出来。该方法具有很大的应用价值，不仅可以对纳米材料垃圾进行无公害处理，而且可以大大降低利用纳米粒子进行加工制造的成本。以色列的阿格瑞拜克斯公司取得了一项处理农业有机废料的技术成果，可用于油料及肉食品加工等含高浓度有机废料的领域。该技术的处理过程主要在升流式厌氧污泥床生物反应器中进行。有机废液从反应器底部进入反应器后，与饱含数种厌氧细菌的厌氧污泥接触并发生反应；厌氧细菌先将有机废料转化为多糖、多酚等简单的有机物，之后再转化为酚或糖单体。在此基础上，由产乙酸菌将酚和糖单体转换为醋酸、乳酸等有机酸，最后由产甲烷菌将有机酸转换为可用作再生能源的生物气体。这项技术不仅成本低，处理过程稳定、流畅，而且大部分现有农产品加工设备均可使用该项技术而不用更换新的系统。

美国爱荷华州立大学的科学家使用核磁共振波谱仪对化学反应得到的物质进行分析后发现，除生产出了预期的糖类衍生物外，还产生了很多乙二醇和丙二醇。由于该过程在生物质中掺杂其他物质时也能同样进行，从而开辟了利用废弃生物质取代石油来生产乙二醇和丙二醇等化学物质的新途径，不仅可以大大减少石油的消耗，还可以减少工业生产中的环境污染。美国科学家还研发出一种新的气化方法并制造出了相应的新气化反应装置。该装置不仅能够大幅提高将生物质原料转化为生物燃料的效率，同时，也大大减少了温室气体的排放。他们把数量得到精确控制的二氧化碳和甲烷输入新研发的特制催化反应装置中，使装置中的生物质原料气化，结果，生物质原料和甲烷中的碳被全部转化为一氧化碳——制造生物燃料所必需的材料。这一新气化方法有望在两年内趋于完善，并成为生物燃料制备技术领域的重大突破。

墨西哥湾原油泄漏事件至今仍未得到有效解决，其带来的环境和生态污染已演变成了世界性难题。一个由西安建筑科技大学、美国俄勒冈州立大学和南京农业大学共同组建的科学家小组成功地发现了一种“吃油”细菌，有望推进墨西哥湾油污治理进程。该菌株能以C5~C16烷为碳源生长，可快速降解石油烃和多环芳烃，在特殊条件下还能产生表面活性剂。

中国发明的造纸术对于世界文明与进步有着无可替代的推动作用。但是，世界对纸张和纸质材料的需求，却又成为地球森林资源难以承载的重负。然而，就在21世纪的今天，中国人又以“石头纸”发明再次震惊了世界。地球卫士石头纸科技股份有限公司与世界数十家著名大专院校和顶尖科研机构合作研发出 “可替代植物纤维的环保石头纸技术”，该技术的诞生，既可解决传统造纸污染给环境带来的危害，又可以替代大量的塑料包装物，从而有效减少“白色污染”。

六、航空航天

2010年，世界各国分别围绕开发新型运载工具、部署应用卫星、建设国际空间站和深空探测实施了重要工程，使得人类了解宇宙、开发太空的方式更加丰富。

2010年全球共进行了74次航天发射。其中，俄罗斯31次，美国和中国各15次，欧洲6次。这使得俄罗斯成为近3年来航天发射数量连续第一的国家，其无人驾驶航天飞行计划也全部完成。

世界航天大国积极推动航天运载器的发展。美国调整重型运载火箭发展战略，重视商业运载火箭的研发。2010年4月，美国无人可回收太空飞机X-37B升空后，绕地球飞行7个多月并返回地面，其主要使命是检验整个飞行器系统的设计，其次是试验今后可使用的先进传感器技术。5月，日本发射了世界第一艘深空太阳帆动力飞船“伊卡洛斯”号，它成功地展开了其14米见方，却仅为7.5微米厚的帆。 以太阳光能为动力，宇宙飞船可免携大量燃料，因此比传统的用燃料助推的太空飞行器不仅更经济，而且机动的范围也更大。7月，波音公司与美国国家航空航天局（NASA）联合研发载人宇宙飞船CST-100，其可搭载7名宇航员并重复使用10次。此举有望帮助美宇航员往返于地球和国际空间站，填补因美国航天飞船即将“退休”所留下的空白。

在国际空间站方面，2010年，美国航天飞机3次出动，使欧洲空间局的节点舱、天体观测台、机械臂和俄罗斯小型实验舱在国际空间站上纷纷就位，空间站建设基本完成，其舱体总数已达13个，可供6名宇航员长期驻扎。

各国的导航定位卫星“多路出击”。俄罗斯推动本国的“格洛纳斯”全球卫星定位系统的发展速度明显加快。2010年，“格洛纳斯”系统新增在轨卫星6颗，如今在轨卫星总数达到26颗，范围已基本覆盖全球，可实现全球定位导航。美国首颗GPS-2F新型导航卫星于2010年5月入轨，导航精度提高至3米。9月，日本发射首颗准天顶卫星，这颗名为“引导”的卫星主要用于技术储备以及各种数据的检验。该卫星的发射意味着日本正式进入世界卫星导航系统竞争行列。中国先后发射5颗“北斗”导航卫星，导航系统组网建设顺利推进。10月，中国成功发射“嫦娥二号”探月卫星。作为中国探月工程二期的技术先导星，“嫦娥二号”为此后的“嫦娥”实现月面软着陆开展了关键技术试验，拍摄了距月面约18.7千米、分辨率约1.3米的清晰月面图像。

世界主要航天国家对月球与行星的科学探测保持较高的关注度，日本、欧洲国家和印度的月球和行星探测器技术均取得了较大进展。2010年10月，NASA透露，月球土壤不仅含有水冰，还有汞、银、氨和碳氢化合物，让“银色月光”的说法找到了科学根据，而科学家认为这些物质数十亿年的经历可能埋藏着地球、太阳系甚至银河系历史的线索。

地外火星（ExoMars）任务在美国、欧洲的联合推动下顺利进行。2010年1月，欧洲空间局、NASA联合发出公告征询地外火星的有效载荷方案，并于8月选定了火星大气痕量分子掩星光谱仪、高分辨率日掩天底光谱仪、ExoMars气候探测仪、高分辨率全色立体成像仪、火星大气全球成像实验等5台有效载荷。5月，美国得克萨斯州大学表示利用NASA火星探测器（MRO）采集的雷达数据，成功再现了火星北极冰冠特征形成过程，并认为重力风是火星北极冰冠存在着一条规模胜过大峡谷的深谷和一系列螺旋形低谷的主要原因。9月，NASA表示，“凤凰号”火星探测器的测量表明，液态水一直与火星陆地表面存在相互作用，且这一过程贯穿了整个火星历史；NASA还称，有机模块生命形式可能一直存在于火星上，只是未被发现而已。这推翻了30年前对“海盗”号所采土壤样本分析后的结论——“火星不存在有机物质”。

2010年4月，欧洲空间局“金星快车”探测器发现的证据表明，地球并非是太阳系内唯一地质活动频繁的行星，金星上也存在潜在的活火山，现在仍可能发生火山喷发现象。5月，日本“黎明”号（PLANET-C）金星探测器成功发射，这是日本继PLANET-B火星探测任务之后第二颗行星探测器，主要通过观测金星的厚重云层来研究金星气候。“黎明”号金星气候轨道器在2010年12月上旬进入金星轨道失败，日本宇航探索局的专责小组认为最有可能的原因是安装在发动机燃料供应管路中的回流阀门堵塞，该阀门用于提供发动机反向推力。11月，“金星快车”又揭开了金星高空二氧化硫气层形成之谜。

太阳物理探测取得重大进展。2010年2月，NASA研制的太阳动力学观测台（SDO）成功发射。SDO作为美国“与星同在”项目的第一次任务，运行于进入近地轨道，预计在轨运行5年以上，目的是观测太阳大气从内层到最外层的太阳周期活动，如太阳黑子、太阳耀斑、日冕物质抛射等，确定太阳磁场如何产生、形成结构并转化为激烈的太阳事件。SDO发射时总重约3000千克，获取的高清晰度太阳图像分辨率极高。

Summary of World S&T Achievements in 2010

Ye Xiaoliang, Wang Lingyong, Huang Mao, Shuai Lingying, Huang Qun, Ren Zhen, Qu Huanhuan

In 2010, scientists around the world have made great achievements in six broad of areas including astronomy and physical science, life science, information science and technology, nanotechnology, energy and environmental science and technology, and space technology. In this article, these achievements are briefly summarized.

第三章

2010年诺贝尔科学奖评述

Commentary on the 2010 Nobel Science Prizes

3.1 石墨烯：完美的二维晶体

——2010年诺贝尔物理学奖评述

任文才　成会明
（中国科学院金属研究所）

正值富勒烯发现25周年之际，瑞典皇家科学院宣布将2010年诺贝尔物理学奖授予英国曼彻斯特大学的安德烈·盖姆（Andre Geim）和康斯坦汀·诺沃肖洛夫（Konstantin Novoselov）教授（图1），以表彰他们在二维材料石墨烯方面的开创性实验研究。盖姆也因此成为目前唯一一位同时获得“搞笑”诺贝尔奖和诺贝尔奖的得主，而诺沃肖洛夫成为自1973年以来最年轻的诺贝尔奖得主。他们的研究成果开辟了二维晶体材料研究的新方向，为纳米科技基础研究和实际应用注入了新的生机和活力。这也是继1996年诺贝尔化学奖授予富勒烯研究之后再次受到表彰的碳材料领域的科学成就。

安德烈·盖姆

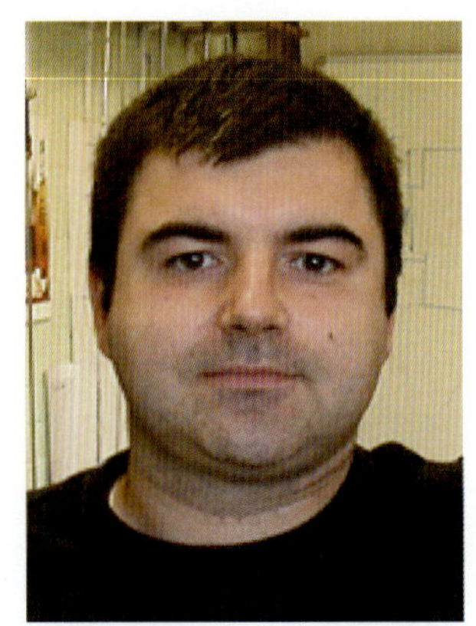
康斯坦汀·诺沃肖洛夫

图1　两位获奖人

一、石墨烯的研究历史与发现

安德烈·盖姆，1958年出生于苏联，1987年在俄罗斯科学院固体物理研究所获得博士学位，现为曼彻斯特大学介观科学与纳米技术中心主任、曼彻斯特大学物理系兰沃西（Langworthy）教授和皇家学会2010周年（Anniversary）研究教授。康斯坦汀·诺沃肖洛夫，1974年生于苏联，2004年自荷兰内梅亨大学获博士学位，现为英国曼彻斯特大学教授和皇家学会研究员。诺沃肖洛夫是盖姆在荷兰内梅亨大学时的博士研究生，2001年跟随盖姆从荷兰内梅亨大学转到英国曼彻斯特大学。盖姆不是一个传统意义上的科学家，拿出部分研究时间去尝试各种各样疯狂的、很可能没有任何结果的事情是盖姆实验室的风格。在石墨烯之前，飞行的青蛙和壁虎胶带都是盖姆异乎寻常的想法产生的杰作，他也因飞行的青蛙获得了2000年的“搞笑”诺贝尔奖。

如果把碳纳米管展开成一层单原子厚的材料，将会发生什么？这是盖姆在开展石墨烯研究时最初的想法。石墨烯是由单层碳原子构成的二维蜂窝状晶体材料（图2），是构成三维石墨、一维碳纳米管和零维富勒烯的基本单元[1]。石墨烯的研究可追溯到20世纪40年代。1947年华莱士（P. R. Wallace）首次计算了石墨烯的电子结构，20世纪80年代石墨烯作为理论模型被广泛用于2+1维量子电动力学的研究，而1962年德国化学家汉斯·彼得·伯姆（Hanns-Peter Boehm）将氧化石墨剥离、还原，在透射电子显微镜下已观察到原子厚度的石墨碎片。然而，如何分离出足够大的单个石墨烯一直以来是石墨烯研究的难点和瓶颈，阻碍了对石墨烯的确认、表征以及验证其独特的二维特性，这也是石墨烯的实验研究未得到充分发展的重要原因。

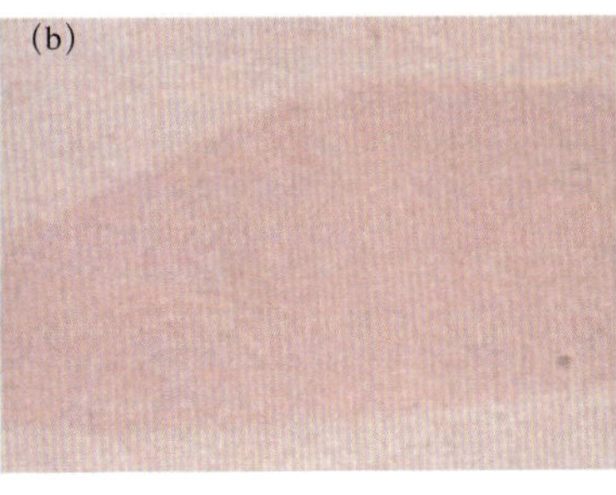

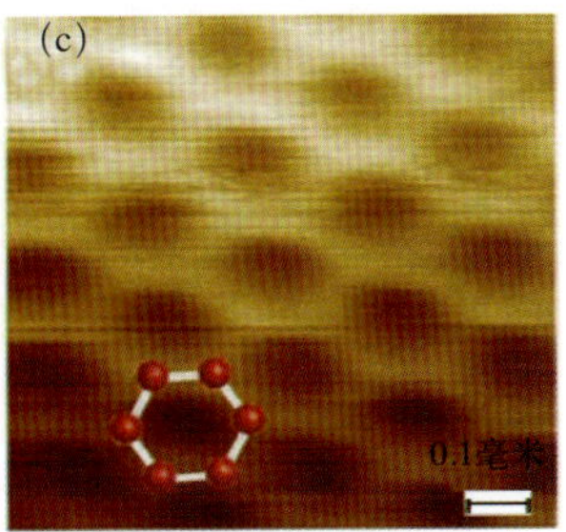

图2[1]

(a) 石墨烯的结构示意图；(b) 光学照片；(c) 扫描隧道显微镜照片

强烈的好奇心、异乎寻常的想法、低维系统方面的知识积累、曼彻斯特大学良好的实验条件和所谓的好运气使盖姆叩开了石墨烯宝库的大门。2004年10月22日，盖姆和诺沃肖洛夫在《科学》杂志上发表论文报道了石墨烯的制备、确认和表征[2]。他们采用了一种简单、有效的机械剥离方法，从石墨晶体中分离出高质量的单层和少层石墨烯，将之转移到硅基底上，并提出了如何利用光学显微镜在多层石墨中寻找、定位石墨烯。此外，他们还系统研究了石墨烯的电学性能，发现这些石墨烯具有双极性电场效应、很高的载流子浓度和迁移率，其载流子可在电子和空穴之间连续调控，并具有亚微米尺度的弹道输运特性[2]。盖姆和诺沃肖洛夫在石墨烯制备方面的突破以及对石墨烯优异电学性能的揭示引发了全世界范围内的石墨烯研究热潮。

二、石墨烯独特的物理现象和广阔的应用

石墨烯独特的电子结构和载流子特性使其在物理学方面展现出迷人的魅力（图3）。2005年，曼彻斯特大学的盖姆研究组与哥伦比亚大学的菲利普·基姆（Philip Kim）研究组在同期《自然》杂志上先后发表论文[3，4]，报道了石墨烯独特的二维电子气物理，发现其电子具有类似于无质量的狄拉克费米子的行为，以1/300光速的恒定速度运动，可以用无质量的费米子的狄拉克方程来描述。正是由于这种独特的电子结构，石墨烯表现出一系列不同于传统材料的新奇的物理特性，如半整数量子霍尔效应、室温量子霍尔效应、分数量子霍尔效应、无载流子的最小量子电导率等[1，5]。同时，石墨烯独特的载流子特性也为粒子物理中难以观察到的相对论量子电动力学效应的验证提供了便捷的手段，如卡茨内尔松（Katsnelson）、盖姆和诺沃肖洛夫在2006年提出了利用石墨烯验证克莱因（Klein）隧穿的可能性。2009年，哥伦比亚大学的菲利普·金研究组利用石墨烯异质结从实验上验证了该理论。

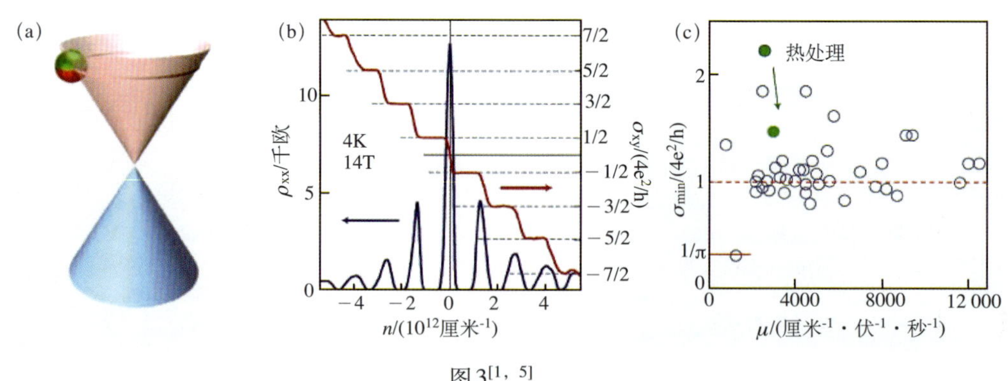

图3[1，5]

(a) 石墨烯的电子结构及其无质量的狄拉克费米子；(b) 半整数量子霍尔效应；(c) 狄拉克能隙附近的最小量子电导率

注：图（b）中横坐标为载流子浓度，左侧纵坐标为纵向电阻率，右侧纵坐标为霍尔电导率，4K、14T为测试的温度和磁场强度；图（c）中横坐标为载流子迁移率，纵坐标为电导率。

由于完美的成分和高度有序的晶格结构，石墨烯还表现出异乎寻常的高晶体学质量[5]。室温下石墨烯具有100倍于硅的载流子迁移率，表现出室温亚微米尺度的弹道传

输特性。石墨烯几近透明，在很宽的波段内光吸收只有2.3%。此外，石墨烯还具有100倍于钢的强度、很好的柔韧性和伸展性、高达2600米^2/克的超高比表面积和10倍于铜的超高热导率。这些优异的物理性质使它有可能作为射频晶体管，超灵敏传感器，柔性透明导电薄膜，超强、高导复合材料，高能锂离子电池和超级电容器的材料，在电子、信息、能源、航空、航天等多个领域将获得重要的实际应用，这也正是石墨烯的另一迷人魅力所在。2010年，IBM成功研制出截止频率高达100吉赫的石墨烯场效应管[6]；韩国三星公司和成均馆大学的研究人员采用可工业化的方法，制备出了30英寸的石墨烯薄膜[7]（图4），有望替代脆性、昂贵的氧化铟锡透明导电薄膜，在触摸屏、液晶显示、太阳能电池等方面获得广泛应用。

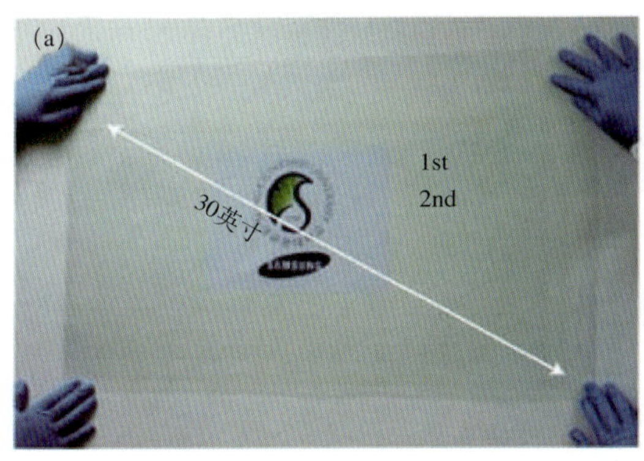

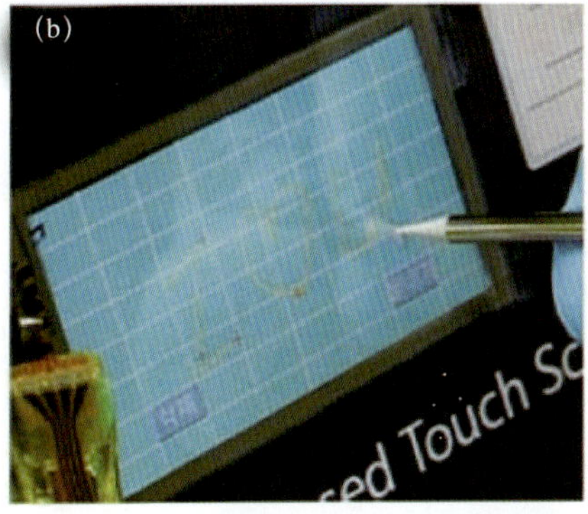

图 4[7]

(a) 三星公司制备的30英寸石墨烯薄膜；(b) 石墨烯触摸屏原型

注：图（a）中30英寸为石墨烯薄膜对角线方向的尺寸。

三、石墨烯的发展前景与我国的研究概况

2010年诺贝尔物理学奖授予石墨烯的研究进一步激发了石墨烯等二维原子晶体材料的研究和应用探索。没有人会怀疑石墨烯在基础科学研究和实际应用方面所蕴藏的巨大潜力，也没有人能够预测未来在石墨烯研究方面又会发现什么新的物理现象、新的性能和新的应用。就连诺贝尔物理学奖得主诺沃肖洛夫也指出：“要准确地说石墨烯会有什么应用还为时尚早。石墨烯的性能研究和大量制备进步如此之快，现在无论说什么都有可能是错误的。”也许有一天，石墨烯会像塑料一样改变我们的生活。据勒克斯研究（Lux Research） 2009年的预测，2015年石墨烯相关产品的市场将达到530亿美元，并广泛应用于航空航天、汽车、能源、电子、医疗、军事和电信等领域。目前，各国政府和各大公司都高度重视，纷纷投入巨资设立相关研究计划开展石墨烯的研究和开发，以抢占这一战略高地。

相比于英国、美国、荷兰、德国等石墨烯研究强国，我国在石墨烯研究领域起步较晚，早期主要集中于石墨烯物性的理论研究。自2007年起，石墨烯的实验研究也相继开展起来。根据Web of Science检索结果（图5），目前我国学者以石墨烯为主题发表的学术论文已经超过1200篇，约占世界论文总数的15%，仅次于美国，仅2010年就有600余篇论文发表，研究机构近100个，已成为石墨烯研究的大国，研究主要集中于石墨烯的制备以及储能、光伏、传感应用等领域，并已逐步形成了一定的特色，但在石墨烯的物理、物性的实验研究以及器件研究方面处于落后局面，并且具有较大影响的原创性成果少，整体研究水平较低，平均每篇论文引用率仅为6.2次，低于世界篇均论文引用率13.6次，远低于英国（44.4次）、美国（21.8次）等石墨烯研究强国。如何抓住机遇，推动我国石墨烯研究的跨越式发展，是我国科技工作者、科技界及决策层必须认真回答的一个问题。围绕石墨烯研究的前沿科学问题和国家重大需求，在结合我国现有的研究基础和特色的基础上，集中优势研究队伍，加强交叉合作，设立重大科学项目予以支持，必将对提高我国在石墨烯领域的整体研究水平和国际地位起到巨大的推动作用。

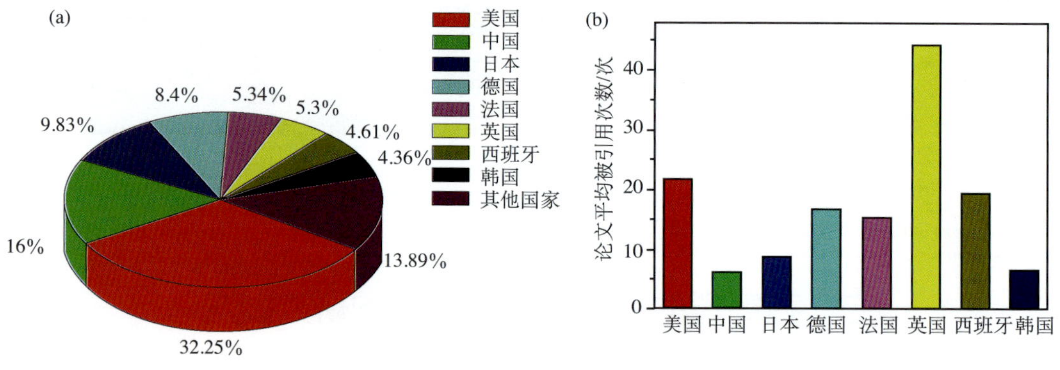

图5

（a） 2004~2010年世界各国以石墨烯为主题发表的SCI论文的数量占石墨烯相关论文总数的比例；（b） 每篇论文的平均被引用次数统计

注：该统计根据Web of Science检索结果，统计截止时间2010年12月15日。

参考文献

1 Geim A K, Novoselov K S. The rise of graphene. Nature Materials, 2007, (6): 183~191

2 Novoselov K S, Geim A K, Morozov S V, et al. Electric field effect in atomically thin carbon films. Science, 2004, (306): 666~669

3 Novoselov K S, Geim A K, Morozov S V, et al. Two-dimensional gas of massless Dirac fermions in graphene. Nature, 2005, (438): 197~200

4 Zhang Y B, Tan Y W, Stormer H L, et al. Experimental observation of the quantum Hall effect and Berry's phase in graphene. Nature, 2005, (438): 201~204

5 Geim A K. Graphene: status and prospects. Science, 2009, (324): 1530~1534

6 Lin Y M, Dimitrakopoulos C, Jenkins K A, et al. 100-GHz transistors from wafer-scale epitaxial graphene. Science, 2010, (327): 662

7 Bae S, Kim H, Lee Y, et al. Roll-to-roll production of 30-inch graphene films for transparent electrodes. Nature Nanotechnology, 2010, (5): 574~578

Graphene: Perfect Two-dimensional Crystal

—Commentary on the 2010 Nobel Prize in Physics

Ren Wencai, Cheng Huiming

The 2010 Nobel Prize in Physics was awarded to Andre Geim and Konstantin Novoselov at the University of Manchester, UK, for groundbreaking experiments regarding the two-dimensional material graphene. Graphene is the first crystalline of two-dimensional material and has a number of unique properties. The development of this new material opens many exciting possibilities both in fundamental science and future technological applications.

3.2 钯催化的交叉偶联方法

——2010年诺贝尔化学奖评述

黄少胥 丁奎岭

（中国科学院上海有机化学研究所）

2010年10月6日，瑞典皇家科学院宣布，2010年诺贝尔化学奖授予美国科学家理查德·赫克（Richard F. Heck）、日本科学家根岸英一（Ei-ichi Negishi）和铃木章（Akira Suzuki）。这三位科学家因发展出“有机合成中的钯催化的交叉偶联方法”而获得此项殊荣。赫克在1972年发现，以钯作为催化剂，能够在较温和的条件下实现碳原子之间的连接[1]。根岸英一和铃木章分别在1977年[2, 3]和1979年[4, 5]进一步发展了利用钯催化交叉偶联碳—碳原子的方法，使该类化学反应的底物和产物类型进一步得到扩展。这些方法能够简单而有效地使稳定的碳原子方便地联结起来，从而合成结构更为复杂的分子。这些交叉偶联合成方法的诞生，使得化学家操控原子和分子的能力和水平得到空前提升。运用这些方法，很多过去难以合成甚至无法合成的物质已经被轻而易举地创造出来。事实上，他们发明的方法，已经被广泛应用于制药、电子工业和先进材料等领域的科学研究与工业生产。

理查德·赫克

根岸英一

铃木章

图1　三位获奖人

一、三类偶联反应的研究新进展

有机化学工作者熟知的赫克（Heck）反应、根岸（Negishi）偶联反应和铃木（Suzuki）偶联反应就是以他们的名字命名的，而这些人名反应也正是他们研究成就的精华。Heck反应在C—C键构建中具有重要地位，通常用来进行芳香环的官能团化，是经典的付克反应（Friedel-Crafts）的一个补充；Negishi偶联反应条件温和、选择性高且底物的耐受性好，被广泛应用于复杂天然产物的全合成；Suzuki偶联反应是现代有机合成中形成C—C键最为普遍的方法之一，是目前制备联芳烃及其衍生物最为方便、可靠的策略。殷元骐先生曾在《2003科学发展报告》的“科学前沿”栏目专题介绍了“有机钯”的相关内容[6]，其中包括了Heck和Suzuki的工作。

对于上述三类反应，早期主要采用碘代烃或溴代烃等不饱和卤代烃作为底物，近年来随着催化剂的进步，特别是有机膦配体的发展，使得在偶联反应中使用价廉易得的惰性不饱和氯代烃成为可能，同时催化的效率也得到大幅度提高。虽然对Heck反应的研究已有将近40年的历史，但催化的不对称Heck反应则直到1989年才有报道[7, 8]。事实上对于通过分子内反应构建环状体系中的手性叔碳和季碳中心，不对称Heck反应已经发展成为一类可靠方法[9]，但是分子间的不对称Heck反应仍然是一个具有挑战性的研究方向。另外，钯催化的不对称交叉偶联反应是近年来此领域另一重要进展，对映选择性的Suzuki偶联反应已经成为合成手性联芳烃类化合物的重要方法[10~14]。

由于钯催化剂属于贵金属，不仅价格昂贵而且毒性较大，加上其在使用过程中极易形成颗粒微小的钯黑，造成产品的污染，因此如何在反应后有效地回收催化剂或者将其从反应体系中除去一直是有机化学家努力的方向之一。一种有效的方法是将金属钯催化剂以各种方式负载于无机或有机高分子载体上，在合适的条件下，既能保持催化剂的活性，又有利于其在反应后的分离回收和重复利用。离子液体是一种绿色环保型溶剂，在离子液体中进行的Heck反应和Suzuki偶联反应也是研究得最多的碳—碳偶联反应之一。

二、三人获奖再次展示金属有机化学巨大的创造力

合成化学担负着创造新物质、新结构和新功能的首要任务，是化学科学的核心和基础，始终处于化学科学发展的前沿。2001年诺贝尔化学奖获得主、名古屋大学教授、日本理化研究所理事长野依良治（R. Noyori）先生指出：化学是现代科学的中心，而合成化学则是化学的中心[15]。合成化学区别于其他学科的最显著特点在于它具有强大的创造力，它不仅可以制造出自然界业已存在的物质，还可以创造出具有理想性质和功能、自然界中不存在的新物质，合成化学通过与其他学科的交叉与融合，产生出诸多跨学科前沿交叉新领域，为合成化学的发展提供了新的机遇，同时也对合成化学本身在不同时空尺度上提出了更高的要求，因此合成科学需要最高水平的科学创造力，以探索其无限的可能性。

事实上，“钯催化的交叉偶联反应”研究领域属于“导向有机合成的金属有机化学”（Organometallic Chemistry Directed Towards Organic Synthesis），此次诺贝尔化学奖授予这一领域的科学家，再次证明了原创性基础研究的重大意义，这不仅是有机合成方法学的重大突破，且具有广泛的实际应用价值，充分体现了科学研究中需要基础与应用结合、目标与方法并重的重要性。金属有机化学是有机化学与无机化学之间的交叉学科，主要研究“碳—金属”键、“氢—金属”键的形成、断裂与转化的规律。在诺贝尔化学奖百年历史上，已有17位金属有机化学家获奖。进入21世纪以来，有三次诺贝尔化学奖（2001年[16]、2005年[17]和2010年）颁发给了从事该领域研究的科学家（共9位），这在诺贝尔化学奖史上是不多见的，也从一个侧面反映了金属有机化学在当今化学领域中的地位与贡献，彰显了金属有机化学这一领域的巨大创造力和活力[18]。

20世纪50年代二茂铁的发现、齐格勒–纳塔（Ziegler-Natta）催化剂的发明及其在聚烯烃工业上的成功应用，引发了聚烯烃材料工业的革命，也推动了金属有机化学研究进入一个全新和快速发展时期［1963年齐格勒（K. Ziegler）与纳塔（G. Natta），

1973年费歇尔（E. O. Fischer）与威尔金森（G. Wilkinson）分别被授予诺贝尔化学奖］。到80年代，“导向有机合成的金属有机化学”的概念被正式提出，自1981年“导向有机合成的金属有机化学”国际会议在美国科罗拉多州的科林斯堡首次举办以来，已历经30年、15届会议，现在会议规模达到千人左右，2011年“第16届IUPAC导向有机合成的金属有机化学”国际会议将在上海举行，这将是“导向有机合成的金属有机化学”发展历史上的一次盛会，也是此项国际会议首次在中国内地举行，也从一个侧面反映了我国科学家在金属有机化学研究领域的可喜进步以及在该领域国际地位和影响力的提升。

三、以碳—氢键活化为基础的新一代物质转化

毫无疑问，三位科学家发展的碳—碳原子的偶联方法极大地促进了现代有机合成化学的发展，它不仅表现在对合成科学上的巨大贡献，而且这项技术已在全球的科研、医药开发与生产、发光材料和电子工业材料等领域得到广泛应用。包括除草剂氟磺隆（Prosulfuron）、非甾体抗炎镇痛药萘普生（Naproxen）、防晒剂对甲氧基肉桂酸辛酯、平喘药顺尔宁（Singulair）、抗真菌剂啶酰菌胺（Boscalid）以及电子封装材料Cyclotene®等在内的越来越多的医药制品、农药、精细化学品和有机材料的生产中使用了这些方法，一方面大大降低了生产成本，另一方面也减少了对环境的影响。不过我们也还必须看到这些方法的局限性，一个挑战性的问题是这些反应中均要使用卤代烃、硼酸酯及其衍生物等作为反应原料的一部分，但是这些原料绝大多数并不是自然界存在或者容易人工合成的物质，另外在得到期望产物的同时，也还伴随有卤代物等盐类副产物的生成。

碳—氢化合物是有机物中最简单和常见的物质，基于碳—氢键活化策略的合成化学是最经济、简洁、高效和绿色的途径。因此，通过碳—氢键活化选择性地实现碳—碳原子或者碳—杂原子连接的合成方法，一直是化学家广泛关注的挑战性课题。但由于碳—氢键的键能高、极性小，因此活化困难、反应活性和选择性低，实现碳—氢键的活化、转化和选择性控制，一直被认为是化学中的“圣杯”（Holy Grail）之一[19]。值得欣喜的是，化学家的探索已经显示了这一梦想的可行性，并取得了一些突破性进展[20~26]。可以预见，在不远的将来，金属有机催化将使碳—氢键活化和选择性重组成为一种普遍的方法，人们将能够直接利用自然界本身大量存在的简单碳氢化合物原料，通过直接转化，构筑我们丰富多彩的物质世界，那时的诺贝尔化学奖一定会授予那些在碳—氢键活化和选择性转化研究中做出卓越贡献的科学家。

参考文献

1 Heck R F, Nolley J P. Palladium-catalyzed vinylic hydrogen substitution reactions with aryl, benzyl, and styryl halides. J Org Chem, 1972, 37: 2320~2322

2 Negishi E, King A O, Okukado N. Selective carbon-carbon bond formation via transition metal catalysis. 3. A highly selective synthesis of unsymmetrical biaryls and diarylmethanes by the nickel- or palladium-catalyzed reaction of aryl- and benzylzinc derivatives with aryl halides. J Org Chem, 1977, 42: 1821~1823

3 King A O, Okukado N, Negishi E. Highly general stereo-, regio-, and chemo-selective synthesis of terminal and internal conjugated enynes by the Pd-catalysed reaction of alkynylzinc reagents with alkenyl halides. J Chem Soc Chem Commun, 1977: 683~684

4 Miyaura N, Yamada K, Suzuki A. A new stereospecific cross-coupling by the palladium-catalyzed reaction of 1-alkenylboranes with 1-alkenyl or 1-alkynyl halides. Tetrahedron Lett, 1979, 20: 3437~3440

5 Miyaura N, Suzuki A. Stereoselective synthesis of arylated (E)-alkenes by the reaction of alk-1-enylboranes with aryl halides in the presence of palladium catalyst. J Chem Soc Chem Commun, 1979: 866~867

6 殷元骐. 有机钯. 2003科学发展报告. 北京: 科学出版社, 2004. 64~67

7 Sato Y, Sodeoka M, Shibasaki M. Catalytic asymmetric carbon-carbon bond formation: asymmetric synthesis of cis-decalin derivatives by palladium-catalyzed cyclization of prochiral alkenyl iodides. J Org Chem, 1989, 54: 4738~4739

8 Carpenter N E, Kucera D J, Overman L E. Palladium-catalyzed polyene cyclizations of trienyl triflates. J Org Chem, 1989, 54: 5846~5848

9 Dounay A B, Overman L E. The asymmetric intramolecular Heck reaction in natural product total synthesis. Chem Rev, 2003, 103: 2945~2963

10 Uemura M, Nishimura H, Hayashi T. Catalytic asymmetric induction of planar chirality by palladium-catalyzed asymmetric cross-coupling of a meso (arene)chromium complex. Tetrahedron Lett, 1993, 34: 107~110

11 Yin J, Buchwald S L. A catalytic asymmetric Suzuki coupling for the synthesis of axially chiral biaryl Compounds. J Am Chem Soc, 2000, 122: 12051~12052

12 Genov M, Almorin P, Espinet P. Efficient synthesis of chiral 1,1′-binaphthalenes by the asymmetric Suzuki-Miyaura reaction: dramatic synthetic improvement by simple purification of naphthylboronic acids. Chem Eur J, 2006, 12: 9346~9352

13 Bermejo A, Ross A, Fernández R, et al. C2-symmetric bis-hydrazones as ligands in the asymmetric Suzuki Miyaura cross-coupling. J Am Chem Soc, 2008, 130: 15798~15799

14 Uozumi Y, Matsuura Y, Arakawa T, et al. Asymmetric Suzuki-Miyaura coupling in water with a chiral palladium catalyst supported on an amphiphilic resin. Angew Chem Int Ed, 2009, 48: 2708~2710

15 Noyori R. Synthesizing our future. Nat Chem, 2009, 1: 5~6

16 范青华, 王梅祥. 不对称催化合成. 2002科学发展报告. 北京: 科学出版社, 2003. 41~43

17 罗志斌, 丁奎岭, 戴立信.烯烃复分解反应新进展. 2006科学发展报告. 北京: 科学出版社, 2007. 92~95

18 丁奎岭, 陆熙炎. 短短的一划， 多彩的世界. 科学, 2011, 63: 54~56

19 Arndtsen B A, Bergman R G, Mobley T A, et al. Selective intermolecular carbon-hydrogen bond activation by synthetic metal complexes in homogeneous solution. Acc Chem Res, 1995, 28: 154~162

20 Fujiwara Y, Moritani I, Matsuda M, et al. Aromatic substitution of olefin. IV reaction with palladium metal and silver acetate. Tetrahedron Lett, 1968, 9: 3863~3865

21 Murai S, Kakiuchi F, Sekine S, et al. Efficient catalytic addition of aromatic carbon-hydrogen bonds to olefins. Nature, 1993, 366: 529~531

22 Chen H, Schlecht S, Semple T C, et al. Thermal, catalytic, regiospecific functionalization of alkanes. Science, 2000, 287: 1995~1997

23 Cho J-Y, Tse M K, Holmes D, et al. Remarkably selective iridium catalysts for the elaboration of aromatic C-H bonds. Science, 2002, 295: 305~308

24 Chen M S, White M C. A predictably selective aliphatic C-H oxidation reaction for complex molecule synthesis. Science, 2007, 318: 783~787

25 Wang D-H, Engle K M, Shi B-F, et al. Ligand-enabled reactivity and selectivity in a synthetically versatile aryl C–H olefination. Science, 2010, 327: 315~319

26 Chen M S, White M C. Combined effects on selectivity in Fe-catalyzed methylene oxidation. Science, 2010, 327: 566~571

Palladium-catalyzed Cross-coupling Reactions

—Commentary on the 2010 Nobel Prize in Chemistry

Huang Shaoxu, Ding Kuiling

The 2010 Nobel Prize in Chemistry was awarded to Richard F. Heck, Ei-ichi Negishi and Akira Suzuki for their contributions on the development of palladium-catalyzed cross couplings reactions, which represents one of the most important methods for the construction of C—C bonds in modern synthetic organic chemistry. These methods have imposed significant impact on the development of new drugs and materials, and been widely used in the industrial production of agrochemicals, pharmaceuticals and organic materials including LCD or OLED. The new generation of chemical transformations based on transition metal catalyzed C—H bond activation is expected to be a rapidly developing topic in the area of synthetic chemistry.

3.3 辅助生殖技术

——2010年诺贝尔生理学/医学奖评述

于 洋 周 琪
（中国科学院动物研究所）

罗伯特·爱德华兹

2010年10月4日，辅助生殖技术的开创者罗伯特·爱德华兹（Robert Edwards）获得2010年诺贝尔生理学/医学奖。爱德华兹现任英国剑桥大学名誉教授，1925年出生于英格兰曼彻斯特，1948年毕业于北威尔士大学农业和动物学专业，1955年获得爱丁堡大学动物遗传学博士学位，1978年成功使世界第一例试管婴儿诞生，1983~1984年创立欧洲人类生殖和胚胎学研究会，并创办《人类生殖》杂志，2001年获得美国阿尔伯特·拉斯克医学研究奖。

爱德华兹成功地将体外受精（in vitro fertilization，IVF）技术应用于解决多种不孕症，开创了辅助生殖新纪元。目前世界上已经有超过400万的孩子通过辅助生殖技术出生。由于不孕不育症与其他类型疾病不同，其患病结局是无法获得含有自身血缘关系的后代，因此不仅在生理上对患者产生影响，更在心理上对患者、配偶甚至双方家庭产生不可预计的压力，从而对社会产生负面作用。尽管不是第一位完成哺乳动物体外受精的研究学者[1]，但是爱德华兹作为第一位成功将人类精子与卵子借助体外环境完成受精过程并成功孕育了后代，成功建立了人类辅助生殖研究学科，这是人类医学史、文化史发展过程中重要的里程碑事件，对社会具有重要的划时代的意义和贡献。

一、爱德华兹在IVF发展中的重要作用

爱德华兹最初对辅助生殖技术的设想是从妇女手术后的卵巢内获得卵母细胞，经过体外成熟和体外受精，移入不孕妇女的子宫，帮助她们获得后代。在整体研究设想中，如何获得卵母细胞、如何诱导卵母细胞体外成熟和体外精卵结合完成受精是关键问题。在卵母细胞来源上，一方面爱德华兹利用手术后废弃的卵巢组织分离卵母细

胞，另一方面，积极开展激素与排卵相互作用机制的研究，寻求如何能够突破育龄妇女卵子数量局限的方法，获得较多卵母细胞。根据后者逐渐衍变的激素诱导超数排卵技术，目前已经成为辅助生殖平台中一个关键的技术环节。

然而，体外成熟研究的停滞使得人类辅助生殖技术的深入再次遇到阻滞。爱德华兹观察了小鼠、仓鼠、山羊、奶牛、恒河猴、狒狒以及人类的卵细胞，但12小时内，这些物种的卵母细胞都没有发生任何细胞结构变化。在整整2年后，利用废弃卵巢组织中分离的几个人卵母细胞，经过25个小时的连续观察和等待，终于发现染色体变化。随后利用成熟37小时的人类卵母细胞，观察到第一极体排出的生理特点，在1969年终于成功在试管中促使人类精卵结合，体外完成受精的过程，并且观察到原核的形成，确认酸性环境及某些因素可能有利于人类体外受精。

这种实验室技术若想将其应用于人类不孕症治疗，必须与临床相结合，通过与英国腹腔镜技术专家合作，改善各种条件，逐渐获得可以发育的人类IVF胚胎，而且发现排卵前的卵子经过体外培养后，更加容易受精[2]。尽管英国医学研究理事会在1971年停止了对两人研究的资助[3]，但是在私人基金的资助下，1971年，爱德华兹成功获得了持续卵裂的人类IVF胚胎，1972年，建立了世界上第一个体外受精诊所，并开始了胚胎移植的尝试。在反复的失败与挫折后，终于在1978年，世界上第一个试管婴儿路易丝·布朗（Louis Brown）足月出生，这是一个足以载入史册的里程碑事件，标志着在生殖医学领域，一个全新的时代开始了[4]。

纵观 IVF发展历史，爱德华兹在其中具有举足轻重的重要作用。主要因为，首先，突破了传统观念的束缚，打破了学科之间的界限，将基础研究与临床医学完美地结合起来，从实际过程中诠释了基础研究与临床医学的终极目标——为人类服务。其次，在科学上的突破。爱德华兹在没有任何相关研究的事实面前，并没有等待，而是不断汲取其他物种的研究经验，从中不断创新，在当时仪器设备及技术方法都比较匮乏的研究环境下，对激素与卵泡生长的调节、卵子发生与体外成熟过程中的生理特点及细胞结构变化、人类精卵结合的条件等都具有比较明确的阐述，研究成果具有较强的前瞻性。再次，开创了人类精卵结合研究的先河，建立了辅助生殖学科。可以看到，除了随着仪器设备的进步，在卵子获取、胚胎发育及妊娠效率方面有所提高之外，所有的IVF流程并没有脱离当时爱德华兹创立的体系。最后，辅助生殖技术不仅仅局限于服务于人群，在家畜等物种的遗传育种、品种改良，以及濒危物种的保护等学科中目前也已经被广泛推广应用，并具有较好的研究效果。

二、未来发展趋势

在IVF技术的启发下，人们逐渐丰富了辅助生殖体系[5, 6]。然而由于辅助生殖技术在实验室研究与临床应用之间的时间较短，并没有得到很好的安全性、风险性评价。因此目前仍然存在对该技术的争论，焦点在于辅助生殖孩子的出生体重、新生儿缺陷或疾病、印记基因紊乱相关疾病等指标与自然受孕出生孩子是否具有差异？目前各个国家地区的报道存在一定差异。尽管有观点认为，辅助生殖技术本身对胚胎发育没有伤害，而是目标人群本身就是一些患有生理疾病的统计群体，可能会对其后代产生影响，而且患者的生活地区、生活水平、饮食、家庭、心理健康等因素都会影响后代的生理情况。由于动物模型可以较好地回避上述影响因素，因此近来，采用动物模型评价辅助生殖安全性已逐渐成为研究热点。在最新研究中，科学家发现辅助生殖模型小鼠行为学与脑组织疾病相关蛋白表达都出现异常，可能对后代造成神经发育的影响，提示我们的确需要对这项目前已经造福千千万万个家庭的常规医疗技术进行谨慎细致的评价[7]。

同样，IVF等辅助生殖技术并不能完全解决不孕不育人群获得后代的期望，如无精子、无卵子而又不愿意接受赠与的患者。这部分患者如何解决呢？结合干细胞研究可能是比较好的解决方法之一，特别是近几年出现的具有真正生殖细胞分化潜能的诱导多能性干细胞[8]。这种细胞获取手段简单，仅仅需要患者极小的活检组织或血液，就可以经过基因诱导获得具有多分化潜能的iPS细胞。通过体外定向分化技术，获得患者的卵母细胞或精子，与其配偶的精子或卵子进行体外受精，达到受孕的目的。因此可见，与新技术、新领域的交叉开发，是辅助生殖技术未来的发展趋势。

三、我国辅助生殖技术的发展

1984年北京大学第三医院张丽珠教授正式提出在中国开展试管婴儿工作，并在1988年，获得中国第一例试管婴儿。此后，我国试管婴儿工作逐步得到推广，充分发挥后发优势，目前已经逐步与世界接轨。据不完全统计，目前我国得到卫生部和地方卫生局批准开展辅助生育技术的机构有近300家，借助辅助生殖技术出生的孩子也已经形成一定的规模。因此，有必要一方面加强对辅助生殖机构的监管力度，另一方面，鼓励辅助生殖技术相关基础研究的展开，从而建立我国健康、安全、高效的辅助生殖技术平台。

四、诺贝尔生理学/医学奖的发展趋势

诺贝尔生理学/医学奖伴随着诺贝尔奖的诞生已有百年的积淀与延续，然而在传统延续的同时，可以看到其中积极的变化。从近年诺贝尔生理学/医学奖的获奖情况看，越来越多具有实际应用价值（潜力）的领域被关注，这些领域的发展特点都是对人类

的健康及生活质量具有重要的意义，从2007年转基因技术与胚胎干细胞的发现、2008年子宫颈癌及艾滋病病毒的发现、2009年端粒与衰老和癌症关系的揭示及2010年IVF得到关注都证明了这一点，而这也与人类科技发展脚步是吻合的，逐渐增加的学科交叉，特别是高新领域的合作互补，才能真正对人类的发展起到决定性的作用和有益的帮助。

参 考 文 献

1 Chang M C. Fertilization of rabbit ova in vitro. Nature, 1959, 184: 466, 467

2 Edwards R G, Steptoe P C, Purdy J M. Fertilization and cleavage in vitro of preovulatory human oocytes. Nature,1970, (227): 1307~1309

3 Johnson M H, Franklin S B, Cottingham M, et al. Why the Medical Research Council refused Robert Edwards and Patrick Steptoe support for research on human conception in 1971. Hum Reprod, 2010, 25(9): 2157~2174

4 Steptoe, P C, Edwards R G. Birth after reimplantation of a human embryo. Lancet, 1978, 2: 366

5 Palermo G, Joris H, Devroey P, et al. Pregnancies after intracytoplasmic injection of single spermatozoon into an oocyte. Lancet, 1992, 340(8810): 17, 18

6 Handyside A H, Kontogianni E H, Hardy K, et al. Pregnancies from biopsied human preimplantation embryos sexed by Y-specific DNA amplification. Nature, 1990, (344): 768~770

7 Yu Y, Wu J, Fan Y, et al. Evaluation of blastomere biopsy using a mouse model indicates the potential high risk of neurodegenerative disorders in the offspring. Mol Cell Proteomics, 2009, 8(7): 1490~1500

8 Zhao X Y, Li W, Lv Z, et al. iPS cells produce viable mice through tetraploid complementation. Nature, 2009, 461(7260): 86~90

In Vitro Fertilization

—Commentary on the Nobel Prize in Physiology/Medicine 2010

Yu Yang, Zhou Qi

The 2010 Nobel Prize in Physiology/Medicine was awarded to Robert Adwards for his milestone work in the study and application of In Vitro Fertilization. This study has been attempted and got success in 1959 using rabbit as an animal model, however few researchers considered to apply this study in human because of the limitation of research environment and ethical issues. By laborious hours on this study, Robert Adwards broke through this limitation and achieved the perfect results with the born of Louis Brown—the first tube baby. Although more and more persons have accepted the idea of tube baby, there are some concerns about these technologies and derivatives, including the evaluation of the risk in long-term lifetime. Cooperating with other new technologies, assisted fertilization will make more contribution for improving human health.

第四章

2010年中国科学家具有代表性的部分工作

Some Representative Achievements of Chinese Scientists in 2010

4.1 并行自适应有限元软件平台PHG

张林波

（中国科学院数学与系统科学研究院科学与工程计算国家重点实验室）

有限元方法[1]主要用于求解偏微分方程组，它通过将计算区域划分为由单元构成的网格，再在每个单元上用简单函数（通常是多项式）来对所求解的问题进行离散化近似，从而将其转变为适合计算机处理的计算问题。有限元方法是科学与工程计算中最重要的计算方法之一，有着广泛的应用领域。在有限元计算中，网格的质量与网格单元的分布是影响计算结果精度和计算效率的关键因素。自适应有限元方法最早由巴布斯卡（I. Babuska）和莱茵博尔特（W. Rheinboldt）于1978年提出[2]，它通过估计有限元计算所得到的近似解在各个单元上的误差分布，来自动对有限元网格进行调整和优化，从而达到改善近似解精度目的。自适应有限元方法可以产生拟最优的有限元网格，大幅提升有限元方法的计算效率。

随着信息技术的飞速发展，高性能科学计算在国民经济、国防和科学研究中的地位和作用日益提升，愈来愈受到各国政府的重视。高性能科学计算的应用关键是高性能计算机和高性能计算软件。21世纪以来，我国高性能计算机发展迅速，以2010年建成的“天河1A”为代表的国产高性能计算机在计算性能方面已经达到了国际先进水平。但是，我国高性能科学计算软件的发展却相对滞后，严重制约了高性能科学计算在解决国家重大需求中的作用的发挥。有限元方法是典型的高性能科学计算方法。对于科学与工程计算中的复杂计算问题，有限元网格的规模通常十分庞大，网格中包含数百万、数千万甚至数亿以上的单元。在这样的网格上开展有限元计算，必须借助于高性能计算机才有可能完成。当前，高性能计算机以大规模并行计算机为主，发展适合大规模并行计算机的并行有限元计算程序和软件具有迫切的现实需求和重要的应用前景。由于有限元处理的通常是非结构网格，其并行程序的编制与结构网格上的计算方法相比要困难得多，而自适应有限元计算中又进一步增加了复杂的网格自适应处理、动态负载平衡等困难，进一步加大了并行程序开发的难度。目前，国际上具有大规模并行计算能力的并行自适应有限元软件或程序开发平台很少，并且大都是针对非协调网格的（协调网格上的网格自适应算法由于具有非局部性，其并行实现比非协调网格上的网格自适应算法更为困难）。针对这一现状，我们自2000年起在“科学与工程计算国家重点实验室”开展了并行自适应有限元软件和软件平台的研究，并于2005年启动了三维并行自适应有限元软件平台PHG的研制。PHG是parallel hierarchical grid，即“并行层次网格”的英文缩写，是由我们完全自主研制的具有大规模并行处理能力的并行自适应有限元软件平台（主页是http://lsec.cc.ac.cn/phg）。PHG平台的目的是封装、集成并行自适应有限元计算中网格管理与有限元计算的共性算法模块，为并行自适应有限元算法研究和可扩展并行自适应有限元软件开发提供一个方便、易用、高效的通用开发平台，使得使用有限元方法的科研和工程人员可以将主要精力集中在建模与算法设计上，而不必关心繁杂的网格处理细节。PHG平台的研制得到了国家“973”项目（2005CB321702）、国家“863”项目（2009AA01A134）和国家自然科学基金项目（10531080、60873177）等项目的支持。截至2010年，PHG平台的主要功能模块已经基本完成，其主体部分包括约十万行C/C++代码。

PHG平台采用了基于子网格划分、完全可扩展的并行网格架构，它针对四面体协调网格实现了基于单元二分[3, 4]的并行网格局部自适应加密和放粗[5]。PHG提供了基于图剖分、空间填充曲线、哈密顿路径（Hamiltonian path）等多种不同算法的子网格划分方法，并在此基础上实现了动态负载平衡。PHG的动态负载平衡模块封装了网格单元迁移、新子网格重构、有限元数据迁移等操作，它们均涉及非常繁琐的数据结构处理和通信操作。为方便有限元计算，PHG平台提供了自由度数据管理和有限元函数管理模块，其中包含常用的有限元基函数和有限元函数的插值、投影、求值、微分以及数值积分等运算，并且透明地提供高阶有限元和hp自适应（hp自适应指自动根据解的性质在不同单元中采用不同的逼近阶数）支持。PHG平台的自由度数据在网格加密、放粗和动态负载平衡过程中会自动得到处理而无需用户干预。PHG平台提供了大量线性、非线性代数方程组和特征值问题的求解方法以及与许多其他求解器的接口，并且允许用户对不同求解器、预条件子进行灵活的组合，从而得到适合特定问题的高效求解算法。对于计算结果的后处理，PHG平台可以输出多种可视化文件格式。

目前，PHG平台已经可以在国产并行计算机上有效实现数千进程规模的并行计算，并且具备了包含处理10亿以上单元的大规模网格的能力。PHG平台正被应用于一些科学计算问题的研究和应用，包括电子结构第一原理自适应有限元计算、计算电磁场、天体物理、计算流体等，为这些领域的并行自适应有限元算法研究和软件开发提供支撑。其中，一些研究已经取得突破。例如，基于PHG平台和我们在电磁场方程求解算法方面的研究成果所发展的集成电路互连线寄生参数提取程序，在实际电路的计算测试中完成了7.8亿单元、18亿自由度的大规模并行自适应有限元计算，计算规模达到了国际先进水平。

参 考 文 献

1 冯康. 基于变分原理的差分格式. 应用数学与计算数学，1965, 2(4): 238

2 Babuska I, Rheinboldt W. Error estimates for adaptive finite element computation. SIAM J, 1978, 15: 736~754

3 Kossaczky I. A recursive approach to local mesh refinement in two and three dimensions. J Comput Appl Math, 1994, 55 : 275~288

4 Arnold D N, Mukherjee A, Pouly L. Locally adapted tetrahedral meshes using bisection. SIAM J Sci Comput, 2000, 22 (2): 431~448

5 Zhang L. A parallel algorithm for adaptive local refinement of tetrahedral meshes using bisection. Numer Math: Theor Method Appl, 2009, 2: 65~89

PHG: A Toolbox for Developing Parallel Adaptive Finite Element Programs

Zhang Linbo

PHG (parallel hierarchical grid) is a toolbox for developing scalable parallel adaptive finite element programs which can effectively run on thousands of MPI processes. PHG uses a mesh partitioning based scalable parallel mesh infrastructure. PHG provides bisection based parallel adaptive local mesh refinement and coarsening, high order elements and hp adaptation support, and a rich set of solvers for linear and nonlinear systems of equations and eigenvalue problems. PHG is intended to be a general purpose platform for algorithmic research and software development on adaptive finite element methods.

中国科学院数学与系统科学研究院科学与工程计算国家重点实验室在并行自适应有限元软件平台领域取得重要进展。该室研发的PHG平台实现了基于单元二分的并行网格局部加密、放粗和动态负载平衡，支持高阶有限元计算和hp自适应，提供大量线性、非线性方程组及特征值问题的求解算法及求解器接口，可用于支撑并行自适应有限元算法研究和软件研制。

4.2 低维超导研究获重大进展

——单个金属原子层薄膜超导电性的发现

张 童[1, 2] 马旭村[2] 陈 曦[1] 王亚愚[1] 贾金锋[1] 薛其坤[1, 2]

（1 清华大学物理系低维量子物理实验室，

2 中国科学院物理研究所表面物理国家重点实验室）

超导电性起源于传导电子的配对和相干凝聚，是一种宏观量子现象。自荷兰科学家昂尼斯于1911年发现超导现象以来，超导电性的研究已有百年历史。在丰富多彩的超导现象中，低维超导体以其独特性质一直为人们所关注。人们发现非晶薄膜状态下许多元素的超导温度会提高，有机超导体多具有一维或层状结构，人们还预言二维金属膜中会存在超导—绝缘体转变、量子效应引起的超导温度振荡等一些有趣的现象，在表面或界面上还可能存在非常规配对机制[1]。

那么超导是否和维度有关呢？一般来讲，体系维度的降低会使热涨落增强，无序和缺陷等也会增加，这将造成电子局域化和相位涨落而抑制超导电性发生。比如多数单晶薄膜的超导温度会随厚度减小而降低。早期的理论也认为低维情况下不存在BCS（超导电性量子理论）超导长程序、理想二维电子体系的基态是绝缘的。那么人们不禁要问，对于接近二维情形的超导薄膜来说，究竟能薄到什么程度还能保持超导电性呢？同时表面和界面比例的增加又会带来什么作用呢？

金属薄膜是人们最早研究的低维超导体系。1989年，美国古德曼（Goldman）研究组发现低温生长的超薄铋（Bi）和铅（Pb）膜会随厚度变化发生绝缘体到超导体的转变[2]。这类薄膜具有非晶结构，出现超导的最薄厚度在几个埃左右，这后来被认为是二维体系中超导相位涨落导致的量子相变。到了20世纪90年代，人们发现利用低温生长技术可以在半导体衬底得到有序的单晶金属薄膜[3, 4]。单晶金属薄膜缺陷和无序度很低，是研究二维超导电性的理想体系。2004年我们小组成功地在硅（Si）衬底上制备出了具有原子级平整度且在宏观范围内均匀的几个纳米的单晶铅膜，通过输运测量这些单晶铅膜具有强烈的量子尺寸效应，其超导转变温度（Tc）随层厚呈现振荡变化[5]，这验证了40年前从理论上预期的超导性质随薄膜厚度的振荡行为[6]。这一工作引发了各国科学家对金属薄膜体系及其厚度变化导致的超导性质变化产生了极大兴趣[7~9]。2009年美国施至刚研究组利用扫描隧道显微镜（STM）在三个单原子层（3ML）厚的铅膜上观测到超导能隙，说明3ML厚的Pb膜是超导的[10]。但是，三个单原子层并不是薄膜厚度的物理极限。如果薄膜厚度再小下去将会发生什么呢？

从2006年起，我们在一台商品化极低温（工作温度为400毫开）强磁场（11特斯拉）STM的基础上对其进行了系统的改造，使这台STM的稳定性、噪音水平和能量分辨率上都达到了同类仪器的最高水平。实验技术的发展使我们成为世界上少数的几个能够将STM 技术发展到具有单自旋灵敏度的研究组之一[11]。图1显示的是我们用超导铌（Nb）针尖在400毫开下测得的20ML的Pb膜的隧穿电导谱，从中可以看出仪器的能量分辨率达到0.1毫电子。在此基础上，我们对最薄的金属薄膜——硅衬底上生长的单原子层铅膜和铟膜，进行了超导电性和电子结构的测量，发现它们是具有BCS特征的强耦合超导体。这是自超导现象被发现以来在实验上报道的最薄的超导体[12]。

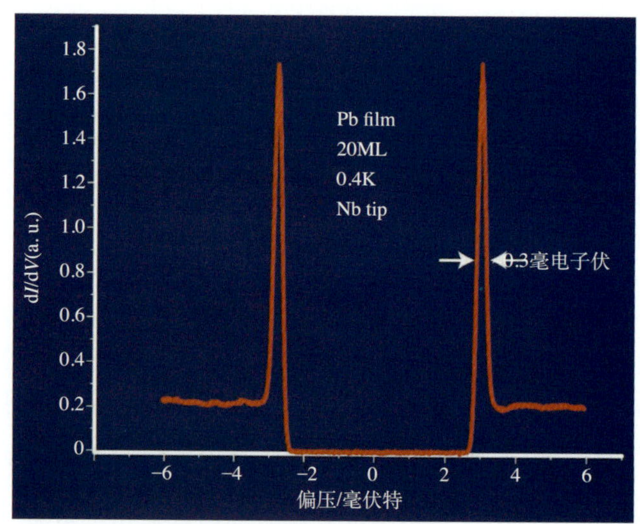

图 1　利用超导Nb针尖在400毫开的温度下测得的20个单原子层（20ML）厚的铅膜（Pb film）的隧穿电导（d*I*/d*V*）谱

注：从图中的超导相干峰的半峰高宽得知仪器的能量分辨率小于0.1毫电子伏。

图2（a）显示的是单层Pb膜的高分辨STM像片，图2（b）显示的是其结构示意图。图2（c）显示的是在不同温度下测得的隧穿电导谱，证明有明显的超导能隙打开。通过施加外磁场，我们还观察到了薄膜中量子化的磁通，这进一步证实了超导电性的存在。通过原位角分辨光电子能谱测量，我们发现铅的非公度相（Pb-SIC）具有类自由电子的能带结构，其电声耦合常数λ为1.07，显著高于一般Pb薄膜的λ（<0.9）值。这些现象说明Si（111）衬底的存在对超导电性的产生起了重要作用：它首先作为结构支撑，保证了二维极限下单原子层薄膜的稳定存在，抑制了热涨落对超导序参量

的破坏；更重要的是金属/半导体界面的存在增强了电声子的耦合，这是单原子层超导体区别于一般超导薄膜的重要特征。

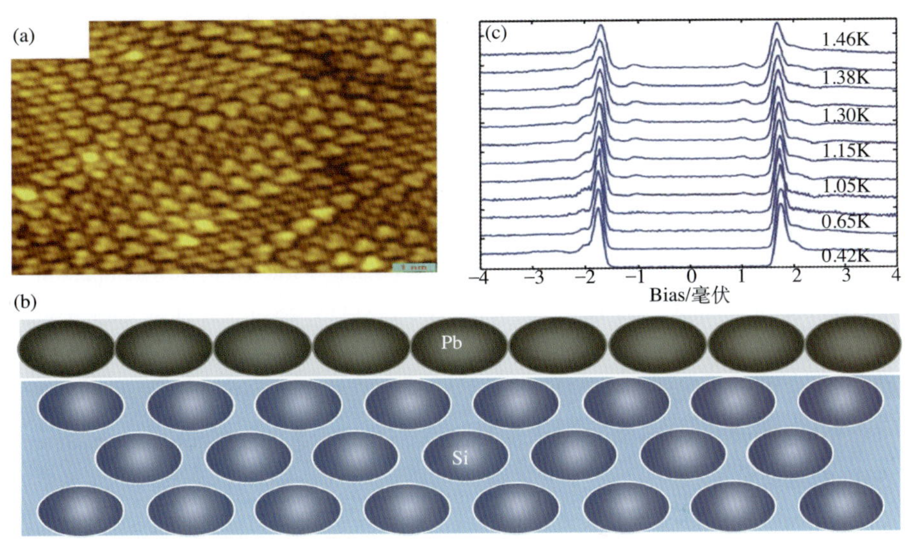

图 2

(a) 利用低温分子束外延技术制备的单层Pb膜（SIC相）的高分辨STM像片，其尺寸为10纳米 × 10纳米；(b) 单层Pb膜（SIC相）的结构示意图，蓝色和灰色圆球分别代表Si和Pb原子；(c) 用Nb针尖在不同温度下测得的Pb膜（SIC相）的隧穿电导（dI/dV）谱，说明Pb膜是超导的

这一研究成果直接展示了系统在非常接近二维的情形下存在超导电性，回答了低维超导领域一个初期悬而未决的问题，并为探索界面效应在超导机制中的作用提供了一个新的途径。成果发表以后，《自然 · 物理学》专门为该工作配发了由日本东京大学长谷川教授撰写的题为“The thinnest superconductor”（最薄的超导体）的评述文字，评述称我们的工作达到了超导体厚度的极限[13]。随后，《自然 · 中国》也对该工作进行了报道。

参　考　文　献

1　Ginzburg V L. On the problem of high temperature superconductivity. Phys Lett, 1964, 13: 101

2　Haviland D B, Liu Y, Goldman A M. Onset of superconductivity in the two-dimensional limit. Phys Rev Lett, 1989, 62(18): 2180~2183

3　Smith A R, et al. Formation of atomically flat silver films on GaAs with a “silver mean” quasi periodicity. Science, 1996, 273(5272): 226~228

4 Crottini A. Step height oscillations during Layer-by-Layer growth of Pb on Ge(001). Phys Rev Lett, 1997, 79(8): 1527~1530

5 Guo Y, et al. Superconductivity modulated by quantum size effects. Science, 2004, 306(5703): 1915~1917

6 Blatt J M, Thompson C J. Shape resenances in superconducting thin films. Phys Rev Lett, 1963, 10(8): 332~334

7 OZER M M, et al. Hard superconductivity of a soft metal in the quantum regime. Nat Phys, 2006, 2(3): 173~176

8 Eom D, Qin S, Chou M Y, et al. Persistent superconductivity in ultrathin Pb films: A scanning tunneling spectroscopy study. Phys Rev Lett, 2006, 96(2): 027005

9 Nishio T, et al. Superconductivity of nanometer-size Pb islands studied by low-temperature scanning tunneling microscopy. Appl Phys Lett, 2006, 88(11): 113~115; Nishio T, et al. Superconducting Pb island nanostructures studied by scanning tunneling microscopy and spectroscopy. Phys Rev Lett, 2008, 101(16): 167001

10 Qin S Y, Kim J D, Niu Q, et al. Superconductivity at the two-dimensional limit. Science, 2009, 324(5932): 1314~1317

11 Fu Y S, et al. Manipulating the Kondo resonance through quantum size effects. Phys Rev Lett, 2007, 99(25): 256601; Ji S H, et al. High-resolution scanning tunneling spectroscopy of magnetic impurity induced bound states in the superconducting gap of Pb thin films. Phys Rev Lett, 2008, 100(22): 226801; Chen X, et al. Probing superexchange interaction in molecular magnets by spin-flip spectroscopy and microscopy. Phys Rev Lett, 2008, 101(19): 197208; Fu Y S, et al. Identifying charge states of molecules with spin-flip spectroscopy. Phys Rev Lett, 2009, 103(25): 157202

12 Zhang T, et al. Superconductivity in one-atomic-layer metal films grown on Si(111). Nat Phys, 2010, 6(2): 104~108

13 Hasegawa Y. Ultrathin films: the thinnest superconductor. Nat Phys, 2010, 6(2): 80, 81

Progress on Low-dimentional Superconductivity

—Superconductivity in One-atomic-layer Metal Films Grown on Si(111)

Zhang Tong, Ma Xucun, Chen Xi, Wang Yayu, Jia Jinfeng, Xue Qikun

Although superconductivity has been found in ultrathin metal films down to few layers, it is still not known whether a single layer of ordered metal atoms, which represents the ultimate 2D limit of a crystalline film, could be superconducting. We report STM measurements on single atomic layers of Pb and In epitaxially grown on

Si(111) substrate, and demonstrate unambiguously that superconductivity does exist at such a 2D extreme. The occurrence of superconductivity was further confirmed by the presence of superconducting vortices under magnetic field. In situ angle resolved photoemission spectroscopy measurement reveals that the observed superconductivity is due to the interplay between the Pb-Pb (In-In) metallic and the Pb-Si (In-Si) covalent bondings.

清华大学物理系和中国科学院物理研究所的研究人员在低维超导研究领域取得了重大进展。研究人员利用极低温扫描隧道显微镜研究了生长在硅衬底上有序的单原子层铅膜和铟膜，证明这些处于二维极限下的薄膜仍然是超导体。相关论文发表在国际权威刊物《自然·物理学》上，该杂志为其配发的评述文字称该成果达到了超导体厚度的极限，《自然·中国》也对该工作进行了报道。

4.3　磁性拓扑绝缘体中的量子化反常霍尔效应

——无需外磁场的量子霍尔效应

余　睿　戴　希　方　忠
（中国科学院物理研究所）

按照电子态结构的不同，传统意义上的材料被分为“金属”和“绝缘体”两大类，而拓扑绝缘体介于这两大类之间，是一种新的量子物态：它的体内是有能隙的“绝缘体”，而它的表面是能导电的“金属”，受到拓扑性质的保护。在拓扑绝缘体材料中，电子的运动是有规律的，就像是高速公路上运动的汽车一样，正向与反向行驶的汽车分别走不同的道路，这样在运动中电子就不会互相乱碰撞，因而能耗很低。基于拓扑绝缘体研究的技术，是同时利用电子的“自旋”与“轨道”的量子特征，实现信息的存储、传输、放大与调控等。该领域的研究同时涉及“量子力学”与“相对论”的基本原理，这类技术不但具有“准零能耗”的特征，而且还能通过量子纠缠实现海量信息的快速处理。这一发现让人们对制造未来新型计算机芯片等元器件充满了希望，有可能引发未来电子技术的新一轮革命。也正因为如此，拓扑绝缘体从其发现到现在获得了空前的发展。

最早发现的拓扑绝缘体状态，可以追溯到20多年前发现的量子霍尔效应。量子霍尔效应的研究成果分别获得1985年和1998年诺贝尔物理学奖，开创了凝聚态物理学的一个新纪元。但由于这种效应需要满足强磁场和低温这两个条件，这样的装置距离推广使用无疑还很遥远。在随后的20多年时间里，许多科学家一直在探讨是否有可能不需要外磁场和低温的条件，而是通过特殊的晶体结构材料及相关的能带设计实现量子霍尔效应。许多可能的理论模型被提出并被逐一检验，但遗憾的是都未能在实验中真正实现。2005~2006年，美国宾夕法尼亚大学的凯恩（C.L.Kane）教授[1]，美国斯坦福大学的张（S. C. Zhang）教授及其合作者等[2]，在总结前人工作的基础上指出要想实现这种不需要外磁场的量子霍尔效应，最关键的就是要找到一类被称为“拓扑绝缘体”的新材料，这类材料与我们已知的晶体材料物性非常不同，它属于一种新的量子物态，具有奇异的量子物性。那么，如何找到真正的拓扑绝缘体材料？它在自然界真的存在吗？于是寻找真实的拓扑绝缘体材料，特别是在室温下能工作的拓扑绝缘体材料，成为该领域研究的核心问题。

2009年，中国科学院物理研究所方忠、戴希研究组及其合作者，在寻找新型拓扑绝缘体材料的研究方面取得了重要突破，通过计算模拟预言了一类新的三维拓扑绝缘体材料系统（Bi_2Se_3、Bi_2Te_3 和Sb_2Te_3）[3]。这类拓扑绝缘体材料有着独特的优势：它是最简单的强拓扑绝缘体，非常稳定且可在自然界广泛存在，同时最重要的是它的体能隙可以达到0.3电子伏远超过室温的能量尺度，可以在室温下稳定工作。该工作发表在英国的《自然·物理学》杂志上。随后，他们与美国斯坦福大学沈志勋教授研究组合作进行了角分辨光电子能谱（ARPES）实验，观察到了Bi_2Te_3材料中的表面单个狄拉克点，该成果发表在美国《科学》杂志上[4]。室温下Bi_2Te_3族拓扑绝缘体材料的发现，使得该领域原有的很多理论验证与实验研究成为可能。

上面谈到的拓扑绝缘体仍然保留有时间反演不变性。其实，一类最基本的破坏了时间反演对称性的二维磁性拓扑绝缘体还没有被找到，这类拓扑绝缘体具有与量子霍尔效应相似的性质。量子霍尔效应是凝聚态物理发展历史中里程碑式的重要量子现象，然而遗憾的是该效应的出现需要借助于外加的强磁场，很难在现有的电子学技术中获得应用。2010年，中国科学院物理所方忠、戴希研究组又发现在拓扑绝缘体材料（Bi_2Se_3、Bi_2Te_3和Sb_2Te_3）的薄膜[5]中通过掺杂过渡金属元素（Cr 或 Fe）可以实现一类新的破坏了时间反演对称性的拓扑有序态——磁性拓扑绝缘体[6]。在该材料中，在没有外加磁场的情况下就可以实现量子霍尔效应（称为量子化反常霍尔效应）。通过实现这种量子化反常霍尔效应，其边缘态可被看成是一根“理想导线”，不存在由于杂质势而导致的背散射，电阻极低，能耗极小。如果我们能够在现有的电子学技术中利用这种边缘态，将极大地克服摩尔定律的极限。这一发现为低能量耗散的新型电子器件设计指出了一个新的发展方向。相关研究工作发表在美国的《科学》杂志上[6]。

参 考 文 献

1 Kane C L, Mele E J. Z_2 topological order and the quantum spin Hall effect. Phys Rev Lett, 2005, 95(14)

2 Bernevig B A, Zhang S C. Quantum spin Hall effect. Phys Rev Lett，2006，96(10); Bernevig B A, Hughes T L, Zhang S C. Topological field theory of time-reversal invariant insulators. Science, 2006, 314(1757)

3 Zhang H J, Liu C X, Qi X L, et al. Topological Insulators in Bi_2Se_3, Bi_2Te_3, Sb_2Te_3 with Single Dirac Cone on the Surface. Nature Phys, 2009, 5(438)

4 Chen Y L, et al. Experimental realization of a three-dimensional topological insulator, Bi_2Te_3. Science, 2009, 325(178)

5 Zhang Y, He K, Chang C Z, et al. Crossover of the three-dimensional topological insulator Bi_2Se_3 to the two-dimensional limit. Nature Physics, 2010, 6(8): 584~588

6 Yu R, Zhang W, Zhang H J, et al. Quantized anomalous Hall effect in magnetic topological insulators. Science, 2010, 329(61)

Quantized Anomalous Hall Effect in Magnetic Topological Insulators

Yu Rui, Dai Xi, Fang Zhong

The anomalous Hall effect is a fundamental transport process in solids arising from the spin-orbit coupling. In a quantum anomalous Hall insulator, spontaneous magnetic moments and spin-orbit coupling combine to give rise to a topologically nontrivial electronic structure, leading to the quantized Hall effect without an external magnetic field. Based on first-principles calculations, we predict that the tetradymite semiconductors Bi_2Te_3, Bi_2Se_3, and Sb_2Te_3 form magnetically ordered insulators when doped with transition metal elements (Cr or Fe), in contrast to conventional dilute magnetic semiconductors where free carriers are necessary to mediate the magnetic coupling. In two-dimensional thin films, this magnetic order gives rise to a topological electronic structure characterized by a finite Chern number, with the Hall conductance quantized in units of e^2/h (where e is the charge of an electron and h is Planck's constant).

中国科学院物理研究所方忠、戴希研究组发现在拓扑绝缘体材料（Bi_2Se_3、Bi_2Te_3和Sb_2Te_3）的薄膜中通过掺杂过渡金属元素（Cr 或Fe）可以在没有外加磁场的情况下实现另一种拓扑有序态——磁性拓扑绝缘体，在该磁性拓扑绝缘体中无需外加磁场就能观察到量子霍尔效应。这一发现为低能量耗散的新型电子器件设计指出了一个新的发展方向。相关研究工作发表在美国的《科学》杂志上。

4.4 三维拓扑绝缘体薄膜的外延生长和电子结构研究

——在拓扑绝缘体的实验研究方面取得系列进展

何 珂[1] 马旭村[1] 陈 曦[2] 贾金锋[2] 薛其坤[1,2]

(1 中国科学院物理研究所表面物理国家重点实验室，

2 清华大学物理系低维量子物理实验室)

拓扑绝缘体是最近几年发现的一种新的物质形态[1]。拓扑绝缘体与普通的绝缘体一样在费米能级附近具有能隙，然而由于其能带特殊的拓扑性质，在其表面或与普通绝缘体的界面上会出现无能隙、自旋劈裂且具有线性色散关系的表面/界面态。这种无能隙表面/界面态的存在完全由材料体能带的性质所决定，因此不像普通材料的表面/界面态那样易于被缺陷和无序所破坏。拓扑绝缘体表面/界面态的这些独特性质使其很有希望应用于自旋电子器件和容错量子计算中，而这两个领域的进展将有可能对信息技术产生革命性的影响。从基础物理研究的角度来讲，拓扑绝缘体与近年的研究热点如量子霍尔效应、自旋霍尔效应以及石墨烯等领域一脉相承，其基本特征都是利用物质中电子能带的拓扑性质来实现各种新奇的物性。因此，拓扑绝缘体一经发现就迅速引起凝聚态物理和材料科学方面的研究者的浓厚兴趣[2~7]。

近期，中国科学家在拓扑绝缘体的实验研究方面取得了一系列的重要进展。中国科学院物理研究所马旭村研究组和清华大学薛其坤研究组组成的合作团队，在高质量拓扑绝缘体薄膜分子束外延生长动力学研究方面取得突破，在硅、碳化硅、蓝宝石等多种衬底上成功制备出了原子级平整、低缺陷密度的高质量三维拓扑绝缘体碲化铋（Bi_2Te_3）、硒化铋（Bi_2Se_3）、碲化锑（Sb_2Te_3）薄膜（图1a、b）。原位角分辨光电子能谱（ARPES）测量显示，这些薄膜比起单晶样品具有更低的掺杂浓度，其费米能级处于体能隙之间，接近于本征绝缘体的特征（图1c）。并且通过对薄膜层厚、衬底和生长条件的选择，可以实现对薄膜电子结构和化学势的人工控制[8]。这为拓扑绝缘体的研究和应用打下了很好的材料基础，非常有利于将来基于拓扑绝缘体的低维、纳米和异质结构以及各种平面器件的实现。

基于这种高质量的拓扑绝缘体薄膜，该研究团队与中国科学院物理研究所方忠研究组、斯坦福大学的张首晟研究组、香港大学的沈顺清研究组、得克萨斯大学奥斯汀分校的牛谦研究组等单位合作，在拓扑绝缘体奇异物理特性的研究上取得了一系列进展。他们通过低温扫描隧道显微镜/扫描隧道谱技术研究了碲化铋表面杂质附近的准粒子量子干涉条纹。通过对干涉条纹的傅里叶分析，发现了拓扑绝缘体的自旋极化表面态所特有的背散射缺失现象[9]。通过研究硒化铋薄膜在低温强磁场下的扫描隧道谱，观测到了硒化铋表面态的朗道量子化，并发现朗道能级的能量与$\sqrt{nB}$（n为朗道能级的级数，B为磁场）成正比。这再次证明了拓扑绝缘体表面态的存在及其具有的二维无质量狄拉克费米子的特征[10]。特别是，他们还观察到不随磁场变化的零级朗道能级，这意味着拓扑绝缘体中存在着半整数量子霍耳效应。

最近，该合作团队通过对生长条件的深入研究，在碳化硅衬底上制备出了宏观面积范围具有单一厚度的硒化铋薄膜，并实现了薄膜厚度的逐层控制（图1d）。他们利用角分辨光电子能谱技术，系统研究了硒化铋从厚度仅一个QL到几百QL的电子结构的演化（硒化铋在垂直于膜面方向单位原胞为五个原子层）(quintuple layer，QL，厚度约为1纳米）（图2）。他们发现，在硒化铋薄膜厚度小于6QL时，由于薄膜表面一侧的狄拉克表面态会与界面一侧的狄拉克表面态的波函数之间发生交叠，使得原来的无能隙表面态上会打开一个能隙。更有趣的是，由于衬底与薄膜电荷转移所导致的薄膜内的能带弯曲，表面态会发生拉士巴（Rashba）型的自旋劈裂（自旋轨道耦合效应导致的一种能带自旋劈裂，常见于强自旋轨道耦合材料表面），而这种自旋劈裂的大

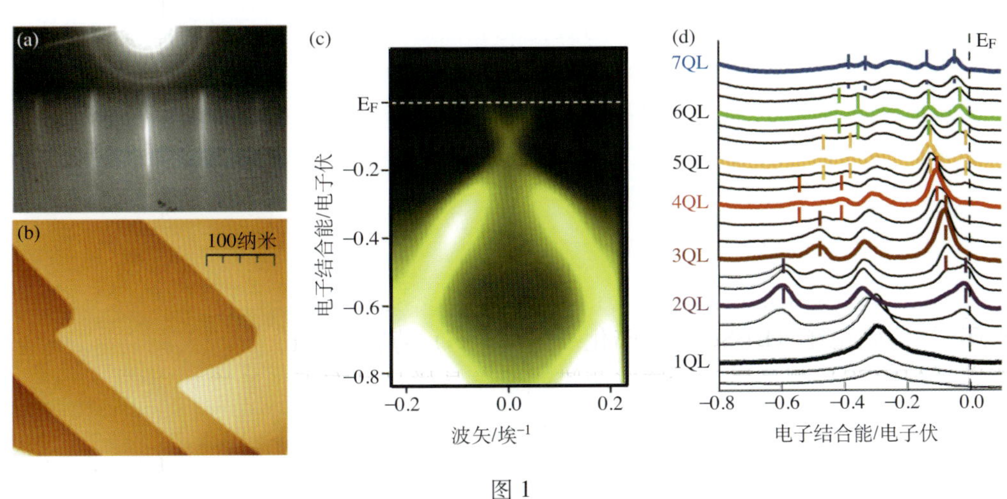

图 1

(a) 利用分子束外延方法制备的50纳米厚的硒化铋薄膜的反射式高能电子衍射图；(b) 扫描隧道显微镜形貌图；(c) 角分辨光电子能谱图，显示出薄膜具有很高的质量；(d) 不同厚度薄膜的垂直方向光电子发射谱，显示出量子阱态随薄膜厚度每变化一个QL时的“不连续”移动，证明了薄膜的生长是以逐层模式进行的

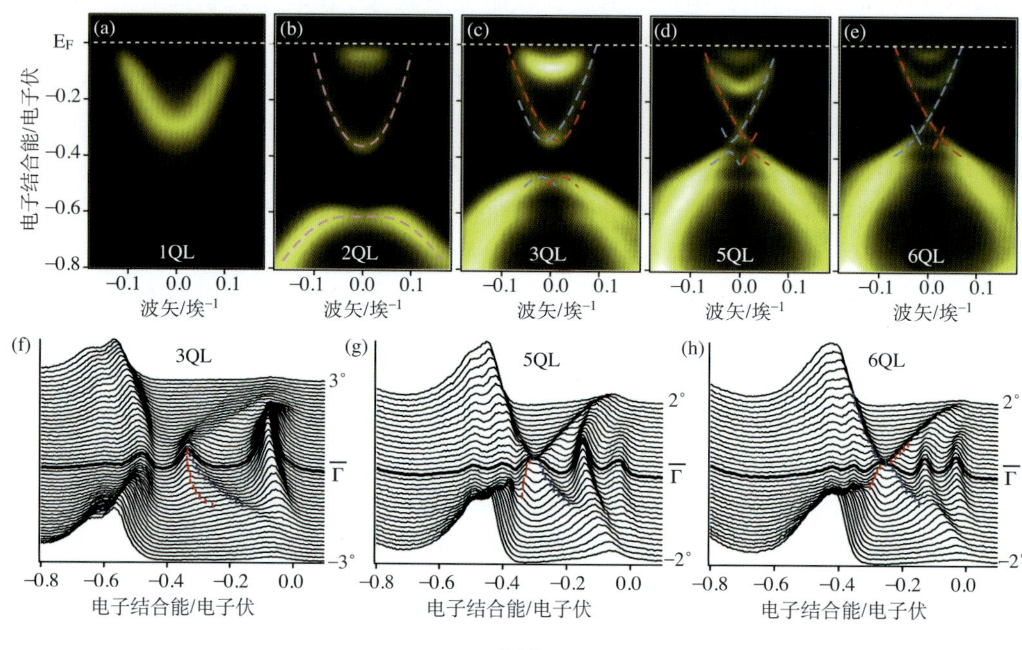

图 2

(a~e) 厚度为1QL到6QL的硒化铋薄膜的角分辨光电子能谱图；(f~h) 相应的能量分布曲线（EDC）。从中可以清楚地看到狄拉克表面态的能隙打开和Rashba型的能带劈裂

小可以通过调控能带弯曲的程度来控制。这项工作表明，在三维拓扑绝缘体薄膜的界面一侧确实存在一个与表面态类似的狄拉克表面态，并且人们可以利用外加电压操纵这种材料的电子自旋，这对发展新的自旋电子器件具有指导意义。三维拓扑绝缘体的量子薄膜的成功制备也为理论预言的量子反常霍尔效应、巨大的热电效应、激子凝聚等效应的研究提供了基础。以上结果已发表在《自然·物理学》上[11]。随后，《自然·中国》也对该工作进行了报道。

上述各项工作得到了国家自然科学基金委员会和科技部的资助。

参 考 文 献

1 Qi X L, Zhang S C. The quantum spin Hall effect and topological insulators. Physics Today, 2010, 63(1): 33~38

2 Bernevig B A, Hughes T L, Zhang S C. Quantum spin Hall effect and topological phase transition in HgTe quantum wells. Science, 2006, 314(15): 1757

3 König L M, et al. Quantum spin Hall insulator state in HgTe quantum wells. Science, 2007, 318(2): 766

4 Fu L, Kane C L. Topological insulators with inversion symmetry. Phys Rev B, 2006, 76(4): 045302

5 Hsieh D, et al. A topological Dirac insulator in a quantum spin Hall phase. Nature, 2008, 452(24): 970

6 Zhang H J, et al. Topological insulators in Bi_2Se_3, Bi_2Te_3 and Sb_2Te_3 with a single Dirac cone on the surface. Nature Phys, 2009, 5(10): 438

7 Yu R, et al. Quantized anomalous Hall effect in magnetic topological insulators. Science, 2010, 329(2): 61

8 Li Y Y, et al. Intrinsic topological insulator Bi_2Te_3 thin films on Si and their thickness limit. Adv Mater, 2010, 22(36): 4002

9 Zhang T, et al. Experimental demonstration of topological surface states protected by time-reversal symmetry. Phys Rev Lett, 2009, 103(26): 266803

10 Cheng P, et al. Landau quantization of topological surface states in Bi_2Se_3. Phys Rev Lett, 2010, 105(7): 076801

11 Zhang Y, et al. Crossover of the three-dimensional topological insulator Bi_2Se_3 to the two-dimensional limit. Nature Phys, 2010, 6(8): 584

Molecular Beam Epitaxy Growth and Electronic Properties of Thin Films of Three-dimensional Topological Insulators

—A Series of Progresses in Experimental Investigation of Topological Insulator

He Ke, Ma Xucun, Chen Xi, Jia Jinfeng, Xue Qikun

Topological insulator is a new class of matter discovered recently. It exhibits many novel properties and is promising for applications in low-power electronics and error-tolerant quantum computing. We have successfully grown single-crystalline and atomically smooth Bi_2Se_3, Bi_2Te_3 and Sb_2Te_3 films by MBE technique on various substrates like Si, SiC, and Al_2O_3. These topological insulator (TI) films show very low defect density and doping level, and the Fermi level is located in the bulk gap, suggesting that the films are insulating. By studying the thickness-dependent band structure of Bi_2Se_3 thin films, the finite size effect was revealed in the films below 6QL. We also observed Landau quantization of the Dirac surface states in Bi_2Se_3 and demonstrated the 2D and massless nature of the Dirac topological states.

中国科学院物理研究所和清华大学物理系的研究人员在拓扑绝缘体的实验研究方面取得了一系列重要进展。研究人员在硅、碳化硅、蓝宝石衬底上成功地外延生长出原子级平整的和低缺陷密度的碲化铋、硒化铋、碲化锑单晶薄膜。研究人员还发现厚度小于6个单位原胞的薄膜中存在有限尺寸效应，并观察到硒化铋拓扑绝缘体表面态在磁场下的朗道量子化现象，发现朗道能级的能量与$\sqrt{nB}$成正比，这说明表面态由二维无质量狄拉克费米子来描述。相关研究论文发表在《自然·物理学》杂志上。《自然·中国》也对该工作进行了报道。

4.5 远距离的自由空间量子隐形传态

潘建伟

（中国科学技术大学合肥微尺度物质科学国家实验室，中国科学技术大学近代物理系）

图1 2010年6月1日出版的《自然·光子学》封面

注：该封面选择中国的长城为背景，量子态在自由空间中传输。一方面考虑到我们的实验是在北京八达岭长城地区和河北怀来之间完成的，另一方面能够和中国古代长城上的烽火传讯进行有趣类比，展现了长距离量子隐形传态在量子通信中的重要意义。

量子通信技术可望大幅度提高信息传输的安全性、信息传输通道容量和效率等，是未来信息技术发展的重要战略性方向。传统的光纤量子信道实现百千米以上的量子通信非常困难，基于纠缠源的自由空间量子通信成为一个新的研究热点。自由空间量子通道具有高稳定性、低损耗，对于极化编码量子比特有极低的消相干性等优点，是实现全球量子通信最有潜力的选择。2010年6月1日出版的英国《自然》杂志子刊《自然·光子学》刊登了中国科学技术大学–清华大学联合研究小组的研究成果：自由空间量子隐形传态的实验研究[1]。并以“Long-range quantum teleportation”（远距离量子隐形传态）为题进行了封面报道（图1）。在该工作中，我们展示了目前世界上最远距离的量子隐形传态的成功实现，将量子隐形传态的实现距离扩展到16千米，比以前的世界纪录提高了20倍，并首次在开放空间中进行。实验结果证实了基于低轨卫星的空基实验可行性。

量子隐形传态可以把量子信息从一个粒

子传送到遥远的另一个粒子上而不需要传送该粒子本身[2]。首先，两个合法的通信者甲和乙分享一对纠缠光子。实验制备时可使得甲的光子总是与乙的光子极化相反。即使发送到相隔遥远的地方，如果测量甲的光子，那么乙的光子一定会严格按照甲的光子的测量结果而呈现相应的极化量子态。量子隐形传态就是利用这种内在的关联作为量子信道传递量子信息。甲只需要把携带了未知量子信息的丙光子与自己手上的光子放在一起做一个联合测量，然后把测量的结果通过经典信道（如电话）传送给乙，乙按照收到的结果对自己手上的光子作相应的物理操作，就可以完全复原出丙光子的量子信息。这一神奇的特性使得量子隐形传态成为远距离量子通信网络甚至普适量子计算的核心元素。1997年，维也纳大学蔡林格（Zeilinger）小组在室内首次完成了量子隐形传态的原理性实验验证[3]。7年后的2004年，该小组利用多瑙河底的光纤信道，成功地将量子隐形传态距离提高到了600米[4]。但是由于光纤信道中的损耗和退相干效应，传态的距离受到了极大的限制，如何大幅度地提高量子隐形传态距离成了量子信息领域的重要挑战。

在自由空间信道中，光子传输仅有微弱的退相干效应，而一旦穿透大气层进入到外层空间，光子的损耗更是接近于零，这使得自由空间信道相比光纤信道在大尺度上具有极大的优势。2004年，我们开始探索在自由空间信道中实现更远距离的量子通信，并于2005年在合肥实现了13千米的双向量子纠缠分发世界纪录，同时验证了在星地之间分发纠缠光子对的可行性。2007年开始，我们就在北京八达岭与河北怀来之间架设长达16千米的自由空间量子信道，并取得了一系列技术突破，包括为自由空间信道设计的高精度高稳定性望远镜系统，主动反馈控制系统，时钟同步和实时信息传输系统等，最终在2009年成功实现了世界上最远距离的量子隐形传态。

由于光子从地面穿过大气层到卫星的衰减相当于在地表大气的5~8千米，这一距离被称为大气等效厚度。我们实现的量子隐形传态实验完全超越了大气的等效厚度，证实了可以穿越大气层，实现基于卫星的空基量子通信实验的可行性。从而为从地面基站到卫星，或者一个卫星作为中继站连接两个地面基站的量子通信网络模式提供了极其宝贵的经验和重要的技术积累，向量子物理的大尺度检验和构建实用化全球量子通信网络迈出了重要一步。

这一工作发表后引起了国际学术界和公众的高度关注。美国物理学会新闻网站（http: //www. physicstoday.org）在我们的工作电子预印本出现时即以“Quantum teleportation through open air”（穿过开放空间的量子隐形传态）为题特别报道了这一工作。继而《美国·大众科学》、《发现》杂志（*Discover*）、《自然·中国》等媒体进行了专题报道。中央电视台，美国探索频道等公众媒体也进行了报道。最近美国的《时代周刊》更以“China’s Great (Quantum) Leap Forward”[中国的巨大（量子）飞跃]进行了专题报道。

参 考 文 献

1 Jin X M, et al. Experimental free-space quantum teleportation. Nature Photonics, 2010, 4: 376~381

2 Bennett C H, et al. Teleporting an unknown quantum state via dual classic and Einstein-Podolsky-Rosen channels. Phys Rev Lett, 1993, 70: 1895~1899

3 Bouwmeester D, et al. Experimental quantum teleportation. Nature, 1997, 390: 575~579

4 Ursin R, et al. Quantum teleportation across the danube. Nature, 2004, 430: 849

Experimental Free-space Quantum Teleportation

Pan Jianwei

Quantum teleportation is central to the practical realization of quantum communication. Although the first proof-of-principle demonstration was reported in 1997 by the Innsbruck 4 and Rome groups, long-distance teleportation has so far only been realized in fibre with lengths of hundreds of metres. An optical free-space link is highly desirable for extending the transfer distance, because of its low atmospheric absorption for certain ranges of wavelength. By following the Rome scheme, which allows a full Bell state measurement, we report free-space implementation of quantum teleportation over 16 km. An active feed-forward technique has been developed to enable real-time information transfer. An average fidelity of 89%, well beyond the classical limit of 2/3, is achieved. Our result confirms the feasibility of space-based experiments, and is an important step towards quantum-communication applications on a global scale.

中国科学技术大学和清华大学的一个联合研究小组在量子通信技术领域取得了重要进展。该研究小组的研究人员成功地将量子隐形传态的实现距离扩展到16千米，这比以前的世界纪录提高了20倍。该项量子隐形传态实验是在开放空间中完成的，且完全超越了大气的等效厚度，证实了实现基于卫星的空基量子通信实验的可行性。该成果在《自然·光子学》发表后引起了国际学术界和公众的高度关注，多家国外媒体对其进行了专题报道。

4.6 实验室天体物理研究取得重要进展

——在实验室中成功模拟太阳耀斑中环顶X射线源和重联喷流

张 杰[1,3] 赵 刚[2] 李玉同[1] 仲佳勇[2] 董全力[1] 王晓钢[4]

（1 中国科学院物理研究所，2 中国科学院国家天文台，3 上海交通大学，4 北京大学）

长期以来，天文学家对天体现象的主要研究方法是被动的远距离观测和理论模拟。然而，对于一些天文现象的研究，要么由于观测资料匮乏，对其特性的研究仅限于推测；要么由于距离地球太远，不易观测；或者是由于演化时间太长，在有限的时间内，很难有一个比较全面的认识。高功率激光技术的快速发展给天体物理研究带来了新的机遇。利用高功率激光装置，人们能够在微米—毫米量级尺度内聚积巨大的能量，可以在实验室中创造与天体现象相似的、前所未有的极端物理环境，这为科学家们在实验室中对天体问题进行主动、近距、可控的研究提供了新思路和新方法，并由此产生出一个新兴学科——强激光实验室天体物理学[1, 2]。

随着激光功率的提高和种类的不断丰富，人们已经可以在实验室中产生广泛的类天体极端条件。利用强激光和物质相互作用，可以进行许多天体物理过程的模拟或参数测量，如辐射不透明度、恒星状态方程、天体等离子体光谱、超新星不稳定性、天体射流等。实验室天体物理学在国际上方兴未艾。鉴于高能量密度实验室天体物理学的重要性，美国的国家点火装置（NIF）除了核爆模拟外，也把实验室天体物理学作为重要的研究方向之一。在国内，早在2000年，我们就提出了利用高功率激光产生与天体环境类似的极端条件，在实验室中开展天体物理研究的设想。在过去的10年里，我们与国内外合作者一起，针对几个重要的天体物理问题，开展了一系列的实验、理论和数值模拟研究，并取得重要进展。

继2009年模拟黑洞附近产生的光电离光谱之后[3]，2010年我们又利用上海高功率激光物理联合实验室的“神光Ⅱ”强激光装置，在实验室中成功模拟了太阳耀斑著名观测现象——环顶X射线源和重联喷流。有关研究成果发表在2010年 12月出版的《自然·物理学》杂志上[4]。

磁重联是方向相反的磁力线因互相靠近而发生的重新联结现象，它是等离子体物理中能量转化的一个基本过程。在天体物理中磁重联模型被广泛地应用于太阳耀斑、恒星形成、太阳风与地球磁层的耦合、吸积盘物理以及伽马爆研究中。在对太阳的研究中，磁重联模型有着许多观测证据，其中最为著名的是在太阳耀斑中观测到的环顶X射线源。增田（Masuda）等人利用YOHKOH卫星在太阳边缘观测到耀斑硬X射线发射源的空间结构，发现除了两个足点X射线源之外，还有一个环顶X射线源[5]。增田给出了环顶X射线源形成的唯象解释，从重联区向下喷射的等离子体喷流与磁环碰撞形成激波，从而加速电子，然后电子与环顶等离子体碰撞形成硬X射线源（图1a）。迄今为止，对环顶硬X射线源的认识大多是定性和唯象的，缺乏定量、详细的解释，这一困难与天文观测的局限性有着直接的关系。如果能够在实验室构造可控的环顶X射线源，不仅可以检验这种定性和唯象理论的准确性，甚至可以给出直接的实验数据来更准确地解释环顶X射线源。留托夫（Ryutov）等人在2000年提出了磁流体标度变换理论，该理论将不同体系但满足相同磁流体方程的研究对象通过标度变换公式等价起来。这一变换证明了在实验室中利用小尺度的磁流体来研究大尺度的天体磁流体现象的可行性[6]。在实验室中，磁重联的拓扑结构可以采用不同的高功率驱动设备来构造，如Z箍缩、托卡马克等。传统的磁重联装置由于磁场强度较低等因素，在标度变换条件下无法与大尺度的天体磁重联现象直接相类比。

利用强激光等离子体的自生磁场来构造磁重联拓扑结构可以克服这一困难。长脉冲（纳秒量级）激光聚焦在平面靶上产生的等离子体的温度与密度梯度的方向极端不一致，这种梯度的不一致会产生热电动势，从而诱发环形、兆高斯量级的强自生磁场。在激光脉冲持续的时间内，这个自生磁场是准稳态的，并“冻结”在激光等离子体表面（磁雷诺数>>1）向四周扩散。根据这个准稳态自生磁场的特点，我们利用上海高功率激光物理联合实验室的“神光Ⅱ”高功率激光装置，采用特殊设计的聚焦和靶构型，构造了激光等离子体磁重联拓扑结构。实验观测到与太阳耀斑中环顶X射线源极

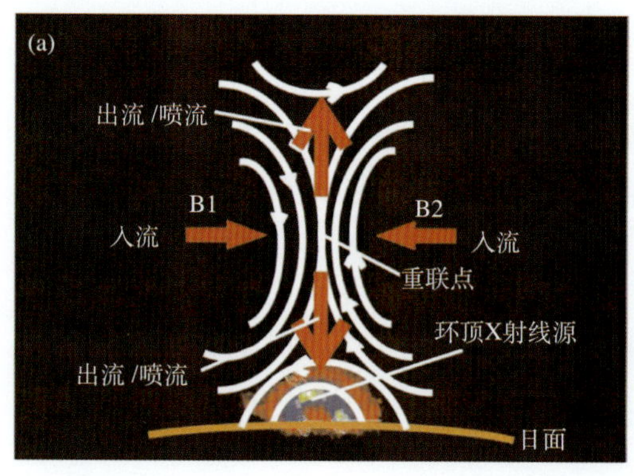

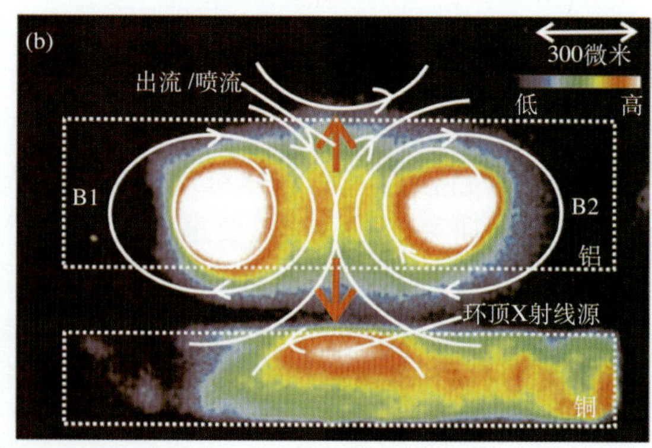

图 1

(a) 太阳表面的X射线环顶源和磁重联模型；(b) 在实验室中观察到的X射线图像

注：两个白色的亮区为高温高密激光等离子体，中间为磁重联区，上下方向的红色箭头表示喷流方向，白色箭头为示意的磁力线分布。

为相似的现象。实验中将“神光Ⅱ”的8路激光分成两大束，分别辐照到平面铝靶上，两大束焦点间距为600微米。等离子体边缘产生的自生磁场相遇后，会发生重联，从而产生平行于靶面的、上下方向的喷流。该喷流与预先放置在下面的铜靶作用，可以激发类似于太阳表面的环顶源结构（图1b）。通过磁流体标度变换理论，发现两个系统的各项物理参数非常相似。

通过仔细分析实验室重联区尺度特征，发现激光等离子体磁重联区存在两个耗散区，其中离子耗散区的尺度与理论模拟一致，而电子耗散区尺度的实验结果要大于传统的理论值。该工作将磁重联研究的参数空间进行了大幅度拓展。这为理论探索磁重联电子耗散区尺度提出了挑战。

《自然・中国》对这一工作做了题为“坐椅上的太阳火焰”（Bench-top solar flares）的点评[7]。文中指出，“利用高强度激光可以再现太阳火焰中的观测到的X射线源”，“该实验首次在实验室中模拟了太阳火焰中的磁重联，演示了在实验室中利用强激光研究天文现象的可行性”。国际同行对该项工作也给予了高度评价：“如果实验室观测与太阳耀斑中环顶X射线源和重联喷流的天文观测一致并且数据测量准确，那么这项工作是一项重大的发现，并将开辟实验室天体物理研究的最新领域。”

该工作是在科技部“973”重大基础研究项目、国家自然科学基金委员会、中国科学院的支持下完成。

参 考 文 献

1 Remington B A, Drake R P, Ryutov D D. Experimental astrophysics with high power lasers and Z pinches. Rev Mod Phys, 2006, 78(755)

2 张杰，赵刚. 实验室天体物理学简介. 物理，2000, 29(7): 393~396

3 Shinsuke Fujioka, Hideaki Takabe, Norimasa Yamamoto, et al. X-ray astronomy in the laboratory with a miniature compact object produced by laser-driven implosion. Nature Physics, 2009, 5: 821~825

4 Zhong Jiayong, Li Yutong, Wang Xiaogang, et al. Modelling loop-top X-ray source and reconnection outflows in solar flares with intense lasers. Nature Physics, 2010, 6: 984~987

5 Masuda S, et al. A loop-top hard X-ray source in a compact solar flare as evidence for magnetic reconnection. Nature 1994, 371: 495~497

6 Ryutov D D, Drake R P, Remington B A. Criteria for scaled laboratory simulations of astrophysical MHD phenomena. Astrophys J, 2000, 127: 465~468

7 http://www.naturechina.com.cn/nchina/2010/101201/full/nchina.2010.136.html

Recent Progress of Laboratory Astrophysics Driven by High Power Lasers

—Modeling Loop-top X-ray Source and Reconnection Outflows in Solar Flares

Zhang Jie, Zhao Gang, Li Yutong, Zhong Jiayong, Dong Quanli, Wang Xiaogang

Magnetic reconnection is a process by which the opposite directed magnetic field lines passing plasma undergo dramatic rearrangement, converting magnetic potential into kinetic energy and heat. It is believed to play an important role in many plasma phenomena including solar flares, star formation, and other astrophysical events. Here we report the reproduction of the loop-top-like X-ray source emission by reconnection outflows interacting with a solid target using high power laser facility, Shenguang II. Our experiments exploit the mega-gauss-scale magnetic field generated by interaction of the high power laser beams with a plasma to reconstruct magnetic reconnection topology similar to those that occur in solar flares. We also identify the separatrix and diffusion regions associated with reconnection, where ions become decoupled from electrons on a scale of the ion inertial length.

中国科学院物理研究所、国家天文台、上海交通大学、北京大学的研究人员利用上海高功率激光物理联合实验室的“神光II号”装置，在实验室中巧妙地构造了激光等离子体磁重联拓扑结构，成功模拟了太阳耀斑著名观测现象——环顶X射线源和重联喷流，从而证明了在实验室中利用强激光进行天体物理问题研究的可行性。该项研究成果发表在《自然·物理学》杂志上，《自然·中国》对该成果作了点评，国际同行对该项工作也给予了高度评价。

4.7 配位不饱和铁中心的催化作用

——“纳米限域催化”概念的应用实例

傅 强 李微雪 马 丁 包信和

（中国科学院大连化学物理研究所）

纳米结构限域的配位不饱和金属原子是众多酶催化和均相催化反应的活性中心。在负载型多相催化体系中，实现可控制备具有类似酶结构特征的高效、稳定的活性中心，对多相催化的发展具有十分重要意义，也是对催化基础理论研究的一个巨大挑战。中国科学院大连化学物理研究所包信和院士领导的研究团队借助贵金属表面与单层氧化亚铁薄膜中铁原子的强相互作用所产生的界面限域效应，成功地构建了表面配位不饱和亚铁结构。这种界面限域的亚铁活性中心与金属载体协同作用，在分子氧的低温活化过程显示出非常独特的催化活性，应用于富氢气氛下一氧化碳（CO）选择氧化，在质子膜燃料电池（PEMFC）实际工作条件下（60~80℃，水蒸气和CO_2存在），成功实现了燃料氢气中微量CO的高效去除[1,2]。

选择氧化是化工过程中非常重要的一类催化过程，在采用空气中氧气作氧化剂时，往往需要较高反应温度，才能使稳定的氧分子在催化剂作用下解离成具有高活性的原子氧物种。但是，这种活性氧物种在高温下往往具有较差的选择性，在反应中不仅可以将反应物氧化成目标产物，而且还极易导致深度氧化，释放出大量的温室气体CO_2，降低了资源的利用效率。因此，设计和调控催化剂以实现温和条件下分子氧的高效活化，是对催化基础理论和催化剂创制的一大挑战。我们在理解和认识自然界中生物酶作用原理的基础上，在贵金属铂表面创造性地构建了具有配位不饱和的亚铁纳米结构，成功地实现了室温条件下分子氧的高效活化，用于催化CO的低温脱除和甲醇的选择氧化等反应，取得了重要突破。

众所周知，CO在贵金属表面有很强的吸附作用，阻塞了表面反应的活性中心，从而导致CO中毒。在大量涉及贵金属催化的反应体系中（如铂催化加氢反应、燃料电池铂催化剂等），微量CO的存在就会导致催化剂的迅速失活。我们的研究发现，在贵金属铂表面可以实现可控生长2~5纳米大小的规整单层氧化亚铁（FeO）岛，在这些纳米岛边缘形成一种配位不饱和的亚铁活性中心。采用基于第一性原理的密度泛函理论对这一实验结果进行理论研究，发现单层氧化亚铁的稳定存在来源于Fe与Pt表面的强相互作用，并通过这种氧化物与金属界面的限域效应稳定了纳米岛边界上的亚铁活性中心，这些活性中心对分子氧具有较强的吸附能力（吸附能为－1.53电子伏），但不吸附CO，从而解决了CO中毒的问题。进一步计算研究表明，吸附在配位不饱和铁（CUF）中心的分子氧在几乎不需要活化能的情况下便能迅速解离，生成高活性的原子氧物种，完成催化氧化反应（图1）。

由基础研究得到的概念推广可以到真实催化剂的创制过程，我们成功地制备出了SiO_2担载的粒子尺寸在2~4纳米左右的Pt-Fe催化剂，用于氢气中微量CO的催化脱除反应。实验表明，当原料气的配比（CO：O_2：H_2）为1：0.5：98.5时，在室温条件下，CO的转化率和氧分子氧化CO的选择性均达到100%（图2）。这表明，在大量氢气存在条件下，由该催化剂活化形成的原子氧物种高选择性地进行了CO氧化反应；而在相似反应条件下，采用通常的铂催化剂，CO的转化率仅为5%左右。借用新近落成的上海光源装置（SSRF），在X射线吸收精细结构谱线站（BL14W1）对真实催化反应过程

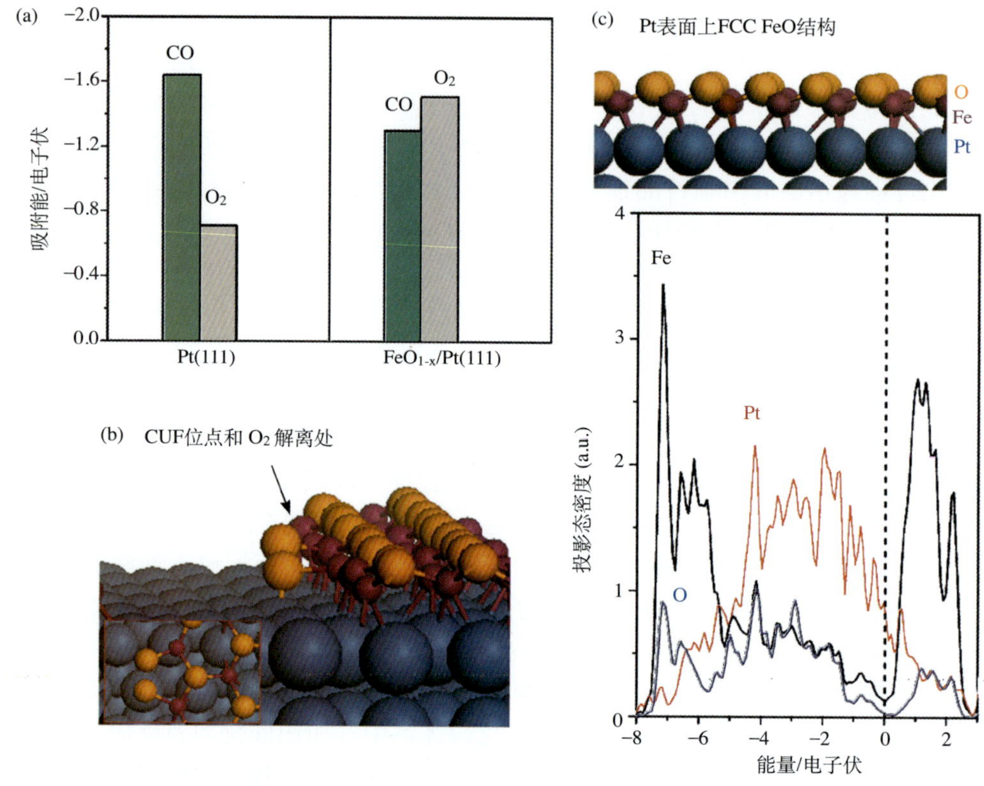

图 1

(a) Pt（111）面和FeO_{1-x}/Pt（111）面对CO 和O_2 的吸附能计算结果；(b) CUF 位点的结构模型示意图以及计算所得的在FeO 和Pt（111）界面间O_2 解离的过渡态模型示意图（内图为剖面俯视图）；(c) 利用（84　84) R10.90 -FeO/Pt（111）超晶胞模型计算所得的Pt（111）面上FeO 覆层FCC 区域上的界面Fe，O和Pt 原子的投影态密度。Pt、Fe、C 和O 原子分别用蓝色、紫色、灰色和棕黄色小球表示

中Pt-Fe催化剂进行原位X射线吸收谱表征，发现当催化反应达到稳态时，催化剂表面的铁物种处于低价的亚铁状态，这一结果很好地验证了基础研究和理论分析得到的结论。

将该催化剂应用到质子交换膜燃料电池燃料气氢气中微量 [30 ppm (10^{-6})] CO脱除的实际过程，在燃料电池真实操作条件下（60~80℃低温，25%CO_2和15%水蒸气），成功地实现了CO完全脱除（< 1 ppm）。这是世界上首次报道的用于燃料电池中CO高效脱除的实际应用结果。目前，该催化剂已正常运行超过1500小时，相关的催化剂制备技术和催化反应过程已申报国家发明专利。

在这一高效的催化体系中，贵金属铂除了提供CO吸附位之外，另一个非常重要的作用就是像生物酶中的蛋白配体一样，通过与铁的强相互作用提供了一种纳米界面限域机制，稳定了具有高活性的CUF结构，并在反应中实现了催化循环。依据这一概念，我们正在进一步寻找合适的衬底材料，使其能发挥与贵金属铂类似的功能，从而实现这类催化剂中贵金属的替代。同时，由此发展起来的“界面限域催化”概念，为更深入地理解多相催化反应机制和创制新的纳米催化体系提供了重要的理论基础和科学指导[3]。相关研究得到了科技部、国家自然科学基金委员会和中国科学院的持续资助，以及上海光源装置和合肥微尺度物质科学国家实验室的支持和帮助。

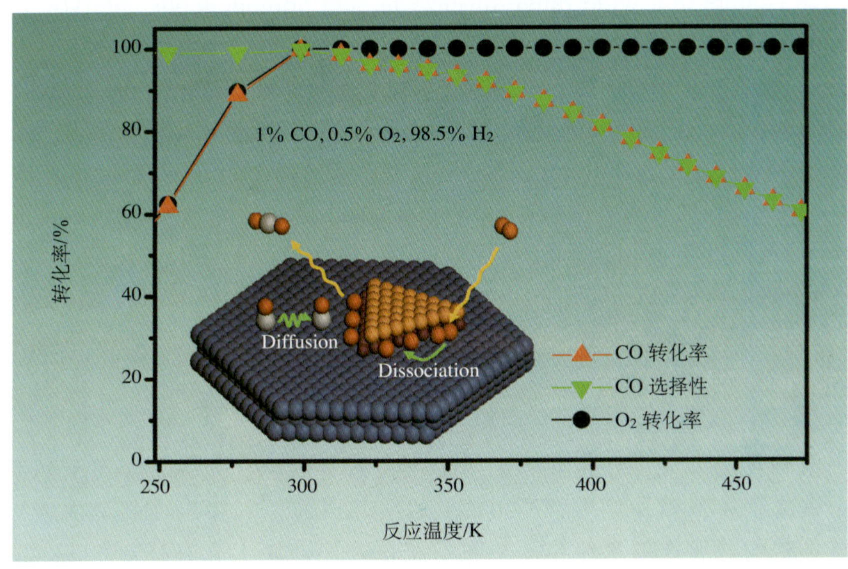

图 2

注：尺寸在2~4纳米左右的担载Pt-Fe催化剂用于氢气中微量CO的催化脱除反应。当原料气的配比（CO：O_2：H_2）为1：0.5：98.5时，在室温条件下，CO的转化率和氧分子氧化CO的选择性均达到100%。

参 考 文 献

1　Fu Qiang, Li Weixue, Yao Yunxi, et al. Interface confined ferrous sites for catalytic oxidation, Science, 2010, 328: 1141~1144

2　Yao Yunxi, Fu Qiang, Wang Zhen, et al. Growth and characterization of two-dimensional FeO nanoislands supported on Pt(111). J Phys Chem C, 2010, 114:17069~17079

3　Rentao Mu, Fu Qiang, Xu Hong, et al. Synergetic effect of surface and subsurface Ni species at Pt-Ni bimetallic catalysts for CO oxidation. J of Am Chem Soc, doi, 2011: 10. 1021/Ja109483a

Critial Role of Interface Confined Ferrous Centers for Catalytic Oxidation

—Application of the Nano-confinement Concept

Fu Qiang, Li Weixue, Ma Ding, Bao Xinhe

Coordinatively unsaturated ferrous (CUF) sites confined in nanosized matrices are active centers in a wide range of enzyme and homogeneous catalytic reactions. Preparation of the analogous active sites at supported catalysts is of great significance in heterogeneous catalysis but remains a challenge. Based on surface science measurements and density functional calculations, we show that interface confinement effect could be utilized to stabilize the CUF sites by taking advantage of strong adhesion between ferrous oxides and metal substrates. The interface confined CUF sites together with the metal supports are active for O_2 activation, producing reactive dissociated O atoms. We show that the unique structural ensemble was highly efficient for CO oxidation at low temperature under typical operating conditions of a proton exchange membrane fuel cell.

中国科学院大连化学物理研究所的研究人员借助贵金属表面与单层氧化亚铁薄膜中铁原子的强相互作用所产生的界面限域效应，在铂表面创造性地构建了具有配位不饱和的亚铁纳米结构，实现了室温条件下分子氧的高效活化，取得了重要突破。该项成果为深入理解多相催化反应机制和创制新的纳米催化体系提供了重要的理论基础和科学指导，相关论文发表在《科学》杂志上。

4.8 壳层隔绝纳米粒子增强拉曼光谱

李剑锋[1] 黄逸凡[1] 杨志林[1] 李松波[1] 丁 勇[2] 任 斌[1]
王中林[2] 田中群[1]

（1 厦门大学固体表面物理化学国家重点实验室，2 佐治亚理工学院材料科学与工程系）

20世纪70年代中期，英美科学家在探索建立电化学拉曼光谱技术的努力中，意外发现了表面增强拉曼散射（surface-enhanced Raman scattering，SERS）效应，即吸附在某些金属的粗糙表面上的分子相比溶液或气体中的同种分子的光谱信号强度异常地提高了近百万倍[1, 2]。人们又先后通过其他光谱技术发现了表面增强因子达数十至千万倍的各类表面增强效应，由此发展了表面增强拉曼光谱（SERS）、表面增强红外光谱（SEIRS）、表面增强荧光光谱（SEF）、表面增强二次谐波（SE-SHG）以及表面增强和频（SE-SFG）等各种谱学技术，统称为表面增强光谱学技术[3]。这些技术的独特优势是对于表面上的痕量物种（亚单分子层）具有超高的检测灵敏度和选择性。例如，在某些金属纳米结构体系中，SERS的增强因子高达十余个数量级，SERS因此成为目前为数极少的、具有单分子检测水平的光谱技术[4]。由于表面增强光谱学在分析科学、纳米科学、表面科学和材料科学方面具有的独特优势和应用前景，人们一直在追求对于奇异的表面增强光谱现象的全面认知和广泛应用。

人们通过长期系统的研究发现，表面增强光谱现象主要来源于具有特定纳米结构的金属体系的表面等离子体共振（surface plasmon resonance，SPR）所引起的局域光电场增强效应，与入射光的波长和纳米结构（粒子）的性质、尺度、形状以及聚集形态密切相关。在表面增强光谱中，SPR是金属表面自由电子的集体运动的频率与激发光的频率匹配时达到的共振现象，从而导致激发光能量在表面局域位置发生会聚，其表面光电场显著地强于其他位置，吸附或接近该位置的分子（离子）的光谱信号将因此而显著地放大。

但是，由于仅有极少数几种金属（如金、银、铜）的纳米结构和粗糙基底才可在可见光区具有强的SPR，SERS所研究和实际应用的材料体系几乎局限于这三种金属，并且还需要将其进行表面粗糙化或制备成纳米粒子（图1a）。因此，长期以来，基底材料的种类以及基底形貌的要求极大地限制了表面增强光谱的发展和实际应用；科学界普遍认为SERS无法成为可广泛应用的检测分析技术，迄今也尚无成熟的商品化仪器推向市场。

自20世纪80年代后期，厦门大学固体表面物理化学国家重点实验室田中群教授领导的研究组针对SERS的材料普适性和形貌普适性很差这两个发展表面增强光谱的瓶颈问题，将实验、仪器研制和理论研究相结合，通过长期系统研究，不断取得进展。例如，他们于20世纪90年代中期，直接在纯铂、镍、钴、铁、钯、铑、钌等8族过渡金属及其合金体系获得高质量的SERS信号，用实验和理论计算证实这些广泛应用于化工和能源的过渡金属体系也分别具有1~4个数量级的表面增强效应，更新了20余年来科学界普遍认为这些过渡金属体系不具有SERS效应的固有观点，并由此进一步将SERS研究拓展至紫外光激发波段，建立了UV-SERS技术。21世纪以来，他们先后建立了SERS与机械裂解法结合的MCBJ-SERS技术和发展了针尖增强拉曼光谱（TERS）技术（图1c），在分子水平上获得了纳米电极间隔中的导电分子结的结构信息[5, 6]。厦门大学也逐渐成为了SERS研究领域的领先单位之一。

近年来，田中群研究组与美国佐治亚理工学院王中林研究组合作，发明了名为“壳层隔绝纳米粒子增强拉曼光谱”（shell-isolated nanoparticle-enhanced Raman spectroscopy, SHINERS）技术（图1d）[7]。他们首先在具有优良SPR特性的金纳米粒子表面包覆上一层极薄且具有化学惰性的壳层（如2纳米左右厚度的二氧化硅等图1e~g），然后将这些核壳纳米粒子撒在任何待测样品表面，利用内核纳米粒子产生的极强光电场来增强待测样品表面物质的光谱信号。他们利用三维时域有限差分法（3D-FDTD）对该体系进行理论模拟，结果显示理论和实验结果吻合得非常好，增强因子可达到数十万倍。

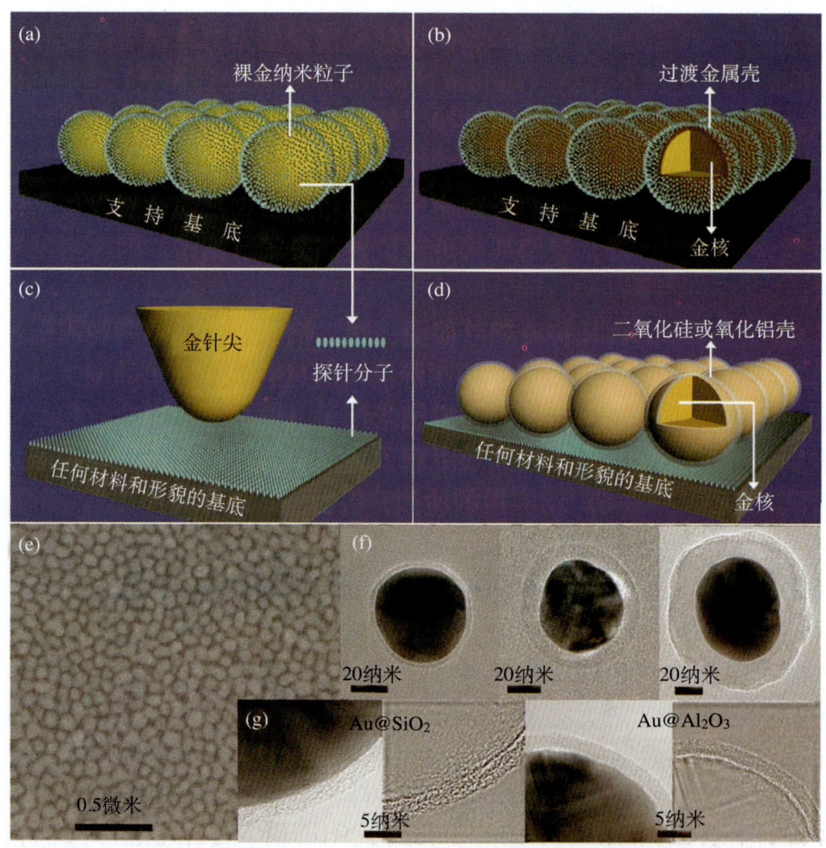

图1　SHINERS方法的工作原理以及与其他SERS方法工作模式的比较

注：接触模式：待测分子吸附在(a) 裸露的Au纳米粒子和(b) Au核过渡金属壳层的核壳结构纳米粒子表面；非接触模式：(c) 针尖增强拉曼光谱；壳层隔绝模式：(d) 壳层隔绝纳米粒子增强拉曼光谱；(e) 光滑Au表面组装单层Au@SiO_2纳米粒子的扫描电镜图；(f) 不同壳层厚度的Au@SiO_2核壳结构纳米粒子的高分辨透射电镜图；(g) 壳层厚度约为2纳米的Au@SiO_2和Au@Al_2O_3纳米粒子的高分辨透射电镜图。

基于新工作原理的SHINERS新技术突破了SERS在材料普适性和形貌普适性方面的长期局限，可望应用于各类物质和材料体系，并适用于任何形貌的基底。例如，以往仅有在纳米级粗糙度的金属表面才有明显的表面增强效应，对于光亮的表面特别是单晶表面基本无法得到表面增强拉曼信号。利用SHINERS技术，只需将上述的核壳纳米粒子撒在待研究的原子级平滑的金属单晶甚至各种半导体（如硅和氧化锌）材料之上，便可得到在表面上吸附分子的拉曼光谱信号（图2）。SHINERS还被应用于研究活酵母细胞壁的化学组分以及快速检测水果和蔬菜的残留农药等。例如，以往使用灵敏度很低的常规拉曼光谱技术，难以检测水果和蔬菜表皮残留的痕量农药分子。但是，若将壳层隔绝纳米粒子撒在喷洒过农药的橙子或包菜的表皮，只要使用便携式拉曼谱仪，仅花几十秒时间就能快速检测到农药分子（如甲基对硫磷等）的拉曼光谱信号（图3）。

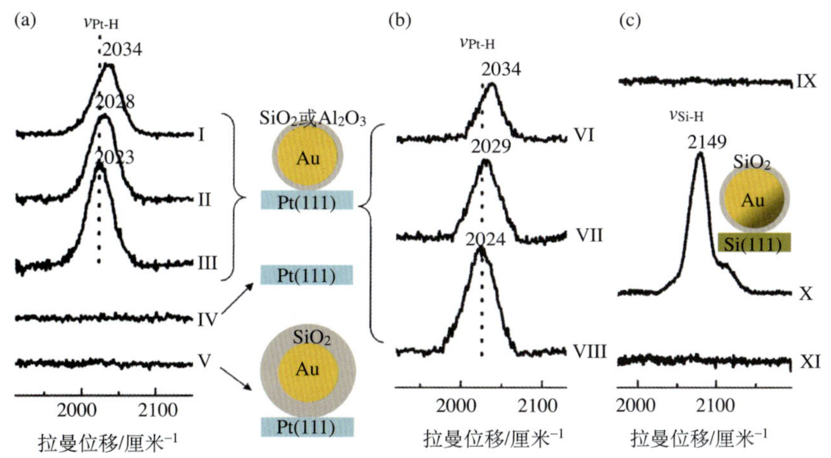

图 2 利用SHINERS方法检测铂和硅单晶表面的单原子层氢吸附

(a) 氢吸附在Pt(111) 电极上不同条件下的电化学SHINERS谱图：(I) −1.2伏, (II) −1.6伏, (III) −1.9伏, (IV)无Au@SiO_2纳米粒子以及(V) 较厚壳层的纳米粒子则没有信号；(b) 也可使用Au@Al_2O_3纳米粒子研究氢吸附在Pt(111)上的电化学SHINERS谱图：(VI) −1.2伏，(VII) −1.6伏，(VIII) −1.9伏；(c) 在Si(111) 表面经过(IX) 硫酸 (98%)，(X) 30% HF溶液和（XI） O_2等离子体处理后的SHINERS谱图

国际著名学术杂志《自然》于2010年刊登了SHINERS的研究论文[7], 同辑还以“谱学技术：拓展普适性”为题另文详细介绍了该成果意义。国际著名化学期刊《德国应用化学》以“下一代的先进谱学技术：基于金属纳米粒子的表面增强拉曼散射”为题专文介绍这一重要进展[8]。壳层隔绝纳米粒子增强这一新思路也可应用于如红外，和频以及荧光等光谱技术。SHINERS作为新型超高灵敏度、普适和便捷的检测技术，有望在食品安全、环境保护、医学诊断、材料表面分析、公共安全等领域发挥作用。该

项研究工作得到了国家自然科学基金委员会、科技部、教育部的经费支持。

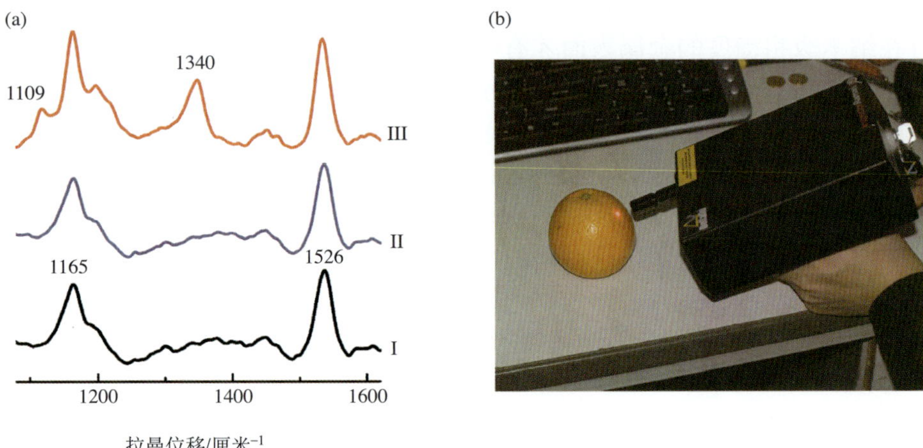

图 3　使用便携式拉曼光谱仪进行水果表皮农药残留的检测

(a) 采用灵敏度低的常规拉曼光谱所检测的洁净（I）和被对硫磷农药污染（II）的桔橙果皮的拉曼谱图基本一致，故无法检测出其微量污染物，若采用SHINERS技术可明显检测到表皮残留的对硫磷农药的谱峰（III）；(b) 为实际使用便携式拉曼光谱仪进行实验的照片

参 考 文 献

1 Fleischmann M, Hendra P J, McQuillan A J. Raman spectra of pyridine adsorbed at a silver electrode. Chem Phys Lett, 1974, 26(2): 163~166

2 Jeanmaire D L, Van Duyne R P. Surface Raman spectroelectrochemistry. Part I. Heterocyclic, aromatic, and aliphatic amines adsorbed on the anodized silver electrode. J Electroanal Chem, 1977, 84(1): 1~20

3 Aroca R. Surface-Enhanced Vibrational Spectroscopy. Chichester: John Wiley & Sons Ltd, 2006

4 Nie S M, Emory S R. Probing single molecules and single nanoparticles by surface enhanced Raman scattering. Science, 1997, 275: 1102~1106

5 Wu D Y, et al. Electrochemical Surface-Enhanced Raman Spectroscopy of Nanostructures. Chem Soc Rev, 2008, 37: 1025~1041

6 Tian Z Q ed. Special issue on surface enhanced Raman spectroscopy. J Raman Spectrosc, 2005, 36(6, 7): 465~747

7 Li J F, et al. Shell-isolated nanoparticle-enhanced Raman spectroscopy. Nature, 2010, 464: 392~395

8 Graham D. The next generation of advanced spectroscopy: Surface enhanced Raman scattering from metal nanoparticles. Angew Chem Int Ed, 2010, 49: 9325~9327

Shell-isolated Nanoparticle-enhanced Raman Spectroscopy

Li Jianfeng, Huang Yifan,Yang Zhilin, Li Songbo, Ding Yong, Ren Bin, Wang Zhonglin, Tian Zhongqun

Surface-enhanced Raman spectroscopy (SERS) is an ultrasensitive analytical tool that can detect single molecules. However, to realize a substantial surface enhancement, it requires generally substrates based on metals such as Ag, Au and Cu, either with roughened surfaces or in the form of nanoparticles, which has severely limited the breadth of practical applications of SERS. To break this limitation, we invented shell-isolated nanoparticle-enhanced Raman spectroscopy (SHINERS), in which the Raman signal amplification is provided by gold nanoparticles with an ultrathin silica or alumina shell. Such core-shell nanoparticles are spread over the surface that is to be probed. High-quality Raman spectra can be obtained on various molecules adsorbed at Pt and Rh single-crystal surfaces and from Si surfaces with hydrogen monolayers as well as on yeast cell wall and citrus fruits with pesticide residues. SHINERS significantly expands the flexibility of SERS for wide applications in analytical, materials and life sciences, as well as for the inspection of food safety, drugs, explosives and environment pollutants.

厦门大学固体表面物理化学国家重点实验室田中群研究组与美国佐治亚理工学院王中林研究组合作，发明了壳层隔绝纳米粒子增强拉曼光谱（SHINERS）方法。该技术可广泛应用于分析、材料和生命科学领域，并有望拓展至食品安全、毒品、爆炸物或环境污染物监测等方面。相关论文发表在《自然》杂志上，同期杂志还以“谱学技术：拓展普适性”为题另文详细介绍了该成果的意义。国际著名化学期刊《德国应用化学》对此进展作了专题报道。

4.9　新型高效水采集的研究进展

——从蜘蛛丝定向集水效应到人造蜘蛛丝

郑咏梅[1]　江　雷[1,2]

（1 北京航空航天大学化学与环境学院，2 中国科学院化学研究所）

蜘蛛丝是由湿度敏感的亲水细丝纤维蛋白组成，其精美的机械特性令人赞美[1~5]。北京航空航天大学，国家纳米科学中心，中国科学院化学研究所的科研人员，通过多年对生物表面特殊浸润性的研究，发现筛器类蜘蛛的捕获丝具有独特的水收集能力，这种能力归因于捕获丝润湿之后形成了周期交替的纺锤状结构和纤细的链接结构。在纺锤结构上具有无序分布的纳米纤维，而在连接结构上的纳米纤维则是有序排列的。这种特征结构使得在纺锤结构和链接结构之间形成了表面能量梯度[6, 7]，同时由于曲率的差别还产生了拉普拉斯压强差[8]。两者协同并作用于凝结的小液滴，可以使其定向地聚集到纺锤结构上，从而产生了液滴驱动的多协同效应。该研究成果发表在国际著名杂志《自然》（*Nature*, 2010, 463, 640~643）上，并作封面加以报道（图1）。《自然》杂志（*Nature*，2010, 463, 618~618）和英国化学学会（*Chemistry World*，2010, 7, 27）还专门对此进行了报导和宣传。《自然》新闻网、英国广播公司新闻网、亚洲材料研究协会、美国物理学会、英国皇家化学科学学会、俄罗斯科学网等各大媒体以及世界范围的蜘蛛研究专家、动物学家、分子生物学家、微结构物理专家、生物工程专家等均对该工作给予了极大关注。

在表面材料研究上，亚毫米的液滴移动可以分别地被表面能量梯度[6, 7]，或者通过拉普拉斯压强差[8]所驱动。但是这种驱动力是否可以驱动直径小到微米尺度的液滴还有待深入研究，其接触角的黏滞效应可能是非常重要的因素。在筛器类蜘蛛丝的集水方式里，独特的湿−建−结构能够协同来自于表面能量梯度和曲率的拉普拉斯压强差的驱动力克服黏滞影响，使微米尺度液滴可以移动。这个蜘蛛丝集水的“多协同效应”机制，而小尺度液滴的定向性驱动的材料设计上打开了一个新的开端。

揭示这个集水的“多协同效应”机制，有着广泛的科学意义，而应用到更广泛的领域以解决国家面临的实际问题。其不仅将启发科学家设计微流体中的新型的微流控表面；还将启发科学家设计大规模的人造纤维网以收集空气、雾气中的水，来供给水源缺乏地区人们的需求。

基于这种多协同机制，我们精心地设计和制备了人造蜘蛛丝，实现了微小尺度液滴的定向性驱动。利用商业化的尼龙纤维，通过涂层的瑞利不稳定技术，在纤维表面构筑了类蜘蛛丝结构，使形成粗糙梯度和几何梯度。为有效地调控液滴的定向运动，我们在纤维表面还设计并构筑了化学组分梯度。利用纤维表面的多梯度（粗糙、几何、化学组分）之间的有效协同，则在人造纤维上，实现了微小尺度液滴的方向性驱动的可控性。该工作发表在德国期刊《先进材料》（*Adv. Mater.*, 2010, 22, 5521~5525）上，并作封面报道（图2）。该工作同时得到了《自然》（*Nature*, 2010, 468, 603）杂志的特别宣传。

图 1 《自然》对“蜘蛛丝的定向性集水效应”研究成果作封面报道

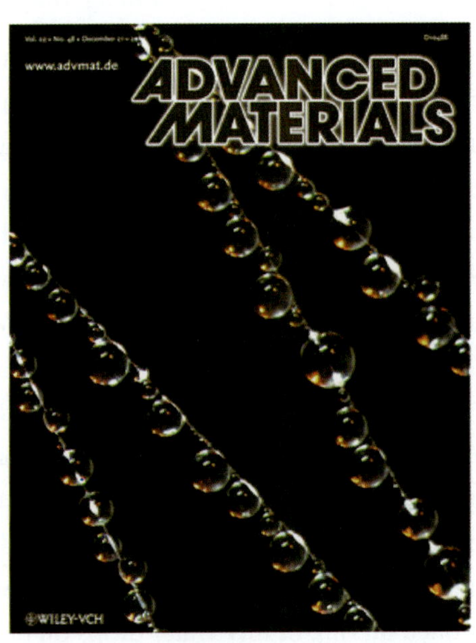

图 2 德国《先进材料》对“人造蜘蛛丝的微尺度液滴方向的可控驱动”研究成果作封面报道

参 考 文 献

1 Vollrath F, Porter D. Spider silk as an archetypal protein elastomer. Soft Matter, 2006, 2: 377~385

2 Vollrath F, et al. Compounds in the droplets of the orb spider's viscid spiral. Nature, 1990, 345: 526~528

3 Liu Y, Shao Z, Vollrath F. Relationships between supercontraction and mechanical properties of spider silk. Nature Mater, 2005, 4: 901~905

4 Porter D, Vollrath F. Nanoscale toughness of spider silk. Nanotoday, 2007, 2: 6

5 Emile O, Floch A L, Vollrath F. Biopolymers: shape memory in spider draglines. Nature, 2006, 440: 621

6 Chaudhury M K, Whitesides G M. How to make water run uphill. Science, 1992, 256: 1539~1541

7 Daniel S, Chaudhury M K, Chen J C. Fast drop movements resulting from the phase change on a gradient surface. Science, 2001, 291: 633~636

8 Lorenceau É, Quéré D. Drops on a conical wire. J Fluid Mech, 2004, 510: 29~45

Progress of Research on Novel Artificial Fibre With High-efficiency Water Collecting

Zheng Yongmei, Jiang Lei

We show that the water-collecting ability of the capture silk of the cribellate spider (*Uloborus walckenaerius*) is the result of a unique fibre structure that forms after wetting, with the "wet-rebuilt" fibres characterized by periodic spindle-knots made of random nanofibrils and separated by joints made of aligned nanofibrils. These structural features result in a surface energy gradient between the spindle-knots and the joints and also in a difference in Laplace pressure, with both factors acting together to achieve continuous condensation and directional collection of water drops around spindle-knots. Submillimetre-sized liquid drops have been driven by surface energy gradients or a difference in Laplace pressure, but until now neither force on its own has been used to overcome the larger hysteresis effects that make the movement of micrometre-sized drops more difficult. By tapping into both driving forces, spider silk achieves this task. Inspired by this finding, we designed artificial spider silks that mimic the structural features of silk and exhibits its directional water collecting ability, and realizes direction controlled driving of tiny water drops on bio-inspired spider silks.

北京航空航天大学、国家纳米科学中心和中国科学院化学研究所的研究人员发现筛器类蜘蛛的捕获丝具有独特的水收集能力，其相关研究成果作为封面文章发表在《自然》杂志上，并引起了世界多个领域的广泛关注。在此基础上，研究人员精心设计制备了人造蜘蛛丝，实现了微小尺度液滴的定向驱动的可控性。该工作以封面文章的形式发表在著名期刊《先进材料》上，并得到了《自然》杂志的报道。

4.10 生物质高效转化为石油化工原料取得重大进展

张会岩 肖 睿
（东南大学能源与环境学院）

一、生物质制备化学品的意义及存在的问题

烯烃和芳香烃是制备塑料、橡胶、纤维、薄膜和涂料等国家建设和人民日常生活中必不可少物质的石油化工原料。目前，几乎全部的烯烃和芳香烃都是由石油炼制而成。近年来，中国对能源的需求急剧增加导致化石资源特别是石油的进口量不断攀升，石油资源的匮乏已经成为制约中国经济发展的重要因素。另一方面，化石资源的利用带来的环境污染问题日益突出，也已成为当今社会亟待解决的问题。因此，寻找可再生的环境友好型的替代能源，降低对化石资源的依赖，对实现经济的可持续发展具有重要的现实和战略意义。生物质是唯一有机碳的来源，是唯一可以替代化石燃料制备烯烃和芳香烃类化学品的可再生能源。

秸秆、木屑等生物质利用的最大障碍就是其低能量密度带来的巨大运输成本。近年来，快速热解技术由于可以将生物质快速的（2秒内）就地转化为容易运输的液体燃料——生物油（质量产率高达80%）而得到了快速的发展[1]。通过这种方法可以节省85%以上的生物质运输费用[2]。但得到的生物油中含有300多种含氧化合物，具有热值低、酸度强、热不稳定性强等缺点，不能直接作为燃料应用在汽油和柴油发动机[3]。要想用它来替代汽油、柴油、石油化工用品，必须对其进行化学升级处理。

目前的化学升级方法主要包括高压加氢脱氧和催化裂解。高压加氢脱氧是指在高压（10~30兆帕）、较高温度（250~400℃）、氢气或供氢溶剂和催化剂存在的条件下，把生物油中的氧主要以水的形式脱除，从而达到大幅降低生物油中氧含量的目的，它是一种发展较早的生物炼制技术[4]。高压加氢脱氧使用的主要是以Ni-Mo、Co-Mo和Ni-W的氧化物为活性物质，以γ-Al_2O_3 为载体合成的催化剂。高压加氢脱氧由于温度较高，生物油不稳定含氧化合物易于受热聚合而结焦，从而引起催化剂的失活和反应器的堵塞。催化剂很容易失活，并且随着温度的增加，焦和加氢副产物甲烷的产率会大大增加，降低了升级油的产率。并且该工艺要在较高压力下进行，这无论是

对设备的材料还是对运行环境的要求都非常苛刻，如此高昂的提质成本严重阻碍了它的实际应用。催化裂解是指在高温（300~600 ℃）、常压,、有催化剂存在的条件下，将生物油中的氧以CO、CO_2和H_2O的形式脱除[5]。目前生物油催化裂化主要是采用FCC催化剂、H型、Y型和β型沸石等。利用这些催化剂中酸性活性位点发生脱氧、脱羧基、脱羰基反应从而脱除生物油中的氧。催化裂解无需高压和氢气，被认为是一种廉价的生物油升级方式。但是也存在催化剂失活较快，目标产率低（<20%）的问题。

二、新型高效生物质制备化学品的方法

我们和美国麻省大学合作，在试验的基础上提出了一种将木屑、秸秆等生物质热解生物油高效转化为石油化工原料（乙烯、丙烯、苯、甲苯和二甲苯等）的整合式催化方法，解决了传统生物油升级中目标产物产率低和催化剂失活过快两大难题。该方法得到的石油化工原料产率是目前已有工艺的3倍以上，相关研究成果以“Report”形式发表在2010年 11月26日出版的美国《科学》杂志上[6]。

这一研究成果首先从生物原料的特性出发，对不同氢碳比的10余种生物原料进行沸石催化转化试验。结果表明，生物燃料的氢碳比是制约其能否高效转化为碳氢化合物的主要因素。对较高氢碳比的原料进行催化裂化可以得到较高的碳氢化合物产物产率和较低焦产率。炼油厂原油的氢碳比在1（制苯）~2（制烷烃）之间，但是生物油的氢碳比只有0~0.3。所以生物油是贫氢原料，其直接沸石催化转化会因催化剂失活

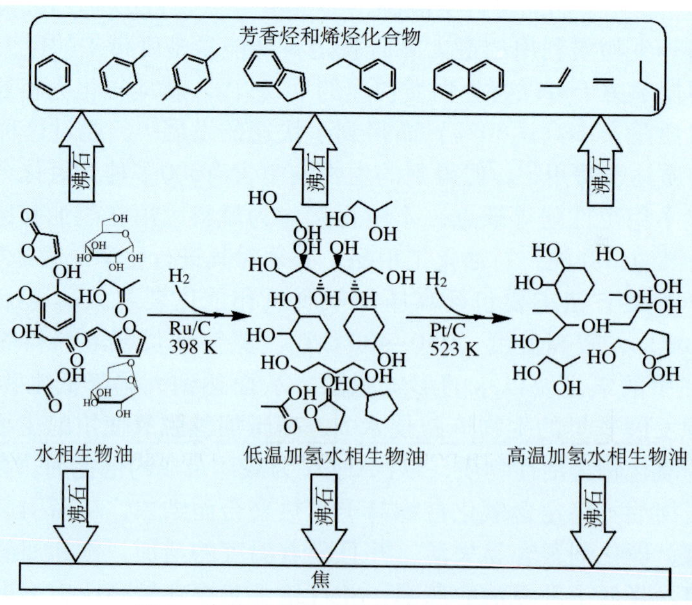

图 1　生物油整体式催化升级反应途径

较快和目标产物较低而被认为是不经济的转化方式。综合以上分析，我们提出了一种整合式生物油催化升级方法，主要包括选择性加氢和沸石催化两个步骤，具体反应途径如图1所示。该方法首先将生物油中不稳定的含氧化合物（酸类、醛类、酮类、糖类）以及大分子醇类化合物在Ru/C和Pt/C的作用下转化为稳定的小分子醇类和饱和呋喃环类等稳定化合物，然后将这些稳定化合物在商业沸石催化剂的作用下转化为石油化工原料。选择性催化加氢的目的不是脱氧，而是将生物油稳定化，同时提高其氢碳比，所以相比传统的高压加氢脱氧，氢气的消耗量大大降低，并且初步加氢在较低温度（125℃）和压力（5~10兆帕）下进行，生物油不容易聚合，催化剂的稳定性大大增加。脱氧在沸石催化反应阶段完成，此反应在常压、无氢环境下进行，大大节省了脱水成本。另外，该沸石催化的反应物是稳定的高氢碳比的原料，所以催化剂的稳定性和碳氢化合物的产率会大大提升。通过这种整合式催化升级方法可以实现水相生物油中60%以上的碳转化到烯烃和芳香烃中（产物分布见图2），另外还可以得到15%的直链烷烃。并且各产物的产率和选择性可以根据市场的需求通过调节反应条件来改变。我们对此工艺进行了经济潜能计算。假设建设一个生物质处理能力为100吨/小时的工厂，生物油的产率为70%。按生物质成本为50美元/吨，氢气的成本为1美元/千克算，采用我们的技术可以实现约1亿美元/年的净产值（图3）。

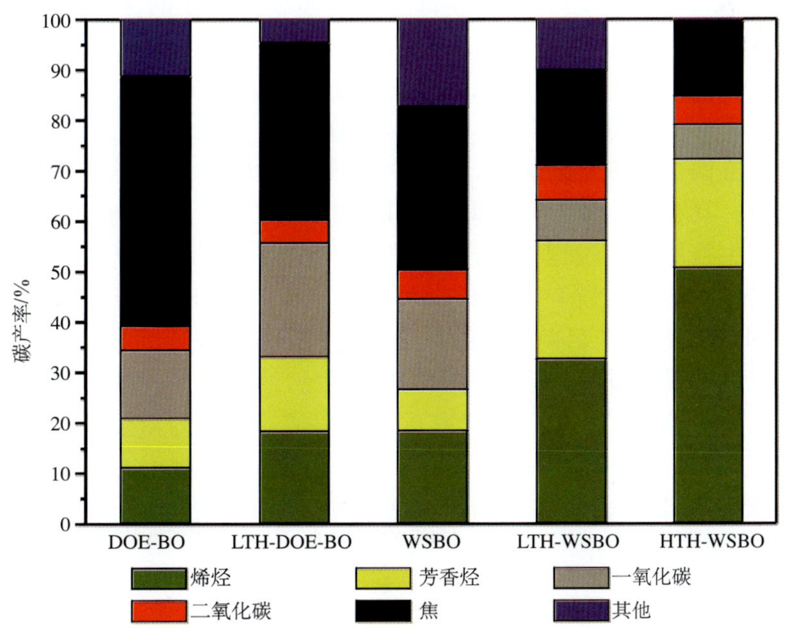

图2　不同生物油整合式催化升级产物碳产率分布

注：原料：DOE-BO：DOE 生物油；LTH-DOE-BO：低温加氢DOE生物油；WSBO：水相生物油；LTH-WSBO：低温水相生物油；HTH-WSBO：高温加氢水相生物油。

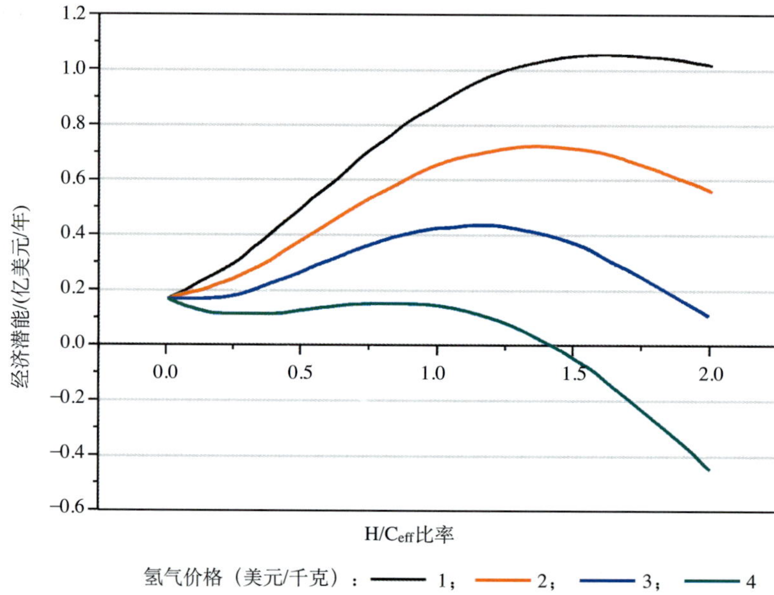

图 3　生物油整合式催化转化工艺的经济潜能随氢碳比的变化关系

这一研究成果发表后，引起世界百余家媒体和科学家的关注。《科学》杂志在当天的“科学此刻”栏目中邀请了生物质转化及其经济性评估方面的权威专家罗伯特·布朗（Robert Brown）教授对此研究成果进行了介绍和评价。布朗教授认为：“这一新的研究成果非常值得关注”，“化学公司在应用热能和催化剂将原油转化为多种石油化工产品方面具有多年的经验，这其中的热化学转化过程已经被公认为是一种比较成熟的技术，具有很小的提升空间，但是这项研究成果表明能够把热化学转化廉价经济的应用到生物质转化过程中，这为热化学转化过程开辟了新的应用领域。美国生物燃料技术公司——安内罗科技公司（Anellotech）的首席执行官大卫·苏多尔斯基（David Sudolsky）说：“目前，已经有几家公司开发了成熟的技术来生产生物油，生物油的制备已经不是问题，现在主要的问题是生物油是低品质的燃料，必须采取有效的技术升级后才能够使用。随着此研究成果的突破，开发的新技术能够将生物油高效廉价地转化为宝贵的石油化工原料。此技术的经济性极具吸引力，这是非常令人兴奋的事情。” 安内罗科技公司已经决定下一步投资商业化此技术。

参　考　文　献

1　Bridgwater A V, Peacocke G V C. Fast pyrolysis processes for biomass. Renewable & Sustainable Energy Reviews, 2000, 4: 1~73

2 Bridgwater A V. The production of biofuels and renewable chemicals by fast pyrolysis of biomass. International Journal of Global Energy Issues, 2007, 27: 160~203

3 Huber G W, Iborra S, Corma A. Synthesis of transportation fuels from biomass: chemistry, catalysts, and engineering. Chemical Reviews, 2006, 106: 4044~4098

4 Zhang Q, Chang J, Wang T J, et al. Review of biomass pyrolysis oil properties and upgrading research. Energy Conversion and Management, 2007, 48: 87~92

5 Adjaye J D, Bakhshi N N. Upgrading of a wood-derived oil over various catalysts. Biomass & Bioenergy, 1994, 7: 201~211

6 Vispute T P, Zhang H Y, Sanna A, et al. Renewable chemical commodity feedstocks from integrated catalytic processing of pyrolysis oils. Science, 2010, 330: 1222~1227

Breakthrough in Converting Biomass into High-yield Petrochemicals

Zhang Huiyan, Xiao Rui

We proposed a high-yield method to convert bio-oil obtained from biomass such as sawdust and stalk into petrochemicals including ethylene, propylene, benzene, toluene and xylene. The integrated catalytic approach combines selective hydrogenation with zeolite catalysis. The selective hydrogenation increases the intrinsic hydrogen content of the bio-oil, producing alcohols and saturated furan compounds. The zeolite catalyst then converts these hydrogenated products into light olefins and aromatic hydrocarbons in a yield as much as three times higher than that produced with the pure bio-oil. The product yields and selectivities can be adjusted depending on market values of the chemical feedstocks by changing the reaction conditions.

东南大学研究人员和美国麻省大学合作，在试验的基础上提出了一种将木屑、秸秆等生物质热解生物油高效转化为石油化工原料的整合式催化方法，解决了传统生物油升级中目标产物产率低和催化剂失活过快两大难题。该方法得到的石油化工原料产率是目前已有工艺的3倍以上。相关论文在《科学》杂志发表后立即引起了世界媒体和科学家的广泛关注，并得到了国外专家和企业家的高度评价。

4.11 发现肿瘤治疗新策略：不杀死癌细胞反而更高效抑制肿瘤生长

孙宝云　陈春英　梁兴杰　邢更妹　赵宇亮
（中国科学院纳米生物效应与安全性重点实验室）

化疗是目前肿瘤治疗的重要手段之一。然而，现有化疗的基本原理是以“毒死细胞”（poison cells）为基础，化疗药物高毒性虽然可以杀死肿瘤细胞，但也因此成为是肿瘤治疗失败的重要因素。“美国肿瘤外科学会”主席坎斯（Cance）教授2010年发表了“对肿瘤的战争——从失望到新的希望”（The war on cancer — shifting from disappointment to new hope）：过去50年,肿瘤死亡率只降低了5%,几乎没有改变。人类还没有找到战胜肿瘤的正确方法,依赖高毒性毒死细胞的治疗方法是不成功的。人类战胜癌症的希望，也许将寄托在肿瘤的低毒治疗上。

由中国科学院纳米生物效应与安全性重点实验室赵宇亮研究员领导的研究团队，在研究如何消除纳米材料毒性的过程中，偶然发现了一类表面修饰的富勒烯如$Gd@C_{82}(OH)_x$，它们不杀死肿瘤细胞（或正常细胞），却在体内具有很高的抑制肿瘤生长的药效。临床医生认为：不杀死肿瘤细胞和正常细胞却能高效抑制肿瘤生长，实现肿瘤的低毒化疗，对制定临床治疗方案和提高肿瘤治疗效果，将是革命性突破。

研究发现，利用表面化学修饰得到一定尺寸的低毒（无毒）的富勒烯纳米结构物质，不需要载带药物，本身就具有高效抑制乳腺癌、肺癌和肝癌生长的功能，其抑制效果远好于目前临床药物如顺铂、紫杉醇、环磷酰胺等。更重要的是，这类低毒性富勒烯物质，具有高效抑制肿瘤转移的功能。

经过6年多的攻关研究，已经完成富勒烯结构表面的化学修饰、抗肿瘤细胞试验、药效学动物实验、毒代动力学实验及部分机制的研究工作。该类富勒烯物质可以通过阻断DNA遗传物质的复制，抑制耐药肿瘤细胞的繁殖。传统肿瘤药物严重损害患者的免疫功能，与此相反，低毒性富勒烯物质不仅不损害肌体免疫系统，反而通过清除细胞内自由基而增强肌体免疫功能，有效阻止肿瘤细胞入侵正常肌肉组织。其清除自由基能力，与富勒烯纳米颗粒的尺寸、表面化学修饰基团、表面电荷等密切相关。

2010年的研究成果，先后发表在《美国科学院院刊》（*PNAS*，2010），德国的《生物材料》（*Biomaterials*，2010），以及美国化学会的*ACS Nano*（2010）等刊物。该研究结果揭示了基于纳米结构的新一代低毒性肿瘤化疗药物的可能性，为肿瘤治疗提供了超越传统化疗方法（杀死细胞）的新策略，有望为目前肿瘤治疗所面临的诸多重大难题提供解决方案。

参 考 文 献

1 William G Cance. The war on cancer, shifting from disappointment to new hope. Ann Surg Oncol, 2010, 17: 1971~1978

2 Liang Xingjie, Zhao Yuliang, et al. Metallofullerene nanoparticles overcome tumor resistance to cisplatin by reactivating endocytosis. PNAS, 2010, 107(16): 7449~7454

3 Meng Huan, Zhao Yuliang, et al. Potent angiogenesis inhibition by particulate form of fullerene derivatives. ACS Nano, 2010, 4(5): 2773~2783

4 Yang De, Zhao Yuliang, Ning zhang, et al. An anti-tumor nanoparticle, $[Gd@C_{82}(OH)_{22}]n$, promotes Th1 immune response. ACS Nano, 2010, 4: 1178~1186

New Strategy for Cancer Therapy: Nanomedicine Do Not Kill Cancer Cells but Have Much Higher Therapeutic Efficacy

Sun Baoyun, Chen Chunying, Liang Xingjie, Xing Gengmei, Zhao Yuliang

To improve the therapeutic efficacy of cancer is one of the most urgent and biggest challenges for human health. During the past 50 years, the clinic cancer chemotherapy, based on “poison cell” which used highly toxic drugs to kill cancer cells and meanwhile the normal cells too, almost could not reduce the cancer mortality. Therefore, it is considered that the new hope of win the battle over cancer is on the prediction that the cancer therapy would become less toxic. Researchers in Chinese Academy of Sciences discovered a type of metallofullerene-based nanostructured material, it is nontoxic, do not kill cancer cells (and normal cell), but possess much higher therapeutic efficacy than the currently clinic anticancer medicines in both cellular and animal experiments. The less-toxic nanomedicine of fullerene material, not only exhibited higher therapeutic efficacy, but also showed potentials to overcome the major defects in cancer therapy by the current commercial anticancer drugs of “poison cell” mechanisms. The study disclosed the possibility of non killing-cell approach for cancer cure, and opened a door for discovering a new generation of anticancer medicines by a new strategy.

中国科学院纳米生物效应与安全性重点实验室、中国科学院高能物理研究所和国家纳米科学中心的研究人员发现，无需“毒死细胞”即可更有效地抑制肿瘤生长。动物实验研究表明：与目前临床使用的杀死肿瘤细胞的药物相比，低毒性富勒烯纳米结构物质不仅具有更好的肿瘤疗效，而且有望克服传统化疗药物的高毒性带来的一系列重大缺陷。该项成果揭示了基于纳米结构的新一代低毒性肿瘤化疗药物的可能性。

4.12 间质细胞向上皮细胞转换(MET)启动体细胞重编程为诱导多能干细胞

——体细胞“变身”机制被初步揭示

李荣辉　梁嘉良　倪　甦　秦宝明　米盖尔·埃斯特班　裴端卿

（中国科学院广州生物医药与健康研究院华南干细胞生物学与再生医学研究所再生生物学重点实验室）

动物个体发育是受精卵沿着一套编排好的程序经过一系列增殖和分化形成的，这一过程在自然条件下是一个不可逆的过程，由此产生构成个体的所有成体细胞。这一个体发育过程伴随着细胞命运不可逆的分化与老化。然而这个过程中细胞命运是否可以人为转变，一直以来都是生命科学领域的基本问题之一，也是人类认识并试图改变自身生理状态，以最终实现永葆青春和健康这一夙愿的基础。

20世纪50~60年代，科学家先后在果蝇[1, 2]、非洲爪蟾[3, 4]中实现了细胞命运的转变或重新编程。1997年，克隆羊“多莉”的诞生首次证实高等哺乳动物的成体细胞也可以被彻底重塑[5]。在此之后科学家一直在寻找能够实现重编程的因子，直到2006年日本科学家山中伸弥（Shinya Yamanaka）利用4个转录因子在体外培养条件下，将体细胞重编程到和受精卵发育潜能相当的胚胎干细胞（ESCs）状态[6]。这项新技术的出现，既解决了胚胎干细胞获取需要使用胚胎的问题，又能提供与病人身体免疫系统完全一致的诱导多能干细胞系（iPSCs）。这一方法不仅技术简便，同时还为我们提供了一个用于研究细胞“命运”决定以及表观遗传学调控的独特的实验体系。更重要的是，来自人类特定疾病的iPSCs不仅可以用于组织器官修复和移植，而且可以作为关键材料来研究人类众多遗传性和非遗传性疾病，并开发出新的治疗性药物。

诱导重编程技术的发展仅仅4~5年时间，该技术能够应用于人类疾病模拟和治疗之前，还有多个“瓶颈”有待克服。其中以下两个问题尤为关键：①诱导机制不明确，也就是成体细胞通过什么机制转变为多能干细胞；②诱导效率低下，一般只有0.001%~0.01%，目前从发生模式上普遍认为是一个小概率随机事件。深入探索这一过程发生的机制，不仅能够发现并阐明重编程中的重要生物学过程和相关机制，而且有可能找到克服这些障碍的有效方法。此外，iPSCs的产生是一个由转录因子介导逐步激活ESCs特异基因表达、抑制体细胞特异基因表达的多步骤过程，这一过程耗时长，小鼠细胞通常需要2~4周，人类细胞需要4~6周。

如何克服这些“瓶颈”，是目前生物科学家们最为关注的问题。

中国科学院广州生物医药与健康研究院的干细胞研究团队在国内率先建立诱导重编程技术基础上[7]，在重编程发生的分子机制方面已经取得了一系列重要的突破：2009年从研究细胞代谢特征出发首次发现维生素C显著提高小鼠和人的诱导重编效率[8]；2010年，利用小鼠重编程模型深入研究发现，重编程过程在细胞形态上呈现出从成纤维细胞的不规则、松散迅速转变为规则、紧密（图1a），而ESCs或iPSCs则更加致密（图1b）。这一形态转变过程非常类似于上皮细胞向间质细胞转化（EMT）的逆过程（MET）。

长期研究表明EMT过程是胚胎早期发育中产生大量分化细胞的重要机制，例如神经嵴的分层等。通过EMT，从细胞外到细胞质以及细胞核内发生一系列协同变化，最终导致上皮细胞失去上皮特性并同时获得间质特性。EMT过程也是肿瘤转移的重要机制，在癌症研究领域颇受重视。从分子机制上来看，已有文献报道EMT的发生导致了约4000个基因的表达变化，占到了整个人类基因组的10%左右。在所有类型的EMT过程中有两种基因的表达变化是完全一致的：E-cadherin的下调和Snail的上调。

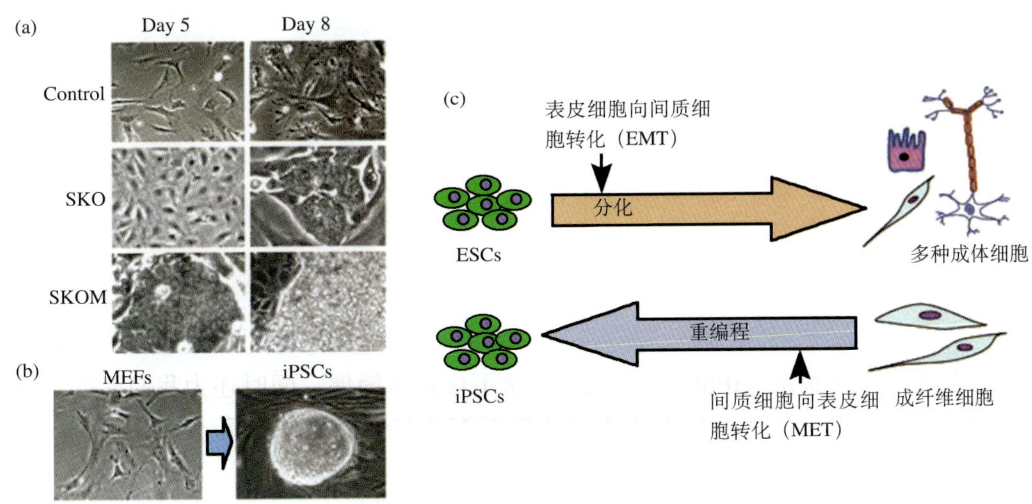

图1　重编程过程中发生MET

(a) 光镜下成纤维细胞随着重编程的进行形态发生显著的改变；(b) 起始的成纤维细胞和最终形成的iPSCs之间存在着显著的形态差异；(c) 我们提出模型认为重编程过程伴随着MET的过程

E-cadherin是维持上皮细胞间连接的一个穿膜蛋白组分，并且和胚胎干细胞多能性的调控有关。而 Snail蛋白能够结合在特定的同源序列上实现抑制E-cadherin等关键的上皮调控因子的转录。

早在2007年，我们在建立诱导多能干细胞体系时，就观察到了间质细胞/上皮细胞转换（MET）过程。我们提出了体细胞诱导为多能干细胞必须经过MET的假说：成纤维细胞经过4个转录因子的感染后，内部基因表达的变化导致成纤维细胞向上皮细胞转变，再进一步编程为多能干细胞（图1c）。经过细致深入的研究，我们证实了外源重编程因子通过直接调控EMT关键基因的表达，关闭了成纤维细胞（也称为间质细胞）的特征基因，同时激活了上皮细胞特征基因，促进了成纤维细胞向上皮细胞的转换（也就是MET）发生，并因此推动重编程发生（图2）。

此项研究不仅首次揭示了诱导干细胞形成的细胞生物学机制，即间质细胞向上皮细胞转变（MET），也将体细胞重编程的过程与正常发育的细胞基础，癌症转移机制联系起来。该发现不仅是诱导多能干细胞机制研究的突破性里程碑，也为继续改进诱导多能干细胞技术提供了理论依据。该项研究已被《细胞》杂志列为重要成果之一，在podcast 专栏重点介绍；该项研究成果被评选为“2010中国十大科技新闻”（《科技日报》，2010年12月28日第1版，第4版）。该项研究工作得到了科技部、国家自然科学基金委员会、中国科学院、广东省和广州市政府科技管理部门的大力支持。

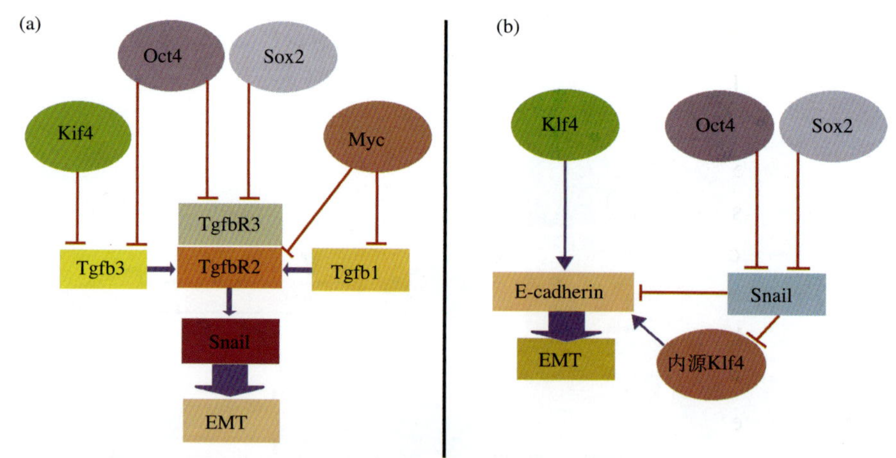

图 2　重编程因子阻滞EMT、激活MET的分子调控网络示意图

(a) 重编程因子通过抑制TGF-β信号通路来阻断EMT；(b) 重编程因子协同引发MET过程

参 考 文 献

1　Hadorn E. Constancy, variation and type of determination and differentiation in cells from male genitalia rudiments of Drosophila melanogaster in permanent culture in vivo. Dev Biol, 1966, 13: 424~509

2 Gehring W. Clonal analysis of determination dynamics in cultures of imaginal disks in Drosophila melanogaster. Dev Biol, 1967, 16: 438~456

3 Briggs R, King T J. Transplantation of living nuclei from blastula cells into enucleated frogs' eggs. Proc Natl Acad Sci USA, 1952, 38: 455~463

4 Gurdon J B. The developmental capacity of nuclei taken from intestinal epithelium cells of feeding tadpoles. J Embryol Exp Morphol, 1962, 10: 622~640

5 Wilmut I, Schnieke A E, McWhir J, et al. Campbell. Nature, 1997, 385: 810

6 Takahashi K, Yamanaka S. Induction of pluripotent stem cells from mouse embryonic and adult fibroblast cultures by defined factors. Cell, 2006, 126(4): 663~676

7 Qin D, Li W, Zhang J, et al. Direct generation of ES-like cells from unmodified mouse embryonic fibroblasts by Oct4/Sox2/Myc/Klf4. Cell Res, 2007, 17: 959~962

8 Esteban M A, Wang T, Qin B, et al. Vitamin C enhances the generation of mouse and human induced pluripotent stem cells. Cell Stem Cell, 2010, 6: 71~79

9 Thiery J P, Acloque H, Huang R Y, et al. Epithelialmesenchymal transitions in development and disease. Cell, 2009, 139: 871~890

A Mesenchymal-to-epithelial Transition Initiates and Is Required for the Nuclear Reprogramming of Mouse Fibroblasts

Li Ronghui, Liang Jialiang, Ni Su, Qin Baoming, Miguel Angel Esteban, Pei Duanqing

Epithelial-to-mesenchymal transition (EMT) is a developmental process important for cell fate determination. Fibroblasts, a product of EMT, can be reset into induced pluripotent stem cells (iPSCs) via exogenous transcription factors but the underlying mechanism is unclear. Here we show that the generation of iPSCs from mouse fibroblasts requires a mesenchymal-to-epithelial transition (MET) orchestrated by suppressing pro-EMT signals from the culture medium and activating an epithelial program inside the cells. At the transcriptional level, Sox2/Oct4 suppress the EMT mediator Snail, c-Myc downregulates TGF-b1 and TGF-b receptor 2, and Klf4 induces epithelial genes including E-cadherin. Blocking MET impairs the reprogramming of fibroblasts whereas preventing EMT in epithelial cells cultured with serum can produce iPSCs without Klf4 and c-Myc. Our work not only establishes MET as a key cellular mechanism toward induced pluripotency, but also demonstrates iPSC generation as a cooperative process between the defined factors and the extracellular milieu.

中国科学院广州生物医药与健康研究院研究人员发现小鼠成纤维细胞产生iPSCs的过程需要经历间质细胞向上皮细胞转化（MET，即EMT的逆向过程）的过程。该研究证实EMT由多种诱导因素引发，从细胞外到细胞质以及细胞核内发生一系列协同变化，最终导致上皮细胞失去上皮特性，同时获得间质特性。该成果已被《细胞》杂志列为重要成果之一。

4.13 干细胞命运调控研究取得重要进展

夏来新[1] 贾顺姬[2] 黄守均[1] 王海龙[1] 朱元祥[1] 牟艳军[1]
阚丽娟[1] 郑文静[1] 吴 迪[2] 李晓明[1] 孙钦秒[1] 孟安明[1,2]
陈大华[1]

（1 中国科学院动物研究所，2 清华大学生命科学学院）

细胞命运的决定，维持与分化是生物学上一直都非常关注的热点问题。干细胞是生物体内少数处于无限增殖、未分化或低分化状态并具有多种或一种分化潜能的细胞群。干细胞通过不对称分裂产生具有不同命运的子代细胞，这样既可以通过自我更新产生具有干细胞特性的新干细胞；同时分化形成新的组织以维持生命活动的延续。干细胞通常存在于一个特殊的微环境中，我们称之为“干细胞niche”。“干细胞niche”由特定类型的细胞群和细胞间介质组成，它们被认为是调控干细胞增殖和分化的主要的外界因素[1, 2]。干细胞如何接受源于niche的信号，进行贮存、传导、转化和放大来调控干细胞的不对称分裂是目前干细胞生物学研究中的前沿课题。

果蝇的雌性生殖干细胞是目前比较成熟的一种体内干细胞系统，果蝇卵巢生殖干细胞的维持与更新是受与其直接接触的微环境控制的[3~6]。微环境中的基质细胞通过分泌BMP配体来抑制干细胞的分化，但是却不能抑制干细胞的直接后代cystoblast cells（CB）细胞的分化[7, 8]。CB细胞距离基质细胞只有一个细胞直径的距离，然而却不能自我更新，走上了分化的道路。那是什么原因造成了如此陡峭的BMP梯度效应，从而产生干细胞的不对称分裂呢?

中国科学院动物研究所陈大华研究员领导的研究组经过长期研究发现，Dpp受体Tkv的稳定性在干细胞的分化中发挥了重要的作用。在CB细胞中特异表达组成型激活的BMP受体Tkv，观察不到任何明显的表型，但是当组成型激活的Tkv在干细胞中表达的时候，果蝇的卵巢却充满了肿瘤样的不分化细胞。进一步的结果表明这是由于CB细胞中表达的受体Tkv被主动降解的缘故。这表明CB细胞通过调节Tkv的稳定性来控制干细胞的不对称分裂。然后进一步鉴定Tkv相互作用的蛋白，发现蛋白激酶Fused可以和

Tkv相互作用。深入的实验表明，Fused可以调控Tkv的稳定性，同时Fused的突变体果蝇也具有延缓CB细胞分化的表型。此外，实验结果还表明Fused和泛素连接酶Smurf形成复合体来共同调控Tkv的泛素化，进而调节其稳定性。突变体的扫描分析表明Tkv238位的丝氨酸的磷酸化对Tkv的泛素化和稳定性非常重要，而且Fused对Tkv稳定性的调控，依赖该点的磷酸化。最后，陈大华实验室和清华大学孟安明实验室合作以斑马鱼胚胎和人的细胞系为研究系统，进一步发现Fused在脊椎动物中同样具有的拮抗BMP/TGF-b信号传导的功能，从而揭示了Fused蛋白所介导的这一调控机制在进化上的保守性，及其在干细胞命运调控和动物发育过程中细胞命运决定的重要作用。

该工作揭示了干细胞及其分化子细胞如何差异地响应和解读源于微环境的信号的一个重要机制，其一般原理也可以推广到哺乳动物的干细胞系统；还发现了Fused蛋白重要的新功能，第一次表明了Hedgehog 信号通路和BMP信号通路之间通过Fused存在crosstalk，对未来相关领域的研究具有重大意义。相关研究论文已经于2010年12月10日发表在国际著名学术期刊《细胞》上。该研究得到了国家自然科学基金（30630042，30825026）和国家“973”计划（2007CB947502，2007CB507400）等项目资助，得到了中国科学院动物研究所、清华大学等相关单位的大力协助。

参 考 文 献

1　Nishikawa S I, Osawa M, Yonetani S, et al. Niche required for inducing quiescent stem cells. Cold Spring Harb Symp Quant Biol, 2008, 3: 67~71

2　Spradling A C, Nystul T, Lighthouse D, et al. Stem cells and their niches: integrated units that maintain Drosophila tissues. Cold Spring Harb Symp Quant Biol, 2008, 73: 49~57

3　Li L, Xie T. Stem cell niche: structure and function. Annu Rev Cell Dev Biol, 2005, 21: 605~631

4　Ohlstein B, Kai T, Decotto E, et al. The stem cell niche: theme and variations. Curr Opin Cell Biol, 2004, 16: 693~699

5　Spradling A, Drummond-Barbosa D, Kai T. Stem cells find their niche. Nature, 2001, 414: 98~104

6　Yamashita Y M, Fuller M T, Jones D L. Signaling in stem cell niches: lessons from the Drosophila germline. J Cell Sci, 2005, 118: 665~672

7　Song X, Wong M D, Kawase E, et al. Bmp signals from niche cells directly repress transcription of a differentiation-promoting gene, bag of marbles, in germline stem cells in the Drosophila ovary. Development, 2004, 131: 1353~1364

8　Xie T, Spradling A C. Decapentaplegic is essential for the maintenance and division of germline stem cells in the Drosophila ovary. Cell, 1998, 94: 251~260

The Fused/Smurf Complex Controls the Fate of Drosophila Germline Stem Cells by Generating a Gradient BMP Response

Xia Laixin, Jia Shunji, Huang Shoujun,Wang Hailong, Zhu Yuanxiang, Mu Yanjun, Kan Lijuan, Zheng Wenjing, Wu Di, Li Xiaoming, Sun Qinmiao, Meng Anming, Chen Dahua

In the Drosophila ovary, germline stem cells (GSCs) are maintained primarily by bone morphogenetic protein (BMP) ligands produced by the stromal cells of the niche. This signaling represses GSC differentiation by blocking the transcription of the differentiation factor bam. Remarkably, bam transcription begins only one cell diameter away from the GSC in the daughter cystoblasts (CBs). How this steep gradient of response to BMP signaling is formed has been unclear. Here, we show that Fused (Fu), a serine/threonine kinase that regulates Hedgehog, functions in concert with the E3 ligase Smurf to regulate ubiquitination and proteolysis of the BMP receptor Thickveins in CBs. This regulation generates a steep gradient of BMP activity between GSCs and CBs, allowing for bam expression on CBs and concomitant differentiation. We observed similar roles for Fu during embryonic development in zebrafish and in human cell culture, implying broad conservation of this mechanism.

中国科学院动物研究所和清华大学生命科学学院的研究人员在干细胞命运调控研究领域取得了重要进展。该研究揭示了干细胞及其分化子细胞如何差异地响应和解读源于微环境的信号的一个重要机制，并发现了Fused蛋白重要的新功能，第一次表明了Hedgehog 信号通路和BMP信号通路之间通过Fused存在crosstalk，对未来相关领域的研究具有重大意义。相关论文发表在国际著名学术期刊《细胞》上。

4.14 新一代测序技术绘制完成大熊猫基因组图谱

李瑞强 樊 伟 王 俊 汪 建

（深圳华大基因研究院）

2010年1月21日，科学杂志《自然》以封面故事形式发表了大熊猫基因组图谱。该项目是在国家林业局、深圳市政府、深圳市盐田区政府及相关企业的支持下，由深圳华大基因研究院发起，中国科学院昆明动物研究所、中国科学院动物研究所、成都大熊猫繁育研究基地和中国保护大熊猫研究中心等参与合作完成。

这是全球第一个采用新一代合成法测序技术完成的基因组序列图谱。序列组装和分析软件由深圳华大基因研究院自主开发完成[1, 2]。该成果的完成，证明了新一代高通量测序技术绘制基因组图谱的可行性，也标志着我国在基因组测序与分析这一生命科学源头领域已经处于领先地位，成为基因组测序技术方案和图谱标准的制订者。10年前，全世界10多个国家科学家共同协作，花费15年时间和30亿美元才完成了20世纪三大科学创举之一的人类基因组工程。而现在，新一代测序技术将测序通量提升了几个数量级，同时成本也降低到原来的几千分之一，我们通过序列组装和分析软件创新，一个测序中心在约半年时间内就完成了熊猫基因组图谱绘制。新的技术和方法极大加速了解码生命的进程。

在科学层面，该项目是首次全面系统地对大熊猫基因进行研究，填补了大熊猫基因组及分子生物学研究的空白。这些信息将对大熊猫的生态、进化、行为方式和食性等研究领域产生深远影响，为人们了解大熊猫这一特殊物种提供重要的遗传学和生物学基础，也将为大熊猫这种濒危物种的保护、疾病的监控及其人工繁殖提供科学依据。由于人口的增长，野生物种的生存空间锐减，导致野生物种的灭绝速度加快，为了不让这些物种成为永远的传说，我们必须抓紧对各种濒危物种进行基因测序，永久保留其基因信息。该项目也将带动其他珍稀濒危物种的研究和保护工作。

据古籍及地方志记载，在近2000年前，在我国的湖南、湖北、山西、甘肃、陕西、四川、云南、贵州、广西等省（自治区）均有大熊猫分布。然而，野生大熊猫现仅分布于陕西秦岭南坡、甘肃南部和四川盆地西北部高山深谷地区，据统计目前野生的为3000只左右，人工圈养的也不过300只。化石证据显示，大熊猫的祖先出现在2~3百万年前的洪积纪早期。后来，同期的动物相继灭绝，大熊猫却孑遗至今，并保持原有的古老特征，所以，有很重要的科学价值，因而被誉为“活化石”。然而，由于大熊猫奇特的长相，其种属地位的问题却争论了将近一个世纪，它究竟是属于熊科，或像小熊猫一样接近浣熊科，还是自成一种呢？现代DNA分子证据表明大熊猫与熊科更为接近，我们通过对大熊猫基因组序列的研究，进一步验证了大熊猫属于熊科的结论。

通过对基因组序列的深入研究，我们发现大熊猫基因组中有36%是转座子重复序列。我们鉴定了21 001个蛋白质编码基因，其中大部分相对于其他哺乳动物都是比较保守的，而134个基因在大熊猫的进化分支上发生了正向自然选择。通过对大熊猫和狗全基因组的比较分析，我们发现大熊猫的碱基中性突变率和染色体重组率都远比狗要低。这说明大熊猫的进化速度比其他动物要慢，与其先前的“活化石”称呼相吻合。值得一提的是，我们在鲜味受体基因*T1R1*上发现了两个移码突变，这个基因功能的丢失很可能与大熊猫无法感觉到肉的鲜味有关。大熊猫本身没有能够消化纤维的基因，消化竹子纤维也许主要依赖于肠道中的菌群。另外，通过二倍体测序，我们还证明了大熊猫基因组仍然具备很高的杂合率，约是人的两倍。从而推断大熊猫种群仍具有较高的遗传多态性，只要进行合理的保护就不会濒于灭绝。

自1999年参与“国际人类基因组计划”以来，深圳华大基因研究院一直面向国家战略需求和世界科学前沿，致力于重要动植物基因组图谱绘制，功能研究和产业应用。曾成功完成水稻、家蚕、家鸡、黄瓜等重要基因组图谱绘制，在基因组学研究领域一直处于国际前沿。2007年新一代测序技术发展之后，我们建成了全球最大规模的基因组测序和分析平台。以平台规模和掌握着领先的基因组序列组装和分析技术为契机，在大熊猫基因组这个示范性项目完成之后，我们于2010年初启动了“千种动植物基因组”计划，将用两年左右的时间对具有重要科研价值和经济价值的1000多种动物和植物进行基因组测序，构建全球最大的基因组数据库，并开展基因层面上的研究工作。这些物种涵盖模式生物、海洋生物、农作物、蔬菜、花卉、果树、林木、生物能源物种、禽畜、水产、昆虫、珍稀物种等。在大熊猫基因组完成之际，全球共测序完成约50种动植物基因组，所以，“千种动植物基因组”计划的完成，将成为生命科学研究史上重大的里程碑。

“一个物种基因组计划的完成，就意味着这一物种学科和产业发展的新开端”，解读生命的遗传密码一直是生命科学研究的一项基本和核心内容。当大量物种的基因组被测序后，我们可以系统地进行比较基因组学分析，揭示各物种之间的进化关系，推断自然选择和人工选择压力下发生的进化事件，在多维度上鉴定每个基因的功能，极大推动和丰富生命科学的研究进展。在产业发展方面，目前世界各国普遍认识到了基因是重要的战略资源，对基因序列持续开发利用，将是生物经济的核心。

参 考 文 献

1　Li Ruiqiang, Zhu Hongmei, et al. De novo assembly of human genomes with massively parallel short read sequencing. Genome Research, 2010, (20): 265~272

2　Li Ruiqiang, Fan Wei, et al. The complete genome sequence of the giant panda. Nature, 2010, (463): 311~317

The Sequence and de Novo Assembly of the Giant Panda Genome

Li Ruiqiang, Fan Wei, Wang Jun, Wang Jian

Using only next-generation sequencing technology, we have successfully generated and assembled a draft sequence of the giant panda genome. The assembled contigs (2.25 Gb) cover approximately 94% of the whole genome, and the remaining gaps (0.05 Gb) appear to contain carnivore-specific repeats and tandem repeats. Comparison with dog and human showed that the panda genome has a lower divergence rate. Assessment of panda genes potentially underlying some of its unique traits indicated that its bamboo diet might be more dependent on its gut microbiome than its own genetic composition. We also identified over 2.7 million heterozygous SNPs in the diploid genome. Our data and analyses provide a foundation for promoting mammalian genetic research and demonstrate the feasibility for using next-generation sequencing technologies for accurate, cost-effective, and rapid de novo assembly of large eukaryotic genomes.

在多家单位的参与合作下，深圳华大基因研究院采用新一代测序技术成功完成了大熊猫基因组的测序和组装工作。数据和分析结果不仅为哺乳动物的遗传学研究提供了坚实基础，而且说明了新一代测序技术完全可以准确地、高性价比地完成大型真核生物基因组的全新组装。相关成果以封面文章的形式发表在《自然》杂志上。

4.15 水稻重要农艺性状的全基因组关联分析

黄学辉[1] 陆婷婷[1] 韩 斌[1,2]

(1 中国科学院上海生命科学研究院植物生理生态研究所/中国科学院国家基因研究中心，2 中国科学院北京基因组研究所)

我国是水稻种植大国，有着大量的水稻品种资源。我国的品种资源有着丰富的遗传多样性，是水稻育种的重要材料基础。现代生物学的飞速发展，为我们开发和利用水稻遗传多样性提供了新的契机。最近几年里，第二代高通量DNA测序技术出现并逐渐发展成熟，大大提高了测序速度和通量，同时也大幅度降低了测序成本。这些技术上的进展为系统地研究和利用我国丰富的水稻遗传资源并在基因组层面上设计高效的分子育种方法提供了必要的科学技术手段。为迎接这些新挑战，并抓住这一科学机遇，满足国家可持续性发展的重大需求，我们采用国际前沿的基因组学研究手段，构建了水稻高密度的单体型图谱，进而通过全基因组关联分析方法解析水稻重要农艺性状的遗传基础，为分子育种应用研究提供重要基础。

一、国内外相关研究现状

水稻是重要的粮食作物，也是植物基因组学研究的模式作物[1]。一直以来，如何从为数巨大的水稻资源中有效地发现有重大价值的基因，是全世界种质资源与遗传育种研究工作者面临的一大难题[2]。鉴定重要农艺性状的遗传基础、发现控制这些性状的重要功能基因，对于提高水稻的产量和抗逆性、改良水稻品质以及保障粮食安全都非常重要。日本、美国、法国等国都已投入巨资开展了这方面的研究。为在这场激烈的国际竞争中逐步胜出，我国水稻种质资源的开发、利用和深入研究亟待进一步加强。

水稻基因组序列完成以后，针对单基因控制的质量性状，图位克隆技术非常有效，但是要真正高效地从分子水平改良作物品种，就必须弄清控制复杂性状的基因功能和调控关系，因为绝大多数农艺性状都是多基因控制的数量性状，并且与环境存在复杂的相互作用。但是对于多基因控制的重要农艺性状，还没有高效的研究手段。因此，必须在研究方法和技术上对控制复杂数量性状基因的克隆和功能研究有新的突破。水稻地方品种经过数千年的人工驯化和栽培，已经积累了适应不同生态环境和优质高产的优良性状，是水稻遗传改良取之不尽的资源。复杂性状相关基因的克隆和功能研究就必须充分利用这些品种资源所积累的优良性状。

全基因组关联分析（GWAS）的方法是一种用来寻找基因变异与表型之间关系的遗传学方法，最近几年在人类医学遗传学领域中发展迅速。以常见人类遗传疾病的GWAS为例，研究者首先要选取一个较大的人群样本，考察哪些是患者，然后提取他们的DNA进行全基因组范围的基因分型，最终从成千上万个分子标记中找出与该表型相关的基因。在人类遗传学的研究中，GWAS分析已经广泛应用于复杂疾病的遗传定位上，并取得了丰硕的成果[3]。到目前为止，世界各地的研究人员已经对数百种疾病（如肿瘤、心血管病、糖尿病、肥胖症、精神疾病等）进行了GWAS分析，确定了大批疾病易感区域和相关基因，发现了一些与疾病相关的基因突变位点。这些发现对相关疾病的诊断和药物设计都起到了推动作用。因此，对水稻品种资源进行全基因组关联分析，有望在复杂农艺性状的功能基因鉴定上取得突破。

GWAS虽然高效并且前景广阔，但却少不了前期大量的平台性工作。以人类GWAS为例，在人类基因组测序完成后，科学家又花了3年多的时间完成了国际人类基因组单体型图计划（HapMap）。他们对全球三大人种（黑种人、白种人和黄种人）中的数百个样本进行了基因分型，获得了一份人类基因组中常见变异位点的详细图谱。在此基础上，科学家又从中选取出覆盖全基因组的代表性的分子标记位点，开发出高通量的基因芯片，对数百万个常见的变异位点进行了批量检测[4, 5]。在这些工作的基础上，人类的全基因组关联研究才变成了一条常规的技术路线。

与人类的GWAS类似，水稻的GWAS同样需要搭建一个前期的平台。构建一张高密度的水稻单体型图谱，就是搭建这个前期平台的重要环节。基因组学及相关技术的发展，为高效地构建水稻单体型图谱提供了条件。特别是最近，新一代DNA测序方法的诞生标志着生命科学技术的又一次飞跃，为大规模发现和利用水稻遗传资源开辟了有效的新途径。

二、水稻高密度单倍体型图谱的构建

中国是水稻种植大国，稻区辽阔，南至海南省，北至黑龙江省。水稻在中国也有着长达几千年的栽培历史。经过漫长的自然选择和人工选择，水稻品种具有高度的遗传多态性，形成了大量的水稻地方品种。这些品种适应了当地的农艺–气候条件，形成了许多独特的农艺性状。在这些丰富的地方品种资源中，我们进行了深入的整理和分析，根据原产地、田间性状等多项指标，挑选出517份栽培稻地方品种。这些地方品种分布广阔，原产地涵盖了我国主要的水稻种植区，具有高度的遗传多样性。利用新一代高通量测序技术，我们对这些品种进行低丰度测序。通过测序，我们一共鉴定到了约360万个单核苷酸多态性位点（SNPs），是目前为止在水稻品种中获得的最丰富的序列差异信息。在此基础上，我们进一步鉴定分析了每一个体的精细基因型，构建出了一张高密度的水稻单倍体型图谱。

在这项研究中，单倍体型图谱的构建首次应用了我们自行开发的针对大样本、低丰度的基因组测序的基因分型和空缺填补方法。以这种方法鉴定基因组变异，构建单倍体图谱用于全基因组关联研究在世界上还属首次。简单地说，就是对每个样品只进行低覆盖率的测序，获得部分信息，而后借助这些信息，通过不同样品、不同基因组区域间复杂的关系，相互借鉴，最终把丢失的信息重新找回来。该方法大大节省了科学投入——这种方法加之水稻相对较小的基因组，使得500多份水稻的测序成本仅相当于人类基因组中一个人的高倍测序。

三、水稻14个重要农艺性状的全基因组关联分析

在这张水稻单倍体型图谱的基础上，我们进一步考察鉴定了其中373份籼稻品种的14个农艺性状，这些性状包括水稻株型、产量、籽粒品质和生理特征等不同的方面[6]。我们对这些性状进行了全基因组关联分析，得到了数十个关联信号，一些相关基因的候选位点得以确定。通过全基因关联分析鉴定的位点可以解释约36%的表型变异，大大高于人类基因组中相关研究的结果。其中有6个位点的峰值信号落在控制这具农艺性状的已知基因上，表明方法的可靠和准确(图1)。

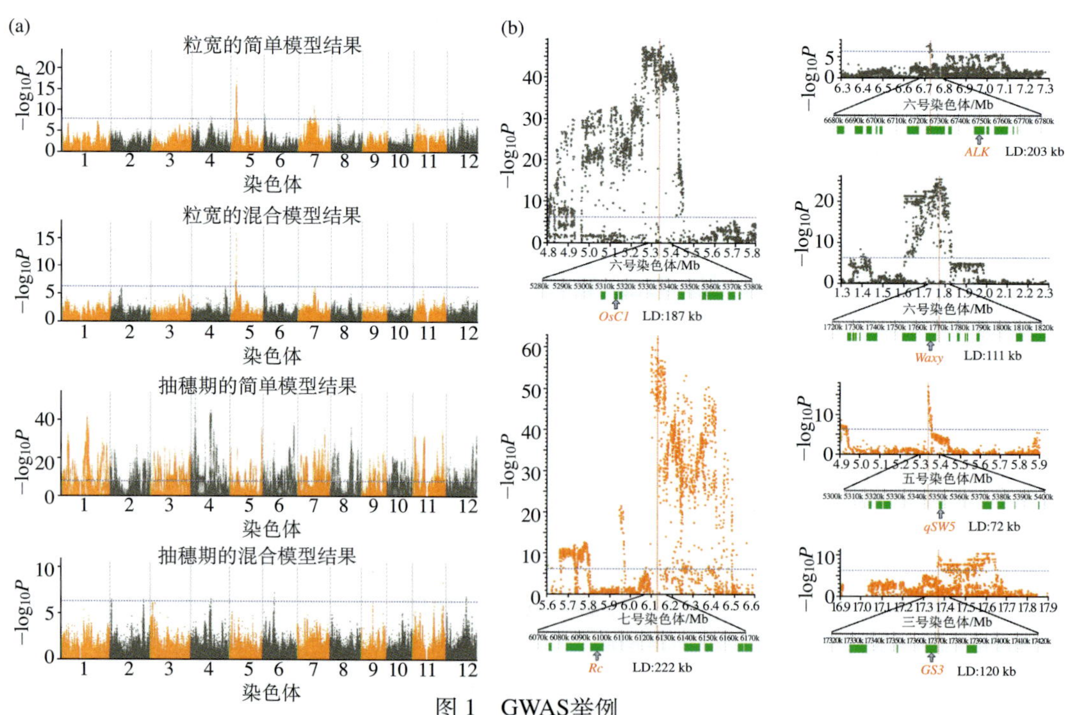

图 1　GWAS举例

(a) 用两种数学模型对粒宽和抽穗期进行全基因组关联分析；(b) 与已知基因高度关联区段

《自然·遗传学》同期的杂志配发了理查德·克拉克（Richard M Clark）的一篇评论文章，称水稻全基因组关联分析的时代终于来临了[7]。在这篇评论中，克拉克展望道：“将来在水稻以及更多其他的物种中，这种低覆盖率、大样本的高通量测序分析方法可以实现对遗传变异的高效发掘，前景极好。”《自然·综述·遗传学》对这项研究成果也撰文评论，称这项研究预示着一个新时代的到来——作物基因组学将在重要农艺性状的遗传学研究方面发挥更大作用[8]。这些发现为水稻遗传学研究和水稻育种提供了重要的基础数据，并开辟了新的研究途径。

四、展　望

高通量的测序技术能够在短时间内获得百万量级的碱基数据，这种新方法集低时耗、高性价比、高密度和高精度等众多优点于一身，具有普适性。应用这一新技术对水稻基因组进行高通量深度测序，可以迅速、大量地鉴定代表我国水稻种质资源的、覆盖全基因组的单核苷酸多态性，全面深入掌握我国水稻资源的遗传多样性。在此基础上，我们能够对重要农业性状进行全基因组关联作图分析，高效地定位、克隆控制包括品质、产量、株型，抗病、抗虫、抗逆和氮磷高效利用在内的重要农艺性状相关基因。与人类GWAS不同的是，水稻GWAS的平台工作为相关领域的科学家提供了一份永久性的资源，这些具备详细基因型图谱的水稻地方品种可供人们在不同年份、不同地点，针对不同农艺性状进行多次考察。将来，人们还可通过有选择性的两两杂交获得需要的后代组合，供水稻遗传学实验及育种工作使用。

在水稻中通过GWAS鉴定得到的关联位点，可以借助测序获得的序列变异和表达谱数据分析功能基因，也可以结合水稻突变体库和单片段替换系等重组群体等材料资源，同时还可以通过遗传转化进行功能鉴定，有望建立一套高效快速、成熟稳定、准确可靠的大规模基因克隆的新体系和新方法，为系统地开展水稻功能基因组研究和基因组辅助育种打下良好的基础。

总之，随着测序技术的持续进步，这种依托基因组学的方法将会取代传统的遗传标记，实现快速精密的基因型鉴定，用于大规模基因的定位和克隆。可以预计在今后的几年里，这些技术将成为水稻基因功能基因组研究的重要手段，也必然会成为其他农作物功能基因组研究的重要手段。

参　考　文　献

1　Zong Y, Chen Z, Innes J B, et al. Fire and flood management of coastal swamp enabled first rice paddy cultivation in east China. Nature, 2007, 449: 459~462

2 Zhang D, Zhang H, Wang M, et al. Genetic structure and differentiation of Oryza sativa L. in China revealed by microsatellites. Theor Appl Genet, 2009, 119: 1105~1117

3 Altshuler D, Daly M J, Lander E S. Genetic mapping in human disease. Science, 2008, 322: 881~888

4 The International HapMap Consortium. A haplotype map of the human genome. Nature, 2005, 437: 1299~1320

5 The International HapMap Consortium. A second generation human haplotype map of over 3.1 million SNPs. Nature, 2007, 449: 851~861

6 Huang X H, Wei X H, Sang T, et al. Genome-wide association studies of 14 agronomic traits in rice landraces. Nature Genet, 2010, 42: 961~967

7 Clark M R. Genome-wide association studies coming of age in rice. Nature Genet, 2010, 42: 926~927

8 Flintoft L. Crop genetics: Resequencing sows the seeds. Nat Rev Genet, 2010, 11: 816~817

Genome-wide Association Studies of Vital Agronomic Traits in Rice Landraces

Huang Xuehui, Lu Tingting, Han Bin

Uncovering the genetic basis of agronomic traits in crop landraces that have adapted to various agro-climatic conditions is important to world food security. Here we have identified ~3.6 million SNPs by sequencing 517 rice landraces and constructed a high-density haplotype map of the rice genome using a novel data-imputation method. We performed genome-wide association studies (GWAS) for 14 agronomic traits in the population of *Oryza sativa indica* subspecies. The loci identified through GWAS explained ~36% of the phenotypic variance, on average. The peak signals at six loci were tied closely to previously identified genes. This study provides a fundamental resource for rice genetics research and breeding, and demonstrates that an approach integrating second-generation genome sequencing and GWAS can be used as a powerful complementary strategy to classical biparental cross-mapping for dissecting complex traits in rice.

中国科学院上海生命科学研究院和中国科学院北京基因组研究所的研究人员采用国际前沿的基因组学研究手段，构建了水稻高密度的单体型图谱，进而通过全基因组关联分析方法解析水稻重要农艺性状的遗传基础，为分子育种应用研究提供了重要基础。相关论文发表在《自然·遗传学》上，同期杂志配发的评论对该成果均给予了高度评价，认为水稻全基因组关联分析的时代已经来临。

4.16 水稻理想株型研究取得重要进展

矫永庆 王永红 李家洋
(中国科学院遗传与发育生物学研究所)

水稻是世界上最重要的粮食作物之一，在我国农业生产中也具有举足轻重的地位。为了进一步提高当前高产品种的产量潜力，水稻育种学家提出了新株型的概念。新株型又称理想株型，其重要特征是：分蘖适中、没有无效分蘖、穗粒数多、茎秆粗壮、根系发达等。进行理想株型育种对于解决当前全球日益严重的粮食短缺问题十分重要。但是，到目前为止，水稻理想株型品种的育种工作仍在努力之中，其分子机制尚不清楚。因此，研究水稻株型的控制机制，克隆决定株型的关键基因并阐明其作用机制，将为成功培育新超级水稻品种提供重要的理论基础和有应用价值的重要基因。

为了克隆决定株型的关键基因并阐明其作用机制，自1997年以来，我们与中国水稻研究所钱前研究员密切合作，开始筛选和收集影响水稻株型的突变体材料。我们首先对新发现的分蘖数极端减少突变体，即单秆小穗突变体moc1，进行了详尽的表型与遗传分析，表明水稻分蘖数目与穗大小这两类重要的农艺性状可以由单个基因所控制。通过数年的努力，我们在世界上第一次成功克隆了控制水稻分蘖与穗大小的关键基因*MOC1*。由于*MOC1*突变所产生的性状很难应用于改善水稻品种与实际生产，我们又进一步筛选并获得了具有理想株型特征的水稻“少蘖粳”材料。该材料非常符合水稻育种学家所提出的水稻新株型或理想株型的概念，主要表型为适度的分蘖数且均为有效分蘖、穗大粒多、茎秆粗壮、根系发达。因此，我们将这一材料命名为理想株型水稻（ideal plant architecture 1）。通过系统的遗传学分析和图位克隆等技术，我们成功地分离了控制水稻理想株型这一关键基因*IPA1*。进一步分子生物学与分子遗传学研究表明，*IPA1*编码一个含有SBP结构域的转录因子OsSPL14，并在体内可以被miR156以转录切割和翻译抑制两种方式调控。当miR156的靶位点突变时，*IPA1*的转录本和蛋白量同时升高，从而使水稻植株产生分蘖减少、茎秆粗壮、穗粒数增加等理想株型的表型。将突变形式的*IPA1* 基因(*ipa1*)转育到常规水稻品种“秀水11”中，可使小区产量显著增加，说明*IPA1*在水稻高产新品种培育上具有很大的应用潜力。*IPA1*的研究成果已发表在国际著名学术刊物《自然·遗传学》，该杂志在同期对该项研究成果进行了专文评述，认为通过提高*IPA1*的表达水平改良水稻株型具有提高水稻产量的潜力。《科学》杂志科学新闻栏目也在文章发表当日报道了*IPA1*的研究成果，认为该研究发现了推进水稻产量提高的遗传学基础。此外，我们进一步的研究还发现*ipa1*可以与其他影响水稻产量的基因发生相互作用，从而产生更加高产的效果，这将为培育超级水稻新品种突破水稻产量瓶颈提供新思路和实现途径。该项研究成果得到《自然·中国》杂志作为研究亮点(Research Highlights)进行报道，并同时入选“2010年度中国科学十大进展”和“两院院士评选瀚霖杯2010年中国十大科技进展新闻”。

参考文献

1 Jiao Yongqing, Wang Yonghong, Xue Dawei, et al. Regulation of OsSPL14 by OsmiR156 defines ideal plant architecture in rice. Nature Genetics, 2010, 42: 541~544

2 Nathan Springer. Shaping a better rice plant. Nature Genetics, 2010, 42: 475, 476

Architecture of Rice

Jiao Yongqing, Wang Yonghong, Li Jiayang

Rice is one of the most important cereal crops in the world and provides the staple food for more than half of the world's population. To further improve the rice production, a concept of new plant type (NPT) (also known as ideal plant architecture, IPA) has been proposed, aiming to enhance the rice yield potential over the existing high-yield varieties. The important characters of IPA are low tiller numbers with few unproductive tillers, more grains per panicle than the currently cultivated varieties, and thick and sturdy stems. However, the molecular mechanism underlying the establishment of IPA and yield potential remains to be elucidated and genes applicable for improving rice plant architecture are very limited. We have identified and characterized a semi-dominant QTL ideal plant architecture 1 (*IPA1*), which profoundly changes the rice plant architecture. Our studies demonstrate that *IPA1* is a pleiotropic gene that defines rice plant architecture and that *IPA1* is able to be used as a powerful tool to develop elite rice varieties with ideal plant architecture and improved grain yields. This work received worldwide attention when it was published in *Nature Genetics*.

中国科学院遗传与发育生物学研究所研究人员与中国水稻研究所研究人员合作，在水稻理想株型研究领域取得重要进展。研究人员成功分离了控制水稻理想株型的关键基因*IPA1*，并通过实验证明*IPA1*在水稻高产新品种培育上具有很大的应用潜力。相关研究成果发表在国际著名学术刊物《自然·遗传学》杂志上，同期杂志还对该项成果进行了专文评述。该项成果得到了《科学》杂志的报道以及《自然·中国》作为研究亮点的报道。

4.17　银屑病、白癜风和食管癌易感基因研究取得重大突破

张学军
（安徽医科大学皮肤病研究所）

银屑病又称“牛皮癣”，是一种以皮肤过度角化增生、上覆厚层鳞屑为特征的自身免疫性疾病，国内目前约有400万患者。该病易复发、难以根治、痒痛无比，常伴发癌症、自身免疫等其他系统疾病且多数患者终身患病，给他们的婚姻、就业及身心健康带来了巨大的危害。白癜风是一种常见的色素脱失性皮肤病，病因不明，我国患者人数已经超过1000万。该病易发于颜面等暴露部位，所及之处皮肤色素完全脱失而呈瓷白色，严重影响形象美观，甚至毁容，给患者带来巨大精神痛苦，且常合并类风湿性关节炎、糖尿病以及系统性红斑狼疮等多种自身免疫性疾病，严重危害患者身心健康和生活质量。食管癌是世界上最常见的六大恶性肿瘤之一，我国是食管癌高发区，每年新诊断的食管癌患者20余万，死亡率仅次于胃癌居第二位，对我国人口生命健康产生重大危害。银屑病、白癜风和食管癌是常见的复杂疾病，如同肿瘤、糖尿病、高血压等复杂疾病一样发病机制复杂，与遗传因素和环境因素相互作用有关，严重影响人类健康和生存质量。

复杂疾病由遗传和环境因素共同作用所致，具有遗传异质性、表型复杂性及种族差异性等特征，传统的连锁分析方法在寻找复杂疾病易感基因上遇到了瓶颈。人类基因组中0.1%序列差异(SNPs)决定了人类复杂疾病的遗传多态性和表型复杂性，因此对于SNPs的研究已成为人类复杂疾病研究取得突破性进展的希望所在。国际人类基因组计划（HGP）和国际人类基因组单体型图计划（HapMap）的完成，结合近些年来廉价高效的基因芯片技术的迅猛发展及优秀而且具有更加强大效能的统计学方法和软件的相应出现，使得寻找复杂基因的易感全基因组关联分析（GWAS）研究方法成为可能，该方法是目前寻找复杂疾病易感基因的最有效方法之一，被《科学》杂志评为2007年十大科学进展之首。GWAS主要基于“常见疾病，常见变异”原理，从全因组水平上对人类常见遗传变异在大样本量中进行分型统计，在更大样本量中进行独立验证，可以克服复杂疾病的遗传异质性和表型复杂性等，发现疾病相关基因的效力显著强于以往的遗传研究方法，高效地揭示影响复杂疾病的遗传变异。

自2005年以来，各国科学家利用GWAS研究发现了肿瘤、心血管系统疾病、内分

泌系统疾病、胃肠道疾病、肝脏疾病、眼科疾病、神经精神类疾病、风湿病、皮肤病等近200种复杂疾病和性状的3600多个与疾病/性状相关的遗传变异，取得了一系列重大成果 (http://www.genome.gov/26525384)。我国科学家通过不懈努力，逐渐赶上了国际复杂疾病GWAS研究的步伐，现已利用GWAS研究发现了精神分裂症、系统性红斑狼疮、麻风、银屑病、鼻咽癌及肝癌等多种复杂疾病的易感基因。2010年安徽医科大学皮肤病遗传学研究团队，依托皮肤病学省部共建国家重点实验室培育基地，充分利用已拥有的目前国际上较为先进的GWAS 研究平台和成功的生物信息统计处理方法，在前期银屑病、系统性红斑狼疮易感基因GWAS研究成功的基础上，在国家“863”计划、“973”计划、国家自然科学基金重点项目及安徽省财政厅和科技厅专项科研基金资助等大力支持下，结合前期银屑病易感基因GWAS研究基础，对银屑病易感基因进行了深入研究，首次开展了汉族人白癜风和食管癌易感基因的GWAS研究，发现了多个疾病易感基因，取得了一系列的研究成果。

由安徽医科大学牵头，在银屑病易感基因GWAS深入发掘研究中，联合中国、美国、德国等国30多家研究单位，分别对来自中国汉族、维吾尔族，美国人群以及德国人群等6个独立队列样本近30 000余份银屑病散发病例和对照及254个银屑病核心家系进行易感基因发掘，发现*ERAP1*、*PTTG1*、*CSMD1*、*GJB2*、*SERPINB8*和*ZNF816A* 6个银屑病新的易感基因（图 1），同时证实欧洲人群易感区域5q33.1（*TNIP1-ANXA6*）；

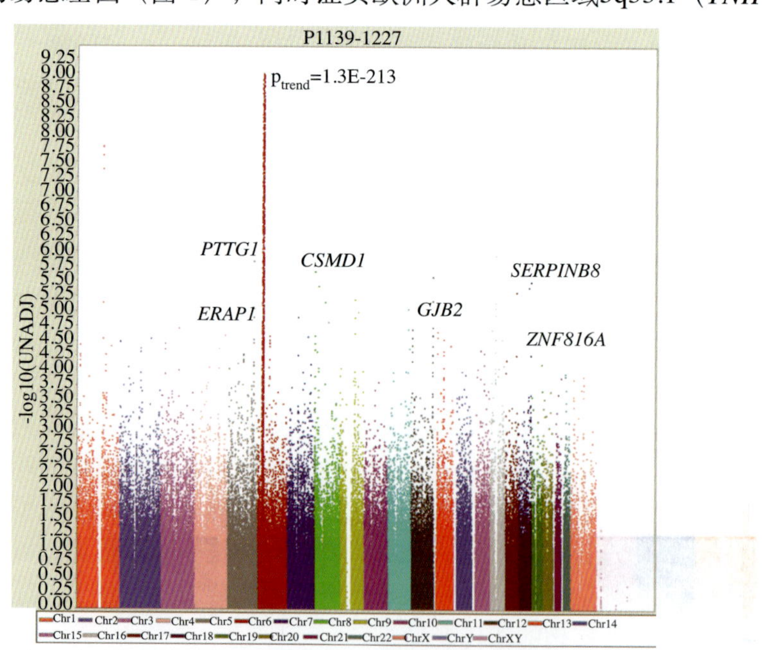

图 1　银屑病全基因组关联分析发现6个新的易感基因：*ERAP1*，*PTTG1*，*CSMD1*，*GJB2*，*SERPINB8*和*ZNF816A*

发现*ZNF816A*、*ERAP1*、*GJB2*等3个基因在汉族、维吾尔族以及美国人群和德国人群银屑病存在不同的易感性，发现*ERAP1*和*ZNF816A*为I 型（发病年龄小于40岁）银屑病特异性易感基因，证实银屑病发病在不同人群中存在遗传异质性。本研究实现了亚洲人群、欧美人群的国际性合作，突破了研究人群单一的局限，对银屑病易感基因实现了多中心、多种族、大样本的深入研究，成果具科学性和代表性；不仅证实了不同人群中银屑病遗传异质性和不同生物学发病通路的存在，而且丰富了银屑病发病机制的理论基础。2010年10月18日，国际著名学术期刊《自然·遗传学》刊登了该研究成果[1]，同时被《自然·中国》作为每周亮点（Highlights）予以发布，相关结果被美国国立卫生研究院（NIH）全基因组关联分析权威数据库收录。

本研究团队同时联合华山医院等国内30多家医院皮肤科对近20 000例中国汉族和维吾尔族白癜风患者和健康对照进行GWAS研究，发现2个人类白细胞抗原*HLA*等位基因、6号染色体区域的*CCR6*基因以及10号染色体*ZMIZ1*基因与白癜风易感性密切相关（图2）。这些基因的遗传变异将导致白癜风的发生发展。本研究首次证明了白癜风是

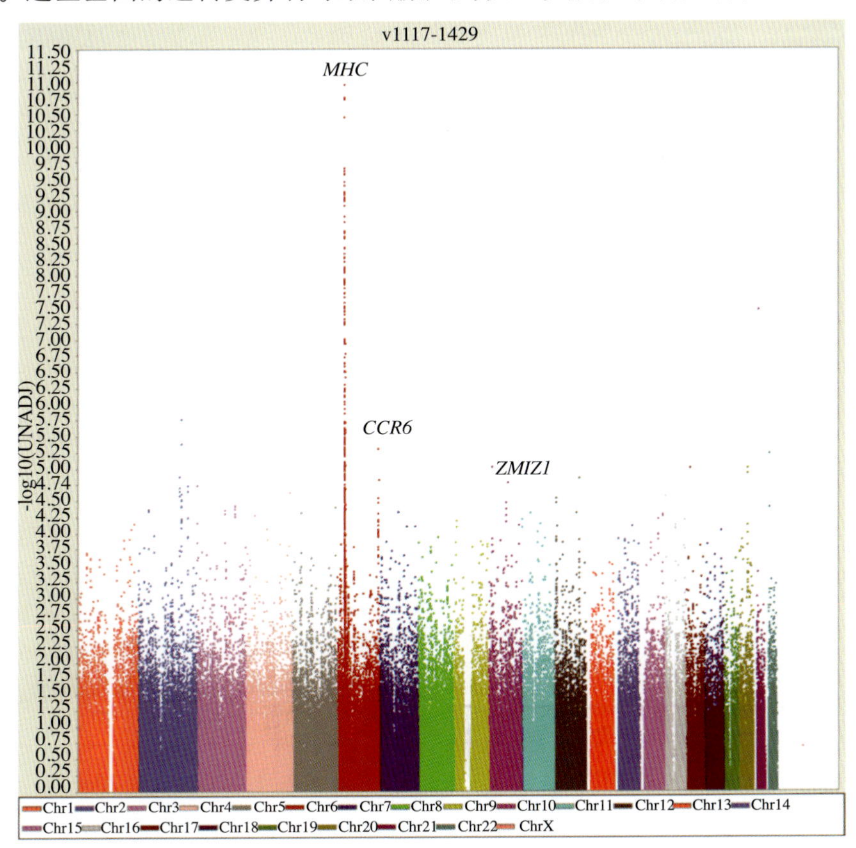

图 2　白癜风全基因组关联分析发现3个新的易感基因：*MHC*, *CCR6* 和*ZMIZ1*

一种自身免疫性疾病，不仅为理解白癜风的遗传基础提供了新的依据，而且对深入揭示白癜风发病机制具有重大意义。2010年6月6日国际著名学术杂志《自然·遗传学》刊登了相关成果[2]，该成果同时被美国NIH全基因组关联分析权威数据库收录，被《自然·中国》作为每周亮点予以发布。在与河南省新乡医学院王立东教授合作，对20 000多份中国人食管癌和健康对照开展食管癌易感基因的GWAS研究中，发现食管癌和贲门癌两个新的易感基因*PLCE1*和*C20orf54*（图3），功能研究进一步证实*PLCE1*基因与疾病发病机制明显相关。2010年8月23日，国际著名学术杂志《自然·遗传学》刊登了相关成果[3]，同时《自然·中国》将其作为每周亮点予以发布。这是目前国际上规模最大的食管癌易感基因GWAS研究，标志着我国食管癌易感基因研究跻身于国际先进行列。

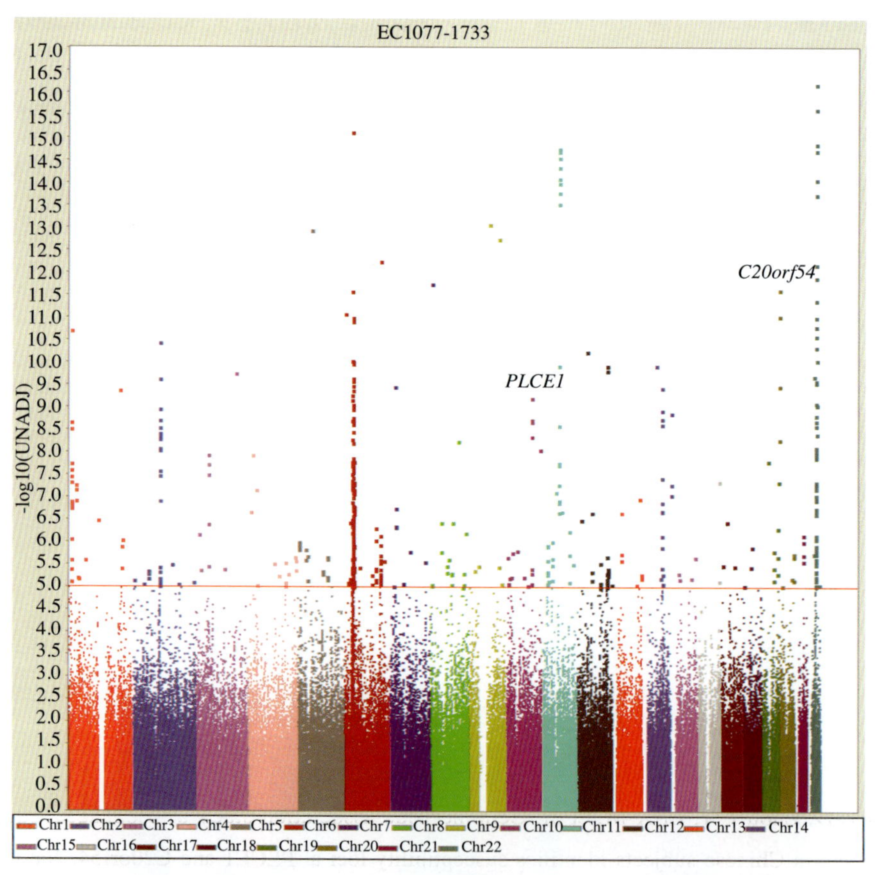

图 3　食管癌全基因组关联分析发现2个新的易感基因：*PLCE1*和*C20orf54*

对银屑病、白癜风和食管癌易感基因GWAS的系列研究成功发现了疾病易感基因，其取得的成绩令人欢欣鼓舞，影响深远：为我国复杂疾病易感基因研究积累了成功的经验和借鉴，为我国复杂疾病易感基因GWAS研究开创了新的局面，标志着我国复杂疾病GWAS研究居于世界先进行列，对维护国家遗传资源生物安全，创立复杂疾病易感基因自主知识产权具有重要意义。GWAS研究发现疾病易感基因更具科学性和代表性，树立了银屑病、白癜风和食管癌遗传学研究领域新的里程碑，给疾病发病机制研究开创了前所未有的新局面，使人类对生命本质和疾病发病有了更为精细与深刻的认识和理解的机会；发现了一批疾病风险预测、疾病预警的遗传标记，揭示了一批可用于疾病新药研发和临床干预的潜在靶点，为银屑病、白癜风和食管癌的临床诊断治疗提供了新的理论依据。基因发现是系统生物学的最上游，为后续易感基因功能研究指明了方向；为推进了人们研究银屑病、白癜风和食管癌等复杂疾病发病机制的进程；为推动银屑病、白癜风和食管癌的基础研究转化临床应用即个体化医疗通过个人基因组产生相应的特异性药物奠定了坚实的基础，为通过基因治愈疾病即用正常基因固化取代致病基因成为可能，为改善患者健康，提高生活质量迈出了坚实的一步。

无可否认GWAS在复杂疾病易感基因研究上取得了一系列重大的成果，随着时间的推移，其深远影响将日益彰显。2011年，《自然》在评论重大科学热点时，就将GWAS发现疾病易感基因排在第二，并指出利用GWAS发现了一大批有价值的疾病易感基因/位点，后续易感基因功能研究将对阐明人类重大疾病的发病机制具有重要意义[4]。目前各国科学家利用GWAS方法仅对200多种复杂疾病易感基因进行了研究，人类还有更多的复杂疾病易感基因有待于研究。在昂贵的全基因组测序价格降低到廉价高效之前，GWAS方法由于其自身的优势和效力无疑将是寻找复杂疾病易感基因的最为有效的方法，在不久的将来人类将会迎来利用GWAS研究复杂疾病新的高潮，将会发现越来越多的疾病易感基因。

参 考 文 献

1 Sun L D, Cheng H, Wang Z X, et al. Association analyses identify six new psoriasis susceptibility loci in the Chinese population. Nat Genet, 2010, 42(11): 1005~1009

2 Quan C, Ren Y Q, Xiang L H, et al. Genome-wide association study for vitiligo identifies susceptibility loci at 6q27 and the MHC. Nat Genet, 2010, 42(7): 614~618

3 Wang L D, Zhou F Y, Li X M, et al. Genome-wide association study of esophageal squamous cell carcinoma in Chinese subjects identifies susceptibility loci at PLCE1 and C20orf54. Nat Genet, 2010, 42(9): 759~763

4 Van Noorden R, Ledford H, Mann A. New year, new science. Nature，2011, 469(7328): 12

Genome-wide Association Study Identifies Novel Susceptibility Genes for Psoriasis, Vitiligo and Esophageal Cancer

Zhang Xuejun

Psoriasis, vitiligo and esophageal cancer are human common complex diseases like cancer, hypertension and diabetes mellitus with complex pathogenesis caused by the interaction between the genetics and environment, severely affecting the health and life quality of human being. Genome-wide association study (GWAS) is one of the most effective approaches screening the susceptibility gene of complex disease, which may overcome the character of the complex disease in terms of the genetic heterogeneity and phenotype complexity. We identified many novel susceptibility genes for psoriasis, vitiligo and esophageal cancer through using GWAS. Our study has implicated a series of genetic markers for disease risk evaluation, a series of targets for disease early warning and new drug development for disease treatment, initiating the new milestone for the genetic research of psoriasis, vitiligo and esophageal cancer, which should provide new theoretical basis for disease clinical diagnosis, treatment, drug development and personalized medicine.

安徽医科大学皮肤病遗传学研究团队联合国内外多家单位，运用全基因组关联分析方法发现了银屑病、白癜风和食管癌的多个易感基因，揭示了一批可用于疾病新药研发和临床干预的潜在靶点，开创了银屑病、白癜风和食管癌遗传学研究领域新的里程碑，为上述疾病的临床诊断治疗、新药研发及个体化医疗提供了新的理论依据。相关论文均发表在《自然·遗传学》杂志上，并被《自然·中国》作为研究亮点加以报道。

4.18 细胞凋亡领域的重大发现

——CED-4凋亡体：线虫细胞凋亡的点火器

戚世乾　庞宇轩　胡　齐　颜　宁　施一公

（清华大学蛋白质科学教育部重点实验室）

细胞凋亡（程序性细胞死亡）是在所有多细胞生物中起关键作用的基本生命过程，细胞凋亡的异常会导致严重病变，比如癌症、阿尔茨海默病（老年痴呆症）等[1]。因此揭示细胞凋亡的分子机制不仅可以加深我们对这一基本生命过程的了解，还可以对开发新型抗癌、预防老年痴呆的药物提供线索。

研究细胞凋亡的一个重要模式生物是秀丽线虫（*Caenorhabditis elegans*），MIT的霍维茨（Bob Horvitz）教授领导的研究组因为通过遗传学揭示egl-1、ced-9、ced-4和ced-3组成的程序性细胞死亡的线性调控通路而获得2002年的诺贝尔生理学/医学奖。

细胞凋亡的信号通路在许多物种中都是高度保守的，包括线虫、果蝇和人类。在细胞凋亡过程中，切冬酶（caspase）通过特异性降解细胞内的关键蛋白来推动细胞凋亡。最先被激活的是起始切冬酶（initiator caspase），它通过特异性切割来激活执行切冬酶（executor caspase），最后由执行切冬酶来推动细胞凋亡。起始切冬酶的激活是一个受到精密调控的过程，但是具体的机制还不清楚。在秀丽线虫中，切冬酶CED-3既是凋亡的起始者，也是凋亡的执行者。同其他物种的切冬酶一样，CED-3以没有活性的酶原被合成出来，它的激活需要一个适配体蛋白复合体——CED-4凋亡体。在正常的线虫细胞中，CED-4以二聚体的形式结合在一个细胞凋亡抑制蛋白CED-9上。当一个细胞要凋亡时，该细胞转录性上调一个促细胞凋亡蛋白EGL-1，EGL-1结合到CED-9上，引起CED-9发生构象变化，从而释放CED-4二聚体，CED-4二聚体进一步寡聚化形成CED-4凋亡体，激活CED-3引起细胞凋亡[2]。至今，CED-4凋亡体是如何激活CED-3，我们还不清楚。这很大程度上是由于没有一个高分辨率的凋亡体结构。

作为凋亡体蛋白，CED-4也具有凋亡体蛋白的保守结构域：在氮端的死亡募集结构域（caspase recruitment domain，CARD）、α/β结构域（ATP 结合结构域）、HD1结构域、侧翼螺旋结构域（winged helix domain）以及其后的HD2结构域[3]。

CED-4凋亡体的结构显示，CED-4凋亡体是一个四维对称的中空的钟形八聚体，其高110埃，最大直径170埃，组成CED-4的不对称单位是CED-4异性二聚体（两个CED-4分子的构象不同），每个单体中都含有一个ATP分子和一个Mg^{2+}离子（图1）。从整体上来看，CED-4凋亡体可以分为三层：在CED-4凋亡体较窄的一端，8个CARD结构域

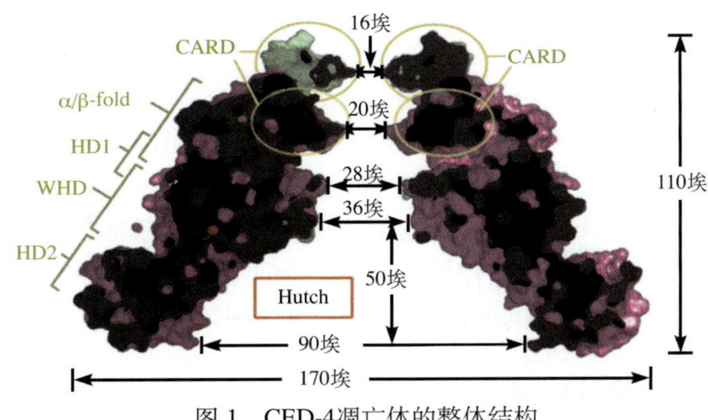

图 1　CED-4凋亡体的整体结构

组成一个四维对称的两层环状结构；中间一层，由α/β结构域和HD1结构域组成了一个八维对称的环状结构；在最下一层，则由winged helix结构域以及HD2结构域组成另外一个八维对称的环状结构。如果将CED-4凋亡体的CARD去掉，剩下的两层则是一个完全的八维对称的环状结构。由于CARD结构域的存在，整个CED-4凋亡体呈现为一个四维对称的结构，这与之前的电镜研究结果相符（图2）。

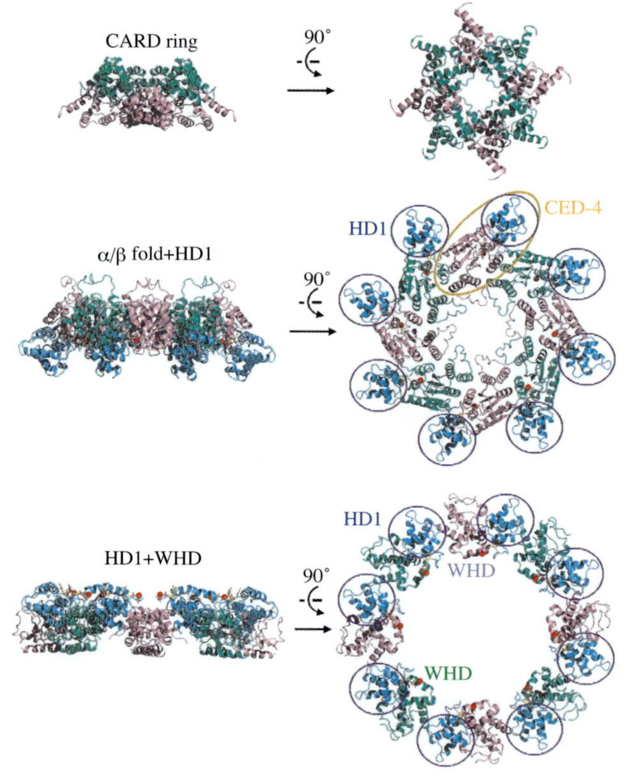

图 2　CED-4凋亡体的三层环状结构

在第二层中，HD1结构域除了与同分子内α/β结构域结合外，还与相邻分子的α/β结构域结合，而在其他的已知结构的AAA+蛋白家族成员中，HD1结构域与α/β结构域呈线性排列。由于CED-4与Apaf-1同属NB-ARC家族（nucleotide binding、Apaf-1、R proteins和CED-4），基于CED-4凋亡体各个结构域的位置和Apaf-1单体（WD40结构域缺失）结构，我们构建了Apaf-1凋亡体结构模型：一个与CED-4凋亡体相似的复合体结构。这个模型中与CED-4不同的是：Apaf-1凋亡体的7个CARD结构域呈花瓣状位于α/β结构域和HD1结构域构成的环状结构之上。这个模型与基于电镜研究所构建的模型有本质的区别：在电镜模型中，Apaf-1的CARD位于整个结构的中心，是Apaf-1凋亡体结构的组织者，其他结构域都呈辐射状一个接一个连在CARD上，相互间没有结合[4]。而根据我们的模型所进行的定点突变实验，证明了Apaf-1凋亡体各个单体之间的结合面就在α/β结构域上，证明了Apaf-1凋亡体结构与CED-4凋亡体结构类似（图3）[5]。同时，我们的模型与计算机计算模拟模型一致[6]。最近发表的Dark（果蝇中CED-4的同源蛋白）凋亡体结构进一步证明了CED-4、Dark、Apaf-1三个凋亡体以同样的原则组织在一起[7]。

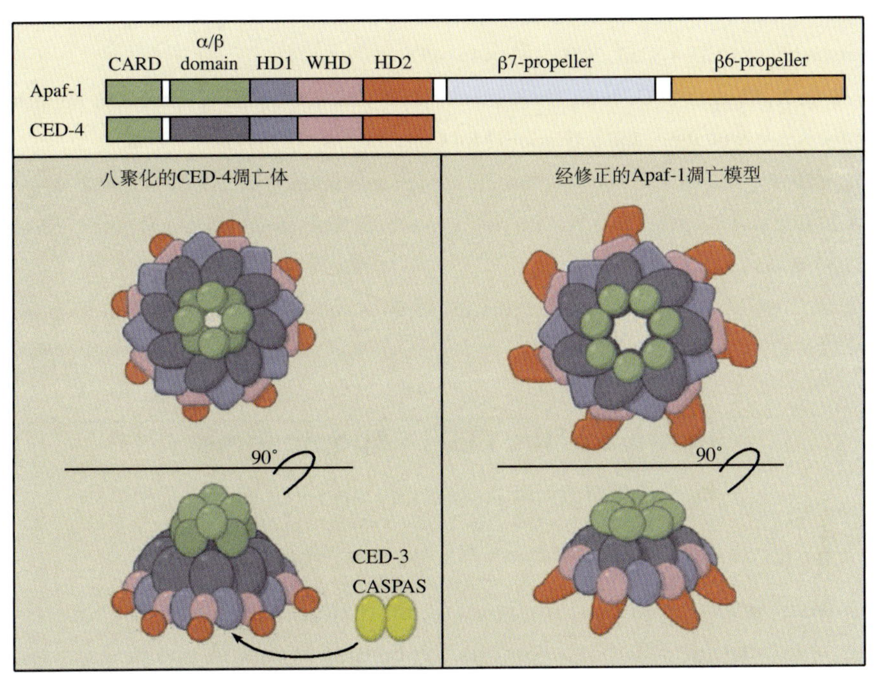

图 3　CED-4凋亡体结构以及Apaf-1凋亡体结构模型

CED-4凋亡体如何激活CED-3？将成熟的CED-3和CED-4凋亡体孵育，产生CED-4/CED-3凋亡体复合体。让人诧异的是，CED-4和CED-3之间的比例是4∶1，而不是以前认为的1∶1。通过对CED-4/CED-3复合体X射线衍射电子密度图以及其电镜密度图的分析，我们提出了CED-4凋亡体募集两个CED-3分子到其中空的内部，形成全酶的模型。

通过两年多的努力，我们解析了CED-4凋亡体的结构以及CED-4/CED-3复合体的结构，这是世界上第一个高分辨率的凋亡体蛋白结构。结合生化分析的结果，我们提出了CED-4凋亡体募集两个CED-3分子形成一个全酶的模型。同时，CED-4作为AAA+ ATPase家族的重要成员，该结构显示了与以往不同的AAA+ ATPase寡聚化形式，并揭示了NB-ARC（nucleotide-binding、Apaf-1、R proteins和CED-4）家族蛋白结构组织上的一些共同原则，为研究这一家族的植物抗性蛋白（R protein）以及炎症复合体（inflammasome）的结构与功能提供了重要基础。

参 考 文 献

1 Danial N N, Korsmeyer S J. Cell death: critical control points. Cell, 2004, 116: 205~219

2 Yan N, Chai J, Lee E S, et al. Structure of the CED-4-CED-9 complex provides insights into programmed cell death in Caenorhabditis elegans. Nature, 2005, 437: 831~837

3 Qi S, Pang Y, Hu Q, et al. Crystal structure of the Caenorhabditis elegans apoptosome reveals an octameric assembly of CED-4. Cell, 2010, 141: 446~457

4 Acehan D, Jiang X, Morgan D G, et al. Three-dimensional structure of the apoptosome: implications for assembly, procaspase-9 binding, and activation. Mol Cell, 2002, 9: 423~432

5 Teng Xinchen, Hardwick J Marie. The apoptosome at high resolution. Cell, 2010, 141: 402~404

6 Diemand A V, Lupas A N. Modeling AAA+ ring complexes frommonomeric structures. J Struct Biol, 2006, 156: 230~243

7 Yuan S, Yu X, Topf M, et al. Structure of the drosophila apoptosome at 6.9 resolution. Structure, 2011,19(1): 128~139

Structure of the CED-4 Apoptosome

—Insights into Its Assembly and Function

Qi Shiqian, Pang Yuxuan, Hu Qi, Yan Ning, Shi Yigong

Apoptosis play an important role in metazoan development and tissue homeostasis. Formation of apoptosome is the central events in apoptosis, which is required for the activation of protease initiating and executing apoptosis. This paper discusses the function and structure of CED-4 apoptosome in *Caenorhabditis elegans,* and the revelation to apoptosome in human.

蛋白质科学教育部重点实验室、生物膜与膜生物工程国家重点实验室和清华大学研究人员在细胞凋亡分子机制领域取得了重大突破。研究人员解析了CED-4凋亡体的结构以及CED-4/CED-3复合体的结构，这是世界上第一个高分辨率的凋亡体蛋白结构。结合生化分析的结果，研究人员提出了CED-4凋亡体募集两个CED-3分子形成一个全酶的模型。同时，CED-4的结构显示了与以往不同的AAA+ATPase寡聚化形式，并揭示了NB-ARC家族蛋白结构组织上的一些共同原则，为研究这一家族的植物抗性R蛋白以及炎症复合体的结构与功能提供了重要基础。相关论文发表在《细胞》杂志上。

4.19 乙酰化对代谢调控的发现为新药研究提供新思路

管坤良　赵国屏　熊　跃　赵世民
（复旦大学，中国科学院上海生命科学研究院）

代谢是生命最基础的活动之一。生物体在生命活动中不断从外界环境中摄取营养物质，转化为机体运动的能量和结构的组织成分；同时，机体本身的物质也在不断分解和转化，其中部分代谢产物，最终排出体外。生物体通过多种复杂的方式调控代谢以满足生存和繁殖的需要以及适应环境的变化。代谢失调是导致人类疾病发生最重要的因素之一。常见的出生缺陷、糖尿病、肥胖、心脑血管疾病乃至癌症，都与代谢的失调密切相关。目前临床使用的小分子药物有接近半数直接以代谢酶或代谢相关酶为药物靶点。因此，对代谢调控机制的阐明，不但具有重要的理论意义，而且具有广阔的药物开发前景。

对代谢调控的研究已进行了数百年并产生了丰富的研究成果。人们已经知道，代谢调控发生在生命相关的各个层面。在基因层面，细胞通过调控代谢相关基因的转录水平来调节代谢相关酶的合成（转录调控）；在蛋白层面，代谢中间物浓度的高低可以对代谢酶的活力实现反馈抑制（生化调控）来感受胞外营养变化和避免胞内某些代谢中间物的过度累积。但是，这些转录和生化的机制对于复杂的代谢网络的灵活调控并不充分，代谢酶的翻译后修饰就是一种重要的调控方式。最新研究表明，代谢酶在翻译合成后，往往在各种信息，如外源能量物质或荷尔蒙等的指引下，对代谢酶特定的基团加工，即“翻译后修饰”。这种修饰的一个重要功能，就是根据信号的需要对代谢酶催化的方向、活力的大小或酶的稳定性等进行调节，以保证细胞代谢与内在的需求和外部的条件保持协调。最经典的代谢酶翻译后修饰由美国科学家费歇尔（Fischer）和克雷布斯（Krebs）发现，他们因为发现磷酸化对糖元裂解酶的调控而获得1992年诺贝尔生理学/医学奖。

乙酰化是20世纪60年代就发现的一种蛋白质翻译后修饰。直到几年前，人们对乙酰化修饰的功能的认识，还局限在其对组蛋白和转录调控因子等核蛋白的修饰及其对转录的影响[1]。5年前，我们专注于利用蛋白组学、生物化学与细胞生物学等方法研究非核蛋白的乙酰化修饰。我们用自制的抗乙酰化赖氨酸抗体，富集人肝细胞中被乙酰化的多肽，利用液相层析合并质谱的方法，分析富集到的多肽。到2007年，我们在人肝细胞中已总共鉴定到约1000个被乙酰化修饰的蛋白，而当时世界上已知的乙酰化蛋白总数还不到100个。更为重要的是，通过对这些鉴定到的乙酰化蛋白的生物信息学分析，我们发现：在这些乙酰化修饰蛋白中，有超过80%的蛋白是没有明显核内定位或转录活性的，而参与细胞能量代谢的各个代谢通路的酶，则几乎都被乙酰化修饰。这个结果表明，蛋白质乙酰化修饰与细胞的能量及中间物代谢酶的功能有密切的关系。进一步的生化与细胞生物学研究证实了乙酰化通过不同的机制调控人细胞代谢酶的活力。与此同时，我们利用蛋白修饰组学方法，在沙门氏菌中鉴定到约200个被乙酰化修饰的蛋白。进一步研究发现，乙酰化修饰不但影响沙门氏菌代谢酶的活力，而且在细菌应对外界环境改变——譬如在对碳原物质改变的代谢总体协同响应中——发挥着重要的调控作用。

上述研究结果的意义在于：①发现乙酰化修饰是在进化中高度保守的、普遍存在的对能量和中间物代谢进行调控的机制；②证明乙酰化修饰不但直接调控单个代谢酶的催化活力、酶蛋白稳定性，而且在代谢通路全局上，实施高度灵活和及时的协调；③还发现乙酰化修饰的失调直接和初生婴儿代谢缺陷及肿瘤发生相关。这个代谢调控新机制的发现和证实，不但在阐明蛋白质翻译后修饰功能方面实现一个全新的突破，而且把对代谢调控机制的认识提升到了一个新的高度。可以想见，随着对这一机制研究的深入和扩展，乙酰化修饰也有可能为临床疾病的诊断和治疗，包括新型药靶的发现，提供新的机遇。另一方面，这一发现，也可能引导基因工程、代谢工程或合成生物技术的精准发展，为开发生物工程新菌种提供了新的思路与技术途径。

国际科学杂志《科学》于2010年2月19日以两篇姊妹研究报告的方式发表了我们的研究成果[2, 3]。《科学》杂志在专门为这两篇论文配发的评论中指出：该研究是在1964年诺贝尔奖授予发现乙酰辅酶A是脂肪酸代谢的必要中间体的布罗奇（Konard Bloch）与莱能（Feodor Lynen）后，再次将乙酰化修饰的重要性提高到与磷酸化等同的高度；同时，也为开发治疗包括肿瘤在内的新药提供了可能[4]。此外，《自然·化学生物学》（*Nature Chemical Biology*）、《化学与工程新闻》（*Chemical & Engineering News*）、《自然·细胞生物学综述》（*Nature Review Cell Biology*）、《自然·中国》（*Nature China*）等杂志亦以新闻评论的方式介绍和分析了我们论文所涉及的研究发现，并且展望了此项发现潜在的基础研究和实际应用价值，认为我们的研究“为研发针对乙酰化修饰酶特异的治疗各种代谢相关疾病的药物提供了可能”[5]。

近年来，随着国家对生命科学研究支持力度的增强，我国相关基础研究的产出有了大幅度的提高，质量也不断上升。但是，由于前期研究基础薄弱，我国科学家在很多方面提倡跟踪国际热点，而开创性工作尚不常见。因此，在现代生物医药领域的国际竞争中，依然处于被动与受制于人的不利境地。我们将以代谢酶乙酰化调控理论研究的突破为契机，继续深入开展相关的研究，系统阐明其机制，深入认识其作用范畴，开发相关的技术与分子靶标，为我国生物医学和新药研发事业在具有自主知识产权基础上的突破提供崭新的机会。

参 考 文 献

1 Grunstein M. Histone acetylation in chromatin structure and transcription. Nature, 1997, 389(6649): 349~352

2 Zhao S, et al. Regulation of cellular metabolism by protein lysine acetylation. Science, 2010, 327(5968): 1000~1004

3 Wang Q, et al. Acetylation of metabolic enzymes coordinates carbon source utilization and metabolic flux. Science, 2010, 327(5968): 1004~1007

4 Norvell A, McMahon S B. Cell biology, rise of the rival. Science, 2010, 327(5968): 964, 965

5 Felix Cheung. Metabolism: the role of acetylation in cells. 17 March 2010 | doi:10.1038/nchina. 2010.33

Regulation of Metabolism by Acetylation Shed Light on Drug Discovery

Guan Kunliang, Zhao Guoping, Xiong Yue, Zhao Shimin

Metabolism is fundamental to life. Major diseases such as diabetes, obesity, cardiovascular diseases and cancer are all linked to metabolic dysregulation, to certain extent. We found that lysine acetylation plays extensive roles in regulating metabolism from prokaryotes to human. Acetylation exerts its effect to alter the activity of individual metabolic enzymes through various mechanisms and to coordinate metabolic network by regulating a set of metabolic enzymes in response to environmental changes. This novel finding provides new concepts and technology for molecular targets identification towards disease treatment including drug development.

复旦大学和中国科学院上海生命科学研究院的研究人员发现，生物通过一种叫赖氨酸乙酰化的蛋白质翻译后修饰来调节代谢的全局性协同，乙酰化可以根据细胞外部信号，以多种方式影响代谢酶活。这项发现把对代谢调控机制的认识提升到了新的高度，并有可能为临床疾病诊治、新药研发及生物工程菌种改良提供新思路与新方法。相关研究成果以两篇姊妹研究报告的形式发表于《科学》杂志，并得到了国外多家重要学术杂志的关注。

4.20 致病细菌毒性蛋白阻断宿主细胞泛素化通路

邵 峰
（北京生命科学研究所）

在漫长的进化过程中，致病细菌和它们的宿主之间的斗争从未停止过。为了更好地存活和感染，致病细菌发展出了一套强大的“武器”，称作“三型分泌系统”。通过这种分泌系统，致病细菌的毒性蛋白（也称“效应蛋白”）将会被直接注入宿主细胞内，进而作用于细胞关键信号转导通路上的关键分子，干扰和改变宿主细胞的正常功能[1, 2]。因此，寻找效应蛋白在宿主细胞中的靶蛋白，并阐明其作用于靶蛋白及相关信号通路的生物化学机制，对于人类了解病原菌的致病机制并建立有效的防治手段有着重要意义。我们实验室的研究目标就是找出各种病原菌重要效应蛋白的靶蛋白及其作用机制，同时也希望能促进我们对真核细胞本身信号转导机制的进一步理解。

泛素化（ubiquitination）是一种非常重要的真核细胞蛋白质的翻译后修饰方式。通过泛素化过程，一种被称为“泛素”（ubiquitin）、广泛存在于真核细胞中的小蛋白，可以像标签一样被连接到其他蛋白质上。多轮的泛素化的结果是在靶蛋白上形成泛素链。泛素化最主要功能是指导被泛素链修饰的靶蛋白在蛋白酶体中被降解[3]，研究人员因该项研究成果获得了2004年的诺贝尔化学奖。泛素化也可以调节蛋白质的相互作用从而转导信号，或是改变蛋白质在细胞内的定位等。泛素化几乎在每一个重要的生物学过程中都发挥了重要作用，包括细胞周期调控、炎症和免疫反应、细胞骨架调节、表观遗传修饰、DNA损伤修复、细胞膜泡运输和蛋白质分选以及蛋白质合成质量控制[4~6]。

我们实验室2010年9月发表在美国《科学》杂志上发表的题为“病原菌效应蛋白家族通过谷氨酰胺脱氨的方式修饰并失活宿主泛素和类泛素蛋白NEDD8”（Glutamine deamidation and dysfunction of ubiquitin/NEDD8 induced by a bacterial effector family）的文章，揭示了一种全新的病原菌效应蛋白作用宿主细胞的方式，即CHBP/Cif家族的效应蛋白通过直接共价修饰并失活宿主的泛素和类泛素蛋白，阻断泛素化通路，从而广泛影响宿主细胞内受泛素化调节的各种生物学过程[7]。

来自类鼻疽杆菌（*Burkholderia pseudomallei*）的CHBP和来自肠致病性大肠杆菌（*Enteropathogenic E. coli, EPEC*）的Cif是一类具有木瓜蛋白酶催化结构域的三型分泌系统效应蛋白，这类效应蛋白能够阻断宿主细胞周期的活性[8]。在这项研究工作中，我们首先发现CHBP可以高效并且广谱地抑制真核细胞的泛素化过程。然后经由一系列的生化实验分析，我们不仅证实了CHBP具有谷氨酰胺脱氨酶活性，而且鉴定出这类细菌效应蛋白在宿主细胞内的底物之一正是泛素蛋白本身。CHBP可以特异并且高效地水解泛素的Gln-40残基的侧链酰胺键，将其转化为Glu残基。不管是在无细胞的反应体系中还是在细胞内，脱氨后的泛素蛋白都丧失了形成泛素链的功能。因此，CHBP可以通过泛素的脱氨引起广泛的泛素化底物积累和相应细胞功能的紊乱，包括在炎症反应和天然免疫中至关重要的NF-κB信号通路。

在进一步检测了CHBP是否也作用于其他类似泛素的蛋白时，我们发现CHBP能够，也只能够对一个叫做NEDD8的类泛素蛋白起同样的脱氨修饰作用，并且活性还要更强一些。在*Burkholderia*感染宿主细胞的实验中，我们也验证了通过三型分泌系统分泌的CHBP能够导致宿主细胞中几乎所有的NEDD8和大约一半的泛素蛋白发生脱氨化修饰。相比之下，不论是在无细胞的反应体系中还是在EPEC感染宿主细胞过程中，Cif只会选择性地催化NEDD8脱氨。作为类泛素蛋白，NEDD8可以通过类似泛素化的过程

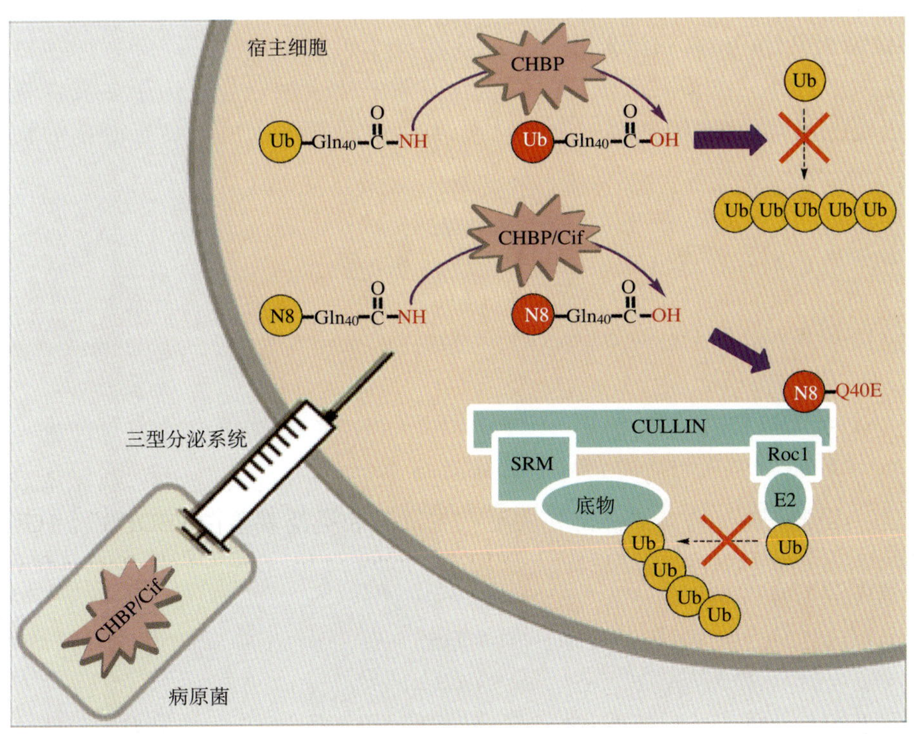

图 1 CHBP/Cif家族效应蛋白分子直接作用于宿主细胞中泛素/NEDD8并通过脱氨修饰导致其失活和泛素信号通路被抑制的机制模式图

修饰到Cullin蛋白上，并且NEDD8的修饰可以大大增强Cullin作为泛素连接酶催化形成泛素链的活性。NEDD8的脱氨不会影响其对Cullin蛋白的修饰。但令人吃惊的是，当Cullin被经过脱氨的NEDD8修饰后，其泛素连接酶活性不仅没有被上调，反而受到了极大的抑制。这样，Cif通过对NEDD8特异性的脱氨，造成一系列的Cullin泛素连接酶的底物由于不能被泛素化降解而在细胞内积累。

上述研究成果很好地解释了Cif在EPEC感染时引起的一种被称为“细胞病理效应”的现象。细胞病理效应表现为真核细胞周期的阻断和大量微丝应力纤维的产生。Cif造成的大量应力纤维组装很可能是胞内RhoA蛋白不能通过泛素化被降解而积累的结果；而重要的细胞周期调控蛋白由于Cullin介导的泛素化被抑制而积累，造成了细胞周期的阻滞。在宿主细胞内异位表达脱氨型的NEDD8可以一定程度上模拟Cif引起的细胞病理效应。而突变Cif用于结合NEDD8的氨基酸残基不仅会抑制或削弱其在体外的脱氨酶活性，而且可以让突变的Cif丧失引起细胞病理效应的能力。

我们的这项研究成果第一次阐述了致病细菌的毒性因子可以通过直接修饰泛素/NEDD8来阻断宿主的泛素化通路。同时，由于Gln-40脱氨导致泛素/ NEDD8丧失功能的现象从未在真核调控领域被报道过，该发现也为研究蛋白质泛素化的反应机制,以及NEDD8修饰激活Cullin家族泛素连接酶的生物化学机制提供了一个新颖而独特的研究途径和思路。另外，由于阻断蛋白质泛素化降解的化合物已经被用于多发性骨髓瘤和细胞淋巴癌的治疗，CHBP/Cif一类的泛素/类泛素脱氨酶也可能具有潜在的临床应用价值。

参 考 文 献

1 Galan J E, Wolf-Watz H. Protein delivery into eukaryotic cells by type Ⅲ secretion machines. Nature, 2006, 444(7119): 567~573

2 Mattoo S, Lee, Y M Dixon J E. Interactions of bacterial effector proteins with host proteins. Curr Opin Immunol, 2007, 19(4): 392~401

3 Glickman M H, Ciechanover A. The ubiquitin-proteasome proteolytic pathway: destruction for the sake of construction. Physiol Rev, 2002, 82(2): 373~428

4 Johnson E S. Ubiquitin branches out. Nat Cell Biol, 2002, 4(12): 295~298

5 Mukhopadhyay D, Riezman H. Proteasome-independent functions of ubiquitin in endocytosis and signaling. Science, 2007, 315(5809): 201~205

6 Nakayama K I, Nakayama K. Ubiquitin ligases: cell-cycle control and cancer. Nat Rev Cancer, 2006, 6(5): 369~381

7 Cui J, et al. Glutamine deamidation and dysfunction of ubiquitin/NEDD8 induced by a bacterial effector

family. Science, 2010, 329(5996): 1215~1218

8 Yao Q, et al. A bacterial type Ⅲ effector family uses the papain-like hydrolytic activity to arrest the host cell cycle. Proc Natl Acad Sci USA, 2009, 106(10): 3716~3721

A Novel Pathogenesis Mechanism Used by Bacterial Virulence Factors to Block Host Ubiquitination

Shao Feng

Bacterial pathogens usually deliver virulent effector proteins into host cell to block or manipulate various important host functions. Our research, for the first time, demonstrates that the CHBP/Cif family of conserved bacterial effector proteins are glutamine deamidase. They function to directly modify ubiquitin and ubiquitin-like protein NEDD8 in host cells, and therefore abolish or attenuate eukaryotic ubiquitination-regulated biological processes.

北京生命科学研究所研究人员揭示了一种全新的病原菌效应蛋白作用于宿主细胞的方式。该研究首次阐述了致病细菌的毒性因子可以通过直接修饰泛素/NEDD8来阻断宿主的泛素化通路，为研究蛋白质泛素化的反应机制提供了一个新颖而独特的研究途径和思路，同时CHBP/Cif一类的泛素/类泛素脱氨酶也可能具有潜在的临床应用价值。相关论文发表在《科学》杂志上。

4.21 抗HER2抗体肿瘤治疗的最新免疫机制

Park S[1] 姜竺君[1,2] Mortenson E D[1] 邓刘福[1,2] Radkevich-Brown O[1], 杨宣明[1] Sattar H[2] 王 洋[1] Brown N K[2] Greene M[2] 刘 阳[1] 唐 杰[1,2] 王盛典[1,2] 傅阳新[1]

(1 中国科学院生物物理研究所–芝加哥大学联合免疫治疗实验室，2 中国科学院研究生院)

据估计，中国每年癌症发病人数约260万，死亡180万。全国第三次死因回顾抽样调查结果表明，恶性肿瘤已成为我国第二位死亡原因，占死亡总数的22.3%，尤其在城市已成首位死因（占城市死亡总数的25.0%）。随着科学技术的快速发展，肿瘤临床诊断和治疗技术有了很大进步，许多肿瘤可以早期诊断，通过手术切除，或针对性的化疗和放疗而被清除或控制。可是，过去30年我国癌症死亡率还是增加了80%，其中一个根本原因是我们对肿瘤发生发展过程中机体和肿瘤间相互作用的机制认识还很不清楚。

20世纪初人们就认识到机体免疫反应能及时识别和清除体内恶性转化的细胞，在肿瘤发生发展中具有决定性调控作用，从而提出“免疫监视”学说。肿瘤发生不但要逃逸机体免疫监视，还对机体抗肿瘤免疫进行编辑（editing)改造[1]。然而，目前临床上常用的肿瘤治疗方法都是立足于如何杀肿瘤细胞，没有充分考虑和利用肿瘤治疗过程中，机体内在的抗肿瘤免疫反应。近几年研究发现，机体的抗肿瘤免疫反应在肿瘤的放疗和化疗中起着非常重要的作用，这些治疗可以有效地导致肿瘤细胞死亡，显著缩小肿瘤块，并最终控制肿瘤生长，直至消除肿瘤，需要机体在治疗过程中诱发产生的抗肿瘤免疫反应[2~4]。抗体生物治疗是新近发展起来的肿瘤临床治疗手段，以其极低毒副作用和对适应性肿瘤良好治疗效应，越来越受到重视，抗HER2抗体（商品名：赫赛汀，Herceptin）治疗是其中一个典型代表。目前临床上对HER2阳性乳腺癌，常规进行抗HER2抗体和化疗的联合治疗，有非常好的治疗效果，然而，还存在治疗肿瘤的高复发、高转移等问题，为了提高疗效，抗HER2抗体的抗肿瘤机制一直是研究热点。

传统认为抗HER2抗体治疗的机制，主要是阻断HER2蛋白受体信号而抑制癌细胞的生长，以及抗体依赖细胞介导的细胞毒作用对肿瘤细胞的杀伤。由中国科学院生物物理研究所“千人计划”入选者、芝加哥大学教授傅阳心和该所研究员王盛典领导的研究团队，发现抗HER2抗体肿瘤治疗是一个有序的复杂过程，抗体首先诱导肿瘤细胞死亡，释放“危险”信号，激活机体先天免疫反应，进而诱发产生肿瘤特异性T淋巴细胞应答，继发的抗肿瘤免疫反应对机体最终控制和消除肿瘤起着决定性作用。我们首先利用免疫缺陷小鼠，发现抗HER2抗体肿瘤治疗依赖于淋巴细胞的参与，进而通过抗体特异性删除试验和体外细胞功能试验，证实抗HER2抗体治疗，诱发机体产生了T淋巴细胞介导的特异性抗肿瘤免疫应答，并产生良好的肿瘤特异性免疫保护（图1）。因为临床上抗HER2抗体是和化疗药联合应用，而高剂量化疗药会损伤免疫细胞，我们进一步研究了化疗药对抗HER2抗体肿瘤治疗效应的影响。通过不同方式的小鼠联合治疗试验，发现在联合治疗过程中，不适当的大剂量化疗药物会损伤被激活的T 淋巴细胞，削弱抗HER2抗体治疗诱发的抗肿瘤免疫保护反应。如果化疗药物和抗体同时或之后使用，虽然能协同消除小鼠原位肿瘤，但损伤了机体的抗肿瘤免疫记忆反应，降低了小鼠对肿瘤细胞再攻击的免疫保护作用（图2）；而在抗体治疗之前使用化疗药，就不会影响抗肿瘤免疫记忆反应，治疗后的小鼠可以抵抗肿瘤细胞再攻击。这一研究工作清楚表明，临床一线肿瘤治疗方案中，药物的剂量、应用时间和不同作用会影响机体产生的抗肿瘤免疫反应，从而影响肿瘤的复发，需要引起高度注意。

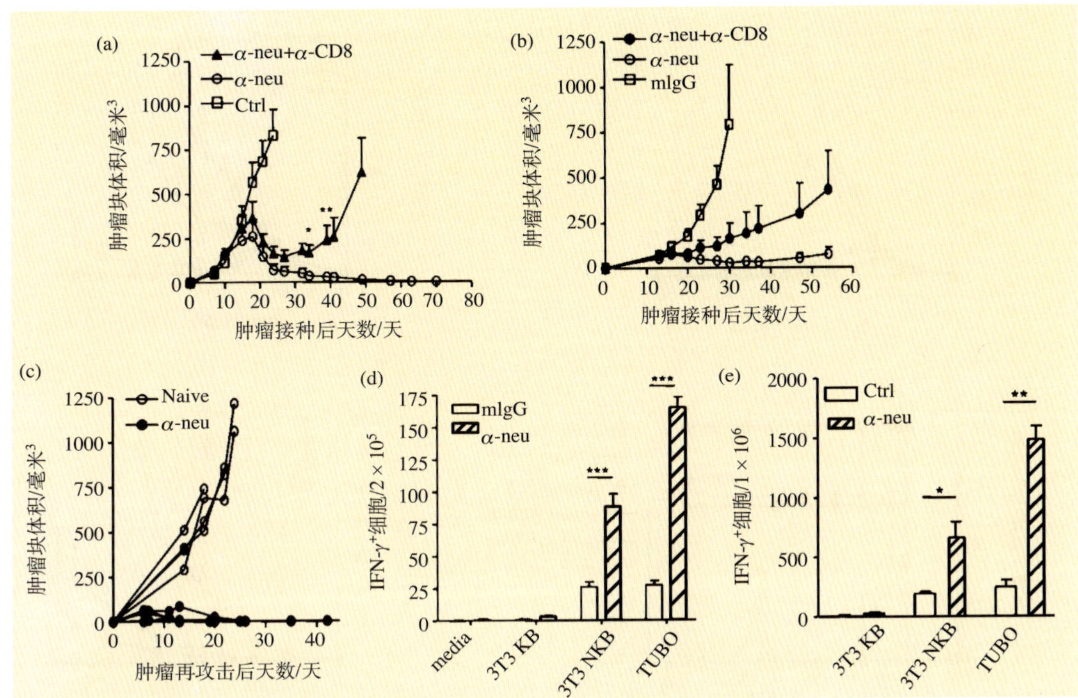

图 1 抗HER2抗体的肿瘤治疗效应需要CD8+ T细胞，并诱导记忆性T细胞反应

(a, b) 删除CD8+ T 细胞，显著降低抗HER2抗体对正常小鼠(a) 和HER2/neu转基因小鼠(b) 接种肿瘤的治疗作用；(c) 抗HER2抗体治疗诱导机体产生很好的免疫记忆保护作用；(d, e) 抗HER2抗体治疗诱导正常小鼠（d）和HER2/neu转基因小鼠(e) 产生肿瘤特异性T细胞反应

注：三次独立实验的结果表示为means ± s.e.m. * 代表$P < 0.05$；** 代表$P < 0.01$；*** 代表$P < 0.001$。

此项研究不仅揭示了抗HER2抗体肿瘤治疗的最新免疫机制，更为重要是对临床肿瘤治疗具有非常重要的指导意义。在肿瘤治疗时，不仅仅要考虑抗肿瘤药物的直接抗肿瘤作用，还要从整体考虑这些治疗所诱发的机体抗肿瘤免疫反应，要考虑这些治疗对诱发的机体抗肿瘤免疫反应的影响。如何从机体整体考虑，利用我们目前的各种治疗手段这个“外因”，充分调动和利用机体抗肿瘤反应这个“内因”，来提高我们目前的肿瘤治疗效果，是肿瘤治疗研究面临的新课题。这一课题研究，对提高肿瘤治疗的疗效、防止复发、降低肿瘤死亡率具有非常重要意义。

这一研究的相关论文已于2010年8月17日发表在国际著名癌症学术期刊《癌症细胞》上[4]，同期还配发了由国际著名肿瘤专家撰写的长篇述评文章，指出我们的研究工作“为提高肿瘤治疗疗效指明了一条新途径，重要的是为只考虑治疗本身对肿瘤的直接作用，而忽视机体免疫反应的肿瘤联合治疗方案敲响了警钟”[5]。该项研究工作得到了国家自然科学基金委员会、科技部、中国科学院的大力支持和帮助。

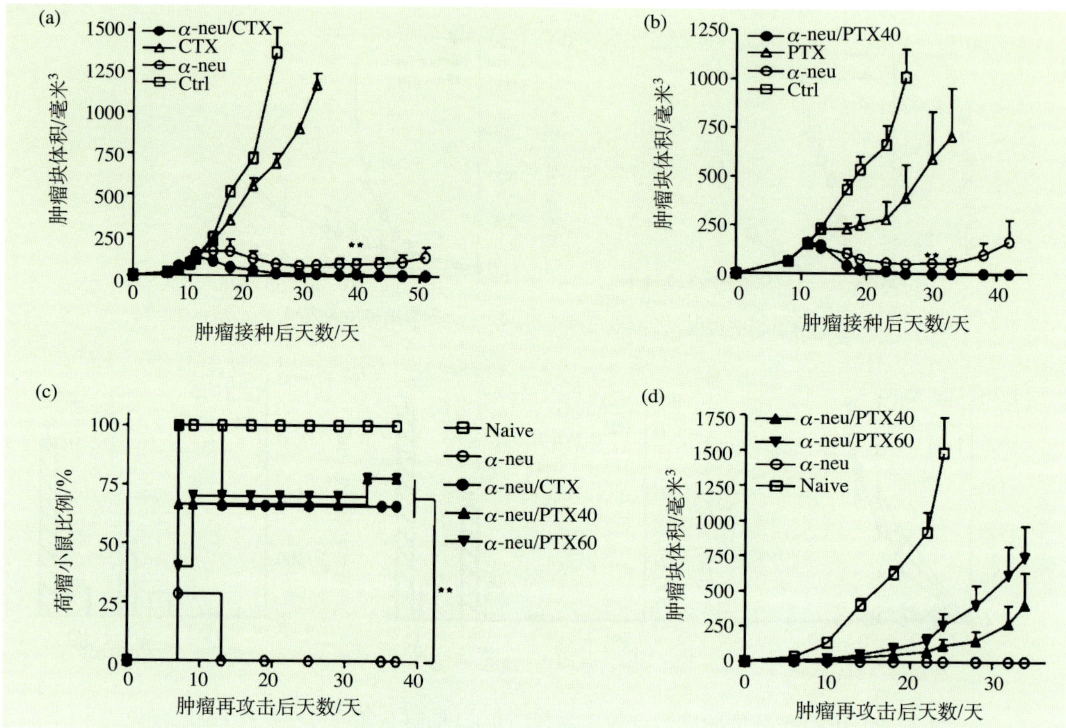

图 2　化疗药物在抗HER2抗体治疗之后联合应用，促进原位肿瘤的消退，降低了机体的抗肿瘤免疫记忆反应

(a, b) 环磷酰胺（CTX）(a) 和紫三醇（PTX）(b) 的联合治疗促进原位肿瘤的消退；(c, d) 化疗药联合治疗小鼠对肿瘤细胞再攻击的保护作用显著降低

注：三次独立实验的结果表示为means ± s.e.m.；** 代表P <0.01。

参　考　文　献

1　Dunn G P, Old L J, Schreiber R D. The immunobiology of cancer immunosurveillance and immunoediting. Immunity, 2004, 21: 137~148

2　Obeid M, Tesniere A, Ghiringhelli F, et al. Calreticulin exposure dictates the immunogenicity of cancer cell death. Nat Med, 2007, 13(1): 54~61

3　Gilbert L A, Hemann M T. DNA damage-mediated induction of a chemoresistant niche. Cell, 2010, 143(3): 355~366

4　Park S, Jiang Z, Mortenson E D, et al. The therapeatic effect of anti-HER2/neu antibody depends on both innate and adaptive. Cancer Cell, 2010, 18(2): 160~170

5　Smyth M J, Stagg J. Her 2 in 1. Cancer Cell, 2010, 18(2): 160~170

The Therapeutic Effect of Anti-HER2/neu Antibody Depends on Both Innate and Adaptive Immunity

Park S, Jiang Zhujun, Mortenson E D, Deng Liufu, Radkevich-Brown O, Yang Xuanming, Sattar H, Wang Yang, Brown N K, Greene M, Liu Yang, Tang Jie, Wang Shengdian, Fu Yangxin

Anti-HER2/neu antibody therapy was reported to mediate tumor regression by interrupting oncogenic signals and/or inducing FcR-mediated cytotoxicity. Here, we demonstrate that the mechanisms of tumor regression by this therapy also require the adaptive immune response. Activation of innate immunity and T cells, initiated by antibody treatment, was necessary. Intriguingly, the addition of chemotherapeutic drugs, although capable of enhancing the reduction of tumor burden, could abrogate antibody-initiated immunity leading to decreased resistance to rechallenge or earlier relapse. Increased influx of both innate and adaptive cells into the tumor microenvironment by a selected immunotherapy further enhanced subsequent antibody-induced immunity, leading to increased tumor eradication and resistance to rechallenge. This study proposes a model and strategy for anti-HER2/neu antibody-mediated tumor clearance.

由中国科学院生物物理研究所和美国芝加哥大学病理和免疫系的合作研究团队发现了一种抗HER2抗体肿瘤治疗的免疫新机制。研究人员发现，抗HER2抗体的肿瘤治疗效应也需要机体的适应性免疫反应，需要激活机体的先天免疫和特异性T细胞反应。通过选择性的免疫治疗可以进一步增强抗体治疗诱导的抗肿瘤免疫反应。该项研究为抗HER2抗体肿瘤治疗提供了新的途径和策略，相关论文发表在国际著名癌症学术期刊《癌症细胞》上，同期杂志还配发了由国际著名肿瘤专家撰写的长篇述评文章。

4.22 解铃还需系铃人

——糖尿病等生活方式病的负担和解决出路

纪立农

（北京大学人民医院，北京大学糖尿病中心）

目前，糖尿病以及病情较轻的糖尿病前期状态，包括葡萄糖耐量受损（IGT）及空腹血糖受损（IFG），几乎在全世界所有人群中都能发现。流行病学资料提示，如果不采取有效的预防控制措施，糖尿病将会继续在全世界范围内蔓延。

国际糖尿病联盟（IDF）的报告预测，从2010到2030年，全世界糖尿病患者数量将从2.85亿增长至4.39亿，而IGT患者的数量将从3.44亿增长至4.72亿。这表明到2030年，全世界将有9亿人罹患糖尿病或处于糖尿病高危状态。

在这个全球性糖尿病流行的大潮中，中国扮演了重要的角色。2010年3月25日，由中华医学会糖尿病学分会在我国14个地区组织开展的“糖尿病和代谢综合征发病趋势”的调查结果在《新英格兰医学杂志》上发表。 在这项涉及4万多人的调查中发现在我国20岁以上的成年人中，糖尿病的患病率已达到9.7%的比例，处在糖尿病的高危状态——糖尿病前期的比例达到15.5%。据此在中国人群结构基础上推算出来的我国糖尿病和糖尿病前期的患病人数分别为9420万和1.482 亿。另外一个发展中国家印度的糖尿病患病人数和中国相比不相上下。据估计，中国、印度两国的糖尿病患病人数占全球总患病人数的一半。在过去的30年中，我国糖尿病的患病率呈明显上升的趋势。1980年糖尿病患病率为0.7%。1994~1995年25~64岁年龄段糖尿病的患病率为2.5%。

糖尿病患者罹患心血管疾病的风险增高2~3倍，有70%~80%的糖尿病患者最终死于心脑血管病变。高血糖所导致的失明和肾功能衰竭的患者在经济发达国家已经分别占失明和接受肾透析治疗人群的50%。此外，因糖尿病足和外周血管病变所导致的截肢和丧失下肢功能的人群也明显的增加。作为全球性流行病，糖尿病对健康、社会和经济造成了严重的影响。

由于劳动人口中存在众多糖尿病患者，糖尿病严重影响了个体劳动力和社会生产力。糖尿病及其并发症造成的经济社会问题除了对发达国家的经济具有潜在的严重的影响外，还可能严重破坏许多发展中国家的经济发展。

在此背景下，2006年12月20日，联合国大会一致通过了61/225号决议，宣布糖尿病流行是一个国际性公共卫生问题并将世界糖尿病日定为联合国糖尿病日，这是继人类免疫缺陷病毒/获得性免疫缺陷综合征（HIV/AIDS）后第二个被如此重视的疾病。政府机构第一次意识到一种非传染性疾病也会像HIV/AIDS、结核病和疟疾等传染性疾病一样严重威胁全球公众的健康。

和世界发达国家相比，我国糖尿病人群的突出特点是未得到诊断的糖尿病患者的比例非常高，占糖尿病人群的60.7%。而在美国未诊断率只有24%左右。这意味着我国有众多的糖尿病患者得不到早期治疗，因而发生糖尿病并发症的风险和糖尿病并发症所带来的经济和社会负担也会明显提高。我国糖尿病流行的另外一个显著特点是具有发展成糖尿病的高危险性的糖尿病前期患者（糖尿病的后备军）的比例非常高，达到15.5%。这意味着今后将有更多的人加入到我国糖尿病患者的队伍中去，我国糖尿病的患病率和患病人数可能会进一步显著增高。

糖尿病是外在的环境因素和内在的遗传相互作用所导致。我国糖尿病患病率的增高的原因比较复杂。糖尿病患病率的增高与新发生的病例增多和糖尿病患者的生存时间延长有关。首先，糖尿病是一个在老年人群中高发的疾病，我国人口的老龄化是导致新发生的糖尿病患者增加的重要原因之一。这一方面反映了我国生活水平的提高、社会保障水平的提高和医疗保健水平的提高所带来的国民平均寿命的明显提高，也彰显出人口的老龄化所带来的新的健康问题。其次，糖尿病患者因我国医疗水平的提高而生存时间增加也是糖尿病的患病率增加的原因之一。但是，当前我国糖尿病患病率增加的最主要原因是在各个年龄段糖尿病患病人数的普遍增高，并且有明显的年轻化趋势。在20年前，儿童和青少年中的主要糖尿病类型是1型糖尿病，而在过去的20年中，和肥胖相关的2型糖尿病的发病率在儿童和青少年中明显增加。

导致我国糖尿病患病率显著增加的主要原因是生活方式的改变。现代的生活方式导致人们每天的体力活动明显减少，但热量的摄入不但没有减少反而增多，能量摄入和支出之间的平衡被打破，能量在体内的蓄积导致肥胖和超重。在农村，农业现代化使农民的劳动强度大幅减少，农村居民的生活方式也趋近于城市居民的生活方式。生活节奏的加快，也使得人们长期处于应激环境，这些改变可能与糖尿病的发生有密切联系。与白种人相比，中国人在新的环境变化下发生糖尿病的风险增加得更明显，这可能与人种差异有关。不良的生活方式不但与糖尿病的发生相关，还和高血压、肿瘤、心血管病、肝病、睡眠相关疾病等的发生相关。从广义的病因学角度来讲，上述已成流行趋势的健康问题可以被称为“生活方式病”。

2010年，虽然在采用高血糖的诊断标准诊断出的糖尿病人群在全球的范围内在不断地增加，但人们对有这样一个特征的人群的审视角度却越来越宽广。人们越来越清楚地认识到糖尿病是以高血糖为特征的一系列代谢紊乱和血压异常的综合征。从治疗的角度，循证医学研究发现单纯严格控制血糖只能使糖尿病患者发生糖尿病所特有的视网膜病变、肾病和神经病变的风险显著下降。但是，虽然糖尿病患者罹患心血管疾病的风险增高2~3倍，但严格的控制血糖在减少糖尿病患者心血管疾病的风险上的作用十分有限。幸运的是，循证医学研究已证明采用包括降压、降脂、抗凝和降糖的综合控制措施要比单独的控制血糖在减少糖尿病患者心血管疾病的风险上收效更加显著。从预防的角度，因不良的生活方式不但与糖尿病的发生相关，还和高血压、肿瘤、心血管病、睡眠呼吸暂停综合征等的发生相关，因此从预防糖尿病的策略上，仅预防高血糖发生的措施似乎失去了现实意义，而生活方式干预在预防多种疾病上的潜在益处却得到越来越多的重视。但摆在人们面前的巨大挑战是——生活方式不是一个医学问题，而是社会问题。医学可以通过流行病学研究和基础研究去揭示不良的生活方式和疾病的关系及不良的生活方式导致疾病的机制，并用临床试验的手段来证明改变不良的生活方式可以预防包括糖尿病在内的诸多的健康问题的发生。但是，在人群中去预防这些健康问题的发生医学却无能为力。目前，尚没有任何药物可以代替生活方式来预防这些健康问题的发生。预防这些健康问题的发生需要社会的整体努力，不但要在广大的公众中宣传健康生活方式的重要性，还要为促进健康的生活方式提供健康的社会环境。如在教育体制改革、城市规划和对食品工业的管理上要体现出对促进健康生活方式的充分和前瞻性的考虑。

解铃还需系铃人，社会环境的变化导致了诸如糖尿病、肿瘤、心血管疾病等健康问题的明显增加。要从根本上解决这些问题，改善社会环境并从而改善生活方式可能是唯一的出路。

参 考 文 献

1 Zimmet P, Alberti K G, Shaw J. Global and societal implications of the diabetes epidemic. Nature, 2001, 414: 782~787

2 Fox C S, Coady S, Sorlie P D, et al. Increasing cardiovascular disease burden due to diabetes mellitus: the Framingham heart study. Circulation, 2007, 115: 1544~1550

3 Shaw J E, Sicree R A, Zimmet P Z. Global estimates of the prevalence of diabetes for 2010 and 2030. Diabetes Res Clin Pract, 2009, 87: 4~14

4 Yang W, Lu J, Weng J, et al. Prevalence of diabetes among men and women in China. N Engl J Med, 2010, 362: 1090~1101

5 Calle E E, Rodriguez C, Walker-Thurmond K, et al. Overweight, obesity, and mortality from cancer in a prospectively studied cohort of U.S. adults. New England Journal of Medicine, 2003, 348: 1625~1638

6 Geneva, World Health Organization. Preventing chronic diseases: a vital investment. 2005

7 Cole J A, Smith S M, Hart N, et al. Systematic review of the effect of diet and exercise lifestyle interventions in the secondary prevention of coronary heart disease. Cardiol Res Pract, 2010, 2011:

232~351

8 Willett W C, Koplan J P, Nugent R, et al. Prevention of chronic disease by means of diet and lifestyle changes. In: Jamison D T, Breman J G, Measham A R, et al. eds. Disease Control Priorities in Developing Countries. 2nd edition. Washington D C: World Bank, 2006

9 Buss D. Is the food industry the problem or the solution? New York Times, 2004, 29: 5

10 Handy S L, Boarnet M G, Ewing R, et al. How the built environment affects physical activity: views from urban planning. American Journal of Preventive Medicine, 2002, 23: 64~73

The Burden of Lifestyle Disease and Solution

Ji Linong

Diabetes, coronary artery disease, ischemic stroke, and some specific cancers, which until recently were common only in developed countries, are now becoming the dominant sources of morbidity and mortality worldwide. A recent survey in China showed that the prevalence of diabetes had reached alarming level. Life style change is the major cause of the aforementioned health conditions. Medical research had shown that the health life can prevent the diabetes and cardiovascular diseases. But how to promote healthy life style is beyond the capability of medical community. Social environmental changes that could promote healthy life style is the key to curbing the epidemic of diabetes and other life style diseases.

中华医学会糖尿病学分会在我国14个地区组织开展了关于糖尿病和代谢综合征发病趋势的调查。调查表明我国糖尿病的患病率呈明显上升趋势，20岁以上成年人中糖尿病的患病率已达到9.7%，处在糖尿病前期的比例达到15.5%。据此推算我国糖尿病和糖尿病前期的患病人数分别为9420万和1.482 亿。导致我国糖尿病患病率显著增加的主要原因是生活方式的改变，要从根本上解决问题就必须改善社会环境和生活方式。相关调查结果发表在国际著名医学期刊《新英格兰医学杂志》上。

4.23 戊型肝炎防控产品研究取得重大突破

夏宁邵

（厦门大学国家传染病诊断试剂与疫苗工程技术研究中心）

一、研究背景

戊型病毒性肝炎（以下简称戊肝）由戊型肝炎病毒（HEV）感染引起，是全球最主要的病毒性肝炎之一。近年来我国戊肝发病率逐年上升，在多数地区已在成人急性肝炎中居首位。戊肝多表现为急性自限性肝炎，老年人症状较重，病死率大约为1%~3%，在孕妇中病死率可高达5%~25%。慢性肝病患者重叠感染戊肝易导致肝衰竭，病死率可达70%。器官移植病人感染戊肝病毒后，约60%的病人会发展成为慢性戊肝、肝硬化。2009年7月颁布的《中华人民共和国食品安全法实施条例》第一次明确规定食品从业人员体检时需进行戊肝检测。

目前国内外尚无戊肝疫苗上市，仅有2个候选戊肝疫苗进入临床试验。葛兰素史克公司于2004年在尼泊尔完成Ⅱ期临床试验，但基于市场、成本等方面原因暂时终止了该疫苗的进一步开发。在国家“863”计划、国家自然科学基金、福建省科技重大专项、厦门市产业科技重大项目以及企业资金的共同支持下，厦门大学于1998年启动了戊肝疫苗研究工作。

二、研究成果

1. 发现戊肝病毒主要中和表位并阐明其结构特点

对病毒免疫优势中和表位的鉴定是研制疫苗和高质量免疫诊断试剂的关键。厦门大学研究人员成功表达出高活性HEV衣壳蛋白抗原，发现了病毒最主要的两个中和表位，并经定点突变研究及X射线衍射实验，获得分辨率为2.0埃的中和表位区域晶体结构，阐明了中和表位形成的关键氨基酸及其结构特征[1, 2]。

2. 研制出新一代高灵敏度高特异性的戊肝诊断试剂

免疫优势中和表位的发现及高活性重组抗原的成功研制，使高灵敏、高特异的新一代HEV免疫诊断试剂盒的研制成为现实。厦门大学研制的戊肝IgM抗体诊断试剂盒于2004年获得新药证书，2008年获得欧盟CE注册；研制的戊肝IgG抗体诊断试剂盒于2008年获得生产文号。美国国立卫生研究院、英国卫生保护局等的评价结果显示厦门大学研制的试剂盒对戊肝的诊断准确性从传统试剂的60%~70%提高到95%以上[3]。

3. 发现调控戊型肝炎病毒衣壳蛋白形成病毒样颗粒的关键区域，研制出重组戊肝疫苗并完成临床前研究

对HEV衣壳蛋白的各个功能结构域的深入研究发现pORF2蛋白的aa345-394调控着颗粒复合体的形成，并成功利用大肠杆菌表达出了病毒样颗粒HEV 239，既包含HEV主要中和表位又具有良好免疫原性，免疫恒河猴可产生良好的保护性。厦门大学与北京万泰生物药业股份有限公司、厦门万泰沧海生物技术有限公司的研究人员共同建立了HEV 239疫苗的生产工艺，完成了各种临床前研究，于2004年获得了国家一类新药的临床研究批件。

4.完成戊肝疫苗的Ⅰ~Ⅲ期临床试验

2005年，由中国疾病预防控制中心病毒病预防控制所刘崇柏负责、中国药品生物制品检定所和广西疾病预防控制中心协助在广西完成了重组戊肝疫苗的I、II期临床研究，初步证实了疫苗用于人体的安全性，确定了最佳免疫剂量和免疫程序，并初步证实该疫苗能针对HEV感染提供有效防护[4]。

2007年8月，由江苏疾病预防控制中心朱凤才负责，中国药品生物制品检定所、江苏东台市疾病预防控制中心、江苏盐城市疾病预防控制中心协助实施的重组戊肝疫苗III期临床试验在江苏省东台市启动。这次随机、双盲、安慰剂（乙肝疫苗）对照三期临床试验共入组112 604人，其中97 356万名受试者完成0、1、6月程序的全程接种。结果显示疫苗的安全性良好，未发现疫苗相关的严重不良事件。在全程接种试验疫苗的受试者中，抗体阳转率为98.7%。自全程接种后1个月起的连续1年内，对照组48 663人中共确诊了15例戊肝病例，而试验组48 693人中未出现一例戊肝病例，疫苗预防戊肝的保护率为100.0%（95%可信限：72.14~100.0）[5]。

为保障这次临床试验的成功实施，研究人员采取了多层次、多方位的质量控制措施：①在试验启动前，在江苏省对历年肝炎高发的三个地区进行人群血清流行病学调查，以及全年病毒性肝炎报告病例中的分型研究，据此筛选出合适的临床试验现场；②在临床试验现场建立了覆盖当地全部就医网点的疑似肝炎监测体系并进行了1年的试运行，获得了准确的戊肝发病率数据，为样本量的估算提供了科学依据，并为临床试验的顺利实施奠定了基础；③创造性地开发运用了接种管理软件和指纹照片采集和识别系统，确保受试者疫苗接种、采样和访视历史的准确性和溯源性；④在国内疫苗临床试验

中第一次成立了独立的数据安全监察委员会，以保障数据的安全性和完整性；⑤临床试验过程的监察以及数据整理、统计分析由独立的合同研究组织（CRO）承担。

三、研究意义

1. 证实戊肝疫苗安全有效，开辟了戊肝防控的新篇章

厦门大学研制的重组戊肝疫苗是世界上第一个完成三期临床试验的戊肝疫苗。结果2010年发表于国际著名医学刊物《柳叶刀》。《柳叶刀》杂志同期配发了3篇分别由美国疾病预防控制中心霍尔姆贝格博士[6]、牛津大学巴新亚博士[7]以及《柳叶刀》杂志编辑部[8]撰写的评论文章，认为“令人信服地证实了该疫苗的安全性和有效性”，表示“这是全世界戊肝预防与控制领域的一个重大突破”，“制定戊肝疫苗快速商业化并广泛供应的战略已经刻不容缓”。2010年10月《自然》（新药述评子刊）发表评论“由于戊肝在发展中国家导致了很高的致病率和死亡率，这些结果非常令人鼓舞”[9]。印度甘地医学科学研究所戈埃尔博士撰文认为：“这一研究是我们对抗这一重要疾病的一个主要基石。该疫苗具有成为一个理想疫苗的多个要素，如高应答率、高保护率、无严重不良反应以及对不同型别病毒的交叉保护性。”[10] 美国迈阿密大学医学院肝病中心主任谢夫博士在接受美国卫生部网站采访时表示：“这是肝病领域期待已久的一个关键的进步，是一项意义非常重大的工作。”2010年9月由WHO和美国CDC资助、国际疫苗研究所在韩国主办的“国际戊型肝炎研讨会”会议总结中，明确提出（全球戊肝防控工作的）中期目标：“支持发展中国家引入戊肝疫苗并积累WHO预认证所需的国际标准数据；以WHO预认证为目标评估厦门疫苗在高流行疫区重症高危人群（孕妇）中的安全性和有效性。”[11]

2. 为戊肝的临床诊断和各项研究的深入开展提供了可靠的诊断工具

我国研制的新一代戊肝免疫诊断试剂盒已在国内占据市场主导地位，并销往包括英国、法国等欧洲发达国家在内的23个国家。2003年以来，多个国际研究小组在《新英格兰医学杂志》、《柳叶刀》等国际学术刊物上发表的论文中有30余篇采用该试剂进行戊肝诊断，表明我国戊肝诊断产品已成为国内外戊肝诊断的主要手段之一。该成果获得2010年国家技术发明奖二等奖。

3. 标志着我国戊肝防控产品研究的世界领先地位已得到国际认可

我国学者研制的重组戊肝疫苗和免疫诊断试剂盒具有高度原创性，目前已有4项发明专利分别在中国、美国及其他多个国家获得授权。成果先后在《柳叶刀》、《公共

科学图书馆·病原学》（*PLoS Pathogens*）、《生物化学杂志》（*J Biol Chem*）、《传染病杂志》（*J Infect Dis*）等国际知名SCI刊物上发表，赢得国内外广泛赞誉并进行了大量临床应用，标志着我国戊肝防控产品研究的世界领先地位已得到国际认可。

4. 独特的大肠杆菌表达病毒样颗粒疫苗技术平台走向成熟

重组戊肝疫苗是迄今唯一使用大肠杆菌表达系统研制的病毒疫苗。我国科研人员克服了一系列关键技术难题，逐步形成了独特的大肠杆菌表达病毒样颗粒疫苗技术平台，具有操作简便、稳定、成本低廉等突出优点。目前，厦门大学研究人员利用这一平台研制出的重组人乳头瘤病毒（HPV）疫苗已进入临床试验，成为继美国默克公司的酵母HPV疫苗、英国葛兰素史克公司的昆虫细胞HPV疫苗之后的第三个进入临床试验的HPV疫苗。这一平台的成熟，为其他重组病毒疫苗的研制开辟了新途径，对我国发展具有自主知识产权的预防用疫苗具有深远意义。

参 考 文 献

1 Zhang J, Gu Y, Ge S X, et al. Analysis of hepatitis E virus neutralization sites using monoclonal antibodies directed against a virus capsid protein. Vaccine, 2005, 23(22): 2881~2892

2 Li S, Tang X, Seetharaman J, et al. Dimerization of hepatitis E virus capsid protein E2s domain is essential for virus-host interaction. PLoS Pathog, 2009, 5(8): e1000537

3 Bendall R, Ellis V, Ijaz S, et al. A comparison of two commercially available anti-HEV IgG kits and a re-evaluation of anti-HEV IgG seroprevalence data in developed countries. J Med Virol, 2010, 82(5): 799~805

4 Zhang J, Liu CB, Li RC, et al. Randomized-controlled phase II clinical trial of a bacterially expressed recombinant hepatitis E vaccine. Vaccine, 2009, 27:1869~1874

5 Zhu F C, Zhang J, Zhang X F, et al. Efficacy and safety of a recombinant hepatitis E vaccine in healthy adults: a large-scale, randomised, double-blind placebo-controlled, phase 3 trial. Lancet, 2010, 376(9744): 895~902

6 Holmberg S D. Hepatitis E vaccine: not a moment too soon. Lancet, 2010, 376(9744): 849~851

7 Basnyat B. Neglected hepatitis E and typhoid vaccines. Lancet, 2010, 376(9744): 869

8 Editorial. Hepatitis E vaccine: why wait? Lancet, 2010, 376(9744): 845

9 Trial watch: hepatitis E vaccine confers complete protection in phase III trial. Nat Rev Drug Discov, 2010, 9(10): 754

10 Goel A, Aggarwal R. Prevention of hepatitis E: another step forward. Future Microbiol, 2011, 6(1): 23~27

11 http://www.ivi.int/popup/hepE_symposium/tab_1.asp

Great Progress in Hepatitis E Prevention and Control

Xia Ningshao

Hepatitis E virus (HEV) infection is a significant public health problem both in developing and developed country, causing sporadic and large outbreaks of acute hepatitis. The mortality can be as high as 25% among pregnant women. In most region of China, the incidence of hepatitis E has increased to be the highest among acute viral hepatitis. There is no hepatitis E vaccine available at present. After more than ten years' work, the Xiamen University group discovered the major neutralizing epitopes and the main amino acids in hepatitis E virus capsid protein which control virus particle formation. Based on these finding, they developed the new generation of HEV diagnostic tests, which has much higher sensitivity and specificity than the old one. Further, they successfully developed recombinant hepatitis E vaccine and proved its safety and efficacy in a large scale phase III clinical trial. These results became a milestone in prevention and control of hepatitis E.

厦门大学研究人员通过多年努力，发现戊肝病毒的主要中和表位及调控戊肝病毒衣壳蛋白形成病毒样颗粒的关键区域，在此基础上研制出新一代高灵敏度高特异性的戊肝诊断试剂，进而研制出重组戊肝疫苗并圆满完成大规模的Ⅲ期临床试验，试验结果充分证实了该疫苗的安全性及有效性，该研究成果发表在国际著名医学刊物《柳叶刀》上。此项成果标志着我国戊肝防控产品研究的世界领先地位已得到国际认可。

4.24 青藏高原东部地壳物质流的存在及其科学意义

白登海　腾吉文　马晓冰　孔祥儒
（中国科学院地质与地球物理研究所）

岩石圈的变形机制是青藏高原动力学研究中的关键问题之一。在印度板块和欧亚板块碰撞以来的约5000万年间，青藏高原岩石圈发生了强烈变形，南北向缩短了

750~1500千米，垂向平均隆升了约4500米。高原隆升所消耗的物质量占不到高原缩短所产生的物质量的一半，那么其余的物质到哪儿去了？是以什么方式消失的？青藏高原动力学研究中的一个关键问题就是要为这些剩余物质寻找一种或几种合理的出路。为此，人们提出了诸如“块体挤出”[1, 2]、“连续流变”[3, 4]、“下地壳流”[5~7]等多种假设。其中多数观点认为物质的东移是青藏高原在隆升过程中能够保持基本均衡的主要原因，但在物质移动的方式上存在不同看法。换句话说，青藏高原隆升机制研究中存在争议的一个焦点问题就是关于岩石圈的变形方式。但无论哪种假说都缺少深部地球物理观测证据的支持，解决这一问题的根本出路在于对岩石圈的结构和物质状态的认知。为此，我们在东喜马拉雅构造结及周围地区实施了连续6年的大地电磁（MT）观测，获得了青藏高原东部岩石圈电性结构的基本信息。结果发现，在所有观测剖面上，都存在两个壳内低阻异常体（图1中的A、B），如果把这些低阻异常体放置在平面上，将可以连成环绕东构造结的两条巨大的中下地壳低阻异常带（图2）。理论分析认为这是两条中下地壳的弱物质流：一条从拉萨地块沿雅鲁藏布缝合带向东延伸，

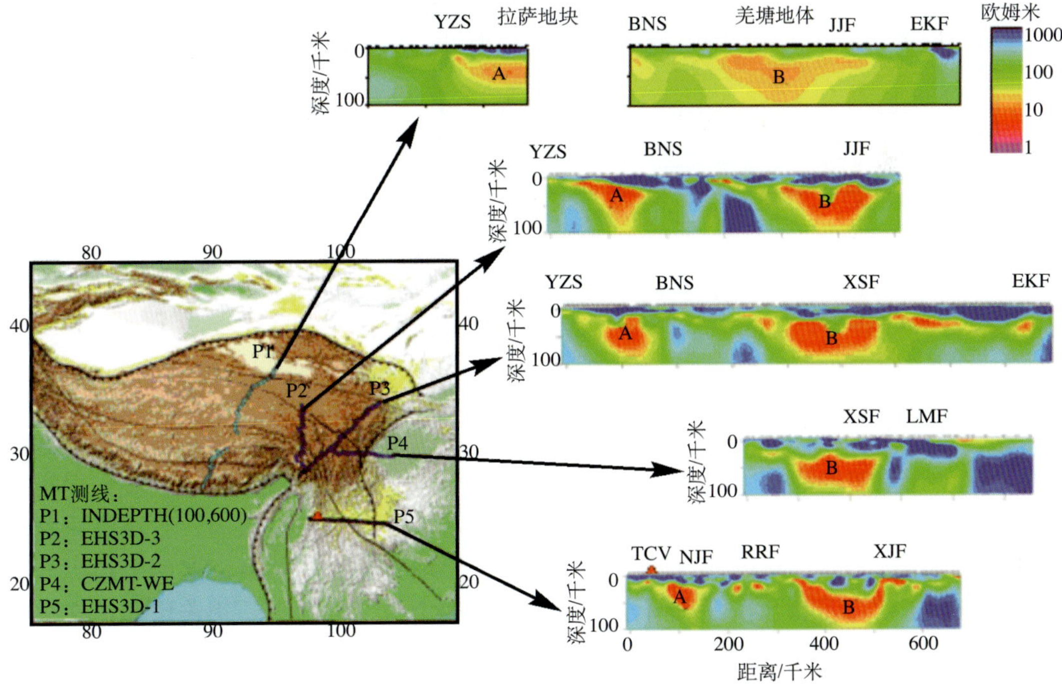

图1 东喜马拉雅构造结及周围地区的大地电磁探测结果

注：YZS：雅鲁藏布缝合带；BNS：班公湖–怒江缝合带；JJF：金沙江断裂；EKF：东昆仑断裂；XSF：鲜水河断裂；LMF：龙门山断裂；RRF：红河断裂；XJF：小江断裂；NJF：怒江断裂；TCV：腾冲火山。P1: INDEPTH-MT 100线和600线的结果; P2-P5: EHS3D项目的结果。A、B表示两个壳内低阻异常体，为地壳弱物质流的反映。

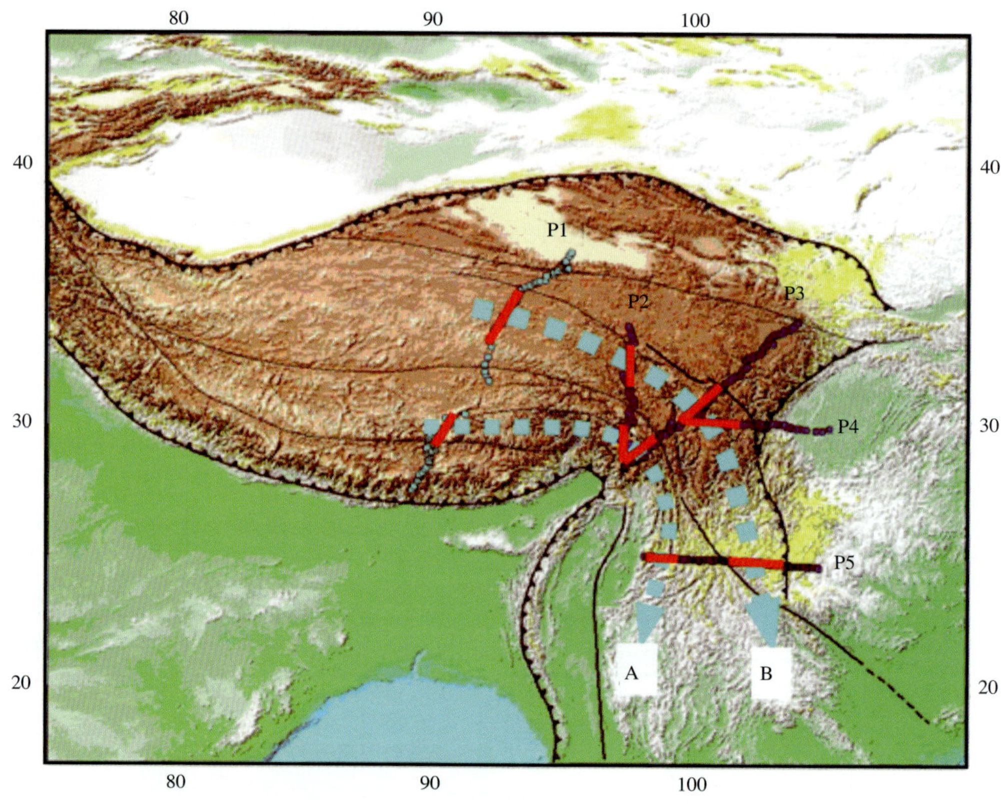

图 2　根据MT结果推测的青藏高原东部地壳流的空间分布

注：天蓝色虚线表示两条地壳流的分布位置，与图1中的A、B对应，箭头表示地壳流方向；红色线段表示低阻异常体的位置；P1~P5为MT测线。

环绕东喜马拉雅构造结向南转折，最后通过腾冲火山；另一条从羌塘地体沿金沙江断裂带、鲜水河断裂带向东延伸，在四川盆地西缘向南转折，最后通过小江断裂和红河断裂之间的川滇菱形块体（图2）。结合地面地质构造以及GPS观测结果，我们提出了青藏高原岩石圈“双地壳流+边界剪切”变形的新模式。该模型认为，青藏高原深部以两个中下地壳弱物质流的快速塑性变形为主，上地壳则以块体沿南北两个边界断层（即雅鲁藏布缝合带和金沙江—鲜水河断裂带）的走滑变形为主。相关研究论文发表在2010年5月的《自然·地球科学》[*Nature Geoscience*，3(5): 358~362]上。

该项成果的意义在于：①在理论上有助于青藏高原动力学的定量研究。比如，根据地壳流的空间形态和物性状态（电阻率）可计算出从地表到上地幔的横向形变速率[8]，从而把浅层的刚性块体滑移与深层的塑性流变两种变形机制有机地统一起来。GPS观测和地面活断层研究表明，青藏高原东缘的地面向东的位移量非常有限

（<5毫米/年），块体沿断层的走滑作用不足以消耗高原缩短所产生的剩余物质，因而不支持块体挤出的结论。但如果深部变形是以弱物质的塑性流动的方式进行，那么上述GPS观测所提出的问题将可得到比较合理的解答。换句话说，地壳流消耗了大部分高原缩短所产生的剩余物质，从而保证了高原隆升过程中物质分配的基本均衡。②青藏高原地壳流主要集中在南北两条带内（图2中的A、B），而不是以前所认为的普遍存在于高原中部[6]。这一点对解释为什么青藏高原东部及川滇西部地区的构造活动（如地震活动和成矿作用等）具有明显的条带性提供了一条新的思路。③为今后三维理论模型的研究奠定了基础。

本项研究所提出的地壳流模型（crustal flow）与前人的管流/下地壳流模型（channel flow/lower crustal flow）[5~7] 具有相似之处，也有不同的地方。相似之处在于这几种模型都认为青藏高原中下地壳存在低黏性的弱物质。不同之处在于：罗伊登（Royden）模型和博蒙特（Beaumont）模型均证明高原中下地壳存在弱物质层的情况下，上下地壳将发生解耦现象，通过挤压褶皱等过程，可以形成青藏高原现今的地面构造形态。特别是Royden模型并不承认高原物质的向东移动。Beaumont模型证明高原在侧向挤压缩短的情况下，地壳内的弱物质将沿边界断层发生塑性挤出，从而引起高原周围的造山和剥蚀，形成高原现今的构造格局。这两个模型都没有涉及青藏高原中下地壳弱物质在有限空间呈条带状分布的情况，也没有阐述管流的横向东流以及对高原剩余物质的消耗作用。克拉克（Clark）模型承认了地壳流的远距离运移作用，认为地壳流的主体分布于高原中部，在四川盆地西缘分为两支，一支向东南流入滇西地区，另一支向东北流入华北克拉通之下。我们目前的结果还没有发现地壳物质向东北流入华北克拉通的确凿证据。如果把管流模型和我们提出的地壳流进行客观评论的话，可以认为管流是在当时有限观测资料的基础上，以简化的概念性模型论证了青藏高原壳内弱物质存在的可能性及其在高原隆升过程中的作用，为青藏高原隆升机制的研究开辟了一条新的途径。本文的地壳流则是在管流概念的启发下，以实际观测资料为依据，具体刻画了壳内弱物质的空间分布形态、位置及大小，指出了弱物质分布的不均匀性以及在局部空间的快速流动和对高原剩余物质的消耗作用，在解释已经发生的构造现象和预测未来的构造活动（如地震活动、深部成矿等）等方面具有一定的实际意义。

参 考 文 献

1 Peltzer G, Tapponnier P. Formation and evolution of strike-slip faults, rifts, and basins during the India-Asia collision: an experimental approach. JGR, 1988, 93: 15085~15117

2 Paul Tapponnier, Xu Zhiqin, Francüoise Roger, et al. Oblique stepwise rise and growth of the Tibet Plateau. Science, 2001, 294: 1671~1677

3 Philip England, Peter Molnar. Active deformation of Asia: from kinematics to dynamics. Science, 1997, 278: 647~650

4 Zhang Peizhen, Shen Zhengkang, Wang Min, et al. Continuous deformation of the Tibetan Plateau from global positioning system data. Geology, 2004, 32(9): 809~812

5 Leigh H Royden, Clark Burchfiel B, Robert W King, et al. Surface deformation and lower crustal flow in eastern Tibet. Science, 1997, 276: 788~790

6 Marin K Clark, Leigh H Royden. Topographic ooze: building the eastern margin of Tibet by lower crustal flow. Geology, 2000, 28(8): 703~706

7 Beaumont C, Jamieson R A, Nguyen M H, et al. Himalayan tectonics explained by extrusion of a low-viscosity crustal channel coupled to focused surface denudation. Nature, 2001, 414(13): 738~742

8 Dennis Rippea, Martyn Unsworth. Quantifying crustal flow in Tibet with magnetotelluric data. Physics of the Earth and planetary Interiors, 2010, 179: 107~121

Crustal Flow Beneath Eastern Tibetan Plateau and Its Tectonic Significance

Bai Denghai, Teng Jiwen, Ma Xiaobing, Kong Xiangru

A primary electrical model is suggested by the MT data of 6 years measurements. The model shows two large-scale crustal flow channels in eastern Tibet and southwest China around the eastern Himalayan Syntax (EHS): One flow (A) comes from Lhasa block and extends eastward along the Yalun-Zangbo suture, then turns southward around the EHS, finally goes through the Tengchong volcano. The other flow (B) comes from Qiangtang terrain and extends eastward along the Jinshajiang-Xianshuihe fault belt, then turns southeast on the west margin of Sichuan basin, finally goes into the rhombic block confined by the Red River and Xiaojiang faults. It is proposed that the mechanism of the deformation of lithosphere in eastern Tibetan plateau can be described by the slip of rigid blocks in the upper crust and viscous flows in mid-lower crust. These findings can contribute to the quantitative study of uplift of plateaux. The resulted model will also be helpful for explaining the occurrence of earthquakes in eastern Tibet and southwest China.

中国科学院地质与地球物理研究所研究人员通过对东喜马拉雅构造结及周围地区连续6年的大地电磁观测，发现在青藏高原东部存在两条巨大的中下地壳低阻异常带，理论计算显示这是两条中下地壳的弱物质流。研究人员认为青藏高原深部以两个地壳弱物质流的快速塑性变形为主，上地壳则以块体的走滑变形为主。该模型有助于对青藏高原动力学的定量研究以及对高原东部和滇川西部地区地震活动机制的分析。相关研究成果发表在《自然·地球科学》（*Nature Geoscience*）杂志上。

4.25 氮肥过量施用导致我国主要农田土壤发生显著酸化

郭景恒　刘学军　张　瑜　沈建林　韩文轩　张卫峰　张福锁
（中国农业大学资源与环境学院）

酸度是土壤最重要的化学特征之一，影响着土壤中许多重要的化学、物理及生物过程，进而影响着土壤在生态系统中的功能。土壤酸化（常表现为土壤pH下降）能够加速营养元素流失，促进铝、锰以及重金属等元素的活化，改变土壤微生物种群及活性，影响作物根系发育和养分吸收，滋生植物病虫害，等等，从而对农业生产、生态环境和人类健康构成严重的潜在威胁。

20世纪80年代以来我国农业迅猛发展，粮食产量从1980年的3.20亿吨增加到2008年的5.29亿吨，增长了65%。与此同时，氮肥消费量却从930万吨增加到3292万吨，增长了2.5倍。长期“高投入－高产出”的集约化利用方式不仅导致土壤质量下降，同时还引起了一系列的环境问题。作为衡量土壤质量的重要指标，土壤酸度的演变趋势与驱动因子也成为农业生产和生态环境领域共同关注的焦点。由于我国土壤种类繁多且特性迥异，如何在宏观区域尺度评价我国农田土壤酸化的现状一直是相关研究的瓶颈；另外，此前“酸雨”一直被认为是造成土壤酸化的重要原因，在农田生态系统中集约化土地利用与“酸雨”对土壤酸化贡献的相对重要性同样亟待厘定。

我们研究组将土壤地理分区的概念与大样本统计分析相结合，从宏观区域尺度系统对比过去20年来我国主要农田土壤pH的变化趋势，通过科学计算对典型种植体系各因素的土壤酸化潜势进行系统评估，主要研究结果发表在2010年2月19日出版的《科学》杂志[1]。结果表明：①近20年来我国主要农田土壤均发生显著酸化（$p<0.01$）。各类土壤pH平均下降0.13~0.8个单位，而且高水肥投入的经济作物体系土壤酸化更为

明显。②氮肥过量施用是我国农田土壤酸化加速的首要原因。在华北冬小麦—夏玉米轮作、华南水稻—小麦轮作等“一年两熟”种植体系中氮肥施用每年所产生的酸量（20~30千摩尔/公顷）约占总产酸量的60%；蔬菜大棚等设施农业中过量施氮的年产酸量可达200千摩尔/公顷，占总产酸量的90%以上。值得注意的是，长期以来被当作土壤酸化主要原因的“酸雨”在农田土壤酸化中的贡献较小，仅为0.5~2.0千摩尔/公顷，所占份额不足10%。

自然条件下土壤酸化是一个异常缓慢的过程，如此规模的pH下降可能需要数百年甚至上千年。显然，我国过去20年来的集约化农业生产大大加速了农田土壤的酸化进程。我们的研究结果从土壤酸化的角度证明了氮肥过量施用对我国粮食生产和环境质量的巨大潜在威胁，明确了氮肥科学管理的必要性和紧迫性。2010年2月英国《自然》杂志以“Acid soil threatens Chinese farms”（土壤酸化威胁中国农民农业生产）为题对我们的结果进行了专题评述[2]。其间，科罗拉多大学生物地球化学专家汤森（Alan Townsend）用“令人震惊”（astonishing）来形容这一土壤酸化速度。与此同时，国内《科学时报》、《科技日报》等多家媒体也对此研究结果配发评论，探讨氮肥过量施用对我国粮食安全和环境质量的影响。

我国农业生产中一直存在“施肥越多越高产”的错误观念，过量施氮已成为集约化农业生产体系相当普遍的问题。20世纪80年代以来，我国氮肥用量迅猛增长，到90年代中期已成为世界氮肥生产和消费的第一大国，在占世界7%的耕地上消耗了全球35%的氮肥。目前我国氮肥产能超过需求量40%，资源和环境代价很高。而过量施用氮肥不仅导致氮肥资源的浪费，而且引起土壤酸化、温室气体排放和地下水硝酸盐污染等问题[3]。需要指出的是：这类问题不仅出现在我国，在世界各地的集约化农业生产中也普遍存在，氮肥过量施用带来的包括土壤酸化在内的一系列农业与生态环境问题在全球范围引起广泛关注[4]。有研究[5]表明，华北平原和太湖流域农田中过量施用的氮肥主要通过气体和硝酸盐的形式进入周边环境，如果采用科学的养分管理技术可以在降低氮肥用量30%~60%的条件下既保证粮食产量又不至造成氮肥污染，实现农业和环境的“双赢”。随着未来人口的刚性增长，如何在持续提高作物产量的同时，提高氮肥利用效率、优化氮肥的施用、降低不合理施氮对土壤质量和环境的负面影响，将成为国际上农业和生态环境领域共同面临的重大科学挑战。

参考文献

1 Guo J H, Liu X J, Zhang Y, et al. Significant acidification in major Chinese croplands. Science, 2010, 327: 1008~1010

2 Gilbert N. Acid soil threatens Chinese farms. Nature News.2010-02-11. http://www.nature.com/

news/2010/100211/full/news.2010.67.html

3 Zhu Z L, Chen D L. Nitrogen fertilizer use in China-contributions to food production, impacts on the environment and best management Strategies. Nutrient Cycling in Agroecosystems, 2002, 63: 117~127

4 Galloway J N, Townsend A R, Erisman J W, et al. Transformation of the nitrogen cycle: recent trends, questions, and potential solutions. Science, 2008, 320: 889~892

5 Ju X T, Xing G X, Chen X P, et al. Reducing environmental risk by improving N management in intensive Chinese agricultural systems. PNAS, 2009, 106: 2041~2046

Significant Acidification in Major Chinese Croplands Induced by Overuse of Nitrogen Fertilizer

Guo Jingheng, Liu Xuejun, Zhang Yu, Shen Jianlin, Han Wenxuan, Zhang Weifeng, Zhang Fusuo

Acidity is a master property controlling the chemical, physical and biological processes in soil. Although there are increasing reports showing soil acidification in Chinese croplands, current status and dominant driving factors remain unclear in the national scale. We collected nationwide soil pH data and long-term data sets at several sites in China to evaluate changes in soil acidity. Soil pH declined significantly ($p < 0.001$) from the 1980s to the 2000s in the major Chinese crop-production areas, especially in the cash crop systems. Processes related to nitrogen cycling released 20 to 221 kilomoles of hydrogen ion (H^+) per hectare per year in four widespread cropping systems, indicating their dominant contribution (60%~90%) to regional soil acidification. In comparison, acid deposition (0.4 to 2.0 kilomoles of H^+ per hectare per year) made a small contribution to the acidification of agricultural soils across China.

中国农业大学资源与环境学院研究人员通过研究发现，近20年来我国主要农田土壤均发生显著酸化，且氮肥过量施用是我国农田土壤酸化加速的首要原因。此项研究从土壤酸化的角度证明了氮肥过量施用对我国粮食生产和环境质量的巨大潜在威胁，明确了氮肥科学管理的必要性和紧迫性。该项研究的主要成果发表在《科学》杂志上，《自然》杂志也对该成果进行了专题评述。

4.26 化石羽毛颜色研究获重要进展

——首次发现恐龙羽毛颜色的证据

周忠和　张福成

（中国科学院古脊椎动物与古人类研究所脊椎动物进化系统学重点实验室）

近年来，大量带羽毛恐龙化石的发现有力支持了鸟类起源于恐龙的假说。然而，有关中华龙鸟（*Sinosauropteryx*）等恐龙具有的原始“毛”状结构和鸟类羽毛的关系（即是否同源），学界始终存在很大分歧[1]，成为当今鸟类及其羽毛起源研究的最后一道壁垒。另外，尽管对远古灭绝鸟类、恐龙等生物的复原由来已久，并为公众描绘了一幅幅色彩斑斓的古老生命世界，然而对它们皮肤和羽毛等外表颜色的恢复始终停留在想象的阶段，缺少严格的科学基础。

早在20世纪80年代，人们已经发现羽毛化石表面保存了若干紧密排列的微小的近球形的颗粒体，但当时被解释为成岩早期过程中覆盖在羽毛表面的细菌[2]。因此，这一发现并未引起古生物学家太多的重视。2008年，耶鲁大学的一个由雅各布（Jakob Vinther）等古生物学家和鸟类学家组成的研究团队的一项研究，提出了一个全新的解释。他们首次报道了在巴西早白垩世的化石羽毛中发现的包含真黑色素的黑色素体（*Phaeomelanosomes*）[3]。这一带有黑白条带的羽毛化石中，黑色部分是以1~2微米长的、伸长的、扁的颗粒的形式保存下来，其中含有大量的碳元素；而羽毛的白色部分

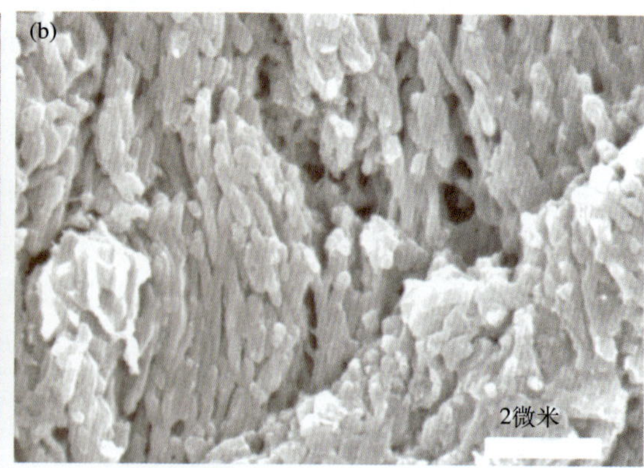

图 1　恐龙和鸟类化石羽毛的黑色素体

(a) 中华龙鸟保存的褐黑色素体；(b) 孔子鸟保存的真黑色素体

图2 中华龙鸟化石照片

则没有碳的痕迹。而且，这些微小的颗粒与现生鸟类羽毛中的黑色素，在大小、形状以及排列的方式等方面都十分相似，而在羽毛的白色部分则没有这样的结构。

2009年雅各布等又研究了德国始新世鸟类的羽毛化石，再次发现了真黑色素体（*Eumelanososmes*），进一步证实羽毛的颜色信息可以保存在化石中[4]。他们的研究发现，化石中实际上保存了许多含有黑色素体的结构，如鸟类和鱼类化石的眼睛和哺乳动物的毛发等。

张福成等长期利用环境扫描电镜和能谱等技术对热河生物群发现的鸟类和恐龙的羽毛进行微观的分析。耶鲁大学团队的工作给予我们很大的启示。最终，我们在中华龙鸟、中国鸟龙、孔子鸟（*Confuciusornis*）等化石中发现了两种黑色素体，一种为真黑色素体，另外一种为褐黑色素体；后者为在化石中的首次发现[5]。这两种物质均在现生鸟类的羽毛中普遍存在。前者主要为棒状结构，主要产生灰色和黑色等；后者主要为扁球状结构，主要产生褐色、红色及黄色等。两者大小为1微米左右。在羽毛化石中，黑色素体由于是羽毛的组成部分，伴随羽毛的羽支和羽小支等结构而呈规律性排列。相比之下，细菌由于是羽毛所受的外部浸染，大量细菌呈表面薄膜状分布，其弥漫保存状态与羽毛色素体的规律性排列方式有着显著的区别。根据与现代鸟类羽毛

图 3 中华龙鸟的彩色复原图
（赵创、邢立达绘制）

的色素体在大小、形状、结构以及排列的方式等的详细对比，我们确认所发现的这些微小结构确实代表了远古的羽毛黑色素体，排除了细菌等其他结构的可能性。

张福成等在对孔子鸟一根单独羽毛化石的研究发现，其羽毛颜色有黑色到棕色的变化。同时，在中华龙鸟尾巴的细丝状毛状物中发现褐黑色素体，而这些毛状物的相间部分没有发现色素体。因此，我们推测中华龙鸟的尾巴呈现栗色到赤褐色的条带。显然，早白垩世的这些带毛的恐龙和古鸟类的身体已经具有以灰色、褐色、黄色及红色为主要色彩的基础。

由于中华龙鸟不仅是世界上发现的第一件带羽毛的化石，而且它的“毛”状结构是否与鸟类羽毛结构同源一直存在争论。有些学者坚持认为它可能不是皮肤外的结构，而是属于皮肤内的纤维组织[1]。如果这一推论成立，将动摇鸟类起源于兽脚类恐龙学说的一个重要基石。因此张福成等的这项研究首次在亚细胞水平上证明了恐龙的“毛”状物属于皮肤衍生物，而不是皮肤内的纤维，因为黑色素体并不存在于皮肤内部的纤维结构内。因此这一研究的科学意义之一是为鸟类起源于恐龙的假说提供了最新的佐证。

另外，该项研究还首次为复原带毛恐龙身体的颜色提供了科学根据，同时也是第一次对热河生物群鸟类的羽毛颜色复原提供了科学的依据。无疑，有关早期鸟类和恐龙羽毛颜色的研究，也为从微观的层次研究羽毛的起源和演化开辟了新的途径，并为此后的相关研究提供了一个新的视野。该成果在《自然》杂志发表后立刻引起了学界和公众的极大兴趣；《科学》杂志，《纽约时报》等迅速作了新闻报道；《发现》（*Discover*）杂志将其评为了本年度世界百项科学新闻之一；《科学》杂志年终盘点也将其列入“Insights of the decades”。

当然，对远古鸟类和恐龙羽毛颜色的研究也必然引发对其他科学问题的重新认识和讨论。例如，有关带毛恐龙羽毛最初的功能，有人认为主要是用来向同伴炫耀或者吓走敌人，只是后来才衍生出了保暖、飞翔等功能；也有学者认为原始羽毛最初的功能可能还是为了调节体温，后来才有了炫耀、飞翔的功能。显然，在鸟类羽毛起源的研究中仍然存在许多未解之谜。

另外，由于现生鸟类羽毛的不同羽色与光泽主要由色素色和结构色两种因素共同作用而形成。前者主要来自色素体所包含的黑色素和溶于脂肪的脂色素两大类色素。结构色是通过羽毛表面的物理结构、复杂的凹凸沟纹、羽小支内的微小颗粒、气腔和液泡等对光线所起的折射和干涉作用而产生的色彩及其变幻，通过这种方式形成的颜色通常使羽毛具有金属光泽并且可随不同视角而变化的辉亮色泽[6]。由此可见，对灭绝动物的颜色的复原本身是一项十分复杂的工作，要准确并较为完全地复原灭绝动物的颜色还需要大量新的研究。

参 考 文 献

1 Lingham-Soliar T, Feduccia A, Wang X. A new Chinese specimen indicates that “protofeathers” in the Early Cretaceous theropod dinosaur Sinosauropteryx are degraded collagen fibres. Proceedings of the Royal Society B: Biological Sciences, 2007, (274): 1823~1829

2 Wuttke M. “Weichteil-Erhaltung” durch lithifizierte Mikroorganismen bei mittel-eozänen Vetebraten aus den Ölschiefern der “Grube Messel” bei Darmstadt. Senckenbergiana Lethaea, 1983, (64): 509~527

3 Vinther J, Briggs D E G, Prum R O, et al. The colour of fossil feathers. Biology Letters, 2008, (4): 522~525

4 Vinther J, Briggs D E G, Clarke J, et al. Structural coloration in a fossil feather. Biology Letters, 2009, (6) 6: 128~131

5 Zhang F, Kearns S L, Orr P J, et al. Fossilised melanosomes and the colour of cretaceous dinosaurs and birds. Nature, 2010, (463): 1075~1078

6 郑光美. 鸟类学. 北京：北京师范大学出版社，1996

Progress on the Study of Colors of Fossil Feathers

—First Evidence from Feathered Dinosaurs

Zhou Zhonghe, Zhang Fucheng

We used SEM and energy-dispersive X-ray microanalysis (EDX) to identify both eumelanosomes and phaeomelanosomes in birds and feathered dinosaurs from the Early Cretaceous Jehol Biota of northeast China. *Phaeomelanosomes* were discovered for the first time in fossil record. This work provided empirical evidence not only in support of the homology of protofeathers of *Sinosauropteryx* and those of birds, and the hypothesis of the dinosaurian origin of birds, but also for reconstructing the colors and color patterning of these extinct birds and theropod dinosaurs.

利用环境扫描电镜和能谱等技术，中国科学院古脊椎动物与古人类研究所研究人员在我国东北地区早白垩世热河生物群的古鸟类和恐龙羽毛中发现了两种黑色素体。其中，褐黑色素体为化石中首次发现。该发现不仅首次从微观层次支持了恐龙原始羽毛和鸟类羽毛同缘的假说，从而有力支持了鸟类起源于恐龙的假说，而且也为羽毛起源研究以及科学复原恐龙和古鸟类羽毛的颜色提供了新的证据。该成果在《自然》杂志发表后立刻引起了学界和公众的极大兴趣，美国《发现》杂志将其评为本年度世界百项科学新闻之一，《科学》杂志年终盘点也将其列入“Insights of the decades”。

第五章

Science Topics of Public Interest

5.1 首例“人造细胞”诞生的影响与启示

孙明伟[1,2] 高 福[1,2,3]

（1 中国科学院病原微生物与免疫学重点实验室，2 中国科学技术大学生命科学学院，
3 中国科学院北京生命科学研究院）

生命从何如来？一直是人类亘古不变的哲学命题。上帝造物论虽早已被科学界所摈弃，但生命是否可以被人工制造，仍然颇具争议。2010年5月，克雷格·文特尔（J. Craig Venter）等人刊登在美国《科学》杂志上的文章再次将“人造生命”推上了舆论的风口浪尖。文章报道了文特尔和他的研究小组在其私人研究机构中创造出了世界上首个“人造细胞”，实现了合成生物学领域的一次突破[1]。

一、“人造生命”发展简史

虽然合成生物学作为一门学科产生的时间并不长，但科学界对于生物合成的实践已经有两个世纪的历史了。早在19世纪人们就开始用各种方法合成尿素、核苷酸和氨基酸等有机物，而20世纪60年代开始的对于核酸和蛋白质等生物大分子的人工合成也为人们后来尝试合成生命体奠定了基础：1965年，我国人工合成了结晶牛胰岛素，这是世界上首次人工合成蛋白质，也是当时人工合成的具有生物活力的最大的天然有机化合物[2]；此后我国又于1981年在世界上最早用人工方法合成了具有与天然分子相同化学结构和完整生物活性的核糖核酸——酵母丙氨酸转移核糖核酸[3]。这一点，我国科研工作者在合成生物学发展的道路上功不可没。近年来，随着基因组数据库的日益丰富，基因合成的效率越来越高，其成本也逐渐降低。因此，在前人的基础上，科学家们也开始尝试合成完整的基因组并将其组装成有功能的生命体。

2002年，纽约州立大学的研究小组利用RNA聚合酶进行体外转录，制造了历史上第一个人工合成的病毒——脊髓灰质炎病毒[4]。这一工作开创了以无生命的化合物合成感染性病毒的先河。2008年，美国贝克尔（Michelle M. Becker）等设计并合成了蝙

蝠体内的重组SARS样冠状病毒基因组，并能成功感染了体外培养的细胞及小鼠[5]。这一近3万个碱基对的RNA序列是当时合成的最大的可以自我复制的基因组。

举世瞩目的国际人类基因组计划完成以后，曾让全世界为之震惊的“科学怪人”克雷格·文特尔也将兴趣转向人造生命。他在2003年与诺贝尔奖获得者哈密尔顿·史密斯（Hamilton O. Smith）合作，仅用了两周时间便合成了噬菌体ϕX174的基因组，该病毒只有11个基因（5386个碱基对），但将合成的基因组DNA注入宿主细胞时，细胞的反应如同感染了真正的ϕX174噬菌体一样[6]。

2007年8月，文特尔的团队已经能够将蕈状支原体（一种单细胞原核生物）的整个基因组分离为“裸露”的DNA并将其移植入山羊支原体（与前者不同但相近的另一种单细胞生物）中，实现了不同物种间的基因组转输[7]。之后文特尔又领导一个17人小组首次尝试人工合成细胞基因组，最终在2008年成功地利用酵母细胞的同源重组完成了生殖支原体的全基因组合成，创造了当时世界上最大的人工合成的DNA组织（582 970个碱基对）[8]。2010年，文特尔的团队又将以上两种技术合而为一，将人工合成的蕈状支原体基因组转输到一个山羊支原体细胞内，使合成细胞表现出前者的生命特性，从而创造了世界首例人造细胞“Synthia”（合成体）[1]。

文特尔等人的工作首次将合成生命的对象推广到原核生物，实现了合成生物学在细胞基因组水平的突破。但严格地讲，“人造细胞”却也只有遗传物质由人工合成，其他组分均来自于已有的生命形式。人造细胞“Synthia”唯一非天然的部分便是它依照蕈状支原体合成的基因组，而这个大约具有1兆个碱基对的基因组也是先经过化学合成为一千条具有1000个左右碱基对的片段，然后利用酵母细胞中的微环境将这些片段逐步拼接起来的。也就是说，真核酵母才是这场表演的真正主角，即使最小的细胞基因组限于目前的技术水平，仅靠化学合成仍然是不能完成的。因此，这个“人造细胞”也只能算作是“半合成”。目前的人造生命不可能完全脱离其天然范本和细胞环境，这也是现阶段合成生物学主要的技术困扰之一。

二、合成生物学所带来的影响

首例“人造细胞”的横空出世，也使得许多一直以来颇具争议的问题备受关注。这其中更多的是来自于伦理学和生物安全的恐惧和担忧——随着合成生物学技术的不断进步，将来人类是否可以随意创造出地球上不存在的生命个体？答案如果是肯定的，那么真正的人造生命离我们究竟还有多远?

合成生物学这一新兴学科正在蓬勃发展，并逐渐展现出其巨大的潜力以及广阔的前景，但是它们背后令人困扰的问题也着实令许多研究者进退维谷。他们所担心的正是对某些人工合成的微生物有意或无意的误用，让一些具有致病感染性的病菌威胁人类和其他生物的生存，而且这些后果都是难以预知和控制的；倘若合成生物技术再被用于制造生物武器，更会危害到社会乃至国家的安全。因而有人指责文特尔的工作是打开了“潘多拉的魔盒”。殊不知，人工合成基因组只是生命合成的第一步，还需要一个合适的细胞来为它提供适合的环境以促进它的培育与生长，而这要比合成一个基因组困难得多！目前，系统生物学和生物信息学等学科还处在起步阶段，基因组研究所取得的重要成果和海量数据还无法完全发挥效用，从而制约着生物技术手段的进步，使得合成一个完整的细胞绝非易事。由此看来，对于人造生命技术，人类还有很长的路要走。

相比之下，合成生物学的贡献和前景已是有目共睹，合理开展生物合成研究，将极大地推动经济与社会的发展。在一定的监督和对风险的评估下，该学科定会向着对全人类有益的方向发展，在未来会有更多合成生物学的发明创造在能源、环境、资源、健康等领域得到应用。有专家预言：合成生物学将带来人类历史上的第三次工业革命。随着基因组数据库的日益丰富，生物信息学、基因与蛋白质组学等领域的进步，新的技术方法、更高的效率以及更低的成本将推动合成生物学在更多学科和领域中实现从局部向整体、由分散到系统的多元化发展[9]。我们期待生物合成的成果在新能源开发、环境检测和治理以及疾病治疗中大显身手[10]。

三、“人造细胞”背后的启示

我国科学工作者自20世纪70年代以来大力推进基因工程、蛋白质工程和代谢工程等技术的发展。近年来，基因组学、生物信息学以及系统生物学的研究工作日新月异。2009年6月，中国科学院发布了《创新2050：科技革命与中国的未来》战略研究系列报告，300多位专家经过一年多研究指出了可能出现革命性突破的4个基本科学问题，其中就包括“人造生命和合成生物学”。我国合成生物学所需的相关支撑技术方面的研究并不落后于国际主流水平，诸如大规模测序、代谢工程技术、微生物学、酶学、生物信息学等方面均有良好的研究与应用基础。如何对现有研究力量进行整合，充分发挥在相关领域已有的良好研究基础，从医药、能源和环境等重大产业入手，抓住合成生物学的核心科学问题，创建可控合成、功能导向的新代谢网络和新生物体，从而引领中国合成生物学的原创研究和自主创新，是目前值得思考的问题。

生物产业是当今世界正在快速兴起的战略性新兴高技术产业，对解决人类社会面临的资源、环境、健康、食品等生存问题具有重大支撑作用，已经成为世界上发达国家和许多发展中国家经济社会发展的战略重点。在当前全球资源匮乏、能源短缺、环境污染日益严重的局势下，应用合成生物学等现代生物技术对传统工业技术进行改造正是一种达到高效、节能、低污染的生产手段。我国人口众多，人均资源少，在加快工业化、城市化、现代化的进程中面临巨大的人口、资源与环境压力。因此，贯彻落实科学发展观，坚持以人为本，全面建设小康社会，同样迫切需要大力发展合成生物产业[10]。

综上所述，我们亟待（有条件）拓展合成生物学的研究领域，发展合成生物学技术，并将其服务于我国科技发展和社会经济的方方面面。同时，合成生物学也是一把双刃剑，掌握不当就会产生负面影响。我们必须早作准备，从开始介入就应该在生物安全、伦理、知识产权等方面建立必要的法规和制度，只要能够进行规范管理和合理引导，通过立法、监督等形式限制负面因素的发展，相信合成生物学技术必将为我国的繁荣发展做出更大的贡献。

参考文献

1 Gibson D G, Glass J I, Lartigue C, et al. Creation of a bacterial cell controlled by a chemically synthesized genome. Science, 2010, 329(5987): 52~56

2 龚岳亭， 杜雨苍， 黄惟德等. 结晶牛胰岛素的全合成. 科学通报, 1965, 10: 941

3 中国科学院上海生物化学研究所等. 酵母丙氨酸转移核糖核酸的全合成. 科学通报，1982, 27: 106

4 Cello J, Paul A V, Wimmer E. Chemical synthesis of poliovirus cDNA: generation of infectious virus in the absence of natural template. Science, 2002, 297(5583): 1016~1018

5 Becker M M, Graham R L, Donaldson E F, et al. Synthetic recombinant bat SARS-like coronavirus is infectious in cultured cells and in mice. Proc Natl Acad Sci USA, 2008, 105(50):19944~19949

6 Smith H O, Hutchison C A, Pfannkoch C, et al. Generating a synthetic genome by whole genome assembly: phiX174 bacteriophage from synthetic oligonucleotides. Proc Natl Acad Sci USA, 2003, 100(26):15440~15445

7 Lartigue C, Glass J I, Alperovich N, et al. Genome transplantation in bacteria: changing one species to another. Science, 2007, 317(5838): 632~638

8 Gibson D G, Benders G A, Andrews-Pfannkoch C, et al. Complete chemical synthesis, assembly, and cloning of a Mycoplasma genitalium genome. Science, 2008, 319(5867): 1215~1220

9 孙明伟，李寅，高福. 从人类基因组到人造生命：克雷格·文特尔领路生命科学. 生物工程学报，2010, 26(6): 697~706

10 孙明伟，王勇，高福等. 合成生物学研究. 载：中国生物产业发展报告2010. 北京：化学工业出版社，2010

First Artificial Cell and Its Implications

Sun Mingwei, Gao Fu

The scientists form J. Craig Venter Institute have, for the first time, created a self-replicating synthetic cell, "Synthia", in 2010. In the post-genome era, we believe the advancement of synthetic biology that might affect or change the future life of human being will be widely used in energy, environment, materials, medicine and many other fields. And the industry of synthetic biology should be greatly promoted and developed in China while the problem concerning biosecurity, biosafety and ethics must also be considered from the very beginning.

5.2 气候变化对中国农业的影响及适应与应对

林而达

（中国农业科学院农业环境与可持续发展研究所）

世界气候系统变暖已被多数人认可，许多自然系统正受到区域气候变化，特别是温度升高的影响；由于适应和非气候驱动因子作用，一些影响尚难以完全辨别，但气候变化对中国农业的不利甚至严重影响也正在显现，中国的农业是在克服了越来越严重的灾害影响后才连续增产的，因此不要轻易说暖气候对中国农业的发展是有利的。

一、中国农业面临的主要气候变化问题与影响

2020年中国的农业面临再增产500亿千克粮食和为单位GDP减少40%~45%CO_2排放作贡献的双重任务，同时也在适应气候变化方面面临着巨大挑战：一是气象灾害的绝对损失快速增长，已经由20世纪90年代初的每年1000亿元增加到近年来的2500亿元，农民的家庭收入损失加大。保障粮食增产、农民增收需增强灌溉能力，改造中低产田，提高化肥、保护性耕作和综合机械化水平，以及加快农村生活用能商品化程度，都不可避免地要增加能源消费和CO_2排放。二是环境问题突出，农村燃煤产生的SO_2和CO_2排放量持续增长，秸秆和薪柴燃烧成为重要污染源，城乡居民要求改善的呼声甚高。三是农村是最容易受气候变化不利影响的地区，农业的防灾减灾成本呈增大的趋势。

二、气候变化对中国农业不利影响的科学依据

1. 农作物的生育期缩短，造成正常发育作物的产量下降

据国内外实验研究，作物生育期气温每升高1℃，水稻生育期日数平均缩短7~8天，冬小麦生育期日数可缩短10天以上，从而减少了光合作用积累干物质的时间，会抵消自身因生长期延长的正效果。水稻，平均夜间最低温度每升高1℃，产量就下降4.5%~10%[1]，小麦生育期缩短，除非能避开后期干热风，否则也要相应减产。

而CO_2浓度升高产生的正效应只有在光照、水分、营养状况等条件满足时才能体现,某些品种的C3作物产量将因此约提高5%~10%左右，C4作物可提高0~5%。但同时质量下降，小麦蛋白质含量降低3%~5%，大豆氨基酸和粗蛋白含量分别下降了2%和1%，水稻中对人体很重要的Fe 和Zn 元素也会下降。

因冬暖而引起的冬小麦在我国东北、西北的北移西扩，因效益不高而没有大面积推广；而近些年玉米产量跨越式的增长首先应归功于密植等新技术，其次与变暖使高产晚熟品种种植面积增长迅速有关，但早霜冻危害晚熟玉米的风险依然存在。

变暖已导致我国华北、西南等地区一直以来广泛种植的强冬性冬小麦品种，因冬季无法经历足够的寒冷期以满足春化作用对低温的要求，不得不被半冬性甚至弱春性小麦品种所取代，从而提前进入拔节期，因此，常常会受到倒春寒的侵袭，从而严重影响小麦产量。

东北地区高产的水稻面积扩大与气候变暖有直接关系。但也有数据表明，单从水稻来看，每10年面积扩大37%，单产却降低4.6%[2]

双季稻扩展范围并没有预期的那么大，浙江省平均向北移动47千米，安徽省平均向北移动34千米，湖北省和湖南省平均向北移动60千米。

2. 气象灾害的影响加大，旱涝冰冻灾害成为增产增收的主要威胁

随着气候变暖，地方气候波动加大，农作物受灾或绝收面积都在增加，农业设施损毁情况也比较严重。

3. 农作物生长的水分需求增加，灌溉效率下降

观测和试验的数据都表明，在升温1℃的条件下，农作物的需水量要增加10%，从而使灌溉效率下降，需要更多的灌溉水才能满足需要[3]。

4. 病虫害发生规律变化，防治难度加大

我国农业产值因病虫害造成的损失约为农业总产值的20%~25%。气候变暖加剧

了病虫害的流行，北方地区出现一些以前没有或是较少的病虫害，尤其是春、秋发生的种类、数量、面积较过去增加。小麦赤霉病已从长江中、下游扩展到黄淮流域和陕西关中灌区。青海东部农业区农药的消费量10年增加了一倍。2007年四川省稻飞虱大范围暴发，从广西等地迁入并首次越过了长江，其成因与气候变暖有着密切关系。但也有一些作物病虫害随气候变化表现比较复杂，甚至还有减弱趋势，如麦蚜虫、小麦红蜘蛛。

三、未来气候变化对中国农业的可能影响

用气候模式驱动作物影响模式比较前后结果，是预测气候变化对粮食生产影响的科学方法。对我国未来20~40年主要作物产量变化的模拟，国内外学者没有实质性不同，但考虑的因素不一样，其结果也有差异：在综合考虑上述温度对作物生育期缩短、需水量增加的负面影响，以及CO_2浓度对光合作用正面影响的条件下，未来主要粮食单产在预计技术进步年增长 1 %的基础上下降趋势基本确定，程度有不确定性，2030年可达最高单产的5%~10%，之后最大可达13%~24%。图1是5个国际农业经济模型预测的全球粮价因气候变化引发的长期上涨趋势，都表明在全球平均升温3℃以上全球粮食可能因供小于求而价格持续上涨。这种可能趋势对中国粮食安全的影响不可低估。

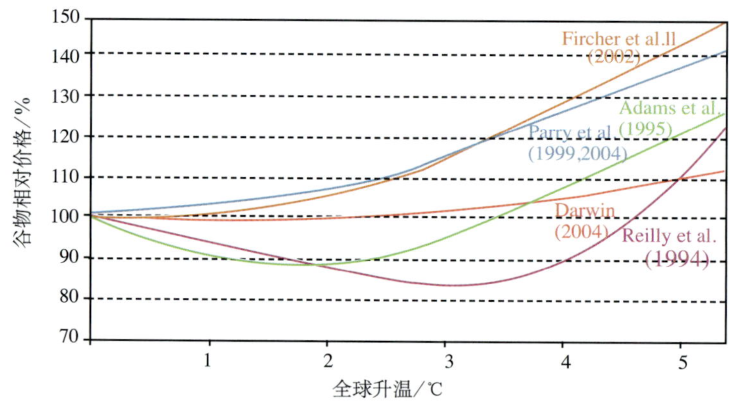

图1　全球粮食价格对全球平均温度变化的反应[3]

四、适应与应对

为了应对气候变化对我国农业生产的影响， 建议：“十二五”期间要将统筹解决农村能源环境和增强减灾应对气候变化能力，纳入新增500亿千克粮食生产和新农村建设的战略任务之中，采取综合措施，强化管理，改善农村防灾减灾适应气候变化的效果；建立健全农村节能减排技术服务体系，发展低碳高效农业，并鼓励农村适应气候

变化新技术的开发。

（1）提升农村能源发展在国家能源与应对气候变化战略中的地位。加快对农村电网的改造并提高电网效率。加强节能和新能源技术及产品的研发，把农村生物质利用设施建设，特别是大中型沼气发电工程，纳入国家农业基础设施建设计划。

（2）提高农民和农村地区适应气候变化的能力。建立区域气候变化影响监测和早期预警系统，进一步增加农业、农村防灾减灾投入，把农业灾害损失率控制在GDP的1%以下；增加农民收入途径，规避气候风险，逐步开发农业适应气候变化产业并增加农村从业人员。

（3）优化土地利用，支持发展低碳高效农业，引入新的农村碳汇补偿机制，实现2020年农业增汇、减排的潜力2.8亿吨CO_2/年和2亿吨CO_2当量/年。逐步建立支持国家自主性碳减排的市场机制，并帮助消除贫困目标的实现。

参 考 文 献

1 Peng S B, Jianliang H, Sheehy J E. Rice yields decline with higher night temperature from global warming. PNAS, 2004, 101: 9971~9975

2 方福平，潘文博.我国东北三省水稻生产发展研究.农业经济问题，2008, 6: 92~95

3 IPCC. Climate Change 2007: Impacts, Adaptation and Vulnerability. Contribution of Working Group II to the Fourth Assessment Report of the Intergovernmental Panel on Climate Change. Cambridge: Cambridge University Press, 2007

The Impacts of Climate Change on China's Agriculture and Recomendations for Adaptation and Coping Strategies

Lin Erda

The adverse impacts of climate change on China's agriculture have been discussed. It is pointed out that recent continuous good harvests were gotten after overcoming impacts of increasing climate disasters. It is recommended that we make an overall plan on solving rural energy and environmental problems and enhancing disaster reduction ability.

5.3 泥石流的形成条件、发生规律及在我国的分布

韦方强 谢 洪
（中国科学院水利部成都山地灾害与环境研究所）

泥石流是山区常见的一种自然现象，是一种极端的水土流失形式，当其危及人类生命、财产和资源安全时便成为自然灾害。泥石流主要由降水、冰川（雪）融水或溃决洪水诱发而成，往往与山洪、滑坡、崩塌和堰塞湖等形成灾害链，具有突发性和强破坏性特点，极易造成重大人员伤亡和财产损失。

一、泥石流的形成条件

泥石流的形成需要三个条件：物质条件、能量条件和水源条件。

物质条件是泥石流形成的基础，只有在山坡或沟道内积累了一定量松散固体物质才能形成泥石流。松散固体物质的形成和积累受众多因素影响。地质和地形是控制松散固体物质形成和积累的关键因素；气候影响着岩石的风化，对松散固体物质的形成具有一定影响；植被覆盖和土地利用方式从多方面影响松散固体物质的形成和积累。人类活动对松散固体物质的形成和积累具有两面性，合理的人类活动会减少松散固体物质的形成，反之会加快松散固体物质的形成和积累。

能量条件是泥石流形成的关键，决定了山坡或沟道内松散固体物质能否被启动并运动一定距离。能量条件一般由地形条件所控制。山坡或流域的地形高差决定了泥石流形成区松散固体物质的总能量（势能），山坡坡度或沟道坡度决定了能量转化（势能转化为动能）梯度，两者共同控制了松散固体物质能否会启动，以及启动后的运动速度和运动距离。

水源是泥石流的激发条件，同时水还是泥石流体的重要组成部分，大量的水作用于山坡或沟道，改变了山坡或沟道内松散固体物质的物理特性，并在水动力或水压力作用下使松散固体物质失稳而激发成泥石流。水源条件一般有三种：一是大气降水（主要是暴雨）；二是冰川或冰雪融水；三是溃决水流（包括人工和天然库坝的溃决）。世界上绝大部分泥石流由暴雨激发而成。

二、泥石流的发生规律

泥石流发生具有突发性、周期性和夜发性特点，并存在很大的区域差异性。

（1）泥石流多由强降水激发而成，其暴发突然，历时短暂，发生前兆不明显。非专业人员很难对泥石流的发生做出准确而及时的判断，这是泥石流易造成严重灾害的原因之一。

（2）泥石流发生具有一定的周期性，这主要与松散固体物质积累过程有关，一次泥石流过程往往把形成区的大部分松散固体物质携带到下游，需要一定时间才能积累到足够物质而再次形成泥石流。泥石流周期性暴发还与地震和暴雨等的周期性发生有关[2]。

（3）因大部分泥石流由降水诱发，而受山区地形等因素影响，山区强降水多发生在夜间，导致泥石流具有夜发性。据统计，有80%以上泥石流发生在夜间[1]，这也是泥石流往往造成人员伤亡的原因之一。

（4）泥石流在绝大部分山区都有发生，具有非地带性。不同区域的地质地貌、气候、植被、水文等条件具有明显差异，导致泥石流发生也存在明显的区域差异，如流体特征、发生规模、激发雨量、发生频率等。显著的区域差异性给泥石流灾害评估、预测预报、监测预警和工程防治及其标准的制定造成很大困难。

三、我国的泥石流分布与危害

我国是世界上受泥石流危害最严重的国家之一，泥石流分布十分广泛。据初步统计，在全国约950个县市分布有8万余条泥石流沟，其中灾害性泥石流沟11 000多条，危害严重的约8500余条（图1），山区约有7400万人不同程度地受到泥石流灾害的威胁，每年都有大量人员伤亡和财产损失。

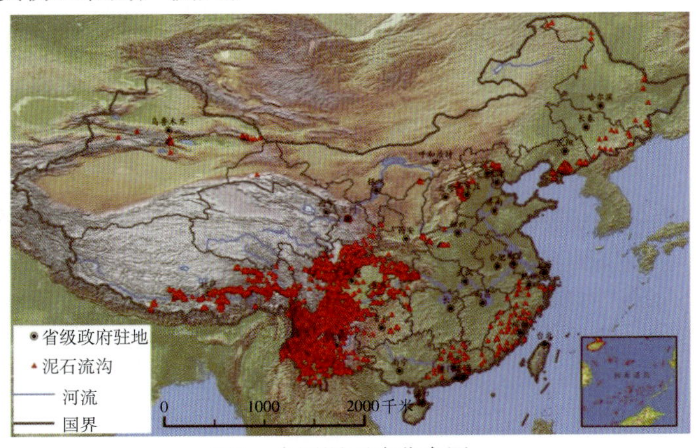

图1 全国泥石流分布图

1. 泥石流的分布

受泥石流形成三大条件的控制，泥石流的分布具有很强的规律性，主要分布在大的地貌单元过渡地带、河流深切割区域、新构造运动强烈和地震多发区。在我国，大体上以大兴安岭—燕山—太行山—巫山—雪峰山为界，此界线以西，即我国地貌的第一、二级阶梯，包括广阔的高原、深切的高山、极高山和中山区，是泥石流发育、分布最集中的地区[1]，其中，西南山区（川、滇、陇南、陕南、藏东南等）是我国泥石流灾害分布最多的地区，其灾害类型之多、分布之密集、暴发之频繁、规模之大、危害之严重，在全球均属少见。此界线以东，为地貌最低一级阶梯，多为低山、丘陵、平原，除辽东南和东南沿海的低山丘陵区泥石流分布较多外，其余地区分布零星，灾害较少。此外，在黄土高原区有较多的黄土泥流分布。

2. 泥石流的危害

我国绝大部分地区为东南季风区，降水主要集中在6~9月，并且多以暴雨形式出现，导致泥石流暴发频繁，每年都有大量泥石流灾害发生，对山区城镇、工矿、交通干线、水利水电工程、村庄、农田以及人民生命财产安全等造成严重危害。

全国类似甘肃舟曲这种直接受泥石流危害的县级及以上城镇就多达150余座，乡镇级城镇更是多达上千座，造成重大人员伤亡和财产损失的灾害时有发生。新中国成立以来，省会城市中的兰州、西宁、太原、重庆都已遭受过泥石流的直接危害[3]，已有86个县级城镇遭受334次严重的泥石流灾害，仅2010年8月8日舟曲山洪泥石流就造成1765人遇难和失踪。

包括成昆铁路、宝成铁路、川藏公路、滇藏公路等在内的70%的山区交通干线遭受山洪、泥石流、滑坡严重威胁。每年都有大量道路因灾断道，其中，1981年利子依达沟泥石流造成成昆铁路铁路桥梁毁坏，旅客列车颠覆，造成重大人员伤亡，中断行车15天。2010年6月15日以来，鹰（潭）—厦（门）铁路因受泥石流危害，中断行车长达18天。

包括三峡、向家坝、溪洛渡、二滩、龙羊峡等在内的大型水利水电工程均遭受山洪泥石流危害或威胁。如2005年8月11日四川泸定磨西河泥石流，将沿河修建的11座水电站全部冲毁；2009年7月23日四川省甘孜州康定县响水沟特大泥石流造成大渡河长河坝水电站施工区内54人死亡和失踪、4人受伤，冲毁和掩埋省道211线近千米。

四、泥石流减灾途径和技术方法

泥石流具有极强的破坏性，危害能力巨大，国内外对其减灾都十分重视，已形成了一套减灾途径，主要包括主动避灾、工程治理、预测预报和监测预警。

1. 泥石流风险评估与风险管理

泥石流风险评估是主动避灾的基础和依据。在对某流域发生泥石流可能性，发生泥石流的性质、规模、频率和危险范围进行评估的基础上，再对所建设项目的抗灾能力和投资价值进行分析，综合评估泥石流风险，并绘制泥石流风险图，确定不同程度的风险区。一般情况下，应当避开泥石流高风险区进行建设，已建设在高风险区的项目需要搬离，从而实现主动避灾，避免泥石流活动造成危害。这是西方发达国家采用的主要减灾方法。

2. 泥石流工程防治

对于确实无法避开泥石流高风险区的建设项目，必须进行泥石流工程防治，以减轻泥石流灾害。泥石流工程防治包括岩土工程防治和生物工程防治，一般以岩土工程防治为主，生物工程防治为辅。岩土工程防治措施以“稳、拦、排”为主，综合控制泥石流的形成、运动和堆积（图2）。“稳”即是在泥石流形成区（一般为流域上游）修建谷坊群，以稳沟固坡，起到控制泥石流形成的作用；“拦”即是在流域中下游修建拦沙坝，一旦发生泥石流可以将全部或部分泥石流拦截在坝中，防止泥石流对下游造成危害；“排”即在流域下游建设排导槽，以排泄泥石流和洪水，防止过坝泥石流或洪水造成危害。此外，因将泥石流全部排入主河易造成主河严重淤堵，在下游具备停淤条件的情况下可设置泥石流停淤场，将部分泥石流通过排导槽导入停淤场，减小泥石流堵塞主河形成堰塞湖的风险。

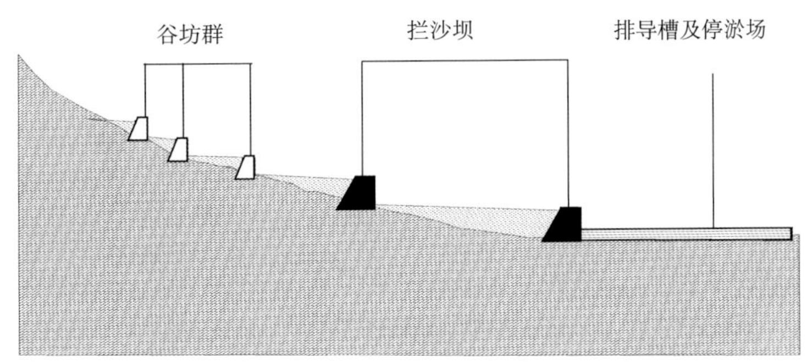

图2　泥石流工程防治示意图

3. 泥石流预测预报

泥石流预测预报是十分有效的减灾手段，通过对泥石流发生时间、地点、规模和危害范围做出预测和预报，可以避免重大人员伤亡。但是由于目前对泥石流形成机制和运动规律的认识尚不够深入，泥石流预报以统计预报为主，准确率偏低，预报水平亟待提高。

4. 泥石流监测预警

泥石流监测预警是避免重大人员伤亡的最后一道防线，通过对泥石流激发因素和泥石流形成的监测结果对泥石流的发生做出预警或警报，提醒危险区人员撤离到安全区域。目前我国泥石流监测预警以群测群防为主，依靠仪器设备的自动化监测预警方法正在研究试验，急需制定监测预警标准或规范，并加以推广应用。

参 考 文 献

1 国家防汛抗旱总指挥部办公室，中国科学院水利部成都山地灾害与环境研究所. 山洪泥石流滑坡灾害及防治. 北京：科学出版社，1994. 77~103

2 Zhang J H, Wei F Q, Liu S Z, et al. Possible effect of ENSO on annual sediment discharge of debris flows in the Jiangjia Ravine based on Morlet wavelet transforms. International Journal of Sediment Research, 2008, 23(3): 267~274

3 钟敦伦，谢洪，韦方强等. 长江上游泥石流综合危险度区划. 上海：上海科学技术出版社，2010.115

Formation Conditions and Regularity of Debris Flows and Their Distribution in China

Wei Fangqiang, Xie Hong

The article analyzes the basic formation conditions and regularity of debris flows, presents the distribution of debris flows in China and their damages, and finally summarizes the approaches and techiques for debris flow disaster prevention and mitigation.

5.4 汇聚创新成果打造科技世博

李光明[1,3] 马兴发[2,3]

（1 同济大学，2 上海市科学技术委员会，3 上海市世博科技促进中心）

中国2010年上海世博会是一届成功、精彩、难忘的世界博览会，充分展现了“城市让生活更美好”的主题。在世博会上涌现出了一大批科技亮点，让国内外游客分享了一场科技的盛宴，汇聚了创新成果，打造了科技世博，为世博会后的科技支撑经济与产业发展、城市建设与管理和科学精神的提升带来深刻的影响和启示。

从申办世博会取得成功开始，科技部和上海市联合有关部委启动实施世博科技行动计划，为世博会的筹办提供科技支撑。针对有关科技需求，世博科技行动计划动员和组织了全国近千家科研单位、企业和上万名科研人员参与了课题研发，取得了1500多项科技成果并得到实际应用，形成了一批“亮点”。

一、世博科技行动成果荟萃

1. 科技保障世博会工程建设

世博轴建设中攻克了大跨度索膜结构工艺，世博轴索膜结构是迄今为止世界上规模最大的连续张拉索膜结构，最大跨度约97米，使用寿命可达30年。阳光谷采用大悬挑单层薄壳玻璃幕墙结构，将阳光、绿化和自然空气引入地下空间，还能促成建筑内自然通风（图1）。

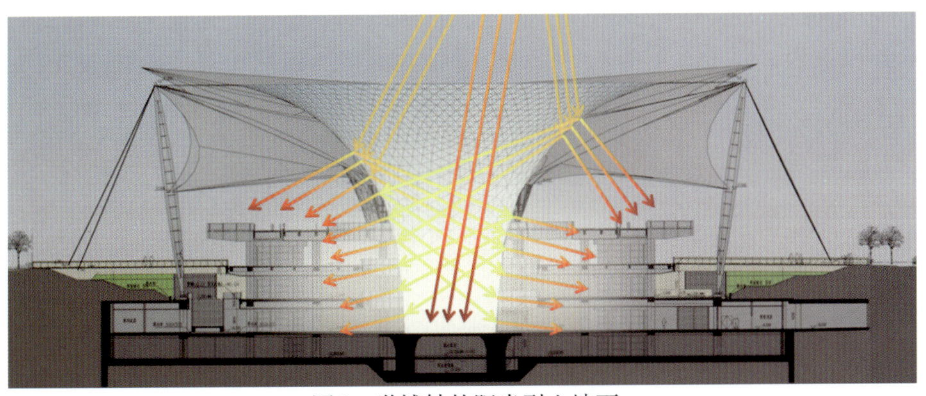

图1 世博轴的阳光引入地下

中国国家馆采用自遮阳体形设计，大大减少热量进入室内，减少降温所需的消耗；采用超白透明玻璃，增大透光率，减少玻璃对周边环境的反射污染；还运用生态农业景观等技术措施有效实现隔热。中国馆的制冰技术应用大大降低了用电负荷，其建筑节能系统使其能耗比传统模式降低25%以上。

2. 科技保障世博会安全高效运行

采用最新的物联网技术，在安保、运行维护、体验等方面发挥了重要的支撑作用。以电子门票为例，采用完全自主知识产权的RFID芯片交付量超过1亿张，是最大规模的电子标签门票应用案例，而且从芯片的设计、制造到应用的每一环节均可有效追溯，结合加密技术，形成了一个完整的门票安全体系，并可实现全过程的数字化管理（图2）。中国移动在上海世博园区内开通了全球首个TD-LTE演示网（速度相当于3G网络的几十倍），为世博安防监控、实时采访等服务提供了高效便捷的传输通道。

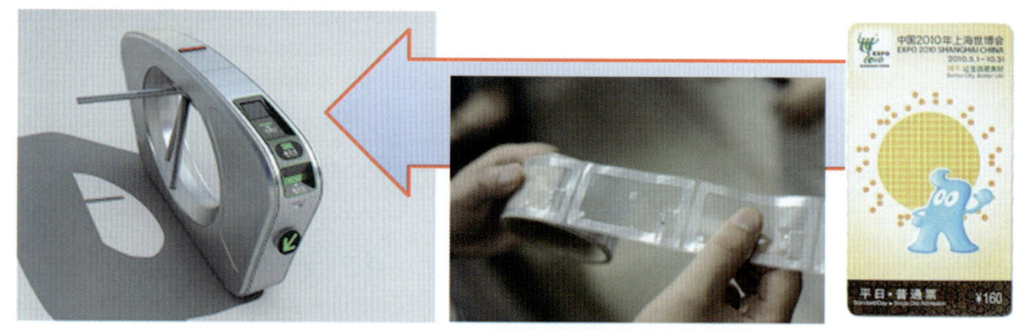

电子门票中的芯片线路

图2　世博会门票的RFID技术应用

通过采用先进的道路交通信息采集处理、客流预测预报、视频信息接入和集成、数据综合挖掘分析等技术手段，实现全市交通状态的采集平均覆盖率达99%以上，建成了一个动态交通信息提供和发布的平台载体，支持并通过电视、声讯服务、车载导航、手机查询、触摸终端等方式向出行者提供交通信息服务。

建立了世博园区“直饮水”供水系统，通过自来水厂的深处理工艺和园区供水终端净化技术，一方面保证了园区自来水厂供水的安全性，同时解决了优质自来水在管网输送中的二次污染问题。7300多万国内外游客在园区共消耗近15万吨直饮水，相当于减少了2.73亿瓶的瓶装水消耗。

3. 科技保障世博会节能环保运行

研发了各类新能源汽车，包括燃料电池汽车、纯电动汽车、超级电容汽车和混合动力汽车等，示范运行的各类新能源车辆总计达1300余辆（图3）。安全运行184天，运送游客超过1.3亿人次，行驶里程700余万千米，新能源汽车完好率达到98%，是世界上新能源汽车“种类最齐、数量最多、规模最大、负荷最强”的示范运行。世博会上国内展馆中光伏建筑一体化应用总装机容量约4.6兆瓦，其中主题馆光伏建筑一体化（BIPV）电站已成为全球单体建筑最大的BIPV电站（图4）。

图3 燃料电池观光车

图4 主题馆BIPV电站已成为全球单体建筑最大BIPV电站

4. 科技支撑世博会精彩展示

大规模采用半导体照明（LED）技术，整个园区LED芯片用量在10亿以上，LED

灯具达到20万盏以上，园区内80%以上的夜景照明光源采用LED技术，世博园区已成为全球最大的LED示范区，综合节能效率可以达到30%以上。利用各种最新的多媒体技术，扮靓世博舞台。其中，中国国家馆用12台电影级的投影仪拼接融合，动态复原了宋代著名画家张择端的《清明上河图》，成为展示亮点（图5）。

图5　中国馆内128米长和6.5米高的现代投影和三维动画再现北宋画家张择端的《清明上河图》

5. 科技支撑城市最佳实践

通过30%前瞻技术研发集成和70%成熟技术应用，使“沪上生态家”因地制宜地形成“节能减排、资源回用、环境宜居、智能高效”四大技术体系，达到建筑综合节能60%、固废再生的墙体材料使用率100%、室内环境达标率100%等技术指标，诠释了全新的生态居住理念（图6）。

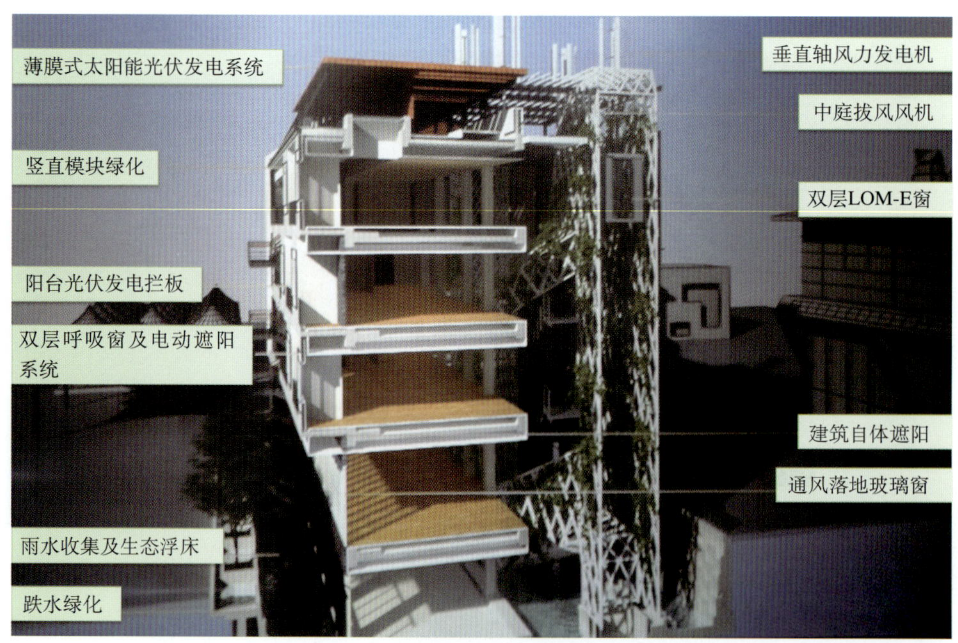

图6　“沪上生态家”的生态环保技术

二、 世博会展示世界先进科技理念与技术

（一）低碳发展的新理念与新技术

1.绿色建筑技术

日本馆建筑外层采用含太阳能发电装置的超轻“膜结构”包裹，实现了高效导光、发电，可充分利用太阳能资源，展馆内部使用循环式呼吸孔道等最新技术（图7），使得光、水、空气等自然资源得到最大限度利用。芬兰馆外部正面使用了鳞状花纹纸塑复合板的工业再生产品，中厅墙壁以及二层的一些墙壁都是由织物覆盖，以确保产生的温室气体排放降至最低。西班牙馆、印度尼西亚馆、挪威馆、加拿大馆、巴西馆等诸多场馆以木、竹、藤乃至回收材料制成（图8）。瑞士馆展馆外部的幕帷主要由大豆纤维制成，既能发电，又能天然降解。在城市最佳实践区，来自德国的“汉堡之家”，堪称超级节能建筑，运用各种建筑节能手段，这所未来房子的能耗仅为普通住宅的1/10。马德里案例馆展示了用环境技术营造的“空气树”，建立了不同于空调房的气候控制空间，遮阳、防热，给游客提供一个绿色的休息场所。

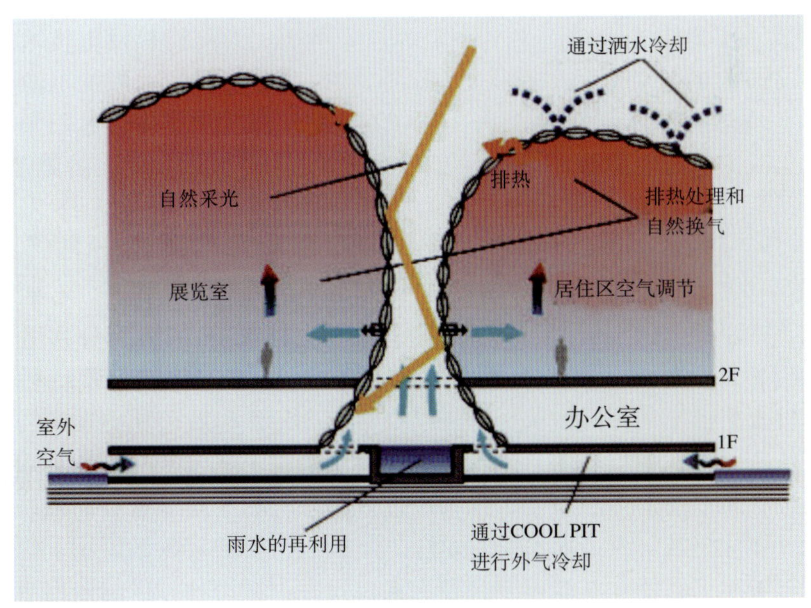

图7 日本馆的循环呼吸柱

图8 西班牙馆外墙用掉了8524块不同质地、颜色各异的藤条板

2. 新能源技术

德国馆展示了集中式太阳能热电站案例，采用槽式太阳能热发电技术。印度馆拥有迄今世界上最大的竹制穹顶，其上方是小型风力发电装置和太阳能电池板，为整个场馆提供绿色清洁能源。荷兰馆“快乐街”路旁设有超过50把橙色遮阳伞，伞上都含有高科技涂层及太阳能电池板，可以吸收阳光并转化为可供展馆使用的电能。

3. 低碳交通技术

“城市最佳实践区”的不来梅案例馆展出了“汽车共享”项目，不来梅市民可通过加入一个汽车共享俱乐部的方式，使得最少的汽车被最多的人充分利用，降低用车成本，减少温室气体排放。“城市最佳实践区”的欧登赛案例馆、蒙特利尔案例馆和欧洲片区的丹麦馆都不约而同地选择了鼓励自行车出行作为城市低碳发展的重要手段，向参观者宣传低碳环保的出行理念。韩国企业联合馆展示了未来都市的尖端交通系统，人们只要通过导航系统的指示，便可以合理选择出行时的交通工具等。温哥华案例馆展示了多功能一体化街区，再造城市交通系统。艾哈迈达巴德案例馆展示了巴士快速交通系统。思科馆展示“智能互联城市”管理方案，旨在为城市和社区的公用事业、安全保障、房地产、交通运输、医疗、教育、体育场馆和政府服务提供智能互联的解决方案。

（二）环境和谐的新理念与新技术

1. 立体绿化技术

主题馆东、西两侧外墙上遍布5000平方米的立体垂直绿化，每年可吸收二氧化碳4吨，夏季有了植物墙的“荫庇”，主题馆内温度可比常规玻璃幕墙内温度低5℃。法国馆创造性地使用植物作为构成建筑的“材料”，成功地构筑了一个充满自然气息的“垂直花园”。香港馆在顶层营造了一个水景花园。沙特阿拉伯馆形似“月亮之船”的顶部甲板实际上是一个屋顶花园。新加坡馆屋顶花园展示的是一座精致美妙的热带花园。

图9　主题馆东、西两侧外墙上遍布5000平方米的立体垂直绿化

2. 循环再利用技术

台北案例馆向世人展示了“垃圾不落地”政策在垃圾分类及循环利用方面所取得的显著成效。蒙特利尔案例馆展示了把采石场和垃圾填埋场改造成大型绿地公园的案例。捷克馆的外部设计有一个模拟天然降水的装置，可以把水引入展厅内，向游客展示如何循环利用自然降雨，并运用高科技纳米技术净化水源。伊兹密尔城市案例馆是通过城市污水管网的完善，提升环境质量；大阪案例馆展示了通过生化块和膜分离活性污泥法、反渗透过滤等一系列技术治理水污染的方法。

（三）智慧城市的新理念与新技术

1. 移动通信技术

在芬兰馆，诺基亚、西门子通信与运营商合作，演示推动业务增长的创新解决方案，包括基于TD-LTE、FDD-LTE、HSPA+等最新技术的室内网关、移动视频监控、高清电视（IPTV）、高清视频会议、VoIP等在内的应用，充分展示在未来移动宽带技术领域的领先实力。爱立信作为上海世博会瑞典馆主要的指定合作伙伴之一，在世博会期间举行了一系列演示和活动，展望通信产业未来的发展趋势，探讨网络转型给通信世界带来的变革，并展示丰富的多媒体应用如何提高人们的生活质量和工作效率。

2. 云计算技术

全球创新之旅馆的未来沟通馆中，通过“云端”计算机为人们提供信息处理服务，在“云计算沙盘”演绎下，未来智能城市的魅力展现在青年们的面前。未来，计算能力将成为一种商品，如同日常所用的水、电、气一样，让人们按需取用。思科馆提出了“城市云”的理念，并详细地展示了城市云的组成部分和具体的应用，从而让云计算的概念更加实用化。太空家园馆也把云计算对信息处理的强大能力用于智能城市建设和一体化救援系统。

3. 物联网技术

太空家园馆的“泛在”技术物联网展区，通过3个场景展示了未来泛在技术物联网的应用：在室外街景，可以通过手机或者手表了解交通路况、天气情况以及其他的城市生活信息；在野外自然环境，人们可以通过电脑远程了解野外的各种状况。信息通信馆展示了“物联网”在未来的应用：人类世界的物体开始与互联网融合，从写字楼和公交车这样的公共设施，到每家每户的家用电器，都有自己的IP地址，人能够随时对远程的某件物品发出工作指令。

4. 智能技术

韩国企业联合馆展现了未来都市的尖端交通系统，人们只要通过导航系统的指示，便可以合理选择出行时的交通工具等。全球青年创新之旅馆展厅内一部“未来手机”的屏幕上除通信功能外，还有一系列附属功能。“天下一家”馆展示了全球首款低碳智能厨房。

三、 世博会后将显现的科技创新效应

以2010年上海世博会为平台和纽带，汇聚全人类的科学知识和智慧，集成当代世界一流的技术成果，为未来城市的可持续发展树立了典范。上海世博会展示的科技创新成果，不仅是未来城市发展中的关键技术，也是当今社会经济发展亟待突破的重要领域，其中的新能源技术、生态技术、智能化信息技术等，都是全人类共同关注的重要技术领域和新兴产业。这些关键技术和新兴产业一旦获得突破性发展，必将有效推动社会科技水平的提高、产业结构的优化和生活环境的改善，有力地提升中国的科技自主创新能力和城市国际竞争力，有力支撑科技自主创新战略的实施，加快建设创新型国家的步伐。

参 考 文 献

1　洪浩，寿子琪. 世博科技画册. 上海：上海科学技术出版社，2010

2　洪浩，寿子琪. 中国2010年上海世博会科学技术报告. 上海：上海科学技术出版社，2010

3　李光明. 中国2010年上海世博会场馆科技新视点. 上海：上海科学技术出版社，2010

4　http://www.expo2010.cn/

World Expo Highlights Global S&T Innovation Achievements

Li Guangming, Ma Xingfa

To support organizing and operating the World Expo 2010 Shanghai, Ministry of Science and Technology of China and the Shanghai Municipal Government, along with related ministries and state commissions, jointly started the Action Plan of World Expo Science and Technology. In Expo Park's planning, pavilions construction, operation management, security and spectacular demonstration, technological achievements have played a great role. The new idea and technologies about low carbon development, harmonious environment and smart city were shown in enterprise pavilions and urban best practice area cases. The world expo technologies will have profound influence on industry transformation, urban development and ascension of scientific spirit.

5.5 “嫦娥二号”续写中国探月工程新篇章

刘晓群
（中国科学院探月工程总体部）

实施月球探测工程，是党中央、国务院、中央军委着眼我国社会主义现代化建设全局，把握世界科技发展大势，为推动我国航天事业发展、促进我国科技进步和创新、提高我国综合国力做出的一项重大战略决策[1]。

我国的月球探测工程是我国深空探测活动的第一步，分为“探、登、驻”三个战略发展阶段，其中“探”阶段是不载人的月球探测，分为“绕、落、回”三期逐步实施。探月工程二期（“落”）的主要任务是：突破月球软着陆、月面巡视勘察、深空测控通信与遥控操作、深空探测运载火箭发射等关键技术，研制和发射月球软着陆探测器和巡视探测器，实现月球软着陆和巡视探测，对着陆区地形地貌、地质构造和物质成分等进行探测，并开展月基天文观测。

继我国首次月球探测工程即探月工程一期（“嫦娥一号”任务）取得圆满成功之后，2010年10月1日18时59分57秒，由我国自主研制的第二颗月球卫星——“嫦娥二号”卫星在西昌成功发射；10月26~29日，卫星从100千米×100千米环月轨道降至100千米×15千米（标称高度）椭圆试验轨道，期间在距月面18.7千米高度利用CCD立体相机获取了月球虹湾地区分辨率约1.3米的图像，实现了工程的预定目标；10月29日，

图1　2010年10月1日，“嫦娥二号”卫星在西昌成功发射

卫星返回100千米×100千米环月轨道，开始其科学探测任务。2010年11月2日，“嫦娥二号”任务转入长期在轨管理阶段；12月21日，成功度过第一次月食，在月影区时间长达187分钟，出影后迅速恢复对月姿态，继续进行科学探测。

2010年11月8日，国务院总理温家宝、副总理张德江、中央军委副主席郭伯雄等领导出席了“‘嫦娥二号’虹湾月面成像揭幕仪式”，温家宝总理为“嫦娥二号”虹湾局部影像图揭幕。虹湾局部影像图的发布，标志着“嫦娥二号”任务取得圆满成功。

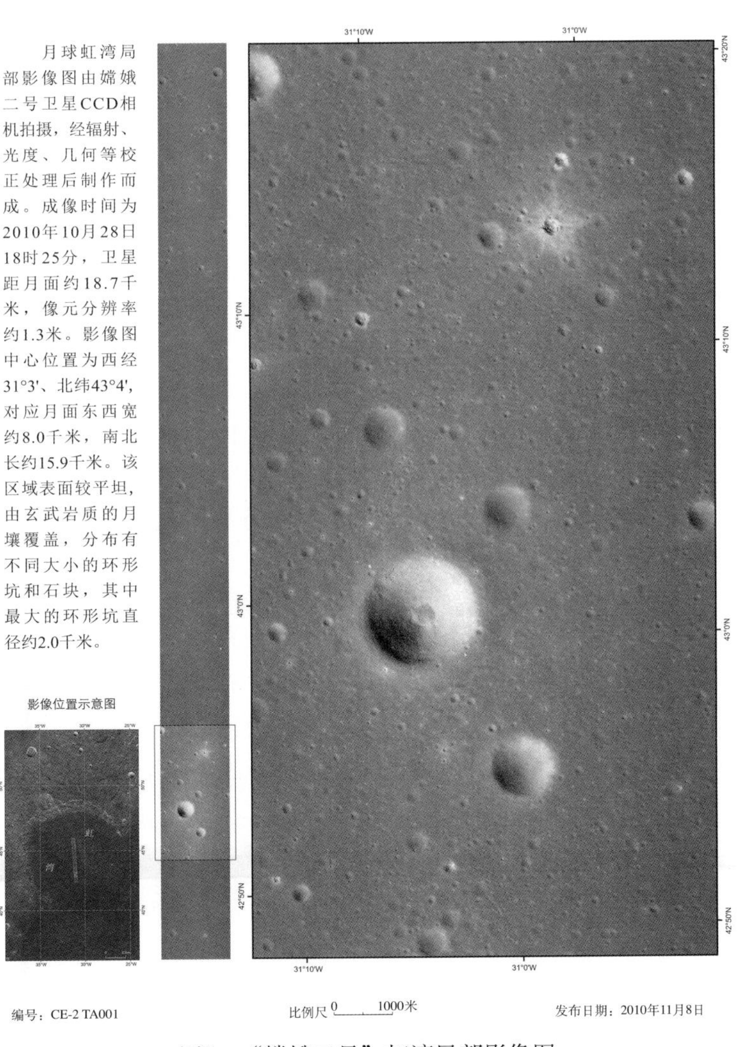

图2 “嫦娥二号”虹湾局部影像图

一、工程的总体情况

2008年2月，国务院批准了探月工程二期立项。二期工程主要目标是实现月面软着陆和巡视探测，这是我国月球探测的又一次重大跨越。为降低首次落月风险，充分发挥探月一期工程备份星的作用，工程领导小组决定将该备份星进行适应性改进，作为二期工程的先导星，并命名为“嫦娥二号”任务[2]。

“嫦娥二号”任务的工程目标及其关键技术包括：

（1）突破运载火箭直接将卫星发射至地月转移轨道的发射技术；

（2）试验X频段深空测控技术，初步验证深空测控体制；

（3）验证100千米月球轨道捕获技术；

（4）验证100千米×15千米轨道机动与快速测定轨技术；

（5）试验低密度校验码（LDPC）遥测信道编码、高速数据传输、降落相机等技术；

（6）对“嫦娥三号”（CE-3）任务预选着陆区进行高分辨率成像试验。

“嫦娥二号”任务的科学目标及其科学探测任务包括：

（1）获取月球表面三维影像，分辨率优于10米；

（2）探测月球物质成分；

（3）探测月壤特性；

（4）探测地月与近月空间环境。

“嫦娥二号”有效载荷配置主要包括TDI-CCD立体相机、激光高度计、γ射线谱仪和X射线谱仪、微波探测仪、太阳高能粒子探测器和太阳风粒子探测器等。

“嫦娥二号”任务的系统组织结构与“探月一期”相同，由工程总体和卫星、运载火箭、发射场、测控、地面应用等五大系统组成。在充分继承“嫦娥一号”技术成果的基础上，为实现工程目标和科学目标，卫星系统新研制了TDI-CCD立体相机、X频段应答机、监视相机和降落相机等重要设备，增加技术试验分系统，对有效载荷、热控、供配电、数管、测控数传、结构机构、定向天线、GNC、推进等分系统进行了改进设计和改造；运载火箭系统针对直接地月转移轨道发射等新要求，实施可靠性增长；测控系统针对X频段测控体制，对测控站进行功能拓展；发射场系统针对可靠发射、地面应用系统针对传输码速率提高和有效载荷变化，进行适应性改造。

二、工程的主要技术创新点

“嫦娥二号”任务实施结果表明，工程总体技术方案是正确的，突破了探月二期工程的一批核心技术和关键技术，取得了一系列重大科技创新成果，圆满实现了预定的工程目标。

主要的技术创新包括：

1. 首次突破直接进入地月转移轨道发射技术

直接进入转移轨道发射技术是二期工程和深空探测必须突破的关键技术，其目的是充分利用运载火箭能力，节省卫星燃料。

综合权衡火箭运载能力、卫星入轨需求以及测控支持等约束条件，优化设计了直接发射至地月转移轨道的火箭发射轨道，并针对每次发射机会连续三天不同发射窗口，设计了不同的发射弹道。火箭将卫星准确送入地月转移轨道入口，入轨精度达到国际先进水平。

2. 首次验证了X频段测控体制和高效编码技术

突破高灵敏度、轻小型化、低功耗X频段应答机的集成设计技术；攻克了18米X频段天线高精度指向控制、反射面修正的技术难点，研制成功18米S/X双频段全功能测控设备。开展了X频段高精度测距测速、基于DOR的甚长基线干涉测量、极低码速率遥控技术试验，验证了X频段测控体制。

首次在我国航天测控领域使用低密度奇偶校验码（LDPC）遥测信道编译码技术，使信道编码增益相对卷积编码提高2.5dB。

3. 首次实施100千米×15千米轨道机动与快速测定轨技术

由于月球重力场不均匀性，导致轨道变化非常快，因此在实施降轨之前，要在较短时间内进行轨道预报；同时由于探测点、地面测控站布局等条件限制，卫星实施轨控是在地面不可见弧段内进行。通过充分研究月球重力场模型和短弧段测定轨方法，解决了快速测定轨的关键技术；通过优化轨控策略以及提高卫星自主管理水平，成功实现了在不可见弧段实施可靠变轨。

4. 首次利用监视相机获得了卫星平台在轨关键环节的工程参数

利用新研的轻小型化监视相机获取了太阳翼展开、定向天线展开、490N发动机点火等关键过程视频图像，首次获得了卫星在轨工作相关状态，为监视卫星工况及后续改进设计提供了第一手资料，填补了国内空白。

5. 首次在月球探测中采用TDI-CCD立体相机

针对月球表面后向反射强以及光照强度变化大的特点，采用TDI-CCD器件，以及单镜头双线阵推扫方式，研制成功100千米高度分辨率优于10米、15千米高度分辨率优于1.5米的立体相机，达到国际先进水平。

6. 在国际上首次获得优于10米分辨率的全月球影像数据

采用时间延时积分（TDI）和行频注入速高比补偿技术，以及8:1数据压缩和12兆比特/秒高速数据传输，获取分辨率优于10米的全月面图像数据，属于国际领先水平；获取了优于1.5米分辨率的预选着陆区图像数据，达到国际先进水平。

三、展　　望

“嫦娥一号”卫星于2009年3月1日受控准确撞月，其科学探测数据的深化研究工作仍在进行；“嫦娥二号”卫星将在2011年4月进入第二次正飞期，其寿命期后还将进行拓展试验；“嫦娥三号”卫星已转入正样研制阶段，预计2013年择机发射。

“嫦娥二号”任务的圆满成功，将对中国探月工程后续任务乃至深空探测工程的实施产生重要影响，正如胡锦涛总书记指出的：实施探月工程，是我们从建设创新型国家、推动经济社会又好又快发展的高度做出的战略决策。“嫦娥二号”任务工程目标和科学目标的实现，不仅突破了一批核心技术和关键技术，取得了一系列重大科技创新成果，而且带动了我国基础科学和应用技术深入发展，推动了信息技术和工业技术交叉融合，进一步形成和积累了中国特色重大科技工程管理方式和经验，培养造就了高素质科技人才和管理人才队伍。这对深入开展深空探测活动、推进我国航天事业、建设先进国防科技工业具有重大意义[3]。展望未来，中国探月工程虽然任重道远，但已展现出了辉煌前景。

参 考 文 献

1　胡锦涛. 在庆祝我国首次月球探测工程圆满成功大会上的讲话. 2007-12-12

2　国防科技工业局探月与航天工程中心. 嫦娥二号任务工程技术手册. 2010

3　胡锦涛. 在庆祝嫦娥二号任务圆满成功大会上的讲话. 2010-12-20

Chang'E-2: A Grand New Achievement of CLEP

Liu Xiaoqun

Lunar Exploration Program is the third milestone in China's space exploration activities, following the successes of man-made satellites and manned space flights. It is the first step for the deep space exploration. Following the success of the first lunar probe (Chang'e-1 satellite) Chang'e-2 satellite was successfully launched on October 1, 2010 and obtained the high resolution images of the future alternative lunar landing areas—Sinus Iridum, marking the achievement of the scheduled objects and the second success of the program. Chang'e-2 satellite, the precursor for the second phase of China's Lunar Exploration Program, was expected not only to obtain more accurate scientific data which will deepen the scientific understanding of the moon, but also to image the alternative lunar landing areas by Chang'e-3 with high resolution and to test some key technologies for the subsequent lunar soft landing and deep exploration missions as well. The text mainly introduces the general information, technical innovation and the prospects of Chang'e-2.

第六章

科技战略与政策

S&T Strategy and Policy

6.1 中国科学院实施“创新2020”致力于科技创新的整体跨越发展

潘教峰
（中国科学院）

2010年初，中国科学院向国务院提交了《知识创新工程（2011—2020年）方案》（即《知识创新工程2020——科技创新跨越方案》，以下简称“创新2020”）。2010年3月31日，国务院第105次常务会议审议并原则通过了“中国科学院关于知识创新工程2020跨越发展的汇报”，决定继续深入实施知识创新工程，解决关系国家长远发展的重大科技问题。“创新2020”赋予中国科学院新的历史使命与责任，将对中国科技未来发展产生重大影响。

一、实施“创新2020”的背景和基础

1. 实施“创新2020”，有着深刻的时代背景

美国次贷危机引发的国际金融经济危机深刻改变了世界的发展方式，引起世界经济政治格局的调整与变革；世界各国愈加深刻地认识到，依靠科技创新创造新的经济增长点、新的就业机会和新的发展模式，是摆脱危机、实现新一轮繁荣的根本出路。科技知识体系内部孕育着重大创新突破，人类现代化追求与自然资源供给和生态环境承载能力之间日益凸显的尖锐矛盾加速推动科技创新突破，今后20年很有可能发生一场以绿色、智能和可持续为特征的新科技革命和产业革命。为抢占未来科技经济发展制高点，世界主要发达国家都将迎接新科技革命作为主要的战略选择，从战略高度布局未来。对中国而言，这是实现中华民族伟大复兴新的历史机遇，也是对我们2050年实现现代化宏伟蓝图的巨大挑战，为此必须做好充分的科技准备。当前，我国正处在

新的重大发展战略机遇期，科技对经济社会发展的支撑引领作用更加凸显，党的十七届五中全会提出，必须把科技进步和创新作为加快转变经济发展方式的重要支撑，加快经济结构调整和产业结构升级，加快培育战略性新兴产业和新的经济增长点。今后一个时期，也是我国科技实现重点跨越发展的关键时期，必须加快实现跟踪模仿向在开放环境中自主创新为主的战略性转变。正是在这样的时代背景下，党中央、国务院着眼发展全局，决定支持中国科学院实施“创新2020”，这是应对国际金融危机和后危机时代的变革和调整，抓住新一轮科技革命的难得历史机遇，促进我国经济社会可持续发展，面向未来，做出的一项重大战略部署，意义重大，影响深远。

2. 实施“创新2020”，建构在知识创新工程试点的成功探索和实践基础之上

1998年，党中央、国务院做出了建设国家创新体系的重大决策，决定由中国科学院开展知识创新工程试点。知识创新工程的实施，使中国科学院发生了历史性变化，实现了持续快速发展，科技创新能力大幅提升，进行了大力度的体制机制改革，凝聚培养造就了一支高水平科技创新队伍，取得了一大批重大创新成果，整体科技布局更加适应我国经济社会发展战略需求和世界科技发展趋势，初步探索出一条建设国家知识创新体系的路子，有力地带动了中国特色国家创新体系建设，有力地带动了中国科学技术水平的提升，有力地提升了中国科学技术的国际竞争力，为国家经济发展、社会进步和国家安全提供了重要的知识基础、技术支撑和人才保障，有效提升了我国在国际科技舞台上的地位和影响。“创新2020”是新的历史时期知识创新工程的深化和发展，将引领带动中国科技实现质的跃升和跨越发展，走到世界前列。

3. 实施“创新2020”，有着扎实和深厚的研究基础

为开启知识创新工程的新阶段，2007年中国科学院组织300多位高水平科技、管理和情报专家，开展了为期两年的中国至2050年科技发展战略研究，提出了依靠科技创新构建支撑我国现代化建设的八大经济社会基础和战略体系的战略构想，即可持续能源与资源体系、先进材料与绿色智能制造体系、普惠泛在的信息网络体系、生态高值农业和生物产业体系、普惠健康保障体系、生态与环境保育发展体系、空天海洋能力新拓展体系、国家与公共安全体系；制定了能源、水资源、矿产资源、海洋、油气资源、人口健康、农业、生态与环境、生物质资源、区域发展、空间、信息、先进制造、先进材料、纳米、大科学装置、重大交叉前沿、国家与公共安全18个重要领域至2050年科技发展路线图；凝练了22个关系现代化全局的战略性科技问题，这些问题，或关系我国在全球化知识经济环境下的国际竞争力，或关系我国经济社会长远持续发展，或关系我国的国家安全，还有一些是应对可能发生的新科技革命，需要前瞻部署的前沿问题。在此基础上，中国科学院研究制定了《知识创新工程2020——科技创新

跨越方案》。

二、“创新2020”的战略任务和发展目标

1.“创新2020”的战略任务

“创新2020”的战略任务是，以科学发展观统领改革发展创新全局，服务全面建设小康社会和社会主义现代化建设。以提升自主创新能力和可持续发展能力为主线，以解决关系国家全局和长远发展的基础性、战略性、前瞻性的重大科技问题为着力点，着力突破带动技术革命、促进产业振兴的前沿科学问题，着力突破提高人民健康水平、保障改善民生和保护生态环境、破解资源环境制约的重大公益性科技问题，着力突破增强国际竞争力、维护国家与公共安全的战略高技术问题，培养高水平科技创新创业人才，促进科技成果转化与产业化，发挥国家科学思想库作用，提升中国科学技术国际竞争力，在建设创新型国家进程中进一步发挥“火车头”作用，始终成为国家和人民可信赖、可依靠的战略科技力量，引领和支持我国经济社会可持续发展。

2.“创新2020”的发展目标

“创新2020”的发展目标是，用5年左右时间实现重点跨越，再用5年左右时间实现整体跨越，创新能力实现质的跃升。经过10年的努力，有效解决一批事关我国现代化全局的战略性科技问题，在一些重要领域进入世界前列，培养凝聚一支高水平科技创新队伍，形成一批高水平科技创新与成果转化基地，总体实现“创新跨越、布局合理、四个一流（一流成果、一流效益、一流管理、一流人才）、开放合作、和谐有序、持续发展”，在我国科技事业发展中发挥服务全局、骨干引领和示范带动作用，成为在世界上有重要影响的一流研究机构。具体目标是：

——若干战略必争领域实现创新跨越。在空间、信息、能源、资源、农业、海洋、人口健康、生态与环境、先进材料与制造等领域，突破一批关键技术，掌握一批核心自主知识产权，形成一批重大创新成果，解决一批制约我国发展的瓶颈问题，并提供系统的知识基础。

——学科基础进一步优化提升。材料科学、化学、物理学、数学、地球科学、天文学、生命科学等主流学科进入世界先进行列。前瞻布局一批前沿、交叉、新兴方向，培育形成一批对未来发展影响重大的新的学科生长点。

——研究所创新能力大幅提升。1/3左右的研究所率先跨越发展，成为国际同领域具有强大竞争力和重要影响的研究机构。研究所的研究方向更加符合国家战略需求和世界科技发展前沿，组织体制和布局更加符合创新发展要求，中国特色的国家科研院所制度更加完善。

——优秀创新人才不断涌现。至2020年拥有2000余名科技尖子人才和领军人物、3000余名科技带头人，拥有结构合理、动态优化的高水平创新团队，具备强烈创新意识和市场意识的科技产业化人才群体。未来10年内，向社会输送约12万名硕士以上高素质创新创业人才。

——成果转化能力显著增强。有效促进高技术产业发展，为我国产业结构调整升级和发展方式转变提供有力支撑。至2020年，形成覆盖全国、特色鲜明的院地合作体系，有效服务国家和区域经济社会发展，社会经济效益大幅增长。

——服务国家宏观决策更加有力。不断提出有重要影响的科学思想和有重要价值的咨询建议，不断提供系统翔实的科学数据，定期发布科技发展路线图等系列战略研究报告。

——国际科技合作更加活跃。成为中国科技界在国际上的重要代表。在全球科技合作中发挥重要作用，在区域科技合作中发挥核心或引领作用，在国际科技组织中发挥重要影响。

三、“创新2020”的重大举措

围绕“创新2020”的战略任务和发展目标，中国科学院从凝练科技目标、明确战略重点，深化改革、实施先导专项、调整优化布局，以人为本、培养造就创新人才、扩大开放、加强联合合作等四个方面采取有力措施，促进跨越发展。

1. 凝练科技目标、明确战略重点，创造一流科技成果

瞄准全面建设小康社会的目标，根据《国家中长期科学和技术发展规划纲要（2006—2020年）》的总体要求，不断凝练科技创新目标，明确科技创新的战略重点，按照战略性科技问题、创新跨越重要方向、前沿领域先导研究三个层次，重点安排和组织创新活动。

集中力量突破战略性科技问题，包括先进可再生能源技术和先进核能、新一代煤炭高效低碳排放综合利用、深部资源探测装备研制与应用示范、高品质基础原材料的绿色制备、资源高效清洁循环利用、泛在感知信息化制造技术、“后IP”网络示范（互联网下一代）、“感知中国”网络、高效低成本绿色艾级（10^{18}）超级计算技术、低成本低功耗信息器件系统研究与应用示范、农业动植物品种的分子设计、生物制造与新兴生物产业育成、重大慢性病早期诊断与系统干预、脑与认知科学和心理精神健康、干细胞与再生医学、低成本普惠健康医学技术、我国碳循环及应对气候变化研究、区域环境模拟与流域环境管理系统研发与应用示范、战略生物资源保护利用与生

物多样性、我国空间科学卫星系列、深海大洋能力拓展、数字地球科学平台、空间态势感知、社会计算与平行管理等。

部署有望实现创新跨越的重要方向，主要是中国科学院在国际上已具有相对优势或综合优势，对我国实现重点跨越具有带动性、标志性的重要科学和技术方向。在能源、矿产和油气资源、水资源、先进材料、先进制造与绿色过程、纳米、信息、先进农业、工业生物、人口健康、生态与环境、空间、海洋、国家与公共安全等战略领域，重点组织实施一批重要研究方向，实现重点跨越。

加强前沿领域先导研究，重点是新科技革命的可能方向，具有“变革性创新”价值的技术问题，多学科交叉、融合、汇聚的新科技方向。着力增强科学基础，加强前瞻布局与国际合作，包括物质结构调控、人造生命和合成生物学、光合作用机制、暗物质与暗能量的探索等，力争率先提出和开拓若干新问题、新理论和新方向。在空间科学、复杂系统科学、脑与认知科学、网络科学、自然科学与人文社会科学交叉等前沿综合新兴方向，加强系统布局，培育新的学科生长点，形成新的优势。

2. 深化改革，实施先导专项，调整优化布局，实现一流科学管理

围绕《国家中长期科学和技术发展规划纲要（2006—2020年）》，与国家科技计划、基金、专项等相互协调与衔接，组织实施若干战略性先导科技专项，致力于形成重大创新突破和集群优势。通过战略性先导科技专项的实施，突破战略高技术、重大公益性关键核心科技问题，促进技术变革和战略性新兴产业的形成发展，服务我国经济社会可持续发展，瞄准新科技革命可能发生的方向和发展迅速的新兴、交叉、前沿方向，持续攻关，取得世界领先水平的原创性成果，占据未来科学技术制高点并形成集群优势。

围绕组织战略性先导科技专项，在充分利用现有资源的基础上，形成一批基础前沿科学中心、一批战略高技术研发中心、一批重大公益性科技综合研究中心，更好地发挥中国科学院科研组织建制化优势，切实提高科技创新基地战略策划、组织实施和解决重大科技问题的能力。明确创新目标，造就科技领军和尖子人才，建设面向全国的创新平台。坚持需求牵引，立足学科交叉，形成开放合作、持续攻关的体制机制。

建设区域创新集群。从我国区域发展战略出发，以现有资源为基础，在东部沿海地区，重点部署与产业结构升级和知识经济发展相关的高技术和基础研究，以及与经济社会快速发展相关的资源环境和人口健康研究。在东北和中部地区，重点部署与传统产业改造升级和现代农业发展相关研究，与知识经济发展相关的高技术和基础研究。在西部地区，重点部署与生态环境保护和自然资源合理开发利用相关研究。围绕国家区域和产业发展的重大需求，以中国科学院相对集中的创新单元为依托，推进知识创新体系、区域创新体系和技术创新体系的结合，构建若干区域创新集群。重点建

设北京创新与转化集群、上海创新与转化集群、广东华南创新与转化集群和东北先进材料及绿色智能制造和先进农业创新集群、西南资源和生物多样性可持续利用创新集群、西北生态环境治理与能源资源可持续利用创新集群、长江中上游生态环境保护及产业升级创新集群、黄淮海绿色现代农业创新集群。

建设开放的创新基础设施。提升我国科研装置自主创新水平，大力开展科学仪器、观测手段与实验方法创新，继续开展重大实验装备自主研制；以支撑多学科多领域研究为重点，新建若干大科学装置，为学科交叉综合、前沿探索和技术创新提供重要基础保障；建设适应信息化、网络化和数据密集发展趋势的创新知识环境，不断提高知识创新的效率与质量，促进创新活动模式的新变革；整合支撑可持续发展相关研究的战略资源，建设和完善中国科学院生态系统研究网络、植物园体系、种质资源库、标本馆、对地观测网络、农业分子育种基地，形成集长期观测研究、推广示范和科普为一体的综合台站网络，使其成为全社会可共享、可依靠的公共科学资源。

建设与完善中国特色的国家科研院所制度。构建以法律、行政法规和《中国科学院章程》为根本，以研究所综合管理等规定为核心的制度体系。创新科研活动组织管理模式，建立完善有利于实现重大科学目标的研究模式、适应国家战略需求和区域发展要求的组织管理模式、科技成果转移转化的有效模式。加强战略管理和绩效管理，做好重大战略行动的整体策划和组织实施，优化资源配置，提高科研活动的效率和效益。分类评价科技创新活动，以创新实际贡献、创新发展态势、创新质量水平为主，更加注重实践检验。

3. 以人为本，培养造就创新人才，建设一流创新队伍

建设规模适度、结构优化的创新队伍，完善竞争择优聘用机制。按照“科学规范、绩效优先、公平公正”的原则，在国家政策框架内，完善适应国家研究机构特点的内部分配激励约束机制。加强高层次人才培养引进，在实践中造就和凝聚一批德才兼备的领军人才。继续实施“百人计划”，配合“千人计划”等国家人才计划，按需引进高层次人才，着力引进具有发展潜力的优秀科技带头人。加强优秀青年科技人才培育，支持一批有创新思想和发展潜质的青年科技人才自主开展创新工作，支持青年科技骨干在重大创新活动中发挥主力军作用，支持更多博士后承担在研科技任务。加强海外智力引进与人才国际交流培养，吸引海外优秀学者和外国科学家来中国科学院访问和工作，加强优秀科技人才的国际化培养。

建设完善与科技创新紧密结合的高层次人才教育体系。支持中国科学院研究生院和中国科学技术大学在本科和研究生教育方面探索招生、培养、质量保证等新机制。坚持并完善科教结合、特色鲜明的研究生培养模式，发挥“一院一校”的基础作用和各研究院所的主体作用，培养学生的科学精神、社会责任、科学思维、实践能力和创

造精神。探索更加开放的人才培养方式，扩大与大学在联合培养、专业课程、优秀生源、师资队伍等方面的合作。建立与企业联合培养研究生的制度。扩大中外联合培养研究生规模，大力吸纳留学生来中国科学院攻读学位。

4. 扩大开放，加强联合合作，创造一流社会效益

加强与企业和产业部门科技合作，围绕我国产业结构调整升级和高技术产业发展，开展具有产业化前景的应用技术开发与系统集成创新，承担企业科技任务，促进高新技术企业孵化与成长。探索研企合作新模式，与企业共建研发中心，共同承担国家科技任务，建立创新合作战略联盟。加强与地方科技合作，巩固、完善并发展院地合作网络。在东部地区，通过多种形式，共同开展前瞻性战略性产业技术研发、中试与示范。在中部地区，共同组织项目对接，推动产业升级。在西部地区，组织开展生态环境研究与修复示范、资源勘探与科学开发、科技支持社会和谐发展等工作。

加强与大学和其他科研机构合作，构建与大学功能互补、联合互动、相互促进、共同发展的关系，加强高层次人才互动和科教基础设施共享，在前沿领域共建青年科学家伙伴小组或联合实验室。依托中国科学院大科学装置，与大学合作开展交叉前沿研究。在大学开设前沿学术讲座或前沿课程。接受大学教师来中国科学院开展客座或合作研究。与其他科研机构分工合作、协同发展，将中国科学院的综合优势与部门科研机构和国防科研机构的专业优势有机结合，围绕国家16个重大专项和重大科技任务，联合攻关。

加强国际合作，吸纳国际科技创新资源。巩固深化与发达国家长期稳定的科技合作关系，开拓推进与发展中国家尤其是周边国家的交流与合作。与国际一流研究机构建立长期稳定的战略合作伙伴关系。发展与跨国公司和企业研发机构的交流与合作。发展与重要国际科技组织的联系与合作，扩大国际影响力和发言权。

建设高水平的国家科学思想库。发挥院士和专家的智力优势，开展科技咨询，提供科学思想、科学建议和决策依据。建立服务国家决策的科技支持系统，重点建设全球经济、区域经济社会可持续发展、社会和谐态势、世界科技发展态势、科技创新与经济社会发展互动关系等研究系统，提升中国科学院动态监测能力、综合分析能力和预测预警能力，形成服务国家宏观决策和社会公众的系列产出。高举科学旗帜，加强科学传播，发展创新文化，实现最优良的科学人文效益。

四、“创新2020”的组织实施

为实施好“创新2020”，中国科学院制定了组织实施方案，确定了实施的总体思路、阶段划分和主要任务。总体思路是：①牢牢把握“创新2020”发展目标，坚持

“两个面向”的有机统一，确定可操作、可实现、可检查的各阶段目标任务；②致力“三个着力突破”，即着力突破关系国家全局和长远发展的重要基础前沿问题和关键核心技术、重大公益性科技问题、战略高技术问题；③重点抓好“五个加强”，即：加强科学原创和前沿交叉布局，加强以基础性、前瞻性、战略性创新突破为核心的能力建设，加强技术支撑体系和转移转化体系建设，加强战略研究和科学思想库建设，加强素质一流、结构合理、协力创新的人才队伍建设；④深化改革，创新管理，开放合作，弘扬发展创新文化，营造激励创新、使科技人员更加专心致研的环境和氛围。

“创新2020”的组织实施分为试点启动、重点跨越、整体跨越三个阶段。2010年下半年至2011年底为试点启动阶段，其目标是组织实施战略性先导科技专项、建设三类中心、建设区域创新集群、择优支持研究所启动实施“创新2020”等重要举措取得突破进展。2012~2015年为重点跨越阶段，其目标是在事关我国发展全局的战略必争领域实现重点跨越。2016~2020年为整体跨越阶段，其目标是实现中国科学院科技创新整体跨越，创新能力实现质的跃升，总体实现“创新2020”的发展目标和战略图景。

按照创造一流科技成果、实现一流科学管理、建设一流创新队伍、创造一流社会效益和政策支持与保障等五个方面，确定了“创新2020”实施的60项工作任务以及相应的责任部门，明确分工，落实责任。着眼“创新2020”整体实施，将组织实施战略性先导科技专项、建设三类中心、建设区域创新集群、择优支持研究所启动实施“创新2020”作为试点启动的重点，先行先试，重点突破。

2010年下半年，中国科学院正式启动实施了“创新2020”，试点工作进展顺利，开局良好。战略性先导科技专项取得实质性进展，国家数学与交叉科学中心成立，未来先进核裂变能、空间科学、干细胞与再生医学研究，应对气候变化的碳收支认证及相关问题等战略性先导科技专项正式立项。

“创新2020” 是中国科学院在建设创新型国家进程中继续发挥“火车头”作用的新的行动纲领。通过“创新2020”的实施，中国科学院将努力抢占未来全球科技发展的制高点，大幅提升自主创新能力和可持续发展能力，引领和带动中国科学技术跨越发展，为我国转变经济发展方式、实现科学发展提供雄厚的知识基础、强大的发展动力和有力的科技支撑。

CAS Inaugurating “Innovation 2020” Committed to the Overall Leapfrogging Development in S&T Innovation

Pan Jiaofeng

In March 2010, the State Council approved the Chinese Academy of Sciences (CAS) to implement Knowledge Innovation Program to 2020 (“Innovation 2020” for short). This article analyzes the background, practical experience and research foundation for CAS to formulate and implement "Innovation 2020", spells out its strategic mission, development objectives and key initiatives, and briefly introduces its current progress.

6.2 2010年世界主要国家科技与创新战略新进展

汪凌勇[1] 胡智慧[1] 黄 群[1] 邱举良[2] 李 宏[1] 任 真[1]
(1 中国科学院国家科学图书馆，2 中国科学院国际合作局)

2010年，美国、日本、德国、法国、英国、韩国等国家把加强科技与创新作为其优先政策选择，注重从多种角度完善自身的创新体系建设，致力促进创新和技术的产业化，期望通过科技与创新来应对经济危机，以期实现提高竞争力、促进经济增长和改善就业的目标。

一、美 国

2010年，美国为了应对在全球范围遇到的对其竞争力和科技领先地位的挑战，其在相关科技决策、管理与咨询机构在教育与人才培养、创新与商业化、重点科技投资领域与发展方向等多方面进行了认真的研究、思考，提出和尝试开展了一些新的布局、规划及行动。

（一）客观评估美国在全球范围遇到的挑战

2010年，美国多家重要机构相继发布关于美国科技与工程研究现状及其在全球中的地位的报告，分析美国目前存在的问题，特别是来自其他国家的挑战，并提出了相应的对策和建议。2010年2月，美国国家科学理事会（NSB）发布了《科学与工程研究的全球化》报告，针对全球范围科学与工程能力的快速增长，指出美国必须即刻做出反应，采取措施维持美国在科学与工程研究方面的全球领导地位。报告建议：①国家科学基金会（NSF）应对其科学与工程研究资助的价值评议准则进行评估，确保该准则能鼓励真正的变革性研究。②白宫科技政策办公室（OSTP）应使涉及科学与工程研究的所有联邦机构能够及时发现机会并适时做出调整，以确保联邦所资助的研究是世界领先的。③建立“总统创新与竞争力委员会”，以确保美国技术力量持续保持活力和增长，保护知识产权，确保美国经济受益于国外支持的研发，对美国应引领全球的关键研发领域进行评估。

2010年4月，NSF发布的《科学与工程指标2010》指出，美国在大多数科技活动中仍然保持世界领先地位，但在很多具体领域其科研优势呈减弱趋势。例如，2008年，美国专利和商标局批准的发明专利中，美国占49%，低于1995年的55%；美国占世界高技术产品出口的份额由1995年的21%减少到2008年的14%。

2010年8月，美国国家科学院国家研究委员会发布的《六国科技战略对美国的影响》报告分析了巴西、中国、印度、日本、俄罗斯与新加坡六国的科技战略与创新发展态势，指出美国的科技领先地位面临挑战，并向政府建议定期监测全球科技创新环境、评估美国对全球科技创新环境变化的响应能力，把研究设施与研究支持的质量与可获得性作为吸引全球科技人才的重要指标，监测研究设施与研究人员的有效利用情况、测度研究效率以及评估全球科技革命与研发全球化对美国国家安全的影响等。

2010年9月，美国国家科学院发布《站在风暴之上（再研究）》报告指出，从许多指标来看，美国的竞争力都在下降。2009年，57%的美国专利授予了非美国公司；1996~1999年间美国批准了157种新药，而此后的10年间，美国仅批准了74种新药；联邦研发经费占GDP的比例在过去40年中下降了60%；超过2/3的获得美国大学博士学位的工程师不是美国公民；等等。

（二）改善K-12教育，培养和造就下一代的科学、技术、工程与数学创新者

创新是决定未来竞争力的关键，而通过教育体系开发人力资源则是未来创新的基石，美国科研管理高层对此有深入的认识。2010年9月，NSB发布《关于造就下一代科学、技术、工程与数学（STEM）创新者》报告，就充分开发学生的潜能、发现和培养所有人种的学生中的各类天才以及强化支持性的生态系统建设等方面提出了具体建议。

总统科技顾问委员会（PCAST）也于2010年9月发布了《关于改善K-12教育》的报告。报告指出：必须重视STEM领域所有学生的培养，鼓励学生学习STEM课程，在此过程中激励他们将来进入STEM生涯；联邦政府缺乏在K-12教育方面连贯的战略和足够的领导能力，关键机构在战略制定和协调方面投入不够。报告建议：支持目前州领导下的数学与科学共享标准的行动实践；今后10年在STEM领域招募和培训10万名善于培养和激励学生的教师；褒奖全国STEM教师队伍中前5%的优秀者；利用技术驱动创新，仿效国防高级研究计划局建立教育行业的“高级研究计划局”；在今后10年建立1000所聚焦于STEM教育的新学校等。

（三）保证重点计划和领域实现预算增长，强化对变革性研究和多学科研究的优先支持

2010年，联邦政府研发预算在沿袭对以往重点计划和优先领域支持的同时，也提出了对未来投资的指导性原则和若干新的科技优先领域目标。2010年2月，OSTP主任约翰·霍尔德伦博士向美国参议院科学技术委员会提交了“关于美国联邦政府2011财年研发预算”书面声明。民用研发投资总计616亿美元，比2010财年增加6.4%。其中，能源部研发投资112亿美元；NIST内部实验室预算7.09亿美元，NIST外部计划中，“霍林斯（Hollings）制造业扩展伙伴关系计划”1.3亿美元，“技术创新计划”0.8亿美元；NSF预算74亿美元，比2010财年增加6.9%。跨机构的NITRD 43亿美元，“国家纳米技术计划”18亿美元，“美国全球变化研究计划”26亿美元。科学、技术、工程与数学教育相关计划预算37亿美元，其中包括总额达10亿美元为增进K-12学生数学与科学成就的历史性投资。该预算声明同时提议永久延长研究与试验发展税收减免。

2010年7月，白宫管理与预算办公室发布《2012财年预算的科技优先领域备忘录》，提出了优先支持高风险、高回报的变革性研究和多学科研究等的指导原则：①实现研发投资占GDP 3%的目标；②支持高风险、高回报的变革性研究；促进多学科研究途径；支持可促进技术商业化与创新的新途径；③明确跨机构的大科学工程的领导及参与机构各自的作用与职责；④建立并及时更新联邦各机构科技与创新的投入与产出数据库，并对公众开放。该备忘录还确定了2012财年美国科技优先领域的主要目标，包括：促进经济与就业的可持续增长；在抗击高危疾病的同时降低医疗成本；了解、适应与减缓全球气候变化的影响；发展保卫美国的军队、国民和国家利益的相关关键技术等。

（四）积极推进能源、网络与信息技术等关键领域的计划和变革

能源特别是清洁能源，一直是奥巴马政府的战略重点。2010年初，奥巴马总统在国会发表了国情咨文，指出政府将为美国人民提供更多的清洁能源就业岗位；将清洁能源和提高能效作为优先目标；将建设新一代安全、清洁的核电站；将继续投资先进生物燃料和清洁煤技术。同时奥巴马总统敦促国会批准能源和气候法案，以便为发展清洁能源提供激励措施，并使清洁能源最终成为美国一种有利可图的能源。奥巴马总统还指出，引领清洁能源经济的国家将成为引领全球经济的国家，并坚信那个国家就是美国。

2010年2月，白宫发布《碳捕集与封存发展备忘录》。3月，能源部宣布将实施总额达31.8亿美元的三个项目，以加速发展商业规模碳捕集和封存技术。项目重点是与碳捕集和封存及碳有效利用相关的先进煤基技术示范。4月，政府宣布发起联邦跨机构联

合资助的“能源区域创新集群” 5年计划，能源部、商务部经济发展管理局、国家标准与技术研究院、小企业管理局、劳工部、教育部、NSF等7个机构为该计划联合提供1.29亿美元。5月，参议院出台《美国能源法》草案，法案规定：以2005年排放量为基准，美国温室气体排放到2020 年减少17%；到2030年减少42%；至2050年减少83%。9月，能源部宣布投资530万美元资助大学能源技术商业化推广计划。

2010年11月，PCAST发布了《呈交总统的报告：通过整合联邦能源政策以加速能源技术变革步伐》。报告就美国如何从目前基于碳的经济转变为更安全、更可持续和更具经济优势的能源生态系统提出了明确建议，主要包括：建立由总统行政办公室领导的4年期的跨机构能源评估小组，将能源研究、开发、示范和部署（RDD&D）年度投资增加到约160亿美元，通过新的财政渠道获得100亿~160亿的资金，重新布局能源补贴与刺激，通过政府采购提高联邦政府推进能源技术创新的能力，等等。

网络与网络安全是奥巴马政府另一个重点关注的领域。奥巴马上任后，把数字基础设施视为国家战略资产，对美国网络安全状况进行了全面审查，并提出了美国网络安全的近期和中期行动计划。在《2009年网络安全研发法案》和《2009年网络安全协调与加强法案》的基础上制定了《加强网络安全法案》。2010年2月，众议院以绝对多数通过该法案。根据该法案，美国将壮大高素质的网络安全队伍，增加联邦政府在网络安全领域的研发投入，促进网络安全技术的商品化和市场化，与此同时，加强网络安全教育，提高全社会对网络安全的认识。

2010年3月，美国联邦通信委员会公布了“未来10年美国的高速宽带发展计划”，其目标包括将目前的宽带网速度提高25倍，扩大覆盖范围，为所有美国人提供用得起的互联网服务，释放500兆赫频段用于无线服务等。计划在2015年以前实现美国1亿家庭互联网传输平均速度达50兆/秒；2020年以前，90%的美国家庭互联网传输平均速度达到100兆/秒；每个社区的医院、学校、图书馆、政府机关等将在2020年前实现1000兆/秒的网络连接。

2010年9月，国家网络与信息技术研发计划（NITRD）国家协调办公室发布了《NITRD 5年战略规划》（草案）。该规划提出了21世纪数字世界的总体愿景：绝对安全、安心、可靠、多模式、易操作的高速网络、系统、软件、设备、数据和应用程序。为实现这一愿景，该规划要求在未来数字世界重要基础的3个领域推进美国的持续领导力：①扩展的人机伙伴关系；②设计与建设具有多安全层次的系统；③改变教育培训的形式，使人们受益于网络，培养多样性的、高效率的下一代网络创新者。

（五）密集出台加快研究成果转移转化的重要计划与措施

研究与创新成果只有通过转移转化才能切实转变为竞争力。2010年美国多家联邦机构在这方面相继推出了若干重要行动计划和措施。2010年5月，商务部创新与创业办公室和经济发展署（EDA）宣布了一项与NIH和NSF联合投资1200万美元的创新竞赛计划——“i6挑战”计划，旨在通过驱动创新与创业以及建立强大的公私合作伙伴关系，以促进创新思想进入市场。

2010年8月，NSF出台了“产学合作中心基础研究计划”。该计划针对产学合作中心推出，主要支持来自这些中心的产业基础研究项目提案，以此拓宽这些合作中心承担项目的范围和视野。预计NSF将提供总计160万美元，约资助10个项目，支持强度为5万~20万美元。

2010年11月，NSF推出了“加快创新研究”（AIR）计划，该计划总的目的是通过支持研究与合作以克服创新路径中的障碍，加快创新步伐，强化美国的创新生态系统。AIR分为两类，一类名为“技术转化规划竞赛”，主要促进NSF研究人员将具有技术潜能的基础研究发现转化为商业成果，与此同时鼓励研究人员和学生的创新思索和创业精神；另一类名为“研究联盟竞赛”，主要强化NSF现有研究联盟同其他机构之间的联系，其作用包括：促进将研究和技术成果更快地转化为新企业或使其在现有公司得到实现，发展大学研究人员和其他机构之间的联系网络，借助创新生态系统实现就业增长，让学生有机会了解创新与创业。

2010年12月，NIH与阿尔伯特和玛丽·拉斯克基金会联合发起“拉斯克临床研究学者计划”，该计划旨在为医学博士提供临床研究项目资助，以搭建临床研究与改进医疗护理之间的桥梁。该计划将使临床研究人员在早期生涯阶段得到在NIH临床中心5~7年的临床研究机会。在成功完成第一阶段的研究实践后，临床研究人员将获得作为高级临床研究科学家留在NIH工作的机会，或者在大学和其他外部研究机构申请为期4年的独立财政支持。

二、日　本

2010年，日本在严峻的财政形势下，科技投入基本保持了稳定，重点领域的投入还有增加，显示出日本政府对科技发展的高度重视。科技政策重心有所调整，在政策、环境营造以及资金投入方面进一步向环境、能源、生物、信息通信等几个重点领域倾斜。2010年日本还相继推出了一系列与科技相关的重要政策，包括“经济增长新战略”、“基础研究长期战略”以及人才培养等方面的综合配套政策，并开始加大对青年科研人员和女性科研人员的支持力度。

（一）加强政府科技投入

（1）科技预算有所增加。2010年1月，日本综合科学技术会议发表确保科技预算的紧急建议。新内阁力图根据新制定的《关于科学技术预算的资源分配方针》推行"绿色创新"。3月，日本内阁公布的2010年科技预算为35 723亿日元，比2009年增加0.8%。各部委的科技经费普通预算和特别预算相加，实现了近两年来的首次增长。比较有代表性的是"最尖端研究开发项目"，在很多科研项目预算都面临削减的情况下，其预算反而稳步增加。此项目2010年的预算比2009年增加了100亿日元，体现了政府在科学技术政策上的积极态度。

（2）政府科技投入政策发生变化。在第三期科技基本计划（2006~2010年）中，日本确立了科技研究的四个优先领域（生命科学、信息与通信、环境科学、纳米与材料）及四个"推进领域"（能源、制造技术、社会基础设施、前沿研究）。对四个优先领域的资金投入已从占1991年研发总预算的28%上升到2009年接近研发总预算的50%。2010年综合科技会议界定了最高优先的政策问题，作为新层次的优先领域。确定的五个最高优先政策问题包括：变革性技术、低碳技术、科技外交、以科技促进区域发展、促进成果的转移转化。这反映出公众日益关心的问题，即需要把对科技的投资转化成为能够解决社会问题、创造经济增长的创新。日本政府还将"绿色增长"作为公共政策议程的基石，致力于在2010年之前将日本的温室气体排放在1990年的基础上减少25%，这是对原有政策的重大突破。政府表示，其宏伟目标将有一部分由"绿色创新"来实现。

（二）确定经济增长新战略，将科学技术作为促进经济增长和增加就业的重要手段

2010年6月，日本内阁确定了面向2020年的10年经济增长新战略。该战略在前内阁2009年12月提出的以"创造新需求"为基本方针的经济增长基础上，提出了以"强的经济"、"强的财政"和"强的社会保障"为宗旨的更加强势的战略方针。同时对前内阁提出的发展战略内容进行了部分充实和强化，即在原有的环境能源、医疗保健、旅游观光、开拓亚洲市场、科学技术及增加就业等6个领域后面又增加了金融战略，另外在增加就业中加入了更加详尽的预期目标内容。其与科技相关的主要内容如下。

（1）完善能源与环境相关制度和措施，推动低碳产业快速成长。预期目标：扩大绿色能源与环境市场，预期环境能源市场到2010年收益将达到50万亿日元以上；在能源环境领域创造就业岗位140万个；利用技术减少温室气体排放量13亿吨。在对策措施方面，提出快速普及可再生能源、推动新一代电动汽车、火力发电及智能电网等相关产业技术创新、制定与绿色税制相匹配的相关规定和制度等。

（2）提升医疗护理事业的层次，推进健康产业的发展。预期目标：培育满足医疗、护理及保健领域新需求的新兴产业，到2020年使市场收益50万亿日元以上，创造就业岗位284万个，以此向亚洲和世界展示日本高龄社会的先进模式。对策措施方面，

提出扶持制药、再生医疗等尖端医疗技术的研究开发；推进新型医疗护理设备的研究开发以及完善社区医疗护理服务体系等。

（3）搭建技术创新平台，促进科技成果的广泛应用。预期目标：2020年，政府和民间投资占GDP的比重增至4%以上，使日本继续保持世界第二经济大国的地位。对策措施主要包括加速对大学和公共机构的改革、加强对科学技术人才的培养等。

（4）挖掘人力资源潜能，提供更多的就业机会。预期目标：力求失业率至2020年降到3%。对策措施有修改阻碍劳动就业的制度、建立针对全社会就职人员的评价制度、提高初等教育和高等教育的教学质量等。

（三）出台强化基础研究长期策略

2010年1月，日本综合科学技术会议提出《强化基础研究应采取的长期策略》报告。该报告强调了基础研究的重要性，指出基础研究可以创造出重大科技成就、产生持续性的技术革新，是提高国际竞争力的基础。该报告重点论述了下述三个问题。

（1）确保基础研究经费。有计划地增加科学研究费补助金。为了使研究人员能够专心从事研究工作，对于基础研究的科学研究费补助金，应延长资助时间，提高遴选率，并有计划地增加数额。对于承担研究责任的团队带头人或独立研究人员，除了从运营费中提供研究费之外，还帮助其从科学研究费补助金等竞争性资金中取得一定规模的研究费。对重要的研究工作实施不间断的支持。

（2）培养基础研究人才。培养优秀的青年研究人员并促进其积极工作，加强对青年研究人员的资助工作。通过大学的结构改革确保青年研究人员的职位。为了给青年研究人员提供自立和积极工作的机会，除了确保年轻人员的职位之外，还需确保研究人员的流动性，形成充满活力的研究环境。

（3）形成研究与教育的中心。为了提高基础研究中的国际竞争力，还需要努力扩充致力于系统改革的世界最高水平研究中心计划。

（四）开展学术展望，力求完善和革新创新政策与体系

2010年4月，日本学术会议发表《展望日本——学术建议2010》报告。该报告对21世纪人类社会与日本社会面对的构筑可持续发展社会这一紧要课题进行了展望，主要建议如下。

（1）在学术综合发展中推进“科技”定位。日本应该对学术开展长期的、综合性的振兴，使其能够应对21世纪人类社会的课题，其中要对“科技”的推进进行明确定位，以实现“科技立国”的目标。

（2）研究有关基本概念，完善学术政策所需的统计数据。参照国际水准，明确

“基础研究”、“应用研究”以及“研究人员”等用于学术研究统计的基本概念。同时尽早确立能够长期取得分析学术研究统计数据的组织体制，建立国际比较的基础。

（3）发挥人文社会科学的作用以推进综合性学术政策。尤其要明确人文社会科学的意义，支持其独自发展，同时通过与各类自然科学的联合与协作促进其发挥在综合研究方面的先导作用。

（4）设定明确方向，恢复大学的学术研究基础。应增加基础经费，改善研究环境，改进使学术研究本质得以发挥的评估体系。

（5）保持应用研究与基础研究的平衡并推进创新政策。基础研究保证多样性与持续性，应用研究的目的在于创造社会与经济价值，为了保证两者并存，需要明确并规范研究资金的配置与审查标准。推进创新政策，促进教育、研究与创新实现三位一体。

（6）尽早采取措施应对青年研究人员培养危机。应将在读博士生当作职业研究人员，通过经费支持使其实现经济独立。充实与改善研究人员培养项目，为其综合设计职业生涯。

（7）进一步推进培养女性研究人员的体系改革。采取积极提高女性职场地位等各种措施。继续实施“女性研究人员培养示范计划”、“加速女性研究人员培养体系改革”等项目，在大学评估标准中引入培养女性研究人员这一指标。

三、德　　国

2010年，德国联邦政府明确确立了教育与研究在德国创新政策中的绝对优先地位，并在加大研究与创新投资、提高科学研究创新潜力的有效性、规划东部地区的未来创新政策与管理，以及确定高科技战略中的重点领域等方面开展了一系列新的规划和行动。

（一）确立教育与研究在德国创新政策中的绝对优先地位

2010年12月，德国联邦政府公布的《德国未来能力的卓越信号》的教育财政报告显示，2010年德国的公共教育支出首次突破了千亿欧元——联邦、州和城镇三级政府2010年的教育预算总额为1028亿欧元，比2009年增加了40亿欧元。在国家总预算之中，教育经费的位置也有了极大的提高。1995年，教育投入所占比例还只是13.9%，到2010年则已经占到了18.1%。与2010年相比，德国政府2011年的教育与研究预算也有明显增长。其中联邦教研部2011年的预算将增加到116.46亿欧元，增幅高达7.2%。2011年新推出的“教育领航员”计划旨在资助有困难的小学和中学生顺利过渡到职业培训阶段。到2014年，联邦教研部将为该计划提供总额为3.62亿欧元的专项资助。

德国研究联合会 2011年度的经费为24亿欧元。其中，基本资助约16亿欧元。马普学会2011年将得到联邦和州政府的联合资助金13亿欧元。德国工程科学院2011年获得的国家基本经费为250万欧元，由联邦和州政府各承担50%。国家基本经费仅占其总预算的25%，其余75%则是由经济界和公共与私人捐助的所谓“第三者经费”。

（二）出台提高科学研究创新潜力有效性的资助措施

2010年5月，德国联邦政府推出了一项新的旨在提高“科学研究创新潜力的有效性”（VIP）的资助措施。一般而言，一个“有效性”研究项目最多可以获得50万欧元的资助，资助的最长期限为3年。研究人员也可以利用这项新资助措施，在技术上继续发展他们的创意，直至成为具有普遍影响力的典范；此外，他们还可以“迎合”经济界的需求，针对特定的新开发投资深入开展专门的风险调查。

在从实验室到市场的道路上，联邦教研部希望能及早地由VIP资助来填补以往资助措施中的漏洞：针对高等院校和科学机构为数众多的科研活动，对具有潜在可利用价值的研究成果进行早期鉴别。VIP资助重点支持具有经济发展方向和特征的特别研究项目的过渡。联邦教研部希望由VIP这项新资助措施鼓励科学家为他们的研究成果开辟更为广泛的应用可能性，并使他们有可能跟踪其创意的发展，直至登上经济利用的巅峰。

（三）提出德国东部未来创新政策的重点

2010年9月，德国政府发布了《充满想象的未来保障——2010德国东部创新图集》研究报告，阐述了联邦教研部未来创新政策的10个重点：①将以“东部未来”战略取代原有的“东部建设”战略，除给予必要的投资外，首先是要显著提高资助的“效率”和战略转换的速度；②从“平衡”和“追赶”向“走自己的道路”转变，为东部提供有助于持续创新的框架条件、相应的促进计划以及具有可行性的政策；③要发挥高等院校在“区域创新”中的特殊作用，要推出适当的政策方法和资助措施，尤其要探索高等院校发挥其特殊“作用”的新路子；④实现国际化和赢得青年人——问题的关键在于能否成功地使德国东部地区成为对青年人越来越有吸引力的地区；⑤集群与区域取向的创新政策，着眼于创新过程的不同阶段和不同的创新区域，旨在挖掘杰出的区域研究和创新潜力，并通过战略性的国际合作来创造具有竞争力的“权威区域”；⑥创新管理，要陆续推出一批有助于优化新联邦州创新管理和研究项目的措施；⑦新州通往“科学杰出”的途径，打造适合国际最高水准的研究框架条件，而且还要具备学科多样性和跨学科性质；⑧科学界和经济界的结盟，必须在早期唤起和激发青年科学家的热情，并克服企业家在合作方面表现出来的某种“脆弱”；⑨教育和技能培训是个人“生存机会”和“参与社会”的前提；⑩更为开放的德国东部。

（四）制定高科技战略，确定研发与创新的未来重点领域

2010年7月，联邦政府推出《2020德国高科技战略》报告。报告指出，德国将继续坚定不移地执行高科技战略，大力推动技术创新，并立足于应对全球性挑战，把研发与创新的重点聚焦于气候与能源、营养与健康、交通、安全以及通信等5个领域。《2020德国高科技战略》确立了如下“未来项目”：①建设无碳的、注重能源经济效率且气候适宜的城市；②能源供应的智能化改造；③再生原料是石油的替代物；④通过个性化的医疗更好地治疗疾病；⑤通过针对性的营养措施保障健康；⑥到2020年保有100万辆电动汽车；⑦更有效地保护通信网络；⑧运用互联网降低能源消耗；⑨世界知识的数字化及其体验。

（五）制定新健康研究框架计划，确立医学研究的总体战略方向

2010年12月，德国内阁通过了联邦政府的新“健康研究框架计划”，从而确立了未来几年医学研究的总体战略方向。对联邦政府而言，该框架计划是为高等院校、大学附属医院、大学外研究机构和经济界进行的医学研究提供经费的基础。新健康研究框架计划包括六大行动范围。

1. 结构性挑战——常见病联合攻关

人口结构的变化使患常见病的人数日益增长，因此，要尽快创建一批健康研究中心，吸引大学和大学外研究机构的医学研究精英，针对一些特别重要的常见疾病开展联合攻关研究，并加速研究成果的利用。同时加大对相关疾病研究的项目资助，并致力于探究研究友好的框架条件和结构。

2. 研究挑战——个性化医学

进一步了解最基本的发病机制，针对个体差异的不同需求并以之为研究前提，提供特别的“定制药物”并实现“即时供应”，借以更为接近或实现既定目标：在身体状况许可的情况下，使更多的老年人能够实现生活自理。为此，德国政府尤其支持诊断学和治疗学研究的新发展，并在资助措施中提出：要沿着“从生命科学的基础研究到临床应用”和“临床与病人取向的研究直至市场成熟的创新过程”这两个方向，推动相关的创新过程从一个阶段顺利地过渡到另一阶段。

3. 预防挑战——预防与营养研究

关于营养、运动、其他行为以及环境对遗传因子活度的影响等新知识将为临床医学开辟新的可能性，使人们能更好地理解常见病的起因，并更有效地预防这些疾病，

必须继续扩展有关预防性措施的知识，并了解这些预防措施能否或者将如何发挥作用。把所有关于预防与营养研究方面至关重要的项目研究资助集中在一起，推动多学科相结合的联合研究。

4. 系统挑战——供应研究

德国政府的目标是，必须使良好的健康保健系统能够与最大限度的低廉费用协调一致起来，因此鼓励高效的医疗保健研究和健康经济学研究，并将“患者定位”和“医疗安全”作为资助相关研究的基本出发点。资助重点主要有：可持续的研究基础设施的建设，对日常保健工作中创建并使用新颖方法的评价的研究，结构建设研究，保质期过程的优化研究。

5. 创新挑战——健康经济

健康经济是工业国家的重大增长领域之一，除了制药工业、生物技术以及医疗技术之外，还包括提供医疗服务的新服务形式。德国政府致力于提高健康经济的创新能力，还特别注重知识试验以及技术转移的新方法，并承诺本着“研究与创新友好”的原则，为促进相关产业的发展创造更加适宜的法律框架条件。

6. 全球挑战——国际合作中的健康研究

德国政府将通过共同建设研究基础设施来加强健康研究的国际化进程，使研究人员和公共机构得以开展跨国界的研究合作，并推动相关研究计划的国际协调工作。其中一个重点是，在与发展中国家的合作中开展曾被忽视的因贫困所致疾病的研究。

四、法　国

2010年，在尚未走出经济危机困境、需要紧缩各项开支的情况下，法国政府高举“科技创新，投资未来”的旗帜，想方设法增加科研投入，继续推进国家创新体系改革，加紧创新主体的布局和建设，强化在生物技术、环境科学、纳米科技和新能源等新兴战略领域的研发，为增强法国的创新能力、提高科技竞争力、占领未来世界经济发展制高点的战略目标做出了一系列可圈可点的努力。

（一）实施未来科研投资计划

按照法国总统萨科齐2009年提出的“大型国债计划”（总额350亿欧元），法政府“未来投资部际联席会议”于2010年7月审议批准了使用大型国债的34个项目，作为确保法国未来发展的战略性投资，以增强法国在世界上的竞争能力。这些项目涉及科研、高等教育和人员培训（190亿欧元）、工业与中小企业振兴（65亿欧元）、可持续发展（51亿欧元）和数字经济（45亿欧元）等领域。

1. 生物技术

生物技术计划的目的是在遗传学和生物技术领域建设具有国际水准的技术平台，开展涉及人类健康、新能源和可持续发展等方面的新的研究课题。

法国政府为此设立了13.5亿欧元的基金（其中1/3直接用作项目经费，其余用来获取利息，以支持项目的后续行动），项目内容主要包括：①建立具有国际水准的技术平台；②向生物技术工业的研发部门提供资助；③支持EVRY国家基因测序中心，开展海洋微生物种群的基因分析，开展从藻类生产第三代生物燃料的实验，以抗衡英国、美国和中国在这方面的能力。

2. 出色实验室

设立10亿欧元基金，利息收益用来支持“出色实验室”的建设。通过实施“出色实验室”和“出色教学科研区”项目，加速高等教育和科研机构的整合，加快全国各地和各学科实验室的建设，增添新型科研设备，聘用优秀人才，开展国际水平的重点科研课题，形成科技优势，增加可视度和国际竞争能力。

3. 出色装备

设立10亿欧元基金（一部分用于购买设备，基金利息用以维持设备运转）。法国在中型科研设备（100万~2000万欧元）方面与主要科研大国有较大差距，需要添置和优化科研装备，增强科研活力，加速科研进程。这项基金主要用于如下学科领域：健康和生物技术，环境紧急处置与生态技术，信息、通信与纳米技术，人文与社会科学。

4. 空间技术

为确保“阿丽亚娜”运载火箭在世界的领先地位，以及法国在地球观测、通信和遥感定位等方面的优势，法国政府决定拨款5亿欧元，由国家空间研究中心管理使用，其中的一半用于新一代运载火箭“阿丽亚娜-Ⅵ”的研发工作，开发出具有成本优势、可根据卫星数量和重量调整组合、适应欧洲国家各种战略需求的运转火箭；另一半用于改进实用型卫星的性能，研制应用性很强的新型卫星，譬如通过卫星直接观测欧洲各国、中国和美国的温室气体排放，监测缺少地面测量站的地区（譬如亚马孙流域和非洲等）二氧化碳的排放情况，掌握实际数据，推动实行排放许可的管理政策。

5. 新型核反应堆

目前正在法国南方卡达哈什兴建的Jules Horowitz反应堆（RJH）是一座研究型反应堆，用于研究和验证各种核反应堆使用的燃料和材料（包括核燃料和材料在辐射条件下的行为），生产医用放射源材料。

为确保法国在这一领域的领先地位，法国政府拨款2.5亿欧元，由法国原子能委员会负责管理，其中1.62亿欧元用于核研究设施的建设，争取2015年投入运行；其余的0.93亿欧元用于生产医用放射源所需的费用，确保每年向欧盟国家提供医用放射源材料需求量的25%~50%。

6. 世界级科技园

法国政府从“未来投资计划”中拨款10亿欧元，另加“出色校园”支持经费8.5亿欧元，用于巴黎第十一大学搬迁、CACHAN高等师范学院和巴黎中央学校等高学联盟成员，以及已经在萨克莱高地（巴黎南部）的众多研究机构和企业的联合和优化配置，强化行政管理，吸引一流的科研机构和优秀研究人员落户，实行共同的科技发展战略，形成优势互补、成果不断涌现的高技术基地，打造世界级的研究与创新中心。

7. 出色联合行动

将地区内具有科研和教学优势的高等院校和科研单位联合起来，形成5~10个具有国际能见度和吸引力的群体，围绕重大科研课题，开展具有国际研究水平且与地区经济紧密结合的联合行动。

法国政府设立了77亿欧元的基金，利用基金收益支持这样的联合行动，通过高等院校、科研机构和地区的密切合作，吸引最好的教师、最好的研究人员和最好的学生，提升法国在国外的科研影响力，加速创新进程和技术成果向企业的转移，增强所在地区的经济增长潜力，为教学改革和科研体系的现代化做出样板。这项行动的头三年作为试行期，鼓励各地区采取联合行动，试行期结束后将根据情况确定优先资助对象，正式入选者可获得高达10亿欧元的拨款，以确保联合行动的顺利实施。

8. 大学园区建设

法国政府决定从“未来投资计划”中拨款13亿欧元，加上2008年启动的“大学园区建设”经费，总额达到50亿欧元，已分拨到首批入选的10个大学园区，用于改善大学园区的教学楼和宿舍，创造良好的教学和生活环境，提高吸引国外学生和研究人员的能力。

（二）加强创新体系和科研能力建设

1. 稳步推进大学自治改革

法国政府2007年颁布的《大学自由与责任法》（以下简称《大学自治法》）是法国研究与创新体系改革的重要环节，其中一项措施是将过去由国家掌控的人力资源和经费管理权力下放给大学，使它们成为真正的独立法人，扩大大学的自主权，发挥各自优势，加强大学科研工作，逐步确立大学在国家研究与创新体系中的地位。

2010年，法国又有33所大学进入《大学自治法》改革行列（约占全国82所大学的40%）。《大学自治法》在很大程度上改变了人们的观念和办事方式，教学-研究人员的地位得到了提升，他们成为教学和科研的主要参与者，摆脱了过去因经费目标定向而受制于人的被动局面。由大学自主掌握工资总额度，增加了大学实施各项政策、特别是在聘用人员方面的调控能力，大学行政理事会可以决定通过发放奖金等手段来实行激励性的薪金政策，如增加有限合同人员的报酬、聘用国外知名科学家等。

2010年，法国的大学自治改革取得了决定性进展，目前已进入第二阶段：将公共财产的管理权从政府部门移交给大学，试点大学将成为不动产的直接管理者。法国高等教育与科研部已确定包括巴黎第六大学在内的5所大学进行试点，可以自主进行不动产甚至土地的买卖，出售收入100%留用，根据自身需要决定是否新建校舍等。

2. 完成研发联盟的组建

组建研发联盟是法国落实国家创新战略的一项重要举措，旨在消除各创新主体之间的隔阂，加强伙伴合作关系，促进优先领域的重点研究项目。至2010年6月，国家创新战略确定的5个领域都已分别成立了研发联盟，标志着国家创新战略的实施已完成布局而进入实质性推进阶段。5个研发联盟分别是：生命科学与健康研究联盟、国家能源研究协调联盟、数字科学与技术研发联盟、环境研发联盟、人文与社会科学研究联盟。它们几乎囊括了所有的公共科研机构、著名私营科研机构和大型研发集团。这些研发联盟在高等教育科研部和国家科研署的指导下，简化管理体制，整合资源，加强协调，已经制定了科学研究和技术发展路线图，正在分工协作开展各项研究。

3. 完善“竞争力集群”布局

“竞争力集群”计划是法国创新战略的一个重要组成部分，旨在集中优势，快速提升法国的创新能力和国际竞争力。该计划于2005年启动，到2007年在全国范围内批准了71个竞争力集群。2010年5月，法国政府宣布了完善该计划的实施方案：取消6个评估不合格的竞争力集群资格，重新认可整改后的7个竞争力集群，通过4次项目招标，新批准6个竞争力集群，使竞争力集群的总数仍然保持71个，并宣布将竞争力集群计划实施期限延长至2012年。

4. 通过项目招标支持原始性创新

2010年，法国国家科研署继续推进基础研究活动的自由化发展，“自由申请项目”的资助经费占总资助经费的比例已从25%提升至50%。获得资助项目的研究领域有：生物技术与健康，生态系统与可持续发展，可再生能源与环境，工程、过程与安全，信息通信技术，人文及社会科学，伙伴计划和竞争力集群，以及跨领域的多学科项目，等等。

5. 通过优惠政策促进企业创新

法国国家创新署为创新型中小企业（包括特小型企业）的发展壮大和技术转移以及具有良好市场化前景的技术创新项目提供咨询帮助与资金支持。鉴于创新型中小企业在国家创新体系中的重要作用，国家创新署专门设立网上融资平台，为创新型中小企业特别是初创时期的创新型企业解决资金问题，目前已有近6300家投资人、4200家公司、1662个项目注册。2010年，法国新创建32万家企业，同比增长75%；在企业减员的总体趋势下，创新型企业和出口型企业受影响较小，保持良好的发展势头。

6. 大力推动科研成果的商业化

为了进一步完善科研成果商业化机制，法国政府决定投入35亿欧元，采取多项措施：①设立“国家研究开发基金”，为公共和私人科研机构提供融资服务，完成国家科技发展目标；②设立“法国专利基金”，由法国高等教育科研部和法国信托投资银行各出资5000万欧元，完善知识经济下的专利市场；③创建“技术研究院”，促进公共科研机构与产业部门之间的合作，促进科研成果的商业化；④成立“技术转移促进协会”，帮助大学实验室的研究人员加强与外部创新主体及企业之间的联系，提供申请专利的各项服务，强化大学技术创新和科研成果转化能力。

五、英　国

2010年是英国政府交替之年。2010年5月大选后上台的保守党与自民党联合政府履行参选誓言，大幅削减对高校和科研的财政预算，并收紧对科研人员的签证政策，表明过去10多年工党政府对创新与科技相对倾斜的预算政策即将结束。但是，这并不表明新政府完全忽视了创新与科研对国家发展的重要性，新政府将继续支持卓越与严谨的高等教育、继续教育和科研工作。在2010年中，新的联合政府与前任工党政府制定和实行了一系列科技与创新促进政策及措施。

（一）进行有关科技与创新的前瞻研究

2010年3月，英国科技政策最高咨询机构科学技术委员会（CST）发布了《英国研究远景》报告，就确保英国研究基地维持高水平的绩效和生产率并使其产出实现经济和社会效益最大化，继续维持英国的全球研究地位并充分利用商业驱动与研究驱动，以及怎样招募、培养、奖励和留住最好的人才等问题进行了分析研讨，并提出了若干重要建议：①规划并阐释英国的研究远景；②发现、吸引和培养最好的研究人才；③必须重视建设强大、繁荣、世界级的研究基地，并使英国在某些领域处于全球领先位置；④确保研究成果的利用，促其转化为经济效益和社会效益；⑤资助卓越研究并鼓励合作，大学必须制定相关的战略以维持卓越研究的多样性；⑥政府必须确保各部门具有其所必需的研究能力，并且该种能力在各部门之间有很好的联结；⑦政府必须继续将公众参与和同公众开展对话作为其政策制定的重点和优先领域。

2010年4月，英国工程科学院发布了《英国未来工程展望》报告，提出英国未来在工程领域的五大优先政策重点：①支持和鼓励对工程类教育与培训的投资，支持英国对未来国际高附加值、高技术产业的人才竞争；②争取英国在低碳技术方面的领先地位，加强相关产业基础；③投资于英国的科学与工程研究基础，促进研究成果的商业化；④利用政府每年2200亿英镑的公共采购鼓励工程类创新；⑤在政府决策和公共政策中扩大工程类咨询的影响。

2010年11月，新政府又在以上工作的基础上通过商业、创新与技能部发布了《技术与创新的未来：2020年英国的增长机遇》报告，预测了今后20年英国的技术发展前景，提出了包括材料与纳米技术、能源与低碳技术、生物与制药技术以及数字与网络技术四大领域的55项未来重要技术。

（二）出台生物与海洋科学领域的发展战略

2010年1月，英国生物技术与生物科学研究理事会（BBSRC）发布了题为“生物科学时代”的2010~2015年战略规划，选定了3个主要的战略研究优先领域，它们分别是：粮食安全、生物能源与工业生物技术、支持健康的基础生物科学。此外，BBSRC还提出了3个发展主题：①注重知识交流、创新和技能，尽量提高BBSRC资助的科学研究和拥有的人才的影响力，并鼓励这些科学研究向实际应用转化；②开拓新的工作方式，改进相关科学研究工具和技术方法；③与国内外其他科研资助机构建立伙伴关系。

2010年2月，英国环境、食品和农村事务部发布了《英国海洋科学战略》报告，用以指导未来15年的英国海洋科学研究。该战略提出了3个优先支持的研究领域：海洋生态系统功能研究、海洋对气候变化的响应及其与海洋环境之间的相互作用、海洋生态系统的可持续发展和效益的增加。

（三）新政府继续注重科学投资

2010年5月大选后，新的联合政府就宣布要履行其参选誓言，大幅削减对高校和科研的财政预算。此后，以英国皇家学会为代表的科学界向新政府提交了意见书，为科学投资呼吁呐喊。最后，为了表明对科学与创新活动的支持，新政府仅大幅削减了对高校的资助，坚持在严厉削减公共开支时注重保障核心科研经费。

2010年10月，新政府公布了几十年来最严厉的削减开支计划，决定在2014~2015财年前削减830亿英镑的公共开支。商业、创新与技能部（BIS）也削减了其开支计划：该部将削减40%的行政经费，并在2012年裁撤各地区发展署（RDAs）；对高校的资助（不包括研究资助）将在2014~2015财年下降40%，但仍将继续资助科学、技术、工程与数学类教育项目；对继续教育的资助将在2014~2015财年下降25%。

但为保证其科研的世界领先地位，英国政府将在2014~2015财年前保持每年46亿英镑的科学预算不变，主要项目包括：对医学研究和创新中心的2.2亿英镑资助，对"钻石"同步加速器的6900万英镑资助，在今后4年投入2亿英镑建立技术与创新中心网络以支持技术商业化。

2010年12月，英国政府发布了2011~2012财年至2014~2015财年的科学与研究资助分配计划，其主导思想是要资助世界级的科学研究。该计划保证了在2011~2015财年的4个财年中每年度的资助额都与2010~2011财年持平。其资助重点包括：2010年新成立的英国航天局；新的令人兴奋的研究项目，如探索军用和民用外伤治疗新方法的医学研究理事会项目、支持人文与社会科学领域的严格定量研究方法的英国社会科学院项目、新的跨机构的全球粮食保障项目。

（四）积极促进公众对科学与创新的参与

2010年6月，新政府科学办公室发布了《分享经验：改进科学咨询委员会各秘书处的参与》报告，展望了独立科学咨询的前景和未来。该报告指出，在参与方面，科学咨询委员会应制定一套相关政策，以便有利于将其工作向公众和其他利益团体传达并回收反馈，多种机制可帮助实现这一目标，如开放式会议、公共咨询、同相关利益团体的对话、召集外部专家开会讨论等。

2010年7月，政府科学办公室又发布了《政府首席科学顾问关于在决策中利用科学与工程建议的指导方针》文件，指出各部门和决策者要协同工作，以确保在政府范围内作整体考虑，将科学与工程相关证据和建议纳入决策过程中。文件还阐明了各部门和决策者寻求科学工程建议并加以利用的一般指导原则。

根据以上政策文件的要求，2010年12月，英国9家主要科研资助机构联合其他30家重要的学术机构共同发布了一项新的《促进公众参与科研协议》声明。声明阐述了英国主要科研资助机构促进公众参与科研工作的责任，提出了未来促进公众参与科学研究的4项主要原则：①英国的研究机构应对公众参与给予战略性承诺；②投入公众参与活动的研究人员应得到价值上的承认；③将通过培训、支持和提供机会来鼓励研究人员投入公众参与活动；④协议签署机构将定期监测和评估自己推进公众参与活动的进展情况，并总结优秀工作经验。

（五）积极尝试新的科学研究评估方法

2010年11月，英格兰高等教育资助委员会（HEFCE）发布了利用同行评议小组评估英国大学研究影响的一年期试验结果报告，提出：评估科学研究的各种影响是可行的，专家评议是可以用于评估研究影响的合适手段。实验涉及5个不同学科的各类研究影响，但是评估研究影响的方法基本类似，说明建立一种适应所有学科的通用评估方法是可能的。2014年将启动新的“研究卓越框架”（REF）评估体系，其中研究影响占25%的权重，以后将视情况逐步提高。

六、韩　　国

2010年，韩国科技与创新政策领域引人注目的几个主要动向包括：制定科技中长期发展战略，进一步实施绿色增长战略，继续加大政府研发预算，加强核心技术的研发等。

（一）制定科技中长期发展战略

2010年10月，韩国国家科技委员会公布了由韩国教育科学技术部制定的《大韩民国的梦想与挑战：科学技术未来愿景与战略》。该战略在对国际和国内环境变化进行分析的基础上，展望了未来的科技发展趋势，并提出了使韩国在2040年跻身全球五大科技强国的科技发展长期愿景，具体目标主要包括：将国家研发投入占GDP的比重从2010年的3.37%提高到2040年的5%；将全球大学排名前100强的韩国大学数量从2010年的两所提高到2040年的10所以上；将韩国的支柱产业从目前的半导体、汽车、造船与信息通信业转型为2040年的生物制药、新材料、清洁能源和机器人产业。

该战略利用SWOT分析法遴选出了可再生能源技术、气候变化监测与应对技术等25项未来核心技术和235项具体技术，还提出了今后将重点推进的五大政策方向：扩大创造型与先导型研发、加强科技人才培养、通过国际合作建设国际开放型创新体系、开展绿色增长型技术创新、增强科技对国民和社会的贡献作用。

2010年9月，韩国国家科技委员会公布了由教育科学技术部制定的《国家会聚技术地图》，确定了到2020年韩国会聚技术的发展方向及目标，希望通过发掘未来领先的原创会聚技术，创造未来新成长动力，并使韩国发展成为世界会聚技术大国。该地图在预测2040年韩国的发展全貌的基础上，从推动未来科技发展的众多核心技术中，遴选出生物医疗、能源环境、信息通信三大领域必须进行战略投资和管理的15个优先课题和70项原创会聚技术，并绘制了这70项技术至2020年的发展路线图。

（二）绿色增长成为科技政策的重心

2009年，韩国政府提出了“绿色新政”计划，将“绿色增长”指定为国家新的发展模式，并通过制定低碳绿色增长基本法、绿色增长国家战略及5年计划，奠定了促进绿色增长的基础。韩国政府把2010年定为“绿色增长战略模式实行年”。李明博总统强调，“绿色增长关键在于科学技术”。绿色增长七大实践课题中，绿色技术占了很大的比重。

2010年4月，韩国政府公布了《低碳绿色增长基本法施行令》，正式确立了低碳绿色增长计划的法律地位，确定了2020年以前把温室气体排放量减少到预计量30%的目标。韩国此次推行低碳绿色增长计划的预算总额为310亿美元，仅次于中国和美国在低碳增长方面的投入。

2010年6月，李明博总统在东亚气候研讨会上正式宣布创立“全球绿色增长研究所”（GGGI）。该研究所的总部位于韩国，2012年前还要在发达国家和发展中国家建立5个分部。建立GGGI的目的是对全球经济成长新模式——“绿色增长”理论进行系统研究，向国际社会推广绿色增长模式，制定符合发展中国家经济条件的绿色增长计划并给予支援。该研究所将成为基于国际合作的、提供绿色增长计划的智库。GGGI是按照韩国倡导的绿色增长议题，在韩国设立本部的首个国际机构，因此具有重要的意义。韩国政府将为GGGI的运营提供必要的资金支持。

2010年9月，韩国国家科技委员会审议并通过了由韩国教育科学技术部、知识经济部等8个部委联合制定的《可再生能源研发战略》。该战略提出“通过可再生能源的研发创新，加快绿色增长”的愿景，并提出在2020年前将韩国可再生能源领域的整体技术水平与世界最高水平的比值从目前的76.7%提高到96%，将太阳能、风能、燃料电池领域的技术水平提高到世界最高水平。

（三）继续加大政府研发预算

2010年，韩国政府的科技预算为13.6万亿韩元。其中，基础研究投入所占比重从2009年的29.3%提升至2010年的31.3%。作为新成长动力的未来指向型研究被列为四大政策重点之一，官方经费投入增加20%，低碳绿色增长项目得到强化，同民众生活相关、提高生活质量的研究项目，以及航空航天、核聚变等国家重点项目获得了大量战略性投入。

根据韩国教育科学技术部公布的“2010年度理工类基础研究项目实施计划”，2010年，该部的理工类基础研究预算比2009年增长了26.9%，达到8131亿韩元。其中，对基础研究基本建设的投入增长3.6%，达到479亿韩元；对团队研究项目的投入增长22%，达到1152亿韩元；而对个人研究项目的投入则增长30%，达到6500亿韩元，资助的课题数量将从2009年的约6200个增加到2010年的约8300个。对个人研究项目中的“青年科研人才项目”的投入增长55.3%，达到621亿韩元，资助的课题数量将从2009年的968个增加到2010年的1133个。对“国际级科学家项目”的投入更是增长144.4%，达到110亿韩元，资助的科学家将从2009年的3名增加到2010年的8名，资助期限也从原有的6年延长至10年。为了支持挑战型和创意型研究，该计划还提出从2010年起，在个人研究项目中新设“风险研究项目”进行示范，计划资助100个课题，总预算40亿韩元。

（四）加强核心技术的研发

2010年1月，韩国教育科学技术部公布了“2010年原创技术开发项目实施计划”，其预算比2009年增长了18.1%，达到3549亿韩元，其中，生命科学领域1544亿韩元、纳米技术领域455亿韩元、交叉技术领域1195亿韩元、能源与环境等领域355亿韩元。

该计划提出从2010年起新设5个年度总预算为808亿韩元的原创技术开发项目：全球前沿研发项目、成立新药开发支援中心、提高网络交叉研究与教育水平、基础型交叉绿色研究、公共福利安全研究。为使韩国成为世界一流的基础与原创技术强国，该计划将全球前沿项目的目标确定为：到2021年将建成15个世界级的基础与原创研究基地，并确保韩国在相关领域竞争力排名全球第4位。2010年，首先将投入150亿韩元建设2~3个基地，资助年限为9年。在制度改革方面，该计划提出通过对论文、专利和产品的分析，从而加强战略性规划，并在遴选评审时将研究者能力和质量指标的权重从2009年的30%提高到2010年的40%，同时，针对一定范围内的创新性和风险性研究示范采用诚实性失败认可制度。

2010年8月，韩国教育科学技术部正式启动“全球前沿研发项目”，该项目的目的是建设开展世界一流水平基础与原创研究的研究基地，掌握原创技术并使其在10年后实现商业化、20年后能够普及，使韩国成为基础与原创技术强国。其资助方向包括：打造具有世界一流科技水平的顶级品牌、开展面向未来10年后的中长期基础与原创研究、开展战略性的团队交叉研究、掌握原创技术以保障未来增长动力。计划在未来10年间资助15个研究团队，平均每个团队每年约资助100亿韩元，期限为9年，到2021年，从中培养5个以上世界一流的研究团队，建设5个以上世界一流的研究基地，掌握5项以上世界一流的原创技术。2010年，该项目首次遴选出来自首尔国立大学、KAIST和KIST的3个研究团队，分别开展创新型生物制药会聚技术、下一代生物质生产与转换技术、整合现实与虚拟的人体感应解决方案领域的研发。

2010年10月，韩国知识经济部公布了“主导未来产业的技术开发项目”，通过集中发展五大产业技术：以新一代电动汽车为基础的环保运输系统、IT复合机器用系统芯片、利用智能电网的节能提效新技术、高效薄膜太阳能电池和用天然原料生产的新药。知识经济部计划在今后3年内向上述5个领域投资7000亿韩元。

2010年12月，韩国知识经济部发布了“服务机器人产业发展战略”，提出了2018年使韩国成为世界三大机器人强国的目标。目前，韩国与发达国家在机器人领域存在约2.5年的差距，但是在服务机器人方面具有可以抢占市场的充分潜力，所以，政府将从政策方面予以积极扶持，希望最晚于2018年达到与发达国家并肩齐驱的水平。同时计划扩展海外市场，将2009年只有10%的全球市场份额在2018年提高到20%以上。

知识经济部将会对开拓海外机器人市场提供政府资助，以提高韩国机器人的技术竞争力。2011年，将评选8~10家相关企业进行海外市场的拓展，并提供300亿韩元的政府资助。此外，还将在技校设立机器人学系，并在大学成立机器人研究中心，开展相关的人才培养。

参考文献

1 中华人民共和国科学技术部. 美国众议院通过《加强网络安全法案》. http://www.most.gov.cn/gnwkjdt/201004/t20100419_76819.htm [2010-04-20]

2 美国国家科学基金会. Globalization of S&E Research. http://www.nsf.gov/statistics/nsb1003/ [2010-01-30]

3 管理与预算办公室总统执行办公室（美国）. Science and Technology Priorities for the FY 2012 Budget. http://www.whitehouse.gov/sites/default/files/omb/assets/memoranda_2010/m10-30.pdf [2010-07-21]

4 美国国家科学院. Rising Above the Gathering Storm, Revisited: Rapidly Approaching Category 5. http://www.nap.edu/catalog/12999.html [2010-09-30]

5 美国国家科学理事会. Preparing the Next Generation of STEM Innovators: identifying and preparing the nation’s human capital. http://www.nsf.gov/nsb/publications/2010/nsb1033.pdf [2010-05-30]

6 日本内阁. 新成長戦略（基本方針）. http://www.meti.go.jp/topic/data/growth_strategy/pdf/091230_1.pdf [2010-06-30]

7 日本综合科学技术会议. 第 4 期科学技術基本計画への日本学術会議の提言. http://www.scj.go.jp/ja/info/kohyo/pdf/kohyo-21-t85-1.pdf [2010-04-30]

8 日本综合科学技术会议. 基礎研究強化に向けて講ずべき長期的方策について. http://www8.cao.go.jp/cstp/project/kiso/haihu11/siryo3-1.pdf [2010-01-30]

9 日本学术会议. 日本の展望——学術からの提言2010. http://www.scj.go.jp/ja/info/iinkai/tenbou/pdf/soan.pdf [2010-04-30]

10 日本综合科学技术会议. 科学技術関係予算の確実な確保について. http://www8.cao.go.jp/cstp/output/20091119yushikisha.pdf [2010-01-30]

11 德国联邦教研部. Forschungsausgaben steigen auf 2,8 Prozent des BIP. http://www.bmbf.de/press/3013.php [2010-12-10]

12 德国联邦教研部. Ministerin stellt im Bundestag den Haushalt des BMBF für 2011 vor. http://www.bmbf.de/_media/press/pm_20100914-155.pdf [2010-09-14]

13 德国联邦教研部.Innovationsatlas Ost 2010 - ideenreich.zukunftssicher. http://www.bmbf.de/pub/innovationsatlas.pdf [2010-10-20]

14 夏奇峰. 2010年度法国科技发展综述报告. 驻法使馆科技处. 2010-12-13

15 法国高等教育与研究部. La mise en place du programme Investissements d'avenir. http://media.enseignementsup-recherche.gouv.fr/file/Investissements_d_avenir/21/4/diagramme_160214.pdf [2010-07-20]

16 法国高等教育与研究部. Près de 90% des universités autonomes au 1er janvier 2011. http://www.enseignementsup-recherche.gouv.fr/cid54356/autonomie-an-iii-90-des-universites-autonomes-au-1er-janvier-2011.html [2010-12-29]

17 法国国家创新署. Aide à la création d'entreprises de technologies innovantes. http://www.oseo.fr/a_la_une/agenda/concours_et_prix/concours_national_2011 [2010-12-01]

18 英国工程科学院. Engineering the future: a vision for the future of UK engineering. http://www.raeng.org.uk [2010-04-09]

19 英国科学技术委员会. A Vision for UK Research，http://www.cst.gov.uk/ [2010-03-01]

20 David Willetts. Willetts' first speech as Universities & Science Minister. http://www.bis.gov.uk/news/speeches/david-willetts-keynote-speech [2010-05-20]

21 薛严. 韩国《低碳绿色增长基本法》正式生效. http://www.stdaily.com/kjrb/content/2010-04/19/content_176755.htm [2010-04-19]

22 佚名.李明博总统宣布创立韩国首个国际机构GGGI. http://chinese.korea.net/news.do?mode=detail&guid=47862 [2010-06-24]

23 국가과학기술위원회. 과학기술미래비전및전 (안). http://nstc.go.kr/index.html [2010-10-01]
24 국가과학기술위원회. NBIC 국가융합기술지도 (안) . http://nstc.go.kr/index.html [2010-09-01]
25 지식경제부. 국가적 차원의 신재생에너지 R&D 추진전략 및 추진체계 마련. http://www.mke.go.kr/ [2010-09-01]
26 국가과학기술위원회. 「이명박정부의과학기술기본계 (577전략)」2010년도시행계획(안). http://nstc.go.kr/index.html [2009-11-24]

New Progress in S&T and Innovation Strategies of Major Countries Around the World

Wang Lingyong, Hu Zhihui, Huang Qun, Qiu Juliang, Li Hong, Ren Zhen

In 2010, major developed countries around the world including USA, Japan, Germany, France, Britain, and Korea have put forward a series of STI policies, strategies and action plans for promoting national competitiveness, improving economic performance, creating job opportunities, and safeguarding people's livelihood. In this article, these policies, strategies and action plans are briefly summarized.

第七章

中国科学发展概况

Brief Accounts of Science Developments in China

7.1 2010年科技部基础研究主要工作进展

沈建磊　周文能　张延东　傅小锋
（科技部基础研究司）

2010年科技部基础研究司深入学习贯彻科学发展观和党的十七届五中全会精神，进一步落实《国家中长期科学和技术发展规划纲要（2006—2020年）》（以下简称《规划纲要》）的任务部署，围绕创新型国家建设和国家重大战略需求，加强基础研究的宏观管理，加大调研力度，认真总结“十一五”基础研究工作经验，启动“十二五”基础研究发展规划的编制工作，以提升原始创新能力为核心，积极推进“973”计划发展与改革，全面加强国家重点实验室等基地建设，营造有利于创新的环境，推动基础研究再上新台阶。

一、组织编制“十二五”基础研究发展规划

科技部基础研究司认真总结了基础研究落实《规划纲要》任务情况，开展了“十二五”基础研究发展思路专题调研工作。在此基础上，科技部会同国家自然科学基金委员会、中国科学院和教育部等部门及有关专家，启动了“十二五”国家基础研究发展规划的编制工作。经过深入分析和研讨，明确了我国基础研究发展面临的形势和需求，提出了“十二五”期间推动我国基础研究发展的思路、目标和重点任务，以及政策保障措施等。目前已形成了规划蓝本，正在征求各部门和广大专家的意见。

二、“973”计划与时俱进，工作取得新进展

（一）深入研究，提出“973”计划“十二五”改革发展思路

在深入分析我国未来经济社会发展重大需求和基础研究现状、认真总结“973”计

划组织实施成效的基础上，提出了新形势下“973”计划改革发展的总体思路和目标。“十二五”期间，“973”计划将更加突出定位，聚焦重大，更加强化科学问题目标导向，更加注重优秀团队建设。

“973”计划发展方向和措施是：加强科学目标导向，一方面加强领域重大项目的科学目标设计与管理，加强解决关键科学问题的针对性；同时部署一批更具旗帜性和带动性的重大科学问题导向项目，其科学目标明晰、前瞻性强，任务明确，需求重大，能进一步突出“973”计划的定位；完善领域布局，新增“973”计划制造与工程科学领域，启动全球变化研究和干细胞研究两个重大科学研究计划；进一步优化和完善管理程序，进一步完善项目储备库；提高科技界的参与度，扩大需求征集范围，保证指南制定的科学性和代表性；增强管理的透明度，尝试现场公开评审排序；改进评审方式，实行网络视频评审方式，努力做到项目评审和经费评审同步进行；加大开放力度，鼓励以我为主的国际合作。

（二）开展重大科学研究计划“十二五”战略研究与专项规划工作

加强与“863”计划、支撑计划的沟通与衔接。在完成战略研究的基础上，组织力量启动重大科学研究计划“十二五”发展专项规划的编制工作，明确目标和重点任务。以参加国际热核聚变实验堆（ITER）计划为契机，制定国家聚变能发展研究中长期规划和“十二五”规划，全面推进我国核聚变能发展研究创新体系建设。

（三）试点启动“973”计划重大科学问题导向项目的部署工作，探索重大科学问题导向项目立项程序和管理机制

落实部务会关于“‘973’计划要突出重大科学问题导向和原始创新导向，加强顶层设计”的精神，多次召开专家组会议研讨“973”计划重大科学问题。选择9个意义重大、科学目标明确、较为成熟的重大科学问题进行了试点部署。同时，提高经费资助强度。经过严格的两轮评审和论证，有11个项目立项。同时针对重大科学问题导向项目的新要求，在“973”计划各个管理环节的基础上，进一步规范管理，创新机制。鼓励项目首席科学家和主要研究人员围绕重大科学问题，瞄准科学目标全身心投入，潜心研究；统一成立重大科学问题专家组，进一步强化项目首席科学家作用；加大开放和学术交流力度；加强成果管理。

（四）根据社会经济和科学发展的需要，完善“973”计划、国家重大科学研究计划布局

紧急启动了全球变化研究国家重大科学研究计划，成立了第一届全球变化研究国

家重大科学研究计划专家组，第一批19个重大项目已经启动实施。落实国务院领导的批示精神，加强干细胞研究，设立干细胞研究国家重大科学研究计划，并部署了7个项目。为加强对技术科学的支持，“973”计划增设“制造与工程科学领域”，2011年将试点部署。

（五）集中力量完成“973”计划、国家重大科学研究计划的重点工作

贯彻落实《规划纲要》，继续加强面向国家战略需求的基础研究部署，实施重大科学研究计划。通过评审、咨询和部务会审议，共批准了“973”计划114个项目立项，重大科学研究计划64个项目立项。完成了2009年立项的“973”计划74个项目和重大科学研究计划39个项目中期评估工作；根据评估结果，对项目的研究计划、研究方案、研究队伍以及经费进行了相应调整和优化，实现了项目的动态管理。完成了“973”计划2005年、2006年立项的108个项目和重大科学研究计划、2006年立项的40个项目的结题验收工作。根据2009年7月部务会精神，启动了“973”计划稳定支持北京生命科学研究所工作，完成了3个项目的评审立项工作。完成了2011年基础研究重大战略需求的征集工作，着手制定2011年“973”计划和重大科学研究计划的重要支持方向。

三、积极推动核聚变能发展研究计划

核聚变能发展研究计划主要围绕消化吸收和创新发展ITER的关键技术、利用我国现有装置、培养高水平的科学和工程技术人才、发展ITER计划未涵盖但今后核聚变能示范堆所需的关键技术等四方面进行部署，共启动了 13个项目的研究工作，并联合教育部、中国科学院、中国核工业集团公司共同印发了《关于促进磁约束核聚变研究人才培养工作的指导意见》（以下简称《指导意见》）。《指导意见》紧密围绕我国磁约束核聚变能研究和ITER装置建设和运行，初步构建起一个布局、学科合理的磁约束核聚变科学与工程研究和技术研发的人才培养体系，这对促进我国磁约束核聚变人才培养和持续发展具有重要的指导意义。

四、国家重点实验室体系建设取得新的成绩

（一）深入开展政策研究，不断探索管理方式改革

在广泛调研、深入听取意见、总结“十一五”期间国家基础研究创新基地建设进展及成绩的基础上，研究“十二五”的布局、重点任务及组织管理模式，初步提出了包括国家重点实验室体系、国家野外科学观测研究站网络体系、国家重大科技基础

设施的国家基础研究创新基地"十二五"发展规划草稿，提出了下一阶段发展的总体目标、原则和措施，明确了国家基础研究创新基地的进一步发展方向。会同有关部门共同启动国家重大科技基础设施中长期规划编制工作。研究制定国家野外台站管理办法。积极推动国家重点实验室建立联合学委会的工作，促进合作交流、有利于领域内科研资源的有效配置和科研目标的聚焦。

（二）积极推动企业国家重点实验室建设和发展

进一步完善企业国家重点实验室的管理。在充分调研了第一批企业实验室的建设进展情况的基础上，研究提出《企业国家重点实验室管理办法》（讨论稿），对企业国家重点实验室现有的支持政策进行了梳理，提出了企业国家重点实验室支持政策建议报告。同时组织开展了企业国家重点实验室承担"973"计划项目工作，通过多次沟通，采取顶层设计的立项方式，支持8个项目，并通过论证会对项目和课题的任务进行论证，完成了94个实验室都参加的8个项目设计，为引导企业实验室从事基础研究、加强对企业实验室的管理起到了积极的推动作用。

（三）启动澳门国家重点实验室建设

通过与澳门科技基金的多次沟通，并对实验室进行了实地考察，经报部领导同意，在澳门批准建设了2个国家重点实验室伙伴实验室。澳门特区政府认为重点实验室的建设对澳门科技发展具有标志性意义，将对澳门经济和教育等多方面的发展产生深远的影响。

（四）继续推进国家实验室工作

继续加强国家实验室顶层设计，深入推进国家实验室工作，形成了《国家实验室建设与运行实施方案》征求意见稿。继续推进6个试点国家实验室建设工作，不断总结经验。制定了2010年国家（重点）实验室引导经费分配方案并完成拨款，完成2011年国家（重点）实验室引导经费预算分配方案上报工作，支持6个试点国家实验室的建设和发展。

（五）完成实验室新建及评估工作

启动国家重点实验室新建工作。重点加强在新兴、前沿、交叉学科领域，我国传统特色和优势发展学科领域，国家发展重大战略需求领域，以及促进民生发展重要领域的部署。2010年9月发布指南，11月受理申报，12月研究提出了实验室评审方案，目前正在组织实施中。

2010年批准新建31个省部共建国家重点实验室培育基地；顺利完成2010年数理

领域和地学领域国家重点实验室评估工作；完成超分子结构与材料国家重点实验室等33个国家重点实验室以及工业排放气综合利用国家重点实验室等11个企业国家重点实验室的验收工作；组织完成了第二批56个企业国家重点实验室建设计划可行性论证工作；批准香港大学、香港理工大学等2所香港地区大学建设3个国家重点实验室伙伴实验室。

五、扎实推动科技基础性工作，大力促进科学数据共享

（一）重点科学考察和重要志书编研取得新的进展

进一步完善科技基础性工作专项布局，加强科技基础性工作专项的顶层设计，改进科技基础性工作专项的管理，使专项项目所取得的科学数据、科技资料等更好地为科技界提供服务。完成库姆塔格沙漠科学考察，填补了我国最后一片未知沙漠科学考察的空白；已经完成了我国一半国土的1：5万土壤图籍编撰及高精度数字土壤构建等，这些成果都将为我国科学研究提供全新可靠的数据来源。

（二）“973”计划资源环境领域数据汇交试点工作成效显著

“973”计划资源环境领域的所有项目已全部参加数据汇交工作。数据汇交中心组建了专门的数据汇交工作团队，具体包括数据汇交联络队伍、数据质量审查的专家队伍、数据共享服务队伍。在过去的2年中，已与所有“973”计划资源环境领域项目建立了对口联络。数据共享服务队伍已为60多个项目/课题提供了数据共享服务。

（三）继续推动材料、水文等科学数据共享工程

进一步推进基础科学、材料、水文三个领域数据共享项目的实施。三个项目均顺利启动，并按照要求成立了专家组，为项目的实施提供咨询和指导，并制定了定期工作汇报和交流机制。

六、高度重视人才工作，组织实施重点实验室平台“千人计划”人才引进和科学家工作室

（一）“千人计划”推荐工作稳步推进

组织开展了2010年三批“千人计划”重点实验室平台申报评审工作。第一批向中共中央组织部推荐了35位候选人，最终有25位申请人获得批准；第二批提出101位推荐

人选建议，最终有71位申请人获得批准。目前正在启动第三批推荐工作。科技部实验室平台的“千人计划”评审工作得到了部内及中共中央组织部相关司局的好评，推荐人选的质量和数量均保持了较高水平。

（二）研究拟定科学家工作室实施方案

完成科学家工作室工作方案的拟订工作。组织了多次调研和研讨会，征询相关部门、科学家和地方意见，明确了科学家工作室的定位与目标、条件要求和产生机制、管理与运行、政策与保障措施等，初步形成了设立科学家工作室的工作方案。

七、推进重要基础研究国际合作

与欧洲核子中心签署了进一步加强科技合作的意向书，继续推进大亚湾反应堆中微子实验、大型强子对撞机（LHC）、欧洲自由电子激光装置（E-XEFL）和大型反质子和离子研究装置（FAIR）等重大基础研究的国际合作。积极推进在欧盟第七框架下蛋白质研究的国际合作工作，继续推动中加合作实验室第二期计划。

Overview of Basic Research Related Work of MOST in 2010

Shen Jianlei, Zhou Wenneng, Zhang Yandong, Fu Xiaofeng

In this article, progresses of basic research related work of MOST in 2010 are summarized as the following: developing the national basic research plan for the 12th Five-Year Plan period, implementing the National Basic Research Program (also called 973 Program) and setting new development goals, promoting ITER project, strengthening the national key laboratory system, enhancing the National Scientific Data Sharing Project, implementing One-Thousand-People Program(the platform of key lab), and promoting international collaboration in important basic research fields.

7.2　2010年度国家最高科学技术奖概况

国家科学技术奖励工作办公室

中共中央、国务院于2011年1月14日在北京隆重举行国家科学技术奖励大会。2010年度国家最高科学技术奖授予中国科学院院士、中国工程院院士师昌绪和中国工程院院士王振义。现将两位获奖人的科技成就简要介绍如下。

师昌绪

师昌绪，男，1920年11月出生，河北省徐水县人，1945年毕业于西北工学院，1952年，在美国获冶金学博士学位，在麻省理工学院工作3年，同时并积极参与争取回国斗争。1955年回国后，在沈阳中国科学院金属研究所工作，1980年当选为中国科学院院士，1994年当选为中国工程院院士，1995年当选为第三世界科学院院士，曾任中国科学院金属研究所所长、中国科学院技术科学部主任、国家自然科学基金委员会副主任、中国工程院副院长等，现为国家自然科学基金委员会特邀顾问、中国科学院金属研究所名誉所长。

师昌绪院士是我国著名的材料科学家，多年来一直致力于材料科学研究与工程应用工作，是我国高温合金研究的奠基人、材料腐蚀领域的开拓者，杰出的战略科学家。

师昌绪院士，在国内率先开展了高温合金及新型合金钢等材料的研究与开发。高温合金是航空发动机的核心材料，20世纪60年代，我国战斗机发动机急需高性能的高温合金叶片，他率队研制的铸造九孔高温合金涡轮叶片，解决了一系列技术难题，使我国航空发动机涡轮叶片由锻造到铸造、由实心到空心迈上两个新台阶，成为继美国之后第二个自主开发该关键材料技术的国家，迄今为止已大量应用于我国战斗机发动机。他在金属凝固理论方面发展了低偏析合金技术，通过有效控制微量元素以降低合金凝固偏析。在此基础上，中国科学院金属研究所科研人员在他的指导下正研发应用于各类飞机发动机和大型燃气轮机定向、单晶等系列高温合金和复杂型腔铸造技术。他还根据我国资源情况开发出Cr-Mn-N、Fe-Mn-Al等多种节约镍铬的合金钢，解决了当时我国工业所需。

师昌绪院士组建了中国科学院金属腐蚀与防护研究所，领导建立了全国自然环境腐蚀站网，为我国材料研究与工程应用提供了大量基础性数据。他大力提倡传统材料与新材料研究、基础研究与应用研究并重，促进了我国材料研究的可持续发展。他推动了我国材料疲劳与断裂、非晶纳米晶等学科的发展。他提出我国应大力发展镁合金，倡导并参与我国高强碳纤维的研发与应用。

师昌绪院士对国家科技政策的制定及科技机构的设置和发展做出了突出贡献。他倡导并参与主持了中国工程院的建立，多次主持制定全国材料领域发展规划，开创了中国科学院技术科学部主动咨询模式，建言大飞机等国家重大科技工程的立项并推动实施等。他还十分重视学会和出版工作，创建了“中国材料研究学会”和“中国生物材料委员会”，创办或主编了《材料科学技术学报》（英文）、《自然科学进展》（中英文）、《金属学报》（中英文）等5个高水平刊物。

师昌绪院士多次担任国际材料领域学术会议主席或顾问，曾获得国家科学技术奖7项，1998年获得国际材料研究联合会颁发的“实用材料创新奖”。由于他在高温合金的成就和材料界的领导地位，美国矿物、冶金与材料学会（TMS）授予他荣誉会员。

师昌绪院士非常重视人才培养，培养了80多名硕士生和博士生。在他领导的研究团队中，多人已成为材料领域的学术带头人。

师昌绪院士品德高尚、为人正直、谦和宽厚，在国内、国际材料科学界享有很高的声誉，现仍活跃在科研前沿领域。

王振义，男，1924年11月出生，上海人。1948年毕业于震旦大学医学院，获医学博士学位，1994年当选为中国工程院院士，曾任上海第二医科大学校长等职，现为上海交通大学医学院附属瑞金医院终身教授。

王振义院士是我国著名的血液学专家，在60余年的从医生涯中，为医学实践和理论创新做出了重大贡献。他成功实现了将恶性细胞改造为良性细胞的白血病临床治疗新策略，奠定了诱导分化理论的临床基础，确立了急性早幼粒细胞白血病治疗的“上海方案”，阐明了其遗传学基础与分子机制，树立了基础与临床结合的成功典范，建立了我国血栓与止血的临床应用研究体系。

王振义

急性早幼粒细胞白血病（APL）是临床表现最为凶险的一种白血病类型，其缓解率低、死亡率高。传统化疗在杀死白血病细胞的同时，对正常细胞也具有杀伤作用，会加剧出血，导致早期死亡。王振义院士依据诱导分化学说，在大量实验的基础上提出了治疗APL的诱导分化疗法，证明采用全反式维甲酸可以将恶性早幼粒白血病细胞诱导分化为良性细胞，引起了国内外医学界的高度关注，并得到了国际同行的广泛证实。2009年美国“临床指南”将全反式维甲酸治疗APL定为规范性治疗方案。在有效缓解治疗APL的基础上，王振义院士不断优化治疗方案，发现联合应用维甲酸和氧化砷治疗APL，可使5年生存率上升至95%，从而使APL成为第一个可治愈的成人白血病。为此，国际血液学界特将此方案誉为“上海方案”。在临床治疗获得成功的同时，王振义院士又揭示了全反式维甲酸诱导分化APL是一种针对致癌蛋白分子的“靶向治疗”方法。维甲酸的应用开拓了人类治疗肿瘤的新思路与新途径；“上海方案”是诱导分化学说的具体体现，是靶向治疗的成功范例。

1988年，王振义院士在《血液》（*Blood*）上发表的第一篇论文，迄今已被广泛他引1713次，为全球引证率最高和最具有影响的代表论文之一。1994年，王振义院士获得国际肿瘤学界的最高奖——凯特林奖，评委会称他为“人类癌症治疗史上应用诱导分化疗法获得成功的第一人”。此外，他还获得瑞士布鲁巴赫肿瘤研究奖、法国台尔杜加世界奖、美国血液学会“海姆瓦塞曼”奖、求是杰出科学家奖、首届“何梁何利基金奖”等。

王振义院士医德高尚，取得了一系列具有国际影响的科研成果，为国家培养了一批优秀的血液学专业人才，至今仍工作在医、教、研第一线。

参考文献

1 2010年度国家科技奖励大会. http://www.nosta.gov.cn/2010jldh/zg/zg.htm [2010-01-14]

Summary of the 2010 State Supreme Science and Technology Award

National Office for Science & Technology Awards

The 2010 State Supreme Science and Technology Award of China was awarded to two distinguished Chinese academicians, Shi Changxu, a world renowned materials scientist, and Wang Zhenyi, a specialist in the field of hematology, for their outstanding achievements in their respective fields.

7.3　2009年度国家自然科学奖奖励情况综述

张婉宁
（国家科学技术奖励工作办公室）

根据2010年1月7日《国务院关于2009年度国家科学技术奖励的决定》，2009年度国家自然科学奖共授予28个项目。具体获奖项目及其完成人情况如表1[1]。

表1　2009年度国家自然科学奖获奖项目目录

序号	编号	项目名称	主要完成人	推荐单位
一等奖				
1	Z-105-1-01	《中国植物志》的编研	钱崇澍（中国科学院植物研究所） 陈焕镛（中国科学院华南植物园） 吴征镒（中国科学院昆明植物研究所） 王文采（中国科学院植物研究所） 李锡文（中国科学院昆明植物研究所） 胡启明（中国科学院华南植物园） 陈艺林（中国科学院植物研究所） 陈心启（中国科学院植物研究所） 崔鸿宾（中国科学院植物研究所） 张宏达（中山大学）	中国科学院
二等奖				
1	Z-101-2-01	湍流热对流的实验研究	夏克青（香港中文大学）	专家推荐
2	Z-101-2-02	非线性偏微分方程的自适应与多尺度计算方法	陈志明（中国科学院数学与系统科学研究院）	中国科学院
3	Z-101-2-03	堆积理论中若干问题的研究	宗传明（北京大学）	专家推荐
4	Z-102-2-01	半导体低维结构光学与输运特性	李树深（中国科学院半导体研究所） 孙宝权（中国科学院半导体研究所） 李新奇（中国科学院半导体研究所） 江德生（中国科学院半导体研究所） 夏建白（中国科学院半导体研究所）	中国科学院
5	Z-102-2-02	太阳磁场结构和演化研究	汪景琇（中国科学院国家天文台）	专家推荐

续表

序号	编号	项目名称	主要完成人	推荐单位
6	Z-102-2-03	非线性科学在心颤机理及系统生物学中细胞周期控制上的应用研究	欧阳颀（北京大学） 王宏利（北京大学） 周路群（北京大学） 李方廷（北京大学）	北京市
7	Z-102-2-04	过渡族金属氧(硫)化物的电磁行为研究	张裕恒（中国科学技术大学） 孙玉平（中国科学院固体物理研究所） 杨昭荣（中国科学技术大学） 谭　舜（中国科学技术大学） 戴建明（中国科学院固体物理研究所）	中国科学院
8	Z-103-2-01	基于组合方法与组装策略的新型手性催化剂研究	丁奎岭（中国科学院上海有机化学研究所） 袁　宇（中国科学院上海有机化学研究所） 王兴旺（中国科学院上海有机化学研究所） 龙　江（中国科学院上海有机化学研究所） 刘　奕（中国科学院上海有机化学研究所）	上海市
9	Z-103-2-02	若干手性催化合成方法学及其在多肽研究中的应用	王　锐（兰州大学） 许兆青（兰州大学） 杨晓武（兰州大学）	甘肃省
10	Z-103-2-03	超支化聚合物的可控制备及自组装	颜德岳（上海交通大学） 周永丰（上海交通大学） 高　超（上海交通大学） 朱新远（上海交通大学） 周志平（上海交通大学）	上海市
11	Z-103-2-04	电化学发光及其毛细管电泳联用的分析方法研究	汪尔康（中国科学院长春应用化学研究所） 董绍俊（中国科学院长春应用化学研究所） 杨秀荣（中国科学院长春应用化学研究所） 徐国宝（中国科学院长春应用化学研究所） 由天艳（中国科学院长春应用化学研究所）	中国科学院
12	Z-103-2-05	多相体系的化学反应工程和反应器的基础研究及应用	毛在砂（中国科学院过程工程研究所） 陈家镛（中国科学院过程工程研究所） 杨　超（中国科学院过程工程研究所） 王跃发（中国科学院过程工程研究所）	专家推荐
13	Z-104-2-01	大别山－苏鲁大陆深俯冲及其对华北克拉通的影响	叶　凯（中国科学院地质与地球物理研究所） 张宏福（中国科学院地质与地球物理研究所） 王清晨（中国科学院地质与地球物理研究所） 杨建军（中国科学院地质与地球物理研究所） 刘景波（中国科学院地质与地球物理研究所）	中国科学院

续表

序号	编号	项目名称	主要完成人	推荐单位
14	Z-104-2-02	大气颗粒物及其前体物排放与复合污染特征	贺克斌（清华大学） 郝吉明（清华大学） 段凤魁（清华大学） 陈泽强（香港科技大学） 杨复沫（清华大学）	教育部
15	Z-104-2-03	土壤-植物系统典型污染物迁移转化机制与控制原理	朱永官（中国科学院生态环境研究中心） 王子健（中国科学院生态环境研究中心） 张淑贞（中国科学院生态环境研究中心） 王春霞（中国科学院生态环境研究中心） 陈保冬（中国科学院生态环境研究中心）	中国科学院
16	Z-105-2-01	若干重要药用植物的成分研究	谭仁祥（南京大学） 郑荣梁（兰州大学） 贾忠建（兰州大学） 孔令东（南京大学） 郑汉其（香港中文大学）	教育部
17	Z-106-2-01	血压波动性和器官损伤的研究	苏定冯（第二军医大学） 缪朝玉（第二军医大学） 沈甫明（第二军医大学） 谢和辉（第二军医大学） 刘建国（第二军医大学）	上海市
18	Z-106-2-02	拓扑异构酶Ⅱ新型抑制剂沙尔威辛的抗肿瘤分子机制	丁　健（中国科学院上海药物研究所） 缪泽鸿（中国科学院上海药物研究所） 蒙凌华（中国科学院上海药物研究所） 张金生（中国科学院上海药物研究所） 卿　晨（中国科学院上海药物研究所）	上海市
19	Z-107-2-01	微器件光学及其相关现象的研究	吴　颖（华中科技大学） 杨晓雪（华中科技大学）	湖北省
20	Z-107-2-02	盲信号的分离和辨识理论及其应用	谢胜利（华南理工大学） 李远清（华南理工大学） 谭洪舟（中山大学） 谭　营（北京大学） 何昭水（华南理工大学）	教育部
21	Z-107-2-03	离散事件动态系统的优化理论与方法	曹希仁（香港科技大学） 赵千川（清华大学） 陈　曦（清华大学） 贾庆山（清华大学）	香港特别行政区
22	Z-107-2-04	特征抽取理论与算法研究	杨静宇（南京理工大学） 杨　健（南京理工大学） 金　忠（南京理工大学） 洪子泉（南京理工大学）	江苏省

续表

序号	编号	项目名称	主要完成人	推荐单位
23	Z-108-2-01	新概念有机电致发光材料	马於光（吉林大学） 王　悦（吉林大学） 沈家骢（吉林大学）	教育部
24	Z-108-2-02	有机高分子发光材料及其在显示器件中的应用	王利祥（中国科学院长春应用化学研究所） 马东阁（中国科学院长春应用化学研究所） 耿延候（中国科学院长春应用化学研究所） 景遐斌（中国科学院长春应用化学研究所） 王佛松（中国科学院长春应用化学研究所）	吉林省
25	Z-109-2-01	红外热辐射光谱特性与传输机理研究	谈和平（哈尔滨工业大学） 刘林华（哈尔滨工业大学） 夏新林（哈尔滨工业大学） 阮立明（哈尔滨工业大学） 余其铮（哈尔滨工业大学）	黑龙江省
26	Z-109-2-02	能源动力系统中能的综合梯级利用和CO_2控制原理与方法	金红光（中国科学院工程热物理研究所） 蔡睿贤（中国科学院工程热物理研究所） 林汝谋（中国科学院工程热物理研究所） 张　娜（中国科学院工程热物理研究所） 高　林（中国科学院工程热物理研究所）	中国科学院
27	Z-109-2-03	复杂防洪调度系统的多目标决策及径流预报理论	程春田（大连理工大学） 李登峰（海军大连舰艇学院） 周国荣（香港理工大学）	辽宁省

注：按照现行国家科学技术奖学科分类代码，101代表数学与力学学科组、102代表物理与天文学学科组、103代表化学学科组、104代表地球科学学科组、105代表生物学学科组、106代表基础医学学科组、107代表信息科学学科组、108代表材料科学学科组、109代表工程技术科学学科组。

2009年共产生28项国家自然科学奖获奖项目，这些项目是从当年受理的122项科研成果中评选出来的，获奖率为22.95%，与2008年几乎持平。在科技奖励推荐机制改革的背景下，2009年国家自然科学奖项目申报数量比上年减少了39项，数量接近2005年的水平。

2009年国家自然科学奖获奖项目仍以国家及地方各项计划、重大专项支持的项目为主，这些项目在基础研究、前沿技术研究方面取得了突出的成果，在鼓励团队合作、集成创新、长期攻关等方面获得了长足的进步，为我国经济、社会发展以及国家安全和国防建设做出了重要贡献。获奖项目表明我国自主创新能力进一步提高，科学技术快速发展，并呈现了以下几个特点。

1. 在连续空缺两年后国家自然科学奖再次产生一等奖项目，原始创新能力进一步增强

过去10年，最能体现原始创新能力的国家自然科学奖一等奖空缺了7次， 2007年和

2008年已经连续空缺。2009年，一等奖项目不再空缺，“《中国植物志》的编研”获此殊荣。该项目由中国科学院植物研究所、中国科学院华南植物园、中国科学院昆明植物研究所等146个单位参加，由312位作者、164位绘图人员历经45年协作完成。全书共5000多万字，总计80卷126册，包括9080幅图版；记载中国维管束植物301科3408属31 142种；采集和查阅植物标本1700余万份；发表新属243个，新种14 312个；提出了一些类群的新分类系统。《中国植物志》增加了“经济用途”、“物候期”、“物种生境”、“地方名称”等，使植物志的成果更具实用价值，为了解我国野生动物的生存状态和植物多样性保护提供了可靠的依据。该项目为中国植物学科的发展奠定了坚实的基础，为合理开发利用植物资源提供了极为重要的基础信息和科学依据，对陆地生态系统研究将起到重大促进作用，对国家和全球的可持续发展将做出重大贡献并产生深远影响。

笔者认为，该项目获得国家自然科学奖一等奖的意义不仅仅在于其对于生物学领域、对于中国植物学科发展的重要性，更重要的是，该项目团队历时45年，历经几代科学家执著努力，以解决国家全局和长远发展的基础性、战略性、前瞻性重大科技问题为着力点，取得巨大科研成果，其获奖是对整个团队的重大激励，也是对不懈追求、永不放弃的科学精神的高度赞扬，对于当今营造良好的学术氛围具有重大作用。

2. 年轻人才和海外归国人才进一步发挥重要作用

2009年，在国家自然科学奖、发明奖、进步奖中，45岁以下的完成人占58.3%；在国家自然科学奖获奖项目主要完成人中45岁以下占43.97%。科研工作者的获奖年龄往往与项目的创新程度相关。对科学家来说，年轻的时候往往是创新能力、自主探索精神最旺盛的时期，许多杰出科学家都是在45岁之前做出重大科学贡献。国家自然科学奖获奖人的年轻化可以说是我国原始创新能力不断提高、创新型人才不断涌现的最好佐证，是国家重视青年科技人才的培养，积极创造条件鼓励青年科学家创新的直接结果。

在28位国家自然科学奖获奖人第一完成人中，海外归国人才比例达到60.7%，在116名主要完成人中，海外归国人才也达到了39.66%，他们已成为我国科技创新的重要力量。

3. 高等院校和科研院所包揽国家自然科学奖所有奖项

近年来，高等院校和科研院所成为国家自然科学奖获奖项目的主要力量。根据对获奖项目第一完成人所在完成单位类型的统计，来自科研院所的第一完成人比例为42.86%，来自高等院校的比例为57.14%。从2009年的获奖情况可以看出，高校的获奖比例持续增长（2008年为47.06%），说明国家近年来通过“211”工程、“985”工程等对高等教育的投入加大，以及高等学校更多地承担国家各类科技攻关项目，成效开始逐步显现，高等学校的科研实力在不断增强，对我国科技进步的贡献越来越大。

4. 绝大部分获奖项目受到国家各主体科技计划以及国家自然科学基金等的支持

2009年度国家自然科学奖大部分获奖项目均得到过国家的资助，其中14个项目受到“973”计划的支持，5个项目获得“863”计划的支持，6个项目受到“国家科技攻关计划”的支持，26个项目受到国家自然科学基金的支持。

近年来，国家自然科学奖获奖项目受到国家各主体科技计划和国家自然科学基金支持的项目的比例稳定且呈现逐年上升的趋势，这表明我国对基础研究的投入取得了较好的成效，保证了科技创新能力的不断增强。

5. 基础研究各学科不断发展，化学等学科获奖率仍居前列

世界上创新型国家科学发展的经验表明，学科均衡布局与协调发展是提升一个国家科技水平的必要基础，是鼓励和支持科学家自由探索的重要保障。国家自然科学奖涉及基础研究的九大学科，自设立以来促进了我国基础科学研究的长足进步，有力推动了相关学科的发展。纵观2004~2009年国家自然科学奖获奖项目（表2），不难发现，化学等领域的获奖项目数量在总获奖项目中居于前列。我国在这些学科的科研力量等方面较为稳定，学科发展连续性强，形成了合理的科研梯队，推进了学科自身的纵深发展，巩固了学科的优势地位。

表2　国家自然科学奖2004~2009年获奖项目学科分布情况

年份	数学与力学	物理与天文	化学	地球科学	生物学	基础医学	信息科学	材料科学	工程技术科学
2004	3	3	6	3	4	2	4	2	1
2005	4	3	6	6	5	5	2	5	2
2006	2	2	5	5	2	4	2	5	2
2007	4	4	6	5	6	3	4	2	5
2008	4	3	4	5	5	3	5	2	3
2009	3	4	5	3	2	2	4	2	3
总计	20	19	32	27	24	19	21	18	16
获奖比例	10.20%	9.69%	16.33%	13.78%	12.24%	9.69%	10.71%	9.18%	8.16%

国家自然科学奖是对我国基础研究及其水平的检阅。2009年，我国原始创新能力继续提高，青年科技人才不断涌现。但我们也要清醒地认识到，重大原始性创新成果

的产生需要经过很长时间的积累，世界级科学家、科技领军人物的涌现也不是一蹴而就的。这不仅需要国家各部门、地方给予基础研究工作大力的投入和支持，也需要科技工作者能够刻苦钻研，克服浮躁情绪和急功近利的思想，在基础研究领域长时间踏实、扎实地工作。

参考文献

1　国家科学技术奖励工作办公室. 2009年度国家自然科学奖获奖项目目录. 国家科学技术奖励公报, 2009: 10~12

Summary of the 2009 National Natural Science Award

Zhang Wanning

The 2009 National Natural Science Award of China was conferred to 28 projects, of which 1 for first prize, and 27 thers for second prize. 58 percent of the carriers of these projects were under the age of 45. Most of these projects were supported by National Scientific Plan and National Natural Science Fund.

7.4　国家自然科学基金2010年度资助情况

国家自然科学基金委员会计划局项目处

国家自然科学基金委员会（以下简称自然科学基金委）根据科学基金在国家创新体系中的战略定位，为提高科学基金资助的整体效益，遵循不同科技活动的特点和科技人才成长规律，确立了研究项目、人才项目和环境条件项目三个资助系列，其定位各有侧重，相辅相成，共同构成了国家自然科学基金资助格局。

2010年，在党中央、国务院的领导下，自然科学基金委贯彻党的十七大和十七届三中、四中、五中全会精神，突出“三个更加侧重”战略导向，统筹安排资助计划，着力营造创新环境，全面完成“十一五”规划任务，认真制定“十二五”发展规划，为推动基础研究繁荣发展、提升自主创新能力进行了不懈努力。

2010年自然科学基金委受理了全国1846个依托单位提出的各类申请11.9万余项，比上年增长16.6%。其中集中接收期间收到各类项目申请115 259项，因非注册单位申请、过期申请及缺少电子或纸质申请书等原因不予接收的申请有80项，实际接收115 179项申请，比2009年同期增加了17 424项，增长17.82%，增长量和增长幅度均比

2009年的17 896项、22.41%有所回落。面上项目申请同比增长13.23%；青年科学基金项目申请量继续保持迅猛增长态势，同比增长27.18%，“十一五”期间年增长率始终超过25%；地区科学基金项目申请量在2009年大幅度增长44.46%的基础上，今年继续增长28.69%；重大国际（地区）合作研究项目、联合资助基金项目等申请量也有较大幅度增长；重点项目、国家杰出青年科学基金项目等类型项目申请量与去年基本持平。有关统计数据见表1。

表1　2009~2010年国家自然科学基金项目申请情况（按项目类别统计）

项目类别	2009年申请项数/项	2010年申请项数/项	增长率/%
面上项目	57 526	65 136	13.23
重点项目	2 069	2 120	2.46
重大项目	127	49	−61.42
重大研究计划项目	785	811	3.31
国家杰出青年科学基金项目	1 908	1 908	0
青年科学基金项目	28 527	36 280	27.18
地区科学基金项目	4 828	6 213	28.69
海外及港澳学者合作研究基金	401	416	3.74
国家基础科学人才培养基金项目	15	102	580.00
重大国际(地区)合作研究项目	181	285	57.46
联合资助基金项目	684	874	27.78
数学天元基金项目	530	648	22.26
科学仪器基础研究专款项目	174	267	53.45
重点学术期刊专项基金项目	0	70	—
合计	97 755	115 179	17.82

经初步审查，不予受理项目申请4165项，占申请总数的3.6%，低于2008年的4.2%和2009年的4.0%。在规定的期限内收到正式提交的复审申请389项，占全部不予受理项目的9.3%，比2008年的11.6%和2009年的10.0%略低。经审核受理339项，由于手续不齐等原因不予受理复审申请50项。复审结果认为原不予受理决定符合事实、予以维持的306项，认为原不予受理决定有误、重新进行评审的33项，占正式受理复审申请的9.7%。因此，2010年度集中接收期间共受理各类项目申请111 047项。

2009年，自然科学基金委依据《国家自然科学基金条例》对《国家自然科学基金面上项目管理办法》等6部管理办法进行了修订，自2010年起施行。2010年自然科学基金委按照《国家自然科学基金条例》和相关类型项目管理办法的规定，科学遴选、择优资助了全国1166个依托单位的各类型项目26 633项，金额约96亿元，为支持创新研究和人才培养、推进国家创新体系建设发挥了重要作用。有关统计数据见表2。

表2 2010年度各类项目资助情况

项 目 类 别	项数/项	批准经费/万元
面上项目	13 030	452 450
重点项目	436	96 450
重大项目	16(69)	16 000
重大研究计划	444	48 605
联合基金项目	195	16 790
国际（地区）合作研究项目	163	21 498.4
青年科学基金	8 350	164 600
地区科学基金	1 326	33 560
创新研究群体	29	14 200
	35（延续资助项目）	20 460
国家杰出青年科学基金	198	38 820
海外和港澳学者合作研究基金	83	1 660
外国青年学者研究基金	80	1 510
国家基础科学人才培养基金	35	4 770
科学仪器基础研究专款	55	10 000
重点学术期刊	36	836
科普	8	200
优秀重点实验室研究专项	13	2 600
青少年科技活动	21	450
主任基金等其他项目	1 116	13 930.2
国际（地区）合作交流项目	914	5 925.541 7

2011年是实施“十二五”发展规划的第一年，国家自然科学基金委员会将按照“十二五”发展规划的战略部署，坚持“更加侧重基础、更加侧重前沿、更加侧重人才”的战略导向，进一步优化资助模式，实施原始创新战略、创新人才战略、开放合作战略、创新环境战略和卓越管理战略，推动学科均衡协调发展，为推动我国基础研究水平不断提高而努力。

Projects Granted by National Natural Science Fund in 2010

Bureau of Planning, National Natural Science Fundation of China

This article gives subsidy situation of National Natural Science Fund in 2010.The total amount of funding is about 9600 million yuan, and funding statistics for various kinds of projects are listed.

7.5 中国科学院开展知识创新工程（1998~2010年）评估工作

知识创新工程评估工作组

国务院第105次常务会议要求中国科学院"做好知识创新工程评估工作，总结经验，深化改革，科学定位"，为"创新2020"实施奠定基础。中国科学院认真贯彻落实会议精神，2010年4~10月开展了全方位、系统性、多角度的知识创新工程评估工作。

评估工作认真严肃、科学规范。主要环节包括：100个院属单位开展了自评与交流，201位专家对研究所进行了评议；"1+10"科技创新基地（领域）开展自评与分片/组交流，并邀请15位科技创新基地咨询评议委员会委员进行综合评议；开展了规划与科技布局、创新队伍建设等10个重要方面工作的自评与总结；组织院所两级主要负责人150人左右集中3天，开展以解放思想深化改革为主题的研讨，认真总结经验、发现问题、创新思维、谋划未来。评估工作将诊断评议与未来展望相结合，创新贡献评估与管理创新评估相结合，定性评估与定量评估相结合，自我评估与专家评估相结合，内部评估与外部评估相结合，结果评估与过程评估相结合，保证了评估工作的客观性、科学性、可靠性和公正性。在此基础上，形成了《知识创新工程（1998~2010年）评估报告》，包括评估结果概述、目标完成情况与贡献、重要举措、实施效果与影响、总体认识、下一步工作等 6 个部分。

总体上看，1998年实施知识创新工程以来，在党中央、国务院的指导和关怀下，在全国科技界和有关部门的大力支持下，中国科学院牢记历史使命和社会责任，锐意改革，勇于实践，遵循规律，不断创新，圆满完成了知识创新工程试点的目标任务。中国科学院实现了快速持续协调发展，创新能力大幅提升，优秀人才不断涌现，现代院所制度基本建立，做出了基础性、战略性、前瞻性的创新贡献，初步探索出了一条建设中国特色国家知识创新体系的新路子，发挥了骨干引领作用，有力带动了中国特色国家创新体系建设，有力带动了中国科学技术水平的提升，有效提升了中国科学技术的国际竞争力，为我国的经济发展、社会进步和国家安全提供了重要的知识基础、技术支撑和创新人才。中国科学院已经成为瞄准国家战略目标和国际科技前沿、具有强大和持续创新能力的国家自然科学和高技术的知识创新中心，成为具有国际先进水平的科学研究基地、培养造就高级科技人才的基地和促进我国高技术产业发展的基地，成为具有国际影响的国家科技知识库、科学思想库和科技人才库。

一、主要做法和成效

（一）科技创新能力大幅提升，成为在国际上有重要影响的国立研究机构

中国科学院国际学术影响力和在世界同类科研机构的地位显著提升。通过与世界上具有可比性的86个国立科研机构学术影响力比较，中国科学院有14个学科居于前10位，其中，化学、材料科学、数学、工程学、计算机科学、环境与生态学、地球科学、物理学等8个学科位居前5位。所有21个学科的排名较1998年前均明显提升，其中计算机科学、农业、分子生物与遗传学分别从第11位、第45位、第50位上升到第3位、第8位和第13位。

研究所持续发展能力显著增强，2009年“发展科技生产力能力”指数比2004年增长了约1.2倍。知识产权成果数量逐年攀升，质量不断提高。1998~2009年，累计申请国内专利39 592件，年均增长17.7%，其中85%为发明专利，累计获国内专利授权19 140件。2001~2009年，累计申请国际专利283件，累计获国际专利授权141件。1999年1月至2009年2月，按入围ESI论文被引频次世界科研机构排名，中国科学院材料科学、化学位居第1位，物理学、工程学、数学分别位居第6位、第7位、第8位。

科技基础平台性能总体接近国际水平，利用与共享率大为提高，园区环境发生巨大变化，国家重点实验室占全国总数的34%，进入国家网络的野外台站占全国总数的53%。大型科学仪器设备利用率排名全国第一。

截至2010年，在全部16位获国家最高科学技术奖的科学家中，有12位是中国科学院院士，其中6位在中国科学院研究机构工作，1998~2009年共获得国家自然科学奖、国家技术发明奖和国家科学技术进步奖共343项，其中获国家自然科学奖数量占全国总数的41%。

（二）重大成果不断涌现，做出了基础性、战略性、前瞻性创新贡献

在关系我国产业结构调整、国际竞争力和国家安全的战略高技术领域，关系经济社会全面协调可持续发展和人民生命健康的重大公益性创新领域，对科技发展和我国

长远发展意义重大的重要基础前沿研究领域，取得了一批重大创新成果。

——在战略高技术领域，解决了载人航天、月球探测、先进卫星等国家重大工程中的一大批关键核心技术，推动了我国空间探测能力、对地观测能力、信息应用能力的快速提升。攻克了一系列制约我国信息产业自主发展的核心技术，研制成功以“龙芯”CPU为代表的一系列数字芯片、“曙光”和“深腾”系列超级计算机、跨尺度过程模拟超级计算系统，突破传感网、物联网关键技术并开展示范应用，成为国家计算机科学与技术领域自主创新的“火车头”和带动国家网络与多媒体通信技术与产业发展的开拓者。紧密围绕国家能源战略，在煤的清洁高值转化利用、新能源发展探索等方面取得了重要关键技术突破，使我国煤制烯烃、煤制乙二醇、煤制油等工业技术处于世界先进行列。在国防科技创新方面取得一大批重大创新成果。

——在重大公益性创新领域，盐酸安妥沙星、丹参多酚酸盐及其注射液等一批具有自主知识产权的重大创新药物研发上市。解决青藏铁路建设过程中冻土路基融沉等关键难题，建立了沙漠公路生物防沙技术体系，为国家极端环境地区重大交通工程建设运营、资源开发利用、生态安全等提供了重要的理论与技术支撑。

——在当今世界活跃的交叉前沿领域，取得了几何不变量的数学机械化方法、量子中继器、铁基高温超导、有机分子簇集和自由基化学、人工诱导多能性干细胞（iPS）全能性证明、《中国植物志》等一批具有国际先进水平的创新成果。在激光物理、量子信息、纳米科技、物质结构探索、认知与神经科学、蛋白质结构与功能、干细胞、分子农业、生命起源与演化等方面的基础研究成果丰硕，对提升我国原始创新能力、突破关键技术、开拓新兴产业具有重大意义。

——高质量建成上海光源装置、大天区面积多目标光纤光谱天文望远镜、先进超导托卡马克实验装置、正负电子对撞机二期工程、兰州重离子加速器冷却存储环、中国西南野生生物种质资源库等一批重大科学工程。

——发挥了国家科学思想库作用，提出了全国粮食产量预测、主体功能区划、可持续发展评价、区域生态保护、应对全球气候变化中国方案、我国至2050年重要领域科技发展路线图等重大战略咨询与建议，完成了127份咨询报告和267份院士建议，1998年至2010年7月，共向中办、国办报送《中国科学院专报信息》2436期，为国家和有关部门决策提供了重要科学依据，还先后为近20个省市区提供咨询建议，促进了地方经济社会可持续发展。在应对“非典”等重大突发公共卫生事件、5·12汶川特大地震抗震救灾、积极应对国际金融危机、服务北京奥运会、新疆维稳中发挥了重要科技支持作用。

（三）确立了新时期办院方针，不断提升发展理念和战略目标

中国科学院持续研究国家战略需求和世界科技前沿发展态势，把国家需求和人民

的期望与要求融入中国科学院的发展目标和价值理念。确立了“面向国家战略需求，面向世界科技前沿，加强原始科学创新，加强关键技术创新与系统集成，攀登世界科技高峰，为我国经济建设、国家安全和社会可持续发展不断做出基础性、战略性、前瞻性的重大创新贡献”的新时期办院方针。明确了建设“具有国际先进水平的科学研究基地、培养和造就高级科技人才的基地和促进我国高技术产业发展的基地”、建设“一流的成果、一流的效益、一流的管理、一流的人才”的中国科学院和改革创新和谐奋进中国科学院的发展目标。

建设具有时代特征的创新文化，牢固树立以科教兴国为己任、以创新为民为宗旨的科技价值观，坚持“以人为本，竞争合作，创新跨越，持续发展”的科技发展观，形成了“追求真理、勇攀高峰，服务国家、造福人民，自强不息、艰苦奋斗，淡薄名利、团结协作，实事求是、科学严谨”的“科学院精神”。高举科学旗帜，弘扬科学精神，大力传播科学思想、科学知识和科学方法。

（四）凝练和聚焦科技创新目标，科技布局更加适应国家战略需求和世界科技发展趋势

进行了重大科技布局调整，截至2010年，中国科学院院属法人研究机构由1997年的123个调整为100个。其中，在原46个法人研究机构的基础上组建了16个法人研究机构，新建了16个法人研究机构，7个研究机构调整研究方向并更名，3个植物研究机构转为植物园序列，6个研究机构转制为企业。重点领域方向从以学科为主聚焦到关系我国当前与长远持续发展的战略必争领域和重要基础交叉前沿，科技创新目标由跟踪为主向原始创新、关键技术突破与重大系统集成为主转变，科研组织模式由分散研究为主向加强跨学科跨所力量的组织转变，科技成果转化模式由自我循环向产学研结合、以企业为主体、以市场为主导的社会化和规模产业化转变。

面向国家战略需求，充分发挥综合优势，在建议和承担国家科技任务中发挥了重要作用，作为5个国家科技重大专项领导小组副组长单位和10个领导小组成员单位参与攻关，承担“973”、“863”、国家自然科学基金等国家重大科技任务和承担地方项目、企业项目均逐年增加，其中，1998~2009年承担的“973”项目和基金重点项目数量分别占全国总数的33%和30%。

（五）科技人员创新活力得到充分发挥，凝聚培养和造就了一支代表国家最高水平的战略科技队伍

以人事制度改革为突破口，全面推行全员聘用合同制，实行绩效优先的“三元结构”分配制度和研究所法定代表人年薪制。立足创新实践引进、培养和凝聚高层次创新人才，造就了近千位中青年高水平战略科技专家和科技尖子人才，截至2009年，通

过“百人计划”共引进海外杰出人才1292人，通过“千人计划”引进海外高层次人才78人，7个研究所入选“国家海外高层次人才创新创业基地”，国家自然科学基金创新团队占全国总数的45%，国家杰出青年基金获得者占全国总数的34.5%，在国际重要科技组织和重要国际学术期刊中担任重要职务的科学家约900人。承担国家重大任务的尖子人才从2003年的587人增加到2009年的921人。

坚持科技创新与人才培养紧密结合，改革教育体制，建立完善两段式研究生教育模式，研究生规模快速发展，质量不断提高。许多学科在全国评估中名列前茅。2002~2009年，在教育部组织的一级学科整体水平评估中，中国科学院数学、物理学、化学等9个一级学科均曾名列全国第一。截至2009年，中国科学院在读博士研究生约占全国博士研究生数量的8%，在历年“全国优秀博士学位论文”评选中，中国科学院共入选200篇，占到全国总篇数的18.5%，其中，理工科优秀论文190篇，占全国理工科优秀论文总数的26.7%。

（六）体制机制改革取得突破性进展，基本建立现代院所制度

中国科学院坚持以深化改革为动力，适时推出重大改革举措和制度创新。建立了多层次、系统性、有重点持续开展战略研究的机制，构建了覆盖院机关和院属各单位的全院战略研究和规划体系。形成了“整体规划、保证重点、择优支持、鼓励竞争、优化配置、动态调整”的资源配置模式，鼓励广泛吸纳社会创新资源，有效地发挥了资源配置对研究所整体改革与创新发展的基础保障作用和杠杆作用。建立了综合反映绩效、状态和需求的科学评价体系，重质量、重实质性贡献。突出以人为本的管理思想，明晰研究所自主权，推进研究所综合配套改革试点，探索建立现代研究院所制度和研究所分类管理体系。建设科技创新基地，发挥综合优势，增强集中力量做大事和主动、前瞻部署的能力。形成了以研究所为点、以科技创新基地为阵的矩阵式网格化科技创新组织管理模式。确立了“鼓励创造，重视保护，加强转化，创新管理”的知识产权工作思路，建立了创造、保护、利用全过程的知识产权管理模式。改革经营性国有资产管理，基本实现院所投资企业股权多元化。

中国科学院体制机制改革经验被大学、政府其他科研机构，乃至政府管理部门借鉴和采纳。国家在事业单位推行全员聘用制、职称制度改革、职员制度改革、岗位分级管理以及绩效工资改革等，借鉴了中国科学院的一些经验和相关做法。基于绩效考评的资源配置体系被财政部认可，并向其他单位推广介绍。

（七）科技成果转移转化成效卓著，国内外合作十分活跃

中国科学院坚持扩大开放合作，促进科技成果转移转化，提升我国科技国际竞

争合作能力。科技成果转移转化创造了显著的经济社会效益，2000~2009年，科技成果转移转化辐射带动的企业新增销售收入累计达5065亿元，利税累计达839亿元。1998~2009年的12年间，院所投资企业累计实现销售收入约10 858亿元，利润总额约523亿元。与大学共建2个国家实验室、6个国家重点实验室。与企业共建技术中心或工程中心335个，与地方共建研究院所10个、产业技术创新与育成中心23个和科技园8个。实施了“东北振兴科技行动计划”等9个院地合作科技专项计划与工程，截至2009年，共立项212个，院投入资金1.4亿元，带动社会投资约18亿元，2009年使社会企业年新增销售收入超过87亿元。

国际科技合作已提升到与国际重要研究机构和组织构建战略合作伙伴关系、共建研发组织，促进了自主创新能力和水平的提升，中国科学院已成为国际科技界一支十分活跃和有重要影响力的科研团体。国际合作交流人次从1998年1万人次上升到2009年的2.8万余人次，主办的国际学术会议的数量从1998年的57个上升到2008年的354个，截至2008年，有171名科学家在国际科技组织中担任主席、副主席、常务理事等重要职务，比1998年增长229%。

二、国内外评价

在知识创新工程试点过程中，政府各有关部门、社会各界和国际科技界都对知识创新工程的成绩给予了充分肯定。2004年，国家科教领导小组委托科技部牵头，多个部委参加，对知识创新工程试点工作进行评估，评估组对取得的进展给予了充分肯定。2010年8月，由各相关部门领导和重要科技战略专家、经济与管理专家组成的科技创新基地咨询评议委员会，对中国科学院以科技创新基地建设为主线的整体创新工作进行了咨询评议。15位专家均认为，中国科学院以科技创新基地建设为主线推动科技创新工作成效明显，是一项重大管理创新，有利于发挥中国科学院建制化、多学科综合优势，集中力量办大事。专家普遍认为，中国科学院创新三期重点建设的科技创新基地，面向国家经济社会发展的战略必争领域，重点突破核心科学问题、关键核心技术问题，加强系统集成，提出解决方案，并与社会创新要素相结合促进传统产业技术改造和新兴产业培育，从组织上保障了重大创新成果的产出，使中国科学院的综合集成和创新能力大幅提高。

国际科技界对知识创新工程给予了高度关注和积极评价。《科学》杂志先后于1999年、2003年和2006年，专文介绍和评述知识创新工程试点工作给中国科学院及中国创新能力带来的变化。2006年，美国麻省理工学院主办的《创新》（*Innovations*）杂志载文《中国创新挑战和中国科学院的改革重构》指出：“中国正在成为国际研究和创新的重要参与者，而知识创新工程所启动的航程，确保了中国科学院在这一进程中的中心作用。”德国马普学会副主席哈纳克（Harnack）先生评价说：“中国科学院经历了巨大的变革。如今在许多自然科学和工程科学研究领域，中国科学院都在杰出研究人员和优秀思想的国际竞争中占据显著地位。”发展中国家科学院（TWAS）执行主席哈桑说道：“世界上有两种科学院：一种科学院很老，很多优秀的科学家不关心政治，与社会相互隔绝；也有一些生机勃勃的科学院，科学家们保持着与政治家的密切协作，他们了解自己的国情，热衷于科学普及，热衷于教育人民，热衷于以未受政治偏见影响的观点和数据去影响政府决策。这是一种新型的、更富社会责任的科学院。中国科学院就在发挥着这样的作用。”

三、主要经验和规律性认识

知识创新工程试点是党中央、国务院在世纪之交和中国发展的关键时期做出的重大决策。中国科学院不辱使命，圆满完成了知识创新工程试点目标。知识创新工程的实践探索为“真正搞出我们自己的创新体系”奠定了基础，积累了经验。

我们认识到，建设创新型国家、走自主创新道路必须深刻认识和把握国际科技发展的动力和趋势，必须深刻认识和把握中国现代化建设进程对科技的战略需求。当今世界正处在剧烈变革时期，未来10~20年是世界政治经济新格局新秩序加快形成的关键时期。科学技术正孕育着重大突破，将为变革注入强大的动力和活力。重大的科技创新与突破将创造新的需求与市场，将改变全球产业结构和人类文明的进程。中国正向全面建设小康社会、基本实现现代化的宏伟目标迈进，科学技术日益成为支撑引领发展的主导力量，创新型国家建设成为必然的路径选择。中国的现代化建设必须坚持让科学技术引领可持续发展，依靠科技创新，加快构建八大经济社会基础和战略体系。我们应当借鉴但决不能简单照搬其他国家科技发展的体制与模式。既要面向世界、面向未来，更要从我国实际和现代化建设的需求出发，走一条符合规律、符合国情、符合时代要求的自主创新道路。

知识创新工程实践为我国科技发展、科技体制改革、国家创新体系建设积累了宝贵的经验。一是要始终坚持科学技术是第一生产力的战略思想，将面向国家战略需求和面向世界科技前沿紧密结合起来，不断明晰战略定位，不断凝练创新目标，着力提升自主创新能力；二是要始终坚持立足中国国情，认知规律，不断前瞻，科学制定并有效实施科技创新发展战略，努力发挥代表国家最高水平的科技国家队和引领我国科技发展“火车头”和“思想库”的作用；三是要始终坚持解放思想，求真务实，改革创新，与时俱进；更新观念，革新科技管理体制，解放和发展科技生产力，发挥科技改革探索者的作用；四是要始终坚持以人为本，以事业的发展凝聚人，以正确的价值观引导人，以良好的创新环境吸引人，以合理的待遇激励人，以创新实践培养造就人，充分发挥科技创新队伍的积极性、主动性和创造性，建设一流的科技创新队伍；五是要始终坚持联合合作，开展与地方、企业和大学多种形式的合作，促进产学研结合，促进高科技产业化，促进创新创业人才培养造就，促进知识转移与技术扩散；六是要始终坚持对外开放，以开放的心态对待人类创造的一切新知识，有效利用全球科技创新资源，在国际交流合作中坚持自主互利，共同发展，提升自主创新的能力和水平。

在总结成绩的同时，我们也清醒地认识到，与实现“四个一流”、支持科学发展、全面建设小康社会的要求相比，中国科学院还存在着不够适应的方面，包括：创新人才队伍和整体创新能力与经济社会发展需求还不够适应，创新体制和管理与科技创新及其社会价值实现途径的客观规律还不够适应，创新资源、要素的结构和布局与我国经济社会区域发展的总体格局还不够适应，科技创新的价值理念和文化与科技创新的本质要求及国家、社会、人民的期待还不够适应。迎接这些挑战，需要进一步解放思想，认知科技创新和科研管理的规律，深化体制机制改革，继续深入推动实现“九个转变”：一是从习惯于分散的自由研究，向面向国家重大战略需求的定向基础前沿研究、关键核心高技术创新和重大系统集成、重大公益性科技创新，面向重大前沿科学问题为主的创新活动转变；二是从以论文、奖励的数量质量评价为主，向以创新实际贡献、创新发展态势、创新质量水平评价为主跨越，向更加关注实际贡献并经受实践和历史的检验和评价转变；三是从注重科技创新，向同时重视知识、成果、人才的转移、转化、工程化、产业化转变；四是从注重个别优秀人才培养引进，向按照需求和发展布局，择优培养引进、优化人才队伍结构、建设一流创新队伍转变；五是从以传统的PI为基本创新单元，向适应自由探索科学原创、定向基础研究、大科学研究、高技术前沿探索、关键核心技术攻关和重大系统集成、组织实施战略性先导科技专项，长期系统数据监测、积累与分析、转移转化等更加多样、有效的创新组织形式转变；六是从以学科为基础的研究所法人组织单元，向以研究所和以面向重大创新战略目标为牵引，建设创新基地或交叉综合科技中心构成的矩阵式网格化组织管理体制转变；七是从历史形成的中国科学院地域分布格局，向与当前和未来我国经济社会、区域发展需要和资源、生态、环境特点更相适应、更相协调的创新布局转变；八是从主要依靠国家投入为主，向依托改革创新优势，发展以国家稳定投入为主，有效吸纳地方、企业、社会和全球多元资源集聚的新格局转变；九是从注重科技创新，出一流成果，向同时注重人才培养和教育创新，重视创新环境建设和管理创新，实现“一流成果、一流管理、一流环境、一流人才”转变。

知识创新工程奠定了中国科学院跨越发展的坚实基础，“创新2020”又赋予了中国科学院引领带动中国科技实现跨越发展的重大战略任务。中国科学院将以更强的历史责任感，更大的决心和勇气，切实组织实施好“创新2020”，做出无愧于历史和人民的贡献。

The CAS Completed the Evaluation of Knowledge Innovation Program (KIP, 1998~2010)

KIP Evaluation Working Group

The Knowledge Innovation Program (KIP, 1998~2010), implemented by the Chinese Academy of Sciences (CAS), was an important strategic decision made by Chinese central government to respond to the challenge of the knowledge economy. From April to October 2010, KIP was subject to a systematic evaluation by CAS. The evaluation involved: ① an evaluation of CAS research institutes, including a self-evaluation process and the experts review; ② an evaluation and review of the special "innovation bases", which was established by CAS during 2006~2010, by an outside Advisory and Review Panel; ③ a self-evaluation and summary of key aspects of management work; ④ a seminar to explore how the reform objectives of KIP could be further advanced. The evaluation results show that KIP was successfully completed. Major experiences from this program and some underlying principals are analyzed, and countermeasures to tackle current and future challenges are suggested.

7.6 中国学科发展态势的国际比较分析

——基于科学计量的分析

谭宗颖　阳宁晖　朱相丽　刘小玲

（中国科学院国家科学图书馆）

科学论文产出可在一定程度上反映国家的基础研究发展状况和学科布局，反映国家对世界科学研究的贡献及其影响力。本文旨在利用科学论文①产出的系列指标，对世界②整体，中国与美国、日本、德国、法国、英国、加拿大、意大利等G7国家，以及韩国、俄罗斯、印度和巴西等国家的学科发展态势进行跨国比较，重点回答如下问题。

① 数据源于ISI科学引文索引扩展版（ISI Web of Science—Science Citation Index Expanded，SCI-E），不包含社会科学，按文献类型"articles"下载[1]。

② 本文的世界是以OECD的29个成员国加上非OECD成员国的中国、印度、巴西和俄罗斯共33个国家为代表，并以其SCI-E论文数据集合为世界总体的样本。

（1）中国与主要国家的科学论文产出对世界的贡献？

（2）中国与主要国家科学论文产出体现的学科布局及其变化？

（3）中国与主要国家对世界科学产出的影响力，哪些学科领域具有相对比较优势？相对比较优势学科体现的结构？

（4）中国与主要国家在国际上有较高显示度和影响力的成果的表现如何？

一、世界SCI-E论文产出及其变化态势分析

（一）世界SCI-E论文总量呈稳步上升的发展态势

对ISI Web of Science数据库中论文①的统计分析可见，1996~2009年，世界②SCI-E论文总量以3.43%的年均增长率增长，从1996年的52万余篇增长到2009年的81万余篇(图1)。

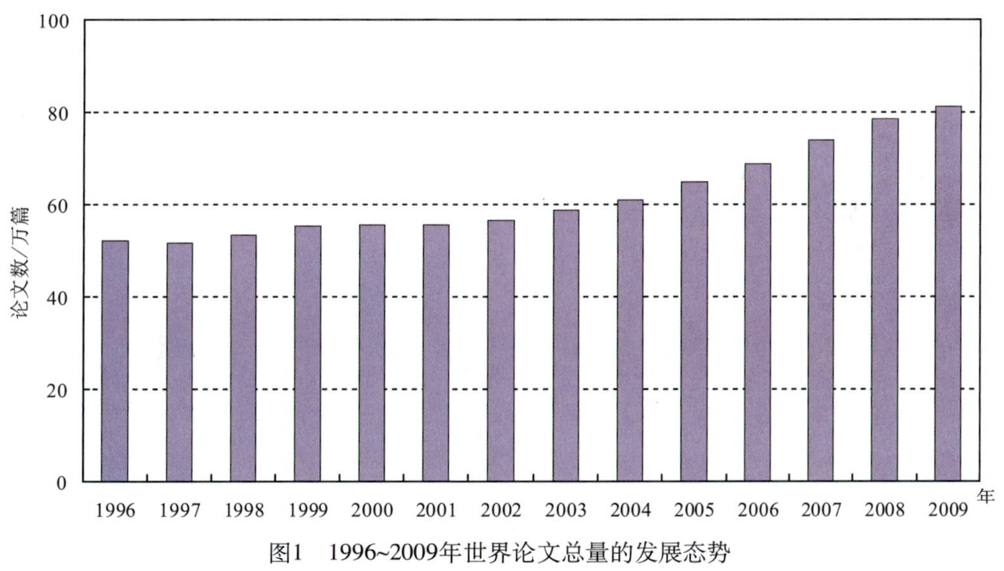

图1　1996~2009年世界论文总量的发展态势

（二）世界SCI-E论文主要集中分布在医学、生物学、物理学、化学、工程和材料科学领域

世界各学科大类的论文占世界论文总量的份额在3个时段（1996~2000年、

① 本文的统计条件：按文献类型“articles”和第一作者进行统计。

② 即前述的33国的SCI-E论文数据。

2001~2005年和2006~2009年）的变化按降序排列（图2），首先是医学论文占世界论文总量的份额最高（从1996~2000年的35.2%下降为2006~2009年的32.2%），其次是生物学论文所占份额分别为20.1%和16.9%，再次是物理学论文所占份额（13.1%，12.3%），随后依次是化学（12.9%，11.8%）、工程（7.9%，8.1%）、材料（5.3%，5.4%）、生态环境（4.1%，5.2%）、数学（4.1%，4.1%）、地学（3.6%，3.9%）、计算机（2.5%，2.5%）、天文与天体物理（1.6%，1.6%）和纳米技术（0.3%，1.0%）。

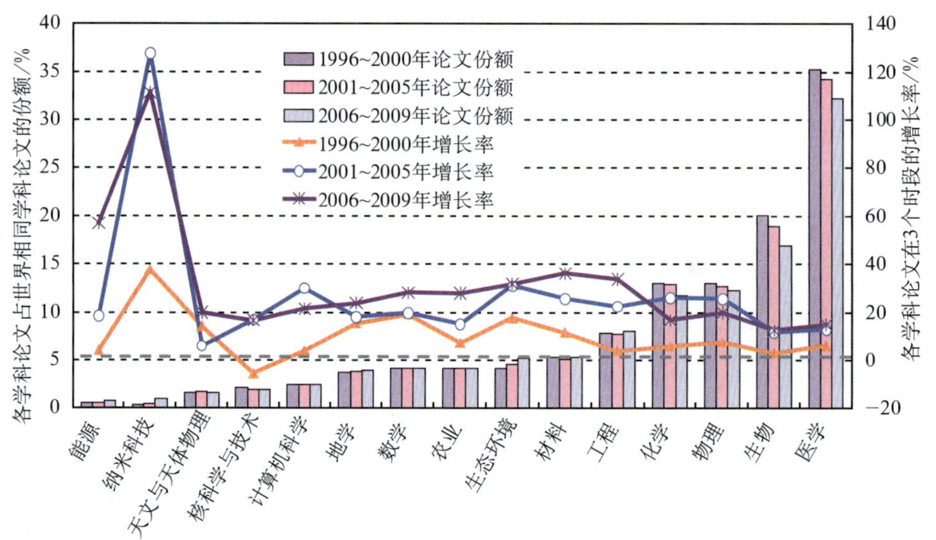

图2　世界SCI-E论文的学科分布与在3个时间段的增长速度的变化

比较上述3个时间段各学科论文的增长率，2001~2005年各学科论文的增长速度均高于1996~2000年的增速，首先，纳米科技论文增长速度最快，1996~2000年以37.6%的增长速度增加至2006~2009年的111.3%，其次，能源论文同期从3.9%增至56.8%（图2）。2006~2009年较之2001~2005年各学科论文的增速有升有降：地学、数学、农业、材料、工程、天文与天体物理等呈增长态势，而医学和生物论文同期呈减少态势（图2）。

二、中国与主要国家对世界科学产出的贡献及其影响分析

（一）对世界科学产出的贡献分析

中国的论文量从1996~2000年累计占世界同期论文总量的3.3%，排名世界第9位，上升到2006~2009年论文量累计占同期世界论文总量的11.95%（第2位），增加近9个百

分点。2009年，所占份额（13.78%）仅落后于美国（30.35%）而排名世界第2位，超过了德国（8.48%，第3位）、日本（8.04%，第4位）、英国（7.89%，第5位）和法国（6.22%，第6位），远超过印度（4.27%，第9位）、韩国（4.02%，第11位）、巴西（3.29%，第13位）和俄罗斯（3.01%，第14位）(表1）。

表1 中国与主要国家论文总量占世界论文总量的份额及世界排名位次变化

年份	份额与位次	中国	美国	日本	德国	法国	英国	加拿大	意大利	俄罗斯	韩国	印度	巴西
1996~2000	份额/%	3.30	34.89	10.36	4.00	6.81	9.37	4.76	4.43	4.21	1.65	2.79	1.35
	位次	9	1	2	4	5	3	6	7	8	11	12	17
2001~2005	份额/%	6.90	34.15	10.36	9.13	6.63	8.99	4.41	4.80	3.55	2.79	3.22	1.90
	位次	5	1	2	3	6	4	8	7	10	13	11	16
2006~2009	份额/%	11.95	31.48	8.47	8.55	6.21	8.21	5.02	5.02	3.00	3.61	4.06	2.91
	位次	2	1	4	3	6	5	7	8	13	11	9	14
2009	份额/%	13.78	30.35	8.04	8.48	6.22	7.89	4.96	4.92	3.01	4.02	4.27	3.29
	位次	2	1	4	3	6	5	7	8	14	11	9	13

（二）研究论文产出对世界的影响力分析

中国论文总被引频次占世界相应论文的份额和高被引Top10%论文[①]所占份额到2009年均升至世界排名第4位，高被引Top1%论文[②]占世界相同论文份额同期升至世界排名第6位。无论从哪个角度的指标看，美国都占据世界相应份额的半壁江山。

比较论文被引频次占世界论文总被引频次的份额指标（图3），中国从1996~2000年的1.45%，世界排名第14位上升到2006~2009年的7.79%（第5位），2009年所占份额（10.21%）和世界排名（第4位）超过了法国（7.82%，第5位）、日本（7.74%，第6位）、加拿大（6.41%，第7位）和意大利（6.02%，第8位），远超过韩国（3.06%，第13位）、印度（2.55%，第15位）、巴西（1.79%，第18位）和俄罗斯（1.39%，第20位），与德国（11.80%，第2位）和英国（11.73%，第3位）接近，与排名世界第1位的美国（43.41%）相距较远。

比较Top10%论文占世界相同论文份额指标，中国的Top10%论文从1996~2000年的世界排名第17位（占1%）上升到2006~2009年的第4位（占9.3%），2009年所占份额（12.59%）和世界排名（第4位）已超过日本（9.69%，第6位）和法国（9.89%，第5

① 高被引前10%论文用Top10%论文表示。
② 高被引前1%论文用Top1%论文表示。

位）；远超过俄罗斯（1.51%，第21位）、巴西（2.07%，第18位）、印度（3.09%，第15位）和韩国（3.68%，第13位），略低于英国（14.79%，第3位）和德国（15.34%，第2位），但与位居世界第1位的美国（55.7%）有很大距离（表2）。

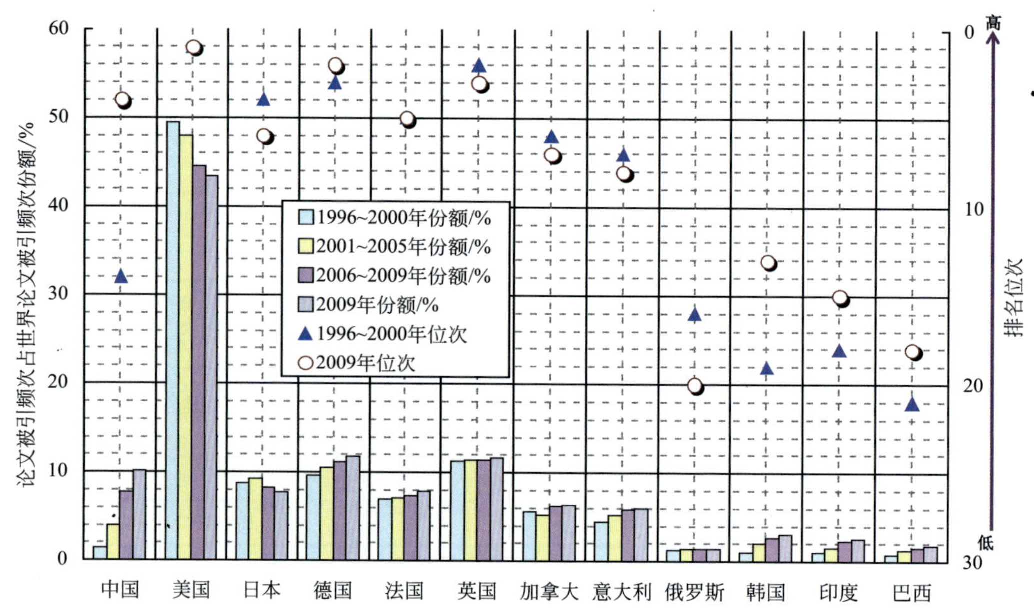

图3　中国与主要国家论文被引频次占世界论文被引频次份额及世界排名位次变化

表2　中国与主要国家Top10%论文占世界Top10%论文的份额及世界排名位次变化

年份	份额与位次	中国	美国	日本	德国	法国	英国	加拿大	意大利	俄罗斯	韩国	印度	巴西
1996~2000	份额/%	0.97	55.62	7.88	10.06	7.10	11.94	5.74	4.28	0.98	0.79	0.60	0.58
	位次	17	1	4	3	5	2	6	7	16	19	21	22
2001~2005	份额/%	3.56	56.41	8.83	11.87	7.60	12.82	5.47	5.37	1.11	1.85	1.08	0.87
	位次	9	1	4	3	5	2	6	7	19	15	20	22
2006~2009	份额/%	9.25	54.39	8.99	13.98	8.81	14.07	7.48	7.00	1.44	3.04	2.41	1.62
	位次	4	1	5	3	6	2	7	8	21	14	16	19
2009	份额/%	12.59	55.70	9.69	15.34	9.89	14.79	7.82	7.41	1.51	3.68	3.09	2.07
	位次	4	1	6	2	5	3	7	8	21	13	15	18

比较Top1%论文占世界相同论文份额指标，中国Top1%论文数从1996~2000年占世界份额的0.73%（第18位），上升到2006~2009年占世界份额的6.32%（第9位），2009年占世界份额8.99%（第6位）略超过日本同年占世界份额的8.93%（第7位）和意大利的8.10%（第8位），远高于韩国（2.83%，第16位）、俄罗斯（1.53%，第19位）、印度（1.44%，第20位）和巴西（1.33%，第22位），低于英国（18.77%，第2位）、德国（18.00%，第3位）和法国（11.49%，第4位），远低于排名世界第1位的美国（68.97%）（表3）。

表3 中国与主要国家Top1%论文占世界Top1%论文总量的份额及世界排名位次变化

年份	份额与位次	中国	美国	日本	德国	法国	英国	加拿大	意大利	俄罗斯	韩国	印度	巴西
1996~2000	份额/%	0.73	67.84	7.13	9.71	6.83	12.87	6.12	4.10	0.82	0.44	0.29	0.37
	位次	18	1	4	3	5	2	6	7	17	20	25	23
2001~2005	份额/%	2.66	68.43	8.05	12.30	7.71	14.35	5.95	5.72	1.20	1.34	0.69	0.83
	位次	13	1	4	3	5	2	6	7	19	17	23	22
2006~2009	份额/%	6.32	65.77	8.13	15.67	9.83	17.36	8.66	7.77	1.48	2.31	1.14	1.16
	位次	9	1	6	3	4	2	5	7	20	16	23	22
2009	份额/%	8.99	68.97	8.93	18.00	11.49	18.77	9.24	8.10	1.53	2.83	1.44	1.31
	位次	6	1	7	3	4	2	5	8	19	16	20	22

三、论文的学科分布与学科相对比较优势分析

（一）中国与主要国家论文的学科贡献率比较分析

本文利用学科贡献率指标（即某国在学科领域的论文数占世界相同学科领域论文总数的份额）测度主要国家科学论文对主要领域的贡献，某国在某一学科领域的学科贡献率越大，表明该国在该领域对世界科学产出的贡献就越大。

1. 一级学科的学科贡献率比较分析

美国各学科领域论文的学科贡献率1996~2009年累计份额大都为31%~37%，少部分为21%~26%，远大于其他国家在相同学科领域的学科贡献率。

中国在同期的学科贡献率大于10%的领域有6个：材料科学（20.58%）、纳米科技（19.98 %）、化学（17.19 %）、物理学（13.42%）、数学（11.94%）和能源

（11.94%），这6个学科论文的贡献率均仅低于美国而大于其余G7国家如德国、英国、日本等，远大于韩国、巴西、印度和俄罗斯（图4）。

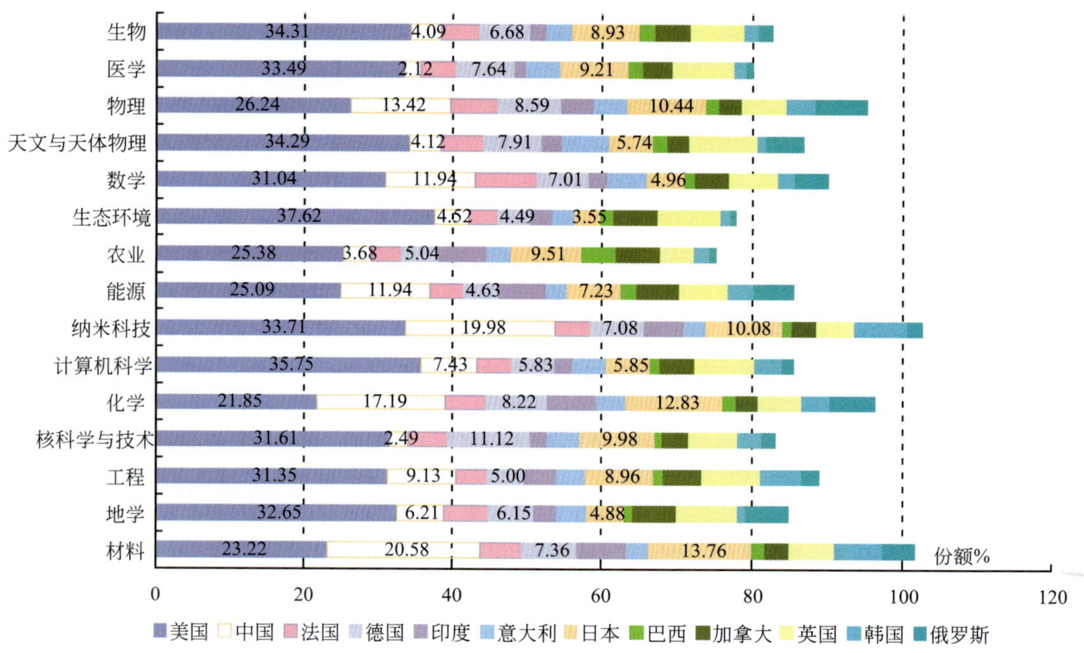

图4　1996~2009年中国与主要国家各一级学科领域累计论文占世界同期各学科累计论文的份额

中国学科贡献率较小的领域为医学（2.12%）、农业（3.68%）、生物（4.09%）和天文与天体物理（4.12%）。

2. 相对活跃的分支学科领域的比较分析

对175个分支领域的分析表明，2006~2009年段相对于1996~2000年段分支学科领域论文占世界相同领域论文份额的增量大于10%的分支领域主要由中国囊括（表4），美国在医学伦理学的增量为24.4%，巴西在热带医学的增量为10.6%，其余各国在各分支学科论文的增量均未超过10%（表4）。

表4　2006~2009年相对1996~2000年分支领域论文占世界相同领域论文份额超过10%的领域

二级学科	中国/%	二级学科	中国/%
材料表征与测试	11.6	冶金与冶金工程	25.6
材料科学交叉学科	16.3	应用化学	16.8
纺织材料	12.9	有机与核化学	17.2
复合材料	13.1	人工智能	12.4

续表

二级学科	中国/%	二级学科	中国/%
聚合物科学	17.5	纳米科技	13.9
生物材料	13.7	能源与燃料电池	13.6
陶瓷材料	17.4	生物技术与应用微生物学	10.2
涂层与薄膜材料	17.3	数学交叉学科应用	16.3
地质学	17.9	应用数学	13.7
电子与电气工程	10.2	光学	13.9
工程交叉学科	13.8	核物理	10.5
环境工程	11.8	光谱学	16.4
石油工程	16.4	凝聚态物理	10.7
制造工程	10.6	数学物理	11.8
电化学	16.9	物理跨学科	19.2
分析化学	13.5	应用物理	13.3
化学交叉学科	10.6	男性学	16.9
结晶学	32.5	综合医学	15.6
物理化学	15.9	药物化学	11.0

注：篇幅所限，仅列出了包含超过10%份额的部分。

（二）中国与主要国家引文强度与学科相对比较优势的特点分析

1. 美国等主要G7国家相对优势学科表现出较为均衡的学科结构，中国、印度和巴西等国则表现出偏振的学科结构

本文利用引文强度与学科相对强度指标①测度主要国家各学科的相对比较强度及相应学科研究产出的影响力[2]。比较这些国家在各分支学科领域的引文强度与学科相对强度随3个时段（1996~2000年、2001~2005年和2006~2009年）的分布变化，由图5~图13可见，从坐标原点到各数据点的距离代表各国的总引文占世界总引文的份额，每个国家各学科间的连线所围的面积越大，表示该国在国际上科学产出的影响力就越大，比较可见有如下特点。

G7国家相对优势学科表现出较为均衡的学科结构，中国、巴西和印度等国则体现出偏振的学科结构。美国、英国、德国和日本等G7国家有如下共同特点：引文份额和学科份额连线所围的面积比较对称，美国、英国和德国尤为突出（图5），体现出G7国

① 引文份额（某国论文的被引频次总量占世界论文被引频次总量的份额）和学科相对强度（某国每个学科论文被引频次总量占世界相应学科论文的被引频次份额）两个联合指标，用以比较分析国家的论文产出的影响和学科相对强度的变化。

家科学论文产出的学科发展的均衡性，中国则明显表现出相对比较优势学科构成的不均衡性的偏振结构，这样的结构在巴西、印度和韩国也有不同程度的体现（图6，图7）。

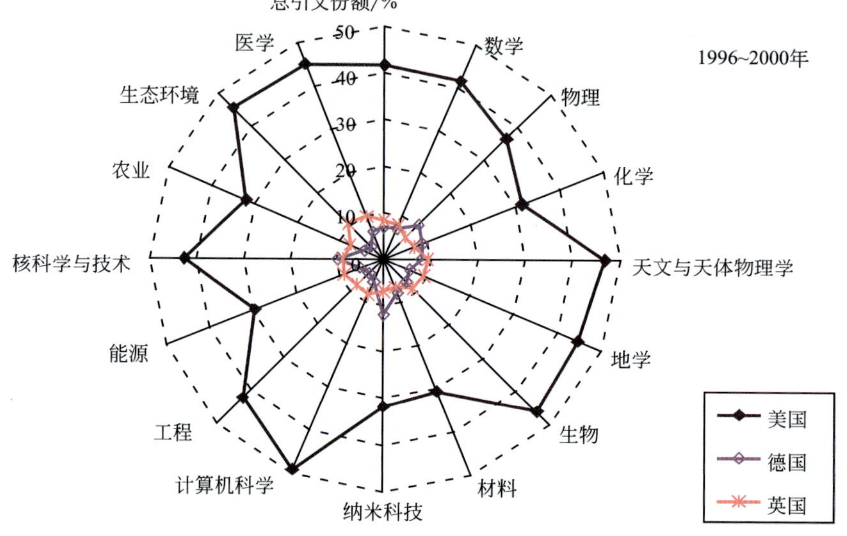

图5 美国、德国、英国在1996~2000年的论文产出的影响和学科相对强度的变化

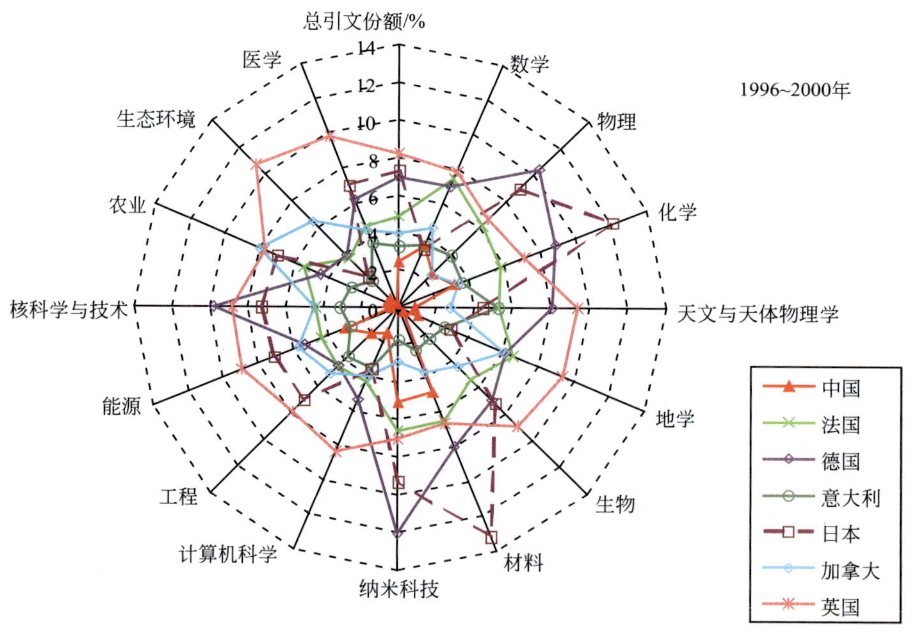

图6 1996~2000年中国与美国以外的G7国家的论文产出影响和学科相对强度的变化比较

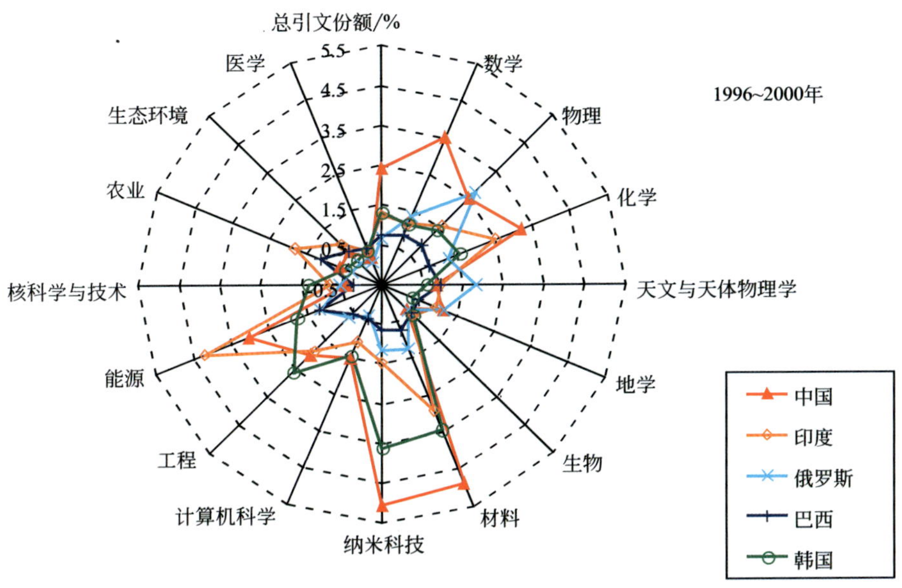

图7 1996~2000年中国、印度、俄罗斯、巴西和韩国等国的论文产出影响和学科相对强度的变化比较

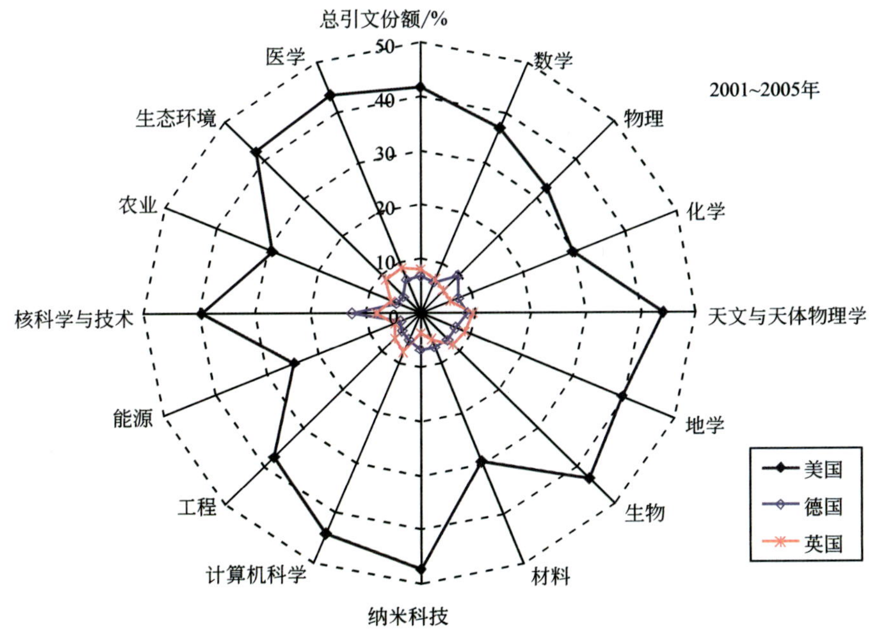

图8 2001~2005年美国、德国和英国的论文产出影响和学科相对强度的变化比较

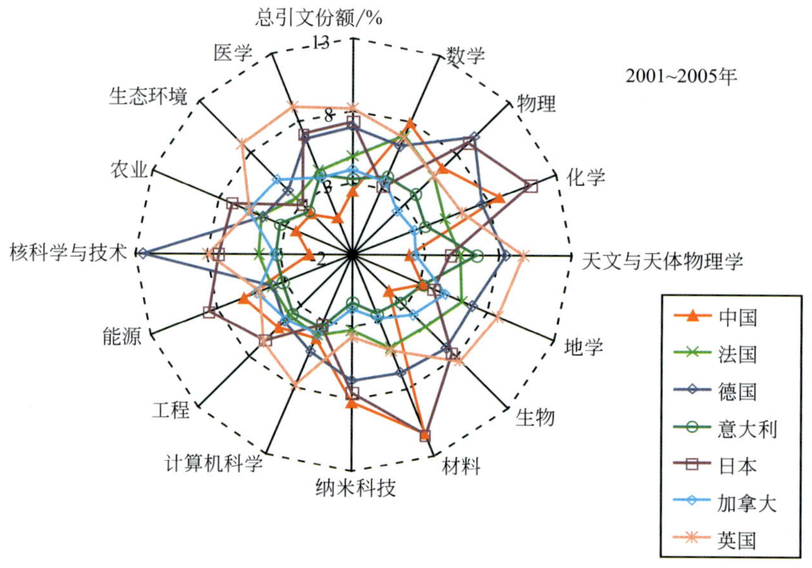

图9 2001~2005年中国与美国以外的G7国家的论文产出影响和学科相对强度的变化比较

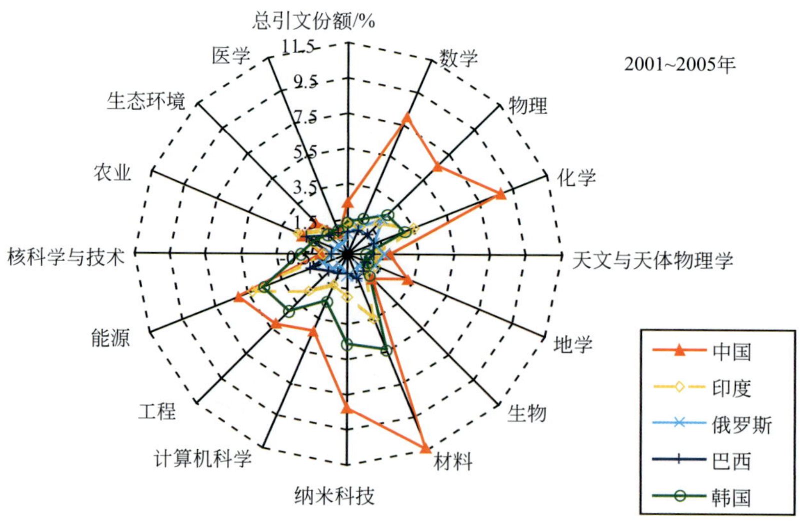

图10 2001~2005年中国、印度、俄罗斯、巴西和韩国等国的论文产出影响和学科相对强度的变化比较

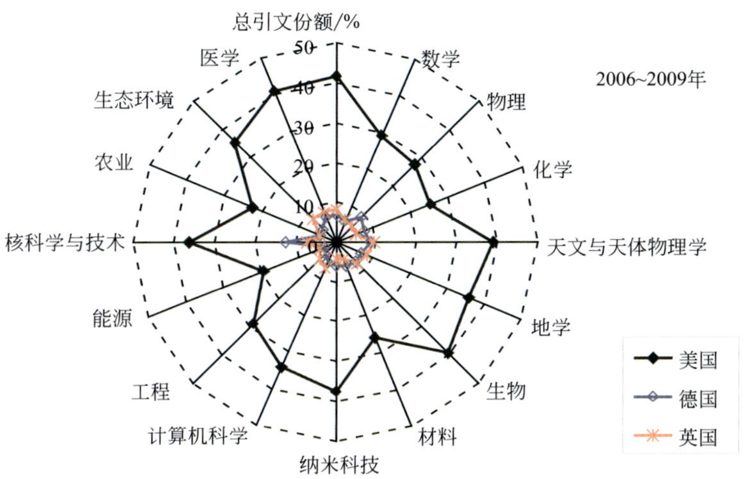

图11 2006~2009年美国、德国和英国的论文产出影响和学科相对强度的变化比较

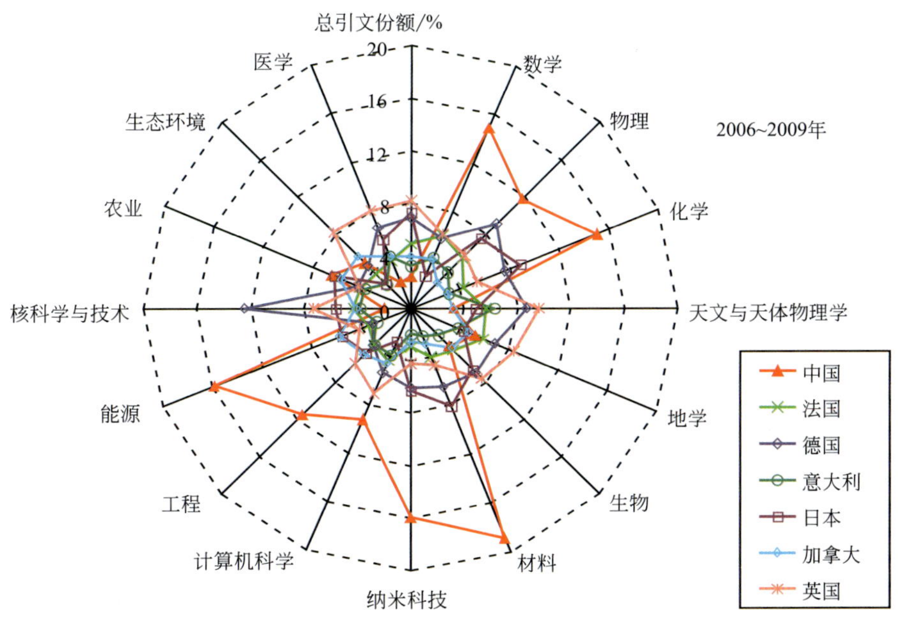

图12 2006~2009年中国与美国以外的G7国家的论文产出影响和学科相对强度的变化比较

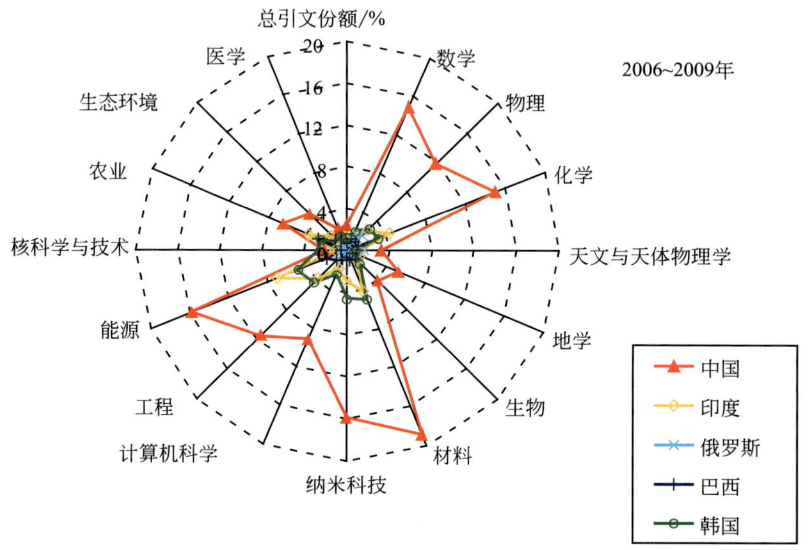

图13　2006~2009年中国、印度、俄罗斯、巴西和韩国等国的论文产出影响和学科相对强度的变化比较

美国引文强度和各学科研究产出的连线所覆盖的面积远比英国和德国的要大（图5），表明美国引文强度和学科相对比较优势的影响力较英国和德国的要大得多；英国和德国的引文强度和学科相对比较优势的影响力较图6中所比较的其他国家要大，日本与英国和德国非常接近；加拿大和意大利的学科连线所覆盖的面积较小，两国在世界科学产出的影响小于其他G7国家。中国引文强度和学科相对比较优势的影响小于G7国家。美国的引文份额占世界总引文份额的42%,远高于英国的8.0%和德国的7.7%，以及其他所比较的国家。

美国引文强度和学科相对比较优势体现出的结构均衡性，是美国力图保持其科技在世界的全面领先地位的科技发展战略在科学产出方面的反映。中国在物理、数学、化学、材料和工程等学科领域体现出较强的学科比较优势，而在生物、生态环境、医学等学科领域则相对较弱。2006~2009年，中国在能源、生态环境和生物等方面的学科相对比较优势较前两个时间段有所增强（图12）。

2. 中国、德国、加拿大、俄罗斯和印度的学科相对比较强度呈增强的发展态势，美国呈减小的态势

美国在2006~2009年各学科相对比较强度的影响比前两个时段的影响有所减小。美国在2006~2009年引文强度和各学科相对比较强度所围的面积比1996~2000年和2001~2005年所围的面积有所减小（图10），表明其科学产出的影响力在变小。

中国、德国、加拿大、俄罗斯和印度2006~2009年引文强度和各学科相对比较强度的影响比前两个时段的影响有所提升，中国尤其显著——各学科相对比较强度全面提升。德国在空间与物理学科增长明显，加拿大在各学科领域的影响全面增长，俄罗斯在物理学科增长明显，印度在物理学和工程学科增长明显（图13）。

日本各学科相对比较强度有增有降。2006~2009年日本在材料科学的学科相对比较强度明显下降，而在物理学、空间科学、地球与环境、生物学等学科领域的学科相对比较强度比前两个时期有所增强（图14）。

（三）学科相对比较优势体现的持续竞争力发展态势分析

中国学科相对比较优势的持续竞争力显著增强，2009年整体实力已超过英国，落后于德国和美国而居第3位。

本文利用“领先领域出现频次”指标——某国在所有学科领域（基于本文的16个一级学科分类）占世界论文被引频次份额排名前5的领域出现的频次——测度国家的学科相对优势在分析期内的持续竞争力。

按1996~2009年领先领域出现频次（图14）累计次数的多少降序排列，美国领先领域出现频次为224次，位居第1位，同期连续14年领先领域出现频次每年均为16次；英国位居第2位，同期领先领域出现频次为195次，其中，1996~1999年为16次，2000~2002年为15次，之后的各年基本在12~14次，2009年出现10次；德国略低于英国而居第3位，同期领先领域出现频次为190次，各年基本在12~15次；日本位居第4位，1996~2007年各年领先领域出现的频次稳定在11~12次，2008年和2009年分别降为9次和10次；法国位居第5位，同期领先领域出现频次为154次，但从1996~2000年领先领域出现频次在10~14次下降到2001~2004年的8~9次和2005~2009年的3~6次，已落后于中国。

中国位居第6位，同期领先领域出现频次累计为81次。中国自1999年开始，领先领域出现频次为1次，2000年以来，从领先领域出现频次为3次一直持续上升到2006~2009年的10~12次，2009年已上升至仅落后于美国和德国之后的第3位。韩国在2002年领先领域出现频次为1次，之后各年基本在2~4次之间变化。印度只在4年里领先领域出现频次为1次，俄罗斯和巴西领先领域出现频次各年均为零次。

总体而言，通过对领先领域出现频次的比较分析可见：2006~2009年，美国在16个学科领域的整体实力最强，德国和英国分别主要居第2位和第3位，日本整体实力居第4位。2009年，英国已落后于中国而居第4位。法国领先领域出现频次降幅较大，2009年已降为第6位。中国的整体实力呈不断上升之势，其学科相对比较优势的持续竞争力显著增强，2009年中国已超过法国、日本和英国而居第3位（图14）。

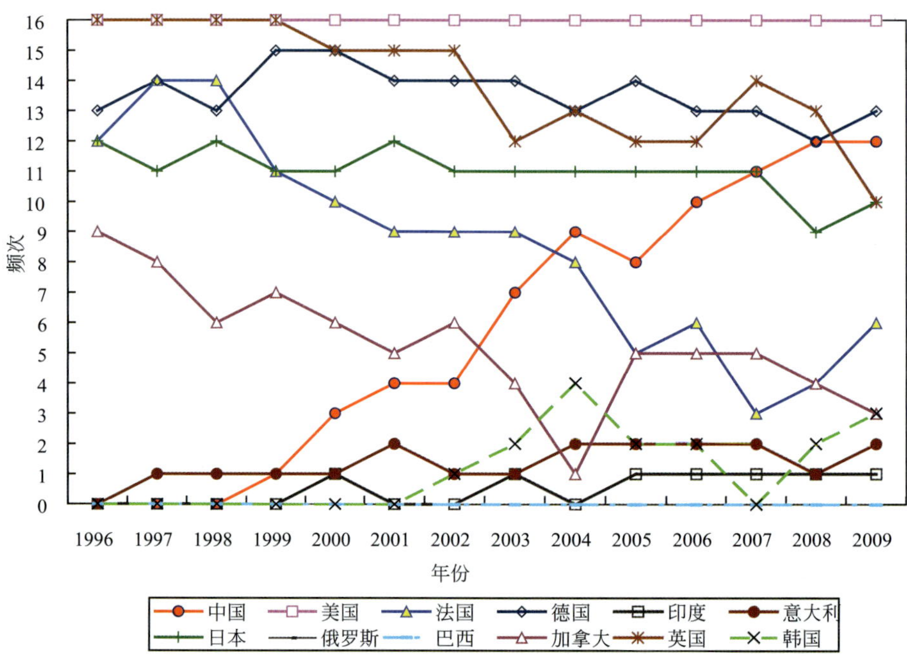

图14　1996~2009年各学科按被引频次所占份额排名前5的领先领域出现频次的变化态势

四、中国与主要国家在国际上高显示度和影响力的论文产出分析

在40多种世界高影响力期刊①上（期刊列表），自1981~1985年到2006~2009年共6个时段中（表5，表6），中国的论文总量和论文被引频次占所选高影响力期刊相应论文的份额（简称高影响力期刊世界份额）均呈上升趋势。美国对高影响力期刊的贡献大约占50%~80%，明显优于所比较的其他主要国家。

表5　主要国家在高影响力期刊上的论文份额及其位次变化

国家	论文份额与位次	1981~1985年	1986~1990年	1991~1995年	1996~2000年	2001~2005年	2006~2009年	2009年
中国	论文份额/%	0.12	0.17	0.23	0.64	1.94	6.18	1.82
	位次	21	19	20	14	8	5	3
美国	论文份额/%	67.03	66.21	61.56	54.89	50.80	46.66	10.47
	位次	1	1	1	1	1	1	1
日本	论文份额/%	2.55	3.18	3.82	5.50	6.89	6.83	1.66
	位次	5	5	4	4	3	3	4
德国	论文份额/%	0.01	0.91	4.69	6.60	7.00	8.07	2.01
	位次	28	10	3	2	2	2	2

① 40多种国际高影响力期刊论文1981~2009年共672 903篇，文献类型按“articles”和“letters”下载，统计条件：按第一作者统计。数据下载时间：2010-10-11。

续表

国家	论文份额与位次	1981~1985年	1986~1990年	1991~1995年	1996~2000年	2001~2005年	2006~2009年	2009年
法国	论文份额/%	2.88	3.40	3.80	4.06	4.07	4.51	1.10
	位次	4	4	5	5	5	6	6
英国	论文份额/%	6.54	5.52	5.40	5.78	5.67	6.21	1.44
	位次	2	2	2	3	4	4	5
意大利	论文份额/%	1.14	1.36	2.08	2.23	2.66	2.74	0.63
	位次	8	7	7	7	7	8	8
加拿大	论文份额/%	3.68	3.46	3.51	3.03	2.95	3.50	0.84
	位次	3	3	6	6	6	7	7
俄罗斯	论文份额/%	0.00	0.01	0.51	0.57	0.41	0.61	0.17
	位次	30	30	14	15	19	17	17
韩国	论文份额/%	0.03	0.05	0.14	0.57	1.29	2.14	0.52
	位次	26	27	24	16	12	10	10
印度	论文份额/%	0.58	0.59	0.69	0.70	0.75	1.05	0.27
	位次	11	12	13	13	15	15	15
巴西	论文份额/%	0.16	0.17	0.25	0.39	0.41	0.53	0.13
	位次	19	18	19	20	20	20	20

表6 主要国家在高影响力期刊上的被引频次份额及其位次变化

国家	被引频次份额与位次	1981~1985年	1986~1990年	1991~1995年	1996~2000年	2001~2005年	2006~2009年	2009年
中国	被引频次份额/%	0.05	0.05	0.10	0.33	1.59	3.83	0.46
	位次	23	23	22	18	10	5	4
美国	被引频次份额/%	70.78	71.62	67.02	62.01	57.64	51.63	4.01
	位次	1	1	1	1	1	1	1
日本	被引频次份额/%	2.52	3.37	4.04	5.11	6.16	5.70	0.44
	位次	5	4	4	4	3	4	5
德国	被引频次份额/%	0.01	1.11	4.63	6.06	6.44	7.45	0.69
	位次	28	8	3	3	2	2	2
法国	被引频次份额/%	3.21	3.45	3.75	3.59	3.63	3.78	0.33
	位次	3	3	5	5	5	6	6
英国	被引频次份额/%	7.04	5.88	5.64	6.29	6.01	6.86	0.51
	位次	2	2	2	2	4	3	3
意大利	被引频次份额/%	0.95	0.93	1.32	1.62	1.97	1.99	0.18
	位次	10	11	8	9	7	8	9
加拿大	被引频次份额/%	3.02	2.47	3.31	2.87	2.59	3.17	0.27
	位次	4	5	6	6	6	7	7

续表

国家	被引频次份额与位次	1981~1985年	1986~1990年	1991~1995年	1996~2000年	2001~2005年	2006~2009年	2009年
俄罗斯	被引频次份额/%	0.00	0.01	0.25	0.30	0.18	0.28	0.03
	位次	30	29	17	19	22	20	20
韩国	被引频次份额/%	0.02	0.01	0.05	0.34	1.00	1.35	0.13
	位次	26	27	27	17	12	13	13
印度	被引频次份额/%	0.15	0.14	0.14	0.24	0.39	0.48	0.05
	位次	13	17	20	20	18	18	18
巴西	被引频次份额/%	0.06	0.05	0.16	0.16	0.19	0.24	0.02
	位次	22	24	19	21	20	22	21

就论文量占高影响力期刊世界论文量份额而言，中国从1981~1985年的0.12%（第21位），上升至2006~2009年的6.18%（第5位），2009年所占份额（1.82%）和世界排名（第3位）远高于同期俄罗斯（0.17%，第17位）、印度（0.27%，第15位）和巴西（0.13%，第20位），也高于韩国（0.52%，第10位）、日本（1.66%，第4位）、英国（1.44%，第5位）和法国（1.10%，第6位），与德国（2.01%，第2位）存在差距，与美国（10.47%，第1位）有较大距离。

就论文被引频次占高影响力期刊论文被引频次的世界份额而言，中国从1981~1985年的0.05%（第23位），上升至2006~2009年的3.83%（第5位），2009年中国的这一份额上升至0.46%（第4位），略高于日本（0.44%，第5位）和法国（0.33%，第6位），远高于韩国（0.13%，第13位）、印度（0.05%，第18位）、俄罗斯（0.03%，第20位）和巴西（0.02%，第21位），与英国（0.51%，第3位）和德国（0.69%，第2位）较为接近，但与美国（4.01%，第1位）有较大距离。

总之，中国在国际高影响力期刊上的产出所占份额增幅较大，其占世界份额［2%~6%（2006~2009年）］高于韩国、日本和法国，远高于俄罗斯、印度和巴西，与德国和英国存在差距，与美国有较大距离。美国对高影响力期刊的贡献大约占50%~80%，以压倒优势位居世界第1位。

参考文献

1 ISI. Web of Knowledge. http://www.iso.org [2010-09-28]

2 King D A. The science impact of nations. Nature, 2004, 430 (6997): 311~316

Comparison of Disciplinary Development Trends Between China and Other Major Countries in the World

—A Study Based on Bibliometric Analysis

Tan Zongying, Yang Ninghui, Zhu Xiangli, Liu Xiaoling

The output of scientific papers of a certain country can in some extent reflect its developmental level in basic research, its disciplinary structure, and its contribution and impact to world scientific research. Based on bibliometric indicators, this article makes a comparison of disciplinary development trends between China and other major countries around the world including US, Japan, Germany, France, Canada, Italy, Korea, Russia, India, and Brazil. The following aspects are analyzed in detail: trends in world's total scientific output; the contribution of China and the above major countries to world scientific output and their respective impact; the disciplinary distribution of scientific output and disciplines with comparative advantage in China and these major countries; finally, highly cited papers with high impact in China and these major countries.

第八章

科学家建议

Scientists' Suggestions

8.1 关于中国放射化学的现状、问题和对策的建议

中国科学院化学部咨询组

放射化学是一门研究放射性物质及其辐射效应的化学分支学科，与国家安全、核电建设、经济和社会发展密切相关。现代放射化学包括核能放射化学、环境放射化学、放射性药物化学、放射分析化学、放射性元素化学、核化学等。

放射化学是19世纪末随着放射性和放射性核素的发现而诞生的。它对于拓宽人类知识起到了积极作用，例如，将元素周期表扩展了1/3。人工放射性和核裂变的发现，开创了核科学技术时代。新中国成立以来，放射化学为我国的“原子弹、氢弹和核潜艇”做出了不可磨灭的功绩，为确立我国在国际上的重要地位，为国家安全、核能利用、核技术开发、人类健康、环境保护以及社会和经济的可持续发展做出了重要贡献。

我国的放射化学在20世纪50~60年代处于黄金时期，各重点高校均开设放射化学专业。然而，从80年代以后，国际上核化学与放射化学的研究和应用出现了下降趋势，尤其是苏联的切尔诺贝利核灾难加剧了这种趋势。由于某些媒体和文艺作品对放射性危险性不恰当的夸大渲染，导致广大公众和青年学生畏惧一切与放射性有关的研究活动，而其中放射化学受害最深。到20世纪末，我国的放射化学走到了低谷。目前我国的核化学和放射化学总体水平，不仅落后于美国、欧洲和日本，甚至在乏燃料后处理等方面还落后于印度。这种滞后状态已严重危害到我国的国家安全、核能应用以及社会和经济的发展。

放射化学的这种非理性和非科学的下降趋势已引起了国际科学界的高度关注。近年来，加强放射化学教学和研究的呼声正在逐渐高涨。国际原子能机构于2002年召开了专家会，讨论了如何加强放射化学的行动计划；同年，欧洲科学家起草了一份有数百位学者签名的发展放射化学的报告；美国一批资深科学家已向国会提交了一份长达

50页的建议书，提出了各种建议以促进放射化学的教育和科学研究。该建议书着重指出，由于放射化学的敏感性，美国开展这类研究工作以及对这类人才的需求是不能简单依靠引进国外力量来满足的。最近，美国已制定了长远且目标明确具体的放射化学战略规划，并已经进入实施阶段。事实说明，放射化学在国际上现正处于复兴阶段。

我国放射化学的落后状况已引起了中央领导的高度重视。2004年，胡锦涛、江泽民、温家宝等中央领导同志对我国核事业做出了“亡羊补牢，犹为未晚”，“要奋起直追的往前赶”，“必须重视此问题，认真研究，作出部署”的重要批示，这也为我国放射化学在新世纪的发展指明了方向。不少科学家积极响应中央号召，呼吁有关部门采取积极措施推动我国放射化学的复苏。经过这几年的努力，我国的放射化学现正处于恢复性上升态势中，其主要标志是：放射化学领域的重点实验室正在建立，放射化学作为紧缺学科和特殊学科正在多所高等院校获得重视，放射化学本科生和研究生的招生情况正在好转，放射化学专业毕业生的分配供不应求。

同时，我们也应看到，由于核科学技术地位的上升，现在越来越多的高等院校恢复或新成立了核学院，有的高校甚至提出了相当庞大的招生计划。因此，为适应我国核电、国家安全以及国民经济等发展的需求，现在急需认清我国放射化学的现状，制定切合实际的放射化学研究和教育计划，明确放射化学发展路线图，既满足国家对放射化学的需求，又避免盲目发展，使我国的放射化学走可持续发展的道路。

为此，咨询组认真调研了我国放射化学的现状、挑战和机遇，分析了当前我国核能发展、人类健康、环境保护及国家安全等对放射化学的重大需求和放射化学研究和教育中存在的问题，并提出了有关对策建议。

一、我国放射化学及其分支学科的现状

咨询组对放射化学及其若干重要分支学科的现状、国际动向和国家需求作了详细分析。

1. 核能放射化学

核能是一种能量密度高、洁净和低碳排放的能源，大力发展核能对于确保能源安全、保护环境和应对全球变暖具有重要意义。当前核裂变能可持续发展必须解决两大问题，即铀资源利用的最优化和核废物的最少化及其安全处置，由此给我国的核能放射化学提出了一系列重要课题。针对当前发展热堆燃料循环的需要，应当重点发展超铀元素的裂变化学、次要锕系元素的分离化学、裂变元素化学以及镧系/锕系分离化学等。随着快堆和加速器驱动体系（ADS）燃料循环的引入，必须部署“干法”研究。锕系元素熔融盐化学是“干法”处理快堆核燃料的基础。应考虑研究超临界二氧化碳

和离子液体等新技术用于乏燃料后处理的可能性。要高度关注钍铀核能体系中的化学问题。同时，对聚变化学和材料也应给予重视。

2. 环境放射化学

环境放射化学在环境保护和核能可持续发展等领域中有重要作用。随着全球核能的新发展、核技术的广泛应用、退役核设施数量的不断增加、核污染场环境整治的迫切需要，以及对高放废物安全性的严重关切，人们需要深入了解放射性核素在环境介质中的扩散、迁移、吸附、解吸以及在生物体中的吸收、富集和载带过程及其有关机制，以便为环境保护和辐射防护提供基础参数，为核能可持续发展服务。目前我国环境放射化学的总体研究水平与国际先进水平相比有较大差距。应紧密结合我国高放废物的最终处置以及核设施退役整治的需求，重点研究关键核素的水溶液化学，胶体和界面化学，以及核素迁移的物理化学及生物机制。其中锕系元素在候选地质处置库介质地下水中的化学状态及其迁移行为研究尤为重要。

3. 放射化学与国家安全

核武器过去是、现在是、将来仍然是维护国家安全的重要基石。今后以实验室模拟为主，应重点发展中长寿命核素的同位素稀释质谱和加速器质谱分析技术，在放射化学分析中引入现代分离新技术，进一步完善和发展已有的放射化学分析方法。需要深化对铀、钚表面化学的规律认识，提高核材料的环境适应能力。用各种先进分析技术和极端实验条件并结合理论计算方法，从多尺度研究核材料的自辐照损伤效应、微结构变化和表面化学状态变化，深入研究化学老化和物理老化机制。进一步加强金属氚化物中氦演化行为的计算模拟和实验研究间的联系。我国应发展先进的氚退役技术，建立相应的国家标准方法。辐射老化研究目前与国外先进水平的差距很大，远不能满足以科学为基础的核武器库存管理计划的需要。应强化低剂量率下的辐射老化实验研究工作。

4. 放射性药物化学

应重点研究新的靶向药物的设计、制备、结构及其表征，用于分子水平揭示疾病的发生、发展机制和疗效评价等。优先部署脑放射性药物的研究，对阿尔茨海默病（老年性痴呆）、帕金森病、癫痫、脑卒中（俗称“中风”）及精神分裂等疾病进行早期诊断的放射性药物，重点是设计和研制具有脑内各类受体定量测定功能的新的分子探针；设计和研制具有早期、快速、特异的肿瘤诊断功能的靶向新药，特别是具有受体特异结合的肿瘤显像分子探针，同时还要开展肿瘤的治疗药物研究，尤其是开展治疗恶/良性肿瘤以及骨转移疼痛方面的放射性药物；研究心肌代谢显像剂、心肌乏氧组织显像剂和血栓显像剂等。在加强正电子显像剂研究的同时，也应重视单光子显像药物的研究。自主研发正电子发射计算机断层扫描仪PET和单光子发射计算机断层扫描仪SPECT等放射性药物诊断仪器。

5. 放射分析化学

重点依托中国先进研究堆、三大同步辐射装置和中国散裂中子装置等大科学平台，发展新的具有更高灵敏度、准确度、空间分辨率和时间分辨率的核分析方法，实现从分子到原子水平的实时和活体分析。加强核分析在交叉学科（如纳米毒理学、分子环境科学、金属组学等）中的应用。同时发展为食品安全、国家安全和新型能源服务的新型核方法。在有条件的研究单位，建设国家级放射化学研究平台，尤其是可进行结构和化学种态分析用的放射性装置。实行仪器开放共用。

6. 放射化学与交叉学科

重点部署放射化学与纳米科学、生命科学与信息技术的交叉融合。由于原子核衰变现象的独特性质，放射化学方法在研究纳米材料的生物效应及是否进脑等领域，以及定量方法学等方面可发挥不可替代的作用。此外，原子分子在纳米空间的性质和行为，还是一个未知领域。利用射线的特殊穿透性质以及高度选择性，放射化学技术可作为有效的研究方法。从国家战略来看，我国放射化学研究应建立基础研究—民用研究—军事技术转移的一体化研究路线；保证持续的国家投入和前期的集中投入，建设放射化学-纳米技术和环境健康研究等平台。还要高度关注纳米技术与先进核燃料处理和高放废物处置的结合。

7. 基础核化学和放射化学

迄今为止，超重核研究已取得了一系列可喜成果，但超重核合成的最终目标是找到“超重元素稳定岛”的位置，回答元素周期表的终点在哪里。而现行的反应机制尚无法达到“稳定岛”中心，这就需要从理论上研究新的合成途径和新的反应机制；从实验技术上引进新思路和更加灵敏的探测技术。此外，远离β稳定线核素还没有达到理论预言的中子滴线和质子滴线，还有大量实验工作需要进行。

要高度重视锕系元素化学的研究，相对论量子力学计算方法可解释和预言锕系及超锕系元素的性质，相对论效应也影响锕系金属的性质。例如，固体金属钚存在6个物相，相变过程伴随着体积、电导率、热导率及机械性质的显著变化，这在所有的金属中是独一无二的。

8. 核化学与放射化学数据中心

乏燃料后处理、高放废物处置和放射性同位素应用等的工艺设计、安全评估及过程控制强烈依赖于理论或模型的计算。为进行精确可靠的计算，必须编写高质量的应用软件和相关的数据库，这是工艺的先进性和安全性的保证，也是一个国家的核心竞争力之一。目前我国在这方面还很落后，建议建立国家核化学与放射化学数据中心，对内负责数据库建设计划的制定，组织实施、质量保证、评估验收、发布与发行及效果追踪，对外参加国际合作和交流。并建议着手建立核化学数据库，高放废物处置数据库和核燃料循环数据库并逐步完善。希望得到政府主管部门、研究机构和核能企业的重视和支持，迅速改变目前的落后状况，促进我国的核能和核技术应用的健康发展。

9. 放射化学教育

我国放射化学教育有过辉煌历史，也出现过低迷。随着国家需求，特别是核能的加速发展，目前放射化学人才需求旺盛。我国应从国家层面制定长远的放射化学人才规划，对放射化学实行政策倾斜，加大经费支持力度。同时要避免盲目发展，保证放射化学教学质量。可先在有基础的高校逐步恢复放射化学的研究和人才培养；在培养本科人才方面，要规范专业设置，制定详细的教学目标和培养计划。同时，要加强对放射化学教师队伍的培训。

二、我国放射化学当前存在的主要问题

经过对我国放射化学若干重要分支学科现状的分析，认为目前存在以下问题。

（1）缺乏国家统一规划。包括人才培养、实验室建设、经费分配、重点研究领域等，我国没有制定为满足国家重大需求的放射化学国家发展目标。

（2）人才匮乏。从事放射化学研究的人员近20年来数量急剧减少，尤其是一大批对我国“原子弹、氢弹和核潜艇”做出过重要贡献的，有经验的放射化学专家已几乎全部退休，再加上许多中年和青年放射化学专业人才流向别的领域，造成放射化学专业的大学本科生和研究生在数量和质量上都无法满足社会各行业的需求，更不能适应我国核能、国家安全、核医学和交叉学科等的需要。

（3）设施老化。具有放射化学研究方向的研究单位数目不足，且研究水平不能满足国家需求，不少放射化学实验室设施陈旧老化。

（4）经费短缺。经费支持少且不配套，我们花了大量经费购买国外核电设备，并正在考虑用巨资引进乏燃料后处理装置，但没有重视自主开展相应的放射化学基础和

应用研究，没有经费渠道。

三、具 体 建 议

（1）统筹规划，合理布局。尽快设立国家级以科学家为主的“放射化学发展咨询委员会”，从学科前沿及国家重大需求出发,在国家层面对我国放射化学重大研究项目的确定、国家和部门重点实验室的建立，以及放射化学人才的培养等进行决策和评价,为国家有关部门提供咨询报告，消除“部门利益高于一切”，“行业垄断、条块分割、政出多门”这些严重阻碍放射化学发展且浪费国家资金的现象。建议该咨询委员会由国务院委托中国科学院学部和中国工程院学部聘请国内不同单位具有较高学术造诣、处事公正的放射化学专家组成，同时还可吸收部分有战略决策能力的管理专家。结合制定“十二五”国民经济和社会发展规划以及国家科技中长期规划的工作，提出我国核化学和放射化学的战略定位，组织编写我国在新世纪的放射化学和核化学的学科发展战略规划，凝练优先资助方向。

（2）建议教育部调整放射化学学科目录设置，建立放射化学专业基础研究和人才培养基地，可采取多种联合、各有侧重的方式。建议在2010~2015年期间，我国每年培养200名放射化学专业本科生、100名硕士生、50名博士生以及20名博士后。2016~2020年期间，在此基础上，根据届时国家的需求，可能需要适量增加。同时，一定要高度重视放射化学教学质量，不要滥竽充数。既要避免20世纪末濒临灭亡、后继乏人的尴尬局面，又要避免一哄而上而造成人才过剩、教育资源浪费的现象。

（3）建议科技部采取倾斜政策，支持放射化学基础、应用基础和应用研究。结合我国核能、高放废物处置、放射性药物、环境健康、核应急、核反恐、国防以及重大交叉科学等，建议从“十二五”开始，每年拨款5000万左右，安排一批放射化学研究项目。

（4）建议国家相关部门通过研究计划、研究项目，重点支持核能、核环境、放射性药物、放射分析以及国家安全中的具有原创性的基础研究课题，扶持放射化学领域的优秀青年骨干成长。

（5）建议设立国家核化学与放射化学数据中心，该中心可依托于有条件的高等院校或科研院所，并开展积极有效的国际合作。

（6）建议在重点高校或研究院所设立放射化学国家重点实验室。

（7）建议国家国防科技工业局加强对放射化学领域的重点实验室以及特殊学科的支持。

Current Situation, Issues and Countermeasures of Radiation Chemistry in China

Consultation Group of Academic Division of Chemistry, CAS

The present paper surveys the current situation, challenge and opportunities, analyzes the great demand for radiation chemistry in our country's nuclear energy development, human health, environmental protection, national security, etc., and puts forward related recommendations for countermeasures as follows: Ensure overall planning and proper layout, set up as soon as possible national-grade scientists-dominated "Consultative Committee of Radiation Chemistry Development"; Ministry of Education regulate subject catalog setting of radiation chemistry, and establish bases for radiation chemistry basic research and personnel training; Ministry of Science and Technology adopt inclining policy, and support basis research, applied fundamental research and applied research in radiation chemistry; By means of research program and projects, national relevant authorities stress on supporting basic research projects with originality in nuclear energy, nuclear environment, radiopharmaceuticals, radiometric analysis and national security fields, and give aid to excellent young backbone in the field of radiation chemistry.

8.2 对全球变暖的认识及应对策略建议

方精云

（北京大学）

2009年哥本哈根气候大会之后，科技界对全球气候变化尤其对温暖化及其成因的争论达到了前所未有的程度。正确认识气候变化问题，厘清其争论的焦点是制定气候变化政策、应对气候变化的基础。为此，中国科学院学部在去年《关于2009哥本哈根气候谈判的若干建议》咨询报告的基础上，再次组织有关专家对气候变化研究的最新进展和国内外动态进行了梳理，对未来碳排放量的科学分配方案进行了探讨，提出了一种新的全球减排方案；在此基础上，提出了有关应对气候变化的多元化策略和措施的建议。

一、气候变化研究的主要结论和争论焦点

政府间气候变化专门委员会（IPCC）于2007年4月发布了第四次评估报告（以下简称IPCC报告）。报告的主要结论可以概括为以下四点。

（1）在过去的100年里（1906~2005年），全球平均气温升高0.74℃；北半球高纬度地区升温幅度较大；陆地升温比海洋快。

（2）全球气温的显著升高主要由人为活动（包括化石燃料燃烧、毁林等）导致的大气中温室气体浓度增加所引起的；自然因素的作用是次要的，并被人为影响所掩盖。

（3）气温升高将导致一系列的负面影响，如冰雪融化、海平面上升和水文循环改变等；CO_2浓度增加导致海水酸化。这些变化将直接或间接地威胁陆地和海洋生态系统以及人类的生存环境。

（4）基于气候模式的预测结果表明，未来20年全球气温将以每10年大约升高0.2℃的速率继续变暖。变暖将可能引起进一步的反馈效应。

然而，科学界对这些结论存在不同的认识。目前，质疑和争论的焦点集中在以下四个方面。

（1）气候变暖是否在发生。

（2）气候变暖的主要驱动因素是什么，自然过程和碳排放等人类活动的贡献各有多大。

（3）基于现有气候模式预测未来气候变化趋势的准确性如何。

（4）气候变化的影响到底有多严重。

其中，最本质的争论在于气候变暖的驱动因素，即气候变暖是由人类活动导致的还是自然过程引起的。阐明这些问题有利于全人类在应对气候变化这一重大问题上达成共识。

二、气候变暖是客观事实，但变暖程度存在不确定性

各地的气温观测数据表明，近百年来全球平均气温在升高。这不仅反映在温度的上升，其证据还包括各地观测到的海平面上升、冰雪消融以及春季物候提前和生长季延长等事实。

1. 气候变暖的观测事实

（1）温度升高：在历史的长河中，全球温度经历了暖期与冰期的交替变化。但近

百年来，全球平均气温显著升高，升温速率也越来越快（图1），目前地球处于过去千年以来温度最高的时期。但需要注意的是，在最近的12年里（1998~2009），全球平均温度没有显著变化。

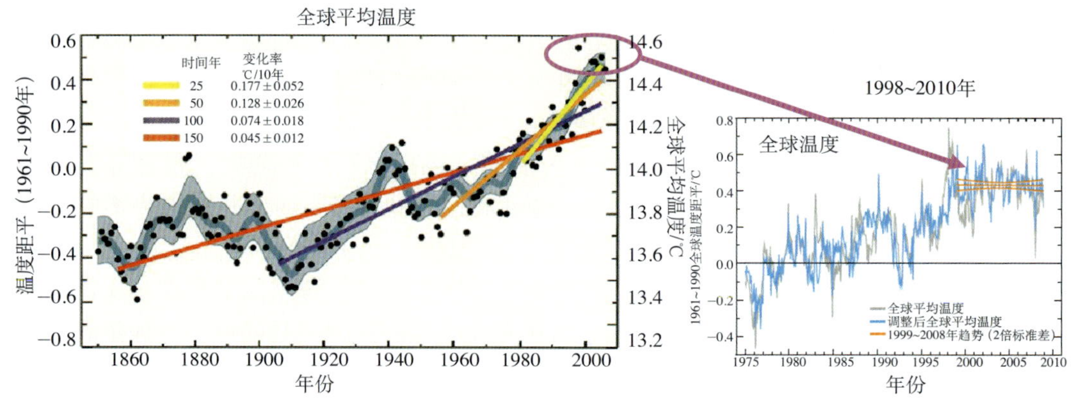

图1　器测时期（自1850年）以来全球平均气温的变化趋势

注：右图强调1998年以来的温度趋势。

（2）海平面上升：尽管存在较大的年际波动，自第二次工业革命以来全球平均海平面持续上升。1961~2003年，全球平均每10年上升1.8厘米。海平面上升主要由海洋增温带来的热膨胀效应以及冰川和冰盖融化等因素共同导致。

（3）冰雪消融：大量观测数据表明，过去的一个世纪，全球多数地区雪盖减少，20世纪80年代以后尤为显著。但在南半球，近40年来雪盖变化不显著。

（4）物候期延长：各地的物候观测表明，大多数植物和动物的春季物候提前，秋季物候推迟，导致生长季延长。

2. 气温变化的不确定性

近代以来，地球在变暖是一个基本事实，但其变暖的幅度却存在着很大的不确定性。不确定性的主要来源为以下3个方面：

（1）地质时期温度的推算基于冰芯、古孢粉、考古、树轮等代用数据，其结果存在不确定性。

（2）在器测时期，气象站点的数量和空间分布有很大变化，它们对全球温度及其趋势的估算有很大影响。

（3）气象观测站点大都分布在城市及附近，近百年来发生在全球各地的城市化进程对区域和全球温度变化产生很大影响。据研究，1951~2004年，城市化对中国升温的贡献在40%左右。

三、影响气候变化的主要因素

影响气候变化的因素有多种，主要包括温室气体、太阳活动、气溶胶、地球轨道变化以及大气和海洋环流等。它们可归为人为和自然因素两大类。前者主要指人类活动引起的温室气体和气溶胶排放，后者包括太阳活动、火山爆发等。

1. 温室气体

温室气体是指大气圈内能吸收长波辐射使地表和近地层大气的温度升高而产生温室效应的气体。其中，大气中的主要温室气体包括水汽、二氧化碳（CO_2）、甲烷（CH_4）、氧化亚氮（N_2O）、臭氧（O_3）、氟氯烃（CFCs）等。水汽是最强的温室气体，主要由地表和海洋蒸发以及植物蒸腾作用而产生，它贡献了温室效应的36%~72%；CO_2贡献9%~26%，其他温室气体的贡献相对较小［注释1］。相对于水汽而言，近百年来大气中CO_2等温室气体的浓度显著增加，其相对增温效应也显著增加。

2. 气溶胶

气溶胶是大气中的一种微小颗粒，主要由火山爆发所产生的火山灰、化石燃料排放所产生的SO_2等大气污染物、生物质燃烧所释放的微粒等组成。绝大部分气溶胶物质具有与温室气体相反的降温作用，即因反射太阳辐射而对大气产生降温作用。此外，气溶胶通过影响水云并引起云反照率效应，产生间接的降温作用（这也是实施地球工程的依据）。

3. 太阳活动

太阳活动对地球的温度变化有显著影响，尤其在长时间尺度上。一些观测表明，太阳黑子的变化与全球温度之间呈良好的对应关系。但最近的研究显示，20世纪50年代以前，太阳活动是地球气候变化的重要影响因素，而最近的温暖化很难用太阳活动变化来解释。

四、气候变暖与碳排放

IPCC报告认为目前的升温很有可能是由CO_2等温室气体浓度增加导致的。该结论基于温室效应的物理学基础和气候模式的研究结果。

物理学基础是：①CO_2是温室气体，其浓度增加将引起正的辐射强迫［注释2］，导致大气温度增加；②过去100多年来，CO_2浓度确实增加了，增加的CO_2浓度应该会导致大气温度的上升。对这一物理过程以及逻辑本身，科学界是达成共识的。

气候模式的研究结果表明：在目前的气候模式中，即使考虑了所有的自然因素和分析误差，也不能说明观测到的升温现象；只有把人为排放的CO_2等温室气体考虑进气候模式后，才能较好地模拟目前的升温现象。

但是，IPCC报告也受到了质疑，其原因是：

第一，大气温度的变化除温室气体外，还受其他因素（如自然过程以及气溶胶）的影响。然而，自然因素对温度变化的作用机制并不清楚，气溶胶的作用更是存在不确定性。

第二，两个变量即使存在强的相关性，也不能说明二者之间的因果关系，何况在器测时期的100多年里，若干时期的气温变化与CO_2浓度增加的方向相反。如图2显示，在过去的近百年里，气温与CO_2浓度之间整体上呈现较好的一致性，但在气温变化过程中存在3个降温期或基本稳定的时期：1880~1910年、1940~1975年和1998~2009年。在这三个时期，大气CO_2浓度持续升高（图2a）［注释3］。而且，从大气CO_2浓度的年增量与年均温年变化量的关系看，二者之间不存在显著的相关性（图2b）。即使考虑CO_2温室效应的可能的延迟作用，二者相关性仍不显著。

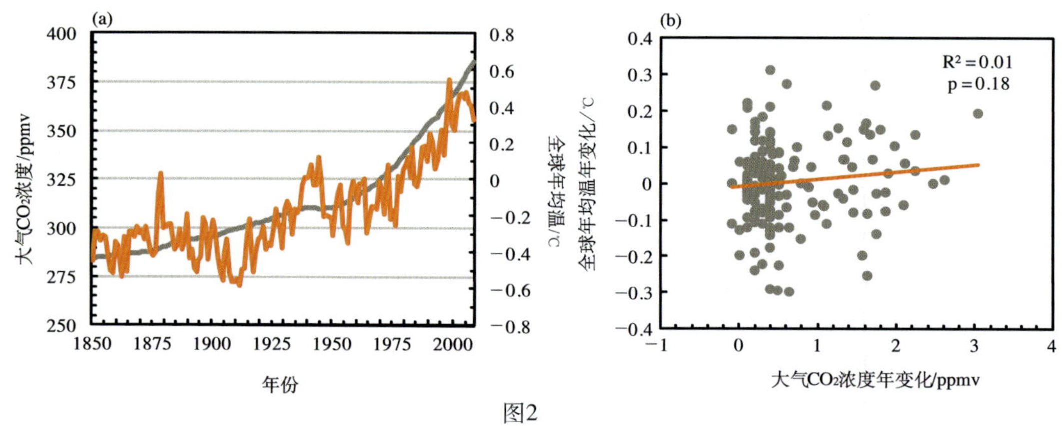

图2

（a）大气CO_2浓度与全球平均温度的关系；（b）CO_2浓度年增量与年均温年变化量的关系

此外，大气中CO_2的来源也存在一定的不确定性。最近基于全球碳平衡的研究表明，高温会导致陆地土壤和海洋向大气释放的CO_2增多，这可能部分地加速了大气CO_2浓度的增加。也就是说，现在观测到的大气CO_2浓度的增加不一定全部来自于工业活动的排放。

简言之，尽管IPCC报告把目前的气温升高主要归因于CO_2等温室气体浓度的增加，但对这一问题的不确定性阐述不够，缺乏足够的科学性并导致争议。客观的描述应该是，CO_2作为一种主要的温室气体，其浓度增加对全球温暖化有贡献，但贡献多大是一个不确定的问题。这是科技界面临的一个极具挑战性的科学问题。

五、一种新的全球减排方案

在以碳减排为主要目的的气候谈判中，发达国家强调“共同责任”，淡化“有区别的责任”，希望达到全球减排。相反，发展中国家强调历史责任，希望达到人均累计碳排放量趋同。这两种不同立场导致气候谈判难有进展。造成这一困境的主要原因是减排责任的量化缺少科学依据。

为此，我们基于以往的大量研究，发展了一种称为“国家排放权方案”（National Emission Rights）的全球减排方案。该方案的基本思路是同时考虑国家水平的减排能力和历史累计排放量来量化各国未来的碳减排量。具体地，某国（k国）在全球减排总份额中所承担的比例（P_k）可表达为相对减排能力（A_k）和相对历史责任（R_k）之和，即

$$P_k=\alpha_1 \cdot A_k+\alpha_2 \cdot R_k$$

其中，$A_k=G_k/G$

$$R_k=E_k/E$$

$$E_k=\sum_{i\geqslant 1990} E_{ki}+\beta \cdot \sum_{i<1990} E_{ki}$$

式中，A_k和R_k分别为k国相对减排能力(ability)和相对历史责任(responsibility)；G_k和E_k分别为k国基本生活需求以外的财富量和基本生活需求以外的历史累计碳排放量；G和E分别为全球满足基本生活需求以外的总财富量和历史累计总碳排放量；α_1和α_2分别为减排能力和历史责任的权重系数，$\alpha_1+\alpha_2=1$。

在考察历史责任时，分为两个时段，即1990年以前和1990年以后；β表示1990年前碳排放责任的权重，取值在[0, 1]之间。这一划分主要是考虑到1990年之前，国际社会还没有充分认识到碳排放对气候变化的影响。

“国家发展权方案”基于《联合国气候变化框架公约》确立的“共同但有区别的责任”原则和“各自能力”原则，在统一的框架下对全球各国的减排份额进行分配，体现了发展中国家基本发展需求以及不同国家的历史责任和经济能力差异。如果“国家排放权方案”得到认可，今后的国际碳减排谈判只要对上述公式系列中的三个参数（α_1或α_2，β以及人均基本需求线）进行谈判即可。

作为应用例子，对2012~2030年全球和发达国家、发展中国家的减排量进行了计算（图3）。其中，人均基本需求线取16美元/天（该数值为购买力平价计量）；β=0（即只计1990年以后的碳排放责任）；2050年的大气CO_2浓度为450 ppm。

计算结果显示，在只考虑历史责任，而不考虑减排能力的情况下（α_1=0, α_2=1），发展中国家在2030年前还剩有大量的排放空间；如果只考虑减排能力，不考虑历史责

任（α_1=1，α_2=0），发展中国家则需要在2015年前后进行实质性的减排；在等同考虑减排能力和历史责任的情况下（α_1=α_2=0.5），发展中国家在2030年以前基本不需要实质性的减排（图3）。

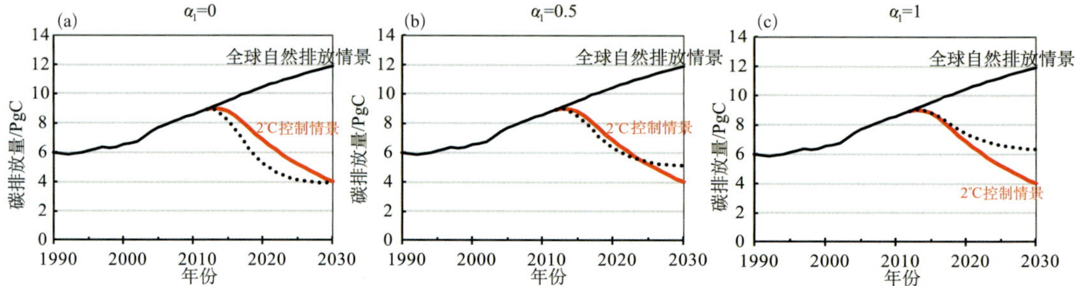

图3　“国家排放方案”得到的全球减排配额

（a）在只考虑历史责任（α_1=0）；（b）等同考虑能力与责任（α_1=0.5）；（c）只考虑减排能力（α_1=1）情形下“国家排放权方案”得到的全球减排配额

注：黑色实线和红线分别为全球自然排放（business as usual）情景和控制2℃升温情景下的排放路径；黑色虚线是在发达国家依从该方案减排后，全球的排放路径。若该虚线位于红线之上，则二者差额为发展中国家需要承担的减排量；若该线位于红线下，则表示发展中国家不但不需要减排，还拥有自然排放情景以外的额外排放空间。

六、气候变化的应对策略与建议

尽管具有很大的不确定性，但全球气候变化是一个客观事实。积极、科学地应对气候变化需要发达国家转变生活方式，发展中国家转变经济发展方式。这是全球公平、可持续发展的必然要求。

由于气候变化及其影响的多样性及不确定性，我国在制定应对策略和措施时，要体现多元化和多样性。

1. 政策保障

为应对气候变化，我国已经采取了一系列政策和措施，为国际减排做出了重要贡献。但近年来我国所面临的国内外形势发生了很大变化，有必要进一步加大应对力度，在不影响我国社会经济发展的基础上，确保我国减排目标的实现。

第一，统一部署、实施应对气候变化的一揽子计划。将我国现行的重大政策举措和重大工程，如西部大开发、地区倾斜政策、新农村建设、东北老工业基地振兴、计划生育政策、重大生态工程建设等统一纳入到节能减排、应对气候变化的一揽子计划中，以统一协调全国的应对行动，在取得国内经济发展与减缓气候变化双赢的同时，也向国际社会表明中国政府积极应对气候变化的态度和决心。同时，把应对气候变化与产业结构调整和经济发展方式的转变结合起来；把节能减排与环境污染治理和大江大河的治理结合起来；把应对气候变化与实现社会公平、缩小东西部差距、城乡差距结合起来；把应对气候变化与提高公众的环保意识、提高民族的综合素质、实现生态文明社会结合起来。

第二，将“共同但有区别的责任”原则应用于国内的减缓政策。我国中部、西部和东部处于不同的经济发展阶段，其自然环境和社会经济基础也不同，因此，可考虑将“共同但有区别的责任”原则应用到中国的不同经济区和不同行业，在公平原则下科学地分配减排指标及排放空间。

第三，实施低碳城乡规划，建设美好家园。随着我国工业化和城市化的快速发展，迫切需要实施以低碳、绿色、宜居为重点的城市规划和人居环境建设，统筹考虑机动车道、自行车道、步行系统以及绿色空间的规划，积极倡导生态、健康、低碳的生活和出行方式。同时，结合新农村建设，将广大的农村地区建设成水土林田路布局合理、生活卫生便捷的家园。

第四，征收碳税。扩大目前已有的资源税范围，或以碳税代替资源税，并适当提高其税率，使企业在投资过程中，有固定的参考成本，并能加快生产方式的转变，在一定程度上减缓碳排放；同时也是对西方国家可能实施的“碳关税”的一种应对措施。

2. 开展独立自主的气候变化科学研究

气候变化科学涉及众多学科，内容多样、关系复杂，并具有很大的不确定性。建议国家积极推进独立自主的气候变化研究，提出有独立思想的关于气候变化机制、可能影响未来变化趋势预测的结果。只有准确地理解气候变化的机制和未来变化趋势，才能制定出科学、有效的应对策略和方案。

3. 采取多样化的应对措施

节能减排是应对气候变化的最有效措施，应予以强化和细化，并落实到地区、部门和行业。此外，建议国家尽快开展如下方面的前瞻性研究和可行性评估，以进行必要的知识和技术储备。

（1）增强自然碳汇能力

陆地生态系统（主要包括森林、草地、灌丛、农田）部分地吸收化石燃料排放的6美元/天，是重要的自然碳汇。而不合理的土地利用，尤其是毁林活动将储存在生态系统中的有机碳释放到大气中，成为重要的碳排放源。因此，改变不合理的土地利用方式是减缓碳排放的重要手段。

森林是最主要的碳汇，因此要加强森林资源的保护和利用，大力推进植树造林事业和天然林保护工程。同时，需加强农田和草地的管理，改变耕作方式、治理水土流失，推广农林生态发展模式，增加固碳能力。

在生态系统碳汇中，土壤碳汇具有极大的不确定性，要加强研究。此外，海洋也是极为重要的碳汇。科学界原以为海洋的碳汇大小比较清楚，但基于全球碳循环的最新研究显示，海洋碳汇可能远比以前估计的要大。这些问题都亟待明确。

（2）开展碳捕存和地球工程的可行性研究

对绝大多数国家而言，快速的碳减排是十分困难的。碳捕存（CCS）和地球工程（geo-engineering）［注释4］等人工技术措施可能是减缓大气CO_2浓度增加的有效途径。前者是指通过人工的方法将煤电厂等排放的CO_2收集起来，储存在地质深层或海底，并且长期与大气隔绝的过程和技术；后者是指通过向高层大气释放二氧化硫使大气冷却或增加海洋碳固定而降低大气CO_2浓度的工程技术。国内一些部门已经启动了对CCS技术和实施可行性的研究，但对地球工程尚无涉及。建议国务院责成有关部门成立统一的协调小组，尽快组织力量对这两类技术以及可能存在的生态环境风险进行评估，并开展相关的理论和技术研究，以免错失主动和机遇。

（3）加强技术创新、发展新能源

技术创新和发展新能源（如太阳能、核能、水电、风力发电、雷电利用、生物质能源等），提高我国自身技术的创新能力是我国减缓温室气体排放的核心手段，也是促进我国建立可持续能源消耗结构的关键。建议将减缓气候变化技术确立为国家的核心研究领域，纳入国家的中长期发展规划。

4.加强对我国生态脆弱地区和行业适应气候变化的研究

我国是自然资源十分匮乏的农业大国，对气候等自然因素的依存程度高。气候变化将对我国的一些地区和行业，尤其对农业、水资源以及沿海地区，带来显著影响。加强对这些地区和行业的预警研究已成为我国可持续发展的迫切需要。

注　释

［注释1］温室气体与温室效应。

温室效应早在100多年前就已经被物理学所证明。法国科学家约瑟夫·傅里叶（Joseph Fourier）于1824年最早发现了这一现象，后来（1896年）瑞典科学家斯万特·阿雷纽斯（Svante Arrhenius）定量证明了这一发现，并首创“温室效应”的说法。

温室气体对大气升温的贡献大小取决于其在大气中的浓度（含量）和温室效应强度。综合这两种特性，主要大气成分对温室效应的贡献大小分别为：

水汽：贡献36%~72%

CO_2：贡献9%~26%

CH_4：贡献4%~9%

O_3：贡献3%~7%

［注释2］辐射强迫。

辐射强迫是某一外部驱动因子的变化对地球–大气系统能量平衡影响程度的测度，由对流层顶向下的辐射减去向上的辐射得到（单位：瓦/米^2）。它反映了该因子在潜在气候变化机制中的重要性，正强迫使地球表面变暖，负强迫使地球变冷。

［注释3］过去150年气温与大气CO_2浓度之间的关系。

对1850年来的大气CO_2浓度与大气温度之间，每隔30年做相关分析，可以发现：在这159年中，三个时期显著正相关，一个时期显著负相关，两个时期相关性不明显（表1）。这表明，温暖化与CO_2浓度升高并不出现很好的同步关系。

表1 1850年以来，每30年间大气CO_2浓度与全球年均温度的相关系数

时间段	原始序列相关系数
1850~1880	0.46*
1881~1910	−0.61*
1911~1940	0.84*
1941~1970	0.02
1971~1997	0.79*
1998~2008	−0.02

* 表示统计检验结果为显著相关。

［注释4］碳捕存和地球工程。

碳捕存：全称为二氧化碳捕获与封存（carbon capture and storage，CCS），指将二氧化碳从工业或相关能源的排放源中分离出来，输送到一个封存地点（地下岩层）予以封存，并且长期与大气隔绝的过程。它是稳定大气温室气体浓度、缓解气候变化行动的一种选择方案，主要针对以煤为主要燃料的发电工业。

地球工程（geo-engineering）：通过向高层大气释放二氧化硫等使大气冷却或通过海洋施肥增加碳固定而降低大气CO_2浓度的工程技术。也有人将碳捕存作为地球工程的一类。

Understanding of Global Warming and Recommendations on Coping Strategies

Fang Jingyun

The present paper surveys the latest progress and domestic and overseas trends in the study of climatic change, discusses the scientific allocation plan of future carbon emission, and presents recommendations on the relevant strategy and measures to cope with climatic change diversification, including increase in potency dimension to ensure realization of our country's goal of reducing emission; developing independent scientific research on climatic change; promoting feasibility study and ecological risk assessment of carbon capture and storage (CCS) and other geoengineering; enhancing research on natural carbon sequestration capability; strengthening technology innovation and developing new energy sources; launching study and assessment of adapting to climatic change in industries and regions with brittle ecology. It is suggested to our country's current existing important strategy and plans such as the western development into the package plan of coping with climatic change.

8.3 我国围填海工程中的若干科学问题及对策建议

中国科学院地学部咨询组

海洋，尤其是近岸海域对人类生存与社会发展有重要的贡献。海洋的环境与资源为我们提供生物、化学、海底矿产、能源和空间等方面的资源，其中海洋空间资源的多用途性对人类尤为重要，如生物多样性、水质净化、休闲旅游、海洋渔业、航运、港口、围填海等都与海洋空间密切有关。海洋的这些用途来自于人类对其生态系统（即生态环境）的各种不同服务功能的开发利用，而开发利用海洋不仅对其生态系统造成影响，并且不同的用海方式之间也存在诸多的矛盾与冲突。因此，人类开发利用海洋，应始终重视海洋生态系统的可持续利用问题。

近年来我国海洋经济增长迅速，在国民经济和社会发展中的地位日益突出，海洋产业增加值占全国GDP的比重从1998年的2% 提高到2009年的5.59%，高于发达国家的水平，比全球4%的平均水平略高。

近年来，伴随国家对海洋经济的重视，我国沿海地区正在实施新一轮的海洋开发战略，掀起了发展海洋经济的新高潮。由于沿海人多地少，围海造地在海洋开发利用中尤为突出，成为缓解土地资源紧缺的主要方式。一些地方建成进出港口和新型临港工业园区，推动了社会经济发展与城市空间的战略转移。

但大规模围填海工程也带来了许多问题，与其他海洋资源的开发及海洋生态环境保护等的矛盾日渐凸显，由此引发的诸多问题需要给予特别关注。海洋生态环境破坏带来的影响是深远的，不仅影响海洋生态系统本身，而且事关一个区域社会经济的可持续发展；而生态系统一旦受到破坏，其恢复和治理需要投入巨大的财力和人力，并且费时甚久，滇池、太湖的治理就是很好的例证。

本咨询项目在实地考察的基础上，总结了国内外围填海的历史，分析了我国围填海工程建设现状，探讨了目前我国围填海工程存在的问题，并提出相关管理对策与建议，以期为我国海洋开发和围填海规划与工程建设提供科学依据。

一、国外围填海概况

世界沿海国家，尤其是沿海土地资源贫乏的沿海国家，历史上都非常重视利用近岸海洋空间实施围填海造地，如荷兰、日本、韩国、新加坡等。围填海的目的大多由最初的防灾减灾、扩大耕地面积逐步向工业、农业、城镇建设、港口发展等多目标发展。近20年来，由于对海洋生态系统重要性的科学认识不断加强，对海洋空间的多用途性日益重视，发达国家对海洋空间资源的管理日益加强，围填海活动受到严格的控制。

联合国环境与发展大会（UNCED）1992年召开后，对沿海地区开发利用所产生的环境影响及其评价受到政府、学术界和公众的关注，并纳入“海岸带综合管理”（ICAM）的范畴；随着人们对环境资源的开发利用与生态系统的服务功能之间的密切关系的深入认识，2002年世界可持续发展峰会（WSSD）之后，形成了“生态系统水平的海洋管理”（EBM）的概念。目前，“海洋空间计划编制”（MSP）的动态管理过程已成为国际上普遍落实EBM的途径，围填海工程就在此框架下规划和实施。

例如，为满足21世纪中叶前的发展需要，近期荷兰鹿特丹港实施20平方千米的围填海工程向北海扩建，此工程从20世纪90年代提出方案，工程的生态环境影响评估报告长达6000余页，一直到2008年才开始实施，建设到2013年才能发挥作用。建设方案包括在邻近海域划出250平方千米的生态保护区，在港池的外海侧建设35公顷休闲用沙丘海滨，还在邻近海岸带修整了750公顷的休闲自然保护区。

二、我国围填海的现状及特点

我国早在汉代就开始围填海活动。新中国成立到现在已先后经历了4次围填海高潮：新中国成立初期的围海晒盐；20世纪60年代中期至70年代的农业围垦；80年代中后期到90年代的围海养殖；最近10多年来以满足城建、港口、工业建设需要的围海造地高潮，工程规模大、速度快，完全改变了海域自然属性，破坏了海岸带和海洋生态系统的服务功能，对海岸带及近海的可持续利用影响深远。

从新中国成立到20世纪末，围填海造地面积平均每年约为240平方千米。目前，由于填海50公顷以下由各省（市、自治区）审批，为了落实当地的经济发展计划，有些地方在围填海项目的面积要求上化整为零。因此我国围填海的具体面积的准确数据较难掌握，国家海洋局的数据主要来自沿海省（市、自治区）上报的数据，以及需要国家海洋局审批的数据。据不完全统计，“十一五”期间已实施和计划围填海的面积平均每年约1000平方千米。

三、我国围填海存在的问题

自2002年《中华人民共和国海域使用管理法》正式实施以来，国务院领导多次指出要从严控制填海造地，国家海洋局和沿海省（市、自治区）也加强了对围填海的管理、论证、审批工作，使无序用海的状况得到了较有效的遏制。

近年来，由于国家对土地严格控制和地方利益的驱动，现代化的技术和设备又使得围填海容易进行，加之对海洋生态系统的服务功能与海洋开发利用之间的辩证关系认识不充分，沿海不少地方填海造地实际上出现了无度的状况。在缺乏科学规划和严肃的科学评估前提下，不少海湾和河口已进行大规模围填海活动，出现了一些值得关注的生态环境问题。

据不完全统计，我国海湾、河口、海涂等滨海湿地面积已减少约一半。由于围填海使近海生态环境日趋恶化，海洋生物多样性锐减，纳污能力下降，经济鱼类的早期栖息地丧失，渔业资源严重衰退，多处岸线、海岛及自然景观遭到破坏，近海生态系统受到严重影响。因缺乏统一围填海规划，部分产业结构趋同，出现了重复建设、产能过剩的现象，给国民经济宏观调控带来较大困难。此外，有的地区由于围填海对渔民补偿和转产转业问题处置不当，诱发了社会不稳定问题。

当前，我国在实施围填海工程中存在的主要问题是：①围填海工程的管理缺乏海洋生态系统科学的支撑；②围填海工程监督检查和执法监察体制有待进一步完善。

四、对我国围填海工程的对策建议

1. 在修编海洋功能区划的框架下，制定全国和区域性围填海规划

围填海是一项涉及面广、影响深远、关系复杂的系统工程，同时围填海又是海洋空间资源为人类发展所提供的众多贡献中的一个方面。要达到人类可持续发展的目的，必须充分考虑海洋生态系统、社会发展和经济利益三方面的目标，以规划海洋空间资源的开发利用，即国际上所实施的动态的管理过程，“海洋空间计划编制”（MSP）。我国2002年提出的“海洋功能区划”宏观上与MSP一致，但实施上对生态系统强调不够，其区划结果有所不足。

2008年以来，国务院批准了多处区域规划或指导意见。随着国家发展战略的落实及“十二五”规划的制定和实施，必然会调整和分配更多的海洋空间资源。应对这种新的形势，必须从生态系统的角度客观地评价海洋空间资源的供给能力，科学地修编海洋功能区划。编制的主要依据是海区（海岸带、海域、海岛）的生态环境和资源状况、全国及区域的经济结构布局及社会发展规划。建议成立在国务院领导下，各部门和沿海省（市、自治区）人民政府参加的全国海洋功能区划编制工作领导小组，综合协调海洋开发利用和生态环境保护及海洋功能区的划定。

在海洋功能区划的修编框架下，充分考虑到海洋空间资源的多重用途，制定全国和区域性围填海规划，确定全国围填海规模的中长期和年度总量控制目标，明确区域填海造地的用途、比例和控制目标。提出主要海湾、河口、海涂等滨海湿地必须确保的水域面积指标，以及围填海的海洋生态环境保护措施和渔业、生态损失补偿措施。建议由国家发展改革委员会和国务院海洋主管部门负责，会同本级人民政府有关部门和相关机关，制定全国围填海规划，报国务院批准。

在具体实施围填海项目时，还要对有关海岸带和海区进行有针对性的、更细致的科学调查研究，对与项目有关的海洋生态环境保护和渔业、生态损失补偿进行充分论证后，方能按照有关规定严格执行。

2. 将海洋功能区划纳入国民经济规划和计划，进一步加强围填海计划管理

截至2009年底，我国围填海仍未纳入国民经济和社会发展年度计划。围填海规模的过快增长为部分地区计划外项目上马提供了条件，给经济建设和结构调整带来冲击。因此，只有将围填海指标纳入国民经济计划，才能有效控制围填海规模，规范用海秩序，促进沿海地区经济社会的可持续发展。国家发展和改革委员会、国家海洋局联合下发了《关于加强围填海规划计划管理的通知》，从2010年开始，围填海正式纳入国民经济和社会发展计划，实行年度总量控制管理。全国和沿海省市围填海指标的确

定，应当建立在对海域生态系统、海洋资源和社会经济等的综合科学评估的基础上。

3. 加强国家级海洋自然保护区的保护，禁止在保护区进行围填海开发活动

国际上的实践表明，自然保护区除能保护珍稀种群外，其网络布局还可用于重建和保护海区的海洋生态系统，包括渔业资源。当前，有不少地方拟在海洋自然保护区范围内开展围填海活动，国家级和省（市、自治区）级海洋自然保护区面临着受冲击的危险。建议国务院采取有效措施，确实保护已经批准的国家级海洋自然保护区不受围填海开发活动冲击。

4. 加强围填海的科学技术支撑研究

为能健康有序地开展围填海活动，减小或避免资源和环境损害，有必要围绕有关科学技术问题深入研究。为此，建议国家立即开展以下方面的研究：①滨海湿地生态系统服务功能及围填海对其他服务功能的影响研究。工程项目的可行性评估需要有类似的生态系统调查研究工作才能进行。②海湾围填海工程总量控制指标及控制线研究，为制定生态环境安全对策提供科学依据。③围填海工程技术研究，以降低对海洋生态环境的影响。④围填海工程对海洋生态环境影响的后评估研究，针对已出现的问题及时采取相应措施。

5. 加强围填海的管理、监督，营造重视海洋生态环境的氛围

综合运用经济、行政或法律手段，加强围填海开发管理，利用市场经济的原则，缩小海陆土地使用价格差异。

各级海洋行政主管部门及其所属的海监队伍应加强对围填海项目用海情况的执法检查，严肃查处、杜绝非法围填海行为。

同时，要利用各种媒介，大力宣传、教育和营造重视海洋生态环境的氛围，科学合理地实施围填海工程是事关沿海可持续发展大局的一项重要任务。

A Number of Scientific Issues in Our Country's Coast Reclamation Works and Recommendations for Countermeasures

Consultation Group of Academic Division of Earth Science, CAS

The present paper sums up the sea-fill history at home and abroad, analyzes the current situation, discusses existing problems in our country's coast reclamation works, and comes up with related management game and advices: ①Under the framework of revision of ocean functional zoning, lay down nationwide and regional reclamation planning; ②Bring ocean functional zoning into national economic planning, and further strengthen the management of coast reclamation plan; ③Intensify the protection of national-grade marine natural reserves, and ban development activity of coast reclamation; ④Enhance research on scientific and technological support of coast reclamation; ⑤Strengthen management and supervision of coast reclamation, and improve ambience for valuing seacology environment.

8.4　关于加强我国重大工程信息数字化、标准化和物联网建设工作的建议

中国科学院信息技术科学部咨询组

我国正处在基本建设的高峰期。一大批国家重点工程的开工建设对我国工程建设基本资料的高效管理提出了紧迫要求。信息技术的不断发展为完整与有效地处理、使用并保存这些工程建设的基础资料创造了条件。我国工程建设数据库的建设，将为工程建设的设计和施工提供优质服务，为工程建设科技事业保存一笔可以共享的珍贵财富。

一、我国工程建设数据管理现状和存在的问题

1. 我国工程科技领域数据库的建设

“九五”以来，在国家重大科技项目和各行业专项资助下，科技事业和工程建设的数据库大量涌现，如中国科学院科学数据库、中国长江三峡工程开发总公司主持开发的三峡工程管理信息系统和铁道部信息中心主持开发的铁道建设项目管理信息系统等。

2. 工程建设数据库建设存在的主要问题

回顾我国科技领域数据库的发展，可以发现我国在工程建设数据库方面的建设投入相对不足，水平相对落后。

（1）工程建设中设计、施工和检测资料数量庞大，管理方式落后。

尽管计算机已广泛地进入了工程技术的设计、施工和管理各领域，但目前我国工程建设中的勘测、设计和检测资料的保存与管理仍然是采用纸质载体的人工管理模

式，不仅花费很大的人力物力，其使用效率也很低。

（2）工程建设信息的采集、记录、传输、存储、分析和存档缺乏强制性标准，难以实现标准化和数字化。

（3）建设工程建设管理平台的工作尚未纳入我国基本建设行政管理和质量认证体系，数据库难以共享，数据库的维护和更新缺乏长效机制。

综观我国工程建设数据库建设的各种问题，我们发现，工程信息的数字化和标准化是影响这一工作顺利开展的瓶颈。当今信息技术的快速发展为实现工程建设信息的标准化、数字化带来了前所未有的机遇。

二、对4个大型工程建设数据库的调研和启示

1. 概述

针对近年来我国频发的工程建设安全问题，咨询项目组对我国目前较为成熟的重大工程建设信息管理系统进行了系统调研，在此基础上对我国工程建设中信息数字化与标准化工作提出了较具针对性与前瞻性的意见与建议。

2. 三峡工程管理信息系统

三峡工程管理系统（three gorges project management system，TGPMS）是我国水电界、工程界首次引进的大型集成化管理信息系统，在三峡工程二期建设中起到了重要作用。系统核心是合同管理与成本控制，为三峡建设节省了大量的国家投入。在不断的工程建设应用与反馈分析中，三峡工程信息管理系统功能越来越强大，不仅能为水利水电行业内的工程建设项目服务，而且已扩展到其他行业的工程建设项目中，具有很强的可移植性与通用性。目前，在国内，TGPMS用户已经达到了数十家，跨越多个行业。三峡工程信息管理系统越来越成为我国工程建设综合管理平台中的代表。

3. 糯扎渡水电站数字大坝——工程质量与安全信息管理系统

为实现对糯扎渡水电站大坝施工的各个环节进行实时、连续、自动、高精度的监控与反馈分析，并且把糯扎渡水电站大坝设计、建设和运行过程中涉及的各种工程质量、进度、安全监测等信息进行动态采集与数字化处理，构建糯扎渡水电站大坝综合数字信息平台和三维虚拟模型，天津大学水利系研究开发了糯扎渡水电站数字大坝——工程质量与安全信息管理系统。

通过GPS卫星定位系统、PDA（掌上电脑）信息采集设备、激振传感器等设备并结合无线网络传输技术，糯扎渡水电站数字大坝系统将各种工程建设信息自动维护到

系统中来，极大地提高了工程建设管理水平。在工程地质信息与工程设计以及各类高精度传感器获取的实时精确工程建设信息基础上，结合三维动态可视化仿真分析，基本上实现了糯扎渡水电站大坝施工与安全信息的三维立体管理，与传统的工程建设质量与安全信息监测方式相比，具有重大工程意义上的进步。

4. 铁路建设项目管理信息系统

铁路建设项目管理信息系统（railway construction project management information system，RCPMIS）是由铁道部组织开发，以铁道部和建设单位为主要服务对象，以大中型铁路建设项目为工程对象，支持铁道部对全国铁路建设项目实施政府管理和建设单位对主管项目实施全过程建设管理的行业性的应用软件系统。

该系统包括了铁道部应用部分、建设单位（铁路局、客运专线公司）应用部分（含项目部、标段）两个部分。铁道部、铁路局和客运专线公司分别设应用服务器和数据库服务器。在各层次间建立以公网为基础的广域网，利用VPN方式构成虚拟专用系统网络。铁道部一级通过铁道部网络安全平台与铁路计算机网的内网相连。在各应用部分，根据不同的应用功能开发了十数个具体的应用模块，对项目实施具体管理。

自铁路建设项目管理信息系统建立以来，后台数据库内存储了全国范围内各条铁路专线建设的各种工程建设信息数千吉，为今后相关工程建设积累了宝贵的经验与财富。

5. 中国科学院科学数据库

科学数据库的建设最早是从20世纪70年代使用计算机处理专业数据开始的，1982年，中国科学院提出了建设“科学数据库及其信息系统”的计划，开始有组织、有计划系统建设数据库的工作。

根据建库单位数据资源情况与基础，中国科学院科学数据库支持三类建库单位，即A类库，主题数据库；B类库，专题数据库；C类库，参考型数据库。科学数据库由中心站点和分布在网上本地和外地的相互独立的若干专业库子站点组成了网上的科技信息服务体系，用户可以在互联网终端进行资料的查询与下载。截至目前为止，建立数据库单位有47个，专业数据库数量有400多个，数据库上网数据量近10TB，数据服务网站有47个。

三、信息技术为工程建设数据管理带来的机遇和挑战

1. 在通用办公软件基础上建立工程建设的基础数据

传统的数据库建设模式是：①请软件公司为某一特定工程编制软件；②软件公司

对使用人员进行培训；③在使用过程中软件公司根据用户的反馈意见修改完善软件。根据这一模式建立起来的数据库很难实现共享。在软件的开发、培训、使用中投入巨大的资源，对同一工作重复开发的现象非常普遍。

OFFICE中的WORD和EXCEL可以自动地实现向数据库通用语XML（eXtensible Markup Language，可扩展的标识语言）的转化，以通用办公软件为基础开发数据库，就是要求工作人员在未经培训的情况下使用通用的办公软件录入数据和文件。

2. 在ISO标准化语言基础上构建我国工程建设数据库平台

工程建设管理平台的建设，从一开始就要分行业，在不同层面采用标准化的数据采集、传输、分析和控制技术。在建设基于网络的数据库系统这方面，XML具有很强的数据描述、存储、传输与交换的能力，它的跨平台与独立应用的特点使它成为了构建下一代数据库的基础。

从最近几年的发展情况来看，各大数据库厂商几乎无一例外地在数据库内支持XML，许多数据库系统厂商都开展了与XML相关的研究和与XML接口的设计开发工作。在Web应用程序和系统间信息交换方面表现突出的XML技术已经成为主导数据库技术发展的一个重要因素。

3. 建立在物联网基础上的我国工程建设数据共享系统

物联网（the internet of things）是在20世纪继互联网后出现的新概念。它把所有通过传感器自动采集到的数据通过互联网直接输入网络中心及数据库。无线通信和互联网为自动传输这些第一手资料创造了条件。近期出现的PDA则可以将那些需要人工采集的数据通过现场测读瞬时送入网络中心。这样，就真正实现了数据的实时数字化记录，排除了任何可能的人工干扰。

物联网的出现为加强工程建设数据的管理、保证施工质量、提高数据的完整性和真实性提供了重要手段，具有革命性的意义。目前，在向家坝水电站建设以及糯扎渡水电站大坝建设中的信息管理系统就是在工程建设范围内的物联网建设的积极尝试与探索。

四、行政支撑体系——成功建设我国工程建设数据库的根本保证

对我国工程建设信息实施数字化标准化管理，是一项强制性工作，也是一种国家行为，需要强大的行政支撑体系。这一支撑体系大致包括以下内容。

(1) 通过行政法令法规，推行工程建设信息采集、传输、分析和归档的标准化工作。

(2) 建设各行业的工程建设信息管理平台。

(3) 相关的法令法规配套。

五、结论和建议

1. 实现我国工程建设信息的标准化和数字化是一项十分紧迫的战略任务

实现我国工程建设信息的标准化和数字化是建设各行各业数据库总站的基础性工作，是一项战略任务。从以下两个方面可以清楚地了解它的重要意义。

(1) 工程建设信息的标准化和数字化是优化工程设计、保证施工质量和建筑物安全运行的重要手段

工程建设信息的标准化和数字化在工程设计、施工和管理中的作用是多方面的。对勘测和试验数据按规定的电子表格记录并进行整理分析，可以增强这些数据的完整性，提高分析成果的可靠性和科学性，有利于网络共享，也为长期保存这些重要的基础资料创造条件。在工程设计计算分析中，应用标准化和数字化的电子表格也具有巨大潜力。

(2) 工程建设信息的标准化和数字化是建设我国工程建设管理平台、推进技术进步、造福后代的大事

工程技术和自然科学基础理论的一个重要不同点在于它的进步很大程度上依赖于经验的积累。因此，建立一套全新的工程建设信息管理体系，将宝贵的工程资料最有效地保留下来，并为今后相关工程中对这些宝贵资料的利用提供便利，将是一项利国、利民、造福后代的战略决策。

2. 信息技术的发展为工程建设信息的标准化和数字化带来的机遇

在硬件方面，GPS、PDA和各种自动数字化的传感器通过互联网可以自动地将未经人为干预的工程数据送往网络中心。

在软件方面，各种功能强大的、已为广大工程技术和管理人员熟知的办公软件可以为存储数据提供各种标准化格式的存储、计算分析和数据处理的手段，并自动转化为数据库和网络上共享的XML格式标准化文档。

在标准化数据基础上建设我国工程建设信息管理平台的条件已经具备。

3. 建议

本咨询项目组在充分调研的基础上，就我国重大基建工程建设信息的标准化和数

字化以及相关的行政支撑体系建设提出以下意见：

（1） 建议我国科技和工程建设各级主管部门在开展标准化和数据库建设工作的过程中，将数据采集、传输与存储的标准化和数字化作为一项专项目标，有计划、有步骤地推进这一工作。对标准化工作和数据库建设的项目，在立项可行性研究阶段，要求专门认证在信息标准化和数字化工作将预期达到的目标和可能取得的进展，在项目验收时，要对取得的成果做出评价和鉴定。数据库的成果要纳入档案建设的日常工作中。

（2） 建议我国水利、交通、铁道和其他建设部门在近期联合开展一项国家科技支撑或“948”项目，挑选一批在基本建设中具有共性的有关勘测、设计、施工、监理和安全监测的相关数据，开展数字化标准化工作。例如，在工程地质勘测工作中的现场和室内土工试验的数据；在工程设计中有关混凝土和土方工程的结构设计、稳定分析和水文、水力学计算数据；在混凝土和土方工程施工中的现场质量探测以及实验室检测数据；在工程安全监测方面的数据等。同时，挑选一项具有典型意义的在建重大工程建设项目进行试点。

（3） 在取得一定经验的基础上，国家工程建设各主管部门研究制定相关的法令法规，并建立相应监督机制，将工程建设信息的标准化、数字化以及建设各行业工程建设信息管理平台的工作以行政指令性的任务予以实施。

Recommendations for Digitization and Standardization of Important Engineering Information and Development of the Internet of Things in Our Country

Consultation Group of Academic Division of Information Technology, CAS

The present paper overviews the current situation and existing problems in the data management of engineering construction in our country as well as inspiration taken from the survey of four databanks of large engineering construction, analyzes opportunity and challenge brought about by information technology for engineering construction data management, and presents the opinion that enhancing development of administration support system is the basic warranty for successfully building our country's engineering construction databank. The paper sets forth two conclusions: Realization of standardization and digitization of our country's engineering construction information is a very urgent strategic mission; Development of information technology brings about opportunity for standardization and digitization of engineering construction information. Three recommendations are put forward: In a planned way and step by step, all levels of related authorities concerned boost standardization and digitization of data acquisition, transfer and storage as a special objective; In the near future, water conservancy, communication, railway and other construction departments jointly unfold a national science and technology support or 948 project, select a batch of relevant data with generality in capital construction and concerning survey, design, construction, supervision and safety monitoring to promote digitization and standardization; Authorities concerned establish related regulations, set up relevant oversight mechanisms, and implement the work of standardization and digitization of engineering construction information and building engineering construction information management platform for each industry as a task with administrative prescriptive nature.

8.5 我国工业节能现状调研和对策

中国科学院技术科学咨询组

一、我国能源现状

1. 总体能源现状

经过多年发展，中国一次能源生产能力已仅次于美国，居世界第二位。中国一次能源供需总体基本平衡，但生产与消费结构上的差异表现为：一方面煤炭供应充足，除满足国内需求以外，还有部分出口；而另一方面则是石油供给严重不足，每年需要花费大量外汇进口，国家石油安全问题日益突出。

2. 工业用能现状

工业部门是我国GDP的重要来源，也是我国能源消费的最主要用户。工业能源消费量增长速度高于能源总消费量增长速度是我国近20多年能源总消费量快速增加的重要因素。高耗能工业能源消费量占工业能源消费量的比例很大（近80%），导致了单位工业产值能耗高于其他产业单位能耗。

我国以工业为主的产业结构和能源消费结构将长期不变，因此，在国内能源资源紧缺和供需矛盾激化的情况下，工业节能对解决工业以致整个国民经济发展中的能源问题有着重要战略意义。

3. 国际能源的形势

据世界能源的利用状况统计数据和能源利用区域现状及预测，未来20年内化石能源仍然占据能源消耗的主要地位，同时，新能源以及可再生能源逐步增加。另外，中国总的能源消耗量还将持续一段较长时间的高增长期。

二、我国工业用能存在的问题

能源从开采、加工、转换、输送、分配到终端利用，有大量的能量被损失和浪费。中间环节和终端利用效率的乘积通常称为“能源效率”。目前，我国能源效率约为33%，比发达国家低约10个百分点。特别是单位产品的能耗与国际先进水平相比有较大差距，这说明我国工业部门的节能降耗具有巨大潜力。

1. 工业生产过程工艺、技术和设备落后

我国电力、钢铁、建材、煤炭、化工、有色金属、纺织等行业中均有很大比例的落后设备和工艺在使用。

2. 余热余能巨大浪费

目前，我国钢铁、建材、煤炭、化工、有色、纺织等行业的余热余能没有得到充分回收利用。城市的垃圾污染问题日益严重。

3. 能源转换、利用技术水平落后

由于设备更新力度低，很多老式低效率高耗能设备仍在运行，风机系统和各种泵类电能综合利用率为30%~40%，远低于国际先进水平。

各个工业生产过程中，涉及热的传递和输运，也是工业用能过程热损失的主要环节之一。电力电子技术无处不在，具有巨大的节能潜力。

4. 环境污染严重

各种污染物排放严重，主要污染物排放量的削减任务非常艰巨。

5. 节能与科学用能的研究和指导薄弱

节能和科学用能是长远解决我国能源问题首先要考虑和关注的重大问题，应当是我国能源发展战略的基本指导思想和核心。依靠技术进步是促进耗能产品能耗下降的主要途径。

三、工业节能的关键技术路线

（一）热能的综合梯级利用

物理能梯级利用的含义是将不同品位（温度）的热能实现对口利用，尽量缩小放热侧和吸热侧之间的品位差，使不可逆损失最小，即通过不同系统和过程的集成优化，实现对不同品质能的有效利用。

1. 先进的燃烧技术

对于化石能源一般需要通过燃烧进行热功转换，实现能源的利用。因此需要开展先进燃烧技术的研究，提高燃烧效率和热功转换效率，实现能源的充分利用。

2. 先进换热器技术

换热器的主要功能是保证工艺过程对介质所要求的特定温度，同时也是提高能源利用率的主要设备之一。应设计不同的换热方式来适用于不同的工业生产过程。

3. 热声技术的应用

热声技术是基于热致声效应的一种技术，热声发电技术正在成为能源动力研究领域里的一项前沿技术,极具发展潜力和应用前景。

4. 燃气–蒸汽联合循环与IGCC

联合循环的本质即是将简单蒸汽循环与简单燃气轮机循环结合起来，利用燃气轮机循环（顶循环）高初温的优势，由燃气轮机将高品位的烟气热先转化为一部分功输出，同时利用燃气轮机的排烟产生蒸汽，驱动蒸汽轮机做功，从而充分发挥了蒸汽循环（底循环）高压比、低排热温度的优势。

整体煤气化联合循环（integrated gasification combined cycle，IGCC）发电技术是将煤气化技术和高效的联合循环相结合的先进动力系统。

5.分布式能源系统及冷热电联供

分布式能源系统是一种临近用户设置的发电并结合热（冷）电联供等应用拓展的整体能量供应系统，是新世纪电力工业和能源产业的重要发展方向。燃气轮机、内燃机以及余热制冷、热泵技术共同组成的分布式冷热电联产是最具应用前景的分布式能源技术。

（二）化学能与物理能的综合梯级利用

化学能与物理能综合梯级利用新概念突破了燃料化学能通过直接燃烧方式单纯转化为物理能的传统利用模式，依据不同化学反应的能品位的高低，将燃料化学能经过多层次、多方式的综合转化和利用。

1. 化工–动力多联产系统

作为一种广义的洁净煤利用技术，多联产系统综合了化工生产流程与动力系统的特点，尝试从能源科学、化工科学与环境科学的交叉领域寻找同时解决资源、能源和环境问题的新途径。

2. 生态工业园

生态工业园是一个企业集群，基本建立在一块固定的地域之上，不同工业企业间以及工业企业、居民和自然生态系统之间进行良好的合作，有计划地进行材料与能源的交换与循环利用，实现有效的资源共享，努力使能源与原材料使用最小化，废物最小化，从而提高经济与环境效益，建立可持续的经济、生态和社会关系，以及社会的总体水平不断提高和可持续发展的综合体。

（三）动力机械节能

1. 通用流体机械节能

我国动力机械领域节能潜力巨大。可通过变频调速技术实现节能。动叶可调技术以及计算流体力学技术的应用，可以大幅提高动力机械设备的运行效率。

2. 其他动力机械节能

电机以及内燃机等动力机械亦存在较大的节能潜力。通过技术改进，电机系统的综合节电率可达30%。

内燃机是消耗石油资源的主要产品之一。为实现节能的目的，内燃机应重点发展的内容包括：直喷、增压、增压中冷、电控、四气门多缸柴油机，电控、增压车用汽油机及节能环保小型通用汽油机，代用燃料内燃机，电控高压燃油喷射系统。

（四）工业余热余压以及伴生可燃物的回收利用

1. 工业余热余压的回收利用

针对目前的现状，应该积极推进工业过程工艺的改进以及余热余压的回收利用，提高能源的利用率。

2. 伴生可燃气的利用

煤炭一直是我国最主要的能源资源，因此伴随煤炭生产和再加工的煤层气和炼焦气应成为我国的特色能源资源。如何有效利用煤层气和炼焦气是最能集中体现能源（资源）和环境综合关联的问题。

对于煤层气和炼焦气的利用技术方案和手段有以下几种：①气体分离后集中利用；②直接化工转化利用；③直接燃烧发电；④两种或多种技术手段组合方案。

3. 垃圾/固体废弃物发电

垃圾中的二次能源物质——有机可燃物所含热量多、热值高，每燃烧两吨垃圾可获得相当于燃烧一吨煤的热量。而且垃圾焚烧处理后的灰渣呈中性，无气味，不会引发二次污染，且体积减小90%，重量减少75%以上，明显减容减量。

（五）加快发展替代能源及储能技术的应用

未来的能源供应和消费将越来越向多元化、清洁化方向发展。积极开发太阳能、风能、核能、生物质能等替代能源，进行替代能源发电研究以及制氢、供热等应用。储能技术是进行能源利用研究的重要技术手段。

（六）电力电子技术与节能

电力电子技术的核心是电能形式的转换，它的主要特征是控制和变换的高效率。在我国，电力电子技术的节能潜力尚远未被挖掘。就电力系统而言，一方面，我国在发电、供电、用电过程中的自身电能损耗仍相当巨大；另一方面，我国急需依靠先进的电力电子技术进一步提高电网发电、输变电的电能质量，降低电网的能量损耗，达到高效节能的目的。电力电子技术的发展已成为实现高效节能、改造传统产业、支撑新兴产业并促进机电一体化的关键。

在电力的产生阶段应注重电厂的节能，如我国以火电为主的电力生产方式，需要充分应用前面所述各个技术。在电力的输运过程中，需要开展降低综合线损技术（即电网规划优化）的研究。

电力的消耗主要为各个电力电子元器件的能耗，其节能关键技术可包括：

（1）热管理技术。

（2）开关变频技术。

（3）软开关技术。

（4）高频技术。

（5）有源功率因数校正技术。

（6）其他提高能源利用率的技术。

电力电子的冷却问题。电力电子系统正朝着应用技术高频化、硬件结构模块化和产品性能绿色化的方向发展，相应冷却技术的发展必须与之保持同步。

四、措施和建议

我国仍处于工业化阶段，工业用能的比例仍将占据我国总能耗的主要部分，因此，需要多层次、多角度地开展工业节能的分析研究。同时我们必须意识到，节能工作不是一蹴而就的，它涉及工业生产的各个方面，是一个长期的过程，必须依靠科技进步、良好的政策管理、积极的示范推广来实现。

1. 利用科技进步促进节能降耗

（1）依靠技术革新，提高用能设备的效率。

（2）工业余能以及伴生可燃物的回收利用。

（3）积极开展能源–资源的综合梯级利用技术。

（4）积极发展新技术，取代传统的工艺过程。

（5）节约化石能源，积极开发可再生能源。提高能源供应系统的稳健性对国家战略安全等具有重要意义。

（6）积极开展电力电子技术的节能研究。

（7）加强工业企业电子信息化建设。电子信息技术的应用要向综合化、集成化、智能化方向发展，努力提升企业的市场竞争能力。

2. 政策管理问题

确保能源供应的可靠性，适应和减缓全球气候变化，是我国长期发展面临的战略性问题。依据目前我国的能源利用形势，深入开展能源节约问题的研究分析，确保我国能源的可持续发展，需要国家宏观调控、产业发展、能源价格机制管理、国家财税政策规划、能源法规建设等方面的共同作用。

进行宏观调控，优化产业结构。目前，从我国三类产业结构看，经济增长过于依赖第二产业，低能耗的第三产业发展滞后、比重偏低。加快调整产业结构、产品结构和能源消费结构，是建立节能型工业、节能型社会的重要途径。

淘汰落后生产能力企业，开大关小。针对目前的能源利用现状，中国将加快淘汰落后生产设备，加大淘汰电力、钢铁、建材、电解铝、铁合金、电石、焦炭、煤炭、平板玻璃等行业落后产能的力度。

建立需求侧管理体系，运用经济手段实现能源资源的优化利用。

加强对高耗能单位的节能管理和监督。组织对重点用能单位能源利用状况的监督检查和主要耗能设备、工艺系统的检测，定期公布重点用能单位名单、重点用能单位能源利用状况及与国内外同类企业先进水平的比较情况。建立节能工作责任制，健全能源计量管理、能源统计和能源利用状况分析制度，促进企业节能降耗上水平。

建立中央、地方、企业三级节能目标责任制和评价考核体系。通过自上而下和自下而上相结合的开创性工作，进行各方面的探索，建立节能目标责任制和评价考核体系，可以为中央政府和各级政府制定一个推动相关政府机关和重要用能单位参与和实施降耗目标的工作检查体制和程序。

完善能源立法，促进能源发展和管理的法制化建设，运用法律手段规范和调节能源的开发利用。在已有法律及其配套法规的基础上健全能源领域基础性法律，完善专项法律规范，形成能源法律体系。

3. 加快节能减排产业化示范和推广

（1）攻克技术难题，推动节能效能。依靠国家科研经费支持，择优支持一批节能减排重大技术项目，从而解决一批节能减排关键和共性技术。在国家层面组建一批国家工程实验室和国家重点实验室，或者以高水平的大学、研究所为依托成立国家级节能和科学用能研究中心，为节能减排提供技术支撑。为推动建立以企业为主体、产学研相结合的节能减排技术创新与成果转化体系，需要优化节能减排技术创新与转化的政策环境，加强资源环境高技术领域创新团队和研发基地建设。

（2）积极示范，加快推广。在电力、钢铁、水泥、煤炭、化工等重点行业实施一批节能减排的共性、关键技术及重大技术装备产业化示范项目和循环经济高技术产业化重大专项，加快节能减排技术产业化示范和推广。

（3）加快建立节能技术服务体系。制定出台相关的指导意见，促进节能服务产业发展。培育节能服务市场，加快推行合同能源管理，重点支持专业化节能服务公司为企业以及党政机关办公楼、公共设施和学校实施节能改造提供诊断、设计、融资、改造、运行管理一条龙服务。

（4）加强国际交流合作。广泛开展节能减排国际科技合作，与有关国际组织和国家建立节能环保合作机制，积极引进国外先进节能环保技术和管理经验，不断拓宽节能环保国际合作的领域和范围。

通过以上节能措施的落实和开展，建立完善、有效的节能技术标准制度。要加强标准化基础理论研究，进行国际节能经验和节能标准工作发展的趋势研究，分析研究中国节能形势与技术进步态势，及时掌握节能工作的现实要求和发展趋势，引导企业制定合理的发展规划，将节能标准化水平纳入全社会科技进步计划，反映社会先进生产力的方向，同时又指导整体科技进步，并开展超前性能效标准的研究，促进节能技术的推广和应用。

Investigation on Current Situation of Industrial Energy Saving in Our Country and Countermeasures

Consultation Group of Academic Division of Technology Science, CAS

The present paper first analyzes the current situation of our country's energy sources, the pattern of international energy sources, and existing problems in our country's industrial energy, and, based on this, puts forward the key technical route of industrial energy saving, including comprehensive step utilization of thermal energy, comprehensive step utilization of chemical and physical energy, energy saving of motive power machine, recycling and utilization of industrial exhaust heat and associated combustible gas, speeding up the development technology of alternative energy and the use of energy storage technology, and development of power electronics and energy conservation. Finally, the paper presents some recommendations on concrete measures, involving promotion of energy saving and reducing consumption by means of science and technology advances, intensifying policy management, and accelerating demonstration and generalization of industrialization of energy saving and reducing consumption.

（因篇幅所限，本章部分文章有删节）

附录
Appendix

附录一：2010年中国与世界十大科技进展

由中国科学院院士工作局、中国工程院学部工作局和科学时报社共同主办，557名中国科学院院士和中国工程院院士投票评选，瀚霖杯2010年中国十大科技进展新闻和世界十大科技进展新闻，1月19日在京揭晓。

一、2010年中国十大科技进展

1.“嫦娥二号”成功发射，探月工程二期揭幕

“嫦娥二号”于2010年10月1日18时59分57秒在西昌卫星发射中心成功升空。作为中国探月工程二期的技术先导星，“嫦娥二号”的主要任务是为“嫦娥三号”实现月面软着陆开展部分关键技术试验，并继续进行月球科学探测和研究。10月9日，在顺利完成了第三次近月制动后，“嫦娥二号”卫星成功进入100千米环月工作轨道，按计划开展了各项科学试验与在轨测试，之后降低轨道对月面虹湾地区进行了成像。虹湾地区位于月球北纬43度左右、西经31度左右，东西长约300千米，南北长约100千米，是“嫦娥三号”预选着陆区。“嫦娥二号”月面虹湾局部影像图成像时间为10月28日18时25分，卫星距月面约18.7千米，分辨率约为1.3米。影像图的传回，标志着“嫦娥二号”任务所确定的工程目标全部实现，科学目标也正在陆续实现，探月工程二期“嫦娥二号”任务取得圆满成功。

2.“天河一号”成为全球最快超级计算机

2010年11月17日，国际超级计算机TOP500组织正式发布第36届世界超级计算机500强排名榜。由国防科学技术大学研制、安装在国家超级计算天津中心的“天河一

号”超级计算机系统，以峰值速度每秒4700万亿次、持续速度每秒2566万亿次浮点运算的优异性能位居世界第一，实现了从亚洲第一向世界第一的重大跨越，取得了我国自主研制超级计算机综合技术水平进入世界领先行列的历史性突破。“天河一号”采用了自主研制的高速互连芯片，使得CPU之间的通信速度大幅提升。中央处理器也首次部分采用自主研制的“飞腾1000”芯片。操作系列软件也是自主研制的“麒麟操作系统”。“天河一号”成为世界第一，不仅表明我国在战略高技术和大型基础科技装备研制领域实现了重大突破，而且为我国解决经济、科技等领域一系列重大挑战性问题提供了重要手段，对提升我国综合国力具有十分重要的战略意义。

3. 深海载人潜水器海试首次突破3700米水深纪录

科技部和国家海洋局于2010年8月26日在京联合宣布，经过上百家科研机构和企业6年努力，我国第一台自行设计、自主集成研制的“蛟龙号”深海载人潜水器于2010年5月31日至7月18日，在我国南海进行了3000米级海上试验，最大下潜深度达到3759米。这标志着我国成为继美国、法国、俄罗斯、日本之后第五个掌握3500米以上大深度载人深潜技术的国家。“蛟龙号”载人深潜器具有针对作业目标稳定的悬停定位能力，具有先进的水声通信和海底微地形地貌探测能力，可以高速传输图像和语音，探测海底的小目标。“蛟龙号”载人深潜器在世界上同类型的载人潜水器中具有最大设计下潜深度——7000米，这意味着该潜水器可在占世界海洋面积99.8%的广阔海域使用，代表着深海高技术领域的最前沿。

4. 京沪高铁全线铺通，试验最高时速达486.1千米

2010年11月15日，举世瞩目的京沪高速铁路全线铺通。下一步京沪高铁将全力推进以牵引供电、通信、信号、电力“四电集成”施工和站房建设为主的站后工程施工，展开全线联调联试。届时，北京至上海可实现4小时到达。京沪高铁是当今世界一次建成线路里程最长、技术标准最高的高速铁路，全长1318千米，最高时速380千米，设计时速350千米。京沪高铁还在轨道系统上创造了在最长桥长、最大联长、最大跨度桥上铺设CRTS Ⅱ型板式轨道的世界新纪录；国内首次在连续框架桥上大规模铺设无砟

轨道。12月3日，在京沪高铁枣庄至蚌埠间的先导段联调联试和综合试验中，由中国南车集团研制的“和谐号”380A新一代高速动车组在上午11时28分最高时速达到486.1千米。中国高铁再次刷新世界铁路运营试验最高速。

5. 水稻基因育种技术获突破性进展

《自然·遗传学》杂志于2010年5月23日报道说，中国科学院遗传与发育生物学研究所李家洋院士和中国农业科学院中国水稻研究所钱前研究员等组成的科研团队，在水稻分蘖分子调控机制方面取得突破性进展，成功克隆了一个可帮助水稻增产的关键基因，这种基因产生变异后可使水稻分蘖数减少，穗粒数和千粒重增加，同时茎秆变得粗壮，增加了抗倒伏能力。研究团队将基因分析技术与传统作物种植方法相结合，培育出了改良稻米品种，可使水稻产量提高10%。这是中国科学家在水稻基因育种方面取得的又一个重要进展，在揭示水稻高产的分子奥秘上迈出重要一步。基因育种是目前国际上普遍采用的新技术。英国《自然》杂志在5月23日的新闻通报中评价说，中国科学家对水稻增产基因的确认和利用将成为解决粮食问题的重要途径。

6. 揭示致癌蛋白作用新机制

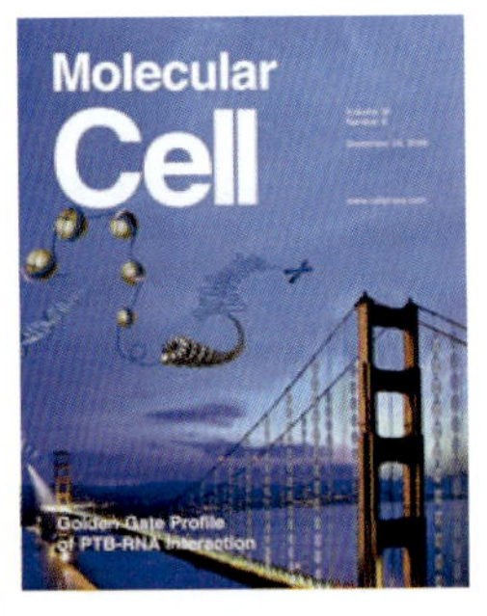

武汉大学生命科学学院教授张翼和付向东联合研究组发现，PTB蛋白（多聚嘧啶串结合蛋白）不仅能直接抑制靶基因的可变剪接，还能直接促进靶基因的可变剪接。该发现打破了已写入教科书的、认为PTB蛋白是抑制蛋白的定论。该研究成果在《细胞》杂志子刊《分子细胞》上作为封面论文发表。评论文章指出，该文是向科学家们已经绘制好的RNA加工地形图进行挑战，并成功重新绘制了新的地形图，研究成果对基因转录后调控研究领域具有引领作用。张翼所在的研究组通过新技术率先揭示出PTB蛋白在细胞内的结合靶标基因的新特征，并在美国国立生物信息中心网站上公开发表了PTB蛋白在癌细胞基因组上的400多万个结合标签序列。该成果在理论和方法上的突破，是国际上第一次成功“看清”致癌蛋白在细胞内几乎所有靶标的创举，并对理解PTB蛋白的致癌机制和推动抗癌药物开发具有重要意义。

7. 实验快堆实现首次临界

由中核集团中国原子能科学研究院自主研发的中国第一座快中子反应堆——中

国实验快堆在2010年7月21日上午9点50分达到首次临界。这一我国核电领域的重大自主创新成果，标志着我国第四代先进核能系统技术实现了重大突破，我国由此成为世界上少数几个掌握快堆研发技术的国家之一。中国实验快堆热功率为65兆瓦，电功率20兆瓦。快中子反应堆是核燃料闭合式循环的关键环节，可使铀资源利用率提高至60%以上，也可使核废料产生量得到最大限度的降低，实现放射性废物最小化。国际社会普遍认为，发展和推广快堆可以从根本上解决世界能源的可持续发展和绿色发展问题。快中子反应堆是世界上第四代先进核能系统的首选堆型，代表了第四代核能系统的发展方向。

8. 实现16千米自由空间量子态隐形传输

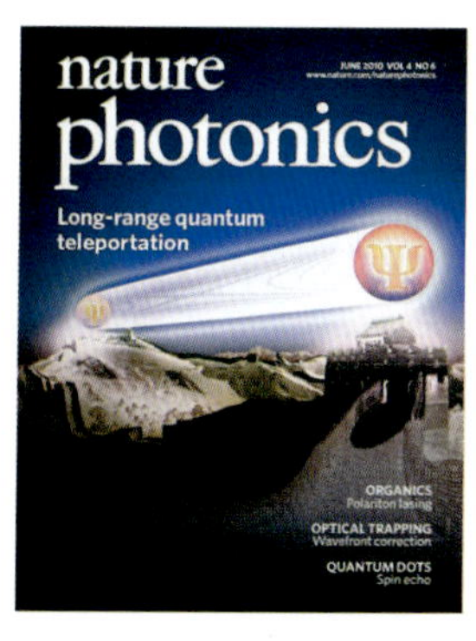

由中国科学技术大学和清华大学组成的联合小组，在北京八达岭与河北怀来之间架设了长达16千米的自由空间量子信道，并取得了一系列关键技术突破，成功实现了世界上最远距离（16千米）的量子态隐形传输，这个距离是目前世界纪录的20多倍。该实验首次证实了在自由空间进行远距离量子态隐形传输的可行性，向全球化量子通信网络的最终实现迈出了重要一步。2010年6月1日出版的英国《自然·光子学》杂志以封面文章发表了这一成果。该小组在自由空间量子通信领域的一系列工作，引起了国际学术界的广泛关注，英国《新科学家》、美国《今日物理》、美国物理学会新闻网站等多家学术媒体均及时报道了他们的研究成果。量子态隐形传输是一种全新的通信方式，它传输的不再是经典信息，而是量子态携带的量子信息，它是未来量子通信网络的核心要素。

9. “大熊猫基因组”发表

由深圳华大基因研究院发起，中国科学院昆明动物研究所、中国科学院动物研究所、成都大熊猫繁育研究基地和中国保护大熊猫研究中心参与的合作研究成果“大熊猫基因组测序和组装”，于2010年1月21日以封面故事形式在《自然》上发表。研究表明，大熊猫有21对染色体，基因组大小为2.4G，重复序列含量36%，基因2万多个。尽管据估计大熊猫种群的数量仅为2500只，测序研究表明大熊猫基因组仍然具备很高的杂合率，从而推断具有较高的遗传多态性。这是全球第一个完全使用新一

代合成法测序技术完成的基因组序列图，全部组装和分析软件都是深圳华大基因研究院自主编写。这一成果证明了短序列也能组装成完整基因组，并将成为基因组绘图的国际标准，集中体现了中国的科技竞争力和中国科学家的创新能力。研究成果填补了大熊猫基因组及分子生物学研究的空白，为保护我国其他一级保护动物提供范例。

10. 煤代油制烯烃技术迈向产业化

2010年10月26日，由中国科学院大连化学物理研究所自主研发的“新一代甲醇制取低碳烯烃工业化技术”（DMTO-Ⅱ）在北京首签工业化示范项目许可。陕西煤业化工集团、中国科学院大连化学物理研究所、中国石油化工股份有限公司洛阳石油化工工程公司（技术许可方），与陕西蒲城清洁能源化工有限公司（被许可方）正式签约。这是DMTO-Ⅱ工业化技术全球首份许可合同，标志着具有我国自主知识产权、世界领先的新一代甲醇制烯烃技术在走向工业化道路上迈出了关键一步。DMTO-Ⅱ技术在陕西华县通过了72小时工业化试验技术现场考核；8月8日，世界首套甲醇制低碳烯烃工业装置（年产60万吨烯烃，采用第一代DMTO技术）在神华包头投料运行一次成功，标志着我国煤制烯烃新兴产业取得了里程碑式的进展。陕西蒲城清洁能源化工有限公司将实施煤制甲醇年产180万吨、甲醇制烯烃年产70万吨项目及配套项目。

二、2010年世界十大科技进展

1. 人造生命迈出关键一步

美国J.克雷格·文特尔研究所的研究人员在《科学》杂志上报告说，他们人工合成了一种名为蕈状支原体的细菌的脱氧核糖核酸（DNA），并将其植入另一个内部被掏空的、名为山羊支原体的细菌体内。经过多次失败的尝试后，最终他们使植入人造DNA的细菌重新获得生命，并开始在实验室的培养皿中繁殖。领导研究的文特尔说：“这是第一个人造细胞。”研究人员表示，这是第一个完全由人造基因指令控制的细胞，它向人造生命形式迈出了关键一步。美国宾夕法尼亚大学生物伦理学家阿瑟·卡普兰在《自然》

杂志上评论说，文特尔的成果终止了有关生命的存在是否需要特殊力量或能量的争论。“在我看来，这使它成为人类历史上最重要的科研成果。”但有一些人担心这项技术可能被用于制造生物武器。

2. 首次探测到暗物质粒子

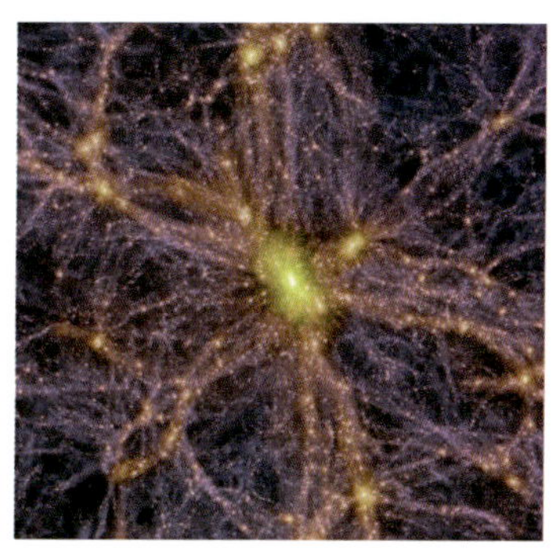

神秘的暗物质一直令科学家感到迷惑不解，这种看不见的物质大约占宇宙质量的3/4。不过，美国佛罗里达大学科学家宣称，他们已首次探测到暗物质粒子。据研究人员介绍，在美国明尼苏达州北部的索丹铁矿中，位于地面之下2000英尺（约合610米）的高灵敏度探测仪捕捉到两个“暗物质粒子”的踪迹。实验动用了30台高灵敏度探测仪，并将温度降低至零下273.1℃。在这种实验环境下，当一种被称为“弱相互作用大质量粒子”(Wimp)撞击一个普通的原子时，这些探测仪将能够捕捉到撞击事件，从而确定Wimp粒子的存在。实验环境之所以被设在如此深的地下铁矿之中，是因为Wimp粒子与其他来自太空的粒子不同，它们可以直接穿越厚厚的地层和岩石。科学家们在《科学》杂志上发表论文称，他们发现了两个Wimp粒子的踪迹。他们还要继续发现更多这样的粒子。

3. 发现“超级细菌”

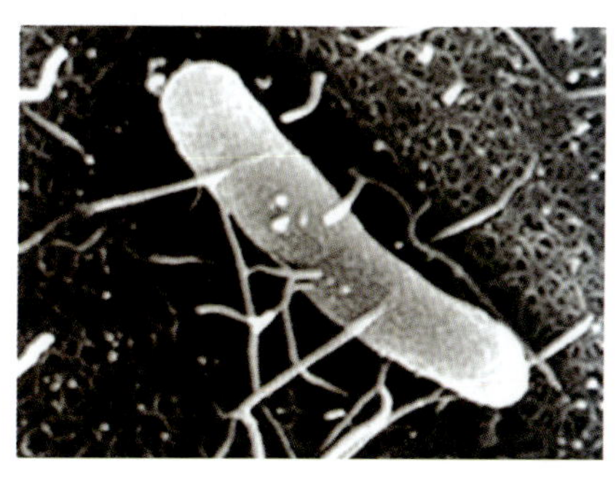

2010年8月11日，来自英国、瑞典、印度和巴基斯坦四国的科学家在权威医学杂志《柳叶刀·传染病》上联合发表文章称，他们发现了几种“超级细菌”，对几乎所有抗生素都有极高的耐药性，而这些细菌可能对全球的公共健康造成极大影响。这些菌株有一个共同点：都携带着一种相同的基因突变，能编码金属-β-内酰胺酶。由于含有这种酶的细菌首先发现于印度首都新德里，因此科学家把该酶命名为“新德里金属-β-内酰胺酶-1”，简称NDM-1。有了NDM-1，细菌就等于有了非常坚固的护盾，因为这种酶能够水解大多数抗生素，使之失效。上述文章发表后不久，“超级细菌”就在多个国家小规模暴发，引起了不小的恐慌。NDM-1的出现给人类敲响了警钟：必须改变使用抗生素的方式，并且加快新型抗生素的开发，否则“超级细菌”会越来越多，危害越来越大。

4. 首次成功制造并捕获反物质原子

《自然》杂志网站于2010年11月17日刊登研究报告说，欧洲核子研究中心（CERN）的科学家成功制造出多个反氢原子，并利用磁场使其存在了“较长时间”。这是科学家首次成功捕获反物质原子。氢原子是只有一个质子和一个电子的最简单的原子。实际上，欧洲核子研究中心早在1995年就第一次制造出了反氢原子，但只能存在几个微秒的时间，就与周围环境中的正氢原子相碰并湮灭。此次的突破之处在于，制造出数个反氢原子后，借助特殊的磁场首次成功地使其存在了“较长时间”——约0.17秒。这个时间听起来似乎仍然很短，但对于科学家来说，这个时间长度已十分难得，可以对反氢原子进行较为深入的观测和分析。因此，这一成果被看做是物理学领域的一大突破，将大大推动有关反物质的研究。

5. IBM发布硅纳米光子芯片技术

IBM公司于2010年12月2日发布了其历时10年研发的CMOS（互补金属氧化物半导体）集成硅纳米光子学技术，该芯片技术可将电子和光子纳米器件集成在一块硅芯片上，使计算机芯片之间通过光脉冲（而不是电子信号）进行通信。科学家有望据此研制出比传统芯片更小、更快、能耗更低的芯片，为亿亿次超级计算机的研发开辟道路。制造超级计算机面临的一个主要挑战是芯片之间能否很快传输大量数据。CMOS集成硅纳米光子学技术通过将光电器件集成在一块芯片上，增加芯片之间传输数据的速度和芯片的性能，突破了这一瓶颈。硅纳米光子学技术创新让芯片上的光学互联更加接近现实。通过嵌入处理器芯片的光通信，建立亿亿次超级计算机的愿景将在不远的未来变成现实。

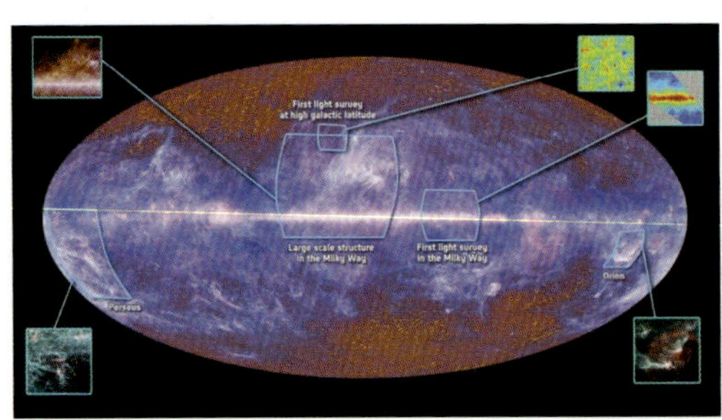

6. “普朗克”卫星绘出首幅宇宙全景

欧洲空间局于2010年7月5日宣布，该机构的宇宙探测卫星“普朗克”根据此前收集的数据，绘出了首幅宇宙全景。它将有助于科学家了解宇宙大爆炸后各种天体的形成过程。欧洲空间局当天发表公报说，这幅图的珍贵之处在于捕捉到宇宙微波背景辐射，它形成于宇宙大爆炸时期，经过137亿年的漫长旅行才到达地球，对研究人员而言，它就是研究星系起源的活化石。图像正中是地球所在的银河系，其周围布满了冷尘埃形成的纤维状物质，研究人员分析说，这片区域正是恒星形成的地方，而“普朗克”卫星拍下正在诞生的星体以及尚处在萌芽状态的恒星。欧航局科学和自动探测负责人戴维·索思伍德认为，“普朗克”卫星为人们开启了一扇“宝库之门”，天文学家根据它提供的数据，可以更好地了解宇宙的起源及其现在的运行方式。

7.大型强子对撞机质子束流对撞首获成功

欧洲核子研究中心（CERN）于2010年3月30日宣布，跨越日内瓦市郊瑞士法国边界的大型强子对撞机（LHC）上，总能量为7万亿电子伏的两个束流对撞获得成功。这是世界上目前能量最高的对撞。科学家认为，对撞成功对探索宇宙起源和粒子研究具有里程碑式的意义。此次对撞的两个束流，每个束流带两个束团，每个束团由50亿个质子组成，每个质子的能量为3.5万亿电子伏。质子的速度是光速的99.999 995%（比光速慢亿分之五）。按计划，本次运行后4个月内，每个束团的质子数将上升到800亿个。欧洲核子研究中心11月4日宣布，2010年大型强子对撞机质子对撞运行当天圆满结束。已获得的主要成果包括对撞机的“性能参数亮度”达到设计目标，确认粒子标准模型的部分内容，在质子对撞中首次探测到“顶夸克”，确定“受激夸克”等新粒子产生的能级范围。

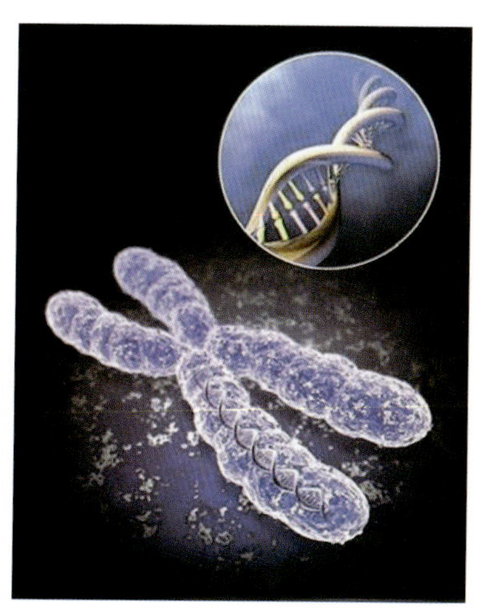

8.“千人基因组计划”获重大成果

由中国、美国、英国等国科研机构发起的大型国际科研合作项目“千人基因组计划”于2010年10月28日在英国《自然》杂志上，以封面文章形式发布了迄今最详尽的人类基因多态性图谱，同时也在美国《科学》杂志上报告了在基因研究技术手段上的收获，相关成果标志着人类基因研究进入了一个划时代的新阶段。“千人基因组计划”于2008年启动，旨在绘制迄今最详尽、最有医学应用价值的人类基因多态性图谱。现在报告的是该计划第一阶段的分析成果。这一计划现在取得了两个重要成果，第一是获得了迄今最详尽的人类基因多态性图谱，第二是探索出了研究基因多态性的新技术手段。自10年前“国际人类基因组计划”完成以来，因为难以同时对许多人进行基因测序，基因研究一直只在较小的层面上进行。本次研究不仅使大规模测序成为可能，还绘制了一个详尽的基因图谱以供比对。

9.发布首份全球海洋生物普查报告

历时10年的全球“海洋生物普查”项目于2010年10月4日在伦敦发布最终报告，这是科学家首次对海洋生物“查户口”。根据普查得出的统计数据，海洋生物物种总计可能有约100万种，其中25万种是人类已知的海洋物种，其他75万种海洋物种人类知之甚少，这些人类不甚了解的物种大多生活在北冰洋、南极和东太平洋未被深入考察的海域。来自80多个国家和地区的2700多名科学家在10年间共发现6000多种新物种，它们以甲壳类动物和软体动物居多，其中有1200种已被认知或已被命名，新发现待命名的物种约5000种。普查项目科学指导委员会主席、澳大利亚海洋科学研究所所长伊恩·波勒说，这是历史上首次进行全球海洋生物普查。海洋浩瀚，这次普查只探索了其中的一部分，但普查留下的科学数据、科研方法和国际标准等，有助于今后继续进行大规模海洋研究。

10.量子纠缠首次在电晶体线路中完美实现

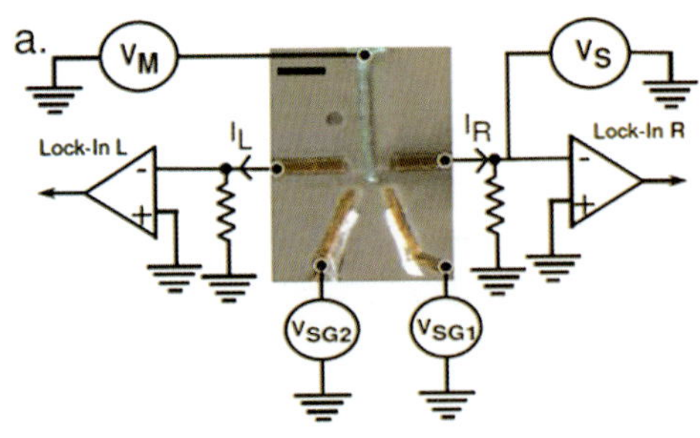

一个由法国、德国和西班牙物理学家组成的研究团队首次确凿地证明：从电晶体装置中分离出来的粒子，仍可实现量子纠缠。这是量子力学的一次突破性进展。量子纠缠在全固体材料中的完美实现，意味着量子力学真正走进了电子元件中，量子纠缠和全固体材料结合的目的就是实现量子计算以及更加稳定的通信。研究人员首次实现了高度完美化的纠缠态。其类似于光子的纠缠，在光学系统中，光子即使经分光后，仍然表现为“一致行动”。研究人员利用超导体中的电子取代光子，来作为电路中的粒子，虽然两个量子点只相距1微米左右，但对于此类实验来说，这个距离大到足以证明纠缠态，物理学家终于在全固体材料中完美演绎了实验。该成果让科学家迈入了量子研究的新境界。在以原子为基石的微观世界里，光与电的行为将不再服从古典规则，而是服从量子物理规律。

附录二：香山科学会议2010年学术讨论会一览表

会次	会议主题	执行主席	会议时间
367	神经信息学与计算神经科学的前沿问题	唐孝威　郭爱克　吴　思 翟　健　梁培基	3月23～25日
368	中医临床疗效评价的关键科技问题研讨会	王永炎　王吉耀 刘保延	3月24～26日
369	孤独症研究现状及前沿问题	吴　瑛　魏丽萍　吴柏林	3月31日～4月1日
370	碳纳米材料的发展战略研讨会	朱道本　洪茂椿　王春儒	4月6～8日
371	南极冰穹A的天文学和物理学	杨　戟　崔向群　王力帆	4月13～15日
372	陆地生态系统固碳潜力不确定性的科学问题	韩兴国　孙鸿烈　张新时 李文华　刘世荣	4月20～22日
373	生命系统的电磁特性及电磁对生命的作用	俞梦孙　都有为 董秀珍　商　澎	5月13～14日
374	复杂性与社会设计工程	沙基昌　王众托　李伯虎 范维澄　顾基发　糜振玉	5月18～20日
375	子宫内膜异位症发生机制及临床干预的重大问题	郭孙伟　张信美 徐丛剑　刘惜时	5月22～23日
376	中国页岩气资源基础及勘探开发基础问题	戴金星　赵鹏大　贾承造 金之钧　张金川	6月1～3日
377	中国稀土资源的高效提取与循环利用	黄小卫　严纯华　李红卫 池汝安　李家熙	6月8～10日
378	中国山水城市与区域建设-地理科学与建筑科学交叉研究	周干峙　马蔼乃　鲍世行	6月22～24日
379	中医药基础研究发展战略	张伯礼　刘德培　王永炎	7月6～8日
380	气候变化对农业的影响及应对	潘根兴　任国玉 南志标　林而达	9月27～29日

续表

会次	会议主题	执行主席	会议时间
S12	超强太阳风暴和太阳周异常行为	艾国祥　王　水　方　成 魏奉思　汪景琇	9月28～30日
381	蛋白质组学：前沿与挑战	贺福初　张玉奎　秦　钧	10月12～13日
382	方药量效关系研讨会	刘昌孝　丁　健　仝小林	10月14～15日
383	鄱阳湖生态环境保护和资源综合开发利用	汪集旸　孟　伟　周文斌	10月19～21日
384	组织再生中的转化医学问题：基础研究与临床应用的激烈碰撞	付小兵　王正国 吴祖泽　戴尅戎	10月20～22日
385	功能超分子体系：多层次的分子组装体*	张　希　佟振合 沈家骢　Harald Fuchs	10月27～29日
386	碳基半导体界面科学与工程	李述汤　佟振合　曹　镛	11月2～4日
387	分子仿生	李峻柏　欧阳钟灿 汪尔康　刘冬生	11月9～11日
388	中国强震预测与地球系统科学	李廷栋　张国伟　金振民 陶家渠　李德威	11月23～25日
S13	加快中国的医学模式转换：促进中国医药卫生体制改革的科学问题	陈　竺　林其谁 曾益新　曹雪涛	12月18～19日
389	核燃料后处理放射化学	柴之芳　刘元方 朱永䝆　王方定	12月22～24日

www.kiswire.com

Open up to
a new world with wire.

因为专业 所以卓越
同舟共济 携手共赢

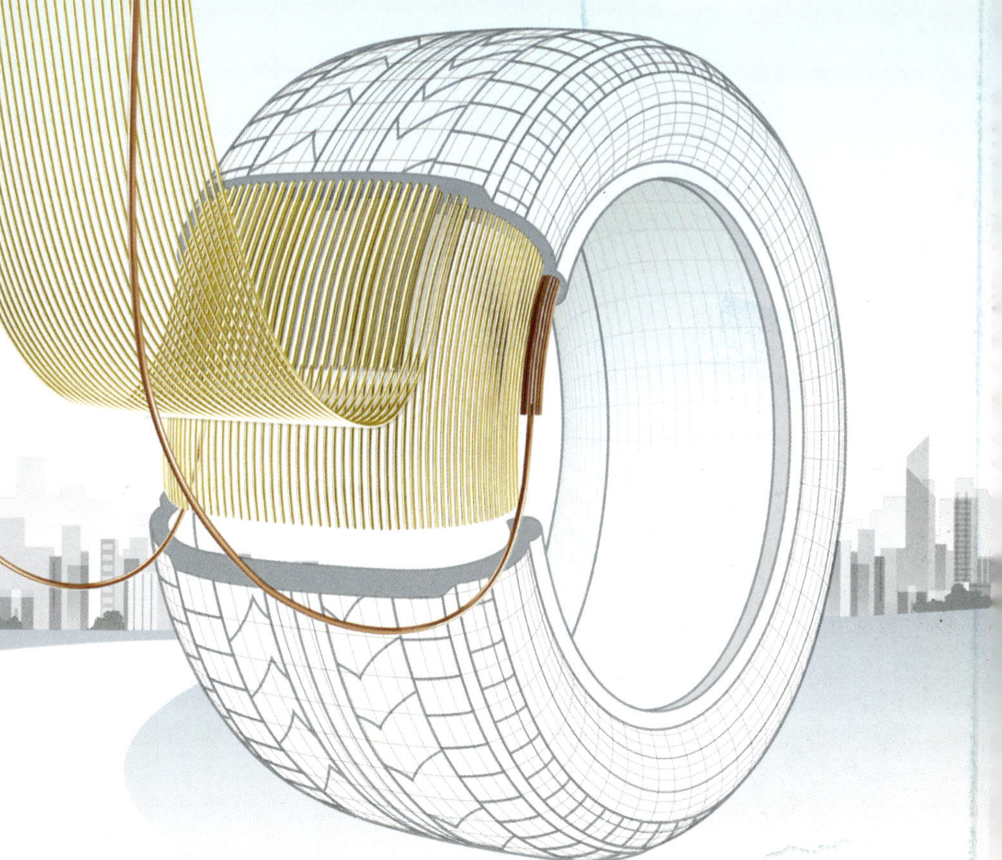

钢丝帘线，胎圈钢丝，钢丝绳，切割钢丝，弹簧钢丝

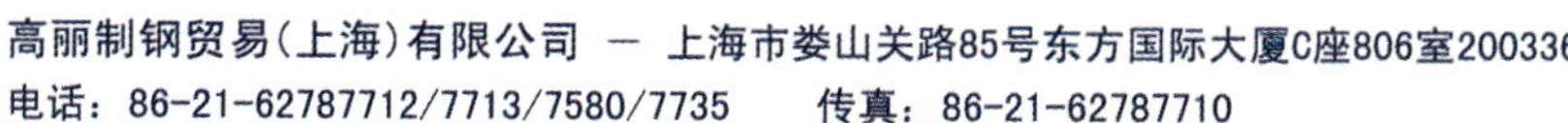

萨驰公司——中国新一代轮胎装备研发制造基地

萨驰公司是具有为轮胎制造企业提供先进轮胎制造、工艺应用技术；轮胎企业整体升级改造；高端机械装备；以及轮胎企业设备大修、升级改造；设备维护、员工培训等为一体的一站式专业化综合方案解决供应商。

萨驰全资、控股公司：萨驰机械工程（上海）有限公司、萨驰华辰机械（苏州）有限公司、萨驰机械（吴江）有限公司、天津萨驰科技有限公司，合计注册资本为1.1亿元，工厂面积为140余亩（10万平方米）；厂房使用面积4万余平方米，各种高中端、大中型设备齐全；研发中心拥有来自国际、国内研发技术人员80余名。

生产能力：半钢、全钢轮胎成型机100台（组）/年，轮胎液压硫化机200台/年。

大修升级改造：成型机、硫化机、密炼机200台/年。

萨驰主要研发生产基地：萨驰华辰机械（苏州）有限公司是萨驰公司与荣获国家科技进步二等奖、中国大型数控轧辊磨床龙头企业--昆山华辰重机有限公司合资组建，并与韩国轮胎装备技术合作研发及生产的高新技术企业。萨驰华辰和华辰重机合计注册资本2.8亿元，总投资达4亿元，强强联手造就了新一代完善、强大的中国高端轮胎装备研发、生产、及大修升级改造基地。

公司主要产品和服务：

- 半钢子午胎两次法成型机；半钢子午胎一次法成型机
- 全钢子午胎成型机（两鼓、三鼓、四鼓）
- 液压硫化机
- 各类非标设备
- 各种轮胎设备大修升级改造
- 轮胎制造、工艺应用技术，轮胎企业整体升级改造等

研发和管理团队：来自国际著名企业以及中国行业精英组成的跨国研发管理团队，具有超越中国同行的国际视野和成熟的先进管理经验。

技术优势：以其主要产品轮胎成型机、液压硫化机采用具有30多年经验积累、技术成熟的高端韩国轮胎装备技术合作生产为基础；配合聚集来自国际著名企业、国内行业在技术、制造、品质以及售后服务等各方面组成的专业精英团队为依托；以国内行业领先的轮胎制造、工艺应用技术团队为主导，确保萨驰机械产品和先进轮胎制造工艺的高度融合；配合强大的制造实力。相比国内同类产品，其设备和成型、硫化工艺的融合、技术、品质以及实际使用效益等优势明显。

服务优势：积25年维修服务经验之基础，将在全国各主要轮胎企业所在地建立30个萨驰特色的产品服务工作站。凡使用萨驰产品（10台以上数量，一年期），实行用户生产现场24小时全天候免费服务（包括提供机台维修，保全以及负责操作工培训等），确保萨驰产品的品质保障，免除了轮胎企业在关键设备的管理、维修、保全、规范操作和员工培训等各方面存在的不足和后顾之忧，可大大降低轮胎企业设备的管理和维护费用，为提升轮胎企业效益和产品质量，提供有力的支撑，从而开创萨驰公司在行业内的优秀服务模式。

萨驰上海地址：上海市静安区武定路327号申银发展大厦4楼
电话：4006617727　021-51710047
传真：021-51710048
网址：www.safe-run.cn
邮箱：sales@safe-run.cn
萨驰华辰公司地址：江苏省昆山市新镇路12号
萨驰吴江公司地址：苏州市吴江友谊路

设备名称：　半钢子午胎一次法成型机
（韩国技术合作生产）

设备型号：　SRPST-1418
产　　能：　480 条/8小时（15”单层胎体 ）
生产周期：　59.0秒/条
设备特性
材料定长：　伺服控制
材料定中：　CCD自动控制
材料裁断：　电热刀及超声波自动裁断
材料接头：　自动接头
反包方式：　单胶囊+胶囊推盘方式
电控系统：　触摸屏（三菱或AB）

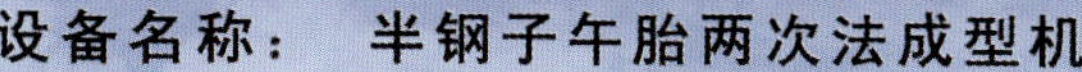

设备名称：　半钢子午胎两次法成型机
（韩国技术合作生产）

设备型号：　SRPT-1518
产　　能：　384 条/8小时（15”单层胎体 ）
生产周期：　一段成型机75.0秒/条
二段成型机57.8秒/条
设备特性
一段成型机
材料裁断：　电热刀及超声波自动裁断
二段成型机
传递环驱动：　交流电机（电磁铁定位）
瓦块伸缩：　6个自锁气缸方式
胎面供料：　带束供料架前方（操作工后方）
裁断/接头：　自动裁断+手动接头
带束层供料：　CCD 自动控制及自动接头
电控系统：　触摸屏（三菱或AB）

设备名称：　半钢子午胎两次法成型机（三鼓式）
（韩国技术合作生产）

设备型号：　SRPT-1316
产　　能：　384 条/8小时（15”单层胎体 ）
生产周期：　75.0秒/条
设备特性
材料裁断：　电热刀及超声波自动裁断
胎面供料：　设置在带束供料架前方（操作工后方）
带束层供料：　自动定中，手动接头
电控系统：　触摸屏（三菱或AB）

设备名称：全钢子午胎四鼓成型机
设备型号：SRT-4N
使用环境：温度 22±2℃ 相对湿度 最高65%
电 源：AC 380V 50Hz 3相
控制系统：触摸屏(三菱或AB)
产 能：160条/8小时(以10.00R20计)

设备名称：全钢子午胎三鼓成型机
设备型号：SRT-3N
使用环境：温度 22±2℃ 相对湿度 最高65%
电 源：AC 380V 50Hz 3相
控制系统：触摸屏(三菱或AB)
产 能：120条/8小时(以10.00R20计)

设备名称：全钢子午胎两鼓成型机
设备型号：SRT-2N
使用环境：温度 22±2℃ 相对湿度 最高65%
电 源：AC 380V 50Hz 3相
控制系统：人机界面 三菱、AB等变频、伺服控制
压缩空气：7Bar
产 能：60条/班8小时(以10.00R20计)

设备名称：液压硫化机（韩国技术合作生产）
设备型号：SRC185-51SP-OP/COM
设备特性
适合轮胎：51英寸(14"~19")
模具高度：最小250mm~最大525mm
合 模 力：最大185吨
样 式：天平式(双腔)
生胎直径/高度：Φ870mm & 最大600mm
胶囊类型：上下开放式
开合模方式：油压
硫化介质：蒸汽、热水、氮气
模具加热方式：热板、夹套
模具高度调整：自动

装配车间

立式加工中心 型号：VDF-1800

数控龙门镗铣床 型号：XK2430x100-T1

三立轮胎装备（苏州）维修中心

—— 专业化轮胎设备维修、升级改造基地

具有轮胎成型机、硫化机、密炼机等各类轮胎设备的大中修、升级改造、备品配件供应、轮胎企业整体升级改造的专业化、一站式大修服务中心，拥有30多年轮胎装备大修改造经验的韩国专家团队和中国行业精英组成的研发技术中心；拥有对轮胎企业整体诊断、分析，并提供大幅提升企业生产效益、产品质量的整体方案；拥有中国较大规模的轮胎设备专业大修、升级改造工厂，注册资本1000万元，厂房使用面积一万多平方米，各类高中端、大中型设备一应俱全，年大修能力：轮胎成型机50台(组)，硫化机120台，密炼机30台。

大修、升级改造内容：

- **轮胎成型机**
  半钢二次法轮胎成型机
  半钢一次法轮胎成型机
  全钢一次法成型机（二鼓/三鼓/四鼓）
- **液压/机械式硫化机**
- **各式密炼机**
- **其他设备**
  型胶压出生产线
  薄胶片生产线
  帘布/钢丝压延生产线
  钢丝直裁机、小角度裁断机
  钢丝圈生产线(方形、六角形)

成型机大修、升级改造

范围涵盖全钢、半钢、全钢工程胎、斜交工程胎等。

内容包括胎体筒传递环改造、扣圈装置改造、电气系统升级、程序优化、供料系统大卷化改造、供料系统自动、裁断改造等，涵盖成型机各部件，大幅提升成型机产能的同时提升产品的质量。

密炼机大修

包括：主机（如转子、混炼室、上顶栓、下顶栓、加料门等）、上辅机、下辅机、胶片冷却装置、气缸式上顶栓改为液压式上顶栓，控制系统的智能化。

硫化机大修

包括：主机、润滑系统、装卸胎机构、后充气装置、硫化室与调模机构、中心机构、氮气硫化、控制系统；将现有的斜交胎硫化机升级改造为满足生产全钢和半钢工艺及精度要求的硫化机等。

中国橡胶工业协会会员展示专版

高深橡胶
Gaoshen Rubber

关于我们

About Us

高深橡胶 是一家以昆明高深橡胶销售有限责任公司为贸易平台，嵩明高深橡胶有限公司、海南高深橡胶产业发展有限公司、德宏高深橡胶产业发展有限公司、西双版纳高深橡胶有限公司、普洱高深橡胶有限公司为加工工厂，老挝高深资源开发有限公司、缅甸高深资源开发有限公司为种植基地，并在华东地区（上海）、华南地区（厦门）、华北地区（天津）、山东地区（青岛）、香港地区设立营销机构的集团公司。

长期以来，高深橡胶本着诚信经营的原则，积极进取、勇于创新的经营理念，以技术中心为研发平台，整合内部科研力量，着力提升企业自主创新能力，更在智权管理上努力耕耘，依靠人才凝聚、技术进步、科学有效的战略布局，基本形成以橡胶种植、加工、贸易、进出口为核心，涉及合成橡胶、石化原料、轮胎制造、商业物流的产业集群，经营业务遍布全国及东南亚、日韩、欧美等国家，构建了稳固的营销网络，2010 年销售收入突破 50 亿元人民币。高深橡胶五个国际标准橡胶加工厂 2012 年可以全部达标达产，届时，高深橡胶年加工能力可达 27.5 万吨。老挝和缅甸两个种植基地的 40 万亩橡胶林也将于 2018 年全面进入丰产期。

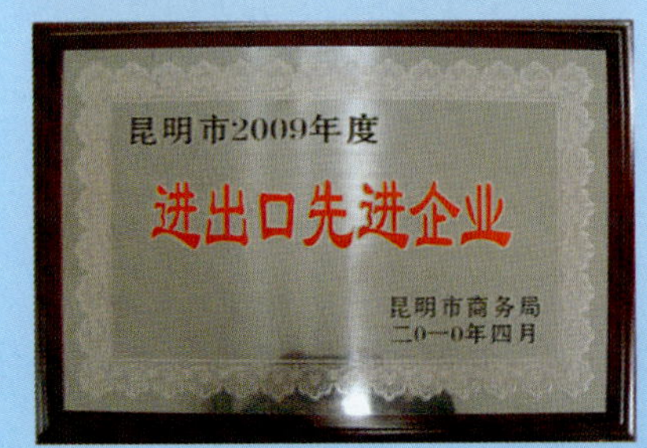

“高者胸怀，深展无限”高深愿与全体同仁携手共进，全心致力于天然橡胶产业的发展！

http://www.gaoshengroup.com

橡胶种植基地

Rubber Planting

缅甸高深资源开发有限公司

2006 年 10 月经批准，在中国出口信用保险公司云南分公司的主持下高深橡胶与缅甸第二特区（佤邦）、温高县签订了《“替代种植”合作开发橡胶合同》，将种植罂粟为生的烟农转变为种植橡胶的胶农。温高县将所属的邦养区、纳高区、曼相区适宜种植橡胶的区域划定为租赁土地开发橡胶的范围，合同一期总投资 3 亿元，开发面积 30 万亩，远期 100 万亩。

缅甸第二特区（佤邦）毗邻中国云南省普洱市孟连县，距孟连县城约 80 公里，土壤、气候条件与中国西双版纳相似，十分适宜橡胶林种植。项目启动至今已经累计投入资金 9000 多万元，完成开发面积 15 万亩。目前境外项目公司设有四个管理部门，共有 65 名职工，59 个橡胶管理生产队，胶农 3308 户，18040 人，平均每户管理橡胶面积 45 亩。

老挝高深资源开发有限公司

老挝高深资源开发有限公司位于老挝人民民主共和国中部的波里坎赛省，距老挝首都万象 150 公里。公司是经云南省商务厅（云商经 [2006]343 号）批复，商务部（[2007] 商合境外投资证字第 000033 号）批准设立的境外独资企业，并获得了老挝相关主管部门颁发的《外国投资许可证》、《农业林业经营许可证》。

借助老挝地区非常适宜橡胶种植的土壤、气候等自然条件，2007 公司启动了 30 万亩天然橡胶种植项目，总投资 4.5 亿元，项目总实施期为 35 年。

高者胸怀　深展无限

橡胶加工厂

Rubber Processing Factory

嵩明高深橡胶有限公司

嵩明高深橡胶有限公司位于云南省昆明市嵩明县杨林工业开发区内，5万吨/年国际标准橡胶加工项目总投资1000万美元，于2008年1月建成投产，工厂占地面积120亩，是目前国内橡胶加工行业技术先进的企业之一，拥有自己的产品研发中心、产品检测中心、化验室等技术开发机构，拥有3项自主知识产权，并拥有一批专业的技术、管理人员，长期为国内外知名企业提供优质的天然橡胶高端成品原料。

2009年公司被认定为昆明市农业产业化重点龙头企业。2010年经云南省农业产业化与农产品加工领导小组认定为农业产业化经营省级重点龙头企业。

主要产品：GSR5、GSR9710、GSR9720、GSR20、GSR CV、GSR RSS。

海南高深橡胶产业发展有限公司

依托海南省丰富的天然橡胶资源和系列产业政策优势，海南高深橡胶产业发展有限公司7万吨/年国际标准橡胶加工项目选址儋州市木棠工业园，占地面积100亩，2008年12月开工建设，2011年1月项目正式投产。目前该工厂是高深橡胶生产能力较大的一个工厂，也是我国一流的天然橡胶加工厂之一，该工厂是我公司国际标准橡胶加工产业在海南岛的一颗重要战略棋子。

德宏高深橡胶产业发展有限公司

云南省德宏州是我国橡胶种植的发源地，1904年刀安仁先生引进的橡胶母树至今长势依然良好，成为德宏州橡胶生产和科研的活标本。作为云南省发展橡胶的重要基地之一，截至目前全州橡胶种植面积达21万亩，开割面积约11万亩，年产干胶约1万吨。

德宏高深橡胶产业发展有限公司年产5万吨国际标准橡胶加工项目2010年4月落户芒市工业园遮放片区，项目占地100亩，按计划2011年7月建成投产。作为云南省桥头堡发展战略的前沿，随着泛亚铁路西线工程的建成，本项目可以立足国内，覆盖东南亚丰富的天然橡胶资源。

普洱高深橡胶有限公司

普洱高深橡胶有限公司3.5万吨/年天然橡胶加工项目选址孟连县。该工厂主要是为配套缅甸高深资源开发有限公司30万亩橡胶园项目，由于孟连县距缅甸高深橡胶园比较近，工厂设在国内一方面技术、物流、工人容易保证，第二方面孟连县也是我国的橡胶产区之一，当地具有一定的橡胶原料。目前，项目已经完成初步选址，计划2011年完成前期工作，2012年开工建设并于同年投产。

西双版纳高深橡胶有限公司

西双版纳州是我国优秀的天然橡胶种植基地，作为云南省和西双版纳州的传统优势产业，云南省对进一步发展天然橡胶产业给予了高度的关注和支持，并被列为省和州“十二五”规划重点发展的产业，提出打造龙头企业，加大农产品工业化，有效转变经济增长方式的发展思路。

西双版纳高深橡胶有限公司7万吨/年国际标准橡胶加工项目具备良好的市场环境和政策环境。本项目计划分两期完成，Ⅰ期3.5万吨/年项目2010年取得备案证书，工厂建设地点距景洪市主城区34公里，计划2011年12月建成投产。Ⅱ期项目拟选址磨憨经济开发区，争取2012年9月建成。

高深橡胶
Gaoshen Rubber

高深橡胶
Gaoshen Rubber

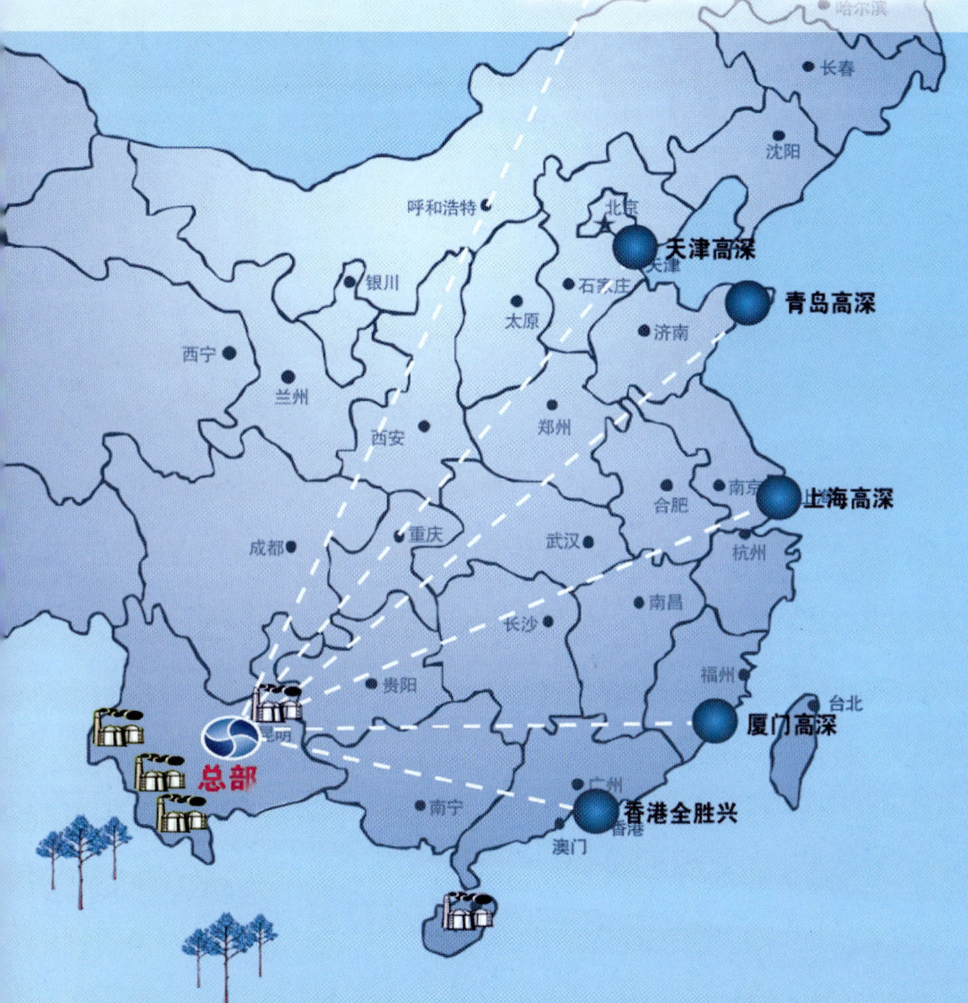

营销机构
Sales & Marketing

高深橡胶在国内主要城市设有对外营销服务机构，充分利用区域优势，为客户提供优质的天然橡胶、合成橡胶产品及便捷的服务

地址：昆明市北京路延长线北辰财富中心 A 栋 18 楼
电话：86-871-3100888　传真：86-871-3178555　邮编：650224

ADD：A-18F,Beichen Wealth Center,Beijing road Extension Line Kunming.
TEL：86-871-3100888　FAX：86-871-3178555　POSTCODE：650224

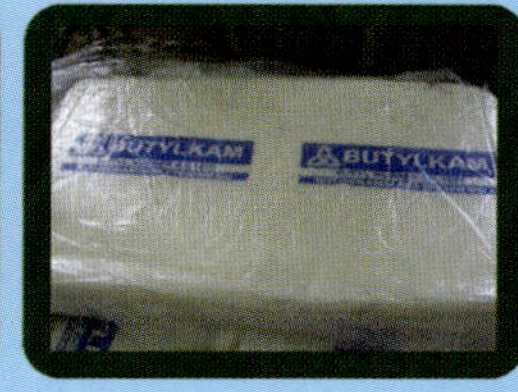

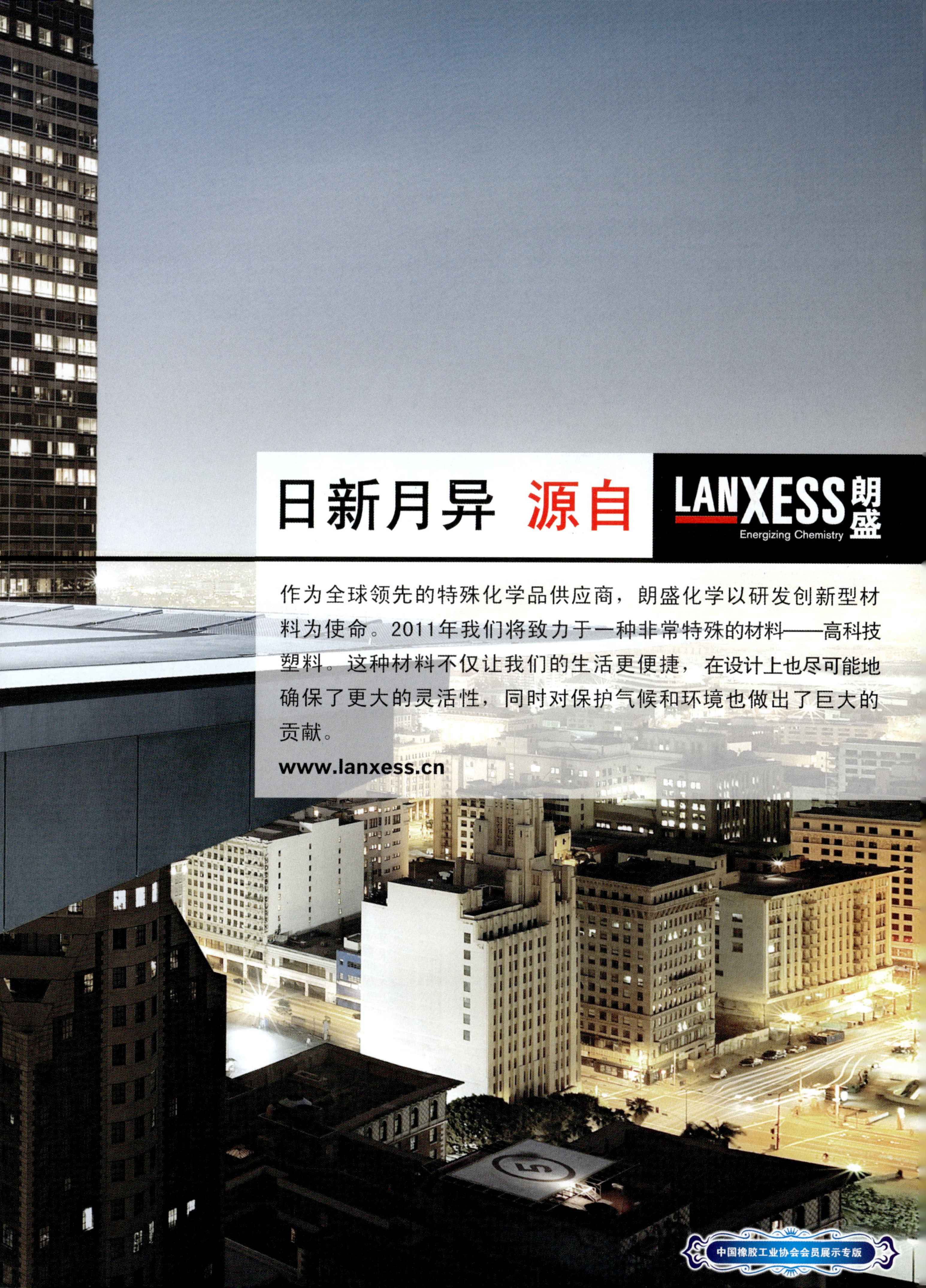

日新月异 源自
LANXESS朗盛
Energizing Chemistry
作为全球领先的特殊化学品供应商，朗盛化学以研发创新型材料为使命。2011年我们将致力于一种非常特殊的材料——高科技塑料。这种材料不仅让我们的生活更便捷，在设计上也尽可能地确保了更大的灵活性，同时对保护气候和环境也做出了巨大的贡献。
www.lanxess.cn
中国橡胶工业协会会员展示专版

绿色轮胎 源自
LANXESS 朗盛
Energizing Chemistry
作为全球领先的特殊化学品公司，朗盛将绿色轮胎变为现实。绿色轮胎采用我们全新研制的丁苯橡胶为材料，实现了高性能与环境保护的完美结合。较大的抓地力、较小的滚动阻力、出色的耐磨性能，以及油耗的大幅降低——现代高性能轮胎可满足环境、效率和安全性的高要求。非凡创意，转动世界。
www.lanxess.cn

全能专家

1909 年，伟大的弗雷茨·霍夫曼教授在朗盛前身公司的实验室成功研制出了合成橡胶，这项发明催生了汽车工程、轮胎设计、能源、运动、医药、航空航天等行业中的数以百计的创新发明，并直接影响到人类生活的方方面面。今天，朗盛，作为全球较大的合成橡胶生产商之一，继往开来，革故鼎新，引领着全球橡胶工业的发展。

密封

尽管在日常生活中并不瞩目，但密封件的作用其实不可小觑

橡胶密封件需要在极端条件下保持可靠性。这些极端条件包括：遇冷遇热，接触注入汽油、石油或制动液等腐蚀性介质，暴露于臭氧中或承受机械重负 ——此时人造橡胶就必不可少了。

建筑业离不开密封件，例如用于门窗的三元乙丙橡胶（EPDM）成型密封材料、用于覆盖平坦屋顶的密接材料或橡胶板，以及用于塑料板顶棚结构的密封型材等。此外，电缆的绝缘材料同样离不开橡胶。来自朗盛的 Therban 密封材料还服务于钻井平台和采油平台等诸多重要领域。为了保护接触石油、燃料及其他有害物质的工人，防护服制造商依赖于耐油的 NBR 橡胶，如 Perbunan（丁苯橡胶）、Krynac（卡兰钠）、Baymod N（氯丁橡胶））或 SBR 橡胶（如 Krylene（卡兰令）或 Krynol（卡兰奴）。消防、建筑和安全用靴均由 SBR 橡胶或羧基丁腈橡胶 Krynac X（卡兰钠）制成，具有耐油、耐酸、耐碱、防滑和耐磨特性。

静止的力量

橡胶减震器可对不必要的振动加以缓冲

没有橡胶减震器的缓冲作用，不仅公路或铁路旅行会令人极为不适，车辆也会因配件振动和途中坎坷的撞击而加速磨损。车轮下的桥梁道路也同样如此 —— 高性能橡胶垫减弱了交通或风力造成的摇摆与振动。此外，在高危震区（如日本、加利福尼亚或南欧），整个摩天大楼都建造在弹性地基上，当地震发生时，这种地基吸收了严重的冲击，使建筑物免遭毁坏。

橡胶与交通运输

这种多用途材料被广泛应用于多种物品和介质的运输

想到橡胶与运输的联系，我们往往首先想到客车或货车上使用的轮胎。的确，轮胎制造使用了全球橡胶（包括天然橡胶和化学合成橡胶）产量的 60%。但是，尽管数量很大，在运输多种多样的物品和介质时，轮胎只不过是橡胶众多应用中的一种。

橡胶带是地上和地下传送带不可或缺的部分，可用于传送矿石、煤炭、废料、弃土、沙石、包裹和行李。在机场，人们也喜欢使用移动步道，沿着长廊运送自己和行李。这些都是由金属或橡胶制成的（例如扶手）。

采用朗盛合成橡胶制造的轮胎

轮胎可能看起来毫不起眼——不过是黑乎乎、圆滚滚的家伙。但如果凑近轮胎仔细看，便会发现他们是必须实现各种任务和极高要求的高科技部件，因为它们是汽车和路面之间彼此接触的地方。无论在什么情况下——不管是低于零度的天寒地冻还是炎热酷暑，轮胎都必须传送驱动力以及转向或制动力。此外，轮胎还必须具有低滚动阻力，因为滚动阻力会大幅增加车辆油耗。最后很重要的一点是，它们必须尽量持久耐用——如今的客车轮胎至少应能跑 5 万公里（即 3.1 万英里）里程。

为了满足这些要求，轮胎制造商必须借助高性能合成轮胎，这种橡胶可根据各种具体需求定制，还可提供远远高于天然橡胶的性能。

海南天然橡胶产业集团股份有限公司

海南橡胶简介

海南天然橡胶产业集团股份有限公司成立于 2005 年 3 月，是农业产业化国家重点龙头企业。公司注册资本人民币 39.31 亿元，拥有胶园面积约 353 万亩，覆盖海南省 17 个市县，年产干胶能力 21 万吨，胶园面积和干胶产量分别占全国的 30% 左右，是中国较大的天然橡胶资源的拥有者和控制者，也是中国较大的天然橡胶加工企业，年加工能力达到 32 万吨。公司目前在全岛拥有 25 家橡胶基地分公司、1 家橡胶加工分公司（下属 13 家加工厂）、1 家种苗分公司、10 家子公司，员工共计七万余人。公司是集天然橡胶种植、初加工、深加工、贸易、物流、研发及橡胶木加工与销售等为一体的大型综合企业集团。

作为中国天然橡胶行业的开拓者和领军者，公司传承了海南农垦核心产业。海南农垦成立于 1952 年，当时是为了“打破帝国主义对我国的经济封锁和橡胶禁运”，作出了“建立我们自己的橡胶生产基地”的决策，开始了在海南大规模垦殖种胶事业。经过三代农垦人近 60 年的努力，建成了天然橡胶生产基地，形成了从天然橡胶种苗到加工配套的技术体系。

2011 年 1 月 7 日，公司成功登陆国内 A 股市场，实现了从传统的农业企业向现代企业的转变。当前，公司正处于崭新、充满勃勃生机的新时代，未来我们将严格按照上市公司要求，以合规稳健经营为立足点，培养创新品格，弘扬创新精神，提高创新能力，进一步提高企业核心竞争力，努力实现公司从传统生产型向现代经营型、从资源拥有型向资源控制型，产品由低端、单一化向高端、差异化转变，建立以全产业链协同管理为基础的双核运营模式，提升公司在中国橡胶市场的话语权和在国际天然橡胶市场的影响力，成为有社会责任感的农业与橡胶领域优秀的上市公司。

企业文化

发展文化： 诚信、稳健、共赢。

发展目标： 传承卓越，续写辉煌。

经营理念： 大限度地控制橡胶资源，提供优质的产品和服务，打造具有国际竞争力的企业，为员工搭建实现自我价值和生活富裕的平台。

发展愿景： 成为以天然橡胶种植和加工为基础，集深加工、贸易、研发等于一体，在国内橡胶行业拥有话语权，对国际橡胶市场具有影响力的优秀上市企业。

户外活动

员工五一户外拓展活动

传承卓越　续写辉煌

⊙ 加工体系

（一）国际标准化的初加工体系

海南橡胶加工分公司负责橡胶产品的初加工，下属的 13 家大型加工厂的加工能力和技术水平均居于国内外同行业前列。海南橡胶实行规模化、集约化加工，年加工能力超过 32 万吨（折干计），主导产品为全乳胶、浓缩胶乳、5 号、10 号、20 号标准胶、子午线轮胎橡胶、航空轮胎标准橡胶等。公司拥有"宝岛"、"美联"、"东太"、"五指山"等一系列知名品牌，其中"宝岛"、"美联"、"五指山"牌系列产品多次被评为"中国著名品牌"；宝岛牌 5 号标准橡胶、美联牌氨保存离心浓缩天然胶乳被中国质量协会授予"全国用户满意产品"称号；美联牌氨保存离心浓缩天然胶乳被评为海南省名牌产品等。2009 年，海南橡胶实施"大营销"战略以来，加工分公司坚持以市场为导向组织生产，根据市场需求及价格行情，及时调整产品结构，为客户量身定制产品。

金星厂容

产品仓库

橡胶手套生产车间

（二）可持续发展的深加工布局

为了健全公司产业链，提升公司利润增长点，保证公司可持续发展能力，公司正陆续建设一批深加工项目。其中，位于海南老城经济开发区的深加工工业园正在积极建设中，将有海南经纬乳胶丝有限责任公司、海南安顺达橡胶制品有限公司、海南知知乳胶制品有限公司三家海南橡胶子公司首批入园。

海南经纬乳胶丝有限责任公司是国内大型乳胶丝生产企业，规划总规模为年产 4 万吨乳胶丝，引进意大利全套生产线设备，生产技术居世界领先水平。乳胶丝是纺织、服装及体育等用品生产加工的重要辅料，该项目的建成将打破我国此类产品完全依靠进口的格局，填补国内空白。

海南安顺达橡胶制品有限公司主要研发、生产、销售预硫化胎面胶、中垫胶等轮胎翻新用材料，橡胶制品（包括特种橡胶制品、精细橡胶制品），生产销售、代加工各种高品质混炼胶。采用全套先进的国内生产设备，选用国际、国内知名轮胎企业的配方及工艺，年产 1.5 万吨预硫化胎面胶、混炼胶及橡胶制品。

海南知知乳胶制品有限公司，是海南橡胶控股子公司，集研发、生产和销售各类乳胶手套的中外合资企业。公司引进马来西亚目前国际乳胶手套生产行业先进的双排生产线设备、生产配方和工艺、污水处理等全盘生产技术，年产 17 亿只各类乳胶检查和医用手套。产品主要出口欧美和日本等发达国家市场。

随着深加工项目陆续投产，将进一步优化升级海南橡胶橡胶产品结构，增加橡胶产业效益，推动海南橡胶橡胶产业经济乃至海南省工业经济的发展。

传承卓越　续写辉煌

◉ 大营销战略

为顺应世界橡胶行业的发展情况，配合海南橡胶“从资源拥有型向控制型转变、产品从低端、单一化向高端、差异化转变”，2009年，海南橡胶全面实施“以销售为龙头，以市场为导向”的“大营销”战略，大力发展直、分销业务，实现与终端客户的对接。“大营销”战略的实施，大限度地整合集团内外的各种销售资源，形成了以市场营销的业务活动为辐射点，原料供给充足，产品加工及时、质量可靠，存储及物流配送准确、迅速，售后服务及时的支撑体系。

大营销战略分布图

中国一流电子商务化交易平台

海南橡胶控股子公司中橡电子交易市场有限公司成立于2001年，业务涉及天然橡胶及其他农产品网上交易、软件开发及服务等。

中橡市场目前已发展成为全国较大的天然橡胶现货交易市场，通过中橡市场网上销售的橡胶产品占全国销售量的70%。2004年中橡市场被评为农业产业化全国重点龙头企业，2007年荣膺“双百市场工程”电子交易市场。作为海南橡胶公司橡胶产品的电子商务平台，2009年，中橡市场与新加坡商品交易所（SICOM）签署合作备忘录，双方将在建立战略合作伙伴关系基础上，优势互补，产销结合，实现双赢，共同开拓天然橡胶国际市场。

海胶地图

建立国内主销区销售平台

目前涵盖我国主要沿海经济发达地区的营销网络已初步建立，现有广州、青岛、天津、云南、温州五大办事处，上海龙橡国际贸易有限公司及其子公司青岛蟠龙国际贸易有限公司。

上海龙橡国际贸易有限公司是海南橡胶的全资子公司，坐落于上海浦东陆家嘴，拥有自主经营进出口权，以自产天然橡胶的销售为基础，围绕终端客户开展贸易胶、美元胶与合成橡胶的销售业务。海南橡胶正全力将上海龙橡打造成为公司对外贸易的窗口和国内外橡胶资源自由转换的平台。

构建海外拓展的支撑平台

海胶集团（新加坡）发展有限公司是海南橡胶在新加坡注册的全资子公司，以天然橡胶一般进出口贸易、转口贸易及贸易代理为核心业务，是公司海外发展和合作的窗口、海外市场信息的窗口及国际宣传的窗口。新加坡公司旨在通过建立海外平台，构建原料国际化供应渠道，成为海南橡胶贸易业务拓展和金融资本协同发展的国际化、专业化海外发展公司。

海南天然橡胶产业集团股份有限公司

高效、便捷的现代物流体系

为配合海南橡胶的“大营销”战略，公司将在海口规划建设大型物流园区。公司下属的控股子公司海垦现代物流股份公司，正依托垦区丰富的物流资源开展业务。海南橡胶每年有橡胶产品 20 万吨、生产资料 22 万吨、橡胶原木约 70 万吨需要配送；另外，垦区每年生产热带水果、瓜菜 50 万吨。现代物流负责公司橡胶产品及橡胶林木的仓储、物流配送服务。其发展目标是“依托农垦，面向市场，覆盖全岛，延伸省外，拓展境外，网络连锁”。

◉ 产　品

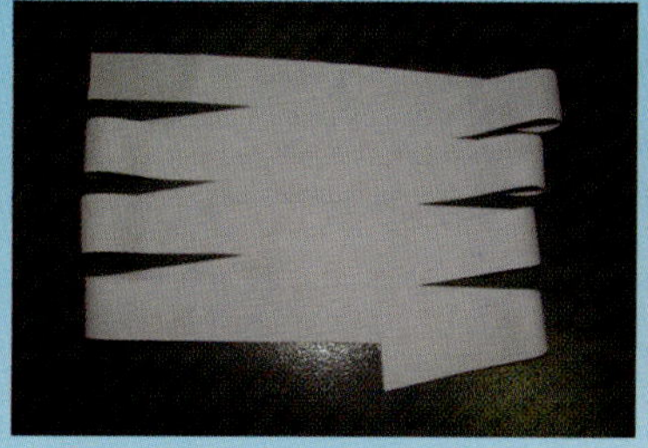

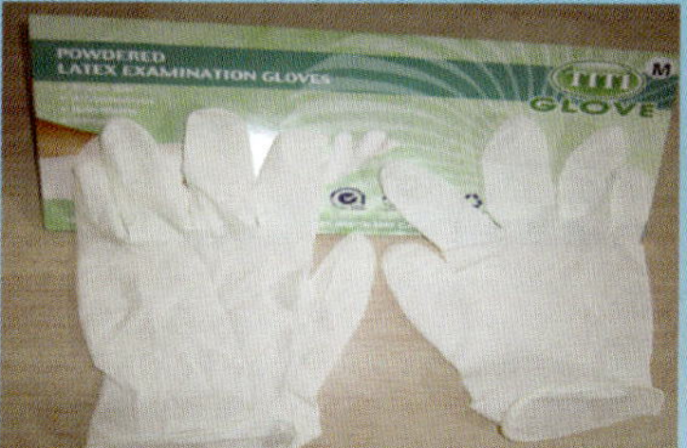

◉ 奖励证书

◉ 商　标

“宝岛”注册商标

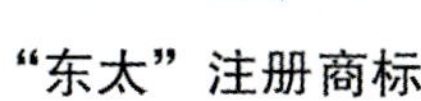

“东太”注册商标

“美联”注册商标

“五指山”注册商标

三角
TRIANGLE

三角轮胎

给社会带来进步
为人类创造文明

销售处 (0631) 5322362
市场服务处 (0631) 5311549

三角轮胎股份有限公司
地址：威海市青岛中路56号

風馳天下

只因我有华帘
的筋骨……

地址：山东省东营市广饶县西水工业区
传真：0546－6498529
邮编：257336
网址：www.hualiangroup.com
电话：0546－6498529
邮箱：hualianganglian@126.com

中国橡胶工业协会会员展示专版

前进轮胎
ADVANCE
中国驰名商标
中国名牌产品

我们一直在前进
MOVE FORWARD WITH
ADVANCE
轮胎

贵州轮胎股份有限公司

浙江奋飞橡塑制品有限公司

浙江奋飞橡塑制品有限公司坐落于美丽的东海之滨、三门湾畔，北临杭、甬，南临温州，海、陆、空交通便利。是一家专业生产各种线绳V带和系列输送带产品的大型民营企业。

公司创建于1988年，占地面积约166500 m^2，拥有国内先进的普通V带生产流水线及国内领先的运输带生产流水线，具有年产普通V带1.5亿A米、各种规格输送带1500万 m^2的生产能力，产品出口占40%，公司已通过ISO9001质量管理体系、ISO10012计量检测管理体系、ISO14001环境管理体系、OHSAS18001职业健康安全管理体系等质量体系认证和企业标准化良好行为、产品采标、产品认证、企业质检机构认证、产品质量授信等方面的专业认证。

公司是全国较大的橡胶制品生产企业之一，生产各种高性能输送带、传动带。公司按照国家标准组织生产，产品质量达到先进国家的技术标准，产品畅销国内市场，远销美、欧、中东、非洲及东南亚等国家。

公司设有专门从事产品研究、设计、开发的功能性输送带市级高新技术研究开发中心，具备独立开发各类胶带新产品的能力。公司拥有先进的橡胶制品生产设备和优秀的管理团队，通过技术创新和管理创新不断提升企业竞争能力，以保持在国内橡胶制品行业强有力的竞争地位，赶超先进水平。

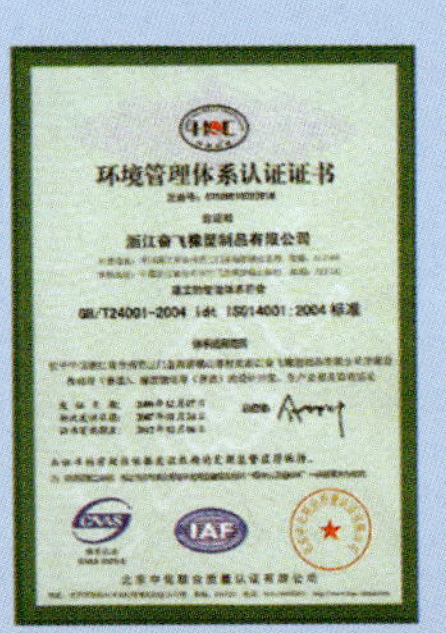

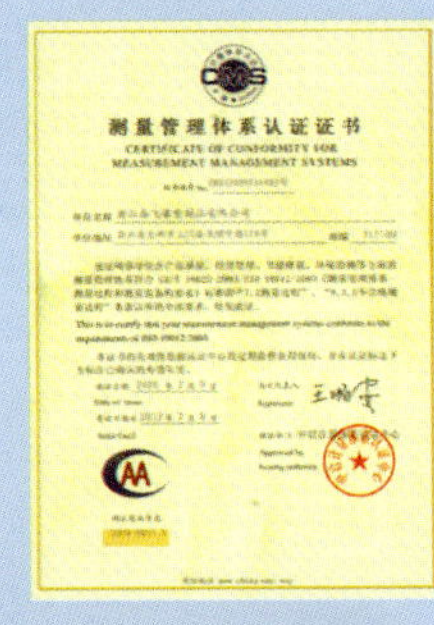

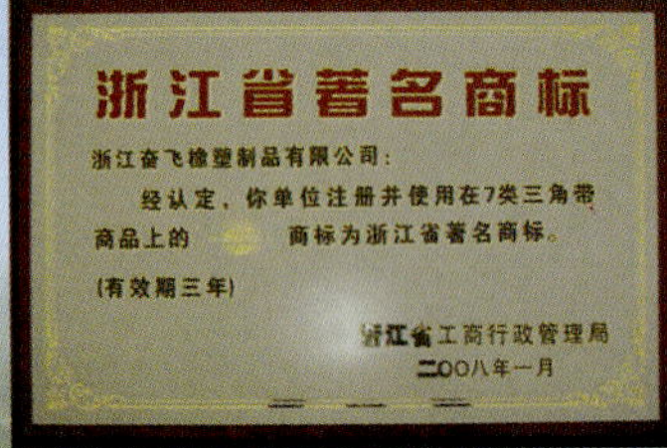

主要产品

★ 普通V带
★ 窄V带
★ 阻燃V带
★ 联组V带
★ 农机V带

★ 普通输送带
★ 耐高温输送带
★ 耐油输送带
★ 耐酸碱输送带
★ 耐寒输送带
★ 管状输送带
★ 耐热钢丝绳提升带
★ 聚酯阻燃输送带
★ 普通钢丝绳输送带
★ 耐热钢丝绳芯输送带

★ MT668煤矿井下用阻燃钢丝绳芯输送带
★ 防撕裂聚酯输送带
★ 防撕裂钢丝绳输送带
★ 耐灼烧聚酯输送带
★ 耐灼烧钢网整芯输送带
★ 特种花纹输送带
★ 大宽度橡胶密封覆盖带
★ 鼓式硫化特种薄型输送带
★ 特殊结构糙面输送带

新疆昆仑轮胎有限公司是隶属自治区国有资产监督管理委员会监管，由九家股东组成的股份制企业。注册资本金为3.78亿元，资产总额已达10亿元，厂区占地面积1257亩。公司主要从事轮胎的生产经营，公司下设三个全资子（分）公司：新疆昆仑工程轮胎有限责任公司（位于库尔勒），负责斜交轮胎的生产；新疆昆仑轮胎有限公司供销分公司，负责原材料采购和产品销售；乌鲁木齐昆仑通达物流有限责任公司，主要负责原材料及产品的运输供应。公司现有员工2000余人，各类管理人员均具有大专以上学历及中级以上职称，是一个具有高知识结构的复合型团队。

新疆昆仑轮胎有限公司具有生产50多个轮胎规格、140多个品种、年产120万套工程胎、大农机及工业车辆胎和60万条全钢载重子午胎的生产能力。其昆仑牌汽车轮胎在产品质量、信誉以及市场定位方面均名列全国前列。公司所生产的载重汽车轮胎在区内及西北地区市场占有率始终保持前茅，产品远销内地和周边国家，被自治区授予“新疆名牌产品”，“昆仑”商标被评为“新疆著名商标”。新疆昆仑轮胎有限公司是西北地区规模较大的轮胎生产企业之一，目前100万条全钢载重子午线轮胎项目一期60万条工程已建成投产，并计划在未来5年内通过技术改造和后期工程，实现年产200万条全钢载重子午线轮胎的生产能力，年销售收入达50亿元，计划在10年内实现年产全钢载重子午胎300万条、半钢子午胎1000万条、全钢工程子午胎10万条、翻新胎60万条、炭黑12万吨，年产值达100亿元的宏伟目标。公司将以科学的生产技术管理和雄厚的技术实力为先导，以先进的生产设备、精湛的生产工艺为基础，以齐全的质量检测信息化管理为手段，为广大客户提供优质满意的产品。

新疆昆仑轮胎有限公司始终信守“以诚信铸就企业、以质量铸就形象、以服务铸就未来、以管理铸就效益”的经营宗旨，以科学发展观为指导，紧紧围绕“一个板块，两大基地，双轮共同驱动，南北协调发展”的发展思路，遵循“忠诚、尽责、诚信、共赢，做社会尊敬的人和企业”的企业价值理念，把昆仑公司全面建设成为资产清晰、管理科学、主业突出、创新能力强、有自主品牌、核心竞争力强大的企业集团，用十年左右的时间打造年销售收入上百亿的大型轮胎骨干企业。

新疆昆仑轮胎有限公司

全钢丝子午线载重汽车轮胎

斜交载重汽车轮胎

工程系列载重轮胎

新疆昆仑轮胎有限公司
电话（传真）：(0991)6659446
地址：乌鲁木齐市米东北路 7880 号
邮箱：xjkunluntyre@163.com
邮编：831400
网址：www.kunluntyre.com

中国精细化工行业的领跑者
山西翔宇化工有限公司

◉ 企业简介

山西翔宇化工有限公司创建于2000年，主要致力于橡胶助剂、染料中间体和医药中间体的研发、生产和贸易。总公司位于山西省临猗县丰喜工业园区，下设分公司1个，直属单位12个；占地总面积40公顷。现有员工510人，其中技术骨干180人；公司注册资金9800万元，总资产5.9亿元人民币。

公司于2002年被山西省确定为省级高科技化工企业，拥有自主进出口权；被中国农业银行山西省分行评定为“AAA”级信用等级企业；被山西省评定为守合同、重信用企业；被国家化工企业协会评定为具有发展潜力和竞争力的全国500强之一；2006年12月25日被评定为“山西省百强民营企业”；2009年荣获“重合同守信用企业”称号，中国质量万里行理事委员会委员。多次受到县委、县政府表彰，连年被确定为市县重点保护企业，是县政府树立的大型骨干企业之一。

公司主要产品有：橡胶防老剂4020、RT培司、吐氏酸、磺化吐氏酸、二硝基酸等。生产工艺设备先进，监测检验手段齐全；质量标准已达到或超过国标、部标及专业标准，连续通过ISO9001/14001/1800质量、环境、安全三体系认证。年生产量70%以上出口到英国、美国、瑞士、印度等国家和地区，分别与国际驰名的跨国公司建立了长久的业务合作往来，可靠的产品质量及公平合理的应变价格，始终受到国内外用户的广泛青睐！

◉ 翔宇实力

标准的厂房、宽敞的车间、整洁的环境、先进的工艺，为翔宇产品提供了可靠的质量保证，与日俱增的创新意识及持之以恒的精工制造，令完美的产品日新月异，无论世界如何改变，翔宇人对产品质量的严格要求始终不变。

公司的生产规模不断扩大，技术水平不断提高，发展为自动化生产作业，产品从原来的单一产品发展到现在的多个系列产品。

在公司领导以及员工的不断努力完善下，产品质量已达到国内同行业先进水平，逐步成为在全国同行业中具有较大规模的化工企业。

◉ 翔宇产品

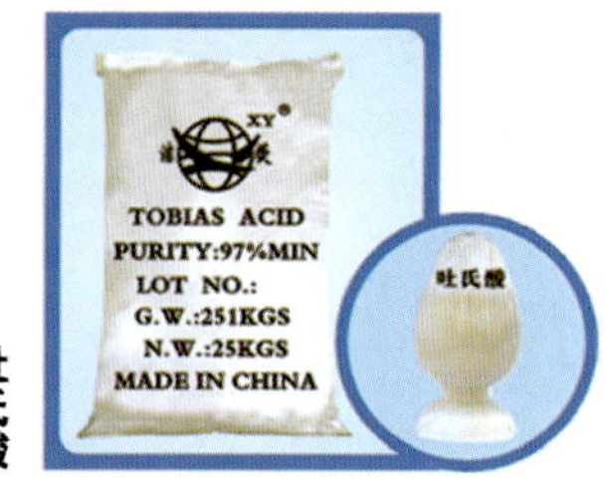

吐氏酸

无盐磺化吐氏酸

RT培司

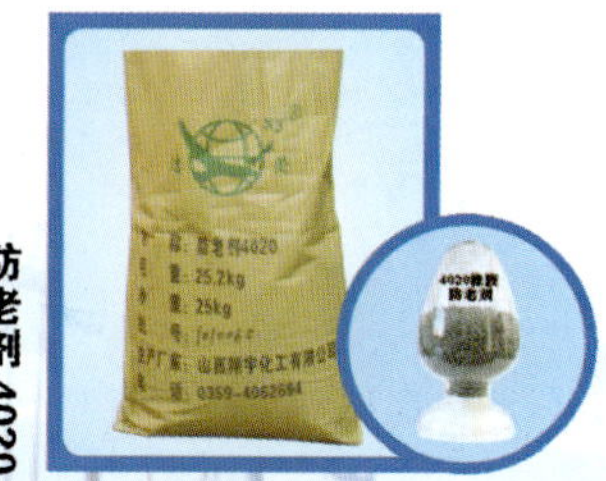

防老剂4020

◉ 翔宇荣誉

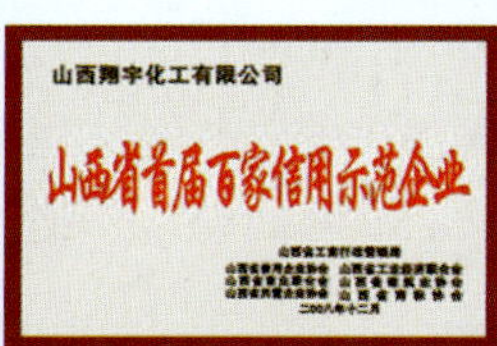

厂址：临猗县丰喜工业园区

邮编：044100

传真：0359-4062694

国内销售热线：0359-4062361、4062775

外贸销售热线：0359-4062751、4062750

E-mail：xiangyu@xiangyuchem.com

国内万吨级高含量TMQ(RD)正式

主要品种 ◆防老剂：TMQ、PAN、KL、SP ◆促进剂：M、DM、CZ、

公司简介

科迈化工创建于1998年，现有员工1000余人，总占地面积41万平方米（620亩）。拥有5万吨/年防老剂TMQ天津工厂、3万吨/年促进剂天津工厂、5万吨/年促进剂MBT内蒙古工厂以及科迈天津总部、科迈（美国）化工有限公司，产品销往全球30多个国家和地区。公司通过了质量、环境、职业健康安全、测量四体系认证，拥有国家认可化学物理检测实验室（CNAS）、国家高新技术企业、市级技术中心、天津市著名商标、天津市名牌产品、天津市重点培育和发展的出口品牌，是全球橡胶助剂大型骨干生产企业。

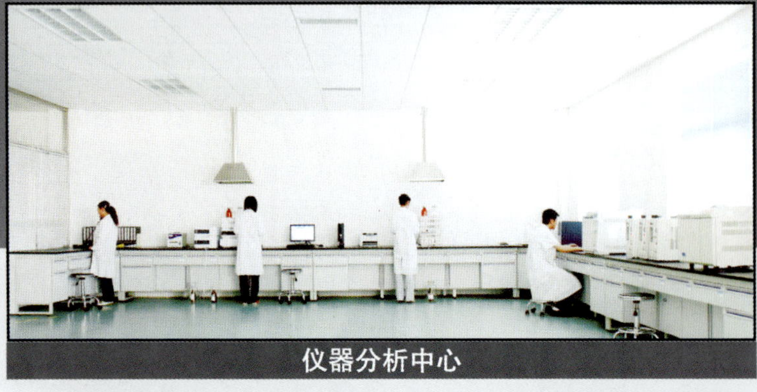
仪器分析中心

化学分析中心

◆国家高新技术企业 ◆天津市 技术中心 ◆国家认可化学物理检测实验室

天津市科迈化工有限公司
营销中心电话：022-24370313 58376388

天津拉勃助剂有限公司
传真：022-24379994

产（二聚体含量大于45%、二三四聚体含量大于80%）

、DZ、D ◆增塑剂：A ◆抗氧剂：T-531 中石油“三剂”指定供应商

科技为本 迈向未来

工有限公司

L TECHNICAL CO.,LTD.

TMQ造粒装置

科迈(美国)化工有限公司

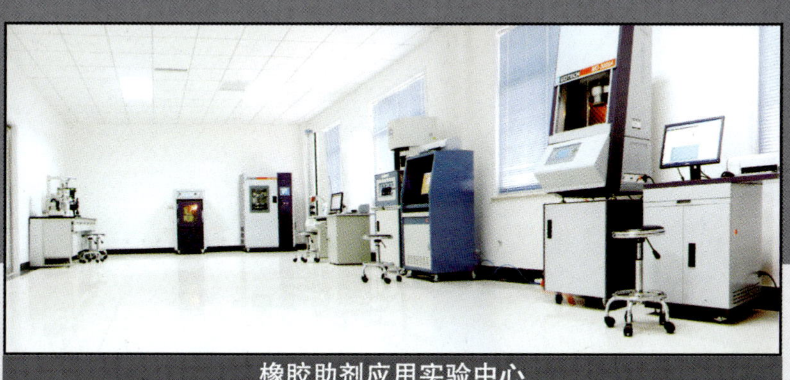
橡胶助剂应用实验中心

研发中心办公室

◆天津市名牌产品 ◆天津市著名商标 ◆天津市重点培育和发展出口品牌

地址：天津市滨海新区大港古林工业区 网址：www.tjkemai.com

工厂电话：022-63349929 传真：022-63351600

伙 伴 Partners

全球橡胶助剂用户的优选合作伙伴

To be the best choice for the global users of rubber chemical additives

江苏圣奥化学科技有限公司

JIANGSU SINORGCHEM TECHNOLOGY CO., LTD.

江苏圣奥化学科技有限公司 上海浦东龙阳路2277号永达国际大厦22楼 201204 电话：86-21-50619988 传真：86-21-50117200

Jiangsu Sinorgchem Technology Co., Ltd. 22F.Yongda International Tower, No. 2277, Longyang Rd. Pudong New Area, Shanghai 201204, P.R. China

▪ 网站URL: www.sinorgchem.com ▪ 电子邮件E-mail: service@sinorgchem.com ▪ 中国专线: + 800 820 3852 ▪ 国际专线: + 800 2562 5688

四川亚西橡塑机器有限公司

SICHUAN YAXI RUBBER & PLASTIC MACHINE CO.,LTD.

四川亚西橡塑机器有限公司始建于1942年，是全国定点生产橡胶设备的大型专业厂家，现为中国橡胶工业协会常务理事单位、分会副理事长单位、中国橡胶机械行业10强企业。公司现有员工近1000人，厂区面积10余万平方米，各类加工设备700余台，具备完善的机械加工能力和质量检测保障手段。其生产的密闭式炼胶机、加压式捏炼机、压延机、开炼机等产品及各类橡胶产品炼胶生产线、再生胶成套生产线广泛用于橡胶相关行业。

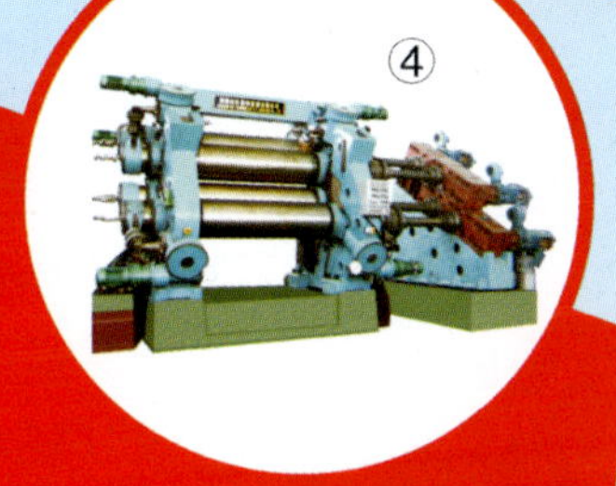

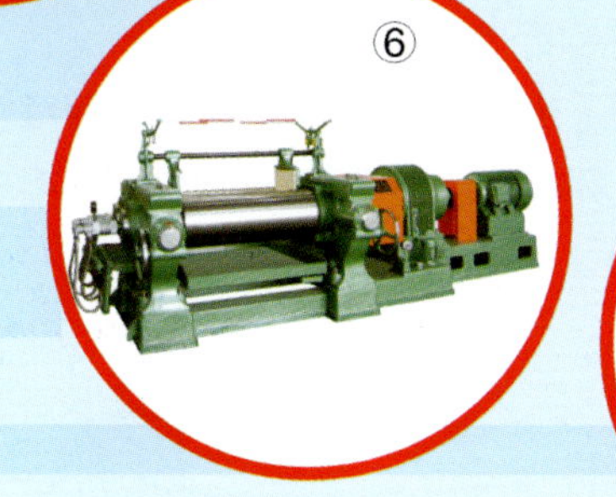

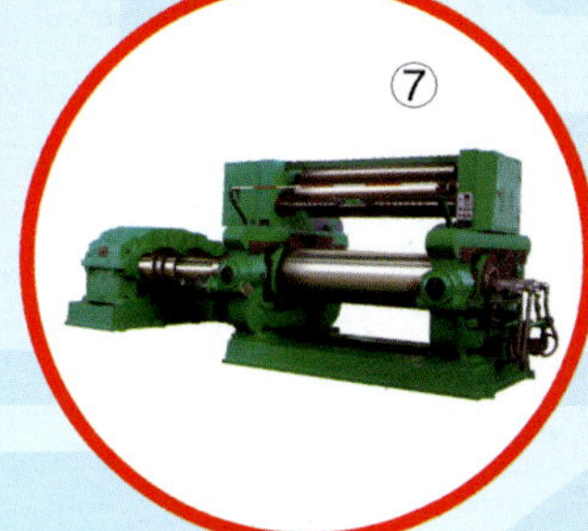

公司产品目录

① XM系列剪切型密炼机
② XMY系列啮合型密炼机
③ X(S)N 系列加压式捏炼机
④ XY系列橡胶压延机
⑤ 废旧轮胎（橡胶）综合回收利用成套设备
⑥ Xk系列开放式炼胶机
⑦ XKY 系列开放式压片机

详情请登陆公司网页www.yxxs.com

地　　址(Add)：四川省乐山市五通桥区牛华镇
免费电话(Free)：800-886-7566
销售电话(Sale)：+86-0833-3208866　3208867
售后服务(Service)：+86-0833-3208871
传　　真(Fax)：+86-0833-3208250
邮　　箱(Email)：yxjq@vip.163.com
网　　址(Web)：www.yxxs.com

佳通轮胎 Giti

佳通轮胎　值得您信赖

佳通轮胎，技术力量雄厚，产品品质卓越

- 来自于新加坡的佳通轮胎，1993年进入中国，迅速成长为中国轮胎业的龙头企业
- 佳通轮胎中国总部位于上海，且分别在合肥、莆田、重庆、银川和桦林五个战略城市设有七家工厂，年产量达到48,000,000条
- 佳通轮胎拥有雄厚的研发实力，在合肥设有中国轮胎业领先的轮胎研发中心，同时在英国汽车工业研究协会(MIRA)机构设立佳通轮胎测试中心

佳通轮胎，品类丰富齐全，满足不同需求

- 佳通轮胎拥有广泛的产品线，满足不同市场的需求
- 轮胎产品可用于：轿车，SUV，赛车，越野车，轻卡轻客，卡车，客车和农用车

佳通轮胎，配套行业领先，国际权威认可

- 佳通轮胎是多家中国自主品牌及国际知名汽车制造商的配套供应商，并获得多个杰出供应商奖项
- 产品质量全球认可，出口覆盖五大洲超过120 个国家，主要出口地在欧洲和北美洲
- 获得多个国际认证，包括ISO/TS16949质量管理体系认证、ISO14000 环境管理体系认证、以及CCC中国强制性产品认证等

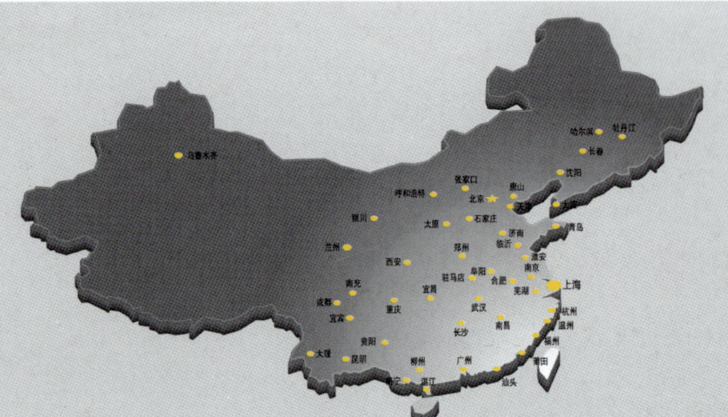

佳通轮胎，中国网络完善，服务及时可靠

- 佳通轮胎在中国拥有完善、高效运转的服务体系
- 整个体系包括：19个配送中心，44个商用车胎销售分部，37个乘用车胎销售分部，以及遍布全国的技术服务团队
- 及时、可靠、值得信赖的服务，真正让客户“买的放心，用的安心”

更多详情请登录 www.giti.com

佳通轮胎 Giti

佳通 舒适系列

不仅让您体验舒适宁静驾乘生活，同时操控、安全、里程也为您考虑到家

佳通舒适228　佳通舒适221　佳通舒适220

佳通 舒适SUV系列

让您尽情挥洒SUV的粗犷与豪情，同时享受驾乘轿车的舒适与宁静

佳通舒适SUV520

佳通 客车系列

轮胎不仅影响乘客的旅途舒适性，更影响您的操控和燃油投入。
佳通客车系列，提高客车运营效率，让驾驶变得轻松

GAL811　GT867

佳通 卡车系列

选对轮胎，即是在赚钱
佳通卡车系列，提高运营效率，针对不同路面需求，提供全系列产品选择

GAL817　GAL818　GT669+

双钱集团股份有限公司

刘训峰
上海华谊（集团）公司 总裁
双钱集团股份有限公司 董事长

1990年6月19日，建厂于上世纪20年代的上海大中华橡胶厂和上海正泰橡胶厂合并组建了“上海轮胎橡胶（集团）公司”。2007年5月，更名为“双钱集团股份有限公司”。

双钱集团的创业者于1929年和1935年分别创立了我国橡胶行业民族品牌“双钱”和“回力”，并将引进技术与自主创新相结合，培育和带动了中国轮胎产业的发展。

集团主要产品有全钢丝子午线载重汽车轮胎、全钢丝子午线轻型载重汽车轮胎、全钢丝子午线工程车辆轮胎、农业子午线轮胎等。集团享有自营进出口权，产品销往国外近百个国家和地区，国内市场覆盖各省、市和自治区。

集团拥有双钱载重轮胎分公司、双钱集团（如皋）轮胎有限公司和双钱集团（重庆）轮胎有限公司等三大全钢子午线轮胎生产基地，总体产能规模约700万条。

集团拥有行业领先的技术中心——轮胎研究所，技术研发力量雄厚，在引进吸收国外先进技术的基础上，注重提高自主创新能力。集团产品质量稳定可靠，分别通过了美国交通运输部（DOT）、欧洲经济委员会（ECE）等国际权威组织认证。

集团在发展过程中，坚持以市场为导向，以创新求发展，不断提高企业的原创技术和核心竞争力，致力于成为中国专业的轮胎制造商与服务商。

双钱集团股份有限公司

地址：上海市四川中路63号　　邮编：200002

总机：（021）33024666　　网址：www.doublecoinholdings.com

双钱载重轮胎分公司

硫化工区

成型工区

双钱集团（重庆）轮胎有限公司

双钱集团（如皋）轮胎有限公司

浙江双箭橡胶股份有限公司

董事长：沈耿亮

浙江双箭橡胶股份有限公司创建于1986年，为中国橡胶工业协会副会长单位。主要生产双箭牌高强力橡胶输送带系列产品，主要品种有尼龙、聚酯、钢丝绳芯、耐热、耐高温、耐寒、阻燃等。公司拥有总资产近10亿元，职工1000余人。公司经营指导思想是“突出主导产品，发展拳头产品，做强专一产品”，在同行中享有较高声誉。双箭牌高强力输送带被认定为中国名牌产品，“双箭”商标被认定为“浙江省著名商标”。公司被认定为高新技术企业。

公司经过二十多年的发展和建设，已具有年产各类橡胶输送带2400多万平方米，成为中国输送带行业中的佼佼者。在全国输送带行业中的生产规模、经济效益、出口量均名列前茅。

目前公司产品质量、技术水平、设备装备等处于国内领先水平，已造就了一支科研开发、能源计量、质量检验，计划管理，产品营销等综合力量较强和管理精干的队伍。已通过

地址：浙江省桐乡市洲泉镇工业区永安北路1538号　　邮编：314513

电话：0573—88531999/88532999　　传真：0573—88531023

网址：www.doublearrow.net　　E_mail:zjsj8531385@126.com

了ISO9001质量体系认证、ISO14000环境体系认证、GB/T28001-2001职业健康安全管理体系认证、测量管理体系和标准良好行为企业认证。产品质量稳定，严格按照国内和国际标准生产，经权威机构检测均符合相关标准要求，达到国内领先水平。产品畅销全国各地，并出口日本、韩国、南非、美国、澳大利亚及欧洲等市场，深受客户信赖，出口量占总销量的30%以上。

面对新的形势，新的任务，公司走资本运作之路，双箭股份已在深交所A股上市（股票代码：002381），实现了企业可持续发展，争做行业领头羊，为中国橡胶工业的发展做出积极的贡献。

DXS 大连橡胶塑料机械股份有限公司

密闭式炼胶机

子午胎钢丝帘布压延机组

两次法成型机

XYD-4S2800/XYD-F4S2800橡胶压延带机组

10米-18米大型平板硫化机

地址:辽宁省大连市甘井子区营辉路18号(116036)　电话:销 售 部:0411-86641804　86651029　售后服务:0411-86651326

Http://www.dlrpm.com　E-mail:sale@dlrpm.com　进出口部:0411-86651697　86648123　传　真:0411-86641873

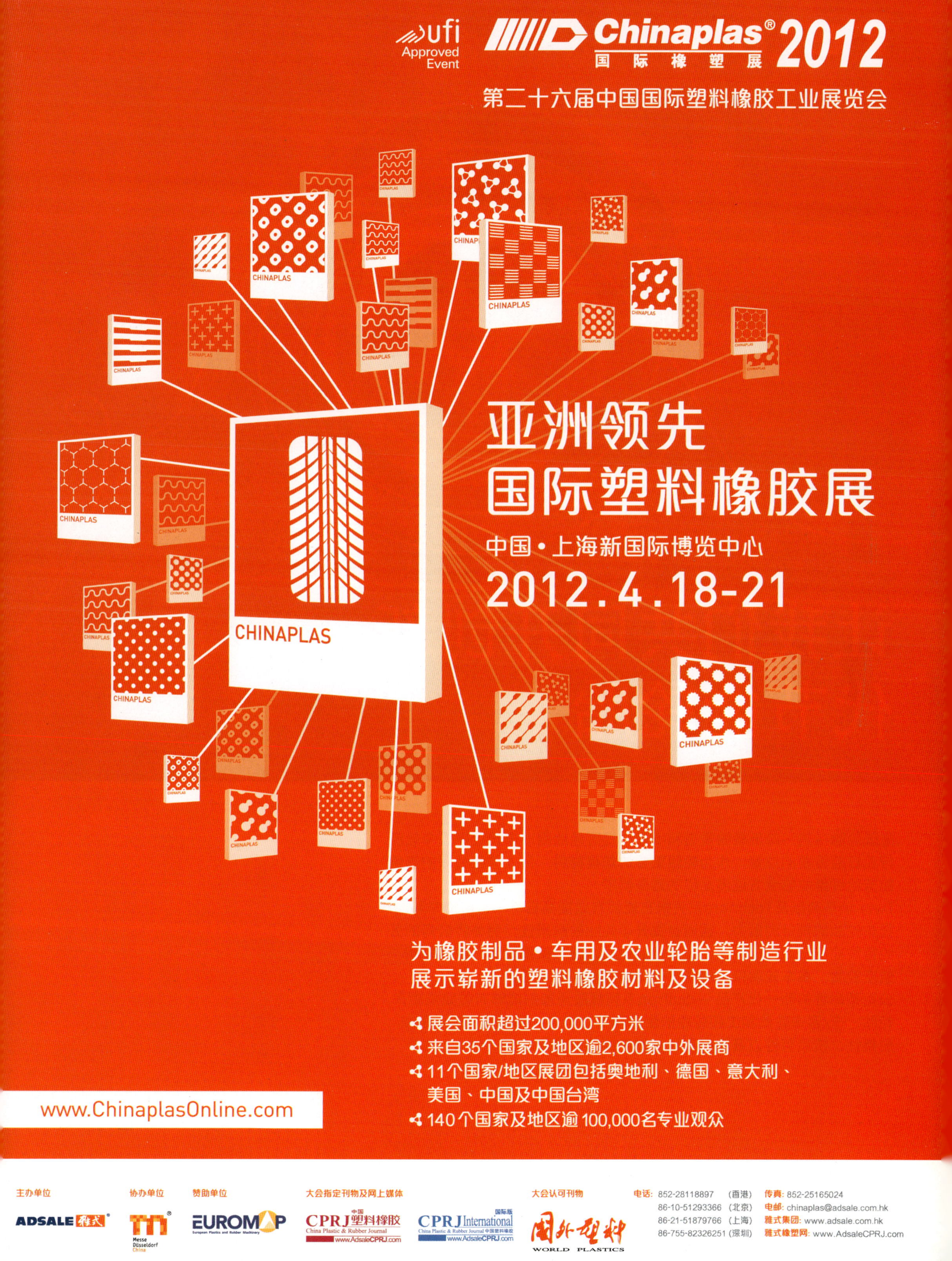

ufi Approved Event

Chinaplas® 2012 国际橡塑展

第二十六届中国国际塑料橡胶工业展览会

亚洲领先
国际塑料橡胶展

中国·上海新国际博览中心

2012.4.18-21

为橡胶制品·车用及农业轮胎等制造行业
展示崭新的塑料橡胶材料及设备

- 展会面积超过200,000平方米
- 来自35个国家及地区逾2,600家中外展商
- 11个国家/地区展团包括奥地利、德国、意大利、美国、中国及中国台湾
- 140个国家及地区逾100,000名专业观众

www.ChinaplasOnline.com

主办单位

协办单位

赞助单位

EUROMAP

大会指定刊物及网上媒体

大会认可刊物

电话: 852-28118897 (香港)
86-10-51293366 (北京)
86-21-51879766 (上海)
86-755-82326251 (深圳)

传真: 852-25165024
电邮: chinaplas@adsale.com.hk
雅式集团: www.adsale.com.hk
雅式橡塑网: www.AdsaleCPRJ.com

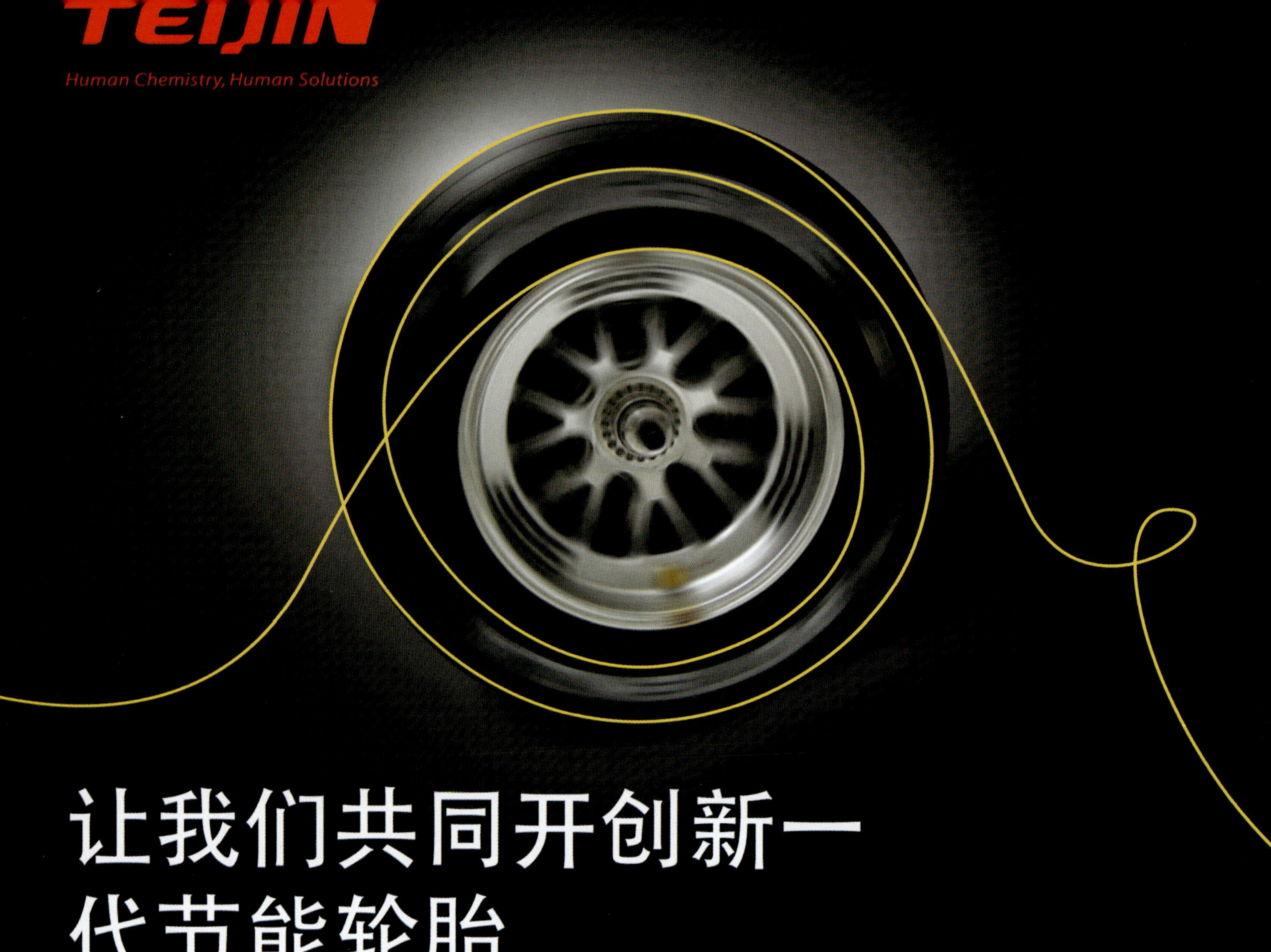

让我们共同开创新一代节能轮胎

降低轮胎生热，降低轮胎重量和噪音，提高轮胎耐冲击已处于当今轮胎行业日益重要的位置。作为轮胎重要的加强材料，帝人芳纶公司的高性能芳纶纤维能够全方位满足你的这些要求。

Twaron系列以及Technora系列帆布能够有效提高自行车、电瓶车和摩托车轮胎的抗针刺能力，因而也提升了轮胎的耐用性。另外我公司的芳纶帘线能提升高性能轮胎、超高性能轮胎、漏气保用轮胎、农业轮胎、航空轮胎、赛车轮胎以及摩托车轮胎的性能和耐用性。

公司革命性的新一代产品— Sulfron系列橡胶添加剂能够有效降低轿车轮胎、卡/客车轮胎和工程轮胎的生热和滚动阻力，同时提高轮胎的抗屈挠性、抗疲劳性以及耐撕裂和抗崩花掉块的性能。

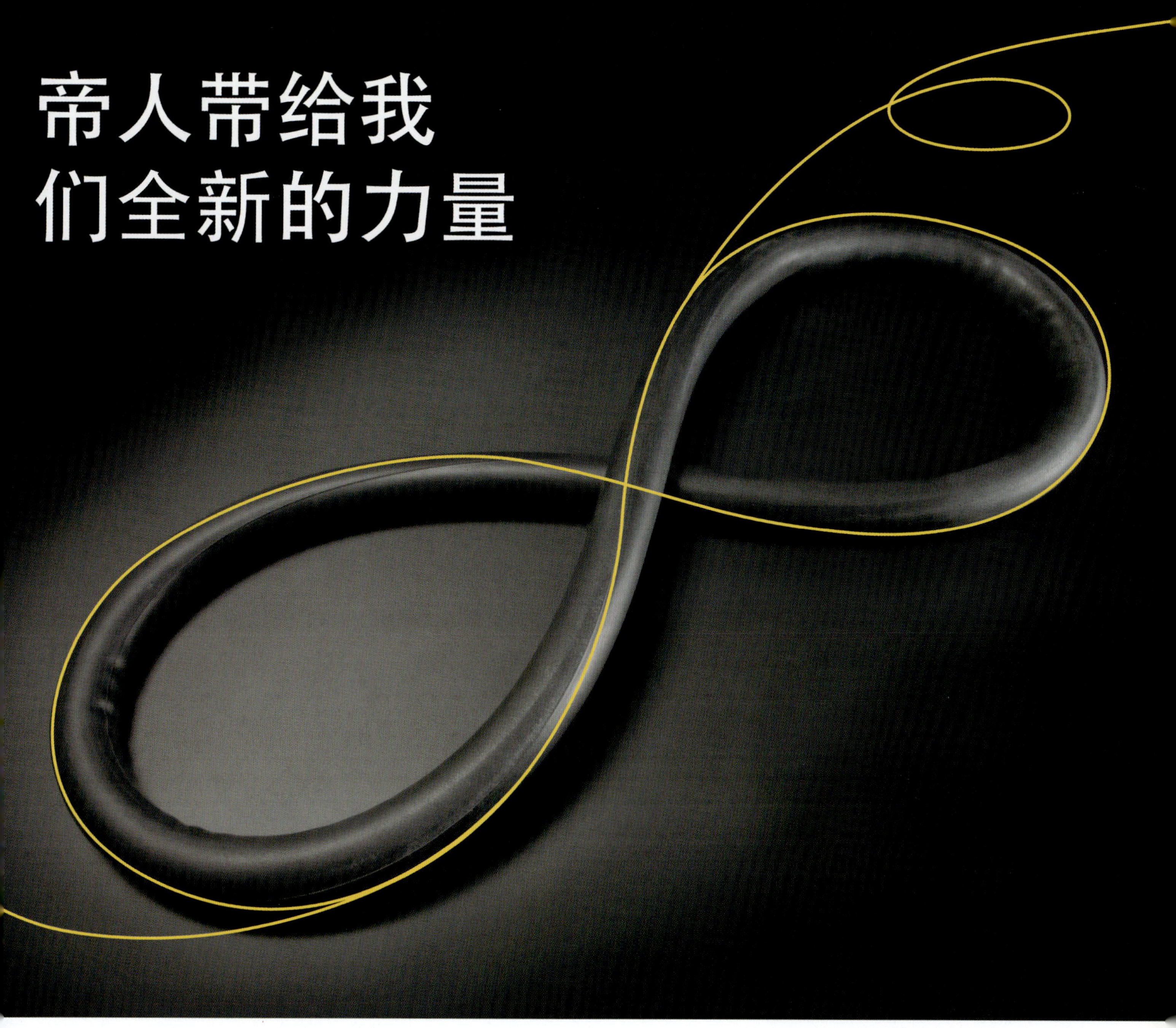

帝人带给我们全新的力量

当今世界充满变化,并且变得越加难以预料,人们愈加需要值得信赖的完备产品应用于各行各业,无论是在汽车行业、石油天然气领域,还是在其他工业以及农业领域。二十多年来，帝人芳纶坚持不懈地致力于为弹性体产品增强提供技术解决方案。这些弹性体产品多为经过特殊设计以满足应用于汽车、重型机械以及石油天然气开采设备等领域时的严苛工作条件。所有这些解决方案都是基于我们的高性能芳纶产品：Twaron®、Technora®、Teijinconex® 和 Sulfron® 。这些产品往往都具备高强度、低重量的特点。我们坚信当我们与客户共同分享产品的知识、专长、应用技术 、 生产工艺及来自市场的要求 ，好的解决方案将由我们共同创造。无论您的要求是减低重量、提高强力或是以其他任何方式提高产品的寿命和性能，我们与您可以共同创造合理的解决方案。我们的解决方案为明天而创造，更为明天的明天。

TEIJIN ARAMID ASIA CO., LTD
Tel.: +86 21 6275 9912
+86 21 6219 2865
Fax: +86 21 6219 5851
Mail: andy.wang@teijinaramidasia.com
william.wang@teijinaramidasia.com
www.teijinaramid.com

Twaron® | Sulfron® | Teijinconex® | Technora®

The power of Aramid

凯迪西北橡胶有限公司

KAIDI NORTHWEST RUBBER CO.,LTD

董事长：黄建华

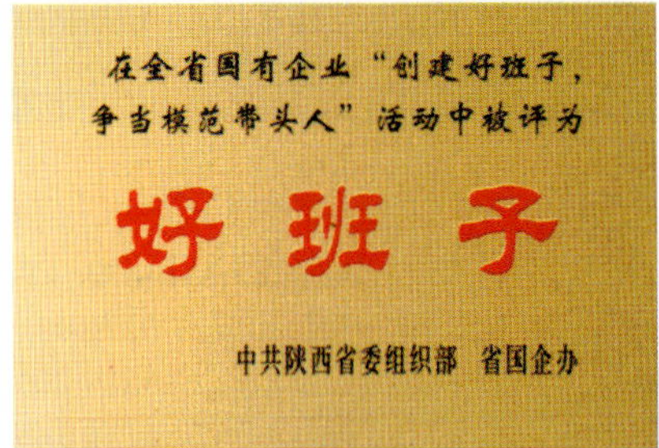

凯迪西北橡胶有限公司是原西北橡胶总厂及其下属的西北凯迪公司资产重组而成立的国有独资公司，隶属于陕西延长石油（集团）公司，是西北地区综合实力强、规模大的橡胶工业企业。主要产品有胶布制品、聚胺酯制品、板材型材、密封制品、胶管等五大系列。主要为航天、航空、兵器、钢铁、冶金、石油、化工、煤矿、工程机械、汽车、船舶等行业配套。

企业先后多次荣获陕西省先进集体、好班子等殊荣。有20多项科研成果荣获科技进步奖，连续两届荣获全国国防科技工业协作配套先进单位。公司董事长黄建华同志被评为陕西省劳动模范、中国橡胶制品协会理事长。

企业于2000年元月通过国家 ISO9001：2000质量体系认证。2003年3月通过GJB9001A-2001质量体系认证。

诚信用户　追求卓越

地址：陕西省咸阳市西华路1号
电话：029-33622691
　　　　　33621641
传真：029-33623927
邮编：712023

总成管

橡胶密封膜

胶管

储油囊

输油管

陕西延长石油集团橡胶有限公司

SHAANXI YANCHANG PETROLEUM GROUP RUBBER CO.,LTD.

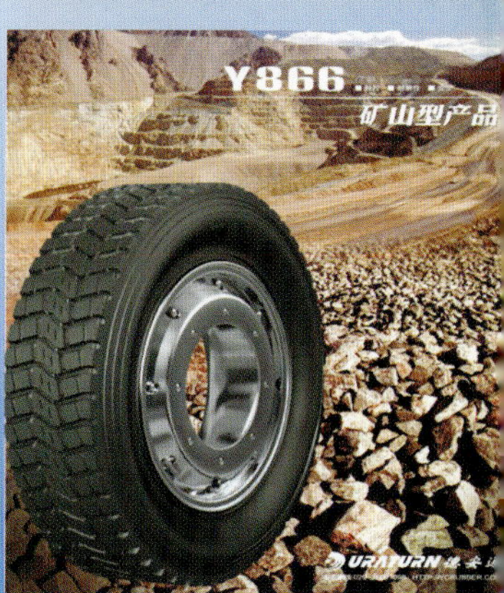

陕西延长石油集团橡胶有限公司成立于2008年12月，隶属于陕西延长石油集团，位于咸阳市秦都区沣河新区。占地面积2500亩，注册资金8亿元人民币。

公司依托延长石油集团雄厚的资金实力，投资48.5亿元引进世界先进装备技术，分两期建成年产2000万条子午线轮胎的生产规模，其中全钢子午胎400万条（含特胎），半钢子午胎1600万条。现已投产万条全钢子午胎。

“德安通”“传志”品牌产品现已在国内辽宁、吉林、河北、河南、广东、湖北、湖南、山东、云南、四川、陕西等20多个省份销售。同时，为陕西重汽做配套销售。

公司将以“世界先进，国内一流”为目标，研发生产适应中长途、中短途、矿山等不同路况以及不同车型的全钢子午线轮胎，与同行携手在竞争中发展，与客户为友在合作中共赢。

梦想起航/延长无限/轮转天下/行者无疆

地址:陕西省咸阳市秦都区沣河新区
电话:029-38001998
传真:029-38001949
邮编:712000
网址:http://ycrubber.com/
邮箱：yc_xiaoshou@163.com

中国平煤神马集团

China Pingmei Shenma Group

中国平煤神马能源化工集团有限责任公司（简称中国平煤神马集团）是经河南省批准，由原中国两个500强企业强强联合、重组整合成立的特大型能源化工集团。

重组企业之一——原神马集团是国际上生产尼龙66工业丝及浸胶帘子布的著名企业，为了适应国内外子午线轮胎工业的飞速发展，1998—1999年神马利用国外的芳纶丝成功开发并生产芳纶浸胶帘子布（产品性能见表1），已成功地打通了后续产品链。在研制开发芳纶帘布的同时，企业在充分的技术积累基础上，2005年成立了对位芳纶纤维产业化研发项目办（赛尔项目办），自行设计建立500t/a连续法生产工艺试验线及配套装置进行产业化关键技术的研发，特别是中国平煤神马集团成立以来，更是加大了对赛尔项目的扶持力度。项目历经自行设计、基本建设、打通工业化物流、试制合格产品、填平补齐和瓶颈技术改造等阶段，历时长达5年时间，作为“十一五”国家863重点项目的牵头承担单位之一——中国平煤神马集团赛尔项目已取得了产业化关键技术的重大突破，整条实验生产线已实现了连续运行，主要性能指标已达到国外同类产品先进水平(见表2)。与此同时企业与相关研究院合作，成功地开发了芳纶/尼龙复合轮胎帘子布制品，试制高性能轿车子午线轮胎，即降低了轮胎制造商的生产成本，又改善了耐压缩及弯曲疲劳性能差以及与橡胶不易粘合的性能，可大大促进其在载重子午胎、轿车子午胎、航空子午胎、工程轮胎的应用（产品性能见表3）。

高性能纤维及其制品是支撑航空航天、能源工业、汽车工业、环境保护等高技术产业发展的重要基础材料，对提高国民经济的整体实力和素质有着举足轻重的作用。作为国内聚酰胺的龙头企业，中国平煤神马集团不断开拓创新，力争在建设国内一流、国际先进水平的尼龙产业基地的同时，打造对位芳纶新型支柱产业。

季国标院士到赛尔项目调研

中国工程院“中原院士行”到赛尔项目调研

领导到赛尔项目调研

表1 “神马”牌芳纶浸胶帘子布物性指标

规格/项目		1100dtex/2	1670dtex/2
断裂强力≥	N/根	330	480
粘度强度≥	N/cm	130	150
断裂伸长率	%	5±0.5	5±0.5
断裂强力不均率≤	%	4	4
断裂伸长不均率≤	%	6	6
直径	mm	0.58±0.02	0.70±0.02
捻度 初捻（Z）	捻/10cm	39.0±1	31.5±1
捻度 复捻（S）	捻/10cm	39.0±1	31.5±1
干热收缩率≤	%	0.3	0.3
1%定伸长负荷≥	N	50	90

领导到赛尔项目指导工作

领导参观赛尔项目生产线

纺丝生产线

表2 神马对位芳纶（SAL纤维）工业用丝物理性能指标

序号	项目	指标											
		400D			840D			1000D			1500D		
		SAL-A1	SAL-B1	SAL-C1	SAL-A2	SAL-B2	SAL-C2	SAL-A3	SAL-B3	SAL-C3	SAL-A4	SAL-B4	SAL-C4
1	线密度，dtex	450±11			930±17			1100±23			1670±33		
2	单丝根数	267			560			667			1000		
2	断裂强力，N	≥86.2	≥78.4	≥70.6	≥181.1	≥164.6	≥148.2	≥215.6	≥196.0	≥176.0	≥323.4	≥294.0	≥264.6
3	断裂强度，g/d	≥22	20~22	18~20	≥22	20~22	18~20	≥22	20~22	18~20	≥22	20~22	18~20
4	断裂伸长率，%	≥2.8			≥2.8			≥2.8			≥2.8		
5	纤度离散系数，%	≤5			≤5			≤5			≤5		
6	强度离散系数，%	≤5			≤5			≤5			≤5		

赛尔项目产品——芳纶丝

表3 神马芳纶/高强尼龙复合浸胶帘子布物理性能指标

项目		单位	实测		
			1670dtex/2+1400dtex/1	1670dtex/1+1400dtex/2	1670dtex/1+1400dtex/1
经密		根/10cm	88	92	60
断裂强力		N/根	628.5	421.1	340.5
定负荷伸长率	88.2N	%	/	/	6.5
	100N		3.6	8.5	/
断裂伸长率		%	8.6	17.0	11.4
直径		mm	0.83	0.86	0.71
干热收缩率 150℃×30min		%	0.05	1.2	0.6
粘接力（H抽出法）		N/cm	170.4	185.7	170.7

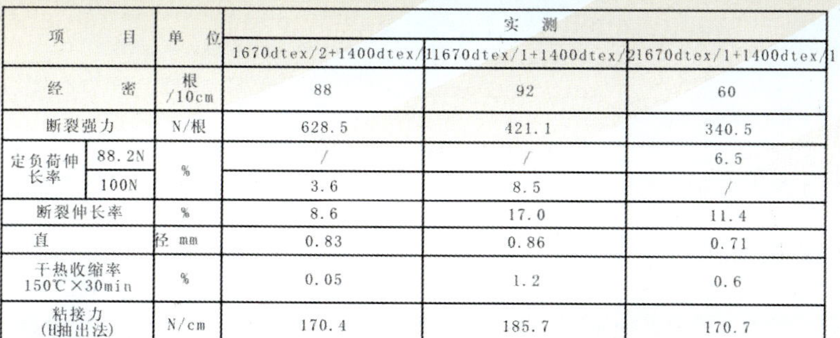

赛尔项目产品——树脂

山东华东橡胶材料有限公司

山东华东橡胶材料有限公司位于素有“中国.金都”美誉的山东省招远市，北临龙口港和莱州港，南与青岛接壤，威乌高速贯穿全市。

公司是目前国内较大的炭黑生产厂家，下设“山东玲珑橡胶助剂总厂”、“山东俱进化工材料有限公司”、“双鸭山华东橡胶材料有限公司”、“新疆昌吉华东橡胶材料有限公司”、“新疆天鹅炭黑有限公司”、“平顶山天宏焦化炭黑厂”六个分厂。企业拥有橡胶用炭黑生产线十条，炭黑生产能力为30万吨/年，可生产N115、N121、N134、N220、N234、N229、N326、N330、N339、N375、N351、N550、N539、N660、N774共15个规格型号的炭黑。

公司先后通过ISO质量管理体系认证、ISO环境管理体系认证和OHSAS职业健康安全管理体系认证。公司生产的聚力牌炭黑于2009年和2010年分别荣获山东省名牌和山东省著名商标。公司还连年获得“烟台市百强民营企业”、“烟台市重和同守信誉企业”等荣誉称号。

华东公司将继续秉承“追求卓越，勇创新高”的企业精神，“快速反应，雷厉风行”的工作作风，不断满足客户的需求。同您一起共同繁荣，共铸辉煌。

地址：山东省烟台招远市玲珑路98号

咨询热线：0535-8398681

网址：www.sdhd.cn

诚信 务实 团结 奋进

新疆天鹅炭黑有限公司
库车
新疆昌吉华东橡胶材料有限公司
昌吉
双鸭山华东橡胶材料有限公司
双鸭山
招远
山东华东橡胶材料有限公司
山东玲珑助剂总厂
山东俱进化工材料有限公司
平顶山
平顶山天宏焦化炭黑厂
文明诚信民营企业
(2009—2010)
烟台市精神文明建设委员会办公室
烟台市工商行政管理局
烟台市个体私营企业协会
二〇一〇年十月
先进民营企业
中共烟台市委
烟台市人民政府
二〇一〇年三月
二〇一〇年度项目建设
先进单位
山东华东
中国橡胶工业协会会员展示专版

gul-tz ®
MS ®
宁波凯驰胶带有限公司
NINGBO GUL TZ RUBBER BELT CO.,LTD.

企 业 简 介

我公司专业生产橡胶同步带，多楔带，工业用V带和同步带轮。公司建立于1992年，总投资680万美元，注册资金340万美元。随着产品应用领域的不断延伸，公司规模也逐年扩大，现有厂房面积 30000 平方米，建筑面积20000平方米，员工320余人，其中中高级工程师及专业技术人员22人，年生产能力6000万条，产值近1.5亿元，在同行业中享有较高的知名度。

我公司从德国引进全套自动化生产设备，并拥有与之相配套的检测设备，为生产优质产品提供了强有力的保障。公司系ISO9001：2000、ISO/TS 16949：2002 质量体系和ISO14001：2004环境体系认证合格单位。采用进口原辅材料,按国际标准制造的各种型号、规格的汽车、工业同步带产品经国家胶带检测中心检测，被认证为优质产品。

本公司热忱欢迎广大用户来电、来函、来人洽谈业务，公司愿竭诚为您服务。

地址：浙江省余姚市牟山镇富民工业园区
Add:Fumin Industrial Zone, Moushan Town, Yuyao City, Zhejiang Province, China
Tel: 86-574-62498188 62497298 Fax: 86-574-62497297 62496192
Http://www.gul-tz.com E-mail: Kaichi@gul-tz.com

产品系列 PRODUCT SERIES

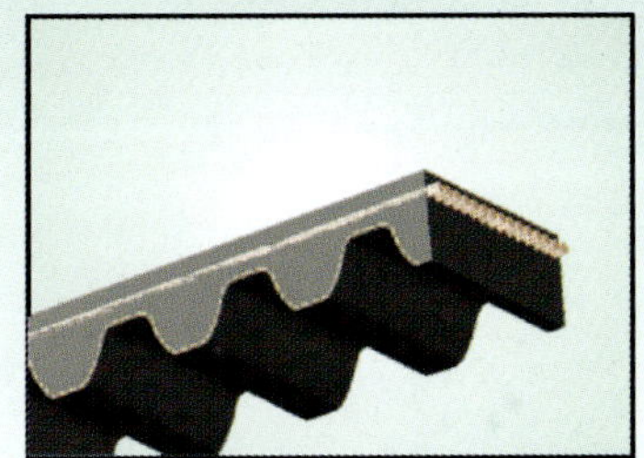
同步带
Timing Belt

多楔带
Ribbed Belt

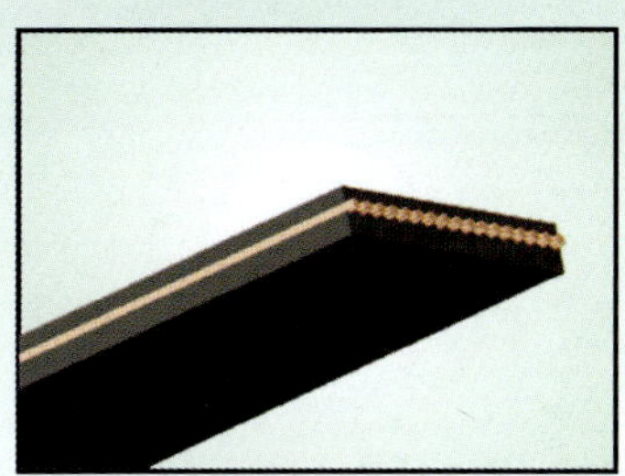
平皮带
Flat Belt

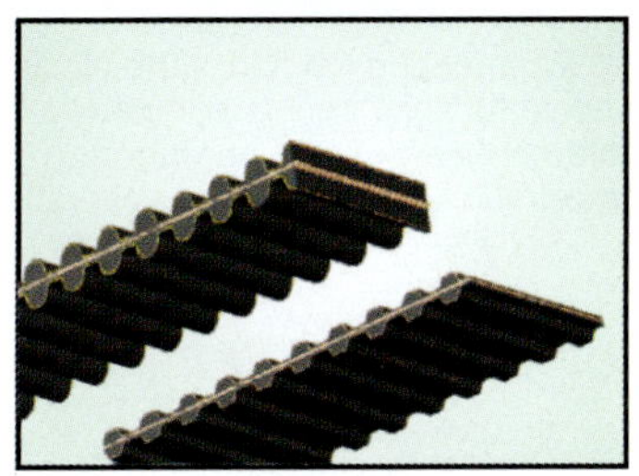
双面齿同步带
Double sided timing belt

汽车v带
Automotive-v Belt

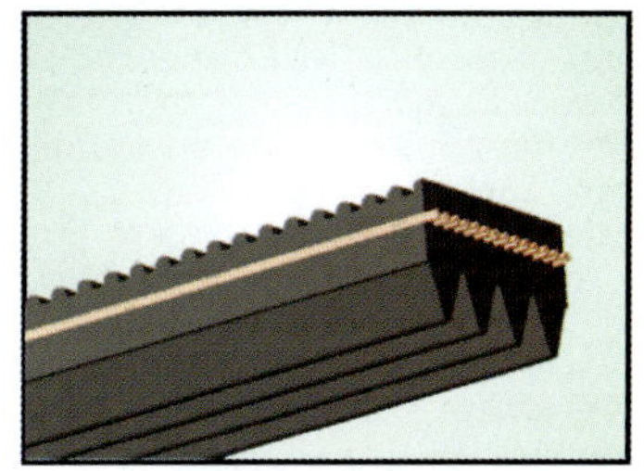
同步多楔带
Timing & Ribbed Belt

开口带
Open Timing Belt

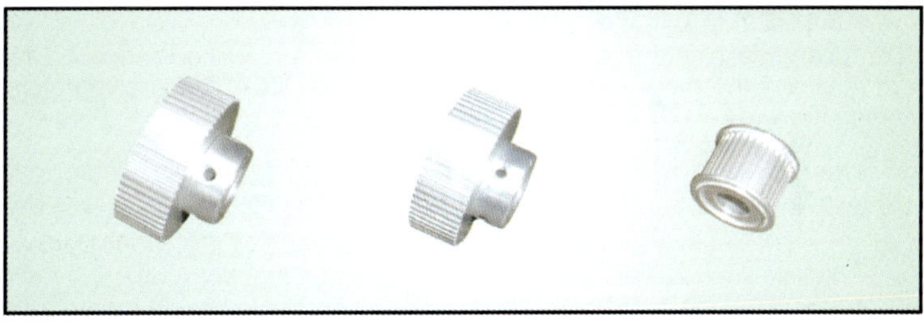
同步带轮
Pulley

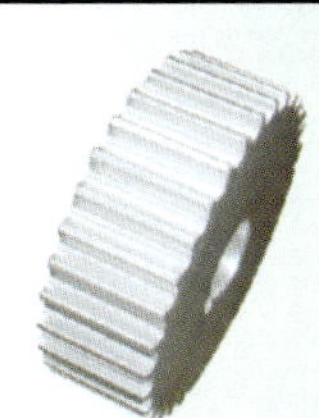

同步带轮
Pulley

中国化学工业桂林工程有限公司

CHINA CHEMICAL GUILIN ENGINEERING CO., LTD.

桂林橡胶设计院有限公司（全资子公司）

GUILIN RUBBER INDUSTRY R&D INSTITUTE CO., LTD.

公司简介 Company Introduction

中国化学工业桂林工程有限公司（CGEC）位于广西桂林市，其母公司为中国化学工程股份有限公司（股票代码：中国化学 601117）。CGEC是中国历史悠久、实力雄厚、能为橡胶工厂提供全方位服务的工程公司，可提供工程总承包/项目管理、工程设计/咨询、橡胶机械等服务。CGEC 致力于成为能为客户提供全过程和全方位的服务的国际化工程公司。目前，CGEC 与米其林、普利司通、倍耐力、固特异、大陆等世界著名的轮胎公司保持良好的合作关系。

China Chemical Guilin Engineering Co., Ltd. (CGEC), is the subsidiary of China National Chemical Engineering Co.,Ltd. (the stock code in Shanghai stock Exchang Market is 601117), located in Guilin, China, is one of the oldest and the most powerful engineering companies in China, which can offer a full range of engineering services, including engineering turnkey contracting/project management, engineering design/ consultation, rubber machinery etc. CGEC applies itself to achieve as an international engineering corporation that can supply overall process and complete services to the clients, At present, CGEC keeps good cooperative relationship with well-known tyre companies overseas, such as Michelin, Bridge-stone, Pirelli, Goodyear, Continental and so on.

CGEC全资子公司—桂林橡胶设计院有限公司（原桂林橡胶工业新技术开发实业总公司），是中国较早的设计、研发橡胶设备的企业之一，拥有多项自主知识产权和专有技术，设有专有的生产和研发基地。

CGEC sole subsidiary—Guilin Rubber Industry R&D Institute Co. Ltd., is one of the earliest rubber machinery R&D institutes in China. CGEC has established its own production and R&D base, and has achieved a number of patents.

CGEC的橡机产品几乎覆盖了所有中国大型轮胎企业，产品远销欧洲、东南亚、南亚、南美洲等地区。2009年起CGEC的橡机产品的销售额已跻身全球橡机制造企业前21强并保持良好的发展势头。

CGEC's rubber machinery have covered most of the major tyre companies in China. Its rubber machinery are exported to Europe, Southeast Asia, South Asia, South America and other regions. Since 2009, rubber machinery sales revenue of CGEC ranks in the world's top 21 rubber machinery manufactures.

CGEC愿以先进的技术和优质的售后服务竭诚为国内外客户提供：半钢、全钢子午线轮胎及力车胎成套设备、巨型工程子午线轮胎关键设备、胶管胶带设备、电线电缆成套设备、翻胎工艺和成套设备，以及绿色环保、节能减排的新型工厂建设服务。

With advanced technology and excellent after-sales service, CGEC would like to provide complete sets of equipment of semi-steel and all steel radial tires, and cycle tires, key equipment of OTR tire, equipment of rubber tube and rope, complete sets of production equipment of wire and cable, production technology (know-how) and complete sets of equipment for tire retreading, as well as serving for new style factory con-struction with green environmental protection, energy conservation and emission reduction.

资质证明 Qualification Certification

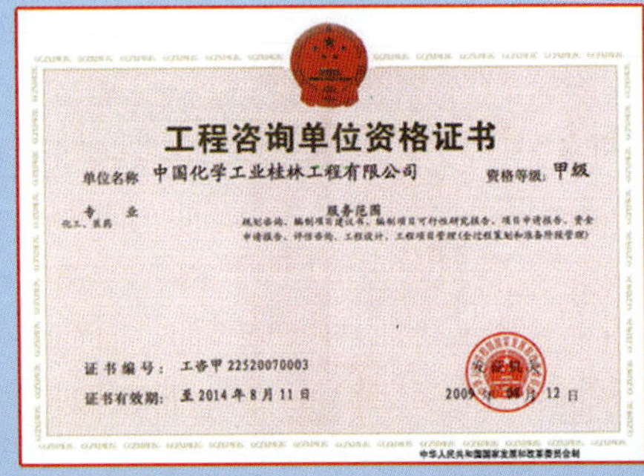

工程咨询甲级资格证书

Class A Certificate for Engineering Consultation

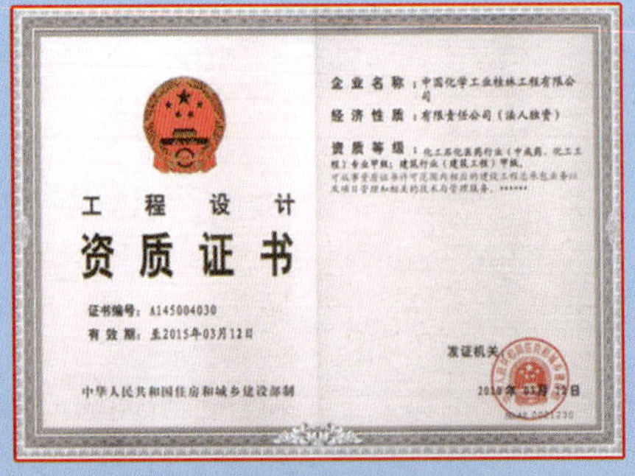

工程设计甲级资格证书

Class A Certificate for Engineering Design

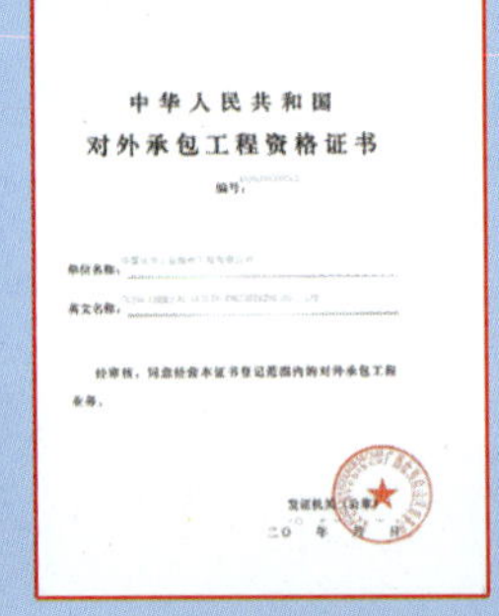

对外承包资格证书

Authorized Certificate to delevlop overseas engineering Project

地址：中国广西桂林市七星路77号　邮编：541004　电话：0086-773-5833045　5833542　传真：0086-773-5833195

电子邮箱：cgec@vip.163.com　网址：www.cgec.com.cn

Product Exhibition 产品展示

宽幅胶片挤出联动生产线
Wide rubber sheet extrusion line

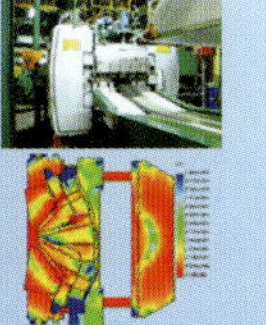
二 / 三 / 四复合挤出生产线
Duplex/Triplex/quadruplex extrusion line

上辅机系统
Upstream equipment system

轮胎内衬层挤出压延生产线
Inner liner extrusion line

胶片冷却装置 Batch-off

工程轮胎缠贴生产线
OTR strip winding line

全钢工程子午线巨胎二次法成型机
Giant radial OTR tyre 2-stage building machine

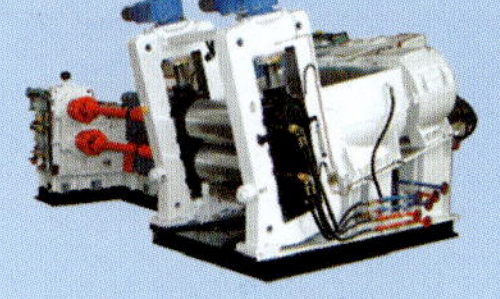
螺杆挤出压片机
Twin-screw sheeter

0 度带束层生产线
Zero degree breaker line

工程案例 Project cases

世界某知名轮胎公司（炼胶车间设计与项目管理承包典型案例）
A Word Famous Tire Co.,Ltd.(Design & EPCM for Mixing Center Representative Case)

双钱集团（重庆）轮胎有限公司轮胎工业园区（典型案例）
Tire Industry Park of Double Coin (Chongqing)Tire Co.,Ltd.(Representative Case)

Add：No. 77 Qixing Road Guilin, Guangxi, P.R.China P.C：541004 Tel：0086-773-5833045 5833542
Fax：0086-773-5833195 E-mail：cgec@vip.163.com Http: //www.cgec.com.cn

成都盛帮密封件股份有限公司

成都盛帮密封件股份有限公司，是一家提供系统密封解决方案的专业公司，公司秉承“创新、高效、和谐”的理念，坚持“环境友好、求实创新、持续改进、顾客满意”的方针，专业开发、生产、销售“TON”、“盛帮（SHENGBANG）”牌系列油封、橡胶密封圈、密封垫等橡胶制品，产品覆盖汽车、电气、石油、工程机械、军工等行业。

公司率先通过ISO/TS16949质量体系认证、ISO14001环境管理体系认证、CNAS认证，制定了橡胶材料标准、油封设计标准、油封模具设计标准等7个企业标准，产品质量已达到甚至超过国内外同类产品水平，连年被航天三菱、陕西法士特、绵阳新晨、北汽福田、保定长城等客户授予“优秀供应商”、“合格分供方”的殊荣；2009年，盛帮牌橡胶密封件被评为“四川名牌”。

公司不但与国内知名的航天三菱、陕西法士特、浙江吉利、绵阳新晨、北汽福田、无锡凯马、保定长城、济南重汽等上百家企业建立了长期稳定的业务合作关系，同时产品出口包括法国施耐德、美国GE、斯必克等世界500强企业在内的欧美和中东等国家和地区。

主要荣誉

2005年，四川省具成长型中小企业100强；
2006年，2006年度中国汽配行业名优企业；
2008年，“四川省创新型企业”培育企业；
2008年，省级认定“高新技术企业”；
2008年，四川省质量管理先进企业；
2009年，四川省“小巨人”企业；
2009年，盛帮牌产品被认定“四川名牌”；
2009年，成都市技术中心；
2010年，获准成立院士（专家）创新工作站；
2011年，TON牌产品获中国橡胶工业协会推荐；
2011年，实验室通过CNAS认定；
2011年，获评中国密封件自主创新具竞争力价值品牌。

汽车类产品展示：

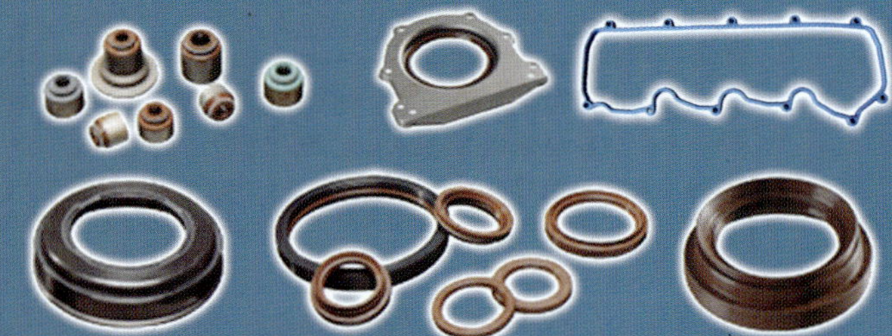

电气类主要产品：

阿海珐GIS型SF6环网柜40.5V

绝缘子18KV

中压环网柜母线连接

石油类主要产品：

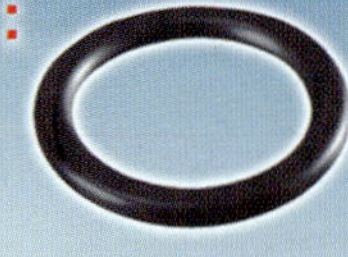

轴承密封圈

储油囊

地址：成都市双流县成双大道南段999号　**邮编：**610200
电话：+86-28-85774433　**销售专线：**汽车+86-28-85772828；电气+86-28-85719838
传真：+86-28-85771133　**网址：**www.chsbs.com　**邮箱：**sbs@chsbs.com

永一轮胎胶囊

YONGYI TIRE BLADDER

公司简介

山东西水永一橡胶有限公司成立于2002年，是国际知名的轮胎硫化胶囊的专业化生产厂家。公司主要生产斜交胎硫化胶囊、子午线轮胎硫化胶囊、工程轮胎硫化胶囊、摩托车轮胎硫化胶囊、翻新胎胶囊、子午线斜交胎成型用反包胶囊、贴合胶囊等600多个规格的产品。

公司采用目前先进的注射式硫化生产线，极大提升了胶囊的产品质量，提高了胶囊的使用次数，使胶囊的硫化效果有了显著的改善。凭借优质的产品质量和市场知名度，公司产品先后获得“山东标志性产品”、“全国质量稳定合格产品”等荣誉称号，并顺利通过ISO9002国际质量体系认证、ISO14001环境管理体系认证、ISO/TS 16949认证；公司也被评为中国质量服务信誉AAA级企业、山东省质量服务诚信企业（AAA级）、山东省重合同守信用企业，并荣获了由商务部颁发的企业诚信等级证书（AAA级）。

作为国内规模较大，实力较强的轮胎硫化胶囊生产企业，公司始终坚持以科技为先导，以创新为动力的集约化发展理念，不断加大对新技术、新产品、新工艺的开发研制，公司自主研发的高导热硫化胶囊和纳米胶囊极大改善了胶囊的各项技术参数，丰富了胶囊的科技含量，对轮胎硫化胶囊行业的发展产生了巨大的推动作用。公司生产RB59/80R63M的全钢工程轮胎硫化胶囊已经供应固特异等世界知名轮胎厂家。

公司秉承“技术驱动进步，质量创造优势，品牌赢得效益”的经营理念，以客户需求为导向，以客户服务为中心，围绕“创建国际一流轮胎硫化胶囊生产企业”的发展目标，公司愿以“诚实敬业、开拓创新”的精神与国内外轮胎企业携手并肩，共绘美好蓝图！

一万T硫化机

1200T注射式硫化机

半钢子午胎B型硫化胶囊

全钢子午胎用B型硫化胶囊

部分产品展示

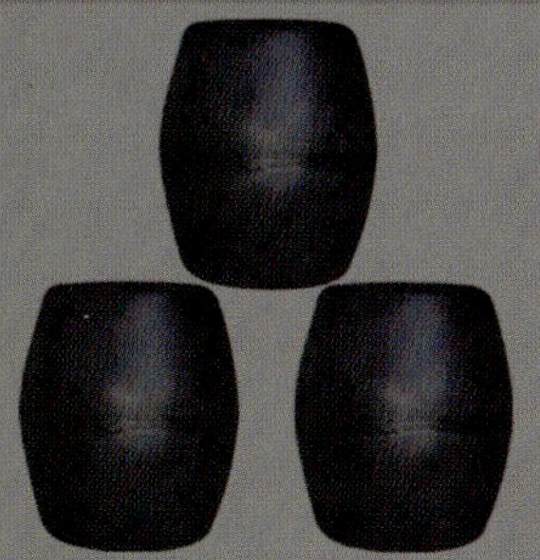
工程胎硫化胶囊

斜交胎B型硫化胶囊

全钢工程轮胎硫化胶囊

成型用反包胶囊

山东西水永一橡胶有限公司

地址：中国•山东•东营•广饶西水工业园　邮编：257336

电话：+86-546-6498399，6498588 7729966

传真：+86-546-7729776

邮箱：yongyi@yongyigroup.net

客户服务电话：+86-546-6498399

联系人：戴新义 13780795598　庞国亮 13780795588

SHANDONG XISHUI YONGYI RUBBER CO.,LTD

Add：XiShui Industry Zone,Guangrao,

DongYing City,Shandong Province,China　P.C：257336

Tel： +86-546-6498399 6498588 7729966　Fax： +86-546-7729776

E-mail：yongyixiangjiao@163.com

Service Telephone： +86-546-6498399

Http：//www.yongyigroup.net

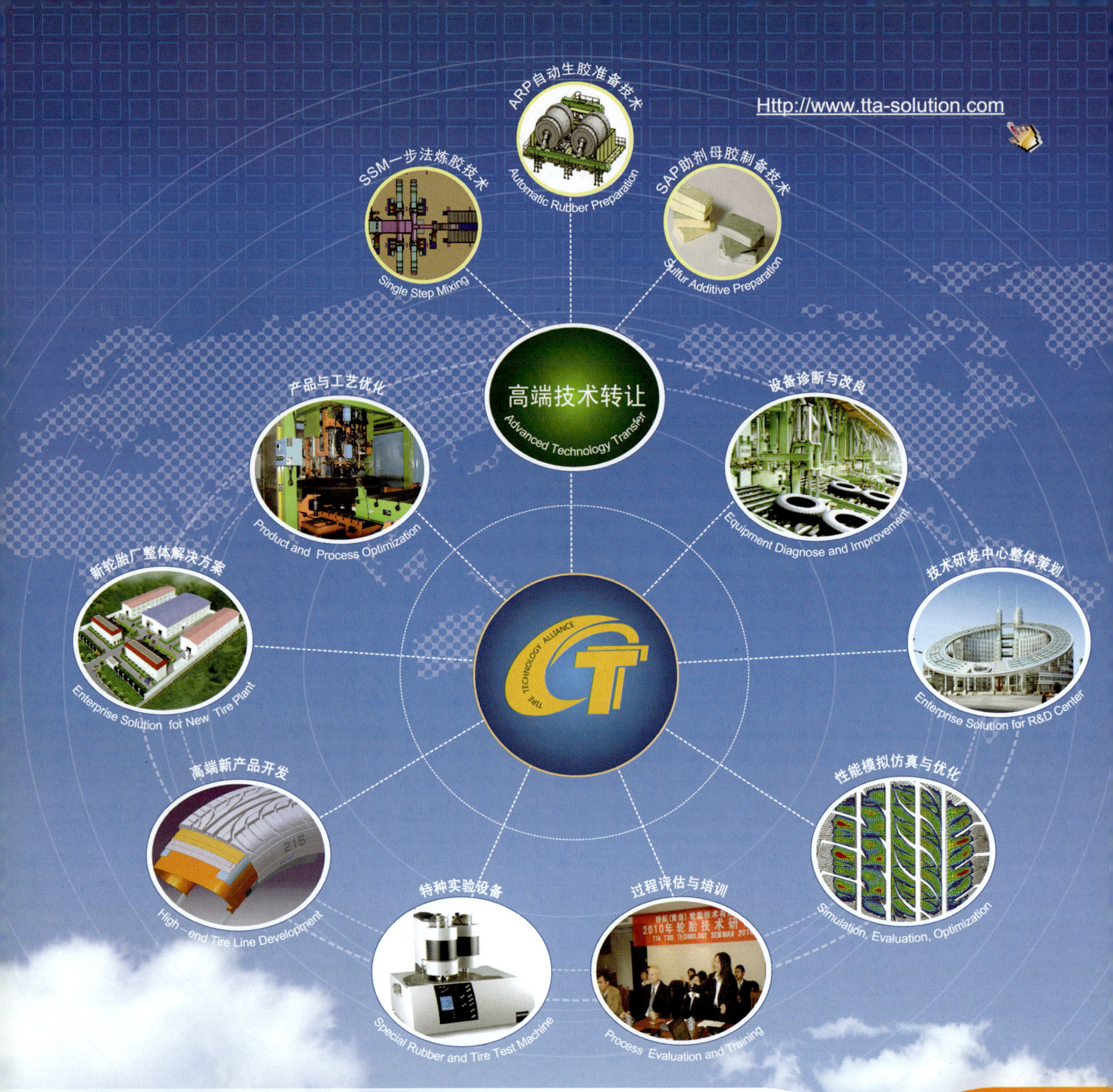

Http://www.tta-solution.com

ARP自动生胶准备技术
Automatic Rubber Preparation

SSM一步法炼胶技术
Single Step Mixing

SAP助剂母胶制备技术
Sulfur Additive Preparation

高端技术转让
Advanced Technology Transfer

产品与工艺优化
Product and Process Optimization

设备诊断与改良
Equipment Diagnose and Improvement

新轮胎厂整体解决方案
Enterprise Solution for New Tire Plant

技术研发中心整体策划
Enterprise Solution for R&D Center

高端新产品开发
High-end Tire Line Development

性能模拟仿真与优化
Simulation, Evaluation, Optimization

特种实验设备
Special Rubber and Tire Test Machine

过程评估与培训
Process Evaluation and Training

TTA TIRE TECHNOLOGY ALLIANCE
特拓（青岛）轮胎技术有限公司

REVOLUTION EVOLUTION CHALLENGE

特拓（青岛）轮胎技术有限公司（简称 TTA）位于美丽的海滨城市青岛，是一家德国独资的轮胎专业技术公司，致力于轮胎先进技术的研发、推广和服务。公司核心人员均来自世界一流轮胎公司的研发中心，在子午线轮胎的结构设计、配方设计、工艺设计、质量控制、性能仿真以及胶料的混炼技术等方面拥有雄厚的研发实力和一系列世界领先的成熟技术。

公司的使命是利用拥有的实力和高端技术，为轮胎制造业提供世界领先的轮胎技术，提高轮胎质量和技术含量，使客户生产出资源节约、性能卓越、盈利丰厚的轮胎产品。

欢迎广大业界朋友联系洽谈合作项目，让我们携手并进，共创辉煌！

TTA is a German invested company specialized in professional tire technology services. It's core members are all from global leading tire companies. They provide the cutting edge technologies in tire architecture, formulation, process, simulations etc.

TTA provides advanced technologies to the tire industry, With TTA's technology, the client is able to manufacture tires with less resource, higher performance and more profit.

Let's work together for the brilliant future!

地址：青岛市崂山区银川东路7号崂山国际花园2号楼2单元203室
Address:Room 203, Unit 2, Building No.2,Laoshan International Garden,No.7 East Yinchuan Road, Qingdao, P.R.China
电话（Tel）：+86-532-88915021 传真（Fax）：+86-532-88915021 邮编（P.C.）：266061

联系人：张小姐，电话：15725266797
Contact: Ms.Zhang, Tel: 15725266797
邮 箱（Email）：hr@tta-solution.com

海南華加達投資有限公司

HAINAN VACADA（SINO--CANADA）INVESTMENT CO.,LTD

- 公司开业于 2004 年，主要领导具有多年橡胶贸易相关经验
- 年均增长率 20% 以上
- 多次被授予“诚信贸易商”荣誉称号
- 全国橡胶贸易企业销售十强
- 在橡胶经营上，积极采取期现结合、内外结合等经营方针，互利互惠，实现共赢
- 进一步开拓我们的业务领域，加大对橡胶上下游产业链的关注
- 虚心学习，努力提高企业在行业中的竞争力

以诚信广交天下朋友

以智慧谋求事业发展

地址：海南省海口市滨海大道 123 号鸿联商务广场十楼

电话：0086-898-36365555 36363348

传真：0086-898-36363366 36363377

网址：www.vacada.com

邮箱：hjd@vacada.com

兴源集团地处全国百强县、孙武故里的东营市广饶县。是东营地区橡胶轮胎制造业的龙头企业。该集团组建于1994年，核心企业为兴源轮胎集团有限公司，辖十个子公司和一处三星级宾馆，是以轮胎制造为主导产业、集轮胎制造、内胎生产、国际贸易、热电联产、新型墙体、新型建材、精细化工、餐饮娱乐、新产品研发于一体多元化经营的大型股份制民营企业集团。集团现有职工5000余人，工程技术人员680余人，拥有总资产58亿元。

2010年集团累计生产全钢载重子午线轮胎360万套、工程子午线轮胎15万套，总产值突破80亿元，实现出口创汇2.5亿美元。特别是全钢工程子午胎，发展迅速，规模和年产量都居国内前茅，并且在科技创新、新产品研发上有了质的突破，产品自2006年5月份下线以来，已成功研发并生产出30种花纹、29个规格、200余种产品，并已相继在欧盟、美国、澳大利亚、南非、加拿大等十余个国家和地区申请自主知识产权48项，现已有46项通过审核获得了证书。

目前，全钢载重子午胎年产规模已达到580万套、工程子午胎达到20万套。同时，兴源集团根据国内外市场需求，于2007年6月份上马了2万套巨型工程子午胎项目，该项目主要生产49英寸及以上巨型工程子午胎。现已成功开发了15个规格的产品，其中包括57寸、63寸等特大巨型工程子午胎，产品填补了我市巨型工程子午线轮胎制造业的空白。同时，进一步提升了产品档次，提高了企业的抗风险能力和国际竞争力，为实现顺利上市起到了积极的推动作用。

公司现主要有“兴源”、“华鲁（HILO）”、“国宝”、“安耐特（ANNITE）”、“强威”、“广大”六大主导品牌，全钢工程子午线轮胎与全钢载重子午线轮胎在国际市场上的知名度日益提高，以优良品质和服务赢得了广大客商和消费者的青睐。

“产品质量是企业的生命线”，也是企业面向国际、国内市场，大力发展的基础，多年来，公司始终把产品作为公司的重要问题来抓，现公司各项产品技术指标均达到国家标准、美国DOT标准及欧洲ECE标准，同时已通过TS16949体系认证、ISO9000质量管理体系认证、ISO14001环境体系认证、国家强制性产品认证、美国DOT认证及巴西INMETRO认证等。公司产品现已在全国已建立了100多个销售点，形成了覆盖全国30多个省市自治区的销售网络。产品在满足国内市场的同时并远销欧洲、中东、非洲、澳洲、拉丁美洲等五十几个国家和地区。以卓越的轮胎品质和完备的售后服务体系赢得了国内外客户的高度信赖，在国内外市场上享有较高声誉。

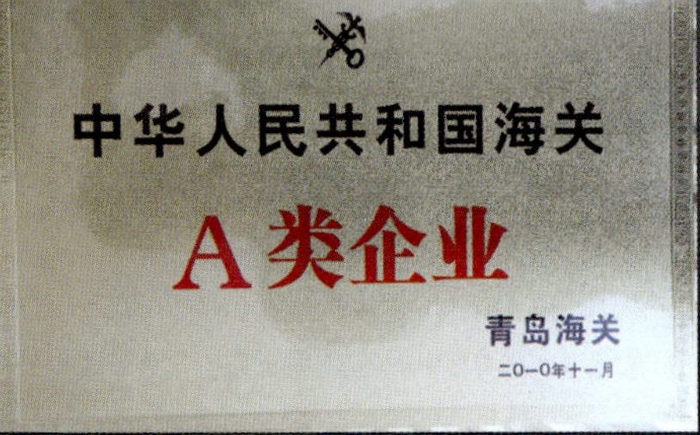
中华人民共和国海关
A类企业
青岛海关
二〇一〇年十一月

荣誉证书
授予：宋文广同志
2009年度东营市推动自主创新功勋企业家
二〇〇九年十二月

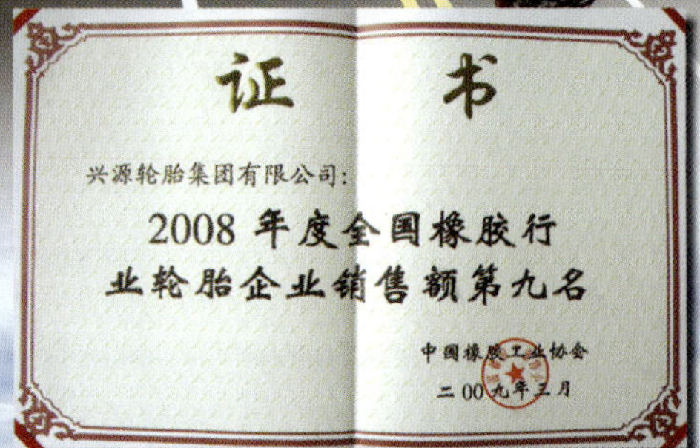
证 书
兴源轮胎集团有限公司：
2008年度全国橡胶行业轮胎企业销售额第九名
中国橡胶工业协会
二〇〇九年三月

MEICHEN 环保 + 科技

ENVIRONMENTAL PROTECTION + SCIENCE AND TECHNOLOGY

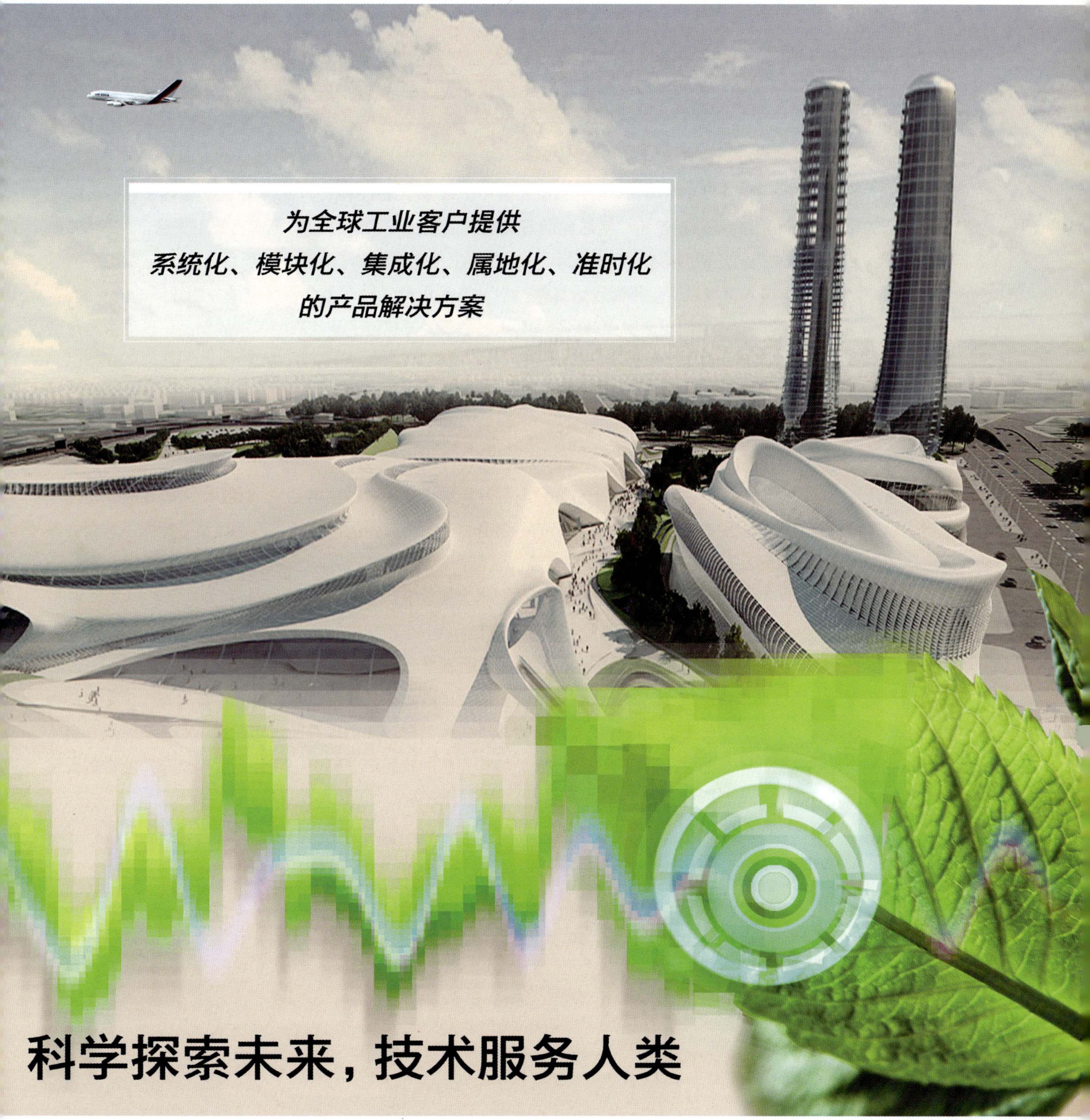
为全球工业客户提供
系统化、模块化、集成化、属地化、准时化
的产品解决方案
科学探索未来，技术服务人类

山东美晨科技股份有限公司

国家火炬计划重点高新技术企业

A 工厂：减震系统工厂
地 址：山东省诸城市密州路东首
电 话：+ 86 - 536 - 6097308 6076730
传 真：+ 86 - 536 - 6320138
邮 编：262200
Email: meichen@meichen.cc

B 工厂：流体输送系统工厂
地 址：山东省诸城市东外环北首
电 话：+ 86 - 536 - 6076699
传 真：+ 86 - 536 - 6320138
邮 编：262200
Email: meichen@meichen.cc

C 工厂：北京塔西尔悬架科技有限公司
地 址：北京市怀柔区雁栖经济开发区雁栖东二路 30 号
电 话：+ 86 - 10 - 61666526
传 真：+ 86 - 10 - 61666536
邮 编：101413
Email: tophill@tophillbeijing.com

D 工厂：西安中沃科技有限公司
地 址：西安经济技术开发区泾渭新城泾渭中路 36 号
经发创新工业园
电 话：+ 86 - 29 - 68935371
传 真：+ 86 - 29 - 68935372
邮 编：710200
Email: zhongwo@zhongwo.cc

中国橡胶工业协会会员展示专版

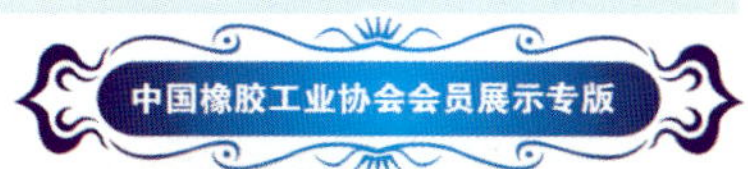

中国驰名商标
正新轮胎
指名正新　天天安心

中国驰名商标
樱花轮胎
五湖四海　任我遨游

2010年度正新集团在厦门地区的资产总计达77.45亿元，轮胎产品销售总收入为103.8亿元人民币，年纳税总额和利润总额双双超过10亿元人民币，轮胎产品出口额也超过10亿元人民币，其中，厦门正新橡胶工业有限公司实现产品销售收入55.1亿元，正新海燕轮胎有限公司33.5亿元，正新实业有限公司15.2亿元。多年来厦门正新集团的企业经济效益和上缴税收位居全国同行业前茅。

正新国际集团于1989年5月26日在中国大陆创建成立了厦门正新橡胶工业有限公司，主要生产自行车轮胎、摩托车轮胎、农工车轮胎、汽车轮胎、沙滩车轮胎、实芯轮胎等轮胎产品，在轮胎同行业中已成为技术先锋，品牌典范。2001年正新集团投巨资创办“厦门正新海燕轮胎有限公司”，主要生产全钢载重子午胎，该项目以高起点高水平建设，快速地于2004年投入生产；进入市场以来，不断改进技术，提升产品质量，已成为全钢载重子午胎领域的一支劲旅，前景广阔。2004年1月又独资成立“厦门正新实业有限公司”，主要生产各种丁基胶内胎等橡胶制品。该项目无论是技术还是规模上都是世界一流水平，成为中国轮胎产业的一颗璀灿明珠。

2004年11月“正新CST及图”商标被认定为轮胎和内胎的“中国驰名商标”称号。2007年9月正新摩托车轮胎获得中国名牌产品称号。2010年厦门正新集团所拥有的“樱花”商标，荣获“中国驰名商标”称号。2010年，厦门正新集团荣获了厦门市颁发的“厦门质量奖”。

在推动全面质量管理的同时，厦门正新集团还十分注重与国际标准接轨，积极采用JIS、ETRTO、TRA等国外先进标准，生产出国际通行的轮胎产品。正是通过公司全体员工的不懈努力，使得公司的产品质量以及质量管理水平达到并保持着先进水平。产品质量于1992年6月15日获得美国交通部认可，符合美国交通部公路交通安全标准DOT标志称号；1994年8月同时通过了ISO9001质量体系国际、国内评审，并取得合格证书；1996年12月获得欧洲经济共同体E-MARK标志认证，2002年9月通过国家强制性产品3C认证；2003年通过ISO14001环境管理体系认证，2006年11月通过了ISO/TS16949品质系统标准认证，产品质量和企业管理保持国际先进水平。

厦门正新乘势而上，持续加大投资扩产，已开工建设的集美后溪工厂，第一期投资4亿美元，将培育一个全新的百亿产值生产基地，以轿车子午胎为主导产品，填补了厦门市轿车子午胎空白，加上现有的汽车轮胎、摩托车轮胎、自行车轮胎、叉车轮胎、工程轮胎等轮胎品种，形成了品种齐全、结构完整的轮胎产业集群，实现与厦门汽车产业链的无缝对接，力争再用十年实现第二个百亿产值目标。

CST CSTtires
厦门正新橡胶工业有限公司
CHENG SHIN RUBBER(XIAMEN) IND.,LTD.
中国橡胶工业协会会员展示专版

上海连康明化工
真情等待您的来电咨询

LKM 上海连康明化工有限公司
Shanghai Lian kangming Chemical Industry Co., Ltd.
WWW.SHLKM.CN

客服中心：021-23096666　全国专线：400-055-2588

部分主打产品

类别	品名/规格	产地、特征
天然胶	烟胶1#	海南/进口
	烟胶3#	进口
	复合烟胶、标胶	
	标胶1#	海南/云南
	标胶3L	越南
	异戊二烯胶	
	乳胶	进口/海南
合成胶	丁苯胶1502/1712	齐鲁、吉化、南通
	丁苯胶1500/1778/1712	兰化、吉化、南通
	丁基胶1751/268	燕山、日本
	氯化丁基胶1066/1068	进口
	溴化丁基胶2211/2030	进口
	顺丁胶	高化、燕山、独山子
	再生胶（普通、无味、精细）	白、丁晴、特种
	三元乙丙胶4045/3080/6850	吉化、德国
	三元乙丙胶EP35/33/98	日本JSR
	高苯乙烯HS860	日本、国产
辅料	硬脂酸	橡胶专用级、特种级
	氧化锌	间接法高含量、白石牌
	氧化锌	透明、造粒
	石蜡	块状、粒状
	硫磺粉	不溶性、普通、超细
	松香	
	陶土	普通、白色、高岭土
	氧化钙、氢氧化钙	消泡剂、氟橡胶专用级
	滑石粉	目数：400、800、1250、930
	钛白粉	锐钛B101、金红石902、930
	立德粉	普通、高纯度
	轻质碳酸钙	活性钙
	轻质碳酸镁	普通级、精品级
	碳酸锌	碱式、透明产品专用
	小苏打	食品级、发泡微细
	水杨酸	工业级、升华级
	硬脂酸锌、钡、铝、镉	
	氢氧化铝	普通级、高纯度型
	氯化石蜡	52/62/70°（粉状）
	十溴联苯醚	
	氧化铁红	各种颜料粉（有机、无机）
	轻质氧化镁（精制）	活性氧化镁、氟橡胶专用等
	三氧化二锑	
	沉淀硫酸钡	
炭黑干湿法	半补强炭黑	天然气：长富牌、火炬牌
	高耐磨炭黑N330	立事、卡博特
	N220/N339/N330	立事、博卡
	快压出炭黑N539	
	炭黑N550/N234/N326	
	通用炭黑N660/N990/N774	
硫化剂	DTDM/HVA-2	
	双二五、3号硫化剂	
	DCP（过氧化二异丙苯）	无味DCP
促进剂（造粒、粉状）	DM	永嘉、黄岩、沈阳东北
	M	
	TMTD	
	CBS=CZ	
	D	
	ZDC	普通级、乳胶级
	NOBS	
	BZ/PX/PZ	通用型、乳胶级
	DTPP=TRA	
	NA-22	
	TMTM=TS	

类别	品名、规格	产地/特征
合成胶	氯丁胶120（1211、1212、1213）	长寿
	氯丁胶230（2321、2322）	长寿
	氯丁胶320（3221、3222、3223）	长寿
	氯丁胶240、90（胶粘剂专用）	长寿、日本
	氯丁胶100、220、210、126	德国
	丁晴胶N41（含丙烯晴29%）	兰化、日本
	丁晴胶N32（含丙烯晴35%）	兰化
	丁晴胶N21（含丙烯晴40%）	兰化
	丁晴胶2707	兰化
	丁晴胶1704=18	兰化
	丁晴胶3604=40	兰化
	丁晴胶N240/230/220	日本
	丁晴胶26/33	俄罗斯
	丁晴胶3946/3480/3965/2845丙烯晴含量（高中低）	德国
	氢化丁晴、液体丁晴、粉末丁晴	
	氯磺化聚乙烯、氯化聚乙烯	
辅料	萜稀树脂	
	酚醛树脂2402、2123（增强型）	
	古马隆树脂低、中、高熔点	固体、液体
	树脂	
	分散剂PEG4000、6000	
	C5树脂、石油树脂	当古马隆用，石油级
	黑油膏、白油膏	普通、精特级
	凡士林（黄、白）	工业用、医用
	石蜡油	普通、特种型
	工业脂	粘度（高中低）
	环烷油	普通、特种型
	机油、白油	橡胶用、机械用
	二丁酯、 二辛酯	耐寒性DOS
	松焦油	
	二甘油（二乙二醇）	固体、液体、
	脱模剂	油溶性、水溶性
	甲基硅油	粘性高中低
	乳化硅油	水溶性
	发泡剂H	普通型、无味超细
	发泡剂AC/CBSH	普通型、微超细
	粘合剂A、RS、RH、RE	
	列克那	
	防霜剂	防止喷雾、喷油
	石墨粉	
炭黑	喷雾炭黑	抚顺（军工级）
	乙炔炭黑	焦作
	色素炭黑高中低	特种色素
	导电炭黑普通、特种	
	白炭黑255、180	南昌
	白炭黑透明	普通、特种胶专门等
防老剂	A=甲、D=丁	南京
	950（工业级、食品级）	适合浅色、紫色
	RD	
	4010-NA/4020	
	MB/MBZ	黄岩
	BLE/BLE-C/BLE-W	
	SP/SP-C	
	ODA/H/DNP	
	抗氧剂2246、264	
	防焦剂CTP/YG-1/CR-X	
	塑解剂AP	各型
	模得丽935P	
	胶富丽B-52/胶易素T-78	
	洗模宝KR-532	

更多橡胶等您订购！

LKM
上海连康明化工
www.shlkm.cn

客服中心：021-23096666
全国专线：400-055-2588
传真：021-57624279　57624515
网址：www.shlkm.cn
邮箱：hljint@163.com
地址：上海市沪松公路3023号7楼

山东八一轮胎制造有限公司

山东八一轮胎制造有限公司是集全钢载重子午线轮胎研发、制造于一体的大型现代化企业，由枣庄矿业集团公司、枣庄八一水煤浆热电有限责任公司、赛轮有限公司共同投资建设。项目建设充分体现了科学发展的指导思想，是八一煤电化公司“煤—水煤浆—热电—轮胎—输送带”循环产业链条中的重要环节，并辐射了塑料薄膜、钢帘线、炭黑和车轮制造等行业领域。

▲ 总经理：杨震

公司计划总投资22亿元，分三期工程建成年产360万套全钢载重子午胎的生产线，项目达产后可实现年工业收入50亿元。一期工程于2005年10月开工建设，现已具备年产120万套全钢载重子午胎的制造能力，生产有内胎和无内胎共11种规格、15个花纹、60多个品种的产品。产品销往全国各地及美国、中东、东南亚、非洲、前苏联等33个国家和地区，并与一汽、柳汽、陕汽和济南重汽等国内知名载重汽车生产厂家提供配套业务。

公司发展过程中，始终坚持“质量就是生命”的原则，把产品质量作为企业发展的重中之重，不断完善质保体系，成品综合合格率和工艺执行率稳定保持在国内同行业领先水平。公司先后通过了国家强制3C质量认证和美国DOT、尼日利亚SONCAP、印尼SNI、中东GCC等认证，并通过了ISO9001、ISO/TS16949：2002、ISO14001：2004、GB/T28001-2001管理体系认证，轮胎生产得到有效保证。

▶ 第一副总经理：张宗华

公司高度重视技术创新工作，投入了大量人力物力财力。公司的技术研发中心于2009年7月被枣庄市认定为市级技术中心，2010年9月又被山东省认定为省级技术中心。公司的实验室正在申办国家实验室，现已通过各项检查认定，预计2011年4月份可以获得国家实验室的认定证书。技术研发机构的不断建设，持续推动了公司生产技术水平和创新能力的提高。

为提高规模效益，实现持续发展，根据公司发展规划和市场实际，公司现已启动二期工程建设。该项目计划投资7亿元，年产120万套载重子午线轮胎。产品立足高端市场，以无内胎生产为主，向扁平化、轻量化、高速抗载方向发展，预计2011年底建设完成，届时公司将具备年产240万套全钢载重子午线轮胎的生产能力。二期工程将采用国际先进的一次法低温炼胶和氮气硫化工艺，选用精良的国际国内设备，优化设计，精心建设，增强产品适用度，丰富产品多样性，扩大市场占有率。为持续推动公司发展，实现做大做强做久的目标，公司计划2011年内启动三期工程，最终达到年产360万条全钢子午胎的生产能力。

▲ 总工程师：雍占福

八一轮胎公司将继续秉承 新八一精神，接过车神奚仲以人为本、锐意创新的旗帜，以质量求生存，以改革促发展，谋长远之策略，揽九州之人才，集八方之科技，绘宏伟之蓝图，开创一片国内轮胎行业的新天地！

造优质轮胎，创美好人生

地址：山东省枣庄市高新技术开发区天安一路北首　电话：0632－8182054 0632－8635000
传真：0632－8639000　E-mail：bs-shichangbu@163.com

际华三五三七制鞋有限责任公司

际华三五三七制鞋有限责任公司，是国内大型的橡胶鞋靴制造企业。公司始建于1966年，坐落在有高原明珠之称的贵州省贵阳市花溪区，公司现有职工2000余人，专业技术管理人员500余人，具有年产7000万双各类鞋靴的生产能力，拥有资产近5个亿，主要经济指标位居国内同行业前列，是新兴际华集团有限公司（北京）在贵州的全资子公司，是中国橡胶工业协会胶鞋分会理事长单位、全国胶鞋标准起草单位。

公司核心业务是模压鞋、作训鞋、运动鞋、休闲鞋、水鞋、防滑鞋、解放鞋等300多个系列产品的制造与营销。

公司技术力量雄厚，设备精良，管理规范。公司坚持以人为本，科技兴企之路，近年来投资4000多万元，更新和安装了多条设备一流的生产流水线，主要用于生产休闲、运动、模压等系列产品。配备了先进的产品研发设备，用电脑设计软件进行产品设计，用ERP系统进行管理。在生产工艺技术水平、冷粘合热硫化生产水平、橡胶配方设计水平、原材料研究应用水平、制鞋流水线设备的研究水平等方面均处于制鞋行业的领先地位。几年公司先后开发出1000多个新产品投放市场，开发水平和速度达到了国内先进水平。拥有自主知识产权36项。2009年“鞋用橡胶高效硫化新技术开发与应用”项目获贵州省科学技术进步一等奖。际华职业鞋靴研究院设在该公司，公司技术中心被认定为省级技术中心。

公司先后获得中国驰名商标、中央企业先进集体、全军先进企业、省级先进企业、科技开发先进集体、贵州省精神文明建设先进单位、贵州省重合同守信誉企业、全军优质产品、贵州名牌产品、中国消费者协会推荐商品、质量管理体系认证、职业健康安全管理体系认证、环境管理体系认证、ISO9001：2000国际质量体系认证企业等多项荣誉。

DUNLOP
邓禄普轮胎
发明，未来
作为充气轮胎的发明者，
邓禄普以技术革新续写未来传奇。
中国橡胶工业协会会员展示专版
www.dunlop.com.cn

三维® THREE V®

浙江三维橡胶制品有限公司

浙江三维橡胶制品有限公司创建于 1990 年，公司地处浙江东部中国胶带工业城—三门县，西接宁波，南邻温州，连接甬台温高铁、上三线高速公路和 104 国道，交通便利。

公司是集产品研发、生产、销售和服务于一体的胶带制造骨干企业。注册资本 6800 万元，现有总资产 5 亿元，占地面积 18 万 m^2，建筑面积 13.5 万 m^2，在职员工 1329 人，其中具有中、高级职称人员 82 人。

公司主要生产"三维"、"THREE V"牌橡胶 V 带系列、输送带系列等系列胶带产品，其中橡胶 V 带产品被认定为浙江省名牌产品、中国驰名商标、浙江省著名商标，三维（橡胶制品）为浙江省知名商号，阻燃输送带、一般织物芯输送带被认定为中国橡胶工业协会质量授信产品。

公司相继通过质量、环境、职业安全健康管理体系的认证；计量检测体系认证、国家标准化良好行为达到 AAA 级企业、石油和化工企业质量检验机构定级（A 类）、橡胶覆盖层的普通用途织物芯输送带产品质量认证；取得汽车 V 带、阻燃输送带、煤矿用钢丝绳芯阻燃输送带、PVC/PVG 织物整芯阻燃输送带生产许可证。

公司具有年产输送带 2500 万 m^2，橡胶 V 带 2.50 亿 Am 生产能力，输送带主要品种有一般织物芯输送带、普通用途钢丝绳芯输送带、阻燃输送带、煤矿用钢丝绳芯阻燃输送带等系列产品、PVC/PVG 型整芯阻燃输送带。V 带主要品种有一般传动用普通 V 带、一般用窄 V 带、农机带、联组窄 V 带、联组普通 V 带、汽车 V 带、汽车多楔带等系列产品；产品有 230 余种型号，3500 多种规格；产品畅销全国 20 多个省市县（区）并远销欧美、南非等国家与地区。橡胶 V 带产量销售额连续多年在全国同行业中排名第二位，输送带排名第四位。

经过多年累积，公司打造了一个配备齐全、综合能力强、反应迅速的管理团队，在产品研发、质量保证、技术支持、设备装备、销售服务等诸多方面保持国内同行业领先水准。

硫化生产车间

输送带车间一角

成型车间

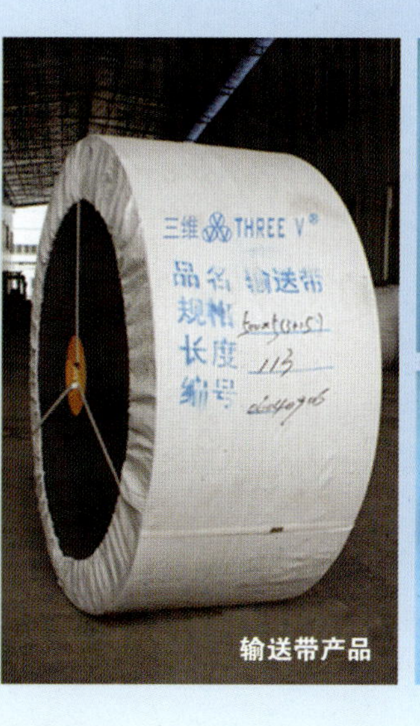

输送带产品

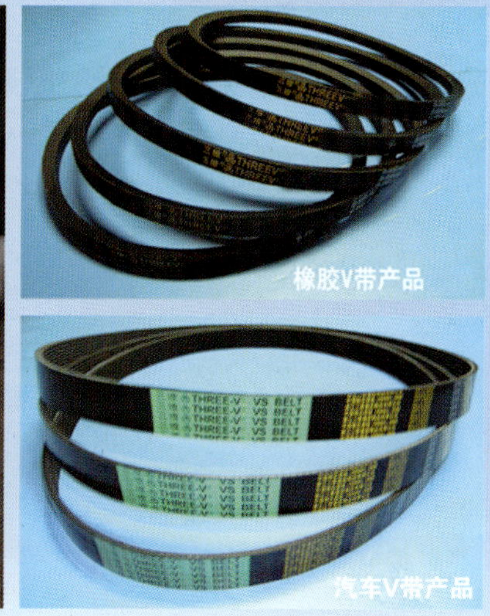
橡胶V带产品

汽车V带产品

千吨级对位芳纶生产线

橡胶骨架材料的理想选择

烟台泰和新材料股份有限公司（原烟台氨纶股份有限公司）主要从事氨纶、芳纶等高新技术纤维的研发与生产，是高新技术企业，中国化纤行业龙头企业，520户国家重点企业之一，2008年在深交所挂牌上市（股票代码002254）。

公司拥有企业技术中心和芳纶纤维工程技术研究中心，具备较强的研发创新能力，先后开发出具有自主知识产权、达到国际先进水平的间位芳纶、对位芳纶、间位芳纶纸产业化技术，两次获得国家科技进步二等奖，对于打破国外技术封锁和市场垄断，推动我国相关行业的技术进步和产业升级做出重要贡献。

烟台泰和新材料股份有限公司依托自有技术，在特种纤维制造领域不断发展壮大，生产规模、经济效益、综合实力等方面始终位居行业前茅，连续多年荣获中国化纤行业综合竞争力前十强。

2011年5月，千吨级对位芳纶产业化工程项目的成功投产，使烟台泰和新材料股份有限公司成为能够规模化生产间位芳纶、对位芳纶系列产品的高新技术企业，公司由此成为中国较大的芳纶纤维产业基地，对于满足我国科技、安全、交通、通讯等领域高性能纤维材料的迫切需要、振兴我国民族产业具有重要的推动作用。

对位芳纶——我国也称芳纶1414，具有很高的强度和模量，热稳定性好，在氮气环境下分解温度为537.8℃，在100℃下连续加热80小时，强度无明显变化。

对位芳纶纤维具有良好的耐疲劳性，同时还具有优异的抗酸、碱、化学试剂性能，尺寸稳定性在有机纤维中居前列，是橡胶产品增强纤维的优选材料，广泛应用于轮胎、胶管和胶带等橡胶制品。对位芳纶帘线在高性能轮胎中的应用，可有效提高轮胎耐磨性、耐扎刺、耐切割性能，同时还可减轻轮胎重量，提高乘坐舒适性，降低能耗。对位芳纶纤维在汽车胶管中的应用，可满足汽车胶管越来越高的耐热、耐压要求，提高异型胶管耐疲劳性能，减小胶管在承压状态下的径向膨胀，同时还可满足直接蒸汽硫化的工艺要求，是理想的胶管骨架材料。

地址：山东省烟台市经济技术开发区黑龙江路10号　电话：0535-6371917
传真：0535-6372728　网址：www.ytspandex.com

江苏骏马集团

Jiangsu Junma Group

江苏骏马集团位于江苏省张家港市，是一家以生产经营轮胎骨架材料为主业的省级优秀民营企业，是亚洲较大的帘子布生产基地。集团始建于 1990 年，现拥有总资产超 60 亿元，职工 5500 余人，占地面积 110 公顷。2010 年，集团实现销售收入 70 亿元，利税 208 亿元，出口 1.54 亿美元。

集团主导产品有锦纶 6 帘子布、锦纶 6 牵伸丝、子午轮胎钢帘线、高档无纺布等。集团下辖的骏马化纤股份有限公司 2004 年 11 月在新加坡证券交易所挂牌上市。经过近 20 年的建设和发展，集团已形成以汽车轮胎骨架材料为主导，集开发、生产、销售于一体的大型企业集团。

集团先后获全国乡镇企业集团、全国乡镇企业创名牌重点企业、全国诚信守法乡镇企业、江苏省重合同守信用企业、江苏省百家建立现代企业制度示范企业、江苏省百强民营企业、江苏省民营企业纳税百强、江苏省民营企业纳税大户、江苏省民营企业就业先进单位、江苏省节水型企业、苏州市百佳民营企业、苏州市文明单位等多项荣誉。主导产品锦纶 6 帘子布已连续多次被评为江苏省名牌产品，“骏马”商标也连续多次被评为江苏省著名商标。

经过近 20 年的建设和发展，集团已形成了以汽车轮胎骨架材料为主导，集研发、生产、营销于一体的大型企业集团。通过积极拓宽国际销售渠道，实现了国内、国际销售网络的更趋完善。公司产品已涵盖了国内 30 多家轮胎大公司，并成功进军德国、美国、韩国、日本、土耳其、印度、泰国、伊朗等国际市场。世界轮胎 75 强企业中有 20 多家与公司保持业务联系。

面对新的机遇和挑战，集团将以国际化的眼光、现代化的理念，以非凡的胆略和气魄，力争用三至五年时间，建成占地 216 公顷的骏马工业园，届时实现销售收入超百亿元。

上海沪巨联实业有限公司

诚信橡胶贸易商 ｜ 上海市守合同重信誉企业
2008年度橡胶贸易10强企业
2008年度双钱集团优秀供应商

上海沪巨联实业股份有限公司前身为上海沪巨联实业有限公司。

2001年1月经批准成立，取得企业法人营业执照，同时发给税务登记证，并给予增值税一般纳税人资格。2009年5月，上海沪巨联实业有限公司改为上海沪巨联实业股份有限公司。公司注册资本改为人民币5227万元，法定代表人王强，现有职工30多人。公司专业从事橡胶化工行业使用的进口和国产天然橡胶、合成橡胶、橡胶助剂的批发及零售业务。2002年4月，批准为外贸企业，获得自行进出口经营权资格。公司现经营地址为上海市凯旋路3131号明申中心大厦2805室，联系电话为021—54071278。

公司成立八年来，依赖人才优势、业务渠道畅通和优良的社会信誉，经营规模逐年扩大，销售收入逐年增加，到2008年底，公司注册资本已由原来的1100万元增加到了4792万元，销售收入累计已达到50多亿元。其中2007年到2008年销售收入达到30亿元。目前公司已拥有上海、江苏、浙江、安徽、山东、河南、福建等地客户630多家，市场占有率不断扩大，资金回笼正常。由于公司在经营过程中，重合同守信誉，求质量抓服务，多次被上海市卢湾区私营企业协会评为先进企业，并获得了上海市合同A级企业认定证书和守合同重信用企业公示证书，被中国外贸企业信用体系专家评审委员会授予中国外贸企业信用体系指定示范单位，被中国橡胶工业协会评为诚信橡胶贸易商，还多次被双钱集团有限公司评为诚信合作伙伴和指定的信得过供应商。

公司能够在最近几年中迅速发展、做大做强，并多次获得各类荣誉称号，主要是抓住了三个环节：一是及时掌握信息，搭准行情脉搏。面对国际国内市场橡胶价格几千元甚至上万元的起伏，公司领导通过多种渠道及时收集行情情况和橡胶产地的信息，经常亲自带领有关人员到产地了解情况，并进行认真的分析，从中掌握橡胶价格变动的规律性和特殊性，抓住机遇做出正确的决策。二是坚持信誉至上，力求质量取胜。公司始终把坚持好的信誉和好的质量放在前位，作为提高企业市场竞争力的抓手，做到严格按合同时间交货不拖延，哪怕市场情况突变、市场价格猛涨，还是按合同确认的价格及时交货。同时，公司在销售活动中注重组织多名专门人才，对货物的看样、进货、入库、出库等环节亲临现场把关检查，不让有等级差异的橡胶混入，从而获得了客户的满意度和信任度。三是加快资金周转，降低销售成本。公司一般都选择资质优秀的单位作为销售对象，对信誉差的单位宁可不供货，决不放帐，基本做到每批货到全部结清货款，力求加快资金周转的时间。公司还尽可能在减少中间环节上下功夫，基本做到在产地进货，从而降低了销售成本，提高了效益。

目前，公司针对国际金融危机的影响以及天然橡胶市场竞争十分激烈的情况，正在进一步研究对策，分析市场动态和客户的需求，积极采取措施，逐步扩大市场规模，使销售收入逐年递增，同时通过进一步抓质量、抓信誉、抓资金周转和降低成本等几个方面来增强企业在市场中的竞争能力，不断做大做强，力求创造更好的效益，多为社会作贡献。

山东尚舜化工有限公司

全球知名的橡胶助剂专业生产企业

主要产品

- 橡胶硫化促进剂
- 防老剂
- 防焦剂
- 硫化剂
- 医药中间体（精品 DM）
- 橡胶助剂预分散体（胶母粒）

年生产能力 10 万吨

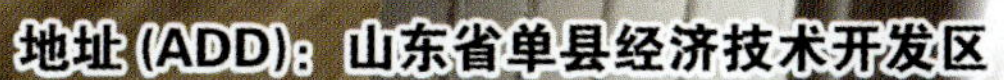

电话 (TEL)：86-530-4681625,4681927,4605858
传真 (FAX)：86-530-4684121
邮编 (P.C)：274300
网址 (URL)：http：// www.sun-sine.com
电子邮件（E-mail）:sunsine@sun-sine.com

客户的满意
是我们不懈的追求

江苏华龙天晟橡胶制品股份有限公司位于江苏省句容市白兔镇东122省道南侧。距离南京禄口机场55公里，距离扬溧高速丹阳/句容出口处（向西）1公里，是江苏省民营科技企业。

公司主要产品为与疏浚船配套的橡胶软管，包括排泥胶管、吸泥胶管、漂浮排泥胶管、艏吹胶管、艉吹胶管、嵌环胶管、双螺旋线增强胶管、可展开胶管、衬陶瓷胶管等。本着至诚至信、求新求精的经营理念和风雨同舟、共创辉煌的企业精神，公司自2008年投产以来，发展较快，2010年销售达到1.08亿元，已成为国内疏浚胶管主要生产厂家之一。

公司不断吸取国内外先进技术，运用新材料。创立新工艺。开发新产品。公司在三年时间里，自主研发项目15项，已拥有自主知识产权12项，高新技术产品2项，在行业期刊、会议上发表论文4篇。公司已通过ISO9001-2008质量体系认证，被评为计量合格单位，是AAA级信用企业，是AAA级标准化良好行为企业，2010年云峰资金江苏具成长性企业和具投资价值企业，是江苏省句容市2010年工业30强和纳税前10名企业。公司正与多所高校、科研院所合作，并密切联系用户，关注市场，开拓创新，做强做大。

江苏华龙天晟橡胶制品股份有限公司

JIANGSU HUALONG TIANSHENG RUBBER PRODUCTS CO., LTD.

地址：江苏省句容市白兔镇
邮编：212403
传真：0511-87674999
电话：0511-87674888
董事长：徐旭
网址：www.hlrubber.net
E-mail：2008hualong.good@163.com

山西永东化工股份有限公司

SHANXI YONGDONG CHEMICAL INDUSTRY CO.,LTD.

山西永东化工股份有限公司成立于2000年，是一家利用循环经济方式制造、销售炭黑和煤化工产品的大中型化工环保民营企业，位于山西省运城市稷山县西社工业区。注册资本金6100万元，占地总面积138700平方米。设有5个分厂（湿法炭黑分厂、煤化分厂、检修分厂、电厂、制袋厂）、2个站（煤气站、天然气站）、2个中心（信息中心、研发中心）、9个部门（品保部、生技部、供应部、销售部、外贸部、售后部、企管部、财务部、企业发展规划部）。

公司现已形成煤焦油加工能力30万吨/年，湿法炭黑生产能力12万吨/年，发电能力6000KW/H。主要产品有：各种规格橡胶用湿法炭黑（N200、N300、N500、N600、N700系列）、高分散性低电阻率导电炭黑、工业萘、蒽油、洗油、轻油、粗酚等。湿法炭黑生产规模已跃入全国同行业前10强，高分散性低电阻率导电炭黑的生产减缓了国内企业对同类产品的进口依赖。已通过ISO9001：2000国际质量管理体系认证，并拥有对外贸易经营自主权。产品畅销国内十多个省、市、自治区，并出口到俄罗斯、韩国、印度及东南亚地区。

公司恪守“优质、诚信”的经营理念，赢得了广大客户的信任和赞誉，获得了“高新技术企业”、运城市“循环经济试点企业”、运城市“重合同守信用”、中国橡胶工业协会“质量守信企业”和“推荐品牌”等荣誉，还被山西省评定为蓝色级别企业和合格企业，是国家重点循环经济试点企业和国家高新技术企业，是山西省重点节能减排和资源综合利用的循环经济环保型示范企业。

公司在建的“30万吨/年煤焦油深加工联产4万吨针状焦、5万吨洗油、12万吨炭黑综合开发循环经济项目”被列入山西省“十一五”规划重点项目。

山西永东化工股份有限公司

SHANXI YONGDONG CHEMICAL INDUSTRY CO.,LTD.

地址：山西省运城市稷山县西社镇
邮编：043205
电话：0359-5662080 5561332
传真：0359-5662095
网址：www.sxydhg.com
电子信箱：sxydhggs@163.com

国际贸易部：
电话：0359-5662456
EMAIL：sxydhg@yahoo.com.cn

东海橡塑（合肥）有限公司

TRFH CO., LTD.

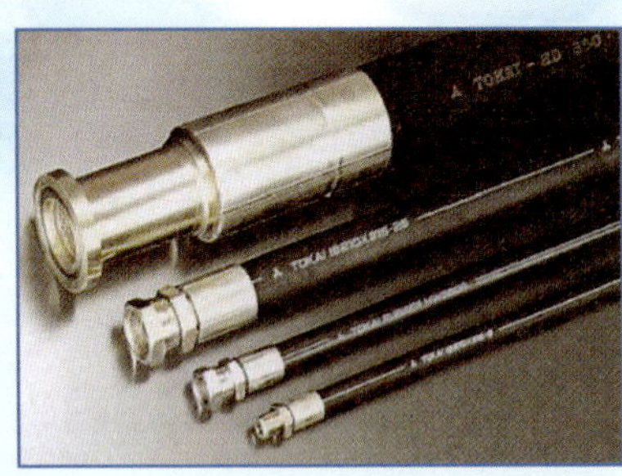

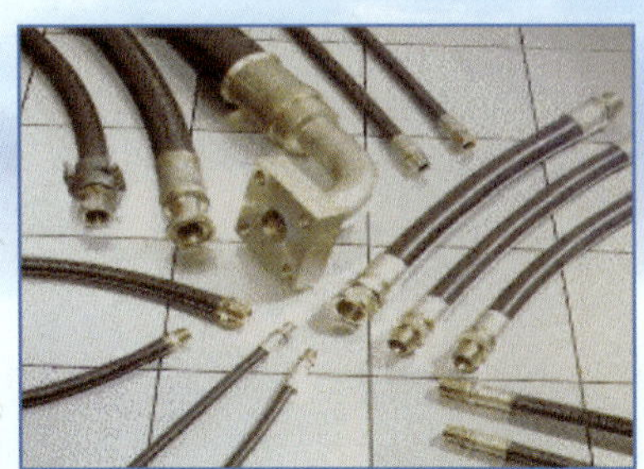

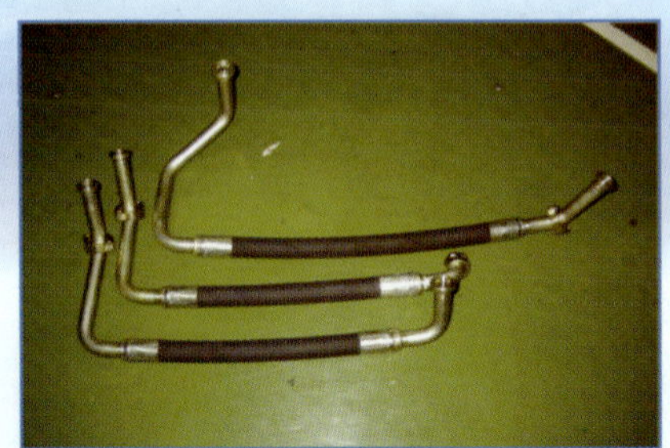

东海橡塑(合肥)有限公司是汽车用减震器及软管的日本大型生产厂家[东海橡胶工业株式会社]与其主要销售代理店[富国物产株式会社]联合投资的日本独资企业。东海橡胶在世界9个国家拥有20个生产厂点,是汽车用及各种产业用橡胶、塑料零部件的世界有数的制造厂家。为对应中国建设机械生产设备等市场扩大的需求，公司在投资环境优越的安徽省合肥市经济技术开发区选址，生产、销售高技术的油压机器控制用高压软管组件及相关产品。自东海橡胶在中国从1995年开展事业以来，公司成为第8个生产基地。

自2005年3月份量产以来，公司在国内建立了以建设机械为主，包括挖掘机、叉车、数控机床、混凝土搅拌车、混凝土泵车、橡胶硫化机等多行业的客户群。所生产的高压油管及相关产品同时出口美国、日本、印度尼西亚等国。

因市场需求及公司规模的不断扩大，在增强接头及组装能力的基础上，2007年在同一开发区内购买了新的土地，开始建设高压软管本体的工厂。随着新软管本体工厂在2008年1月开始量产，公司率先在日系企业中实现了在中国软管、接头、组装的全面生产。新软管工厂的运作，将能够迅速对应世界范围内急剧增长的需求，也从而确立了在东海橡胶集团内做为第二大高压软管全球基地的供应体制。

2010年11月，为了应对中国工程机械市场的快速发展，也为了近距离为客户提供更好的服务。东海橡塑（合肥）有限公司常州分公司正式成立并营业运行，集中、快速地为华东地域客户提供东海橡塑的产品及服务。

TRFH is the plant invested by Tokai Rubber, which is the biggest manufacturer of anti-vibration rubber and hoses for automobiles in Japan, with its major sale agent Fukoku-Bussan in 2004. As one of the leading companies of automotive and industrial use rubber and plastic products, Tokai Rubber has established production bases in eight countries all over the world. Tokai Rubber has expanded its business in China since 1995, and esta-blished TRFH as the eighth base. In order to meet the increasingly growing needs of the Chinese market of machinery and other kinds of equipments, TRFH was set up in economic and technological development zone of Hefei, the capital city of Anhui province and mainly engaged in the manufacture and sale of high-pressure hoses and other related products.

In order to expand production of metal fittings and assembly, we newly decided to acquire sites in the same development zone for building another plant, and also producing high-pressure hoses. Through this, we will handle all processes from the production of hoses and metal fittings to assembly. The start of integrated production is planned from January 2008 and operation of the new plant will enable a swifter response to increasingly growing demands in China and all over the world, as well as supplement production in Japan. Tokai Rubber intends to position the new plant as a second global supply base of high-pressure hoses, then to really establish and enhance the supply system for the demand of the world market.

To meet the rapid growth of the Chinese market of construction machinery and provide customers with convenient service, Changzhou branch founded and started business in Nov 2010 aiming at providing customers of eastern China with TRFH products and service intensively and promptly.

TRFH 東海橡塑(合肥)有限公司

公司所在地:中国安徽省合肥经济技术开发区耕耘路27号

邮编：230601

销售电话：0551-3853670

销售传真：0551-3853671

安徽中鼎密封件股份有限公司

安徽中鼎密封件股份有限公司创办于1980年，位于安徽省宁国经济技术开发区，系安徽中鼎控股（集团）股份有限公司下属核心企业，深圳证券交易所上市，股票代码000887。公司现拥有员工4100余人，占地面积33万平方米，资产总值达23亿余元，先后被评为国家创新型企业、中国汽车零部件百强企业、国家火炬计划高新技术企业。公司自主品牌“鼎湖”商标系中国驰名商标。

公司拥有博士后科研工作站、国家认定企业技术中心，研发设计实力雄厚。主导产品橡胶密封件及特种橡胶制品广泛应用于汽车、家用电器、摩托车、工程机械、矿山、铁道、石化、航空航天、军工等行业，深受国内外客户信赖，在国内同行业中具有稳固的主导地位。

公司以“持续改进，不断满足和超越客户需要”为质量方针，建立、健全了完善的质量控制和管理体系，先后通过了ISO9000、ISO/TS16949、GJB9001质量体系认证以及ISO14001环境管理体系认证、ISO/IEC17025实验室认可体系认证。

展望未来，中鼎将以科学发展观为指导，以产业经营和资本运营互动发展为手段，充分发挥自身优势，不断做强、做大、做优，致力于打造具有国际竞争力的创新型企业，为振兴民族工业再作新贡献！

创新型企业（上市）

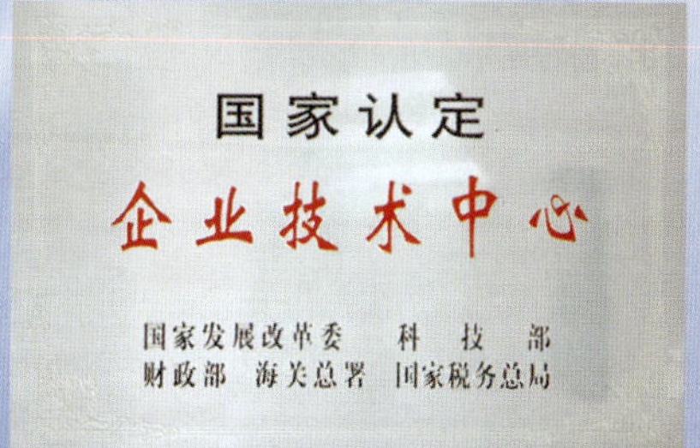

国家技术中心

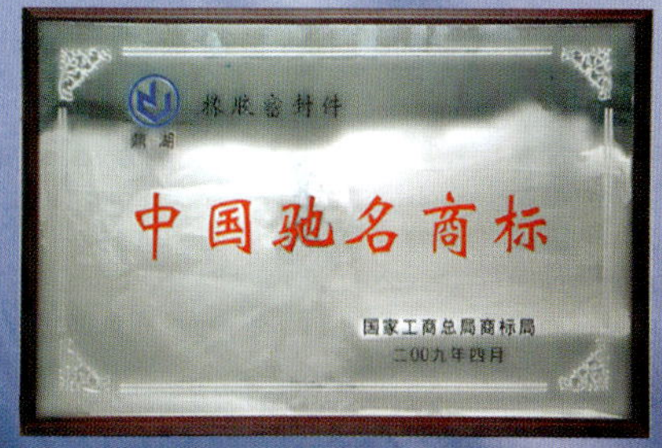

中国驰名商标–鼎湖

汽车类橡胶制品

工程机械类橡胶制品

家电及办公自动化橡胶制品

地址：中国安徽省宁国经济技术开发区　邮编：242300　电话：0563-4181800
传真：0563-4181880　网址：www.zhongdinggroup.com

中国橡胶工业协会会员展示专版

黑猫炭黑

证券代码：002068
证券简称：黑猫股份

BLACK CAT CARBON BLACK

江西黑猫炭黑股份有限公司成立于2001年，于1994年开始生产炭黑，是一家专业化生产炭黑企业，经过17年的发展壮大，公司于2006年9月15日成功登陆资本市场，在深圳证券交易所挂牌上市，股票代码：002068。截止2011年3月公司拥有总资产39亿元，净资产11.5亿元，员工总人数2300余人。

公司目前下属控股子公司有六家，分别位于陕西的韩城市、内蒙古的乌海市、辽宁的朝阳市，河北的邯郸市。山西的太原市、河北的唐山市。陕西韩城市的韩城黑猫炭黑有限责任公司是西北地区较大的炭黑生产基地，现有炭黑年产能12万吨，其生产的“新工艺炭黑”被认定为陕西省高新技术产品，2006年被陕西省科技厅认定为高新技术企业；内蒙古乌海市的乌海黑猫炭黑有限责任公司将建成年炭黑生产能力较大的生产基地，炭黑年产能16万吨，辽宁朝阳市的朝阳黑猫伍兴岐炭黑有限责任公司是我公司在东北的生产基地，现有炭黑年产能6万吨，能够有效覆盖东北市场；河北邯郸市的邯郸黑猫炭黑有限责任公司于2010年4月注册成立，2011年5月投产一期8万吨炭黑，二期8万吨炭黑产能预期2011年年底投产，全部投产后产能达到16万吨，将有效满足公司华北客户的需求。山西太原市的太原黑猫炭黑有限责任公司于2011年4月收购成立，现有2万吨/年炭黑产能，将于今年新建一条4万吨/年的生产线，建成后产能达到6万吨；河北唐山市的唐山黑猫炭黑有限责任公司于2011年6月注册成立，建成后年产能将达到20万吨。

截止2011年6月，公司拥有6条软质、15条硬质的湿法炭黑生产线，两条分别为20万吨/年和30万吨/年的煤焦油精制生产线，一条1000吨/年气相法白炭黑生产线。公司现有炭黑年产能达57万吨，是国内目前较大的炭黑生产企业。2004年至2010年连续七年公司炭黑产销量居国内前列，2010年国内市场占有率约14%。公司现有炭黑生产装置均为2万~4万吨级，共有在型设备2000多台（套），关键设备和自动控制系统均从国外引进，居国内领先水平。目前本公司可生产软、硬质炭黑产品的N110、N220、N330、N500、N600、N700六大系列共25个品种，能够充分满足橡胶行业用户的各种需求。

公司综合技术水平已达到国际先进水平，在国内处于技术领先地位。公司下设专门的技术研发中心，有一批年富力强、务实创新的专业科研队伍，并聘请国内炭黑行业、国家科研院所的知名技术专家担任顾问。

公司分别于2002年至今五次荣获“江西省优秀企业”；2005年获中橡协“科技进步先进企业”；2006年获中国炭黑工业发展二十年历程“新星企业”称号；2003年、2006年两次荣获“江西名牌产品”称号；2007年被中国橡胶工业协会授予“质量授信企业”和“炭黑推荐品牌”；2009年被评为“江西省质量管理先进单位”；2010年4月荣获中国炭黑工业六十周年“科技创新先进企业”称号；2011年度被中国橡胶工业协会推荐品牌产品“黑猫牌橡胶用炭黑”。

公司将竭诚为新老客户提供优质的产品和服务，欢迎新老客户来电垂询，公司销售联系电话：0798—8399125。

黑猫公司积极推行全球化战略，黑猫炭黑远销泰国、越南、菲律宾、印尼、韩国、日本、印度、缅甸等东南亚国家和台湾地区，以及西班牙等欧洲国家，近年来，许多外商客户频繁来公司考察，洽谈业务。

公司地址：江西省景德镇市历尧　　邮编：333000
公司电话：0798-8391868　　传真：0798-8391868
销售电话：0798-8399125　　传真：0798-8391283
采购电话：0798-8399162　　传真：0798-8399162

http://www.blackcat.cn

西布尔集团股份公司

西布尔—俄罗斯、独联体和东欧油气化工的龙头企业

公司拥有30多家工业企业，生产2000多种品名的产品。2010年西布尔生产了43.4万吨橡胶。

西布尔产品在俄罗斯所占份额：合成橡胶44%，异戊二烯橡胶16%，丁基橡胶29%，丁二烯橡胶35%，乳聚丁苯橡胶50%，溶聚丁苯橡胶100%，丁腈橡胶82%，热弹性塑料100%，轮胎24%。在橡胶总产能方面（60万吨）西布尔进入世界十强。

公司分部合成橡胶管理部拥有三家主要企业："陶里亚蒂橡胶"有限责任公司、"沃罗涅日合成橡胶"股份公司和"克拉斯诺亚尔斯克合成橡胶"股份公司。

"沃罗涅日合成橡胶"是俄罗斯较大的溶聚丁二烯橡胶生产企业。2011年3月份，试生产了该类的一批新品牌橡胶，其具有较低的冷流性和较窄的多分散性；用于生产高速轮胎。企业开始建设新生产体系，其产能为3.5万吨/年（2012 年将扩大到8.5万吨/年），将在俄生产先进的筑路材料，即丁苯热弹性塑料。

克拉斯诺亚尔斯克合成橡胶厂与公司其它企业一起，2011年4月份初顺利完成了符合ISO 14001:2004国际标准的生态管理体系重新鉴定审计。

"陶里亚蒂橡胶"2010年4月份已开始实施丁基橡胶生产改扩建项目，进而使装置的设计生产能力增加到5.3万吨/年；预计于2013年将投入运行。企业约80%的产品在出口。

位于经济特区的西布尔化工技术科研中心－西布尔-托木斯克石化科研所，2010年已完成了用于生产三元乙丙(EPDM)橡胶的催化剂研制的主要研究，并正在开始实施自己研制的用于快速和轻松地从反应器中清除高分子聚合物的有效催化剂。

2010年，西布尔建立了中国贸易公司－希特珂（上海）贸易有限公司(CITCO)。作为西布尔企业产品销售商，从事石化产品销售，用人民币进行结算。

俄罗斯西布尔有限责任公司北京代表处 (SIBUR)
北京市朝阳区建国门外大街甲六号中环世贸中心D座25层2504室，
邮编:100022
电话: (86-10) 85679790, 85679791, 85679793;
传真:85679792
e-mail: sibur_china@yahoo.com.cn; sibur_ma@yahoo.com.cn
Website: www.sibur.ru www.siburchina.cn

希特珂控股有限公司上海代表处 (CITCO)
中国上海浦东新区世纪大道88号金茂大厦2508B室
总机：021- 50988933/5098 8577
传真：021- 5098 8600
e-mail: almaz@citcochina.cn; office@citcochina.cn
Website: http://www.citco-gmbh.at

江苏太平橡胶股份有限公司

厂区风景图

江苏太平橡胶股份有限公司成立于2008年12月8日，由其前身丹阳太平橡塑制品有限公司股份制改制而成，现注册资本5580万元人民币。公司位于江苏省丹阳市开发区荆林，占地面积10万平方米，现有员工360余人，其中中高级管理及技术人员62人。

公司专业生产与挖泥船配套的排吸泥橡胶软管、自浮式排泥橡胶管和PE浮体等、自浮式输油管和隔震橡胶支座及其他船舶橡胶配件。公司现有自主知识产权7项。公司长期稳定的国内客户包括广州、天津、上海等各大航道局，业务遍及全国包括港澳在内的二十余个省区，产品还销往德国、印度、巴基斯坦、埃及、比利时、南非、墨西哥、俄罗斯、日本、韩国等二十余个国家。目前，公司产品国内市场占有率和出口创汇能力在全国同行业企业中位居前列。产品质量受到客户的广泛肯定，出现供不应求的可喜局面。2009年疏浚胶管的销售额达2亿多元。

企业精神：追求卓越，勇于创新

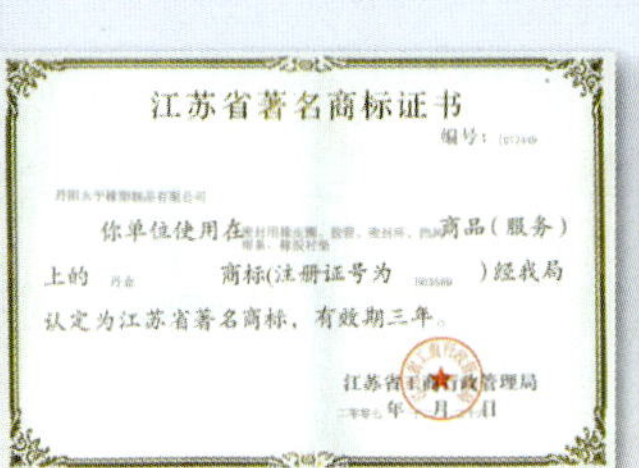

荣誉：

2009－2010年胶管胶带分会胶管十强企业
江苏省名牌产品
江苏省著名商标
江苏省高新技术企业

天津曹妃甸工程

自浮式排泥橡胶管海上施工

太平橡胶生产的浮体与自浮式排泥橡胶管用于尼罗河号挖泥船施工

太平橡胶生产的艏吹管用于上海新海狮号挖泥船施工

广航万顷沙号自浮管线

自浮式排泥橡胶管在国外施工现场

锥形自浮管

自浮式排泥橡胶管

地址：江苏省丹阳市开发区荆林　　邮编：212324
电话：0511-86236335　0511-86232016　　传真：0511-86235816
网址：www.cdsr.cn　　邮箱：info@cdsr.cn　jsdywp@163.com

杉杉集团有限公司

杉杉集团有限公司，以资本为纽带的大型企业集群。产业涉及时尚产业、新能源新材料、投资、园区开发、国际贸易五大板块。2009 年杉杉集团与伊藤忠商社实现全面合资合作，双方在管理、品牌、技术、国际化等方面展开紧密对接。为进一步整合优势资源，杉杉集团斥资于 2010 年成立宁波杉杉物产有限公司（简称“杉杉物产”），主营进口、出口、转口贸易和物流业务，分为橡胶、矿石、钢铁、塑料、液化、煤炭和纺织产品事业部。

公司橡胶事业部主要经营进口天然橡胶和合成橡胶，主要经营品种为：天然橡胶 STR20、SMR20、SIR20、RSS3。合成橡胶：SBS、SEBS、SBR、BR、IR、NBR、EPDM 等。

为更好的服务于国内客户，加强销售网络建设，公司橡胶事业部目前已在青岛和东莞、上海成立了办事处。橡胶事业部以“立足宁波、服务全国”为口号，力争成为国内优质的橡胶供应商。

联系人：橡胶部　符冰

电　话：0574-28903292　13884491291

传　真：0574-28903299

山东玉皇化工有限公司

东明玉皇化工有限公司，始建于1986年，2002年成功收购兼并华海公司，迈出规模扩张的路子。2003年，实行股份制改造，并更名为山东玉皇化工有限公司。2010年5月成功并购菏泽盛世化工，使产业链得到进一步延伸。公司现有员工2000余人，总资产52亿元，占地面积270万平方米，辖三个生产区、9个分公司。

目前公司主要生产装置有：16万吨/年顺丁橡胶装置、40万吨/年二甲醚装置、20万吨/年MTBE装置、20万吨/年碳五深加工装置、10万吨/年聚苯乙烯项目装置、4万吨/年石油树脂装置、20万吨/年苯乙烯装置、6万吨/年环氧乙烷装置、12万吨/年气分气体分馏装置、10万吨/年苯加氢装置、12万吨/年碳四裂解装置、10万吨/年聚丙烯装置、60万吨/年MCC装置、2万吨/年异丁烯装置、1.5万吨/年间戊二烯装置。

在建装置：40万吨/年芳构化装置、8万吨/年乙醇胺装置、1000吨/年橡胶中试装置。

拟建装置：5万吨/年乙丙橡胶装置、30万吨/年异丁烷脱氢装置、20万吨/年丙烯装置、12万吨/年碳酸二甲酯装置。

公司主要生产及经营产品为丁二烯橡胶（BR）9000、稀土顺丁橡胶、MTBE、双环戊二烯、异戊二烯、间戊二烯、精碳五、间戊树脂、二甲醚、环戊烷、液化石油气、苯乙烯、聚苯乙烯、混合苯、苯、甲苯、二甲苯、丙烷、异丁烷、环氧乙烷、丙烯、聚丙烯、轻油、气雾剂级二甲醚、燃料级溶剂油、环戊烯、轻芳烃、乙烯、民用液化气、异丁烯、乙烷、化工原料油及化工产品中间体，以及异戊橡胶、乙丙橡胶、丁基橡胶等橡胶类系列产品。

产品主要应用于油漆、油墨、杀虫剂、合成洗涤剂以及农药、医药、合成树脂、涂料、橡胶、塑料等化工行业，主要销往北京、天津、河南、安徽、福建、河北、江苏、浙江、上海等十几个省市。年产20万吨碳五深加工项目，其产品双环戊二烯、异戊二烯、间戊二烯、精碳五等产品填补了省内空白，异戊二烯、间戊二烯等产品已远销荷兰、美国、意大利、南非、日本、台湾等多个国家和地区。并被省科技厅鉴定为新产品、新材料，获发明自主知识产权三项，实用新型自主知识产权一项。

自2006年以来连续三年入选"中国化工企业500强、中国化工企业经济效益500强"，先后荣获中国优秀企业，中国AAA诚信企业，中国优秀品牌企业、银行业"信贷诚信企业"、山东省高新科技企业等荣誉称号、"守合同重信用企业"、"山东省知识产权试点企业"，董事长王金书先生先后被评为中国优秀企业家、山东省优秀共产党员、山东省劳动模范、功勋人大代表等称号，并当选为山东省第八次、第九次党代会代表，山东省十一界人大代表，2010年被评为全国劳动模范。

公司对原有生产装置进行100多项技术改造，优化了产业结构，提高了设备产能。目前公司拥有自主知识产权17项，实用新型自主知识产权1项，科技成果12项，获省科技进步三等奖2项，市科技进步一、二等奖各1项，承担国家火炬计划1项，山东省自主创新成果转化重大专项项目1项。

2010年实现销售收入47亿元，出口创汇6000万美元。未来五年，玉皇化工将继续坚持以"煤化工和精细化工"的发展战略，以跨入"中国企业500强"、销售收入过百亿元为新目标，紧抓"鲁南经济带"、"突破菏泽"等一系列战略机遇、加快企业创新和科技研发，推动企业"又好又快"发展，坚持科学发展观，立足"中国企业500强"。

橡胶事业部 电话：0530-7602138 传真：0530-7601006 网址：www.yuhuanghua.com

中国橡胶工业协会会员展示专版

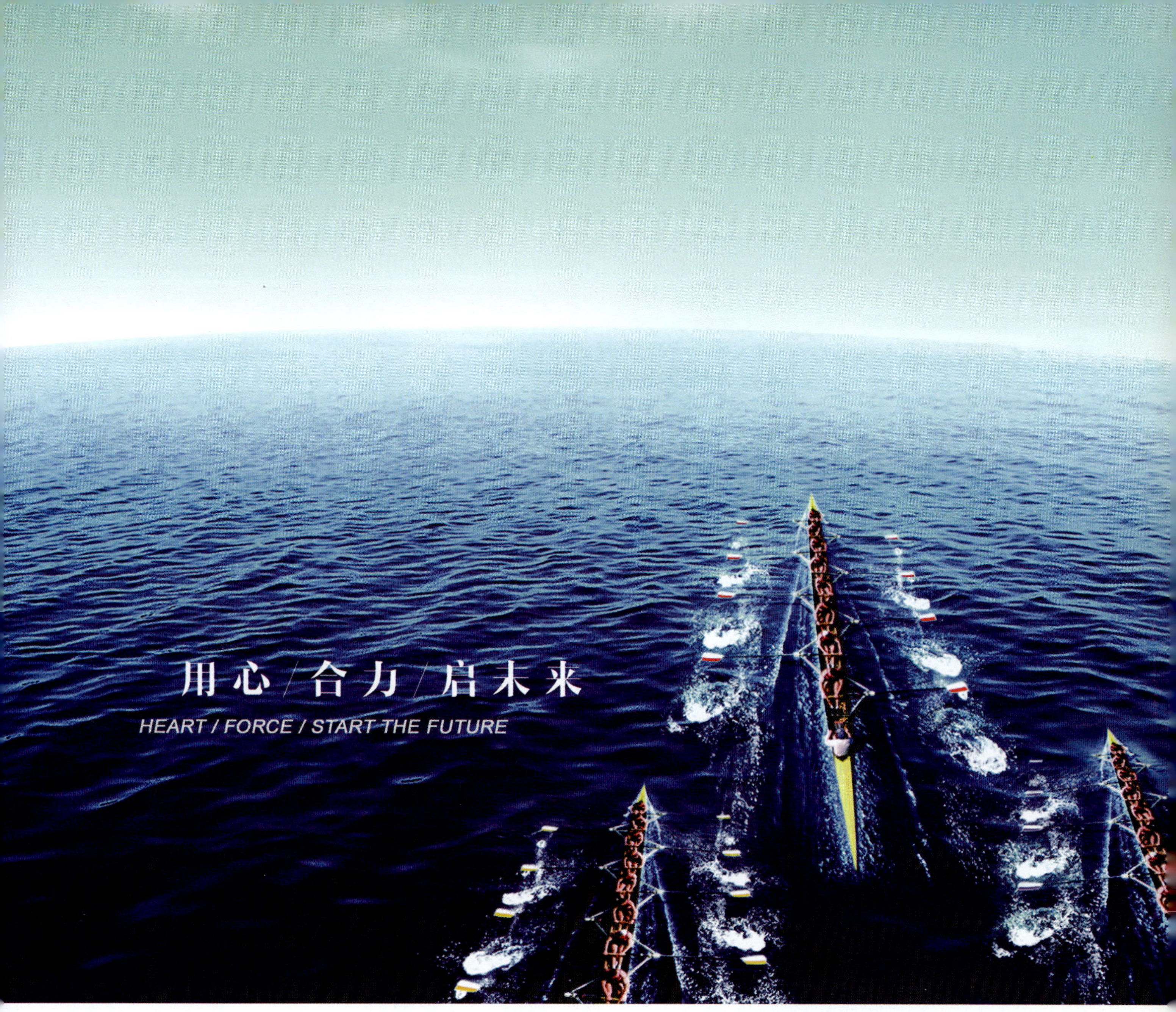

用心/合力/启未来

HEART / FORCE / START THE FUTURE

2011年度中国诚信橡胶贸易商

厦门市中信隆进出口有限公司

地址：厦门市思明区塔埔东路170号9号楼12层
邮编：361009　　TEL:86-592-5927189
FAX：86-592-5569053
E-mail：cindyzhuang@foxmail.com
网址：www.zxlxm.com

厦门市中信隆进出口有限公司，成立于1999年11月，注册资本壹亿元人民币，为中信隆集团的母公司。多年来，承蒙社会各界的关爱与支持，通过合作伙伴与全体员工的共同努力取得了骄人的业绩，连续多年被评为"厦门市进出口百强企业"、"出口超亿美元企业"、"厦门市重点出口企业"等等，为厦门市经济和社会发展作出了一定的贡献。主要出口产品为服装、鞋、包袋；主要进口产品为天然橡胶、复合橡胶、合成橡胶、棉花、塑料、大理石花岗岩荒料、大型机电设备、葡萄酒等大宗商品。2008年起，天然橡胶、复合橡胶、合成橡胶有了突飞猛进的发展，并一直保持着良好的发展态势。

公司重合同、守信用，秉持真诚周到的专业化服务理念和安全高效的简约化管理模式，以稳健的经营作风和妥善的管理措施确保了公司财务平稳、安全、高效地运行，在外贸界和银行界树立了诚实守信的良好形象，赢得了银行和合作伙伴等社会各界的高度评价与信任。

中信隆集团的子公司有：厦门市金亦隆进出口有限公司（保税区），厦门市中合瑞华贸易有限公司，厦门中信隆创业投资有限公司；控股公司有金福隆国际（集团）有限公司（香港注册）。公司渴望与更多的厂商进行更广泛的互利合作，为各合作伙伴提供更好的外贸服务和更多的支持力度，实现优势互补和共同繁荣。公司今后将继续努力创造优质高效的贸易服务环境和优惠的条件，塑造"中信隆"这一服务品牌，使中信隆集团发展成为福建省乃至全国具竞争力的综合贸易服务商。

杜邦™ Kevlar® 纤维增强的汽车轮胎——安全、高性能、物有所值。

四十多年来，杜邦™ Kevlar® 纤维在全球范围内提高了汽车轮胎的安全和性能。Kevlar® 纤维用于超高性能乘用车的冠带层，可以提高轮胎的速度等级。Kevlar® 高性能化弹性体用于轮胎三角胶芯中，可显著提高操控性。含Kevlar® 纤维的轮胎的好处还在于使行驶更安静、减少离心力—减少引擎上的应力，达到节能效果。

杜邦公司积极致力于采用新科技、新材料开发新的用于汽车轮胎的解决方案，降低噪音，提高安全性和耐用性、改进燃油效率，同时使价格具有竞争力。

Kevlar® 时刻准备着

杜邦防护科技
杜邦中国集团有限公司
上海张江高科技园区
科苑路399号11号楼，201203
电话：8621-3862 2888
传真：8621-3862 2432
热线：400-8851 888

©2011 杜邦公司版权所有，保留一切权利。杜邦椭圆形标识、杜邦™和Kevlar® 是美国杜邦公司及其关联机构的商标或注册商标。

Kevlar.

湖北福星科技股份有限公司经过32年发展，现已成为国家大型企业、国家重点高新技术企业、湖北省“巨人工程”企业、A股上市公司。先后获得“全国五一劳动奖状”、“全国质量管理先进单位”、“全国守合同重信用单位”、“全国诚信守法乡镇企业”、“全国文明示范乡镇企业”、“中国具挑战潜力十大民营企业”、“中国优秀诚信企业”、“全国文明单位”等荣誉，从2005年开始，连续被评为“中国工业行业排头兵”。本公司主要生产钢帘线、预应力PC钢绞线、钢丝绳、轮胎钢丝等四大系列、80多个品种、1000多种规格的产品，新开发年产5000吨单（多）晶硅片切割钢丝，年生产能力为35万吨。现拥有员工6000多人，资产总额155亿元。2010年，金属制品业实现营业收入20.4亿元，利润总额2.13亿元，出口创汇2350万美元。

质量管理通过了ISO9001:2008、ISO/TS16949:2009、英国劳氏船级社、欧盟CE的认证，福星商标被认定为“湖北省著名商标”和“中国驰名商标”。钢丝绳被评为“中国名牌产品”；钢帘线、钢丝绳、PC钢绞线、胎圈钢丝产品被评为“湖北名牌”产品；福星牌钢帘线、PC钢绞线被中国钢铁工业协会评为冶金产品实物质量认定金杯奖；福星牌钢丝、钢帘线被评为2011年度中国橡胶工业协会推荐品牌产品。

福星集团控股有限公司总裁、福星科技股份有限公司董事长 谭功炎

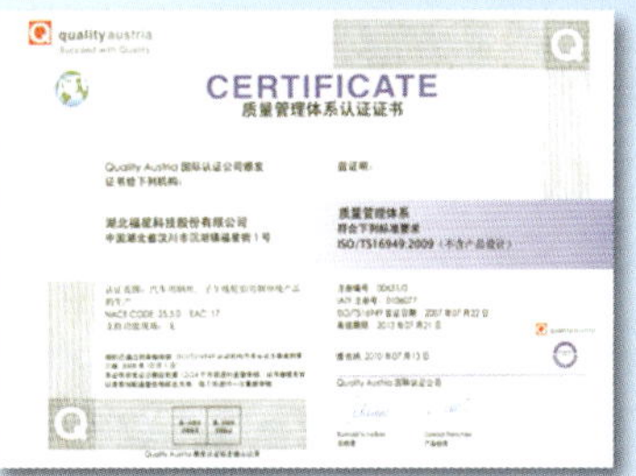

企业地址：湖北省汉川市沉湖镇福星街1号 邮编：431608 企业网址：www.chinafxkj.com
公 司 办：0712-8740058 传真：0712-8740089 销售电话：0712-8740098 0712-8740078

专业 高效 优质 诚信

——为您提供天然橡胶供应链服务

- 经营各类国产天然橡胶
- 经营泰国、马来西亚、印尼、越南及柬埔寨产天然橡胶标准胶和复合橡胶
- 与国内外众多知名贸易商及轮胎厂达成战略合作伙伴关系

厦门建发原材料贸易有限公司

★ 主营橡胶、饲料原料、各种谷物及粮油产品等商品进出口贸易

★ 2010年，公司橡胶业务销售各类橡胶14余万吨，营业额约30亿元

母公司背景：厦门建发股份有限公司

★ 中国上市公司500强（2011年位列第49位）、AAA级资信企业

★ 2010年营业额超660亿元人民币

地址：厦门市鹭江道52号海滨大厦18F Tel:0592-2263162, 2263990

Fax:0592-2119178 www.chinacnd.com

中国橡胶工业协会会员展示专版

石家庄市新星化炭有限公司

新 XXTH 星

石家庄市新星化炭有限公司是一家以生产橡胶用炭黑为主的股份制企业，公司始建于 1972 年，占地 500 余亩，注册资本 1000 万元，固定资产 3.2 亿元，公司员工 405 人，其中各类专业技术人员 130 人，拥有先进的炭黑生产线 5 条，年产能力 16 万吨。并拥有 1500 千瓦、3000 千瓦、6000 千瓦炭黑尾气综合利用发电站各一座。

公司拥有先进的生产工艺和丰富的管理经验。先后被国家、省、市部门授予“全国乡镇创名牌重点企业”、“诚信守法企业”、“省明星企业”、“河北省科技星火示范企业”等荣誉称号，被金融部门连续多年授予“AAA 级信用优良企业”。2008 年通过 ISO9001 质量管理体系、ISO14001 环境管理体系、GB/T28001 职业健康安全管理体系认证，河北省计量“C”标志认证企业。

公司生产的新星牌橡胶用炭黑被中国市场消费指导委员会评定为“中国市场优质放心炭黑”，中国橡胶工业协会质量授信产品。

董事长薛德生是全国优秀企业家、炭黑行业优秀企业家、省劳动模范。总经理苏吉春是炭黑行业科技进步带头人、石家庄市优秀科技工作者。

2009 年为实现企业的“做大、做强”，公司积极筹建年产 30 万吨湿法造粒炭黑技改项目，一期工程已投入运行。

石家庄市新星化炭有限公司始终以“团结、创新、务实、奉献”的企业精神和“诚信共赢”的经营理念，走“自主开发、综合利用、变废为宝”的循环经济建设之路，为努力实现企业的全面可持续发展而不懈努力。

董事长：薛德生

总经理：苏吉春

地址：河北省石家庄市井陉矿区贾庄镇　　邮编：050100
电话：0311-82079948　　传真：0311-82079372
网址：www.xinxinght.com　　E-mail：xinxinght@163.com

ABOUT BO TON

走进宝通

股票代码：300031　中国名牌产品　高新技术企业

无锡宝通带业股份有限公司2000年成立，公司注册商标“宝通”为中国驰名商标，公司专业生产各类高强力橡胶输送带，为“中国名牌产品”。

公司产品广泛应用于钢铁、煤矿、建材、港口、电力等行业的物料输送，主要产品有各类钢丝绳芯输送带（防撕裂、超耐磨、管状、煤矿用阻燃等）、各类织物芯输送带（煤矿用叠层阻燃、耐热、耐高温、防撕裂、耐油、耐酸碱等）以及各类特种输送带产品（环保节能带、花纹带、挡边带、环形带、提升带等），公司产品的市场占有率位居江苏省前列。

公司拥有多个获得“国家高新技术产品”称号的核心产品：TNG型EP耐高温输送带、MT830煤矿用高性能节能叠层阻燃输送带、超耐磨、防撕裂钢丝绳芯输送带、MT668钢丝绳芯阻燃输送带。其中，TNG型EP耐高温输送带、超耐磨、防撕裂钢丝绳芯输送带被列为国家火炬计划项目，在钢铁、水泥等行业的高温物料输送领域具有很高的品牌优势。公司生产的MT668钢丝绳芯阻燃输送带以其优异的防撕裂、抗撕扯、长寿命性能特点，在煤矿行业客户中得到一致好评。MT830煤矿用高性能节能叠层阻燃输送带为我公司国内领先，主要技术性能达到国际先进水平。

公司与国内高分子材料领域知名院校北京化工大学联合成立了“宝通–高校先进输送带技术研发中心”，该中心集产品开发、成果转化、技术服务、信息和人才培训为一体，将成为国家实验室。同时，公司“江苏省博士后科研工作站”的建设，为公司高层次人才聚集提供了良好平台。目前，宝通公司拥有包括防撕裂、耐磨损输送带、环保阻燃输送带、耐高温输送带在内的各类自主知识产权三十余项，高新技术产品四项。这些自主知识产权，不仅丰富了公司输送带的产品系列，更促进了公司创新能力的全面提升。

XJY-X-2500宽幅胶片挤出压延生产线

公司煤矿用高性能节能叠层阻燃输送带为中国橡胶工业协会推荐品牌产品

公司被认定为“高新技术企业”

无锡宝通带业股份有限公司
WUXI BOTON BELT CO., LTD.

地址：江苏省无锡市新区张公路19号
电话：0510-88154050　传真：0510-88157553
网址：www.btdy.com　邮箱：yxb@btdy.com

北京首创轮胎有限责任公司

北京首创轮胎有限责任公司现有总资产二十多亿元，是国有大型一类企业，中国24家重点轮胎生产厂家之一，经济规模连续多年跻身世界轮胎75强之列。2010年为支持北汽集团实现跨越式发展，完善和延伸北京汽车零部件产业链，北京市决定对北京首创轮胎实施重组，经过北汽控股公司与首创集团的共同努力，北京首创轮胎有限责任公司划转工作已经完成，现已成为北汽控股公司全资子公司。

公司以研发、生产和销售乘用、轻卡子午胎和轻卡、载重、工程斜交胎为主，产品系列覆盖乘用，商务、载重等整个汽车轮胎的应用领域，其中半钢子午胎覆盖12~24寸轮辋，扁平比85~90系列，最高速度达Y级的全部产品。

首创轮胎公司，拥有目前国内先进的轮胎生产线和全套的生产检测设备，并以原有意大利倍耐力技术为依托，不断进行拓展创新，形成了具有完全自主知识产权的整套技术体系。

首创轮胎公司始终关注国际轮胎技术新发展，在芳纶/尼龙混织帘线的骨架材料创新应用、辐照硫化高新技术的产业化拥有、三维有限元分析对轮胎受力的仿真模拟运用、轮胎花纹低噪声研究与优化应用等方面，取得了长足的进步。我们已经相继独立开发出：仿生轮胎、S600高性能轮胎、雪地专用轮胎、大轻卡越野胎、3M芳纶精品轮胎、专用矿用轮胎等产品，相继开展的还有对跑气保用轮胎、绿色轮胎、防水滑轮胎及智能轮胎等新型轮胎的研究。

公司以“真材实料，精工细作，为顾客提供放心满意的轮胎产品”为质量方针，保证质量、承载安全，满足适用的法律法规要求和顾客的特殊要求和期望。目前，公司产品通过了美国交通运输部的DOT认证、欧洲ECE、中国国家强制性产品认证、ISO/TS16949认证等等。

公司主打品牌有BCT、京轮、奥特嘉、盾牌等。主要国内配套厂家包括一汽集团、陕汽集团、南汽集团、北汽福田、北京吉普、南京依维柯、上汽通用、奇瑞汽车、天津汽车、哈飞汽车、长安汽车、东风柳汽、宝鸡华山、东风汽车等30多家国内主要汽车制造企业。公司产品远销美洲、欧洲、澳洲、非洲、中东、东南亚等世界各地。

首创轮胎公司，着眼于国际化竞争，制定长远发展战略，通过和国内外知名汽车集团和轮胎集团的战略合作，不断进行技术创新和产品升级，培育企业的核心竞争力，强力打造中国名牌。

遵循“引领BCT企业文化、引领BCT特色产品、引领行业发展格局”的经验理念，秉承“团结、创新、诚信、高效”的首轮精神，首轮人正在打造一个“生产现代化、经营国家化、管理科学化、产品精尖化”、中国一流、世界先进的国际化大型轮胎制造企业！

FUTE

内蒙古富特橡塑机械有限公司

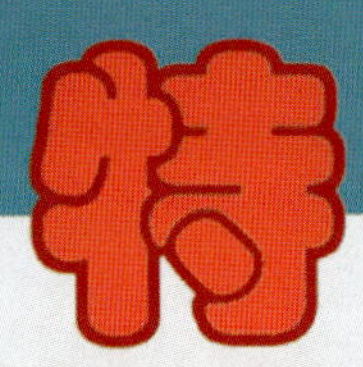

世界橡胶工业的前沿技术产品

宽幅胶片挤出生产线

——工程子午胎、橡胶输送带的关键设备

该宽幅胶片生产工艺采用挤出法生产，配置销钉式冷喂料挤出机及新型宽幅辊筒机头，可直接挤出宽度为3000mm、厚度0.6-10mm的各种规格胶片制品。挤出胶片具有塑化效果好、气密度好、表面光滑无气泡等优点，且生产效率高、节能显著、生产成本大大降低，并节省了大量设备投资，是目前宽幅胶片生产工艺的发展方向。

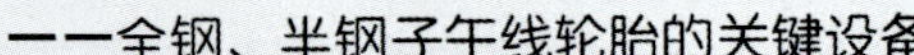

钢丝帘线、尼龙（聚酯）帘线挤出覆胶生产线

——全钢、半钢子午线轮胎的关键设备

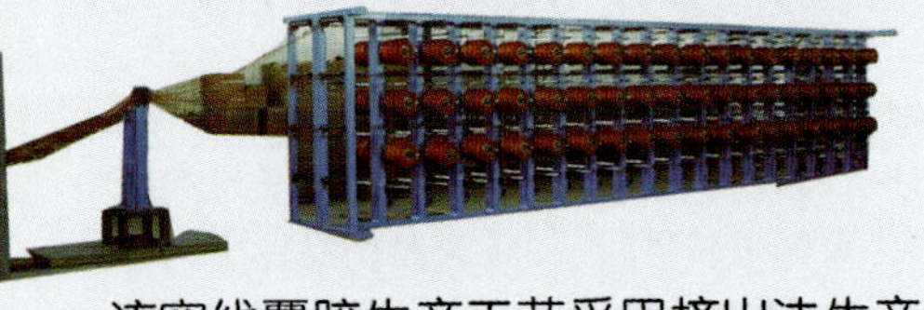

该帘线覆胶生产工艺采用挤出法生产，覆胶质量好；帘线在较高压力下覆胶，结合强度好，覆胶宽度可达800mm、600mm、400mm；该工艺设备节能显著，可节省设备投资，是国内外先进的工艺设备。

公司主要产品

★ 新型挤出法（热贴合）内衬层生产线

★ 可替代压延生产工艺的各种规格胶片挤出法生产线

★ 各种规格的两复合、三复合、四复合销钉式冷喂料挤出机及其冷却联动生产线

★ 各种规格的销钉式冷喂料挤出机、普通冷喂料挤出机、热喂料挤出机、滤胶机等挤出机系列产品

三复合销钉式冷喂料挤出机组

XJDF-200×250双复合销钉式冷喂料挤出机

专利号：ZL 03 3 06558.6

内蒙古富特橡塑机械有限公司是中国橡塑机械行业的骨干企业。富特公司挤出机系列产品率先通过部级鉴定并通过了ISO9001质量体系认证。公司拥有产品直销出口权。

富特公司具有雄厚的技术实力和研发能力，可为全钢载重子午胎、半钢子午胎、斜交胎、力车胎、胶带、胶管、胶条及各种橡胶制品提供大中小型各类成型挤出设备、热炼混炼设备、轮胎胎面生产线及各种胶片制品生产线，品种、规格齐全。

富特公司的产品销往中国各地并出口东南亚、欧美等国家和地区。

销钉式冷喂料挤出机系列产品之一

子午胎三角胶及力车胎生产工艺的新设备：小规格型复合挤出机

（专利号：ZL 03 3 06557.8）

胎面冷却生产线

内蒙古富特 FUTE INNER MONGOLIA

内蒙古富特橡塑机械有限公司 INNER MONGOLIA FUTE RUBBER & PLASTIC MACHINERY CO., LTD.

地址：内蒙古自治区呼和浩特市金川开发区 ADD:JIN-CHUAN DEVELOPMENT DISTRICT

内蒙古富特 FUTE INNER MONGOLIA

邮编：010080 HOHEHOT INNER MONGOLIA CHINA P.R. 010080

电话：(0471)3601088 TEL:(0471)3601088

传真：(0471)3601969

Http:www.sinofute.com E-mail:futerpm@vip.163.com

中国橡胶工业协会会员展示专版

保定华月胶带有限公司

BAODINGHUAYUERUBBERBELTSCO.，LTD

我公司始建于 1982 年，是河北省较大的输送带设计和制造厂家，河北省化工重点企业，中国橡胶工业协会会员单位，其管理模式已于 2000 年通过 ISO9002 质量管理体系认证。华月牌输送带 1998 年起连续三届被授予“河北省名牌产品”称号。“华月”商标于 2004 年被认定为河北省著名商标。

公司主导产品是华月牌输送带，包括钢丝绳输送带、整芯阻燃带、普通用途织物芯输送带、波状挡边输送带等。营销网络已覆盖国内 31 个省市自治区以及欧洲、非洲、东南亚的近千家冶金、煤炭、电力、建材等企业。

在激烈的市场竞争中，华月公司坚持以人为根本，科技为先导，本着硬件要硬，软件更软的工作思路来制定发展战略。2010 年 6 月，总投资上亿元的钢丝绳输送带生产线正式投产，这标志着华月公司已经跻身于国内输送带十强企业的行列。

钢丝绳芯输送带炼胶中心，安装有世界领先水平的大功率高速密炼机。电控系统采用先进的 PLC 控制技术与智能化演示终端，可以根据要求设定控制参数，具有工作程序适时提示、过程参数的动态演示、故障报警等功能，混炼过程完全处于受控状态。

上辅机系统采用世界前沿的设计制造理念，确保了整个系统在输送炭黑等粉剂过程中准确、无污染，为稳定混炼胶的质量打下了良好的基础。

橡胶双螺杆挤出压片机采用进口直流调速装置，微波料位计、压力传感器等先进零部件，使设备运行更加稳定可靠，控制精度更高，大大提高了一次产出合格率。

硫化车间的钢丝绳芯输送带生产线采用德国新拜尔坎普和加拿大帕特斯技术设计制造，无论是主机、张力站、成型车、电控系统、液压系统都达到国际水平、一流的设备提高了我们向用户进行质量承诺的信心。

先进的设备是生产优质产品的必要条件，科学的配方、先进的工艺是打造行业品牌的基础。我公司先后派人到青岛高校软控、北京化工大学进行学习，聘请了业内的工程师做后盾，完善、提高检测研发中心的开发能力，将钢丝绳输送带生产技术定位在世界先进水平上。

我公司自成立之初就十分重视检测研发中心的建设。随着钢丝绳输送带的立项又新增 30 吨程控拉力试验机、门尼粘度计、橡胶渗透仪等检测研发设备。真正做到了对原材料、半成品、成品每个过程的质量控制。

东北助剂化工有限公司

东北助剂化工有限公司前身为沈阳新生化工厂和沈阳东北助剂总厂，创立于1952年，原生产地址为辽宁省沈阳市，2002年，企业整体搬迁到河北省武强县，更名为东北助剂化工有限公司。

东北助剂化工有限公司是橡胶助剂专业生产企业，东北牌橡胶助剂是中国橡胶助剂领域历史悠久的品牌，为中国的轮胎制造业和橡胶制品加工业做出了卓越的贡献，获得了国家的多项荣誉。尤其是我国卫星上天时，卫星发射中心曾经给东助发来喜报，对东北牌助剂在卫星上的应用给予好评。

东北助剂化工有限公司现有促进剂、硫化剂和防老剂三个产品系列，总资产近5亿元，目前主要生产橡胶硫化促进剂MBT(M)、MBTS(DM)、ZMBT(MZ)、CBS(CZ)、DCBS(DZ)、TBBS(NS)、TBSI、DPG(D)、TMTD(TT)等，橡胶硫化剂DTDM、不溶性硫磺，橡胶防老剂IPPD(4010NA)、6PPD(4020)，中间体 A(RT培司)，促进剂产能3万吨/年，硫化剂产能1万吨/年，防老剂产能3万吨/年。

公司已通过IS09001：2008质量体系认证和IS014000环境体系认证，产品质量已经达到国际先进水平。在先进的质量管理体系的保障下，我们一直致力于为国内外的客户提供高品质的产品和专业的服务，产品满足国内客户的同时，出口欧、美、非、亚30多个国家和地区。

我们真诚的希望和来自海内外的朋友合作。

东北助剂—您理想的合作伙伴。

公司简介 Brief Introduction

建新赵氏集团有限公司（原宁海建新橡塑有限公司）创建于1984年，前身为宁海建新橡胶厂，1999年改制为宁海建新橡塑有限公司，2004年评为国家高新技术企业，2008年成立建新赵氏集团有限公司，拥有宁波建新底盘系统有限公司、宁海建新密封条有限公司、宁海建新橡塑有限公司、成都建新汽车部件有限公司、长春建新汽车部件有限公司、沈阳建新汽车部件有限公司等子公司。现有员工2000人，占地面积180000m^2，建筑面积120000m^2，总资产10亿元。

公司主要生产汽车底盘件、门窗密封条橡胶减震器，产品主要配套于一汽大众、上海大众、上海通用、神龙富康等汽车厂家，并出口美国通用、克莱斯勒、德国大众、奥迪。

公司本着对质量的永恒承诺和不懈追求的宗旨，以“创一流产品、超同行先进、赶国际品牌”的经营理念，建立了省级企业工程技术中心，引进了美国MTS三轴向动静态弹性体测试仪等一批国际一流开发试验设备5000余万元，公司的研发试验能力达到了国际先进水平。

公司通过加大科技投入和技术改造，提升企业的自主创新能力与生产能力，并先后通过ISO9001、ISO14001、TS/ISO16949质量体系，进一步提高企业的管理水平，使公司在近年来得到了较快的发展，2011年实现销售收入8.1亿元，位居国内同行前列。

今后，企业将继续立足汽配行业，五年后将实现年销售收入50亿元，成为我国重要的汽车配件生产基地之一。

地址：浙江省宁海县梅林街道梅林南路158号　邮编：315609
电话：0086-574-65291999 / 65292999
传真：0086-574-65291666　E-mail：jxrp@jianxin.com
网址：www.jianxin.com

电话：86-10-8492 4066 / 8492 0005 / 8492 7809
传真：86-10-8492 8207
网址：www.chinarubber.org.cn
邮箱：chinarubber@163.com

安徽中意胶带有限责任公司

安徽中意胶带有限责任公司是2004年7月成立的股份制企业。公司主要从事输送带和其他橡塑制品的生产和经营，为煤炭、冶金、电力、矿山、化工、建材、港口等行业提供输送带和其他工矿橡塑制品，是全国高强力输送带和高分子耐磨材料的重要生产基地。连续多年，公司被行业协会评为输送带十强企业，在行业内综合排名第五位，安徽省排名前列，其中PVC，PVG整芯阻燃输送带产量位居全国同行前茅。

安徽中意胶带有限责任公司多年来一直坚持科技兴企之路，先后荣获国家及省市科技进步奖十五项，有两个国家新产品，四个省新产品和五项自主知识产权。主导产品橡胶分层输送带、钢丝绳芯输送带、PVC、PVG整芯输送带、橡胶和聚氨酯筛网均为安徽省名牌产品，淮兴牌商标为安徽省著名商标。1999年在同行业率先通过ISO9001质量体系认证，十几年来，一直保持安徽省质量管理奖的称号。PVC、PVG整芯阻燃输送带于2009年被中国质量协会和全国用户委员会评为“全国用户满意产品”，淮兴牌橡胶分层、织物整芯、钢丝绳芯三大系列的高强力输送带于2007年被评为“中国名牌产品”。2009年公司再度荣获“全国五一劳动奖状”的殊荣，并被中国石油和化学工业协会授予“中国化工行业技术创新示范企业”。2010年度公司获国家高新技术企业、安徽省专业技术人才先进集体、淮北市知识产权优势企业和安徽省劳动关系和谐企业的荣誉称号，并建立了博士后科研工作站。

安徽中意胶带有限责任公司奉守“诚信、友善，把用户利益置于公司利润之上”的宗旨，真诚永远为客户服务！

安徽中意胶带公司2011年春节联欢会

公司主导产品高强力输送带

主导产品高强力输送带

钢丝绳芯输送带生产线

全国五一劳动奖状

中国名牌产品

地址：安徽省淮北市龙湖工业园淮海东路157号　　邮箱：ahzyjd@163.com
电话：0561-3022135/3026157　　传真：0561-3022135　　网址：http://www.ahzhy.com

AEOLUS
风神轮胎

Agt

风神绿卡行动
Aeolus Greentyre Action

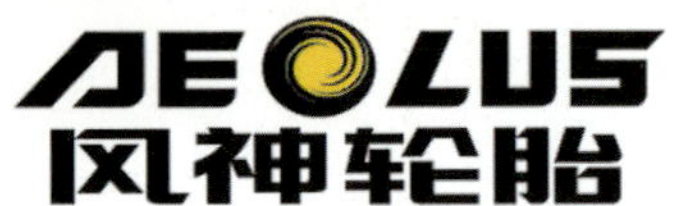

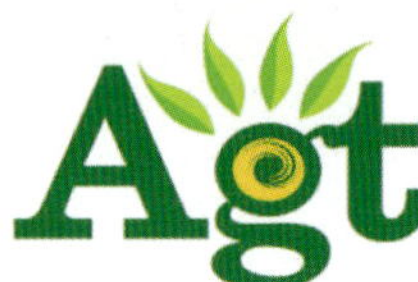

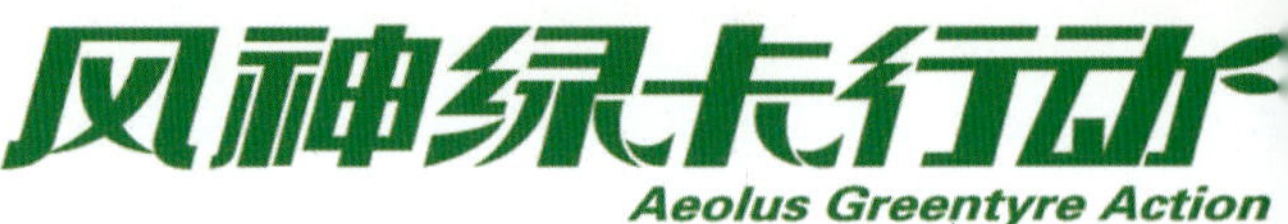

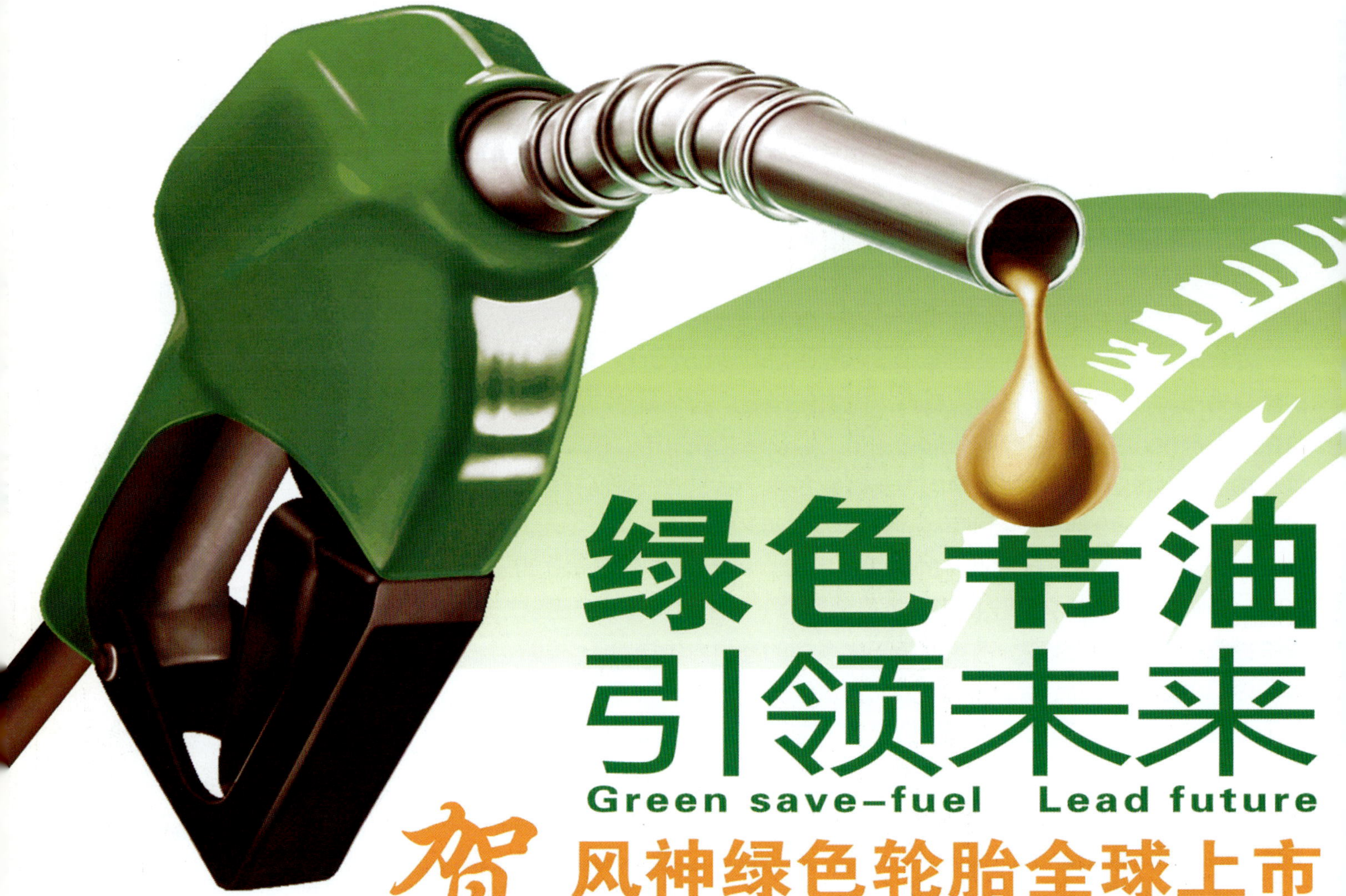

绿色节油 引领未来

Green save-fuel Lead future

贺 风神绿色轮胎全球上市

Aeolus Greentyre Global Launch Event

不是所有的轮胎都无毒无害，都是绿色的。风神在全球全面推出绿色轮胎！

风神全钢子午胎——新一代绿色节油轮胎使用环保型原材料、创新产品设计及应用新生产工艺。生产过程低烟气、低粉尘、低噪音和低能耗。产品无毒无害、安全、低油耗、低噪音、抗湿滑、可翻新，符合欧盟REACH 环保标准。风神绿色轮胎，滚动阻力小，可以减少轮胎滚动阻力的能量消耗，因而耗油低、废气排放少。使用风神绿色轮胎可降低约5%的汽车燃油量。

Not all the tyres are green,without toxin and harm.
Aeolus launches the Green Tyre in the earth.

Aeolus steel truck radial tyres——A new generation of green fuel-saving tyres, adopts eco-friendly materials, innovative product design and applied new production technology. There are merits of low smoke, low dust, low noise and low power consumption in the production processes. The products are nontoxic, safe, low fuel consumption, low noise, anti-slippery, refurbished, and meet the requirements of EU REACH Environmental Standards. As Aeolus Green Tyre has the capacity of low rolling resistance, it can reduce the energy consumption in rolling resistance. Therefore, it has the characteristics of low fuel consumption and less exhaust emission. The average of the amount of vehicle fuel can be reduced about 5%.

再小的力量也是一种支持，从现在起，买一条风神绿色轮胎，你就为贫困地区的道路建设捐出一元钱。

Any small efforts is also the support. From now on, you buy one Aeolus Green Tyre, we donate one Yuan to the road construction of the poor region.

AEOLUS 风神轮胎股份有限公司
AEOLUS TYRE CO.,LTD.

河南省焦作市焦东南路48号 邮编:454003 电话:0391-3999096 传真:0391-3999095 股票代码: 600469 Http://www.aeolustyre.com

No.48 South Road Jiaodong.jiaozuo, Henan Province P.C: 454003 Tel: +8610-0391-3999288 Fax: +8610-0391-3914866 Stock Code: 600469

中国橡胶工业协会会员展示专版

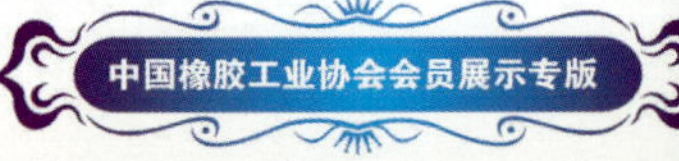

中国橡胶工业年鉴

CHINA RUBBER INDUSTRY YEAR BOOK

(2010－2011年)

中国橡胶工业协会　编

中国商业出版社

图书在版编目(CIP)数据

中国橡胶工业年鉴. 2010~2011/中国橡胶工业协会编写.
-北京:中国商业出版社,2011.10
ISBN 978-7-5044-7448-3

Ⅰ. ①中… Ⅱ. ①中… Ⅲ. ①橡胶工业-中国-2010~2011-年鉴 Ⅳ. ①F426.7-54

中国版本图书馆 CIP 数据核字(2011)第 201245 号

责任编辑 张超美

中国商业出版社出版发行
010-63180647 www.c-cbook.com
(100053 北京广安门内报国寺 1 号)
新华书店总店北京发行所经销
北京科信印刷有限公司印刷
※ ※ ※
889×1194 毫米 大 16 开 28.5 印张 600 千字
2011 年 10 月第 1 版 2011 年 10 月第 1 次印刷
定价:300.00 元

《中国橡胶工业年鉴》(2010－2011)编辑委员会

（委员名单排列以姓氏笔画为序）

主　任	范仁德	中国橡胶工业协会	会　长
副主任	鞠洪振	中国橡胶工业协会	名誉会长
	邓雅俐	中国橡胶工业协会	秘书长
委　员	丁玉华	三角集团有限责任公司	董事长
	马世春	贵州轮胎股份有限公司	董事长
	王　锋	风神轮胎股份有限公司	总经理
	文　波	贝卡尔特管理(上海)有限公司	总　监
	刘　敏	中橡集团炭黑工业研究设计院	院　长
	孙振华	青岛橡六输送带有限公司	董事长
	许春华	中橡协橡胶助剂及骨架材料专业委员会	理事长
	沈金荣	杭州中策橡胶有限公司	董事长
	沈伟家	佳通轮胎(中国)投资有限公司	副总裁
	沈耿亮	浙江双箭橡胶股份有限公司	理事长
	陈志宏	中橡协技术经济委员会轮胎专家组	专　家
	岳春辰	双钱集团股份有限公司	总经理
	陆安杰	江苏飞驰股份有限公司	董事长
	姜国清	烟台新特耐化工有限公司	总经理
	窦　勇	山东大业股份有限公司	总　裁
	蔡峥琦	江苏圣奥化学科技有限公司	首席执行官兼首席财务官

《中国橡胶工业年鉴》编辑部人员名单

主　编　邓雅俐

编　辑　刘蕴琰　赵英杰　黄积中　李　鸿　杨　莉

　　　　甘金生　陈振宝　曹庆鑫　杨灿光

编辑说明

《中国橡胶工业年鉴》是由中国橡胶工业协会组织编辑出版的行业性、资料性实用工具书刊，同时具有国家橡胶行业公报和编年史册的性质。

《中国橡胶工业年鉴》每年编辑出版一次，其宗旨是全面、系统、准确地反映我国橡胶工业的发展历程，为我国橡胶工业的发展方向明确目标。在编辑中注意反映年度特点和地方特色，突出反映经济建设和“十一五”期间的新情况、新成就，并作为社会各界了解橡胶行业的窗口、投资橡胶行业的指南，力求发挥该书存史、资政的重要作用。

2010～2011 年版《中国橡胶工业年鉴》为第 10 版，整体结构与 2009～2010 年版年鉴基本一致，以 2009 年和 2010 年的数据为主、2011 年上半年的数据为辅，逐个辑录了 2009 年和 2010 年中国橡胶工业的发展情况，包括轮胎、航空胎、翻胎、力车胎、胶管、胶带、胶鞋、汽车配件、乳胶制品、天然橡胶、合成橡胶、杜仲橡胶、炭黑、白炭黑、橡胶骨架材料、胶辊、橡胶助剂、橡胶机械、轮胎模具、废橡胶综合利用等行业，及主要省（市、自治区）橡胶工业现状和进展情况，同时辑录了橡胶工业进出口贸易、橡胶工业年度重大科技成果、行业主要新闻、大事记、橡胶行业近五年的统计数据、2010 年中国橡胶工业协会的工作报告及会员单位销售收入排行榜、国外轮胎行业发展概况等多个版块，资料丰富，内容翔实，数据可靠。

2010～2011 年版《中国橡胶工业年鉴》力求行业内容的全面性，增设了行业标准，如橡胶助剂标准、胶鞋标准、合成橡胶标准及轮胎检测，内容涉及各行业标准现状及实施情况，有利于规范橡胶各行业科学发展，促进技术进步，加快实现我国橡胶工业强国目标。

绿色环保、低碳经济，走可持续发展道路，是当前经济发展的方向，各行业在其阐述中也总结了走绿色、低碳、可持续发展道路所采取的措施、取得的效果。

本年鉴中，由于各单位搜集数据的来源或口径不同，可能计算略有差异，编辑部工作人员做了最大努力，力求做到数据的统一、准确。

在编纂和出版过程中，承蒙各单位和诸多专家的大力支持，在此，特向为本书撰稿、审稿的有关单位和专家致以诚挚的感谢！

编辑出版综合性年鉴是一项系统工程，涉及到方方面面。由于编辑水平有限，因稿源、编校、印刷等问题所造成的疏漏在所难免，恳请广大读者批评指正。

《中国橡胶工业年鉴》编辑部

目 录
Contents

中国橡胶工业
China Rubber Industry

主要橡胶制品及其配套行业
Major Rubber Product and Associated Industries

部分省、市及台湾省橡胶工业
The rubber industry in some provinces, cities and Taiwan

橡胶工业主要科技成果
Major science and technology achievements in the rubber industry

橡胶工业进出口贸易
Import and export trade in the rubber industry

橡胶行业标准
Rubber industry standard

检测与认证
Detection & certification

大事记
Chronicle of Events

中国橡胶工业统计
The Statistics of China Rubber Industry

国外橡胶工业概况
Survey of worldwide Rubber Industry

封面拉页：山东大业股份有限公司

封　面：龙星化工股份有限公司

封底：首长宝佳（上海）管理有限公司

封二：天津鹏翎胶管股份有限公司

封三：山东兴亚新材料股份有限公司

扉 1：无锡恒诚硅业有限公司

扉 1 拉页：浙江三力士橡胶股份有限公司

扉 2：山东玲珑轮胎股份有限公司

扉 3：高丽制纲贸易（上海）有限公司

扉 4 ~ 7：萨驰机械工程（上海）有限公司

扉 8 ~ 11：昆明高深橡胶销售有限责任公司

扉 12 ~ 15：朗盛化学（中国）有限公司

扉 16 ~ 19：海南天然橡胶产业集团股份有限公司

扉 20、21：三角集团有限公司

扉 22、23：山东华帘集团钢帘线有限公司

扉 24、25：贵州轮胎股份有限公司

扉 26、27：浙江奋飞橡塑制品有限公司

扉 28、29：新疆昆仑轮胎有限公司

扉 30、31：山西翔宇化工有限公司

扉 32、33：天津市科迈化工有限公司

扉 34：江苏圣奥化学科技有限公司

扉 35：四川亚西橡塑机器有限公司

扉 36、37：佳通轮胎（中国）投资有限公司

扉 38、39：双钱集团股份有限公司

扉 40、41：浙江双箭橡胶股份有限公司

扉 42：大连橡胶塑料机械股份有限公司

扉 43：第二十六届中国国际塑料橡胶工业展览会

扉 44、45：帝人芳纶贸易（上海）有限公司

扉 46、47：陕西延长石油集团橡胶有限公司

扉 48、49：中国平煤神马集团赛尔项目

扉 50、51：山东华东橡胶材料有限公司

扉 52、53：宁波凯驰胶带有限公司

扉 54、55：桂林橡胶设计院有限公司

扉 56：成都盛帮密封件股份有限公司

扉 57：山东西水永一橡胶有限公司

扉 58：特拓（青岛）轮胎技术有限公司

扉 59：海南华加达投资有限公司

扉 60：兴源轮胎集团有限公司

扉 61：山东美晨科技股份有限公司

扉 62：厦门正新橡胶工业有限公司

扉 63：上海连康明化工有限公司

扉 64：山东八一轮胎制造有限公司

扉 65：际华三五三七制鞋有限责任公司

扉 66：住友橡胶（常熟）有限公司

扉 67：浙江三维橡胶制品有限公司

扉 68：烟台氨纶股份有限公司

扉 69：骏马化纤股份有限公司

扉 70：上海沪巨联实业股份有限公司

扉 71：山东尚舜化工有限公司

扉 72：江苏华龙天晟橡胶制品股份有限公司

扉 73：山西永东化工股份有限公司

扉 74：东海橡塑（合肥）有限公司

扉 75：. 安徽中鼎密封件股份有限公司

扉 76：江西黑猫炭黑股份有限公司

扉 77：俄罗斯西布尔有限责任公司

扉 78：江苏太平橡胶股份有限公司

扉 79：宁波杉杉物产有限公司

扉 80：山东玉皇化工有限公司

扉 81：厦门市中信隆进出口有限公司

扉 82：杜邦中国集团有限公司

扉 83：湖北福星科技股份有限公司

扉 84：厦门建发原材料贸易有限公司

扉 85：石家庄市新星化炭有限公司

扉 86：无锡宝通带业股份有限公司

扉 87：北京首创轮胎有限责任公司

扉 88：内蒙古富特橡塑机械有限责任公司

扉 89：保定华月胶带有限公司

扉 90：东北助剂化工有限公司

扉 91：建新赵氏集团有限公司

扉 92：《中国橡胶》形象广告

扉 93：安徽中意胶带有限责任公司

扉 94：风神轮胎股份有限公司

扉 95：山东胜通钢帘线有限公司

扉 96：阜新环宇橡胶（集团）有限公司

插 97：中国橡胶官网

插 98、99：重庆商社化工有限公司

插 100、101：桂林中昊力创机电设备有限公司

插 102、103：无锡双象橡塑机械有限公司

插 104、105：腾森橡胶轮胎（威海）有限公司

插 106：河北华密橡胶有限公司

插 107：上海回力鞋业有限公司

插 108：浙江黄岩浙东橡胶助剂有限公司

插 109：江苏飞驰股份有限公司

插 110：浙江鑫星橡胶有限公司

插 111：东莞市海丽商贸有限公司

插 112：青岛喜盈门双驼轮胎有限公司

插 113：雅吉国际贸易（上海）有限公司

插 114：荣成宏昌模具有限公司

插 115：徐州徐轮橡胶有限公司

插 116：云南西双版纳维盛橡胶有限公司

插 117：浙江环球鞋业有限公司

插 118：山西黑马炭黑有限公司

插 119：台州宏元工艺有限公司

插 120：亚东工业（苏州）有限公司

插 121：建大橡胶（中国）有限公司

插 122：广州市世达密封实业有限公司

插 123：上海瑞洋橡胶化工有限公司

插 124：浙江凯欧传动带有限公司

插 125：镇江苏惠乳胶制品有限公司

插 126：青岛福临轮胎有限公司

插 127：河北友联橡胶制品有限公司

插 128：曲靖众一精细化工股份有限公司

插 129：镇江振邦化工有限公司

插 130：山东正方轮胎有限公司

插 131：赞南科技（上海）有限公司

插 132：山东曹县斯递尔化工科技有限公司

插 133：安赛乐米塔尔荣成钢帘线有限公司

插 134：米勒工程线绳（苏州）有限公司

插 135：淄博齐翔石油化工集团有限公司

插 136：厦门市盟友进出口有限公司

插 137：烟台中策橡胶有限公司

插 138：内蒙古宏立达橡塑机械有限责任公司

插 139：无锡玮泰橡胶工业有限公司

插 140：上海胶带橡胶有限公司

插 141：无锡市万丰橡胶厂

插 142：2012 中国橡胶工业年会

阜新环宇橡胶（集团）有限公司

阜新环宇橡胶（集团）有限公司，是股份多元化的大型橡胶输送带生产加工企业，中国输送带十强企业之一。是中国橡胶工业协会胶管胶带分会副理事长单位，国家高强力和环保型输送带重点生产企业。环宇牌高强力输送带为中国名牌产品，“环宇”商标为中国驰名商标。集团公司先后荣获“全国守合同重信用企业”、“国家火炬计划重点高新技术企业”、“国家高新技术企业”、“辽宁省企业博士后科研基地”、“辽宁省知识产权工作先进单位”、“辽宁省专利产业化示范企业”、“辽宁省阜新橡胶工程技术研究中心”、“省级技术中心企业”、“省高新技术企业”等 300 多项殊荣，并成为国家 863 计划 CIMS 应用示范企业。目前，环宇橡胶集团已成为中国高强力输送带的主要生产基地。

环宇橡胶集团现有员工 2000 余名，其中专业技术人员 502 名，教授级高级工程师 15 名高级工程师 53 名，具有雄厚的人力资源储备，其主导产品“环宇牌”输送带主要分为 10 大系列 60 多个品种，环宇牌输送带为中国橡胶工业协会推荐品牌。在新产品开发中，集团充分发挥国家重点高等院校的科研实力，与北京化工大学、华南理工大学、沈阳化工学院、辽宁工程技术大学联合组建了国内一流的高分子工程技术和新材料研究开发中心，开发高技术含量、高附加值的新产品，其中网络结构钢丝绳芯输送带、环宇 IV—GF 耐热输送带、抗冲击、防撕裂织物芯输送带等共 13 项新产品获得自主知识产权，且环宇 IV—GF 耐热输送带获取国家火炬计划项目证书。公司在同行业将“环保”理念引入输送带领域中，并在输送带行业中率先获取了“环保型难燃输送带发明自主知识产权证书”、“中国商品学会颁发的环境保护推荐产品证书”和“ISO14021 环境标志国际标准 Ⅱ 型环境标志证书”，填补了输送带领域的空白。

环宇橡胶集团拥有多条国内外先进的高科技含量输送带生产线和国内一流的各类检测设备，输送带年生产能力达 2000 万平方米。具有国内领先水平的 XM—270×(4 ~ 40)Y 密闭式炼胶机生产线及橡胶输送带专用的 XY—S2500 四辊压延机

地址：辽宁省阜新经济技术开发区开通街 92 号　邮编：123000　网址：www.fxjt.com.cn
电话：0418—2900095 2902008 2901976 2901767 6283803　传真：0418—2900927 2903048

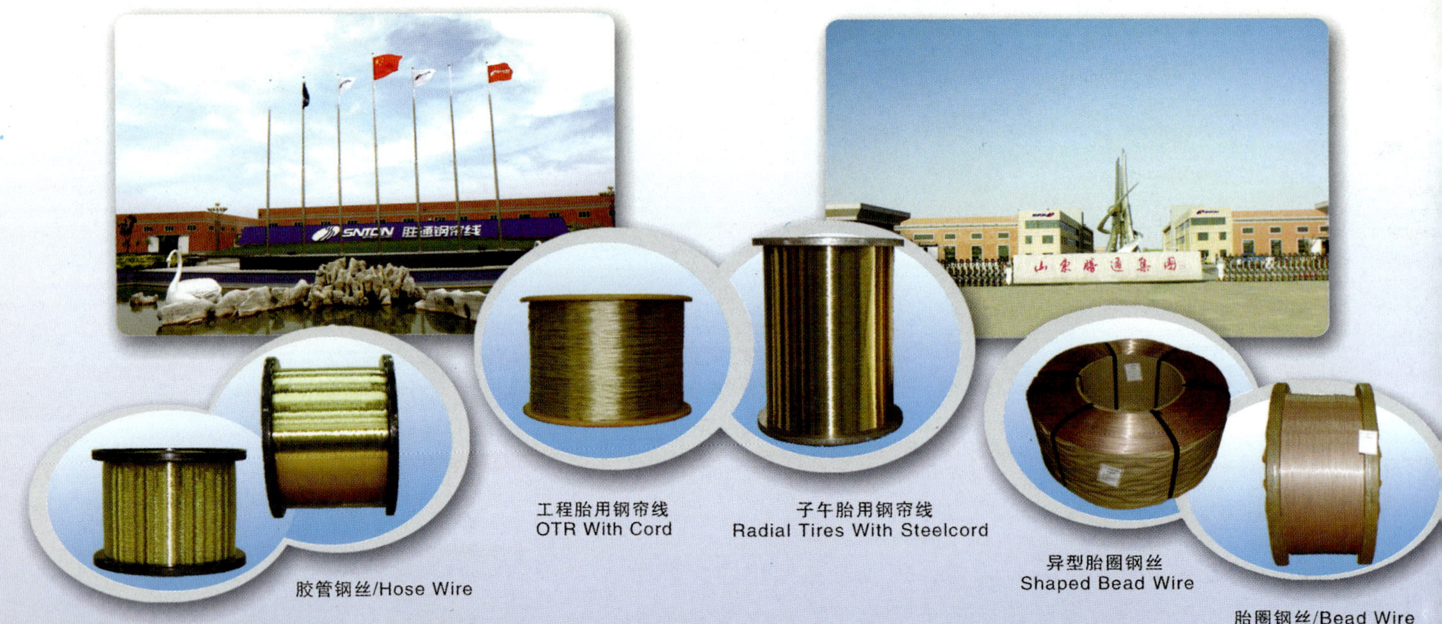

山东胜通

钢帘线有限公司

山东胜通钢帘线有限公司成立于2003年10月，位于黄河三角洲的中心城市——东营，由山东胜通集团股份有限公司投资建设。胜通集团创始于1987年，属于国家重点高新技术企业，产业涵盖钢帘线、精细化工、机械制造、电力设备、建安工程、房地产开发等，是一家实力雄厚、技术先进的国家大型企业集团。

山东胜通钢帘线有限公司自建立起就秉持以追求卓越、精益求精、遵守承诺、服务顾客为宗旨，以奉献、和谐、创新为核心的企业文化理念，以追求卓越与完美，行业龙头争一流为目标，竭诚为广大顾客提供优质产品与服务。

公司于2005年通过了ISO9001、14001、OHS18001综合管理体系认证，08年通过了TS16949管理体系认证，公司生产的钢帘线被评为山东省名牌产品。经国家相关部委联合审核认证，获得国内钢帘线行业的“中国供应商”、“中国名企”和“中国信用企业认证体系示范单位”。

山东胜通钢帘线有限公司下辖四个分厂，年生产规模40万吨，其中，钢帘线34万吨，胎圈钢丝6万吨。一厂6.5万吨/年钢帘线已全面达产；二厂12.5万吨/年钢帘线于08年10月开工建设，09年12月部分投入生产运行，2011年6月全面达产；三厂15万吨/年钢帘线于09年8月开始筹建，将于2013年底全面建成投产；四厂6万吨/年胎圈钢丝于09年9月开始运作，2011年全面达产。

公司钢帘线制造采用先进的生产工艺和精良的技术装备，为生产出优质钢帘线产品提供了有力保障，供应客户有中国化工、三角集团、上海双钱、贵州轮胎、华南橡胶及普利司通、佳通、横滨轮胎等国内外知名轮胎企业。

地址：山东省东营市垦利经济开发区中兴路277号
电话：0086-546-2222222　2889996
传真：0086-546-2885588
邮编：257500
网址：www.sntonsteelcord.com
E-mail：stglx@snton.com

打造国际品牌 携手共创未来

地址：山东省东营市垦利经济开发区
中兴路277号
电话：0086-546-2222222 2889996
传真：0086-546-2885588
邮编：257500
网址：www.sntonsteelcord.com
E-mail：stglx@snton.com

组是目前国内较先进的现代化生产线。横向网络钢丝绳芯输送带生产线，拥有公司自主研究设计的横向网铺设装置属国际领先，并分别在国内和国外获得了自主知识产权，是同行业公认的先进技术，以该生产线为核心的装备群将引领输送带行业未来发展方向。

环宇橡胶集团在同行业中率先通过了ISO9001、ISO14001 、GB/T28001、质量、环境及职业健康安全管理体系认证，同时，通过了ISO10012测量管理体系认证。环宇牌输送带以其优异的产品质量和售后服务质量，行销国内冶金、煤炭、交通、电力、建材、化工等行业，部分产品直销或配套出口20多个国家和地区，在国内外用户中享有很高的声誉。

中国橡胶工业

关于世界橡胶工业强国战略措施的思考

一、“十一五”我国橡胶工业取得重大发展

2010年是“十一五”规划的收官之年。盘点我国橡胶工业“十一五”发展，和“十五”末相比，增长实现翻1.5番以上。2010年与2005年同比，工业总产值增长177.92%，平均年增长35.58%。轮胎产量增长72%，平均年增长14.4%，其中子午胎增长142.42%，平均年增长28.48%；摩托车胎产量增长74.12%，平均年增长14.82%；自行车胎产量增长77.34%，平均年增长15.47%；输送带产量增长145.95%，平均年增长29.19%；V带产量增长99.19%，平均年增长19.84%；胶管产量增长184.19%，平均年增长36.84%。轮胎出口增长174.72%，平均年增长34.94%。橡胶消费增长61.25%，平均年增长12.25%。

企业的产品结构得到进一步优化，轮胎子午化率达到83.72%，增长24.32%，高强力输送带、线绳V带比例超过90%，钢丝编缠高压胶管比例也大幅度增加。

炭黑行业推广湿法造粒炭黑工艺，利用尾气生产汽电等措施降低炭黑油消耗和二氧化碳排放量取得重大进展。湿法造粒炭黑比例由83%提高到94%，增长11%，每吨炭黑原料油耗由1.84吨减少到1.78吨，降低3.3%。单位产品二氧化碳排放由2.96吨减少到2.39吨，降低19.26%。

橡胶助剂行业淘汰有毒有害产品，推广绿色助剂生产和清洁生产工艺，为橡胶产品提供绿色环保橡胶助剂产品，如防老剂、促进剂、环保橡胶油等，绿色助剂比例达到90%，增长10%。

废旧轮胎橡胶综合利用率达到85%，增长10%。大力推广绿色环保再生橡胶产品和开展清洁文明生产，节能降耗取得显著成绩，每吨再生橡胶电耗降低20%。

“十一五”是我国橡胶工业历史上发展最快的时期，进一步增强了我国世界橡胶工业大国地位，产品结构不断优化，增长方式转变初见成效，为橡胶工业“十二五”发展奠定了良好基础，加快了向橡胶工业强国迈进的步伐。

我国橡胶工业“十一五”之所以取得如此举世瞩目的成绩，首先得益于国家宏观经济政策的连续性和稳定性。尽管遭遇了金融危机和轮胎特保案的影响，国家及时实施积极的财政政策和适度宽松的货币政策，在国家大的经济环境下，企业努力转变经济增长方式，大力调整产品结构，采取多元化出口方式，从而保证了我国橡胶工业依然取得快速发展。

“十一五”我国橡胶工业虽然取得举世瞩目的发展，但也暴露出一些影响继续稳定发展的问题。

一是制约我国橡胶工业发展的天然橡胶国外依存度愈来愈大，2010年达到80.00%，比2005年增加6.32%。

二是轮胎企业结构性能力过剩问题愈加突出，企业数量众多，产业集中度低，基础研究薄弱，没有轮胎试验场，工艺过程控制和工艺装备与国际先进水平尚有差距，轮胎安全、环保、燃油法规和标准急待制定。轮胎出口依存度大，出口市场过于集中易引发贸易摩擦。

三是力车胎、胶管胶带等产品经济增长模式还未从粗放式向集约化转变，与国际先进水平相比，在品牌培育、科研开发、生产规模、计算机应用技术、工艺控制和管理现代化等方面还有很大差距。

四是胶鞋产品企业规模小而散，自主研发和技术创新能力不足，核心技术竞争力较低，贴牌出口多，自主品牌少，效益较低。

五是为汽车配套的胶管、传动带、橡胶减震、密封等生产企业，自主研发能力差，产品规模小，专业化不强，配套水平低，在国际市场上缺乏竞争力。

六是劳动生产率、产品价格有待于进一步提高。

二、“十二五”期间我国橡胶工业发展预测和战略目标

我国橡胶工业要按照“十二五”时期的战略任务要求，加快推进工业转型升级，努力实现我国橡胶工业长期平稳较快发展。

预计“十二五”末与“十一五”末相比，全行业工业总产值实现翻一番，达到1.2万亿元，年均增长15%。全行业生胶消耗量将增长35%，达到950万吨，年均增长7%。轮胎等产品产量年均增长将超过7%。“十二五”具体发展预测如下：

“十二五”期间我国橡胶工业总的战略发展目标是发展速度将降下来，运行质量将大幅度提升。

要以科学发展、低碳经济、节能减排为指针，切实转变经济发展方式。

要坚持自主创新，推动科技进步，实施技术创新、产品创新、效益创新，以节能、安全、环保产品替代老产品，培育和争创世界名牌产品，提高核心竞争力。

要坚持以市场为导向，走集团化发展之路，淘汰落后产能，实现产业升级。

产品结构进一步优化，节能、环保、安全、高技术含量的产品比例大幅度增加。

子午线轮胎比例达到90%。大部分轮胎产品达到欧盟轮胎标签法的要求和REACH法规要求。

科技创新、节能降耗、清洁生产达到新水平。

全钢子午线轮胎吨产品综合能耗由现在的0.495吨减少到0.390吨，降低21.21%。半钢子午线轮胎吨产品综合能耗由现在的0.646吨减少到0.515吨，降低20.28%。

湿法造粒炭黑比例由94%提高到98%，增长4%，每吨炭黑原料油耗由1.78吨减少到1.72吨，降低3.3%。单位产品二氧化碳排放由2.39吨减少到2.0吨，比“十一五”降低16.32%。

废旧轮胎利用率由现在的85%，提高到95%，提高10%。

轮胎等产品的生产集中度将进一步提高。

轮胎出口依存度将逐步降低。

合成橡胶数量和品质将满足需求。

天然橡胶进口依存度将保持现在的80%。

三、世界橡胶工业强国战略措施

当前，中国橡胶工业正面临着自身经济发展转型和外部市场环境复杂多变的双重考验，“十二五”期间将是中国橡胶工业发展面临更大挑战的五年，也是由世界橡胶大国向强国转变的关键时期。尽管外部环境不利因素很多，但也蕴含着更大的希望和机遇。我国橡胶工业经过改革开放30多年来的发展，特别是“十一五”的高速发展，为继续保证平稳较快发展奠定了坚实基础，为克服困难增强了必胜信心。后危机时期世界经济格局正在发生变化，只要认真贯彻“十七届五中全会”关于转变经济增长方式的精神和工信部下达的轮胎产业政策，调整发展模式战略，中国橡胶工业将通过大调整、大转型、大重组得到质的提升，将继续确保橡胶工业平稳较快发展，将在由大变强的进程中大大缩短与世界橡胶工业发达国家的差距，为“十三五”成为世界橡胶工业强国奠定坚实基础。要实现世界橡胶工业强国目标，拟实施以下橡胶工业强国战略措施：

1.新材料发展战略

一是在原材料方面减少化石能源的比例。植树造林不仅绿化生态环境，而且是发展低碳经济的重要组成部分，是生物固碳、扩大碳汇、减缓温室效应、减少二氧化碳最经济的途径之一。所以要支持我国扩大天然橡胶的种植面积，提高其质量和产量。

支持有条件的企业“走出去”到境外发展天然橡胶种植和生产。

推动杜仲橡胶等新兴战略橡胶产业的发展。

二是要加快开发应用具有低滚动阻力的高乙烯基聚丁二烯、反式异戊二烯等合成橡胶。

三是扩大应用热塑性弹性体和树脂材料等易回收利用高分子材料，以提高废旧橡胶产品回收利用率。

四是在炭黑行业进一步提高湿法造粒炭黑的比例到98%。研究开发能降低轮胎滚动阻力又保持轮胎综合性能的炭黑新品种。

五是在轮胎中应用白炭黑代替炭黑，降低滚动阻力，节约油耗。

六是应用芳纶、碳纤维等高强度骨架材料，以减少产品重量，节约能耗。

七是橡胶助剂行业为橡胶产品提供符合REACH法规绿色环保橡胶助剂产品，如防老剂、促进剂、环保橡胶油等。

八是再生胶行业提供符合REACH法规的再生胶产品。

2. 多元化市场战略

（1）坚持国内市场和国际市场并重的方针，轮胎行业根据目前国外市场依存度过大的现状，要注重国内市场的扩大和开发，特别要争取进入配套市场。胶管、胶带等工业橡胶制品，根据目前出口较少的现状，在扩大国内市场的同时，要加大开拓国外市场。

（2）调整出口市场结构，国外市场要多元化，稳定美、欧、日等传统市场，扩大非洲、南美、东欧、中东、东盟等新兴市场。

（3）有条件的企业，可以选择有市场的国家和地区投资建厂，就地开拓市场。

3. 低碳经济战略

（1）调整增长方式结构。从粗放型的增长，调整为技术密集型的提高。要改造传统橡胶轮胎工业，节能降耗，保护环境。限制那些技术含量低、污染严重、高碳、高耗能、高排放落后产能的发展。支持节能、环保、安全、智能、品牌项目的建设。要提高轮胎等橡胶产业的准入门槛，外商投资门槛和出口贸易门槛。

（2）调整产品结构。从中低档产品，调整为中高档产品，增加名牌产品的比例，培育中国名牌和世界名牌。要开发和生产符合欧盟"一般机动车辆安全法规"和"轮胎标签法"两个标准和美国高速公路安全管理局公布的"轮胎燃油效率法规"的节油、环保、安全、智能、绿色轮胎，满足汽车工业等领域的低碳化要求。推广宽基轮胎应用于载重汽车，降低重量，节约油耗。生产适合电动汽车和混合动力汽车的轮胎。要启动我国此类标准的制定工作。

（3）加快转变外贸增长方式，推动进出口结构转型。一方面要抑制低附加值高能耗产品出口过快增长；另一方面要在充分发挥传统劳动密集型产业比较优势的基础上，采取措施优化产业结构和提高技术水平，实现出口轮胎等商品向高附加值的绿色产品、智能产品方向转变，以减少国内能源的浪费，突破国外绿色壁垒的限制。

（4）开发和推广应用节能设备技术和加强工艺管理。

推广应用节能设备技术，例如，低温连续混炼工业技术、充氮高温硫化工艺等，减少在橡胶产品生产过程中的能量消耗。

开发全自动化轮胎生产线和技术，大幅度提高生产效率、降低能耗、提高质量。

要在行业中开展轮胎等行业能耗标准达标活动。

4. 循环经济战略

废旧轮胎橡胶的利用是橡胶工业循环经济和低碳经济的重要组成部分，对于节约化石资源，保护环境具有重要意义。

目前中国已经走出了一条比较成熟的废旧橡胶利用道路，即以再生胶为主，适度发展胶粉，加快以轮胎大企业为主的发展翻新轮胎。特别是动态脱硫再生胶生产工艺路线在世界上处于领先地位，应该充分发挥这一优势。另外，要支持节能、环保再生胶生产工艺的开发推广，如常温连续机械脱硫工艺等。

胶粉是非常有前途的产品，尤其在建筑、公路用材料等方面市场潜力较大。目前胶粉在国外废旧橡胶利用方面占有较大的比例，但在中国推广需要一个发展的过程，要循序渐进，通过改进胶粉的质量和应用，并进一步得到国家政策的支持，才能使胶粉的发展达到理想状态。

翻胎是旧轮胎利用的最好方式。中国轮胎制造业经过多年的努力，产品质量已经达到国外水平，但我国在轮胎使用方面还存在问题，主要是由于超载以及不重视轮胎磨耗导致可供翻新的合格旧轮胎数量不足，轮胎翻新率低。翻胎的发展离不开整个轮胎工业的发展和轮胎质量的提高，还需要有关部门加强监管，限制超载，严格执行轮胎磨耗标准，同时翻胎行业本身的技术及设备水平也要提高。

轮胎等橡胶产品生产企业、销售企业和回收利用企业要将节约资源、保护环境的宗旨贯彻于生产、销售和回收利用的全过程，要当作社会责任，承担应尽的义务。

5. 橡胶产品名牌战略

全面提高轮胎橡胶产品的档次和市场竞争

力。引导和鼓励企业制定品牌培育规划，实施品牌经营战略。发展自有商标产品，维护自主品牌形象，提高品牌知名度和美誉度，不断提升品牌价值。目前，协会决定加大质量授信，协会品牌推荐活动，开展中国橡胶工业百强排名和诚信贸易商推荐活动，促进我国橡胶产品在国内外的影响力。

6. 现代营销模式战略

要改变传统代理营销模式，要建立集仓储、物流、结算、售后服务及网络销售为一体的现代营销模式。通过建立现代营销模式，促进品牌培育和产销一体化进展。

7. 兼并重组战略

要切实贯彻落实《轮胎产业政策》，推进企业兼并重组战略，在资源环境约束日益严重、国际间产业竞争更加激烈、贸易保护主义明显抬头的新形势下，必须切实推进橡胶企业兼并重组，通过兼并重组、优化布局、淘汰落后，积极推进产业结构调整，提高发展质量和效益，实现由大变强，促进资源向优势企业集中，促进企业向集团化发展，提高产业集中度，引导生产企业集聚发展，优化布局结构提高产业集中度。增强抵御国际市场风险能力，实现可持续发展。拟通过以下方式实施兼并重组：

(1)通过上市公司兼并重组。

(2)通过品牌共享兼并重组。

(3)通过产销一体等方式，实现上下游企业兼并重组。

8. 现代企业管理战略

(1)推行信息化改造传统橡胶工业，通过机电一体化、物联网等信息手段，改造和提升橡胶工业运行质量。

(2)推行“6S 管理”。

“6S 管理”由日本企业的“5S”扩展而来，是现代工厂行之有效的现场管理理念和方法，其作用是提高效率，保证质量，使工作环境整洁有序，预防为主，保证安全。“6S 管理”是整理、整顿、清扫、清洁、素养、安全。

通过推行信息化手段和“6S 管理”相结合，使企业管理水平达到世界先进水平。

9. 技术创新战略

要全面理解技术创新。技术创新是一个从产生新产品或新工艺的设想到市场应用的完整过程，它包括新设想的产生、研究、开发、商业化生产到扩散这样一系列活动，本质上是一个科技、经济一体化过程，是技术进步与应用创新共同作用催生的产物，它包括技术开发和技术应用这两大环节。

要将技术创新贯穿于橡胶产品科研、生产、管理、销售、增长模式、市场结构等的全过程。

要重视新型原材料的应用，使产品创新捷足先登。

要重视信息化改造传统橡胶加工行业，实现橡胶企业现代化管理新突破。

选择重点影响我国橡胶工业发展的重大课题，如全自动子午胎生产线、轮胎试验场、杜仲胶产业化等，组成技术创新产业联盟，调动行业一切积极因素，务实推进，赶超世界先进水平。

10. 人才战略

企业最短缺的是什么呢？是资金？技术？还是市场？其实都不是。资金不足，可以通过融资解决；没有技术，可以引进；市场有限，可以逐步开拓。总之，企业，最缺乏的不是别的，正是人才！

企业领导要树立“以人为本”的观念，要树立“人才是发展生产力的第一要素”的观念，树立“人才是活资源”观念，树立“人才国际化”的观念，树立人才竞争的“零距离”观念。

要坚持把工人、企业经营管理人才和专业技术人才这三支队伍建设好。

要通过培训和引进国内外人才等方式，全面提高企业管理水平和竞争力。

（中国橡胶工业协会会长　范仁德）

中国橡胶工业协会2010年工作总结及2011年工作计划

2010年是“十一五”的收官之年，也是不确定因素最多、形势最为复杂多变的一年。但是，全行业坚持科学发展观，调结构、转方式，努力化解各种不利因素的冲击和影响，千方百计稳定出口，扩大内销，保持了全年平稳较快增长。据统计，2010年全国轮胎总产量可达4.2亿条，同比增长10%；其他主要橡胶制品的产量增幅也大都在10%以上；产品结构得到进一步优化，子午化率可达83%，其他产品也都是新产品、高质量产品增长较快。在经济运行形态上，由于上年基数“前低后高”，形成全年“前高后低”态势。受天然橡胶等主要原材料价格持续走高的影响，特别是“十一”后连续拉升暴涨，从下半年开始，行业赢利能力持续下降。

据中国橡胶工业协会，对11个分会、378家重点会员企业的统计，2010年完成工业总产值2561.48亿元，同比增长22.6%；实现销售收入2534.10亿元，同比增长25.3%；实现出口交货值675亿元，同比增长34.5%。2010年行业实现利税同比下降6.2%，实现利润同比下降12.7%；302家重点企业中(不包括助剂、骨架)34家亏损，亏损面11.26%，亏损额3.79亿元，同比上升93.8%。

2010年，全行业生胶消耗总量约为645万吨，同比增长9.7%左右。其中天然橡胶300万吨，合成橡胶345万吨。生胶消耗量连续9年世界第一。

2010年，协会自身建设也取得进展。进一步完善有关规章制度，强化内部管理，增强服务功能，开拓工作领域，加强专职化、职业化团队建设，在引导行业发展，加强行业自律，应对热点难点事件，反映行业诉求，做好双向服务，促进行业平稳较快发展中充分发挥了作用。“十一五”我国橡胶制品产量见表1。

表1 “十一五”我国橡胶制品产量

产品名称	2006年	2007年	2008年	2009年	2010年
轮胎/万条	28000	33000	35000	38000	42000
子午胎/万条	17860	23000	26365	30000	35000
摩托胎/万条	10000	12000	13200	13700	14800
自行车胎/万条	47500	52000	60976	66464	73000
输送带/万 m^2	15357	17000	24490	27429	33700
V带/万Am	91623	99000	138889	158333	172500
胶管/万标米	51181	55000	88889	89778	107500
胶鞋/亿双	72	80.6	84.5	81.2	80
炭黑/万t	185	230	248	283	325
助剂/万t	45	56	60	66	76
再生胶/万t	170	195	245	250	270
胶粉/万t	22	25	25	25	30

1.2010 年协会主要工作

(1)配合政府有关部门,制定完善政策法规,引导行业科学健康发展

①配合工信部制定完善了《轮胎产业政策》,并颁布实施。《轮胎产业政策》并入了协会先行组织调研起草的《轮胎行业准入条件》的有关内容,从政策目标、产品调整、技术政策、配套条件建设、行业准入、投资管理、进出口管理、品牌与服务、废旧轮胎回收与利用、积极发挥行业协会作用等方面,促进轮胎产业转方式、调结构,提高综合竞争力,成为“十二五”时期我国轮胎产业由大变强,走上可持续发展之路的纲领性文件。

②组织提出了《橡胶工业产业结构调整指导意见》,引导企业调整结构,转变增长方式,压缩落后产能,减少盲目投入和低水平的重复建设,成为《橡胶工业“十二五”发展规划指导纲要》编制的重要基础和依据。

③组织完成了《橡胶工业“十二五”发展规划指导纲要》的编制工作,包括轮胎、力车胎、胶管、胶带、胶鞋、制品、乳胶、炭黑、废橡胶综合利用、助剂、营销、机头模具、骨架材料、橡胶材料等专业,并将在全行业印发。

④向国家有关部门提交了一系列关系行业发展的政策建议。包括对《外商投资产业指导目录》、“关于加工贸易政策的意见”、“关于加快推进废旧轮胎综合利用的意见”等提出修改建议意见。向有关部门提交了橡胶行业“十二五”期间产业政策研究的建议、橡胶行业生产贸易相关财税政策意见等。

(2)组织应对重点、热点事件,促进行业经济平稳较快运行

2010 年以来,天然橡胶等原材料价格不断攀升,特别是天然胶价格创历史新高,轮胎等生产企业在轮胎特保案、生产成本过高的双重夹击下,压力很大,不堪重负,企业亏损面增大。为此,协会在重要的时刻及时组织企业积极应对。

针对天然胶暴涨严重影响行业生产经营问题,协会分别于 2010 年 4 月 22 日、10 月 18 日和 2011 年 1 月 13 日召开 3 次紧急应对会议,向国家有关部门报告情况,希望国家通过向市场投放国储胶,取消天然胶进口关税,以平抑天然胶价格。2010 年 4 月通过会议和相关工作后,国储胶增加投放,对平抑天然胶价格暴涨起到了明显的作用。2010 年 10 月和 2011 年 1 月的紧急应对会议后,协会通过正式报告、媒体舆论以及人民来信等多个方面做工作,得到了国家有关部门的高度关注。国务院责成有关部委提出调研意见,协会对此予以积极配合,多次主动提供情况,发表建议。

同时,中国橡胶工业协会与中国合成橡胶工业协会联合举办国内轮胎用合成橡胶市场发展研讨会,推进合成胶在轮胎中的运用。

(3)搭建平台,扩大交流与合作

2010 年 3 月,中橡协与国际橡胶研究组织首次联合在青岛成功举办第五届中国橡胶市场发展论坛暨 2010 世界橡胶高峰论坛和 2010 国际橡胶展览。论坛以“探索复苏,合作共赢,持续发展”为主题,有近千人参会,其中国外代表 200 多人,分别有来自美国、日本、新加坡、泰国、越南、科特迪瓦、马来西亚、英国、德国、斯里兰卡、菲律宾、尼日利亚、印度、喀麦隆等十几个国家。

同期配套举办的“2010 国际橡胶展览”涉及橡胶及原材料、橡胶助剂、橡胶制品及设备等。企业参展商积极性高涨,展位暴满。

本次论坛也是国际橡胶研究组织成立 66 年来,首次将年会放在中国举办。协会在此期间,与世界各国橡胶组织进行了交流,与多个国家建立了协会间联系。美国、欧盟、东南亚橡胶组织向中国橡胶工业协会提出了建立完善国际橡胶组织、沟通交流有关法规、规范维护橡胶市场等议题。此次会议及展览的成功为协会举办有规模、有影响的展会提供了有益的经验,打下了良好的基础。

组织人员赴美国和加拿大进行参观交流,期间参加了美国国际轮胎展和加拿大的废橡胶综合利用展览。并参观了有关炼胶企业和废旧轮胎处理企业,同时与美国和加拿大的橡胶协会举行了双边洽谈会,交换了成立国际橡胶协会联盟的初步意见。

组织赴欧盟参观交流,参观橡塑机械展和有关工厂,与欧盟轮胎与橡胶制造商协会举行了“欧盟轮胎及中国轮胎法规交流会”,进一步了解了欧盟的有关法规,有利于促进我国轮胎等产品的出口和我国相关法规的建立与完善。

(4)完善产品标准及自律规范,推进低碳经济和节能减排

①组织召开以“低碳经济与科技创新促结构调整”为主题的全国橡胶工业信息发布会,通过宣传节能减排、技术改造,推进科技创新,打造绿色低碳经济生产模式,促进橡胶工业可持续发展。

②积极参与节能减排标准的制订。

• 组织对《炭黑单位产品能源消耗限额》国家标准进行论证,并进行了修改完善。

• 组织落实轮胎单位产品能耗限额、子午胎清洁生产和审核指南两个国家标准编制工作。年底,子午胎清洁生产标准编制小组已参加由环保部组织召开的课题论证会,将根据专家意见进行修订,进而形成征求意见稿。

• 组织编制了我国第一个《再生橡胶行业清洁生产水平评价技术要求》标准。

• 组织编制未硫化短纤维增强复合橡胶行业规范。

• 组织制订轮胎外胎加工贸易单耗标准修订工作,成立工作小组,进行调研后提出修改意见,标准建议稿提交有关部门。

• 开展节能减排技术的推广与应用。轮胎、管带、废橡胶综合利用、胶鞋、力车胎等分会在行业里交流推广节能减排技术及设备。

(5)加强行业自律,开展质量授信、品牌推荐和诚信评价活动

2010年,中国橡胶协会继续组织开展质量授信、协会推荐品牌和诚信橡胶贸易商和诚信轮胎经销商的评价活动。

推出86个协会推荐品牌:10家轮胎、6家力车胎、10家管带、14家密封制品、4家胶鞋、3家乳胶、8家炭黑、7家废旧综合、13家助剂、4家骨架、5家模具、1家橡机、1家材料。

• 一批工程橡胶制品企业和助剂企业获得质量授信称号。

• 运动鞋、安全套、复合橡胶、摩托车外胎、炭黑、输送带、工程橡胶制品等8类产品45家企业通过质量授信复检。

• 评价出27家诚信橡胶贸易商、35家诚信轮胎经销商。

• 对景洲橡塑管业基地进行了复查,推进区域品牌提升水平。

(6)加强经济运行监督分析,促进行业平稳较快发展

分会每月向会员企业发送本行业统计信息,总会每月向主席团主席和常务理事单位发送全行业统计信息,同时向有关管理部门报送行业经济运行情况,为政府和企业做好及时信息服务。在统计分析报告中,增加了图表分析。同时,在发布时内外有别,在杂志、网站等公开媒体上,尽量少发布具体的数字,侧重于图表走势。

(7)加强新形势下协会自身建设

顺利完成协会主席团年度企业主席轮换工作。授予中国橡胶工业协会主席团第二任企业执行主席、上海双钱集团股份有限公司岳春辰总经理荣誉奖牌,对岳春辰总经理积极而富有成效的参与协会领导工作及其为促进中国橡胶工业发展做出的贡献给予表彰;按照协会主席团轮执主席制的有关规定,推举青岛软控股份有限公司袁仲雪董事长为新一年度企业执行主席,为协会领导工作做出新的贡献。

制订完善了《中国橡胶工业协会主席团组织细则》。在企业自愿申请,协会审核,征求常务理事意见的基础上,对主席团成员进行了充实调整,几家发展强势、在行业中有影响、热心协会工作的企业增补为主席团主席。

轮胎、力车胎、炭黑、模具、胶鞋分会和橡胶材料专业委员会理事长单位和理事长顺利换聘。至此,所有分会完成了新一任理事长单位和理事长的换聘,协会工作有序开展。

为应对越来越多的国际贸易纠纷,根据七届三次理事会、主席团会议和常务理事会的决议,协会在成立公共关系部的基础上,组建了公共关系委员会,并出版了贸易预警简报。

2.2011年协会工作

2011年,是实施“十二五”规划的开局之年,是重要的发展机遇期,但面临着极为复杂的形势和非常严峻的挑战。最为突出的是橡胶等主要原材料不断暴涨,企业生产成本直线上升,赢利幅度大大减低,从目前了解的情况看,一季度,不少企业将面临亏损。同时,全球能源资源和环境压力日益突出，天然橡胶80%以上需要进口，而我国在国际市场上没有定价权和议价能力；世界多国对华贸易政策趋紧，贸易技术壁垒越来越多，橡胶产品出口压力增大。

2011年，按照中央经济工作会议精神，坚持科学发展观，加强自主创新，抓好节能减排，不断深化改革开放，扩大内销，稳定出口，巩固和扩大应对国际金融危机冲击成果，保持我国橡胶工业在调结构、转方式中平稳较快发展，为“十二五”规划启动实施奠定良好基础。主要做好以下工作：

(1)编制印发“十二五”规划，组织制订橡胶强国奋斗目标和框架意见

完成橡胶行业“十二五”发展规划纲要的定稿和文本印刷工作。

协会将按照国家“十二五”时期的战略任务要求，根据橡胶行业“十二五”发展规划指导纲要，组织力量，开展调查研究，从原材料、橡胶产品、橡胶机械和测试仪器、市场、人才等方面，制定世界橡胶工业强国发展战略措施方案，以作为企业发展的指导和国家制定橡胶工业发展的政策依据。

(2)宣传贯彻实施产业政策，推进产业结构调整

研究制定《轮胎产业政策》贯彻意见。建议政府采取切实有效的措施，整合资源，集约化生产，扶优扶强，真正扶持有自主创新能力、有规模、有品牌的大型轮胎企业走大集团道路，做大做强。对不符合轮胎行业发展方向、不符合安全环保节能要求以及老产品的项目，建议不给营业执照、不给银行贷款、不给“3C”认证。

除轮胎外，管带等橡胶产品增长较快，有潜在的结构性产能过剩问题。企业新建项目还在陆续投产，产品产能扩张势头强劲，国内外市场压力增大，竞争日益激烈。协会要大力引导企业压缩产品结构趋同的落后产能，减少盲目投入和低水平的重复建设，支持节能、环保、安全、智能、品牌项目的建设。

(3)加强行业经济运行的监测分析，促进行业经济平稳较快发展

①进一步提高统计报表的及时性，提高统计企业的代表性和可比性；增加单位能耗指标的统计。

②加强对统计数据的分析和预测。加强宏观政策及市场对行业影响的分析研究，及时向政府有关部门提出政策建议，维护行业利益。

③从今年开始，将以电子版形式向常务理事等有关单位及时发送协会统计分析报告，及时交流沟通行业经济运行情况及市场形势，引导企业调整产品产量、产品结构、产品价格、产品库存等，应对原材料价格高涨及出口市场的重重壁垒，保持行业经济平稳较快发展。

(4)扶优扶强，加强品牌建设，提升企业竞争力

“十一五”时期，协会开展的产品质量授信、品牌推荐和诚信评价系列工作，得到了国内外的支持和肯定。同时，在受国际金融危机冲击和影响，市场需求减弱，橡胶原材料价格大幅波动、突发暴涨等变数增多的复杂局势下，大而强、具有集团化优势的大企业抗风险能力和品牌竞争力进一步凸显。

2011年乃至“十二五”时期，协会将大力开展扶优扶强和品牌建设活动。每年都在协会主办的大型会议——中国橡胶年会上隆重公布扶优扶强、品牌建设活动结果，颁发奖牌和证书。同时在有关期刊、网站等媒体上公示获奖企业名单，大张旗鼓地向社会推出一批产品质量好、市场信誉度高、具有规模优势的行业百强企业、协会推荐品牌、诚信轮胎经销商和诚信橡胶贸易商，提高优质企业的知名度和品牌的竞争力。

继续引导地域性品牌的建设，促进其健康发展。

(5)开展行业预警和贸易协调工作

针对复杂的经济环境和日益增多的国际贸易摩擦，在成立协会公共关系部的基础上，2010年底组建了中国橡胶工业协会公共关系委员会。2011年，要把有关工作进一步开展起来，建立行业反倾销预警机制，联系有关管理部门，进一步做好国际贸易预警信息发布、有关行业诉求的跟踪落实等。

针对欧美等相继实行的轮胎标签分级制度，协会对欧盟轮胎标签指令涉及的企业组织进行培训工作。

(6)加强行业标准化工作,提高企业和产品竞争力

•继续完成轮胎单位能耗限额和子午胎清洁生产标准的编制工作。

•研究组织制定轮胎滚动阻力、抗湿滑、噪音等行业自律标准的工作。

•组织制定配制油(炭黑油)的技术条件。炭黑原料油一直是困扰炭黑企业发展的重要一环,炭黑主要是以乙烯焦油、煤焦油、配制油为原料油,目前配制油使用量大幅增长,却没有配制油的统一标准,质量混乱,鱼目混珠,市场急需规范,配制油技术指标讨论稿已形成,2011年要在征求意见的基础上,成为行业自律标准,逐步成为国家标准。

•组织起草橡胶减震制品标准。目前,橡胶制品行业中某些标准水平不高,与国际无法接轨,而企业的某些现行标准却高于国家标准,达到了国外水平。因此,有必要对行业中现行的国标、行标进行整顿和修订,以提高标准的档次,满足市场的要求。另外,对某些缺乏标准和必要的检测手段的产品如减震橡胶制品等,要研究推进系统地制订产品标准,完善检测方法。

•继续在《轮胎经销企业经营规范管理要求》、《轮胎经销企业经营规范理赔要求》两个行业标准基础上,争取使其上升转化为国家标准。同时,与国家人力资源和社会保障部教育培训中心联合开展轮胎经销管理人员岗位培训工作。

(7)反映诉求,争取政策支持

•推进国家级轮胎试验场建立,构建技术研发公共平台,加强我国轮胎检测手段,逐步完善技术创新体系,为进一步提高我国轮胎产品质量,调整产品结构和扩大国内外轮胎市场创造有利条件。

•继续反映取消天然橡胶进口关税,推进杜仲胶产业化、再生橡胶列入所得税优惠目录以及禁止旧轮胎进口问题。

•做好炭黑尾气发电并网及上网电价的优惠工作,为企业办实事和好事。

(8)抓好节能减排,努力推进循环经济

•认真完成轮胎单位能耗限额和子午胎清洁生产标准的编制工作,争取其他橡胶产品能耗标准列入国家标准计划。

•2010年底,协会向工信部推荐了一批废橡胶综合利用先进适用技术,争取列入《再生资源综合利用先进适用技术目录》,促进我国废橡胶综合利用行业技术进步。

•围绕安全、高效、节能减排、技术创新,促进科技成果的转让和推广应用。

(9)办好国内外会展和考察改进会展工作

•开好中国橡胶工业协会七届四次理事扩大会议。总结2010年及"十一五"工作,研究2011年及"十二五"重点工作。

•组织举办2011中国橡胶年会(第六届)和中国橡胶工业展。2011中国橡胶年会将于3月15~18日在青岛举办。本次会议以"新起点、新战略、新发展"为主题,设置1个主会场和多个分会场,并同期举办中国橡胶工业展。协会团结一心,群策群力,将会议和展览打造成具有较高影响力的品牌会展。

•组织好第十二届全国橡胶工业信息发布会,开好一系列专题会议。

•组织好相关国际交流活动。

(10)大力促进中国橡胶谷的建设工作

为促进中国橡胶工业由大向强的转变,中国橡胶工业协会、青岛市四方区人民政府、青岛科技大学、软控股份有限公司共同发起在青岛市四方区建设中国橡胶谷(中国橡胶高新技术园)。橡胶谷以科学研究、产业孵化、企业牵引、市场助推为节点,以创新示范、文化博览、商贸流通、会议展览为纽带,构筑橡胶行业的商业生态圈,使中国橡胶谷成为中国乃至世界橡胶工业的发展引擎。2011年,重点做好橡胶谷的宣传推广工作,营造国内、国外舆论氛围,促进其招商引资。

(11)加强自身建设,提高工作效率,更好地为企业服务

按照中国橡胶工业协会分支机构管理细则的要求,认真做好骨架材料(6月)、胶管胶带(9月)、助剂(10月)、橡胶制品(11月)、营销(11月)、废橡胶综合利用(11月)、乳胶(12月)7个分会(委员会)理事长单位和理事长的换聘工作。

进一步深化协会改革,调整机构,增强人员素质，贯彻落实《中国橡胶工业协会工作人员行为规范》，进一步提高工作人员自身素质和工作效率，严格遵守协会章程和各项规章制度，想企业、行业之所想，干企业、行业之所需，提高为行业服务和为政府服务的自觉性和主动性，积极地、创造性地开展工作，把协会的各项工作推向深入，做得更好。

加强《中国橡胶》杂志社和中国橡胶网的建设工作，进一步发挥协会窗口和交流平台作用。进一步办好各分会的信息刊物和网站，充分发挥作用。

2011 年世界经济有望继续恢复增长，但不稳定不确定因素仍然较多。国际金融危机影响深远，世界经济格局正在发生深刻复杂变化。中国橡胶工业历经 30 年改革开放的磨砺，特别是这两年虽然经受了国际金融风暴的严峻挑战，但仍然获得了长足发展。我们坚信，在新的一年里，全行业将进一步提高应对复杂局面的能力，坚持科学发展，调结构、转方式，坚持创新，努力培育我国橡胶工业发展新优势，加快由大向强的转变，保持我国橡胶工业长期平稳较快地发展。

（邓雅俐）

轮胎工业原材料绿色化进展

根据国家有关部门的要求，最近制定了《轮胎行业清洁生产技术推行方案》，清洁生产是实现循环经济的主要方法，是21世纪工业生产的方向，也是我国工业实现可持续发展的重要保证，是贯彻我国低碳经济发展的重要途径。轮胎产业不是能耗大户，也不会对环境污染产生较大影响，但是在推行方案中，对轮胎生产过程的节能减排提出了较全面方案，轮胎生产中使用的原材料要达到绿色环保要求，已成了关键的内在因素。

一、轮胎发展前景

在内需和出口两个市场推动下，轮胎产量迅速增加，产品结构调整也取得了突破。“十二五”期间的指导思想将以内需为主，但我国汽车的增长，由于受到了政策、交通拥堵等因素的影响，在预测其发展中有不同的观点。本文以现实客观、可能性较大的汽车在今后五年年均增速10% ~20%为基础，即2015年汽车总产量将分别达到2416万辆和3732万辆，测算出汽车轮胎的需求。2011 ~2015年我国汽车轮胎需求量预测（A方案）和（B方案）见表1及表2，2015年我国轮胎需求量见表3。

表1　2011 ~2015年国内汽车轮胎需求测算（A方案）　　万条

年份	乘用胎			轻卡胎			载重胎			合计
	总量	配套	维修	总量	配套	维修	总量	配套	维修	
2011	15350	6210	9140	2513	1495	1018	6480	1308	5172	24343
2012	16976	6830	10146	2844	1585	1259	7944	1584	6360	27764
2013	18762	7510	11252	4628	1750	2878	9372	1740	7632	32762
2014	20727	8265	12462	3704	1915	1789	10920	1920	9000	35351
2015	22877	9090	13787	4199	2115	2084	12552	2100	10452	39628
年均增长率/%	10.49	9.99	10.82	13.69	9.06	19.61	17.97	12.56	19.23	12.95

表2　2011 ~2015年国内汽车轮胎需求测算（B方案）　　万条

年份	乘用胎			轻卡胎			载重胎			合计
	总量	配套	维修	总量	配套	维修	总量	配套	维修	
2011	16044	6775	9269	2732	1425	1307	7296	1560	5736	26072
2012	18696	8130	10568	3466	1880	1586	9084	1896	7188	31246
2013	21911	9755	12156	4174	2255	1919	11208	2280	8928	37293
2014	25800	11705	14095	6213	3705	2508	13728	2736	10992	45741
2015	30495	14045	16450	6221	3250	2971	16716	3276	13440	53432
年均增长率/%	17.42	19.99	15.40	22.86	22.89	22.83	23.0	20.38	23.72	19.65

注：A方案是按汽车年均10%增长率测算；B方案是按汽车年均20%增长率测算。

表3　2015 年我国轮胎需求量

轮胎类别	需求量/万条	子午线轮胎/万条	子午化率/%	备注
汽车轮胎				
乘用胎	22877～30495	22877～30495	100	含 SUV、MPV 车轮胎
轻卡胎	4199～6221	2519～3733	60	
载重胎	12552～16716	11297～15044	90	公制低断面无内胎占 60%（6778～9026 万条）
小计	39628～53432	36693～49272	91～92	
各类小计	1053	423	40	
工程胎				
巨型胎	3	3	100	
农业轮胎	5000	800	16	
国内需求总计	45661～59489	37917～50497	82～85	
出口轮胎	15000～19000	13799～17485	92	约占总产量 25%
合计	60661～78489	51716～67982	85～86	

二、环保材料的应用

1. 我国轮胎发展的产业政策

(1)转变发展方式,具体表现在

①改变重扩大规模、轻投入技术;

②改变重扩大国外市场、轻抢占国内配套市场;

③改变重眼前利益、轻长远发展;

④改变以降价作为市场竞争的手段,提高技术附加值;

⑤改变本土化的无限扩张,发挥跨地区(国)的集团化优势组合;

⑥改变徘徊在国际产业链的中低端,走出 U 型线的中间段。

(2)提高生产集中度和产品水平

企业实现强强联合,集中研发统一先进技术,分工专业化生产。具体表现在:

①扩大安全环保高性能子午胎比例;

②扩大载重子午胎无内胎比例;

③推广落实节能减排新工艺技术,包括一次法炼胶工艺,电子辐射预硫化胎体帘布气密层,减少材料消耗,提高半成品精度。充氮高温硫化,含载重子午胎;

④采用环保材料;

⑤逐步淘汰落后产能,形成合理经济规模;

⑥设计技术由经验为主向数字化转变,普及有限元分析,充分利用计算机手段进行轮胎结构和配方的优化;

⑦由传统管理向现代化管理转变,推广信息化技术;

⑧增强产品性能检测手段,尤其是建立轮胎专用试验场;

⑨实行产、学、研结合,加大创新力度。

三、橡胶需求的发展趋势

目前原材料涨价对轮胎企业造成巨大困难,尤其是 NR,2015 年我国轮胎耗胶情况(A 方案和 B 方案)见表 4 和表 5。根据表 4、表 5 的测算,橡胶仍然是左右轮胎发展的关键材料,尤其是天然胶 NR。

1. 节省 NR 资源

通过对 NR 的各种改性,提高国产天然胶 NR 性能,延长在轮胎中的使用寿命,是比较切实可行的途径。河北泰斗合成材料厂螯合改性技术见表 6、青岛改性剂的改性效果见表 7、HS－NR 在载重子午胎胎面中的应用见表 8。

表 4　2015 年我国轮胎耗胶情况(按 A 方案)

万 t

轮胎类别	子午胎				斜交胎				外胎合计			
	单胎平均耗胶/kg	总耗胶	SR/%	SR	单胎平均耗胶/kg	总耗胶	SR/%	SR	累计	NR	SR	SR/%
载重	24.0	271.13	15	40.67	18.0	22.59	40	9.04	293.72	244.01	49.71	17
乘用	5.6	128.11	55	70.46	–	–	–	–	128.11	55.25	70.46	54
轻卡	8.0	20.16	50	10.08	6.0	10.07	45	4.53	30.23	15.62	14.61	48
工程	160.0	67.68	15	10.15	60.0	36.00	40	14.40	103.68	79.13	24.55	24
农业	40.0	32.00	50	16.00	5.0	21.00	60	12.60	53.00	24.40	28.60	54
出口	8.4	115.91	49	56.80	12.0	14.41	45	6.49	130.32	67.03	63.29	49
总计	12.3	634.99	32	204.16	11.4	108.77	45	47.06	739.06	487.84	251.22	34
占总耗胶比/%		86.00	(NR)88	81.00		14.00	(NR)12	19.00	100.00	100.00	100.00	

表 5　2015 年我国轮胎耗胶情况(按 B 方案)

万 t

轮胎类别	子午胎				斜交胎				外胎合计			
	单胎平均耗胶/kg	总耗胶	SR/%	SR	单胎平均耗胶/kg	总耗胶	SR/%	SR	累计	NR	SR	SR/%
载重	24.0	361.06	15	54.16	18	30.10	40	12.04	391.96	324.96	66.20	17
乘用	5.6	170.77	55	93.92	–	–	–	–	170.77	76.85	93.92	55
轻卡	8.0	29.86	50	14.93	6.0	14.93	55	8.21	44.79	21.65	23.14	52
工程	160.0	67.68	15	10.15	60.0	36.00	40	14.4	103.68	79.13	24.55	24
农业	40.0	32.00	50	16.00	5.0	21.00	60	12.60	53.00	24.40	28.60	54
出口	8.4	115.91	49	56.80	12.0	14.41	36	6.49	130.32	67.03	63.29	49
总计	11.89	777.28	32.3	245.96	11.7	116.44	47	53.74	893.72	594.02	299.70	33
占总耗胶比/%		87.00	(NR)89	82.00		13.00	(NR)11	8.00	100.00	100.00	100.00	

表 6　河北泰斗合成材料厂螯合改性技术

物理性能	国产 20#标胶(原胶)			NR－9328Z 型(改性胶)		
杂质含量/%		0.87			0.34	
P_0		22			43	
PRI		45			45	
硫化条件(140℃ ×min)	20	30	40	20	30	40
邵尔 A 型硬度/度	41	42	42	40	41	41
拉伸强度 /MPa	24	23.7	22.6	29.5	24.3	25.0
扯断伸长率/%	690	662	669	786	733	738
拉伸强度变化率/%				22.9	2.53	10.6
扯断伸长变化率/%				13.9	17.8	10.3

表 7　青岛改性剂的改性效果

物理性能	SMR20（原胶）	NR－NDX(改性胶 HS－NR)
门尼粘度	84	70
P_0	52.7	49.9
PRI	77.2	78
邵尔 A 型硬度/度	39	43
拉伸强度 /MPa	24.9	28.5
扯断伸长率/%	753	728
拉伸强度变化率/%	–	14.6
扯断伸长变化率/%	–	－2.1

表 8　HS－NR 在载重子午胎胎面中的应用

物理性能	HS－NR	SMR－20	性能提高/%
邵尔 A 型硬度/度	70	68.0	
拉伸强度/MPa	30.2	24.2	24.8
扯断伸长率/%	579	471	21.0
300% 定伸应力/MPa	14.5	14.8	
阿克隆磨耗/cm^3	0.41	0.52	21.2
100 ℃ ×48h 老化后			
拉伸强度/MPa	29.8	22.8	29.8
扯断伸长率/%	600	495.0	39.8
弹性/%	31	31.0	
实际使用结果(1000R20)累计单耗 km/mm	10344～15000	7500～10000	38～50

2. 聚氨酯材料

聚氨酯具有许多优越性能，耐磨性是 NR 的 3～5 倍，摩擦系数较高，加工成型方式多样，对轮胎加工工艺存在挑战，但也存在一定的缺陷，需进一步改进。充分利用聚氨酯的优点，可望解决轮胎的魔三角，在我国载重子午胎胎面胶(100% NR)用聚氨酯弹性体(PUE)代替，可节省天然橡胶 180 万吨，具有重大意义。

华南理工大学研发的聚氨酯/橡胶复合绿色轮胎产业化处于国际领先水平，在工业轮胎应用中显著提高了耐磨和耐刺扎性，受到用户青睐，可进一步在翻胎、工程胎、载重轮胎推广应用。绿色轮胎发展前景广阔。

3. 异戊橡胶

尽管目前有些突破，但据中国合成橡胶工业协会预测，仍有碳 5 资源不足的问题。在准备大力发展 IR 的企业，尤其是不具备原料来源的企业要注意遇上无米之炊的难点，不能浪费资源。投资高水平的异戊橡胶，充分发挥 IR 优点，在轮胎中合理利用。本文提出的 2015 年 IR 替代 NR 的初步方案见表 9，2012 年我国 IR 将建成的规模见表 10。

表 9　2015 年 IR 替代 NR 的初步方案

轮胎类别	NR 总耗量/万 t	IR 应用部件	每条平均单耗 IR/kg	IR 总耗量/万 t	IR 替代 NR 比例 /%
斜交胎	62.70	胎面胎体 20% IR 替代 NR	2.25	9.36	14.9
载重子午胎	306.90	胎圈钢丝胶胶芯胶 100% IR 替代 NR	0.90	13.54	4.4
半钢乘用子午胎	91.78	聚酯帘线胶 70% IR 替代 NR	0.80	24.40	26.6
合计	461.38			47.3	10.3

表 10　2012 年我国 IR 将建成的规模

企业名称	IR 规模
茂名鲁华化工有限公司	1.5 万 t
青岛伊科思公司	3.0 万 t
青岛伊科思(抚顺)公司	4.0 万 t
辽宁盘锦振奥化工有限公司	5.0 万 t
淄博鲁华泓锦化工公司	5.0 万 t
青岛第派新材料有限公司	3.0 万 t
小计	21.5 万 t

4. 合成橡胶

(1)溶聚丁苯橡胶

发展绿色轮胎已是必然，对 SSBR 的需求将会凸显，仅乘用子午线轮胎合成胶消耗量已增到 70 万吨，其中主要是 SBR 的消耗，按国外 SSBR 占 SBR 的 30% 计，SSBR 的需求量将达到 20 万吨以上。目前国内已建成一定规模的能力，但生产和用户之间仍缺乏充分交流，SSBR 不能像 ESBR 或普通 BR 大品种一样，只生产单一品种，需要根据轮胎企业不同要求生产系列品种，包括不同充油量、不同苯乙烯含量、乙烯基含量、不同端基改性的品种。

(2)顺丁橡胶

BR 具有低滚动阻力、耐磨性好、屈挠性好的特点，在子午线轮胎胎侧胶中、冬用轮胎中、低滚动阻力轮胎中都需要使用 BR。当前要加大对钕系顺丁 BR 的推广力度。NdBR 更适用于子午线轮胎中的应用。

(3)丁基橡胶和卤化丁基胶

随着无内胎轮胎的发展，丁基内胎将会减少，IIR 需求量会逐步减少，而 HIIR 将会逐渐增加。目前国内 HIIR 仍是空白，为缓解资源矛盾，采用了层状结构的无机填料和代用品，CSM 在气密层中的应用见表 11。但预计一两年内将发生较大变化，我国 IIR 和 HIIR 发展规模见表 12。

表 11　CSM 在气密层中的应用

物理性能	NR30/CIIR70	NR30/CIIR + CSM70
门尼粘度	63	62
焦烧时间 T_5 Min	23	30
硫化仪(161℃)T_{90} Min	23.30	27.40
密度/($mg \cdot m^{-3}$)	1.192	1.206
邵尔 A 型硬度/度	55	57
100%定伸应力/MPa	4.7	1.7
300%定伸应力/MPa	6.4	6.4
拉伸强度/MPa	10.0	9.9
伸长率/%	501	501
气密性	4.105×10^{-4}	2.667×10^{-4}
透气率	4.846×10^{-14}	3.148×10^{-14}

注:CSM 氯磺化聚乙烯。产地:黄岩东海化工有限公司

表 12　我国 IIR 和 HIIR 发展规模　万 t

企业名称	IIR/HIIR 规模	备注
中石化北京燕山公司	13.5(其中 BIIR4.5)	自己开发技术,3 万 tBIIR 已投产
浙江嘉兴兴汇合成材料厂	5	
盘锦振奥化工有限公司	10	俄罗斯 YARSINTEZ 技术
扬子金浦 - 兰州化工红叶	5	
天津陆港橡胶	6	
中海油 LNG	5	意大利 CONSER 技术结合中海油 LNG 技术
小计	44.5	

四、补强材料

目前仍以炭黑为主,生产 1 吨炭黑需 1 吨以上的油,采用白炭黑代替炭黑,不仅是轮胎性能的要求,在节约重要资源上也有重要意义。炭黑本身也在研发许多新品种,低滞后炭黑就是其中一例,但国内目前尚不成熟,不同白炭黑用量在 SSBR 中的性能如表 13 所示,既能降低滚动阻力,又能提高防滑性。国外轮胎无论是经济型或高性能轮胎胎面胶都使用了大量白炭黑,一般用量都在 40 份以上,高的达到 60 ~ 70 份,在工艺上要求较高,目前国内与国外在使用白炭黑上差距仍较大,需尽快改变。

国内生产白炭黑的企业比较多,规模也在逐渐扩大,高分散白炭黑、低聚合高分散性系列白炭黑(环保颗粒型)和 HCSIL833MP 等品种能满足低滚动阻力、高防滑性和耐磨性的要求。

表 13　不同白炭黑用量在 SSBR 中的性能

物理性能	白炭黑(7000GR)0 /炭黑(N234)70	白炭黑(7000GR)10 /炭黑(N234)60	白炭黑(7000GR)30 /炭黑(N234)40	白炭黑(7000GR)50 /炭黑(N234)20	白炭黑(7000GR)70 /炭黑(N234)0
门尼粘度 [ML(1+4)100℃]	74	76	75	81	90
60℃ tgδ	0.250	0.223	0.195	0.155	0.123
0℃ tgδ	0.54	0.578	0.599	0.593	0.610
滚动损失(J/rev)	3.00	3.33	2.60	2.07	1.90
侧力系数	0.83	0.86	0.92	0.95	1.00
磨耗/(g/km)	0.489	0.504	0.621	0.717	0.754

五、硅烷偶联剂

目前用量较大的依然是 Si69，其用量一般是白炭黑的 10%。

六、环保油

欧洲 2005/69/EC 指令(2010 年 1 月 1 日实施)：多环芳烃 PCAs 含量 <3%，8 种 PAHs(Bap、Bep、BcA、CHR、BbFA、BJFA、BKFA、DBAhA)总含量 <100mg/Kg

国外推荐三类产品：

1. 富芳烃抽出油再精制(处理芳烃油 TDAE)
2. 石蜡基馏分油缓和萃取中间物(浅抽油 MES)
3. 重质环烷基油(处理环烷油 NAP)

主要生产商：

TDAE 德国汉胜－罗圣泰集团(Hansen & Rosenthal Group)

商标号 EC500 SX500 －新达洋(宁波)有限公司

MES 瑞典尼纳斯公司生产

商标号 NYTEX4700 NYTEX8450 －尼纳斯石油(上海)有限公司

国内生产商：中石油大港石化公司、中石油辽河石化公司、中石油克拉玛依石化公司、青岛海佳化工有限公司、山东天源化工有限公司等。山东天源化工环保油性能见表 14。

表 14　山东天源化工环保油性能

物理性能	德国－汉胜 EC500	尼纳斯 NYTEX4700	国内其他厂家	山东天源 TY8201
相对密度(15℃)	0.9493	0.9410	0.9422	0.9542
折光率	1.528	1.521	1.519	1.527
闪点/℃	235	210	220	225
倾点/℃	28	－14	23	15
运动粘度 mm^2/s				
40℃	781	700	438	576
100℃	20.4	27.3	17.9	19.5
粘度比重常数 VGC	0.883	0.871	0.878	0.893
C 型分析/%				
CA	25	20.5	19.5	23.5
CP	29	30	36.5	37.5
CN	46	49.5	44	39
苯胺点/℃	71	90	89	68

七、低锌产品

重金属对人体及生物有不利的影响，轮胎中的氧化锌每年磨下来留在环境中的金属锌数量不少，目前尚没有取代氧化锌的硫化活性剂。我国有几个低锌产品完全可以取代胶料中的氧化锌，应率先推出无锌或低锌产品理念，洛阳市蓝天化工厂的高分散性纳米级包覆氧化锌性能较好，分散性纳米级包覆氧化锌 HN50 性能对比见表 15，HN50 只含锌 50% ~60%，在应用中再降低用量 30%，综合为氧化锌的65%，相当于每年在公共环境中减少约 20 万吨氧化锌的污染。

表 15　分散性纳米级包覆氧化锌 HN50 性能对比（洛阳市蓝天化工厂）

品种性能	加入普通 ZnO 5 份	加入 ZnOHN50 3.5 份
硫化仪（151℃）		
MH/dN·m	15.59	16.79
ML/dN·m	2.83	1.94
T_{90}/min	6.09	7.31
物性（151℃ ×15min）		
邵尔 A 型硬度/度	56	56
拉伸强度/MPa	19.8	17.6
伸长率/%	531	459
300% 定伸应力/MPa	8.5	9.6
永久变形/%	24	18

江苏 ATE 公司研发的有机锌锌含量为 40%，相当于普通氧化锌的一半，等量代替使用具有优异的老化性能和撕裂性能，有机锌在载重子午胎胎面胶性能对比见表 16，相当减少 50% 氧化锌，目前已在半钢子午胎中应用，还要进一步在全钢和工程子午胎中推广。

表 16　有机锌在载重子午胎胎面胶性能对比（江苏 ATE 公司）

品　种	普通 ZnO 3.5 份	纳米 ZnO 3.5 份	有机锌 3.5 份
硫化仪（145℃）			
MH/dN·m	14.56	14.98	14.87
ML/dN·m	2.05	2.04	2.06
T_{90}/min	21.8	22.15	20.55
密度	1.104	1.105	1.088
拉伸强度/MPa	18.4	17.9	18.7
伸长率/%	658	632	680
300% 定伸应力/MPa	6.1	6.0	7.0
永久变形/%	32	29	32
邵尔 A 型硬度/度	75	68	89
老化（100℃ ×48h）性能变化率/%			
拉伸强度	-26.1	-24.0	-13.4
伸长	-37.7	-32.3	-29.7

八、骨架材料

钢丝帘线

已占主导地位，目前在发展高强力钢丝的基础上根据国内的实际使用条件，开发不同结构的钢帘线，取得显著的成果，轮胎重量降低，性能提高，载重子午胎胎体用高性能帘线见表17。

表17　载重子午胎胎体用高性能帘线

传统结构	新型结构	适用市场
3+9+15*0.22+0.15NT	0.25+6+12*0.225HT	长途及超载
	3+9+15*0.225ZZZHT	严重超载
3+9+15*0.175+0.15NT	0.22+6+12*0.25HT	长途及超载
	3*0.24+9*0.225CCHT	长途及超载
	0.25+6*0.22+12*0.20HT	长途及超载
3+9*0.22+0.15NT	3*0.22/9*0.20HT	长途及超载

聚酯帘线

乘用子午胎将以HMLS为主

PEN(聚萘二甲酸乙二醇酯)高性能纤维我国目前仍是空白，应加快发展。

芳纶帘线

将成为橡胶用高性能纤维的代表，我国在航空胎中应用已取得成果，在子午胎应用中也做了许多探讨，效果都不错。芳纶与锦纶或涤纶的混纺帘线做高性能子午胎的冠带层。芳纶与钢丝的混纺也值得关注。

特殊钢片

我国以特殊钢片取代轮胎所有骨架材料(包括胎圈)研发的钢骨轮胎比原来轮胎重量降低40%以上，而且轮胎使用后可以100%回收利用，也值得关注。

九、其他

不溶性硫黄、防老剂、促进剂、各类加工助剂、无机填料等材料在我国助剂行业实行绿色化工清洁生产的指引下，产品结构调整方面取得了明显进展。

十、循环经济

目前各地方都很重视轮胎工业循环经济。

首先提高轮胎的翻新率、翻新次数和延长轮胎使用寿命是最关键的。带束层环形胎面翻新的方法值得关注和推广。

废轮胎以制作胶粉为主，胶粉的应用应重点在高速公路沥青改性上。国家应制定相应政策给予支持。

胶粉的生产以低温机械粉碎法为主，也可以考虑再生剂的应用。

我国再生胶生产和应用都较普遍，但要向环保高性能方向发展。前面提到的NR改性剂也可以同样改善再生胶生产环境，祛除再生胶的臭味。

(陈志宏)

主要橡胶制品及其配套行业

轮　胎

【基本情况】

2010年我国轮胎工业,受国内宏观经济形势持续向好,特别是汽车工业高速发展的带动,轮胎产销及出口均比上年有较大增长。下半年因天然橡胶价格暴涨,导致轮胎企业赢利水平下降。

据中国橡胶工业协会轮胎分会对43家轮胎会员企业统计,2010年轮胎产量和轮胎销售收入同比分别增长16.4%和24.4%,其中子午胎产量增长19.4%,轮胎子午化率达到83.3%,子午化率创历史新高。轮胎出口交货量和交货值分别同比增长17.5%和35.1%。但有关部门统计的数据也显示,2010年中国出口至美国的乘用胎数量同比仅减少约25%,虽然降幅不小,但远未像当初预计的那么严重。中国轮胎制造业经受住了近年最大一桩外贸摩擦案的考验。若按价值量计算的出口轮胎交货值的增长幅度,要比按实物量计算的出口轮胎交货量高出1倍,表明我国出口轮胎在品种结构和价格方面有明显优化和提升。据中橡协轮胎分会统计(43家企业)我国出口轮胎交货量占总产量的42.7%。

2010年下半年,天然橡胶价格一路飙升,其中11月期货价格最高达39800元/吨。胶价暴涨,大大抬高了轮胎生产成本,全年产成品成本费用总额同比增长28.2%,上升幅度高于轮胎产值和产量的增长幅度。这一原因直接导致了在增产、增销情况下,利润总额负增长21%,销售收入利润率下降2个百分点。

因天然橡胶价格上涨,轮胎各企业增加了合成橡胶的使用比例。2010年用于轮胎生产,合成橡胶的增长幅度要高出天然橡胶5个百分点。

2010年底轮胎产成品存货同比增长53.5%,上升幅度大大高出产量和销售额的增幅,表明轮胎供过于求状况有所加重。

据中橡协轮胎分会统计(43家企业),2006～2010年我国轮胎产量、2010年我国轮胎企业主要经济指标完成情况、2010年我国轮胎产量、销售收入、交货量前10名企业以及各类轮胎产量和出口情况分别见表1～表6。

表1　2006～2010年我国轮胎产量　　万条

年份	2006年	2007年	2008年	2009年	2010年
轮胎	28000	33000	35000	38500	44300
子午胎	18200	23700	26300	30100	37500

表2　2010年我国轮胎企业主要经济指标完成情况　　万元

项　目	2010年	2009年	同比/%
工业总产值(按现行价计算)	17702212.3	14640824.6	20.91
轮胎	16856420.6	13962785.6	20.72
子午胎	13921829.7	11042285.5	26.08
工业销售产值(按现行价计算)	17499657.7	14450721.5	21.10

续表 2

项目	2010 年	2009 年	同比/%
轮胎	16515543.5	13669589.2	20.82
出口轮胎交货值	6005282.2	4444162.8	35.13
子午胎	5375547.2	3870316.0	38.89
全钢子午胎	3496507.4	2395975.4	45.93
工业增加值(按生产法计算)	2579826.2	2805372.6	-8.04
综合轮胎外胎产量/条	292474827	251358112	16.36
子午胎	243700588	204058427	19.43
全钢子午胎	70804035	58397906	21.24
出口轮胎交货量/套	124770138	106185107	17.50
子午胎	109728326	93312779	17.59
全钢子午胎	23163370	16893249	37.12
工业生产能源消费消耗量/吨标煤	3020487.6	2882713.6	4.78
天然橡胶	2201055.4	1998469.9	10.14
合成橡胶	1336346.2	1152572.2	15.94
锦纶帘子布	158003.5	137844.9	14.62
涤纶帘子布	66485.1	55580.4	19.62
钢帘线	1039567.3	884155.8	17.58
从业人员平均人数/人	161992	154104	5.12
全部从业人员劳动报酬	478454.0	393393.6	21.62
销售收入总额	17636381.3	14248156.5	23.78
轮胎	16592659.3	13341073.0	24.37
子午胎	13629045.1	10677241.9	27.65
全钢子午胎	9847275.0	7508077.1	31.16

续表 2

项目	2010 年	2009 年	同比/%
销售费用	652967.2	489938.5	33.28
管理费用	516105.6	466037.3	10.74
财务费用	239131.2	259938.0	-8.00
利息支出	244180.6	239509.4	1.95
销售税金及附加	69852.1	59950.4	16.52
应交增值税	273936.8	277837.0	-1.04
销项税额	2021702.9	1555069.5	30.01
实现利润总额	708169.4	896514.1	-21.01
实现利税总额	1158320.7	1310159.4	-11.59
产成品成本费用总额	14273225.9	11137643.2	28.15
工业中间投入	12243148.1	9522855.0	28.57
平均资产总额	13335536.9	11572208.3	15.24
固定资产净值平均余额	4953104.6	4340320.3	14.12
流动资产平均余额	6739793.0	5747620.0	17.26
资产总额期末数	14026787.1	12225889.4	14.73
负债总额期末数	8956374.1	7695858.3	16.38
平均所有者权益	4008450.0	3350170.2	19.65
应收账款净值	2004438.6	1951089.9	2.73
轮胎产成品存货	1455599.7	948469.6	53.47
子午线轮胎存货	1128889.5	688497.4	63.96
全钢子午胎存货	827222.4	510536.1	62.03
全员劳动生产率(10/22)/元/人年	159257	182045	-12.52
销售收入利润率(35/24)/%	4.02	6.29	-2.28
万元工业增加值能耗(16/9)/吨标煤/万元	1.17	1.03	0.14
流动资金周转率(24/41)/次	2.62	2.48	0.14
轮胎产品销售率(5/2)/%	97.98	97.90	0.08
总资产报酬率(36+31)/(39)/%	10.52	13.39	-2.87
净资产收益率(35/44)/%	17.67	26.76	-9.09
资产负债率(43/42)/%	63.85	62.95	0.90

表 3　2010 年我国轮胎产量前 10 名企业

万条

排名	企业名称	轮胎总量	子午胎	全钢子午胎
1	中国佳通	3928	3766	594
2	杭州中策	3181	2700	881
3	中国正新	2860	1928	204
4	山东玲珑	2437	2154	431
5	山东三角	2417	2061	412
6	南京锦湖	1279	1279	32
7	固铂成山	1162	990	397
8	广州华南	1126	1126	116
9	江苏韩泰	955	955	173
10	青岛双星	836	768	388

表 4　2010 年我国轮胎销售收入前 10 名企业

亿元

排名	企业名称	销售总收入	子午胎	全钢子午胎
1	杭州中策	175.6	145.8	98.5
2	中国佳通	160.4	151.3	82.2
3	山东三角	153.2	118.7	81.5
4	山东玲珑	96.8	81.6	55.8
5	中国正新	93.6	74.8	33.6
6	青岛双星	83.6	77.1	70.1
7	上海双钱	82.9	79.3	79.3
8	河南风神	81.3	54.9	54.9
9	固铂成山	71.1	62.4	50.5
10	山东兴源	70.5	70.5	70.5

表 5 2010 年我国出口轮胎交货量前 10 名企业 万条

排名	企业名称	出口总量	子午胎	全钢子午胎
1	中国佳通	1824	1817	159
2	山东玲珑	1625	1498	234
3	杭州中策	1607	1479	225
4	中国正新	867	495	7
5	山东三角	866	724	142
6	广州华南	772	772	20
7	固铂成山	752	663	203
8	青岛赛轮	597	597	162
9	江苏韩泰	531	531	74
10	南京锦湖	270	270	—

表 6 2010 年我国轮胎分类产量及出口交货量 万条

产品名称	轿车胎	轻载胎	载重胎	工程胎	工业胎	农业胎	实心胎	合计
产量	13451.3	6417.2	7357.7	255.4	769.3	889.3	107.3	29247.5
子午胎	13445.3	4241.4	6590.3	72.5	20.0	0.5	—	24370.0
斜交胎	6.0	2175.8	767.4	182.9	749.3	888.8	107.3	4877.5
出口量	6943.2	2582.9	2216.8	90.8	395.0	173.2	75.2	12477.1
子午胎	6937.1	1963.2	2005.6	51.2	11.5	0.5	—	10969.1
斜交胎	6.1	619.7	211.2	39.6	383.5	172.7	75.2	1508.0

从表 1 可以看出,2010 年我国轮胎产量达 4 亿多条,43 家主要轮胎生产企业约占全行业的 70%,从表 3 也可以看出,2010 年我国轮胎企业年产量超过千万条有 8 家,其中 2 家超过了 3000 万条,十大企业产量合计达 2.02 亿条,占总产量的 2/3 以上,表明我国轮胎生产集中度持续提高,而且轮胎产量是逐年递增,年均增长率为 12.1% 左右。

美国《橡胶与塑料新闻》周刊公布的 2010 年度全球轮胎 75 强排行榜显示,普利司通、米其林和固特异继续排名前 3 位。

中国轮胎企业在排行榜中颇为抢眼。大陆有 22 家上榜,加上 5 家台湾企业,共计有 27 家企业上榜,占 75 强中的 1/3 以上,这还不包括 13 家在中国独资或合资控股的外方企业。

中国台湾正新销售收入以 27.23 亿美元居第 10 位,杭州中策以 23.59 亿美元居第 11 位,山东三角 17.67 亿美元、中国佳通 17.41 亿美元、山东玲珑17.40亿美元分别居14、15、16位。此外，山东兴源、上海双钱、青岛双星、河南风神、山东盛泰、台湾建大、贵州轮胎、山东泸河、山东万达、青岛赛轮、广州华南、山东金宇、台湾南港、台湾联邦、台湾华丰、徐州徐工、朝阳浪马、青岛黄海、四川海大、北京首创、广州珠江以及天津国联等中国企业分别依次榜上有名。

在"十一五"期间，我国轮胎制造业不仅在实物产量、规模上有大幅提升，在产品结构方面也取得了明显优化，如轿车胎已全部实现子午化，而且基本实现无内胎化，高性能、高速级、超低断面的轿车子午胎已成为半钢子午胎的主流产品；无内胎全钢卡客车子午胎的产量比例在不断提高，55系列的宽断面载重子午胎已有多家国内企业生产；巨型工程子午胎如37.00R57和农业子午胎已实现工业化生产。长期以来中国轮胎产品只属于中低档次的局面，正在发生着改变。

我国轮胎企业通过对引进技术的消化吸收和创新，产品的技术含量有大幅度提高。比如有限元分析模拟已经广泛用于产品设计之中，使用大型商业有限元分析程序，对轮胎进行动态模拟和力学分析等。同时，为适应轮胎工业快速发展所需的大功率密炼机、钢丝帘线压延机、子午线轮胎成型机、高精度轮胎模具以及双模液压硫化机等关键装备都实现了较高水平的国产化。比如巨型工程子午线轮胎成套生产技术和设备开发荣获国家科技进步一等奖等。我国轮胎产业在开发新技术、新工艺以及新装备方面取得了长足进步。

"十一五"是我国轮胎工业发展历史上的快速增长期，增强了中国在世界轮胎工业大国的地位，生产总量持续扩大，产品结构不断优化，增长方式转变初见成效，为"十二五"发展奠定了基础。我国轮胎产业在取得稳定、较快发展的同时，仍面临不少困难。

【主要差距】

1. 轮胎企业数量过多，产业集中度还有待提高和加强。

2. 轮胎产能扩张过快，特别是在建和计划新建扩建的子午线轮胎产能数量巨大，与需求增长相对较缓的矛盾突出。

3. 轮胎生产的主要原材料天然橡胶消耗量大，但国内资源满足率很低，绝大部分依赖进口，依存度高达80%。近年来国内外天然橡胶价格始终在高位震荡，轮胎企业的生产经营受到极大影响。

4. 轮胎产业整体基础研究薄弱，技术标准仅局限于轮胎产品本身，生产工艺过程的控制及装备与国际先进水平相比尚有差距，技术标准和检验方法急需提高和完善。

"十二五"是中国向世界轮胎工业强国迈进的关键时期，虽然尚存诸多不利因素，但蕴含着更大的希望和机遇。经历了自身经济发展转型和外部环境复杂多变的考验，中国轮胎工业在"十二五"期间将持续保持平稳较快增长。

【轮胎产业政策】

1. 鼓励开发新产品，调整产业结构，提高轮胎行业准入门槛，抑制轮胎产业投资过热现状。

2. 鼓励发展安全、节能、环保的高性能子午线轮胎，巨型工程子午线轮胎，宽断面、扁平化乘用子午线以及无内胎载重子午线轮胎。

3. 要求到2015年，乘用胎子午化率达到100%，轻型载重胎子午化率达到85%，载重胎子午化率达到90%。鼓励汽车企业使用新型轮胎，提高国产大型客车和载重车装配轮胎的子午化率。要严格限制落后的斜交胎发展，规定除航空胎外，不再新增斜交胎产能。淘汰年产50万条及以下斜交胎生产线。

4. 轮胎行业准入条件是新建、改扩建载重子午线轮胎项目，一次形成生产能力应达到年产120万条以上；新建、改扩建轻型载重和轿车子午线轮胎项目，一次形成生产能力应达到年产600万条以上；新建、改扩建载重、轻型载重和轿车子午线轮胎混合型项目，单品种生产能力也必须达到上述要求。新建、改扩建工程机械轮胎（巨型工程机械轮胎除外）项目，一次性形成生产能力达到年产3万条以上。除搬迁和现有企业技术改造外，在2011年前不再新建、扩建轮胎项目。

5. 建立轮胎（包括翻新轮胎）召回制度；从事轮胎检测、认证的机构需要对检测、认证结果负责。严禁营销走私轮胎、不合格轮胎、割标轮胎、改标轮胎以及无强制性产品认识标识的载重胎和乘用轮胎，严禁销售无三包轮胎；建立健全废旧轮胎回收利用管理制度，废旧轮胎回收利用企业生产所需胎源应立足国内，防止变相违规进口废轮胎。

【目标与趋势】

轮胎作为汽车的重要部件，其发展与汽车产业、汽车社会保有量以及公路建设息息相关。

2010年中国汽车产量达到创纪录的1826.5万辆，比上年增长32.44%，大大超过年初预计的1550万辆；2010年末全国民用汽车社会保有量达9090万辆；“十一五”期间全国新建高速公路2.4万公里，总里程已达6.5万公里。未来5年，汽车和高速公路保持较高的平均发展速度是可以预见的。

据中国汽车工业协会预计，2011年全国汽车产量增幅在10%～15%。若以“十二五”期间年平均增长9%计算，预计2015年中国汽车产量为2800万辆。

中国轮胎产量在未来5年中以8%增长，预计2015年产量为6.5亿条，其中子午胎以年均9%增长，2015年产量为5.8亿条，子午化率约达90%。

“十五”期间，中国出口轮胎数量大致占轮胎产量的50%，近年来已降至42%左右。过于依赖出口市场，易引起国外贸易保护主义的攻击和贸易摩擦，也不利于出口产品结构优化。中国应适度降低出口轮胎的比例，按“十二五”期间出口轮胎数量占产量35%计算，预计2015年中国出口轮胎实物交货量为2.3亿条。

“十二五”期间，中国轮胎产业除在总量上保持平稳较快发展外，还将在以下方面向既定目标努力。

1. 坚持调整和优化产品结构，实现增长方式转变；限制斜交轮胎产能增长，大力发展高性能、环保节能型子午线轮胎。环保节能型轮胎即绿色轮胎，与普通轮胎相比，其滚动阻力可降低20%～35%，节油3%～5%，减重5%～10%，同时又能保持较好的耐磨性和抗湿滑性等。鉴于欧盟将在2012年11月1日起实施轮胎标签法规，中国轮胎企业应在产品的滚动阻力、噪声和湿滑等指标方面做好应对准备，包括建立实验室，提升理化试验检测水平，满足环保节能轮胎检测和认证要求，从而提高轮胎成品综合性能。

2. 积极开发和应用天然橡胶的替代品，如异戊橡胶、杜仲橡胶等。所以积极开发和应用异戊橡胶，有利于缓解中国天然橡胶资源紧缺的矛盾。

3. 降低轮胎生产过程中的能源消耗，建立和贯彻实施轮胎产品单位能耗的国家强制性标准，争取在“十二五”末实现轮胎产品单位能耗比“十一五”末下降20%，达到综合能耗指标不高于950公斤标煤/吨标胶；减少污染物排放，有效治理硫化烟气，禁止或限制使用有毒有害及污染材料；促进轮胎翻新，提高载重轮胎的翻新率和翻新次数。

4. 加强标准完善与升级，推进轮胎产品标准国际化。建成对行业企业开放的轮胎试验场，并适时研究制定轮胎室外试验方法及标准。

5. 对外贸中遭遇的反倾销调查或技术壁垒等，要积极应对。

（黄积中）

航 空 轮 胎

【基本情况】

1. 我国情况

航空轮胎是轮胎产品家族中的一个特殊分支,航空轮胎是所有飞机不可或缺的部件,它通常有 3 大功能:

(1)承载飞机在地面时的全部重量,缓冲飞机起飞、降落和滑行时产生的振动和冲击;

(2)辅助飞机在地面上滑行;

(3)飞机在地面上最主要的操纵系统,向跑道传递制动力,为转向提供侧向力。

航空轮胎通常具有 5 大基本特点:(1)负荷大;(2)速度高;(3)下沉量大;(4)变形大;(5)充气内压高。由于飞机起飞速度高,轮胎的单胎载荷高,飞机要在几十秒钟内短距离起飞,轮胎承受着极高的加速度而高速运转,此时轮胎的温度快速升高,温度可高达 140℃以上,因此,航空轮胎既要具有良好的高速性能又要具有良好的耐高温性能,这是保证飞机安全起飞的首要条件。

当飞机着陆时,轮胎承担着飞机的全部载荷和高速冲击载荷,由于轮胎是一个由橡胶和纤维等材料组成的较强的弹性体,具有较好的变形能力和冲击动能,而此时刹车又通过轮辋传给轮胎剧烈的高温,所以要求轮胎胎体具有较好的耐高温性能和较高的安全系数,才能保障飞机的正常安全着陆。

通常飞机是由停机坪滑行到起飞跑道上再进行起飞,飞机着陆后,又需从跑道滑行到停机坪,这期间的距离有的长达数千米,滑行速度通常在 45km/h ~ 64km/h。因此,要求航空轮胎不但在高速时表现优越,而且在低速时具备良好的抗疲劳性能和胎圈部位耐高温性能,这对航空轮胎是一个极大的考验。

除有上述主要性能外,航空轮胎还要具备良好的导静电、耐低温、抗臭氧和耐磨性能,这些可靠性能安全地保障了航空轮胎的正常使用。航空轮胎的载荷系数,要达 350 以上,轮胎的下沉率达 35% ,这是其他地面轮胎无法比拟的。这些优越的性能构成了这一高技术产品的独有魅力,也是飞机安全起飞、着陆的可靠保证。

总而言之,为了保证飞机安全起飞、降落,航空轮胎必须同时既具备赛车轮胎的速度能力,又要具备巨型工程机械轮胎的负荷能力。因此,它是轮胎产品家族中的一个特殊分支,通常被归入特种轮胎和非道路轮胎的范畴。由于航空轮胎的特殊性,其制造、销售、质量控制都有着一套与汽车轮胎完全不同的运作模式和管理体系。

除了上述特点外,航空轮胎的特殊性还表现在它的产业集中度非常高,关键技术掌握在少数几家企业手中,市场容量虽不大,但技术要求、安全要求非常高,市场准入门槛高。此外,就某种意义而言,航空轮胎还是一种战略物资。军用飞机没有轮胎就不能起飞、降落,无法执行作战任务。

新中国成立后,西方资本主义阵营对我国实行全面封锁,但中国人民在极其恶劣的条件下,建设起自己的航空轮胎生产基地,满足了部队配套的需要,同时形成了一批具有自主知识产权的航空轮胎设计、制造及检测技术。

我国航空轮胎工业起始于上世纪 50 年代初期,先后在辽宁省沈阳市、宁夏回族自治区银川市、广西壮族自治区桂林市建成航空轮胎生产、研发基地,从而实现了军用航空轮胎自给自足。目前只有 3 家航空轮胎生产企业分别是沈阳三橡轮胎有限责任公司、银川佳通轮胎有限公司、曙光橡胶工业研究设计院(蓝宇航空轮胎发展公司)。

沈阳三橡轮胎有限责任公司的前身是沈阳第三橡胶厂。生产“和平”牌航空轮胎。该公司在国家“一五”期间建成我国第一条军工配套航空轮胎生产线,是国内第一条航空轮胎、第一条航空刹车胎、第一条安全轮胎的开发研制地。

银川佳通轮胎有限公司,前身是银川橡胶厂,是大中型骨干企业,目前生产“长城”牌航空轮胎。

曙光橡胶工业研究设计院前身是桂林特种轮胎研究所,生产“三环”牌航空轮胎。目前我国军用飞机使用的轮胎,将近 60% 由该院提供,“三环”牌航空轮胎占有国内军品市场主要份额见图 1。该院研发、生产的航空轮胎覆盖我国军用飞机 90% 以上新机型。国内最先进的三代机以及赶超世界水平的四代机装配的是该院自主研发的子午线航空轮胎。该院研发的航空轮胎,其起飞载荷能力已经覆盖航天飞机的需求。

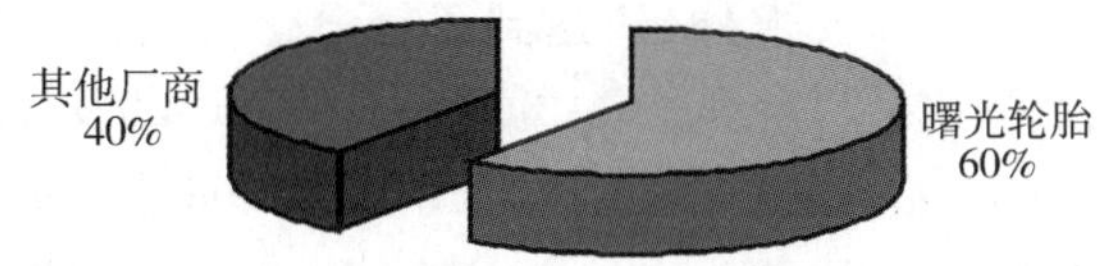

图 1　我国航空轮胎企业的军品市场占有率

该院于 2008 年 1 月自主研发的首条 740 × 220R381 子午线航空胎并成功通过国家军用标准规定的各项静态和动态试验达到装机要求,中国子午线航空胎实现了“零”的突破。2008 年 12 月装配该规格主轮胎的国产三代机首飞成功。

自改革开放以来,我国经济发展突飞猛进,民用航空业也随之得到长足发展,旅客运输量和货物运输量屡创新高。“十一五”期间,我国民航运输飞行累计达 2036 万小时,976 万架次,航线总数达 1880 条。民航机队规模逐年扩大,每年新交付飞机超过 100 架。据中国民航总局公布的最新数据,截至 2011 年 4 月底,民航机队现役飞机总数达到 1622 架见表 1,通用航空机队适航在册数量达 1010 架,全行业机队规模达到 2632 架。较“十一五”末净增运输飞机 700 多架,净增通用航空飞机 500 多架,航线总数增加 623 条。

目前国内民航市场对航空轮胎的总需求量为每年 24 万条,其中新轮胎 8 万条左右,翻新轮胎 16 万条。子午化率 10% 左右,每年约需 22 万条斜交轮胎,2 万条子午线轮胎。我国军用航空业一直处于有序、稳定发展当中,现有军机约 1500 架,年需要航空轮胎约 5 万条,全部是新轮胎,不使用翻新轮胎。综上所述,目前国内航空轮胎市场总容量约为 29 万条,其中新轮胎 13 万条,翻新轮胎 16 万条。除军用航空轮胎由本土企业制造和供应外,民用航空轮胎,尤其是新轮胎,85% 以上从国外进口。多年来,国内各大航空公司期待有本土制造商出现,理由是有利于降低采购风险,提高议价能力。

表 1　中国大陆民航机队飞机保有量

飞机型号	保有量/架
Boeing	809
Airbus	668
ATR72	5
CRJ - 200	19
CRJ - 700	2
Do328Jet	29
ERJ145	44
ERJ190	37
MA60	8
TU204	1
合计	1622

子午线航空轮胎是斜交航空轮胎的更新换代产品,优势明显。主要体现在:

(1) **耐磨耗**:相同机型和规格的子午线航空轮胎起落次数比斜交航空轮胎多 40% 左右。

(2) **工作温度低**:胎体薄,散热快,轮胎寿命长。

(3) **轻量化**:子午航空胎重量比斜交航空胎轻 20% 左右。用子午线结构取代斜交结构时,航空轮胎规格越大,重量减轻越多。空客 A380 改用子午线航空轮胎后,总重量减轻 360kg,平均每条轮胎减轻 16.4kg。该型客机共有 22 条轮胎,单胎最大载荷为 33 吨,起降速度 378km/h,空载降落滑行距离 2km。航空界流行着这样的格言“一克重量一克黄金”,说的是如果设计师在设计时减少飞机自重 1 克,在飞机投入运营之后产生的经济效益相当于多赚了 1 克黄金。

(4) **改善操作性**:滚动中圆度好,操纵灵敏度高 5% ~15%,制动效率高 10%。

(5) **可靠性高**:抗刺扎、耐切割,防爆破性能好;抓着力大,抗侧滑;缓冲性能好,减轻振动对机械部件的损坏;对突然的、不可预见的故障敏感,并能够给空勤人员提供有用的线索,如外形变化和不圆度。

曙光橡胶工业研究设计院现已取得子午线航空轮胎技术的重大突破,并形成系列产品,不仅为国家减轻了安全风险,而且有望替代进口产品,重振国产航空轮胎市场。该企业在研发子午线航空轮胎过程中,形成了一系列自主技术,并使用了与北京橡胶工业研究设计院联合开发的新型复合材料,产品拥有完全自主知识产权。航空制造业水平体现了一个国家的尖端技术水平,我国首条子午线航空轮胎研发成功意义重大,极大地推动了我国航空轮胎工业的技术进步,标志着我国迈入世界轮胎技术强国。

此前,全世界仅有4个国家(美、日、法、英)的5家企业(美国固特异轮胎橡胶公司、日本普利司通公司、日本住友橡胶工业公司、法国米其林集团公司、英国邓禄普航空轮胎公司)掌握子午线航空轮胎技术并实现了产业化,其中法国米其林集团公司一直保持技术、市场领先的地位。我国子午线航空轮胎的研制成功,打破了西方发达国家对这一技术长达28年的垄断,使中国成为世界上第五个有能力研发、制造、试验子午线航空轮胎的国家,国内原来清一色斜交航空轮胎的局面也从此得以改变。

航空轮胎历来是战略物资,如果自己不掌握子午线航空轮胎技术,将增加国家安全风险。为了赶超国际航空轮胎技术的先进水平,必须不失时机地研发我国具有自主知识产权的子午线航空轮胎,抢占航空轮胎研发技术的制高点。

2.全球情况

航空轮胎担负着飞机的起飞、着陆、滑行,是维系飞机安全的重要部件。航空轮胎的发展与航空器的发展息息相关。从螺旋桨到喷气式,随着飞机的发展,航空轮胎也在同步发展,已由初期满足飞机起飞、着陆、滑行的基本要求,到现今符合现代化新机型要求航空轮胎高速、高载、短距离起飞等苛刻的使用条件,航空轮胎制造业经历了一次次的技术革命和创新。概括起来,世界航空轮胎的发展经历了三个历史阶段。

1908年~1947年是航空轮胎的第一个发展阶段。该时期航空轮胎的技术特点是“斜交结构+拱形轮廓+棉帘线+有内胎”,产品性能达到基本满足飞机起降要求。其典型应用有:伊尔-12(主轮胎900×300 8PR TT,前轮胎770×330 8PR TT);A-1(Skyraider 空中袭击者)(主轮胎32×8.8 16PR TT,前轮胎12.5×4.5 14PR TT)等。

1947年~1979年是航空轮胎的第二个发展阶段。该时期航空轮胎的技术特点是“斜交结构+低断面+尼龙帘线+无内胎”,产品性能除满足飞机起降要求外,还达到了轻量化,气密性好。其典型应用有:伊尔-86(主轮胎1300×480 TL,前轮胎1300×330 TL);B727-200(主轮胎49×17 28PR TL,前轮胎32×11.5-15 12PR TL)等。

1980年至今是航空轮胎的第三个发展阶段。该时期航空轮胎的技术特点是“子午化”,产品性能得到极大的提高,实现了综合性能飞跃。其典型应用有:美国波音777-200ER/300ER(主轮胎50×20.0 R22,前轮胎42×17.0 R18);欧洲空客A380-800(主轮胎1400×530R23,前轮胎1270×455R22);美国F-22(主轮胎37×11.5 R18,前轮胎23.5×7.5 R10);中国三代机(主轮胎740×220 R381);中国四代机(主轮胎950×320 R483)等。

全球现有17家规模不等的航空轮胎生产企业,总计22家航空轮胎厂。其中,法国米其林集团公司(Group Michelin)占4家,美国固特异轮胎橡胶公司(Goodyear Tire & Rubber Co.)、日本住友橡胶工业公司(Sumitomo Rubber Industries Ltd.)各占2家,日本普利司通公司(Bridgestone Corp.)、日本横滨橡胶公司(Yokohama Rubber Co. Ltd.)、中国曙光橡胶工业研究设计院/蓝宇航空轮胎发展公司等14家企业各占一家。

全球航空轮胎年生产能力大约为5000万套,其中法国米其林集团公司1400万套、日本普利司通公司700万套、美国固特异轮胎橡胶公司600万套、日本横滨橡胶公司300万套、日本住友橡胶工业公司(原英国邓禄普公司)11万套、中国曙光橡胶工业研究设计院(蓝宇航空轮胎发展公司)8万套。

按市场占有率排序,全球航空轮胎业界三巨

头是:法国米其林集团公司、日本普利司通公司、美国固特异轮胎橡胶公司。米其林集团公司是世界第一家制造子午线航空轮胎的企业,目前占据全球子午线航空轮胎市场60%份额。全球航空胎三巨头市场份额占有率见图2。

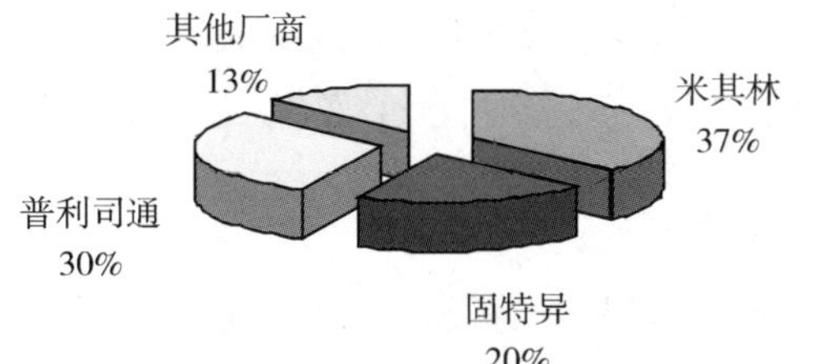

图2　全球主要航空轮胎市场份额占有率

航空轮胎市场与航空业的发展息息相关,与航空机队的规模大小、起降频度成正比。世界航空业由军用、民用两部分组成,其中民用航空业包括商业航空、支线航空和通用航空三部分。通用航空是按国际航空界共同认可的航空产业划分标准来确定其涵盖范围,即民用航空中除定期航线运输以外的所有航空作业活动均为通用航空范畴,这里面包括了旋翼飞机(直升机)和固定翼飞机。

据法国米其林集团公司特种轮胎年报披露,上述各部分占全球航空市场份额分别为军用航空23%,民用航空77%(其中商业航空52%、支线航空15%、通用航空10%)。其中,全球支线航空市场分布情况是:美洲52%,欧洲31%,亚洲及其他地区17%。

目前全世界共有民用飞机36万架,其中通用飞机32万架,占88%;民用航空最发达的美国共有民用飞机22.8568万架,其中通用飞机21.9426万架,占96%。根据美国联邦航空局(FAA)对未来12年美国通航市场的预测,通用航空飞机保有量将以每年1.4%的速度增长。全球通用飞机保有量及地区分布见表2。

表2　全球通用飞机保有量及地区分布

国家或地区	通用飞机保有量/架	通用航空飞行量/(万 h·a^{-1})	通用航空飞行员/人	通用航空机场/个
美国	219426	2812	618633	17500
澳大利亚	10455	168.77	—	—
加拿大	28737	—	—	—
巴西	9908	—	—	—
其他国家	51474	—	—	—
合计	320000	—	—	—

庞大的通用机群主要分布在美国、加拿大、欧洲等发达国家,因此,通用航空轮胎市场的主要份额也落在这些国家和地区。据统计,北美地区占81%、欧洲/中东/独联体占10%、亚太地区等占9%参见图3。

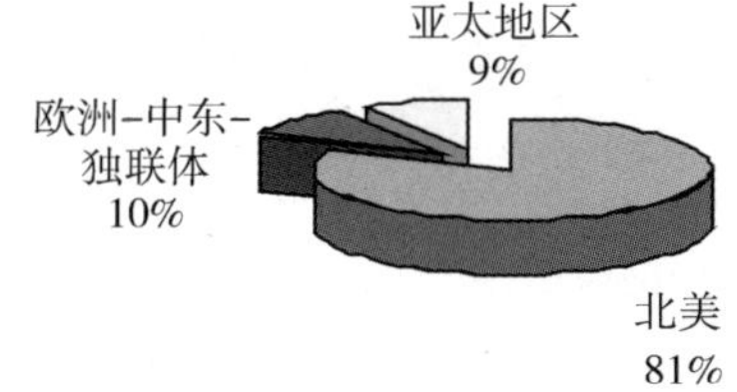

图3　全球通用航空轮胎市场分布情况

目前全球军用飞机保有量为58000架左右。其中,北美和欧洲部队使用的军机占63%,紧随其后的是亚太地区19%、中东7%、拉丁美洲6%,非洲为5%。全球部分国家或地区军用飞机保有量见表3。

目前全球每年需要消耗超过900万条各种规格、型号的航空轮胎,其中民用航空轮胎700多万条,军用航空轮胎200多万条。出于降低航空运营成本以及翻新轮胎在航空业中的长期成功应用,近年来翻新轮胎消耗量在民用航空领域已达到需求量的2/3;在通用、军用航空领域已达到需求量的1/3。若按一条新胎相当于两条翻新胎计,全球航空轮胎的市场容量折合成市值约为50亿美元 。

表3 全球部分国家与地区军用飞机保有量

国家或地区	通用飞机保有量/架
印度尼西亚	200
马来西亚	131
越南	365
新加坡	300
泰国	153
中国大陆	1500
中国台湾省	780
韩国	485
日本	1900
印度	1000
美国	13920
俄罗斯	4640

全球航空轮胎需求分布为:北美地区53%、欧洲/中东/独联体30%、亚太地区等17%。参见图4。

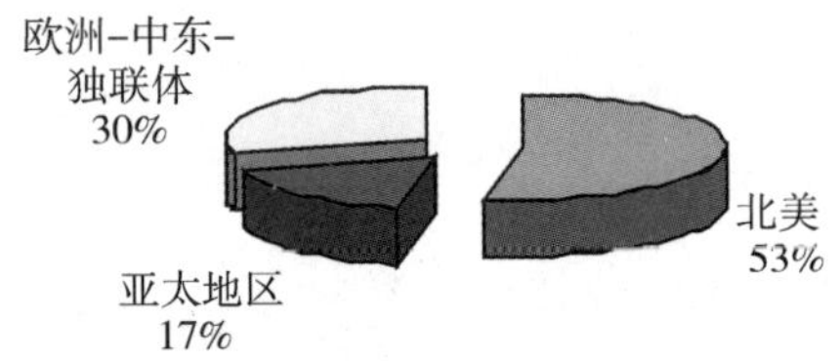

图4 全球航空轮胎市场分布情况

从图4可见,过半数消费发生在北美地区,其次是欧洲、中东和独联体,亚太地区排在最后,预示发展潜力也最大。预计在未来20年内,世界经济保持GDP年均增长3.1%,全球航空客运市场将随之增长4.9%,货运市场增长6.1%。全球范围内民用航空轮胎需求增长率为5%,但印度、中国将远远超过平均水平,分别达到9.8%和10%。

【结 语】

航空轮胎一方面由于市场容量不大,产品技术、安全要求苛刻,市场准入门槛高;另一方面由于100多年来的优胜劣汰,所以相对于汽车轮胎产业,世界航空轮胎产业呈现比较稳定的格局。在最近10年内,出现能够与世界前三强(法国米其林集团公司、日本普利司通公司、美国固特异轮胎橡胶公司)比肩的后起之秀的可能性不是很大。

21世纪航空轮胎的技术发展趋势是更多采用低断面和无内胎结构,继续提高子午化率,并逐步推广“骨架芳纶混杂化”。预计到21世纪后期,航空轮胎产品将以“混杂芳纶骨架+子午线结构”为主流。无论是军用还是民用航空,新机型将全部配套子午线轮胎,老机型会继续使用斜交轮胎,直到自然退役。因此在今后很长一段时间内,一方面是越来越多的子午线航空轮胎投入使用,另一方面是斜交航空轮胎仍然存在,但市场份额将逐渐减少。

(邓海燕)

力　车　胎

【基本情况】

2010年,我国力车胎行业在经受了原材料价格大幅波动、飙升的情况下,最终全年交出了一份稳定发展的成绩。在国家刺激经济的政策和扶持农业政策的影响下,力车胎产品表现出旺盛的生命力,全行业产值、产量、出口、销售仍稳步增长。产品质量逐步提高,品牌效应明显。行业的技术、工艺、装备都有了较大的进步,减排节能,开发绿色产品等也取得一定成果。但由于下半年主要原材料天然橡胶价格暴涨,使行业出现了近年少见的利润下降。但是,各方面都证明了力车胎行业在克服了各种困难后是能够持续发展的。

据中橡协力车胎分会对26家会员企业的统计,2010年我国力车胎企业经济指标完成情况见表1。

表1　2010年我国力车胎企业经济指标完成情况

产品名称	2010年	同比/%
力车胎工业总产值(现价)/亿元	122.80	14.60
力车胎销售收入/亿元	117.79	12.20
力车胎出口交货值/亿元	22.12	8.50
手推车外胎产量/万条	687.30	-11.10
手推车内胎产量/万条	1748.90	10.20
自行车外胎产量/万条	27162.20	11.90
自行车内胎产量/万条	35522.10	7.50
摩托车外胎产量/万条	11800.00	1.40
摩托车内胎产量/万条	12097.60	0.50
丁基内胎产量/万条	29459.40	14.60
内胎丁基化率/%	59.67	4.59
力车胎实现利润/万元	128410.40	-25.20
力车胎产品税金总额/万元	75790.50	-4.30
力车胎利税总额/万元	204200.90	-18.64

【市场供需】

2010年,力车胎行业产值产量保持了稳步增长,自行车胎增长幅度大于摩托车胎,这是近年少见的,主要原因是今年电动车胎销售市场旺盛。目前全世界都在提倡低碳生活,大都市交通拥挤、堵塞,国外研究机构调研结果指出,5公里之内,自行车是最实用,最环保、最经济的交通工具,体弱的妇儿则选择电动自行车,它不排放废气,还省力。近年,电动自行车这一环保产品在国内外都得到消费者喜爱。摩托车胎经过几年大幅度增长后,今年增长有所放缓。在国家摩托车下乡的政策支持下,摩托车在农村将会有很大的发展前景。近年,国家大力扶持农村发展,增加农民收入,农民开始改善交通运输工具,但大部分仍不可能购买汽车,加上农村,特别是山区的交通道路限制,汽车发展仍未到时机,摩托车的优势就比较明显。摩托车可以代步、运输,道路要求不高,甚至可以在田基、山坡上跑,而且,购置了摩托车之后,车胎的使用就形成了长期的市场,因此,有广大农村市场作后盾,摩托车胎的增长将是长期的。

根据有关部门公布的统计数据,目前,我国自行车社会保有量为 4.5 亿辆(其中电动自行车 1.2 亿辆),摩托车保有量约为 1 亿辆。2010 年,自行车整车产量为 8159.8 万辆(其中电动自行车 2954.4 万辆),摩托车整车产量 2669.43 万辆。出口自行车外胎 11362.92 万条,内胎 20632.47 万条;出口摩托车外胎 1972.18 万条,内胎 13915.48 万条。若按自行车胎使用寿命 3 ~ 4 年,摩托车胎使用寿命为 2 年、内胎维修量是外胎的 1.2 倍计算,加上 1000 万条手推车胎和 1000 万条小轮径多用途胎,我国每年的力车胎需求量(内外胎分别算)约为 15 亿条。

【生产与效益】

2010 年,力车胎产品的各种原材料价格总体比较平稳,行业得到国家扶持经济发展的延续政策刺激,市场销售旺盛,产品出口增长,因此,全行业利润虽然比历史最高的 2009 年有所下降,但行业仍保持了 10.5% 的平均利润。

据力车胎分会对 26 家会员企业的统计,2009、2010 年我国力车胎产量前 10 名企业及 2010 年力车胎销售、利润前 10 名企业分别见表 2 ~ 表 4。

表 2　2009 年我国力车胎产量前 10 名企业　万条

排名	企业名称	自行车胎		排名	企业名称	摩托车胎	
		外胎	内胎			外胎	内胎
1	杭州中策橡胶有限公司	6158.4	7470.5	1	厦门正新橡胶工业公司	2552.0	2195.0
2	厦门正新橡胶工业公司	5957.0	10831.0	2	江苏飞驰股份有限公司	1707.0	2779.0
3	山东正兴轮胎有限公司	2910.3	1623.5	3	青岛喜盈门双驼公司	1602.1	1177.0
4	天津万达集团有限公司	1789.7	1070.8	4	新东岳集团有限公司	1353.5	919.2
5	新东岳集团有限公司	1489.7	1514.9	5	四川远星橡胶公司	1180.0	1580.0
6	江苏飞驰股份有限公司	1388.0	3411.0	6	江苏通用科技有限公司	736.6	530.4
7	广州钻石车胎厂	1017.1	1409.7	7	山东正兴轮胎有限公司	667.9	428.7
8	山东聊城冠力有限公司	934.2	789.5	8	徐州汉邦轮胎有限公司	334.9	366.9
9	河北协美橡胶有限公司	707.5	2015.0	9	天津万达集团有限公司	274.0	475.8
10	上海天马万虹有限公司	617.7	669.9	10	广州钻石车胎厂	231.6	600.0

表 3 2010 年我国力车胎产量前 10 名企业

万条

排名	企业名称	自行车胎		排名	企业名称	摩托车胎	
		外胎	内胎			外胎	内胎
1	杭州中策橡胶有限公司	7671.1	9003.9	1	厦门正新橡胶工业公司	2622.0	1992.0
2	厦门正新橡胶工业公司	7002.0	12914.0	2	青岛喜盈门双驼公司	1726.0	1308.1
3	山东正兴轮胎有限公司	2951.7	1470.1	3	江苏飞驰股份有限公司	1602.1	2217.0
4	天津万达集团有限公司	2329.8	1365.9	4	新东岳集团有限公司	1402.9	967.0
5	新东岳集团有限公司	1480.8	1535.1	5	四川远星橡胶公司	1206.0	1770.0
6	江苏飞驰股份有限公司	1435.0	2634.0	6	江苏通用科技有限公司	731.3	523.8
7	山东聊城冠力有限公司	865.7	1626.1	7	山东正兴轮胎有限公司	640.8	417.7
8	河北协美橡胶有限公司	748.0	2005.0	8	徐州汉邦轮胎有限公司	369.8	370.1
9	上海天马万虹有限公司	679.0	664.4	9	邵武正兴武夷轮胎公司	364.0	1460.0
10	徐州汉邦轮胎有限公司	298.1	253.8	10	山东正方轮胎有限公司	198.8	229.9

表 4 2010 年我国力车胎销售收入、利润前 10 名企业

万元

排名	企业名称	销售收入	实现利润	销售利润率/%
1	厦门正新橡胶工业公司	382063.0	60828.0	15.92
2	杭州中策橡胶有限公司	220600.2	40262.1	18.25
3	江苏飞驰股份有限公司	88494.0	1229.0	1.38
4	新东岳集团有限公司	78825.7	1740.0	2.20
5	青岛喜盈门双驼公司	71022.7	2138.7	3.01
6	山东正兴轮胎有限公司	69696.6	9337.8	13.39
7	邵武正兴武夷轮胎公司	69306.7	6237.6	8.99
8	四川远星橡胶公司	49347.0	1111.0	2.25
9	徐州汉邦轮胎有限公司	31809.8	130.1	0.40
10	江苏通用科技有限公司	30805.5	658.8	2.13

【进出口贸易】

2010 年我国力车胎产品出口比 2009 年大幅增加，出口到 143 个国家。摩托车外胎近年出口势头最猛，摩托车内胎则在 2009 年大幅增加后有所放缓。自行车内外胎出口量仍继续大幅增加。摩托车内外胎出口国家基本上是发展中国家，自行车胎出口国家主要是欧美及近年经济发展较快的国家，自行车外胎出口量突破了 1 亿条，内胎出口量突破了两亿条。在大量出口力车胎的同时，我国也从国外进口了一定数量的力车胎，主要是一些质量档次较高的产品，如体育比赛用的和高档车用的自行车胎和摩托车胎。我国现在已经成

为世界力车胎生产、出口大国，出口企业涵盖外资、国有、私有、股份等各种经济类型，几乎所有的力车胎企业都接到出口业务。2010 年我国力车胎进出口情况及出口交货值前 10 名企业分别见表 5 ~ 表 7。

表 5　2010 年我国力车胎出口情况　　万条

项目	摩托车外胎	摩托车内胎	自行车外胎	自行车内胎
出口总量	1972.18	13915.48	11362.92	20632.47
出口总额/ 万美元	13345.93	12579.13	19609.33	15160.50
出口平均价/(美元・条$^{-1}$)	6.77	0.90	1.73	0.73
出口方式/万条				
来料加工	1062.40	9384.52	4582.90	11119.93
一般贸易量	878.38	4468.26	6444.99	9114.24
企业类型/万条				
外商独资	481.48	1339.14	4433.33	9891.21
国有企业	53.08	181.43	1754.74	2394.25
集体企业	410.42	956.83	678.94	974.89
中外合资	330.85	1416.17	898.11	1970.66
私人企业	696.36	10021.91	3597.77	5401.43
发货地	山东青岛 471.08	山东青岛 6184.71	福建厦门 2117.40	福建厦门 5652.25
	江苏盐城 258.74	山东潍坊 2358.81	广东深圳 993.49	广东深圳 2474.11
	广东深圳 144.08	山东东营 1627.50	天津西青 852.26	浙江杭州 1624.56
	浙江瑞安 97.34	天津西青 558.84	广东广州 676.65	广东广州 825.95
	福建厦门 90.77	广东深圳 365.52	浙江杭州 565.39	山东临沂 773.21
出口国	尼日利亚 728.31	尼日利亚 2964.27	墨西哥 910.59	美国 1992.63
	哥伦比亚 103.85	马来西亚 2926.72	巴西 700.01	墨西哥 1240.65
	菲律宾 101.15	泰国 1616.20	日本 562.65	巴西 1167.23
	马来西亚 88.05	印度 391.86	哥伦比亚 499.61	德国 974.57
	印度 80.74	阿根廷 388.11	美国 412.30	法国 936.57
	巴西 62.64	哥伦比亚 353.09	意大利 377.61	意大利 807.83

表 6　2010 年力车胎进口情况　　条

项目	摩托车外胎	摩托车内胎	自行车外胎	自行车内胎
2010 年进口量	21727	1236102	3203024	764239
2010 年进口额/美元	410455	85017	11669969	916525
2009 年进口量	19417	937051	2482430	398342
进口量同期对比/%	10.63	24.19	22.49	47.87

表 7　2010 年力车胎出口交货值前 10 名企业

排名	企业名称	出口交货值/万元	同比/%	主要出口产品
1	厦门正新橡胶工业公司	82193.0	19.73	自行车胎、摩托车胎
2	江苏飞驰股份有限公司	51779.0	1.32	自行车胎、摩托车胎
3	山东正兴轮胎有限公司	31573.7	-16.45	自行车胎
4	杭州中策橡胶有限公司	19233.1	135.48	自行车胎、摩托车胎
5	青岛喜盈门双驼公司	13137.1	9.71	摩托车胎
6	河北协美橡胶有限公司	4211.8	-36.41	自行车胎
7	四川远星橡胶公司	3847.0	72.82	摩托车胎
8	江苏通用科技有限公司	921.0	26.72	摩托车胎
9	浙江天台禾丰橡胶厂	849.5	14.8	自行车胎
10	新东岳集团有限公司	537.7	15.04	自行车胎、摩托车胎

【基建与技改】

力车胎行业竞争激烈，行业进入门槛低，生产许可证缺乏政府专门部门管理，流于形式。每年均有一定数量的企业关闭，基本上是小型企业。但每年也有新的企业开业，经营较好的企业打下一定基础后，也不断进行扩建、扩产。

目前，山东地区是我国力车胎企业最多的地区，产品以摩托车胎为主，除了新东岳集团有限公司、青岛喜盈门双驼轮胎有限公司等生产规模较大外，其余均属中小型企业。部分小企业生产低质低价的产品，不仅冲击国内市场，个别企业还生产冒牌产品出口，冲击出口贸易，在国外已造成较坏影响。但是，山东地区因为经济比较发达，摩托车普及程度高，车胎具有较大的市场，因此，力车胎企业也发展比较快速。新东岳集团有限公司、喜盈门双驼轮胎有限公司、山东吉路尔轮胎有限公司、山东佳程轮胎有限公司、山东正方轮胎有限公司、山东新轮轮胎有限公司近两年都纷纷扩建厂房、扩大产量。

山东宁阳的汉正橡胶工业有限公司已于 2010 年 4 月投产，生产摩托车胎、电动车胎，生产能力三年内达到 1 亿产值，该公司目前占地 80 亩（中期规划占地 130 亩）。

荣城荣鹰橡胶制品有限公司征地 70 亩进行搬迁改造，已基本完成，目前日产量摩托车胎、电动自行车胎外胎 2000 条、内胎 3 万条。

杭州中策橡胶有限公司是目前国内内资最大的力车胎生产企业，由于环保原因，政府要求该公司搬离杭州市区。该公司现初步拟定在浙江湖州征地第一期 500 亩，全部用于生产力车胎，搬迁后将进一步提升产能。

江西塞尔翔鹰实业有限公司位于江西南昌，建有3个车间，第一个车间2400平方米，该公司一个丁基胶内胎厂去年投入生产，月产量30万条；第二个车间3600平方米，将于2011年投入生产，计划将筹建第三个车间，车间面积也为3600平方米。

河北协美橡胶有限公司征地新建厂房，目前设备已基本到位，该公司在原来基础上，新增产能自行车外胎15万条/月、丁基胶内胎50万条/月。该公司产品逐步向中高档靠拢，正逐步扩大产品出口业务。

广州广橡集团力车胎业务分拆为两部分，分别搬迁到花都区和从化市。广州飞旋橡胶有限公司在花都区承接自行车胎生产，现已能每天生产15000条外胎，20000条内胎，产量将逐步增加，最终达到设计年产1600万条外胎和3200万条内胎能力。

广州钻石车胎有限公司延续摩托车胎生产，现已达到每月产20万条摩托车胎，该公司设计生产能力为年产1500万条。

【科技进步】

2010年，我国力车胎行业的科技进步、技术创新普遍受到企业重视，表现在改变观念，特别在提高产品质量、环保低碳、降低能耗、提高自动化水平等方面取得了较大的成绩。

近两年，力车胎行业大中型企业都进行了立项改造，改造内容基本上是扩建厂房车间、更新设备。从密炼工序到产品包装，生产全过程工序都列入改造范围。有能力和有一定规模的企业采用270L密炼机，个别大企业已采用350L密炼机。有的企业在下落式密炼机下料后紧接着配上一台双螺杆挤出机，由挤出机连续出片，这样可以节约能源、节约劳动力、提高效率、提高胶料质量。

双复合、三复合胎面压出、冷却、自动卷取基本普及，先进的压出胎面生产线并带有电子秤重装置。复合胎面合理地调配了车胎各部位功能，即使没有复合挤出机的企业，也用小三辊配合挤出机生产复合胎面。

近年，力车胎行业技术装备更新换代速度加快，弹簧反包自动成型机刚普及，2010年已开始进步为胶囊反包成型机。硫化机则换代到胶囊双层（三、四层）双向导热硫化机，部分企业在双向导热硫化工艺中已采用先进的充氮硫化技术。充氮硫化工艺简单，能节约能源，延长胶囊寿命，提高产品质量。

摩托车胎生产技术、产品安全、耐磨等性能显著提高，大型企业基本能生产速度级摩托车胎，领先的企业已在研制子午线、半子午线摩托车胎，个别企业已生产出少量产品。

力车内胎生产一向自动化程度低，特别是后段工序，占用大量劳动力，生产效率低下。近年，行业已开发出内胎自动上螺帽、抽气、充气、气门芯套小胶管、包装等自动化设备，大大提高了内胎后段生产工序的劳动效率。

丁基内胎已得到市场认可，丁基内胎生产技术已接近国际先进水平，据中橡协力车胎分会统计，2010年，内胎丁基化达到了60%，大部分新建内胎厂及新上项目基本全部为丁基胶内胎。

2009、2010年制修订了8个与力车胎产品直接有关的国家标准，另外4个有关电动自行车轮胎的标准已报批。我国力车胎国家标准正逐步向国际靠拢，与国际标准接轨，这对进一步提高我国力车胎产品质量，使我国由力车胎大国向强国迈进起到很大作用。

保证产品质量的重要手段——原材料和成品检测已受到企业的重视，原来比较缺乏检测手段的中小企业近年纷纷建立检验室，配备了基本的检测仪器，如硫化仪、拉力机、里程机等等。

在节能技术方面，企业新上项目注重环保，在协会推广下，导热油炉、蒸汽闭路循环、氮气硫化等先进技术大大推动了行业的低碳、减排发展。

【展　望】

自行车或电动自行车都是低碳出行的好方式，摩托车也比汽车要低排放，低耗能。国外早已提倡健康、环保，减少汽车使用。目前我国各大城市目前也正掀起建设“绿道”的热潮。“绿道”的建设，将会带动自行车锻炼身体的流行，也带来了自行车及其配件的商机。

随着自行车从运输、代步功能逐步向锻炼、时尚、休闲功能的转变，自行车胎也会将改变黑、大、粗的形象，代之以花式品种多样化，时尚、彩色、轻巧的外观、高质量的车胎将会受到追捧。

电动自行车在将来也会取代相当一部分（约一半）人力自行车，主要作用为上下班代步，也有部分小商贩在禁摩的城市用于短途、轻量载货，因此，对电动自行车胎的耐磨，防刺、载重有一定要求，产品发展趋向将是小轮径、宽断面，质量逐步向高端发展。

摩托车由于其经济、性价比、载重性能等，无论作为交通代步、还是小型运输工具，都适合我国城镇和乡村使用。近年，摩托车胎的出口量也每年以两位数增长，所以摩托车胎具有很好的发展前景。但我国的摩托车胎在国际上仍属于低档产品，应向高端产品，如速度级、子午线摩托车胎方向发展。

我国力车胎行业与国际先进水平相比，仍有比较大的距离。目前，力车胎行业以民营企业为主，大部分还处在“以人治厂”的阶段，现代企业制度意识不强，产品主要还是模仿、抄袭，企业独立研发新产品意愿不强，能力不够，民营企业不重视培养后备技术力量。所以，我国力车胎生产大国向强国转变，企业要重视企业管理，重视品牌培育，重视培养人才，重视研究开发。根据目前国际环境保护的要求，要研究环保型力车胎产品。只要坚持正确的发展方向，就一定能实现建成一个力车胎强国的目标。

（杨灿光）

胶　　管

【基本情况】

我国胶管生产企业截至2010年有800多家，规模以上企业300多家，其中钢丝编织和钢丝缠绕胶管生产企业200余家，大口径钢丝缠绕胶管（主要为石油钻探胶管）生产企业约10家，汽车用胶管生产企业（包括外资企业）约50家，漂浮式海上输油胶管和疏浚胶管生产企业2家，浅海海底输油胶管生产企业1家，还有不上规模的小型胶管生产企业也很多。

目前所生产的胶管包括各种结构、规格和性能的钢丝增强橡胶软管、纤维增强橡胶软管、树脂软管、夹布胶管、特种用途胶管和纯胶管，应用于国民经济各个部门，基本上满足了各行各业和国计民生的需求。

随着我国汽车、石油、煤炭等工业的持续高速增长，2010年胶管行业生产形势和出口形势继续保持增长，我国胶管工业不论在产能、产量及技术水平等方面均取得较大进展。目前除特殊性能要求的胶管不能生产外，大部分胶管基本能满足各领域的需求。

据中橡协管带分会对会员企业统计，2010年胶管完成1.46亿Bm，同比增长16.10%，其中汽车胶管增长明显，完成1.18亿根，同比增长40.45%。

2010年据中国橡胶工业协会胶管胶管分会统计，我国各类胶管产量、我国钢编胶管前10家企业以及汽车专用胶管前8家企业分别见表1～表3。

表1　2010年我国各类胶管产量

产品名称	2010年	2009年	同比/%
胶管合计/万Bm	14663.73	12630.22	16.10
夹布管	1732.85	1576.17	9.94
吸引管	400.62	294.24	36.15
钢编管	5290.95	4491.29	17.80
化纤缠绕管	5255.57	4642.99	13.19
其他胶管	1334.43	1066.62	25.11
汽车专用胶管/亿根	1.18	0.84	40.45

注：部分企业因无统计资料，故没有统计在内。

表2　2010年我国钢编胶管前10名企业产量　　万Bm

企业名称	2010年	2009年	同比/%
河北恒宇橡胶制品集团有限公司	980.00	900.00	8.89
埃迪亚（沈阳）橡胶制品有限公司	523.35	392.00	33.51
河北宇通特种胶管有限公司	470.00	393.00	19.59

续表 2

企业名称	2010 年	2009 年	同比/%
河北景渤石油机械有限公司	467.00	425.00	9.88
河北欧亚特种胶管有限公司	395.00	360.00	9.72
河北远大新特橡塑有限公司	380.00	320.00	18.75
河北博通橡塑制品有限公司	360.00	300.00	20.00
广州天河胶管制品有限公司	307.45	255.19	20.48
兖矿集团邹城金通橡胶有限公司	233.58	180.18	29.64
凯迪西北橡胶有限公司	191.64	151.59	26.42

表 3　2010 年我国汽车专用胶管前 8 名企业产量　亿根

企业名称	2010 年	2009 年	同比/%
四川川环科技股份有限公司	0.55	0.34	61
中车集团南京 7425 工厂	0.22	0.19	15
天津市大港胶管有限公司	0.17	0.13	31
上海向华橡胶制品有限公司	0.11	0.08	37
天津鹏翎胶管股份有限公司	0.052	0.037	40
山东美晨科技股份有限公司	0.05	0.032	56
贵州大众橡胶有限公司	0.024	0.026	-8
河北三众橡胶有限公司	0.0043	0.004	7

目前我国胶管行业集中度不断提高。由于专业人才的流动，一些胶管骨干企业周边地区，陆续建设了有一定规模的胶管生产企业。

汽车用胶管多集中在上海、天津、广州、江苏、湖北、东北、东南沿海等地区，在汽车制造企业周围，得益于市场的牵引，也集中着一些汽车用胶管生产企业，从而为就近汽车制造企业提供了产品和服务。

高压钢丝增强胶管生产企业多集中在沈阳、广州、西北、河北省景县等地区，在这些地区高压钢丝编织胶管的产量约占全国总产量的 60% 以上。

小型胶管生产企业分布在全国各地，基本上各省、市、自治区都有数量不等的各种小型胶管企业，但大部分集中在河北、浙江、山东、辽宁等中原和沿海地区。这些小型企业虽然技术和设备比较落后，但是它们生产各种各样不同类型的胶管，都有各自的销售渠道和市场，可以满足不同客户的需求。

【产品结构】

我国胶管产品结构调整取得了很大的成效，胶管结构编缠化和树脂化有了明显进展。钢丝编织和缠绕胶管产量所占比例大幅提高，2010 年已达到 40% 以上。纤维缠绕胶管产量逐年上升，所占比例在 40% 左右。夹布胶管所占比例已从 2006 年的 21.22% 下降到 2010 年的 13.08%。

树脂软管主要是中、低压纤维增强的 PVC 软管，包括O形剖面软管和可折叠式软管，品种和产量逐年增多，并且向尼龙软管、聚氨酯软管、橡塑复合软管、钢塑复合软管和高压增强树脂软管发展。

【企业结构】

国有胶管企业主要由建国初期中央和地方建立的大、中型胶管企业和80年代以后煤矿集团和油田建立的胶管企业构成。中央和地方建立的大、中型胶管企业主要生产国民经济各部门和国防军工所需的各种胶管，对国民经济建设和国防建设做出了重大贡献。煤矿集团和油田建立的胶管企业主要生产高压钢丝编织胶管、高压钢丝缠绕胶管和大口径钢丝增强钻探胶管，用于煤矿液压支架、原油输送和油气井钻探。国有企业经过改革重组，生产规模进一步扩大，生产工艺和工装设备不断更新，产品性能稳步提高，仍然保持着胶管骨企业的地位。

近年来，民营胶管企业迅速发展，已成为胶管专业的生力军，并且逐渐形成区域性产业集群。到2010年，河北省景县有胶管生产企业200余家，规模以上胶管企业超过50家，超过20%企业拥有自营出口权。浙江省有胶管生产企业200多家，大多生产汽车用胶管。山东省的胶管生产企业超过200家，多数分布在胶东半岛。

规模以上民营胶管企业生产工艺和设备更新较快，产品性能不断提高，尤其是汽车用胶管生产企业，不但满足国内汽车制造企业的需求，而且还在国际市场上占据一定的份额。

外资胶管企业，以其先进的技术、装备和品牌优势，登陆我国，形成强势的竞争地位。到2010年全部采取独资方式在我国建厂。外资胶管企业主要生产汽车用胶管和工程机械用胶管，以适应我国汽车工业和基本建设发展的需要。2010年外资汽车用胶管生产企业大约有20家；外资高压钢丝增强胶管生产企业也近20家；外资汽车用胶管企业几乎占据我国汽车用胶管市场的半壁江山。

【进出口贸易】

据中橡协管带分会对会员企业统计及中国海关的统计，2010年胶管进出口总体来看都有所增加，胶管的进口单位主要是贸易公司和最终用户单位，而出口单位主要是我国的胶管生产企业和部分贸易商，我国高附加值的胶管产品还是大量依赖进口。

2010年我国进口胶管总额较2009年增长两倍。说明我国胶管市场需求旺盛，进口主要来自美国、德国、日本、台湾省等发达国家与地区。我国胶管出口较为分散。虽然出口量在逐年递增，但出口量占产量的比例小，并且在国际市场上所占份额也很少。据管带分会对会员企业统计，2010年胶管出口数量达496.99万Bm，同比增长35.57%。

2010年据中橡协管带分会对会员单位统计，胶管出口前8家企业见表4。

表4　2010年我国胶管出口前8名企业　　万Bm

企业名称	2010年出口量	2009年出口量	同比/%
莱州市悦龙橡塑科技有限公司	275.00	245.00	12.24
杭州中策橡胶有限公司永固分公司	100.00	53.09	88.40
兖矿集团邹城金通橡胶有限公司	96.53	66.30	45.60
广州胶管厂有限公司	17.63	—	100.00
青岛橡六集团有限公司	3.82	0.53	620.75
广州天河胶管制品有限公司	2.68	0.85	215.29
开封铁塔橡胶有限公司	0.71	0.29	144.82
江苏凯嘉胶带有限公司	0.56	0.56	—

【市场供需】

新世纪以来我国国民经济持续以10%左右的速度增长，即使受国际金融危机影响的2009年，但因实行扩大内需的政策，增长速度也在8%以上。我国是一个胶管消费大国。随着汽车、石油、煤炭、农业、机械设备等制造业、建筑业以及家居民用，依然是我国胶管行业的支柱产业和主要市场，所以国内胶管市场的需求会逐年增长。

汽车工业是我国胶管的最大市场，占据胶管产量的60%。汽车用胶管的内需市场旺盛。2010年我国汽车总产销量和汽车保有量都创出新高。2010年原装汽车用胶管达3200万米，加上维修钢丝胶管，汽车用胶管总量将超过40000万米。

2010年石油工业新发现亿吨级油田将达10个，千亿方级气田将达8个～10个。陆地和海洋石油钻探、开采和运输是主要市场，需要大量的石油钻探胶管和输油胶管、高压钢丝缠绕胶管、大口径钢丝增强胶管和特大口径离岸海面浮式、海中半浮式、海底输油胶管。

煤炭是我国的主要能源，约2/3能源来自煤炭。煤矿是胶管的最大用户之一。大量钢丝编织胶管和钢丝缠绕胶管用于液压支架，还有大量的中低压水管应用于井下开采。

社会主义新农村建设将全面增加对胶管产品需求。我国农业机械化水平不断提高，水旱田的播种、插秧、中耕和收割愈来愈多地使用机械作业。近年原装农用机械用胶管需求量约为10000万标米，维修用胶管3000万标米，总需求量为13000万标米。此外，还有农田灌溉和防涝防洪用的排吸胶管。随着农业机械化和基础设施水平的不断提高，农田作业、灌溉和运输等环节所使用的机械设备愈来愈多，因此需用大量的各种各样的胶管。

我国工程机械发展极为迅速，增长态势明显。由于国家采取扩大内需的政策，国家基本建设的规模不断扩大，对工程机械的需求也不断增加。

其他各行各业如建筑、钢铁、化工、消防、园艺、家居生活等，都需要大量的结构、规格和性能各异的橡胶软管和树脂软管。另外，随着机加工产业、自动化控制和信息产业等相关行业的技术发展，使得胶管工业技术的不断进步成为可能，为胶管工业科学发展奠定了相关基础。

【在建项目】

2010年山东华勤集团与美国固特异工程橡胶公司共同投资建设高压胶管产品生产线，总投资2亿美元，设计产能1亿Bm，一期投资1.2亿美元，一期产能5000万Bm，全部采用美国固特异工程橡胶公司全球领先的制造技术和生产工艺，主要生产设备从美国、意大利、德国进口，主要生产钢丝缠绕胶管、钢丝编织胶管、纤维缠绕胶管和手工编缠胶管等几大类产品，2011年已有第一批高压胶管产品正式下线。

2010年天津鹏翎胶管股份有限公司开始争取首次公开发行股票并在创业板上市。该公司在创业板上市募集资金投资项目，是根据公司未来发展的战略规划确定的，拟投资于“新型低渗透汽车空调胶管及总成项目”、“助力转向器及冷却水胶管项目”和“轻量化多层复合尼龙树脂燃油胶管项目”以及其他与主营业务相关的营运资金投入。募集资金投资项目全面达产后，将使天津鹏翎胶管股份有限公司在空调胶管、助力转向器胶管、燃油胶管、冷却水胶管的产能分别增加年产能1000万米(200万套)、500万米(200万套)、3200万米(480万套)。低渗透空调胶管、多层复合尼龙树脂燃油胶管以及助力转向器胶管均属我国胶管新产品。天津鹏翎胶管股份有限公司的低渗透空调胶管和助力转向器胶管按主机厂标准自测后已经达到或超过欧美同类产品的质量标准，其中低渗透空调胶管已获得天津三电汽车空调有限公司、河南豫新空调有限公司和麦克斯(保定)汽车空调系统有限公司的认证，助力转向器胶管已获得保定长城、南京依维柯公司的认证。

2011年山东美晨科技股份有限公司开始首次公开发行股票并在创业板上市，拟新增发动机进气橡胶软管产能580万件、水冷却橡胶软管产能520万件和高压橡胶油管产能220万件。公司已对募集资金投资项目的产品市场进行了充分的可行性论证，加强了销售网络的建设，并与北汽福田、陕重汽、中国一汽、包头北奔、上汽依维柯红岩等主要客户进行新一轮的产品开发合作，以保证新增产能的消化。

【主要差距】

我国胶管行业与国际先进水平相比存在的主要差距：

1. **企业规模小** 发达国家的大型企业多为跨国型集团公司。我国胶管工业，虽然整体规模很大，但是各个企业的规模很小。人力、物力和财力相当分散。多数企业没有研究与开发机构，自主创新很少，不能形成强有力的竞争能力，有些企业在国内具有较强的竞争能力，也有国内名牌产品，但在国际市场上竞争力则显不足。

2. **生产工艺水平低** 发达国家的胶管企业普遍采用世界上先进的胶管成型设备和生产线，生产过程的自动化水平比较高，挤出机、编织机、钢丝倒线和合股机采用自动测控技术，尽量减少人工操作因素的影响，从而保证生产效率和产品质量一致性。我国胶管企业从胶料性能的分析、胶料配方的设计、工艺参数的设定、设备控制参数到成本分析等一系列的操作过程都通过计算机进行，既节省了设计成本，而且保证了成品的性能。我国的自动化水平很低，除了一些大型胶管生产企业外，大多数中、小型企业仍然是人工测控。我国胶管的配方设计和生产，基本上仍然是人工作业。

3. **研究与开发力度不够** 发达国家的胶管企业对于研究与开发是非常重视的，大型橡胶加工企业研究与开发经费一般占销售额的3% ~ 5%，研究人员占职工总数的5%左右，并且设有专门从事研究与开发的机构，工厂就是专门生产。

我国胶管的研究与开发能力不足。资金和人力投入相对较少；新建立的民营企业，大多只有试验室，很少有专门的研究与开发机构。因此，对于基础研究和前瞻性研究比较缺乏。基本情况是，注重眼前，忽视长远；生产有余，研发不足；广度较大，深度较小；消化吸收较多，创新发明较少。我国胶管成型机械设备仍处于仿制阶段，有些小型制造企业的机械设备水平仍然很低。

综上所述，我国虽然已成为世界胶管生产大国，但是各个胶管生产企业在规模和结构、工艺水平、研究与开发等方面与美、欧、日发达国家相比，仍有较大差距，有些方面差距还很大。

【发展趋势】

汽车用胶管 国产胶管基本上都是消化吸收国外产品进行仿制的，某些高档轿车用胶管尚不能生产需进口。我国亟需提升胶管的技术和性能水平，通过自主创新，开发出技术和性能水平可与发达国家相媲美的技术和产品，并且填补国内高档汽车用胶管的空白。随着汽车行业的快速发展，人们对汽车产品提出了如环保、节能、安全等越来越多和越来越高的要求，从而对与汽车整车行业相配套的零部件生产行业提出了相应的技术进步、产品更新要求。胶管生产企业为了适应激烈的市场竞争，必须紧跟汽车行业的发展趋势，对产品材料配方和生产工艺及技术进行持续改进和创新。

高压胶管 国产胶管大多还没有达到发达国家胶管企业脉冲寿命100万次，并且有些工程机械液压胶管尚不能生产。为提升我国高压钢丝编织胶管和缠绕胶管的技术和性能水平，需在技术、工艺、材料等方面进行自主创新，加快产品的更新换代。

高压钢丝增强树脂软管 我国中低压树脂软管已经大量生产，包括可折叠式的和O形剖面形状的，主要使用PVC材料。高压钢丝增强的PU和PE软管，虽然有生产，但是数量不多，在液压领域应用更少。热塑性塑料，是一种可重复使用的材料，用其所生产的软管不需硫化，因此是一种节能的经济的环保的材料，因此应该大力发展。

海上输油胶管 目前我国仅有的一家漂浮式海上输油胶管生产企业，其产品出口北欧，没有在国内市场上销售。对于这种高附加值的产品，我国需加大气力进行自主创新开发，研究开发出具有自主知识产权的技术和产品。

致密型薄壁钢丝编织胶管 国外已经商品化生产40年左右，并且已为其制定了标准，但是我国尚未生产。这种胶管节省原材料，可屈挠性高，是一种有前途的产品。其主要优点是胶管壁厚薄，弯曲半径小，适合于在狭小的空间装配，而这正是机械制造厂的未来要求。这种胶管的开发主要在于工艺和装备。钢丝编织胶管生产厂家应开发这种胶管，以填补国内空白。

【节能减排措施】

1. 改进原材料使用

大力推进绿色产品的生产，扩大树脂软管的生产，取消有毒有害橡胶助剂和化学品的使用，推动橡胶助剂行业产品结构调整，尤其是采用替代有毒有害产品和特种功能性材料。

扩大应用新型原材料，降低胶管产品耗胶量。

热塑性塑料是一种可重复使用的材料，用其所生产的软管不需要硫化，因此是一种节能的经济的环保的材料，应该大力发展。

2. 淘汰落后工艺流程

积极研发新技术，调整现有胶管工艺，提高流程的机械化、自动化、连续性、合理性，提高产品质量的稳定性。胶管机械，重点是提高质量，提高使用性能，提高自动化程度和生产效率。

3. 更新生产设备和试验设备

提高科研、设计、生产和试验的自动化水平；对购入的设备，应进行节能减排的试验验证和考核。对于技术水平落后的生产设备和试验设备，禁止进入。如国际先进水平的燃油流经试验仪、液体高压脉冲试验机、涡轮增压胶管空气脉冲试验机、综合程控橡胶老化试验机等台架试验设备，要积极引进和开发。提高装备的技术水平，是发展低碳经济，节能减排应实施的重要措施。

4. 开发节能减排的胶管新产品

开发无噪声汽车刹车胶管、节能胶管，开发物美价廉的胶管，研究与开发新的增强结构，改进胶管加工工艺，研发新型代用材料，减少生胶和增强材料消耗，降低生产成本。

开发薄壁胶管和轻体胶管，使用高强度增强材料，减少增强层数和内外胶层厚度，实现胶管轻量化。开发致密型钢丝编织胶管，研究新型增强材料如扁钢丝的应用，提高胶管的屈挠性，降低胶管的弯曲半径。

开发胶管的新应用领域，例如耐特殊介质和环境的胶管和诸如海洋波浪发电等用的特殊应用的胶管。高压软管的树脂化是今后发展低碳经济节能减排的重要方向。

（陶大君　李　鸿）

胶　　带

【基本情况】

胶带产品是现代化运输和机械传动必不可少的配件,也是非轮胎橡胶制品的最大门类。新中国胶带工业的发展,是跟随社会主义建设的步伐一起前进的。特别是改革开放以来,随着高分子材料、现代物流运输、带传动、机电一体化等技术的进步,我国胶带工业从小到大,逐步成为世界胶带生产和消费大国。胶带产品无论是输送带还是传动带品种都比较齐全,基本可以满足国民经济发展的需要。目前我国胶带产品就主要品种而言,已比较齐全。输送带有普通织物芯输送带、钢丝绳芯输送带、阻燃输送带、耐热输送带、轻型输送带、高倾角输送带、管状输送带以及其他特种输送带等。传动带有平带、普通 V 带、汽车 V 带、同步带、多楔带、农机 V 带等。胶带产品已接近或达到当代国际先进水平,但存在品种结构不合理、产能过剩、行业盲目发展和恶性无序竞争的问题。

2010 年全国输送带的年产量超过 3 亿,V 带的年产量约 20 亿 Am。其中三家胶带企业登陆中国资本市场后,生产经营正常。截至 2011 年上半年,全国具有一定规模的胶带生产企业有 500 余家。粗略统计,目前全国输送带的年生产能力超过 3.5 亿㎡,V 带年生产能力约 25 亿 Am,均名列世界第一。2011 年上半年全行业依然保持产销两旺的发展态势,生产和出口形势继续保持增长,但受原材料价格迅涨和劳务费用增加的影响,企业的生产成本大幅提高,企业压力空前加大。

2010 年 11 月 22 日,聚酯钢化棕丝橡胶骨架新材料项目通过鉴定。聚酯钢化棕丝是一种实芯结构橡胶骨架新材料,是传统纤维结构骨架材料的替代品。随着对聚酯钢化棕丝开发力度的加大,聚酯钢化棕丝将广泛应用于传动带、输送带骨架的更新换代,有利于促进胶带的技术进步。

氯丁橡胶是传动带的主要原料,2011 年 5 月商务部裁定,自 2011 年 5 月 10 日起,继续对原产于日本、美国和欧盟的氯丁橡胶实施反倾销措施,实施期限为 5 年。如果终止原反倾销措施,原产于日本、美国和欧盟的氯丁橡胶对我国的倾销可能继续发生,对我国氯丁橡胶产业有可能再度造成损害。

2011 年 4 月 26 日,国家发改委正式对外公布《产业结构调整指导目录(2011 年本)》,该目录反映出结构调整和产业升级的方向,更加注重战略性新兴产业发展和自主创新,以及对产能过剩行业的限制和引导。此次出台的新目录将“以棉帘线为骨架材料的普通输送带和以尼龙帘线为骨架材料的普通 V 带”列为淘汰类。

【产品结构】

2010 年钢丝绳芯输送带产量增加较多,增幅达 30.99%。阻燃输送带已经形成了较完整的系列,基本上可以满足地下煤矿和地上煤矿以及各种阻燃、导静电场合的需要。已形成 PVC、PVG 整体织物芯井下煤矿用阻燃输送带、橡胶覆盖面的分层织物芯和钢丝绳芯一般用途阻燃输送带等系列。PVC、PVG 整体织物芯阻燃输送带就其安全性来讲已达到国际先进水平,但使用寿命普遍较短。耐热输送带已相继开发出覆盖胶为氯化丁基橡胶或三元乙丙橡胶,骨架材料为尼龙或聚酯织物的耐热输送带品种,使用温度可达 150℃ ~ 180℃,又成功开发耐热等级为 180℃ ~250℃ 和 280℃ ~350℃ 的高等级耐热输送带以及可输送物料温度高达 700℃ 的耐烧灼输送带。多种材质的轻型输送带、各种花纹输送带、波形挡边输送带、提升式输送带、夹带式输送带、吊挂式和托辊式管状输送带以及耐酸碱、耐油、耐热等特种用途输送带市场扩大。线绳结构的 V 带继 2009 年占 V 带总量的 95% 后,2010 年一举占到 V 带总量的

97%强，我国的V带线绳化进程已基本实现。

【产业布局】

我国胶带企业分布广、数量多，相对较集中。全国绝大部分省市自治区都有胶带生产企业。随着国内企业的不断优胜劣汰，市场集中度越来越高，形成了“规模企业优势集中”和“区域优势集中”两大特点。胶带企业集中在山东、浙江、江苏、河北和上海市。山东省、浙江省和河北省规模以上企业输送带产量分别约占全国输送带总产量的25%，山东省输送带生产基地在青岛、济宁和胶东半岛，河北省的输送带生产基地主要集中在蠡县、博野一带。全国V带产量的70%以上集中在长三角地区，浙江三门、天台两县V带生产能力超过10亿Am，V带生产和市场规模占到全国的40%以上。中国橡胶工业协会为促进橡胶工业区域发展，5年前授予胶带工业集中发展的浙江三门县为“中国（三门）胶带工业城”，经过5年的发展，三门县的胶带工业在规模产值产量方面有很大进步，2005年橡胶及胶带产值为25.6亿元，2010年达到了46.8亿元，年均增长高达16.26%，形成了有地方特色的胶带产销集中地。专业生产集群促进了当地经济的发展，提高了地区知名度。

【企业结构】

2010年我国的胶带企业分为四大类，即国有企业、大型股份制企业、外商企业和为数众多的中小民营企业。

国有胶带企业主要是建国初期中央和地方建立的大、中型胶带企业。经过改革重组，国有企业生产规模进一步扩大，生产工艺和工装设备不断更新，产品性能稳步提高。大型股份制胶带企业不断深化企业机制，大力调整产品结构，实现了跨越式发展。外资企业凭借优良的技术装备和国际品牌优势登陆我国，在胶带行业中雄踞一方。中小民营企业凭借高效的机制，勇于竞争的精神，经过十几年的努力，也在胶带行业中脱颖而出。

【产　量】

2010年胶带产量创我国历史新高，据中国橡胶工业协会胶管胶带分会对89家会员企业的统计，2010年输送带产量2.994亿m^2，同比增长28.8%；V带产量16.31亿Am，同比增长4.23%，汽车V带产量0.77亿条，同比增长11.01%。

2010年我国输送带、传动带产量以及“十一五”期间我国输送带和V带产量分别见表1～表3。

表1　2010年我国输送带产量　　万m^2

产品名称	2010年	2009年	同比/%
输送带	29935.44	23242.47	28.80
普棉带	6434.80	3755.83	71.33
尼龙带(EP)	9616.24	8287.92	16.03
尼龙难燃带	1131.45	1096.78	3.16
钢绳带	7009.91	5351.63	30.99
钢绳难燃带	1894.61	1422.43	33.20
PVC、PVG整芯带	4430.47	3308.43	33.91
其他输送带	1564.25	1118.97	39.79

表2　2010年我国传动带产量

产品名称	2010年	2009年	同比/%
V带/万Am	163128.02	156509.04	4.23
线绳V型带	159116.77	152549.15	4.31
汽车专用V带/万条	7707.64	6943.12	11.01

注:表1、表2均是中橡协管带分会统计。

表3　“十一五”期间我国输送带和V带产量

产品名称	2006年	2007年	2008年	2009年	2010年
输送带/亿 m^2	1.7	2.3	2.6	2.8	3.6
V带/亿Am	11	14	16	18	20

注:以中橡协管带分会的统计为基础进行估算。

输送带、V带产量集中在强势企业的格局没有变。2010年,山东安能输送带橡胶有限公司、山东祥通橡塑集团有限公司、浙江双箭橡胶股份有限公司、浙江三维橡胶制品有限公司、张家港市华申橡塑有限公司、青岛橡六集团有限公司、阜新环宇橡胶(集团)有限公司、安徽中意胶带有限公司、保定华月胶带有限公司、河北一川胶带有限公司10家企业的输送带产量占据前10位。2010年我国输送带产量前10企业见表4。

表4　2010年我国输送带产量前10名企业　万 m^2

企业名称	2010年	2009年	同比/%
山东安能输送带橡胶有限公司	3616.00	2710.00	33.13
山东祥通橡塑集团有限公司	2657.62	1725.53	54.02
浙江双箭橡胶股份有限公司	2580.90	2152.50	19.90
浙江三维橡胶制品有限公司	1511.58	1186.00	27.45
张家港市华申橡塑有限公司	1498.00	1005.00	49.05
青岛橡六集团有限公司	1418.27	1132.09	25.28
阜新环宇橡胶(集团)有限公司	1279.00	1037.00	23.34
安徽中意胶带有限公司	1241.87	850.00	46.10
保定华月胶带有限公司	1219.00	1065.00	14.46
河北一川胶带有限公司	1218.00	997.00	22.17

注:部分企业因无统计资料,故没有统计在内。

浙江三力士橡胶股份有限公司、浙江三维橡胶制品有限公司、河南尉氏县久龙橡塑有限公司、河南尉氏中原橡胶有限公司、浙江奋飞橡塑制品有限公司、宁波橡胶有限公司、莱州市悦龙橡塑科技有限公司、浙江沪天胶带有限公司、杭州中策橡胶有限公司永固分公司、河北辛集金昊橡胶有限公司10家企业的V带产量占据前10位。2010年我国V带产量前10企业见表5。

表5　2010年我国V带产量前10名企业

万Am

企业名称	2010年	2009年	同比/%
浙江三力士橡胶股份公司	35970.90	33639.10	6.93
浙江三维橡胶制品有限公司	30756.00	28900.00	6.42
河南尉氏县久龙橡塑有限公司	26018.30	26059.48	-0.16
河南尉氏中原橡胶有限公司	24522.00	27154.00	-9.69
浙江奋飞橡塑制品有限公司	19409.00	16456.00	17.94
宁波橡胶有限公司	5353.86	4384.22	22.12
莱州市悦龙橡塑科技有限公司	3930.00	3450.00	13.91
浙江沪天胶带有限公司	3576.00	4080.00	-12.35
杭州中策橡胶有限公司永固分公司	2901.97	2474.19	17.29
河北辛集金昊橡胶有限公司	1730.00	1720.00	0.58

注:部分企业因无统计资料,故没有统计在内。

汽车传动带集中在浙江丰茂远东橡胶有限公司、宁波伏龙同步带有限公司、紫金港橡胶有限公司、浙江三力士橡胶股份有限公司、浙江三维橡胶制品有限公司、贵州大众橡胶有限公司、杭州肯莱特胶带有限公司、开封铁塔橡胶有限公司、四川简阳天力特种橡胶制品有限公司等企业。为有效缓解北京市交通拥堵的状况,2010年12月23日,北京市政府出台了《北京市小客车数量调控暂行规定》,开始对单位和个人购买小客车实施数量调控和配额管理制度。目前,仅北京市出台了上述调控政策,若其他城市效仿出台类似政策,将一定程度上减少汽车需求总量,进而对汽车传动带的市场需求造成影响。

【进出口贸易】

据中橡协管带分会和海关的统计数据分析,2010年输送带进出口总体有所增加,其中钢丝绳芯输送带和织物芯输送带出口量同比增幅较大。我国输送带进口较为集中,主要来自美国、德国、日本等发达国家和台湾省,出口则较为分散。输送带主要进口单位是贸易公司和最终用户单位,而出口单位主要是我国的输送带生产企业和部分贸易商。2010年我国输送带的出口价格低于2009年同期价格,平均价格下降6%,说明我国出口的快速增长很大程度都是来自于低价格出口。虽然2010年各种原材料尤其是天然橡胶价格远高于往年,但出口价格反而下降,可见我国输送带行业出口竞争非常严峻。我国进口的各种输送带价格都在上升,而且上升幅度很大,2010年各种类型输送带进口的平均价格上涨35%,其中进口的钢丝绳芯输送带价格涨了40%,织物芯输送带价格涨了44%,其他输送带涨了28%。

据管带分会对会员企业统计,2010年输送带出口达2809.89万㎡,同比增长55.17%,V带出口为1999.73万Am,同比增长11.84%。

2010年我国输送带、V带出口量前10企业见表6及表7。

表6　2010年我国输送带出口量前10名企业

万 m^2

企业名称	2010年	2009年	同比/%
浙江三维橡胶制品有限公司	796.83	536.00	48.66
浙江双箭橡胶股份有限公司	748.90	449.30	66.68
浙江奋飞橡塑制品有限公司	427.00	363.00	17.63
青岛华夏橡胶工业有限公司	359.00	105.00	241.90
浙江台州收获橡塑有限公司	229.61	184.87	24.20
沈阳泰丰胶带制品有限公司	86.37	52.61	64.17
山东横滨橡胶工业制品有限公司	61.00	26.70	128.46
莱州市悦龙橡塑科技有限公司	57.00	53.00	7.55
青岛橡六集团有限公司	17.20	16.87	1.96
江阴天祥塑化制带有限公司	13.00	9.20	41.30

表7　2010年我国V带出口量前10名企业

万 Am

企业名称	2010年	2009年	同比/%
浙江三力士橡胶股份公司	8220.70	8144.20	0.94
浙江奋飞橡塑制品有限公司	4852.00	4115.00	17.91
宁波橡胶有限公司	2096.33	1928.48	8.97
浙江三维橡胶制品有限公司	1624.93	1142.00	42.29
莱州市悦龙橡塑科技有限公司	1190.00	1083.00	9.88
浙江紫金港胶带有限公司	979.00	339.99	187.95
河北辛集金昊橡胶有限公司	568.00	644.00	-11.80
杭州肯莱特胶带有限公司	389.00	402.00	-3.23
杭州中策橡胶有限公司永固分公司	59.19	82.52	-28.27
浙江东南橡胶机带有限公司	20.00	—	—

注：表6、表7部分企业因无统计资料，故没有统计在内。

【市场供需】

我国是一个胶带消费大国，2010年国民经济以10%左右的速度持续增长，即使受国际金融危机的影响，由于实行扩大内需政策，2009年增速也在8%以上。因此，国内胶带市场的需求逐年增加。汽车工业、石油工业、煤炭工业、农业、机械设备制造业、建筑业以及家用电器等，依然是我国胶带行业的主要市场。

汽车传动带的内需市场旺盛，公路建设"五纵七横"，将形成以高速公路为主干线的城乡交通网。公路将占货运总量的75%以上，货运周转量将增长30%～34%；公路客运量将占91%以上，客运量将增长 50% ~70%。2010 年我国汽车总产销量和汽车社会保有量创出新高。

我国矿山机械总体水平与国际先进水平相比要相对落后，矿机产品的国内市场占有率不足 80%，其中冶金矿山在用的设备自给率只有 26%。“十二五”期间，矿山安全投入、机械创新投入将大幅增长，对胶带产品的应用也将扩大。

煤矿是胶带的主要用户，阻燃输送带和 V 带的需求将大量增加。

社会主义新农村建设将全面增加胶带产品需求。农业机械化水平和基础设施水平的不断提高，农业生产愈来愈多地依靠机械作业，农田作业、灌溉和运输等环节使用的机械设备愈来愈多，需用大量的农机 V 带。

钢铁、水泥等行业需要大量的耐热输送带。另外，随着机加工产业、自动化控制和信息产业等相关行业的技术发展，使得胶带工业技术的不断进步成为可能，为胶带工业科学发展奠定了相关基础。

【问题与差距】

我国胶带的研究与开发能力仍然不足，原来的专业研究机构已经企业化，转为以生产为主；早期建立的国有企业虽然有研究所或实验室，但是资金和人力投入相对较少；新建立的民营企业，大多只有试验室，很少有专门的研究与开发机构。因此，对于基础研究和前瞻性研究比较缺乏，注重眼前，忽视长远；生产有余，研发不足；广度较大，深度较小；消化吸收较多，创新发明较少。

我国胶带行业通过引进部分国外的先进生产设备和技术，从某种程度上改变了胶带生产工艺状况，优化了产品结构，使胶带产品有了一个质的飞跃。但是，这些先进的生产设备和技术的引进仅限于一些大中型骨干企业或合资、独资企业。就行业的整体工艺装备水平来说仍比较落后，大多数厂家仍相当于发达国家上世纪 60 或 70 年代水平。因此，加大技术改造力度，提高工艺装备水平，仍然是胶带行业提高产品质量水平的首要问题。

技术改造的重点要放在引进设备的消化吸收、国产化以及推广应用上，使大多数生产企业逐渐采用先进的生产工艺技术，尤其是要解决生产过程中影响产品质量的关键技术。在工艺装备水平上，我国几十家大企业为提高产品质量和水平，从先进国家引进了一批设备，如密炼机、压延机、张力成型机、鼓式硫化机、钢丝绳芯输送带生产线等，但总体的落后状况并未改变，大多数厂家半成品质量较差，胶带成型张力不均，产品质量难以控制，设备更新和技术改造工作十分艰巨。

胶带性能试验一般包括静态试验和动态试验两部分，但目前我国胶带产品的成品试验设备还比较落后。成品试验设备的开发应用滞后于产品标准的修定，使国家标准和行业标准难以及时实施。目前我国一些主要胶带生产企业静态试验手段基本齐全，输送带的动态试验设备几乎是空白，传动带的动态试验设备虽然近年进行了一些开发，但应用仍不普及。输送带动态试验手段仍普遍缺乏，例如输送带屈挠运转试验机、接头疲劳试验机、抗冲击性能试验机、抗撕裂性能试验机、钢丝绳拉拔疲劳试验机、耐寒运转测试机以及阻燃输送带燃烧烟雾浓度测试装量基本上还属空白。

我国传动带生产设备急需更新换代，发达国家传动带的整个生产工艺连续化，普遍采用电子计算机控制，使成型、硫化、磨削、切割等工艺设备和功率试验机等测试设备实现了高度机电一体化，操作人员少，生产效率高，产品质量高且稳定可靠。德国的 Scholz 公司、Berstorff 公司、日本的神户公司等专业生产此类先进专用设备，某些大的橡胶公司如 Pirelli 公司和 Gates 公司等也可自行设计制造此类设备。

目前我国的装备制造水平与发达国家相比，在设备的品质、效率和安全性方面仍存在很大差距，仅从已在我国投资建厂的国际大公司装备和生产工艺看，我国传动带行业的整体水平还处在落后状态，小型生产企业普遍采用机床改造的土设备，传动带生产设备的制造厂家均为小型企业，经市场低价竞争后，企业利润低，无力投入新一代传动带装备的持续开发。

虽然我国已成为世界胶带生产大国，但各个胶带生产企业在规模和结构、产量和销售额、工艺水平、研究与开发等方面与美、欧、日发达国家相比,仍有较大差距。

【发展趋势】

1. 推进自主创新 胶带行业要以大公司、大集团为主,加强产学研结合,尝试建设好国家级的技术研发中心,提高自主创新的能力,更广范围地拥有具有自主知识产权的核心技术和产品,以促进行业的整体技术进步和产品升级换代。整合研究开发资源和科研力量,建立分工协作、利益共享、共同进步的机制,鼓励科研院所和产业集聚群加强产学联合。

2. 实施名牌战略 转变企业发展观念,由粗放式向集约化增长方式转变,增加自主知识产权和自主品牌,通过实施名牌战略,提升企业的竞争力。重点发展一批技术含量高、市场潜力大的产品和企业,支持企业开展商标和知识产权的国外注册保护等。实施名牌战略的关键在培育,在争创中国名牌的同时,普遍开展协会质量授信和品牌推荐自律活动,使之成为争创中国名牌的延伸和基础。

3. 坚持胶带行业扶优扶强 进一步提高胶带生产集中度,打造强势品牌、优势企业,打造大型胶带企业,力争 1 ~2 家进入世界前 10 强。限制并淘汰落后企业,包括技术落后、资源消耗大、产品落后、效率和效益低下的小型胶带企业。

【“十二五”目标】

1. 调整产业结构

从产业的实际出发,力求达到产业规模逐步增长、产业布局更趋合理、产品结构显著改善、技术水平明显提升和节能减排取得成效五大目标。通过产业结构调整,加快由胶带生产大国向生产强国转变,从劳动密集型向技术密集型转变,从注重数量的增加转向注重质量的提高,出口产品从低、中档向中、高档转变,做大做强企业品牌和产品品牌,提高企业的竞争力,提高在国内外市场的占有率,部分企业进入世界强企行列。

2. 淘汰落后产能

禁止低水平重复建设,促使企业向高起点、高技术含量、高附加值、无污染、长寿命的产品发展,努力开拓中高端市场,重点发展环境友好型、能源节约型等符合国家产业政策的产品。

3. 提高产业集中度

推行大公司集团化战略,坚持以市场为导向,走集团化发展道路,实现产业升级。发展以强势企业为龙头的企业集团,加快对弱势企业的兼并重组,提高胶带产业的集中度,形成企业集团,做大做强企业品牌和产品品牌,提高国内外市场的占有率和销售收入,争取进入世界强势企业行列。

鼓励强势企业异地兼并重组,也可本地区集约重组,建立企业集团。在集团内部建立研究与开发中心,实行不同类型胶带的专业化生产,不但可提高各类胶带的性能和质量水平,而且使胶带生产场地更加靠近用户,从而建立行之有效的后勤供应链。

4. 开发具有自主知识产权的高技术含量胶带

(1)加快直经直纬织物芯输送带的发展

直经直纬织物芯强度利用率高、胶带层粘和性能好、承载能力大、尺寸稳定性和运行性好,并可简化制造工艺,是中高强度分层式织物芯输送带的换代产品,也是织物芯输送带少层化的典型产品。国内直经直纬织物芯及其输送带产品与国外先进水平相比差距甚远,应加大其研发力度。同时需要研究设计芳纶织物芯输送带的贴胶和接头工艺。

(2)重视耐热耐高温输送带的开发

随着冶金、建材工业的发展,对耐热耐高温输送带的需求越来越大,性能要求也越来越高。耐热耐高温输送带要进一步提高耐热耐高温等级和延长使用寿命,特别要重视胶带结构及其骨架材料和胶料的研究。

(3)进一步研究多楔带技术

我国已经能够生产各种汽车用多楔带,但是有些高档轿车用多楔带还需进口。我国生产的多楔带与外国的企业标准尚有一定的差距。我们要提高目前所生产的多楔带的档次,达到国外相关汽车制造厂标准。因此,应在胶料配方、工艺和设备等方面要加以改进,使弹性多楔带性能和质量达到相关汽车制造厂标准,将高档轿车多楔带的市场争取过来。多楔带模压硫化成型工艺可以节约原材料,减少水和噪声污染。进一步开展胶料配方和胶带结构研究，配合节能减排和环保工作。

(4)不断开发具有国际先进水平的新型传动带品种和新工艺

随着汽车行业的快速发展，人们对汽车产品提出了越来越多和越来越高的要求，从而对与汽车整车行业相配套的零部件生产行业提出了技术进步、产品更新的要求。胶带生产企业为了适应激烈的市场竞争，必须紧跟汽车行业的发展趋势，对产品材料配方和生产工艺及技术进行持续改进和创新，推动国内传动带生产企业的进步，提升国际竞争力，为我国传动带行业的发展做出应有的贡献。

(5)对使用的化学品进行研究

欧洲法规和美国相关法规颁布后对包括胶带在内的橡胶制品的多环芳烃含量提出严格要求。我国胶带行业应对所使用的化学品进行研究，生产多环芳烃含量安全的胶带，消除对人体、环境和生态有害的化学品。这样，不但有利于人体、环境和生态保护，也将有利于胶带产品出口。

【低碳经济 节能减排】

1.改进原材料使用方式

大力推进绿色产品的生产，取消有毒有害橡胶助剂和化学品的使用，推动橡胶助剂行业产品结构调整，尤其是采用替代有毒有害产品和特种功能性材料。扩大应用新型原材料，降低胶带产品耗胶量。

2.淘汰落后工艺流程

积极研发新技术，调整现有胶带工艺，抓紧改进现有的50多年不变的工艺流程，提高流程的机械化、自动化、连续性、合理性，提高产品质量的稳定性。胶带机械重点是提高质量，提高使用性能，提高自动化程度和生产效率。多楔带模压硫化成型工艺和胶料配方、胶带结构的进一步研究，将进一步配合节能减排和环保工作。

3.更新生产设备和试验设备

提高科研、设计、生产和试验的自动化水平，对购入的设备应进行节能减排的试验验证和考核。对于技术水平落后的生产设备和试验设备，禁止进入。提高装备的技术水平是发展低碳经济、节能减排应实施的重要措施。

4.提高胶带传动的传动效率

提高胶带传动的传动效率对节能减排意义重大。如能够促使胶带传动效率提高一个百分点，能量损失便可降低一个百分点，这对一条胶带来说意义虽然不大，但对一个工厂、一个地区乃至一个国家，节约下来的能源将是非常可观的。

（陶大君　李　鸿）

胶　　鞋

【基本情况】

2010年是"十一五"规划的最后一年，根据国家统计局胶鞋产量的数据显示，我国胶鞋产量扭转了自2008年国际金融危机以来持续两年的负增长局面，同比增长7.8%。

据国家统计局统计，2008年我国规模以上的胶鞋企业620家，同比增加2家，其中大型企业3家，中型企业75家，小型企业542家，分布在全国25个省市，其中浙江省胶鞋企业最多，其次是福建省、广东省，这三个沿海地区的胶鞋企业占总数的65.65%，同比下降1.02%。

目前，国有及国有控股企业仅有12家，同比增加1家，所占比例为1.94%。我国胶鞋企业分布情况见图1；我国胶鞋行业经营性质比例情况及企业规模分别见表1和表2。

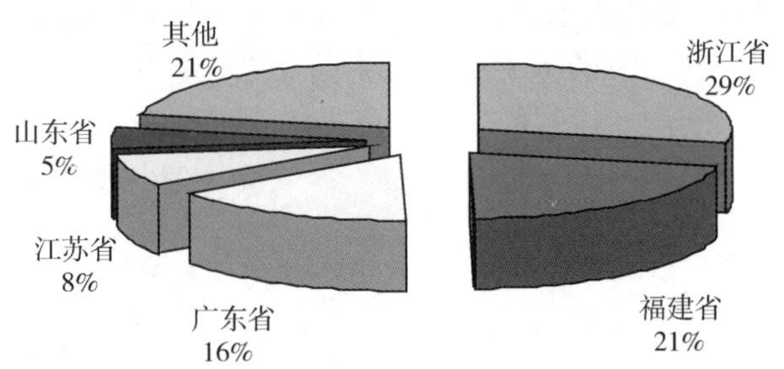

图1　我国胶鞋企业分布情况

表1　我国胶鞋行业经营性质比例情况

经营性质	企业数/个	所占比例/%
国有企业	12	1.94
集体企业	26	4.19
股份企业	35	5.64
私营企业	232	37.42
三资企业	194	31.29
其他企业	121	19.52
总计	620	100.00

表2　我国胶鞋行业企业规模

企业规模	企业数/个	所占比例/%
大型企业	3	0.48
中型企业	75	12.10
小型企业	542	87.42
总计	620	100.00

据2009年中国橡胶工业协会胶鞋分会对29家会员单位的统计资料显示，销售收入居前3位的分别是际华3537工厂、资阳市征峰胶鞋厂和荣光集团有限公司。

目前，我国胶鞋行业从业人员约30万人，年耗胶量约35万吨。

【生产与效益】

国家统计局对2009年我国胶鞋产量规模以上的企业统计为20.60亿双，同比下降3.2%。2010年为22.2亿双，同比增长7.8%。2005～2010年我国规模以上胶鞋企业胶鞋产量见表3。

表3　2005～2010年我国规模以上胶鞋企业胶鞋产量　　亿双

年度	2005	2006	2007	2008	2009	2010
产量	12.36	15.91	21.72	21.28	20.60	22.20

注：数据来源于国家统计局。

2009年中橡协胶鞋分会对29家会员单位的统计资料显示，2009年胶鞋行业形势仍不乐观，但比年初的预期稍好，其主要经济指标完成情况：胶鞋工业总产值413679.26万元，同比增长5.5%；胶鞋销售收入491572.46万元，同比增长15.4%；胶鞋利润总额17873.21万元，同比增长51%；胶鞋产量32720.7万双，同比下降5.3%。2009年我国胶鞋前10名企业生产经营指标见表4。

表4　2009年我国胶鞋前10名企业生产经营指标

排名	企业名称	产值/万元	产量/万双	利税总额/万元	利润/万元
1	际华3537工厂	75616.92	4768.25	11402.20	6099.47
2	四川资阳征峰胶鞋厂	57595.00	6230.00	3009.00	1594.00
3	荣光集团有限公司	54798.00	2725.00	6138.80	4279.60
4	际华3517工厂	44539.00	3789.00	2696.00	1373.00
5	秦皇岛3544工厂	20392.70	1303.00	1626.50	781.60
6	际华3539工厂	20301.31	2116.36	2392.36	1138.21
7	鹤壁飞鹤股份有限公司	19500.00	576.56	998.32	–
8	浙江人本鞋业有限公司	13138.00	778.00	782.60	369.00
9	山东赛格鞋业有限公司	13055.00	1102.00	1100.00	641.00
10	浙江环球鞋业有限公司	12270.00	928.65	878.00	541.00

注：数据来源于中橡协胶鞋分会。

2010年中橡协会胶鞋分会对29家会员单位的统计资料显示，2010年胶鞋行业形势仍不乐观，但与2009年相比，在产量与产值上有所好转，不过经济效益却不如以前。其主要经济指标完成情况：胶鞋工业总产值425342.85万元，同比增长3.91%；胶鞋销售收入446319.21万元，同比下降3.38%；胶鞋利润总额14440.45万元，同比下降23.35%；胶鞋产量32987.66万元，同比增长2.67%。2010年我国胶鞋前10名企业生产经营指标见表5。

表5　2010年我国胶鞋前10名企业生产经营指标

排名	企业名称	产值/万元	产量/万双	利税总额/万元	利润/万元
1	际华3537工厂	84033.28	5827.02	40428.85	6161.98
2	资阳市征峰胶鞋厂	67656.00	6548.00	3171.00	1635.00
3	际华3517工厂	62449.00	3915.00	5837.00	3087.00
4	青岛环球集团有限公司	56034.10	751.00	1562.80	418.30
5	荣光集团有限公司	47049.00	1849.00	3628.00	1769.00
6	际华3539制鞋有限公司	28905.00	2068.45	2506.37	1156.91
7	鹤壁飞鹤股份有限公司	19610.00	584.43	128.14	318.07
8	秦皇岛3544工厂	18961.60	1163.00	153.30	116.60
9	浙江人本鞋业有限公司	14226.00	785.00	597.90	397.00
10	浙江环球鞋业有限公司	14183.00	1066.44	1226.00	676.00

注：数据来源于中橡协胶鞋分会。

根据2009年中橡协胶鞋分会对29家会员单位的统计，有3家企业亏损，亏损额1092.47万元，亏损面5.45%。2010年会员单位仍有3家企业亏损，亏损额919.5万元，亏损面10.3%。

2010年胶鞋产量居前3位的分别是四川资阳征峰胶鞋厂、际华3537制鞋有限公司和际华3517制鞋有限公司。胶鞋利润居前3位的是际华3537制鞋有限公司、荣光集团有限公司和四川资阳征峰胶鞋厂。

【市场供需】

2009年根据中橡协胶鞋分会对29家会员单位统计，胶鞋销售收入491572.46万元，同比增长15.4%；产成品存货51968.42万元，同比下降15%；期末库存量2567.88万双，同比下降13.92%；产品销售率106.56%，同比下降0.6%。在所统计的企业中有17家企业胶鞋销售收入同比有所增长；5家企业产品期末库存下降；2家企业产品销售率同比增长，6家企业产品销售率达到或超过100%。

根据2010年中橡协会胶鞋分会对29家会员单位的统计，胶鞋销售收入446319.21万元，同比降低3.38%；产成品存货77331.76万元，同比上升48.355%；期末库存量3284.94万双，同比上升4.14%；产品销售率96.785%，同比上升0.65%。在所统计的企业中，胶鞋销售收入同比有所增长；12家企业产品期末库存下降，10家企业产成品销售率同比增长，11家企业产品销售率达到或超过100%。

据估计，2009年及2010年，我国传统的胶鞋销售量在9.2~9.7亿双左右。2010年，我国胶鞋行业的销售特点是偏重于采用经销商委托销售方法，专卖店销售和网络销售在一些大中型胶鞋企业逐步推广。2009年我国胶鞋销售收入前10名企业见表6，2010年我国胶鞋销售收入前10名企业见表7。

表6　2009年我国胶鞋销售收入前10名企业

排名	企业名称	销售收入/万元
1	际华3537工厂	106657.13
2	资阳市征峰胶鞋厂	60916.00
3	荣光集团有限公司	56856.00
4	际华3517工厂	44979.00
5	张家港贝顺有限公司	28947.00
6	际华3544工厂	27055.70
7	际华3577工厂	23654.94
8	鹤壁飞鹤股份有限公司	15973.60
9	上海回力鞋业有限公司	14466.67
10	浙江人本鞋业有限公司	13092.00

表 7　2010 年我国胶鞋销售收入前 10 名企业

排名	企业名称	销售收入/万元
1	际华 3537 工厂	75170.98
2	资阳市征峰胶鞋厂	61118.00
3	际华 3517 工厂	46374.00
4	荣光集团有限公司	40808.00
5	秦皇岛 3544 工厂	34213.00
6	上海回力鞋业有限公司	20367.00
7	际华 3539 工厂	19875.26
8	鹤壁飞鹤股份有限公司	17398.09
9	浙江人本鞋业有限公司	14185.00
10	浙江环球鞋业有限公司	14173.00

注：表 6 和表 7 的数据来源于中橡协胶鞋分会。

【进出口贸易】

据海关统计，2009 年我国胶鞋出口量 62.86 亿双；出口金额 155.31 亿美元，出口量同比增长 11.18%，出口金额同比增长 4.25%。

2009 年，我国胶鞋进口额 13030.64 万美元，同比下降 38.64%。

2010 年，我国胶鞋出口量 78.86 亿双；出口金额 206.4 亿美元，出口量同比增长 25.45%，出口金额同比增长 32.9%。

2010 年，我国胶鞋进口额 16739.93 万美元，同比增长 28.47%。

近年来我国胶鞋出口量及出口额见表 8；

2009 年我国胶鞋进出口情况见表 9；

2010 年我国胶鞋进出口情况见表 10。

表 8　近年来我国胶鞋出口量及出口额

年度	出口量/亿双	出口额/亿美元
2003	35.44	75.87
2004	42.38	74.01
2005	49.35	92.19
2006	56.43	115.96
2007	61.11	128.66
2008	56.54	148.98
2009	62.86	155.31
2010	78.86	206.40

表 9　2009 年我国胶鞋进出口情况

产品名称	进口		出口	
	数量/双	金额/万美元	数量/双	金额/万美元
装金属护头的塑料或橡胶制外底及鞋面防水鞋靴	17100	26.02	1002411	360.94
橡胶、塑料制底及面的中、短统防水靴(未过膝)	25894	17.85	61392177	25476.55
其他橡胶或塑胶制外底及鞋面的防水靴	192395	106.74	9243826	4264.71
橡胶或塑料制外底及鞋面的滑雪靴(包括越野滑雪靴及滑雪板靴)	58069	72.22	3500253	2798.1
橡胶或塑料制外底及鞋面的其他运动靴	452635	1026.5	87879944	86869.22
鞋面条带栓塞在鞋底上的鞋(橡胶或塑料制外底及鞋面)	211747	174.92	267425660	90733.33
其他橡胶、塑料短统靴(过踝)(橡胶或塑料制外底及鞋面)	188426	482.63	52445338	40065.32
其他橡胶、塑料鞋靴(橡胶或塑料制外底及鞋面)	96771	254.7	45016473	35037.93
纺织材料制鞋面的运动鞋靴(橡胶或塑料制外底)	273294	1018.58	62337741	76855379.00
纺织材料制鞋面的其他鞋靴(橡胶或塑料制外底,运动鞋靴除外)	3917459	9850.48	533149359	335957.28

表 10　2010 年我国胶鞋进出口情况

产品名称	进口		出口	
	数量/双	金额/万美元	数量/双	金额/万美元
装金属护头的塑料或橡胶制外底及鞋面防水鞋靴	8892	18.07	1527816	645.9
橡胶、塑料制底及面的中、短统防水靴(未过膝)	29624	26.11	92827987	42968.63
其他橡胶或塑胶制外底及鞋面的防水靴	176269	98.79	1687887	7638.11
橡胶或塑料制外底及鞋面的滑雪靴(包括越野滑雪靴及滑雪板靴)	139516	275.98	3698441	3211.06
橡胶或塑料制外底及鞋面的其他运动靴	406738	1031.55	90917299	98113.25
鞋面条带栓塞在鞋底上的鞋(橡胶或塑料制外底及鞋面)	315728	409.95	337988770	103960.05
其他橡胶、塑料短统靴(过踝)(橡胶或塑料制外底及鞋面)	296393	1038.17	87610575	64829.22
其他橡胶、塑料鞋靴(橡胶或塑料制外底及鞋面)	153620	490.78	29833195	22891.99
纺织材料制鞋面的运动鞋靴(橡胶或塑料制外底)	420254	1459.09	65458476	74462.86
纺织材料制鞋面的其他鞋靴(橡胶或塑料制外底,运动鞋靴除外)	4409895	11891.44	751401925	540113.22

注:表 8、表 9 和表 10 数据来源于海关总署。

据中国橡胶工业协会胶鞋分会对29家会员单位的统计,2009年胶鞋出口量4396.5万双,同比下降17%;出口创汇8413.14万美元,同比下降12.7%。2010年胶鞋出口量4129.76万双,同比下降6.5%;出口创汇1.22亿美元,同比增长2.79%。2009~2010年我国主要胶鞋企业出口情况见表11。

表11　2009~2010年我国主要胶鞋企业出口情况

单位名称	出口创汇/万美元			出口创汇/万双		
	2010年	2009年	同比/%	2010年	2009年	同比/%
荣光集团有限公司	3916	4253	-7.9	1139	1651	-31
青岛福客来鞋业有限公司	3595.9	3768.4	-4.6	1250	1310	-4.6
浙江大桥鞋业有限公司	1312.1	983.9	33.33	500.1	460.5	8.6
安徽诺克罗斯安全防护产品有限公司	814	633.8	28.4	76	64.9	17.1
上海回力鞋业有限公司	683	639.4	6.8	144.4	149.9	-3.7
浙江安邦鞋业有限公司	675	582.5	15.9	196.86	189.8	3.7
常州友谊鞋业有限公司	643	780	-17.6	152	100	52
山东鲁泰鞋业有限公司	468	188	149	269	126	113

【基建与技改】

目前胶鞋行业的基本建设和技术改造都是由企业根据市场变化和品种开发来决定的。近年来由于东部沿海地区土地、人力成本等不断上涨,工人招聘困难,我国中西部地区因此新建了不少胶鞋企业。这些新建的胶鞋企业大多规模不大,大致可分为两类:一类是由东部沿海地区的胶鞋企业为降低成本而投资新建的;另一类是原来在东部地区打工的一些人员在学到了技术、管理后自己投资(或在当地政府支持下投资)建立的,后者建立的企业一般规模都不大。这些新建胶鞋企业的参与使得胶鞋市场的竞争变得更加激烈,并使得中西部原有的一些大中型胶鞋企业面临巨大压力,如际华3537、际华3517、际华3539以及四川省资阳市征峰胶鞋厂等。2010年这些企业的销售收入、胶鞋利润都受到不同程度的影响。面对不利影响,一些大型企业如际华3537工厂结合行业"十二五"规划提出了企业的技术措施,以期提高企业技术装备水平的竞争能力。

东部沿海地区的胶鞋企业为应对土地、人力、原材料等成本不断上涨的压力,继续执行设备技术改造和提升产品档次的措施,同时也有部分企业将生产流水线迁往中西部地区,其中迁往中部地区的企业较多,但是东部沿海地区仍然是我国主要的胶鞋生产基地。

此外,许多企业为了能更好地从事新产品开发和新材料研究以及提高产品的质量,纷纷建立了开发中心和质量中心,同时购买了许多试验仪器设备。这些仪器设备除了满足当前制定的试验方法和产品标准的质量检测外,有许多仪器是用于研究、开发新产品及提高产品质量的,如硫化仪、胶鞋喷霜试验仪、数字化脚型测量仪、步态测量仪以及整鞋透气透湿测量仪等。

【科技进步】

经过多年的发展,我国胶鞋已形成了硫化鞋、冷粘鞋和注塑鞋等3大产品系列。据不完全统计,目前我国的胶鞋品种有4500余种,其中40%左右为高、中档产品。

在品种开发方面,出口胶鞋、劳动防护鞋类、运动鞋类、休闲鞋类以及儿童婴幼儿鞋类等品种仍是重点。

数字化技术在胶鞋设计和制造方面的应用相当广泛。

胶鞋的设计除追求美观外，已越来越重视穿着舒适的概念。因此，人体工程学、生物力学、纳米技术等高科技越来越多地被应用到胶鞋上。上海回力鞋业有限公司标新立异开发了手绘布面运动鞋新品种，昆山多威公司开发了透气、轻盈的老年鞋，福建晋江野力体育中国有限公司开发了透气透湿的运动鞋。此外，为保护脚踝和膝盖在剧烈的篮排球运动中不至于受伤，许多制造篮排球运动鞋的企业在运动鞋里加入了减震装置以保护膝盖和脚踝。

在原材料应用方面，低碳、环保的理论已深入其中，尤其在帮面原材料的采购方面，企业已提出了一些环保方面的技术要求，如胶鞋行业应用较多的纺织物材料就要求生产企业严格控制纺织物中的游离甲醛含量、pH 值、五氯苯酚（PCP）含量以及禁用偶氮类染料。在金属附件中也对重金属含量做出了控制。

在橡胶部件的配方上，许多胶鞋企业也开始实施低碳、环保的技术，使用一些不产生亚硝胺的新型橡胶助剂。

在胶鞋的制造工艺方面，低碳、环保技术也逐渐成为主流。一些企业为改善胶鞋成型工艺的工作环境，在胶鞋刷浆工艺上应用抽浆泵刷进行刷胶。一方面可以节约用胶浆量，另一方面也可减少溶剂对工作环境的污染。

此外，为改造粉尘和废气对环境产生的污染，许多胶鞋企业采用烟尘脱硫和污水处理技术以清除废气和污染物。

在胶粘剂的研究方面，侧重于环保型的胶粘剂的开发。最近许多高等院校开发了无苯型水性胶粘剂和水基型聚氨酯胶粘剂，如中科院和福建华宇鞋业有限公司合作，成立了中科华宇（福建）科技发展有限公司，利用中科院的专利技术，生产了水基型的聚氨酯胶粘剂，并广泛应用于运动鞋生产。

四川大学高分子研究所开发了废弃发泡 PU 鞋底和 PU 泡沫材料高值化利用技术。该技术通过固相力化学新技术，实现交联型聚氨酯泡沫材料的超微化和活化处理，所回收的材料可制成高性能、低成本的鞋底或帮面用海绵，实现资源的再生循环利用，减少固体废气物排放量。

在基础理论研究方面，我国技术开展对鞋类的舒适性和减震理论的研究。陕西科技大学对成鞋透水汽型测试仪的研究进展作了阐述和研究，对国内外各种成鞋透水汽性测试仪和试验方法作了综合性的评估，在这方面对我国制鞋业的研究提供了启发和帮助。

在胶鞋标准化工作方面，2010 年我国有关标准化管理部门颁布了 GB25038－2010《胶鞋健康安全技术规范》、GB25036－2010《布面童胶鞋》和 GB25037－2010《工矿靴》等 3 项国家强制性国家标准，同时也颁布了 HG/T3082－2010《橡胶鞋底》和 HG/T3084－2010《注塑鞋》等两项化工行业标准。上述 5 项国、行标准分别在 2011 年正式实施。

2010 年我国胶鞋标准化组织即全国橡胶与橡胶制品标准化技术委员会胶鞋分技术委员会还对 HG/T3085《橡塑冷粘鞋》、HG/T3086《橡塑拖、凉鞋》、HG/T2019《黑色雨靴（鞋）》以及 HG/T2020《彩色雨靴（鞋）》等 4 项化工行业标准进行了修订。

【企业改革】

目前，我国胶鞋企业结构基本上稳定，以私营企业、三资企业和股份制企业为主，国有及国有控股企业所占比例近几年一直在 1.5%～2% 之间徘徊，许多私营企业在做大做强以后也纷纷向股份制企业方向发展。

【展望】

我国是世界上最大的胶鞋生产国，也是最大的胶鞋输出国。据有关资料统计显示，近年来，我国生产的鞋类约有 2/3 出口—国际市场鞋类或胶鞋类进出口贸易的变化也因此对我国胶鞋行业影响较大。

2008 年国际金融危机影响了我国两大胶鞋出口市场——美国和欧盟，使 2008 年我国胶鞋出口量同比下降了 6.8%，从而也影响了我国国内的胶鞋产量。2008 年我国国内胶鞋产量同比下降了 2.0%，2009 年我国国内胶鞋产量同比下降了

3.2%，2010年我国胶鞋出口形势有所好转，同比增长了25.45%，也使得我国规模以上的胶鞋企业产量同比增长了7.8%。但是，2011年我国胶鞋行业出口形势仍不容乐观，主要面临着两大压力，一是原材料、能源价格和人力成本上升较快，企业利润微薄；二是人民币升值带来的经营压力。

我国是一个人口大国，当前的经济发展在区域上还处于十分不平衡的状态，国内胶鞋消费还处于较低的水平。如果我国的胶鞋人均消费量能达到2～2.5双/人，那么，按现有人口计算，我国胶鞋消费量达35亿双以上。因此，作为一个劳动力密集型的行业，胶鞋行业在今后的几十年里仍有发展空间。

2011年是"十二五"规划的第一年，也是我国经济结构调整的第一年。我国胶鞋行业应抓住当前我国扩大内需的机遇做出战略性的调整，面对困难，迎难而上。

【建议】

根据当前我国胶鞋行业的发展情况来看，我国胶鞋行业近期的发展趋势呈现以下几个方面：

一是在设计上，原创设计、独特材料、科技创新将是主流。

二是环保、低碳将渗透供应链的各个环节，成为原材料采购、生产及最终产品销售的主流。

三是培育自主品牌，建立现代销售网络，已为胶鞋厂共识。在建立专卖店后，网络销售将成为新军。

四是数字化生产带来智能制造。

五是胶鞋品种的发展朝舒适、美观等方向发展。

为适应我国胶鞋行业的上述发展，我们建议采取以下一些措施：

1. 科学技术创新

对今后我国胶鞋行业的技术创新，建议以基础理论为依据，设计出符合人们需要的轻便、防滑、透水汽、透气性好、减震、舒适的胶鞋。同时在鞋材的选用上注意鞋的环保要求。

(1)开展对鞋底材料和整鞋的减震性能研究，设计出符合各种穿着舒适的鞋。

(2)在原有防滑移研究的基础上，积极深入研究各种鞋材、花纹的防滑移性能(包括抗湿滑性的研究)，提高鞋类穿着的安全性。

(3)开展鞋帮材料及鞋垫的透水、透气性和释水汽性的研究。首先进行试验方法和试验仪器的研究，然后根据试验方法和仪器来评估各种整鞋的透水、透气性和释水汽性能，并以此作为评估整鞋舒适性的一个重要指标。

(4)为能研制出更能适应人们实用的胶鞋，开展计算机三维测量脚型的研究。

(5)积极研发低毒、环保的水基型胶粘剂，同时开展对水基型胶粘剂应用工艺的研究。

(6)着手研究胶鞋生产的低碳经济，其内容包括可回收循环利用材料的研究、低能耗的制鞋工艺等。

(7)严格执行国家强制性标准GB25038－2010《胶鞋健康安全技术规范》和GB25036－2010《布面基胶鞋》。

2. 新品种开发

积极发展有自主知识产权的胶鞋品种，减少模仿的品种开发。新品种的开发要兼顾舒适和美观。

3. 大力推进民族企业知名品牌

各级政府、胶鞋行业协会和地方协会要根据胶鞋产业在本地区经济发展中的地位和作用，制定相应的培育民族企业自主品牌、争创中国名牌和世界名牌的政策和规划方案，努力创建一批民族知名品牌和世界级的中国名牌，形成与世界知名品牌相抗衡、合理竞争的新局面。

4. 建立现代营销网络

建立现代营销网络，全方位的利用国内外两种资源、两个市场；寻找资源的合理配置，从委托销售为主的传统营销方法改为现代营销销售。积极发展网络销售。

5. 适当调整内、外销市场

目前，我国无论是鞋类销售市场还是胶鞋销售市场，都是以外销市场为主，而且外销市场销售量约占我国整个鞋类产量的2/3。过分依赖于外销市场，不利于我国整个胶鞋行业健康发展。

今后我们要适当减少对外销市场的依赖，使内外销市场的份额维持一定的比例。同时，在外销市场上要开发多元化市场，避免过分依赖某一国或某一地区的市场，要逐步增加一般贸易出口的比重，培育民族企业自主品牌，增强国际竞争能力。

(沈但理)

橡 胶 制 品

2010年,橡胶制品行业经历了国际金融危机的考验,经过全行业共同努力,克服重重困难,实现经济稳步回升,行业经济保持增速发展。在行业发展过程中,企业在加快推进生产方式转变和促进产品结构调整的同时,更加注重经济增长的质量和效益,在提高产品的档次和技术含量方面下大力气,同时抓好出口产品的升级换代。但由于从年初至今,天然胶价格一路振荡上涨,造成产品成本大幅上升,市场需求的变化等情况导致橡胶制品行业的利润增长放缓。

【经济概况】

1. 主要经济指标完成情况

据中国橡胶工业协会对橡胶制品行业42家重点会员企业统计数据显示,2010年工业总产值、出口产品交货值、销售收入等主要经济指标同比大幅增长,工业总产值和销售收入均过百亿。2010年橡胶制品行业完成工业总产值128.14亿元,出口交货值20.9亿元,同比分别增长49.99%和110.1%;销售收入总额121.98亿元,利税总额16.08万元,同比分别增长57.92%和51.13%。2010年橡胶制品行业主要经济指标增长情况见图1。

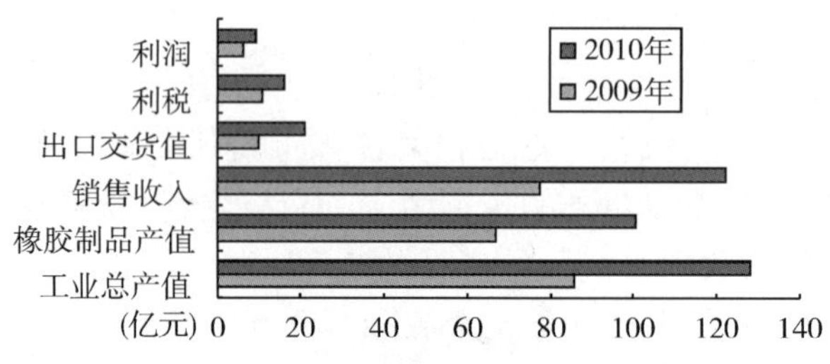

图1 2010年橡胶制品行业主要经济指标增长情况

2010年是"十一五"的最后一年,各企业采取措施,积极应对金融危机、贸易摩擦、原材料涨价及市场变化等不利影响。行业主要经济指标有大幅回升,基本恢复到金融危机前增长水平。"十一五"期间橡胶制品行业主要经济指标完成情况见图2。

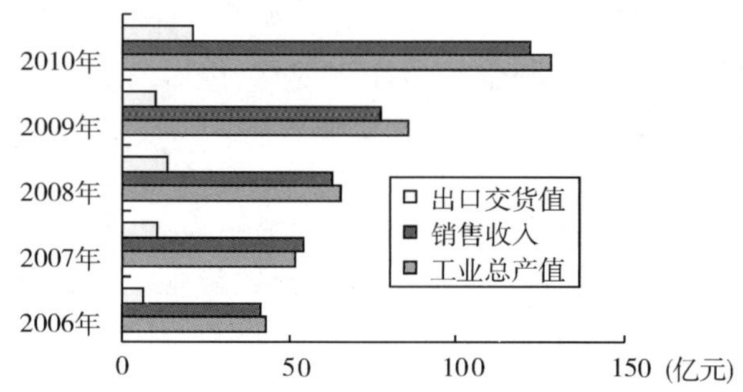

图2 "十一五"期间橡胶制品行业主要经济指标同比增长情况

2. 主要产品完成情况

在中橡协橡胶制品分会统计15种主要产品中,11种产品产量同比保持增长。其中汽车减震制品和O型密封圈涨幅较大,分别增长91.98%和79.56%;骨架油封、伸缩缝、出口橡胶汽车配件、胶辊、橡皮舟、复合密封条、橡胶防腐衬里、工业胶布和制动皮碗皮膜的产量也有不同程度增长。4种产品产量有所下降,其中矿用导风筒胶布、纯胶密封条下降幅度较大,分别下降29.37%和10.41%;橡胶护舷和桥梁支座的产量都有不同程度的下降。2010年主要橡胶制品产量增长情况见图3。

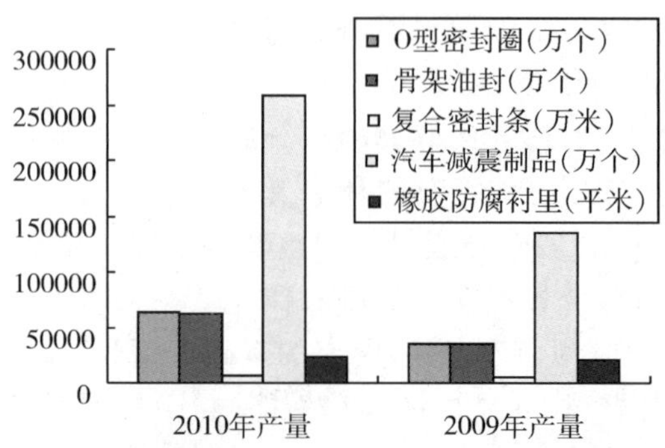

图3 2010年主要橡胶制品产量增长情况

3.2010 年橡胶制品行业销售收入排名

在2010年橡胶制品行业销售收入排名中，安徽中鼎集团仍然稳坐第一把交椅，销售收入达47亿元，处于遥遥领先地位。其他企业的销售收入同比增长均在20%以上。2010年橡胶制品行业销售收入前10名企业见图4。

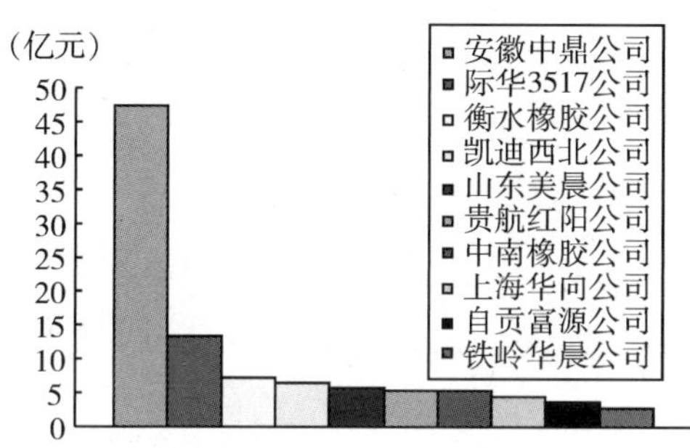

图4　2010年橡胶制品行业销售收入前10名企业

【存在问题】

1.行业准入门槛低，部分企业生产规模较小，行业集中度不高，产品质量参差不齐，产品技术和质量水平不高。

2.产品总体上处于供大于求状况，存在产能过剩问题。产能过剩的产品包括汽车及农机配件、普通橡胶零配件、胶布及其制品、胶辊等。

3.汽车橡胶配件生产企业整体配套能力不强，专业化水平较低，自主开发系统集成能力薄弱，不能及时跟进主机产品研发配套步伐。

4.企业管理滞后，随着企业规模的不断发展，管理水平不能及时跟进，大部分企业未建立现代企业管理模式。

5.企业技改投入少，设备能力有限，高档次、高附加值产品少，高端产品仍需进口，市场竞争力不足。

6.部分企业生产设备陈旧，装备和工艺的自动化水平不高。机械化程度低，程序性操作不足，容易造成产品质量波动。

7.企业研发经费投入不足，自主创新能力不够，缺乏核心竞争力，抵抗风险的能力低，缺乏人才引进、培养、激励的长效机制。

8.缺乏自主品牌产品，部分企业对品牌培育认识不足，在品牌建设和培育方面有一定的差距。

9.行业技术人才匮乏，专业技术、管理人才和高素质的产业工人紧缺，特别是汽车设计、制造技术和管理专业人才。

对于国内大多数橡胶制品企业来讲，产品的技术含量低，质量差，价格竞争激烈，生产效率低、成本较高，管理低下、发展速度慢等问题一直困扰企业，影响企业生存和发展。

【发展趋势】

2011年是“十二五”规划开局之年。随着十大产业振兴规划不断实施，国家对各行业的技改投资项目的进展以及我国汽车行业进入常态发展等，国家的总体发展环境有利于橡胶行业发展。预计2011年橡胶制品行业经济将保持稳定增长态势，销售收入将增长30%，出口增长40%，利税增长30%左右。

未来几年，将是橡胶制品行业发展和腾飞的时代，要注重抓好以下方面：

1.以市场需求为导向，以研发技术进步为动力，以创新为主线，重点调整产业结构和产品结构，向产品专业化、生产规模化、管理效率化和体制集团化的跨地区集团发展，提高行业整体经济效益和市场竞争力。

2.积极开发新一代的橡胶制品，适应各类行业的快速发展。橡胶制品的生产企业不仅要努力做好产品开发，降低生产成本以及可靠性，不断扩大应用量，而且要努力适应各类技术的不断发展。

3.积极开拓国际与国内两个市场、配套与售后两种市场。我国橡胶配件生产企业应该顺应国际上各类零部件采购新形势，瞄准国际市场需要，积极扩大产品出口，积极开拓替代进口产品的市场空间。

4.瞄准世界先进水平，加强与各类主机厂的同步研发能力。生产企业应该建立不同层次的产品平台，做好技术储备，变被动研发为主动研发。

在产品研发方面应注重：

1.橡胶密封制品研发高强度、耐高温、低磨损、长寿命往复运动密封件；高速旋转轴唇形密封圈；研制地铁盾构机主轴承密封件；研制高性能汽车制动系统用橡胶密封件；石油钻井、测井设备高端密封件；风力发电设备用关键密封件等产品。

2. 工程橡胶制品要开发生产适应公路、高铁、地铁、建筑、化工等行业急需的橡胶制品，扩大新材料、新工艺、新设备的应用。

3. 国防、军工橡胶产品：随着航空、航天、船舶工业的发展，对耐热、耐油、耐高低温及其他功能橡胶产品的需求加大、要求更高。

应积极开发电磁功能橡胶（屏蔽橡胶、导电橡胶、磁性橡胶）、导热功能橡胶及制品、光学功能橡胶、生物功能橡胶等特种橡胶产品。

（杨　莉）

汽车橡胶配件

【“十一五”成就】

“十一五”期间,汽车工业的高速发展拉动了汽车橡胶配件的快速增长。从产品规模、集中度、出口量、产品规格和档次、技术水平等方面不断发展,取得了长足进步。

1.“十一五“期间,企业通过兼并重组、合资合作、融资及境外投资办厂等方式,不断发展壮大,并由大向强发展。以安徽中鼎密封件股份有限公司为首的一批汽车橡胶配件生产企业实现了经济的快速发展。2003 年以来,安徽中鼎公司实施“走出去”战略,整合全球资源,先在美国设立全资公司,然后收购了韩国 HST 和 KA 公司。2008 ~ 2009 年又先后收购美国两家橡胶制品厂,同时,在德国投资设立了中鼎欧洲公司,从而形成跨国经营模式。企业由单纯产品出口转为资本扩张,为国内企业兼并收购国际企业开拓先河,也为应对出口贸易摩擦探索出新的道路。2010 年中鼎集团实现工业总产值 63.52 亿元,销售收入 47.42 亿元,成为国内汽车橡胶制品行业的领头羊。

2.“十一五”期间,中国橡胶工业协会与地方政府紧密配合,培育和命名了中国(宁海)汽车橡胶部件产业基地,扩大了区域橡胶产品品牌的影响力,提升了汽车配件产品在国内市场的知名度,促进了区域橡胶汽配行业的发展。经过几年的培育,宁海地区橡胶产业实现了跳跃式发展。截至 2010 年,宁海汽车配件生产企业由 2006 年的 126 家增加到 306 家,增长 142%;产值由 15.4 亿增长到 50.2 亿,增幅 226%;2010 年实现销售收入 48.5 亿元,比 2006 年增加 33.3 亿元,出口交货值 5.9 亿元,比 2006 年增长 180%。

3.“十一五”期间企业通过转变增长方式和开拓出口产品市场,橡胶配件出口量不断增加。中国橡胶工业协会橡胶制品分会统计数据显示,“十一五”第一年,汽车橡胶配件出口交货值仅 6.21 亿元,到“十一五”末期,汽车橡胶配件出口交货值达到 16.68 亿元,增长 168.8%。

4.产品结构调整。经过近五年的发展,汽车橡胶配件产品结构更加丰富,主导产品竞争力显著提高。汽车橡胶零部件开发、生产品种已经涉及到汽车零部件的四大类 13 项品种,产品水平达到国内先进,并且直接为国内整车企业配套。

5.推进产、学、研联合,建立产业创新联盟。近年来,汽车配件企业重视产品研发工作,主要骨干企业成立了企业技术中心,部分企业与国内科研院所和专门研发机构建立了合作关系。针对我国当前特种橡胶制品行业发展现状,为提高整体技术水平,开展面向行业共性、关键和前沿技术的研究,提升特种橡胶制品行业自主创新能力及产品技术含量,为振兴我国装备制造业创造良好基础条件。2008 年 10 月,安徽中鼎密封件股份有限公司、安徽大学、广州机械科学研究院作为发起人,安徽工程科技学院等 6 家单位参与,成立了“特种橡胶材料及制品产业技术创新战略联盟”。目前正在申请国家级战略联盟,并将吸纳橡胶制品企业加入。

6.信息化管理水平不断提升。经过近五年的发展,国内大型橡胶制品企业基本实现信息化管理。企业从原材料、配方、生产工艺、产品质量、设备维修保养、生产计划、产成品库存、运输和销售等各方面实现了 ERP 管理,大大提高了企业管理水平、劳动效率和经济效益。

7.经过近几年发展,国内龙头企业已经在国际非轮胎 50 强企业排名中占有一席之地,提升了国内非轮胎橡胶制品企业的地位。安徽中鼎集团通过自身快速发展以及在境外和国内跨地区兼并、联合、重组,已形成大型汽车橡胶零部件集团。

8.汽车橡胶制品企业在不断发展、逐步做强做大的同时,产品品种多样化,水平和档次也逐步提升。通过产品多元化、技术领先化、销售网络化、管理现代化、企业规模化,使我国橡胶制品生产规模和质量接近世界先进水平。

【重点企业】

汽车橡胶配件生产企业主要集中在安徽、浙江、山东等地。根据中国橡胶工业协会及浙江省橡胶工业协会2010年统计资料显示，我国汽车橡胶配件主要生产企业见表1。汽车橡胶制品前10名生产企业见表2。

表1　汽车橡胶配件主要生产企业

序号	企业名称	主要产品
1	安徽中鼎控股(集团)股份有限公司	汽车胶管、密封及减震制品
2	建新赵氏集团有限公司	减震、密封制品
3	浙江三力士橡胶股份有限公司	汽车V带
4	浙江三维橡胶制品有限公司	汽车V带
5	山东美晨科技股份有限公司	汽车胶管、减震制品
6	中南橡胶集团有限责任公司	汽车胶管、密封制品
7	芜湖禾田汽车工业有限公司	汽车减震、密封制品
8	天津鹏翎胶管股份有限公司	汽车胶管
9	宁波丰茂远东橡胶有限公司	汽车V带、胶管、密封制品
10	贵航汽车零部件股份有限公司红阳密封件公司	汽车密封条
11	上海华向橡胶制品有限公司	汽车胶管、密封及减震制品
12	自贡市富源车辆部件有限公司	汽车减震、密封制品
13	南京7425厂	汽车胶管
14	开封铁塔橡胶有限公司	汽车V带
15	铁岭华晨橡塑制品有限公司	汽车密封条
16	四川川环科技股份有限公司	汽车胶管
17	宁波捷豹集团公司	减震制品
18	青岛海力威新材料科技股份有限公司	汽车密封制品
19	浙江紫金港胶带有限公司	汽车V带
20	浙江久运车辆部件有限公司	减震制品
21	无锡市美峰橡胶制品制造有限公司	汽车密封制品
22	杭州肯特莱传动工业有限公司	汽车V带
23	重庆杜克高压密封件有限公司	汽车密封制品
24	宁波伏龙同步带有限公司	汽车V带
25	成都盛帮密封件股份有限公司	汽车密封制品
26	浙江海中天橡塑有限公司	汽车V带

表 2　2010 年汽车橡胶制品前 10 名企业

排名	企业名称	工业总产值/亿元
1	安徽中鼎密封件股份有限公司	63.52
2	建新赵氏集团有限公司	7.72
3	浙江三力士橡胶股份有限公司	7.46
4	浙江三维橡胶制品有限公司	6.50
5	天津鹏翎胶管股份有限公司	5.71
6	山东美晨科技股份有限公司	5.67
7	贵航股份红阳密封公司	4.80
8	宁波丰茂远东橡胶有限公司	4.59
9	上海华向橡胶制品有限公司	4.00
10	自贡市富源车辆部件有限公司	3.93

【汽配产量】

2010 年汽车胶管主要生产企业产量见表 3，汽车橡胶密封制品主要生产企业产量见表 4，汽车 V 带主要生产企业产量见表 5。

表 3　2010 年汽车胶管主要生产企业产量

企业名称	产量/万根
四川川环科技股份有限公司	5499
南京 7425 厂	2150
天津市大港胶管有限公司	1680
上海华向橡胶制品有限公司	1140
天津鹏翎胶管股份有限公司	517
山东美晨科技股份有限公司	502
贵州大众橡胶有限公司	242

注：以上数据来自胶管胶带分会统计资料。

表 4　2010 年汽车橡胶密封制品主要生产企业产量

企业名称	产量/万个
安徽中鼎股份有限公司	110209
贵航股份红阳密封件公司（密封条）	5459（万米）
重庆永安橡塑密封件厂	4540
青岛海力威新材料科技股份有限公司	4265
铁岭华晨橡塑制品有限公司（纯胶密封条）	1608（吨）
贵州大众橡胶有限公司	1391

续表 4

企业名称	产量/万个
无锡美峰橡胶制品有限公司	1323
重庆杜克高压密封件有限公司	852
玉环县中德塑胶有限公司	522
兴化市楚水橡胶厂	454
大连东正橡胶有限公司	398
磐安县盛丰橡塑有限公司	266
南京金三力橡塑有限公司(纯胶密封条)	193(吨)
北京城南橡塑技术研究所	176
长春旭阳汽车橡塑制品有限公司(密封条)	166(万米)
上海华向橡胶制品有限公司	104

表 5　2010 年汽车 V 带主要生产企业产量

企业名称	产量/万条
宁波丰茂远东橡胶有限公司	2981
宁波伏龙同步带有限公司	1982
浙江海中天橡胶有限公司	1078
浙江紫金港胶带有限公司	1066
浙江三维橡胶制品有限公司	451
杭州肯莱特传动工业有限公司	308
浙江三力士橡胶股份有限公司	508
贵州大众橡胶有限公司	362

【进出口贸易】

2010 年我国汽车橡胶配件进出口情况见表 6,主要出口企业见表 7。

表 6　2010 年我国汽车橡胶配件进出口情况

产品名称	进口		出口	
	数量 /万 t	金额 /万美元	数量 /万 t	金额 /万美元
机动车辆悬挂系统及零件(含减震器)	0.76	5107	15.54	44807
橡胶密封圈等橡胶制品	6.40	168652	37.06	133472
胶管	4.47	56514	12.74	49412
合计	11.63	230273	65.34	227691

表7　2010年我国主要汽车橡胶配件出口企业

序号	企业名称
1	安徽中鼎控股(集团)股份有限公司
2	浙江三力士橡胶股份有限公司
3	宁波丰茂远东橡胶有限公司
4	建新赵氏集团有限公司
5	宁波捷豹集团公司
6	浙江久运车辆部件有限公司
7	南京金三力橡塑有限公司
8	芜湖禾田汽车工业有限公司
9	山东美晨科技股份有限公司
10	杭州肯特莱传动工业有限公司
11	浙江紫金港胶带有限公司
12	青岛海力威新材料科技股份有限公司
13	玉环县中德塑胶有限公司
14	厦门市金汤橡塑有限公司
15	贵州贵航汽车零部件股份有限公司红阳密封件公司

【发展趋势】

目前我国是世界上最大的汽车消费国和生产国。但是,随着近年来我国汽车工业的超常发展,汽车市场供需结构已经出现逆转,市场竞争进一步加剧,汽车配件市场需求增速将趋于平稳。

从产业结构来看,随着国际汽车行业巨头投资战略的调整,我国汽车产业格局将出现变化,民营骨干企业和外资企业将会保持较快发展。在产品结构方面,轿车市场仍然是行业的主导发展方向。在汽车品牌方面,合资品牌仍占主导,国内自主品牌也会随之快速发展。

在增长方式方面,不断改造传统橡胶企业的增长方式,从粗放型的增长向技术密集型调整,向节能降耗、低碳环保方面迈进。

在品牌培育方面注重实施名牌战略,不断培育一批在国内外市场具有较强影响力的知名品牌。努力开发具有自主知识产权和自主品牌的经济型轿车配件产品,重点发展汽车关键零部件和优先发展的轿车关键零部件,如研制高性能轿车动力总成系统(发动机和变速箱)旋转密封件;汽油机电控系统、制动防抱死装置和防滑装置、安全气囊等。"十二五"期间,应进一步巩固和提升汽车配件的产业优势,加大技术研发力度,通过组建行业创新联盟,提高自主品牌开发能力,实现汽配企业与汽车主机厂的同步发展。

【低碳经济】

在全球低碳经济的形势下,橡胶制品行业要实现低碳经济,必须从原材料、工艺流程到生产设备等方面开展节能减排、保护环境的各项措施。调整橡胶制品的结构,采用环保、节能、高效的橡胶及各种助剂,满足低碳化要求。在原材料方面,推广应用杜仲橡胶及热塑性弹性体、树脂材料等易回收利用的高分子材料。在生产工艺和设备方面,要采用节能设备,减少橡胶产品生产过程中的能量消耗。在产品开发方面,积极研发技术含量高、低污染、低能耗产品,并做好废料的回收和循环利用。

(杨　莉)

胶　辊

【基本情况】

胶辊产业是一个重要的产业，在我国的工业发展中起到了重要的支撑作用。随着我国经济发展与产业结构的调整，其胶辊产品的结构也发生了变化，形成了快速扩展的形势。目前胶辊应用的产业主要包括印刷业（胶辊量约占35%）、纺织业（胶辊量约占10%～15%左右）、造纸业（胶辊量约占5%～15%）、冶金业（胶辊量约占15%～20%）以及其他的工业领域，诸如点钞机、打字机、复印机、传真机、打印机等。胶辊业是以印刷、造纸、纺织为三大主要胶辊，但目前冶金胶辊与办公用胶辊快速膨胀，形成了良好的发展势头，胶辊产品的结构格局发生了一定的变化。胶辊产品在国内的大量应用与出口给我国带来了巨大的经济效益。

据不完全统计，我国胶辊生产厂家约500多家，总产量约为60多亿立方厘米，其中部分企业生产各种胶辊，也有生产单一品种的企业。2010年我国各类胶辊所占比例见表1，2007～2010年我国胶辊产量见表2，2010年我国主要胶辊企业及经济效益见表3。

表1　2010年我国各类胶辊所占比例

产品名称	产量百分数/%
印刷胶辊	35
纺织胶辊	10～15
造纸胶辊	5～15
冶金胶辊	20～25
办公用品胶辊	25～30

表2　2007～2010年我国胶辊产量　　亿 cm^3

产品名称	2007年		2008年		2009年		2010年	
	产量	同比/%	产量	同比/%	产量	同比/%	产量	同比/%
印刷胶辊	20	-20	15	-25	17	13.3	15.53	8.7
造纸胶辊	4.9	7.5	5.45	11.2	5.60	2.75	-	-
纺织胶辊							8.32	（5.2亿根）

表3　2010年我国主要胶辊企业及经济效益

经济效益	公司名称
1亿～3亿元	河北春风银星胶辊有限公司、沈阳市北方胶辊厂、西安迈拓机械制造有限公司、淄博赛通聚氨酯有限公司
5000万～7000万元	维尔特机械胶辊（上海）有限公司、博星（苏州）印刷器材有限公司、上海豹驰春蕾胶辊有限公司、诺丹舜蒲胶辊有限公司、南京金三力橡塑公司、河北亚华橡胶公司
3000万～5000万元	东莞市富雄（富宏）胶辊机械有限公司、天津金润达橡胶制品有限公司、泰兴市金叶胶辊有限公司

续表 3

经济效益	公司名称
3000 万元	北化久印科技有限公司、浙江省嵊州市科鼎聚氨酯制品厂、威海丰泰橡胶技术有限公司、山东章丘市大星造纸机械有限公司、浙江金华中欣胶辊厂、东莞新越胶辊有限公司、章丘市大星造纸机械有限公司
1000 万 ~2500 万元	辽阳太阳橡胶制品有限公司、大连成鑫胶辊厂、上海华向世界橡胶有限公司、北京北方北人辊业有限责任公司、上海佳亿胶辊制造有限公司、河北冀州东千胶辊集团、河北冀州银龙胶辊有限公司、深圳市耀杰橡胶制品有限公司、杭州江南胶辊制线有限公司、西安龙头胶辊制业有限责任公司
500 万 ~1000 万元	海思德胶辊制造有限公司、昆山运城压纹制版有限公司、江苏东升胶辊厂、江阴市易帮橡塑制业有限公司、桐城市长盛橡胶制品有限责任公司、常州三鑫胶辊有限公司、东方红工业制辊(广林)胶辊厂、江阴市明达胶辊有限公司、江门市恒通橡塑制品有限公司、三河市银湖胶辊有限公司、嘉善新越胶辊机械有限公司、东莞市永盛胶辊厂、保定大昌塑胶有限公司、嘉善新越胶辊机械有限公司、沁阳市黄炉榨辊有限公司、嘉善新越胶辊机械有限公司、东莞合兴印刷胶辊厂、大连胶辊厂、深圳润东胶辊机械有限公司、深圳市惠宝利橡胶制品有限公司、嵊洲市万和聚氨酯有限公司、天津市华泰胶辊厂、常州诚友义聚胶辊有限公司、北京亚华胶辊集团有限公司、深圳市雅沃城科技有限公司、无锡市晨光刷辊有限公司、惠州市科隆兴胶辊厂、河北省东千第二玻璃机械配件厂、福州泰丰塑胶制品有限公司、诚信胶辊毛刷有限公司、滕州市久立造纸机械有限公司
500 万以下的企业	精工胶辊有限公司、烟台霞辉胶辊有限公司、广东衡兴胶辊厂、扬州永通胶辊厂、保定宏达胶辊有限公司、四川省成都市新都宏亚胶辊厂、河北省宏联机械制辊有限公司、河北大亚橡塑制品有限公司、鸿信工业胶辊厂、烟台宏胜胶辊厂、深圳国强胶辊有限公司、苏州嘉华聚氨酯制品有限公司、山东聚氨酯胶辊有限公司、富阳信诚胶辊有限公司、先达胶棍厂、上海利帮胶辊有限公司、新竹聚氨酯胶辊厂、厦门麒圣胶辊有限公司、上海佑德胶辊有限公司、浙江恒利聚氨脂胶辊厂、北京德晟瑞辊业有限公司、锆沣胶辊加工公司、中和胶辊厂、杭州禾意胶辊有限公司、冀州市华星橡业胶辊制品厂

1. 印刷胶辊

目前我国生产专业印刷胶辊的有 400 多家，但多数为作坊式小厂，各厂产值均在 500 万元以下，产量在 500 万以上的厂家仅占 1% ~2%。胶辊生产企业多数为国产印刷机配套胶辊，少量胶辊生产企业为高档印刷机配备胶辊。通常的供给方式有：一是与印刷机生产厂提供性能参数后，胶辊企业再进行生产；二是印刷企业提供旧胶辊，胶辊企业在进行加工处理。

目前，随着全球科技经济一体化进程的加速，我国具有高科技内涵的合资企业、独资企业、国有企业、私有企业的数量日益攀升，由此也就有力地推动了我国印刷业的急速扩张。据统计，至 2009 年底，全国共有印刷企业 10 万余家，胶辊年生产总量超过 20 多亿立方厘米，占设备年生产能力的 75% 以上，销售数量占当年总生产量的 90% 以上，其中小部分产品出口销售，产销基本平衡。每年出口量约占印刷胶辊年生产总量的 5% 左右,出口创汇年均0.05亿美元,出口平均单价为0.04美元/立方厘米左右。我国印刷胶辊出口的国际市场主要是直接或间接出口到日本、朝鲜、英国、美国、荷兰、东南亚等国家和地区。经济危机前我国印刷胶辊出口量及经济效益见表4,2000~2010年我国印刷胶辊产销情况见表5。

表4　经济危机前我国印刷胶辊出口量及经济效益

产品名称	2002年	2004年	2005年
出口量/亿 cm^3	2.21	1.18	0.86
出口创汇/亿美元	0.027	0.0408	0.035
平均出口销售单价/(美元/cm^3)	0.012	0.034	0.0408

表5　2000~2010年我国印刷胶辊产销情况

年份	产量/亿 cm^3	增长率/%	销售/亿 cm^3	增长率/%	销售收入/亿元	增长率/%
2000	24.7	48.3	20.7	28.7	1.9	58.3
2001	30.8	24.7	29.6	43	2.4	26.3
2002	20.37	-34	19.55	-33.84	1.78	-25.8
2003	24.19	18.7	-	-	2.2	23.6
2004	25.51	5.46	23.79	6.78	2.67	21.4
2005	28.06	10	25.81	8.5	2.74	2.6
2006	25	-10.8	-	-	-	-
2007	20	-20	14.27	-47.1	1.83	- 42.8
2008	15	-25	13.17	-7.71	1.73	-5.5
2009	17.4	16	17.4	32.1	1.74	0.57
2010	17	-2.3	13..46	-22.6	3.25	87

目前,印刷胶辊只能与中低速印刷配套,寿命期短,而少量的是用于中高档印刷机的胶辊,市场占有率很低。

印刷胶辊生产企业主要有河北春风银星胶辊有限公司、辽阳太阳橡胶制品有限公司、上海豹驰春蕾胶辊有限公司、博星(苏州)印刷器材有限公司、维尔特机械胶辊(上海)有限公司、诺丹舜蒲胶辊有限公司 、南京金三力橡胶公司、沈阳市北方胶辊厂等。国内高档印刷胶辊市场尤其是进口胶印机上使用的胶辊基本上被进口产品垄断,占有率较高的是德国博星公司、日本金阳社、池皇商社等公司的胶辊产品。

随着我国印刷业的持续发展和引进发达国家高档印刷机数量逐年增加,对优质印刷胶辊的需求也将会逐步扩大。针对这种情况国内一些有能力的印刷胶辊生产厂家已经瞄准高端胶辊进行科技创新、自主研发。值得庆幸的是我国生产的小部分高档胶辊在国际高档胶辊市场上也开始占有一席之地。如上海豹驰春蕾胶辊有限公司采用美国AFTON公司的“犀牛”牌胶料生产各系列高档胶辊、引进日本TechnoROLL株式会社的TRUSTB原料专门制造高档的UV胶辊。河北春风银星胶辊有限公司生产的小部分高档胶辊已出口到日本、德国意大利、英国、美国、俄罗斯等国家。舜蒲印刷器材有限公司正在兴建的年产3.6万根高档印刷胶辊项目,预算投资2000万余元,主要生产报业和商业轮转胶印胶辊、单张纸胶印胶辊、纸(塑)凹印胶辊、静电吸墨胶辊、胶印胶辊、清洁、保养等系列产品。

该项目竣工投产后,预计年产值超过5000万元,实现利税1000万元以上。河北春风银星胶辊有限公司也正在着手研发高档印刷胶辊,但总的来看,国产印刷胶辊的质量与国外产品相比还有很大差距,市场份额太小。今后国产印刷胶辊的制造应注重于增加品种、提高产品质量、突出环保、功能和档次。

近年来印刷胶辊的需求量很大,1台现代的四色印刷机装有48~64支胶辊,高速运转下寿命仅几个月,所以印刷胶辊的产量已位居各种胶辊之首,占到市场份额的35%左右,发展势头十分强劲。

印刷胶辊除了常见的极为柔软的实心胶外,还有能很好保持形状的微孔胶、海绵胶和泡沫胶。所用的橡胶材质除了耐油性,还要具有弹性和耐磨性等,通常选用CR、NBR、PUR以及它们的共混物。高性能胶辊选用ECO、MVQ、FKM等高端橡胶品种。高耐油、耐热、导电等功能性胶辊,使用昂贵的H-NBR、FMVQ、FKM等特种橡胶来制造,售价较常规印刷胶辊高出几倍到十几倍。

印刷胶辊特征:

(1)胶辊外观色泽光亮,表面质感光滑细腻,胶与贴芯黏结牢固。胶辊适应温度宽,耐全天候性能好,尺寸稳定。

(2)胶辊胶体表面黏度高,所以印刷过程中具有良好的传墨性及着墨性能,突显的亲墨性可保证高质量的印刷。

(3)化学性能优秀,适合各种类型的油墨及印刷方法,如UV型油墨胶辊及上光油胶辊等。对汽油、柴油、煤油、润版油等许多溶液具有良好的耐溶剂性。

(4)具有卓越的物理性能,长期使用不会使胶辊变硬、老化,而且耐撕裂性能、回弹性良好,耐磨性极佳。使用寿命长,易长期保存,可承受其他橡胶辊等难以承受的压力、高速、高温、高湿的生产环境。

(5)胶辊易清洗,印刷过程中容易进行色墨的转换.作为靠版辊,能粘去印版上的纸毛、灰尘和喷粉,避免了频繁装卸清洗。

(6)对水具有良好的亲和性,所以用于润版的水与酒精系列的胶辊,效果极佳。

2.纺织胶辊

在纺织工业中,为使纤维通过牵引、加捻能得到强力的丝线,精纺机系统的气流机构使用了为数极多的各类小型胶辊。这类小的胶辊俗称纺织皮辊,对现代纺织技术的确立和发展起到了极大的保证作用。这些为数众多的纤维牵引胶辊,既要求耐热、耐磨,同时还要抗油渍、抗滑移。因此大多选用NBR制造,具有软硬适宜的表面硬度,一般控制在50~60度之间。近年,为适应纤维抽丝的高速化和高性能化。以及合成纤维种类的多样化,对纺织胶辊的要求也越来越高,现已成为公认的精细类橡胶产品。

3.造纸胶辊

造纸胶辊的市场过去曾占30%以上,由于印刷及办公自动化等胶辊产量的急剧扩大,现已缩小到5%~15%。因为过去2~3年换一次,而现在新技术胶辊诞生,寿命延长近1倍,故也是产量下降的重要原因。

据统计,全国各式造纸生产线几千条,每条线都要配备80根左右胶辊,分别用于造纸机的不同部位起挤水、压榨、压光等作用。一般采用合成橡胶,如聚氨酯橡胶。造纸行业的特性要求胶辊具备高硬度、高线速度、高线压、耐高温。胶辊使用条件最大工作线压300 kN/m以上,车速1000 nd/min左右,相邻钢辊温度120°C~150°C,包胶邵尔A硬度90以上。目前,为了满足性能要求,有的国内造纸企业还需进口胶辊。

因为造纸机要配备几十根胶辊,不同部位要求硬度也不同,所以,不同硬度的胶辊采用不同的橡胶配方来制作,甚至胶辊内外层也不尽相同。以前橡胶材质多以NR为主,现已普遍改为耐水性、耐化学药品性和耐磨性更好的SBR、BR、NBR和PUR。有压力的胶辊甚至已完全改用PU,其中用量已占2/3。

随着造纸工业长网机的大型化和高速化，有的抄纸机宽度已达 10 米，速度每分钟高达 2000 米，胶辊的使用数量也不断增多，质量要求更趋严格，因此，出现了许多新型的造纸胶辊，例如在新的压榨区段，使用了多种高效脱水的高速压机胶辊，抄网和烘干区段也使用了大量多种不同形状的胶辊，实现了产品换代。这类新型胶辊对耐化学药品性（主要为碱）、动态性（橡胶滞后损失）、硬度稳定性（热状态下软化）和导热性（防止胶辊生热脱层）提出了更为严格的要求。

4. 印染胶辊

印染胶辊主要用于纺织工业的织物染色和整理等，其作用同造纸胶辊类似，有经线浆糊除去装置的清糊用碾压胶辊、碱精炼机用的砑光胶辊、耐高浓度氧化剂（过氧化氢、亚硫酸钠）的漂白机用洗涤胶辊、耐高浓度碱的棉布丝光处理用丝光砑光胶辊、连续染色机用的着液胶辊、筒式奈染机用的筒染胶辊，还有树脂加工用的着液胶辊等。此外还有布压纹加工用的印纹轧光胶辊和布防缩加工用的紧压胶辊。

在纤维二次加工的印染和染整工艺中，基本上是润湿织物的连续压榨作业，因而，所用的胶辊大部分是着液胶辊和碾压胶辊。它们除了弹性以外，还具有优异的耐水性和耐化学药品性（一般为碱水）。使用的橡胶材质以往主要为 NR 和 SBR，近年来已开始大量与 NBR 并用或者完全使用 NBR。

印染胶辊视使用部位和表面硬度的不同分为三种类型：

一是主动辊，根据线速要求，为保证尺寸的定型性，要求胶辊要有很高的硬度，最高可达 95 ~ 100 度。

二是被动辊，如丝光、轧染胶辊一类，硬度一般在 80 ~ 85 度。

三是整理系统用的空心导辊、弯辊等，这种胶辊的硬度一般在 55 ~ 60 度。

5. 冶金胶辊

我国冶金工业产量逐年增长，已成为世界第一产钢大国，对胶辊需求量将增长最快，但国内迅猛发展的制造业所需的轿车薄钢板、家电彩涂面板、不锈钢薄板等精品钢材和高附加值钢材因钢铁冶金技术升级缓慢，仍然依靠进口。为了改变此落后局面，冶金业已大规模地进行了技术提升和技术改造，纷纷引进和改造彩涂钢板生产线、镀锌线、镀锡线、酸洗线。每条生产线安装胶辊少则十几根，多则上百根。冶金行业对印刷胶辊的需求，不仅是数量上的需求，至关重要的是对胶辊高技术含量和高性能的需求。如具有 2000 年技术水平的高级轿车用冷轧薄钢板生产机组，要求装机胶辊线速达 1000m/min，表面无缺陷，粗糙度 Ra(0.8m)。

目前，普遍采用机械强度高、耐磨易加工的聚氨酯胶辊，装机量达 66%。聚氨酯橡胶综合性能突出，硬度范围广，机械强度高、耐磨，耐油、耗散能力强，切削加工容易、寿命长、溶胀后从流体中取出，干燥，除去溶液后能恢复到原来的尺寸。为了减少在钢板上的印痕，张力辊、拉矫辊都改为浇注型聚氨酯胶辊。

6. 轧钢胶辊

随着金属薄板压延技术的进步，轧钢胶辊一跃超过造纸胶辊，获得了迅速发展。产量已占胶辊总产量的 20% ~25%，仅次于印刷和 OA 胶辊。轧钢胶辊按其作用可分为夹送辊、联动辊、导辊、直压辊、压紧辊、活套张紧辊等多种类型，大多在与钢板等板材直接接触的状态下使用。

轧钢胶辊除了用来轧制钢铁、不锈钢等黑色金属钢板之外，还轧制铜、铝、锡等有色金属板材，一般为 3 ~ 6 mm 的冷轧中板，在 3 mm 以下的薄板生产中使用量也较大。目前，轧钢胶辊用于轧钢工业的机械设备有连续酸洗装置、电解洗涤装置、镀锡装置、镀锌装置、镀铬装置，还有钢板涂覆装置、表面特殊处理装置、硅钢板装置以及剪断装置、纵切装置、计测装置、研磨装置等。此外，线卷准备装置、轧钢机前后装置等也都用轧钢胶辊。现在一台轧钢生产线使用的轧钢胶辊数量已高达 500 ~ 1000 支。镀锌装置上胶辊一般为 CR，胶辊数量高达 90 支以上，在镀锡装置上不仅胶辊用量更多，达到了 250 支以上。

7. 办公自动化胶辊

目前，复印机、打印机、传真机、计算机、喷绘机、点钞机等办公设备大量普及及花样翻新，使胶辊需求应接不暇，其产量已占到胶辊总产量的

25% ~30%，如为传真机生产厂配套需求量一个品种都在万根以上，用量较大。

【产业结构】

胶辊用于多种下游产业的机械上，用量十分巨大，主要应用领域为印刷业、纺织业、造纸业、冶金业、木业、塑料业、办公自动化、银行业等。胶辊作为机械必不可少的部件，种类、尺寸、性能要求不同，因此是同名下门类最多的一种机械部件。

全球每年用于制造胶辊所消耗的橡胶达 4 万多吨，占橡胶总消耗量的 0.2%。美国约占 1 万吨，日本约占 5000 吨，德国约占 3000 吨，我国约占 1 万吨。作为最具代表性的印刷胶辊，美国已达 3000 吨，日本 1800 吨，中国已超过 3000 吨。

目前，我国聚氨酯胶辊占到 8% ~10% 左右。通过对胶辊质量的验查与以及对下游产业应用效果的跟踪，全方位的考察，我国目前胶辊产业的生产现状、产业结构整体布局尚不合理，缺乏统筹规划，缺少受国家指导的国企龙头企业，因此不具备更强的科技攻关能力和带动作用，这是国家层面上应给予关注的问题。

【科技进步】

随着各领域里机械的技术革命和产品质量的高要求，不同应用胶辊的下游行业向胶辊提出了更高的要求，以适应新的挑战。由此对胶辊的生产工艺、材料等提出了更高的要求。国内外胶辊的生产工艺主要包括包贴法、直角成型法、缠绕法、预制辊筒法、注压法和模压法等。发达国家以缠绕法和直角成型两种工艺为主。为满足应用需要，近年来发达国家不断研发新的胶辊及其生产工艺：

(1)浇注型聚氨酯胶辊：该浇注使产品胶辊邵尔 A 型硬度可达 16、拉伸强度 0.648MPa、伸长率 317%、永久变形 2%，其耐油性能相当优越。这种浇注方法无论是加工周期还是加工效率都是较高的。

(2)采用特殊弹性体制备低硬度胶辊：其油墨传递性、耐老化性、硬度、尺寸稳定性、耐油墨清洗剂等物理机械性能均比常用的丁腈胶辊好，寿命比丁腈胶辊长 4 倍，而且成本低。

(3)聚氯乙烯乳液和硫化胶粉进行改性胶辊：具有资源再生和循环经济的理念。

【差距】

1. 大多数印辊生产企业规模小，装备水平差，技术落后，新科技含量少。生产的胶辊大部分是中低档产品，高档胶辊的生产主要来自于发达国家的外资企业和国内极少数有实力的大厂。国外进口胶辊质量性能稳定，外观精致。

2. 我国胶辊的发展相对滞后于配套机械的发展。

3. 在高、新材料的应用方面缺乏。另外，在材料配合及工艺参数的控制方面也有差距，如国外在液体橡胶辊、软树脂辊的材料及技术加工方面相当成熟，而我们相差甚远。甚至在辊芯的处理上采用喷砂处理，极大程度上保证了胶辊的动平衡，这与国内采用的车削螺纹的处理方式形成了明显的对比。

橡胶的包覆工艺通常有三种：一种是模具注压包覆；一种是机器缠绕包覆；一种是较落后的人工包覆。前两种方式技术先进、效率高、速度快，杜绝了许多人为的影响因素，是目前大型企业采用的技术，而国内大部分胶辊厂仍采用第三种方式。国外生产与检测设备都有很高的自动化和数控水平，并严格遵守程序要求，而国内一些胶辊厂不重视硬件设备，这也是质量差的重要原因。

【发展趋势】

伴随科技的发展与各类机器的更新换代与推陈出新，胶辊制造业面临一个严峻的挑战，胶辊的发展趋势应向高性能、高速度、强功能、节能环保、长寿命发展，并且要发展多品种，适应性广而强的胶辊，加大对中高档机械配套的胶辊研发与生产。企业应强强联合重组，政府组织攻关，保证我国在胶辊的制造上占据世界领先地位，创出世界品牌，争取更大的国际市场份额。

胶辊不光要有一个科学良好的配方，还要有先进的加工设备与检测设备，再配以优秀的加工工艺和现代的企业管理思想，这样才能出好产品。

作为需求量最大、品质要求最高的印刷胶辊，它应该具备合适的硬度，良好的上水和上墨能力，具有足够的抵抗化学腐蚀和物理作用的能力。恰当的选用胶型及科学的胶层配方可以保证胶辊合适的硬度，有效的避免由于胶辊原因引发的印刷质量故障，以保证印刷质量。通常胶印胶辊邵氏A硬度为38～45，但CPU硬度低、强度高、弹性好、具备耐磨、耐油墨等性能，非常适合作低硬度的高速印刷胶辊。

目前我国生产多种胶辊，常见的有天然橡胶胶辊，合成橡胶胶辊等，聚合材料胶辊。而国外印刷业多采用的是聚氨酯类胶辊，而且逐渐取代橡胶类胶辊。由于其特点突出，性能良好，故大多用于中高档印刷机。聚氨酯弹性体具有优异的耐磨性、耐撕裂、耐化学、耐腐射、高强度、高弹性、高模数和高伸长率，适应硬度范围广。所以聚氨酯胶辊逐渐取代其他类橡胶胶辊。由于其特点突出，性能良好，故大多为中、高档印刷机配套。

【展望】

胶辊制造业在我国橡胶制品行业中，目前仍处于弱势，然而却孕育着很大潜力与发展空间。目前我国胶辊的产量不足日本的20%，全国尚无一家像德国的Bottcher、日本的金阳社和横滨橡胶这样规模的胶辊企业。

未来我国的胶辊企业应致力于提升胶辊的制造工艺技术，引进高性能设备，开发新产品，向聚氨酯胶辊进行深度探索，加工工艺从切削加工方式向精度高、质量有保证的浇注式工艺进行连接，实现投料包胶机械化，计量控制电脑化，表面加工数字化，以及通过技术创新，生产出多品种、多功能的胶辊，并突出绿色和循环经济的理念，使我们国产胶辊制造业跻身于世界先进行列，产品精而有水准，替代进口，力争出口，充分发挥我们的后劲和潜力，实现跨越式的增长。

力争我国制造的胶辊能与世界上最好的各领域机械配套，所以机遇和挑战对每一个胶辊制造厂来说既是一个严峻的考验，也是一个美好的憧憬。

（武　军）

乳 胶 制 品

【基本情况】

“十一五”期间,我国乳胶工业经历了2006年和2007年快速发展的两年,随后由于国际金融危机冲击的影响,2008年及2009年连续两年出现小幅下滑。2010年,是我国实施“十一五”规划的收官之年,行业的各项主要技术经济指标与2009年相比,取得了较好的恢复和回升。

2006~2010年,我国乳胶工业规模进一步扩大。5年间销售收入增长38.01%,年均增长7.60%;工业总产值增长52.71%,年均增长10.55%;出口交货值增长76.61%,年均增长15.32%。然而行业经济效益却出现下滑,利润总额减少36.10%,利税总额减少11.98%。总体而言,我国乳胶工业虽然在“十一五”期间实现了较快发展,但企业小而散、产业集聚度低、产品科技含量不高、抗风险能力差的格局还没有根本性的改变。据中橡协乳胶分会统计,2006~2010年我国乳胶行业主要技术经济指标完成情况见表1。

表1　2006~2010年我国乳胶行业主要技术经济指标完成情况

项目名称	2010年	2009年	同比/%	2008年	同比/%	2007年	同比/%	2006年	同比/%
销售收入/亿元	20.26	17.73	14.26	18.39	-3.59	18.42	-0.16	16.26	13.28
工业总产值/亿元	20.41	17.95	13.70	17.96	-0.06	18.74	-4.00	15.11	24.02
工业销售产值/亿元	20.20	17.89	12.91	18.26	-2.03	18.51	-1.35	14.93	23.98
工业增加值/亿元	4.30	4.08	5.39	3.63	12.40	4.65	-21.86	3.97	17.13
出口交货值/亿元	9.89	8.24	20.02	9.17	-10.14	9.82	-6.62	6.64	47.89
利润总额/万元	6663	6414	3.88	2403	166.92	5522	-56.48	6442	-14.28
利税总额/万元	11400	10039	13.56	6331	58.57	9173	-30.98	9262	-0.96
亏损企业/个	2	4	-50.00	8	-50.00	4	100.00	6	-33.33
亏损额/万元	195	706	-72.38	1667	-57.56	334	399.10	2024	-83.50

【国内外贸易】

1. 乳胶制品生产情况

经济危机减弱了全球商品市场的需求,尤其是乳胶制品在国际市场出现了较大萎缩。2009年除丁腈检查手套产量同比增长4.76%外,其余乳胶制品产量全部出现下降,乳胶行业的生产经营形势非常严峻。

2010年,我国实施十大产业经济振兴规划,特别是对医疗卫生事业的加大投入,提高了民众生活福利水平,对拉动乳胶制品内需开始发挥积极作用。主要乳胶制品产量除安全套同比小幅下降外,其余产品均取得了恢复性增长。

据中国橡胶工业协会乳胶分会对27家会员单位的统计,2009年、2010年我国乳胶行业主要乳胶制品产量见表2。

表2 2009年、2010年我国乳胶行业主要乳胶制品产量

产品名称	2010年	2009年	同比/%	2008年	同比/%
安全套/亿只	32.43	33.02	-1.79	34.52	-4.35
外科手套/亿副	4.45	4.03	10.42	4.21	-4.28
检查手套/亿只	10.44	10.00	4.40	9.88	1.21
丁腈检查手套/亿只	4.40	3.52	25.00	3.36	4.76
家用手套/亿副	1.59	1.44	10.42	1.55	-7.10

2. 乳胶制品销售情况

面对国际金融危机冲击，国家及时调整宏观经济发展政策，着力扩大内需，加大对医疗卫生事业的投入。行业大力调整产品结构，积极拓展国内市场，开辟多元化出口市场，取得了较好成效。2009年，安全套、外科手套、家用手套产量依然下降，但销量有所上升；尤其是外科手套和检查手套，内销明显转旺，市场发展态势良好。丁腈检查手套因没有水溶性蛋白质过敏的顾虑，受到国际市场的青睐，连续5年保持良好的增长势头。2009年、2010年我国乳胶行业主要产品销售情况见表3。

表3 2009年、2010年我国乳胶行业主要产品销售情况

产品名称	2010年	2009年	同比/%	2008年	同比/%
安全套/亿只					
销量	30.86	32.70	-5.63	36.79	-11.12
内销	17.54	20.72	-15.35	22.52	-7.99
出口	13.32	11.98	11.19	14.27	-16.05
外科手套/亿副					
销量	4.39	4.13	6.30	4.10	0.73
内销	2.42	2.17	11.52	1.96	10.71
出口	1.97	1.96	0.51	2.14	-8.41
检查手套/亿只					
销量	9.70	9.38	3.41	8.93	5.04
内销	3.88	3.66	6.01	2.98	22.82
出口	5.82	5.72	1.75	5.95	-3.38
丁腈检查手套/亿只					
销量	3.96	3.31	19.64	2.82	17.38
内销	0.30	0.21	42.86	0.17	23.53
出口	3.66	3.10	18.06	2.65	16.98
家用手套/亿副					
销量	1.47	1.48	-0.68	1.47	0.68
内销	0.42	0.42	0.00	0.41	57.69
出口	1.05	1.06	-0.94	1.06	0.00

2010年,中橡协乳胶分会27家会员企业的安全套产量、销量与2009年相比仍然有一定幅度的下滑,尤其是内销量同比下降15.35%,国内安全套市场的竞争仍然非常激烈;安全套出口量同比上升,显示国际市场的需求正在逐步恢复。外科手套的产销量都有一定幅度的增长,内销量同比增长11.52%,说明国内市场在稳步扩大。检查手套的产销情况与外科手套相似。丁腈检查手套的市场前景继续看好,产量、出口量、内销量同比增长25.00%、18.06%和42.86%。家用手套的产量同比增长,但内销量和出口量同比持平或略有下降。近年来重新崛起的乳胶海绵制品的生产和销售更加强劲,2010年我国乳胶床垫的产量、销售量、出口量与2009年相比,分别增长192.02%、181.46%、178.64%,显示了环保寝具的市场潜力。

3. 乳胶制品进出口情况

海关对乳胶制品进出口情况的统计资料更加全面地反映了我国乳胶行业的进出口情况。2009~2010年乳胶制品进出口情况分别见表4及表5。

表4 2009~2010年我国乳胶制品进口情况

产品名称	2010年	2009年	同比/%	2008年	同比/%
安全套/t	2191	2075	5.59	1557	33.27
外科手套/亿副	0.81	1.78	-54.49	1.44	23.61

表5 2009~2010年我国乳胶制品出口情况

产品名称	2010年	2009年	同比/%	2008年	同比/%
安全套/t	7020	5706	23.03	5736	-0.52
外科手套/亿副	7.95	18.56	-57.17	16.48	12.62

2010年,我国安全套的进口量与出口量均出现增长,尤其是出口量同比增长23.03%,出口价格同比上涨20.59%,说明国际市场对安全套的需求有所恢复。2010年我国安全套的进口平均单价要比出口平均单价高43.90%,表明进口安全套基本上是用于供应国内的中高端消费市场;出口安全套的单价大幅上升20.59%,而进口安全套的单价同比下降了5.6%,说明我国安全套的质量有了较大提高,市场竞争力越来越强。2010年我国外科手套的进口量与出口量分别同比下降54.20%和57.18%。一方面是由于我国外科手套的产能有了较大扩充,产量大幅增加,质量有所提高,基本能满足国内市场的需求,因此进口量大幅减少;另一方面是由于原料胶乳价格高涨,生产成本大幅增加,造成外科手套的出口价格同比增长200%,因而产品出口大幅下滑。另外,外科手套的进口平均单价低于出口平均单价45.83%,表明进口的外科手套基本都是低端产品,并以大幅低于国内产品的价格进入市场,这应引起有关部门的高度重视和密切关注。

【生产与效益】

1. 积极应对金融危机,保持企业稳定发展

面对国际金融危机的冲击,乳胶行业认真分析形势,充分利用国家稳定经济、扩大内需及主要原材料天然胶乳价格回落到相对低位的有利条件,进一步加强企业管理,提质降耗,充分挖掘内部潜力,着力提高生产经营运行的质量。

据中橡协乳胶分会27家会员企业的统计,2009年及2010年我国乳胶行业产品销售收入前10名企业见表6和表7。

表6　2009年我国乳胶行业产品销售收入前10名企业　　万元

排名	企业名称	2009年	2008年	同比/%
1	桂林乳胶厂	21361	21988	-2.85
2	北京华腾橡塑乳胶制品有限公司	17124	20074	-14.70
3	镇江苏惠乳胶制品有限公司	16823	18120	-7.16
4	广州广橡企业集团有限公司双一乳胶厂	13078	12212	7.09
5	安徽豪杰塑胶制品有限公司	10580	10716	-1.27
6	青岛双蝶集团股份有限公司	10537	11221	-6.10
7	北京瑞京乳胶制品有限公司	10013	10289	-2.68
8	苏州嘉乐威企业发展有限公司	9642	11635	-17.13
9	大连乳胶有限责任公司	8185	10691	-23.69
10	天津中生乳胶有限公司	7572	6349	19.26

表7　2010年我国乳胶行业产品销售收入前10名企业　　万元

排名	企业名称	2010年	2009年	同比/%
1	北京华腾橡塑乳胶制品有限公司	22541	17124	31.63
2	桂林乳胶厂	21834	21361	2.21
3	镇江苏惠乳胶制品有限公司	20175	16823	19.93
4	广州广橡企业集团有限公司双一乳胶厂	13502	13078	3.24
5	北京瑞京乳胶制品有限公司	11622	10013	16.07
6	青岛双蝶集团股份有限公司	11262	10537	6.88
7	安徽豪杰塑胶制品有限公司	10921	10580	3.22
8	上海科邦医用乳胶器材有限公司	9606	6793	41.41
9	江苏爱德福乳胶制品有限公司	9532	5018	89.96
10	苏州嘉乐威企业发展有限公司	9020	9642	-6.45

2. 加强企业内部管理,改善行业经济效益

行业企业面对生产经营持续下滑的不利局面,挖潜降耗,加强管理;深入分析,拓展思路;积极开辟多元化市场,扭转了被动局面。2009年及2010年,全行业取得了较好的经济效益。2009年我国乳胶行业实现利润总额前10名企业见表8及表9。

表 8　2009 年我国乳胶行业实现利润总额前 10 名企业　　万元

排名	企业名称	2009 年	2008 年	同比/%
1	苏州嘉乐威企业发展有限公司	918	660	39.09
2	大连乳胶有限责任公司	791	457	73.09
3	桂林乳胶厂	658	451	45.90
4	青岛双蝶集团股份有限公司	624	519	20.23
5	浙江悦隆乳胶制品有限公司	597	616	-3.08
6	镇江苏惠乳胶制品有限公司	563	92	511.96
7	中国化工橡胶株洲研究设计院	449	406	10.59
8	上海科邦医用乳胶器材有限公司	440	46	856.92
9	北京华腾橡塑乳胶制品有限公司	405	16	2431.25
10	江苏爱德福乳胶制品有限公司	316	251	25.90

表 9　2010 年我国乳胶行业实现利润总额前 10 名企业　　万元

排名	企业名称	2010 年	2009 年	同比/%
1	上海科邦医用乳胶器材有限公司	682	440	55.00
2	浙江悦隆乳胶制品有限公司	671	597	12.40
3	青岛双蝶集团股份有限公司	657	624	5.29
4	江苏爱德福乳胶制品有限公司	656	316	107.59
5	苏州嘉乐威企业发展有限公司	606	918	-33.99
6	安徽豪杰塑胶制品有限公司	528	-84	728.57
7	北京华腾橡塑乳胶制品有限公司	506	405	24.94
8	中国化工橡胶株洲研究设计院	475	449	5.79
9	桂林乳胶厂	403	658	-38.75
10	镇江苏惠乳胶制品有限公司	256	565	-54.69

3. 胶乳价格骤降急升，企业生产困难加大

乳胶制品基本都是浸渍制品，原料胶乳几乎占产品单位制造成本的一半以上，行业经济效益的好坏，与原料胶乳价格密切相关。2010 年进口天然胶乳的平均价格与近两年同期对比，天然胶乳价格大幅波动造成行业制造成本剧烈变化。2009～2010 年我国天然胶乳进口情况见表 10。

表 10　2009～2010 年我国天然胶乳进口情况

项目	2010	2009 年	同比/%	2008 年	同比/%
数量/t	251218.38	300062.11	-16.28	216181.60	38.80
金额/万美元	52652.51	37948.34	38.75	41971.38	-9.59
价格/(美元·吨$^{-1}$)	2096.00	1265.00	65.69	1705.00	-25.81

由表 10 看出,2009 年天然胶乳的进口量比 2008 年增加 83880.51 吨,金额减少 4023.04 万美元,进口天然胶乳的平均价格大幅回落 25.81%。2009 年中橡协乳胶分会 27 家会员企业共耗用天然胶乳 4.928 万吨,天然胶乳价格回落为行业减少成本支出约 2168.32 万美元,折合人民币 1.48 亿元,行业的经济效益得到较好恢复。相反,2010 年天然胶乳的进口量比 2009 年减少 48843.73 吨,金额增加了 14704.17 万美元,进口天然胶乳的平均价格暴涨 65.69%。2010 年 27 家会员企业共耗用天然胶乳 5.16 万吨,天然胶乳价格大幅上涨为行业增加成本支出约 4287.96 万美元,折合人民币 2.85 亿元,给乳胶行业的生产经营造成了巨大压力。

【改革与创新】

1.深化企业机制改革,加快产品结构调整

深化企业机制改革,着力转换经济发展方式,促进乳胶行业大发展。桂林、广州、北京、株洲、上海等地的国有企业改革进一步深化,继续发挥行业骨干企业的重要作用。青岛、大连、苏州、安徽等一批由国有企业进行改制的股份公司,生产经营机制灵活,对市场变化反应敏捷,在市场经济的浪潮中发展迅速,成为行业的中坚力量。民营企业积极在产品结构调整中谋求新的发展,成为重要的生力军。乳胶制品企业的机制改革和创新,为行业长远发展打下了坚实的基础。

2.加强企业科技创新,推动产业升级换代

乳胶行业面对国内外市场的快速变化,用科技创新的有效手段来应对困难。各企业重视技术进步和科技创新工作,投入了较大的人力、物力、财力,建立企业自身的技术骨干队伍。聚氨酯涂层手套、高阻隔安全套、竹炭粉乳胶海绵及低亚硝胺乳胶制品等新产品的开发生产,乳胶手套自动脱膜装置的研制推广,国外高品质乳胶手套生产线的引进,避孕套自动包装机的研制开发,国外特种胶乳、新型涂层材料及助剂等新材料、新工艺的应用,将不断提高我国乳胶制品的技术含量和竞争能力,加快我国乳胶制品产业的升级换代。

【节能减排】

乳胶制品由于其独特的工艺要求,在生产过程中耗用能源较多。我国能源资源不足,煤、电、油等能源价格不断上涨,导致产品制造成本中的燃料动力费用比例增加。为了降低成本中的燃料动力费用,乳胶行业积极推广应用节能技术。使用热载体锅炉代替蒸汽锅炉,降低煤炭消耗近 30%;采用变频调速节电技术有效降低电能消耗;安全套干法电检机、三合一产品后硫化装置、双排及四排模复合型生产线、岩棉烘箱板等保温材料的推广应用明显减少了生产过程中的热量损耗;蒸汽冷凝水回收利用新技术大幅降低煤耗、水耗等。同时,企业不断完善生产过程中能耗及用水计量器具的使用和管理,加强考核,提高效率,改善了生产环境。

橡胶制品污染物排放标准将于 2011 年下半年开始实施,有些指标要求与乳胶制品企业的目前实际情况仍有一定的差距。企业加快步伐,制定措施,努力做好节约用水,污染物达标排放。相继实施了工业用水回收利用,气球生产用凝固剂回收利用等技术改造;使用厌氧法处理废水,降低了处理后废水中不溶性固体物;建立了中水回收系统,将处理后的生产废水作场地清洁、生产用冷却水和部分生产用水,有效地节约了水资源。

【存在问题】

1.原材料价格高涨不下,用工成本进一步增加

2011 年,我国将加快经济结构和产业结构调整。天然胶乳等原材料价格高涨，燃料、能源、运输等费用居高不下，劳动力成本不断上升，沿海经济发达地区企业遭遇的“用工荒”进一步加剧，这些因素将会对企业的生产经营造成严重影响。

2. 国际贸易摩擦加剧，人民币汇率持续走强

目前全球经济渐趋好转，但经济危机根源并没有消除。美国、欧盟等发达国家和地区，利用碳关税及高技术标准，设立各种贸易屏障，加剧国际贸易摩擦，中国已成为贸易保护主义的主要对象。人民币汇率将在长期内走强，人民币的加速升值，将对乳胶制品的出口增加更大的难度。

3. 加工贸易政策调整，企业转型升级加快

2010 年国家公布了取消出口退税的 406 种商品清单，加大对“二高一资”低附加值行业企业进行产业结构调整的力度。我国乳胶制品的出口比例大，尤其是检查手套和家用手套的出口比例分别高达 60% 及 71%，但大多是贴牌加工和来料加工，缺少自主品牌，高附加值的产品不多。随着我国经济的转型升级，国家对乳胶行业的生产经营、出口贸易的要求会越来越高，规定将越来越严。企业要增加前瞻性，做好节能减排，开展科技创新，加大产品结构和企业结构的调整力度，加快企业的升级转型步伐。

4. 跨国公司大幅扩产，全力争抢市场份额

国际金融危机打击了全球经济，但橡胶手套业继续增长。国外乳胶制品生产巨头不顾短期产能是否过剩，利用他们的品牌、规模和技术优势，投巨资兴建工厂，更新设备，大幅扩产，以谋求最大的市场份额。跨国公司在看好欧美传统市场的同时，更看中的是推动整个产业快速增长的印度、中国、中东和南美洲等新兴的经济体。SSL 国际集团大幅度增加在中国的投资，在青岛建立了世界尖端的安全套生产设施，目前已占据了高端市场的龙头地位；安塞尔公司并购了武汉杰士邦公司，开始在国内试销外科手套；顶级手套公司在上海设立网点销售公司产品；高产尼品公司在广州和山东分别成立了销售公司；知知集团和海胶集团成立合资公司生产外科手套等，这都将对我国乳胶制品产业的发展，产生重大和深远的影响。

【对策与措施】

1. 紧跟内需快速增长，着力拓展国内市场

我国 GDP 超越日本，成为世界第二大经济实体，同时也是世界最具潜力的新兴市场。国家加大对医疗卫生事业的投入，加强对农村基层医疗卫生机构建设，推动我国医疗卫生事业的不断发展。乳胶制品中的主要产品安全套、外科手套、检查手套等医疗卫生用品，其国内市场的需求会出现快速长久的增长。随着我国民众生活水平的不断提高，属于日用橡胶护肤制品的家用手套、海绵寝具等乳胶制品，也出现需求量不断增长的良好发展态势。国内织带业的发展，使乳胶丝的生产开始出现恢复，将逐步取代进口产品。同时企业要建立长远发展目标，着力调整产品结构，积极开展科技创新，开发不同层次技术含量的产品，发挥本土优势，加快产业升级，牢牢占领国内市场。

2. 积极开展科技创新，巩固发展国外市场

我国乳胶制品质量稳定，价格相对便宜，出口企业具有稳定的出口渠道。国家目前维持乳胶手套的出口退税率不变，维护了乳胶制品良好的出口环境。美国、欧盟等西方国家和地区的经济开始出现缓慢复苏，各国对本国的医疗卫生事业都加大了投入。这些都为我国乳胶制品的出口创造了较为有利的条件。企业要积极开展科技创新，加强自主品牌建设，提高产品竞争能力，扩大出口，推动行业不断发展。

3. 加快调整产品结构，积极开辟多元化市场

为适应国际、国内市场的需求，乳胶行业要积极开展科技创新，加快调整产品结构，从中低档产品，调整为中高档产品；努力开拓国际市场，从单一市场，调整为多元化市场；加大开发国内新兴市场的力度，重视乡镇农村市场对乳胶制品的需求；加快转变外贸的增长方式，一方面要抑制低附加值产品出口的过快增长，另一方面要在充分发挥传统劳动密集型产业优势的基础上，采取措施优化产业结构和提高技术水平，实现出口商品向自主品牌及中高技术加工和高附加值的集约型方向发展；进一步调整企业结构，从小而多，调整为大而强，提高产业集聚度，增强企业的竞争能力。

【展　望】

2011 年,国外乳胶制品市场的需求增长将保持在 10% 左右,而国内需求也会继续稳步增长。"十二五"期间,我国乳胶工业将在国家发展经济调控政策的引导和支持下,以 6% 以上的年增长率平稳、较快发展。

2015 年我国乳胶制品的产量、销量、出口量预测:

1. 避孕套产销量 76 亿只左右,其中内销 35 亿只,出口 41 亿只。

2. 外科手套产销量 32 亿副左右,其中内销 7 亿副,出口 25 亿副。

3. 天然胶乳检查手套重点解决好脱蛋白质问题,产销量可望达 26 亿只(无粉检查手套 17 亿只、有粉检查手套 9 亿只)左右;其中内销 10 亿只,出口 16 亿只。丁腈检查手套产量 14 亿只左右,主要用于出口。

4. 家用手套产销量 5.5 亿副左右,其中内销 1.5 亿副,出口 4 亿副。

5. 工业手套、乳胶指套的产销量将有较大幅度的增长,以国内市场为主要增长点。

6. 乳胶海绵制品在家具和居室用品方面会有新的较快发展。

7. 其他乳胶制品将同样有一定幅度的增长。

(范德明)

废橡胶综合利用

【基本情况】

2010年是我国完成“十一五”规划任务的“收官之年”，也是承上启下为“十二五”布局谋篇的关键一年。我国废橡胶综合利用行业坚持以生产再生橡胶为主，适度发展硫化橡胶粉和胶粒直接应用，加大再生橡胶、硫化橡胶粉深加工力度的废轮胎橡胶综合利用基本格局。在“安全、高效、环保、节能”的理念下，整体规模、资源利用率、自主创新、节能降耗及环保实现质的飞跃。

再生橡胶产品已由中国制造发展成中国创造，生产企业遍布全国，产量已由解放初期1500吨发展到2010年270万吨，提高1800倍以上；特别是硫化橡胶粉的产量达到了260万吨，除了再生橡胶的大量应用外，非再生橡胶的直接应用也达到了30万吨。

2010年，我国再生胶产量270万吨，同比增长8%以上，随着全国各地开建道路和住房，公路、防水卷材胶粉应用扩大，胶粉产量增加20%左右，达30万吨。在2009年全国再生胶产量、胶粉的增幅上，（按2009年不变价测算）2010再生胶产值可达117.18亿元，胶粉产值可达13.02亿元。

我国橡胶工业的蓬勃发展，催生再生橡胶生产能力的大幅提高。再生橡胶生产能力超过500万吨/年，生产集中度进一步提升。生产企业数量达1000余家，区域性规模生产能力基本都达到10万吨左右。河北主要集中在唐山、沧州、保定；山西主要集中在平遥、汾阳；江苏集中在南通、泰州、宿迁、徐州；浙江集中在温州、宁波、杭州；山东集中在莱芜、济南、潍坊、青岛；河南集中在焦作、温县、新乡；四川集中在都江堰、雅安、隆昌等。

据不完全统计，再生橡胶产量规模在1万吨以上100余家，生产能力约250万吨；规模在0.5万吨以上500余家，生产能力约300万吨；中国再生橡胶生产企业除西藏、澳门、香港外，遍布全国各省、市、自治区。

新的再生橡胶生产工艺层出不穷，规格、品种更是琳琅满目，近年来开发了无臭味再生胶、环保型再生胶、丁基再生胶、卤化丁基再生胶、氯丁再生胶、丁腈再生胶、三元乙丙再生胶、浅色再生胶、彩色再生胶、乳胶再生胶等多个品种，用于替代不同类型的生胶以满足橡胶制品生产的需要。

根据2010年产量统计，南通回力橡胶有限公司、南京金腾橡塑有限公司、京东橡胶有限公司等10家再生胶生产企业产量占全国总产量17%以上，产量相对集中。

据中橡协废橡胶综合利用分会对44家会员企业统计，2010年再生橡胶销售收入、产量以及胶粉产量前10名企业分别见表1～表3。2010年我国再生橡胶及硫化胶粉主要经济指标完成情况详见表4及表5。

据中橡协废橡胶综合利用分会2011年（1～3月）对44家企业统计，再生橡胶、硫化橡胶粉产量（其中包括普通再生橡胶、特级轮胎再生橡胶、特种合成再生橡胶、胶粉、胶板）同比增长14.81%，销售量增长14.72%，工业总产值增长22.16%，销售收入增长25.68%。盈利企业较多，实现利税增长率达31.32%，但仍有13.64%的企业亏损。

2011年（1～3月）我国再生橡胶销售收入、产量前10名企业、主要经济指标完成情况及硫化橡胶粉产量前10名企业、硫化橡胶粉主要经济指标完成情况分别详见表6～表10。

表 1　2010 年我国再生橡胶销售收入前 10 名企业

排名	企业名称	销售收入/亿元
1	南通回力橡胶有限公司	5.62
2	南京金腾橡塑有限公司	2.80
3	京东橡胶有限公司	1.92
4	莱芜市福泉橡胶有限公司	1.86
5	金轮橡胶(海门)有限公司	1.73
6	福建环科化工橡胶集团有限公司	1.59
7	唐山兴宇橡塑工业有限公司	1.57
8	焦作市艾卡橡胶工业有限公司	1.25
9	宁波华星轮胎有限公司	1.15
10	四川隆昌海燕橡胶有限公司	1.11

表 2　2010 年我国再生橡胶产量前 10 名企业

排名	企业名称	产量/万 t
1	南通回力橡胶有限公司	7.74
2	南京金腾橡塑有限公司	6.56
3	京东橡胶有限公司	5.25
4	唐山兴宇橡塑工业有限公司	5.07
5	莱芜市福泉橡胶有限公司	4.62
6	福建环科化工橡胶集团有限公司	4.14
7	宁波华星轮胎有限公司	4.00
8	四川省隆昌县海燕橡胶有限公司	3.36
9	金轮橡胶(海门)有限公司	2.99
10	晋江华鑫塑料橡胶制品有限公司	2.46

表 3　2010 年我国硫化橡胶粉产量前 10 名企业

排名	企业名称	产量/万 t
1	安徽宏磊橡胶有限公司	2.32
2	清远结加精细胶粉有限公司	1.85
3	吕梁升凯胶粉设备制造有限公司	1.37
4	广州市钟南橡胶再生资源开发有限公司	1.32
5	泸州万发橡胶厂	1.02
6	江阴市台联超细胶粉有限公司	0.90
7	福建环科化工橡胶集团有限公司	0.75
8	莱芜市福泉橡胶有限公司	0.60
9	江西亚中橡塑有限公司	0.24
10	南通回力橡胶有限公司	0.14

表 4　2010 年我国再生橡胶主要经济指标完成情况

项　目	2010 年	2009 年	同比/%
工业总产值(按现行价)/万元	361378.60	323456.86	11.72
再生胶产值/万元	270379.05	253956.84	6.47
工业销售产值(按现行价)/万元	357454.32	332579.48	7.48
产品出口交货值(现价)/万元	16946.71	10436.82	62.37
工业增加值/万元	88593.02	80950.40	9.44
再生胶产量/t	638993.16	606111.85	5.42
通用型再生胶产量/t	485714.51	492766.13	-1.43
特级再生胶产量/t	90201.70	63670.95	41.67
特种再生胶产量/t	63076.95	49674.77	26.98

表 5　2010 年我国硫化胶粉主要经济指标完成情况

项　目	2010 年	2009 年	同比/%
胶粉产量/t	118513.37	83490.80	41.95
销售率/%	95.73	96.74	-1.04
应收账款/万元	63472.00	52122.00	21.78
产成品库存(按现行价)/万元	8075.38	7508.79	7.55
销售收入/万元	356191.54	308888.08	15.31
实现利润总额/万元	22803.29	19352.40	17.83
实现利税总额/万元	39764.80	31108.20	27.83
全员劳动生产率/万元	9.37	8.51	10.11

表 6　2011 年(1～3 月)我国再生橡胶销售收入前 10 名企业

排名	企业名称	销售收入/万元
1	南通回力橡胶有限公司	13216.00
2	南京金腾橡塑有限公司	8752.00
3	金轮橡胶(海门)有限公司	5149.80
4	京东橡胶有限公司	4971.68
5	福建环科化工橡胶集团有限公司	4940.75
6	莱芜市福泉橡胶有限公司	4524.00
7	唐山兴宇橡塑工业有限公司	4500.00
8	泰安市金山橡胶工业有限公司	3012.00
9	四川省隆昌海燕橡胶有限公司	2964.00
10	宁波华星轮胎有限公司	2677.20

表 7　2011 年(1～3 月)我国再生橡胶产量前 10 名企业

排名	企业名称	产量/t
1	南京金腾橡塑有限公司	18580.00
2	南通回力橡胶有限公司	16865.00
3	唐山兴宇橡塑工业有限公司	16500.00
4	京东橡胶有限公司	14154.90
5	莱芜市福泉橡胶有限公司	10369.00
6	福建环科化工橡胶集团有限公司	9990.05
7	宁波华星轮胎有限公司	8576.00
8	金轮橡胶(海门)有限公司	8282.00
9	晋江华鑫塑料橡胶制品有限公司	8160.00
10	泰安市金山橡胶工业有限公司	8000.00

表 8　2011 年(1～3 月)我国再生橡胶主要经济指标完成情况

项　目	2010 年	2009 年	同比/%
工业总产值(按现行价)/万元	88949.12	72815.09	22.16
再生胶产值/万元	73151.55	58785.99	24.44
工业销售产值(按现行价)/万元	84688.38	68962.56	22.80
产品出口交货值(现价)/万元	5584.43	2905.70	92.19
工业增加值/万元	21958.00	17488.76	25.55
再生胶产量/t	156866.37	134122.86	16.96
通用型再生胶产量/t	108931.42	96273.01	13.15
特级再生胶产量/t	24579.5	21462.17	14.52
特种再生胶产量/t	23355.45	16387.68	42.52

表 9　2011 年(1～3 月)我国硫化胶粉产量前十名企业

排名	企业名称	产量/t
1	山东舜和胶业有限公司	3500.00
2	清远结加精细胶粉有限公司	2250.00
3	江阴市台联超细胶粉有限公司	2058.00
4	吕梁升凯胶粉设备制造有限公司	1714.00
5	泸州市万发橡胶厂	1600.00
6	丹东市富润橡胶有限公司	1203.00
7	张家港汇丰胶业有限公司	1087.00
8	广州市钟南橡胶再生资源开发有限公司	1024.00
9	福建环科化工橡胶集团有限公司	608.35
10	南通回力橡胶有限公司	471.00

表 10　2011 年(1 ~3 月)我国硫化胶粉主要经济指标完成情况

项　目	2010 年	2009 年	同比/%
胶粉产量/t	8671.00	7399.00	17.19
销售率/%	93.26	97.61	-4.46
应收账款/万元	32902.90	30659.10	7.32
产成品库存(按现行价)/万元	7184.20	5963.30	20.47
销售收入/万元	31280.82	24691.47	26.69
实现利润总额/万元	1731.20	1420.66	21.86
实现利税总额/万元	3158.53	2751.47	14.79
全员劳动生产率/万元	9.37	8.51	10.11

【工艺与装备创新】

1. 粉碎

2011 年 3 月 14 日浙江菱正机械有限公司与中海油(福建)深冷精细胶粉有限公司、邯郸市丰达胶业有限公司签订了废旧轮胎破碎生产精细胶粉生产线协议。该公司研制的废旧轮胎破碎生产精细胶粉生产流水线由此得到了推广应用。生产线采用自主创新的八项专利技术和国内新颖的附属工装进行设计,特别是全程微机程序化控制系统的设计,使其成为国内外首条自动化程度较高的工程项目。与工业地区的产品相比,装机节能降低40%,特别是全钢整胎切割机装机,较之台湾地区降低 66%,较之美国降低 75%,单位耗能降低 30%,刀具寿命超过国外生产线 2 倍以上。

丹东市富润橡胶有限公司引进台湾远记机械有限公司的废旧轮胎破碎生产线,通过近 1 年的正常运行,采用"引进、消化、吸收、创新"的方式进行多方面的改进,使这条废旧轮胎生产线的自动化处理更加符合国情,大小胎混合加工,处理达到 5 万吨/年,全部是 9.00 以上大胎,可以达到 3 万吨/年的处理能力,刀具的使用寿命也有所延长。这套装置目前在国内属于产能比较高的,但由于从台湾地区进口价格较高,为该套设备能够符合中国国情,则采用台湾远记技术在丹东生产这条废旧轮胎生产线,除了一些必须从国外进口的配件外,绝大部分国产化,届时这套流水线的售价将是进口价的 50% 左右,淘汰"小三件"的进程将大大加快,废旧轮胎破碎机生产线的格局将完全改变,这种剪切式的破碎方式将与辊筒碾压式的破碎方式在一段时间过渡与共存。采用该条生产线的耗能在 180kwh/t 以内,工艺节能 50% 以上。

2. 常压脱硫

四川省都江堰市新时代工贸有限公司、山东省泰安市金山橡胶有限公司自主研发成功的单螺旋和双螺旋"橡胶再生常压高温连续脱硫设备及其脱硫技术"的工业化生产彻底改变了传统的"油法"、"水油法"和"动态法"压力容器脱硫生产再生橡胶的工艺历史,实现了安全、环保、经济的投资经营理念。这种"以机代罐"常压高温连续脱硫设备,彻底改变了传统的压力容器生产再生橡胶工艺;节省了水、汽相变的热功耗,其耗能在 146kwh/t 以内,工艺节能 20% 以上;避免了工艺废水的二次污染和废气的治理;较好地解决了连续工业化生产。

3. 再生橡胶生产线

常州市三橡机械有限公司成功研制的新型"三机一线"再生橡胶生产线,由新设计的两台 XKN -450/510ZG 再生胶专用捏炼机和一台 XKJ -450/510ZG 精炼机组成,装机总功率 165kW,以满装四列圆柱滚子轴承(极低的摩擦系数)作为主支撑,采用硬齿面减速器和十字滑块联轴器直联的传动形式,采用大剪切比和合适的辊筒中高度,3 人操作,生产 0.2mm 的精细再生胶,班产可达 2.5 ~2.8 吨,电耗约 400 ~420kW/h,相比于传统的“四机一线”再生胶生产线，增产40%以上，吨胶能耗降低30%以上。

重庆市南川庆岩橡胶有限公司采用四川乐山亚联机械有限责任公司生产的开放式 ϕ510 × ϕ450 捏炼机、ϕ480 × ϕ610 滚珠轴承精炼机组成了“三机一线”生产线，其中辊筒速比分别为1∶1.92和1∶1.82。淘汰了 ϕ450ϕ × ϕ450 炼胶机、ϕ400 × ϕ400 炼胶机、ϕ480 × ϕ610 轴瓦精炼机组成的“四机一线”生产线。“专业工装”“三机一线”生产线，每吨再生胶仅需401.74度电，吨产再生胶直接节省232.9度电，吨产再生胶节能达36%以上。

“三机一线”再生橡胶生产线，在2010年行业内相关机械制造企业已经生产，并且已在行业中得到广泛应用。

同时，我国最大的动态脱硫罐厂家淮南市石油化工机械设备有限公司和列入中国橡胶工业百强企业的四川亚西橡塑机器有限公司以及四川乐山亚联机械有限责任公司、乐山市盛兴机器有限公司、常州市三橡机械有限公司、大连通用橡胶机械有限公司、大浙江菱正机械有限公司等众多设备厂家研发的安全、高效、环保、节能型设备、装置将陆续面世，这无疑将为行业在“十二五”的发展助威、助力。

【硫化橡胶粉直接应用】

为了发展硫化橡胶粉和胶粒的直接应用，除了推动在橡胶制品包括轮胎制造中的精细胶粉的应用以及在防水卷材、体育场地、老人、儿童活动中心的直接铺装外，同时鼓励生产企业为满足公路建设对硫化橡胶粉日益增长的需求，根据市政建设管理单位和设计单位以及施工单位的要求为市政公路建设提供质量稳定的公路改性沥青用硫化橡胶粉。根据行业制定的生产企业必备条件要求，通过企业申请、专家审核等程序，对符合条件的由中国橡胶工业协会授予“公路改性沥青用硫化橡胶粉生产企业”，向社会推荐公布宣传，以此推进、规范硫化橡胶粉在公路、市政建设中的应用。“公路改性沥青用硫化橡胶粉生产企业”推荐名单详见表11。

表11 “公路改性沥青用硫化橡胶粉生产企业”推荐名单

企业名称	企业名称
北京温格汉氏资源再利用技术有限公司	江西利新橡胶有限公司
京东橡胶有限公司	山东舜合胶业有限公司
唐山兴宇橡塑工业有限公司	莱芜市福泉橡胶有限公司
吕梁市升凯胶粉设备制造有限责任公司	焦作市弘瑞橡胶有限公司
辽宁瑞德公路科技有限公司	武汉合得利橡胶粉有限公司
丹东市富润橡胶有限公司	仙桃市聚兴橡胶有限公司
张家港汇丰胶业有限公司	湖北宏远环保再生资源有限公司
南通回力橡胶有限公司	清远市结加精细胶粉有限公司
南通大华橡胶有限公司	重庆市南川区庆岩橡胶有限公司
安徽宏磊橡胶有限公司	四川省隆昌海燕橡胶有限公司
福建环科化工橡胶集团有限公司	泸州市万发橡胶厂
江西省国燕高新材料科技有限公司	昆明凤凰橡胶有限公司
江西亚中橡塑有限公司	

【名牌战略】

为进一步实施名牌战略，依据中国橡胶工业协会《关于组织开展协会推荐品牌产品活动的通知》精神，经企业申报、专家评审、协会审定及公示等程序，71家企业的32个产品被评为2011年度协会推荐品牌产品。其中废橡胶综合利用行业中，南通回力橡胶有限公司"南回"牌丁基再生橡胶、上海肖友橡胶有限公司"肖友"牌无臭味再生橡胶、南京金腾橡塑有限公司"古柏"牌环保型再生橡胶、莱芜市福泉橡胶有限公司"新飞亚"牌环保型再生橡胶、仙桃市聚兴橡胶有限公司"仙旭"牌环保型再生橡胶、唐山兴宇橡塑工业有限公司"兴宇"牌环保型再生橡胶、福建环科化工橡胶集团有限公司"昂福"牌环保型再生橡胶等七家企业的相关再生橡胶产品获得2011年度中国橡胶工业协会推荐品牌产品。

【中国橡胶工业百强】

为客观公正地反映我国橡胶工业企业发展所取得的成绩，扩大我国橡胶工业优势企业的知名度，促进企业持续稳定健康的发展，中国橡胶工业协会从2010年起逐年向国内外评价我国橡胶工业企业主营业务收入前100名企业名单，即"中国橡胶工业百强企业"。

根据评价范围、评价标准以及历年统计和企业申请，推介了2010年度中国橡胶工业百强企业名单。废橡胶综合利用行业的南京金腾橡塑有限公司、南通回力橡胶有限公司、唐山兴宇橡塑工业有限公司、四川亚西橡塑机器有限公司、莱芜市福泉橡胶有限公司和京东橡胶有限公司等六家企业名列中国橡胶工业百强企业。

【社会责任】

2010年我国汽车产销量超过1800万辆，预计，2011年国内市场新车产销将达2100万辆。随着我国汽车产销量和保有量的快速增长，以及国内汽车保有量将达到1亿辆的现状，大量的废旧轮胎报废必然会成倍增加，充分利用我国的废旧橡胶资源将成为主要考虑问题。从环保角度考虑，是为了保护我们赖以生存的960万平方公里的生态环境，保障13亿多人民生命安全；从橡胶资源角度考虑，是为了解决我国橡胶资源短缺的状况。我国是橡胶资源极为匮乏的国家，2010年我国生胶资源总产量在235万吨左右，而我国橡胶行业2010年生胶消耗量达到645万吨以上，其中天然橡胶300万吨，合成橡胶345万吨。75%天然橡胶、46%合成橡胶依赖进口，供需矛盾十分突出，橡胶资源短缺对国民经济发展的影响日益显现。

据分析，2011年石化产品及橡胶原辅材料价格整体还有上涨趋势。目前，由于热裂解和土炼油的抢购，废旧轮胎橡胶收购价也是每天跟着涨，虽然涨幅不大，但每个月累计起来就可观了。由于产业门槛低，产品质量良莠不齐，造成行业和企业发展非常不稳定和不确定因素的增加。

根据国家对行业产业结构调整、产品升级换代的无害化回收、环保型利用的要求，淘汰落后产能、加大环保型再生资源产品的需要和减少污染型再生橡胶产品生产已经列入产业发展纲要。行业规范和准入制正在制定过程中，呼吁企业改变观念提高认识，放弃低端产品销售市场，生产高品质、精细、环保类高端产品，以更加满足和适应橡胶制品企业应对继续攀升的橡胶原辅材料价格暴涨，扩大使用价廉质优的再生橡胶作为橡胶原料，在确保产品质量的前提下，降低生产成本，达到双赢目标。

【展　望】

1. 随着世界经济复苏，国家继续扩大内需和汽车工业产量以及全国各省、市开建高速公路和道路改建及住房建设，公路、防水卷材硫化橡胶粉的应用将进一步得到扩大。

2. 国家正在制定的《废轮胎橡胶综合利用准入条件》、发改委关于征求对《关于加快推进废旧轮胎综合利用的意见（征求意见稿）》、国家工信部出台的《轮胎产业政策》、《废旧轮胎综合利用指导意见》和工信部立项的《再生橡胶行业清洁生产水平评价技术要求》都传递一个信息，即国家密切关注和引导行业的科学发展。

3. 除去我国2009年3.9亿条轮胎的产量，2010年4.3亿条轮胎的产量，以及每年报废数量巨大的力车胎、摩托车胎、自行车胎、胶管胶带、胶鞋和橡胶制品不计，仅每年的废旧轮胎产生量就达2.33亿条，重达860万吨左右，需要行业及时处理，化害为宝。2011年再生橡胶产量将稳步增幅10%左右，达到300万吨；胶粉产量将增加20%左右，达到36万吨，预测2011年胶粉和再生胶产量达336万吨左右，同比提高12%。

4.2011年废橡胶综合利用行业将进入发展转型期，企业在政府规划下，进入工业园区，生产工艺、设备都在进行重大调整，工艺向安全环保发展，设备向节能高效发展，产业向量化规模发展。

5.为了国家、民族的利益，为了13多亿人民的生活环境安全，坚决反对废旧轮胎进口。

6.开展废旧轮胎回收利用的收费与补偿机制，推进生产者责任延伸制度，轮胎生产企业、销售商、进口商和使用者都要承担旧轮胎翻新和废轮胎回收处理等相关的社会责任。

“十二五”期间，将是我国废橡胶综合利用行业产生“翻天覆地”变化的时期，这种变化必须是建立在“安全、高效、环保、节能”基础上的“百家争鸣、百花齐放”，行业发展为企业施展才能、释放才华搭建了平台，只要坚持自主创新，推动行业科技进步，实施技术创新、产品创新、效益创新，才能真正提高核心竞争力，由大向强发展的进程才能得到最大的提升。

中国废橡胶综合利用行业的职责是环保（消除废橡胶固体废弃物），使命是资源（成为再生资源），只要一如既往地坚持并完善“以生产再生橡胶为主，加快硫化橡胶粉和胶粒直接应用，加大再生胶、胶粉的深加工力度”的废橡胶综合利用的基本格局，在全行业共同努力下，一定会铸就废橡胶综合利用行业新的辉煌。

（曹庆鑫）

天 然 橡 胶

【基本情况】

1.2010 **年天然橡胶生产情况**

2010年气候异常,各种自然灾害频发。大部分植胶区相继受到冬季寒流、早春干旱、夏季水涝等自然灾害以及世界经济一波三折、起伏不定的影响。总体而言,由于新开割胶园的增加,以及病虫害没有大范围爆发,我国天然橡胶的生产状况较为平稳。

(1)产量创历史新高

2010年新增种植、更新胶园58万亩,种植总面积达1508万亩。天然橡胶产量达68.8万吨,同比增长6.6%,超过历史最高水平。2010年我国天然橡胶种植面积及产量见表1。

表1　2010年我国天然橡胶种植面积及产量

地区	种植面积/万亩	新增种植、更新面积/万亩	产量/万t
海南	725	30	34.10
农垦	390	9	18.30
民营	335	21	15.80
云南	715	23	33.30
农垦	260	9	12.80
民营	455	14	20.50
广东	63	5	1.36
农垦	63	5	1.36
民营	5	-	0.04
合计	1508	58	68.80

(2)植胶面积继续扩大

2000年以来,随着天然橡胶市场价格的不断上涨及良种补贴等惠农政策的落实,我国胶农种植橡胶的积极性空前高涨,发展势头强劲。部分生产者除加强现有胶园管理和用足现有的宜胶地植胶外,还对一些效益不稳的经济作物用地如果园、旱坡作物等进行调整,种上橡胶树,仅十年,我国植胶面积增加560多万亩,增长了60.3%。2000~2010年我国天然橡胶种植面积及产能变化情况见表2。

(3)加快初产品加工布局的调整,大力开发新胶种

一是将小加工厂整合为万吨以上的规模大厂,如海南农垦,将80多家整合成14家,万吨以上的民营胶加工厂也已超过5座;云南农垦已建成年加工能力万吨以上的12座大厂,其中3万吨以上的达5座;广东已将小厂全部关闭,新建了茂名、湛江、阳江3座现代化加工厂,大大提高了产品的一致性。

二是在初产品加工时,根据制品不同的需求

有选择地使用鲜胶乳,生产用户对路的产品。

目前,除保持着标准胶、高氨浓缩胶乳等通用胶种的生产外,还根据用户需求增产了浅色标准胶、子午线轮胎胶、低氨浓缩胶乳,并积极开展了发恒粘橡胶、环氧化天然橡胶、接枝橡胶、氯化橡胶、低蛋白天然橡胶、纯化胶乳等专用胶种的开发。

三是推广现代环保加工技术,海南和云南农垦万吨以上胶厂积极采用海南现代环保工程有限公司的废水处理技术,有效地解决了天然橡胶初产品在加工方面的环保问题。

表2　2000~2010年我国天然橡胶种植面积及产能变化情况　　万亩

年份	总面积			当年种植面积		
	全国	农垦	民营	全国	农垦	民营
2000	941	573	368	26.0	12.9	13.1
2001	940	575	365	26.1	10.2	15.9
2002	946	576	370	19.5	10.6	8.9
2003	988	600	388	56.0	24.5	31.5
2004	1044	616	428	64.4	14.6	45.8
2005	1111	642	469	66.4	21.0	45.4
2006	1164	669	495	87.3	20.0	67.3
2007	1312	696	616	120.0	23.0	97.0
2008	1398	705	693	73.6	20.6	53.0
2009	1456	695	761	72.8	20.3	52.5
2010	1508	719	789	58.0	23.0	35.0

2.“走出去”植胶成效显著

近年来,广东农垦、云南农垦、海南农垦及山东华岳投资有限公司等企业根据“走出去”的发展战略,开展了境外植胶。目前广东农垦已成功地在马来西亚、泰国建立了橡胶园和加工厂,年产量达8万吨,云南农垦和金橡联有限公司在中缅、中老边境已植胶多年,植胶面积已超过50万亩,山东华岳投资有限公司在柬埔寨开发土地15万亩,并建立了加工厂。

【科技创新】

1.积极推行科学植胶割胶技术

一是根据小区环境对口种植橡胶,实施修枝整形等独特技术,以抵御风寒灾的危害。

二是实施梯田化、良种化、林网化、覆盖化和提前开荒、提前造林、提前育苗、管养割三结合以及防雨避病、刺激采胶,减刀增肥、阴阳轮换割胶等先进科学技术和方法,既提高了劳动生产率,又增加了产胶量,同时延长了胶树的产胶寿命。由于推广了先进的栽培技术,2010年,我国860多万亩投产胶园,平均亩产达到了79.2公斤,比上年增加了0.2公斤。

三是建造良种工程,目前除拥有世界各植胶国良种资源(数千个)外,我国自行培育并已汇评达到推广级的品种达50多个,同时还引入和培育并于2011年初已通过初评,正着手推广的胶木兼优品种,新植胶树基本采用了优良品种。

四是推行胶树绿色芽接和籽苗芽接技术,并已用于生产,取得了缩短胶园非生产期0.5~1年的显著效果。

五是积极推行胶园有害生物的测报和防控技术,把危害控制到最低。

2.创建了天然橡胶产业技术体系

除继续发挥中国热带农业科学院、海南农垦科学院、广东农垦技术创新中心和各地植胶区数十所天然橡胶技术推广、应用、培训及质量监测的研究所、中心、站等科教研究推广机构的作用外，还在国家的支持下，争取到国家千万元资金，创建了国家天然橡胶产业技术体系，并分别在海南、云南、广东等植胶区建立11个橡胶试验站，为我国天然橡胶产业的发展提供了科技支撑。

3.建立了较为完善的天然橡胶市场营销体系

2001年，海南农垦总局利用现代信息技术，依托当地天然橡胶资源率先建立了统一的天然橡胶电子交易中心，实现了农垦天然橡胶交易的电子化，2002年、2004年云南农垦、广东农垦也相继建立了天然橡胶电子交易中心，并于2004年实现三地联网，实现了产品在网上的公开竞价交易。为生产者、经营者、消费者传递信息、发现价格、规避风险、提高交易信用、降低交易成本、简化交易流程、提高交易效率搭建了一个公平、公正、便利、快捷的平台。

4.创立了新型产业和环保型人工生态系统

天然橡胶产业，是一个集经济、社会、生态和政治效益为一体的新型产业，更是一个能安排农村人口就业，促进边远贫困山区农民脱贫致富的多功能、广效益、可持续的生态环保型产业。

早在20世纪80年代，国际自然保护和自然资源联合会（IUCN）、联合国教科文组织（UNESCO）、联合国粮农组织（FAO）、联合国开发计划署（UNDP）等国际组织和知名生态学家，对海南农垦橡胶园为期5年的研究监察后，一致公认并称赞大规模种植橡胶树、油棕，是应用生态学原理开发热带森林获得成功的一个范例。

20世纪80年代，中国科学院植物研究所和地理研究所、北京农业大学、中国热带农业科学院和勐仑热带植物研究所、云南热作所等单位的专家、教授，分别对广东、海南、云南农垦植胶区进行调查研究后认为，植胶成林后，降雨量增加，水土流失减少，小河流水不断，大大改善了小气候和生态环境。橡胶林和原有的森林，都起到了调节小气候、保持水土、涵养水源和生物自肥的作用，有良好的生态效益，可达到永续利用资源的目的。为此，我国建立的天然橡胶产业既实现了高价值的经济林对低价值的次生植被和荒山荒坡的改造，提高了森林覆盖率，起到了调节小气候、保持水土、涵养水源和生物培肥的作用，又为我国热带、南亚热带地区发展生态、环保、低碳经济开辟了广阔的前景。

【进口情况】

1.天然橡胶

（1）进口

目前，我国天然橡胶自给率仅维持在28%左右。2010年，我国天然橡胶进口激增，已突破186万吨，同比增长9%，其中，天然胶乳进口25.1万吨，烟胶片21.7万吨，技术分类天然橡胶134.4万吨，其他形状天然橡胶4万吨，巴拉塔胶、古塔波胶、银胶菊胶等天然橡胶约140吨。进口金额达383亿元，同比增长100%，主要是2009年金融危机下，全球天然橡胶价格降低，2010年随着全球经济的复苏，天然橡胶价格大幅回升、上涨引起的。

（2）进口地区及贸易方式

据海关统计，因浙江、山东、广东、江苏、上海、福建是橡胶工业生产主要省市和消费地区，所以进口NR为最多。进口方式以一般贸易方式为主，进口27.8万吨，保税区仓储转口贸易47.2万吨，保税仓库进出境贸易5.6万吨，来料加工贸易1.7万吨，进料加工贸易102.4万吨和边境小额贸易1.4万吨。

（3）进口胶源地

据海关统计，2010年我国天然橡胶的主要进口国家是泰国、印度尼西亚、马来西亚和越南等东盟国家，从泰国进口天然橡胶90万吨、印度尼西亚41万吨、马来西亚35万吨、越南11万吨，缅甸2.4万吨。

2.复合橡胶

2010年，我国进口复合橡胶102万吨，与2009年持平。主要进口来源地为泰国、马来西亚、印度尼西亚、越南以及日本、韩国等东盟主产区。其中从泰国进口44万吨、马来西亚37.5万吨、越南5.7万吨、印度尼西亚5.3万吨、韩国、日本、我国台湾地区和菲律宾各进口1万多吨。

2010年我国复合橡胶的主要需求地区为山东、宁夏、云南、贵州和江苏等地。

【市场供需及价格走势】

1. 国际供需与价格

近十年间，世界天然橡胶消费逐年增长，市场供需关系依然偏紧。据国际橡胶研究组织和天然橡胶生产国联合会统计，2010 年全球天然橡胶产量 1006 万吨，消耗量达到 1003 万吨。随着全球汽车工业特别是新型经济体的复苏，国外汽车产销继续保持良好的增长态势，目前除了非天然橡胶生产国的需求不减外，天然橡胶生产国对天然橡胶需求也日益增大，2010 年中国、印度、马来西亚、印度尼西亚等国天然橡胶消耗分别为 356.7 万吨(含复合橡胶)、95.6 万吨、60 万吨、39 万吨。

据预测，国内外天然橡胶的需求仍将保持旺盛势头。在今后的十年中，全球对天然橡胶的消耗年均将增长 3.5% 以上，2011 年可达 1098 万吨、2015 年可达 1241 万吨、2019 年可达 1392 万吨、2020 年可达 1420 万吨。若按 2010 年世界统计的产胶量 986 万吨计，还须增加 500 万 ~600 万吨的产量才能平衡。

世界各国对天然橡胶需求也日益增大，预计到 2020 年，除中国消耗量仍然有较大的增幅外，印度消耗达 140 万吨以上、马来亚西超过 100 万吨、印度尼西亚正在积极鼓励国内多用胶，消耗量也将有较大的增加，泰国天然橡胶消耗量从现在的 39 万吨增加到 2013 年的 55 万吨，越南消耗量计划从目前年 12 万吨增加到 35 万 ~40 万吨，斯里兰卡目前自用天然橡胶量已占本国总产量的 67%，达 8 万吨。

2010 年上半年，受欧洲债务危机影响，美元汇率持续上涨，国外天然橡胶价格跟随其他大宗商品走势窄幅波动，振荡下跌。进入下半年后，随着全球主要经济体仍实行宽松量化的货币政策，资本市场流动性充裕，全球汽车工业全面复苏，汽车产销量继续保持稳定增长，加上国际天然橡胶主产区灾害性天气多发重发，影响割胶，国际天然橡胶价格大幅上涨。特别是进入 10 月份后，受泰国政府调高天然橡胶出口关税以及我国海南持续强降雨等因素的影响，天然橡胶价格出现暴涨，屡创历史新高。

2010 年泰国 3# 烟片胶和印尼 20# 标准胶价格大幅上涨，屡创历史新高。到 12 月底，泰国 3# 烟片胶每吨价格 4729 美元，与年初相比上涨 1608 美元，涨幅超过 53%。年平均价格 3685 美元，与 2009 年平均价格相比，每吨上涨 1733 美元，涨幅超过 88%。2010 年国际主要天然橡胶生产国价格态势见图 1。

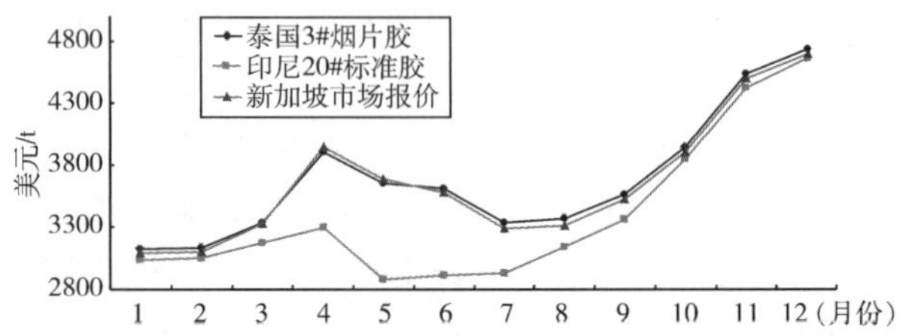

图 1　2010 年国际主要天然胶生产国价格走势

2. 国内供需与价格

从 1993 年开始，我国已成为世界天然橡胶消耗大国之一，随着我国汽车及橡胶工业的迅猛发展，到 2002 年，天然橡胶进口量已近百万吨，加上国内产量，消费突破了 140 万吨左右，成为世界第一天然橡胶消费大国和进口大国。

据统计，2010 年，我国汽车产量达 1826.4 万辆，同比增长 32.4%，2010 年消耗天然橡胶达 345 万吨，而我国天然橡胶产量不足 70 万吨，短缺已达 4/5。

2009 年 9 月至 2010 年 3 月，我国天然橡胶主产区云南西双版纳遭遇百年不遇的大旱，高温干旱少雨天气持续半年之久，降水量比常年同期偏少 58% 以上，导致开割期推迟 20 天左右，同时由于进口天然橡胶价格一直高于国内价格，大量消化了社会库存，国内天然橡胶价格上半年没有跟随国际价格走势震荡下跌，而是围绕 2.4 万元上下波动。下半年，随着国际价格的持续上涨及国内社会库存的急剧减少，还有国内轮胎消费需求增加，再加上国内主产区海南普降大到暴雨，严重影响了天然橡胶生产，致使天然橡胶期货、现货价格持续大幅上扬。截至当年 12 月 31 日止，云南产区国产 5# 胶每吨价格 36830 元，与年初相比上涨 14463 元，涨幅超过 64%，年平均价格 27147 元，同比每吨上涨 10234 元，涨幅超过 60%。上海主销区每吨价格 36000 元，与年初价相比上涨 12529 元，涨幅超过 53%，年平均价格 26310 元，同比每吨上涨 9927 元，涨幅超过 60%。2010 年我国主要产销区天然橡胶价格走势见图2。

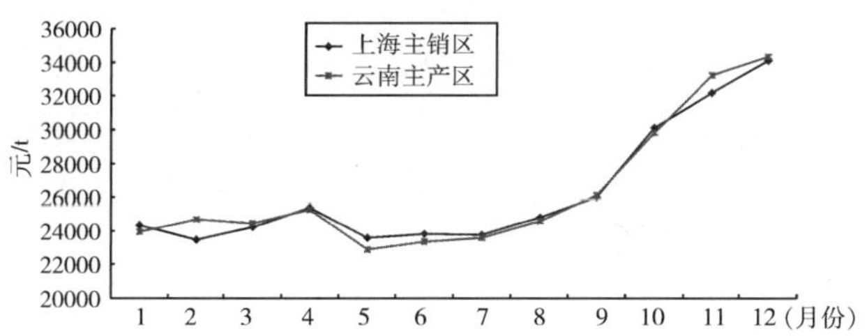

图2 2010年我国主要产销区天然胶价格走势

我国天然橡胶产业市场长期看好，根据我国汽车工业发展规划，“十二五”期间，汽车工业将保持稳定增长，出口量增加，年产量达到2500万辆，比“十一五”末增加40%。为满足国内汽车生产和消耗以及出口增长对轮胎的需求，轮胎制造业“十二五”规划期间汽车轮胎生产增长35%。另外，随着摩托车下乡政策的推进，摩托车轮胎产量将增长47%，其他橡胶制品也有较大增长幅度，橡胶工业发展对天然橡胶的消耗需求继续增加。

据有关专家预测，2011年我国汽车产销量预计将超过2000万辆，2015年我国轮胎产量将达5.6亿条(比2009年的3.8亿条，增长47.3%，比2010年预计的4.2亿条，增长33.5%)，子午化率达90%以上。仅汽车轮胎一项，年需天然橡胶就得超过330万吨，加上力车胎、摩托车胎(20万吨)及胶鞋、管带、乳胶及其他制品(130万吨)，预计到2015年共需求天然橡胶将达480万吨以上。按当年产能100万吨计，2015年我国天然橡胶资源缺口量仍达4/5，汽车轮胎旺盛的需求增长将拉动对天然橡胶的需求。

【存在问题】

1. 植胶区地理环境差异

一方面，我国植胶区位于北纬18°09′~25°，属于热带北缘，温度偏低，橡胶树的生长期要较原产地短2个~3个月，影响了生长速度，延长了非生产期，增加了投入。另一方面，我国部分植胶区，如海南岛和广东雷州半岛等地每年都受不同程度的台风和寒流侵袭，使每年的采胶时间较其他植胶国少了75~90天，影响了产胶潜力的发挥，增加了生产成本。

2. 橡胶的种植加工、产品结构不够合理

一是胶园建设投入少，低产胶园比例高

目前我国待更新的亩产不足50公斤的老、残、低产胶园占收获面积的20%以上，且都处在一类宜植区，比例偏大；尚未投产开割、需加强抚管的幼龄胶园近600多万亩。按胶园建设正常运作，上述胶园建设每年需要投资近14亿元，而目前每年实际投资只有2亿~3亿元，资金投入严重不足，从而在整体上制约了胶园建设水平的提高和产量潜力的发挥。

二是良种推广力度不足，部分种植布局不尽合理

目前我国胶园的主要品种是上世纪中叶引入培育的老品种，不但产能难于提升，而且受自然灾害制约严重，仅风寒灾害每年造成产量的直接损失在10%以上，个别年份达20%。近几年，因胶价好，有些地区在风害大、寒害重不适宜植胶地区也种植了大量的橡胶树，部分风寒灾害残存胶园未能及时调整，导致目前部分胶园布局不尽合理，影响产能的发挥。

三是栽培技术措施不到位

一些风寒植胶区仍未能重视胶园防护林等防护设施建设，个别民营胶园出现未经规划或违反《橡胶树栽培技术规程》超海拔种植现象；在割胶生产中，部分胶工为了追求眼前利益，采取了“杀鸡取卵”的做法，如随意超刀强割、超浓度使用刺激剂和只刺激少增或不增肥等，造成胶树抗逆性减弱甚至严重死皮。

据统计，目前海南、云南的死皮树已占投产胶树的15%以上。

四是产业经营类型单一，整体效益不高

天然橡胶产业主要产品是橡胶与木材，副产品则主要包括种子油和胶乳里面所含有的各种生化活性物质。目前，我国橡胶产业的产品比较单一，95%的收入来源于橡胶，其他产品仅占5%左右，副产品几乎是空白，产业的整体效益不高。

3. 产品加工技术不到位，产品结构不合理

目前，我国天然橡胶产品加工业缺乏长远的质量观念。植胶区全面推广使用乙烯刺激割胶技术后，鲜胶乳成分也随之发生了变化。其中，非橡胶物质含量显著增加，仅一次离心测定，分离出来的非橡胶物质就比原来增加了1倍以上。在浓缩胶乳生产中,国外已经采用二次离心等浓缩技术,解决非胶固体含量、挥发性脂肪酸值偏高等问题,保证了产品质量。但我国一些厂家,为了减少成本仍然采用一次离心浓缩工艺生产浓缩天然胶乳,导致产品的非胶固体含量偏大,挥发性脂肪酸值略偏高,往往被拒于高端产品之外;在干胶产品加工原料的环节上,仍沿用传统做法,微生物凝固鲜胶乳的技术未能得到真正的重视,导致目前我国的主产品仍是5#标准胶(全乳标准胶),在市场化的今天,被耗胶大户且适用10#、20#标胶的轮胎行业边缘化了。另一方面,新产品开发力度不足,产品结构不合理。近年来,我国虽然已开发了多个专用橡胶品种,如浅色标准胶,恒粘橡胶、子午线轮胎专用胶、环氧化天然橡胶、接枝橡胶、氯化橡胶、低蛋白天然橡胶、低氨浓缩胶乳、纯化胶乳等,但目前我国天然橡胶初加工产品仍以5#标准胶(全乳标准胶)和高氨浓缩胶乳为主,分别占70%以上和18%,还有少量烟片胶、胶清胶外,其他胶种几乎没生产或未在生产中推广。

4.原料产品市场无序,初产品质量受影响

在我国,天然橡胶属于资源短缺产品,胶价前景看好,无论是国有、集体还是个体企业和个人,都涌入植胶区建立初产品加工厂,而原料就成为各方争夺的焦点。由于原料的无序争夺,不仅造成市场混乱,而且人为地降低了对原料质量的要求,初制品质量也随之下降,不仅影响了国产胶的声誉,还为扩大外胶进口创造了机会,这必将冲击国内市场,最终给生产者带来巨大损失。

5.民营植胶区仍处于分散经营状态

近年来,农垦植胶区通过深化改革,组建了天然橡胶产业公司,为完善现代企业制度起到了示范作用。但是,民营植胶区绝大多数橡胶加工企业和植胶农户仍然处于分散状态,不仅缺乏科学的管胶技术,而且难于形成规模,影响了效益发挥,从而制约了产业的发展。

6.扶持政策、发展措施未完全落实

一是政策落实不到位,近年来,虽然胶价上升,但因过去“欠账”太多,目前许多胶园仍然处于“饥饿”状态。

二是科技投入不足,有百余项科技成果难于推广。

三是“走出去”的植胶企业政策不到位,既未得到国家资金扶持,连自产的天然橡胶运回国内,也按20%的普通关税征收,影响了境外发展天然橡胶的积极性。

【采取措施】

1.稳定天然橡胶种植面积,提高单产

目前,我国宜胶土地资源已接近饱和,今后依靠扩大种植面积的潜力十分有限。天然橡胶产业应立足于现有发展面积,在天然橡胶优势区域内,加快老胶园的更新改造,重点推进低产残次胶园的更新改造,在天然橡胶优势区域内全面推广良种,加强病虫害综合防控,提高我国天然橡胶单产水平,提升现有胶园的综合生产能力。

2.建设环境友好型生态胶园

因地制宜积极探索环境友好型生态胶园建设的思路和模式,加大监督指导力度,坚决制止和纠正超海拔、超坡度植胶,加强投入管理,减少农药、化肥等面源污染,处理好产业发展和生态保护的关系,确保天然橡胶产业可持续发展。

3.推广胶木兼优品系品种

通过推广2010年通过鉴定的热垦523和热垦525等胶木兼优,能够很大程度上提高天然橡胶单位面积经济效益,既提升了干胶单产,又提高了木材蓄积量,从整体上提升了土地产出率。

4.创新生产工艺,不断提升初产品加工技术水平

一是推进天然橡胶初产品加工布局调整步伐,提高产品竞争力。进一步通过资源整合优化、资产重组的形式,使橡胶原料向大厂集中,形成规模效益。坚决关、停、并、转年加工规模或原料资源不足万吨的加工厂。

二是优化产品结构和加工工艺,推行订单配方生产,使产品性能的一致性明显提高,竞争力显著增强。

三是推广清洁生产机制,推行废水循环利用,加快采用天然橡胶产品加工过程中的污水处理现代化设备,力争实现污水零排放。

四是实施“油改气”工程,对橡胶加工厂生

产用的燃料全部由柴油改为天然气。相对于柴油而言，天然气燃烧所产生的废气既无粉尘又无二氧化硫等有害物质，对大气无污染，且经济效益显著。

5. 加大科技创新和推广力度

加强对橡胶树重要病虫害如死皮病、白粉病、炭疽病、割面条溃疡病及根病的防治技术研究和应用，强化胶乳田间凝固技术、丰产栽培技术、微割与导胶技术、橡胶深加工与精加工技术研究力度，建立环境友好型种植和加工技术体系。加强天然橡胶农业技术推广体系和企业技术研发中心的建设，大力推广培育且适宜我国环境条件的胶木兼优品种。深入开展包括橡胶种质资源收集、大田种植、鉴定、评价，转基因育种，以及高产机理和调控机制、橡胶新产品开发的基础理论等方面的研究。以市场为导向，联合下游企业和科技部门，开发适销对路的产品种类。

【展　望】

1. 发展目标

以保障我国天然橡胶供给安全为目标，以增加胶农收入、增强天然橡胶产业竞争力为核心，采取有效措施，实现天然橡胶产业的可持续发展，满足国民经济发展需要。

在保护生态环境的前提下，通过对天然橡胶优势区域进行布局规划，适度扩大我国的植胶面积，提高胶园建设标准和橡胶树优良新品种的种植比例，全面提升天然橡胶生产技术水平，实现我国天然橡胶产业向技术效益型转变，增加我国天然橡胶总产量，提高产业的整体经济效益，增强产业的竞争能力。

预计到2015年，力争优势区域内种植面积稳定在1400万亩左右，产量达到80万吨以上，新植胶园优良新品种应用比例达到100%，国内供给保障能力得到进一步增强。

2. 实现目标的保障条件

天然橡胶是世界性短缺的战略资源，根据我国现有胶园和土地资源状况及企业植胶积极性，从现在起，生产者除加强现有胶园管理和用足现有的宜胶地植胶外，部分经济作物的土地如果园、旱坡作物用地也将用于种植天然橡胶。

一是目前全国已开割胶园中，有增产潜力的达600万亩以上，按自然增产3%计算，每年预计增产1.8万吨，到2015年预计年产胶量将增长7万吨。

二是目前全国尚有未投产胶园达640多万亩，而且是近十年培植的良种树，每年将有120万亩投产，年均增产能力约6~7万吨，预测到2015年年增产量24万吨左右。

三是从2011年起，在“十二五”期间，五年累计需更新胶园面积120万亩，按目前平均每亩产胶79公斤计，这部分将减少产量约10万吨。

按此估算，以2010年生产天然橡胶68万吨为基础，到2015年目标产胶量80万吨是完全可以实现的。

四是建成达到国家节能减排要求的标准化大型天然橡胶加工厂46家，完善产品质量监控体系，全面提高天然橡胶质量。在海南、云南、广东建立7~8个高标准橡胶生产示范胶园与技术培训基地，并完成对全国天然橡胶优势区生产骨干的新技术培训。

五是积极推进国际合作交流，支持有条件的企业“走出去”发展，实现境外加工能力60万吨，实现国内外资源的有效配置，弥补国内资源不足，保障国内需求和缓解资源、环境与可持续发展的矛盾。

（郑文荣　孙娟）

合成橡胶

【基本情况】

2010年的国际国内竞争环境严峻复杂,面对国际上针对我国所设置的关税壁垒和技术壁垒的不利形势,我国合成橡胶界努力拼搏,积极应对金融危机的冲击和挑战,积极响应国家促进汽车工业发展政策所引发的轮胎需求的新一轮增长,我国合成橡胶产业再次得到快速发展,从2008年至2010年每年新增装置产能都在30~50万吨/年。2010年我国合成橡胶总产能已达到297万吨/年,位居世界第二,合成橡胶产量241万吨,主要原料丁二烯产量接近200万吨,继续创造历史新高。北京燕化公司的卤化丁基橡胶、茂名鲁华的异戊橡胶生产装置的建成投产,使我国成为继美国、日本之后,第三个可以生产8个基本合成橡胶品种的国家。新装置的陆续建成投产和各项新技术的采用,大大增强了我国合成橡胶产业在国际上的竞争能力。

2010年中国合成橡胶产业的基本情况是合成橡胶市场需求旺盛,原料丁二烯供应充足,合成橡胶产量有较多增加,市场占有率有较大提升,全年合成橡胶产品净进口量下降,主要产品市场价格回升到高位并突破历史最高价,价格在高位运行,民营企业蓬勃发展。

【生产能力】

2010年全国合成橡胶生产能力迅速增长,共有9套合成橡胶生产装置建成投产,新增生产能力32万吨。至2010年年底,全国主要合成橡胶装置能力达297万吨/年。在新建合成橡胶装置中,除中国石化燕山石化公司的溴化丁基胶装置外,其余装置均属民营或合资企业。

新建投产的装置有中国石化燕山石化公司的3.0溴化丁基橡胶(BIIR)装置,山西合成橡胶集团合资的山纳合成橡胶有限责任公司的3.0万吨/年氯丁橡胶(CR)装置,浙江嘉兴信汇新材料公司的5.0万吨/年丁基橡胶(IIR)装置,山东玉皇化工有限公司的8万吨/年丁二烯橡胶(BR)装置、青岛伊科思新材料公司的3.0万吨/年异戊橡胶(IR)装置、茂名鲁华化工有限公司的1.5万吨/年异戊橡胶(IR)装置、杭州浙晨橡胶有限公司的5.0万吨/年丁苯橡胶(SBR)装置、天津乐金渤天化学有限责任公司6.0万吨/年苯乙烯-丁二烯-苯乙烯嵌段共聚物(SBS)装置、天津陆港石油橡胶公司10万吨/年丁苯橡胶装置。

上述装置均为2010年投产,除山东玉皇化工有限公司的BR装置2月投产后即进入正常生产,全年产量较高外,其他装置当年实际产量较低。因投产时间大多数在第3季度以后,有的尚处在新工艺、新技术、新产品有待工艺稳定阶段,重点整合用户需求、调试流程、优化工艺等,以解决新装置存在的各种问题,为下一步商业化生产打好坚实的基础。

2010年中国石油天然气集团公司的“合成橡胶试验基地”建成投用,将在开发自有合成橡胶技术方面发挥优势。为了在合成橡胶技术领域有可靠的后发潜力,已有民营合成橡胶企业正在筹划组建自己的科研开发队伍。2010年我国大陆合成橡胶生产能力见表1。

【生产情况】

1.产量大幅增加,企业规模扩大,新合成橡胶品种不断出现

2010年我国主要合成橡胶产量241万吨(不包括胶乳和其他特种合成橡胶),比2009年增加43万吨,同比增长21.8%,其中我国合成橡胶工业协会会员企业产量为223万吨,其他企业产量为18万吨。全国合成橡胶产量按企业分类,中国石油化工集团公司产量占50%,中国石油天然气集团公司占26%,其他企业占24%。新装置的投产是大幅度增产的主要原因。2005~2011年(1~4月)我国合成橡胶年总生产量见表2。

表1 2010年我国大陆合成橡胶生产能力 万t

企业名称	SBR	BR	IIR	NBR	EPR	CR	IR	SBCs	合计
中国石化	45.7	37.8	7.5					33.0	124.0
齐鲁石化公司	23.0	4.5							27.5
燕山石化公司	3.0	12.0	7.5					9.0	31.5
高桥石化公司	6.7	15.3							22.0
巴陵石化公司		5.0						20.0	23.0
茂名石化公司	3.0	1.0						4.0	8.0
扬金橡胶有限公司	10.0								10.0
中国石油	39.5	17.5		6.5	2.0			8.0	72.0
大庆石化公司		8.0							8.0
兰州石化公司	15.5			6.5					22.0
锦州石化公司		6.5							5.0
吉林石化公司	14.0				2.0				16.0
独山子石化公司	10.0	3.0						8.0	21.0
地方控股企业						8.3			8..3
重庆长寿化工有限责任公司						2.8			2.8
山西合成橡胶集团有限责任公司						5.5			5.5
民营企业	15.0	8.0	5.0				4.5	6.0	28.5
山东玉皇化工有限公司		8.0							8.0
茂名鲁华化工有限公司							1.5		1.5
青岛伊科思新材料公司							3.0		3.0
杭州浙晨橡胶有限公司	5.0								5.0
天津乐金渤天化学有限责任公司								6.0	6.0
天津陆港石油橡胶公司	10.0								10.0
台资、外资控股企业	23.0	5.0		3.0				22.0	53.0
申华化学工业有限公司	18.0								18.0
镇江南帝化工有限公司				3.0					3.0
李长荣(惠州)								20.0	20.0
普利司通(惠州)	5.0								5.0
台橡实业(南通)								2.0	2.0
台橡宇部(南通)		5.0							5.0
总计	123.2	68.3	12.5	9.5	2.0	8.3	4.5	69.0	297.3

表 2　2005 ~ 2011 年(1 ~ 4 月)我国合成橡胶年总生产量　　万 t

项目	2005 年	2006 年	2007 年	2008 年	2009 年	2010 年	2011 年(1 ~ 4 月)
生产量	132.53	145.9	163.6	161.71	197.7	241.0	77.39
增长率/%	7.6	10.0	12.0	0	22	21.8	

比 2009 年增加的 43 万吨合成橡胶中，顺丁橡胶、丁腈橡胶(NBR)和 SBS 三大品种共增加产量 33.7 万吨，占增产总量的 78%(顺丁增加产量 13.8 万吨，同比增长 27%；NBR 增加产量 3.2 万吨，同比增长 66%；SBS 增加产量 17 万吨，同比增长 37%)，中国石油独山子石化公司产量增加较多。

我国合成橡胶企业大型化的趋势在 2010 年继续发展。在合成橡胶产量最多的 8 家企业产量均达到 15 万吨以上，总产量 178 万吨，占全国总量的 74%。中国石化属下的齐鲁石化公司、燕山石化公司和巴陵石化公司当年总产量均在 20 万吨以上，其中齐鲁石化公司产量 34.6 万吨全国第一；燕山石化公司 27.5 万吨位居第二；台橡公司在江苏南通 3 家企业的总产量与燕山石化公司相当，位居第三；其他产量在 15 万吨以上的 4 家企业分别是兰州石化公司 18.6 万吨、吉林石化公司 18 万吨、高桥石化公司 16.9 万吨、独山子石化公司 15.9 万吨。

2008 ~ 2010 年我国主要企业 SBR 生产量见表 3。其中齐鲁石化公司的 SBR 装置全年产量达 29.4 万吨，同比增加 9.2 万吨，相当于全国 SBR 产量的增量。申华产量达到了 20 万吨，相当它设计能力的 110%，其他企业基本保持原有水平。高桥石化保持了 5 ~ 6 万吨/年溶聚丁苯橡胶的较好水平，表明目前国内已具有溶聚丁苯橡胶市场需求水平。

表 3　2008 ~ 2010 年我国主要企业 SBR 生产量　　万 t

年份	齐鲁石化	申华化工	吉林石化	兰州石化	扬子金浦	高桥石化	独山子石化
2008 年	16.3	17.5	14.8	9.8	10.4	6.2	
2009 年	20.1	19.8	16.2	13.8	9.1	6.0	
2010 年	29.4	20.0	16.1	13.4	9.2	5.4	0.6

由于国内顺丁橡胶价格一直保持高位，国内顺丁橡胶装置大多提升了生产负荷，燕山石化完成 14.7 万吨，相当其设计能力的 122%。高桥石化也接近满负荷。山东玉皇化工有限公司新建的顺丁橡胶生产装置投产当年，其生产负荷已达设计能力的 80% 以上。2010 年全国顺丁橡胶增产幅度创新高。2008 ~ 2010 年我国主要企业 BR 生产量变化情况见表 4。

表 4　2008 ~ 2010 年我国主要企业 BR 生产量变化情况　　万 t

年份	燕山石化	高桥石化	玉皇化工	大庆石化	台橡宇部	齐鲁石化	巴陵石化	独山子	锦州石化
2008 年	14.4	9.7		6.3		4.9	3.4	3.2	2.2
2009 年	14.3	10.5		6.5	2.7	4.7	3.8	3.0	2.1
2010 年	14.7	11.5	6.7	5.9	5.4	5.2	4.1	3.4	3.3

2010年我国丁腈橡胶产量有新的大增长，是由于兰州石化公司新建的5.0万吨/年 NBR装置发挥装置能力。兰化丁腈橡胶产量创记录到5.2万吨。但和其生产能力6.5万吨相比还有生产潜力没有发挥。2008～2010年我国主要企业NCR产量见表5。

2010年国内SBS产量迎来新的高增长，主要来自独山子石化公司新建18.0万吨/年橡胶装置的SBS投产，其生产负荷较高，SBS年产量已超过其装置设计能力。燕山和巴陵均达到满负荷生产。2008～2010年我国主要企业SBS生产量见表6。

表5　2008～2010年我国主要企业NCR产量

万t

年份	兰州石化	南帝化工
2008年	2.1	2.1
2009年	2.5	2.3
2010年	5.2	2.8

表6　2008～2010年我国主要企业SBS生产量

万t

年份	巴陵石化	燕山石化	茂名石化	独山子石化
2008年	11.1	7.9	8.6	
2009年	14.2	9.1	10.3	
2010年	15.4	9.2	8.4	12.0

国内多套溶聚丁苯橡胶(SSBR)装置(总能力20万吨/年)的生产负荷仍然较低，或改产SBS全国SSBR实际产量还很少。

2010年国内合成橡胶行业最突出表现除了BR、SBR、NBR和SBS产量显著增加外，就是技术研发即采用国内外整合技术和我国自己开发的技术。燕化公司建成3万吨/年溴化丁基橡胶(BIIR)生产装置，茂名鲁华化工有限公司、青岛伊科思新材料公司建成两套异戊橡胶(IR)生产装置，嘉兴信汇新材料公司建成5万吨/年丁基橡胶(IIR)生产装置。其中溴化丁基橡胶、异戊橡胶两个新品种，填补了国内胶种空白，结束了这两种产品需求完全依靠进口的状况。

新建成投产的丁基橡胶、异戊橡胶装置受诸多因素影响，2010年的产量不多。2010年建成投产的8套生产装置全年总产量不足9万吨，从产能和产量方面比较，全国主要合成橡胶装置整体能力利用率为85%。

2. 生产企业不断增多，民营企业发展迅速，产品分布开始变化

2010年，中国合成橡胶工业协会成员企业共生产合成橡胶2168845吨。其中，乳聚丁苯橡胶880523吨；溶聚丁苯橡胶59285吨；顺丁橡胶603633吨；SBS热塑性弹性体449986吨；丁腈橡胶79572吨；氯丁橡胶40779吨；乙丙橡胶19091吨；丁基橡胶35976吨，其中溴化丁基橡胶342吨。

2010年投资合成橡胶呈现热潮，新建的合成橡胶生产企业不断涌现，2008年我国合成橡胶企业共16家，属中国合成橡胶工业协会成员的共15家，非成员企业1家(台资)。2010年我国合成橡胶企业共27家，增加了68%，其中协会成员增至18家，新增成员3家(2家台资1家民营)。非成员企业增至9家(外资1家台资2家合资1家民营5家)。2010年我国主要合成橡胶企业产量见表7。

2010年我国合成橡胶总产量240.56万吨，国内企业生产172.74万吨占72%，台资外资企业生产50.44万吨占21%民营企业生产17.38万吨占7.2%，三分天下格局已经形成。

表 7　2010 年我国主要合成橡胶企业产量

万 t

序号	企业名称	SBR	BR	SBC	NBR	CR	IIR	EPR	IR	总计
1	齐鲁石化	29.39	5.24	—	—	—	—	—		34.63
2	燕山石化	—	14.70	9.22	—	—	3.60	—		27.52
3	申华化工	19.96	—	—	—	—	—	—		19.96
4	巴陵石化	—	4.12	15.38	—	—	—	—		19.50
5	兰州石化	13.39	—	—	5.17	—	—	—		18.56
6	吉林石化	16.08	—	—	—	—	—	1.91		17.99
7	高桥石化	5.37	11.53	—	—	—	—	—		16.90
8	独山子乙烯	0.55	3.41	11.96	—	—	—	—		15.93
9	扬金橡胶	9.23	—	—	—	—	—	—		9.23
10	茂名石化	—	—	8.44	—	—	—	—		8.44
11	玉皇化工	—	6.71	—	—	—	—	—		6.71
12	大庆石化	—	5.95	—	—	—	—	—		5.95
13	台橡宇部	—	5.45	—	—	—	—	—		5.45
14	锦州石化	—	3.26	—	—	—	—	—		3.26
15	镇江南帝	—	—	—	2.79	—	—	—		2.79
16	长寿化工	—	—	—	—	2.12	—	—		2.12
17	山橡集团	—	—	—	—	1.96	—	—		1.96
18	台橡实业	—	—	—	—	—	—	—		
	总计	93.98	60.36	45.00	7.96	4.08	3.60	1.91		216.88
19	李长荣			12						12
20	普利斯通	4.2								4.2
21	山纳					0.34				0.34
22	伊科思								0.02	0.02
23	茂名鲁华								0.4	0.4
24	浙晨	0.47								0.47
25	乐金勃天			0.4	(0.9～1.2)					0.4
26	浙江信汇						0.15			0.15
	台橡实业＋巴陵			5.7						5.7
	全国共计	94.1	64.9	63.1	7.96	4.42	3.75	1.91	0.42	240.56

【市场供需与进出口】

1. 市场供需

2010 年我国合成橡胶表观消费总量为 373 万吨/年，同比增长 11.9%，国产合成橡胶市场占有率上升。其中七大基本胶种表观消费量为 285 万吨/年，同比增长 8.8%。七大基本胶种的国产合成橡胶市场占有率上升至 62.1%，同比上升 4.3 个百分点，其中 SBR 表观消费量仅增长 2.9%，市场占有率达 80.8%，市场占有率上升 4.9 个百分点；BR 消费量增长 9.7%，市场占有率大幅回升至 73.9%，占有率同比上升 10.1 个百分点；NBR 消费量增长 15%，市场占有率大幅上升至 44%，占有率同比上升 13 个百分点；CR 消费量呈回复性增长，接近历史最高值。

近几年国内多套 SBS 装置建成投产，国产 SBS 市场占有率不断提升，特别是我国台湾地区及韩国在大陆新建装置产品替代了进口产品，2010 年国内产品总体市场占有率高达 91%，同比上升 12 个百分点。我国 SBS 装置能力已达 75 万吨/年，而消费量仅为 70 万吨/年左右，装置能力高于国内产品消费能力。乙丙橡胶和 IIR 因市场需求增长，供给不足，国内产品市场占有率仅为 10% 左右。

2. 进出口

2010 年我国合成橡胶进口量为 156.5 万吨，同比增长 6.6%，出口量大幅度上升至 23.7 万吨，同比增长 128%。进出口量同比上升，但全年合成橡胶净进口量（进口量减出口量）为 132.8 万吨，同比减少 3.0 万吨，其中多个产品如 SBR、BR、NBR 和 SBS 的净进口量均呈下降趋势，2010 年我国合成橡胶净进口量见表 8，扭转了多年来净进口量持续上升的状况。国内新建装置陆续投入生产，大大提升了国内产品的供给能力，市场对进口产品的依赖度开始下降，这是进入新世纪以来（2008 年受国际金融危机的影响除外）的首次下降。受国内需求拉动，乙丙橡胶、IIR 和 IR 的进口量仍持续上升。

表 8　2010 年我国合成橡胶净进口量

产品	进口量/万 t	对比降低/%
SBR	22.4	17.9
BR	22.9	20.9
NBR	10.2	6.9
SBS	6.4	45.7

合成橡胶进口来源主要是韩国、日本、美国、俄罗斯和我国台湾，占进口总量的 73.4%。2010 年我国合成橡胶主要进口来源见表 9。2010 年我国各胶种进口来源分布见表 10。

表 9　2010 年我国合成橡胶主要进口来源

来源地	韩国	日本	美国	俄罗斯	台湾	德国	其他
占比/%	23.6	15.3	13.8	12.5	8.4	3.5	23.3

表 10　2010 年我国各胶种进口来源分布

产品	韩国	日本	美国	俄罗斯	台湾	德国	法国	泰国	墨西哥	西班牙	比利时	荷兰	英国	意大利	加拿大	其他
顺丁橡胶	33.2	15.3	8.9	10.6	11.1	3.4		8.1								9.4
丁苯橡胶	37.4	11.7	7.3	10.0	5.0	6.0		3.3								8.8
丁基橡胶		5.6	14.3	59.2			8.5				2.8				7.0	2.8
卤化丁基		4.5	40.6	4.5							28.4		7.7		13.5	0.6
异戊橡胶	0.5	18.0	1.6	78.7		0.3										0.8
乙丙橡胶	14.9	20.4	33.7		3.3	3.9	5.0					11.6		3.3		3.9
丁腈橡胶	39.6	17.7	1.0	24.0	5.2		9.4									3.1
SBS	35.2	7.7	4.4		35.2				4.4	6.6						8.8

国内一些合成橡胶品种装置能力的扩大除满足了国内市场需求的增长外，也有能力出口到国际市场，特别是台资和外资企业的合成橡胶产品及服务适应国际市场要求，更能方便进入国际市场。我国合成橡胶的出口量突破了8～9万吨的长期徘徊，2010年出口量达23.7万吨，同比出口量增加13.3万吨，但2010年出口量的增长主要还是受保税区转出口量大幅上升的影响。

3. 主要合成橡胶市场价格

国际经济复苏使橡胶的需求呈增长态势，加上天然橡胶产胶区气候异常使产量增长势头受阻，提升了国际天然橡胶市场价格，2010年国内天然橡胶市场价格屡创历史新高，受天然橡胶高价格的拉动，国内BR和SBR市场价格在高位运行。顺丁橡胶BR9000价格见图1。丁苯橡胶价格见图2。

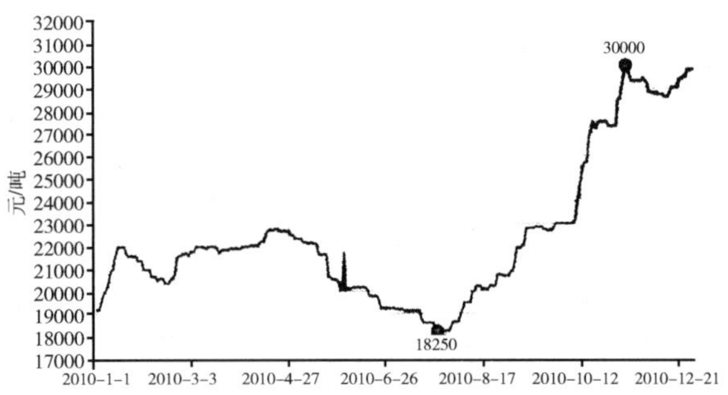

图1　顺丁橡胶BR9000价格

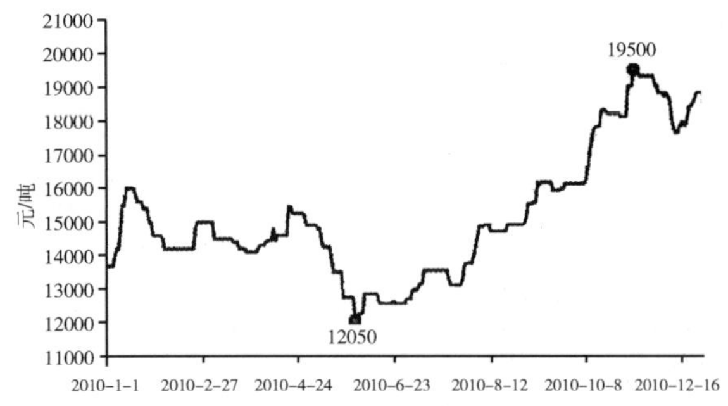

图2　丁苯橡胶价格

BR9000全年最高价格为30000元/吨，最低18250元/吨；丁苯橡胶最高价格19500元/吨，最低12050元/吨。合成橡胶与天然橡胶相比的价格优势将有利于橡胶加工企业扩大合成橡胶使用比例。

4. 国内丁二烯供应相对充足

2009年9月以后，国内共有4套大型乙烯新装置建成投产，加上辽宁盘锦乙烯装置的扩建，国内乙烯装置新增能力逾400万吨，乙烯装置联产的裂解碳四原料总资源量显著增长，为丁二烯生产提供了充足的原料。2010年我国生产丁二烯198.7万吨，较2009年增加53万吨，同比增长37%。国内丁二烯产量的增长抑制了丁二烯进口量，年净进口量（扣除出口）从2009年的25.7万吨下降到2010年的11.3万吨，同比下降56%。2010年我国丁二烯的表观消费量为210万吨，与2009年相比增加39万吨，同比增长23%。

国内丁二烯产量和供应量增加，且价格相对平稳，为合成橡胶生产增加提供了原料保障。

【基建与技改】

1. 山西合成橡胶集团的中亚合资3万吨/年氯丁橡胶生产装置建成投产

2. 玉皇化工有限公司8万吨/年顺丁橡胶装置投产

山东玉皇化工有限公司国产化技术设计的8万吨/年顺丁橡胶装置于2010年2月20日建成投产。这是国内民营合成橡胶企业投产的第一套规模化生产装置。装置设聚合、凝聚和后处理各两条生产线，至4月底该装置累计生产顺丁橡胶（BR 9000）共13930吨，分月产量为2月1730吨，3月5680吨，4月6520吨。目前生产情况正常，日产量稳定在200吨以上。

3. 青岛伊科思新材料公司的3万吨/年异戊橡胶（IR）装置建成投产

4. 茂名民营合成橡胶企业鲁华化工有限公司的1.5万吨/年异戊橡胶生产装置建成投产，采用稀土催化剂，单体由自建的碳五分离装置提供，碳五资源来自茂名石化公司

5. 中国石化燕山石化公司3万吨/年溴化丁基橡胶（BIIR）装置建成投产，改变我国溴化丁基橡胶全部依赖进口的局面

6. 杭州浙晨橡胶有限公司的5万吨/年丁苯橡胶（SBR）装置建成投产

7. 天津乐金渤天化学有限责任公司6万吨/年苯乙烯－丁二烯－苯乙烯嵌段共聚物（SBS）装置建成投产

8. 浙江嘉兴信汇新材料公司的5万吨/年丁

基橡胶(IIR)装置建成投产

9. 宁波科元石化建设7万吨/年SBS装置建成投产

宁波科元石化公司(Keyuan Petro - chemicals)将在宁波清兹化工园区现有生产地附近投资建设7万吨/年SBS生产装置。此外,配套贮存设施、原材料预处理装置和沥青生产装置于2010年第三季度开始建设,预计2011年下半年建成。该装置总投资约为1750万美元,新的贮存设施能力10万吨,沥青装置设计能力为30万吨/年。

【技术进步】

1. 兰州石化液体橡胶多品种工业放大试验成功

兰州石化于2009年底对高性能丁羟、高分子量丁羧、新型丁腈羧三种液体橡胶产品进行的工业放大试验,产品技术指标、应用性能全部满足用户要求,表明工业放大试验取得圆满成功。

2. 我国第一台挤压脱水膨胀干燥一体机后处理设备调试成功

我国第一台异戊橡胶后处理设备——挤压脱水膨胀干燥一体机,在广东茂名鲁华化工有限公司的1.5万吨/年异戊橡胶装置上调试成功。该设备由软控股份大连天晟通用机械有限公司研究开发制造,异戊橡胶产品挥发份达0.33%;门尼值指标达到要求。主要技术指标为膨胀段螺杆直径200mm,螺杆转速50~250r/min,主电机功率315kW,产量1500~2000Kg/h。

一体机的主要优点是大幅度降低设备投资,降低能耗和减少设备占地,可适用于多种合成橡胶的后处理。

3. 巴陵石化SIS加氢小试成功

巴陵石化合成橡胶事业部SIS加氢小试实验获成功,样品的各项技术指标处国内领先水平,其中加氢催化剂制备金属离子脱除技术具有原始创新性。SIS加氢产品SEPS小试技术具有三大创新点,一是尝试新的加氢催化体系,创造性地开发了新催化剂制备技术,使工艺条件与现有催化剂体系基本一致,有利于工业化;二是结合SEBS生产的实际,改进工艺条件,SIS中的异戊二烯段及苯乙烯段的加氢度处于国内领先水平;三是自主研发出加氢胶液中金属离子的脱除技术,突破了SEPS产品工业化的瓶颈。

4. 北京化工大学合成星形杂臂异戊二烯-丁二烯共聚橡胶成功

北京化工大学以环已烷为溶剂正丁基锂为引发剂四氢呋喃和五甲基二乙基三胺(PMDETA)为结构调节剂二乙烯基苯(DVB)为偶联剂,采用"臂先"和"核先"相结合的方法合成了星形杂臂异戊二烯-丁二烯共聚橡胶[$S-(PI)_n-(PB)_n$],并对其结构进行了表征。结果表明,最佳聚合工艺条件为单体质量浓度0.1g/ml,温度50℃~60℃异戊二烯聚合时间1h;在偶联反应时间为1h [DVB]/[Li](摩尔比)为1.0聚异戊二烯的单臂数均分子量为$6\times10^4\sim10\times10^4$的条件下,采用异戊二烯与DVB(摩尔比5:1)混合后的加入方式进行偶联反应,偶联效率可达70%,$S-(PI)_n-(PB)_n$的数均分子量为$2.2\times10^5\sim4.9\times10^5$,分子量分布可控制在1.80~2.10,PI和PB的平均臂数可达3~4,凝胶质量分数低于1.0%;当[THF]/[Li](摩尔比)为0.5[PMDETA]/[Li](摩尔比)为1.0时,$S-(PI)_n-(PB)_n$中乙烯基质量分数可以达到63%。

5. 高乙烯基聚丁二烯橡胶完成中试

由独山子石化公司研究院、中国科学院长春应化所共同承担的高乙烯基聚丁二烯橡胶中试项目,通过中国石油的验收。高乙烯基聚丁二烯橡胶(HV-BR)具有较好的抗湿滑性,滚动阻力较低,是满足现代轮胎橡胶制品对安全节能要求的理想胶料,在国外已实现工业化生产。

6. 中石化巴陵石化合成橡胶事业部完成三釜凝聚改造,合成胶全面降耗

中石化巴陵石化合成橡胶事业部到2010年底前9条凝聚生产线的三釜凝聚改造完成。实践表明,在同等条件下,每吨顺丁橡胶的蒸汽单耗可因此下降1吨,循环水消耗每小时下降70多吨,溶剂油消耗降低25千克。SBS生产的能耗、物耗因此全面下降,其中环已烷消耗历史上首次低于50千克/吨,蒸汽单耗也由原来4.75吨/吨降到3.78吨/吨,一条凝聚生产线年节能降耗创效800万元。合成橡胶三釜凝聚改造项目完成后,将为企业年创效5000万元以上。

【展望】

1. 轮胎制造业对合成橡胶的需求量将继续呈现增长态势

2011年是我国“十二五”规划的开局之年，国民经济保持持续发展、天然橡胶供应偏紧和价格趋高态势延续将对拓展合成橡胶应用增加动力，以轮胎制造业为代表的橡胶工业对合成橡胶的需求量将继续呈现增长态势。合成橡胶总体上仍能维持产销两旺的局面。

2. 部分胶种能力过剩现象将逐渐显现

2011年国内将继续新增合成橡胶装置能力55万吨，年内计划建成投产装置有宁波顺泽橡胶有限公司的5万吨/年 NBR、天津陆港石油橡胶有限公司的10万吨/年 SBR、福建福橡化工公司的10万吨/年的 SBR 和5万吨/年的 BR，抚顺石化公司的20万吨/年 SBR 以及新疆天利高新有限公司的5万吨/年的 BR 等。

市场方面，2010年新建投产的合成橡胶装置在解决开车中暴露的问题后将逐渐转入正常生产，装置将在2011年发挥能力。SBR、BR 和 SBS 等品种供应能力将进一步增长，市场供过于求的矛盾将会显现。但 IIR、乙丙橡胶和 IR 等产品的国内市场需求仍难摆脱主要依靠进口的状况。

3. 丁二烯市场供应将趋紧

受原有合成橡胶装置产能发挥和新装置投产的影响，原来国内配套的原料丁二烯大多已进入2010年国内市场，今年国内丁二烯市场供应将趋紧，我国丁二烯进口量将呈现回升态势。

4. 开发自有技术、形成具有特色的核心技术仍是行业技术进步的主要方向

由于合成橡胶装置能力和生产量的进一步增长，通用产品供过于求的日子即将到来，市场对合成橡胶产品的品质和服务要求将日益提升。开发自有技术、形成具有特色的核心技术、推进产品结构调整、多生产高价值的专用牌号仍是“十二五”期间行业技术进步的主要方向。

（张爱民）

杜仲橡胶

杜仲橡胶是具有橡塑二重性的优异高分子材料，广义上来讲，分为天然杜仲橡胶与合成杜仲橡胶两类。两者与产于三叶橡胶树的天然橡胶化学成分相同，但分子结构不同，杜仲胶为反式聚异戊二烯，天然橡胶则为顺式聚异戊二烯。目前，天然反式聚异戊二烯橡胶主要包括杜仲橡胶、古塔胶和巴拉塔胶。天然杜仲橡胶系由杜仲树的籽、叶、皮、根通过物理或化学提取法制得。古塔胶主要由马来亚半岛、印度尼西亚、南美、巴西等热带地区产的山榄科植物的树皮和树叶中的胶乳制得。巴拉塔胶主要由产于圭亚那和委内瑞拉等地的一种山榄科植物胶乳制得。合成杜仲橡胶则由石油裂解后所得的 C_5 馏分中的异戊二烯在特定的催化条件下聚合制得。

【天然杜仲橡胶】

杜仲是我国特有的植物，世界95%以上的杜仲资源在中国，也是适应范围最广、发展潜力最大的优质胶源树种。杜仲的果、叶、皮、根中含有丰富的杜仲胶，基于杜仲胶独特的结构与性能，可开发出三大类不同用途的材料，即橡胶高弹性材料、低温可塑性材料及热弹性材料，广泛应用于橡胶工业、航空航天、国防、船舶、化工、医疗、体育等领域。

1. 发展回顾

上世纪50年代初，我国根据周恩来总理的指示，开始了杜仲代替天然橡胶的研究，并在青岛二厂组织专家进行试验。

1981年，中国科学院化学院严瑞芳首次将合成杜仲胶制成弹性体，并在原西德申请发明专利，1984年获得授权。

1993年，国家农业部原部长何康、副部长洪绂曾、原副部长相重扬及跨部门、跨学科的专家、科学工作者写了《关于杜仲综合利用尽快产业化的建议》上报中央，受到国务院领导重视。

1994年5月5日，国务院组织召开了关于杜仲资源综合开发有关问题的会议，国家计委、国家科委、国务院扶贫开发办、国家农业综合开发办的有关领导听取了农业部、中国农学会的汇报后，正式提出“杜仲的综合开发利用是贫困山区脱贫致富的支柱产业”。汇报后形成会议纪要，转发有关部委。会议决定安排第一笔资金，支持在北京办精胶示范厂，在遵义、略阳等地办粗胶厂，并要求各部委和地方支持这项工作。

1996年1月，我国第一个杜仲精胶示范厂在北京顺义建成。截至2010年，我国陕西略阳、安康和河南灵宝分别建成了百吨级杜仲橡胶生产和实验装置，并陆续有一定量的产品进入市场，出口国外。

虽然由于各种历史原因，我国杜仲胶生产没有大规模发展起来。但值得庆幸的是，我国一大批热爱杜仲事业的杜仲人始终矢志不移地坚持进行杜仲种植改良和综合利用的研发，并取得了累累硕果，为我国杜仲绿色大产业的发展奠定了坚实的基础。

2. 产业化现状

早在1952年，我国就拥有贵州遵义、湖南江垭、湖北郧西和四川旺苍四个万亩杜仲林场，在国家有关部门的组织下，曾进行过高浓度的氢氧化钠法提胶工艺攻关，但由于成本高且环境污染严重而搁浅。1982年，中科院化学所研究员严瑞芳在西德进修期间，在世界上首次用新的硫化办法将合成杜仲胶制成弹性体，并在德国申请了专利。1983年初，方毅副总理做出批示，给予大力支持。严教授在后续的研究中从微观结构和宏观性能的关系上找到了杜仲胶获得高弹性的基本规律，利用杜仲胶橡－塑二重性、优良共混性及独特的集成特性使杜仲胶新材料的开发进入了一个新的高度，为开发不同环境下使用的新型特种功能材料及以高性能绿色轮胎为代表的工程材料奠定了基础。并将杜仲胶加工成三大类用途不同的材料，即热塑性功能材料、热弹性形状记忆材料及橡胶材料，大大拓展了杜仲胶用途，开发出一系列专利技术及各种不同用途的功能材料，并在世界上首次制造出了“杜仲胶/顺丁胶共混 3.25－16 型摩托车外胎”，安全行驶两年后的胎面及锯开的横断面处于完好状态。

目前我国已有 3 家杜仲胶生产企业，分别是灵宝市天地科技生态有限责任公司、略阳嘉木杜仲产业有限公司和陕西安康禾烨公司。灵宝市天地科技生态有限责任公司自 1993 年以来利用荒山、荒坡陆续开发种植了约 3 万亩杜仲林，并在中国林科院的指导下逐步改造为优质果园式杜仲种植基地。目前已开发和投入市场的产品有杜仲胶、杜仲雄花茶、杜仲 a－亚麻酸胶囊、杜仲洋参胶囊等，产品销售和应用情况较好。2007 年该公司与西北农林科技大学、日本大阪大学、日本日立造船公司合作，建立了杜仲胶试验装置，目前杜仲胶的提取纯度约 95%，在应用方面亦有不少突破。略阳嘉木杜仲产业有限公司依托当地 58 万亩杜仲优势资源，开发的主要产品有杜仲橡胶、杜仲籽油胶囊、杜仲饲料添加剂及杜仲保健饮品等。安康市禾烨生物工程有限公司早在 2001 年就建成了年产 100 吨规模的杜仲粗胶厂，近年又建起了年产 30 吨规模的精胶厂，并对原百吨级装量进行了更新。除杜仲橡胶外，还生产医用胶板、绿原酸等医药中间体。

湖南老爹生物有限公司最近成功提取制备出高纯度的杜仲胶，各项指标均达到合格产品要求，百吨级杜仲胶生产装置预计年底建成。

3. 产业化进程

随着我国汽车工业、轮胎工业及橡胶相关领域的发展，我国已成为世界天然橡胶第一消耗大国，年消耗量已超过 300 万吨。但由于受地理环境限制，国内产量受限，进口依存度 80% 以上。近年来，天然橡胶价格持续上涨，2011 年初甚至突破 4 万元/吨大关，给轮胎等橡胶加工企业带来了巨大成本压力。长期高度依赖进口和胶价不断上涨的局面已经严重影响和制约我国橡胶工业平稳安全发展。开拓橡胶新资源、逐步解决我国天然橡胶资源匮乏的历史重任已迫在眉前。经过多年来不断的育种和栽培方式的改良，杜仲作为我国最具发展潜力的优质胶源树种已引起国家和业界的充分关注。在 2010 年 3 月的世界橡胶年会暨第五届中国橡胶市场发展论坛上，中国橡胶工业协会会长范仁德提出：“要站在世界橡胶工业长远持续发展的高度，推动杜仲胶等‘新兴天然橡胶产业’的发展。” 2010 年 7 月在“橡胶新材料开发及应用研讨会”和中国橡胶工业协会与中国化工报联合举办的“2010 杜仲产业发展论坛”上，范仁德呼吁，为了我国橡胶工业的长远持续发展，建议国家推动杜仲新兴天然胶战略产业的发展，支持有关杜仲种植、提胶、橡胶产品开发及医疗等领域的企业和科研单位组成产业联盟，尽快形成新兴产业，为我国低碳经济发展做贡献。2010 年 3 月我国轮胎行业人大代表向“两会”递交了关于推动杜仲胶产业发展的提案。

2010 年 11 月，国家发改委在上报国务院的信息中，提出充分发挥我国杜仲种植和加工利用的传统优势，加快杜仲的开发利用。

中国社会科学院分别以“要报”和政协“提案”的形式向国家建议，把杜仲产业列入国家加快培育和发展战略性新兴产业重点支持的产业领域，以工农业复合循环经济模式开发杜仲产业。

2010 年 12 月，中国橡胶工业协会专门成立了杜仲产业促进工作委员会。旨在于牵头和联系有关杜仲种植、杜仲胶提取与加工应用以及循环利用等领域的企业、科研单位及其他相关企业互相配合、协调发展，推动我国杜仲橡胶产业化进程。

2011 年 2 月，中国橡胶工业协会分别向国家发改委产业协调司和科技部有关部门递交了关于《将杜仲产业作为新兴战略产业加快发展的报告》。

3 月 1 日，中国橡胶工业协会组织杜仲产业战略联盟(筹)成员单位召开了“杜仲产业化促进工作座谈会”，国家发改委产业协调司、农经司、科技部高新技术发展及产业化司等有关部门领导应邀出席会议。会议围绕我国杜仲种植模式比较，杜仲胶提取、医药及保健品制备等综合利用工艺路线选择，杜仲产业重点技术攻关方向和重点研究项目以及杜仲产业链经济性分析和市场发展预测进行了探讨与分析。

3月16日,我国第一个杜仲产业战略联盟在青岛正式成立。

2011年4月,国家发改委发布的"产业结构调整目录(2011本)中将"杜仲种植生产"和"新型天然橡胶的开发和应用"列入鼓励类目录中。

为了摸清全国杜仲种植及综合利用情况,推动杜仲橡胶产业化进程,中国橡胶工业协会开展了一系列调研工作,先后赴湖南湘西、河南略阳、陕西、甘肃、贵州和山东等地调研杜仲种植和综合利用情况。目前我国陕西、河南、湖南的部分地区杜仲综合利用已取得较大进展,杜仲橡胶亦有一定量的生产。甘肃、福建、四川、湖北等省份的一些地区也积极着手筹划杜仲大面积种植和改良以及杜仲产业链配套项目的建设。

从政府到行业协会乃至企业都认识到发展杜仲等新型天然橡胶的必要性和迫切性,形成了共识,并采取了积极行动。这也标志着我国杜仲产业进入了一个新的历史发展阶段。

【合成杜仲橡胶】

合成杜仲橡胶是一种微观结构与天然杜仲胶相同的反式异戊橡胶。1989年,青岛科技大学黄宝琛教授在实验室瓶试中首次发现,用负载钛催化剂($TiCl_4/MgCl_2$)可以合成制得高反式(反式结构含量超过98%)的反式聚异戊二烯(TPI)(国外均用钒体系或V/Ti混合体系),并在1992年的《高分子学报》上发表"高反式-1,4-聚异戊二烯合成的新方法"论文,公布这一结果。

1991年,高反式-1,4-聚异戊二烯的合成研究项目获得第一项国家自然科学基金支持(编号:29170185)。经过系统研究,进一步研究出负载钛催化本体沉淀聚合合成TPI新方法,使催化活性和合成技术都前进了一大步,奠定了后续发展基础,并申请中国发明专利"高反式-1,4-聚异戊二烯的新合成方法"(专利号:ZL95110352.0)。

1995年,"合成聚异戊二烯的新途径"研究项目再获国家自然科学基金支持(编号:29574166),用5-10升聚合釜研究负载钛催化本体沉淀聚合合成TPI新工艺。

1996年,"反式-1,4-聚异戊二烯的材料工程学研究"项目获得第三项国家自然科学基金支持(编号:59673004),重点研究TPI的结构与性能及其应用。同年10月,"高反式-1,4-聚异戊二烯的合成与应用开发"研究项目获国家"863"高技术研究发展计划支持(编号:715-007-0040),进行模试合成杜仲胶100升聚合釜试验。1998年12月,重点进行轮胎应用研究的"高反式-1,4-聚异戊二烯的工业化准备"再获国家"863"计划支持(编号:715-007-0040)。

2000年5月,"高反式-1,4-聚异戊二烯在高速节能轮胎中的应用"通过中国石化局(原化工部)鉴定,评价为国际先进。主要成果是在半钢子午胎胎面胶中以20份TPI取代丁苯橡胶,使汽车百公里油耗降低2.5%左右,意味着TPI:节油:减排=1:70:200。

2001年1月,该项目获得2000年国家技术发明奖二等奖。2001年2月,获国家科技部863计划十五周年先进个人重要贡献奖。

2005年11月,"青岛科大方泰材料工程有限公司"(注册资本700万元)成立,并建设500吨/年合成TPI工业试验装置(采用4500升聚合釜),是当时世界上产能最大的合成TPI工业试验装置。2006年12月一次投料试车成功,生产出粉末状合成杜仲胶。

2010年,青岛第派新材有限公司成立,筹建30000吨/年合成反式异戊橡胶工业化装置。2011年5月,一期15000吨/年规模合成TPI装置基础设计通过审查,进入详细设计和建设阶段。预计2012年6月我国第一套合成杜仲胶工业化装置将建成投产。

【研发应用】

近些年,我国在杜仲胶应用开发方面的研究已逐步活跃起来。国内外杜仲胶的产品应用已覆盖到多个领域。作为低温热可塑材料,应用范围包括高尔夫球、医用代石膏骨科外固定及矫形用杜仲胶夹板、运动员护支具、假肢支撑腔(假肢套)、牙齿填料、运动员护齿等。作为热弹性形状记忆材料,由于其独特的形状记忆功能,可用于实验室玻璃仪器接管、真空油泵、真空水泵密封接管等。由于其优异的耐磨性和抗撕裂强度,与聚丁二烯橡胶等合成橡胶共混制成综合性能优异的轮胎用集成材料用于制备高性能轮胎。其他应用包括海底电缆、飞机遥测遥感雷达天线透雷达波用密封薄膜、塑料改性、沥青改性、高拉伸疲劳帘子布胶改性、气密性橡胶组合物、减震降噪集成材料以及其他特殊环境下使用的新型功能材料等。

青岛第派新材公司与轮胎企业合作,在合成杜仲胶的应用方面已经做了大量试验工作,为天然杜仲胶应用推广奠定了基础。以20~25份TPI(合成杜仲胶)取代丁苯橡胶SBR1712试制小轿车、轻量载重半钢子午胎,经机床高速试验各项指标分别达到相应合格产品标准。在时速90~100公里情况下节油率达到2.5%左右,行驶里程分别达到15万公里和12万公里以上。

【产业化思考及建议】

1. 大力发展高胶含量的杜仲种植模式,新植和低产低效林改造相结合

我国的气候地理条件非常适合种植杜仲,目前杜仲栽培面积约500万亩。据测算,全国可种植范围约2000万公顷以上。利用杜仲高产胶良种,采用果园化栽培技术,杜仲产果量比传统栽培模式提高40~60倍,每公顷产果量3000公斤,产胶量达450公斤,包括叶和皮的产胶量,每公顷产胶量达到600公斤左右。据了解,集约式优质、成熟果园化杜仲林盛果期亩产杜仲籽达到300~450公斤,籽壳提胶率达到15%~17%,亩产杜仲胶约40~60公斤,接近我国海南地区天然橡胶亩产量。

现有种植面积绝大多数为传统药用杜仲林,树干高大,产果量低、且不易采摘。今后发展中应推广高胶含量的果园化种植模式,也可因地制宜,根据区域特点或综合利用模式的需要发展叶林式种植模式。培育杜仲种植示范基地,宜坚持新植和低产低效林改造相结合。

加强对杜仲基地和示范项目建设的宏观指导。基地建设要充分考虑促进主导产业的形成,不仅在于发展的数量,还应实现建设规模化经营和资源利用的有效配置。每片基地要相对集中连片,并有一定的面积,使基地建成后都能形成规模。基地建设要严格按工程项目管理,强化集约经营,并建立一套从可行性研究(报告)、立项、规划设计、作业方案、施工管理、检查验收到建立技术档案等主要内容的科学管理体系,集中人力、财力、物力重点投入,做到造一片、管一片、成林一片、丰产一片。在基地布局上,应根据当地自然地理条件,特别是要选择适宜杜仲生长的山地、荒地发展栽培,认真做到因地制宜、适地适树,选择优良品种;在营造模式上,必须将立体结构与层次经营相结合,如发展林下种植等;在培育方式上,实行新造(包括更新造林)与培育有丰产潜力的幼林相结合,以加快建设速度,及早发挥投资效益;在发展的同时,对经济效益差的"劣、杂、散、残"的杜仲林,应有计划地分期分批进行补植,使基地能与增产、增收、增效同步进行。

2. 以杜仲胶为龙头,实现杜仲资源综合利用和协调发展

经过几代人的努力,我国在杜仲树的种植、杜仲胶的提取及应用技术和医用、保健及综合利用方面,取得了实质性进展。

在资源培育方面,中国林业科学研究院牵头选育出4个高产胶杜仲良种,采用果园化栽培技术,杜仲产果量比传统栽培模式提高40~60倍,每公顷产胶量达400kg~600kg。在产业化研究方面,已经形成了具有自主知识产权、领先世界的完整的杜仲材料科学产权体系。国内杜仲胶生产企业在多年的生产及研发实践中积累了大量经验,不仅可以生产出合格的杜仲精胶,还在综合利用和杜仲橡胶的加工应用方面取得了可喜进展。目前国内外已经开发出多种功能食品和保健品,如杜仲雄花茶、杜仲叶茶、杜仲亚麻酸软胶囊、杜仲挂面、杜仲茶果冰、杜仲冰糕、杜仲茶粥、杜仲晶、杜仲冲剂、杜仲口服液、杜仲酒、杜仲纯粉、杜仲酱油、杜仲醋、杜仲可乐、杜仲咖啡、杜仲面粉、杜仲米粉等。

提取有效医药保健成分后的杜仲原料,还可以用来生产杜仲绿色饲料添加剂;提取杜仲胶及其它活性成份后的杜仲固体废物经微生物发酵、除臭和腐熟后可加工成有机肥;利用产业过程中生成的木质素、纤维素、半纤维素等废弃物,可以生产"环境友好型"的型材、板材及其他制品。

通过对杜仲资源的综合利用,充分利用杜仲的果、叶、皮、花等发展循环经济,大幅度降低杜仲橡胶的生产成本，从而实现杜仲橡胶的规模化生产。而从另一方面来讲，也只有以杜仲胶为龙头，实现杜仲橡胶的规模化生产，才可以实现杜仲资源真正意义上的综合利用，带动杜仲大产业链的发展，彼此相辅相成，互为依存，协调发展。

3. 建立杜仲长期育种基地，普及杜仲栽培知识

目前，大规模种植和更新种植杜仲面临的突出问题是丰产苗种和种植知识的缺乏。以我国300万公顷杜仲天然橡胶产业工程为目标，建立杜仲长期育种基地。在我国杜仲主产区培育建立（国家级）杜仲繁育与产业开发技术工程中心，建立杜仲良种果园、叶用林为主的杜仲胶产业化示范基地，进行模式创新、栽培新技术集成与创新，为杜仲产业发展提供配套培育技术。

要尽快开展杜仲栽培知识普及工作。建议通过各种出版物、网站、电视等媒体广泛宣传杜仲栽培以及循环利用基础知识，建立培训基地，加速培养高级技术人才。

4. 建立国家级杜仲橡胶科学研究院

在3·16杜仲产业技术创新战略联盟成立大会上，业内专家建议要加强我国杜仲产业现代化技术及装备的研发，形成一批有自主知识产权的新工艺、新设备。要充分发挥我国占世界杜仲资源99%的资源优势、科技优势和杜仲产业发展基础，大胆创新，运用现代科学的方法和手段，按照国际认可的标准规范，研究开发现代杜仲相关产品，提高杜仲产业的技术水平和市场竞争力，将我国在杜仲研究方面的资源优势、科技优势转化为产品优势，推进杜仲产品结构和农业生产结构的调整，促进杜仲经济的快速发展。

因此，需要在国家扶持下、依托有技术和人才基础的企业和研究机构建立中国杜仲橡胶科学研究院，开展杜仲橡胶制备及应用的研究开发，制订相应工艺标准、产品标准，为杜仲橡胶的规模化、规范化生产和市场应用奠定基础。

5. 建立完整的杜仲产业链和综合利用体系

杜仲产业是典型的工农业复合型循环经济产业，发展前景宏伟，要立足于长远发展，运用系统思维，把杜仲产业作为系统工程来推动。要建立完整的杜仲产业链和综合利用体系，把杜仲胶的开发应用作为推动杜仲产业发展的核心。在发展杜仲资源的同时，要统筹考虑原料的运输、储藏、产业链的布局、产品的销售、市场的开发等。通过建成综合开发配套项目和产品营销链，形成既有资源规模又有系列加工、既有全方位销售又有配套服务的社会化格局，努力提高杜仲开发的经济效益。把杜仲产业作为系统工程来推动，还需要地方政府的共识，并给予积极支持和配合。

6. 杜仲产业的发展需要国家给予政策支持

建议国家把杜仲产业纳入战略性新兴产业的生物制造领域和新材料领域，对于杜仲产业种植基地和杜仲综合利用示范基地的培育，国家应给予资金和相应的政策扶持；对基于杜仲产业发展规模化种植、从事杜仲胶、药物和保健品成分提取和制造、加工废弃物循环利用的龙头企业给予补贴；把杜仲产业发展纳入碳汇产业给予支持；对杜仲种植给予种苗和抚管补贴；建议把杜仲产业技术创新联盟纳入国家科技支撑计划给予支持。

（王凤菊）

骨 架 材 料

【基本情况】

我国橡胶用骨架材料自改革开放以来有了很大的进步与发展，产业具有相当的生产规模，产品规格基本齐全、质量和产量能够满足国内橡胶工业不同产品的需求。2010 年是“十一五”收官之年，在这个五年计划之中，我国橡胶用骨架材料产量虽然遭受 2008 年金融危机的影响，当年产量同比增长停滞，但其他年份均保持高速增长，超额完成了“十一五”规划目标。

橡胶工业用骨架材料支撑我国橡胶工业走向世界第一的同时，也加快了自身发展。轮胎是消耗骨架材料的主要行业，近几年随着我国轮胎产量的不断增长和子午化率的不断提高，骨架材料的产品加快了结构调整，以锦纶 6 为代表的斜交胎用骨架材料，产量基本保持稳定，以涤纶为代表的半钢子午胎用骨架材料，每年增长率极快。据中橡协轮胎分会 2010 年对 45 家重点会员企业统计情况看，2010 年轮胎总产量为 3.05 亿条，比去年同期增长 16.0%；其中，子午胎 2.56 亿条，同比增长 19.6%；全钢胎 0.72 亿条，同比增长 21.4%。子午化率达 83.9%，同比提高 2.5 个百分点。“十一五”期间骨架材料产量见表 1。

表 1 “十一五”期间骨架材料产量 t

产品名称	2006	2007	2008	2009	2010
钢帘线	561915	724700	695400	916000	1204000
胎圈钢丝	332004	354000	487000	494000	521000
锦纶帘布	266400	270936	243400	247000	268000
涤纶帘布	46184	76410	71000	85600	117000

注：表 1 为中橡协骨架材料专业委员会统计。

【生产现状】

我国橡胶用骨架材料经过几十年的发展已有相当的规模，产品品种规格基本齐全，能满足下游用户的需要。斜交胎主要用锦纶 6 和锦纶 66；子午胎以涤纶、钢丝帘线为主，芳纶和 PEN 等高性能纤维也正在逐步推广应用中。从整体来看，我国骨架材料产能供大于求，特别是锦纶帘布的产能不能再扩大，钢帘线和涤纶供需也趋于饱和，生产企业应加快发展方式转变和结构调整，增加产品的差别化和系列化，生产开发高性能纤维。

据中橡协骨架材料专业委员会 31 家主要会员单位统计，2010 年我国骨架材料产量为 217.2 万吨，总产值约 320 亿元；其中钢丝帘线 172.5 万吨，纤维帘线 38.5 万吨。

1. 我国骨架材料生产情况

(1) 纤维帘子布生产情况

2010 年全国轮胎总产量 4.43 亿条，其中子午线轮胎 3.75 亿条，斜交轮胎约 0.7 亿条，锦纶帘子布需求约 18 万吨；2010 锦纶帘子布出口约 9 万吨，力车胎消耗锦纶帘子布 9 万吨。因此，2010 年锦纶帘子布表观需求在 36 万吨。

①锦纶帘布

目前，我国锦纶帘子布总产能约在 40 万吨左右，开车率约为 90%，骨架材料专业委员会主要会员企业产量 26.8 万吨，同比增长 6.2%，其主要原因在于农业机械下乡优惠政策刺激了农业胎增长。除会员企业外，国内山东时风、山东翔宇、徐州飞达、张家港远程、无锡强力等企业约有9万吨产能。随着《轮胎产业政策》的出台，斜交胎市场日益缩小停滞，锦纶帘子布基本将维持现状。

②**涤纶帘布**

涤纶帘布是半钢子午胎的重要原材料之一，涤纶帆布、线绳是输送带和传动带的骨架材料。近年来随着半钢子午胎保持两位数的增长，涤纶帘布的需求出现高速增长，有超过锦纶帘子布的趋势。2010年全国半钢子午胎产量为2.88亿条，需消耗涤纶帘子布约11万吨，涤纶帘子布出口约4万吨，进口约1万吨。2010年涤纶帘布企业纷纷扩产，其他企业积极筹建涤纶帘布生产线，使得涤纶帘子布发展迅猛。目前国内生产涤纶帘布企业主要有山东博莱特、无锡太极、神马实业、开平联新、嘉兴晓星、南京可隆、苏州亚东等。目前实际产能约有12万吨左右，另外还有浙江海利得、翔鹭（海城）、南京可隆、苏州亚东9万吨计划或再建项目。2010年骨架材料专业委员会主要会员企业的涤纶帘子布产量为11.7万吨，同比增长22.4%，增长迅猛。我国涤纶工业丝主要生产企业产能见表2，2009年及2010年我国纤维帘子布主要企业生产情况见表3。

表2　我国涤纶工业丝主要生产企业产能

序号	生产厂家	产能/万吨	其中		纺丝设备配置	工程公司
			SLS	HMLS		
1	江苏恒力	20.3	8	0.3		
2	浙江海利得新材料有限公司	12	2.9	2.3	东丽，TMT，BMG	大连
3	浙江古纤道新材料有限公司	9	3.3	0.4	BMG	大连
4	晓星化纤（嘉兴）公司	6.8	1.2	5.6	TMT	
5	台湾新光集团	5.6	0.8	2.4		
6	浙江尤夫企业有限公司	4.5	1.2		BMG	大连
7	上海温龙化纤	4.4	0.8		BMG	大连
8	台湾远纺工业	4.3	1.2			
9	联新（开平）高性能纤维有限公司	4.2	0.6	3.6	自有技术，TMT/BMG	
10	亚东工业（苏州）有限公司	4	0.8		TMT	
11	绍兴海富化纤有限公司	3.8			嫁接（TMT）	大连
12	黑龙江龙涤股份有限公司	3.5			一期TMT，二期嫁接（BMG）	大连
13	无锡太极	3.2	1.6		一期立达 二期BMG	南京纺院/大连
14	上海石化	2.1	0.3		东丽，TMT	石化设计院
15	浙江奥尼斯特	2			国产	北化机
16	山东华纶化纤	2			国产	北化机

续表 2

序号	生产厂家	产能/万吨	其中		纺丝设备配置	工程公司
			SLS	HMLS		
17	张家港龙杰	2			国产	大连
18	杭州新光化纤(华春)	1.5	0.5		TMT	
19	山东海龙博莱特	1.2		1	BMG	大连
20	四平晨兴	1.2				
21	浙江展宏	1				
22	张家港骏马集团	1			嫁接(立达)	大连
23	山东银河德普胶带有限公司	1			嫁接(TMT)	大连
24	浙江双双	1			国产	北化机
25	台湾南亚	0.8		0.8		
26	中国神马	0.8		0.8	BMG	大连
27	仪征瑞辉	0.6			国产	北化机
28	山东青州立信	0.6			国产	北化机
29	江苏常熟长江化纤	0.6				
30	江苏嘉纶新材料科技有限公司	0.6				
31	山东枣庄海燕	0.6				
32	无锡金通化纤有限公司	0.6				
33	吴江线绳	0.6				
34	三门宏盛	0.6				
35	宁夏鲁银	0.5			国产	大连/北化机
36	其他	3				
	合计	111.5	19.7	19.9		

注:表 2 来自中橡协骨架材料专业委员会 2010 年《中外技术论坛》论文集。

表 3　2009 年及 2010 年我国纤维帘子布主要企业生产情况　t

企业名称	2009 年产量		2010 年产量		帆布	
	锦纶	涤纶	锦纶	涤纶	2009 年	2010 年
骏马化纤股份有限公司	74000		85000	3500		
宁波锦纶股份有限公司	63463		61000			
神马集团实业有限公司	39000	1600	46000	4500		
江苏海阳化纤有限公司	25000		25500		2000	
杭州帝凯工业布有限公司	27000		36000			
晓星化纤(嘉兴)有限公司		30000		29910		
山东博莱特化纤有限公司	1500	10000	358	14197	15000	11039
科赛(青岛)尼龙有限公司	3070		3500			
南京可隆有限公司		10000		13200		
杭州中纺锦纶有限公司	8000		0			
联新高性能纤维有限公司		22000		24000	5000	1500
无锡太极实业有限公司		10000		13015	9000	10021
山东东平金马有限公司	6000		5000			
泰州市苏中帆布厂					10000	5000
安徽佳元工业纤维有限公司	–	–	5900	14800		
湖北化纤集团有限公司		2000		–	1200	–
合 计	247033	85600	268258	117122	42200	27560

(2)钢丝帘线生产情况

我国汽车及轮胎行业的飞速发展,致使国际资本纷纷看好中国市场。自 20 世纪 90 年代中期后,比利时、日本、韩国等国际上大型钢帘线制造商纷纷在中国投资建厂,据统计,到 2008 年底已投产的外商独资或合资的钢帘线企业达 10 家(合计 19 间工厂),产能达 48.5 万吨,占国内钢帘线总产能 49.7%。2010 年我国全钢子午线轮胎消耗钢帘线约 92 万吨,半钢子午线轮胎消耗钢帘线约 29 万吨。2010 年骨架材料专业委员会主要会员企业生产钢帘线 120.4 万吨,同比增长 28.4%,外资和合资企业产量 57.75 万吨,占国内钢帘线总量 48%;胎圈钢丝 52.1 万吨,同比增长 4.2%;管带钢丝 6.2 万吨,同比增长 38.4%。2009 年及 2010 年我国钢帘线主要企业生产情况见表 4。

表 4　2009 年及 2010 年我国钢帘线主要企业生产情况　　t

生产企业	2009 年生产量			2010 年生产量		
	钢丝帘线	管带钢丝	胎圈钢丝	钢丝帘线	管带钢丝	胎圈钢丝
江苏兴达钢帘线股分有限公司	265076	1051	43712	364241	4930	64056
中国贝卡尔特钢帘线有限公司	300000		10000	390000	10000	15000
青岛高丽钢帘线有限公司	74800		58000	59000	1600	61000
嘉兴东方钢帘线有限公司	65000			72500		
安赛乐米塔尔荣成钢帘线有限公司	33000		32000	36000		34000
湖北福星科技股分有限公司	70000		20000	76800		24100
江苏法尔胜特钢制品有限公司		37028			45563	
东京制钢	–			20000		
湖北佳通钢帘线有限公司	10082		12450	16000		19000
浙江天伦钢丝有限公司			49612			51152
上海天伦钢丝有限公司			67500			38945
山东天伦钢丝有限公司			67538			15000
骏马化纤股份有限公司	44000			60000		
山东胜通钢帘线有限公司	60013			109667		
诸城大业金属制品有限责任公司		6800	96000			153600
张家港胜达钢绳有限公司			–			45000
河南博爱县线材厂	5000	10000	10000	–	–	–
贵州钢绳集团有限责任公司			30000			–
合计	926971	54879	496812	1204208	62093	520853

注:表 3、表 4 均为骨架材料专业委员会统计。

【科技进步】

新世纪以来,橡胶骨架材料企业逐步建立起技术创新体系,研发新产品,创造新的效益增长点。2010 年中橡协骨架材料专业委员会的两家会员企业进行了科技成果鉴定,新产品的投放大大提高了企业盈利能力。

1. 万吨/年子午线轮胎专用超高强度胎圈钢丝产业化技术

诸城大业金属制品有限责任公司自主研发的具有超高强度子午胎骨架材料,有利于轮胎轻质化,降低滚动阻力,节能降耗,提高安全性能,延长轮胎寿命。公司组成专门的研发小组侧重超高强度子午线胎圈钢丝的研制和开发应用,研制出了不同规格的超高强度钢丝,其性能指标达到国外同类产品水平,满足了制造高速、低滚动阻力子午线轮胎的需求。该产品可使每条轮胎减少钢丝重量约 6%,有利于减轻轮胎重量,降低滚动阻力,提高轮胎使用寿命、经济和社会效益显著。

2. 聚酯钢化棕丝橡胶骨架材料的开发和应用

世界大多数橡胶V带骨架材料，是用棉纤维或化纤纤维制成的绳芯结构。它的致命缺点就是带体伸长、强力减弱，导致带体提前损坏，完不成橡胶的合理使用寿命。威海天乘华轮特种带芯有限公司研制的涤纶钢化棕丝特种带芯使橡胶V带自问世以来其骨架材料有了根本性的结构变革。用该产品生产的橡胶V带实际使用寿命比聚酯线绳结构的同类产品，提高了5~10倍。聚酯钢化棕丝橡胶骨架材料的成功研制填补了国内空白，属于国际先进水平。建议企业扩大产业化规模、扩大产品品种规格，以便满足不同橡胶产品对骨架材料的需求。

【展　望】

1. 提高企业集约化程度，实现规模经济。“十二五”期间要以国内外两个市场为导向，以节能环保为基础，重点调整产业结构和产品结构，提高产品质量、生产技术水准，增加品种，促进和支持大中型企业的技术改造和企业的联合兼并，提高企业集约化程度和经济效益，实现规模经济，进一步抓好技术开发、原材料及生产装备的配套，增强骨干企业参与国际竞争的能力。

2. 市场导向，突出重点原则。坚持市场导向、突出重点、技术进步、协调发展、节能环保、可持续发展六项原则。坚持从市场出发，充分发挥市场配置资源的基础性作用，以产品结构、技术结构和企业组织结构调整为切入点。预测国内、国际技术经济发展趋势，对建设规模进行总量控制，根据市场需求确定行业发展和结构调整的重点方向。

3. 加大技术创新，努力创新品牌。紧紧围绕开发新产品，改善产品质量、改进技术和降低成本为目标，防治污染，加大技术改造力度，提高工艺和技术装备水平，努力形成拥有自主知识产权和关键技术的名牌产品。

（杨　青）

橡胶助剂

【基本情况】

“十一五”期间，我国橡胶助剂工业取得持续稳定增长，据中国橡胶工业协会橡胶助剂专业委员会统计，2010年橡胶助剂总产量70.1万吨，同比增长17.8%，工业总产值约136亿元，产品出口占总产量30%以上。产品产销量保持世界第一。

在橡胶助剂行业“坚持科技进步，以环保、安全、节能为中心，发展绿色化工，打造企业名牌、打造世界名牌”的方针指导下，企业的清洁生产有了重大突破，90%产品产量进入绿色助剂行列。“十一五”国家科技支撑计划“橡胶助剂的清洁工艺和特种功能性产品开发”项目取得重要成果，并将于2011年下半年进行国家验收。届时，我国橡胶助剂的清洁生产技术水平也将列入世界前列。

2011年是中国橡胶工业协会橡胶助剂专业委员会成立十周年的日子，在协会这个大家庭里，助剂企业茁壮成长，橡胶助剂的集约化程度大幅提高，销售额2亿元以上的企业的产品集中度达80%。中国橡胶助剂在全球举足轻重的地位是不可动摇的。

【产品与产量】

2001～2010年我国主要橡胶助剂产品产量及增长率分别见表1和表2。

表1　2001～2010年我国主要橡胶助剂产量　　万t

产品名称	2001年	2002年	2003年	2004年	2005年	2006年	2007年	2008年	2009年	2010年
防老剂合计	3.80	4.1	6.25	6.95	8.26	11.3	13.50	16.70	20.50	28.04
防4020	0.62	0.92	0.95	1.88	2.37	3.63	5.06	6.96	7.69	11.5
防4010NA	1.30	1.08	1.25	1.52	1.29	1.63	1.90	1.88	2.42	3.50
防RD	0.92	1.36	1.90	2.18	3.47	4.67	4.98	4.88	7.40	9.8
防BLE	0.22	0.23	0.26	0.27	0.23	0.01	0.15	0.37	0.33	0.27
防A	0.19	0.18	0.18	0.17	0.13	0.32	0.10	0.09	0.09	0.12
防D	0.05	0.08	0.08	0.11	0.12	0.29	0.08	0.09	0.11	—
酚类及其他	0.50	0.25	1.63	0.82	0.65	0.75	1.23	2.51	2.48	1.36
促进剂合计	7.20	6.6	8.35	9.30	13.8	16.39	19.50	21.33	23.21	24.72
促M	2.10	1.78	2.14	2.61	2.86	2.73	2.88	3.81	4.56	5.30
DM	1.50	1.40	1.33	1.76	2.20	2.68	2.98	2.84	3.28	3.70
CZ	1.17	1.01	1.38	1.82	2.81	3.11	3.69	4.03	4.50	4.60
NOBS	0.62	0.58	0.56	0.61	0.95	1.09	0.60	0.77	0.67	—
NS	0.25	0.35	0.38	0.72	1.40	2.51	4.22	4.24	4.30	4.30
DZ	—	—	—	—	0.55	0.47	0.98	0.68	0.91	0.73

续表 1

产品名称	2001 年	2002 年	2003 年	2004 年	2005 年	2006 年	2007 年	2008 年	2009 年	2010 年
D	0.15	0.25	0.98	0.09	0.58	0.83	0.95	0.66	0.88	1.12
TMTD	0.89	0.45	0.58	0.76	1.05	1.10	1.20	2.09	1.85	1.91
其他	0.42	0.78	1.0	0.93	1.40	1.87	2.00	2.21	2.26	3.06
不溶性硫黄	0.86	1.63	1.12	1.80	1.72	2.33	2.50	1.92	3.63	3.87
粘合体系助剂	—	—	—	1.55	2.00	2.90	4.00	4.08	4.44	5.05
加工助剂和其他	1.90	5.67	4.88	5.00	4.02	6.00	7.50	7.58	7.73	8.42
助剂产量总合计	13.8	18.0	20.6	24.6	29.8	38.9	47.0	51.7	59.5	70.1

表 2　2001 ~ 2010 年我国橡胶助剂增长情况

年份	2001	2002	2003	2004	2005	2006	2007	2008	2009	2010	平均
增长率/%	28.4	30.8	14.4	19.4	21.1	30.5	20.8	10.0	15.1	17.8	20.8

数据可见，我国防老剂的优秀品种 4020、RD 和 4010NA 占据主导地位，占防老剂总产量的 88%。促进剂迟效性次磺酰胺类产品占主导地位，特别是 CZ 和 NS 产量相当，它们也将是未来促进剂的主导品种，其他助剂产品发展比较平稳，其中防老剂 D，由于 β－萘胺的致癌机理和促进剂 NOBS 的亚硝胺致癌问题，经过多年调整，于 2008 年列入国家“双高”产品目录，2010 年已被国家工信部列入落后淘汰产能目录，其生产得到控制。

【主要产品】

1. 防老剂

2010 年我国防老剂品种在十多年以来，首次超过促进剂达 28.04 万吨，占橡胶助剂总产量的 40%。

防老剂主要品种对苯二胺类和酮胺类产品，主要是 4020、4010NA 和 RD，它们占防老剂产品的 88%，其余还有二苯胺类和酚类等如 BLE、DF34、防 264 和防 2246 等。其中以 4020 的综合防老性能最好，目前全世界还没有开发出综合防老性能超过 4020 的产品。

主要生产企业有中石化南京化工公司、圣奥化工、天津科迈化工有限公司、常州五洲化工有限公司、山东曹县斯递尔化工有限公司、山西翔宇化工有限公司、山东迪科化工有限公司、南京燕江化工有限公司、宁波海利化工有限公司、东北助剂化工有限公司、山东尚舜化工有限公司、常州新兴华大明化工有限公司等。

2. 促进剂

2010 年促进剂是我国第二大类橡胶助剂，总产量 24.72 万吨，占橡胶助剂总产量的 35.3%。

促进剂主要品种有次磺酰胺类、噻唑类、秋兰姆类、胍类和硫代氨基甲酸盐类，其中次磺酰胺类占促进剂总产量的 40%，主要为 NS 和 CZ。促进剂和主要产品有 NS、CZ、DZ、M、DM、TMTD、TMTM、TETD、TBzTD、D、BZ、EZ 等。

主要生产企业有山东尚舜化工公司（原山东单县化工有限公司）、天津科迈化工有限公司、荣成化工总厂有限公司、天津市有机化工一厂、镇江振邦化工有限公司、东北助剂化工有限公司、濮阳蔚林化工有限公司、河南开仑化工有限公司、山东曹县斯递尔化工有限公司、山东阳谷华泰化工股份有限公司、鹤壁华夏化工有限公司、温州嘉力化工有限公司、鹤壁联昊化工有限公司、浙江超微细化工有限公司、黄岩浙东橡胶助剂化工有限公司、青岛华恒化工公司、宜兴卡欧化工有限公司、江苏连连化学有限公司等。我国促进剂产量处于世界领先地位。

3. 硫化和硫化活性剂

硫化剂主要包括不溶性硫黄(IS)、硫化树脂201、202、2402、硫黄给予体、DTDM、过氧化物硫化剂、湿法纳米氧化锌、有机锌、活化剂、抗氧化返原剂 PK-900 等(不包括普通硫黄和普通氧化锌)。

"十一五"国家科技支撑计划"橡胶助剂的清洁工艺和特种功能性产品开发"项目中包括"万吨级高热稳定性不溶性硫黄的技术开发"目前已在山东尚舜化工有限公司建成,并通过科技成果鉴定,为我国高热稳定性不溶性硫黄的自主开发和满足需求起了重要的示范作用。目前东北助剂化工有限公司、四川领邦科技有限公司等企业都已成功开发了高热稳定性不溶性硫黄产品。预计2至3年内,我国目前高热稳定性不溶性硫黄需要部分进口的状况可以完全改变。

硫化和硫化活性剂的主要生产企业有山东尚舜化工有限公司、上海京海化工有限公司、山西太原化工研究院、无锡钱桥(江阴)化工有限公司、无锡华盛化工有限公司、无锡强盛化工有限公司、北京龙胜融合化工有限公司、东北助剂化工有限公司、四川领邦科技有限公司、洛阳蓝天化工有限公司和常州五洲化工有限公司等。

4. 加工型橡胶助剂

加工助剂是上世纪 80 年代,随子午线轮胎引进技术原材料国产化而发展起来的,多年来一直稳定发展,2010 年产量约为 8 万吨,占橡胶助剂总产量的 11.4%。主要包括防焦剂 CTP,塑解剂 SJ103、DBD,增塑剂 A,分散剂 FS-97、FC303、DP600、AT、ZD、TB 系列,增粘树脂 203、204、TKM、C9 复合素树脂,补强树脂 205、206、PF,热稳定剂 HS-80,流动助剂 AT-42、均匀剂 H501、40MS、60NS、FR-40、ZD-9,脱模剂 DH 系列、AT-20、FC-60、好优达 SW 系列等。多年来我国防焦剂 CTP 产量一直为世界最大 。

主要生产企业有阳谷华泰化工股份有限公司、河南永新助剂有限公司、莱茵化学(青岛)有限公司、武汉径河化工有限公司、宜兴卡欧化工有限公司、杭州中德化学工业有限公司、山西省化工研究院、太原元太生物化工有限公司、上海化大有限公司、承德福瑞化工有限公司、大连厚德橡胶科技发展有限公司、青岛海佳化工有限公司、上海大成化工有限公司、常熟德润精细化工有限公司、大庆华科化工有限公司、郑州金山化工有限公司等。

5. 特种功能性橡胶助剂

特种功能性橡胶助剂包括硅烷偶联剂 Si-69;R 系列粘合剂 RS、RF、RE、RC、RA、RH;HMTA、AIR 系列;CS 系列和钴盐 RC 系列产品 RC-N10、RC-S95,RC-D20、RC-B23、RC-B16 等。2010 年产量 5.05 万吨,占橡胶助剂总产量 7.1%。与 2009 年相比,同比增长 60%,发展很快。

主要生产企业有南京曙光化工集团有限公司、江苏国立化工科技有限公司、常州曙光化工厂、宜兴卡欧化工有限公司、河南天益化工有限公司、宁波钴业化工有限公司、山东日照岚星化工有限公司、大连天宝化工有限公司等。多年来,我国硅烷偶联剂产品在国际上具有举足轻重的地位。

【科技进步】

2001 年中国橡胶工业协会橡胶助剂专业委员会成立之初就在全行业提出了"大力推进橡胶助剂的清洁生产"的意见,重点进行产品结构调整替代有毒有害产品,获得全行业的支持。进入"十一五"后,中国橡胶助剂行业提出了"十一五"期间发展方针:"坚持科技进步,以环保、安全、节能为中心发展绿色化工,打造企业名牌、打造世界名牌"。并组织企业实施"十一五"国家科技支撑计划项目"橡胶助剂清洁生产工艺和特种功能性产品开发"。极大地推动了全行业的科技进步,提高了企业的经济效益和社会效益,全面提升了我国橡胶助剂工业的整体国际竞争力。

1. 橡胶助剂产品绿色化率达 90%

经过近十年,特别是"十一五"以来,橡胶助剂产品机构的调整持续进行,至 2010 年次磺酰胺类中仲胺类以 NOBS 为代表的会产生亚硝胺的产品已被伯胺类绿色助剂 NS 替代,NS 产量从几千吨增至 4.3 万吨,满足了行业的需求,并有出口。目前国内生产促进剂的主要企业已经停止了 NOBS 的生产,基本解决了仲胺类次磺酰胺致癌问题的困扰。

防老剂 D 的 β-萘胺的致癌机理在上世纪 50 年代已被确认,但我国始终未能杜绝使用,2005

年仍有近2000吨的生产。2008年促进剂NOBS和防老剂D被国家环保部列入高风险、高环境污染产品的目录，2010年被国家工信部列为淘汰产能，从而生产得到控制，实现了行业自律。

尚需进一步替代的对人体有害助剂的产品主要有超促进剂秋兰姆类TMTD、TMTM和氨基甲酸盐ZDC等产品，也产生亚硝胺致癌物。目前替代品已经开发成功，即为TBzTD(二硫化四卞基秋兰姆)和TiBTM(一硫化四异丁基秋兰姆)。

五氯硫酚类化学塑解剂在欧美等国家已经停止使用，其主要替代品是DBD(2,2′-二苯甲酰氨基二苯基二硫化物)，这些替代品在“十一五”期间已被成功开发，“十二五”期间将加大力度。上述两类尚需继续替代的产品，2010年总产量不足5万吨，仅占橡胶助剂总产量的7%。

2. 国家项目的实施大大推动行业清洁生产技术的提高，推动行业的科技进步

1999年国家第一批中小企业创新基金项目就包含了橡胶助剂产品，在2002年国家科技创新基金项目指南中首次提出了支持绿色橡塑助剂的发展，至2008年，橡胶行业有20几项绿色助剂项目获得支持，2009年、2010年又有10余个项目获得支持，并逐步形成了规模化生产，取得显著的社会经济效益。2007年国家支撑计划项目“万吨级NS生产技术开发”为我国NS的快速发展起了示范作用，促进了产品结构的调整。

2008年获国家科技部批准的“十一五”科技支撑计划“橡胶助剂的清洁工艺和特种功能性产品的开发”项目获得国家千万余元的资金支持。至2010年三个主要课题均已达到了原订任务目标，将在2011年实现国家验收。

(1)促进剂NS的氧气氧化技术和水资源综合利用的开发

已建成了以氧气作为氧化剂的促进剂NS示范装置，淘汰采用次氯酸钠等氧化剂而带来的大量含盐废水的产生。开发了多效蒸发的废水处理装置，使废水排放COD达100以下，水资源综合利用率达92%以上。

(2)高热稳定性不溶性硫黄和均匀剂生产技术开发

已建成一次法生产高热稳定性不溶性硫黄的万吨级生产装置和千吨级橡胶均匀剂FL-40生产装置，为这些产品替代进口创造了条件，并在行业中发挥了示范作用，不溶性硫黄产品热稳定性能已达到了在120℃×15分钟条件下，不溶性硫黄的保持率在40%以上的国际先进水平。预计在2~3年内，上述尚需进口的两类产品将全部实现国产化。

(3)以高聚物为载体的预分散橡胶助剂

已开发成功万吨级生产装置，生产几十个牌号的预分散橡胶助剂母粒，使橡胶助剂的剂型产生了本质的变化，对于加工企业实现无粉尘操作，并对提高称量精确度、提高胶料的物理机械性能有重要意义，此示范装置已经在行业中获得应用和推广。

3. 创建技术创新体系，提高企业创新能力

2007年，在国家科技部的支持下，橡胶助剂行业创建了以山东阳谷华泰化工股份有限公司为依托单位的国家橡胶助剂工程技术研究中心，搭建了科技进步平台。目前，各企业纷纷建立自己的研发中心和地方省市的研发中心，培养人才队伍建设。

中国橡胶工业协会橡胶助剂专业委员会针对行业中的共性技术和关键技术组织企业进行联合科技攻关，目前重点是行业中的量大面广的促进剂M的废水处理技术，通过几个骨干企业的开发，已取得初步成果，解决促进剂M的废水问题也是国际上的热点，我国这一技术的突破将为世界橡胶助剂工业的发展起到示范作用和领军作用。

4.“十一五”期间橡胶助剂行业取得的主要科技成果

在“十五”期间橡胶助剂行业硅烷偶联剂全封闭清洁工艺和对苯二胺类防老剂RT-培司清洁工艺取得两项国家科技进步二等奖的基础上“十一五”期间又取得了以下多项科技成果，为产业化提供了基础：

(1)万吨级NS生产技术开发；

(2)万吨级防焦剂CTP新工艺技术；

(3)万吨级高热稳定性不溶性硫黄技术；

(4)多效蒸发废水处理技术；

(5)橡胶硫化剂TBzTD新工艺技术；

(6)氧气或双氧水氧化生产促进剂 DM、CZ 新工艺；

(7)高含量二聚体防老剂 TMQ 的研制；

(8)促进剂 M 清洁工艺技术开发；

(9)预分散橡胶助剂的生产技术；

(10)橡胶均匀剂生产技术开发；

(11)非溶剂法制备增粘树脂的新工艺；

(12)新型抗硫化返原剂的开发；

(13)硅烷偶联剂清洁生产工艺；

(14)防老剂 4020 新工艺技术；

(15)有机锌生产技术开发；

(16)湿法纳米氧化锌生产技术。

上述成果的主要完成单位：阳谷华泰化工股份有限公司、山东尚舜化工有限公司、江苏连连化学有限公司、武汉径河化工有限公司、宜兴卡欧化工有限公司、南京曙光硅烷化工有限公司、承德福瑞化工有限公司、东北助剂化工有限公司、常州五洲化工有限公司、四川领邦科技有限公司、青岛海佳化工有限公司、洛阳蓝天化工有限公司等。

此外，“十一五”以来，各橡胶助剂企业十分重视自主知识产权的成果开发，先后申报国家专利 100 余项，其中 2010 年授权发明专利 10 余项。

【企业发展】

橡胶助剂行业近几年的重大变化之一就是企业的规模化、集约化程度大幅提高，不少大型企业从产品单一化向多品种化、综合化发展，更有利于市场需求。

2010 年，橡胶助剂销售额 10 亿元以上的企业有 2 家；5 亿元以上的企业有 6 家，增长是 2005 年的 1 倍；2 亿元以上的企业有 20 家，增长是 2005 年的 1.5 倍，亿元以上的企业有 28 家，增长 50%。工业总产值 136 亿元，比“十五”末期增长 70%，亿元以上企业的销售额占全行业的 70% 以上，行业的集中度大大提高。2010 年销售额 2 亿元以上橡胶助剂企业排名见表 3。

表 3　2010 年销售额 2 亿元以上橡胶助剂企业排名

序号	企业名称	序号	企业名称
1	圣奥化工	11	阳谷华泰化工股份有限公司
2	山东尚舜化工有限公司	12	山西翔宇化工有限公司
3	天津科迈化工有限公司	13	河南开仑化工有限责任公司
4	中石化南京化工公司	14	江苏飞亚化工有限公司
5	常州五洲化工有限公司	15	镇江振邦化工有限公司
6	天津有机化工一厂	16	无锡华盛化工助剂有限公司
7	东北助剂化工有限公司	17	常州曙光化工厂
8	濮阳蔚林化工股份有限公司	18	南京曙光化工有限公司
9	武汉径河化工有限公司	19	江苏国立化工科技有限公司
10	荣成市化工总厂有限公司	20	曹县斯递尔化工科技有限公司

【展　望】

“十二五”期间，我国橡胶助剂的发展将在“十一五”坚持科技进步，以环保、安全、节能为中心发展绿色化工的基础上打造世界橡胶助剂工业的强国，实行行业的可持续发展。

将中国橡胶助剂工业打造成世界橡胶助剂工业的强国是未来五年橡胶助剂人的奋斗目标。随着我国橡胶助剂工业的持续发展及在全球的地位，世界橡胶助剂工业不断向东方转移，世界著名的橡胶助剂生产商、贸易商均看好中国橡胶助剂的发展和市场。但中国橡胶助剂真正列入世界首强,全面开发和实现清洁工艺技术仍是关键。

1.突破关键技术、全面实现清洁生产工艺

(1)促进剂 M 的清洁生产工艺

促进剂 M 是我国 1952 年开发并长期使用的一种通用性噻唑类促进剂,它还是优良品种次磺酰胺类促进剂的原料,年产量 15 万~20 万吨,其中 70%~80% 用作其他促进剂的原料和医药中间体。

目前多数企业采用"苯胺法"在高温、高压下合成,制得粗 M,再将粗 M 精制。一般反应收率仅为 85%,且精制过程采用酸碱法产生大量废水,通常 1 吨产成品会产生 30~40 吨含盐有机废水,COD 含量在 4000mg/L 以上,治理非常困难。因此 M 的清洁工艺技术成为"十二五"期间行业的重中之重。

"十一五"期间 M 的清洁工艺技术已经有了一定进展,在此基础上,已向国家科技部继续申报关于促进剂 M 清洁生产技术的联合攻关项目,预计在 2~3 年内,可全面实现促进剂 M 的清洁生产,并建成 5 万吨/年示范工程,在全行业推广。

(2)次磺酰胺类促进剂的氧气、双氧水氧化工艺

次磺酰胺类促进剂主要以 NS 和 CZ 为主导产品,2009 年全年产量 9.8 万吨,占促进剂总产量 46%。其合成方法均是以促进剂 M 为原料,再与其他不同基团的胺类进行反应,然后氧化制得。其氧化反应是关键,多数企业采用次氯酸钠、氯气、硝酸钠为氧化剂,产生大量含盐有机废水。如促进剂 NS,用这种常规的氧化方法,每吨产成品将产生含盐有机废水 8~10 吨。因此,改造氧化工艺,采用最有效的氧气氧化剂或双氧水进行氧化反应,可杜绝含盐有机废水产生,而且全过程的用水量大大减少,是一种清洁生产工艺,当然这个工艺的安全配套措施十分重要。"十一五"期间,该项技术开发已初见成效,急需进一步完善和推广应用。

(3)不溶性硫黄的气化法一步生产工艺

我国上世纪 70 年代已成功开发了两步法生产不溶性硫黄的生产技术,2009 年产量约 3.6 万吨。但随着子午线轮胎胶料和工艺性能的需求提高,普通不溶性硫黄的热稳定性等指标已经不能满足要求。高热稳定性不溶性硫黄的测试指标是在 120℃×15 分钟条件下,不溶性硫黄的保持率要在 40% 以上。目前,我国大多数企业的不溶性硫黄在 105℃×15 分钟条件下不溶性硫黄的保持率可达 70%~80%,但在 120℃时急骤下降。

"十一五"高热稳定性不溶性硫黄生产技术开发已列入国家科技支撑计划。目前,已建成万吨级生产装置,但还不能满足行业需求。"十二五"期间该项目技术的发展和推广将结束我国高热稳定性不溶性硫黄大量进口的局面。

(4)预分散橡胶助剂

预分散橡胶助剂是一种清洁工艺技术开发的成果,也是我国橡胶助剂剂型改造的重要措施,并有利于产品国际化。"十二五"国家科技支撑计划已立项予以支持,万吨级/年装置基本建成。随着我国低温混炼技术的推广应用,预分散助剂将有极好的发展前景。

2.加强产品结构调整,继续加大替代有毒有害产品的力度

随着全球绿色化、低碳经济的发展,新的法规不断出现,橡胶助剂产品结构的调整将是长期的。

(1)秋兰姆类超促进剂等产品的替代

近年来,用 NS 等产品替代,次磺酰胺类大品种促进剂 NOBS、超促进剂 TMTD、TMTM 及氨基甲酸盐类 ZDC 等产品由于亚硝胺的问题尚在逐步被替代,他们的主要替代品是 TBzTD(二硫化四苄基秋兰姆)和 TiBTM(一硫化四异丁基秋兰姆)。

(2)关于含多环芳烃(PAHs)芳烃油的替代

芳烃油是指芳香烃的碳原子占油分子中的碳原子的 20%~30% 以上的油品,是橡胶软化剂,橡胶工业的消耗量占石油系软化剂的 77%,仅橡胶加工行业年需求超过 20 万吨。

欧盟 2005/69/EC 法规对苯并芘(BaP)为代表的 8 种多环芳烃予以限制,从 2010 年 1 月 1 日起,产品中 8 种多环芳烃含量不得超过 10mg/kg,其中 BaP<1mg/kg。因此环保型芳烃油的开发迫在眉睫。

"十一五"期间,我国很多企业参与了环保型芳烃油的开发,并以德国汉圣公司的 VICAEC500

为目标,"十二五"期间,仍需加大开发和产业化力度。

(3)关于氧化锌的减量和替代

欧盟2003/105/EC法规已将氧化锌划为对环境有害的物质清单中,我国对氧化锌的生产也进行了限制。米其林公司曾提出减少氧化锌用量50%~80%的目标。因此,近年来研制环境污染少的活性高的硫化活性剂,降低氧化锌用量已成为重要课题。开发高比表面积的纳米氧化锌、纳米无机填料载锌技术和有机锌化合物等技术已取得产业化成果,进一步完善这类技术,扩大产业化能力,加强推广应用是"十二五"的主要任务之一。

上述清洁工艺技术和产品结构进一步调整的实施,将促进行业的可持续发展,使中国橡胶助剂工业真正成为世界橡胶助剂的强国和领头羊。也是我国橡胶助剂行业"十二五"期间科技创新的主要内容。

3."十二五"期间橡胶助剂行业发展目标

"十二五"将是我国橡胶助剂工业持续发展的岁月,也是我国由橡胶助剂大国走向强国的关键时刻。"十二五"期间,行业将在"十一五"的良好基础上"坚持科技进步,以环保、安全、节能为中心发展绿色化工,突破关键技术,打造世界橡胶助剂工业强国!"为此,应采取以下措施:

(1)保持产品产量稳定增长,年增长率将保持在10%~15%。

(2)对苯二胺类4020、喹啉类RD仍是防老剂大吨位的主要产品,要保持特殊需求的耐黄变等防老剂的发展空间。

(3)促进剂大吨位产品是NS和CZ,促进剂DZ和D等产品保持稳定发展。

加速对超促进剂产品结构的调整,加快TBzTD产业化进程,替代TMTD等会产生亚硝胺的秋兰姆类产品。

(4)保持加工型橡胶助剂和特种功能型助剂的稳定增长,开发DBD产品替代五氯硫酚塑解剂。

(5)大力推进高热稳定性不溶性硫黄的产业化技术,力争在"十二五"末满足自给,并有出口。积极推广预分散橡胶助剂的产业化和应用。

(6)以促进剂M的清洁生产工艺为中心,带动行业绿色化工的发展,坚持从源头到生产过程和三废排放及产品的后续服务等全过程实施清洁生产,新产品开发必须要符合清洁技术的要求。

(7)进一步提高企业集约化程度,提高产品集中度。

(许春华)

炭　黑

【基本情况】

2010 年炭黑行业总体形势稳步向好发展，产销量实现快速增长，我国炭黑产量和生产规模不断创新高。据中国橡胶工业协会炭黑分会统计（以下简称炭黑分会），从 2006 年起我国炭黑产量就跃居世界第一位，到 2010 年我国炭黑产量已占世界炭黑总产量的 30%，在世界炭黑公司前 15 强中，我国炭黑企业已有 3 家：黑猫公司、河北龙星化工股份有限公司和山东华东橡胶材料公司，还有继续上升的趋势。产品质量趋于稳定，原料油消耗明显降低，炭黑尾气变为企业增加效益的重要手段。

在品种和质量方面，重点发展子午胎用的新工艺炭黑品种，生产质量符合国家标准、性能稳定的 N115、N121、N234、N375、N326、N330、N550、N660 炭黑，并使其造粒质量和包装质量达到用户要求。2010 年湿法造粒炭黑产量占总产量比由 2005 年 83.1% 提高到 93.6%。

炭黑原料油价格受供应量限制和市场需求量攀升的影响，煤焦油销售价格持续高位运行，炭黑销售价格因供应过剩而受市场打压，处于低位运行，企业盈利能力不足，生产能力过剩，新产品科技研发积极性不高，研发进展缓慢。

【产能与产量】

“十一五”是炭黑行业发展建设的高峰期，2006 年炭黑产能为 277 万吨，2010 年全国炭黑产能已突破 500 万吨大关，达到 503.9 万吨，年平均增长率为 12.71%。长期以来，炭黑产能处于过剩状态，开工率只有 70% 左右，今后的行业工作重点应放到新产品研发上来，如果没有高附加值的新产品，只是简单地提高生产能力，产品盈利水平将会越来越低。但是，2010 年乃至 2011 年炭黑产能仍将大幅度增加，这是全行业需要认真思考的问题。

据中国橡胶工业协会炭黑分会统计，2010 年我国炭黑产量已达 337.5 万吨，同比增长 19.26%，占世界炭黑总量的 30%，连续五年位居世界第一。炭黑产销量的增长尤其表现在主要炭黑企业的快速增长上，2006 ~ 2010 年全国炭黑产能情况见图 1，2010 年我国主要炭黑企业产量情况见表 1。

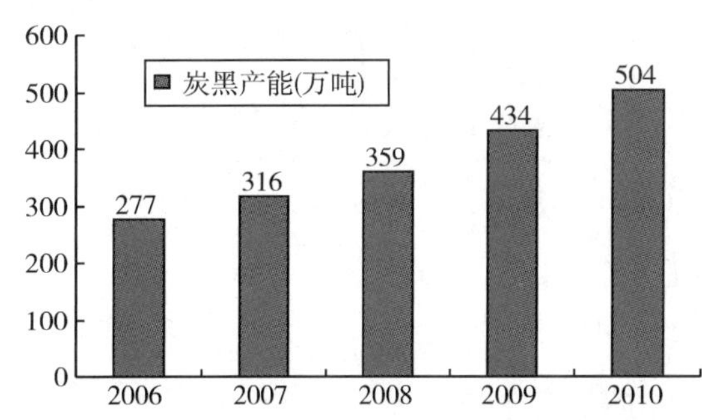

图 1　2006 ~ 2010 年全国炭黑产能情况

金融危机过后，我国总体经济形势趋稳向好发展，炭黑产量和销售量实现了快速增长，据中国汽车工业协会统计，2010 年我国汽车产销量分别达到了 1826.47 万辆和 1806.19 万辆，同比分别增长了 32.44% 和 32.37%。2010 年的汽车产销量的高速增长，既有政策的促进因素，也有消费者担心政策退出引发的提前消费因素。无论如何，汽车工业的高速增长都带动了轮胎等橡胶制品的快速增长，因此，炭黑产销量也很快恢复到金融危机之前的增长速度，尤其是 2010 年炭黑产量和销售量实现了近几年来的快速增长。

【节能环保】

在环保方面，炭黑企业在实现大型化装置的基础上，普遍采用湿法造粒、自动包装、密封吸尘、大袋包装和槽车运输等技术，不仅明显减少包装间和仓库的空气粉尘含量，保护操作工人的健康，而且显著改善了橡胶厂混炼车间作业环境。

表1　2010年我国主要炭黑企业产量情况　　万t

序号	单位名称	2010年	2009年	同比/%
1	黑猫炭黑股份有限公司	45.32	32.82	38.09
2	卡博特化工有限公司	42.00	32.00	31.25
3	龙星化工股份有限公司	22.30	18.28	21.99
4	山东华东橡胶材料有限公司	17.10	13.62	25.55
5	苏州宝化炭黑有限公司	16.25	14.76	10.09
6	台湾中橡公司	13.84	12.89	7.37
7	青州市博奥炭黑有限公司	12.02	6.38	88.40
8	石家庄市新星化炭有限公司	10.03	9.49	5.69
9	大石桥市辽滨炭黑厂	9.51	8.40	13.21
10	河北大光明实业集团公司	9.22	7.99	15.39
11	杭州富春江化工有限公司	8.50	5.77	47.31
12	山西永东化工有限公司	7.69	6.79	13.25
13	青岛赢创化学有限公司	7.30	6.70	8.96
14	山东贝斯特化工有限公司	6.01	6.12	-1.80
15	茂名环星炭黑有限公司	5.64	4.93	14.40
16	山西志信化工有限公司	5.51	4.61	19.52
17	曲靖众一化工股份有限公司	5.50	—	—
18	山西宏特煤化工有限公司	5.50	4.88	12.70
19	山西三强炭黑厂	5.22	4.07	28.26
20	山西恒大化工公司	5.19	4.49	15.59
21	其他厂家	77.88	78.13	-0.32

采用高效袋滤器和优质玻纤滤袋使尾气中的炭黑粉尘由过去100mg/m^{3}以上，降低到18mg/m^{3}以下。利用尾气为燃料，产生汽电，消除尾气直接放空时的CO污染。有的炭黑厂开始设置脱硫装置减少了废气中H_2S和SO_2的污染。

炭黑厂建立炭黑生产污水处理设施，将净化后的水用于急冷，实现炭黑污水的零排放。

目前，已经有一批管理较好的炭黑厂成为了绿化好、车间整洁、包装干净、清洁文明和环境友好的工厂。

在节能方面，由于高温空气预热器的推广应用和工艺技术以及装备的改进，中国橡胶工业协会炭黑分会的会员企业平均单位炭黑产品的原料油消耗由2005年的1.84吨，逐步降低到2010年的1.75吨。2005～2010年我国主要企业的平均单位炭黑产品原料油消耗见表2。

表 2　2005 ~2010 年我国主要企业的平均单位炭黑产品原料油消耗

	2005	2006	2007	2008	2009	2010
原料油消耗	1.84	1.82	1.81	1.80	1.78	1.75

在尾气利用方面,新工艺湿法造粒炭黑生产装置大型化以后,大量的炭黑尾气产生,目前炭黑尾气有三种主要用途:一是配备尾气锅炉用于发电;二是设置急冷锅炉和余热锅炉,出售蒸汽;三是直接出售炭黑尾气,炭黑尾气利用途径见图 2。

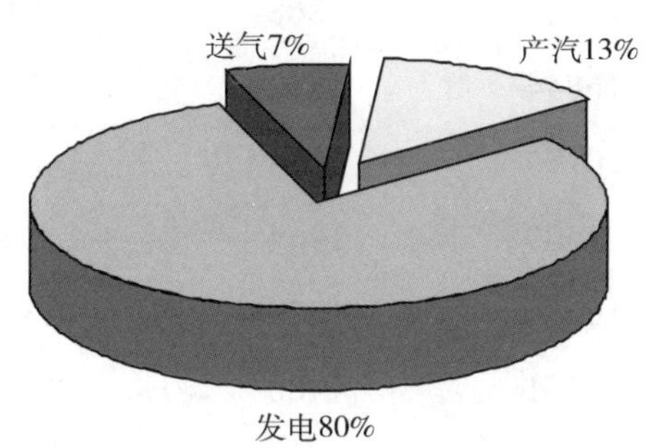

图 2　炭黑尾气利用途径

目前在新增炭黑产能的设计中,都有炭黑尾气利用装置的同步设计,据中国橡胶工业协会炭黑分会统计,截至 2010 年全行业拥有尾气发电能力约为 35.8 万千瓦。

这些尾气利用装置不仅起到了节能减排、保护环境、低碳发展的重要作用,同时,也是企业增加经济效益的重要手段。有相当一部分企业是利用尾气创造的经济效益弥补了炭黑产品的亏损,炭黑尾气已变成企业增加效益的重要手段。

在 2010 年中国橡胶工业协会第七届新一任理事会一次会议上,会议决定向国家有关部门反映炭黑行业在尾气发电上网过程中存在的问题,建议国家统筹解决炭黑尾气发电的并网和上网售电问题,采取炭黑尾气发电的优惠电价或同网同价的政策;对于资源综合利用的所发电力应有多少收多少,不能拒收和无偿收购;对于仍在排放尾气及焚烧后直接排放的小炭黑企业,应按国家政策进行关停。

“炭黑尾气发电并网及争取优惠并网电价”的报告,已通过中国橡胶工业协会上报中国石化工业联合会,目前开展这项工作虽然有很大的难度,但我们将继续深入开展此项工作。

【技术改造】

国内自己设计的炭黑装置单炉能力已由 2 万吨提高到 4 万吨;空气预热器温度由 650℃提高到 800℃ ~950℃;反应炉的炉型已根据原料油的特点进行改进,燃烧段的炉温已由 1900℃ 提高到 2000℃ ~2100℃;成功利用焦炉煤气和煤层气作反应炉燃料,降低了产品成本;富氧空气开始应用。与此同时,炭黑生产的专用设备,如反应炉、空气预热器、脉冲袋滤器、湿法造粒机、干燥机、微米粉碎机、自动包装机、在线余热锅炉、尾气锅炉等专用设备和炭黑反应炉用高温耐火材料、高效玻纤滤袋的研制和生产的快速发展,接近甚至已超过国外先进水平。

工艺技术的改进、技术装备水平的提高,为炭黑产品质量和收率的提高、环保和节能的进步创造了有利条件。

【进出口贸易】

据国家海关统计,2010 年我国进口炭黑量为 8.86 万吨,同比减少 0.5%,出口炭黑量 22.49 万吨,同比增长 38.9%。进口量基本保持平稳,平均月进口量 7000 吨左右,全年平均进口到岸价格为 2287 美元/吨,2010 年我国各月进出口炭黑情况见表 3。主要进口地是韩国、美国、日本、英国、新加坡及台湾等 30 个国家和地区。2010 年我国炭黑进口国家与地区见表 4。从进口价格上分析,我国的进口炭黑多数是非橡胶用炭黑,这就反映出我国在非橡胶用炭黑领域中的不足和发展前景。

我国出口炭黑增长较快,平均月出口量 18000 吨,每月出口量差别不是很大,全年平均出口离岸价格为 1059 美元/吨,出口地主要集中在泰国、台湾、印尼、韩国、印度和越南等 90 多个国家和地区,其中出口炭黑以橡胶用炭黑居多。2010 年我国炭黑主要出口国家及地区见表 5。

表 3　2010 年我国各月进出口炭黑情况

2010 年	进口量/t	金额/万美元	平均单价/美元	出口量/t	金额/万美元	平均单价/美元
1 月	7000	1491	2130	20242	1963	970
2 月	4910	1063	2165	16300	1580	969
3 月	9487	2028	2138	24049	2432	1011
4 月	7044	1658	2354	17419	1779	1021
5 月	7603	1645	2164	18856	1945	1032
6 月	7118	1800	2529	22303	2415	1083
7 月	7432	1773	2386	17127	1868	1091
8 月	6728	1654	2458	16844	1832	1088
9 月	7254	1807	2491	20735	2214	1068
10 月	6042	1409	2332	17509	1964	1122
11 月	8288	1853	2236	16455	1859	1130
12 月	9654	2079	2154	17101	1980	1158
合计	88561	20258	2287	224942	23831	1059

表 4　2010 年我国炭黑进口国家及地区

国家及地区	进口量/t	进口额/万美元	国家及地区	进口量/t	进口额/万美元
合计	88561.4	20258.9	马来西亚	276.6	44.5
韩国	26999.7	4482.2	法国	116.6	36.8
日本	18882.9	5191.3	澳大利亚	60.7	14.1
美国	15573.6	3661.3	英国	35.5	38.5
台湾省	5886.6	1018.4	西班牙	17	0.9
德国	3923.4	2173.5	瑞士	14.6	12.1
加拿大	3825.7	661.2	土库曼斯坦	7.3	4.1
泰国	3631.3	639	埃及	5.6	0.7
新加坡	3172.8	687	丹麦	1	0.5
捷克	1586.2	510.2	瑞典	0.7	0.3
中国	1014.4	69	奥地利	0.2	0.6
比利时	989.3	448.5	白俄罗斯	0.2	1.9
俄罗斯联邦	945.7	108	香港	0.12	0.05
荷兰	784.8	284	斯洛文尼亚	0.045	0.01
印度	464.1	83.8	爱尔兰	0	0.05
意大利	344.7	86.4			

表5　2010 年我国炭黑主要出口国家及地区

国家及地区	出口量/t	出口额/万美元	国家及地区	出口量/t	出口额/万美元
台湾省	45422.7	4959.9	西班牙	252.4	53.9
泰国	37110.1	3776.6	荷兰	206.4	27.8
印度尼西亚	34459.3	3356.9	白俄罗斯	162.0	17.7
印度	21798.7	2152.0	德国	155.6	35.1
韩国	13616.8	1397.4	肯尼亚	154.1	8.4
英国	2614.7	232.5	埃塞俄比亚	153.5	12.4
沙特阿拉伯	1991.6	247.1	伊拉克	143.0	4.3
意大利	1467.5	152.7	突尼斯	142.8	19.6
叙利亚	1315.8	94.3	阿尔及利亚	127.2	7.7
阿联酋	1305.5	174.8	埃及	117.8	33.5
巴基斯坦	1192.8	128.6	新西兰	89.1	9.8
澳大利亚	1111.5	197.0	俄罗斯联邦	67.4	4.4
美国	939.5	131.4	阿根廷	51.9	4.7
伊朗	856.4	96.7	墨西哥	43.0	6.0
巴西	453.8	53.1	加拿大	27.8	5.1
南非	365.0	35.6	古巴	23.9	2.9
法国	259.8	34.7			

【采取措施】

目前摆脱行业的艰难处境，实现我国炭黑行业由大变强的目标，应着重做好以下几项工作：

1. 对于扩大或新建产能一定要慎重考虑。在没有原料优势的地区，不要盲目扩建，要考虑扩建地区周边半径的原料供应量。

2. 提倡企业兼并重组。从国家资源综合利用方面的宏观考虑，在不增加全国总产能的情况下，进行企业间的兼并重组，对于欠缺技术及品牌的中小企业，应考虑企业在尚存价值的情况下，跟具有市场品牌优势的大企业进行重组，以获得最大的经济利益。

3. 提高炭黑行业的准入门槛，规范现有企业。提高炭黑行业的准入门槛不仅从产能上规定准入的限制，还应从产品能耗、排放标准及地区产能控制上加以限制。

4. 坚持科技投入与新产品研发。目前炭黑企业处于非常困难时期，越是在困难时期越要重视新产品研发，做出企业自己的特色，是拯救企业的一条道路。

5. 关注国外 FCC 油。炭黑行业的原料油日趋紧张，成为制约炭黑企业发展的瓶颈，在有效利用国内炭黑原料油的基础上，关注国外 FCC 油动态。

【发展趋势】

1. 2010 年外部市场分析与预测

（1）汽车

2011 年我国宏观经济仍将快速发展，城乡居民生活水平稳步提高，城镇化、工业化进程加快，我国汽车工业仍将呈现较好的发展态势，预计 2011 年汽车市场还会有 10% ~15% 的增长。但另一方面，车辆购置税优惠等多项鼓励消费政策已经退出，北京限购令对其他大城市可能产生示范效应，这些不利因素以及可能出现的不确定性因素，将对 2011 年我国汽车工业的发展带来诸多影响。

(2)轮胎

据中国橡胶工业协会轮胎分会统计,2010年,全国轮胎总产量估算为4.3亿条,同比增长12%左右,轮胎库存货值129.2亿元,同比增长41.9%,利润下滑20%。

从“十二五”发展规划获悉,预测到2015年轿车胎子午化率达100%,载重胎子午化率达90%,轻载胎子午化率达60%,产品结构优先升级有明显提高。

(3)钢铁

业内人士预测,全球钢铁价格有望在2011年有一定幅度的上涨,我国钢铁销售价格也有一定幅度的上涨,其涨价原因可能是煤炭价格上涨所致。

(4)焦炭及煤焦油

据中国炼焦协会统计,2010年我国焦炭产量为38757万吨,同比增长9.1%。2011年初,焦炭市场销售顺畅,价格普遍上涨,煤炭价格居高不下,焦化企业生产成本压力较大,经济效益不会有太大好转。因此,企业瞄准煤焦油等化工产品回收市场,利用多种措施,增加煤焦油回收量,以此来增加企业经济效益。

由于焦化企业加大了煤焦油等化工产品的回收力度,预计2011年煤焦油产量将有所增加。煤焦油加工行业一直处于产能过剩,开工率不足的状态,主要原因之一是沥青销售不畅所致。

由于炭黑市场供应量过剩,炭黑新产品匮乏,炭黑销售价格仍将维持低价运行。因此,预计2011年煤焦油销售价格不会有大幅度攀升,价格应处于平稳增长的态势。

2.2010年炭黑行业发展分析及预测

据中橡协炭黑分会统计,2010年全国炭黑总产量为337.5万吨,同比增长19.26%,增长率创近几年来新高,主要原因是汽车工业高速发展带动下游产品的快速增长。根据2011年汽车预测增长率10%~15%,轮胎预测增长率以8%推算,预测炭黑需求量为438万吨,炭黑产量增长率为16%,2011年预测的产量增长率低于2010年3个百分点。

2011年轮胎行业的不确定因素增多,主要是橡胶价格及出口轮胎的不确定性,由于欧美对进口轮胎规定了诸多限制,尤其是对非绿色轮胎的限制,使得2011年轮胎市场风险加大,由此,引发炭黑市场需求量的波动。据调查,目前有一些产能较大、而市场品牌认可度较低的炭黑企业出现销售困难,只能开一条生产线维持。

近年来,为了消化多余沥青,炭黑配制油生产量增多,炭黑企业使用炭黑配制油量也逐步增加,但炭黑配制油的产品质量还没有完全达到炭黑生产工艺的要求,为了规范炭黑配制油的生产,还需要各方努力才能达到炭黑生产工艺的要求。

炭黑行业处于市场供应过剩、开工率不足的状态,炭黑销售价格一直处于低位运行,很难逆转。

(丁丽萍)

白 炭 黑

沉淀法白炭黑

【基本情况】

2010年是“十一五”收官之年。在中央应对国际金融危机、加快推进经济发展方式转变、经济结构调整、促进经济平稳较快发展的一系列政策作用下，工业经济运行由回升向好向稳定增长转变的态势基本确立，经济整体运行的质量有明显提升，这点在白炭黑行业得到很好体现。从全年来看，白炭黑行业保持平稳较快发展，产量和上年相比有较大增长。

1. 企业规模不断扩大，进一步向大型化发展

据统计，2010年我国从事沉淀法白炭黑生产的厂家有62家，总生产能力为127万吨，实际产量93.4万吨。生产能力在1万吨（含1万吨）以上的厂家有43家，生产能力119.5万吨、占全国94.09 %，产量88.50万吨、占全国94.75%；规模在5万吨以上的厂家有7家，分别为赢创嘉联白炭黑（南平）有限公司、株洲兴隆化工实业公司、漳平（正昌、正盛、赛吉元）化工有限公司、无锡确成硅化学有限公司、罗地亚白炭黑（青岛城阳）有限公司、青州联科白炭黑有限公司（含和卡尔迪克合资部分产量）、永安（丰源、丰润）化工有限公司，总生产能力49.2万吨，占全国38.74%，产量40.5万吨，占全国43.36%。2010年按企业规模划分我国沉淀法白炭黑生产能力和产量见表1。

表1　2010年我国沉淀法白炭黑生产能力和产量

企业规模/万t	企业数/家	占比例/%	生产能力/万t	占比例/%	产量/万t	占比例/%
≥5	7	11.29	49.20	38.74	40.50	43.36
2~5	18	29.03	48.40	38.11	33.60	35.97
1~2	18	29.03	21.90	17.25	14.40	15.42
0.5~1	10	16.13	5.30	4.17	3.50	3.75
<0.5	9	14.52	2.20	1.73	1.40	1.50
合计	62	100.00	127.00	100.00	93.40	100.00

2. 外资企业在中国新建或扩建企业数量和规模进一步扩大

目前有外资企业7家，生产能力为31.9万吨/年，占全国的25.12%。从企业的经济性质看，2010年民营企业生产能力占67.71%，产量占68.09%；国有企业生产能力占7.17%，产量占6.96%；外资（独资或合资）企业生产能力占25.12%，产量占24.95%。2010年按企业性质划分我国沉淀法白炭黑生产能力和产量见表2。

3. 产业聚集度显现，初步形成了以资源优势和市场优势为基础的产业聚集带

我国沉淀法白炭黑生产企业主要集中在福建省、山东省、江苏省和湖南省，其中福建省三明市有12家较大型白炭黑生产企业，总生产能力达到42万吨，占全国的33.1 %；山东沿海地区有沉淀法白炭黑生产企业7家，生产能力27.20万吨，占全国的21.4 %，2010年按地区划分我国沉淀法白炭黑生产能力和产量见表3。

表 2　2010 年我国沉淀法白炭黑生产能力和产量

企业性质	企业数/家	占比例/%	生产能力/万 t	占比例/%	产量/万 t	占比例/%
民营	47	75.81	86.00	67.71	63.60	68.09
国有	8	12.90	9.10	7.17	6.50	6.96
外资	7	11.29	31.90	25.12	23.30	24.95
合计	62	100.00	127.00	100.00	93.40	100.00

表 3　2010 年我国沉淀法白炭黑生产能力和产量

企业所在地区	企业数/家	占比例/%	生产能力/万 t	占比例/%	产量/万 t	占比例/%
华东	42	67.74	101.00	79.53	75.75	81.10
中南	9	14.52	18.10	14.25	12.20	13.06
华北	4	6.45	3.10	2.44	2.20	2.36
西南	6	9.68	3.30	2.60	2.05	2.20
东北	1	1.61	1.50	1.18	1.20	1.28
合计	62	100.00	127.00	100.00	93.40	100.00

【进出口贸易】

我国沉淀法二氧化硅生产企业已具备一定的规模,原材料及动力消耗已接近国际水平,普通产品质量基本满足国际市场需要。因此,依靠价廉优势,开始加速进入国际市场。主要出口韩国、越南等亚洲各国。从 2001 年开始,出口量大于进口量,我国已成为沉淀法二氧化硅的净出口国。从 2009 年开始我国二氧化硅出口数量大幅上升,到 2010 年达到历史新高为 37.47 万吨,进口二氧化硅达 10.05 万吨,数量创历史新高,但高端二氧化硅制造领域与国外相比仍有差距。2001 ~ 2010 年我国二氧化硅进出口情况见表 4。

表 4　2001 ~ 2010 年我国二氧化硅进出口情况

产品名称	产品代码	年份	进口		出口	
			数量/万 t	金额/亿美元	数量/万 t	金额/亿美元
二氧化硅	28112200	2001	3.16	0.60	6.58	0.44
二氧化硅	28112200	2002	4.05	0.78	8.23	0.48
二氧化硅	28112200	2003	5.32	1.02	10.54	0.53
二氧化硅	28112200	2004	6.85	1.31	12.62	0.61
二氧化硅	28112200	2005	7.24	1.34	15.14	0.78
二氧化硅	28112200	2006	8.05	1.52	30.72	1.36
二氧化硅	28112200	2007	9.74	1.76	28.05	1.29
二氧化硅	28112200	2008	9.27	1.86	19.44	1.17
氧化硅	28112200	2009	8.10	1.71	30.27	1.72
二氧化硅	28112200	2010	10.05	2.30	37.47	2.83

注:数据为海关统计。

【消费情况】

沉淀法白炭黑作为橡胶补强原料主要用于鞋类、轮胎和其他浅色橡胶制品。国外沉淀法白炭黑消费量在鞋类制品中约占30%,轮胎工业约占38%,饲料业约占6%,牙膏工业约占5%,橡胶制品占5%,油漆涂料占3%,电池隔板占2%,其他用途占11%。我国消费比例与国外相比有较大差异,我国是鞋类生产大国,2010年产鞋125亿双(包括塑料鞋、塑料底布鞋及皮鞋),制鞋用白炭黑占比重较大,其消费比例约占42%;沉淀法白炭黑在轮胎中的应用,在我国起步较晚,从2000年才开始在轮胎中少量使用。

近年来随着石油价格的不断攀升,以焦油为主要原料的黑炭黑价格持续走高,目前市场售价高达7500元/吨,价格高于沉淀法白炭黑价格,为了降低制造成本和改进产品质量,很多轮胎制造厂家原先仅添加黑炭黑补强,现改为添加部分沉淀法白炭黑代替炭黑作为补强填料。沉淀法白炭黑的消费增长主要来自于轮胎行业的新需求,因其独特的结构和表面化学特性,在轮胎工业中得到了广泛应用。随着轮胎子午化、环保节能和舒适性的要求越来越高,白炭黑在轮胎中的应用也越来越重要。目前在要求降低滚动阻力、提高抓着性方面,白炭黑与炭黑并用表现出优异性能,而且在配方中已全部用白炭黑替代传统炭黑生产“绿色轮胎”,沉淀法白炭黑在雪地轮胎、防滑轮胎和“绿色轮胎”方面得到了大量的应用。轮胎是沉淀法白炭黑第二大消费用户,其消费比例约占16%;沉淀法白炭黑在硅橡胶、碾米胶辊、胶带和电缆等橡胶制品中也得到了广泛应用,其消费比例约占12%。

沉淀法白炭黑在农药、饲料等行业中用做载体或流动剂、在牙膏中用做摩擦剂和增稠剂,在涂料行业中用做分散剂、抗沉降剂或消光剂,在医药、食品等行业用作吸附剂等。在非橡胶行业中,农药、饲料行业消费比例接近于国外比例,涂料和牙膏行业消费比例则偏低,造纸行业基本空白。我国沉淀法白炭黑消耗情况见表5。

【基建与技改】

2010年我国沉淀法白炭黑在建项目的生产能力共有26.5万吨,大多数在2010年建成投产。2010年我国沉淀法白炭黑在建项目见表6。

表5　我国沉淀法白炭黑消耗比例

行业	鞋类	轮胎	其他橡胶制品	农药饲料	涂料	牙膏	其他	合计
消耗比例/%	42	16	12	11	5	2	12	100

表6　2010年我国沉淀法白炭黑在建项目

企业名称	新建或扩建	建设规模/万t	计划投产年限	说明
福建正盛无机材料股份有限公司	扩建	3.0	2011年	投产
福建省沙县金沙白炭黑制造有限公司	扩建	3.0	2011年	投产
福建龙岩精博化工科技有限公司	扩建	2.0	2011年	投产
三明市丰润化工有限公司	扩建	3.0	2011年	投产
福建三明正元化工有限公司	新建	5.0	2011年	投产
安徽凤阳赛吉元无机材料有限公司	扩建	2.0	2011年	投产
福建三明汇丰化工有限公司	扩建	2.0	2011年	投产
福建三明盛达化工有限公司	新建	2.0	2011年	投产

续表 6

企业名称	新建或扩建	建设规模/万 t	计划投产年限	说明
思科化工有限公司	新建	2.5	2010 年	投产
同晟化工有限公司	扩建	2.0	2011 年	投产
通化双龙化工有限公司	扩建	3.0	2011 年	进行中
远翔化工有限公司	扩建	2.0	2011 年	进行中
福建省顺昌诚瑞化工公司(南平市)	扩建	2.0	2011 年	进行中
南安大赢化工有限公司	新建	2.5	2011 年	进行中
富联化工有限公司	扩建	2.0	2011 年	进行中
重庆建峰化工厂防腐公司	扩建	2.0	2011 年	进行中
嘉翔(福建)硅业有限公司	新建	2.5	2011 年	进行中
江西黑猫炭黑股份有限公司	新建	2.0	2011 年	进行中
山东金能煤炭气化有限公司	新建	6.0	2011 年	进行中

【品种和质量】

我国沉淀法白炭黑主要品种有制鞋用白炭黑、普通轮胎用白炭黑、子午胎用白炭黑、室温硅橡胶用白炭黑、高温硅橡胶用白炭黑、牙膏摩擦剂和增稠剂用白炭黑、喷墨打印纸用白炭黑、医药载体用白炭黑、开口剂用白炭黑、涂料用白炭黑、农药和灭火剂用白炭黑等。剂型有超微细、超细、粉状和块状等。

产品质量方面按照新的化工行业标准 HG/T3061－2009 考核,2010 年沉淀法白炭黑产品的合格率约为 90%,下降的主要原因是白炭黑生产厂家对新标准有一个适应过程。

【科技进步】

2009 年至 2010 年国内申请沉淀法白炭黑制备和应用发明专利、实用新型专利共 40 多项,主要分为:

1. 传统沉淀法白炭黑制备的工艺、设备、节能等方面专利技术;
2. 利用非金属矿制备沉淀法白炭黑技术;
3. 综合利用副产物制备沉淀法白炭黑技术;
4. 沉淀法白炭黑改性技术。

比较实用的专利有通化双龙化工申请的“PE隔板用白炭黑的制备方法”、“比表面积可控制的沉淀法白炭黑制备方法”;福建省漳平市正盛化工有限公司申请的“硅橡胶用高抗黄白炭黑的制备方法”;北京化工大学申请的“应用超重力技术连续化生产白炭黑的方法”;无锡恒诚硅业有限公司申请的“白色微珠状高强度白炭黑的生产工艺”;乌海市巨能环保科技开发有限公司申请的“白炭黑的制备方法”;大地盐化集团有限公司申请的“白炭黑反应器”;福建省沙县金沙白炭黑制造有限公司和福建师范大学联合申请的“白炭黑立式打浆机”;湖南金大地材料股份有限公司申请的“在石煤碱浸提钒中提取白炭黑的工艺”;瓮福(集团)有限责任公司和浙江天成工程设计有限公司联合申请的“含氟硅胶制备白炭黑的方法”;中国地质大学申请的“高铝粉煤灰两步碱溶法提取氧化铝和白炭黑的方法”;江南大学申请的“高分散的橡胶配合剂用纳米白炭黑的制备方法”等。

近两年国产沉淀法白炭黑发展呈现出规模大型化、产品系列化、控制自动化、装置节能化趋势。

规模大型化

由于沉淀法白炭黑主要生产设备,如合成反应釜、过滤机、干燥塔等大型化,使得利用国产设备建设单条年产 3 万吨生产线成为可能,因此,近年来尤其2010年国内扩建或新建沉淀法白炭黑装置生产能力均确定在2.5万~3.0万吨,甚至有的生产厂家已经确定建设单条年产5万吨的生产线。

产品系列化

产品先按用途进行划分,每一种用途产品按颗粒形状和不同的理化性质进一步细分。如北京航天赛德科技有限公司生产的消光剂产品细分为5~6种产品;无锡确成硅化学有限公司轮胎用白炭黑划分为5~6种;通化双龙化工股份有限公司"硅橡胶用沉淀法白炭黑产品"划分为3~4种;福建省漳平市正盛化工有限公司"制鞋用白炭黑"划分为3~4个品种。

控制自动化

1. 对老装置进行技改,关键的控制部位实现PLC计算机控制。

2. 新建装置采用DCS系统控制,提高控制水平,减少产品波动,节约人力资源,取得很好效果。

装置节能化

1. 株洲兴隆化工实业公司发明"使用燃煤循环流化床热风炉的白炭黑干燥系统",实现了同时联产蒸汽和白炭黑干燥所用的洁净空气,多系统回收利用热能,热效率高、能耗低,于2010年建成投入使用,标志着我国白炭黑干燥节能技术迈上新台阶。

2. 干燥塔尾气采用余热回收利用装置进行热能回收利用。

3. 采用隔膜压榨式过滤机代替厢式过滤机,明显降低水资源消耗,并提高洗涤效率与产品质量。

4. 改进沉淀法白炭黑打浆装置,提高浓浆固含量,目前国内最高可达25%,固含量每提高1%,可节能4%左右。

【展 望】

美国NOTCH公司预测2010 ~2015年世界白炭黑需求量年均递增4.2%,其中中国为5.0%;美国弗里多尼亚集团公司(Freedonia Group)预测的2010 ~2014年世界特种二氧化硅需求量年均递增6.3%,其中中国为9.0%。对比以上两种预测,根据我国沉淀法白炭黑应用相关产业发展趋势,预测未来五年我国沉淀法白炭黑的年均需求增速约10%,主要发展方向集中在以下几个方面:

1. 轮胎用高分散沉淀法白炭黑

2010年新一轮的轮胎投资热在全球兴起,世界著名轮胎公司几乎全部扩建或新建轮胎项目,且十大轮胎公司相继宣布在中国新建、扩建轮胎项目,初步统计,投资总额在80亿美元以上(不包括中国在内的轮胎企业)。在亚洲以中国和印度为主,轮胎投资比例近50%,估计投资中国30亿美元以上。近年来,我国轮胎产业得到快速发展,2009年轮胎产量达3.8亿条,2010年已达4.3亿条,成为世界上最大的轮胎生产国,以及全球增长最快的轮胎市场。

我国炭黑在轮胎补强性填料中一直占据主导地位,而白炭黑在轮胎中用量相对较少;但是,随着国内炭黑价格的上涨,高分散白炭黑的问世,节能减排的要求和欧盟轮胎燃料标签法规的实施,迫使目前国内轮胎企业加快研究轮胎新配方,白炭黑在新配方中添加量越来越大。

高分散性白炭黑(HDS)是一种具有较高分散性,且无粉尘的白炭黑产品,适用于绿色轮胎。在轮胎的配方中,如果采用高分散性白炭黑,可以获得较高的拉伸强度、抗撕裂强度、定伸应力、扯断伸长率,从而可以改善胶料加工性能和耐磨性,使轮胎能够得到较好的综合性能。在乘用轮胎的胶料中,如果采用HDS,除有明显的性能改进外,其成本也可降低。

自20世纪90年代,米其林公司使用罗地亚公司的专利产品——高分散性白炭黑(Zeosil 1165MP),推出了高性能的"绿色轮胎"后,以其舒适安全、环保节能的特点,逐渐被大众接受。据统计,近年来,使用高分散性白炭黑的"绿色轮胎"年增长率为10% ~20%,而且越来越多的原配胎指标中开始指定添加白炭黑。由于欧洲对乘用胎的抗湿滑性及降低滚动阻力的要求越来越高,绿色轮胎在欧洲市场发展也较快,而且欧盟又规定新车原配胎必须采用绿色轮胎,因此欧洲是高分散沉淀法白炭黑使用比例最高的地区。

2. 硅橡胶用高补强透明沉淀法白炭黑

硅橡胶具有优异的耐高/低温、耐候、憎水、电气绝缘、生理惰性等特点,在国防军工、电子电器、医疗卫生、工农业生产及人们的日常生活中应用广泛，近年来保持良好的发展势头。

硅橡胶是一种非结晶性结构，分子间的引力非常低，故未经补强的硫化制品强度极低，拉伸强度只有0.31MPa，无实用价值。因此必须用填料补强，在补强剂中最常用最有效的补强填料就是白炭黑。白炭黑加入硅橡胶后，它的拉伸强度可提高40～50倍，耐热性和电性能也有所改善。以前多采用气相法白炭黑，因价高量少，现大多数厂家都用价格低廉的沉淀法白炭黑来代替气相法白炭黑。

2007～2011年我国硅橡胶消费量将以10.52%的速度增长，预计到2011年需求量将达56万吨。作为硅橡胶制品的补强剂，高分散沉淀白炭黑的用量一般在15～20份左右，因此，用于硅橡胶中的高分散沉淀白炭黑需求量达10万吨。

硅橡胶专用高分散白炭黑的代表产品有日本シリカ工业株式会社生产的LP产品，法国罗纳－普朗克公司的132产品，PPG台湾公司927、928产品等，国内虽有几家生产但产品质量和国外相比尚有差距。

此外，沉淀法白炭黑还可以用于涂料消光剂、牙膏的摩擦剂、铅酸蓄电池的隔板部件、绝热材料、造纸填料等，因此，沉淀法白炭黑在未来应有较大的需求。

气相法白炭黑

【基本情况】

目前全球只有德国、美国、日本、中国和乌克兰几个国家能够生产气相法白炭黑，技术高度垄断。2010年全球气相法白炭黑产能为30.46万吨/年，产量23.45万吨，其中欧美国家的产量占总产量的72.5%，亚洲占26.2%。近年美、德、日产能相对稳定，亚洲呈快速发展势头，其中我国不论在产能、产量与市场需求方面均有较大幅度增长。

2010年我国气相法白炭黑总生产能力4.13万吨/年，产量约2.65万吨/年。国内生产企业有沈阳化工股份有限公司、上海氯碱化工股份有限公司、吉必盛硅材料有限公司、浙江新安化工集团有限公司、浙江衢州富士特白炭黑有限公司、洛阳中硅高科技有限公司、宜昌南玻硅材料有限公司、黑猫炭黑股份公司、山东瑞阳硅业科技有限公司、江西嘉捷新材料有限公司、长庆化工新材料有限公司等，国内企业总产能为2.13万吨/年，实际产量1.15万吨。外资企业有卡博特蓝星（江西）化工有限公司、德山化工（浙江）有限公司、瓦克化学气相二氧化硅（张家港）有限公司，总产能为2万吨/年，实际产量1.5万吨，内资企业生产能力占国内总生产能力的51.57%，外资企业占48.43%；内资企业产量占国内产量的43.4%，而外资企业占56.6%。2010年我国主要气相法白炭黑生产企业见表7。

表7　2010年我国主要气相法白炭黑生产企业　　t

企业名称	产地	生产能力	备注
沈阳化工股份有限公司	辽宁沈阳	1500	
浙江新安化工集团有限公司	浙江开化	800	
浙江衢州富士特白炭黑有限公司	浙江衢州	500	
黑猫炭黑股份公司	江西景德镇	1000	
宜昌南玻硅材料有限公司	湖北宜昌	1000	
上海氯碱化工股份有限公司	上海	500	
吉必盛硅材料有限公司	吉林、四川、连云港、广州	6000	

续表 7

企业名称	产地	生产能力	备注
洛阳中硅高科技有限公司	河南洛阳	2000	
卡博特蓝星(江西)化工有限公司	江西九江	5000	
德山化工(浙江)有限公司	浙江嘉善	10000	扩建一条 5000t
瓦克化学气相二氧化硅(张家港)有限公司	江苏张家港	5000	
山东瑞阳硅业科技有限公司	山东新泰市	2000	
江西嘉捷新材料有限公司	江西乐平市	2000	
长庆化工新材料有限公司	四川峨眉山市	2000	
其他		2000	
合计		41300	

【进出口贸易】

2010 年我国气相法白炭黑出口量约为 1 万吨,主要出口到东南亚国家,出口产品主要为外资企业生产;进口 9000 吨左右,在进口产品中德国和美国居前两位,主要为比表面积 200 ~ $380m^2/g$ 的高中端产品。

【消费情况】

2010 年我国气相法白炭黑市场消费总量约 2.64 万吨,其中硅橡胶用气相法二氧化硅约 1.5 万吨,占消费总量的 56.82%;聚氨酯橡胶制品用气相法二氧化硅约 0.15 万吨,占 5.68%;涂料用气相法二氧化硅约 0.20 万吨,占 7.57%;油墨用气相法二氧化硅约 0.14 万吨,占 5.30%;其他用气相法二氧化硅约0.65万吨,占24.62%。2010 年我国气相法白炭黑消耗结构见表 8。

【在建项目】

2010 年我国气相法白炭黑在建项目的生产能力共有 2.64 万吨,主要为外资企业在中国的建厂,2010 我国气相法白炭黑在建项目见表 9。

表 8　2010 年我国气相法白炭黑消耗结构

消耗领域	数量/t	比例/%
硅橡胶	15000	56.82
聚氨酯橡胶制品	1500	5.68
涂料	2000	7.57
油墨	1400	5.31
其他	6500	24.62
总计	26400	100.00

表 9　2010 年我国气相法白炭黑在建项目　　万 t

企业名称	新建或扩建	建设规模	计划投产年限	说明
重庆广旺投资有限公司	新建	1.00(一期 0.5)	2011 年	建设中
江苏连云港市吉必盛硅材料有限公司	在建	0.20	2011 年	建设中
瓦克化学气相二氧化硅(张家港)有限公司	扩建	0.5	2011 年	建设中
黑猫炭黑股份公司	扩建	0.2	二期 2011 年	建设中
卡博特蓝星化工(江西)有限公司	在建	0.5	2011 年	建设中
焦作煤业(集团)合晶科技有限责任公司	在建	0.50(一期 0.2)	2011 年	建设中
浙江富士特硅材料有限公司	在建	0.50	2011 年	建设中

【品种和质量】

国内气相二氧化硅生产企业生产的150m^2/g型号低端产品产量约占总产量的70%以上，200m^2/g型号产品占25%，380m^2/g型号高端产品仅占5%左右。而国外150m^2/g型号低端产品产量约占总产量的10%，200m^2/g型号产品约占60%，380m^2/g以上型号产品约占30%。

国内目前仅少数企业能够生产200m^2/g以上高端型号产品，大多数厂家产品型号主要是100～200m^2/g较低型号产品。外资企业仅在我国生产≤200m^2/g型号的气相二氧化硅产品，而200m^2/g以上级高端产品均在本国生产，以控制技术外流。

【科技进步】

广州吉必盛科技实业有限公司经过自主开发，现已掌握具有自主知识产权的气相法白炭黑核心工艺技术——利用有机硅行业副产物甲基三氯硅烷或多晶硅行业副产物四氯化硅生产气相法白炭黑、研究气相法白炭黑表面的处理技术，实现原材料的多元化，为有效利用我国有机硅和多晶硅工业副产物发挥了重要作用。

2010年国内申请气相法白炭黑制备和应用发明专利、实用新型专利共5项，分别为广州吉必盛科技实业有限公司申请的“硅烷改性的白炭黑－炭黑复合填料及其制备方法”；广州吉必盛科技实业有限公司申请的“塑料用无卤阻燃剂及其制备方法”；上海竟茨环保科技有限公司申请的“用于气相法白炭黑工艺的加热脱酸炉”；化学工业第二设计院宁波工程有限公司申请的“气相法白炭黑脱酸炉”；宜昌南玻硅材料有限公司申请的“白炭黑生产中合成工序反应器”。这些专利技术的实施，促进了国内白炭黑生产技术和产品应用技术的进步。

【展　望】

1. 气相法白炭黑工业与有机硅工业及多晶硅工业紧密结合，资源循环利用，实现节能减排，和谐发展是今后气相法白炭黑工业的发展方向。以气相法白炭黑企业为纽带，形成气相法白炭黑、有机硅单体工业及多晶硅工业为主体的产业联盟，实现资源相互利用，促进各自可持续发展，这将是气相法白炭黑工业发展的新模式。

2. 国内气相法白炭黑单套生产能力和国外相比差距较大，200m^2/g以上级高端产品和国外厂家产品相比还有差距，国内研究机构和生产厂家应在这方面加大研究力度。

（朱春雨）

橡 胶 机 械

【基本情况】

2010年，对我国橡机行业而言，是一个可贺可喜之年。度过了2008年和2009年经济形势起伏不定的年份之后，行业销售收入、效益、出口业务等方面又跃上了一个新的台阶，取得了历史最好成绩。

受橡胶行业新一轮扩张的影响，市场对橡机的需求迅速反弹，2010年，行业复苏迹象明显，企业订单接踵而至，为完成任务而加班加点。根据对主要橡机企业业绩的统计和行业整体运行情况的测算，2010年行业橡机产品销售收入达110亿左右，比2009年增长29.4%，多数企业满负荷生产，产品销售率大多数达到100%。部份企业特别是一些主要企业抓住机遇进行新一轮产能扩大，软控股份、大连橡塑、北京贝特里戴瑞科技、青岛双星橡塑、大连益达、桂林橡胶院等企业的销售收入同比增长30%以上。众多企业重视新产品开发，新产品产值率上升。申报专利数量上升，据中国化工装备协会橡机专业委员会的调查和测算，2010年行业申报专利数量约为200项。

2010年橡机出口形势转好，出口交货值同比增长约29.5%，达1.8亿美元左右，创历史最好水平。

2010年对于我国为数众多的小型橡机企业而言，即使用较好的发展机会，但由于技术力量和资金等因素的影响，进步依然缓慢，效益一般。

我国橡机产业发展到现在，在国际橡机业界已具有举足轻重的地位。2009年在全球橡机企业31强中我国橡机企业占据了13席（按销售收入排序），前10强中占据了3席，软控股份、天津赛象、桂林橡机分列第4、9、10位。2010年我国橡机企业的产销形势好于2009年，在全球橡机产业中的地位将越显重要。

据不完全统计，2011年1季度我国新建和扩建的轮胎工程项目50多项，也有众多的管带项目及汽车橡胶配件项目，我国橡机产业在橡胶制品工程项目推动下，必将有进一步的发展和提高。

【生产与效益】

2010年我国橡机产业在度过了国际金融危机的影响之后得到了快速恢复和增长，生产形势普遍较好，效益也有所提高。软控股份的橡机销售收入约为15亿元，达到行业企业橡机销售额的历史之最，其次是益阳橡塑机械、桂林橡机、福建华橡自控技术、大连橡塑机械、青岛双星橡塑机械、天津赛象科技、桂林橡胶院、北京贝特里戴瑞科技、北京敬业机械、华工百川、四川亚西橡塑机器和上海精元，这些企业的年销售收入在2~7亿元之间，13个企业的总销售收入为66亿多元，占到行业销售收入的60%。这些行业支柱企业不但营业收入高，而且是橡机产品的主要供应者。此外，还有一批年销售收入在二三千万元到2亿元以下的企业。在数量上占多数的小型企业的销售收入大多1000万元上下，有的只有几百万元，其中有几十年历史的老牌橡机企业，此类企业从计划经济进入到市场经济的30多年时间内，尚未摸到企业发展之道，仅能维持低水平运转。

2010年人均年销售收入，相差依然悬殊，最高相差10倍左右，高的在百万元以上，低的则在一二十万元之间，这种情况与总销售收入相对应，多年来变化不大。

目前我国橡机市场现状是各种橡胶机械的产能明显供大于求，市场竞争剧烈，企业为了争取市场，采取的普遍手段是削价销售，即使胎面联动线等轮胎生产专用设备也是如此。削价销售的后果是企业效益下降，影响企业发展。

根据统计资料显示，主要橡机企业的总体效益好于2009年，总体利润增长29.7%。2010年利润增幅较大的企业有宁波千普、青岛双星橡塑机械、上海思南、桂林橡胶院和桂林橡机等，增幅在30%以上，而软控股份的利润达4.35亿元，创造了企业之最，历史之最。

企业效益的好坏与企业开发市场所需的新产品密切相关。

2010年我国主要橡机企业生产经营情况见表1。

2010年我国主要橡机企业新产品产值与产值率见表2。

表1　2010年我国主要橡机企业生产经营情况

企业名称	职工数/人	橡机销售收入/万元	人均销售收入/万元	利税/万元
软控股份有限公司		149847		43500
益阳橡机械有限公司	1083	71653	66.16	2000
桂林橡机厂	1400	59022	42.16	
福建华橡自控技术股份有限公司	389	40427	104.00	1613
大连橡塑机械有限公司	1025	56400	55.00	
青岛双星橡塑机械有限公司	1000	54800	54.80	
天津赛象科技股份有限公司	800	51300	64.13	
桂林橡胶设计院	120	38055	317.00	
北京贝特里戴瑞科技发展有限公司	230	30580	133.00	
北京敬业机械设备有限公司	308	27384	88.90	
华工百川科技股份有限公司		23142		
四川亚西橡塑机器有限公司	856	26279	30.70	600
上海精元机械股份有限公司		20000		
大连诚信橡塑机械有限公司	820	18000	21.95	
北京万向新元科技有限公司		16000		
江苏双象集团有限公司		14401		
绍兴精诚橡塑机械有限公司	140	9949	71.00	
湛江机械制造集团公司		8600		
内蒙古富特橡塑机械公司		8000		
建阳龙翔科技开发有限公司	336	8000	23.80	
无锡第一橡塑机械有限公司		7000		
宁波千普机械制造有限公司		6616		
上海思南橡机有限公司	248	5287	21.30	

续表 1

企业名称	职工数/人	橡机销售收入/万元	人均销售收入/万元	利税/万元
内蒙古宏立达橡塑机械有限责任公司	231	5000	21.6	620
威海三方橡机有限公司	172	3800	28	678
大连通用橡机有限公司		3100		
大连益达橡机有限公司		3000		
辽宁盘锦橡塑机械厂		2292		
河南新乡星火机械有限公司	76	1380	18.16	45
江阴中轮机械有限公司		3255		
桂林中昊力创机电设备公司	70	2037	35.96	
广州番禺橡机厂有限公司	63	840		
上海申轮橡机有限公司		800		
古安机床附件厂	77	846	10.98	

表 2　2010 年我国主要橡机企业新产品产值与产值率

企业名称	新产品产值/万元	新产品产值率/%
桂林橡胶机械厂	35081	59.4
桂林橡胶设计院	27304	71.7
北京贝特里戴瑞科技发展有限公司	18065	59.0
福建华橡自控技术有限公司	18192	44.9
益阳橡塑机械有限公司	22941	32.0
青岛双星橡塑机械有限公司	14500	26.5
绍兴精诚橡塑机械有限公司	7528	75.6
四川亚西橡塑机器有限公司	6380	26.6
宁波千普机械制造有限公司	5404	81.7
内蒙古宏立达橡塑机械有限责任公司	700	14.0
威海三方橡机有限公司	800	20.0

模具行业的增长与橡机行业的发展具有密切关系。根据模具协会对 16 个重点模具企业的统计显示,2010 年模具行业工业总产值为 22.76 亿元,同比增长 37.52%,销售收入 22.5 亿元,同比

增长30.39%,利润5.15亿元,同比增长28.9%。

【市场供需】

2010年橡机产业的产销是否兴旺,主要取决于汽车产业、轮胎产业及其他相关产业的发展。2010年我国汽车产销量双双突破1800万辆,同比增长32%以上。轮胎产量达到4.3亿条,比上年增长12%,其中子午胎产量3.4亿条,子午化率达到83%。在快速发展的上游产业带动下,2010年橡机市场又是一个产销两旺的好年景,生产又向前跨进了一大步。据了解,主要橡机企业为完成任务,生产加班加点,满负荷运转。此外,部分企业为满足市场需要,加大企业技改力度,扩大产能,扩大产品范围。

子午胎产业的飞速发展,催生大量企业涉足子午胎设备的研发和生产,到2010年这类企业不少于30家,其中大部分为民营企业,橡机行业基本满足了轮胎行业子午胎扩产所需的设备。

2010年产销量最大的产品依然是通用橡胶加工机械,其中开炼机、密炼机、挤出机、平板硫化机、轮胎硫化机的制造厂仍然最多,产销量在所有橡机产品中最大,如四川亚西2010年开炼机产销789台、新乡星火156台、内蒙古宏立达挤出机的产销量达到400台。依此推算,2010年行业开炼机的产销量在3000台左右,平板硫化机维持在7000台左右,挤出机约为1500台。轮胎硫化机的市场需求量与前几年相比有较大的上升幅度,生产企业从20家扩展至30家,年产能从2000台提升至3000台。生产液压轮胎硫化机的企业也达到12家。广东巨轮模具投资1.48亿元,生产液压轮胎硫化机,年扩能120台。软控股份也开始生产液压轮胎硫化机。2010年轮胎硫化机实际产销量约为2500台,仅桂林橡机占450台、福建华橡自控占505台、益阳橡塑机械占360台,三家企业的产销量就达到了1315台。

轮胎模具产业随着轮胎产业的发展,在"十一五"期间以年均10%左右的速度快速增长,2010年轮胎模具产量达到2万套,其中子午胎模具1.8万套。2010年全钢子午胎模具产销量下降,半钢子午胎模具产销量则上升。

国家工信部发布了淘汰落后工艺装备和产品指导目录,指出50万条/年斜交胎生产线、以天然棉帘子布为骨架的轮胎生产线须立即淘汰。此外,现有斜交胎产量已降至轮胎总产量的20%,并将继续下降。据此,斜交胎设备的市场需求将进一步萎缩或退出市场,斜交胎设备生产企业面临橡机产品结构调整问题。

综观2010年我国橡机产品市场供需状况,需求基本满足,且多数橡机产品产能过剩,但少数高性能、高精度橡机及制品类橡机尚不能满足市场需要,国内橡机企业尚需努力。

【进出口贸易】

1.进口贸易

目前,我国各类橡机械的产量已成为世界之最,一般橡胶机械均能满足市场需要,然而有一些橡胶机械用户喜欢选用国外产品,特别是合资企业和独资企业。2010年进口的橡胶机械主要有下列几种:

(1)炼胶设备:GK320、GK1000密炼机及其上下辅机。

(2)轮胎设备:钢丝帘布压延机组(如ϕ520×1300高精度S型四辊压延机组)、钢丝帘布裁断机、轿车子午胎一次结成型机及轮胎检验设备等。

(3)输送带设备:1.4×10m、1.6×10m、1.8×10m平板硫化机组等。

(4)胶管设备:钢丝胶管缠绕机(如WSW-Ⅳ型缠绕胶管生产线)、钢丝胶管编织机、纤维胶管缠绕机、纤维胶管编织机及胶管针织机等。

贵轮公司和华勤集团等橡胶企业在项目建设中,关键生产设备从美国、德国、意大利等国家进口。

意大利一家制造胶管机械的公司看好我国胶管机械市场,在我国设立了专营胶管机械的分公司。

2.出口贸易

走出2009年出口低谷后,2010年的橡机出口贸易又呈增长态势,出口产品包括通用橡胶加工机械、轮胎机械、翻胎机械、废旧橡胶利用机械及输送带机械等。产品出口的国家从东南亚国家延伸到法国、日本、美国、德国和意大利等国。

2010年橡机出口交货值约为1.8亿美元,同比增长50%,与2008年基本持平。根据出口交货值排序，桂林橡机厂、益阳橡塑机械有限公司、天津赛象科技股份有限公司、北京敬业机械设备有限公司、青岛双星橡塑机械有限公司、大连橡塑机械有限公司、软控股份有限公司、大连诚信橡塑机械有限公司、四川亚西橡塑机器有限公司、北京贝特里戴瑞科技发展有限公司排在前10位。桂林橡机厂以出口各种轮胎硫化机为主，2010年出口轮胎硫化机80台，出口值3000万美元。桂林橡机厂出口的轮胎硫化机累计829台，其中向法国米其林出口液压轮胎硫化机200台，150″、170″、177″和180″等大规格液压轮胎硫化机和200″机械式轮胎硫化机批量出口日本普利司通、印度和欧洲市场，累计出口额1.5亿美元以上。

软控股份有限公司2010年向美国LEOPARD公司出口成套轮胎翻新生产线，和缅甸MEC公司签订了6983万美元的轮胎生产设备合同。

在20世纪八九十年代国内一些企业引进了约20条废旧橡胶胶粉低温冷冻生产线，均以失败告终，国内开发的同类生产线同样没有得到市场认可。而国内多家企业开发的常温法胶粉生产线，不但得到国内市场认可，也得到了国际市场的认可。四川乐山亚联机械有限公司向日本、加拿大等多个国家出口了多套常温法胶粉生产线。该类生产线还被国家发改委、环保部列为鼓励发展的“节能与可再生能源利用设备”之一。

橡胶模具行业16个重点企业2010年的出口交货值为3.4亿元，同比增长68.56%，出口值占总销售收入的15%。

2006~2010年我国橡机出口贸易额见表3。

2010年我国主要橡机企业出口概况见表4。

表3　2006~2010年我国橡机出口贸易额

年份	出口贸易额/万美元	同比增长/%
2006年	10000	40.00
2007年	12000	20.00
2008年	17500	45.80
2009年	12000	-31.43
2010年	18000	50.00

表4　2010年我国主要橡机企业出口概况

企业名称	出口产品	出口交货值/万美元
桂林橡机厂	各种轮胎硫化机	3000
益阳橡塑机械有限公司	1. φ660液压调距开炼机（德国、西班牙） 2. 轮胎硫化机 3. 密炼机等	2500
四川亚西橡塑机器有限公司	1. 62m/min高线速精炼机 2. 常温法胶粉生产线向东南亚、日本、加拿大等出口100台套。	515
福建华橡自控技术有限公司	1. 轮胎硫化机 2. 胶囊硫化机（泰国）	160
大连橡塑机械有限公司	190E密炼机等	1245

续表 4

企业名称	出口产品	出口交货值/万美元
呼和浩特宏立达橡塑机械有限责任公司	φ120～φ250 挤出机	70
软控股份有限公司	1. 成套轮胎翻新生产线 2. 轮胎设备	1160
青岛双星橡塑机械有限公司	轮胎械机等	1333
天津赛象科技股份有限公司	轮胎机械	1666
北京贝特里戴瑞科技发展有限公司	子午胎成型机械等	290
北京敬业机械设备有限公司	轿车子午胎机械	1438
大连诚信橡塑机械有限公司	炼胶设备等	570
中昊力创机电设备公司	轮胎机械	160
华工百川科技股份有限公司	挤出设备等	227
辽宁盘锦橡塑机械厂	GLGφ3×8PLC 控制全自动开门口径卧式硫化罐	—

【技术进步】

1. 新技术新产品

(1)炼胶新工艺新技术

目前至少 5 家单位推出了利用现有炼胶设备组成“一步法低温炼胶工艺技术”的工艺及设备组合，以降低炼胶温度，提高效率。益阳橡塑机械公司则根据市场需求在 2011 年初推出由 GE320E 和 GE590J 密炼机上下组合的串联式密炼机组，而大连橡塑机械有限公司则推出由 XM－370Y 和 XMY－580T 密炼机组成的串联式密炼机。这种炼胶方式在生产中刚开始使用，尚需在实践中进一步完善和推广。

上海新时达机电科技有限公司为适应密炼机变频调速配套的需要，开发了密炼机专用高压变换器，为推广使用变频调速密炼机创造了条件。

(2)半钢子午胎一次法成型机

目前，软控股份、天津赛象科技、北京敬业机械设备和北京贝特里戴瑞科技四家公司历经多年开发的半钢子午胎一次法成型机工艺和技术日趋成熟，在一定范围内将取代两次法成型工艺和设备。由于历史和技术的原因，我国半钢子午胎成型走的是两次法成型工艺及其设备为主的技术路线，技术比较成熟，但要提高成型效率和成型质量尚需推广一次法成型工艺和设备。

(3)输送带生产设备

输送带生产设备的变化主要反映在覆盖胶设备和硫化设备两方面。输送带覆盖胶生产设备由压延机发展到宽幅胶片挤出机，2010 年又开发了宽幅压延机压延宽幅厚胶片。无锡宝通采用了大连橡塑机械开发的可以压延幅宽 2400mm 覆盖胶片的巨型压延机组，从而形成了压延机和挤出机两种设备及两种工艺方法并存生产覆盖胶片的生产方式。

对于输送带平板硫化机的硫化热板目前有加长的趋势，益阳橡塑机械、青岛双星橡塑机械和夏华橡胶公司已将热板长度从 10m 或 12m 加长到 15m～20m，以此提高生产效率。

(4)V 带设备

①切边 V 带采用反硫化工艺和设备及多楔带模压硫化技术和设备，提高了产品质量。

②V 带硫化几十年来一直没有突破采用颚式平板硫化机和应式胶套硫化罐的硫化方式，2010

年浙江兰溪夏华橡塑机械厂开发的 XHGL－500A V 带鼓式硫化机成功应用于包布 V 带的连续硫化，并将试用于联组 V 带和多楔带的连续硫化，为在 V 带生产中推广使用 V 带鼓式硫化机起到了示范作用。硫化质量优于传统法硫化质量。

（5）电子辐照技术在橡胶制品生产中的试验

软控股份有限公司等单位采用电子加速器将电子辐照技术引入轮胎生产中对胶片进行辐照试验。经过辐照胶片的橡胶高分子链被打断，再通过物理交联又重新组合，可提高胶片粘度和拉伸密度。软控股份有限公司将轮胎过渡层胶片通过电子辐照工艺处理后，胶片厚度 1mm 可减为 0.8mm，这对轮胎轻量化和提高产品质量具有重要意义，并为开发电子加速器的新用途，探索了又一适用方向。

（6）挤出机技术的提升和拓展作用

内蒙古富特橡塑机械有限公司多年来致力于挤出机械技术及其拓展应用方面的开发和研究，取得了许多成果，极大拓展了挤出机使用范围：

①挤出机配用新 L 型机头和 T 型机头的胶片挤出生产线，生产的胶片宽度为 500～1600mm，成功应用于轮胎、输送带、汽车或火车橡胶减震弹簧、核潜艇橡胶离合装置、橡胶防腐衬里等产品中的胶片生产。

②新型 L 型挤出机头挤出机应用于半钢子午胎薄胶片和内衬层的生产。两台配有 L 型辊筒机头的挤出机同时挤出两种不同配方的胶片，两种胶片在热态下贴合。当开用一台挤出机时，就可以生产薄胶片。生产线生产的内衬层及薄胶片的质量优于传统工艺生产的胶片，且价格低廉。同时，新型 L 型挤出机挤出工艺还可应用于内衬层、直裁纤维帘布、小角度裁断钢丝帘布等部件上进行在线挤出热贴合一条或两条胶片，可提高效率和质量。

③纤维（聚酯）帘线和钢丝帘线挤出覆胶生产线，挤出覆胶法生产宽 300mm 纤维（聚酯）帘布（用于瑞典一企业），或用于半钢子午胎冠带条的钢丝帘布挤出覆胶，挤出覆胶钢丝帘布宽度为 400～800mm。

④输送带覆盖胶宽幅胶片挤出压延生产线，可用一台挤出机挤出幅度 2500mm 的覆盖胶片。在此基础上又开发了宽幅胶片挤出压延法（冷贴合）生产线及 2500mm 宽幅胶片（热贴合）生产线。

⑤为适应子午胎生产需要，开发了两复合、三复合挤出机组，并对复合机头、螺杆等结构进行了优化，提高了挤出胶件的致密性和挤出产量。此外，为适应发展半钢子午胎生产的需要开发了挤出白胎侧和双胎面等部件的四复合挤出机组。

⑥开发双螺杆连续混炼技术，已在一轮胎企业开始进行开创性的生产性试验。

（7）新产品

2010 年和 2011 年上半年我国主要橡机企业新产品见表 5。

表 5　2010 年和 2011 年上半年我国主要橡机企业新产品

企业名称	新产品
益阳橡塑机械有限公司	1.1.8×16.6m 钢丝绳芯输送带平板硫化机组 2.2011 年初产成由 GE320E 和 GE590T 两台密炼机上下串联组成的串联式密炼机组
福建华橡自控技术股份有限责任公司	1.实心胎注射式 8 工位移模式硫化生产线 2.30000ml 多工位（四工位）胶囊注射成型机 3.3 个规格液压轮胎硫化机
天津赛象科技股份有限公司	1.新型高精度 90°纤维帘布自动裁断机 2.轿车子午胎全自动 20°～70°钢丝帘布裁断接头机组 3.班成型 100 条以上高速低断面胎坯的 TST－LCZ－2428 乘用/轻卡子午胎全自动一次法成型机

续表 5

企业名称	新产品
大连橡塑机械有限公司	1. 输送带双面贴胶用 ϕ900 × 2800 橡胶四辊压延生产线 2. XM－370Y（XMY－370Y）和 XMY－580T 组成的串联式（叠加式）密炼机 3. ϕ350 滤胶机
建阳龙翔科技开发有限公司	1. LCY－2442 型农用子午胎第一段成型机组 2. LCE－2442 型农用子午胎第二段成型机组
四川亚西橡塑机器有限公司	1. 新型压延机组 2. 液压调距双电机开炼机
内蒙古富特橡塑机械有限公司	1. 子午胎三角胶及力车胎胎面小型复合挤出机组 2. 半钢子午胎白胎侧/双胎面四复合挤出机组
内蒙古宏立达橡塑机械有限公司	1. ϕ90、ϕ150 冷喂料排气挤出配止水带液压机头 2. 橡胶止水带复合挤出机 3. 三元乙丙防水卷材连续挤出硫化生产线 4. 橡塑复合跑道专用挤出机 5. 1600mm 宽幅胶板挤出连续生产线
大连诚信橡塑机械有限公司	1. 由长短两根螺杆组成的 Y 型双锥橡胶挤出机
青岛双星橡塑机械有限公司	1. LCZ－3GS 全钢子午胎一次法成型机 2. 全钢子午胎四横轮胎硫化机 3. 一次可硫化 15m 长的钢丝绳芯/织物芯输送带平板硫化机组
铁岭天实机械有限公司	1. XLDJ－Q700 × 7600 × 2 橡胶履带硫化机
浙江百纳橡塑设备有限公司	1. 橡胶型材盐浴硫化生产线
东莞德科摩橡塑科技有限公司	1. DKM－RL2800 橡胶注射成型机（注射量 100000ml，锁模力 28000kN）
安徽中意胶带有限责任公司	1. 单面覆盖层达 7mm（双面 14mm）的新型挤出法阻燃输送带生产线
华勤集团山东安能输送带橡胶有限公司	1. 3.45 × 18.5m 输送带智能平板硫化机生产线
广州华工百川科技股份有限公司	1. BTJSLNDT1200A 激光散班轮胎无损检测仪
威海三方橡机有限公司	1. 方钢丝圈四圈挤出缠绕机
青岛夏华橡胶公司青岛科大	1. 24 × 2.0mm 钢丝绳芯输送带生产线
盘锦橡塑机械厂	1. GLGϕ3 × 8mPLC 控制全自动开门大口径卧式硫化罐

2. 新产品技术鉴定和获奖情况

近年，我国部分橡机新产品技术鉴定及获奖情况见表 6。

表 6　我国部份橡机企业新产品技术鉴定及获奖情况

企业名称	新产品通过技术鉴定及获奖情况
大连橡塑机械有限公司	1. 四辊压延生产线获中国机械工业科技进步一等奖
益阳橡塑机械有限公司	1. GE580 密炼机获湖南省科技进步二等奖,并列入国家科技兴贸计划和湖南省科技创新计划
桂林橡机厂	1. 5000(200″)轮胎硫化机获 2010 年桂林市科技进步一等奖 2. 轮胎成型机钢丝圈锁紧专利获中国化工集团专利优秀奖
内蒙宏立达橡塑机械有限公司	1. 橡胶挤出机运行参数计算机监测系统为呼和浩特市科技重大专项,于 2010 年 10 月通过呼和浩特市科技局专家组验收,并获两项专利
桂林橡胶院	1. 双流道组合式机头宽幅胶片(B = 500 ~ 2200mm, δ = 1.5 ~ 9mm)挤出压延生产线通过中国石化协会组织的科技成果鉴定
四川乐山亚联机械有限责任公司	1. 年处理废旧全钢子午胎 1 万吨的常温法胶粉生产线通过省级鉴定
都江堰新时代工贸公司	1. 橡胶再生常压连续脱硫工艺及设备通过中国石化工业联合会组织的专家鉴定
山东玲珑集团	1. 超高性能轿车子午胎成套技术(包括低断面大轮钢轮胎成型机和液压轮胎硫化机)获 2010 年度国家科技进步二等奖

【“十二五”规划】

根据中国化工装备协会橡机专委会提出的我国橡机行业“十二五”规划的设想,在现有基础上将产业作强,建立创新体系,优化产品,节能环保。

1. 在做“大”基础上做“强”

预计到 2015 年,我国橡机销售收入将达到 160 ~ 200 亿元,在全球橡机 30 强中,我国企业将占 15 席以上,前 10 强占 5 ~ 6 席。通过兼并重组,形成产销超 20 亿元的企业有 2 家,超 10 亿元的有 3 ~ 4 家,5 亿元的有 4 ~ 5 家。

2. 优化产品结构,提高产品稳定性和可靠性

重点解决压延设备、裁断设备的稳定性、可靠性,提高工作精度。开发轮胎检测设备,实现轮胎检测设备国产化。

3. 建立科技创新体系,加快科技成果产业化

大型橡机企业要建立科技创新体系,建立国家级技术中心 5 ~ 6 个,工程技术中心 1 ~ 2 个。加快现有科技成果转换力度。扩展液压轮胎硫化机的应用范围。密炼机向强力化、变速化、功能化、智能化及连续化方向发展。成型设备向高效、高精度、高自动化及集成化方向发展。

4. 橡机节能环保化

在橡机产品开发中,重点考虑提高效率、节约能源、减少污染等因素,开发和推广节能环保型橡胶机械。加强与轮胎(橡胶)企业合作,技改轮胎(橡胶)企业,以节能节水,提高效率。

5. 成为世界橡机生产和销售中心

将我国橡机企业做强做大,促使更多世界著名橡机企业来华投资或扩大现有企业规模,到 2015 年将使我国橡机市场份额占全球橡机市场份额 50% 以上,成为世界橡机生产中心。

6. 实现由“国内工厂”向“国际化公司”转变,出口比重超过 30%

“十二五”期间,我国橡机将从标准、设计、制造、销售、服务等方面与国际接轨。出口销售收入提升到占总销售收入的 1/3。企业联手建立全球产品售后服务体系,企业向“国际化”方向转变。

【节能减排】

节能减排是我国当前工农业生产中的一项重要国策。截至目前,我国在现有技术和生产工艺的基础上,为节能减排降耗做了大量工作,且取得显著成效,软控股份有限公司还为此成立了节能环保研究所,专事橡胶工业生产中的节能环保工作,包括气动节能、硫化节能、轮胎设备节能技改、能量系统优化节能及电力节能等,大力推进节能降耗环保工作。

目前,节能降耗减排工作取得的成果主要有:

1. 炼胶系统节能措施

据介绍,在炼胶工序所消耗的能源约占橡胶制品总能耗的40%。为此,如何降低炼胶能耗成为企业重点节能工作,目前采取的主要措施有:

(1)一步法低温炼胶系统

现在已有多个企业参与开发一步法低温炼胶系统。由一套上辅机、一台高速密炼机、五组高速开炼机、一台出片机、一套胶片冷却装置和其他辅助准备组成,可减少混炼段数而节能。据介绍,此法在国外已有几十年使用历史,在保证炼胶质量的前提下,产能比传统工艺技术提高20%,节能15%。

(2)串联式(叠加式)密炼机组

串联式(叠加式)密炼机组是近年来发展的,可实现高效低温炼胶节能,效率可提高约一倍。现在大连橡塑和益阳橡塑各推出了一组串联式密炼机组,大连橡塑的机组由XM-370Y(XMY-370Y)和XMY-580T密炼机组成,益阳橡塑的机组由GE320E和GE590T密炼机组成。两台密炼机上下位配置,上位机容积小,下位机容积大。且无压料装置。上下位机通过计算机智能控制系统协调工作。

(3)伺服控制上顶栓系统

大连橡塑开发的适用于F270、F370等密炼机的电液比例伺服控制上的顶栓系统,可年节电85万kW/h,并适用于变压炼胶工艺。

(4)智能控制炼胶

密炼机配备智能控制系统,根据混炼瞬时功率曲线及胶料混炼状况参数的变化,优化混炼工艺,可提高胶料合格率5%,提高生产效率15%,能耗降低10%。

(5)改造供电系统

根据密炼机用电的特点,在密炼机供电系统中设置UNISAVER等节电器,可节电15%左右,或利用密炼机专用谐波滤除兼无功补偿装置对供电系统进行改造,既改善电源质量,又节能降耗。

(6)采用交流电机高压变频驱动装置

传统密炼机一般均采用交流电机驱动,转子为单速或双速。随着子午胎生产的发展,要求密炼机具备变速炼胶功能。为此,密炼机开始采用直流电机驱动的调速系统,虽节能,但波形变异功率因素低。为探索新的变速驱动方法,大连橡塑转而采用高压变频驱动系统。该系统满载时功率因素达0.96,同等工况下的COSφ为0.92,一台F270密炼机可年节约电量204万kW/h,比直流驱动无级调速系统的节能效率要高约30%。为推广使用密炼机交流电动高压变频驱动,开发了密炼机专用高压变频器。

(7)变速炼胶工艺

将F370密炼机以变速混炼工艺用于混炼胎面胶时,可提高混炼效率4.8%,节能3.5%。与传统定速混炼工艺相比,胶料撕裂强度、耐磨性能和胶料均匀性均有提高。

(8)采用新型转子

密炼机转子的结构形式影响炼胶效率和炼胶质量。为提高密炼机性能,推出了LS型六棱三角形转子,较SG型四棱高效转子炼胶效率提高10%~20%,炭黑平均分散值提高10%。

在混炼子午胎白炭黑胶料时,一台啮合型转子的GK250E密炼机较一台相切型转子的F270密炼机效率可提高一倍,年节电100万kW/h。

(9)采用大容量密炼机

一台F650密炼机的容量相当于F270和F370二台密炼机之和,其整机装机容量减少20%以上,具有明显良好的综合效率。

2. 轮胎硫化机节能措施

轮胎企业生产过程中需要消耗大量的蒸汽,轮胎硫化的用汽量占全厂用汽量的60%以上。下列措施可降低轮胎硫化用汽量。

(1)蒸锅式硫化机改造成热板式硫化机

在传统观念上,载重胎采用蒸锅式硫化机硫

化，轻卡胎/轿车胎采用热板式硫化机硫化，但蒸锅式硫化机较热板式硫化机费汽，将蒸锅式硫化机改造成热板式硫化机，在硫化全钢载重子午胎时，可节省蒸汽30%以上。

此外，改进轮胎硫化机的保温措施，可减少20%左右的蒸汽消耗。

(2)调整硫化工艺

①采用过热水微循环高温硫化的保压变温工艺，过热水消耗量可节省40%以上。由于采用过热水微循环，热水循环泵耗电量减少50%以上。

②全钢载重子午胎氮气硫化

国内全钢子午胎大多采用传统工艺硫化，很少采用氮气硫化工艺，需推广后者。根据上海双钱如皋和重庆两个工厂的经验，全钢载重子午胎采用氮气硫化工艺硫化，综合能耗降低25%以上。

3. 高效节能设备

(1)全钢子午胎成型采用高效三鼓成型机。三鼓成型机的成型效率达到班产130条胎以上，而两鼓成型机仅为90条胎左右，三鼓成型机的效率是两鼓成型机的1.45倍。

(2)天津赛象的TST-LCZ-2428乘用/轻卡子午胎一次法乘型机可成型的速达280km的24″~28″高等级子午胎。与两次法成型机相比，装机功率从44kW减少为30kW，减少装机功率30%。

(3)利用销钉冷喂料挤出机取代两辊热炼机向压延机供料，可节能30%以上。

(4)可生产幅宽500mm~2200mm、厚9mm的胶片挤出压延生产线，与传统胶片生产设备相比，劳动生产率提高50%，废品率降低30%，节约胶料5%，占地面积减少20%，人员减少50%。

(5)高效三位旋转式力车内胎接头机一次可接4条力车内胎。与传统接头机相比，接头强度提高30%~50%，接头效率提高20%。

(6)YNL-6液压框式力车内胎硫化机组一次可硫化12条力车内胎。与蚌壳式力车内胎硫化机相比，在产量相同条件下，设备占地面积减少50%，节约蒸汽30%，生产效率提高20%，装机功率仅为蚌壳式硫化机的20%。

(7)ϕ480×600高线速精炼机的该机辊筒表面线速高达62m/min，用作再生胶后，加工时提高效率40%，节电33%。

(8)再生胶四凸棱捏炼机与双凸棱捏炼机相比，塑化时间减少40%，节电30%。

(9)用于再生胶生产的常压连续脱硫工艺及设备是近几年发展起来的新兴脱硫技术，与目前大量使用的电热动态脱硫技术与设备相比，节能50%以上。

【企业动态】

1. 大连橡胶塑料机械有限公司为扩大生产，新建大连营城子主厂区，于2010年落成。主厂区作业面积比老厂区增加55%，全部搬迁工作将于2011年底完成。计划完成后，大连橡胶塑料机械有限公司由大连营城子主厂区、瓦房店长兴岛制造园区和大连周水子研发销售中心三个部分组成。产品由橡塑机械扩大到以“大造粒”为主的石化装备，以电池模和碳纤维为主的新材料加工设备，以工业减速机、大中型机床零部件制造、粗加工为主的工业装备配套产品等，形成四大系列产品。

此外，大连橡塑以850万美元收购加拿大麦克罗机械工程有限公司100%股权，从而有效整合麦克罗公司和大连橡塑机械的加工生产优势，并利用麦克罗品牌优势，巩固和扩大吹膜、流延膜生产线、共挤贴合和拉伸生产线、片材生产线等塑机产品在高端市场的占有率。

同时，大连橡塑于2010年底被国家知识产权局评为“全国企事业知识产权试点单位”，同时被批准为辽宁博士后科研基地。

2. 益阳橡塑机械有限公司。经过40年发展，成为年产值超7亿元世界橡机排名第7的著名企业。密炼机、轮胎硫化机、轮胎成型机和输送带平板硫化机等橡机产品享誉国内外。公司获益阳市“高新技术企业技术创新示范企业”称号。

此外，2010年11月17日中国化工装备总公司首批信息化试点项目在益阳橡塑机械有限公司启动。试点实施项目包括视频会议系统、OA协同办公系统、产品数据管理系统(PDM)和企业资源计划系统(ERP)等。

3. 软控股份有限公司经过10年发展，成为拥有10个子公司的产业集团，资产市值达150亿元，职工达3000人，产品除橡胶机械外，扩展到轮胎模具及合成橡胶后处理设备。公司计量理化检测中心于2010年11月通过了中国合格评定国家认可委(CNAS)专家组的评审,认为该中心的检测/校准水平达到了较高层次。此外,该公司为推进轮胎行业的节能降耗工作,专门成立了节能环保研究所,专门从事轮胎行业节能降耗及环保技术的开发研究和推广应用。公司在2010年初获工信部、财政部、科技部两型(资源节能型和环境友好型)企业单位称号。

4. 福建华橡自控技术有限公司于2010年在三明高新技术产业开发区金沙园(沙臬)的新厂址搬迁完成,并计划在"十二五"期间就多工位实心胎瓣式电热成型硫化机、1.8×10m上缸式平板硫化机、连续橡胶炼化挤出机、大型塑料机械等方面有所作为。

5. 四川亚西橡塑机器有限公司为扩大生产和改善生产条件,增建新厂房,增添轧辊车床、轧辊磨床及各种数控机床。投资1000万元新建铸造车间,改进焊接技术和焊接工艺。"十二五"计划引进高技术人才和国内外先进技术,依靠科技进步开发一批能在橡胶行业使用广泛、技术先进、附加值高的新产品。充分发挥2010年申报成立的四川省橡胶机械及废橡胶综合利用研究开发中心的作用。

6. 威海三方橡胶机械有限公司于2010年8月在威海市温泉镇冶口村完成搬迁工作。新址为新产品开发和生产扩展创造了良好条件。

7. 中航工业北京航空制造工程研究所(625所)整合重组为"北京贝特里戴瑞科技发展有限公司",成为集产品开发、生产、销售、服务等科工贸于一体的企业。

8. 2010年底,中国化工装备总公司组团赴印度考察,宣布在印度设立中国化工装备总公司印度办事处,成为我国在印度设立的第一个橡机办事机构,以加强与印度的橡机业务往来和处理售后服务事宜。

9. 2011年初,青岛华夏橡胶工业有限公司与青岛科大机电工程学院联合成立了"华夏——青大胶带技术与装备研究院",这是我国橡胶行业与学校联合成立的第一个科研机构,旨在发挥双方优势,以期在开发高效节能、全新理念的胶带专用生产装备,先进生产加工工艺,轻量化胶带新结构,高物理机械性能、低成本系列配方方面有所作为。

【展　望】

2010年和2011年是我国"十一五"与"十二五"前后交接的年份,具有承前启后的关键作用。"十一五"期间我国在开发全钢子午胎设备、工程胎设备和巨胎设备等方面取得了巨大成绩,解决了轮胎行业生产发展之所需。2011年是"十二五"的第一年,期望在下列几方面有所作为:

1. 发挥现有4个国家级橡机企业技术中心、一个国家工程技术中心及多个博士后工作站的作用,在推进技术进步和新产品开发方面做出成绩。

2. 推进企业技术改造,加速新技术、新材料、新工艺、新装备的应用,提升制造水平,稳定产品质量。

3. 加强智能控制系统等新型控制技术在橡机产业中的应用,提升现代化水平。

4. 我国橡机企业具有小、散、弱的特点,做强有难度。按照国家"十二五"规划纲要设想,应该"推动中小企业调整结构,提升专业化分工协作水平,引导中小企业集群发展,提高创新能力和管理水平",以此促进中小橡机企业发展。

(杨顺根)

轮 胎 模 具

模具是制造业不可或缺的重要组成部分,直接决定产品的性能、水平、质量和可靠性。模具的生产过程是集精密制造、计算机技术、智能控制和绿色制造为一体,既是高新技术载体,又是高新技术产品。轮胎模具是轮胎硫化过程中的重要装备,它的好坏直接决定了轮胎产品本身的质量。“十一五”期间,我国轮胎模具行业不论在技术的提升上还是在产品的产量上都较“十五”期间有了显著的提高,可以说,“十一五”期间是中国轮胎模具行业发展最快时期,呈跳跃式发展,奠定了世界轮胎模具大国的地位。

【基本情况】

经过“十一五”的发展,我国轮胎模具不但在总量上有所增加,而且产品结构也进一步优化。其中,子午胎模具的生产比例已达80%左右。目前,我国已能生产子午和斜交两大结构的载重、轻载、轿车、农用、工程、工业六大类轮胎模具,规格近2000多个,基本满足国内外轮胎用户的需求。

进入2010年以来,我国橡胶行业面临的形势更为复杂,挑战也更为严峻。面对接踵而至的问题和困难,整个行业团结一致、克服困难、积极应对,战胜了国际金融危机的严重冲击。在众多不确定、不稳定因素的影响下,橡胶工业依然取得了较好成绩。2010年轮胎产量已达4.3亿条,子午化率为83%,远远超过“十一五”期间的发展目标。

轮胎的快速发展促使轮胎模具行业每年都以10%左右的增速发展。产品被米其林等轮胎巨头广泛认可,出口比例越来越高。据中橡协对16家重点企业的统计,2010年轮胎模具行业完成工业总产值22.76亿元,同比增长37.52%;实现销售收入22.5亿元,同比增长30.39%;实现利润5.15亿元,同比增长28.9%;实现出口交货值3.4亿元,同比增长68.56%,占总销售收入的15%。

2010年由于受国内经济高速增长和国际经济缓慢复苏的影响,轮胎模具行业继续保持较快增长,中高档模具产品产量快速提升,整个行业的固定资产投资稳步扩张,产业、产品和企业组织结构更趋合理,品牌建设和结构调整不断深化,自主创新能力进一步增强,形成一批有自主知识产权、知名品牌和较强国际竞争力的优势企业。

2010年我国轮胎模具主要特点:

1.技术创新取得进展,结构调整取得一定成效。行业专利增多,装备逐渐完善,具备了全套子午胎模具的生产能力,工程轮胎尤其是全钢巨胎模具取得突破性进展。行业标准的出台以及轮胎企业对模具要求的提高等,都使得行业总体水平提高较快。

2.全钢胎模具市场萎缩,半钢胎模具需求较为旺盛,特别在2010年下半年表现更为突出,橡胶价格的飞涨使得部分全钢胎生产企业限产减产,减少对全钢模具的需求。行业经济走势由快转稳,出口较上年有较快增长。

3.集群式生产方式进一步发展,生产性服务业得到加强,为轮胎模具制造的配套服务体系正在日趋完善。

4.整个行业的结构调整正在逐步深化,轮胎模具生产周期缩短,质量、精度要求越来越高,提升质量、缩短交货期,提供个性化服务等其他方面的竞争力将成为参与全球竞争的必然选择。

5.一些大企业改变过去的生产经营模式,从偏重生产到重视技术开发和市场营销管理,从传统的生产经营型向资产经营型转变。

6.设备精良化进程加快。轮胎模具生产从传统的技艺型手工生产为主的方式,进入到了采用数字化、信息化设计生产、资金密集型和技术密集型的现代工业生产的时代。

7.研发管理已日渐成为企业发展的战略核心,研发流程管理由此也成为影响企业研发绩效的“短板”和“瓶颈”。

8. 产品的稳定性和精度方面有质的提高，已具备生产高等子午胎活络模具的能力，巨轮、豪迈、天阳等企业均已进入欧、美、日等市场，并获得了客户的良好评价，取得国际轮胎巨头A级供应商资格，产品被米其林、普利司通、固特异等公司所认可。

9. 做“大”是轮胎模具行业的最大亮点，山东豪迈、广东巨轮等企业已成为世界最大的轮胎模具制造商之一，充分展示了我国轮胎模具行业在国际上的地位和影响力，标志着我国已成为世界轮胎模具的生产大国。

10. 做“精”是轮胎模具行业的第二个亮点，通过消化吸收、自主创新，产品的制造精度、表面粗糙度、花纹复杂程度、使用寿命和制造周期都有了质的飞跃，价格性能比已领先于世界其他轮胎模具制造商。

【差　距】

与国际先进水平相比，我国模具工业在理念、设计、工艺、技术、经验等方面存在差距，因此企业的综合水平特别是技术水平有差距。差距虽然正在不断缩小，但总体来看，技术创新能力不够，尚未达到信息化生产管理和创新发展阶段，目前处于世界中等水平，与世界相比仍有大约10年以上的差距，特别是模具加工在线测量和计算机辅助测量及企业管理的差距约在15年以上。

模具企业的管理水平、设计理念、产品结构还需要不断创新，设计制造方法、工艺方案、协作条件等还需要不断提高，经验还需要不断沉淀和积累，现代制造服务业还需要不断发展，模具制造产业链上各个环节还需要环环相扣并互相匹配。

差距的具体表现为：

1. 总体产能过剩　产能扩展过快，同质化问题比较多，国内模具生产厂家的技术水平、工艺条件、装备水平参差不齐。

2. 轮胎模具行业的集中度不高　企业多、小、散，产品质量差、技术和经营管理水平比较落后，不仅造成了资源浪费和市场规范竞争的压力，也给整个行业淘汰落后、进行兼并重组提高产业集中度增加了成本和难度。

3. 产品生产结构不科学、不合理　轮胎模具生产企业基本上是自产自配的，不像国外模具企业那样依靠各专业协作商进行外协加工配套，这在某种程度上制约了我国轮胎模具标准化生产的发展。

4. 管理手段落后　与国际先进的企业管理水平相比较，我国的管理水平相对落后，很多模具企业基本是作坊式的管理，能真正实现现代化企业管理的则少之又少。

5. 轮胎模具标准化水平和模具标准件使用覆盖率低　由于我国的模具标准化工作起步较晚，标准件的生产、销售、推广和应用工作也相对落后。

6. 产品结构不合理　近年来，国内中低档模具生产能力出现严重过剩，加上各企业为了接到更多的加工订单而相互排挤，互相压价。恶性的竞争直接影响到行业的健康发展，而市场上急需的高档模具、高新技术产品开发和生产水平一直得不到全面提高，很多模具厂的产品质量和售后服务跟不上市场的要求。

7. 加工设备数控化程度不足　一部分轮胎模具企业的加工设备相对落后，数控化率低，只有少数企业的加工设备能达到初具规模。与国际上先进企业的轮胎模具比较，我国的轮胎模具加工装备数控化普及率要低得多，因此轮胎模具加工质量总体上不如这些先进企业，主要表现在尺寸精度和表面质量等方面。

8. 产品的技术创新能力低　在行业里，大部分企业还没有建立完善且具针对性的研发体系和机制，对产品的技术创新和知识产权保护不重视，严重制约了行业技术进步和产业的升级。

9. 国内的原材料质量差　特别是钢材、铝合金材料，其性能始终不如日本、欧美等发达国家和地区。现在国内大的模具制造商，大部分采用国产的钢材，模具使用一段时间后容易生锈，必须依靠可靠的表面处理方法来保证模具的外观质量，因此，在某些程度上影响了国产模具的产品形象。

10. 人才不足　特别是熟悉行业专业知识及相关行业知识的管理、技术方面的尖端人才严重缺乏。技术人员和操作人员的经验问题，导致模具的精度、寿命、强度、质量等不高。

【采取措施】

在发展战略上要突出调整结构和转变发展方式，通过创新与培育来带动产业转型和技术升级，着力推进信息化与工业化的融合，切实提高发展质量和效益，努力实现发展速度与质量提升、结构优化、效益提高相协调。

1. 大力推进产品结构调整和发展方式的转变。要从过去依靠规模的扩张和数量增加的粗放型发展模式，逐步向依靠科技进步与提高产品质量及水平为重点的精益型发展模式转变；按照目前国内轮胎模具生产能力来看，整体产能过剩，必须大力发展技术附加值高的子午胎活络模具产品，不断提高它们在轮胎模具总量中的比例。

2. 积极推动企业向“大而强”和“小而专”的方向发展。大力支持重点骨干企业的发展，提升它们的水平和行业引导能力；引导和培育一大批中小企业向“专、特、精”方向发展，鼓励企业资产优化重组，发展各种形式的产业联盟。

3. 积极推进轮胎模具市场信息化、数字化、精细化、自动化、标准化；加强产学研结合，促进研发与创新能力的提高；推动中小企业服务平台建设，建立与轮胎制造业相协调的合理布局，逐步形成优势互补、协调发展的产业格局。

4. 加快技能人才培训基地建设，大力培养应用型、技能型人才，为模具企业从单纯生产型向生产服务型转变奠定基础，实现由“国内工厂”向“国际化公司”转变。

5. 跟上全球科学技术发展步伐，在继续学习国外先进技术和跟踪国外先进模具制造技术的同时，要在创新上下功夫，多创造出有自主知识产权的技术和产品。

6. 推进产学研用结合，建设和完善国家级工程技术中心，推进国标、行标、企标的制定和修订，鼓励企业建立标准化数据库。

7. 根据国家节能环保轮胎发展方向的需要，加大高级子午胎活络模具设计制造技术、配套性技术及产业优化升级关键技术的创新力度。

8. 进一步加强质量、标准、计量和安全监察体系建设。建立健全与行业技术发展相适应的质量、标准、计量和安全监察体系。

9. 扩大外贸，发展出口。现在出口已接近轮胎模具生产总量的15%，实现5年翻一番的目标。

10. 提高职工素质与水平，多渠道解决人才不足，特别是尖端人才缺乏的问题。

【展　望】

2011年是“十二五”规划实施的第一年，也是轮胎模具行业一个新的发展周期的开始，这一年争得一个好的开局，未来几年的事情就好办得多了。

2011年，世界橡胶价格高涨增加了我国轮胎发展的不确定性，轮胎行业面临的形势更严峻更复杂。由此导致轮胎模具市场的形势也更加复杂和严峻。对此，我们要做好充分的准备，尽早提高产品的技术创新能力，对市场做出准确的预测和科学的应对，争取在“十二五”的开局之年取得好成绩。

1. 轮胎模具产品的发展方向是型腔表面粗糙度一致、较高的精度保持性、较好的可修复性及提高标准化水平。

2. 我国近期兴起的半钢胎热为我国轮胎模具提供了市场潜力，轮胎“十二五”规划及轮胎产业政策已明确我国轮胎工业发展重点将在半钢胎领域。同时，米其林等世界轮胎巨头释放其模具的购买力也将给我国轮胎模具提供更多商机。

3. 轮胎模具生产将越来越依赖于高性能的装备和软件，目前国产软件不但数量少，而且在性能、功能方面与国际先进相比尚有许多差距，要充分开发和使用自己的软件。

4. 轮胎模具将由快速发展和规模化扩张阶段转为品牌塑造阶段，低档产品产能将不断减少，中、高端产品的比例将不断提高。

5. 把走国际化之路提到日程，通过国外大企业转让的技术来开发新产品，进而开拓自己的市场，是小企业借势大企业发展的一种最有效的方式，通过产品出口和国际接轨，带动企业掌握技术、改进管理。

6. 由于订单式生产的特点，模具企业已经意识到必须要控制企业规模，发展轮胎模具的衍生产品，以辅养主，主辅齐头并进。

7. 管理和技术两个轮子必须同时转，切实提高产品档次和竞争力，使企业由制造型开始转向制造服务型。

8. 扎扎实实抓好信息化和标准化，标准化是信息化的前提，没有标准化就没有信息化，通过两化融合，促进产业转型升级，实现模具企业向现代化生产方式的转变。

9. 金融危机后，我国全钢载重胎掀起一个新开工和扩产的小高潮，产能严重过剩，因此，对市场“半钢热”的现状，造成模具企业应该如何应对是摆在我们面前的新课题。

10. 低碳经济对轮胎模具提出更高要求，轮胎模具应向节能、环保及安全方面发展，需探索低碳模具发展的新思路。

【“十二五”发展目标】

“十二五”期间我国汽车行业将以年均10% ~ 15%的增长速度发展，2011 年我国汽车工业仍呈现较好的发展态势。轮胎模具制造业随之也必将迎来大好的发展时机。世界轮胎制造中心正向以中国为首的亚洲市场转移，世界轮胎巨头分享我国汽车工业快速发展的“蛋糕”，我国的轮胎模具企业因近水楼台先得月，在竞争中占据了优势，增加了我国轮胎模具行业发展的后劲，由此导致世界轮胎模具的重心也随之向中国转移。

国际市场方面，由于发达国家人工成本的持续提高，迫使他们为了降低生产成本而不得不把模具向发展中国家尤其是像我国这样有较好技术基础的发展中国家转移。跨国公司到我国来采购模具的趋势尚在发展之中，国际新兴市场的开拓也大有可为。纵观国内外的发展趋势，“十二五”期间我国轮胎模具制造业发展空间广阔，发展前景乐观，我国必将成为世界第一大轮胎模具生产大国。

“十二五”期间发展目标：轮胎模具行业总体技术水平、装备水平、主要产品质量要达到国际同类产品先进水平；产品出口比例由现在的 15% 提高到 30% 左右；全面推广模具全三维 CAD 和 CAD/CAE/CAM/PDM 设计生产技术；提高企业信息化管理和模具集成化制造总体水平；轮胎模具产品的标准化程度及创新能力要有显著提高；进一步缩短模具生产周期、提高模具寿命和使用的稳定性。

据实践证明，一套子午线轮胎活络模具平均使用寿命约为 2 万条轮胎左右，预计，“十二五”末期，国内轮胎模具需求量将达到 3 万套左右，其中子午线轮胎模具 2.6 万套，产值 30 亿元左右。

“十二五”期间我们要把高等级子午线轮胎活络模具的关键技术作为重点项目进行突破，使这些行业中的先进技术获得重大进步。通过高新技术的采用、技术攻关和创新，使成果产业化，以点代面带动整个轮胎行业水平的提高。总之，凡是有利于提高企业核心竞争力和创新能力的措施我们都应当积极采取。

行业的“十二五”规划目标已经确定，做强是轮胎模具行业在“十二五”期间的发展重点。我国轮胎模具行业正处在技术水平与国际快速接轨的时期，行业将面临重新洗牌的问题。因此，模具企业必须充分认识和重视核心竞争力的形成，利用模具产品的专业化和差异化发展，为轮胎企业提供更好的服务。要把转方式、调结构、提质量、树品牌和“十二五”规划相衔接起来，为“十二五”开好头。整个行业要凝心聚力，团结合作，抓住国家未来五年经济快速发展的机遇，积极应对，做强企业，为中国轮胎工业的发展贡献力量。

（姜馨）

翻新轮胎

【基本情况】

2010年工信部发布“废旧轮胎综合利用指导意见”，把旧轮胎翻新列为重点发展项目。经“十一五”的稳步实施，2010年翻新轮胎取得了快速发展，实现了废旧橡胶资源的减量化、无害化和再利用。主要表现为规模不断扩大，产能迅速上升，技术飞快发展，节能减排和低碳环保效果显著。

2010年翻胎产量约1495万条，同比增长15%，但比原预计有所减少，其主要原因是载重胎一驶到废。2010年我国轮胎翻新企业约1000余家，产能很大，若胎源充足，可翻新轮胎近4000万条。目前，乘用胎因到磨耗极限即送翻新，所以翻新量大，翻新率可达80%以上。2010年载重胎大多采用预硫化胎面翻新法，包括全钢载重真空胎，已形成完备的工装与技术体系。

2010年我国轿车胎翻新实现零的突破，青岛、西安、河北燕郊都有了轿车翻胎厂家。工程胎翻新最大可达57″~63″，外直径5~5.4米，从而打破了进口垄断，出现了新胎能做多大，翻胎即能翻多大的局面。我国翻胎技术和质量逐年提高，行驶里程可比同规格新胎高20%~30%。翻新轮胎和预硫化胎面及成套翻胎设备，已于2010年出口到美国和加拿大等发达国家。因我国可翻胎体极缺，2010年，为扩大进口可翻新的旧轮胎，在原有青岛龙奔、本溪南芬和北京金运通3家试点进口基础上，又新批了青岛赛轮、青岛新天地和丹东东港3家进口可翻新的旧轮胎企业。现在，我国翻胎市场需大于供，市场已严重失衡，在用轮胎的翻新率还不到4.5%（国外发达国家是45%），与新胎产销最大国家极不相称。因翻新胎里程已高于新胎，还可更高，最好的可超新胎45%，且价格仅为新胎之半，故翻新胎不是卖不出去，而是“无米之炊”。不仅载重车的替换胎，连原配胎也有的用上翻新胎（需是进口胎体）。只要胎体好，翻胎只挂一个胎面，胎面耐磨了，行驶里程自然就高。因此，行业也呼吁扩大进口胎体好、可翻新的旧轮胎。

【存在问题】

1. 我国轮胎翻新率太低，仅相当于发达国家的1/10。

2. 可翻新胎源太少。绝大多数载重胎因严重超载、超时、超速运行，致使胎体损坏，等于一驶到废，无法翻新。发达国家的废旧轮胎比例是55∶45，而我国是95∶5，我国翻胎业“无米之炊”。现有不少翻胎厂到广东、广西购买走私胎体，还有的违规翻新“套顶胎”和胎体已坏的“劣翻胎”，造成高速公路爆胎，损坏翻胎行业声誉，致使翻胎市场“鱼龙混杂，泥沙俱下”。

3. 新建的轮胎厂很少考虑日后翻胎情况，也不能承诺将来轮胎能够翻新几次。

4. 我国法制不健全，轮胎的使用和监管不到位，磨耗极限等于虚设，致使翻胎产量和翻胎率多年上不去，已与国际接轨严重脱离。“没有规矩不成方圆”，因此，现翻胎的主要问题是急待国家立法，建立完善的立法监督机构。

【差　距】

我国轮胎翻新的技术和装备与国外水平相近，差距就在于轮胎的使用和管理意识，尤其是缺乏节能减排和低碳环保的思想意识。欧盟的商用车使用翻新轮胎的替换率是64%，就连轿车也达32%，美国的军车、邮车和医用救护车都使用翻新胎，而我国的民用小轿车轮胎翻新几乎为“0”。法国米其林轮胎承诺，至少翻新三次，若此，一条顶四条用，废胎生成量可减少3/4，这将是最好的节能减排、最精的低碳环保、最实的资源节约保障。翻新胎与新胎相比，其能耗和原材料消耗仅为新胎的1/4，寿命比新胎有过之而无不及，主要关键是意识不到位。当然,法规未建立,管理跟不上,执行不给力,也是看得见的差距。西方国家在这些方面是有明显规定的,如欧盟有些国家规定超过磨耗极限的轮胎仍在使用,则验车不通过,出事故保险不理赔。还有的规定谁售出的轮胎谁收回(等同于谁污染谁治理),出售新轮胎时就加上了环保和翻胎的费用,等于日后免费翻新,不翻新则等于扔掉几条可用的轮胎。国家"十二五"已把翻胎列为新兴产业,但只有宏观,微观不给力,也绝对不行。希望国人也能够重视翻胎,见先进就学,有差距就追,不甘落后,方能与国际接轨。

【采取措施】

1."十二五"期间力推"翻胎准入条件"和翻新轮胎的"3C"认证,强制推行翻前和翻后检测,以确保翻新轮胎的质量和行驶安全。

2.继续推进预硫化胎面翻新,除斜交轮胎仍可使用热翻外,其他轮胎要全面实行结构优化调整,在大量使用条形胎面的现实情况下,实验推广环形预硫化胎面。

3.继续推进设备更新和创新,变消化吸收再创新到自主创新和原始创新,使其"工以器善事",变追赶先进到世界领先。前些年,我们的翻胎设备还从美国奔达可进口,现今,我国的翻胎成套设备包括预硫化胎面,都可以出口到被称为"翻胎王国"的美国。

4.继续推进翻胎的工艺变革,如中垫胶的低温快速硫化,既可防止轮胎胎体的热老化,又可节能提高工效;研究可以热收缩的环形预硫化胎面,使轮胎翻新更加简单化,并可淘汰包封套和中垫胶,尤其可以不再需要硫化,实现了节能、低碳和清洁生产。

5.继续优化胎面配方,并创新花纹结构,使之节油、抗湿滑、耐磨耗并提高抓着力。提高胎面硫化压力,增加胶粉或再生胶的掺入量,降低成本的同时而又不影响胎面胶质量。

6.继续研究特巨型轮胎的罐式无模硫化,淘汰昂贵而又庞大的巨型硫化机和活络模,同时研究罐内充氮硫化,以避免直接蒸汽加热致使表面发粘变软或热空气加热效率低易热老化。

【节能减排和低碳环保】

2010年的翻胎节能减排和低碳环保,取得了很大进步。在配方工艺、装备模具方面都有诸多创新,如改进中垫胶配方实现低温(105℃)和快速硫化;提高胎面硫化压力($70kg/cm^2$),缩短硫化时间,节省了热能消耗,并可使翻胎胎面更耐磨耗(超过新胎),同时,还可多掺胶粉或再生胶,节省了新胶消耗,降低了成本。此外,预硫化胎面挤出,由热喂料改成冷喂料,中垫胶挤出热贴,胎面胶加白炭黑增强,改进花纹设计使之行驶中节油、抗湿滑、提高抓着力等。特别大的工程胎翻新,因胎面厚而重,传热慢,硫化时间长(12小时左右),这种情况下只要加快传热即可,缩短时间亦即节省热能,如改用微波、射线或远红外线加热,则可节能降耗。科技部和国家发改委及工信部与环保部在这方面加大了年度支撑项目资助,起到了极大的促进作用,如新列上的项目——"轮胎全生命周期绿色制造技术与装备",是从新轮胎制造到旧胎翻新,再到废轮胎生产胶粉(可用到新胎面和翻胎预硫化胎面),直到废橡胶热解回收燃料油、炭黑和钢丝的全循环绿色工程,使节能减排和低碳环保贯穿轮胎的整个生命过程。翻胎工业要为国家"十二五"节能提高16%,低碳降17%,做出应有的贡献。

【展　望】

"十二五"目标:载重轮胎的翻新利用率达到25%("十一五"期间是4.5%),年产量3000万条,工程胎翻新率可达30%,推进特巨型工程胎和轿车胎的翻新,在2010年实现"0"突破的基础上,按需增长。"十二五"发展目标见表1。

"十二五"重要任务:大力提高翻新率,促进废胎减量化。为此,向上要推动生产新轮胎的可翻性纳入强制性标准;向下要督促严格实行磨耗极限和严禁超载、超速、超时行驶,并列入强制性法规。从源头到使用终端,解决"无胎可翻"的短缺局面,变自觉遵守为强制规范。

表1 "十二五"发展目标

年份	汽车保有量/万辆		在用轮胎/万条		替换轮胎/万条		轮胎翻新量/万条	翻新率/%	废轮胎产生量	
	总计	客货车	总计	客货车	总计	客货车			/亿条	/万 t
2009	7619	1189	58523	11427			1300	–	2.33	860
2010	8991	1391	67301	13141	46826	11427	1495	–	2.61	963
2011	10609	1627	77397	15112	52701	13141	1719	–	2.92	1079
2012	12519	1904	89006	17379	60262	15112	1977	–	3.27	1208
2013	14397	2228	102357	19986	64475	17379	2274	–	3.57	1317
2014	16556	2607	117711	22984	74146	19986	2615	–	3.89	1436
2015	19039	3050	135367	26431	85268	22984	3007	25	4.24	1565

展望"十二五"，翻胎行业定会有快速发展。虽然目前翻胎胎源不足，但工信部公告的发布，再加上国家发改委也正在制定面向全国的"废旧轮胎资源综合利用"国务院工作意见，定会逐渐改观。行业不断创新，让不能按标准翻新的报废工程轮胎也可以翻新——重新加贴缠绕钢丝帘布层，以作为加强、加固骨架，补强后，再贴合胎面，然后用活络模在硫化机上像做新胎一样热翻硫化。目前这种举措还只限于斜交工程轮胎，被称为"非公路轮胎"，绝对不能上高速公路，能否进一步发展到公路轮胎，还需等待。

工业和信息化部发布的工产业政策[2010]第4号公告——《废旧轮胎综合利用指导意见》指出，为贯彻落实《循环经济促进法》和《国务院节能减排工作方案》及《国家能源节约法》，必须规范废旧轮胎综合利用，建立资源节约和环境友好型的废旧轮胎综合利用产业，即在废旧轮胎综合利用领域(主要分为四大块)，包括旧轮胎翻新，废轮胎制胶粉，废轮胎制再生胶，废轮胎热解回收燃料油、炭黑和钢丝。其中，旧轮胎翻新是首选，列为重点发展；胶粉需延伸应用，列为加快发展；再生胶基数大，是适当发展；热解回收是刚起步，要推进产业化。

轮胎翻新采用是预硫化胎而翻新以及废轮胎胶粉的加工再利用均是物理过程，均属完全无害化的清洁生产，而再生胶和热解回收，都必须环保治理达标。在现行"冷翻"的基础上，应进一步改进创新，如改用热收缩环形胎面，不用中垫胶，也就不必再硫化，而预硫化胎面是买来的，也不必自己炼胶，实现了全物理过程，或说完全无害化。这样如火车轮子"热装"一样，在城市汽车修理美容店，或称4S店，即可实现就地翻胎，甚至，连卸轮胎都不必要了，在车上打磨轮胎，然后套上胎面冷却收缩箍紧即可。这也是哲学家说的"简单就是伟大，越简单就越伟大"。翻胎已经不再是修旧利废，而是废旧轮胎综合利用最大的节能、最好的环保、最优的低碳举措，它不仅使一条轮胎顶多条轮胎使用，还减少了多条废胎的生成，故又称轮胎再制造。

(程源)

部分省、市及台湾省橡胶工业

天津市橡胶工业支柱企业
——天津海豚橡胶集团有限公司

【基本情况】

2010年是“十一五”的收官之年，也是天津海豚橡胶集团发展史上成果最显著的一年。天津海豚橡胶集团坚持以调结构、提高发展质量和效益为主线，以轮胎橡胶产业区开工建设为重点，以实施产品经营和资本经营联动为抓手，在经济运行、质量效益、科技创新、项目建设、改革改制等方面都取得了显著的成绩，在行业上下的共同努力下，全面完成了“十一五”规划的目标任务。

【生产与效益】

2010年行业主要经济指标比“十五”末实现翻番。工业总产值实现551008万元，比“十五”末增长101.8%；主营业务收入实现475001万元，比“十五”末增长106.5%；增加值实现110551万元，比“十五”末增长100.05%；进出口贸易总额实现231001万元，比“十五”末增长100.45%；实现利润6508万元，比“十五”末增长178.8%。

【技改与创新】

2010年天津橡胶行业累计开发新产品61项，新品产值达到5.5亿元，同比增长11.11%，科技投入率达到3.5%。天津海豚橡胶集团在技术改造与创新上也取得了新成果，开发了多种规格的农业子午胎产品投放市场；研发投产了系列环保型半钢子午线轮胎，并远销到欧盟市场；研发投产了无需溶胀正手乒乓海绵套胶、新型铁路橡胶垫板和船用阻尼降噪橡胶板材、出口高档充气睡床垫、绿色环保新型拉链分合式睡床、用于抢险救灾的起重胶囊、专用绝缘罩具、毯垫包覆护具及专用绝缘护杠、抗菌、抑菌型、异型结构及菠萝香型安全套等新产品。

【项目建设】

2010年天津海豚橡胶集团完成轮胎橡胶产业区的选址、产品方案的论证、一期项目工程子午线轮胎产品方案的确定、可行性研究报告的编制及开工建设前的准备工作。积极促成普利司通公司在天津增资建设世界领先的高性能绿色环保轮胎项目。完成了编制，环境、能源、安全评价和项目核准等前期工作，将于2011年内开工建设，2012年下半年陆续投产。

通过与安徽中鼎密封件股份有限公司的合资合作，促进了天津市橡胶制品制造业的发展。

【改革改制】

2010年，天津海豚橡胶集团有限公司加快困难企业改制退出工作的步伐，针对时间紧、困企多、难度大的情况，加大了联动调整、用足政策的力度，突破了较多的瓶颈和困难，实现困难企业应退尽退的目标。在实施企业改制退出的同时，进一步规范完善托管工作站的管理制度和职能，完成已退出企业托管手续和管理程序，发挥服务企业、服务职工的作用，困难企业的职工得到了妥善安置，从根本上维护了职工的切身利益。新组建的“天津海橡投资发展有限公司”发挥了服务企业退出、整合有效资产、促进行业发展的作用，积极探索完善海橡投资发展有限公司独立运营程序，为下一步行业组织结构调整奠定基础。

（赵福林）

河北省橡胶工业

——中国(衡水)工程橡胶产业制造基地

【基本情况】

1. 工程橡胶产业增长较快

河北衡水桃城区工程橡胶制品及其他相关生产企业经过20多年的发展,目前已达1272家,橡胶原辅材料经销流通企业128家,从业人员3万人。

衡水橡胶工业呈现逐年递增的发展态势。截至2010年橡胶产业实现销售收入210.5亿元,实现税收2.01亿元。其中工程橡胶产业实现产值91.1亿元;其他橡胶制品实现产值30.2亿元;原辅材料流通企业实现销售收入89.2亿元。以防排水材料、桥梁支座 、桥梁伸缩装置、橡胶坝四大类产品为主的工程橡胶产业发展更快,2010年已占到全国市场份额的58%以上,产业优势逐步显现。

2. 工程橡胶产业在全国同行业占有突出地位

目前,全国工程橡胶类企业主要分布在衡水市的桃城区、上海、四川的新津、重庆、西安、河南的洛阳、江浙一带,其中能形成一定产业规模的主要有衡水、上海、四川、江浙四个地区,惟一能形成以工程橡胶类产品为主导产品的产业集群,国家命名为"基地"的目前只有衡水市的桃城区。

目前全国500万元以上的工程橡胶类生产企业约有135家,其中年产值1000万元以上的约有70家。衡水桃城区1000万元以上有37家,占全国同行业的半数以上,其产品先后在汕头海湾大桥、缅甸清墩江大桥等一大批国内外重点工程中中标,同时成功打入北京奥运市场,全国有80%以上新建铁路及公路均采用衡水的工程橡胶产品。

3. 工程橡胶产业综合实力强

2010年衡水橡胶工业生产企业产值超千万元企业有37家,年产值超亿元企业有7家,其中有6家企业居全国同行业前10名。

流通企业中年销售收入5000万元以上有20家,1000~5000万元有22家。有完整的配套产品,已经形成了庞大的产业群体和完整的产业生态链,作为中国工程橡胶产业制造基地基础优势十分的明显。

企业质量技术水平显著提高:有57家企业获得了全国工业产品生产许可证办公室核发的生产许可证,占目前全国获证企业的半数以上,62家企业通过了ISO9000国际质量体系认证。

创新能力不断提高:有48家企业与大专院校、科研院所建立了稳固的协作关系,共创国家专利产品220项 ,60%的新产品是由衡水工程橡胶基地率先研制并投放市场。衡水桃城区工程橡胶行业重要专利见表1。

专利和新产品的数量在一定程度上能体现出一个地区或企业技术是否有优势、是否具备持续增长条件的标志。目前,衡水工程橡胶业拥有专利产品占全国工程橡胶产品专利总数的80%以上,国家对桥梁支座产品生产企业验收合格和颁发生产许可证的企业共有117家,衡水就占了57家,具有了明显的市场竞争优势。规模企业有宝力公司、橡胶股份公司、中铁建公司等企业均设有较为完备的研发机构,已具备了自主研发能力,在近几年中,60%的新产品是由衡水桃园区工程橡胶基地率先研制并投放市场。其他十几家规模企业已与相关大专院校、科研院所建立起了紧密稳固的协作关系,使新产品、新技术的开发利用有了可靠保障。

随着国家工程橡胶产品检验中心和衡水橡胶产业生产力促进中心的建设,将进一步促进企业提升产品质量、提升生产力水平,有利于使本地区工程橡胶行业始终保持在全国同行业中的主导地位和领先优势。

衡水桃城区工程橡胶产业在全国"十个第一"见表2。

表1 衡水桃城区工程橡胶行业重要专利

公司名称	专利号	批准日期	专利名称	应用状况
宝力公司	97212411.X	1998.09.12	公路桥梁防撞墙伸缩装置	大范围使用
	98301862.6	1998.11.14	型材	大范围使用
	98218741.6	1999.09.14	楔形盆式支座	大范围使用
	301932.2	2000.07.28	门形钢	正在推广
	202373.3	2000.09.30	桥梁坡度支座	大范围使用
	1230652.5	2002.04.10	折线型桥梁伸缩装置	正在推广
	1223931.3	2002.04.10	拉压橡胶支座	特殊工程使用
	1223932.1	2002.04.10	桥梁抗震柱面支座	大范围使用
	01223933.x	2002.04.10	柱面支座	大范围使用
	1223934.8	2002.04.10	柱面钢支座	大范围使用
	1275886.8	2002.10.09	固定式引水渡槽专用橡胶支座	特殊工程用
	01275885.x	2002.10.09	活动式引水渡槽专用橡胶支座	特殊工程用
	2235405	2003.05.21	一种抗震支座	大范围使用
黄河公司	ZL00205234.2	2000.11.11	橡胶钢球冠支座	大范围使用
	ZL00238463.9	2001.04.19	自排水橡胶伸缩装置	大范围使用
	ZL01218771.2	2002.01.23	减震支座	大范围使用
百威	ZL03269923.9	200412.08	纳米材料改性橡胶止水带	大范围使用
	ZL03269924.7	2004.12.08	纳米材料改性橡胶支座	大范围使用
丰泽公司	ZL200420016337.3	2005.07.27	遇水缓膨橡胶止水带	特殊工程用
	ZL200420016337.8	2005.07.27	渡槽用连体式止水压块	
	ZL200320131105.8	2004.04.06	一种抗震型调高支座	应用工程设计阶段
	ZL03244716.7	2004.09.22	一种自复位抗震减震支座	大范围使用

表 2　衡水桃城区工程橡胶产业全国“十个第一”

年份	项　目
1987 年	配合交通部制定了我国第一部板式橡胶支座标准
1988 年	国内第一家企业通过交通部颁布的行业标准
1992 年	国内第一家开发生产圆板式橡胶支座
1993 年	我国第一项工程橡胶技术专利在桃城区诞生
1994 年	在汕头海湾大桥国际竞标中国内第一家首次中标,一举结束了我国大型桥梁伸缩装置依赖进口的历史
1995 年	1995 年开发生产的坡形支座获国内首创技术专利
1996 年	国内第一家开发成功 8156——铁路盆式支座
2000 年	成立了国内第一家工程橡胶产业协会
2002 年	依据桃城区的企业生产标准起草了第一部工程橡胶产品国家标准
2004 年	桃城区被命名为全国第一个工程橡胶产业制造基地

衡水工程橡胶业因产业集中、产品质量过硬、市场信誉良好而闻名全国,出现了一批拥有名牌产品的企业,如:以生产铁路系列产品著称的宝力公司、橡胶股份公司、中铁建公司以及黄河公司橡胶止水带产品出口到德国等等。其产品先后在三峡工程、南水北调、缅甸清墩江大桥、青藏铁路、京珠高速、国家大剧院、北京奥运会鸟巢体育馆等一大批国内外重点工程中使用,在 2004 年衡水桃城区被国家命名为“中国工程橡胶产业制造基地”,这也是目前全国惟一一家以工程橡胶制品命名的产业基地。此外,近几年,政府、协会结合行业的名牌发展战略,合力对本行业的品牌影响力加强了培育。

通过企业、政府、行业协会的共同努力,衡水工程橡胶制品代表着“质量过硬、信誉可靠、行业领先”,行业品牌的优势已初步显现。在增加市场份额、拓展国内市场的同时,大大提高了桃城区工程橡胶产业的知名度,使衡水工程橡胶的品牌更广为市场认知。

【市场需求与展望】

随着我国经济的不断发展,交通运输业、水利工程、市政设施的不断完善,我国对工程橡胶的需求量与日俱增,工程橡胶行业进入快速发展阶段。

从交通运输部、建设部、铁道部等权威部门获悉,预测到 2020 年我国铁路营运里程将达到 12 万公里,其中新建高速铁路将达到 1.6 万公里以上,平均每年投入运营的高速铁路超过 7000 公里。

“十二五”期间我国高速公路、高速铁路的投资将保持在每年不低于 1.5 万亿元的投资规模。可见国家对公路、铁路及城市轻轨建设项目的投入力度很大,这样为我国工程橡胶产业提供一个更大的跃升平台,预计工程橡胶制品的需求总量将达到 1000 亿元。预测到 2020 年,不仅现有工程橡胶制品的需求量会大大增加,而且会不断催生更多的新技术、新产品、新市场,工程橡胶产业发展将处于一个持续发展的“黄金周期”。同时,一方面国际产业转移加快了工程橡胶产业全球化发展进程。随着经济全球化发展和我国“走出去”战略实施步伐的加快,我国企业将在国际市场上承揽更多的工程项目。发达国家对外投资经验表明,企业在对外工程承建或对外投资项目中,往往优先使用本国产品,以带动本国经济的发展。近年来对外合同也不断增长,2010 年我国对外公路、铁路承包合同超过了 1000 亿美元,并且以每年30%~40%的速度增长。另一方面,从国际市场看,我国的工程橡胶产品价格大幅低于国外的同类产品,从价格比看,我国的工程橡胶产品价格仅是日本的10%,而质量则完全能和国外的产品相媲美,这也对我国的产品打入国际市场提供了有利条件。

1.铁路系列工程橡胶配套产品的市场分析

按照国务院审议通过的《中长期铁路网规划》,预计到2020年全国铁路营业里程将达到12万公里,未来五年铁道部每年的铁路投资额平均在7000亿左右,即"十二五"期间铁路投资将达到3.5万亿,其中20%~30%即7000万~10500万元为铁路车辆投资,剩余2.45万亿~2.8万亿元是基础建设投资。基础建设投资中40%~50%即约1.3亿元为土建部分,约6500亿元为土地及拆迁成本,约6500亿元为对线路建设各项配套设备的投资。相比以往年度每年2000亿元基础建设投资和700余亿元铁路车辆投资规模而言,未来我国铁路建设规模将放大数倍,巨大的固定资产投资意味着未来相关行业巨额的收益。

目前,国内高铁线路建设和车辆配件市场容量扩展惊人。有关高速铁路线路配件产品主要有桥梁支座、伸缩缝、防水涂料、CA砂浆、铁路扣件和轨道减震器。随着京沪高铁等高速客运专线的大幅开工建设,铁路建设配套产品将进入快速的发展阶段,特别是铁路桥梁支座、伸缩装置等产品将成为未来最具爆发潜力的品种,其中超过75%路段需要桥梁支座,预测到2015年每年的订单量将超过120亿元。

另外,中央政府对城市轨道建设大的政策方向是逐步开始解禁,未来几年,很多中型,二线城市的城市轨道专案可以逐步上马。各种迹象表明,铁路设备制造业和工程建筑业仍处在景气周期,将强力拉动工程橡胶产业的发展。

2.橡胶坝等水利系列产品的市场分析

橡胶水坝有"软体水工建筑"之美誉,是国家科技成果重点推广项目。主要应用于北方缺水河域地段,用来蓄水灌溉并能满足防洪要求。另外,由于橡胶坝与其他钢筋混凝土坝比,除满足泄洪要求外,其优点是投资少(仅为钢筋混凝土坝造价的1/3到2/3)、建设期短(一般当年投资当年见效)、与普通钢闸坝相比,除有上述优点外,其维护运行成本低、简单可靠。因此橡胶坝的应用领域十分广泛,可用于加高水库的溢洪道,以增加蓄水量和水电站的发电水头,还可以作为低水头的滚水坝、多沙河流灌区上的挡沙水闸、河道上的水闸、船闸系统的闸门、挡潮堤坝、防浪堤、临时围堰、晒盐场的挡水堤、自来水厂或污水处理厂的控制闸门等。

我国境内的河流数量众多,而每条河流落差较大,平均每3~5公里高程落差就能达到3米,因此,为了满足蓄水的需要,每条河道需建多座橡胶坝。据统计,我国已有橡胶坝就达到800多座,但与日本相比,还相差甚远,日本橡胶坝已达3000座。在未来的十年内,我国橡胶坝的数量每年将以约300座的速度递增,可以看出产品具有很好的市场前景。

(郭会生)

山东省橡胶工业

【基本情况】

山东省橡胶工业自改革开放以来快速发展，目前已是国内橡胶行业中厂家最多、产品门类最齐全、自我配套产业最完备、整体实力最强的省份。

目前，山东省橡胶加工企业4000余家，从业人员30余万，包括轮胎及非轮胎橡胶制品、合成橡胶、橡胶助剂、各种补强材料、橡胶机械装备等生产企业，以及科研院所等事业单位，还有众多的橡胶制品和原材料经销商及拥有一家从事进口天然橡胶中远期的青岛国际橡胶交易市场。

2010年下半年天然橡胶价格一路上涨，相继突破每吨3万元以上，面对这种情况，国家向市场投放国储胶，从而造成了天然橡胶价格的冲高回落，导致主要原料供应市场起伏跌宕云谲波诡，对需要相对宽松需求市场和相对平稳供应市场的橡胶加工企业，产生了严重的影响。

山东省橡胶加工企业众多，耗胶约占全国的一半，对天然橡胶等原材料需求量大，因此对市场的依存度也大。面对原料供应市场和产品销售市场给生产经营造成的巨大困难，各企业积极采取各种应对措施，化危机为机遇，逆流勇进，取得了新的进展。基于前景的看好，对轮胎、胶管、胶带等橡胶制品生产及橡胶原材料、橡胶机械生产投资的热度不减。2010年山东省橡胶工业虽然在困境中跋涉得相当艰难，发展的势头有所减弱，但整体实力仍然有较大的提升。

【产业结构】

山东省从事橡胶加工的4000多家企业中，轮胎生产企业约800家；胶带企业近300家；胶管企业350多家；胶鞋企业约300家；胶乳制品企业有150多家；翻胎企业近200家，橡胶制品企业，如橡胶坝、橡胶护舷、橡胶密封件、减震件等大大小小橡胶杂品生产的企业约占全省橡胶加工企业的一半。再生胶、胶粉企业有300多家。原材料企业中，合成橡胶企业40家；合成橡胶胶乳企业有20家；炭黑、白炭黑企业150多家、助剂生产企业200余家；骨架材料企业100家；橡胶机械企业300余家，在这些企业中，有很多企业是多种经营。

【生产与效益】

2010年，山东省规模以上橡胶加工工业企业合计688家，较上年增加30家。规模以上橡胶工业企业全年营业收入总计17399605.2万元，同比增长23.0%；利税合计1585829.9万元，同比增长22.2%；利润总额1095812.7万元，同比增长23.9%；产品销售率98.6%，同比减少0.6%。亏损单位亏损额16894.0万元，同比增长207.3%。资产总额共计10573697%，同比增长24.6%。负债总额共计6387462.3万元，同比增长24.9%。流动资产平均余额共计5486082.2万元，同比增长27.0%。两项资金合计共计1598621.5万元，同比增长14.8%。应收账款净额共计922528.2万元，同比增长13.6%。产成品存货共计676093.3万元，同比增长16.5%。

就以上经济指标来看，销售收入较往年30%左右的增长率，已有所下降，尤其在规模以上厂家，增长率还有所下降，说明原规模以上的一些企业销售收入增长速度明显放缓。另外，对规模以上企业的统计也可看出，亏损企业厂家增多，亏损额已是上年的3倍多，由此也可以推断，2010年山东省橡胶工业的经济收益欠佳。

【在建项目】

1. 橡胶制品

山东华勤集团原是一家生产整体带芯输送带的小企业。经过20年的快速发展，现已是以轮胎和输送带生产为主，集电力、生物工程、国际贸易、资本运营于一体的大型企业集团。2010 年,该集团陆续投资 100 亿元,新上 10 万吨钢丝绳、10 万吨钢帘线、1200 米长高压胶管、100 万套轿车胎和 5 万套工程轮胎等多个项目,确保 2011 年销售收入超过 200 亿元。

双星、成山、三角、玲珑等大企业集团,通过多元化经营,应对单一经营的风险。从 2001 年到 2010 年,玲珑集团依托轮胎工业园,累计投入 60 多亿元,围绕轮胎主业,逐步建立起热电、钢丝、水泥、炭黑、增强剂等十大主体项目,形成了以能源为保障、原材料为辅助、轮胎生产为核心的循环经济产业链。

成山集团原以轮胎生产为主,现将较大精力转向海洋生物工程、房地产开发、生态旅游等产业。三角集团 2010 年总投资约 1.75 亿元,利用其在威海工业新区新建厂区的屋顶,建设了年上网电量 767.72 万千瓦时的光伏发电站,进入了新能源产业领域。

中国万达集团原是一家集生产电缆、机电、精细化工以及经营房地产的综合性大型股份制企业。2003 年底,经山东省计委批复同意,该集团开始筹建年产 120 万套全钢丝载重子午线轮胎项目,从此强势进军轮胎生产行业。

中国万达橡胶轮胎工业园被列入循环经济示范园区,同时万达集团决定上马建设总投资 30 亿元,其中 3000 万条半钢胎项目一期工程投资 18 亿元,150 万条全钢无内胎项目投资 12 亿元。同时还计划投资 10 亿元、占地 193 亩的 20 万吨炭黑项目,一期计划投资 5 亿元,建成后可达 10 万吨生产规模。

2010 年 5 月由香港永裕集团投资 40 亿港币在文登市南海新区建设的主要生产航空胎、矿山机械胎等多种特种轮胎的全钢子午胎项目举行了奠基开工仪式。项目投产后,可达年产全钢子午胎 1200 万套的生产能力。山东省于 1951 年开始生产航空胎,是国内最早有航空胎生产的省份,后来根据国家指令将航空胎生产陆续转给了外省。该家企业的投资将使山东省恢复已停产半个多世纪的航空胎生产,成功填补了航空胎生产的空白。

受山东省橡胶加工业"群体效应"的吸引,外企在橡胶加工项目和配套产品生产项目上对山东的投资亦保持着较高的热度。其投资项目有轮胎、输送带、传动带、高压胶管、胶乳制品、翻新轮胎、橡胶杂品、胶粉等,几乎涵盖了所有橡胶制品。

2. 橡胶原材料

近年来,山东省一些企业也向橡胶原材料投资,如山东玉皇化工有限公司是东明县玉皇庙村的一家民营企业。它由齐鲁石化工程有限公司设计,投资 10.5 亿元,建设年产 10 万吨顺丁橡胶已于 2009 年底竣工,并试产出了合格顺丁橡胶。山东玉皇化工有限公司顺丁橡胶装置的投产,不但结束了山东只有齐鲁石化橡胶厂独家生产顺丁橡胶的历史,而且山东省顺丁橡胶的产量大大提高,这将对缓解省内顺丁橡胶供应紧张的局面及引导民营企业的投资方向产生重大影响。

目前橡胶行业对合成橡胶需求也不断增长,齐鲁石化合成橡胶生产线已增到 7 条,是国内最大的合成橡胶生产企业,2010 年,他们抓住了国内合成橡胶市场旺销的良机,装置负荷安全稳步提高,产能得到"井喷式"释放。全年生产合成橡胶达到 34.63 万吨,远远超出设计生产能力,产量位居全国第一。同时,产品全产全销,实现利润 6.33 亿元。

青岛第派新材有限公司是青岛科技大学参股,由青岛科大方泰材料工程有限公司与自然人股东组建,该公司计划投资 10 亿元人民币在青岛莱西建设反式异戊橡胶产业园,一期计划建设年产 3 万吨反式异戊橡胶工业生产装置,二期计划续建年产 3 万 ~ 5 万吨工业装置,三期计划产能达 10 万吨,用 3 ~ 5 年时间把该产业园建成世界最大的反式异戊橡胶生产和研发基地。

2010 年 4 月,淄博鲁华泓锦化工股份有限公司的子公司——茂名鲁华化工有限公司在广东省茂名石化工业区建设的 1.5 万吨/年异戊橡胶合成装置建成并已投产,结束了我国没有异戊橡胶生产的历史,淄博鲁华泓锦化工股份有限公司也成为山东首家在省外从事异戊橡胶生产的企业。

2010 年 9 月,淄博鲁华泓锦化工股份有限公司在淄博东部化工区建设 5 万吨/年异戊橡胶的项目。该项目总投资 3 亿元,计划于 2012 年一季度建成投产。其公用工程及土地已基本到位。项目厂区靠近齐鲁乙烯,又紧邻轮胎企业密集的东营、潍坊和青岛，既可保证原料的就近采购，又能保证异戊橡胶就近销售。

2009年4月，青岛伊科思新材料股份有限公司在青岛总投资24亿元，一期投资2.64亿元，建成年产3万吨异戊橡胶；二期项目完成后异戊橡胶年产能将达到10万吨。伊科思是首家在省内生产出异戊橡胶的本土企业。

2010年，青岛伊科思新材料股份有限公司在抚顺建成年产4万吨异戊橡胶抚顺伊科思新材料股份有限公司，青岛伊科思新材料股份有限公司因此成为山东省第二家在省外从事异戊橡胶生产的企业。

3. 橡胶助剂

2010年，山东省单县化工股份有限公司与潍坊地方政府达成协议，将在潍坊的滨海经济开发区购置一块18.7万平方米的土地进行新厂区建设，用于年产5.8万吨促进剂生产项目建设。

2010年，阳谷华泰化工股份有限公司与东营市河口区人民政府达成投资意向，由阳谷华泰投资1.64亿元在东营河口区设立全资子公司山东戴瑞克新材料有限公司，开发年产1.5万吨橡胶促进剂M清洁生产工艺项目、年产1万吨橡胶防焦剂CTP清洁生产工艺技术开发项目、年产1万吨橡胶促进剂NS清洁生产工艺技术开发项目、年产1万吨橡胶促进剂CBS清洁生产工艺技术开发项目。预计2011年竣工投产，届时其主要产品促进剂M年产能将增加到2万吨左右。

橡胶填充油国内还没有符合欧盟要求的环保型芳烃橡胶填充油生产，若生产欧盟准许进入其市场的橡胶制品，就得完全依赖价格昂贵的进口橡胶填充油。为缓解国内的急需，2010年3月，济南炼化开始利用本公司闲置的12.5万吨/年糠醛精制装置和生产润滑油的副产品作原料进行生产环保型芳烃橡胶填充油的工业试验。这套产7万吨环保型芳烃橡胶填充油的工业示范装置于2010年10月底完成改造投入试生产，2010年11月19日生产出合格产品。该套装置每年可生产3万吨，符合欧盟环保型填充油的标准要求，弥补了国内20%的产品缺口。

4. 橡胶补强剂

2010年，山东炭黑生产项目的投资热度不减，法国罗地亚集团在青岛投资约8亿元人民币，一期投资约5亿元人民币，可形成年产7.2万吨高分散白炭黑的能力，这将使罗地亚高分散白炭黑的全球生产能力提升30%，待后期工程全部完成后，其年总产能可达17万吨。

2010年山东万达集团计划总投资15亿元，建年产30万吨炭黑项目。该项目采用国际先进的高温高速炭黑反应技术，实行全自动化控制和自动包装，在节能减排、降低消耗、环境保护等方面达到业内领先水平，具有高产能、低消耗、工艺稳定等特点。一期工程投资5亿元，达到10万吨/年的生产规模。2010年11月底，万达集团10万吨/年炭黑项目在东营正式投产。

山东昊龙集团有限公司，已于2010年底投资10亿元在巨野煤化工业园区开工建设10万吨/年炭黑项目，预计今年即可投产。

山东省为橡胶加工业配套的合成橡胶、橡胶配合剂、橡胶辅助材料、橡胶加工装备生产也得到了快速发展。如今，山东省已经形成了一个以橡胶加工为龙头，相关配套产业事业比较发达的产业链。

【进出口贸易】

2010年，前期投资项目已形成巨大的产能，尤其是子午胎生产，山东的产能仍在持续扩大。而这一年，也是美国对由中国进口的涉案轮胎实施3年特保惩罚措施所产生的危害最严重的一年。山东省是向美国出口涉案轮胎较多的省份，轮胎出口量占全国出口总量的40%，美国的轮胎特保惩罚措施，使山东轮胎成了重灾区，出口曾一度大幅下滑。

山东轮胎企业一方面配合国家相关部门和行业组织积极向世贸组织申诉，一方面多措并举，以找出路脱困境求发展。一是调整出口轮胎产品结构，避开受特保惩罚的轿车和轻型卡车轮胎品种，大力发展非涉案轮胎，以弥补在美国市场上的损失并继续保有美国市场；二是调整市场结构，积极寻找和开拓国内外市场，主要是开拓国外市场，在巩固欧美传统出口市场的同时，利用中国－东盟自由贸易区的启动，扩大出口东南亚市场，并大力开拓非洲、中东等新兴市场及一些潜在市场。通过努力，不但弥补了因特保案而损失的美国市场，而且还扩大了市场范围，使山东轮胎等橡胶产品有了更广阔的海外市场，从而保证了原有产能和新增产能的正常释放；三是加大技术研发力度——从中低端产品向中高端产品转移，由大路货向奇、缺产品转移，开发出了高速、环保等高附加值和一些适销对路的稀缺轮胎；四是加强品牌建设，通过文化建设等多方提高企业素质，提升产品质量档次和品牌知名度、美誉度。

目前，山东省近70%的出口轮胎企业拥有自己的品牌产品，自主品牌轮胎的货值占出口轮胎的80%以上。

赛轮股份有限公司的轮胎以外美内优的质量赢得了北美最大的汽车轮胎零售市场销售商——美国TBC集团的青睐。为了保有赛轮这一合作伙伴，TBC集团采用垂直分销方式，减少中间环节，不仅可以消化35%的高额关税，而且可使双方获得比以前更大的利润。由于措施得力，2010年3月，TBC集团向赛轮签下了1.5亿美元的订单。

成山集团则是依靠技术优势大力调整产品结构。特保案发生之后，集团属下的山东固珀成山轮胎有限公司及时开发投产了76个新规格高性能乘用子午胎，丰富了公司的高端产品，为保有和开拓市场打下了坚实基础，使该集团的轮胎出口在2010年依然保持着强势。

在企业、政府、外贸部门等各方面的共同努力下，山东省轮胎的出口逆势而增。2010年，山东检验检疫局共检验出口轮胎50.85亿美元，同比增长47.87%。其中，检验出口美国轮胎10.73亿美元，同比增长43.09%，出口量创历史新高，并首次突破50亿美元大关。全省出口轮胎包括力车胎、轿车胎、载重胎等8个大类，近2000个品种规格。在轮胎出口中，子午胎的总货值占85%以上。摩托车胎、轿车胎、载重胎等是山东轮胎出口产品的强项。

广饶县是轮胎企业的密集地区和主要产地之一。该县为化解美国实施轮胎特保惩罚措施对其轮胎出口造成的不利影响，大力开拓非美市场，出口市场拓展到100多个国家和地区，销往拉美、俄罗斯、欧盟等市场的轮胎出口额已占出口总额的50%。2010年广饶县轮胎实现出口额138720万美元，同比增长64.1%，其中出口美国轮胎16636万美元，占全县轮胎出口总额的11.9%。

【展望】

山东省橡胶加工业的整体发展，未来数年内仍可保持年增25%～30%的速度，就业人口将逐渐逼近40万；橡胶加工业的销售收入，很快就能越过3000亿。在橡胶加工业这一龙头的引领下，配套产业也将会有一个大的发展：一是从业企业更多；二是品种更齐全；三是产能更大。

山东省是我国橡胶工业大省，只要抓住机遇，调整产品结构，开拓新兴市场，依靠科技进步，山东省橡胶工业会持续稳步的发展。

（郑永祥）

江苏省橡胶工业

【基本情况】

2010 年是“十一五”规划的收官之年，也是橡胶行业面临的形势最为复杂多变、挑战最为严峻的一年。江苏省橡胶行业坚持以市场为导向，依靠科技进步、自主创新，不断提高和增强企业的可持续发展能力，保持了全行业的持续稳定发展。2010 年全行业工业总产值同比增长 16.78%；销售收入同比增长 31.46%；利税总额同比增长 9.48%；利润同比增长 12.6%，为“十一五”的完美收官提交了一份较为满意的答卷。

【生产与效益】

据对规模以上企业统计(不含橡胶助剂、橡胶机械、炭黑等)，2010 年江苏省橡胶行业完成总产值 717.10 亿元，同比增长 16.78%；实现销售收入 703.82 亿元，同比增长 31.46%；实现利润总额 49.61 亿元，同比增长 12.6%；实现利税总额 76.07 亿元，同比增长 9.48%。2010 年江苏省主要橡胶产品经济指标见表 1。

表 1　2010 年江苏省主要橡胶产品经济指标　　亿元

产品名称	工业总产值	销售收入	利润总额	利税总额
全行业	717.10	703.82	49.61	76.07
轮胎	309.64	308.45	19.74	31.55
管带	121.67	114.43	10.34	15.04
其他橡胶制品	156.60	153.89	13.98	19.47
再生胶	32.37	30.73	1.71	3.08
胶靴、鞋	49.32	49.50	2.03	3.60
日用及医用橡胶	47.50	46.81	1.82	3.34

2010 年江苏省生产轮胎外胎(含力车胎) 11173.4 万条，同比增长 7.63%；其中子午线轮胎生产 7615.7 万条，同比增长 10.7%。

【出口贸易】

江苏省口岸是我国轮胎出口的重要口岸之一。据有关部门统计，2010 年江苏省出口各类轮胎(含力车胎)共计 9611 万条，出口总值 136116 万美元，同比分别增长 40.34% 和 13.83%。江苏省出口轮胎的品种有轿车轮胎、卡客车轮胎、摩托车轮胎、自行车胎以及工业车辆轮胎、工程机械轮胎、农用车轮胎、特种轮胎等。其中轿车轮胎、卡客车轮胎是轮胎出口的主要品种。主要出口地有美国、欧盟、日本、韩国、俄罗斯、非洲、中东等 174 个国家和地区。

昆山市正逐渐成为江苏省出口轮胎的重要基地之一。2010 年昆山市共计出口轮胎 2624 万条，同比增长 54.3%；出口总值为 49906 万美元，同比增长 24.7%。目前昆山市轮胎出口大幅增长，出口量约占全省的 35%。昆山市现有正新橡胶(中国)有限公司、建大橡胶(中国)有限公司和库博建大轮胎(昆山)有限公司等轮胎生产企业，生产轿车轮胎、卡客车轮胎、自行车胎、摩托车胎、工业车辆轮胎等，约70%产品出口，其中轿车轮胎、轻型卡客车轮胎是出口的主要品种，金额占出口总量的90%以上，主要输往美国、欧盟、南美等国家和地区。

多数轮胎企业的轮胎出口面对挫折依然取得了出口数量和出口金额呈两位数增长的态势。其主要原因有江苏省轮胎出口大户均属于跨国公司，这些企业可以通过调整出口轮胎的原产地来应对美国轮胎特保案，并适时调整营销策略，与经销商共同分担特保案高额关税，来稳定美国市场。进一步拓宽扩大非洲、中东、俄罗斯等国家和地区的轮胎出口市场，用多元化的策略降低和化解市场风险。

【品牌与科技】

国家科技部颁布的“2010年国家重点新产品计划清单”中，江苏省无锡二橡股份有限公司的紧密纺纱用牵伸铝衬胶辊；江苏梅兰化工有限公司的耐低温氟橡胶；南通通轮模具有限公司的子午线轮胎注射式硫化胶囊模具；南京金腾橡塑有限公司的高强无味环保型再生橡胶名列其中。

列入2010年度国家火炬计划的有江苏扬州合力橡胶制品有限公司的纳米级耐强紫外线橡胶坝袋；镇江铁科橡塑制品有限公司的铁道提速货车转向架用高分子复合材料斜楔摩擦板；江苏宏达新材料股份有限公司的导电用高性能硅橡胶；张家港市华申工业橡塑制品有限公司的长寿命耐烧灼耐高温（1000℃）输送带。

江苏省7个企业获中国橡胶工业协会质量授信，分别是无锡宝通带业股份有限公司（阻燃输送带系列）；江阴天祥塑化制带有限公司（轻型输送带、高抗撕硅橡胶板）；江苏飞驰股份有限公司（普内、外胎、真空胎、丁基胎）；江苏扬州合力橡胶制品有限公司（汽车制动气室橡胶隔膜）；镇江振邦化工股份有限公司（促进剂CZ（CBS））；苏州宝化炭黑有限公司（硬质炭黑、软质炭黑）；江苏通用科技股份有限公司（摩托车胎）。

江苏飞驰股份有限公司的“飞驰”牌摩托车胎；无锡宝通带业股份有限公司的“宝通”牌高强力输送带；红豆集团有限公司的“千里马”牌摩托车胎等为中国名牌称号。

获江苏省名牌称号的有南京锦湖轮胎有限公司的“锦湖”牌汽车轮胎；南通回力橡胶有限公司的“南回”牌再生胶；建大橡胶（中国）有限公司的“KENDA”牌轮胎；江阴海达橡塑股份有限公司“海达”牌橡胶密封条等。

无锡宝通带业股份有限公司2010年度营业收入3.34亿元，同比增长20.79%，其中钢丝绳芯输送带的销售同比增长48.91%。2010年度获得了“2010年度中国化工行业技术创新示范企业”；并荣获了无锡市政府创新最高荣誉奖“无锡市腾飞奖”；公司的技术中心被认定为“江苏省级企业技术中心”；“耐高温防热撕裂织物芯输送带”被认定为江苏省高新技术产品；“煤矿用高性能节能叠层阻燃输送带”获2010年中国石油和化学联合会科学技术奖二等奖。

江阴海达橡塑股份有限公司作为江苏省高新技术企业，致力于研发和生产高端装备配套用橡胶零配件产品，凭借科技创新和过硬的产品质量，以替代进口为市场切入点，在多个细分领域取得了较高市场占有率。2010年实现销售收入4.67亿元，同比增长45.94%。公司的“海达”商标被认定为江苏省著名商标，生产的舱盖密封条（船用货舱橡胶密封带及角接头）获得中国船级社（CCS）认证。与北京化工大学先进弹性体材料研究中心合作成立的联合研究教育中心被江苏省科技厅认定为“江苏省先进橡塑材料工程技术研究中心”；公司还被认定为“江苏省创新型企业”。

【基建与技改】

江苏省作为我国对外开放比较早的沿海省份之一，经过多年的积累，开放型经济已经发展到一个较高的水平，成为江苏经济的一大亮点。全省已形成与国际分工互接互补的产业体系，与国际惯例接轨的经济运行机制和扩大开放相配套的投资环境和服务体系。2010年度“三资企业”在江苏省的投资力度依然保持强劲，本土经济的投资热情也保持着旺盛势头，但业内企业的技改步伐趋缓。

普利司通（无锡）轮胎有限公司年产140万条子午胎增资项目（三期工程）已于2010年破土动

工,计划2011年下半年建成投产。

东洋轮胎张家港工厂2010年9月在江苏张家港市扬子江国际化学工业园举行新工厂奠基仪式,预计2011年底竣工投产。该项目总投资约9800万美元,设计产能为200万条子午线轮胎,主要用于轿车和轻卡。

住友橡胶(常熟)有限公司年产80.5万条子午胎(六期)扩建项目和年产35万条子午胎(七期)扩建项目均于2009年底竣工。

全球最大的丁腈橡胶产品制造商之一的朗盛公司与台橡股份有限公司双方各持股50%,在江苏南通成立朗盛——台橡(南通)化学工业有限公司合资公司,投资5000万美元,建设年产3万吨丁腈橡胶项目,预计2012年上半年投产。

台橡(南通)实业有限公司投资1亿元,扩建年产15000吨特种橡胶(SEBS)项目。该项目已于2009年底开工,2011年上半年建成。

由中国和加拿大两国政府支持的江苏中加金诺轮胎科技有限公司,投资3000万美元建设年处理废旧轮胎1000万条的再生胶粉项目已落户江苏盱眙县。该项目采用节能环保、循环经济模式,使用北美先进技术和生产工艺。

红豆集团江苏通用科技有限公司投资18亿元建设年产200万套全钢子午胎项目亦已启动,预计于2012年建成投产。届时该公司将形成年产400万套全钢子午线轮胎的产能规模。

江苏奔腾橡胶制品有限公司投资82432万元在江苏丰县经济开发区建设年产10万条橡胶履带及1500万套电动车轮胎项目。

江苏赛尔橡胶股份有限公司是从事港口橡胶护舷生产的专业厂家,拟投资1.38亿元建设年产5000吨橡胶护舷及制品项目。该项目有望在2011年底建成投产。

江苏优安科技有限公司在淮安经济开发区投资2亿元建设钢丝绳芯输送带和异型特种用途胶带项目,预计2011年底竣工投产。

淮安合力橡胶工业有限公司在位于淮安市洪泽县经济开发区投资140万美元,建设年产300万条子午胎高强垫带和9000吨再生胶项目。

双钱集团(如皋)轮胎有限公司将建设30万套TBR扩建项目,项目建成后公司销售额将提升约10%。公司还规划实施180万套高性能全钢子午线载重轮胎扩建项目,现已完成项目的4.03%。

苏州宝化炭黑有限公司拟投资6.85亿元实施三期后炭黑扩建工程。项目包括建设一套年产6万吨硬质炭黑生产线,一条5000吨特种性能炭黑生产线,一套12000kW炭黑尾气余热发电机组及相应配套公用设施。

江苏凯嘉胶带有限公司投资2000万元的IPOL自动化密炼系统和6000吨钢丝绳硫化主机生产线技改项目,已投入正常生产。该公司现可生产钢丝绳芯输送带7.8万m^2,普通输送带14.7万m^2。

【存在问题】

2011年是我国"十二五"规划的开局之年,我国经济正处于由回升向稳定增长转变的关键时期,经济运行中依然存在着不少不确定因素。国际经济运行环境复杂多变,主要经济体的经济复苏步伐缓慢,国内也存在着一些新情况、新问题。

我国的经济增长依然存在着以下问题:

1.外需存在很大的不确定性。由于美国、欧盟、日本等发达经济体复苏乏力,进出口增长速度放缓,加之贸易保护主义抬头,全球化趋势出现了停滞甚至逆转的苗头和倾向,从而影响了我国产品的外贸出口,输美轮胎的特保案、欧盟对进口轮胎的技术壁垒等对出口也带来了极其不利的影响。据商务部预测,2011年我国外贸将继续保持增长态势,但增速可能有所回落。

2.宏观经济政策总体上偏紧。目前我国正面临着持续加剧的通涨压力,橡胶原材料的价格一涨再涨,不断挑战橡胶制品业生产企业的成本承受底线。面对后危机时期复杂的经济环境,我国的宏观调控已开始转向积极财政政策与稳健货币政策搭配的新框架。

3.经济运行成本进一步增加。目前全球都采取了宽松的宏观经济政策以刺激本国经济的发展。新增的市场流动性,将推动国际大宗商品价格上涨,加大我国输入性的通涨压力。国内人民币通涨预期导致资金流向商品的现货和期货市场,制造业企业成本压力显著加大,企业的利润空间被压缩。与此同时，国内的劳动力、土地、资本等要素成本也将呈上升态势。

4. 经济发展方式的转型，对企业的发展要求更高。“十二五”规划建议中，把转变经济发展方式、调整经济结构作为重要目标，这意味着我国的经济发展将进入一个重大的转折期，也就是从强调经济增长速度转向关注经济发展方式，这也是未来5年我国经济社会的发展主线。在经济发展方式的转型上，其核心增长模式还是技术进步和效率提高的驱动模式，实质是提高产品的附加值和市场的竞争力。

【展　望】

面对国际经济运行环境复杂多变，主要经济体的经济复苏步伐缓慢，国内存在的一些新情况、新问题，江苏省橡胶行业必须积极适应国内外形势的变化，以科学发展为要旨，加快转变经济发展方式，加大技术改造力度，大力提升企业的创新发展能力。以优质的品质、有影响力的品牌为手段，以可持续发展、强化社会责任为内在要求，以符合低碳经济战略目标为要旨，从而推动江苏省由橡胶大省向橡胶强省迈进。

（王旭初）

浙江省橡胶工业

【基本情况】

近年来,浙江省橡胶行业综合经济实力显著增强,行业竞争力、创新力不断提升,发展特色日益彰显,知名度不断提高,小、散、弱的面貌得到改善,已走上专、精、特、新的发展道路,基本建立以企业为主体、产学研相结合的技术创新体系。浙江省橡胶行业规模企业增到712家,从业人员约12万人;行业经济总量稳居全国橡胶工业第3位,成为我国橡胶行业重要省份,为我国橡胶业快速发展立下了汗马功劳。

【企业改革】

浙江省橡胶行业为了更好适应新的形势,加快了企业改革、改制的步伐,组成了股份制企业,改制后的企业机制更趋灵活,更富有生命力。2010年,浙江省橡胶行业中一些完成体制改革的企业正在不断完善企业机制,走上市融资之路,加快资本运作进程,开始朝着建立现代企业制度方向发展。到2010年底,浙江省已经有2家橡胶上市企业,其中,浙江双箭于2010年8月在深圳成功上市。

【科技创新】

为加快橡胶行业产业转型升级,提高浙江省橡胶行业应对危机能力,促进行业健康发展。浙江省橡胶行业的广大企业继续加大科技创新投入,2010年14个项目列入省级以上新产品。其中5种为省级新产品,9种为中小企业科技创新基金项目。

省级新产品有5种,包括浙江国泰密封材料股份有限公司的船用金属增强橡胶垫片、浙江荣康密封件有限公司的橡胶轴承座KFR－23G/IY－3、浙江双箭橡胶股份有限公司的煤矿用织物叠层阻燃输送带和钢丝绳芯管状输送带、桐乡市东升特种橡塑有限公司的氟橡胶DS高性能再生增强母粒、海宁海橡鞋材有限公司的无回弹定型橡胶底材;中小企业创新基金项目有浙江彪祺胶带有限公司的汽车用高性能动态弹性体长寿命切边V带、浙江东南橡胶机带有限公司的防撕裂耐高温输送带(200℃～500℃)、浙江省天台祥和实业有限公司的高速铁路扣件系统关键减震部件、宁波三峰机械电子有限公司的硬质丁腈橡胶(NBR)耐乙醇汽油发泡浮子系列产品、余姚市绿岛橡塑机械设备有限公司的新型塑胶资源再生造粒机组、浙江庆大橡胶有限公司汽车橡胶空气弹簧、临安矽能新材料有限公司的液体硅橡胶挤出成型新技术及应用、浙江东星纺织机械有限公司的轮胎帘子线倍捻并线联合机。

【经济运行】

2010年浙江省橡胶行业遭遇了橡胶价格暴涨、美国轮胎特保案冲击延续等多重磨难,但轮胎销售收入、主要产品产量、出口创汇等仍保持了较大增长,自主创新、出口格局调整等方面呈现出新气象。

1.销售额升两成　利润降两成

据浙江省橡胶协会统计,41家主要橡胶企业产品销售收入达到348.97亿元,同比增长28.45%。其中,40家企业销售收入增长或持平。虽然去年橡胶企业销售额大增,但受天然胶价格飙升影响,企业利润骤降。多数橡胶企业利润大幅下降,总利润同比下降26.83%,亏损企业3家,亏损面达7.93%。

2.产品产量增多降少

据浙江省橡胶协会统计的12类主要产品中,产量同比增长的有轮胎、摩托车胎、力车胎、胶管、输送带、普通V带、普通平带、炭黑和橡胶助剂等9类,胶鞋、橡胶履带和汽车V带等3类产品产量下降。2010年浙江省橡胶工业主要经济指标运行情况见表1。

表 1　2010 年浙江省橡胶工业主要经济指标运行情况

项　目	2010 年	2009 年	同比/%
工业总产值(现行价)/亿元	357.45	276.31	29.37
产品销售收入/亿元	348.97	271.68	28.45
利润总额/亿元	15. 82	21.62	-26.83
利税总额/亿元	23.11	30.13	-23.30
出口交货值/亿元	87.88	68.30	28.67
轮胎/万条	5335.09	4701.71	13.47
子午胎/万条	4790.45	4213.85	13.68
全钢子午胎/万条	880.94	719.27	22.48
力车胎/万条	9448.65	7964.04	18.64
摩托车胎/万条	446.52	297.19	50.25
手推车胎/万条	365.91	346.43	5.62
胶管/万标 m	1236.54	1130.39	9.39
输送带/万 m^2	5982.36	4785.42	25.01
橡胶履带/万条	10.84	12.09	-10.34
汽车 V 带/万条	2903.32	3581.86	-18.94
普通 V 带/万 Am	97193.15	88206.44	10.19
胶鞋/万双	2821.47	3102.00	-9.04
炭黑/t	117825.00	84200.00	39.93
橡胶助剂/t	7890.00	6019.00	31.08
综合能源消耗/t 标煤	356991.47	316381.52	12.84

3. 出口产品开始转向中高档

2010 年出口强劲，出口价格、地理位置、产品结构等呈现新特点，出口交货值同比增长 28.67%；出口价格向好，出口产品从中低档产品调整为中高档产品，将金融危机和美国轮胎特保案对浙江省橡胶行业的影响降至较低程度。2010 年浙江省橡胶工业主要产品出口情况见表 2。

4. 坚持创新强健“企”魄

浙江省橡胶企业坚持走科技兴企之路，靠科技创新助跑，把发展“赌注”在不断研发新品和与大专院校合作上，促使浙江省橡胶工业健康稳定发展。据国家统计局统计，2010 年全行业科技活动经费支出总额 8.78 亿元，同比增长 27.38%；购置技术成果费用 2.18 亿元，同比增长 30.38%；实现新产品产值 101.66 亿元，新产品产值率达 17.01%。

表 2　2010 年浙江省橡胶工业主要产品出口情况

产品名称	出口量	占总生产量/%	出口交货值/万元
轮胎/万条	2203.08	41.29	650075.4
子午线轮胎/万条	2054.37	42.88	604513.6
全钢子午线轮胎/万条	208.20	23.63	217573.8
力车胎/万条	997.44	10.56	34916.3
胶鞋/万双	1542.47	54.66	36640.9
普通 V 带/万 Am	12734.16	15.81	28656.8
输送带/万 m^2	2392.00	39.99	63928.6
炭黑/t	5822.00	4.94	3299.0

5. 块状经济显现

浙江省橡胶行业最引人注目的当属“块状经济”，也是浙江橡胶工业发展史上的另一个亮点。如瑞安的胶鞋、天台和三门的胶带、宁海的橡胶汽配、温州橡胶汽摩配、仙居的橡胶密封制品，其中瑞安的胶鞋、天台和三门的胶带、宁海的橡胶汽配已分别升为瑞安(中国)胶鞋名城、三门(中国)胶带工业城和天台(中国)胶带工业城、中国(宁海)橡胶汽车配件产业基地。据了解，2010 年，瑞安胶鞋的工业产值 40 亿元，同比增长 10.42%；三门的橡胶工业总产值 48 亿元，同比增长 26.32%，天台的橡胶工业总产值 45.2 亿元，同比增长 25.56%；宁海橡胶汽配工业总产值 39.5 亿元，同比增长 30.36%；温州市橡胶汽摩配工业产值 24 亿元，同比增长 33.3%；仙居县橡胶密封制品工业产值 15 亿元，同比增长 20%。

6. 利润骤降

2010 年天然胶价格飙升造成了浙江省橡胶行业利润骤降，主要原因是缺乏逆境预警机制，产品技术含量较低，出口产品价格偏低，营销成本过高，缺乏自主创新能力，粗放式增长明显，企业规模偏小，资金缺乏现象突出。

【建　议】

浙江省橡胶行业要客观科学地分析当前形势，正确把握面临的机遇和挑战，要有积极应对的勇气和心态，采取一定的措施，把立足解决当前困难与谋求长远发展有效地相结合起来，不断努力提升自身应对危机与加快发展的能力和水平，增强企业的抗风险能力，推动行业加快发展。

1. 加强自主创新能力

浙江省橡胶行业要采用多种措施加快形成产品研发和技术创新能力，充分利用比较优势，提高高端橡胶产品核心技术和掌控能力，依托和整合现有企业技术中心和 6 个省级技术研发中心，加大投入，基本形成与国际接轨的、具有较强自主研发能力的橡胶制品技术创新体系，在国内重点发展 4 个领先研发技术中心——轮胎研发中心、传动带研发中心、输送带研发中心和橡胶汽配研发中心，为国内配套联合开发的橡胶新产品承担 20% 以上的开发任务，实现产品技术性能进一步提高，达到或接近国际先进水平。

2. 提升生产装备水平

近年来，浙江省橡胶行业发展较快，为不断提高替代进口产品，不断扩大出口量，每年都有大笔资金投入技术改造，全行业加大投入购置国际先进的生产和检测技术装置的力度，技术装备水平已居国内前茅。自动化程度高的生产设备、动态检测设备和智能化的混炼装备要在规模以上的企业普及率达 30%，促进行业快速发展。

3. 加大人才培育力度

人才是企业研发能力的主要组成部分。近年来，浙江省橡胶企业非常注重人才引进，已经积累了一定经验，形成了一定基础，有不少的企业已经招聘了洋专家。业内人才使用和储备已居国内同行前茅,为今后的人才引进和培育打下了良好基础。今后人才培育必须按两条腿方式走路,即一方面加大投入引进国内外高档人才的力度;另一方面行业要开展自主培训,行业协会要制定中长期企业技术人员培训计划,并加大培训力度,采取“请进来”和“走出去”的办法,经常性开展职工、技术人员的业务培训,不断提高员工的技术水平。

4. 加快培育优势企业

突出选择产业规模大、管理水平高、产品竞争力强、拥有核心技术的优势企业,瞄准国外同行业先进水平,找准差距,选准突破口,加强与国外企业的经济技术合作,实施赶超战略。重点培育杭州中策、韩泰、浙江双箭、浙江三力士、浙江三维、伊诺华平湖、建新赵氏等企业为行业优势企业。

5. 积极参与标准制定

抢占行业的话语权是提高浙江省橡胶汽配业竞争力最好的途径。依托行业协会成立汽车橡胶零部件标准修证小组和汽车标准情报中心;制定和修改国家橡胶汽配标准,制定国际标准。同时采取主动态度,引进中国橡胶汽配技术标准委员会秘书处落户宁海,主要承担标委会日常工作,促进我国橡胶汽配业健康发展。

6. 提高企业环保意识

今后5年,规模以上的企业必须使用布袋法收集混炼车间粉尘,销售收入过亿元的企业必须使用淋水法收集硫化车间尾气、混炼车间粉尘和尾气,杜绝硫化车间尾气和混炼车间尾气朝天排放。建议对引进安全、节能、环保零部件产品在税收政策方面给予优惠。

7. 提升品牌培育力度

加大投入,建立品牌育成机制,大力营造品牌兴企氛围。一方面,要引导企业牢固树立“抓发展的基础是抓产品,抓产品的基础是抓质量,抓质量的核心是抓品牌”的市场竞争理念,让企业真正明白实施品牌战略的重要性,增强创牌的紧迫感。另一方面,要选择一批诚信度高、社会信誉好、市场潜力大、发展后劲足的企业,加快浙江省橡胶行业从“产品制造”向“产品创造”转变。

8. 努力加强产业预警

针对近来我国橡胶行业存在橡胶市场起伏较大、贸易摩擦逐渐增多和行业投资风险增大等不确定因素,建议启动促进浙江省胶带产业集群健康发展的防火墙机制——产业集群预警机制。预警机制主要是对行业投资风险、橡胶价格和市场、国内外经济形势、产业集群发展趋势进行分析预警。建立产业集群机制不仅提升浙江省产业集群突发事件快速反应与应急处置能力,而且还提高建立产业集群整体预警意识,提升产业集群整体抗风险能力,增强应对危机的有效性,有利于集群发展。建立橡胶产业预警机制是促进橡胶产业集群永续发展,向现代产业集群迈进的一项重要举措。

【发展趋势】

高性能和高功能产品是浙江省橡胶行业今后技术创新的发展方向之一。随着我国汽车工业等相关行业对产品性能的要求越来越高,研发高档橡胶产品,培育和发展自主品牌产品已是浙江省橡胶汽配业当前的首要任务,基本扭转了高档产品依靠进口的局面。

轮胎

产品发展目标包括子午化率提高到90%以上,乘用子午胎无内胎率达到100%、载重子午胎无内胎率达到60%;行业准入和产业集中度目标包括新建乘用子午胎不低于600万条/年、新建载重子午胎不低于120万条/年、禁建斜交胎生产线等;节能减排目标中综合能耗不高于950kg标煤/吨橡胶。加大推广我国自主知识产权安全节能轮胎,提高巨型子午胎技术水平和工艺装备等产品的开发;研发满足REACH法规等的轮胎。

胶带

胶带行业加大对直经直纬高强度织物芯输送带、耐热耐高温输送带、汽车用弹性多楔带、多楔带模压硫化成型工艺、传动带用聚酯钢化棕丝等新型高强力骨架材料、胶带产品多环芳烃含量安全性的研究力度。

橡胶汽配

橡胶汽配行业要根据汽车结构调整,研发前沿技术,提升浙江省橡胶汽配行业的整体竞争力。浙江省橡胶汽配行业技术研发项目见表3。

表 3　浙江省橡胶汽配行业技术研发项目

汽车产业结构调整	研发项目
使用乙醇汽油	研究胶管和油封新型产品，如树脂和橡胶复合管
燃烧氢气和混合动力	新型材料组合的胶管和传动带代替品
工作条件苛刻，如高耐热、耐寒、耐老化	开发与汽车同寿命的胶管胶带
研究轻型材料、可回收材料、环保材料等车用新材料，金属件向铝镁合金、高强度工程塑料、复合材料制品发展	研究新型胶粘剂和调整配方，解决橡胶和铝镁制品粘接问题
朝舒适化和美观化发展	与汽车整车联合研究空气弹簧，替代进口，并产业化
推广小排量汽车	研究小排量汽车用的橡胶配件
降低汽车的噪音	研究降低噪音的传动带
符合汽车产业政策	研究可回收材料在汽车配件上应用
其他领域的研发	研究动车组用空气弹簧、汽车控制电子等
研发动态油封检测设备	模具企业和橡胶研发同时开发动态油封检测设备
研发特种合成橡胶	开发最新发展的特种合成橡胶，如高饱和丁腈橡胶；利于环保和节能的热塑性弹性体，如 TPO
与高档汽车配套	开发液封型减震制品，解决发动机垫与轴套手减震、扭转减震势和电子控制手减震的品质问题

合成橡胶

浙江省合成橡胶行业发展走创新之路，尽快研发出具有我国自主知识产权的乙丙橡胶、丁腈橡胶、异戊橡胶、溶聚丁苯橡胶等有发展前景的合成橡胶，并加速实现其规模产业化，提升合成橡胶的竞争力，满足浙江省橡胶行业发展需要，为我国从橡胶大国向橡胶工业生产强国贡献一份力量。

高铁橡胶制品市场

根据我国高速铁路发展需要，浙江省橡胶制品企业加快产品升级换代的步伐，加大自主创新能力，研发高铁橡胶制品，代替进口，促进我国高速铁路健康发展。

（王逸田）

安徽省橡胶工业

【基本情况】

2010年是我国“十一五”计划的最后一年。随着国家基础设施建设、交通运输和汽车工业的快速发展,拉动了橡胶工业的大发展,同时也经受住了国际金融风暴的考验,减轻了美国对我国轮胎出口特保案调查的影响。在国际石油产品和天然橡胶价格暴涨的不利因素下,安徽省橡胶加工企业克服重重困难,冲破层层阻挠,圆满完成了各项经济指标。

据安徽省橡胶工业协会对48家会员单位的统计,2010年完成工业产值142.43亿元,同比增长20.5%;产品销售收入128.18亿元,同比增长31.6%;实现利税12.76亿元,同比下降6.2%;产品出口交货值37.52亿元,同比增长21%;其中增长幅度最大的是安徽佳通轮胎有限公司,完成产值57亿元,销售收入53亿元,实现利税3亿元,出口轮胎800万条,出口交货值28亿元。安徽中鼎控股(集团)公司完成产值45.64亿元,销售收入44.32亿元,实现利税5.79亿元,出口交货值7.02亿元。

【产品产量】

2010年安徽省橡胶行业生产轮胎外胎1636万条,同比增长11.90%,其中全钢载重子午胎211万条,同比增长7.65%,轻卡、轿车子午胎1420万条,同比增长16.78%;斜交胎5万条,同比下降90%。自行车外胎520万条,同比增长30%。输送带1530万 m^2,同比增长13.33%,其中难燃输送带1260万 m^2,同比增长14.55%;高强力输送带80万 m^2,同比下降13%。胶管1840万标米,同比增长8.24%,其中高压钢丝编缠胶管225万标米,同比增长7.14%;医用丁基胶塞28亿只,同比增长12%;新工艺炭黑12万吨,同比增长20%;胶鞋800万双,同比增长33%;汽车橡胶制品5.8亿件,同比增长38.1%;阻燃耐油胶板15万 m^2,同比增长25%。2010年主要产品产量见表1。

表1　2010年主要产品产量

产品名称	2010年	2009年	同比/%
轮胎外胎/万条	1636	1462	11.90
全钢载重子午胎/万条	211	196	7.65
轻卡、轿车子午胎/万条	1420	1216	16.78
斜交轮胎/万条	5	50	-90.00
自行车外胎/万条	520	400	30.00
输送带/万 m^2	1530	1350	13.33
难燃输送带/万 m^2	1260	1100	14.55
高强力输送带/万 m^2	80	92	-13.00
胶管/万标米	1840	1700	8.24
高压钢丝编缠胶管/万标米	225	210	7.14
医用丁基胶塞/亿只	28	25	12.00
新工艺炭黑/万 t	12	10	20.00
胶鞋/万双	800	600	33.00
汽车橡胶制品/亿件	5.8	4.2	38.10
阻燃耐油胶板/万 m^2	15	12	25.00

【出口贸易】

2010年安徽省橡胶行业出口交货值37.52亿元,同比增长21%,其中安徽佳通轮胎有限公司出口轮胎800万条,出口交货值28亿元;安徽中鼎控股(集团)公司出口交货值7.02亿元。另外安徽亚新科有限公司、安徽希尔密封件有限公司、库佰赛阳(芜湖)密封件有限公司、安徽德普胶带有限公司、滁州胶鞋厂均有一定批量的产品出口。

【产品创新与开发】

安徽省橡胶加工企业为强化创新机制,加快产品结构调整,适应国内外市场需要,不断创造条件申报省级高新技术企业和国家级高新技术企业,目前已有10多家企业经过评审获得省级高新技术企业命名。国家科技部、财政部、国家税务总局委托相关组织机构对国家认可的高新技术企业进行重新复查认定,宁国中鼎密封件有限公司、中鼎减震橡胶技术有限公司、中鼎泰克汽车密封件有限公司、中鼎橡塑制品有限公司、中鼎模具制造有限公司、中鼎金亚汽车胶管制造有限公司、马鞍山宏力橡胶制品有限公司等七家企业再次获准为国家级高新技术企业。安徽中意胶带有限公司、来安亨通橡塑制品有限公司、淮南华宫工程胶管有限公司、安庆特种橡塑制品有限公司等企业为安徽省高新技术企业。

安徽中鼎股份有限公司充分发挥国家级企业技术中心的优势,积极开发、研制、投产汽车用高新技术产品,提高现有产品档次,不断填补空白,代替进口产品。2010年中鼎密封件股份公司和中鼎泰克密封件有限公司开发的"高吸震缓冲绕线联轴器"、"洗衣机用橡胶水封"、"手持电动工具用橡胶护套"、"车门用无异味线束橡胶护套"、"捷达轿车真空助力器后壳气封"、"气制动阀ABS电磁阀电枢"6项新产品通过了省科技厅鉴定。新产品的投产增强了中鼎公司汽车橡胶制品在国内市场的主导地位和市场竞争力,同时出口到东南亚等国家和地区。

安徽中意胶带有限责任公司近年来开发投产了全固含量双组份快固喷涂PU弹性体和磨机高分子PU弹性体衬里、阻燃抗静电热塑性弹性体、超韧复合尼龙耐磨衬板、无模具自浇式PU胶辊、防撕裂钢丝绳芯阻燃输送带、煤矿用大倾角橡胶花纹和挡边整芯阻燃输送带、热载体焕热循环加热新工艺节能改造项目,自主开发环保型阻燃钢丝绳芯输送带和双色挤出新型整芯阻燃输送带新产品新工艺。

庐江橡胶密封件有限公司开发研制阀门软闸包胶、中法兰圈系列产品,成为白湖阀门厂和铜陵万通阀门有限公司的指定供应商。

芜湖永昌橡塑制品厂开发特种耐高温、耐寒、阻燃汽车门窗密封条,为芜湖奇瑞汽车提供配套。

马鞍山宏力橡胶制品有限公司经过技术攻关、创新开发大型输水管道和煤气管道密封圈,产品销往全国各地。

【基建与技改】

安徽佳通轮胎有限公司2010年投资1.4亿元,用于调整产品结构,扩大生产适销对路产品,目前已达到日产全钢载重子午胎7500条,日产半钢子午胎42000条的生产能力,技改后轮胎外胎生产能力达到2000万条/年。

安徽中鼎控制(集团)公司2010投资1.5亿元,完成了12项技改项目。为满足生产发展需要,在宁国经济开发新区征地300多亩进行新厂区建设,目前已有几幢厂房建成并逐步投入使用。

安徽中意胶带有限公司为落实淮北市"退城进园"的市政发展规划,累计投入技改资金8000多万元,在市经济开发区征地95亩,新建四幢标准化厂房,建筑面积4.6万m^2,2010年10月开始搬迁,经过技术改造、设备更新、工艺布局调整使生产能力扩大2~3倍,建成后将达到5亿元产值。为寻求开发新项目另购置50亩地为新项目做准备。

中法合资安徽德普胶带有限公司2010年投资5000多万元在原输送带生产厂房内调整工艺布局,增加1.2×10米、1.4×10米、1.6×10米、1.8×10米四台平板硫化机,与原来的2×10米硫化机形成生产多种规格的高强力钢丝绳芯输送带和全塑阻燃输送带两大系列产品,以上技改项目于2010年10月完成,目前已投入生产,达产后输送带生产规模达1500万m^2/年,可实现年销售收入5亿元。

马鞍山宏力橡胶制品有限公司 2010 年投入技改资金 3000 多万元,新建一幢功能齐全的原材料和成品库房,购置一台 75 立升密炼机和上辅机;新建钢结构厂房,调整工艺布局,改善生产条件,2011 年上半年全部建成。

芜湖聚达橡塑密封件有限公司在芜湖高新技术开发区征地 50 亩建新厂。2010 年 5 月已搬迁到新厂区办公、生产,增加部分关键设备,改善生产条件,扩大生产规模,使汽车橡胶件生产能力达 1 亿元。

庐江橡胶密封件有限公司投资 1400 万元,征地 37 亩,目前新厂区已建成 2 幢生产厂房,生产设备正在安装,2011 年下半年建成投产。

凤阳凤飞橡塑制品有限公司投资 500 万元新建胶管成型车间和成品仓库,新增一台四辊压延机,目前已经投入使用。

来安亨通橡塑制品有限公司重新规划厂区布局、调整生产工艺,将原办公室改造为公司技术中心和物化试验室,新增一台 4 米宽幅压延机,生产火车客车车箱阻燃耐油胶板。

【招商引资】

近年来,安徽省橡胶行业在招商引资工作中取得显著成绩,所有项目基本落地生根,开花结果。其中德国大陆轮胎有限公司在合肥投资 6 亿欧元是近年来安徽省最大的外商直接投资项目,一期工程投资 1.8 亿欧元,建 425 万条/年高级轿车轮胎生产线,2010 年 7 月 4 日土建工程和生产厂房基本建成并开始安装设备,预计 2011 年上半年建成投产,产品主要为宝马、奔驰等高档轿车配套,项目分期建成后将达到 1800 万条/年高级轿车轮胎生产能力。

中法合资安徽德普胶带有限公司先后投资 1.3 亿元,对现有生产线进行改造,增加四台大平板硫化机形成系列产品规模,并且利用预留的 20 亩地筹建一条全塑整芯 PVC 挤出法难燃输送带生产线,预计 2011 年建成。

台湾大协恒宜有限公司在合肥高新技术开发区投资 3000 万美元,筹建 25 亿只丁基胶塞生产线,2010 年底建成,目前已经投入生产。

库伯赛阳(芜湖)公司由外商投资 80%,专业生产三元乙丙胶汽车门窗密封胶条,不仅为安徽省奇瑞、江淮等汽车配套,而且部分出口国外,销售收入超亿元。

【展望】

2011 年是机遇与困难并存的一年,安徽省橡胶行业经受了各种困难的磨炼,积累了战胜困难的经验,增强了取胜的信心。“十一五”各项技改任务的完成,为“十二五”开局创造了有利条件,预计 2011 年可完成工业产值 170 亿元,实现销售收入 160 亿元,实现利税 20 亿元,产品出口交货值 45 亿元,保持 15% 左右的增速。

预计轮胎外胎完成 2000 万条,其中全钢载重子午胎 260 万条;轿车、轻卡子午胎 1700 万条,轮胎子午化率达 90% 以上;输送带完成 1800 万 m^2,其中难燃输送带 1500 万 m^2,高强力输送带 200 万 m^2;各种胶管 2100 万标米,其中高压钢丝编、缠胶管 260 万标米;汽车橡胶件 8 亿件;新工艺炭黑 14 万吨;丁基胶塞 50 亿只;阻燃耐油胶板 20 万 m^2。

为完成以上任务,全行业必须抓住发展机遇、争取国家对高新技术和新材料应用的政策支持,发挥已建成项目的投资效益,加强内部管理和机制创新,加快安徽省橡胶工业发展步伐。

(郑宗良)

四川省橡胶工业

2010年,是四川省橡胶工业持续调整、艰难应对、加剧分化的一年。四川省百逾家橡胶企业(含非会员单位)艰难地承受着天然橡胶等主要原材料全年涨幅达60%(年初至年末,期间最大涨幅逾85.8%)的巨大压力,再加上企业普遍面临资金匮乏、市场疲软、劳动力及其他间接性经营成本急剧上升的困难,四川省橡胶企业的正常生产、经营活动均不同程度地受到冲击或制约,使连续多年处于高速发展的四川橡胶工业再度面临严峻的考验。

【基本情况】

四川海大橡胶集团有限公司、四川远星橡胶有限公司、四川省征峰胶鞋有限公司、四川川环科技有限公司等轮胎、摩托车胎、胶鞋、管带龙头企业,生产规模不仅在困境中依然保持强势增长,而且依靠具有自主知识产权的新品开发和整体技术进步,产品产量、质量等级、企业规模现已跻身于国内行业的前茅。

截至2010年底,四川省橡胶企业工业总产值基本维持2009年水平,受2008下半年出台的国家应对国际金融海啸的"四万亿"经济刺激计划惠及,以铁路、公路以及汽车橡胶制品为主导产品的生产企业,生产规模、工业产值较上年有较大增幅(利润率未呈正增长),但绝大多数以天然橡胶为主体材料的传统橡胶生产企业,材料成本急剧上升对其冲击较大,企业的经济效益也明显受到影响。四川省龙头品种如轮胎、力车胎、胶鞋、管带等,虽仍属省内橡胶行业的支柱,但产品结构因所述行业不同,企业的最终利润迥然有异。

四川省橡胶龙头企业近三年主要经济指标完成情况见表1。

表1　四川省橡胶龙头企业近三年主要经济指标完成情况

企业名称	2008年	2009年	2010年	备注
四川海大橡胶集团有限公司	446	560	637	轮胎产量/万条
	96758	114260	128024	销售收入/万元
	3001	5735	4934	上缴税收/万元
	590	1538	2131	实现利润/万元
四川远星橡胶有限公司	758	818	947	摩托车胎产量/万套
	45916	41123	57543	销售收入/万元
	1464	1207	1954	上缴税收/万元
	727	1258	1389	实现利润/万元
四川省征峰胶鞋有限公司	6456	6230	6548	胶鞋产量/万双
	56564	60916	61118	销售收入/万元
	1272	1695	1708	上缴税收/万元
	1098	1594	1635	实现利润/万元
四川川环科技有限公司	2313	3420	5499	胶管产量/万米
	15292	18316	28567	销售收入/万元
	1727	2550	3099	上缴税收/万元
	1858	3132	5278	实现利润/万元

【行业大事】

1. 以四川海大橡胶集团有限公司(原“五粮液集团四川川橡集团公司“)为主,联合广东南辰机械、青岛高校天众等 10 家企业共同投资组建的“四川凯力威科技股份有限公司”,项目占地 830 亩,计划总投资 22.8 亿元,建筑总面积 40 万平方米,将于 2015 年形成 210 万套/年全钢子午胎生产规模。2010 年 11 月已完成投资 4.5 亿元,一期工程所有土建、设备组装、调试等前期工作,并于 2010 年底进行试生产,初步形成 140 万套/年全钢子午胎的实际生产能力,为 2015 年项目全部建成后实现年销售收入 50 亿元,利润 3.38 亿元,税收 1.48 亿元,奠定了坚实基础。

2. 四川亚西机械有限公司,长年致力于废橡胶再生技术及装备的研发,拥有一批专业的橡胶机械技术人才。近年来,企业改制后加大了科技开发的物力、人力投入,积累储备了一大批技术成果,引起了省内有关方面的关注。经申报、考核、评审等一系列正常程序后,依托该公司的技术团队以及实验室装备,四川省科技厅于 2010 年 4 月 29 日正式授权成立“四川省橡胶机械及废橡胶综合利用工程技术研究中心”,在认可该公司前期工作的同时,也为后续的废橡胶综合利用技术及装备研发提供了一定的资金支持。

3. 长期以来体现四川省炭黑生产企业领军形象的中橡集团炭黑研究设计院,在原料油价格逐波走高的冲击下,生产经营受到严重影响,继 2009 年度首次出现经营性亏损后,2010 年面对巨大资金压力及财务费用双重作用下,再度出现亏损。

4. 都江堰新时代工贸有限公司自主研发的“常压高温连续脱硫工艺技术及装备”,具有传统动态脱硫工艺及设备不可比拟的技术、成本、能耗优势,得到了业内人士的高度重视和关注,2010 年 6 月正式通过了中石化联合会主持的科技成果技术鉴定,并由中国橡胶工业协会废橡胶综合利用分会在成都组织专门推介会,向全国废橡胶综合利用加工企业进行推广,希望能在再生胶加工企业外部环境逐渐恶化的困难时刻,借此机会推动全行业的技术进步,降低该行业的能耗水平。

5. 在“隆昌海燕”、“都江堰虹景”再生胶生产蒸蒸日上的同时,组建不到两年的另一家万吨级再生橡胶加工企业——雅安明珠橡胶有限公司在年关将至时轰然倒下,在外部经济环境十分恶劣的情况下,企业两级分化日趋严重。

【协会动态】

1. 应中国化工信息中心(CNCIC)邀请,由四川省橡胶工业协会组团,参加了由中国化工信息中心(CNCIC)和重庆市对外贸易经济委员会主办、国际合成橡胶制造商学会(IISRP)协办的“2010 第三届汽车橡胶制品市场及新品开发研讨会”,为四川省汽车橡胶制品生产企业提供了参观包括长安汽车、力帆汽车等重庆市汽车名企基地的难得机会,同时也为四川省车用橡胶制品生产企业无偿搭建了深入交流洽谈的平台。

2. 积极发挥协会的桥梁纽带作用,组织成都铁路局材料总厂橡胶分厂和四川腾中重工橡胶事业部的铁路、公路橡胶减震制品生产企业的技术人员赴四川海大橡胶集团、四川远星橡胶有限公司等专业化橡胶生产企业考察、学习、交流,从行业以及专业的角度,规范上述新建橡胶企业的生产组织和工艺管理行为,获得了双方的好评。

3. 针对天热橡胶价格连年持续上涨、企业利润空间早已消失殆尽的困难局面,受四川腾中重工等橡胶桥梁支座生产企业的要求和委托,协会从技术进步、内部挖潜等方面协助其开展优化配方、压缩剩余功能、降低生产成本等工作,在一定程度上缓解了四川省铁路、公路减震橡胶制品生产企业所面临的主要原材料持续上涨的压力,增强了上述企业在同行业的竞争力。

4. 协助中国废橡胶综合利用分会,在成都组织召开了都江堰新时代工贸有限公司自主研发的“常压高温连续脱硫工艺技术及装备”现场推介会,组织部分再生橡胶技术开发、生产企业通过现场考察、召开座谈的形式,探讨、论证了该公司创新技术实际推广应用的可行性,活跃了四川省再生橡胶生产企业的技术开发思维和氛围。

5. 开展日常技术、信息咨询和技术经济信息交流。

【问题与建议】

经过连续数年的高速增长，四川省橡胶工业有了长足进展，整体实力得到了较大提升，愈来愈多的橡胶企业在全国同行业中获得了话语权，四川资阳征峰鞋业、中橡集团炭黑研究设计院、四川远星轮胎公司、四川川环科技有限公司等企业，在全国胶鞋、炭黑、力车胎、胶管行业中，已名列前茅。但是，四川省橡胶工业的总体实力不够、产品结构不合理、企业整体竞争力缺乏、抵御风险能力有待加强是不争的事实。在 2008 年、2009 年遭遇一系列外部不利因素的情况下，2010 年上述弊端更加暴露无遗，如何转“危”为“机”，是四川橡胶人士应该而且必须考虑并着手解决的问题。

（杨涟）

广西省橡胶工业

【基本情况】

据不完全统计,广西壮族自治区现有橡胶加工企业68家,橡胶机械企业54家,橡胶制品企业105家,主要分布在北海、防城港、桂林、贵港、柳州和南宁等地。

广西橡胶工业的支柱产业是轮胎制造业和橡胶机械制造业。轮胎制造业主要生产巨型工程胎、工程胎、航空胎、全钢载重子午胎、翻新轮胎等;橡胶机械制造业主要生产硫化机、挤出机、成型机和密炼机等;橡胶制品业主要生产防护服、油罐密封带、矿用导风筒以及各种密封件;乳胶制造业主要生产安全套、医用手套等。

广西橡胶工业的骨干企业主要有中国化工橡胶桂林有限公司、曙光橡胶工业研究设计院、桂林乳胶厂、桂林橡胶制品厂、桂林橡胶机械厂、中国化学工业桂林工程有限公司。

按照国家扶持高新技术产业化的相关政策,"桂林国家特种轮胎及装备制造高新技术产业化基地"于2011年2月18日在桂林市国家高新区大学科技园隆重揭牌。该基地由两个大型国有企业(中国化工橡胶桂林有限公司、桂林橡胶机械厂)、两个国家级研究院所(曙光橡胶工业研究设计院、中国化学工业桂林工程有限公司)和两个特色企业(桂林乳胶厂、桂林合众国际橡塑机械制造有限公司)组成。

该基地是国家科技部《关于认定国家高新技术产业化基地和现代服务业产业化基地的函》认定的22家国家高新技术产业化基地中的一家。基地的建成,将为桂林特种轮胎及装备制造业搭建一个合作、交流、互动的平台,带动行业间的创新合作,推进特种轮胎高新技术产业的快速发展。同时,为广西实施技术创新,促进"人才、基地、项目"协调发展,促进高新技术产业化和现代服务业快速发展提供很好的契机。

1.轮胎制造业

中国化工橡胶桂林有限公司隶属于中国化工橡胶总公司,是国有央企地域性集团公司,是桂林市工业发展重点骨干企业,名列中国化工企业500强,中国化工分行业100强和广西企业100强。该公司2009年度销售收入82669万元人民币,折合12100万美元;2010年全球轮胎企业排行榜(按2009年企业销售额计),排名为第66位。

公司重点生产巨型工程轮胎、工程机械轮胎、载重轮胎、乘用胎等,同时为大型工程机械、载重汽车、乘用汽车配套。该公司是中国化工橡胶总公司在华南地区的轮胎研发生产基地,也是桂林国家特种轮胎及装备制造高新技术产业化基地成员企业之一。

公司承担的"40.00R57(E-4)全钢子午线巨胎研发"项目已于2010年11月通过鉴定验收。

40.00R57(E-4)巨胎其结构设计利用计算机有限元分析,合理地选择带束层宽度、角度等参数,有效减少胎冠生热;胎侧及胎圈部位增加加强层,使轮胎受力及应力传递合理;在胎圈设计上,选取合理的过盈量和胎圈倾角,确保轮胎气密性。

项目配方设计采用优选胶料配方中新的补强材料,提高胎面的耐刺扎、耐切割以及抗花纹掉块等性能。

项目钢丝帘布胶采用间-甲-白钴粘合体系,使初始粘合和老化或过硫后的粘合达到较高水平,静态粘合与动态粘合得到较好的统一。

该项目生产线采用了国内外先进炼胶、裁断、成型、硫化及检测试验设备,还制订严格的工艺操作规程,确保产品质量符合国家标准要求。其关键技术具有自主知识产权,居国内领先水平。

公司目前正在进行苏桥高等级子午胎产业化项目基地建设。由中国化工集团公司、中国化工橡胶总公司管理、中国化工橡胶桂林有限公司承建、运营。项目总投资31亿元,新征用地1800亩。新建全钢载重子午线轮胎、工程轮胎和乘用轮胎等高等级轮胎项目,建成后可实现销售收入32亿元,利税6.2亿元。

项目的实施对广西发展建设"一大中心、二大基地和三大体系"、突破"四大目标",将桂林市建设成为"广西汽车工业产业集群的基地"、完善广西工业产业链、打造超千亿元产值,汽车产业有着举足轻重的作用。

该项目2010年7月开始人工挖孔桩施工;2010年12月炼胶车间基础通过验收;2011年3月投资2.78亿元,部分厂房建设及设备定货,计划2012年3月竣工投产。

曙光橡胶工业研究设计院主要从事航空轮胎、火炮安全轮胎、坦克挂胶负重轮、特种越野车辆轮胎及汽车轮胎的研究、开发、检测及生产。

设计院具有完整轮胎生产线及年产8万套航空胎和20万套汽车轮胎的能力;拥有航空轮胎动力试验机、轮胎激光全息无损检测仪、轮胎耐久性试验机、轮胎静平衡试验机、RPA2000橡胶加工性能试验机、橡胶臭氧老化试验机等一系列轮胎试验、检测的大型设备。

设计院近几年已开发出100多种规格的军用航空轮胎、民用航空轮胎、汽车轮胎、坦克负重轮、特种越野车辆轮胎及火炮安全轮胎。是世界第五家、国内惟一一家取得美国联邦航空局(FAA)适航认证的航空轮胎生产企业,是中国民航总局航空轮胎、机轮及刹车系统指定实验室,具备民用航空轮胎翻新资质,其航空轮胎技术和子午线航空轮胎技术均处于国内领先地位,特种轮胎研发技术在国内处于一流水平。

目前我国军用飞机使用的轮胎,将近60%由该院提供。该院研发、生产的航空轮胎覆盖我国军用飞机90%以上新机型,其起飞载荷能力已经覆盖航天飞机的需求,并可以装配在国内先进的三代机和世界水平的四代机上。

由曙光橡胶工业研究设计院研发、制造的运-12Ⅳ型飞机配套轮胎也随主机通过适航认证。目前,运-12Ⅳ型飞机已出口到世界20个国家和地区。

设计院于2011年4月底与桂林橡胶制品厂合并,合并后,桂林橡胶制品厂成为曙光橡胶工业研究设计院(蓝宇航空轮胎发展公司)辖下的西生产区。这是中国化工集团公司、中国化工橡胶总公司强化军品企业管理、优化资源配置及结构布局的又一新举措。整合后,将进一步彰显曙光橡胶工业研究设计院(蓝宇航空轮胎发展公司)的高科技概念,突出航空航天技术、军工生产的特色,增强实力,给未来发展带来新的契机。

2. 橡胶制品

桂林橡胶制品厂是我国西南地区的橡胶制品骨干企业,是公安部、总装备部和中石化定点生产企业之一。也是国内最大的防化服生产基地之一,自主研发的特种防护服在国内处于领先地位,长期为我国的航空航天事业服务。为神舟五号、六号、七号载人飞船和运载火箭研制提供配套产品,成功为"神七"宇航员舱外服提供密封布料,对我国实现载人航天做出了杰出贡献。

此前,该厂隶属于中国化工橡胶桂林有限公司,2011年4月底,与曙光橡胶工业研究设计院合并后,桂林橡胶制品厂原有产品继续生产,原有项目、合同转入曙光设计院旗下继续运作。

桂林乳胶厂是中国乳胶制品出口商品生产基地和国家计生委安全套定点生产厂家,是桂林国家特种轮胎及装备制造高新技术产业化基地成员企业之一。主要产品有安全套、检查手套、医用手套、橡胶家用手套、耐酸碱工业手套、劳保手套等。安全套生产能力达10亿只,出口量占全国出口总量40%;医用手套生产能力达6600万副,检查手套生产能力达7000万副。

桂林乳胶厂目前已成为联合国全球最大的安全套供应商,产品出口世界51个国家和地区,发展国内外各级代理商300多家。"高邦"牌安全套于2007年以行业总分第一的佳绩,荣膺"中国名牌"。

3. 橡胶机械

桂林橡胶机械厂主要产品有轮胎成型机、密炼机、硫化机、双复合挤出生产线、复合胎面挤出联动装置、胚胎内外喷涂机、垫布整理机、带束层裁断机、钢丝帘布裁断机等系列橡胶加工设备和各种塑料加工设备。

桂林橡胶机械厂主导产品轮胎硫化机已形成机械式及液压式两大系列上百种规格。目前该厂的机械式硫化机已实现从36"到200"的系列化，液压硫化机已实现42″到190″的系列化。该厂产品在国内市场占有率，机械式硫化机达40%以上，液压式硫化机达70%以上，并远销欧洲、北美、日本等发达国家和地区，世界轮胎企业前10强中已有9强（法国米其林集团公司、日本普利司通公司、德国大陆公司等）多次批量进口该厂产品，前75强中已有44强使用该厂产品。

2010年12月27日，桂林橡胶机械厂第5000台硫化机成功下线，这是我国第一家橡机企业硫化机累计产量突破5000台大关。

目前，桂林橡胶机械厂已全面介入硫化机以外的橡胶机械产品，具备承接全套轮胎生产线（包括子午线轮胎，尤其是全钢巨胎生产线）的能力，实现了交钥匙工程。40多年的千锤百炼，使得该厂具有按照客户的不同技术要求和交货期进行各种橡胶机械的设计和制造的经验和实力。按2009年全球橡机企业销售额计，在国际排名居第十位。

中国化学工业桂林工程有限公司从事化工、橡胶、建筑、医药、轻工、市政公用、城市规划、供配电、环境保护、新能源、消防及相关行业的工程总承包，工程设计、工程咨询、工业与民用建筑、建设监理，以及橡胶加工设备研发和制造、翻新轮胎质量监测等业务，并为美国、法国、日本、德国、韩国等国家的世界著名轮胎公司在中国的大型建设项目提供了工程设计和工程总承包服务。

目前，中国化学工业桂林工程有限公司还完成了450余项橡胶加工设备的研发任务和100多项工程设计，近十年，公司与同行企业、高等院校合作并自主创新的基础上使橡胶加工设备产品业务迅速发展，其主要产品（橡胶复合挤出机）的产量居国内首位，性能达到国际同类产品水平。

公司制造的各类橡胶加工设备多为国内大型企业选用，还有部分产品销往国外市场，被一些世界著名轮胎公司在亚洲、欧洲、南美洲及北美的工厂选用。其中“轮胎成型机指形板张合装置”和“轮胎成型机带束层定位装置”获国家发明专利。

（卢江荣　邓海燕）

海南省橡胶工业

【基本情况】

1. 橡胶种植面积与产量情况

2009年末，海南省天然橡胶种植实有面积696.44万亩(其中农垦381.68万亩，地方314.76万亩)，占全国天然橡胶种植总面积的47.83%。橡胶总产量全省为31.41万吨(其中农垦16.18万吨，地方15.23万吨)，占全国总产的48.82%。

2010年，初步统计海南天然橡胶种植实有面积为724万亩(其中农垦382万亩，地方343万亩)，约占全国天然橡胶种植总面积的48.03%，地方民营橡胶呈快速增长态势，农垦则呈现基本稳定态势。海南省橡胶总产量约31.6万吨(其中农垦15.7万吨，地方15.9万吨)，约占全国总产量的48.69%，农垦与地方橡胶总产量基本持平。

2. 橡胶初加工基本情况

海胶集团(农垦)现有橡胶加工厂13座，其中加工能力1~2万吨的有4座、2~3万吨的有6座、3~4万吨的有2座、4~5万吨的有1座。集团大力推行差异化战略，根据市场需求变化，适时调整产品结构、加工产能，提高产品附加值。同时，在规范完善验收、测含、计量等流程的基础上，积极利用产品质量、技术服务等方面的优势，扩大民营胶收购业务，充分释放加工产能，弥补产量的不足。

海胶集团为了适应市场需求、满足用户需要，自2009年5月起大幅提高20#轮胎子午线轮胎胶(SCR-RT20)的产量，降低20#标准胶(SCR20)的产量。要求具备SCR-RT20加工能力的下属橡胶加工厂，其凝胶原料除了符合条件加工为5#标准胶(SCR5)原料以外，其他凝胶原料要保证80%以上加工为SCR-RT20；对不具备加工SCR-RT20能力的下属橡胶加工厂，除了符合条件加工为5#标准胶(SCR5)的原料以外，尽可能加工为10#标准胶(SCR10)。

已投产的13家集中加工厂规模效益凸显，生产设备配置水平、技术工艺水平显著提高，节能减排效益明显，产品结构调整更加灵活、市场反应更加快捷，新产品研发能力进一步增强。2009年全年共完成橡胶加工产量19.14万吨，产品结构较上年有了较大变化，其中，5#标胶占71.91%、10#标胶占0.21%、20#标胶占1.76%、浓缩乳胶折干胶占18.78%、胶清胶占3.08%、其他占4.26%。"美联"、"五指山"、"宝岛"等名牌产品比省内的其他品牌的同类产品价格高出200~300元/吨，增加了产品的附加值。2010年加工天然橡胶21.5万吨，除浓缩胶乳有所增加以外，其他产品结构与2009年没有太大的变化。

2009~2010年海南省地方橡胶加工厂有80座，其中5万吨以上的有3座、2~3万吨的有3座、1~2万吨的有11座、1万吨以下有63座。2009年加工橡胶9.27万吨，2010年加工橡胶10.1万吨，产品结构与海胶集团基本类似。

3. 技术创新及产品研发情况

海胶集团着重推行三大技术改进：继续推广实施"油改气"项目；加大新型凝固剂、保鲜剂推广力度，着手新型保鲜剂在浓乳生产中的实验工作；根据市场需求积极研发各种高附加值新产品，实现产品由低端、单一向高端、差异化转变，成功开发并批量生产了"SCR20"，大批量生产浅色标准胶1500多吨，2009年还生产了子午胶6282吨，产品的市场适应能力进一步加强。

此外，海胶集团橡胶加工还注重节能减排。一是引进新的、成熟的污水处理工艺。13家现代化橡胶加工厂，仅污水处理设施投入达5000多万元；二是积极推广应用新工艺。在乳标胶凝固工序推行"乳清循环利用"，每吨5#胶生产用水从7吨以上降到4吨以下；三是配合地方环保部门安装污水在线监控系统。2008~2009年，橡胶加工共节约生产用水100多万立方米，减少污水排放100多万立方米，主要污染物含量减少到100毫克以下，实现了经济效益和环保效益的双赢。

为提高橡胶产品的附加值，实现产品由低端向高端发展，2009～2010 年，海胶集团在加工方面主要进行胶液快速球化凝固加工系统试验；通过对低蛋白天然胶乳的研究开发，胶乳中蛋白质的含量显著降低，达到目前市面上一些高端制品的要求；继续加大改进传统橡胶加工工艺技术力度，以减轻环保压力。

4. 橡胶工业发展情况

2009 年 4 月，海胶集团老城深加工产业园奠基开工建设，设立乳胶丝、乳胶制品、胎面胶及翻新轮胎 3 个深加工项目，总投资约 11 亿元。2011 年 2 月 18 日，海南橡胶年产 6 万吨乳胶丝项目一期工程正式竣工投产，该项目引进意大利浦赛斯乳胶丝成套设备和先进技术，工艺达到世界先进水平。乳胶丝是纺织品生产加工的重要原料之一，拥有庞大、快速发展的内需市场。项目一期生产规模为年产 15000 吨中高档乳胶丝，填补了国内生产线空白。乳胶制品项目年产 3 亿副医用手套，胎面胶及翻新轮胎项目年产 100 万条胎面胶和 10 万条翻新轮胎，年产值预计达到 20 亿元。通过拓展下游深加工产业，海南橡胶已从上游的种植和初加工，向高端的经营层次发展，延长了产业链，提高了产品附加值，提升了企业竞争力。这标志着作为天然橡胶生产大省的海南省结束了无天然橡胶下游深加工大项目的历史。

【展　望】

海南天然橡胶产业集团股份有限公司于 2011 年 1 月 7 日在上海证券交易所鸣锣上市，成为我国天然橡胶第一股。公司主要从事天然橡胶的种植、加工、销售业务，主营产品为橡胶产品和橡胶木材产品，目前已经形成了集天然橡胶研发、种苗培育、橡胶种植、产品初加工、深加工、市场营销、橡胶木加工及销售、物流运输等一体的完善产业体系，是我国天然橡胶产业的开拓者，也是我国最强最大的天然橡胶生产企业。

作为国务院主导的体制改革试点先锋企业，海南橡胶在巩固海南基地的同时以收购境内外民营胶和胶林资源的方式实现外延式发展，并积极开展橡胶产品深加工，延伸产业链、提高产品附加值。2011 年，海南橡胶一方面不断向外控制更多国内外天然橡胶资源、提高境内外加工能力，实现翻倍增长的目标；另一方面向内深化改革、提升胶园产胶能力，打造乳胶丝、乳胶手套、胎面胶等下游深加工产业。

同时，公司利用在国内天然橡胶行业的地位和经验逐步拓展橡胶产品贸易、深加工等业务。2008 年以来，公司陆续设立经纬公司、康尔公司、安顺达公司、上海龙橡、新加坡公司等分支机构，并在 2010 年与马来西亚知知手套有限公司展开合作，逐步延伸产业链。目前，乳胶丝项目已经投产，胎面胶和橡胶制品等深加工项目已进入设备安装调试和试生产阶段。目前，海南橡胶正从种植和初加工层次向高端的经营层次发展，并积极拓展国内外橡胶贸易、橡胶深加工、仓储物流服务等业务。

目前，海南橡胶凭借在胶林资源、业务规模、生产组织及管理经验、技术积累等方面无可比拟的竞争优势成为了国内天然橡胶的龙头企业。2011 年海胶集团 IPO 募集资金投向主要是用在更新种植新胶园、橡胶种苗繁育基地建设、橡胶开割树防雨帽技术推广应用、橡胶树气态刺激割胶新技术推广应用等方面。随着募投项目的完成，海胶集团胶园的生产潜力将大幅提高，橡胶资源控制能力和行业竞争优势也将得到进一步增强。

未来，海胶集团的发展目标是立足海南、辐射全国，构建完整的天然橡胶产业链和业务体系，进一步巩固在国内天然橡胶产业内的领导地位，提升公司在国际市场中的影响力，并在 3 年内力争成为全球最强最大的天然橡胶产业集团之一。“走出去”战略，将为海南橡胶的国际化发展开辟新的领域。随着海南橡胶走出去战略的不断实施，公司行业龙头的优势地位和核心竞争力将进一步夯实。

自 2006 年以来，海南民营橡胶种植正在以每年 20 万亩的规模扩大，同时也在逐步整合橡胶加工企业，地方民营胶厂也出现了一些大公司，如 2003 年成立的中化成信橡胶公司，2007 年产值已突破 10 亿元，2010 年接近 20 亿元。民营橡胶年交易额已达 100 亿元以上，有关部门和龙头企业欲通过资本化运作、专业化分工，将各龙头企业联合起来，一方面进行集团作战提高竞争力，另一方面到资本市场募集资金，把海南民营橡胶做大做强。

（蒋菊生）

台湾省橡胶工业

【基本情况】

截至2009年，台湾省橡胶制造业有厂商1022家，大都属于中小企业。企业人数除轮胎厂较多外，其他企业员工均在100人以下，占厂商家数的95%，平均每家员工约为31人，平均营业额为1108547千元新台币。2009年台湾省橡胶业各行业营业情况见表1。2009年台湾橡胶企业数量及员工人数见表2。

表1　2009年台湾省橡胶业各行业营业情况　　千元新台币

行业	营业额	比重点/%	平均营业额
轮胎业	44825620	34.7	933867
工业用品业	41420561	32.1	94784
一般制品业	42903905	33.2	79896
合计	129150086	100	1108547

表2　2009年台湾橡胶企业数量及员工人数

员工人数	台湾橡胶企业数量				
	轮胎业	工业用品业	一般制品业	合计	比重/%
300以上	9	3	2	14	1.4
200~299	1	8	2	11	1.1
100~199	2	11	10	23	2.3
30~99	16	76	73	165	16.1
20~29	4	49	55	108	10.6
20人以下	16	290	395	701	68.6
总计/家数	48	437	537	1022	100
比重/%	4.7	42.8	52.5	100	
总计/员工数	9898	11588	10637	32123	100
比重/%	30.8	36.1	33.1	100	

台湾区橡胶工业同业公会成立于1948年，现有会员企业507家，按资本额和营业额把会员分为5个等级，截至2011年5月，有一级会员90家，二级会员57家，三家会员117家，四级会员59家，五级会员184家。台湾区橡胶工业同业公会会员等级区分标准见表3。

表 3　台湾区橡胶工业同业公会会员等级区分标准　　万元新台币

分级	资本额	营业额
一级	2000 以上	12000 以上
二级	800 ~ 1999	6000 ~ 12000
三级	400 ~ 799	3000 ~ 5999
四级	200 ~ 399	1000 ~ 2999
五级	200 以下	1000 以下

【技术研发】

台湾省橡胶工业奠基于第二次世界大战后日本留下的橡胶产业,以及战后自日返台的技术人员。目前,台湾橡胶业的技术主要来源于日本和美国。台湾省主要企业与国外技术合作情况见表 4。台湾省橡胶企业研发经费占营业额比例见表 5。

表 4　台湾省主要企业与国外技术合作情况

台湾企业	合作重点	国外合作厂家
泰丰轮胎公司	轮胎	日本住友橡胶工业株式会社
正新橡胶公司	轮胎	日本 TOYO RUBBER CORP
建大工业公司	轮胎	美国 COOPER
华丰橡胶公司	轮胎	日本住友橡胶工业株式会社
台湾普利司通公司	轮胎	日本普利司通(80%)
台湾固特异公司	轮胎	美国固特异
全兴油封企业公司	油封	日本 N OK CORP
中台橡胶公司	工业用品	日本 ASAHI CORP
台裕橡胶公司	工业用品	日本丰田合成株式(45%)
亿全橡胶公司	工业用品	日本滚华护膜工业
台湾华尔卡工业	工业用品	日本 BARUKA 工业(55%)
厚生公司	一般制品	日本凡山工业
协机工业公司	工业用品	日本 YOKOHAMA RUBBER CO.
台湾合成橡胶公司	SBR	美国 B. F. GOODRICH CO.
	BR	日本宇部兴(UBE)株式会社
中国合成橡胶公司	炭黑	美国 CONTINENTAI CARBON CO.
南帝化学工业公司	NBR	美国 B. F. GOODRICH CO.
	合成乳胶	日本 NIPPON ZEON CO.
国联矽工业公司	白炭黑	德国 DEGUSSA
必丕志公司	DIASI 白炭黑	日本德山曹达株式会社
	特殊用途白炭黑	美国 PPG
国成工业公司	精练胶	日本合成橡胶公司(30%)
三五橡胶公司	PU 传动带	日本阪东化学株式会社

表 5　台湾省橡胶企业研发经费占营业额比例

行业	研发经费比例/%	数量
轮胎业	1.6	13
工业用品业	0.5	46
一般制品业	0.3	27
合计	2.4	86

【产值】

2010 年,台湾省橡胶制品总产值为 90379 亿新台币,比 2009 年增长 25.44%。其中轮胎总产值为 45112 亿新台币,同比增长 24.31%,占橡胶业总产值的 49.9%;非轮胎橡胶制品产值 4527 亿新台币,同比增长 26.59%,占橡胶业总产值的 50.1%。

2005～2010 年台湾省橡胶工业产值见表 6,橡胶产品产值比例见表 7。

表 6　2005～2010 年台湾省橡胶工业产值　　亿新台币

年份	轮胎	工业用橡胶制品	其他橡胶制品	总产值	增长/%	占台湾制造业比例/%
2005	379.18	137.96	253.01	770.15	-1.55	0.72
2006	393.75	141.04	259.42	794.21	3.12	0.68
2007	434.68	159.69	261.05	855.42	7.71	0.66
2008	413.33	173.40	270.92	857.7	0.26	0.65
2009	362.91	136.25	221.35	720.51	-15.99	0.68
2010	451.12	198.15	254.52	903.79	25.44	0.73

表 7　2005～2010 年台湾省橡胶制品产值比例　　%

年份	轮胎	工业及其他橡胶制品	合计
2005 年	49.2	50.8	100
2006 年	49.6	50.4	100
2007 年	50.8	49.2	100
2008 年	48.2	51.8	100
2009 年	50.4	49.6	100
2010 年	49.9	50.1	100

【生产情况】

2010 年台湾省主要橡胶制品生产情况见表 8。

表 8　2010 年台湾省主要橡胶制品生产情况

亿新台币

橡胶制品	产量	年增长率/%	产值	占总产值比/%
汽车轮胎/万条	2449.7	27.2	318.96	35.3
摩托车外胎/万条	1047.8	16.8	44.78	5.0
胶管/万米	5727.3	33.7	16.02	1.8
胶带/亿元	38.71	28.4	38.71	4.3
橡胶密封件/亿元	70.51	53.2	70.51	7.8
橡胶手套/亿米	1415.37	31.0	5.25	0.6

【进出口情况】

1. 出口

2010 年，台湾橡胶制品出口额为 14.94 亿美元（未包括胶鞋类），同比增长 34.26%。其中出口轮胎 9.85 亿美元，同比增长 32.5%。出口美国的轮胎总产值占轮胎出口总产值的 31.1%，出口日本占轮胎出口总值的 11.8%。其他橡胶制品出口以橡胶油封及输送带为主，分别为 1.03 亿美元和 0.78 亿美元。

2009～2010 年台湾省橡胶制品出口情况见表 9。

2009～2010 年台湾省橡胶制品主要出口地区见表 10。

表 9　2009～2010 年台湾省橡胶制品出口情况

产品	2009 年		2010 年		金额比/%
	数量	金额/美元	数量	金额/美元	
子午线轮胎/条	7543986	316074860	9979943	413627160	30.86
汽车外胎/条	6537524	205558870	8907809	292233390	42.17
汽车内胎/条	611514	3187740	391443	2287380	-28.24
摩托车外胎/条	4780281	77625830	5580384	100855090	29.92
摩托车内胎/条	2951090	8203960	2771404	7617610	-7.15
自行车外胎/条	7291368	37660870	8546528	48799460	29.56
自行车内胎/条	16520519	20510320	19374486	247144540	17.72
翻新轮胎/条	46524	1926740	51479	2068300	7.36
其他外胎/条	2562396	67835160	2606177	89124930	31.38
其他内胎/条	2098802	4657430	1768822	3935710	-15.5
车胎类小计/条	**50944004**	**743241780**	**59978475**	**984693570**	**32.49**
胶管/公斤	4022129	13186050	5407659	18197970	38.01
V 带/公斤	3614173	11314290	926959	4896350	-56.72
平面输送带/公斤	16505746	46285330	25996228	78527730	69.66

续表 9

产品	2009 年		2010 年		金额比/%
	数量	金额/美元	数量	金额/美元	
其他传动带/公斤	2554565	10090040	2624457	11566080	14.63
橡胶油封/公斤	4385347	60592430	6733602	103439130	70.71
橡胶手套/公斤	1448534	8129150	1520505	10420660	28.19
胶丝/公斤	507915	2101030	474898	1803760	-14.15
橡胶绝缘胶带/公斤	403441	3206260	576884	5242660	63.51
橡胶滚筒/公斤	289958	1960450	292642	2965680	51.28
其他橡胶制品	48635118	208573910	56281992	269091940	29.02
非轮胎类小计	**82366926**	**365438940**	**100835826**	**506151960**	**38.51**
合计		1111704960		1494404990	34.26

表 10　2009～2010 年台湾省橡胶制品主要出口地区　　千美元

国家与地区	轮胎				其他橡胶制品			
	2009	占比/%	2010	占比/%	2009	占比/%	2010	占比/%
美国	161242.0	21.7	307023.8	31.1	161241.99	35.3	131040.4	25.9
日本	98090.4	13.2	116439.3	11.8	98090.4	5.6	25019.9	4.9
澳大利亚	38680.1	5.2	45078.6	4.6	38680.11	2.9	11440.4	2.3
巴西	14003.1	1.9	42205.0	4.3	14003.12	0.9	5126.9	1.0
加拿大	28219.7	3.8	37623.0	3.8	28219.74	3.2	10336.0	2.0
英国	38868.2	5.2	35094.1	3.6	38868.24	3.1	18230.6	3.6
其他	365650.3	49.1	403009.5	40.8	13407.70	49.0	304957.8	60.3
合计	744753.9	100.0	986473.3	100.0	744753.9	100.0	506152	1000.0

2. 进口

2010 年，台湾省橡胶制品进口额约为 5.7 亿美元（未包括胶鞋类），同比增长 37.13%。其中进口轮胎 2.64 亿美元，同比增长 48.01%，占进口总额的 46.07%；非轮胎类进口 3.09 亿美元，同比增长 29.31%，占进口总额的 53.93%。非轮胎进口以橡胶油封为第一，胶管次之。2009～2010 年台湾橡胶制品进口情况见表 11。

表 11　2009 ~ 2010 年台湾橡胶制品进口情况

产品	2009 年		2010 年		金额比/%
	数量	金额/美元	数量	金额/美元	
子午线轮胎/条	2261447	138603010	2915254	209740660	51.32
汽车外胎/条	58122	3434190	59647	4040550	17.66
汽车内胎/条	357665	1198620	435135	1436070	19.81
摩托车外胎/条	505448	5541120	863667	7897630	42.53
摩托车内胎/条	170608	273520	216510	319550	16.83
自行车外胎/条	4632885	15590940	6051490	21678520	39.05
自行车内胎/条	3230458	2701900	4200464	3537020	30.91
翻新轮胎/条	92	5990	357	87460	
其他外胎/条	1052598	10332800	1297431	14694650	42.21
其他内胎/条	536199	1022350	793342	1065830	4.25
车胎类小计/条	12805522	178704440	16833297	264497940	48.01
胶管/公斤	3383935	39632490	4636081	47769510	20.53
V 带/公斤	237673	4803560	325806	5871580	22.23
平面输送带/公斤	481444	6628180	490858	9570100	44.39
其他传动带/公斤	1075471	23682790	1660134	38200130	61.30
橡胶油封/公斤	1974389	46589320	2567091	64007390	37.39
橡胶手套/公斤	5670812	20341680	6442083	26524570	30.40
胶丝/公斤	3491539	9636100	3395271	12405510	28.74
橡胶绝缘胶带/公斤	138728	2028780	147618	2377910	17.21
橡胶滚筒/	8846	205170	7450	373670	82.13
其他橡胶制品/公斤	24453427	85164090	24683220	101572610	19.27
非轮胎类小计/公斤	40916264	238712160	44355621	308672980	29.31
合计	—	418635120		574952000	37.13

【原材料】

台湾不产天然橡胶，全部进口。2010 年台湾省进口天然橡胶 11.76 万吨，同比增长 26.3%。进口国主要是泰国 3.72 万吨，其次是印尼 3.29 万吨，越南 3 万吨，马来西亚 1.64 万吨。2005 ~ 2010 年台湾省天然橡胶进口情况见表 12。

表 12 2005～2010 年台湾省天然橡胶进口情况 t

国家与地区	2005 年	2006 年	2007 年	2008 年	2009 年	2010 年
泰国	47992.6	29964.3	41342.0	39833.5	33344.3	37155.9
印尼	26603.2	23968.5	24043.9	20763.6	22212.1	32862.3
越南	24749.0	22415.1	31381.5	22282.6	22044.3	30173.4
马来西亚	21819.3	22976.8	19947.3	18527.9	15055.9	16366.3
柬埔寨	96.0	217.2	77.6	257.8		557.5
中国大陆	90.2	63.0	108.0	119.0	40.0	201.2
斯里兰卡	437.1	750.0	139.2	179.0	209.8	138.9
其他	1133.3	778.0	5137.3		190.27	124.5
合计	128652.7	105538.2	119068.6	102239.8	93096.67	117580.0

2010 年台湾省合成橡胶年产量 63.9 万吨，同比增长 5.4%，居世界第 7 位，除自用外，其余出口。丁苯橡胶由台橡生产，顺丁橡胶由台橡和奇美公司生产，丁腈橡胶由南帝、申丰等公司生产。

热塑性弹性体由台橡、奇美、李长荣、英全等公司生产，生产能力分别为 13 万吨、12 万吨、5 万吨和 5 万吨，合计 35 万吨，居世界首位。2006～2010 年台湾省合成橡胶产量见表 13。2005～2010 年热塑性弹性体产需情况见表 14。2009～2010 年台湾省橡胶原材料进口情况见表 15。

表 13 2006～2010 年台湾省合成橡胶产量 万 t

2006 年	2007 年	2008 年	2009 年	2010 年
57.5	62.8	58.9	60.6	63.9

表 14 2005～2010 年热塑性弹性体产需情况 t

年份	生产量	进口量	出口量	需求量
2005 年	274 320	8 340	243 229	39 431
2006 年	277 544	8 738	250 101	60637
2007 年	306 878	8 356	274 980	59376
2008 年	232 902	8 763	209 082	100 681
2009 年	242 000	5199	218976	28223
2010 年	328 000	9672	190 676	146996

注：含充油胶

表 15 2009 ~2010 年台湾省橡胶原材料进口情况

产品名称	2009 年		2010 年		金额比/%
	数量/kg	金额/美元	数量/ kg	金额/美元	
胶乳					
SBR 胶乳	9806494	13531630	24447519	25555310	88.9
CR 胶乳	428028	1351130	552416	1826690	35.2
NBR 胶乳	227055	446750	1649966	5039950	1028.4
其他胶乳	116276	276640	51080	164530	-40.5
TPR	5199407	15696284	9449088	37294560	137.6
SBR	36282932	54302960	47726934	97944650	80.4
BR	15645518	24115400	21746903	48935470	102.9
IIR	4361583	13760020	4468368	18612960	35.3
CIIR BIIR	7234743	25328460	9789220	37844090	49.4
CR	7195269	23515180	9654737	32462770	38.1
NBR	6307115	16115320	8177517	26070840	61.8
IR	2724468	7248630	3325695	11210920	54.7
EPDM	11031431		17372779	40691680	84.9
混合胶	79596		212865	666030	300.1
聚硫橡胶	7903		38136	115170	163.4
其他合成胶	5883780		7302916	29700110	39.2
小计	112531598		283546365	792556880	231.3
炭黑	46667130		79183874	101515430	96.1
促进剂	1062631		1457927	5449460	57.12
防老剂	3180438		4311594	16084670	37.79

中橡公司是台湾惟一的炭黑生产厂,年产炭黑约 12.5 万吨,约占台湾炭黑市场 70% ~80%,但也有进有出。中橡公司在全球炭黑生产仅次于 Cobot(USA)、Degussa Chemical(Germany)及哥伦比亚(USA),位居全球第四。中橡公司在台湾、美国、中国大陆、印度等地有 8 个生产工厂。

目前台湾进口炭黑有中国大陆、韩、泰等,2010 年进口总量为 80474 吨,同比增长 13.5%,其中从中国大陆进口炭黑量占进口总量的 55.7%,同比增长 121.1%。2010 年台湾炭黑主要进口地区见表 16。2009 ~2010 年中橡公司生产情况见表 17。

表 16　2010 年台湾炭黑主要进口地区

国家、地区	数量/kg	金额/千美元	同比/%	2009 年进口量/kg
中国大陆	44825190	50167	121.1	20273494
韩国	15637949	18595	39.6	11203679
泰国	8604544	9753	33.8	6429550
日本	3412674	6936	54.7	2205558
美国	2175204	6408	38.6	3540218
加拿大	1757265	3082	70.9	1028207
德国	446103	2437	50.5	296447
印度	1451000	1523		
比利时	376490	1432	109.6	179650
荷兰	257640	872	163.7	135600
俄罗斯	457050	781	1.3	451030
马来西亚	626700	717	20.7	789879
澳大利亚	210400	471	85.1	113670
其他	135948	412	9.7	1406837
合计	80474157	103586	49.2	53949181

表 17　2009～2010 年中橡公司生产情况　　千元新台币

产品名称	2009 年			2010 年		
	产能	产量	产值	产能	产量	产值
炭黑/t	125,000	85706	2603807	120000	96822	3288363
蒸气/t	773938	524794	109667	728000	577202	111903

（邓雅俐）

橡胶工业主要科技成果

橡胶工业主要科技成果

【基本情况】

进入21世纪,我国橡胶工业始终保持健康稳定的发展,2001~2010年我国橡胶工业总产值见表1,十年平均增速为22.5%。

表1 2001~2010年我国橡胶工业总产值

项目	2001年	2002年	2003年	2004年	2005年	2006年	2007年	2008年	2009年	2010年
总产值/亿元	894	1065	1313	1624	2189	2735	3400	4107	4775	6059
增长率/%	10	20	23	24	34	25	27	22	13	27

"十五"、"十一五"期间,国家科技部在橡胶行业分别组建了"国家橡胶助剂工程技术研究中心"、"国家轮胎工艺和控制工程技术研究中心"、"国家炭黑材料工程技术研究中心",为企业搭建了科技创新的平台。

国家发改委批准组建的"国家认定技术中心"已发展至17个,分别是三角集团、华南轮胎、软控股份、风神轮胎、贵州轮胎、成山集团、双星集团、双钱轮胎、天津赛象、益阳橡机、桂林橡机、神马集团、兴达钢帘线、安徽中鼎、株洲时代、广东巨轮模具、黄海轮胎等。

2010年国家发改委在中国橡胶行业组建了两个国家级重点实验室,分别是软控公司承担的轮胎原材料和装备以及三角集团承担的轮胎工艺技术。这两个重点实验室的建立将对我国轮胎工业的发展起重要作用。

2008年始,国家重新认定了一大批高新技术企业,在国家的大力支持下,橡胶企业不断完善自身的技术创新体系,建立上下游结合、产学研结合的创新机制,建立技术中心,不断优化产品结构,提高效益、降低能耗、加大科研投入,以科学发展观统领企业发展,企业已逐步成为科技进步的主战场。

"十一五"期间,国家科技部先后投入2亿元支持橡胶行业的重大科技项目,分别是芳纶材料的开发应用、跑气保用安全子午线轮胎、高速动车减振橡胶配件、铁路桥梁橡胶支座、36.00R51为代表的超巨型工程子午线轮胎、数字化成套橡胶装备和检测设备、溴化丁基胶、异戊橡胶、稀土顺丁胶、高热稳定性不溶性硫黄、橡胶均匀剂、橡胶助剂的清洁生产工艺和三废治理、翻新轮胎技术等,这些项目大部分已完成或正准备接受国家验收,已形成了一大批科技成果,培养了一大批科技带头人,大大促进行业的科技进步和产业化水平的提高。

国家科技部中小型企业的创新基金项目,对支持中小型企业的成长和发展起了重要的推动作用,橡胶行业主要集中在各类橡胶制品企业和橡胶助剂企业,自1999年以来每年均有几十个项目获得国家支持,从基础开发到产业化发展,企业也在项目实施过程中做大做强。

【主要科技成果】

2001~2010年国家级科技奖励项目见表2;2010年橡胶行业主要科技成果见表3,2010年橡胶行业获创新基金支持项目见表4。

表2　2001～2010年国家级科技奖励项目

成果名称	完成单位	奖励等级	获奖时间
同步转子密炼机	青岛化工学院	国家科技进步二等奖	2001年
6000吨/年子午胎专用硅烷偶联剂	南京曙光化工总厂	国家科技进步二等奖	2002年
万吨级/油、油/气新工艺炭黑生产技术	炭黑工业研究设计院	国家科技进步二等奖	2002年
子午胎专用新结构钢帘线生产技术	江苏兴达钢帘线公司	国家科技进步二等奖	2004年
高精密度自动物料输送称重配料系统及产业化应用	青岛高校软控股份公司	国家科技进步二等奖	2004年
亲核芳环取代氢新途径及液相催化氢化新方法制备RT－培司	山东圣奥化工有限公司	国家科技进步二等奖	2004年
3万吨/年丁基橡胶生产技术	北京化工大学、燕山石化公司橡胶厂	国家发明技术二等奖	2006年
巨型工程子午胎成套生产技术和装备开发	三角集团有限公司、天津赛象科技公司	国家科技进步一等奖	2007年
高性能新型弹性体(TPV)的动态硫化制备技术	北京化工大学、山东道恩公司	国家技术发明二等奖	2008年
超低断面抗湿滑低噪声乘用子午线轮胎	山东玲珑有限公司	国家科技进步二等奖	2010年

表3　2010年橡胶行业主要科技成果

成果名称	完成单位	获奖情况	备注
高速安全跑气保用轮胎生产技术	广州华南轮胎公司	中国石油和化学工业协会科技进步一等奖	
开炼式连续自动低温混炼技术研究和开发	三角轮胎股份公司	中国石油和化学工业协会科技进步一等奖	
XY－4S1730C/F4S1730C橡胶四辊压延生产线	大连橡胶塑料机械股份有限公司	中国机械工业科技进步一等奖	
全钢子午线巨胎(≥51″)生产工艺和关键装备研发	中国化工橡胶桂林有限公司	广西壮族自治区科技进步一等奖	
RFID标签在轮胎产业链中的应用(轮胎全流程信息管理系统)	软控股份有限公司	中国仪器、仪表协会科技进步一等奖	
新型无铅聚合物基屏蔽材料制备技术煤矿用高性能叠层阻燃输送带	无锡宝通带业股份有限公司	中国石油和化学工业协会科技进步二等奖	
半钢子午胎一次法成型系统	软控股份有限公司	中国石油和化学工业协会科技进步二等奖	
废旧特种工程轮胎高值化再制造成套装备技术开发和应用	青岛科技大学	中国石油和化学工业协会科技进步二等奖	
高性能双面传功切片齿形变速带	杭州肯莱特传功带工业有限公司	中国石油和化学工业协会科技进步二等奖	

续表 3

成果名称	完成单位	获奖情况	备注
钢丝帘布压延机组研制 (XYG－4S1300XYG－F4S1300)	大连橡胶塑料机械股份有限公司	中国石油和化学工业协会 科技进步一等奖	
橡胶硫化促进剂 DM 生产新工艺研究	濮阳蔚林化工股份有限公司	河南省科技进步二等奖	
橡胶促进剂 CBS 新工艺	山东尚舜化工有限公司	中国石油和化学工业协会 科技进步二等奖	
歼十型飞机主、前轮胎研制	桂林曙光橡胶研究院	中国化工集团 科技进步二等奖	
港口用 12.00R24 ETPORTM 全钢子午线工业工程轮胎	青岛泰凯英轮胎有限公司	中国石油和化学工业协会 科技进步三等奖	
非煤焦油环保型复原橡胶	江西利新橡胶有限公司	中国石油和化学工业协会 科技进步三等奖	
井下用光面 L5S 全钢丝 子午线工程轮胎	青岛泰凯英轮胎有限公司	中国石油和化学工业协会 科技进步三等奖	
煤矿用大倾角橡胶花纹和 档边的竖芯阻燃输送带	安徽中意胶带有限责任公司	中国石油和化学工业协会 科技进步三等奖	
轮胎用高等级再生胶 及其制备技术	安徽汇圆橡塑科技有限公司	中国石油和化学工业协会 科技进步三等奖	
半钢子午胎精密纤维帘布压延生产线	大连橡胶塑料机械股份有限公司	中国石油和化学工业协会 科技进步三等奖	
“神七”航天服手套用橡胶材料	沈阳橡胶研究设计院	中国化工集团 科技进步三等奖	
橡胶硫化剂 TBzTD 生产新工艺研制	濮阳蔚林化工股份有限公司	濮阳市科技进步一等奖	
37.00－57 68PR(E－4) 巨型无内胎工程机械轮胎	中国化工橡胶桂林有限公司	桂林市优秀技术 创新项目奖	
53/80－63 斜交工程巨胎 出口产品研发	中国化工橡胶桂林有限公司	桂林市优秀技术 创新项目奖	
上海通用 NGS 项目配套轮胎	三角集团有限公司	山东省技术创新 优秀新产品一等奖	
21.00R33/35－TB526S 系列轮胎	三角集团有限公司	山东省技术创新 优秀新产品一等奖	
应用环保性材料提高轮胎 实用性能研究	三角集团有限公司	山东省技术创新 优秀成果三等奖	
卡客车冬季专用系列轮胎	三角集团有限公司	山东省技术创新 优秀成果二等奖	

续表 3

成果名称	完成单位	获奖情况	备注
矿区工程专用系列载重子午胎	三角集团有限公司	山东省技术创新优秀新产品二等奖	
工业级 DM 制备各医药级 DM 工艺	山东尚舜化工有限公司	山东省科技进步三等奖	
医药中间体 MBT 一步法生产工艺	天津市科迈化工有限公司	天津滨海新区科技进步三等奖	
橡胶硫化促进剂 ZBDC 生产工艺研究	濮阳蔚林化工股份有限公司	河南工业信息化科技成果三等奖	
万吨级高热稳定性不溶性硫黄生产技术	山东尚舜化工有限公司		
特种轮胎工程技术研究中心建设	中国化工橡胶桂林有限公司		
轮辋直径 >33″斜度工程巨胎开发和应用	中国化工橡胶桂林有限公司		
年产 5 万吨促进剂绿色环保工艺的开发产业化示范	天津市科迈化工有限公司		
橡胶助剂系列产品清洁生产工艺的开发	天津市科迈化工有限公司		
促进剂 MBT 清洁生产工艺技术	天津市科迈化工有限公司		
高含量橡胶防老剂 TMQ 的研制	天津市科迈化工有限公司		
钢丝动态疲劳性能试验机	北京万汇一方科技发展公司		
万吨级橡胶防焦剂 CTP 产业化技术开发	山东阳谷华泰化工股份有限公司		
LH 橡胶均匀剂的研制	山东阳谷华泰化工股份有限公司		
抗硫化返原剂 1,3—双(柠康酰亚胺甲基)苯的合成	山东阳谷华泰化工股份有限公司		
橡胶硫化促进剂 NS 废水处理技术	山东阳谷华泰化工股份有限公司		
大型军用越野子午线轮胎研制(JPPT-115-571)	北京橡胶工业研究设计院		
全钢载重子午线轮胎质量跟踪分析与评价	北京橡胶工业研究设计院		
橡胶助剂材料测试评价技术平台	北京橡胶工业研究设计院		
全钢胎胎圈爆和胎圈裂原因分析及改善措施研究	北京橡胶工业研究设计院		
高吸震缓冲绕线联轴器	安徽中鼎控股(集团)股份有限公司		
车门用无异味线束橡胶护套	安徽中鼎控股(集团)股份有限公司		
手持电动工具用橡胶护套	安徽中鼎控股(集团)股份有限公司		

续表 3

成果名称	完成单位	获奖情况	备注
洗衣机用橡胶水封	安徽中鼎控股(集团)股份有限公司		
气制动 ABS 电磁阀用电枢	安徽中鼎控股(集团)股份有限公司		
捷达轿车真空住起立用后壳气封	安徽中鼎控股(集团)股份有限公司		
汽车发动机进气系统用软管	安徽中鼎控股(集团)股份有限公司		
滚筒洗衣机用门封	安徽中鼎控股(集团)股份有限公司		
轿车控制臂用橡胶衬套	安徽中鼎控股(集团)股份有限公司		
减震降噪曲轴皮带轮	安徽中鼎控股(集团)股份有限公司		
轿车用前三角臂弹性铰链	安徽中鼎控股(集团)股份有限公司		
CVT 变速箱储液罐	安徽中鼎控股(集团)股份有限公司		
激光打印硒鼓充电辊	安徽中鼎控股(集团)股份有限公司		
汽车发动机进、排气管	安徽中鼎控股(集团)股份有限公司		
汽车限位器用高性能塑料固定座	安徽中鼎控股(集团)股份有限公司		

表 4　2010 年橡胶行业获创新基金支持项目

项目名称	承担单位	支持资金/万元
改性二甲基硅橡胶防水涂膜	天津航天环宇科技发展有限公司	70
充气式橡胶围油栏	天津汉海环保设备有限公司	80
高强度反应型橡胶复合防水卷材	天津市腾祥科技发展有限公司	80
采用二次回收聚丙烯和废旧橡胶生产改性保险杠材料	天津思达瑞工贸有限公司	70
新型高性能橡胶传动带生产技术及装备	河北佰特橡胶有限公司	80
新型环保橡胶软化剂	沧州兴达化工有限责任公司	70
巨型工程子午线轮胎活络模翻新技术及其在 37.00R57 上的应用	本溪钢铁公司南芬轮胎翻新厂	80
全自动 X 射线轮胎在线检测系统	辽宁仪表研究所有限责任公司	80
耐二甲醚特种橡胶	上海兴罗特种密封件有限公司	80
矿用钢绳芯输送带横断监测装置	扬州三鑫矿山成套设备有限公司	60
废旧橡胶(轮胎)资源化再生利用环保型常压连续脱硫装置	常州协昌橡塑有限公司	60
环保型抗硫化返原剂 AT－FZ	宜兴市卡欧化工有限公司	80
替代进口子午胎用高粘合性硼酰化钴	江阴市三良化工有限公司	80
全自动处理废轮胎生产新型塑化橡胶粉成套设备	江苏虹磊橡胶有限公司	90
耐高温无卤阻燃 PP/EPDM 热塑性弹性体电缆料	苏州特威塑胶有限公司	80
汽车橡胶件胶料准备 MES 系统	无锡市灵格自控设备工程有限公司	70
防撕裂耐高温输送带(200℃～500℃)	浙江东南橡胶机带有限公司	60
液体硅橡胶挤出成型新技术及应用	临安矽能新材料有限公司	80
涡轮增压器用氟硅－硅胶复合软管	临海市澳法管业有限公司	80

续表 4

项目名称	承担单位	支持资金/万元
汽车用高性能动态弹性体长寿命切边 V 带	浙江彪祺胶带有限公司	90
废轮胎胶粉橡胶沥青专用成套设备	浙江美通机械制造有限公司	贷款贴息 70
翻转式自动启、合、锁模橡胶注射交联成型机	浙江巨光机械设备有限公司	贷款贴息 90
汽车橡胶空气弹簧	浙江庆大橡胶有限公司	贷款贴息 80
新型塑胶资源再生造粒机组	余姚市绿岛橡塑机械设备有限公司	60
硬质丁腈橡胶(NBR)耐乙醇汽油发泡浮子系列产品	宁波三峰机械电子有限公司	贷款贴息 70
可回收环保型 HMLS 高粘合轮胎增强骨架材料	芜湖华烨工业用布有限公司	60
防滑脱橡胶密封圈	马鞍山宏力橡胶制品有限公司	70
耐曲挠、长寿命汽车制动汽室橡胶隔膜	宁国市海天力工业发展有限公司	60
B－480 新型硫化橡胶再生活化剂	蚌埠市淮河橡胶助剂厂	60
面向采掘及港口运输业的工程巨胎机模一体化定型硫化装备	宁国市华龙工贸有限公司	60
矿用高性能阻燃输送带批量生产	酒泉荣泰橡胶制品有限公司	80
新型橡胶材料无模切削密封件	咸阳科隆特种橡胶制品有限公司	贷款贴息 60
橡胶生产废水处理及资源化利用	西双版纳施丰绿肥料有限公司	50
高导热阻燃柔性自粘硅橡胶	成都拓利化工实业有限公司	70
汽车新型高性能硅橡胶涡轮增压管	四川福翔科技有限公司	80
高效节能型废橡塑斜剪式一次性破碎机	成都市红鑫科技有限公司	60
高性能长玻纤增强尼龙 66 复合材料	绵阳市鹏洋高分子材料有限公司	80
新型节能环保再生胶生产	四川省隆昌海燕橡胶有限公司	90
环保型 SEBS 热塑性弹性体密封条专用料	成都大成塑胶有限公司	70
巨型工程机械轮胎活络模翻新硫化设备及工艺	乐山市亚轮模具有限公司	90
预铺式高分子自粘防水卷材	湖南耐渗塑胶工程材料有限公司	70
利用废红色内胎生产浅色再生橡胶	仙桃市聚兴橡胶有限公司	60
利用废旧橡胶生产功能化改性橡胶粉	天门市天德环保材料科技有限公司	70
橡胶密封件表面氟化涂层技术	武汉市精工密封件有限公司	80
YTL－C 高分子复合自粘防水卷材	武汉美利信新型建材有限责任公司	50
高低压线路硅橡胶复合绝缘子	河南博特电气有限公司	70
新型橡胶促进剂 TBzTD 清洁化生产项目	濮阳蔚林新材料科技有限公司	100
轮胎性能综合试验机	青岛高校测控技术有限公司	80
乘用胎翻新节能新装备及技术	青岛裕盛源橡胶有限公司	80
ST 轮胎防肩空剂的产业化	烟台宏泰达化工有限责任公司	80
废旧橡胶粉塑化新工艺及设备的研究开发	泰安市金山橡胶工业有限公司	100
废轮胎低温无压制取高品质再生橡胶	莱芜市福泉橡胶有限公司	80
非煤焦油环保型复原橡胶	江西利新橡胶有限公司	贷款贴息 80
汽车 EPDM 液压制动软管	宜春英龙橡胶有限公司	80
全钢巨型工程子午线轮胎成型机	福建建阳龙翔科技开发有限公司	贷款贴息 80

【科技进步与展望】

自2002年始,我国橡胶工业耗胶量一直处于世界第一位,作为世界橡胶工业大国,尽快将自己建成世界橡胶工业强国是我国橡胶人的愿望。不断树立科学发展观、坚持以人为本、创新发展、提高发展质量、不断实现产品的更新换代,转变增长方式建立在优化产品结构、提高效益和降低能耗的基础上,发展绿色化工是橡胶工业实现可持续发展的必由之路。

“十一五”国家科技支撑计划项目及产业化项目已进入国家验收的阶段,这些项目涉及到橡胶工业原材料、装备、轮胎、橡胶制品、循环经济等各个方面,项目验收和成果的取得必将大大推动行业的科技进步。在“十二五”期间要尽快将这些成果推广,并扩大产业化规模,实现“十二五”的飞跃。

加强节能降耗、实现低碳经济是发展绿色化工的基础。“十一五”期间开发的低温混炼技术、湿法混炼技术和产品全生命周期的循环经济技术对降低橡胶工业耗能最大的混炼工艺过程和循环经济的发展将产生巨大影响,必将在“十二五”期间获得重大效益,应加速在全行业的推广。

为确保科技进步的实施,企业必须强化科技创新体系,建立技术中心、发展高新技术企业,坚持产学研结合、加大科技投入,特别是要加强人才资源的开发,树立“企业的竞争,归根到底是人才的竞争”的观念,不断建立和完善人才培养机制,才能使企业在激烈的市场竞争中立于不败之地,促使企业和行业实现可持续发展。

在科技进步的推动下,我国橡胶助剂工业、橡胶装备产业和再生胶循环利用产业在产品数量、质量、绿色化工等方面已经走到世界的前列。“十二五”是我国橡胶工业由大国向强国过渡的关键时期,在科学发展观的指导下,在橡胶人的共同努力下,我国橡胶工业将有更多的产业进入世界前列,实现我国民族橡胶工业的高起点跨越。

(许春华)

橡胶工业进出口贸易

橡胶工业进出口贸易

【基本情况】

据国家统计局统计,2010 年全国规模以上橡胶制品企业 4872 家,其中,汽车、航空及工程机械轮胎制造企业 447 家;力车胎制造企业 109 家;轮胎翻新企业 88 家;非轮胎橡胶制品企业 1053 家;汽车橡胶零部件企业 1072 家;再生橡胶制造企业 240 家;日用及医用橡胶制品制造企业 306 家;胶鞋制造企业 737 家。

2010 年,全国规模以上的橡胶制品企业从业人员 99.4 万,其中,轮胎企业 28.6 万;非轮胎制造企业 13.2 万;汽车橡胶零件企业 14.5 万;胶鞋企业 21.9 万。

2010 年,随着全球经济逐步缓慢复苏,2010 年我国橡胶制品的进出口贸易大幅增长,并且超过 2008 年创历史最好水平。2010 年,全国橡胶制品进出口贸易额 408.1 亿美元,同比增长 34.1%。2006 ~2010 年我国橡胶制品进出口贸易额走势情况见图 1。从图 1 可以看出,2010 年橡胶制品进出口贸易额比 2008 年增长 1.2%,其中,进口贸易额 77.2 亿美元,增长 50.3%;出口贸易额 330.9亿美元,增长30.8%。橡胶制品出口贸易额占进出口贸易总额的 81.1%,贸易顺差 253.7 亿美元,贸易顺差同比增长 25.8%。

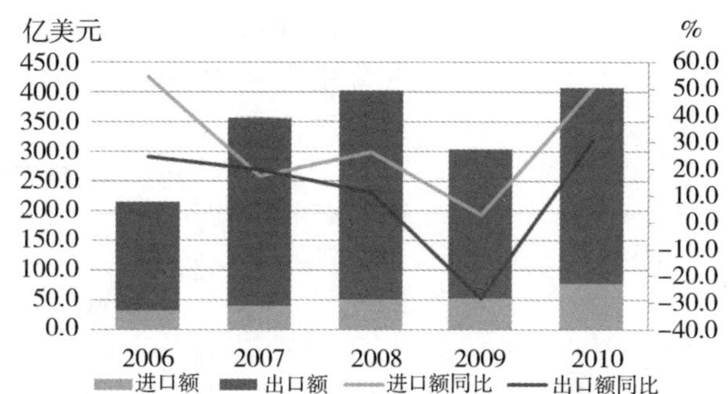

图 1 2006 ~2010 年我国橡胶制品进出口贸易额走势情况

从贸易方式分析,我国橡胶制品加工贸易大于一般贸易。2010 年,橡胶制品一般贸易 166.1 亿美元,同比增长 43.8%,占进出口贸易总额的 40.7%;加工贸易 204.7 亿美元,同比增长 25.6%,占进出口贸易总额的 50.2%,其中,轮胎外胎加工贸易 96.5 亿美元,占轮胎进出口贸易额的 87.8%。2010 年我国橡胶制品贸易方式见表 1。

表 1 2010 年我国橡胶制品贸易方式

产品名称	进出口总额/亿美元	一般贸易		加工贸易	
		进出口额/亿美元	占进出口总额/%	进出口额/亿美元	占进出口总额/%
外胎	109.90	10.6	9.6	96.5	87.8
内胎	4.50	1.3	28.9	3.1	68.9
胶带	8.10	5.3	65.4	2.2	27.2
胶管	10.60	8.8	83.0	1.3	12.3
手套	4.50	1.2	26.7	3.1	68.9
胶鞋	19.42	90.4	46.5	82.9	42.7
其他	76.10	48.5	63.7	15.6	20.5

我国橡胶制品进出口贸易涉及220多个国家和地区，主要国家与地区有美国、日本、泰国、马来西亚和德国等。其中，进口贸易涉及130多个国家和地区，进口贸易额前5名分别是泰国（占21.3%）、马来西亚（占18%）、日本（占15.2%）、德国（占6.3%）和韩国（占5.2%）；出口贸易涉及220多个国家和地区，出口贸易额前5名分别是美国（占33.9%）、日本（占4.5%）、俄罗斯（占4.4%）、英国（占3.7%）和德国（占3%）；贸易顺差额前5名国家与地区分别是美国（占42.8%）、俄罗斯（占5.7%）、英国（占4.6%）、香港（占3.8%）、澳大利亚（占3.1%）；贸易逆差额前5名国家分别是泰国（逆差额14.5亿美元）、马来西亚（逆差额9.9亿美元）、越南（逆差额2.1亿美元）、印度尼西亚（逆差额0.7亿美元）、卢森堡（逆差额0.08亿美元）。2010年，我国与日本贸易顺差3.2亿美元，下降3亿美元，降幅达48.8%，其主要原因是从日本进口橡胶制品贸易额大幅上涨，增幅达到74.2%。2010年我国橡胶制品进出口贸易情况见表2。

表2　2010年我国橡胶制品进出口贸易情况

国家与地区	进口额/亿美元	占/%	国家与地区	出口额/亿美元	占/%	国家与地区	顺差额/亿美元	占/%
进口总额	77.2	100.0	出口总额	330.9	100.0	顺差总额	253.6	100.0
泰国	16.5	21.3	美国	112.3	33.9	美国	108.5	42.8
马来西亚	13.9	18.0	日本	14.9	4.5	俄罗斯	14.4	5.7
日本	11.7	15.2	俄罗斯	14.4	4.4	英国	11.6	4.6
德国	4.9	6.3	英国	12.3	3.7	香港	9.6	3.8
韩国	4.0	5.2	德国	10.0	3.0	澳大利亚	7.9	3.1
美国	3.8	4.9	香港	9.8	3.0	阿联酋	7.5	3.0
越南	3.2	4.1	澳大利亚	7.9	2.4	加拿大	7.3	2.9
中国	3.0	3.9	阿联酋	7.5	2.3	荷兰	7.2	2.8
意大利	2.9	3.8	加拿大	7.5	2.3	比利时	5.4	2.1
印度尼西亚	2.6	3.4	荷兰	7.5	2.3	德国	5.1	2.0
台湾省	1.8	2.4	比利时	5.7	1.7	南非	4.2	1.6
法国	1.3	1.7	韩国	5.3	1.6	法国	4.0	1.6
西班牙	0.9	1.1	法国	5.3	1.6	西班牙	3.9	1.6
英国	0.7	0.9	西班牙	4.8	1.4	智利	3.9	1.5
新加坡	0.5	0.7	意大利	4.7	1.4	巴拿马	3.9	1.5
菲律宾	0.4	0.5	南非	4.2	1.3	墨西哥	3.7	1.5
瑞士	0.4	0.5	印度	4.0	1.2	巴西	3.7	1.5
捷克	0.4	0.5	马来西亚	4.0	1.2	印度	3.7	1.5
罗马尼亚	0.3	0.4	智利	3.9	1.2	沙特阿拉伯	3.6	1.4
比利时	0.3	0.4	巴拿马	3.9	1.2	尼日利亚	3.3	1.3

【进出口贸易】

1. 橡胶原料进出口贸易

(1)天然橡胶

2010 年,我国天然橡胶进口 186.2 万吨,同比增长 8.8%,进口额 56.7 亿美元,同比增长 101.5%;天然橡胶出口 2.54 万吨,同比增长 632.5%,出口额 8009 万美元,同比增长 1170.3%。2010 年我国天然橡胶进出口贸易见表 3。

表 3　2010 年我国天然橡胶进出口情况

产品名称	进口				出口			
	数量/万 t	金额/亿美元	同比/%		数量/万 t	金额/亿美元	同比/%	
			数量	金额			数量	金额
天然胶乳	25.12	5.27	-16.3	38.8	0.09	0.02	2798.8	4290.5
烟胶片	21.71	6.94	-6.2	65.7	1.62	0.52	1610.8	2898.1
技术分类天然橡胶(TSNR)	135.37	43.35	18.3	121.8	0.67	0.22	264.6	539.7
其他初级形状的天然橡胶	3.97	1.12	13.4	85.2	0.16	0.045	142.8	309.8
其他天然胶	少量	少量	84.7	-11.2	—	—	216.0	-76.3
合计	186.19	56.69	8.8	101.5	2.54	0.80	632.5	1170.3

2010 年,我国天然橡胶进口贸易国家有 28 个,其中,泰国居第一位,进口贸易额 26.6 亿美元,占全国的 47%;印度尼西亚居第二位,进口额 13 亿美元,占全国的 22.9%;马来西亚居第三位,进口额 11.4 亿美元,占全国的 20.1%,前 3 位国家进口天然橡胶贸易额 51 亿美元,占全国的 90%;越南居第四位,缅甸居第五位,分别占全国进口天然橡胶贸易额的 6.3% 和 1.2%。2010 年我国天然橡胶进口贸易国前 20 个国家与地区见表 4。

表 4　2010 年我国天然橡胶进口国前 20 个国家与地区

国家与地区	进口量/万 t	进口额/亿美元	占/%	国家与地区	进口量/万 t	进口额/亿美元	占/%
泰国	90.10	26.62	47.0	尼日利亚	0.18	0.05	0.1
印度尼西亚	41.29	13.00	22.9	韩国	0.16	0.05	0.1
马来西亚	35.85	11.39	20.1	利比里亚	0.13	0.04	0.1
越南	11.72	3.54	6.3	斯里兰卡	0.14	0.04	0.1
缅甸	2.39	0.67	1.2	印度	0.11	0.03	0.1
柬埔寨	1.23	0.38	0.7	台湾省	0.04	0.01	0.0
科特迪瓦	0.95	0.30	0.5	孟加拉国	0.03	0.01	0.0
老挝	0.71	0.24	0.4	刚果(布)	0.01	0.003	0.0
喀麦隆	0.70	0.17	0.3	美国	0.005	0.002	0.0
菲律宾	0.36	0.11	0.2	加蓬	0.005	0.001	0.0

(2)合成橡胶

2010年,我国合成橡胶进口158.2万吨,进口额43亿美元,同比分别增长6.8%和42.6%;出口23.8万吨,出口额5.9亿美元,同比分别增长127.2%和164.1%。我国合成橡胶进口大于出口,进口依存度比较高。进口量比较大的产品是丁苯橡胶、聚丁二烯橡胶、丁基橡胶以及乙丙橡胶等。其中,丁苯橡胶进口50.8万吨,同比增长4.9%;聚丁二烯橡胶26.2万吨,同比下降14.4%;丁基橡胶24.9万吨,同比增长11%;乙丙橡胶21.8万吨,同比增长24.5%。2010年我国合成橡胶进出口情况见表5。

表5 2010年我国合成橡胶进出口情况

产品名称	进口				出口			
	数量	金额	同比/%		数量	金额	同比/%	
	/万t	/亿美元	数量	金额	/万t	/万美元	数量	金额
合成橡胶	158.2	430323	6.8	42.6	23.8	59005	127.2	164.1
丁苯橡胶	50.8	108773	4.9	42.8	14.6	32405	177.4	235.0
聚丁二烯橡胶	26.2	63716	-14.4	36.2	3.1	7568	88.0	169.7
丁基橡胶	24.9	103237	11.0	33.2	1.0	4642	46.7	109.1
氯丁橡胶	2.6	8977	30.9	43.6	0.4	1390	54.4	40.7
丁腈橡胶	15.1	35031	3.5	36.5	1.2	1958	810.1	536.7
异戊二烯橡胶	6.6	19809	81.5	172.8	0.3	857	129.1	202.1
乙丙橡胶	21.8	60621	24.5	49.2	0.2	733	-14.3	17.6
其他合成橡胶	10.2	30159	14.7	39.7	3.0	9452	41.7	73.8

我国合成橡胶进口贸易国家有51个,其中,韩国居第一位,进口额8.2亿美元,占进口贸易额的19.2%;美国居第二位,进口额7.3亿美元,占进口贸易额的17%;日本居第三位,进口额6.8亿美元,占进口贸易额的15.9%。2010年我国合成橡胶进口的国家与地区见表6。

表6 2010年我国合成橡胶进口国家与地区

国家与地区	进口量/万t	进口量占比/%	进口额/亿美元	进口额占比/%	国家与地区	进口量/万t	进口量占比/%	进口额/亿美元	进口额占比/%
韩国	37.1	23.5	8.24	19.2	泰国	3.6	2.3	0.88	2.0
美国	22.3	14.1	7.31	17.0	荷兰	2.8	1.8	0.81	1.9
日本	23.9	15.1	6.84	15.9	马来西亚	3.0	1.9	0.73	1.7
俄罗斯联邦	18.9	12.0	5.56	12.9	墨西哥	1.5	0.9	0.43	1.0
台湾省	13.4	8.5	2.88	6.7	意大利	1.6	1.0	0.38	0.9
比利时	5.5	3.5	2.16	5.0	波兰	1.6	1.0	0.32	0.7
法国	5.0	3.2	1.50	3.5	新加坡	0.6	0.4	0.23	0.5
德国	5.7	3.6	1.38	3.2	巴西	0.7	0.5	0.18	0.4
加拿大	2.8	1.8	1.21	2.8	伊朗	0.9	0.6	0.18	0.4
英国	3.1	2.0	0.94	2.2	西班牙	0.7	0.4	0.14	0.3

(3)炭黑

2010年,我国进口炭黑8.9万吨,进口贸易额2亿美元,同比分别下降0.5%和增长29.5%;我国出口炭黑22.5万吨,出口贸易额2.4亿美元,同比分别增长38.9%和58.9%。

我国进口炭黑贸易国家与地区有29个,出口贸易国家地区有93个。其中,进口贸易日本居第一位,占25.6%;韩国居第二位,占22.1%;美国居第三位,占18.1%。出口贸易台湾省居第一位,占20.8%;泰国居第二位,占15.8%;印度尼西亚居第三位,占14.1%。2010年我国炭黑进出口国家与地区见表7。

表7　2010年我国炭黑进出口国家与地区

国家与地区	进口额/万美元	进口占比/%	国家与地区	出口额/万美元	出口占比/%
日本	5191.3	25.6	台湾省	4959.9	20.8
韩国	4482.2	22.1	泰国	3776.6	15.8
美国	3661.3	18.1	印度尼西亚	3356.9	14.1
德国	2173.5	10.7	印度	2152.1	9.0
台湾省	1018.4	5.0	日本	1613.4	6.8
新加坡	687.0	3.4	韩国	1397.4	5.9
加拿大	661.2	3.3	越南	1209.7	5.1
泰国	639.0	3.2	马来西亚	1105.8	4.6
捷克共和国	510.2	2.5	香港	725.5	3.0
比利时	448.5	2.2	比利时	651.7	2.7

2.橡胶制品贸易

(1)进口

2010年,我国橡胶制品进口贸易额77.2亿美元,同比增长50.3%。其中,轮胎外胎进口6亿美元,同比增长38.9%;内胎进口218万美元,同比增长40.2%;翻胎进口114万美元,同比增长420.7%;胶带进口2.8亿美元,同比增长40.2%;胶管进口5.6亿美元,同比增长54.4%;胶鞋进口6.6亿美元,同比增长33%。

从橡胶制品的进口结构来看,进口橡胶制品所占比重较小,进口复合橡胶及复合胶板、片、带比重较大。2010年进口轮胎外胎占7.8%;进口胶带占3.7%;进口胶管占7.3%;进口胶鞋占8.6%;进口其他橡胶制品占72%,其中,进口未硫化的复合橡胶及未硫化的橡胶板、片、带30.7亿美元,占39.8%。2010年我国橡胶制品进口情况见表8。

从地区看,2010年橡胶制品进口贸易排名前十位的是山东、上海、广东、江苏、辽宁、北京、福建、浙江、天津和云南。2010年前10个省市橡胶制品进口贸易67.3亿美元,占全国橡胶制品进口贸易额的87.1%。2010年我国各省市橡胶制品进口情况见表9。

从贸易方式分析,2010年我国橡胶制品进口,一般贸易大于加工贸易,一般贸易进口占进口贸易额的70.5%,同比下降1.5%;加工贸易进口占14.9%,同比下降0.9%。2010年我国橡胶制品进口贸易方式情况见表10。

表 8　2010 年我国橡胶制品进口情况

万美元

产品名称	进口		同比/%		金额占/%
	数量	金额	数量	金额	
外胎/万条	1035.50	60042	36.8	38.9	7.8
内胎/万条	204.40	218	50.1	40.2	0.0
翻胎/万条	0.30	114	2194.0	420.7	0.0
胶带/万 t	1.61	28222	-12.1	40.2	3.7
胶管/万 t	4.47	56445	63.1	54.4	7.3
手套/千万双	1.40	5227	-98.6	46.5	0.7
胶鞋类/千万双	2.51	66325	15.4	33.0	8.6
防水鞋靴/千万双	0.01	143	-7.2	-5.1	0.0
滑雪、防护鞋/千万双	1.70	50812	20.6	35.4	6.6
运动、网球、篮球鞋/千万双	0.80	15370	5.9	26.2	2.0
其他橡胶制品/万 t	119.60	555665	1.7	54.2	72.0

表 9　2010 年我国各省市橡胶制品进口情况

省、市	进口额/万美元	同比/%	占/%	省、市	进口额/万美元	同比/%	占/%
山东	182858.3	71.5	23.7	宁夏	6989.5	37.0	0.9
上海	153033.2	49.5	19.8	山西	6933.3	6.3	0.9
广东	95482.4	36.4	12.4	湖北	6340.5	28.2	0.8
江苏	86331.5	46.0	11.2	黑龙江	6192.3	49.7	0.8
辽宁	32159.2	60.6	4.2	内蒙古	3970.3	6.4	0.5
北京	26905.1	44.8	3.5	江西	3610.6	145.0	0.5
福建	26847.9	59.6	3.5	四川	3163.9	81.3	0.4
浙江	25487.5	11.1	3.3	河北	2392.5	25.6	0.3
天津	25441.6	25.9	3.3	湖南	1563.6	44.0	0.2
云南	18117.9	298.7	2.3	陕西	808.2	36.2	0.1
贵州	11541.8	106.2	1.5	海南	401.8	66.4	0.1
吉林	11259.0	78.1	1.5	新疆	262.5	-9.0	0.0
河南	10786.2	56.1	1.4	青海	161.3	3667.5	0.0
安徽	8574.0	-3.3	1.1	甘肃	46.4	-36.4	0.0
广西	7426.3	52.1	1.0	西藏	0.0	-	0.0
重庆	7169.0	-12.6	0.9				

表 10　2010 年我国橡胶制品进口贸易方式情况

产品名称	进口总额/亿美元	一般贸易		加工贸易	
		进口额/亿美元	占/%	进口额/亿美元	占/%
橡胶制品	77.226	54.426	70.5	11.535	14.9
外胎	6.004	5.076	84.5	0.320	5.3
内胎	0.022	0.005	24.8	0.012	54.2
翻胎	0.011	0.000	3.8	0.003	26.3
胶带	2.822	1.642	58.2	0.938	33.2
胶管	5.644	4.746	84.1	0.647	11.5
手套	0.523	0.335	64.1	0.108	0.1
胶鞋类	6.633	6.432	8.3	0.011	2.1
其他橡胶制品	55.567	36.190	65.1	9.497	17.1

从进口贸易国别和地区分析，我国橡胶制品进口贸易排名前 10 位国家和地区的是泰国（16.5 亿美元，占 21.3%）、马来西亚（13.9 亿美元，占 18%）、日本（11.7 亿美元，占 15.2%）、德国（4.9 亿美元，占 6.3%）、韩国（4 亿美元，占 5.2%）、美国（3.8 亿美元，占 4.9%）、越南（3.2 亿美元，占 4.1%）、意大利（2.9 亿美元，占 3.8%）、印度尼西亚（2.6 亿美元，占 3.4%）、中国台湾（1.8 亿美元，占 2.4%）。

（2）出口

2010 年，世界经济开始走出金融危机的阴影，各主要经济体开始步入恢复进程，国际市场需求明显回升。我国橡胶制品企业积极开拓新兴市场，出口贸易实现快速增长。据统计，2010 年，我国橡胶制品出口贸易额 330.9 亿美元，同比大幅上涨 30.8%。其中，轮胎外胎出口 3.7 亿条，出口额 103.9 亿美元，分别增长 22.3% 和 35.2%；内胎出口 3.9 亿条，出口额 4.5 亿美元，同比分别增长 9.3% 和 20.9%；胶鞋出口 44.8 亿双，出口额 187.6 亿美元，同比分别增长 18.9% 和 26.7%。2010 年我国橡胶制品出口情况见表 11。

表 11　2010 年我国橡胶制品出口情况

产品名称	出口		同比/%	
	数量	金额/亿美元	数量	金额
外胎/万条	36967.7	103.9	22.3	35.2
内胎/万条	39341.8	4.5	9.3	20.9
翻胎/万条	70.6	0.1	109.3	77.4
胶带/万 t	17.9	5.3	51.0	57.6
胶管/万 t	12.7	4.9	57.5	70.2
手套/千万双	83.7	4.0	-76.7	23.5
胶鞋类/千万双	447.6	187.6	18.9	26.7
防水鞋靴	8.1	4.6	41.9	54.3
滑雪、防护鞋	252.6	116.5	15.3	25.7
运动、网球、篮球鞋	186.9	66.5	23.2	26.9
其他橡胶制品/万 t	73.1	20.5	22.1	38.0

从出口贸易额的比重分析，橡胶制品出口贸易占比重较大的是胶鞋和轮胎外胎，其中，胶鞋占56.7%、外胎占31.4%、内胎占1.4%、胶带占1.6%、胶管占1.5%。2010年我国橡胶制品出口贸易结构见图2。

按贸易方式分析，我国橡胶制品加工贸易出口占比重较大，2010年橡胶制品一般贸易出口比重由2009年的31.1%提高至2010年的33.8%；加工贸易出口比重由2009年61.2%下降至58.5%。其中，轮胎外胎加工贸易出口占92.6%，内胎加工贸易出口占68.3%，手套加工贸易出口占75.3%，胶鞋加工贸易出口比重占44.2%。2010年我国橡胶制品出口贸易方式见表12。

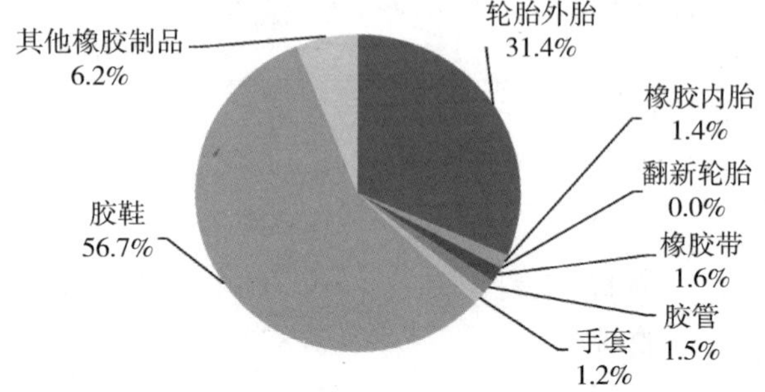

图2　2010年我国橡胶制品出口贸易结构

表12　2010年我国橡胶制品出口贸易方式　　亿美元

产品名称	出口总额	一般贸易		加工贸易	
		出口额	占/%	出口额	占/%
橡胶制品	330.8	111.8	33.8	193.4	58.5
外胎	103.9	5.5	5.3	96.2	92.6
内胎	4.5	1.3	29.9	3.1	68.3
翻胎	0.1	0.1	53.9	0.0	4.3
胶带	5.3	3.7	69.4	1.3	23.5
胶管	4.9	4.1	82.6	0.7	13.5
手套	4.0	0.9	22.8	3.0	75.3
胶鞋类	187.6	83.9	44.7	82.9	44.2
其他橡胶制品	20.5	12.3	60.2	6.2	30.0

按地区分析，2010年，我国橡胶制品出口贸易额排前10位的是广东（占27.3%）、山东（占18.3%）、福建（占14.2%）、浙江（占13.2%）、江苏（占8.7%）、上海（占3.4%）、天津（占2.1%）、四川（占1.9%）、河南（占1.7%）和安徽（占1.5%）。2010年我国各省、市橡胶制品出口排序见表13。

①轮胎出口贸易

2010年，我国出口外胎3.7亿条（包括力车胎），出口贸易额103.9亿美元，同比分别增长22.3%和35.2%。其中，小客车轮胎出口1.4亿条，出口贸易额40.5亿美元，同比分别增长19.8%和26.6%；客车或货车轮胎出口4930.8万条，出口贸易额50.5亿美元，同比分别增长29.3%和43.6%；摩托车轮胎出口1972.2万条，出口贸易额1.3亿美元，同比分别增长46.9%和63.3%；自行车胎出口1.1亿条，出口贸易额1.96亿美元，同比分别增长35.4%和35.1%。由此可以看出，我国轮胎出口创汇主要是小客车轮胎、客车或货车轮胎。2010年小客车轮胎出口创汇比重占39%；客车或货车轮胎出口创汇比重占48.6%。2010年我国轮胎出口情况见表14。

表 13 2010 年我国各省、市橡胶制品出口排序

省、市	出口额/亿美元	同比/%	占/%	省、市	出口额/亿美元	同比/%	占/%
广东	90.2	27.9	27.3	湖南	1.1	142.7	0.3
山东	60.4	37.3	18.3	湖北	1.1	17.5	0.3
福建	47.0	29.3	14.2	山西	0.9	71.7	0.3
浙江	43.6	33.5	13.2	重庆	0.7	103.8	0.2
江苏	28.8	18.8	8.7	广西	0.5	8.1	0.1
上海	11.3	18.8	3.4	新疆	0.4	-0.7	0.1
天津	6.8	21.8	2.1	吉林	0.4	65.1	0.1
四川	6.3	51.6	1.9	内蒙古	0.4	48.6	0.1
河南	5.5	57.4	1.7	西藏	0.2	-6.0	0.1
安徽	4.9	36.0	1.5	云南	0.1	75.6	-
辽宁	4.5	26.7	1.4	海南	0.1	183.4	-
江西	4.3	40.8	1.3	陕西	-	36.6	-
河北	3.3	40.2	1.0	宁夏	-	-20.9	-
黑龙江	3.2	29.0	1.0	甘肃	-	-39.0	-
北京	2.9	24.8	0.9	青海	-	-	-
贵州	2.0	57.2	0.6				

表 14 2010 年我国轮胎出口情况

产品名称	数量/千条	金额/亿美元	同比/%		比重/%	
			数量	金额	数量	金额
机动小客车用新的充气橡胶轮胎	137610.7	40.5	19.8	26.6	37.2	39.0
客车或货车用新轮胎	49308.4	50.5	29.3	43.6	13.3	48.6
航空器用新的充气橡胶轮胎	8.8	0.0	-1.9	12.9	0.0	0.0
摩托车用新的充气橡胶轮胎	19721.8	1.3	46.9	63.3	5.3	1.3
自行车用新的充气橡胶轮胎	113629.2	2.0	35.4	35.1	30.7	1.9
农业或林业车辆及机器用新充气橡胶轮胎	13085.8	2.2	68.7	57.3	3.5	2.1
辋圈尺寸≤61CM 人字型胎面新轮胎	18821.0	0.9	-33.8	-5.4	5.1	0.9
辋圈尺寸 > 61CM 人字型胎面新轮胎	207.5	1.0	-30.4	14.3	0.1	1.0
其他人字形胎面或类似的新充气橡胶轮胎	3161.8	0.3	8.9	21.5	0.9	0.3
农业或林业车辆及机器用新充气橡胶轮胎	873.9	0.2	-37.1	18.3	0.2	0.2
辋圈尺寸≤61CM 新充气橡胶轮胎	2773.1	0.5	26.7	44.8	0.8	0.5
辋圈尺寸 > 61CM 新充气橡胶轮胎	232.4	1.6	18.3	29.7	0.1	1.6
未列名新充气轮胎	10242.1	2.8	18.1	33.1	2.8	2.7

2010 年,我国轮胎出口贸易继续保持较快增长,面对世界经济逐步复苏,需求增长缓慢的国际市场,我国轮胎出口企业积极拓展巴西、墨西哥等新兴市场,出口量大幅提高。2010 年,我国轮胎出口美国 6771 万条,出口额 23.3 亿美元,贸易比重分别占 18.3% 和 22.4%,同比分别下降 3.8% 和 5%,但贸易额仍居第一。出口阿联酋 834 万条,出口额 5.2 亿美元,贸易比重分别占 2.3% 和 5%,贸易额居第二;出口英国 1419.6 万条,出口额 4.2 亿美元,贸易比重分别占 3.8% 和 4.1%,贸易额居第三。出口巴西 1683.1 万条,出口额 2.2 亿美元,贸易比重分别占 4.6% 和 2.1%,进入前 13 位。出口墨西哥 1616 万条,出口额 2.8 亿美元,贸易比重分别占 4.4% 和 2.7%,同比分别均提高 0.8%。2010 年我国轮胎出口国家与地区见表 15。

表 15　2010 年我国轮胎出口国家与地区

国家与地区	出口量/万条	占/%	出口额/亿美元	贸易额占/%	国家与地区	出口量/万条	占/%	出口额/亿美元	贸易额占/%
美国	6771.0	18.3	23.3	22.4	俄罗斯联邦	582.8	1.6	2.4	2.3
阿联酋	834.0	2.3	5.2	5.0	德国	1152.8	3.1	2.3	2.2
英国	1419.6	3.8	4.2	4.1	巴西	1683.1	4.6	2.2	2.1
澳大利亚	781.3	2.1	4.0	3.8	比利时	668.1	1.8	1.7	1.7
荷兰	981.9	2.7	2.8	2.7	伊朗	615.8	1.7	1.6	1.6
墨西哥	1616.0	4.4	2.8	2.7	南非	306.7	0.8	1.6	1.5
沙特阿拉伯	466.8	1.3	2.7	2.6	智利	469.0	1.3	1.5	1.5
加拿大	620.9	1.7	2.5	2.4	巴基斯坦	257.6	0.7	1.5	1.4
印度	468.5	1.3	2.5	2.4	意大利	832.5	2.3	1.4	1.4
尼日利亚	1354.5	3.7	2.4	2.3	哥伦比亚	851.0	2.3	1.3	1.3

我国轮胎出口格局总体保持稳定。2010 年,我国轮胎出口山东居第一位,出口轮胎 1.2 亿条,占全国的 31.8%,出口额 47.1 亿美元,占全国的 45.3%;江苏居第二位,出口轮胎 4820.5 万条,出口额 12.6 亿美元,分别占全国的 13% 和 12.1%;浙江居第三位,出口轮胎 3927.9 万条,出口额 10.1 亿美元,分别占全国的 10.6% 和 9.7%。2010 年各地区轮胎出口情况见表 16。

②胶鞋出口贸易

2010 年,我国胶鞋出口实现较快增长,全年累计出口胶鞋 44.8 亿双,同比增长 18.9%,出口贸易额 187.6 亿美元,同比增长 26.7%。2010 年我国胶鞋出口情况见表 17。

从出口国家与地区情况看,2010 年,我国胶鞋出口贸易遍布全球。其中,出口到美国 12.2 亿双,出口额 81.5 亿美元,贸易比重分别占 27.2% 和 43.5%,贸易额居第一位;出口到俄罗斯 1.2 亿双,出口额 11 亿美元,贸易比重分别占 2.6% 和 5.9%,贸易额居第二位;出口到日本 2.7 亿双,出口额 10.3 亿美元,贸易比重分别占 6% 和 5.5%,贸易额居第三位。香港地区、英国分别居第四、第五位。2010 年我国胶鞋出口国家与地区情况见表 18。

表 16 2010 年我国各地区轮胎出口情况

地区	出口量/千条	占/%	出口额/万美元	占/%	地区	出口量/千条	占/%	出口额/万美元	占/%
山东省	117430.2	31.8	470917.8	45.3	湖北省	984.9	0.3	3929.2	0.4
江苏省	48205.4	13.0	126083.3	12.1	吉林省	1632.7	0.4	2565.7	0.2
浙江省	39278.7	10.6	100602.1	9.7	河北省	6698.9	1.8	2318.3	0.2
广东省	43744.9	11.8	57126.6	5.5	重庆市	736.2	0.2	1991.4	0.2
福建省	36384.4	9.8	50898.1	4.9	新　疆	373.8	0.1	1641.1	0.2
河南省	2883.9	0.8	46411.1	4.5	黑龙江	365.9	0.1	1094.2	0.1
天津市	42505.4	11.5	36800.9	3.5	广　西	12.2	0.0	1028.1	0.1
安徽省	8984.3	2.4	34389.1	3.3	宁　夏	44.6	0.0	329.4	0.0
上海市	4273.0	1.2	32261.9	3.1	云南省	859.6	0.2	207.0	0.0
辽宁省	4862.7	1.3	20678.6	2.0	湖南省	9.7	0.0	200.2	0.0
贵州省	1518.1	0.4	17500.6	1.7	内蒙古	3.0	0.0	65.4	0.0
北京市	2779.0	0.8	9987.6	1.0	陕西省	2.6	0.0	50.7	0.0
山西省	632.3	0.2	8481.1	0.8	甘肃省	14.5	0.0	9.8	0.0
江西省	2195.9	0.6	6327.7	0.6	海南省	0.1	0.0	4.6	0.0
四川省	2250.6	0.6	5041.2	0.5	西　藏	1.1	0.0	0.3	0.0

表 17 2010 年我国胶鞋出口情况

产品名称	数量/千万双	金额/亿美元	同比/%	
			数量	金额
防水鞋靴	8.1	4.6	41.9	54.3
滑雪、防护鞋	252.6	116.5	15.3	25.7
运动、网球、篮球鞋	186.9	66.5	23.2	26.9
胶鞋类合计	447.6	187.6	18.9	26.7

表 18　2010 年我国胶鞋出口国家与地区情况

国家与地区	出口量/万双	占/%	出口额/亿美元	占/%	国家与地区	出口量/万双	占/%	出口额/亿美元	占/%
美国	121920.7	27.2	81.5	43.5	澳大利亚	6885.9	1.5	3.2	1.7
俄罗斯联邦	11696.8	2.6	11.0	5.9	韩国	5213.5	1.2	3.0	1.6
日本	26781.3	6.0	10.3	5.5	西班牙	8372.8	1.9	3.0	1.6
香港	11459.1	2.6	7.8	4.2	巴拿马	15002.6	3.4	2.8	1.5
英国	16904.4	3.8	6.9	3.7	意大利	5178.2	1.2	2.5	1.3
德国	13587.3	3.0	6.6	3.5	马来西亚	9597.5	2.1	2.1	1.1
加拿大	6783.7	1.5	4.3	2.3	智利	5077.7	1.1	2.0	1.1
荷兰	6551.3	1.5	3.9	2.1	南非	7441.5	1.7	1.9	1.0
法国	10329.2	2.3	3.8	2.0	阿联酋	7931.5	1.8	1.8	0.9
比利时	5116.4	1.1	3.6	1.9	乌克兰	4631.1	1.0	1.4	0.8

2010 年,我国胶鞋出口贸易额广东居第一位,出口 14.8 亿双,出口 78.6 亿美元,分别占全国的 33.1% 和 41.9%;福建居第二位,出口 14.1 亿双,出口 40.4 亿美元,分别占全国的 31.5% 和 21.5%;浙江居第三位,出口 7.7 亿双,出口 24.8 亿美元,分别占全国的 17.1% 和 13.2%;江苏和山东分别居第四、第五位。2010 年我国各地区胶鞋出口情况见表 19。

表 19　2010 年我国各地区胶鞋出口情况

地区	出口量/千万双	占/%	出口额/亿美元	占/%	地区	出口量/千万双	占/%	出口额/亿美元	占/%
广东省	148.0	33.1	78.6	41.9	北京市	2.7	0.6	0.6	0.3
福建省	141.1	31.5	40.4	21.5	湖北省	1.3	0.3	0.5	0.3
浙江省	76.8	17.1	24.8	13.2	重庆市	0.5	0.1	0.4	0.2
江苏省	32.1	7.2	10.0	5.3	内蒙古	0.2	0.0	0.4	0.2
山东省	9.2	2.1	8.0	4.3	广　西	0.2	0.0	0.2	0.1
四川省	4.5	1.0	5.7	3.0	西　藏	0.6	0.1	0.2	0.1
上海市	10.2	2.3	4.2	2.3	吉林省	0.4	0.1	0.1	0.1
江西省	4.8	1.1	3.5	1.9	贵州省	0.3	0.1	0.1	0.0
黑龙江	4.6	1.0	3.1	1.6	新　疆	0.2	0.0	0.1	0.0
天津市	1.8	0.4	2.3	1.2	海南省	0.0	0.0	0.0	0.0
辽宁省	1.8	0.4	1.4	0.7	云南省	0.1	0.0	0.0	0.0
湖南省	1.9	0.4	1.1	0.6	陕西省	0.0	0.0	0.0	0.0
河南省	1.8	0.4	0.8	0.4	山西省	0.0	0.0	0.0	0.0
安徽省	1.6	0.3	0.7	0.4	宁　夏	0.0	0.0	0.0	0.0
河北省	0.8	0.2	0.7	0.4	甘肃省	0.0	0.0	0.0	0.0

【问题与建议】

1. 天然橡胶对外依存度过高，缺少国际市场的价格话语权

我国天然橡胶产量和消费量相差悬殊，对外依存度过高。国产天然橡胶一直在60万吨徘徊，2010年我国天然橡胶产量为68.7万吨，而2010年我国橡胶工业实际天然橡胶消费量在300多万吨，因此需要大量进口。2007年、2008年、2009年和2010年分别进口了165万吨、168万吨、171万吨和186万吨（含胶乳），我国天然橡胶对外依存度高达80%。

在我国进口大量天然橡胶的同时，却对天然橡胶国际市场价格影响较小。2010年，天然橡胶价格大幅攀升，使得我国橡胶制品企业生产成本骤增，企业经营压力加大。天然橡胶期货价格曾一度达到每吨4万元，创下历史新高。虽然轮胎企业多次上调产品价格，但涨幅不及原料价格涨幅，无法抵消成本剧增的局面。据中国橡胶工业协会统计，轮胎企业11月利润同比下降22%，亏损面达26%，轮胎全行业亏损面近50%。

我国橡胶制造业需要转变发展方式，提高产品档次，增加高附加值产品产量，同时逐步调整以加工贸易方式为主的出口贸易结构。

2. 出口市场较集中，出口方式仍以加工贸易为主

目前，我国橡胶制品出口贸易市场集中在少数几个国家，如轮胎和胶鞋出口份额中，美国市场所占比重较大。2010年，虽然世界经济逐步恢复，但复苏进程不断受阻，各主要经济体经济复苏步伐缓慢，市场持续疲弱。胶鞋和轮胎等橡胶制品出口贸易前景令人堪忧，我国橡胶制品企业积极调整策略，开拓新兴国家市场份额，使得我国橡胶制品出口贸易继续保持较快增长。从中我们也得到启示，橡胶制品出口贸易应该继续积极拓展市场，分散市场风险，从而扩大企业在国际市场的生存空间，并获得可观效益。

同时，由于长期以来我国橡胶制品出口贸易是以加工贸易出口为主，因此利润较低。2010年，在橡胶制品出口中，轮胎出口加工贸易比例最高，占92.6%。随着社会的发展和国际贸易形势的不断变化，我国橡胶制造业出口贸易方式也需要转变，逐步降低加工贸易比例，提高自主产权高附加值产品出口，同时也促进行业发展模式的转变。

（刘国林）

橡胶行业标准

胶 鞋 标 准

全国橡标委胶鞋分技术委员会经20多年的努力,在胶鞋行业领域内制定了大量的鞋类方面的国家标准和行业标准,形成了比较完善的标准体系,基本能满足胶鞋行业的标准化要求。

一、胶鞋行业现状

目前我国胶鞋、运动鞋的销售面临重重挑战。一方面,由于一些跨国品牌鞋类生产商在中国市场上抢占制高点,致使国产品牌在国内市场的销售长期低迷;另一方面,我国虽然是鞋类生产和出口大国,平均每年出口达50亿双,占世界的86%,却很少有民族品牌独立出现。民族品牌走出国门进入国际主流市场步履维艰,美国和一些欧盟国家利用其反倾销政策以及一些技术性贸易壁垒对我国胶鞋进行封杀。我国胶鞋行业不但遭遇了多重壁垒和不公正待遇,而且面临着国际金融风暴、人民币的升值、橡胶和棉布价格成倍上涨等一系列危机。面临诸多困境,我们应对措施:

1. 要积极应对技术性贸易壁垒;
2. 其次要尽快提高产品的附加值;
3. 要努力提高民族品牌综合实力。

全国橡标委胶鞋分委会紧贴市场,在认识到人民生活水平不断提高的基础上制定了一系列标准,希望这些标准能够起到引领行业企业发展的作用。

目前我国胶鞋行业共有31项化工行业标准。这其中有1项强制性标准,30项推荐性标准。在这当中产品标准13项,方法标准16项,基础通用标准2项详见表1;国家标准10项,有2项正在制定中详见表2。

表1 归口(TC35/SC9)全国橡标委胶鞋行业管理行业标准

序号	标准号	标准名称	标准分类	备注
1	HG/T2403 - 2007	胶鞋检验规则、标志、包装、运输、贮存	基础	
2	HG/T2411 - 2006	鞋底材料90度屈挠试验方法	方法	
3	HG/T2726 - 2007	微孔鞋底材料撕裂强度试验方法	方法	
4	HG/T2870 - 1997	乒乓球运动鞋	产品	
5	HG/T2871 - 2008	胶鞋整鞋屈挠试验方法	方法	
6	HG/T2872 - 2009	橡塑鞋微孔材料视密度试验方法	方法	
7	HG/T2873 - 2008	胶鞋鞋底屈挠试验方法	方法	
8	HG/T2874 - 2007	鞋用微孔材料热收缩性的测定	方法	
9	HG/T2875 - 2007	橡塑鞋微孔材料交联密度特征值试验方法	方法	
10	HG/T2876 - 2007	橡塑鞋微孔材料压缩变形试验方法	方法	
11	HG/T2877 - 1997	拖、凉鞋帮带拔出力试验方法	方法	
12	HG/T2878 - 2007	胶鞋试穿试验规则	方法	

续表 1

序号	标准号	标准名称	标准分类	备注
13	HG/T2489 - 2007	鞋用微孔材料硬度试验方法	方法	
14	HG/T3611 - 2007	鞋类模拟行走(寿命)试验方法	方法	
15	HG/T3663 - 2000	胶鞋抗菌性能的试验方法(琼脂平板法)	方法	
16	HG/T3664 - 2000	胶面胶靴(鞋)耐渗水试验方法	方法	
17	HG/T3689 - 2009	鞋类耐黄变试验方法	方法	
18	HG/T3083 - 1999	胶鞋术语	基础	
19	HG/T3780 - 2005	鞋类静态防滑性能试验方法	方法	
20	HG/T2016 - 2001	篮排球运动鞋	产品	
21	HG/T2017 - 2000	普通运动鞋	产品	
22	HG/T2018 - 2003	轻便胶鞋	产品	
23	HG/T2019 - 2001	黑色雨靴(鞋)	产品	
24	HG/T2020 - 2001	彩色雨靴(鞋)	产品	
25	HG/T2182 - 2008	棉胶鞋	产品	
26	HG/T2495 - 1993	劳动鞋	产品	
27	HG/T3081 - 1999	胶面防砸安全靴	产品	
28	HG/T3082 - 2010	橡胶鞋底	产品	
29	HG/T3084 - 2010	注塑鞋	产品	
30	HG/T3085 - 1999	橡塑冷粘鞋	产品	
31	HG/T3086 - 1999	橡塑凉拖鞋	产品	

表 2　归口(TC35/SC9)全国橡标委胶鞋行业管理国家标准

序号	标准号	标准名称	标准分类	备注
1	GB21536 - 2008	田径运动鞋	产品	
2	GB/T21396 - 2008	鞋类 成鞋试验方法 帮底粘合强度	方法	
3	GB/T21284 - 2007	鞋类 成鞋试验方法 保暖性	方法	
4	GB/T	鞋类 - 鞋帮和鞋衬的试验方法 - 水汽的渗透和吸收	方法	已报批
5	GB/Q	鞋类 - 卫生安全性能技术规范	基础	已报批
6	GB/T24152 - 2009	篮排球运动鞋	产品	
7	GB/25036 - 2010	布面童胶鞋	产品	
8	GB/25037 - 2010	工矿靴	产品	
9	GB/25038 - 2010	胶鞋健康安全技术规范	产品	
10	GB/T24129 - 2009	运动鞋、胶鞋外底无痕迹试验方法	方法	
11	GB/T	胶鞋减震性能试验方法	方法	正在制定中
12	GB/T19706—2005	足球鞋	方法	正在修订中

我国胶鞋行业的国家标准和化工行业标准自发布后，各企业基本上都采纳实施。产品标准的实施率达100%，方法标准也基本上都得到实施。

二、我国胶鞋标准体系结构

胶鞋标准分为基础标准、试验方法标准、产品成本标准及相关标准。SAC/TC35/SC9胶鞋标准的体系结构见图1。

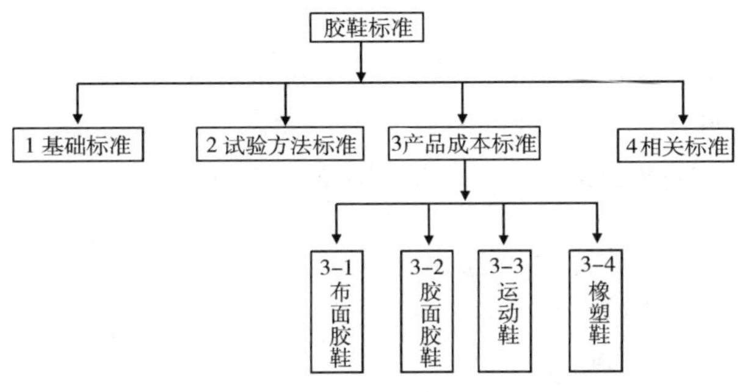

图1 SAC/TC35/SC9胶鞋标准的体系结构

三、我国胶鞋标准与国际标准之间的差异

我国胶鞋标准与国际标准之间的差异，主要有两大方面：

1. 美国、欧盟以及一些先进国家已对鞋类有害物质限量制定了一系列标准，代表着鞋类产品的发展趋势。而我国在2010年前的胶鞋产品标准只规定了耐用方面的性能指标，对涉及舒适、环保和有害物质的指标没有作出相应的规定，这使一些企业忽视了对这方面情况的了解和研究，我国的胶鞋产品因不符合国外的技术标准而遭到退赔的情况屡有发生。

2. 目前我国还没有专门针对鞋类的有害物质的含量的测试方法，现采用纺织、皮革等的一些试验方法来测试。

美国和欧盟对鞋类有害物质限量制定了一系列标准，如欧盟技术法规EN14602:2004《鞋类 评估生态指标的试验方法》、2002/231/EC《制定颁布欧盟鞋类环保标志的环保标准修订版和对1999/179/EC决议的修订决议》、2008/63/EC《关于延长2002/231/EC、2002/255/EC、2002/371/EC、2003/200/EC和2003/287/EC等特定产品的欧盟环保标志的环保标准的有效性的修正决议》等。这些标准对鞋类有害物质含量进行了明确的规定，分别见表3~5表。

表3 重金属限量值

标准号	重金属限量值/(mg·kg^{-1})		
	铅	镉	砷
2002/231/EC	不得使用	不得使用	不得使用
美国	0.2~1.0	0.1	0.2~1.0
GB/T 18885-2002	A类:0.2 B、C类:1.0	A类:0.1 B、C类:0.1	A类:0.2 B、C类:1.0
HJ/T 305-2006	鞋中不得人为添加砷、铅和镉等物质，可提取的这类物质的总含量应小于10mg/kg		

表4 色牢度

标准号	色牢度(沾色)			
	耐水/级	耐干摩擦/级	耐湿摩擦/级	耐酸、耐碱汗渍/级
2002/231/EC ≥	—	—	2/3(50次湿摩擦)	—
GB/T18885-2002 ≥	3	4	—	3~4
GB 18401-2003A类	3~4	3~4	—	3
GB 18401-2003 ≥	3	3	—	3
SN 1309-2003 ≥	3	4	3	—

表 5　可分解有毒芳香胺染料、甲醛含量、五氯苯酚、2,3,5,6－四氯苯酚限量值

标准号	可分解有毒芳香胺染料限量值	甲醛含量	五氯苯酚、2,3,5,6－四氯苯酚
2002/61/EC	30ppm	—	
2002/231/EC	30ppm	纺织品:75ppm 皮革:150ppm	不得使用 织物中:0.05ppm 皮革中:5ppm
GB/18401－2003 GB/T18885－2002	禁用 (检出限 20mg/kg)	婴幼儿≤20mg/kg 直接接触皮肤≤75mg/kg 非直接接触皮肤≤300mg/kg	幼儿≤0.05mg/kg 直接接触皮肤≤0.5mg/kg 非直接接触皮肤≤0.5mg/kg
GB20400－2006	≤30mg/kg	婴幼儿≤20mg/kg 直接接触皮肤≤75mg/kg 非直接接触皮肤≤300mg/kg (白羊剪绒≤600mg/kg)	
HJ/T305－2006	禁用(检出限 20mg/kg)	鞋中可提取甲醛含量＜150mg/kg 鞋中纺织品中可提取甲醛含量＜75mg/kg	禁用 检出限≤0.05mg/kg
德国化学品法案			5ppm

目前,国外对鞋类需要测试项目已多达 20 多个大项,而且还在不断增加,针对这些情况,胶鞋标准化委员会组织有关单位制定了 GB/25036－2010《布面童胶鞋》、GB/25037－2010《工矿靴》、GB/25038－2010《胶鞋健康安全技术规范》3 项国家强制性标准,这 3 项强制性标准,将胶鞋安全性能列为强制性规范条款。先将胶鞋中的游离甲醛、重金属、可分解有害芳香胺染料、含氯酚、胶鞋部件中的 N－亚硝基胺物质进行强制性限定。这些标准的制定是为了提高我国胶鞋行业环保、健康、安全等生产意识,更进一步使胶鞋行业的各企业采取有效措施,将鞋类产品的有害物质降低到最小,保障人体健康和安全。引导制鞋企业逐渐实现环保、健康的生产,并倡导消费者对胶鞋产品健康安全性和环保性的关注。随着人民生活水平的提高和科技水平的发展,胶鞋标准化委员将会不断制定出与国际接轨的新标准,来满足市场和企业的需求。

四、胶鞋标准发展方向

1. 进一步在保障人民群众生命安全的前提下,加快推进鞋类生产安全标准化工作

全国橡标委胶鞋分技术委员会协同福建制鞋行业技术开发(莆田)基地人员就胶鞋有害物质限量等问题进行了探讨,组织上海质量监督检验技术研究院等有关单位制定了《胶鞋健康安全技术规范》等强制性标准,该标准在 2011 年 7 月实施。全国橡标委胶鞋分技术委员会将不断跟踪该标准的实施情况,在今后的几年内不断完善《胶鞋健康安全技术规范》标准。

2. 密切关注世界先进标准动向,推进胶鞋标准的改革

组织有关专家,对国外先进标准进行跟踪,力争提高采标率。同时,结合胶鞋行业实际情况制定出我国先进的胶鞋标准。彻底摈弃胶鞋行业不重视环保、卫生的旧观念。

全国橡标委胶鞋分技术委员会在今后的几年里，将构建一系列注重安全、卫生、环保的标准以及与其相对应的胶鞋类测试方法标准，通过对国外先进标准的跟踪，从提高采标率到制定一系列领先国际的新标准。

3. 在原有的胶鞋标准体系基础上构建、完善一个更适应胶鞋行业新形势的标准体系

(1) 通用基础标准　布面胶鞋、胶面胶鞋、橡塑鞋、运动鞋绿色设计、常用术语、标识标志、工艺、售后服务。

(2) 安全要求及检测方法　胶鞋、橡塑鞋、运动鞋通用安全、有毒有害物质限值检测方法产品及试验方法。

(3) 主要配件及材料　鞋用五金以及鞋面、鞋里、鞋底所用材料的产品试验方法。

(4) 其他　学生鞋、护士鞋、以橡胶或其他弹性体为鞋底的各类休闲运动鞋、室内用鞋及劳动鞋。

4. 加大标准化科研项目的组织管理力度

随着体育运动全民化，制鞋技术高度发展，近几年全国橡标委胶鞋分技术委员会不断组织全国各鞋类研究中心研发人员运用人体力学等一系列科技手段，来测定人体穿着不同鞋时所受到的不同作用力，使人体获得最大舒适、安全与健康。

全国橡标委胶鞋分技术委员会将一如既往地积极开展本行业标准化工作，积极实质性地参与国际标准化活动，按照国标委采标要求，高水平采用国际标准、国外先进标准及国外先进公司的标准，提高标准化人员综合素质，认真、负责地做好胶鞋标准化咨询服务工作，将胶鞋分技术委员会的标准化工作推向新的高潮。

（马燕红）

合成橡胶(生胶)标准

我国合成橡胶生胶标准化工作始于20世纪70年代,合成橡胶生胶(包括合成橡胶改性材料和合成胶乳)产品及专用方法的标准化工作由“全国橡胶与橡胶制品标准化技术委员会合成橡胶分技术委员会”(SAC/TC35/SC6)组织开展,合成橡胶通用试验方法标准化工作由“全国橡胶与橡胶制品标准化技术委员会通用试验方法分技术委员会”(SAC/TC35/SC2)组织开展。本文以合成橡胶生胶产品及专用方法标准为主要介绍内容。

全国橡胶与橡胶制品标准化技术委员会合成橡胶分技术委员会(ASC/TC35/SC6)于1985年成立,秘书处挂靠在中国石油天然气股份有限公司石油化工研究院兰州化工研究中心,对口的国际标准化组织为第45技术委员会第3分技术委员会第5工作组(ISO/TC45/SC3/WG5),目前已运行至第六届。20多年来,合成橡胶分委会针对我国合成橡胶大宗产品,建立了较为完善的标准体系,对引导产品质量升级、规范市场发挥了重要的作用。

1.合成橡胶(生胶)标准现状

(1)合成橡胶标准体系布局及生橡胶标准总体概况

我国合成橡胶标准体系由国家标准、行业标准和企业标准组成,主要包含基础及通用试验方法标准、专用试验方法标准以及产品标准,以层次结构形式表示的总体结构框架见图1,其中,第一层次为合成橡胶通用及基础方法标准;第二层次为合成橡胶领域或高分子弹性体的方法标准,包括丁苯橡胶(SBR)、丁二烯橡胶(BR)、丁腈橡胶(NBR)、乙丙橡胶(EPR)、丁基橡胶(IIR)、氯丁橡胶(CR)、异戊二烯橡胶(IR)等7大基本胶种,以及热塑性丁苯橡胶(SBCs)(即苯乙烯类热塑性弹性体)、合成胶乳、量少但价值高的特种橡胶,如氯磺化聚乙烯橡胶、硅橡胶、氟橡胶、氯醚橡胶、聚硫橡胶、聚氨酯橡胶、聚丙烯酸酯橡胶等;第三层次为合成橡胶相对应的产品标准。总体布局体现了合成橡胶标准体系的系统性、整体性和层次性。

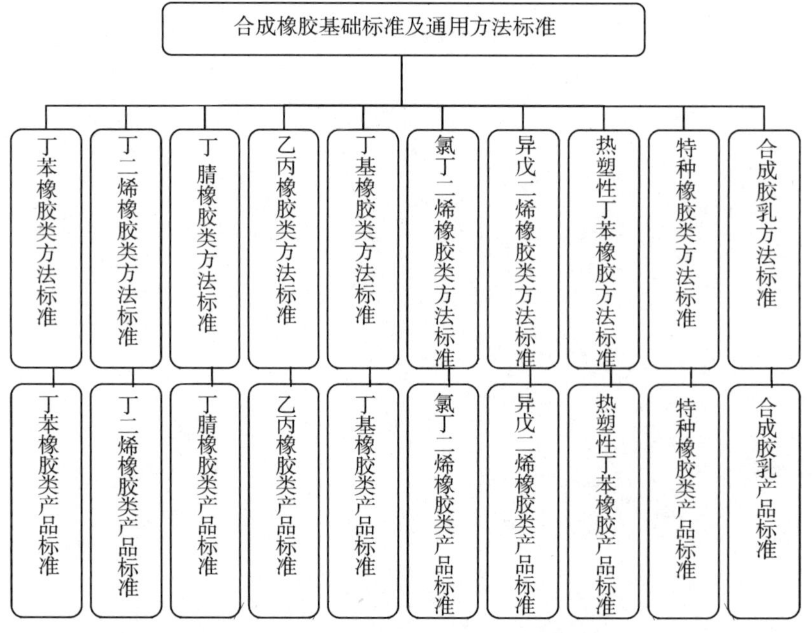

图1 合成橡胶标准体系框架图

截至2010年底,合成橡胶分委会归口管理的生橡胶(包括合成橡胶胶乳)标准共计57项,其中国家标准20项,占35.1%,行业标准37项,占64.9%;产品标准10项,基础标准和方法标准47项。标准的类别和内容基本覆盖了除异戊橡胶外的6大基本胶种中量大面广的产品、以及产量最大且影响面最广的苯乙烯类热塑性弹性体、羧基丁苯胶乳(造纸用、地毯用)等,总体来看,合成橡胶标准布局基本合理。合成橡胶(生胶)标准的分布见表1。

表1　合成橡胶(生胶)标准的分布

胶种	标准数量(项)
通用	11
丁苯橡胶	8
丁二烯橡胶	4
丁腈橡胶	5
乙丙橡胶	3
氯丁二烯橡胶	4
丁基橡胶	1
异戊橡胶	0
热塑性弹性体	2
特种橡胶	1
合成胶乳	18
合计	57

(2)合成橡胶(生胶)产品标准结构及标准水平

①合成橡胶(生胶)产品标准结构

目前合成橡胶分委会针对合成橡胶大宗产品制定了国家和行业产品标准,如丁苯橡胶类的SBR1500、SBR1502和SBR1712、丁二烯橡胶类的BR9000、氯丁二烯橡胶的CR121、CR122、CR321、CR322、苯乙烯类热塑性弹性体中的SBS和羧基丁苯胶乳(造纸用、地毯用)等。近两年,全国橡胶与橡胶制品标准化技术委员会还组织制定了部分特种橡胶产品标准,如室温硫化甲基硅橡胶、甲基乙烯基硅橡胶;对于生产量和生产厂家相对较少橡胶品种尚未制定国家或行业产品标准,如丁腈橡胶、丁基橡胶、乙丙橡胶、异戊橡胶、多数特种橡胶以及丁苯橡胶和丁二烯橡胶类中产量较小的部分品种等,对于这些产品,生产单位执行的是各自的企业标准。合成橡胶(生胶)国家和行业产品标准见表2。

表2　合成橡胶(生胶)产品国家和行业产品标准一览表

胶种	标准编号及名称
丁二烯橡胶	GB/T 8659－2008《丁二烯橡胶(BR)9000》
	GB/T 8655－2006《苯乙烯－丁二烯橡胶(SBR)1500》
丁苯橡胶	GB/T 12824－2002《苯乙烯－丁二烯橡胶(SBR)1502》
	SH/T 1626－2005《苯乙烯－丁二烯橡胶(SBR)1712》
	GB/T 14647－2008《氯丁二烯橡胶CR121、CR122》
氯丁橡胶	GB/T 15257－2008《混合调节型氯丁二烯橡胶CR321、CR322》
	HG/T 3316－1988《CR2441、CR2442型氯丁橡胶》
SBS热塑性弹性体	SH/T 1610－2011《热塑性弹性体 苯乙烯－丁二烯嵌段共聚物(SBS)》
丁苯胶乳	GB/T 25260.1－2010《合成胶乳 第1部分:羧基丁苯胶乳(XSBRL)56C、55B》
氯丁胶乳	HG/T 3317－1988《CRL50LK型阳离子氯丁胶乳》
硅橡胶	GB/T ××××－××××《室温硫化甲基硅橡胶》(待发布)
	GB/T ××××－××××《甲基乙烯基硅橡胶》(待发布)

②合成橡胶(生胶)产品标准水平

我国合成橡胶(生胶)标准采用分等方式,其分等原则为优等品指标应达到或基本达到国际先进水平,以规范引领我国合成橡胶生产技术和市场的发展,合格品指标需达到国内一般水平,以保证国内大多数企业正常生产,通过这种方式保证国家标准的先进性、广泛性和适用性。

目前在我国现行的合成橡胶(生胶)国家或行业产品标准中,有80%以上的标准均是在对比国外同类产品技术指标、剖析国外同类产品实物质量、统计分析国内各生产企业多批产品质量积累数据的基础上确定出的技术指标,如GB/T 8659-2008《丁二烯橡胶(BR)9000》,其优等品指标以日本JSR BR01质量指标及其产品实物质量测定值为依据进行确定,合格品指标以国内7家生产单位的产品质量积累数据为依据而确定;GB/T 8655-2006《苯乙烯-丁二烯橡胶(SBR)1500》,其优等品指标以日本JSR SBR1500质量指标及其产品实物质量的测定值为依据进行确定,合格品指标以国内4家生产单位的产品质量积累数据为依据而确定;GB/T 12824-2002《苯乙烯-丁二烯橡胶(SBR)1502》和SH/T 1626-2005《苯乙烯-丁二烯橡胶(SBR)1712》,优等品指标分别以日本瑞翁公司SBR1502、SBR1712的质量指标及其产品实物质量测定值为依据进行确定,合格品指标是根据国内3家生产单位的产品质量积累数据而确定,因此上述几项产品标准的优等品指标达到了同期国际先进水平。

(3)合成橡胶(生胶)方法标准结构及标准水平

目前我国建立了BR、SBR、NBR、EPR、IIR和CR专用评价方法标准、特征性能测定方法标准、包装储运规范标准以及产品牌号和命名等标准共计47项,专用方法基本覆盖了除异戊橡胶外的其他6大胶种。随着我国开始IR的生产,目前正着手开展IR评价方法标准的制定工作。

我国现行合成橡胶方法标准采标率达到96%,具有世界通用性和可比性。同时,为了增强制定出标准的可操作性,合成橡胶分委会对所有方法标准均开展验证试验或条件试验,并结合国内合成橡胶(生胶)产品和实验室具体情况,开展精密度试验(或精密度补充试验),因此这些方法标准具有先进性和实用性。

(4)合成橡胶(生胶)标准采标情况

合成橡胶(生胶)国家和行业标准总体采标率为80%,其中基础标准和方法标准采标率达到96%,从而保证了合成橡胶产品性能测定数据与国际上进行比对的可能性,是产品数据国际互认的基础;由于国际标准体系中没有合成橡胶(生胶)产品标准,我国根据生产和市场的需要,从上世纪80年代后期开始制定合成橡胶(生胶)产品标准,各标准基本上是在参考国外先进企业同类产品技术指标、剖析国外同类产品实物质量、结合国内各大生产单位多批产品质量数据的基础上指定的,因此合成橡胶(生胶)产品标准无标可采。合成橡胶现行标准采标情况见表3。

表3 合成橡胶现行标准采标情况

标准类别	产品标准	基础标准和方法标准	合计
采标标准数	0	45	45
标准总数	10	47	57
采标率/%	0	96	80

(5)标准的时效性和适用性

经调查统计,尽管目前合成橡胶(生胶)标准内容能够满足市场和企业的需要,但是,总体来看,合成橡胶(生胶)标准存在标龄偏长的现象,在57项合成橡胶(生胶)标准中,标龄5年以内的标准占标准数量的46%,10年以内5年以上的标准占标准数量的19%,10年以上的标准占标准数量的35%(其中55%为胶乳标准),需要尽快对长标龄的标准进行修订。合成橡胶(生胶)标龄情况分布见表4。

表 4　合成橡胶(生胶)标准标龄情况

标准级别	现行标准数量	标龄 5 年	标龄 5 ~ 10 年	标龄 10 年以上
国家标准/项	20	13	3	4
行业标准/项	37	13	8	16
总计	57	26	11	20
占总数比例/%	—	46	19	35

2. 存在问题

(1)标准体系尚不够健全

在产品标准方面,我国目前仅对产量较大的合成橡胶(生胶)制定了国家或行业产品标准,但对多数特种橡胶、功能型橡胶以及近年发展速度较快的乙丙橡胶、丁腈橡胶、丁基橡胶等尚未建立产品标准,多数产品仍采用各自的企业标准,在评价产品质量方面缺乏统一性和权威性,不利于这些产品的健康发展,也不利于市场规范。

在方法标准方面,与所对口的 ISO 标准体系相比,我国合成橡胶标准体系不甚健全,表现在:

① 部分橡胶重要的评价方法标准尚未建立,如异戊橡胶(IR)、卤化丁基橡胶(CIIR 和 BIIR)、特种橡胶等,不利于统一评价相应产品的质量。

② 橡胶微观结构检测方法标准不够全面,如丁苯橡胶(包括乳聚丁苯橡胶和溶聚丁苯橡胶)、SBS 等微观结构的测定。近年来,随着分析仪器的普及,橡胶微观结构的测定已经成为分析和控制橡胶质量的重要手段之一,越来越被生产厂、质检等部门所重视。

(2)标准修订不够及时

目前,国际标准和国外发达国家标准平均年龄为 3 ~ 5 年,而我国合成橡胶的一些标准自发布起从未修订过,标龄在 5 年之内的标准不足 50%,修订标准的工作不够及时。

3.“十二五”期间合成橡胶(生胶)标准重点工作

(1) 加快标准制修订步伐,提高标准的时效性

对标龄较长的标准应加快修订步伐,力争在“十二五”期间,对于所有标龄大于 10 年的合成橡胶(生胶)标准完成修订,将标龄控制在 10 年之内。未来 5 年需要修订的标准项目见表 5。

表 5　需要修订的标准一览表

序号	标准名称	标准编号
1	丁二烯橡胶溶液色度的测定	SH/T 1049 - 1991
2	合成胶乳粘度的测定	SH/T 1152 - 1992(2005)
3	合成橡胶胶乳总固物含量的测定	SH/T 1154 - 1999(2005)
4	丁腈橡胶中结合丙烯腈含量的测定	SH/T 1157—1997
5	合成胶乳 命名及牌号规定	SH/T 1500 - 1992
6	合成胶乳干聚物制备	SH/T 1501 - 2001
7	丁苯胶乳中结合苯乙烯含量的测定	SH/T 1502 - 1992
8	丁腈胶乳中结合丙烯腈含量的测定	SH/T 1503 - 1992

续表 5

序号	标准名称	标准编号
9	丁苯生胶中结合苯乙烯含量的测定 硝化法	SH/T 1592 - 1994
10	丁苯胶乳中结合苯乙烯含量的测定 硝化法	SH/T 1593 - 1994
11	丁苯胶乳中挥发性不饱和物的测定	SH/T 1594 - 1994
12	丁苯胶乳对钙离子稳定性的测定	SH/T 1608 - 1995
13	丙烯腈 - 丁二烯橡胶(NBR)评价方法	SH/T 1611 - 2004
14	CR2441、CR2442 型氯丁橡胶	HG/T 3316 - 1988
15	CRL50LK 型阳离子氯丁胶乳	HG/T 3317 - 1988
16	苯乙烯 - 丁二烯橡胶(SBR)1502	GB/T 12824 - 2002
17	苯乙烯—丁二烯生胶　皂和有机酸含量的测定	GB/T 8657—2000
18	橡胶和胶乳　命名法	GB/T 5576 - 1997
19	充油橡胶中油含量的测定	SH/T 1718 - 2002
20	乳液和溶液聚合型苯乙烯 - 丁二烯橡胶(SBR) 评价方法	GB/T 8656 - 1998
21	乳液聚合型苯乙烯 - 丁二烯橡胶生胶结合苯乙烯含量的测定 折光指数法	GB/T 8658 - 1998

(2) 健全重要专用方法标准,完善标准体系

配合卤化丁基橡胶、异戊橡胶、环保型橡胶和功能型橡胶的开发和生产,及时建立与此相对应的重要专用方法标准和仪器分析方法标准将成为未来几年合成橡胶标准化的重要工作之一。同时产品包装作为保证产品质量的重要手段之一越来越受到重视,也应纳入合成橡胶主要标准化工作内容中。未来几年拟健全的重要方法标准项目见表 6。

表 6　未来几年拟健全的重要方法标准项目一览表

序号	标准名称
1	橡胶包装用薄膜 第 3 部分:乙烯 - 丙烯 - 二烯烃橡胶(EPDM),丙烯腈 - 丁二烯橡胶(NBR),氢化丙烯腈 - 丁二烯橡胶(HNBR),乙烯基丙烯酸橡胶(AEM),丙烯酸橡胶(ACM)
2	卤代异丁烯 - 异戊二烯橡胶(BIIR 和 CIIR) 评价方法
3	非充油溶液聚合型异戊二烯橡胶(IR) 评价方法
4	苯乙烯 - 丁二烯橡胶(SBR) 溶液聚合 SBR 微观结构的测定
5	乳液聚合型苯乙烯 - 丁二烯橡胶中亚硝基胺含量的测定 气相色谱 - 热能分析法

(3)加快重点领域产品标准制定,满足合成橡胶工业发展的需要

随着我国汽车工业、航空航天工业的迅速发展,国际贸易对健康环保型产品的要求日益提高,一些种类橡胶的产量和市场需求量已呈现快速增长态势,橡胶品种也出现功能化和多元化趋势,如丁腈橡胶、丁基橡胶、乙丙橡胶、异戊橡胶、特种合成橡胶、符合健康环保要求的新型丁苯橡胶(苯乙烯-丁二烯橡胶 SBR1500E、SBR1502E)、满足加工领域特殊需要的粉末丁苯橡胶、粉末丁腈橡胶和其他类型的改性橡胶等。这些产品标准的制定将成为未来几年合成橡胶标准化的重点领域,需要加快制定这些标准的步伐,以满足国内橡胶工业快速发展的需要。未来几年拟重点制定的产品标准见表7。

表7　未来几年拟重点制定的产品标准一览表

序号	标准名称
1	异丁烯-异戊二烯橡胶(IIR)
2	乙丙橡胶(EPDM 和 EPM)
3	丙烯腈-丁二烯橡胶(NBR)
4	苯乙烯-丁二烯橡胶(SBR)1500E、1502E
5	粉末丁苯橡胶
6	热塑性弹性体 氢化苯乙烯-丁二烯嵌断共聚物(SEBS)
7	氯磺化聚乙烯橡胶
8	聚丙烯酸酯橡胶

(4)应对 REACH 法规,开展安全和环保方面方法标准研究

欧盟最新环保法规 REACH 法规已于2007年6月1日正式生效,这是维护欧盟境内居民健康安全的环保法规。合成橡胶在生产加工过程中会产生一些有毒有害物质,如传统的 SBR 在开发、生产和加工过程中产生亚硝基胺类致癌物质;丁腈橡胶中未参与反应的残留的高毒丙烯腈;NBR、EPDM 等在聚合过程中产生的二聚物4-乙烯基环己烯(VCH)以及乙叉降冰片烯等。我国加入 WTO 后,必须面对欧盟 REACH 法规和欧美国家在健康环保方面的苛刻规定,检测有害物质,但目前尚未建立相应的检测方法标准,或者检测方法标准存在一定的缺陷,不能完全满足产品出口的需要,因此,研究建立一系列科学准确的有害物质的检测方法,也是今后几年合成橡胶(生胶)标准化重点工作之一。

(孙丽君)

橡胶助剂标准

一、橡胶助剂标准概述

我国现行的橡胶助剂国家标准20个(含报批中和正在修订中的项目)见表1;现行行业标准28个(含报批中和正在修订中的项目)见表2。现有橡胶助剂基础标准1个,即GB/T21871—2008《橡胶配合剂缩略语》,该国家标准等同采用ISO 6472—2004,是国内橡胶助剂国家标准、行业标准在标准缩略语上应符合的基础标准,对规范橡胶助剂名称发挥着重要作用,并及时与国际接轨,有利于国内橡胶助剂企业参与国际贸易。

表1　我国橡胶助剂国家标准

序号	标准号	标准名称	备注
1	GB/T8826－2003	防老剂 RD	防老剂 TMQ 2010 年已修订,正在报批中
2	GB/T8827－2006	防老剂 PAN	
3	GB/T8828－2003	防老剂 4010NA	
4	GB/T8829－2006	硫化促进剂 NOBS	
5	GB/T11407－2003	硫化促进剂 M	硫化促进剂 MBT(M),2011 年修订
6	GB/T11408－2003	硫化促进剂 DM	硫化促进剂 MBTS(DM)
7	GB/T11409－2008	橡胶防老剂、硫化促进剂试验方法	
8	GB/T18951－2003	橡胶配合剂 氧化锌 试验方法	
9	GB/T18952－2003	橡胶配合剂 硫磺 试验方法	
10	GB/T18953－2003	橡胶配合剂 硬脂酸定义及试验方法	
11	GB/T20626－2006	橡胶配合剂 对苯二胺(PPD)防老剂试验方法	
12	GB/T21184－2007	橡胶配合剂 次磺酰胺类促进剂 试验方法	
13	GB/T21840－2008	硫化促进剂 TBBS	
14	GB/T21841－2008	防老剂 6PPD	
15	GB/T21871－2008	橡胶配合剂 缩略语	
16	GB/T21872－2008	铸造自硬呋喃树脂用磺酸固化剂	
17	GB/T24801－2009	橡胶防焦剂 CIP	
18	GB/T24802－2009	橡胶增塑剂 A	
19	计划项目申报中	液体多硫化物硅烷偶联剂	该国标计划项目正在申报中
20	计划项目申报中	固体多硫化物硅烷偶联剂	该国标计划项目正在申报中

表 2　我国橡胶助剂行业标准

序号	标准号	标准名称	备注
1	HG/T 2096 - 2006	硫化促进剂 CBS	
2	HG/T 2334 - 2007	硫化促进剂 TMTD	
3	HG/T 2342 - 2008	硫化促进剂 DPG(二苯胍)	
4	HG/T 2343 - 1992	硫化促进剂 ETU(乙撑硫脲)	2011 年该行业标准正在修订中
5	HG/T 2344 - 1992	硫化促进剂 TETD(二硫化四乙基秋兰姆)	2011 年该行业标准正在修订中
6	HG/T 2426 - 1993	四溴乙烷	
7	HG/T 2862 - 1997	防老剂 BLE	
8	HG/T 3711 - 2003	硫化剂 MOCA	2011 年该行业标准正在修订中
9	HG/T3739 - 2004	双 -〔丙基三乙氧基硅烷〕- 四硫化物与 N - 330 炭黑的混合物硅烷偶联剂	准备修订上升为国家标准
10	HG/T3740 - 2004	双 -〔丙基三乙氧基硅烷〕- 二硫化物	准备修订上升为国家标准
11	HG/T3742 - 2004	双 -〔丙基三乙氧基硅烷〕- 四硫化物	准备修订上升为国家标准
12	HG/T3743 - 2004	双 -〔丙基三乙氧基硅烷〕- 四硫化物与白炭黑的混合物	准备修订上升为国家标准
13	HG/T4072 - 2008	硼酰化钴	
14	HG/T4073 - 2008	新癸酸钴	
15	HG/T4115 - 2009	固体环烷酸钴	
16	HG/T4140 - 2010	硫化促进剂 DCBS	
17	报批中	硫化促进剂 TBzTD	
18	报批中	聚氨酯扩链剂 MCDEA	
19	报批中	聚氨酯扩链剂 HQEE	
20	报批中	聚氨酯扩链剂 HEQ	
21	报批中	4 - 氨基二苯胺	
22	报批中	防老剂 DTPD(3100)	
23	制定中	对叔丁基酚醛增粘树脂(204 树脂)	2011 年该行业标准正在修订中
24	制定中	硫化促进剂 ZDMC	2011 年该行业标准正在修订中
25	制定中	硫化剂 DTDM	2011 年该行业标准正在修订中
26	拟列入计划项目	硫化促进剂 DPTT	2012 年准备制定该行业标准
27	拟列入计划项目	硫化促进剂 TBEC	2012 年准备制定该行业标准
28	拟列入计划项目	硫化促进剂 MZ	2012 年准备制定该行业标准

2008 年修订了现行橡胶助剂方法标准 GB/T11409—2008《橡胶防老剂、硫化促进剂 试验方法》,其包括熔点、结晶点、软化点、加热减量、筛余物、表观密度、灰分、粘度、盐酸不溶物 9 个试验方法,该方法标准是橡胶助剂产品国家标准、行业标准引用最多的标准。

GB/T21184—2008《橡胶配合剂 次磺酰胺类促进剂 试验方法》是非等效采用 ISO11235:1999 转化为国家标准,是次磺酰胺类产品 TBBS、DCBS、CBS 等标准的引用依据。

GB/T20646—2006《橡胶配合剂 对苯二胺类(PPD)试验方法》是修改采用 ISO11236:2000 转化为国家标准,是对苯二胺类防老剂 6PPD、DTPD 等产品标准引用标准的依据,另外还有三个橡胶助剂方法标准:GB/T18951—2003《橡胶配合剂 氧化锌 试验方法》;GB/T18952—2003《橡胶配合剂 硫磺 试验方法》;GB/T18953《橡胶配合剂 硬脂酸定义及试验方法》。

二、橡胶助剂标准制修订情况

我国现行 49 个橡胶助剂标准,均是 2003 年后制修订的标准,符合国家、行业标准 5 年期限的复审规定。化学助剂分委会根据"十一五"化学助剂发展规划和标准体系表的构建,紧贴市场的发展变化,满足行业、企业的需求,制修订大量的国家、行业标准,到 2010 年底,"十一五期间"共完成 55 个国家、行业标准的制修订工作。

化学助剂分委会"十一五"期间,平均每年完成 10 项国家、行业标准的制修订工作,并且新制定的行业标准(产品)占比较大,也反映出越来越多的助剂行业里建立起国家、行业标准的需求,为行业的规范竞争,正确引导行业的市场发展,起到积极地推动作用。

三、采用国际标准和国外先进标准的情况

化学助剂行业现有的国际标准、国外先进标准很少,"十一五"期间化学助剂分委会已将国际标准、国外先进标准等同、修改、非等效的转化为国家标准,做到国家标准、基础标准先行,产品、行业标准引用国家标准、方法标准。"十一五"期间,化学助剂分委会积极参加国际会议,每年都按国标委和总会的要求,按时完成化学助剂国际标准的复审和表态工作。即时掌握和跟踪国际标准制修订工作的动态变化,为我国化学助剂行业国家标准、行业标准制修订工作提供第一手资料。

四、"十二五"期间橡胶助剂标准化工作思路

1."十二五"期间橡胶助剂标准化工作简况

随着经济全球化进程的不断深入,橡胶助剂行业的竞争日益加剧,亚太地区尤其是中国的崛起吸引了越来越多的外资轮胎企业的进入,伴随着世界橡胶工业、尤其是轮胎制造业的东移,国外橡胶助剂企业的发展正面临越来越大的压力,盈利能力越来越小,竞争越来越激烈。我国橡胶助剂行业近几年发展现状:

(1)我国橡胶助剂行业发展前景毋庸置疑,未来一段时间内需求仍保持较快稳定增长的态势。

(2)国内扩建浪潮比前几年的扩产势头更猛,质量和内涵更高,预示出未来国内橡胶助剂行业的竞争更加激烈,竞争的档次和对手更高、更强。

(3)为了适应橡胶工业的节能、环保安全的要求,加快产品结构的调整,发展绿色品种和清洁工艺成为未来发展的重点。

(4)以科技创新为导向,市场需求为基础,打造自主知识产权,成为提高橡胶助剂行业竞争力的关键。

因此,我国橡胶助剂行业未来的发展,应该做到主流产品规模化、生产工艺绿色化、助剂品种高效化、市场竞争国际化,化学助剂分委会将密切跟踪橡胶助剂行业的发展动态变化,围绕化学助剂标准体系建设要求,做好化学助剂标准化的工作。

2."十二五"期间橡胶助剂标准的发展趋势

随着"十一五"期间橡胶助剂产品生产工艺和分析手段的的进步,对橡胶助剂产品内在质量更加先进和科学合理,例如:硫化促进剂 NOBS、TBBS、CBS/TMTD、DPG、DCBS、TBzTD,防老剂 6PPD、TMQ、PAN 等多项国家、行业标准制修订中,在标准检测项目中除原有的外观、加热减量、灰分、筛余物外,均增加了纯度的检测项目,纯度的检测方法采用气相或液相仪器分析,并且该仪器分析方法和当今的日本工业标准(JIS)和国际标准(ISO)相一致,使得评价橡胶防老剂、硫化促进剂类产品内在质量符合现今的国际标准和国外先进标准的要求，"十一五"期间橡胶助剂方法标准、国家标准、行业标准的制修订等同修改采用国际标准或国外先进标准。

"十二五"期间橡胶助剂行业将时时跟踪国际标准和国外先进标准的动态变化，制修订我国橡胶助剂国家标准及行业标准。

3.2011 年、2012 年化学助剂标准制修订工作

(1)2011 年化学助剂分会正在进行 15 项国家标准和行业标准的制修订工作，具体情况见表 3。

(2)2012 年化学助剂分会拟制修订国家标准和行业标准情况见表 4。

表 3　2011 年化学助剂分会完成标准项目情况

序号	标准名称	负责起草单位
1	硫化促进剂 MBT(M)	天津市科迈化工有限公司
2	硫化促进剂 MBTS(DM)	天津市科迈化工有限公司
3	对叔丁基酚醛增粘树脂(204 树脂)	武汉泾河化工有限公司
4	增塑剂 环氧大豆油	浙江嘉澳环保科技股份有限公司
5	增塑剂 环氧脂肪酸甲酯	浙江嘉澳环保科技股份有限公司
6	有机硅洗浆消泡剂	南京四新科技应用研究所有限公司
7	柠檬酸三丁酯	河南庆安化工高科技股份有限公司
7	乙酰柠檬酸三丁酯	河南庆安化工高科技股份有限公司
8	硫化剂 DTDM	濮阳蔚林化工股份有限公司
9	硫化促进剂 ZDMC	濮阳蔚林化工股份有限公司
10	硫化促进剂 TETD	濮阳蔚林化工股份有限公司
11	硫化促进剂 ETU	濮阳蔚林化工股份有限公司
12	聚氨酯硫化剂 MOCA	苏州湘园特种精细化工有限公司
14	硬脂酸锌	中山市华明泰精细化工有限公司
15	硬脂酸钙	中山市华明泰精细化工有限公司

表 4　2012 年化学助剂分会拟制修订标准项目情况

序号	标准名称	负责起草单位
1	液体多硫化物硅烷偶联剂	南京曙光硅烷化工有限公司
2	固体多硫化物硅烷偶联剂	南京曙光硅烷化工有限公司
3	硫化促进剂 DPTT	连云港连连化学有限公司
4	硫化促进剂 TDEC	连云港连连化学有限公司
5	硫化促进剂 MZ	待 定

(范秀莉)

检测与认证

轮 胎 认 证

我国是轮胎生产大国，每年轮胎产量的40%左右用于出口，种类涉及乘用车胎、商用车胎和力车胎等轮胎。当前我国轮胎出口强劲，保持了年均18%的增速，目前我国已经成为全球最大的轮胎出口国，美国和欧盟是我国轮胎企业两大海外出口市场。然而，我国轮胎行业当前面临的形势比较严峻，先后有20多个国家发布50多个轮胎技术标准和法规，纷纷抬高了轮胎准入门槛。美国和欧盟两大出口市场近两年相继提出轮胎燃油效率标签法规；欧盟REACH法规对轮胎中的多环芳烃含量提出限值要求。这些规定都对我国出口轮胎的生产技术、检验标准、检测手段等提出了更高的要求，生产企业必须使自己的产品满足目标国对产品提出的法规要求。

1. 欧洲法规近年发展

2012～2020年期间欧盟计划执行的轮胎新法规是一个充分考虑了平衡性、互补性、影响力的法规。

(1)法规EC 661/2009技术要求

根据欧洲联盟提出的"21世纪更具有竞争性的汽车法规框架"政策性文件中提出的"简化现行的车辆型式批准法规框架，以进一步提高欧盟汽车产业的竞争力"这一要求，法规"关于机动车辆一般安全性的型式批准要求"以及配套的实施措施正式出台后，撤消了现行的欧盟汽车产品型式批准制度中50项安全和环保零部件单项技术指令及其相应的修订本，用相应的ECE汽车技术法规替代。

2009年7月欧盟通过一般机动车辆安全法规EC 661/2009，条例中对乘用车、轻型卡车及载重卡车轮胎提出最低要求，轮胎的性能要求应满足ECE R30, ECE R54, ECE R117的规定，同时对轮胎的滚动阻力做出限值要求。原有的轮胎欧盟指令92/23/EC及2001/43/EC将在2017年11月1日完全被取代。

①轮胎分类

按照EC661/2009的规定，轮胎分为以下几类见表1。

表1

轮胎类别	定义		对应我国轮胎分类
C1	用于M1、O1、O2类辆		轿车轮胎
C2	用于3.5吨以下M2，M3，N，O3、O4类车辆的轮胎，其负荷指数≤121，速度符号≥"N"		轻型载重汽车轮胎
C3	用于3.5吨以上M2，M3，N，O3、O4类车辆的轮胎，	负荷指数（单胎）≤121，速度符号≤"M" 负荷指数(单胎)≥121	载重汽车轮胎

②湿地抓着力要求

法规EC 661/2009中采用的方法是通过将轮胎在湿路面上的制动力与标准轮胎进行比较，得出湿路面抓着性能指数。所有C1轮胎的湿路面抓着性能指数均应满足表2中的规定。

表 2

使用类型	湿路面抓着性能指数/G
速度符号表示最大允许速度≤160km/h（速度符号≤“Q”，不包括 H）的雪地轮胎	>0.9
速度符号表示最大允许速度>160km/h（速度符号>“Q”，包括 H）的雪地轮胎	>1.0
普通（公路型）轮胎	>1.1

③滚动阻力要求

法规 EC 661/2009 中的滚动阻力要求分两阶段实施，按照 ISO 28580 的方法测得的滚动阻力最大值不应超过表 3 和表 4 中的值。

表 3

轮胎类别	第 1 阶段 最大值/kg·t^{-1}
C1	12.0
C2	10.5
C3	8.0

表 4

轮胎类别	第 2 阶段 最大值/kg·t^{-1}
C1	10.5
C2	9.0
C3	6.5

对于雪地轮胎，表 4 中的限值可以增加 1kg/t。

④轮胎通过噪声要求

根据法规 EC 661/2009 规定的方法取得的轮胎通过噪声值不应超过表 5 和表 6 中的值。

C1 类轮胎，根据轮胎名义断面宽度不同的限值要求见表 5。

表 5

轮胎类别	名义断面宽度/mm	限值/dB(A)
C1A	≤185	70
C1B	>185 ≤215	71
C1C	>215 ≤245	71
C1D	>245 ≤275	72
C1D	>245	74

C1 类轮胎，根据轮胎使用类型不同的限值要求见表 6。

表 6

轮胎类别	使用类型	限值/dB(A)
C2	普通型	72
	牵引型	73
C3	普通型	73
	牵引型	75

对于雪地轮胎、增强型轮胎，表 5 中的限值可以增加 1dB(A)。对于特殊用途轮胎，表 6 中的限值可以增加 2dB(A)。对于 C2 类的牵引型雪地轮胎，表 6 中的限值可以增加 2dB(A)。对于 C2、C3 类雪地轮胎，表 6 中的限值可以增加 1dB(A)。

⑤法规 EC 661/2009 要求与现行法规(2001/43EC 和 R117.01)的比较

此次欧盟法规中对轮胎的性能的要求均比现行法规要严，特别是轮胎通过噪声要求。见图 1。

C2 和 C3 轮胎的噪声限值均下降了 3dB(A)。C1 轮胎的限制要求变化最大，名义断面宽度 > 145mm 的轮胎限值下降了至少 3dB(A)，名义断面宽度在 235mm 和 245mm 的轮胎噪声限值下降最多，达到了 5dB(A)。具体比较见表 7。

表 7

轮胎类别	EC 661/2009		2001/43EC 和 R117.01	
	名义断面宽度/mm	限值/dB(A)	名义断面宽度/mm	限值/dB(A)
C1A	≤185	70	≤145	72
C1B	>185 ≤215	71	>145 ≤165	73
C1C	>215 ≤245	71	>165 ≤185	74
C1D	>245 ≤275	72	>185 ≤215	75
C1D	>245	74	>215	76

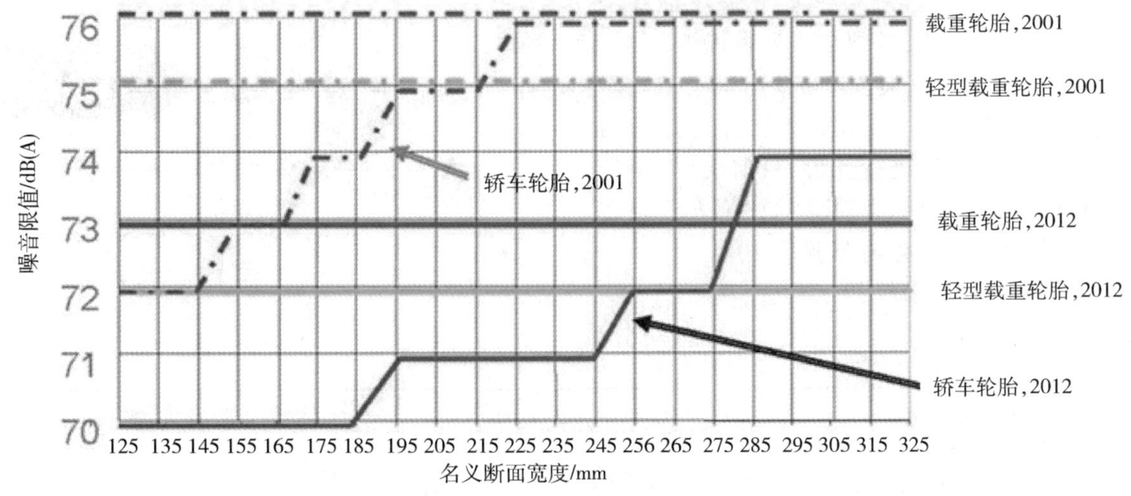

图 1

⑥测试方法

法规 EC 661/2009 中对轮胎性能的测试方法作出了规定，见表 8。

表 8

项目	基本测试方法	轮胎类型		
		C1	C2	C3
湿地抓着力	室外测试 试验车法或拖车法测湿地抓着力与标准胎对比	UNECE R117	无要求	无要求
滚动阻力	室内测试 机台试验	ISO 28580	ISO 28580	ISO 28580
噪声	室外测试 通过噪声	UNECE R117	UNECE R117	UNECE R117

(2)**轮胎标签法规** 1222/2009

2009 年 11 月欧盟通过轮胎标签法规 1222/2009,规定轮胎制造商必须提供给消费者轮胎性能的一些信息,包括湿地抓着性能、燃油经济性、噪声。目的在于"通过使用轮胎标签,让消费者充分了解轮胎的特性后,才能最大程度地提高轮胎安全性、减少 CO_2 排放,降低噪音"。

轮胎标签法规 1222/2009 自 2012 年 11 月 1 日起实施,要求对 2012 年 7 月份后生产的轮胎使用等级标签(如图 2 所示),告知消费者轮胎性能信息。法规中对标签的样式、尺寸、字体等均作出了具体规定。

轮胎燃油经济性通过轮胎滚动阻力来体现,滚动阻力系数将按照 ISO 28580 测算。法规 1222/2009 根据不同的轮胎类型把轮胎燃油经济性分为 A ~ G 七个等级,具体数值见表 9。

2011 年 3 月 7 日欧盟发布法规 228/2011,对法规 1222/2009 进行修订,规定轮胎湿地抓着力按照 ECE R117 的方法进行评价,目前仅对 C1 轮胎做出分级要求,C2、C3 类轮胎的评价方法正在发展中。具体数值和分级标准见表 10。

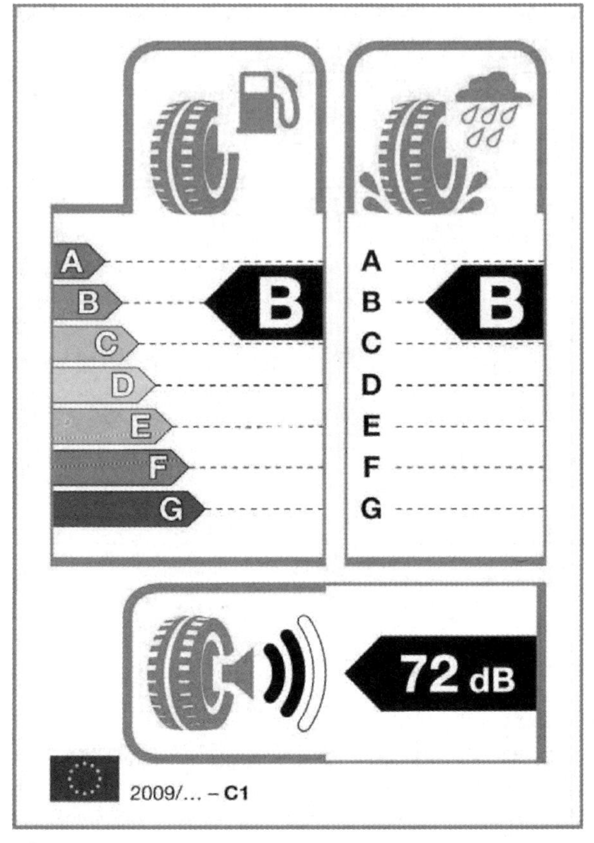

图 2

表 9

乘用车 C1 轮胎		轻型卡车 C2 轮胎		载重卡车及客车 C3 轮胎	
滚动阻力系数/kg·t^{-1}	能效等级	滚动阻力系数/kg·t^{-1}	能效等级	滚动阻力系数/kg·t^{-1}	能效等级
RRC≤6.5	A	RRC≤5.5	A	RRC≤4.0	A
6.6≤RRC≤7.7	B	5.6≤RRC≤6.7	B	4.1≤RRC≤5.0	B
7.8≤RRC≤9.0	C	6.8≤RRC≤8.0	C	5.1≤RRC≤6.0	C
–	D	–	D	6.1≤RRC≤7.0	D
9.1≤RRC≤10.5	E	8.1≤RRC≤9.2	E	7.1≤RRC≤8.0	E
10.6≤RRC≤12.0	F	9.3≤RRC≤10.5	F	RRC≥8.1	F
RRC≥12.1	G	RRC≥10.6	G	–	G

表 10

乘用车 C1 轮胎		轻型卡车 C2 轮胎 载重卡车及客车 C3 轮胎	
湿路面抓着性能指数(G)	湿地抓着力等级	滚动阻力系数 kg/t	能效等级
1.55 ≤ G	A		
1.40 ≤G ≤ 1.54	B		
1.25 ≤ G≤ 1.39	C		
–	D	目前无要求,在完善制定过程中	
1.10 ≤G≤ 1.24	E		
G ≤ 1.09	F		
–	G		

法规 1222/2009 将轮胎滚动噪音等级分为 3 级,采用 ECE R117 的测试方法进行评价,具体数值见表 11。

表 11

噪声等级图示	限值要求 N
	N 比 661/2009 法规中轮胎的滚动噪声限值低 3dB(A)
	N 满足 661/2009 法规中轮胎的滚动噪声限值要求
	N 满足现行 2001/43 法规中轮胎的滚动噪声限值要求

法规 1222/2009 要求轮胎供应商以自我声明方式对轮胎相关性能进行描述。型式批准的主管部门会对轮胎进行监督,对轮胎与标签的符合性进行评价,法规中规定了具体的评价程序。

(3)实施阶段和其他内容

法规 EC/661/2009 和法规 1222/2009 均自 2012 年 11 月 1 日起实施。由于这两个法规的要求较现有法规有很大提高,现有的轮胎产品要满足这些要求需要设计、生产技术、检测等各方面进行大量的工作。为此法规中对要求的实施是分阶段进行的,按表 12 的进度实施。

表 12 中的实施日期是针对轮胎的生产日期而言,已经投入市场的不符合要求的轮胎允许在实施日期之后 30 个月内销售。

法规 EC/661/2009 和法规 1222/2009 中均规定了不需满足要求的轮胎类别,包括:

①速度等级在 80km/h 以下的轮胎;

②名义轮辋直径≤254mm 或 ≥635mm 的轮胎;

表 12

轮胎类型	型式批准类型	实施时间						
		2012-11-1	2013-11-1	2014-11-1	2016-11-1	2017-11-1	2018-11-1	2020-11-1
C1	新申请轮胎	湿地抓着力 RR(第一阶段) 噪声			RR(第二阶段)			
	新申请车辆		湿地抓着力 RR(第一阶段) 噪声			RR(第二阶段)		
	现存轮胎			湿地抓着力 RR(第一阶段)	噪声		RR(第二阶段)	
C2	新申请轮胎	RR(第一阶段) 噪声			RR(第二阶段)			
	新申请车辆		RR(第一阶段) 噪声			RR(第二阶段)		
	现存轮胎			RR(第一阶段)	噪声		RR(第二阶段)	
C3	新申请轮胎	RR(第一阶段) 噪声			RR(第二阶段)			
	新申请车辆		RR(第一阶段) 噪声			RR(第二阶段)		
	现存轮胎				RR(第一阶段) 噪声			RR(第二阶段)

注:RR 滚动阻力

③T 型临时使用的备用轮胎;

④仅为 1990 年 10 月 1 日前注册的车辆设计的轮胎;

⑤安装在附加装置上以改进牵引性能的轮胎。

(4)欧盟型式批准的生产一致性控制要求

轮胎产品要取得欧盟型式批准证书,除了性能要符合法规要求外,制造商的生产一致性也要满足法规要求。

①生产一致性控制要求

在欧盟目前执行的轮胎法规 92/23/EC 及 2001/43/EC 和 ECE 法规中均对获得型式批准的轮胎制造商的生产场地进行生产一致性检查,对制造商有如下要求:

1) 确保建立并实施必要的程序,以便有效控制保证轮胎产品与型式批准产品的一致性;

2)有必要的检测设备,检查每个获得批准的产品的一致性;

3)确保记录并保留测试结果的数据,文件保存的时间与批准机构认可的时间一致;

4)分析每个类型的测试结果,以验证并确保在工业生产的差异性基础上的稳定的产品特性;

5) 确保每个型式批准的产品至少应进行法规要求中的检验;

6)确保所有经测试和检查为不合格的样品要进行进一步的取样和测试。同时采取一切必要步骤,恢复相应生产的符合性。

需要特别注意的是,在 R117 法规中对生产一致性还做出了检验频次的要求。法规中规定按照 R117 法规要求,应每两年从获得型式批准的轮胎产品中任选一个进行法规要求的测试,目前包括噪声和湿滑性能测试,以评价轮胎产品的一致性。

②生产一致性检查频次

在生产一致性程序中规定基本的检查频次是每两年进行一次,欧洲各型式批准机构还会做出自己的规定。我国大部分轮胎企业取得的型式批准是由荷兰型式批准及机构 RDW 发出的,该机构对生产一致性的检查频次的要求如下:

1)当生产一致性的评价结果为存在不符合时,检查频次为一年一次;

2)当生产一致性的评价结果为存在观察项时,检查频次为两年一次;

3)当生产一致性的评价结果为符合时,检查频次可为三年一次。

2. 美国法规近年发展

美国公路交通安全局(NHTSA)2010 年发布文件对 49 CFR Part 575.104 进行了修订,开始实施《轮胎燃油经济性的消费者信息计划》。轮胎燃料效率消费者信息计划将要求轮胎制造厂使用基于该文件中指定的测试程序评价他们的替换用轿车轮胎的燃油经济性、安全性和耐久性,并将燃油经济性、安全性和耐久性表现告知消费者,以便消费者选择表现更优异的替换轿车轮胎。

该计划规定了轮胎 3 个方面性能的测试程序,即滚动阻力、湿路面牵引力和胎面花纹的磨损。通过滚动阻力可以评价轮胎燃油经济性;湿路面牵引力表现了轮胎在湿滑路面停止的能力,因此可以作为轮胎安全性的评价参数;轮胎耐磨率是测量轮胎与标准轮胎比较的磨损率,可以作为评价耐久性的参数。

目前该计划仅规定了燃油经济性、安全性和耐久性的试验方法,并未规定标签的内容和要求。

(1)滚动阻力

滚动阻力测试采用 ISO28580 规定的试验方法。由于 NHTSA 并未指定基准实验室和实验基准轮胎,因此具体的实施日期还不能确定。

(2)湿路面牵引力

牵引力测试将采用 49 CFR Part 575.104《统一轮胎品质分级标准 UTQGS》中规定的测试方法,但 NHTSA 还将进一步收集数据,对现有的实验程序进行修改。

(3)轮胎磨耗

轮胎磨耗测试将采用 49 CFR Part 575.104《统一轮胎品质分级标准 UTQGS》中规定的测试方法。

在《轮胎燃油经济性的消费者信息计划》提案中,提出了几个建议的标签形式,其中最受欢迎的标签表示方法见图 3。

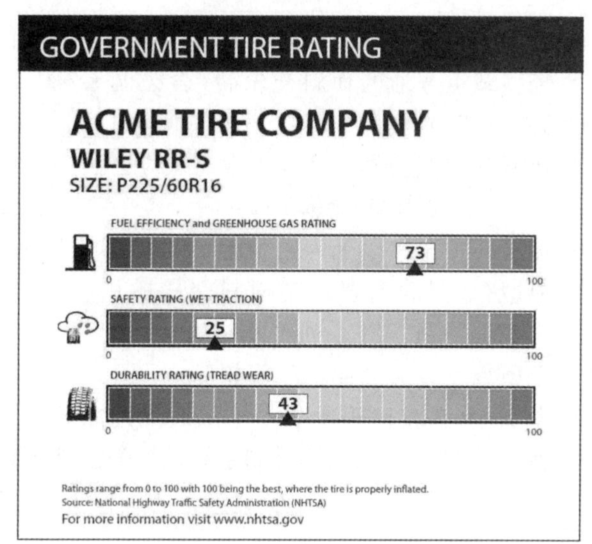

图 3

《轮胎燃油经济性的消费者信息计划》目前仅对替换市场的轿车轮胎适用,但由于目前 49 CFR Part 575 还不完善,试验方法和标签内容及要求还未最终确定,因此还未规定实施日期。

3. 我国认证法规的发展趋势

(1) 认证标准换版情况

2009 年,《GB/T 2977 - 2008 载重汽车轮胎规格、尺寸、气压与负荷》、《GB、T 2978 - 2009 轿车轮胎规格、尺寸、气压与负荷》、《GB/T 4501 - 2008 载重汽车轮胎性能室内试验方法》和《GB/T 4502 - 2009 轿车轮胎性能室内试验方法》实施,轮胎认证也随之进行了换版工作。此次标准换版后,一部分原来不在认证范围内的轮胎纳入了认证范围。国家认监委为此于 2010 年 4 月 20 日发布第 15 号公告,说明了换版的范围、要求及办法。

新版标准转换工作须于 2011 年 6 月 1 日前

完成,逾期未完成的认证证书,认证机构将予以暂停;截至 2011 年 9 月 1 日仍未完成的,认证机构将撤销其认证证书。需要新申请认证的规格,应依据《机动车辆轮胎类强制性认证实施规则轮胎产品》以及新版标准的要求实施认证,并于 2012 年 1 月 1 日前获得认证证书。

①载重汽车轮胎

单元划分情况

载重汽车轮胎单元划分原则发生变化,新增公制系列轮胎等 14 个单元,对比如表 13。

表 13

原单元划分	新版标准单元划分
1. 微型载重普通断面斜交轮胎	1. 微型载重汽车普通断面斜交轮胎(5°轮辋)
2. 轻型载重普通断面斜交轮胎(含公制系列斜交轮胎)	2. 轻型载重汽车普通断面斜交轮胎(5°轮辋)
3. 轻型载重普通断面子午线轮胎(含公制系列子午线轮胎 5°轮辋)	3. 轻型载重汽车普通断面子午线轮胎(5°轮辋)
4. 轻型载重子午线无内胎轮胎	4. 轻型载重汽车公制子午线轮胎(85 系列,5°轮辋)
5. 中型/重型载重普通断面斜交轮胎(含中型载重公制“75”系列斜交轮胎)	5. 轻型载重汽车公制子午线轮胎(5°轮辋)
6. 中型载重普通断面子午线轮胎	6. 轻型载重汽车公制子午线轮胎(75 系列,5°轮辋)
7. 中型/重型载重普通断面子午线无内胎轮胎(含中型/重型载重公制系列轮胎)	7. 轻型载重汽车公制子午线轮胎(70 系列,5°轮辋)
8. 保留生产的轮胎	8. 轻型载重汽车公制子午线轮胎(65 系列,5°轮辋)
	9. 轻型载重汽车公制子午线轮胎(60 系列,5°轮辋)
	10. 轻型载重汽车高通过性子午线轮胎
	11. 公路型挂车特种专用 ST 公制轮胎(5°轮辋)
	12. 载重汽车普通断面斜交轮胎(5°轮辋)
	13. 载重汽车普通断面斜交轮胎(15°轮辋)
	14. 载重汽车宽基斜交轮胎(15°轮辋)
	15. 载重汽车普通断面子午线轮胎(5°轮辋)
	16. 载重汽车普通断面子午线轮胎(15°轮辋)
	17. 载重汽车公制子午线轮胎(80 系列,15°轮辋)
	18. 载重汽车公制子午线轮胎(75 系列,15°轮辋)
	19. 载重汽车公制子午线轮胎(70 系列,15°轮辋)
	20. 载重汽车公制宽基子午线轮胎(65 系列,15°轮辋)
	21. 房屋汽车轮胎(15°轮辋)
	22. 保留生产轮胎

标准换版时应按新的单元划分原则进行。

1)原有“轻型载重普通断面子午线轮胎(含公制系列子午线轮胎 5°轮辋)”单元应分为如下 7 个单元:

轻型载重汽车普通断面子午线轮胎(5°轮辋)

轻型载重汽车公制子午线轮胎(85 系列,5°轮辋)

轻型载重汽车公制子午线轮胎(5°轮辋)

轻型载重汽车公制子午线轮胎(75 系列,5°轮辋)

轻型载重汽车公制子午线轮胎(70 系列,5°轮辋)

轻型载重汽车公制子午线轮胎(65 系列,5°轮辋)

轻型载重汽车公制子午线轮胎(60 系列,5°轮辋)

2)原有“中型/重型载重普通断面子午线无内胎轮胎(含中型/重型载重公制系列轮胎)”单元

应分为如下6个单元：

载重汽车普通断面子午线轮胎(5°轮辋)

载重汽车普通断面子午线轮胎(15°轮辋)

载重汽车公制子午线轮胎(80系列,15°轮辋)

载重汽车公制子午线轮胎(75系列,15°轮辋)

载重汽车公制子午线轮胎(70系列,15°轮辋)

载重汽车公制宽基子午线轮胎(65系列,15°轮辋)

试验方法变化

试验方法在强度性能、耐久性能、高速性能的试验条件和要求上发生变化,主要差异如表14。

表14

检测项目	新标准	被替代标准	新老标准差异
强度	GB/T4501－2008	GB/T6327－1996	新标准按公制系列和英制系列分别考核破坏能; 更改了单胎最大负荷≥1500kg,轮辋名义直径≥16in子午线轮胎的压头直径,由32mm变为19mm。
耐久性能	GB/T4501－2008	GB/T4501－1998	增加了速度符号在Q及其以上的耐久试验条件
高速性能	GB/T4501－2008	GB/T7035－1993	根据速度符号考核轻型载重汽车轮胎的高速性能,而原国家标准中是根据轮辋名义直径代号、层级考核轻型载重汽车轮胎的高速性能。

根据上表所列差异,标准换版时应按如下方式进行差异试验：

微型载重汽车轮胎应进行强度性能试验,需提供1条样胎/规格；

轻型载重汽车轮胎应进行强度性能、耐久性能、高速性能试验,需提供3条样胎/规格；

中型载重汽车轮胎应进行强度性能试验,需提供1条样胎/规格。

②轿车轮胎

单元划分情况

轿车轮胎单元划分原则发生变化,新增5个单元(40、35、30、25系列和T型),对比如表15。

试验方法变化

试验方法在耐久性能试验条件和要求上发生变化,主要差异见表16。

根据上表所列差异,标准换版时应按如下方式进行差异试验：

45系列、50系列、55系列、60系列、65系列、70系列、75系列、80系列进行换版时应进行耐久性能试验,需提供1条样胎/规格。

(2)认证规则发展趋势

我国的轮胎强制认证制度已经实施了10年,在认证实施过程中发现了现有的实施规则存在不适应行业发展的情况。近年来国家认监委、轮胎认证机构一直在不断地收集各种信息,组织修订轮胎实施规则。轮胎实施规则计划在2011年底完成,此次修订将在轮胎认证范围、测试和工厂检查要求等方面进行调整。

我国轮胎标准制定部门近年来关注环保要求,组织制定轮胎滚动阻力试验方法和限制要求,轮胎认证也在关注相关标准的制定情况,收集信息,有可能会在适当时间开展轮胎节能环保方面的认证。

表 15

原单元划分	新版标准单元划分
1.“80”系列轿车子午线轮胎	1.80 系列轿车子午线轮胎
2.“75”系列轿车子午线轮胎	2.75 系列轿车子午线轮胎
3.“70”系列轿车子午线轮胎	3.70 系列轿车子午线轮胎
4.“65”系列轿车子午线轮胎	4.65 系列轿车子午线轮胎
5.“60”系列轿车子午线轮胎	5.60 系列轿车子午线轮胎
6.“55”系列轿车子午线轮胎	6.55 系列轿车子午线轮胎
7.“50”系列轿车子午线轮胎	7.50 系列轿车子午线轮胎
8.“45”系列轿车子午线轮胎	8.45 系列轿车子午线轮胎
9.“95”系列普通断面轿车斜交轮胎	9.40 系列轿车子午线轮胎
10.“88”系列普通断面轿车斜交轮胎	10.35 系列轿车子午线轮胎
11.“82”系列普通断面轿车斜交轮胎	11.30 系列轿车子午线轮胎
	12.25 系列轿车子午线轮胎
	13.T 型临时使用的备用轮胎
	14.保留生产的轿车子午线轮胎
	15.保留生产的轿车斜交轮胎

表 16

检测项目	新标准	被替代标准	新老标准差异
耐久性能	GB/T4502－2009	GB/T4502－1998	修改了轿车子午线轮胎试验速度，由“80km/h”改为“120km/h”。

4.结语

近年来世界各国对轮胎环保要求的认证法规不断出台，我国轮胎生产技术人员应尽早做好准备，投入技术研发，生产出符合法规要求的轮胎产品，提高产品竞争力。

（赵翔）

大　事　记

2010 年中国橡胶工业大事记

1. 天然胶进口从量税降低

2010 年 1 月 1 日起，中国进一步调整进出口关税税率。对乳胶、烟胶片、标胶继续执行选择税。天然乳胶按 720 元/吨或 10% 从低计征；烟胶片和标胶从量税由 2600 元/吨或 20% 调整为烟胶片按 1600 元/吨或 20% 从低计征，标胶按 2000 元/吨或 20% 从低计征。

2. 中国橡胶工业协会召开第 28 次秘书长会议

1 月 14 日，中国橡胶工业协会第 28 次秘书长工作会议在广州召开，会议总结交流了 2009 年工作，研究部署了 2010 年主要工作。会议同意邓雅俐秘书长关于“2009 年工作总结和 2010 年主要工作（讨论稿）”提交七届三次理事会审议；会议研究确定中国橡胶工业协会七届三次理事会于 2011 年 3 月 15 日在青岛召开，同时参加第五届中国橡胶市场发展论坛暨 2010 世界橡胶高峰论坛和 2010 国际橡胶展览（青岛）。经范仁德会长推荐，会议建议副会长兼秘书长邓雅俐为协会常务副会长兼秘书长，提请理事会通过后确认；会议评选出 2009 年度分会（委员会）统计、财务、刊物、网站工作单项先进；总会秘书长与各分会（委员会）秘书长、直管部门负责人签订了 2010 年岗位责任书。会议由秘书长邓雅俐主持，会长范仁德作了“加强协会自身建设，促进橡胶工业平稳较快发展”的讲话。各分会、专业委员会秘书长、总会直管部门负责人等共 20 人出席会议。会后，全体人员应邀考查了广垦橡胶公司海外天然胶生产基地。

3. 橡胶助剂清洁工艺列入国家科技支撑计划

1 月 29 日，“橡胶助剂清洁工艺和特种功能性产品的开发”列入国家科技支撑计划。该项目由中国橡胶工业协会组织完成，项目经费总额为 13184 万元，其中，国家科技支撑计划专项经费 884 万元。

4. 中国橡胶工业协会荣获先进集体称号

在 1 月 20 日召开的中国石化协会系统总结大会上，中国橡胶工业协会获得中国石油和化学工业协会系统 2009 年度先进集体荣誉称号，受到表彰。2009 年，是橡胶工业改革和发展十分关键的一年，中国橡胶工业协会深化改革，开拓进取，扎实工作，为企业、行业和政府服务的工作做出了积极的贡献。

5. 中橡协要求把旧轮胎列入禁止进口目录

2 月 5 日，中国橡胶工业协会上书国家环境保护总局、国家商务部、海关总署、国家质量监督检验检疫总局，要求把旧轮胎列入禁止进口目录。

据国家质量监督检验检疫总局反映，最近有客商要求把 1 亿多条旧轮胎进口国内，压力很大，造成目前这种状况的主要原因是国家有明确规定严禁禁止废轮胎进口，而旧轮胎能否进口则没有法律依据。

中国橡胶工业协会坚决反对进口旧轮胎，主要理由是进口旧轮胎将影响安全、环保和冲击新胎市场。如果允许进口旧轮胎，很多废轮胎也会以旧轮胎的名义进口，这不但会造成我国生态环境的严重污染，而且中国将会变成世界轮胎垃圾处理场，这与我国发展清洁经济、循环经济的目标背道而驰。为此，中橡协坚决要求把旧轮胎尽快列入禁止进口目录，让执法者有法可依。

6. 中橡协印发《橡胶行业产业结构调整指导意见》

3 月 4 日，中国橡胶工业协会根据国家有关要求组织编制印发了《橡胶行业产业结构调整指导意见》，并且在印发通知中提出 3 点意见。

（1）指导意见总结了行业“十一五”发展情况和存在的主要问题，是“十二五”规划纲要编制的基本指导思想，其中一些重要调整意见，将提供给国家有关部门作为制定产业政策的建议。

（2）橡胶工业各专业在编制“十二五”规划纲

要时，根据指导意见的原则，认真分析本行业产业结构现状和问题，针对发展低碳经济和绿色环保节能产品，提出有指导性和可操作性的发展思路。特别是关于市场需求预测分析，产品结构调整具体内容，落后产品、产能、设备的标准及淘汰期限，技术、工艺创新和高端产品研发，创立有自主知识产权的技术和产品，扩大产品质量授信范围和培育品牌、名牌产品措施等方面要作为重点内容。

(3)生产企业在研究“十二五”发展规划时，可借鉴本指导意见相关内容，并突出企业产品特色。

7. 中橡协召开七届三次理事会扩大会议

3月15日，中国橡胶工业协会七届三次理事会扩大会议在山东青岛召开。

会议审议并通过了邓雅俐秘书长关于《中国橡胶工业协会2009年工作总结和2010年主要工作》的报告，中国橡胶工业协会2009年财务决算和2010年财务预算的报告，邓雅俐同志任协会常务副会长兼秘书长的建议；3家企业申请加入中国橡胶工业协会的报告。审议并原则通过了设立应对贸易争端基金的提案。

会议还通报了部分分会(委员会)理事长换聘情况及为积极应对日益增多的贸易摩擦，总会设立公共关系部。

会长范仁德做了《关于协会建设和橡胶行业发展若干问题的总结》报告。会议由中橡协主席团执行主席、双钱集团总经理岳春辰主持，出席会议有280名代表。会议代表出席了同期召开的第五届中国橡胶市场发展论坛暨2010世界橡胶高峰论坛。

8. 第五届中国橡胶市场发展论坛暨2010世界橡胶高峰论坛在青岛成功举办

3月16~18日，由中国橡胶工业协会与国际橡胶研究组织共同主办的第五届中国橡胶市场发展论坛暨2010世界橡胶高峰论坛在山东青岛成功举办。本次论坛主题是探索复苏，合作共赢，持续发展。参加会议的代表近千人，其中国外代表200多人，分别有来自美国、日本、新加坡、泰国、越南、科特迪瓦、马来西亚、英国、德国、斯里兰卡、菲律宾、尼日利亚、印度、喀麦隆等十几个国家。这是国际橡胶研究组织成立66年来首次将年会放在中国举办，全球橡胶界精英齐聚中国青岛，世界瞩目，盛况空前。

论坛报告涉及轮胎及非轮胎工业的发展、材料与产品进展、原油及原料情况、橡胶的新来源、天然橡胶生产及气候变化、世界橡胶工业展望六大方面；分析探讨了发展低碳经济、循环经济，新材料、新型橡胶资源，促进橡胶工业可持续发展之路。

会议由中国橡胶工业协会常务副会长兼秘书长邓雅俐主持，中国橡胶工业协会范仁德会长和国际橡胶研究组织秘书长埃文斯博士分别致辞并作了重要报告。同期举办了“2010国际橡胶展览”，展览涉及橡胶及原材料、橡胶助剂、橡胶制品及设备等。

9. 轮胎分会换聘新一任理事长

4月15日，中国橡胶工业协会轮胎分会会员大会在威海召开，根据《中国橡胶工业协会分支机构管理细则》的有关要求，三角集团有限公司董事长丁玉华出任轮胎分会第七届理事会新一任理事长。

10. 中橡协要求加大国储胶投放力度和降低天然胶进口关税

4月22日，中国橡胶工业协会组织部分轮胎企业在北京召开了橡胶市场研讨会，商讨措施以应对天然橡胶价格高涨和轮胎特保案的双重夹击下，企业生产经营压力很大，已不堪重负，轮胎行业有可能面临全面亏损紧急状况。根据企业的强烈要求，在此关键时刻，中橡协向政府有关管理部门报告情况，提出如下诉求：加大国储胶的投放力度，关键时刻以平抑胶价；再次向政府呼吁降低天然橡胶进口关税，以降低轮胎等产品的生产成本。

建议政府尽快出台“轮胎产业政策”，调整和抑制企业盲目扩大产能；要求把旧轮胎列入禁止进口目录；呼吁国家给予再生橡胶优惠政策支持，恢复“废橡胶、再生橡胶”列入《资源综合利用目录》。

11. 力车胎分会换聘新一任理事长

5月12日，中国橡胶工业协会力车胎分会会员大会在重庆召开，根据《中国橡胶工业协会分支机构管理细则》的有关要求,结合力车胎分会的实际情况,江苏飞驰股份有限公司董事长陆安杰继续出任力车胎分会第七届理事会理事长。

12. 中橡协推进杜仲产业化进程

7月9~11日,中国橡胶工业协会和中国化工报社在北京联合举办"2010中国杜仲胶产业化高峰论坛"。会议认为,鉴于我国严重依赖天然橡胶进口的现状,以及杜仲胶开发应用已具备产业化生产的基本条件,为做强我国橡胶产业,应尽快推进杜仲资源的综合开发利用和实现产业化。希望通过会议,引起有关政府部门、民间组织、科研院所及企业的关注,促进杜仲胶新兴产业的发展。国家发改委、工信部、国资委、科技部、农业部、林业局等六大部委的有关部门出席了会议,多位杜仲方面的专家及百余名代表到会。中国橡胶工业协会发出《关于成立"推动杜仲产业化联盟"的倡议》,协会作为一个行业组织,将不遗余力促进杜仲产业链的合作和共同发展。

13. 中橡协召开秘书长工作会议

7月13日,中国橡胶工业协会秘书长工作会议在丹东召开,会议总结交流了2010年上半年工作,研究部署了2010年下半年及2011年主要工作。会长范仁德作了"关于进一步加强协会自身建设和重点工作意见"的讲话,秘书长邓雅俐做了"2010年上半年工作总结和下半年主要工作"的发言;会议讨论研究落实了财务、统计、会展以及协会分支机构负责人设置等工作的改进意见。会议由常务副会长兼秘书长邓雅俐主持,各分会(专业委员会)及总会直管部门负责人共21人出席会议。

14.《轮胎产业政策》正式发布

2010年9月15日,国家工信部发布《轮胎产业政策》,从政策目标、产品调整、技术政策、配套条件建设、行业准入、投资管理、进出口管理、品牌与服务、废旧轮胎回收利用等方面促进我国轮胎产业调结构、转方式,提高综合实力,指导产业健康可持续发展。

15. 中橡协紧急应对天然胶价格暴涨

10月18日,中国橡胶工业协会在北京召开天然胶价格暴涨紧急应对会议。国庆以后,天然橡胶价格出现持续暴涨,突破吨胶3万元,企业生产成本直线上升,生产经营难以为继。紧急应对会议后,中国橡胶工业协会以报告、新闻媒体等多种方式向政府有关部门反映情况,呼吁出售国储胶,以遏制天然胶价格暴涨势头;并再次呼吁取消天然胶进口关税;建议国家有关部门加强对天然胶市场的监督和管理,尽快改变我国天然胶进口渠道杂乱分散,采购缺乏计划性的现状,鼓励国内轮胎企业集团采购,与天然胶生产国签订稳定合同,实行定点采购,降低采购成本。同时,要加强国内天然胶期货市场的立法、监督和交易品种开发,制定合理标准,调整天然胶保证金、手续费和报备程序化交易,尤其是要抑制期货市场的过度炒作,打击投机商哄抬价格,做到公平交易,并建议加强价格预警机制,确保用胶企业正常生产经营。协会的呼吁,得到政府有关部门的重视并提出了工作意见。

16. 中橡协会召开主席团会及常务理事会议

11月15日,中国橡胶工业协会在福建厦门召开了主席团及常务理事会议。会议审议并通过了《中国橡胶工业协会主席团组织细则》;审议通过了中国橡胶工业协会推介行业百强、协会推荐品牌、评选诚信轮胎经销商及诚信橡胶贸易商的决定及评价规则。通过了成立中国橡胶工业协会公共关系委员会,杭州中策橡胶有限公司董事长沈金荣为委员会理事长,中国橡胶工业协会副秘书长徐文英为委员会秘书长的报告。

表彰了主席团2009~2010年度企业执行主席、双钱集团总经理岳春辰同志。推选软控股份有限公司董事长袁仲雪为2010~2011年度企业执行主席。会议分析行业经济运行状况及发展趋势,研究轮胎行业发展的现状,引导行业健康发展。会议由范仁德会长和主席团本任企业执行主席、双钱集团总经理岳春辰先后主持,113名代表出席会议。

17. 中橡协推进低碳经济

2010年11月15~17日,中国橡胶工业协会在厦门举办全国橡胶工业信息发布会,会议以"低碳经济与科技创新促进橡胶工业结构调整"为主题,通过宣传节能减排、技术改造,倡导产品科技创新,打造绿色低碳经济生产模式,促进企业可持续发展。会议提出,发展低碳经济是实现我国可持续发展战略的长期任务，我国橡胶行业要从优化原材料结构、调整产业结构、开发和推广应用节能设备技术和加强工艺管理、大力开展废旧轮胎等橡胶产品的回收和再生利用等角度探索低碳经济的发展路径。近300位橡胶行业代表参加了会议。

（邓雅俐）

2010 年中国橡胶工业十大新闻

一、天然橡胶价格屡创历史新高

2010 年，天然橡胶价格持续暴涨，屡创历史新高，轮胎生产成本上升 30% 左右，企业效益下滑，难以承受，成为业内关注的焦点问题。中国橡胶工业协会为反映企业呼声，帮助企业渡过难关，先后两次召开紧急会议，共同商讨应对措施，并多次请求国家降低天然橡胶进口关税、投放国储胶平抑胶价。

二、《轮胎产业政策》正式发布

2010 年 10 月，国家工信部发布《轮胎产业政策》，鼓励发展高性能轮胎产品，规定准入条件和建立轮胎召回制度。该《政策》将成为规范轮胎行业发展，防止低水平重复建设，加强环境保护，提高资源综合利用效率，促进我国轮胎行业技术进步和结构升级，促进我国轮胎产业调结构、转方式，提高综合实力，指导产业健康和可持续发展的政策依据。

三、中国橡胶工业协会组织编制《橡胶行业十二五发展规划指导纲要》

以“橡胶行业产业结构调整指导意见”为基本原则，中国橡胶工业协会组织行业、企业专家，着手编制了《橡胶行业十二五发展规划指导纲要》。《纲要》提出行业“十二五”期间的主要发展目标、总体发展思路、指导原则、重点任务和措施；分析橡胶行业发展的突出问题，提出解决问题的对策建议、战略选择和关键举措，是指导橡胶行业未来五年发展的纲领性文件。

四、中橡协与国际橡胶研究组织首度合作会议盛况空前

中国橡胶工业协会（CRIA）与国际橡胶研究组织（IRSG）首度合作，于 2010 年 3 月 15 ~ 18 日在山东省青岛市举办“第五届中国橡胶市场发展论坛暨 2010 世界橡胶高峰论坛”。会议以“探索复苏，合作共赢，持续发展”为主题，由国内外的专家对轮胎及非轮胎工业的发展、合成橡胶工业进展、原油及原油情况、橡胶的新来源、天然橡胶生产及气候变化等作了重要报告，共商后危机时代世界橡胶工业持续发展之计。来自国内外的橡胶生产商、经销商、轮胎及其他橡胶制品生产企业、各国橡胶行业协会的近千名代表参加了会议，其中国外代表 200 多人，包括美国、欧洲、英国、科特迪瓦、德国、印度、日本、越南、印尼、马来西亚、新加坡等多个国家和地区橡胶行业协会的嘉宾。各国橡胶行业协会高层的聚首，会议盛况空前，同期举办的展览会展位暴满。

五、青岛科技大学建校 60 周年

2010 年 9 月 16 日，有“中国橡胶工业黄埔”美誉的青岛科技大学迎来建校 60 周年庆典。60 年来，青岛科技大学为国家和社会培养了各类人才 8 万余人，是国内最早开设橡胶专业的学校，毕业生在橡胶、化工、石油、机械等行业领域的第一线默默奉献，成为行业的中坚和骨干力量。

六、关注杜仲胶战略性新兴资源

鉴于我国严重依赖天然橡胶进口的现状，以及杜仲胶开发应用已具备产业化生产的基本条件，为做强我国橡胶产业，使杜仲资源的综合开发利用迅速实现产业化，中国橡胶工业协会和中国化工报社于 2010 年 7 月 9 ~ 11 日在北京联合举办“2010 中国杜仲胶产业化高峰论坛”，国家发改委、工信部、国资委、科技部、农业部、林业局等六大部委的有关部门派员出席了会议，多位杜仲方面的专家及百余名代表到会。希望通过会议，引起有关政府部门、民间组织、科研院所及企业对战略性资源的关注，促进杜仲胶新兴产业的发展。会议同时发出倡议，认为我国杜仲资源具有垄断性优势，技术基础已经具备，杜仲胶新兴战略产业发展亟需提速。

七、国内紧缺合成橡胶产品产能、技术获突破

茂名鲁华化工有限公司 1.5 万吨/年异戊橡胶项目顺利投产，我国合成胶七大基本胶种全部

实现工业化。青岛伊科斯新材料公司3万吨/年异戊橡胶装置正在建设中。由青岛科大方泰新材料有限公司投资10亿元的青岛第派新材有限公司反式异戊橡胶项目在山东莱西市开工建设。该项目是国家“863”高技术研究发展计划“九五”项目,具有自主知识产权和核心技术。一期年产3万吨反式异戊橡胶装置预计2011年底投产,后期还将扩能到10万吨/年规模,并建设反式异戊橡胶应用工程研发中心。

中国石化与日本三井化学株式会社的三元乙丙橡胶合资项目在上海设立,双方以50:50的出资比率设立新公司,年产规模为7.5万吨,预计2013年第四季度完工。

由浙江大学教授陈甘棠等科研人员自主研发的溴化丁基橡胶生产技术,使无内胎轮胎在原料生产这一关键环节得以国产化。这项技术是基于氯化丁基橡胶生产技术和溴化丁基橡胶小试的基础上完成的,目前已申请了两项国家发明专利。

八、安全、环保、绿色轮胎成为主流趋势

广州华南轮胎公司“20万条/年安全跑气保用子午线轮胎”生产线通过国家科学技术部验收;玲珑集团有限公司“低断面抗湿滑低噪声超高性能轿车子午线轮胎”获2010年度国家科技进步二等奖;双钱集团股份有限公司FT105系列拖车轮胎获得美国环保署(EPA)的Smart Way认证,成为中国首家获得该认证的轮胎企业;三角集团提出今后3年绿色轮胎产品将达70%以上;杭州中策为开发制造绿色轮胎已投入8000万元资金;风神股份也已在研发低滚动阻力的新型轮胎。

九、中橡协启动推荐百强企业、品牌产品、诚信轮胎经销商及诚信橡胶贸易商活动

作为推动行业健康发展的重要措施,中国橡胶工业协会启动了推荐百强企业、品牌产品、诚信轮胎经销商及诚信橡胶贸易商活动。从2011年开始,将每年推出“中国橡胶工业百强企业”、“协会推荐品牌产品”、“诚信轮胎经销商”及“诚信橡胶贸易商”,并在3月份由协会主办的“中国橡胶工业年会”上,对活动的结果进行公布和授牌,同期将在协会所辖的期刊及网站上公布,并在国内外通过各种形式进行宣传。协会通过组织这一系列的活动,要向全世界推介中国橡胶行业百强、推荐中国橡胶行业品牌,提高企业的知名度,提升品牌的竞争力,推动橡胶行业由大向强发展,同时促进建立健康的橡胶产品和市场秩序。

十、低碳经济与科技创新促进橡胶工业结构调整

2010年11月15~17日,中国橡胶工业协会在厦门举办“全国橡胶工业信息发布会”,会议以“低碳经济与科技创新促进橡胶工业结构调整”为主题,旨在通过宣传节能减排、技术改造,倡导产品科技创新,打造绿色低碳经济生产模式,促进企业可持续发展。会议提出,发展低碳经济是实现我国可持续发展战略的长期任务,我国橡胶行业要从优化原材料结构、调整产业结构、开发和推广应用节能设备技术和加强工艺管理、大力开展废旧轮胎等橡胶产品的回收和再生利用等角度探索低碳经济的发展路径。近300位橡胶行业代表参加了会议。

(中橡协)

中国橡胶工业统计

表 1　2005～2010 年橡胶工业总产值、工业增加值和销售收入统计

亿元

项目	2005 年	2006 年	2007 年	2008 年	2009 年	2010 年
全国工业总产值(现价)	249625	315630	404489.1	496248.7	546320	707772.2
化学工业总产值(现价)	33762.4	42601.9	53221.6	65842.9	66267.8	88797.3
橡胶行业(现价)	2047.6	2732.9	3456.7	4107.3	4774.7	6105.1
全国工业增加值	8733.5	12130.9	13584.8	129112	134625	160030
化学工业增加值	3970.7	5646.1	7826.75	10729.9		
橡胶行业	545.2	706.62	692.33	635.93		
全国工业产品销售产值					530660.3	693109.6
化学工业销售产值	33063.4	42028.7	28552.89	3605	65135.2	87293.7
橡胶行业销售产值	2113.4	2698.4	2533.31	2700.03	4569.7	6004.6

表 2　2005～2010 年橡胶工业主要产品产量

产品名称	2005 年	2006 年	2007 年	2008 年	2009 年	2010 年
轮胎总产量/万条	31820	43319	33000	35000	38000	44000
子午胎：	14262	17860	23000	26300	29800	37000
全钢	2800	3800	(载重)5000	(载重)5700	7200	8700
半钢	11462	14300	(轻+轿)18000	(轻+轿)20600	22600	28300
斜交胎	17558	25459	10000	8700	8200	7000
摩托车外胎/万条	8500	10000	12000	13200	13720	14800
手推车	1124	2800	3000	3200	2000	1800
自行车	-	50000	52000	50800	50000	71200

注:2008、2009、2010 年产量为橡胶协会统计数据。

续表 2

产品名称	2005 年	2006 年	2007 年	2008 年	2009 年	2010 年
力车胎内胎/万条	–	57000	63100	70000	63000	81600
手推车	–	3000	3000	3200	3000	1500
自行车	–	54000	60100	66800	60000	60100
输送带/万 m^2	13702	15357	17000	24490	27429	33700
普通 V 带/万 Am	86600	91623	99000	138889	158333	172500
橡胶胶管/万 Bm	37827	51181	55000	88889	89778	107500
胶鞋/万双	127475	159089	216000	207410	203677	222000
再生胶/万 t	145	170	195	245	250	270
钢丝帘子线/t	459442	533934	724700	695400	981800	1204208
帘子布/t	348166	268498	347300	349000	332600	385380
炭黑/万 t	174	185	230	245	283	337
橡胶助剂/万 t	29.8	38.9	47	51.7	66	76
促进剂	17.6	18.9	22.8	24.8	25.78	25
防老剂	9.5	12	14.7	19.52	22.8	28
合成橡胶/万 t	133.29	146	163	164.41	181.75	216.9
丁苯	51.42	58	70	75.12	85.05	94
丁腈	3.88	4	4	4.2	4.81	8
顺丁	39.62	45	48	44.09	47.69	60.4
氯丁	4.15	5	5	4.4	3.82	4.1
丁基	3.9	4	4	4.4	4.03	3.6
乙丙	1.92	2	2	1.9	1.77	1.9
SBS	28.4	29	30	30.3	34.58	45
天然橡胶/万 t	51	54	59	56	64	68.7

注:2006、2007 年除轮胎、胶鞋产量数据外,其他均为橡胶协会根据比例和调查的统计数据。

表 3　2005～2010 年橡胶工业独立核算工业企业主要经济指标

产品名称	企业单位数/个					工业总产值(现价)/万元				
	2005 年	2006 年	2007 年	2008 年	2009 年	2005 年	2006 年	2007 年	2008 年	2009 年
橡胶制品业	3034	3353	3622	3909	4720	22024376	27318521	34567171	41072558	47678635
1. 轮胎制造业	302	344	373	398	431	10256053	12820721	16449443	20267500	23060090
2. 力车胎制造业	71	87	84	90	112	500356	721402	703799	780028	922892
3. 橡胶板管带制造业	640	720	773	818	1009	1849224	3037674	3912985	4845962	6061131
4. 橡胶零件制造业	651	725	795	872	1025	1509749	2444796	3134938	4029579	4575889
5. 再生橡胶制造业	126	150	178	209	232	247062	682704	972032	1376011	1527745
6. 橡胶靴鞋制造业	612	611	617	622	711	2958145	3992510	4843625	4186435	4710637
7. 日用橡胶制品业	231	224	239	247	303	1071516	1612649	1767827	1911463	2322676
8. 其他橡胶制品业	368	452	520	598	814	1045307	1875661	2604471	3438691	4226502
9. 橡胶制品翻修业	33	40	43	55	83	90574	130404	178051	236890	391108
轮胎翻修业	33	40	43	55	83	90574	130404	178051	236890	391108
橡胶工业专用设备制造业	138	156	171	177	207	501654	766004	1047090	1235469	1323105

续表 3－1

产品名称	工业销售产值/万元					出口交货值/万元				
	2005 年	2006 年	2007 年	2008 年	2009 年	2005 年	2006 年	2007 年	2008 年	2009 年
橡胶制品业	21510067	26730252	33964744	40259244	46802751	5694658	7012342	8490728	9154982	8954936
1. 轮胎制造业	10006835	12518780	16255981	19979342	22759101	2635361	3760238	4749408	5207447	5156145
2. 力车胎制造业	497862	726353	689944	777852	903191	111227	131010	76674	97487	107681
3. 橡胶板管带制造业	2368362	2964049	3808257	4707043	5882605	260661	330397	393831	460287	460700
4. 橡胶零件制造业	1791468	2388565	3035407	3905405	4438798	425919	536878	674410	794400	626295
5. 再生橡胶制造业	491538	671351	956502	1337648	1496994	14343	20117	28247	23813	21782
6. 橡胶靴鞋制造业	3553741	3904991	4774266	4070333	4612653	1351452	1260232	1443674	1126419	1174961
7. 日用橡胶制品业	1318169	1590067	1744495	1879375	2304290	479261	548379	627963	789418	872528
8. 其他橡胶制品业	1356838	1839904	2525825	3370335	4024299	407477	424957	494734	655422	533350
9. 橡胶制品翻修业	125254	126192	174066	231911	380820	8957	135	1787	289	1495
轮胎翻修业	125254	126192	174066	231911	380820	8957	135	1787	289	1495
橡胶工业专用设备制造业	547721	735963	998668	1171831	1285860	49201	61494	85258	127317	82238

续表 3－2

产品名称	资产合计/万元					流动资产合计/万元				
	2005 年	2006 年	2007 年	2008 年	2009 年	2005 年	2006 年	2007 年	2008 年	2009 年
橡胶制品业	19341041	22504194	27496612	33032267	35258599	9392414	11156617	13218063	16375378	17257411
1. 轮胎制造业	9650622	11945126	15334941	18684177	19768804	4142587	4951401	6310224	7853145	8519304
2. 力车胎制造业	497268	675144	579261	556021	648875	234372	370272	280263	243133	289665
3. 橡胶板管带制造业	2095706	2277294	2637284	3397398	3925073	1125894	1297471	1501760	1906004	2183190
4. 橡胶零件制造业	1851425	2252562	2729938	31685036	3365962	992380	1270612	1584379	19134521	1983938
5. 再生橡胶制造业	180555	243854	369680	555050	582455	93166	124667	183611	259066	289274
6. 橡胶靴鞋制造业	2878925	2524072	2669622	2565967	2545319	1575271	1551679	1540052	153678	1450107
7. 日用橡胶制品业	917560	1000967	1031082	1287252	1396180	504546	617527	598283	689277	728448
8. 其他橡胶制品业	1195513	1498063	2045921	2654561	2820117	690632	920913	1181382	1597367	1685228
9. 橡胶制品翻修业	73468	87112	98883	163337	205813	33567	52075	38109	77184	128258
轮胎翻修业	73468	87112	98883	163337	205813	33567	52075	38109	77184	128258
橡胶工业专用设备制造业	548579	733794	917664	1154179	1304576	369525	495917	651418	744156	863735

续表 3－3

产品名称	产品销售收入/万元					存货/万元				
	2005 年	2006 年	2007 年	2008 年	2009 年	2005 年	2006 年	2007 年	2008 年	2009 年
橡胶制品业	21133840	26683361	34903742	41498584	46420679	2942180	3459068	4099968	4989622	4821350
1. 轮胎制造业	9674763	12352615	16144152	20423499	22624154	1324531	1659346	2099338	2659171	2609857
2. 力车胎制造业	505792	781255	675574	710448	865185	83866	126753	106905	99448	109581
3. 橡胶板管带制造业	2363684	2989789	3809234	4981050	5835649	320620	343594	401503	496066	488442
4. 橡胶零件制造业	1792089	2386568	3050438	3736961	4360600	284404	332797	429736	495090	479948
5. 再生橡胶制造业	449389	715252	991593	1367162	1473677	32817	40060	58399	88352	89959
6. 橡胶靴鞋制造业	3588988	3887382	4692703	4393064	4659375	557231	568842	558531	508026	449386
7. 日用橡胶制品业	1302470	1588584	1604063	1967407	2258331	155947	151285	162852	207629	207856
8. 其他橡胶制品业	1335398	1854111	2676069	3656186	3963756	176645	226141	269115	414420	364221
9. 橡胶制品翻修业	121267	127806	160072	262807	379952	6118	10251	13591	21419	22101
轮胎翻修业	121267	127806	160072	262807	379952	6118	10251	13591	21419	22101
橡胶工业专用设备制造业	518894	679666	939772	1193383	1218050	132571	163594	198699	271312	223184

续表 3－4

产品名称	固定资产净值(04 年以后为平均余额)/万元					固定资产原值/万元				
	2005 年	2006 年	2007 年	2008 年	2009 年	2005 年	2006 年	2007 年	2008 年	2009 年
橡胶制品业	6750892	8002726	10330357	11997861	13440924	10499673	12124489	15241924	18396495	20683580
1. 轮胎制造业	3833597	4858757	6448641	7698913	8702377	5850405	7213719	9728353	11720900	13273408
2. 力车胎制造业	161860	224505	202778	195390	241259	264506	348266	316102	329206	373297
3. 橡胶板管带制造业	651840	707016	795980	1025639	1273407	1070077	1088880	1276505	1594355	1945312
4. 橡胶零件带制造业	610765	703808	872649	984879	1005101	998800	1131043	1365978	1544355	1647358
5. 再生橡胶制造业	57373	88404	139114	226001	220846	98213	129305	196309	321209	321375
6. 橡胶靴鞋制造业	805451	705011	771740	713512	710603	1239726	1129757	1009419	1111256	1130782
7. 日用橡胶制品业	274507	292273	322628	408704	466900	424873	451222	475268	658668	720078
8. 其他橡胶制品业	332497	399750	539863	702278	767585	528807	599442	833997	1044806	1192766
9. 橡胶制品翻修业	23002	23203	29217	42546	52847	24268	32854	39993	67406	79206
轮胎翻修业	23002	23203	29217	42546	52847	24268	32854	39993	67406	79206
橡胶工业专用设备制造业	118340	168736	178533	258852	264571	193769	281157	305146	409842	423698

续表 3－5

产品名称	应收账款净额/万元					流动负债/万元				
	2005 年	2006 年	2007 年	2008 年	2009 年	2005 年	2006 年	2007 年	2008 年	2009 年
橡胶制品业	2973468	3353755	3781300	4528672	4849605	9373182	11214198	12995491	15934464	15904474
1. 轮胎制造业	1183431	1305975	1467035	1910849	2036285	4244782	5824670	6942285	9334796	9049892
2. 力车胎制造业	77140	99980	63585	39646	48647	226921	332818	305819	212615	318868
3. 橡胶板管带制造业	417526	465517	566153	688582	747562	1119809	1208605	1285682	1519339	1646762
4. 橡胶零件制造业	418514	512968	620396	676981	757366	920625	1079208	1302958	1437557	1434119
5. 再生橡胶制造业	29181	31988	53844	97033	100054	90299	123373	155571	217781	219817
6. 橡胶靴鞋制造业	417880	414310	394334	359780	373085	1658907	1394679	1461631	1246545	1275446
7. 日用橡胶制品业	154412	195657	175514	201975	201341	518975	515583	523485	606061	639574
8. 其他橡胶制品业	261768	319117	430031	533276	564014	566944	697982	980433	1295120	1234892
9. 橡胶制品翻修业	13617	8243	10409	20548	21249	25921	37282	37627	64648	85105
轮胎翻修业	13617	8243	10409	20548	21249	25921	37282	37627	64648	85105
橡胶工业专用设备制造业	117541	155490	195425	214874	262300	367328	450818	572584	673089	762323

续表 3－6

产品名称	长期负债/万元					所有者权益/万元				
	2005 年	2006 年	2007 年	2008 年	2009 年	2005 年	2006 年	2007 年	2008 年	2009 年
橡胶制品业	2095116	2177476	2618153	3157218	3208725	7972725	8987197	11419731	13518110	15531843
1. 轮胎制造业	1604325	1683865	2117127	2577998	2503902	3672836	4394696	5935939	6621266	7978005
2. 力车胎制造业	45300	47496	19645	49649	51139	219928	293036	240085	243375	273356
3. 橡胶板管带制造业	125877	101319	111060	196078	221730	923988	947756	1216201	1624601	1906409
4. 橡胶零件制造业	63996	91940	105822	109088	146650	964636	1067557	1305173	1589979	1752975
5. 再生橡胶制造业	18915	24054	24901	22484	23846	76048	90518	1746041	301382	316625
6. 橡胶靴鞋制造业	121144	126676	108902	62086	97705	1112668	996076	1068425	1192404	1085684
7. 日用橡胶制品业	62845	46670	53090	71174	66521	361730	425655	445520	584711	660572
8. 其他橡胶制品业	50953	53284	71164	59514	97705	601570	724381	980639	1273666	1469884
9. 橡胶制品翻修业	1761	2173	6443	9147	27791	39322	47522	53109	87025	88332
轮胎翻修业	1761	2173	6443	9147	27791	39322	47522	53109	87025	88332
橡胶工业专用设备制造业	33418	38743	42021	50680	67260	197524	243183	289304	421252	432169

续表 3－7

产品名称	国家资本/万元					集体资本/万元				
	2005 年	2006 年	2007 年	2008 年	2009 年	2005 年	2006 年	2007 年	2008 年	2009 年
橡胶制品业	344095	345046	349472	422880	292813	128250	112026	129077	140190	159913
1. 轮胎制造业	161268	201134	242364	312528	228000	11990	24407	21872	32953	47712
2. 力车胎制造业	1471	258	258	258	258	9290	9466	733	753	2233
3. 橡胶板管带制造业	83022	55897	44390	40036	31020	38825	20612	31185	14819	22950
4. 橡胶零件制造业	22079	16260	15262	32656	20295	22310	17844	17486	14225	15260
5. 再生橡胶制造业	499	523	111	111	0	3597	1148	3610	6911	3326
6. 橡胶靴鞋制造业	41986	24723	16632	21514	2650	22713	16104	16056	14721	13493
7. 日用橡胶制品业	14860	3044	6326	6208	1591	7327	6082	5506	5436	1791
8. 其他橡胶制品业	18019	22520	8734	7650	2650	11381	16033	25524	49931	13493
9. 橡胶制品翻修业	893	748	422	1918	912	818	330	360	441	307
轮胎翻修业	893	748	422	1918	912	818	330	360	441	307
橡胶工业专用设备制造业	11344	19191	14551	27086	13221	938	4526	6385	5315	4672

续表 3 - 8

产品名称	法人资本/万元					个人资本/万元				
	2005 年	2006 年	2007 年	2008 年	2009 年	2005 年	2006 年	2007 年	2008 年	2009 年
橡胶制品业	1206734	1341768	1546762	1677968	2014049	953994	1092545	1289816	1725080	1894253
1. 轮胎制造业	583618	698756	762349	823358	1023077	228028	328115	391482	435774	520177
2. 力车胎制造业	47317	52461	54173	61336	69876	45463	48067	58577	47366	48941
3. 橡胶板管带制造业	179958	133456	197736	215351	262673	198598	254154	271465	395319	451741
4. 橡胶零件制造业	90497	116065	122051	182958	197916	145685	143326	186015	256471	253658
5. 再生橡胶制造业	16473	17691	25413	37830	33611	25755	33122	63844	74116	100543
6. 橡胶靴鞋制造业	182461	163849	202873	101678	172660	167588	128090	123452	2063801	156175
7. 日用橡胶制品业	49382	60060	65142	78779	102431	63164	47776	51134	79558	80747
8. 其他橡胶制品业	49088	81608	97858	147537	123506	73873	99009	133388	212686	256925
9. 橡胶制品翻修业	7939	17824	19169	29142	28300	5841	10886	10460	17110	25347
轮胎翻修业	7939	17824	19169	29142	28300	5841	10886	10460	17110	25347
橡胶工业专用设备制造业	37820	47689	55532	60384	109647	18171	23303	38615	38493	46662

续表 3 - 9

产品名称	港、澳、台资本/万元					外商资本/万元				
	2005 年	2006 年	2007 年	2008 年	2009 年	2005 年	2006 年	2007 年	2008 年	2009 年
橡胶制品业	745795	904786	1506182	1100862	1076543	1917411	1986209	2534360	3083812	3351777
1. 轮胎制造业	310142	414419	944360	409765	436437	1152516	1183242	1620892	2039869	2236713
2. 力车胎制造业	13066	37990	1028	22616	178	46676	47171	46388	30516	45277
3. 橡胶板管带制造业	25432	30606	41400	51713	55713	80593	131325	41400	204125	215000
4. 橡胶零件制造业	131336	130667	139039	145622	116687	210070	255054	313820	308597	309527
5. 再生橡胶制造业	2785	3644	4873	15122	12387	25403	1895	4133	6864	3392
6. 橡胶靴鞋制造业	156618	163665	187627	239500	210439	169552	104980	105461	120901	133617
7. 日用橡胶制品业	23638	61962	92860	96833	109518	82758	100476	66902	93313	97241
8. 其他橡胶制品业	80422	59479	93995	118453	134233	148674	160941	238764	274967	306192
9. 橡胶制品翻修业	2356	2354	1000	1238	950	1171	1126	2907	4659	4818
轮胎翻修业	2356	2354	1000	1238	950	1171	1126	2907	4659	4818
橡胶工业专用设备制造业	8404	12225	19359	22384	12675	29856	29309	34284	45204	43646

续表 3 - 10

产品名称	利润总额/万元					利税总额/万元				
	2005 年	2006 年	2007 年	2008 年	2009 年	2005 年	2006 年	2007 年	2008 年	2009 年
橡胶制品业	1035711	1146297	1779021	1804779	3221066	1739592	1928664	2933846	3323455	4854735
1. 轮胎制造业	480362	377480	696100	490981	1576901	824558	687208	1198868	1133505	2298238
2. 力车胎制造业	10864	21878	20826	26722	52638	28382	49187	51312	59030	86368
3. 橡胶板管带制造业	125505	175919	265800	355255	456083	222152	295216	422014	574377	695763
4. 橡胶零件带制造业	117703	164209	205359	260236	327104	187993	254783	327635	445560	513251
5. 再生橡胶制造业	17259	30438	53149	88183	118049	30026	53797	92784	149449	196558
6. 橡胶靴鞋制造业	121223	152913	238411	241922	259639	217757	266570	402685	413232	422601
7. 日用橡胶制品业	59038	90173	112977	116745	153485	87966	124016	152553	170724	216977
8. 其他橡胶制品业	93877	123807	174972	204364	253956	128124	184508	267201	344161	387960
9. 橡胶制品翻修业	9879	9480	11437	20371	23212	12634	13378	18796	33418	37019
轮胎翻修业	9879	9480	11437	20371	23212	12634	13378	18796	33418	37019
橡胶工业专用设备制造业	33947	35920	57821	104579	81470	56173	66282	89946	144264	130174

续表 3 - 11

产品名称	全部从业人员平均人数/人				
	2005 年	2006 年	2007 年	2008 年	2009 年
橡胶制品业	787021	821374	875062	972851	979660
1. 轮胎制造业	195751	215215	236796	276310	289511
2. 力车胎制造业	22017	27437	22436	22428	26232
3. 橡胶板管带制造业	102266	111699	114376	125516	126188
4. 橡胶零件带制造业	110864	120762	134133	138693	138421
5. 再生橡胶制造业	12584	15126	20044	21530	23880
6. 橡胶靴鞋制造业	231613	215408	215701	228148	214244
7. 日用橡胶制品业	53272	48595	49158	56232	57353
8. 其他橡胶制品业	54893	63361	78859	98140	96809
9. 橡胶制品翻修业	3761	3771	3559	5854	7022
轮胎翻修业	3761	3771	3559	5854	7022
橡胶工业专用设备制造业	21385	22793	23925	26811	24132

表 4　2005～2010 年橡胶制品出口量和出口额

产品名称	2005 年		2006 年		2007 年		2008 年		2009 年		2010 年	
	出口量	出口额	出口量	出口额	出口量	出口额	出口量	出口额	出口量	出口额	出口量	出口额
一、(4011)新的充气橡胶轮胎/万条,万美元	22522	378121	26619	512775	17032		–	–	2956932	768561	36968	1038786
机动小客车用新的充气橡胶轮胎	5655	121702	7219.7	167086	9928	251435	10980	314035	1113836	319915	13761	404979
客车或货运机动车辆用新的充气橡胶轮胎	3525	206483	3888.6	268319	4491	344598	4000	375988	1426779	351675	4931	504869
航空器用新的充气橡胶轮胎	0.2	69	0.5	93	0.3	128	0.6	187	299	375	1	424
摩托车用新的充气橡胶轮胎	806	3041	1026.5	4437	1187	5993	1385	8706	34703	8172	1972	13347
自行车用新的充气橡胶轮胎	8178	9057	9623	11892	11443	15580	9981	17108	62054	14514	11363	19610
其他新的人字形等胎面的充气橡胶轮胎	19.9	569	76.9	1560	152.7	3005	469	3213	11977	2470	316	3003
未列名新的充气橡胶轮胎	1633	16483	1423	18889	1299	20595	882	22362	80951	21170	1024	28184
二、(4013)橡胶内胎/万条,万美元	25912	17869	33301.5	25266	–	–	–	–	144614	37036	39342	44777
客车、货运机动车辆用橡胶内胎	6958	8612	12295.8	13976	13632	19167	7274	23431	53003	14445	4794	17033
自行车用橡胶内胎	15445	6597	17099.3	8144	19935	10698	21265	14593	34350	11947	20633	15161
航空器用橡胶内胎	0.2	3	0.6	12	0.3	6	0.49	7	10	13	0.1	4
未列名橡胶内胎	3507	2657	3905.9	3135	6186	4973	11598	10701	57251	10631	13916	12579
三、(40121100－40121900)翻新轮胎/万条,万美元	17.8	324	24	534	11.8	628	31.9	725	4093	618	71	1097
四、(40122010－40122090)汽车用旧轮胎/万条,万美元	1.3	36	3.8	132	2.5	33	4.3	86	1433	214	1308	162
五、(40129010－40129090)实心或半实心轮胎;胎面及轮胎衬带/t,万美元	28015	3781	31588	4763	45788	8683	52615	11337	39622	8943	53481	13039
六、(40101100－40103900)橡胶输送带、三角带、传动带/t,万美元	75599	16970	108781	25608	146555	36742	141742	41529	118280	33768	178628	53169

注:2009 年轮胎出口量、2010 年旧轮胎出口量以吨计。

续表 4

产品名称	2005 年		2006 年		2007 年		2008 年		2009 年		2010 年	
	出口量	出口额	出口量	出口额	出口量	出口额	出口量	出口额	出口量	出口额	出口量	出口额
七、(40141000－40149000)橡胶避孕套等卫生医疗用品/t,万美元	10454	4151	12967	5568	13731	6197	14325	7146	8590	5273	9347	6868
八、(40151100－40151900)外科手套及其他手套/万双,万美元	271514	20185	304032	24826	385551	32140	373897	34576	359373	32356	83675	39972
九、(40161010－40169990)橡胶杂件/t,万美元	220281	61814	267267	81950	335534	104918	334481	111564	316793	97910	370500	133136
十、(40091100－40094200)橡胶管/t,万美元	42998	11281	60670	17484	85505	27034	92852	33109	80876	29025	127375	49388
十一、(40159010－40159090)橡胶医疗用衣着用品/吨,万美元	3035	1397	3109	1826	4198	2305	5429	1592	3121	1284	2976	1888
十二、(40051000－40069020)未硫化橡胶板、片、带及制品/t,万美元	25974	3937	33196	4701	40643	7186	29897	6521	17989	4534	21822	5068
十三、(40070000－40082900)硫化橡胶线、绳、板、片、带及型材/t,万美元	90059	9303	129684	13656	146217	16278	154004	18287	131616	17124	147511	24777
十四、(40170010－40170020)硬质橡胶及制品/t,万美元	13361	2531	15919	3225	17789	3931	14026	3799	12412	2825	83348	6938
十五、(40030000－40040000)再生胶等/t,万美元	39259	1422	49724	2192	53605	3177	45921	3673	47791	3497	83348	6938
十六、胶鞋/万双、万美元	691358	1843367		2181338	-	-	-	-	-	-	-	-
1.(64011010－64019900)防水鞋靴/t,万美元	5280	19627	5546	21948	6311	27367	6639	33315	8312	34558	8068	46441
2.(64021200－64029910)滑雪鞋、防护鞋等/万双,万美元	354	3219	430000	786034	460231	916403	424748	1062180	183859	1105372	168406	296800
3.(64041100－64041900)运动鞋、网球鞋、篮球鞋等/万双,万美元	112673	238048	130368	287668	144533	342807	138036	394343	595487	412813	179324	563740

备注:(64041100－64041900)运动鞋、网球鞋、篮球鞋等,2009 年出口量以吨计。

表 5　2005～2010 年橡胶制品进口量和进口额

产品名称	2005 年		2006 年		2007 年		2008 年		2009 年		2010 年	
	进口量	进口额	进口量	进口额	进口量	进口额	进口量	进口额	进口量	进口额	进口量	进口额
一、(4011)新的充气橡胶轮胎/万条,万美元	431.3	15682	611.2	24379	637.8	27542	–	–	75146	43240	1035	60043
机动小客车用新的充气橡胶轮胎	148.5	7099	196.8	9267	199	11365	282	17525	39419	21024	539	31412
客车或货运机动车辆用新的充气橡胶轮胎	36	4420	64.5	9788	53	8480	54	10860	17225	8429	58	11788
航空器用新的充气橡胶轮胎	2.8	932	3	1003	3.5	1555	3.8	1773	2817	2168	5	2685
摩托车用 新的充气橡胶轮胎	6.2	60	6.6	68	6.4	61	3.8	46	26	13	2	41
自行车月新的充气橡胶轮胎	179	460	239.8	570	243	694	231	806	1264	892	320	1167
其他新的人字形等胎面的充气橡胶轮胎	0.03	11	0.06	13	0.05	15	0.03	10	97	52	0.2	113
未列名新的充气橡胶轮胎	26.4	1153	92.9	1202	123.6	1004	95.8	571	1828	861	102	1122
二、(4013)橡胶内胎/万条,万美元	100	91	216.8	124	240.7	292	–	–	138	56	204	219
客车、货运机动车辆用橡胶内胎	2.4	19	0.08	1	12.39	159	10.3	148	138	56	4.3	56
自行车用橡胶内胎	60.9	34	134.9	84	120.3	85	103	72	63	54	76	92
航空器用橡胶内胎	–	–	0.02	1	0.016	1	0.01	1	0.15	0.95	0	2
未列名橡胶内胎	36.7	36	81.8	38	108	47	65	27	96	44	124	69
三、(40121100 - 40121900)翻新轮胎/万条,万美元		2		1997	0.8	87	1	115	26	22	0.4	115
四、(40122010 - 40122090)汽车用旧轮胎/万条,万美元	5.7	77	4.8	104	5.7	122	4.3	86	2271	112	238	145
五、(40129010 - 4012900)实心或半实心轮胎;胎面及轮胎衬带/吨,万美元	3750	1297	4078	1599	3893	1432	3954	1301	3103	1933	3929	2178
六、(40101100 - 40103900)橡胶输送带、三角带、传动带/t,万美元	16514	14014	17207	18248	13626	20981	15675	21397	18303	20131	16083	28220

注:2009 年轮胎进口量、2010 年旧轮胎进口量以吨计。

续表 5

产品名称	2005 年		2006 年		2007 年		2008 年		2009 年		2010 年	
	进口量	进口额	进口量	进口额	进口量	进口额	进口量	进口额	进口量	进口额	进口量	进口额
七、(40141000 - 40149000)橡胶避孕套等卫生医疗用品/t,万美元	1124	1608	1195	1815	1725	2215	2193	2751	2512	3481	2634	3793
八、(40151100 - 40151900)外科手套及其他手套/万双,万美元	50408	2439	93061	3342	68800	3333	97904	3856	96953	3568	1384	5227
九、(40161010 - 40169990)橡胶杂件/t,万美元	45829	72652	53127	93818	60329	113172	56621	129861	48365	121334	64187	168759
十、(40091100 - 40094200)橡胶管/t,万美元	19416	20790	25381	27121	30022	31866	33957	42808	27394	36560	44679	56444
十一、(40159010 - 40159090)橡胶医疗用衣着用品/t,万美元	374	572	319	469	467	626	453	763	404	593	431	827
十二、(40051000 - 40069020)未硫化橡胶板、片、带及制品/t,万美元	289989	41986	529719	106821	564975	120084	559038	155525	1224550	193062	1003170	323621
十三、(40070000 - 40082900)硫化橡胶线、绳、板、片、带及型材/t,万美元	24353	3980	51023	21843	58225	23832	61918	24551	75663	29441	93650	44461
十四、(40170010 - 40170020)硬质橡胶及制品/t,万美元	2288	1311	4552	1379	1255	2243	763	1686	776	2060	988	1602
十五、(40030000 - 40040000)再生胶等/t,万美元	26751	1040	35407	1693	13150	1129	20532	2455	13824	1231	19035	1989
十六、胶鞋	1059	21539		60818	-	-	-	-	-	-	-	-
1.(64011000 - 64019900)防水鞋靴/万双,万美元	13	34	12	54	17.24	77	15.1	151		164	10	143
2.(64021200 - 64029900)滑雪鞋、防护鞋等/万双,万美元	4	90	363	3944	669.76	6332	900	9042		8369	254	3246
3.(64041100 - 64041900)运动鞋、网球鞋、篮球鞋等/万双,万美元	141	2245	189	3134	287	5033	703	12042	419	10869	761	13350

备注:(64041100 - 64041900)运动鞋、网球鞋、篮球鞋等,2009 年出口量以吨计。

表 6　2005～2010 年部分橡胶原材料进口情况

万 t,万美元

产品名称	2005 年		2006 年		2007 年		2008 年		2009 年		2010 年	
	数量	金额	数量	金额	数量	金额	数量	金额	数量	金额	数量	金额
天然橡胶	140.677	185490	161.2	302960	114.8	241232	168.19	430349	171.1	281345	186.1	566665
胶乳	18.1566	18193	25.7	32790	24	33254	24.62	41971	30.0	37948	25.1	52616
合成橡胶	108.984	179818	129.9	237175	98.7	211455	68.98	179428	59.9	136304	105.6	287081
丁苯	29.3464	43737	42.5	67809	41.8	72029	25.7	55716	12.1	17955	42.9	96952
顺丁	11.488	18109	15.3	25479	21.8	39116	12.4	34876	13.7	21385	26.2	63717
丁基	12.5576	35541	16.9	53247	18	59807	4.4	20586	11.5	41830	17.0	69363
氯丁	2.663	5774	2.2	5907	2.2	7102	1.78	6018	0.3	1235	2.5	8682
丁腈	12.548	19785	8.1	16711	9.7	22785	8.7	18449	6.3	12489	10.5	28558
异戊胶	1.64	2784	1.1	2358	5.2	10616	7.1	19427	2.5	4555	6.6	19809
橡胶助剂	20.648	41749	22.3	44946	21	47592	19.3	28795	18.1	47450	19.9	58282
促进剂	1.574	5114	1.5	4955	1.7	5795	1.5	6332	1.6	6264	1.7	8000
防老剂	1.255	4518	1	3506	1	3375	1.2	4873	1.4	4917	1.5	5201
炭黑	12.818	11126	12.1	13165	10.7	13855	8.2	15500	8.9	15644	8.9	20258
尼龙帘子布	1.826	7155	1.815	7381	0.75	3600	0.73	3979	0.6	3694	0.61	4068

表 7　2005～2010 年部分橡胶原材料出口情况

万 t,万美元

产品名称	2005 年		2006 年		2007 年		2008 年		2009 年		2010 年	
	数量	金额	数量	金额	数量	金额	数量	金额	数量	金额	数量	金额
天然橡胶	0.506	692	0.4	780	0.27	546	0.32	864	0.346	631	2.54	8006
胶乳	0.005	5	0.02	12	0.007	12	0.03	64	0.003	5	0.09	207
合成橡胶	9.011	16451	7.9	15126	1.3	3449	5.484	15588	1.96	4408	1.6073	4198
丁苯	2.62	3889	1.92	3334	2.05	3624	2.22	5631	1.08	1780	1.2656	3081
顺丁	3.65	5618	2.3	3815	1.5	2846	2.3	6146	0.25	460	0.1827	543
丁基	1.017	2755	0.4	1134	0.43	1415	0.004	12	0.086	438	0.0105	41
氯丁	0.101	226	0.53	1776	0.9	3440	0.6	2686	0.024	97	0.0674	240
丁腈	0.163	376	0.18	541	0.2	514	0.11	338	0.041	98	0.0103	31
异戊胶	0.065	198	0.04	95	0.15	321	0.25	775	0.046	76	0.0708	262
橡胶助剂	5.812	15237	8.1	11597	8.8	13829	10.4	35306	8.7792	22877	13.15	38208
促进剂	2.212	5822	3	7992	4.4	12032	3.9	14597	3.54	8910	6.90	19668
防老剂	1.323	3755	1.5	3677	1.4	2751	1.8	4242	0.88	1476	0.80	1742
炭黑	12.047	6199	11.9	8916	14.7	11215	18.18	18019	16.19	14999	22.49	23831
尼龙帘子布	7.934	27344	7.8	25024	7.18	24498	8.39	31920	8.01	25777	8.72	33638

表 8　2010 年全国子午胎产量

条

企 业 名 称	子午胎	全钢子午胎
佳通轮胎(中国)有限公司	37662831	5374738
厦门正新橡胶工业有限公司	19282736	2038787
杭州中策橡胶有限公司	26996876	8467589
南京锦湖轮胎有限公司	12785578	324293
山东玲珑橡胶有限公司	21543022	4308950
江苏韩泰轮胎有限公司	9553540	1719024
三角集团有限公司	20610842	4056678
广州市华南橡胶轮胎有限公司	11264386	1159516
固铂成山(山东)轮胎有限公司	9902877	2906180
普利司通天津公司	5171505	0
江西泰丰轮胎有限公司	4675101	0
双钱集团股份有限公司	6077365	5185932
风神轮胎股份有限公司	4408903	4225172
双星集团有限责任公司	7675681	3901434
贵州轮胎股份有限公司	2866740	2157604
青岛黄海橡胶集团有限责任公司	2878540	955868
四川海大集团有限公司	5336519	112711
中国倍耐力轮胎有限公司	2783105	567900
山东盛泰橡胶集团有限公司	2845734	2845734
北京首创轮胎有限责任公司	4278223	0
广州市宝力轮胎有限公司	1315109	0
朝阳浪马轮胎有限责任公司	1177072	1177072
山东金宇轮胎有限公司	6170072	2612052
山东万达轮胎有限公司	2111557	1662189
山东兴源轮胎集团有限公司	3933602	3793602
青岛赛轮股份有限公司	7748801	2108425
中国化工橡胶桂林有限公司	49631	49592
山东泰山轮胎有限公司	303	0
山东三工橡胶有限公司	2291800	1780511
双喜轮胎工业股份有限公司	1268088	1268088
江苏通用科技股份有限公司	1711342	1711342
米其林(中国)投资有限公司	8782987	700157
广州珠江轮胎有限公司	100844	0
河北兴茂轮胎有限公司	5368	0
韩泰轮胎(嘉兴)有限公司	18890000	0
普利司通沈阳公司	1030000	1030000

续表 8

企业名称	子午胎	全钢子午胎
普利司通无锡公司	3010000	0
普利司通惠州公司	740000	740000
大连固特异轮胎有限公司	5400000	0
锦湖轮胎(长春)有限公司	4040000	0
锦湖轮胎(天津)有限公司	9980000	0
张家港南港橡胶轮胎有限公司	7000000	0
住友橡胶(常熟)有限公司	9950000	650000
天津诺曼地橡胶有限公司	1000000	0
杭州横滨轮胎有限公司	3050000	0
苏州横滨轮胎有限公司	160000	160000
固铂建大(昆山)轮胎有限公司	4800000	0
山东三泰橡胶有限责任公司	10700000	2700000
山东永泰化工集团有限公司	3630000	630000
山东恒丰橡塑有限公司	9100000	2100000
青岛耐克森轮胎有限公司	5600000	0
青岛光明轮胎制造有限公司	420000	420000
辽宁鞍轮集团	610000	610000
山东八一赛轮轮胎制造有限责任公司	880000	880000
山东银宝轮胎集团	640000	640000
中国建大轮胎有限公司	5900000	0
河南好友轮胎集团	1490000	380000
山东银石泸河橡胶轮胎有限公司	260000	260000
肇庆骏鸿轮胎实业	2000000	0
沈阳和平轮胎有限公司	620000	620000
山东恒宇橡胶有限公司	740000	740000
潍坊跃龙橡胶集团	420000	420000
山东豪克国际橡胶工业有限公司	780000	780000
常熟华丰橡胶(中国)有限公司	1300000	
大连轮胎厂有限公司	460000	460000
潍坊华东橡胶有限公司	400000	400000
青岛森麒麟轮胎有限公司	3100000	
广东梅雁轮胎有限公司	800000	
陕西延长石油(集团)橡胶有限公司	40000	40000
山东奥戈瑞轮胎有限公司	10000	10000
潍坊顺福昌橡塑有限公司	1000	1000
福建海安橡胶有限公司	600	
山东时风巨兴轮胎有限责任公司	250	
合计	374218530	81842140

表9　2010年全国钢丝、帘子布生产情况

t

企业名称	钢丝帘线	管带钢丝	胎圈钢丝	锦纶	涤纶
江苏兴达钢帘线股份有限公司	364241	4930	64056		
中国贝卡尔特钢帘线有限公司	390000	10000	15000		
青岛高丽钢帘线有限公司	59000	1600	61000		
湖北福星科技股份有限公司	76800		24100		
山东胜通钢帘线有限公司	109667				
嘉兴东方钢帘线有限公司	72500				
安赛乐米塔尔荣成钢帘线有限公司	36000		34000		
骏马化纤股份有限公司	60000			85000	3500
江苏海阳化纤有限公司				25500	
中国神马集团实业股份有限公司				46000	4500
湖北佳通钢帘线有限公司	16000		19000		
江苏法尔胜特钢制品有限公司		45563			
东京制钢	20000				
浙江天伦钢丝有限公司			51152		
上海天伦钢丝有限公司			38945		
山东天伦钢丝有限公司			15000		
诸城市大业金属制品有限责任公司			153600		
张家港胜达钢绳有限公司			45000		
宁波锦纶股份有限公司				61000	
山东博莱特化纤有限责任公司				358	14197
无锡太极实业股份有限公司					13015
杭州帝凯工业布有限公司				36000	
晓星化纤(嘉兴)有限公司					29910
科赛(青岛)尼龙有限公司				3500	
南京可隆有限公司					13200
联新高性能纤维有限公司					24000
山东东平金马有限公司				5000	
安徽佳元				5900	14800
合计	1204208	62093	520853	268258	117122

表 10　2005～2010 年全国公路里程及构成　　万 km

项　目	2005 年	2006 年	2007 年	2008 年	2009 年	2010 年
公路总里程	193.05	345.70	358.00	373.00	386.08	400.82
高速公路	4.10	4.53	5.30	6.03	6.51	7.41
一级公路	3.84	4.53	5.01	5.42	5.95	6.44
二级公路	24.64	26.27	27.64	28.52	30.07	30.87
三级以下	126.60	192.96	215.50	237.88	343.56	356.10

注:2007、2008 年统计单位为万 km。

表 11　2005～2010 年全国汽车产量　　万辆

项　目	2005 年	2006 年	2007 年	2008 年	2009 年	2010 年
汽车总产量	570.8	728.0	728.0	935.30	1414.6	1865.4
货车	151	175	175	229.3	318.4	401.5
客车	143	166	166	124.9	207.6	253.8
轿车	276.8	387	387	508.1	761	984
大中型拖拉机	16.33	19.93	19.93	30.31	36.04	38.35
摩托车	1776.7	2054.5	2054.5	2752	2714.7	2761.9
自行车	6900.64	7886.63	7886.63	6843.7	6228.9	7038.7

表 12　2005～2010 年全国民用车辆拥有量　　万辆

项　目	2005 年	2006 年	2007 年	2008 年	2009 年	2010 年
汽车保有量总计	3159.66	3697.35	5696	6467	7619	9086
载客汽车	2132.46	2619.57	3182	3850	4841	6119
载货汽车	955.5	986.3	1046	1125	1369	1597
其他专用车辆	71.7	91.49	1471	1627	1816	2042
特种车辆		73.2	86	101	120	150
轮式拖拉机	1357.6		1482	1464	1463	1465
其他机动车	8595.5	8797.67	8713	8956	9455	10002
摩托车	7578.7	8147	8709	8953	9453	10000

表 13　2010 年中国橡胶工业协会会员企业排行榜（按销售收入）

一、轮胎

企业名称	销售收入/万元
杭州中策橡胶有限公司	1756448
三角集团有限公司	1531523
佳通轮胎（中国）有限公司	1496665
山东玲珑橡胶有限公司	967719
中国正新橡胶公司	935733
青岛双星轮胎工业有限公司	835942
双钱集团股份有限公司	828740
风神轮胎股份公司	812604
固铂成山（山东）轮胎有限公司	711358
兴源集团有限公司	704789

二、力车胎

企业名称	销售收入/万元
厦门正新橡胶工业有限公司	382063
杭州中策橡胶有限公司	220600
江苏飞驰股份有限公司	88494
山东新东岳集团有限公司	78826
青岛喜盈门双驼轮胎有限公司	71023
山东正兴轮胎有限公司	69697
四川远星橡胶有限公司	65326
福建省邵武市正兴武夷轮胎有限公司	58778
重庆威星橡胶工业有限公司	51413
天津万达集团公司	34821

三、胶鞋

企业名称	销售收入/万元
际华三五三七工厂	75171
资阳市征峰胶鞋厂	61118
际华三五一七工厂	46374
浙江荣光集团有限公司	40808
际华三五四四工厂	34213
上海回力鞋业有限公司	20367
际华三五三九工厂	19875
鹤壁飞鹤股份有限公司	17398
浙江人本鞋业有限公司	14185
浙江环球鞋业有限公司	14173

四、胶管胶带

企业名称	销售收入/万元
山东安能输送带橡胶有限公司	174924
山东祥通橡塑集团有限公司	89596
青岛橡六集团有限公司	87251
浙江三力士橡胶股份有限公司	73597
浙江三维橡胶制品有限公司	60675
山东美晨科技股份有限公司	56706
张家港市华申工业橡塑有限公司	53788
宜昌中南橡胶集团有限公司	53776
天津鹏翎胶管股份有限公司	51619
尉氏县久龙橡塑有限公司	50961

五、橡胶制品

企业名称	销售收入/万元
安徽中鼎控股（集团）有限公司	474209
际华三五一七橡胶制品有限公司	133926
衡水橡胶股份有限公司	73056
凯迪西北橡胶有限公司	64878
山东美晨汽车部件有限公司	56706
贵航股份红阳密封件公司	53932
中南橡胶集团有限责任公司	53776
上海华向橡胶制品有限公司	43797
自贡市富源车辆部件有限公司	37844
铁岭华晨橡塑制品有限公司	27897

六、乳胶制品

企业名称	销售收入/万元
北京华腾橡塑乳胶制品有限公司	22541
桂林乳胶厂	21834
镇江苏惠乳胶制品有限公司	20175
广州广橡有限公司双一乳胶厂	13502
北京瑞京乳胶制品有限公司	11622
青岛双蝶集团股份有限公司	11262
安徽豪杰塑胶制品有限公司	10921
上海科邦医用乳胶有限公司	9606
江苏爱德福乳胶制品有限公司	9532
苏州嘉乐威企业发展有限公司	9020

七、炭黑

企业名称	销售收入/万元
江西黑猫炭黑有限公司	294021
龙星化工股份有限公司	140544
山东华东橡胶材料有限公司	97117
台湾中橡公司	96693
苏州宝化炭黑有限公司	95635
石家庄新星化炭有限公司	75188
青州市博奥炭黑有限责任公司	71124
河北大光明实业集团公司	62015
大石桥市辽滨炭黑厂	57173
杭州富春江化工有限公司	49247

八、助剂

企业名称	销售收入/万元
圣奥化工	224600
山东单县化工有限公司	99868
天津科迈化工有限公司	89536
南京化学工业有限公司	84538
常州五洲化工有限公司	72000
天津市有机一化工厂	60000
东北助剂化工有限公司	49700
濮阳蔚林化工股份有限公司	41105
武汉径河化工有限公司	39000
阳谷华泰化工有限公司	34675

九、钢丝帘线

企业名称	销售收入
江苏兴达钢帘线股份有限公司	534100
中国贝卡尔特钢帘线有限公司	533500
山东胜通钢帘线有限公司	142600
诸城市大业金属制品有限责任公司	138200
青岛高丽钢帘线有限公司	132900
湖北福星科技股份有限公司	122000
嘉兴东方钢帘线有限公司	94300
骏马化纤股份有限公司	78000
安赛乐米塔尔荣成钢帘线有限公司	77300
浙江天伦钢丝有限公司	46000

十、化纤帘线

企业名称	销售收入
骏马化纤股份有限公司	283200
宁波锦纶股份有限公司	196000
中国神马集团实业股份有限公司	163200
杭州帝凯工业布有限公司	115200
哓星化纤(嘉兴)有限公司	95700
联新高性能纤维有限公司	82600
江苏海阳化纤有限公司	82000
山东博莱特化纤有限责任公司	76200
无锡太极实业股份有限公司	75600
安徽佳元工业纤维有限公司	66200

十一、轮胎模具

企业名称	销售收入
山东豪迈机械科技有限公司	85644
广东巨轮模具股份有限公司	56177
揭阳市天阳模具有限公司	14885
山东万通模具有限公司	9343
合肥大道股份有限公司	8643
安徽迈吉尔模具有限公司	6100
荣成宏昌模具有限公司	5343
浙江来福模具有限公司	5100
常州申利模具有限公司	4615
常州武进华瑞模具有限公司	4153

十二、废橡胶综合利用

企业名称	销售收入
南通回力橡胶有限公司	56209
南京金腾橡塑有限公司	28044
京东橡胶有限公司	19229
莱芜市福泉橡胶有限公司	18648
金轮橡胶(海门)有限公司	17305
福建环科化工橡胶集团有限公司	15912
唐山兴宇橡塑工业有限公司	15700
焦作市艾卡橡胶工业有限公司	12459
宁波华星轮胎有限公司	11497
四川隆昌海燕橡胶有限公司	11088

(中国橡胶工业协会秘书处)

国外橡胶工业概况

2011 年世界轮胎 75 强评析

美国《橡胶与塑料新闻》周刊组织的 2011 年度全球轮胎 75 强排行榜公布。全球轮胎市场在经历 2008 年末及 2009 年的萧条后强劲反弹，各项经济指标全面达到或超过 2009 年前的数据。2010 年销售收入同比增长近 20%，利润大幅度上升。2011 年上半年轮胎行业增长势头继续，大多数轮胎巨头都报道销售收入有近 25% 的增长。

1. 普利司通折桂 排名变化不大

按惯例，2011 年度全球轮胎 75 强排行榜按企业 2010 年与轮胎制造有关联的销售收入进行排名。今年排名变化不大，前 11 名与上年度一样。普利司通以 244.25 亿美元连续三年居世界之首；第 2～11 名分别为法国米其林、美国固特异、德国大陆、意大利倍耐力、日本住友、日本横滨橡胶、韩国轮胎、美国固铂轮胎、我国台湾正新国际及杭州中策。传统前十强东洋轮胎及锦湖轮胎被挤到第 12 位、13 位。世界“20 亿美元俱乐部”由 2010 年的 13 家企业上升到 15 家，“10 亿美元俱乐部”由 2010 年的 19 家上升到 25 家。从 2011 年上半年轮胎行业形势看，2011 年至少将增加 3～4 家“10 亿美元俱乐部”成员。

75 强中的轮胎企业分布为中国大陆 23 家，台湾地区企业 5 家，印度 10 家，美国 4 家，日本 4 家，俄罗斯 4 家，韩国 3 家，意大利 3 家，印尼 2 家，土耳其 2 家，其他各为 1 家。新进入排名的有 4 家：分别是中国山东三工，列 42 位（4.29 亿美元）；乌克兰 Rosava 轮胎，列 70 位（1.06 亿美元）；中国新疆昆仑，列 72 位（0.903 亿美元）；印度 Modi 橡胶，列 74 位（0.78 亿美元）。被挤出 75 强的有伊朗 Dena 轮胎橡胶、泰国 Inoue 橡胶、美国银河国际轮胎、印度 Ralson 轮胎等四家。

2. 行业集中度下降　第二梯队力量增强

米其林、普利司通及固特异称为第一梯队，全球轮胎 75 强排行榜上的第 4～11 名或年度销售收入在 15 亿美元以上的企业被称为第二梯队，其他为第三梯队。

（1）第一梯队三巨头销售额总计为 638.9 亿美元，约占全球总销售额的 42.0% 强，比上年下降 1.7 个百分点，第一梯队全球份额继续呈现下降趋势。

（2）第二梯队发生较大变化，正新橡胶、杭州中策及三角集团进入第二梯队，销售额总计为 495 亿美元，约占全球总销售额的 32.6% 强，比上年上涨 1 个百分点，第二梯队全球份额继续呈现上升趋势。

世界轮胎前 10 强的轮胎销售额为 1001.4 亿美元，首破 1000 亿美元大关，为全球总销售额的 65.9%，同比下降 1.3 个百分点，表明轮胎行业集中度继续呈现下降趋势。

3. 轮胎销售收入普遍增长

2010 年，世界轮胎工业行业增长幅度达 19.2%，为近年增长幅度最大的一年。75 强中只有 5 家企业为负增长，主要是资产出售等原因导致。全行业共有 15 家企业销售收入增长率在 40% 以上，共有 21 家企业销售收入增长率在 30% 以上。增长幅度最大的是俄罗斯 Nizhnekamskshina，增幅达 256%，由去年的排名 53 位上升至 31 位。增长幅度较大的企业主要集中在中国、印度等新兴国家，俄罗斯轮胎发展速度也明显加快。

分析全球轮胎快速发展的原因主要有三：一是 2009 年世界轮胎行业非正常下降，基数较低；二是原材料上涨对轮胎价格的提升作用，估计其对销售额增长的贡献率在 50% 以上；三是中国及印度新兴市场的汽车销售量井喷式发展，北美地区汽车销售强劲反弹，对轮胎形成较大需求。

4. 中国在世界排名中成亮点

我国轮胎企业在排名中最为亮丽。大陆上榜

企业由上年的21家上升到23家,加上5家台湾企业,我国在75强中占28席,超过总数的1/3多,令世界轮胎工业刮目相看。在前10强中我国占据一席。在15家"20亿美元俱乐部"中我国有正新橡胶、杭州中策及三角集团等3家。在25家"10亿美元俱乐部"中我国占8家。杭州中策公司增长幅度达36.7%,离前10强仅一步之差。从2011年势头看,杭州中策公司极有可能进入世界前10强。在前75强中,有13家外资企业在我国设有独资/合资工厂,中国区业务的增长为其轮胎销售收入做出了较大贡献。

5. 轮胎资产重组活跃

近年来,尤其是去年以来世界轮胎业的并购、收购、交叉持股及破产等活动非常频繁,对公司销售收入和世界排名影响很大。普利司通连续三年居世界之首,其持有萨巴奇轮胎公司(土耳其)44%股份功不可没,此外还持有诺基亚轮胎(芬兰)19%的股份。与此类似,米其林拥有10%佳通公司股份;意大利倍耐力通过其在俄罗斯合资企业持股Nizhnekamskshina公司,将使其未来几年销售额大增;德国大陆收购印度Modi公司,并准备投资5000万欧元在此工厂上子午胎项目;帝坦国际公司收购固特异在南美的农用胎项目,同时正在洽谈收购其在欧洲的农用胎业务,两次收购将使其农用胎销售业务突破10亿美元大关,新增4亿美元的销售额;日本东洋轮胎公司收购马来西亚银石轮胎公司,同时成为中国山东泸河银石轮胎公司大股东,将新增年销售额2.5亿美元;瑞典特雷勒堡收购河北邢台轮胎生产设施,以生产农用轮胎为主,借以满足亚洲市场对特种轮胎的需求。

6. 经济效益普遍向好

天然橡胶价格尽管一路狂飙,但世界大的轮胎公司利润与销售收入仍同步大幅增长。12大轮胎制造商的营业收入/销售收入率比2009年翻番至8.1%,净收入/销售收入率同比增长10倍至3.3%。2009年在19家统计利润的轮胎企业中有四家亏损,而2010年只有固特异公司一家亏损,且亏损额较上年大幅降低。米其林公司净利润比2009年增长了近十倍;固铂轮胎公司净利润比2009年上涨170%;芬兰诺基亚公司净利润涨幅达191%。2011年上半年,世界大轮胎公司几乎全部盈利,并普遍继续看好下半年。

2011年度全球轮胎75强排名

亿美元

2011年	2010年	公司/总部所在国家或地区	2010年销售额	2009年销售额
1	1	普利司通/日本	244.25	205.000
2	2	米其林/法国	225.15	196.000
3	3	固特异/美国	169.5	156.490
4	4	大陆/德国	81.0	65.000
5	5	倍耐力/意大利	63.2	55.483
6	6	住友橡胶工业/日本	58.5	46.301
7	7	横滨橡胶/日本	47.5	39.560
8	8	韩国轮胎/韩国	45.131	37.600
9	9	固铂轮胎橡胶/美国	33.61	27.790
10	10	正新橡胶/中国台湾	33.564	27.230
11	11	杭州中策橡胶/中国	32.261	23.593
12	13	锦湖轮胎/韩国	30.259	23.006

续表

2011 年	2010 年	公司/总部所在国家或地区	2010 年销售额	2009 年销售额
13	12	东洋轮胎橡胶/日本	25.0	23.067
14	14	三角集团/中国	22.589	17.677
15	15	佳通轮胎/中国	22.075	17.411
16	17	阿波罗轮胎/印度	19.434	17.011
17	18	MRF/印度	17.397	12.250
18	16	山东玲珑橡胶/中国	14.28	17.400
19	19	J. K 轮胎工业/印度	13.03	10.189
20	21	诺基亚轮胎/芬兰	12.61	9.750
21	24	青岛双星轮胎/中国	12.33	8.775
22	22	双钱轮胎控股/中国	12.225	9.450
23	25	风神股份/中国	11.99	8.271
24	23	下世纪/韩国	11.574	9.010
25	20	兴源轮胎/中国	10.40	9.760
26	27	建大轮胎/中国台湾	9.868	6.981
27	28	佳通/印尼	9.863	6.948
28	29	贵州轮胎/中国	9.184	6.500
29	26	山东盛泰/中国	8.529	7.221
30	30	比拉轮胎/印度	7.908	6.005
31	53	Nizhnekamskshina/俄罗斯	7.687	2.155
32	31	西亚特轮胎/印度	7.602	5.971
33	34	白俄罗斯轮胎/白俄罗斯	7.45	5.250
34	32	Sibur - Russkle Shiny/俄罗斯	7.15	5.949
35	37	山东万达/中国	6.837	4.510
36	36	帝坦国际/美国	6.61	4.850
37	35	BriSA/普利司通 - 萨巴奇轮胎/土耳其	6.51	4.920
38	40	山东金宇/中国	5.901	4.103
39	33	山东泸河/中国	5.309	5.431
40	39	华南轮胎橡胶/中国	5.154	4.119
41	42	南港轮胎橡胶/中国台湾	4.316	3.200
42	-	山东三工轮胎/中国	4.29	2.711
43	43	Mitas/捷克	4.11	3.182
44	38	青岛赛轮/中国	4.07	4.300
45	49	联合轮胎/以色列	3.357	2.750

续表

2011年	2010年	公司/总部所在国家或地区	2010年销售额	2009年销售额
46	51	联邦/中国台湾	3.329	2.327
47	44	特雷勒堡/瑞典	3.25	3.100
48	48	卡莱尔轮胎与车轮/美国	3.22	2.900
49	46	北斗星/Solideal/斯里兰卡	3.0	3.000
50	50	Barel 轮胎橡胶/伊朗	3.021	2.714
51	47	Balkrishna 工业/印度	3.00	2.921
52	55	徐州徐工/中国	2.897	1.953
53	52	马郎贡尼/意大利	2.636	2.236
54	56	FATE/阿根廷	2.554	1.913
55	54	华丰橡胶工业/中国台湾	2.52	2.140
56	62	TVS Srichakra /印度	2.39	1.468
57	57	朝阳浪马/中国	2.242	1.891
58	58	Petlas 轮胎工业/土耳其	2.224	1.856
59	60	Multistrada/印尼	2.2	1.621
60	59	青岛黄海橡胶/中国	2.161	1.737
61	63	银石公司/马来西亚	1.86	1.450
62	61	四川海德轮胎/中国	1.736	1.620
63	66	Falcon 轮胎/印度	1.72	1.195
64	64	北京首创/中国	1.488	1.352
65	68	Vee 橡胶/泰国	1.4	1.000
66	65	Casumina/越南	1.351	1.261
67	41	Amtel 集团/俄罗斯	1.35	4.000
68	70	Metro 轮胎/印度	1.25	1.050
69	69	广州珠江轮胎/中国	1.075	1.059
70	-	Rosava/乌克兰	1.06	1.0
71	71	天津联合轮胎/中国	0.906	0.800
72	-	新疆昆轮/中国	0.903	0.8
73	72	通用轮胎橡胶//巴基斯坦	0.90	0.710
74	-	Modi 轮胎/印度	0.78	0.846
75	75	马塔多耳 Omskshina /俄罗斯	0.75	0.626
		以上小计	1455.00	1230.00
		其他	65.0	45.0
		总计	1520	1275.000

（陈维芳）

2010 年世界轮胎工业概况

全球经济在战后2009 年第一次出现负增长,受此大环境影响,全球轮胎业遭到重大打击,总销售收入下降近 10%。在经历了 2009 年市场低迷,2010 年天然胶价格步步攀升之后,全球各大轮胎企业依然交出不俗的年报,其销售收入和利润同比大幅增长。从目前已公布的 2010 年报上看,全球轮胎企业大多数业绩增长明显,止跌企稳已成定局,今后有望实现持续稳定发展。展望 2011 年,大多数轮胎企业对轮胎市场普遍继续看好,继 2010 年投资热潮之后,纷纷准备再次加大投资力度。

1. 全球轮胎 75 强综合实力有所下降,中国轮胎再次成为新亮点

与 2009 年相比,2010 年全球轮胎 75 强综合实力有所下降。虽然排名前 3 位依旧是日本普利司通公司、法国米其林集团公司和美国固特异轮胎橡胶公司,但与上年比较,年度销售收入均有两位数下降。普利司通下降 18% 至 208 亿美元,米其林下降 10% 至 196 亿美元,固特异下降 14.5% 至 156 亿美元。

第二梯队的情况较上年度变化不大。在全球轮胎 75 强的第 4 至 10 位中,前 9 位与上年一样,依次为德国大陆公司、意大利倍耐力公司、日本住友橡胶工业公司、日本横滨橡胶公司、韩国轮胎公司、美国库珀轮胎橡胶公司,但第 10 位为我国台湾的正新橡胶工业股份有限公司。该公司的年度销售收入逆市上涨 7.1% 达到 27.23 亿美元,实现了我国轮胎企业首次进入世界前 10 强。第 11 到 20 位变化较大。杭州中策橡胶公司凭借年度销售收入 23.59 亿美元,增长 11% 的佳绩,占据第 11 位,这是我国大陆轮胎企业排名最好的成绩。传统前 10 强中的东洋轮胎橡胶公司、锦湖轮胎公司分别被挤到第 12 位、13 位。世界 20 亿美元俱乐部有 13 家企业,我国入围企业有正新橡胶工业股份有限公司、杭州中策橡胶公司。10 亿美元俱乐部有 19 家,我国入围企业有三角集团公司、佳通轮胎公司、山东玲珑橡胶公司。

新进入全球轮胎 75 强的企业有朝阳浪马轮胎有限责任公司(第 57 位)、北京首创轮胎有限责任公司(第 64 位)、印度 Ralson 公司(第 74 位)。被挤出全球轮胎 75 强的企业有美国 Denman 轮胎公司、乌克兰 JSC Dneproshina 公司、厄瓜多尔 Cia. Ecuatoriana 公司。名列全球轮胎 75 强的我国大陆企业有 22 家、台湾企业 5 家、印度 10 家、美国 5 家、日本 4 家、俄罗斯 4 家、韩国 3 家、意大利 3 家、印尼 2 家、伊朗 2 家、泰国 2 家、土耳其 2 家、其他国家或地区各为 1 家。

2009 年世界轮胎工业销售收入总计 1265 亿美元,负增长 9.64%,是轮胎工业进入新世纪后第二次出现负增长。近 14 年全球轮胎销售收入见表 1。全球 75 强中超过半数的企业销售收入为负增长,而 2008 年只有 10 家企业为负增长,2007 年没有负增长的企业。世界轮胎前 10 强只有韩国轮胎公司和正新橡胶工业股份有限公司为正增长。日本普利司通公司、法国米其林集团公司和美国固特异轮胎橡胶公司三家企业的销售收入合计为 557.49 亿美元,约占全球轮胎总销售收入的 44.1% 强,比上年下降 2.0%。前 10 强轮胎销售收入合计为 856.45 亿美元,占全球轮胎总销售收入的 67.7%,比上年下降 1.3%。

2009 年是轮胎行业经济效益较差的一年。在 19 家公开报表的轮胎企业中,只有 5 家收益有所增长。全行业平均营业收益率为 4%,平均净收入率为 0.3%。虽然 2009 年世界轮胎工业销售收入呈现负增长,但轮胎行业集中度相对上年反而微升。从表 1 可见,在过去的 14 年中,75 强销售收入约占到全球总销售收入的 97%。由此可见,世界轮胎工业经过 100 多年的发展,其产业集中度已达到非常高的水平,全球市场被 75 家轮胎企业所控制。

表1　近14年全球轮胎销售收入

年份	全球总销售收入/亿美元	同比变化率/%	75强销售收入/亿美元	同比变化率/%	75强销售收入占全球总销售收入的比重/%
2009年	1265.00	-9.64	1222.50	-9.44	96.64
2008年	1400.00	10.24	1350.00	9.76	96.43
2007年	1270.00	12.89	1230.00	13.36	96.85
2006年	1125.00	9.86	1085.00	9.71	96.44
2005年	1024.00	9.81	989.00	9.89	96.23
2004年	932.50	16.20	900.00	14.29	97.14
2003年	802.50	13.67	787.50	13.92	98.13
2002年	706.00	3.14	691.25	3.13	97.91
2001年	684.50	-1.65	670.00	-1.62	97.88
2000年	696.00	0.43	681.00	0.44	97.85
1999年	693.00	3.28	678.00	3.35	97.84
1998年	671.00	-3.31	656.00	—	97.76
1997年	694.00	-1.61	—	—	—
1996年	705.35	—	—	—	—

全球共有9家轮胎企业销售收入增长率在20%以上，为我国及印度轮胎企业，表明2009年世界轮胎工业发展主要集中在我国和印度这样的新兴经济国家。增度达到50%以上的有3家，分别为青岛赛轮股份有限公司(95.1%)、阿波罗公司(58.6%)及山东盛泰集团有限公司(58.6%)。负增长10%以上的有21家，负增长最大3家为俄罗斯Amtel集团(-52.7%)、美国银河国际轮胎公司(-45.7%)以及俄罗斯Sibur-Russkle Shiny公司(-42.2%)。

我国轮胎企业在排名中最为抢眼，再次成为新亮点。我国大陆上榜企业由上年19家上升到22家，加上5家台湾企业，我国在75强中占27席，超过总数的三分之一。在我国上榜企业中，有13家外资为独资/合资企业，这些企业为我国轮胎销售收入增长做出了较大贡献。2010年全球轮胎75强排名(按企业2009年轮胎销售收入计)见表2。

"全球轮胎75强排名榜"被外界誉为世界轮胎制造业"晴雨表"和"风向标"，通过这个排行榜大家能够快速、直观地了解到世界轮胎工业的整体情况。

表 2　2010 年全球轮胎 75 强排名

2010 年排名	2009 年排名	公司/总部所在国家或地区	2009 年轮胎销售收入/亿美元	2008 年轮胎销售收入/亿美元
1	1	普利司通/日本	205.00	234.35
2	2	米其林/法国	196.00	228.20
3	3	固特异/美国	156.49	183.19
4	4	大陆/德国	65.00	81.00
5	5	倍耐力/意大利	55.48	60.03
6	6	住友橡胶工业/日本	46.30	48.44
7	7	横滨橡胶/日本	39.56	39.77
8	8	韩国轮胎/韩国	37.60	36.87
9	9	库珀轮胎橡胶/美国	27.79	28.82
10	11	正新橡胶/中国台湾	27.23	25.42
11	13	杭州中策橡胶/中国	23.59	21.26
12	12	东洋轮胎橡胶/日本	23.07	24.10
13	10	锦湖轮胎/韩国	23.01	25.93
14	15	三角集团/中国	17.68	17.67
15	14	佳通轮胎/中国	17.41	19.31
16	16	山东玲珑橡胶/中国	17.40	14.67
17	20	阿波罗轮胎/印度	17.01	10.73
18	18	MRF/印度	12.25	13.76
19	22	J.K 轮胎工业/印度	10.19	10.11
20	33	兴源轮胎/中国	9.76	6.15
21	17	诺基亚轮胎/芬兰	9.75	14.24
22	19	双钱轮胎控股/中国	9.45	11.56
23	24	下世纪/韩国	9.01	8.77
24	23	青岛双星轮胎/中国	8.78	9.39
25	25	风神股份/中国	8.27	8.76
26	35	山东盛泰/中国	7.22	5.89
27	32	建大轮胎/中国台湾	6.98	6.16
28	28	佳通/印尼	6.95	7.05

续表 2 - 1

2010 年排名	2009 年排名	公司/总部所在国家或地区	2009 年轮胎销售收入/亿美元	2008 年轮胎销售收入/亿美元
29	31	贵州轮胎/中国	6.50	6.17
30	42	比拉轮胎/印度	6.01	4.19
31	37	西亚特轮胎/印度	5.97	5.41
32	21	Sibur - Russkle Shiny/俄罗斯	5.95	10.29
33	38	山东泸河/中国	5.43	5.30
34	29	白俄罗斯轮胎/白俄罗斯	5.25	0.00
35	34	BriSA/普利司通 - 萨巴奇轮胎/土耳其	4.92	5.91
36	30	帝坦国际/美国	4.85	6.85
37	41	山东万达/中国	4.51	4.32
38	54	青岛赛轮/中国	4.30	2.20
39	43	华南轮胎橡胶/中国	4.12	3.92
40	45	山东金宇/中国	4.10	3.27
41	27	Amtel 集团/俄罗斯	4.00	8.46
42	46	南港轮胎橡胶/中国台湾	3.20	3.04
43	39	Mitas/捷克	3.18	4.84
44	40	特雷勒堡/瑞典	3.10	4.35
45	36	银河国际轮胎/美国	3.00	5.53
46	47	北斗星/Solideal/斯里兰卡	3.00	3.00
47	48	Balkrishna 工业/印度	2.92	2.78
48	44	卡莱尔轮胎与车轮/美国	2.90	3.82
49	53	联合轮胎/以色列	2.75	2.26
50	50	Barel 轮胎橡胶/伊朗	2.71	2.54
51	49	联邦/中国台湾	2.33	2.66
52	55	马郎贡尼/意大利	2.24	1.93
53	26	Nizhnekamskshina/俄罗斯	2.16	8.53
54	51	华丰橡胶工业/中国台湾	2.14	2.48
55	56	徐州徐工/中国	1.95	1.85
56	52	FATE/阿根廷	1.91	2.36

续表 2－2

2010 年排名	2009 年排名	公司/总部所在国家或地区	2009 年轮胎销售收入/亿美元	2008 年轮胎销售收入/亿美元
57	不详	朝阳浪马/中国	1.89	1.36
58	59	Petlas 轮胎工业/土耳其	1.86	1.49
59	58	青岛黄海橡胶/中国	1.74	1.52
60	60	Multistrada/印尼	1.62	1.38
61	61	四川海德轮胎/中国	1.62	1.34
62	62	TVS Srichakra /印度	1.47	1.24
63	57	银石公司/马来西亚	1.45	1.54
64	不详	北京首创/中国	1.35	1.04
65	63	Casumina/越南	1.26	1.22
66	67	Falcon 轮胎/印度	1.20	1.10
67	66	Dena 轮胎橡胶/伊朗	1.10	—
68	65	Vee 橡胶/泰国	1.00	1.06
69	72	广州珠江轮胎/中国	1.06	0.87
70	70	Metro 轮胎/印度	1.05	0.98
71	69	天津联合轮胎/中国	0.80	1.03
72	75	通用轮胎橡胶//巴基斯坦	0.71	0.68
73	74	Inoue 橡胶/泰国	0.68	0.75
74	不详	Ralson 轮胎/ 印度	0.65	0.67
75	71	马塔多耳 Omskshina /俄罗斯	0.63	0.90
		以上小计	1222.50	1350
		其他	42.50	50
		总计	1265	1400

在近 14 年里，全球轮胎业经历了低迷——盘整——高速发展——高台跳水的过程。近 14 年全球轮胎业发展进程见图 1。从图中可见，1998～2001 年，全球轮胎业基本处于负增长（以当年销售收入计），总销售收入在 680 亿至 700 亿美元之间徘徊。经过 5 年多的箱式盘整之后，2002 年全球轮胎业告别低迷，开始进入新一轮增长。2003 年全球总销售收入首次突破 800 亿美元关口，同比增长 13.67%，创历史新记录。2004 年再上新台阶，总销售收入突破 900 亿美元，同比增长 16.20%，呈现井喷现象。2005～2008 年继续保持升势，冲上 1400 亿美元关口，为全球轮胎市场规模增长竖立了一块新的里程碑。2009 年全球经济战后第一次出现负增长，受此大环境影响，全球

轮胎业遭到重大打击,销售收入下降近 10%。

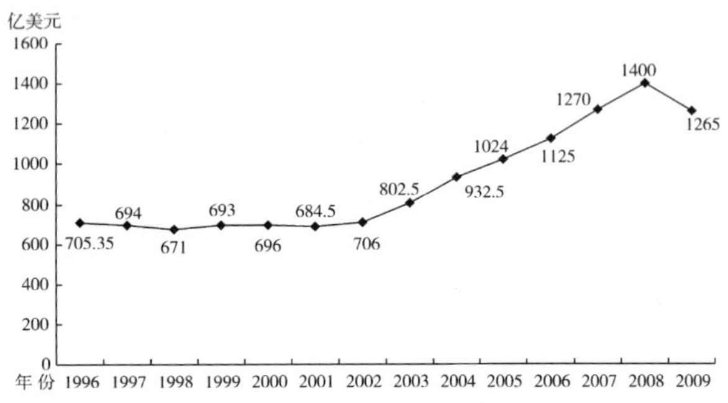

图 1　近 14 年全球轮胎业发展进程

2.2010 年报尚未出尽,止跌企稳已成定局

经历 2009 年市场低迷,2010 年天然胶价格步步攀升之后,全球各大轮胎企业依然交出不俗的年报,其销售收入和利润同比大幅增长。目前,2010 年部分数据显示,止跌企稳已成定局,有望今后实现持续稳定发展。

从目前公开的部分年报上看,全球轮胎企业大多数业绩增长明显。法国米其林集团公司 2010 年销售收入增长 20.8%,升至 179 亿欧元;净利润超过 10 亿欧元,比 2009 年增长了近 10 倍。日本普利司通公司的销售收入为 2.861 兆日元,较上年增长 10%;净利润为 989 亿日元,而 2009 年为亏损。美国固特异轮胎橡胶公司销售收入同比上涨 15.5%,从 2009 年的 156.49 亿美元上涨至 180.75 亿美元;净亏损为 2.16 亿美元,比 2009 年 3.75 亿美元的亏损额大幅降低。美国库珀轮胎橡胶公司销售收入 33.6 亿美元,同比增长 20.9%;净利润 1.4 亿美元,同比提高 170%。芬兰诺基亚轮胎公司销售收入同比上涨 32.5%,升至 10.6 亿欧元;净利润达 1.7 亿欧元,同比增长 191%。日本住友橡胶工业公司销售收入提高了 15.3%,达到 53.39 亿美元;利润增长 1 倍,升至 2.44 亿美元。韩国轮胎公司销售收入突破 5.4 兆韩元,同比增长 11.5%。正新橡胶工业股份有限公司全年轮胎销售收入提升 30%,利润创历史新高。美国帝坦国际公司胎销售收入增长 21.2%,实现扭亏为盈。

2010 年轮胎业绩劲增主要得益于全球市场扩展以及成熟市场需求的回升。世界汽车行业的复苏特别是中国汽车工业的快速发展,带动了轮胎需求的增长。虽然天然胶价格大幅上涨给企业生产经营造成了巨大压力,但通过轮胎涨价等措施基本消除了原材料成本上升对业绩的影响。在此有利形势下,全球轮胎前 10 强企业的销售收入均得以大幅提升。大多数轮胎企业对 2011 年的轮胎市场普遍继续看好,继 2010 年投资热潮之后,纷纷准备加大投资力度。

3. 全球轮胎投资重现热潮,增长 3 倍超 80 亿美元

全球主要轮胎制造商在压缩投资近两年之后,再次掀起了轮胎扩产高潮。2010 年世界主要轮胎制造商的实际投资额超过 80 亿美元(不包括中国在内的企业),新增 1 亿套轮胎产能,是 2009 年的 3 倍多,约占当年全球销售收入 6%,成为 25 年来的第二次投资高峰。迄今为止,43 个项目扩产,新增产能 9500 万套乘用轮胎、1000 万套载重轮胎及数百万吨农用轮胎及工程轮胎。

经历了 2009 年轮胎行业金融危机的冲击,主要轮胎制造商大幅度缩减轮胎投资,新建项目几乎停止,一些轮胎厂纷纷关闭或减产的低迷状态。2010 年情况完全改观,一股新的轮胎投资热在全球兴起。世界著名轮胎公司纷纷上马扩建或新建轮胎项目。米其林集团公司以 19 亿美元位居全球企业之首,共有 4 个项目。该公司计划 2011 年业务量至少增加 6.5%,投资预算增长 60%,同时将再投资 22 亿美元用于轮胎扩产。普利司通公司以 13.5 亿美元位居第二,共有 9 个项目。投资额比较大的还有下世纪轮胎公司、倍耐力公司、住友橡胶工业公司、大陆公司、横滨橡胶公司、俄罗斯 Nizhnekamskshina 公司等。

据统计,25 年来的第二次投资高峰中将近 50% 的资金集中投放在以中国和印度为主的亚洲地区。吸引轮胎投资最多的地点为中国,估计在 30 亿美元以上。

全球轮胎 75 强中,排在前 10 位的大企业相继在中国启动新建和扩建轮胎项目。法国米其林集团公司投资 14.57 亿美元进行沈阳工厂的搬迁、扩产和升级工作。该“高性能子午线轮胎环保搬迁改造及扩产项目”已于 2010 年 11 月 20 日正式启动。项目投产后,产品绝大部分将是高性能、低滚动阻力的绿色环保轮胎，其年产能力将随着项目的进展逐步增加，最终将达到年产轿车和轻卡轮胎 1000 万条、卡客车轮胎 180 万条以及卡客车翻新胎面 29.5 万条，相当于原来产能的两倍。此外，2011 年 4 月米其林已与双钱集团股份有限公司和上海华谊集团签订谅解备忘录，建立一家合资企业，为中国市场生产和销售回力牌轿车轮胎、轻卡轮胎。新公司将由米其林持股 40%，中方持股 60%，运营一家正在安徽省无为县建设的工厂。新厂落成后的轮胎年产能预期为 1500 万条。

日本普利司通公司对其无锡工厂追加投资 9800 万美元，将产能从原来的日产 8000 条轿车轮胎增加到 1.2 万条，以应对产能不足问题，预计 2011 年 7 月达产。2009 年由于经济不景气导致全球轮胎需求下降，普利司通原本计划在中国减产 13%，考虑到中长期市场需求将会增长，最终决定提高其生产能力。

韩国轮胎公司投资 8200 万美元，扩大其嘉兴工厂的轿车轮胎及轻卡轮胎产能，最终达到年产 3000 万套；同时加紧筹划在重庆建在华的第三间工厂生产载重轮胎。该公司的战略目标是 2013 年全球总产能达到 1 亿条，其中韩国两间工厂（大田厂、锦山厂）年产能从 2010 年的 440 万条提升到 470 万条，中国两间工厂（嘉兴厂、江苏厂）从 2900 万条提升到 3400 万条，欧洲的匈牙利工厂从 500 万条提升到 1000 万条。据该公司透露，2011 年将力争实现销售收入 6.06 兆韩元，继续抓好匈牙利工厂扩建、中国重庆工厂和印尼工厂新开工的项目。

2010 年，意大利倍耐力公司已投资 3 亿美元，提高其在中国、罗马尼亚 60% 的轿车轮胎产能，在中国、埃及、拉丁美洲 20% 的载重轮胎产能。在此基础上，该公司计划未来三年内再投资 3 亿欧元扩大在华轮胎产量，将济宁轮胎厂年产量扩大 1 倍，升至 1000 万条；同时计划投资 1.52 亿欧元在墨西哥建设轮胎厂。

德国大陆公司投资 6 亿欧元在安徽建新厂，其中一期工程投资 1.85 亿欧元，主要生产中高端乘用子午胎。该项目一期工程现已竣工并投产，年产能为 425 万条。项目全部建成后，年产能将提升到 1800 万条。

美国库珀轮胎橡胶公司投资 1790 万美元，增持 14% 的固铂成山（山东）轮胎有限公司股份，持股比例由原来的 51% 提升至 65%。美国库珀公司增持的 14% 股份，是由泰国一家公司转让的。

日本横滨橡胶公司在原来基础，给杭州工厂第四期扩建项目再次增资 70 亿日元。项目完成后，杭州工厂的生产力将从原来的 300 万条乘用胎提高到 510 万条，预计 2012 年 1 月达产。此外，该公司还计划在杭州横滨轮胎有限公司成立研发部门，仅设备投入就高达 3000 万元以上。横滨橡胶公司在全球轮胎 75 强中名列第 7 位，是日本第三大轮胎生产企业，每年全球轮胎销量约 5000 万条。

日本东洋轮胎橡胶公司投资 1.05 亿美元在江苏建立工厂生产轿车轮胎、轻卡轮胎。该项目已于 2010 年 9 月 9 日在江苏扬子江国际化学工业园区举行了奠基仪式，计划年产轮胎 200 万条，有望于 2011 年底投入生产。这是该公司在本土以外的亚洲地区首家独资建设的第一间工厂，也是继在美国设立东洋北美轮胎制造公司（Toyo Tire North America Manufacturing Inc.）之后的第二处海外生产基地。在中国轮胎市场所呈现出的强劲增长势头下，东洋轮胎橡胶公司调整发展战略，进一步加强对中国轮胎市场的渗透。

芬兰诺基亚轮胎公司宣称 2011 年该公司将继续推出新产品并提高产品价格，以抵消原材料价格上涨的影响。2011 年公司的投资预算升至 1.2 亿欧元，同比增加 132%，以确保销售额不断增长。

正新橡胶工业股份有限公司着力加强在华业务，目前，在重庆实施轿车轮胎生产项目 2011 年第三季度末投产，年产能 780 万条，从而使该公司在华轿车轮胎年产能提升至 2280 万条。

印度成为继中国之后的投资热土。日本普利司通公司、法国米其林集团公司、印度 J.K 轮胎工业公司等在印度的轮胎项目正在按计划进行。初步统计，上述公司在印度的轮胎项目投资额已达 30 亿美元以上。

日本普利司通公司投资 5.39 亿美元在印度浦那城建设第二间工厂，计划达到日产乘用轮胎 1 万条、载重轮胎 3000 条；投资 3670 万美元在印度凯达轮胎厂扩大全钢载重轮胎产能,2012 年下半年达产。法国米其林集团公司在印度 Tiruvallur 投资 8.7 亿美元建新工厂,生产载重轮胎和工程轮胎,拟 2~3 年内达产。

近年来,印度市场子午胎销售持续快速增长,促使本土企业也加快了投资步伐。J. K 轮胎工业公司投资 100 亿卢比在斯里波巴度建厂,为汽车制造厂提供原配轮胎;同时在印度钦奈投资 3.25 亿美元建厂,生产子午线轿车轮胎、载重轮胎,一期工程年产能为 560 万套。阿波罗轮胎公司正在扩建刚投产半年的钦奈工厂,最终要达到日产子午线轮胎 2.2 万条(其中乘用轮胎 1.6 万条, 载重轮胎 6000 条)。Balkrishna 工业公司将投资 2 亿美元,在印度西部建厂,生产子午线轮胎和斜交农用轮胎,计划 2012 年投产。

据印度泰米尔纳德邦政府统计,在未来 3~4 年内当地轮胎工业的总投资将超过 560 亿卢比,其中 440 亿卢比的投资额用于在建工程。

4. 结语

天然橡胶等原材料价格居高不下,依然是全球轮胎业 2011 年必须面对的挑战。与此同时,全球经济逐步恢复,各地市场多元化需求,给有实力的轮胎企业实现不俗的销售业绩创造了先决条件。

未来世界轮胎市场的竞争重点将集中在轿车轮胎市场,高性能轮胎将成为全球轮胎行业的重要利润增长点。从世界轮胎行业发展特点看,轮胎企业的大型化和集团化日益加剧;研发力度不断加强,创新成果大量涌现;轮胎巨头非常注重品牌建设,一些在品牌建设上取得优势的企业有望在新的一轮竞争中胜出。

在全球轮胎业中,中国将继续扮演橡胶消费大国、轮胎生产大国的角色。自 2003 年以来,我国已连续 8 年成为世界第一橡胶消费大国,橡胶在国民经济发展中占据了越来越重要的地位。换言之,如今世界每消费 4 吨天然橡胶,有 1 吨就会在中国。基于中国经济的快速发展,工业化进程持续推进,估计在今后一段时期内,中国头号橡胶消费国及轮胎生产大国的地位不会发生动摇。

(邓海燕)

点击之间　打开世界

chick the mouse　open the world

《中国橡胶》官方网站

www.chinarubber.org.cn

电话（Tel）：86-10-84924066　86-10-84920005　86-10-84927809

传真（Fax）：86-10-84928207　E-mail:chinarubber@cria.org.cn

重庆商社化工有限公司

CHONGQING GENERAL TRADING CHEMICALCO.,LTD.

董事长：张亚谋

重庆商社化工有限公司（以下简称重庆商社化工）于 2004 年 1 月正式成立，其由荣列 2009 年中国连锁百强榜第 11 位的重庆商社（集团）有限公司全额投资，具有独立法人资格。

重庆商社化工前身为化工原料二级采购供应站，经营历史长达 60 余年，为重庆乃至西南的经济发展做出了积极贡献。

重庆商社化工组建以来获得多项荣誉，其中 2008 年度荣获重庆市授予的“守合同重信用”称号，2010 年 3 月荣膺中国橡胶工业协会“诚信橡胶贸易商”称号，2011 年获重庆市 “文明单位”称号。

重庆商社化工是专业批发经营化工生产资料的大型批发企业。公司注册资本 7000 万元人民币，总资产达 16 亿元人民币。2010 年销售总额 52 亿元人民币，其中进出口贸易额占 85% 以上，销售在国内同行业中位居前列。预计 2011 年销售总额将达 100 亿元人民币。

重庆商社化工经营范围包括橡胶、石油化工、轻工化工等产品。尤其在天然橡胶和合成橡胶的经营上实力雄厚，优势明显。2010 年销售天然橡胶 20 万吨、合成橡胶 6 万吨。预计 2011 年，天然橡

热忱欢迎国内外客商来我司洽谈合作！

地址：重庆市北部新区星光大道 62 号海王星科技大厦 D 座 6 楼　　邮编：401121

务实为本　创新为魂

奉献为荣　和谐为贵

胶销量将达 25 万吨，合成橡胶销量 10 万吨。

重庆商社化工于 2005 年通过 ISO9001：2000 质量管理体系认证，2009 年顺利通过新版 ISO9001：2008 质量管理体系认证，公司内部采用 ERP 系统管理。

重庆商社化工在天津、青岛、上海、深圳、广州、厦门、海口以及满洲里等城市和口岸设有分支经营机构。境外产品主要来自北美、北欧、中东、中亚及东南亚等国，国内产品主要来自于中石油、中石化及国内大型农垦企业等。目前已取得境内外多家大型石化企业产品的经营权和代理权，借此形成明显的货源优势。

重庆商社化工坚持以市场为导向，以改革促发展的方针，贯彻“务实为本，创新为魂，奉献为荣，和谐为贵”的企业准则，坚持“勤奋坚韧，追求更高”的企业精神，突出专业和品牌特色，充分发挥既有优势，逐步将业务范围扩大到越南、俄罗斯等国以及东南亚和中亚地区，力争在“十二五”期间销售总额达到 700 亿元。

电话：023-63061989（橡胶业务及信息）、68511288（橡胶业务传真）、63865915（行政传真）

GZH 公司简介

桂林中昊力创机电设备有限公司成立于2002年，是一家以橡胶机械新产品的研发及制造为一体的公司。胎面联动线，裁断生产线以及硫化机等适用于各种子午线轮胎生产的设备是我公司的拳头产品，在国内多次获奖。公司在国内率先推出的轮胎氮气硫化系统，现已在国内外多家轮胎企业使用，并成为轮胎企业节能减排工程的主力军。

公司秉承“技术领先、质量为本、优质服务”的宗旨，与国内外各大知名轮胎厂建立了良好的合作关系，产品出口至日本、美国、印度、土耳其等国家和地区。

GZH,which was established in 2002,focuses on the research&development and production of new products in rubber machinery industry.The major competitive products includes Textile & steel cord Cutting Line and Curing Press.With the principle of "Advanced Technology,Quality First,Exce-llent Service",we've established good relationsh-ips with the top tire manufactures all over the world.Our products have been exported to Japan, USA,india and Turkey etc.

17° -90° 工程胎钢丝帘布裁断机

氮气制取及回收系统

90° 钢丝帘布胎体裁断机

农用子午胎纤维帘布直斜裁断机

124"-200" 帘布筒贴合机

GZH 桂林中昊力创

机电设备有限公司

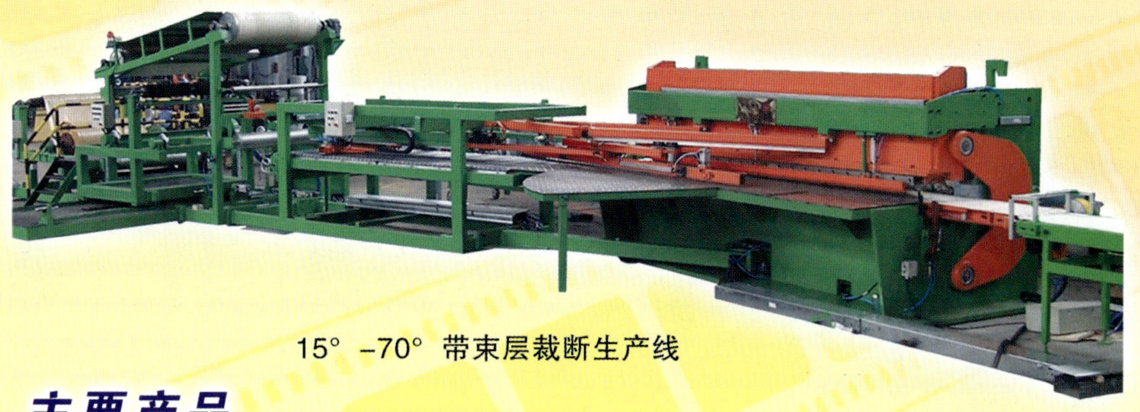

15° -70° 带束层裁断生产线

主要产品

- 15°~70° 钢丝帘布裁断机
- 90° 钢丝帘布裁断机
- 等压变温硫化工艺技术
- 内衬层贴边机
- 氮气回收工程
- 氮气硫化工程
- 切胶机
- 销钉冷喂料挤出机
- 工程胎帘布筒贴合机
- 复合挤出机胎面自动取出装置
  （获得国家专利，专利号：ZL 02 2 76461.5）

B48＂半钢子午胎柱式液压硫化机

117"-200＂工程胎硫化机

15° -70° TBR & OTR钢丝带束层裁断机

地址：广西桂林市骖鸾路19号　　邮编：541004

电话：0773-5851559、5852112　　传真：0773-5821101

Email：sinolichuang@163.com　　网址：http：//www.zhlcrm.com.cn

江苏双象

江苏双象集团有限公司是我国橡胶塑料机械行业的大型企业，通过ISO 9001质量管理体系认证。公司占地近10万m^2、具备齐全的各类精、大、稀加工制造设备、拥有先进的计量检测手段及健全的质量保证体系、并有一支经验丰富和较强设计能力的工程技术队伍，技术设计全部采用计算机辅助设计（CAD），能为各类橡胶制品加工企业及PVC薄膜、硬片、人造革生产加工企业提供开发设计、制造各类成套项目设备及非标专用设备。

SY560×1730　SY760×2800
SY610×1830　SY810×3000
SY660×2360　SY863×4000
SY710×2600

薄膜、硬片、人造革压延生产线

SY560×1730　SY760×2800
SY610×2000　SY810×3000
SY660×2360　SY863×4000
SY710×2600

四、五辊压延主机

现场安装、调试中的压延生产联动线

压延机系列产品主要技术参数

型号	辊径 × 长度/(mm×mm)	中辊线速度/(m·min⁻¹)	压延宽度/mm
XY2L800	360×800	3.2～32.00	630
XY3I1120	360×1 120	7.5～22.50	920
XY3F1120	360×1 120	2.1～21.00	920
X(S)Y4F1120	360×1 120	7.2～23.00	920
XY3I1400	400×1 400	8.8～26.39	1 200
XY3I3500	900×3 500	1.0～8.00	3 300
X(S)Y4F1400	400×1 400	8.8～26.39	1 200
SY5F1500	400×1 500	9.56～28.68	1 250
XY5Г-700	230×700	1.5～13	600
XY4S1220	400×1 220	3.0～30.00	1 000
XY4S1730	610×1 730	0～45.00	1 500
X(S)Y4Г1830	610×1 830	6.0～60.00	1 600
XY4Г1730	610×1 730	5.4～54.00	1 500
X(S)Y4Г1730	560×1 730	6.0～60.00	1 500
X(S)Y4Г2000	610×2 000	6.0～60.00	1 700
X(S)Y4Г2360	660×2 360	6.0～60.00	2 000
X(S)Y4Г2600	710×2 600	6.0～60.00	2 100
X(S)Y4Г2800	760×2 800	6.0～60.00	2 400
X(S)Y4Г3700	812×3 700	7.0～70.00	3 400
X(S)Y4Г4000	863×4 000	8.0～80.00	3 600

所有压延机可配套橡胶辅机、塑料压延辅机

上浆机

发泡炉

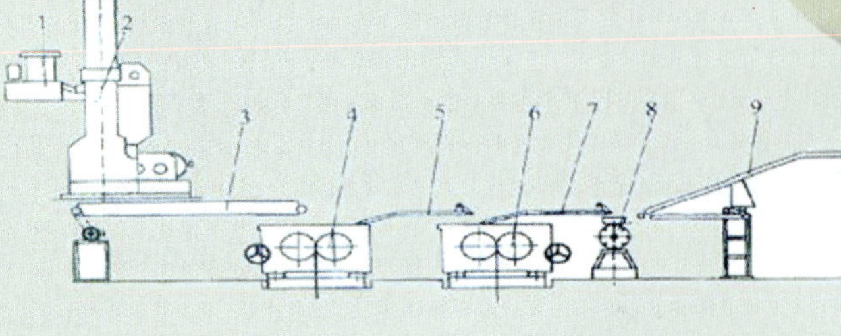

1. 高速混合机　2台
2. 密炼机　1台
3. 皮带输送机　1台
4. 炼塑机　1台
5. 皮带输送机　1台
6. 炼塑机　1台
7. 皮带输送机　1台
8. 过滤挤出机　1台
9. 摆动式皮带输送机　1台
10. 四辊压延机　1台
11. （三支）引离装置　1台(套)
12. 压花装置　1台(套)
13. 冷却装置　1台(套)
14. 表面摩擦卷取机　1台(套)
15. 中心卷取机　1台(套)

集团有限公司

公司主要有适用于橡胶、塑料加工行业的六大类产品，分别为开炼机系列，压延机及辅机系列，密炼捏炼机系列，滤胶挤出机系列，内胎接头机系列，立式、卧式裁断机系列产品及轮胎生产专用设备。产品不仅销售全国，并且远销东南亚及南美等30个国家和地区，是国家橡胶塑料机械产品重点出口企业。

XY-4S 610×1730、XY-4S 400×1220内衬层压延机

主机为单电机单辊筒驱动，具有预负荷装置、轴交叉装置、润滑失压报警装置、辊距自动监测装置，具备辊距显示、交叉显示、速度显示、辊温显示。

XY-4Γ1730橡胶压延（恒张力1.5 t）生产线

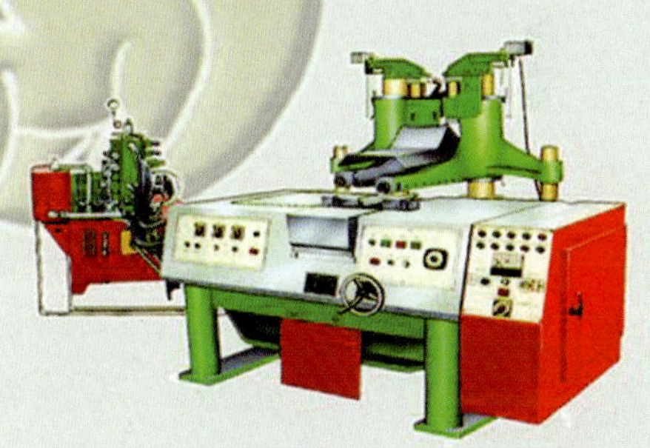

LJDY-450，560，630内胎接头机

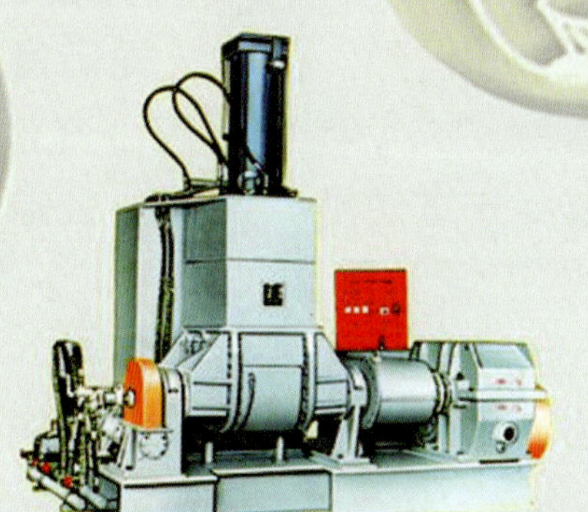

X(S)N系列加压式捏炼机

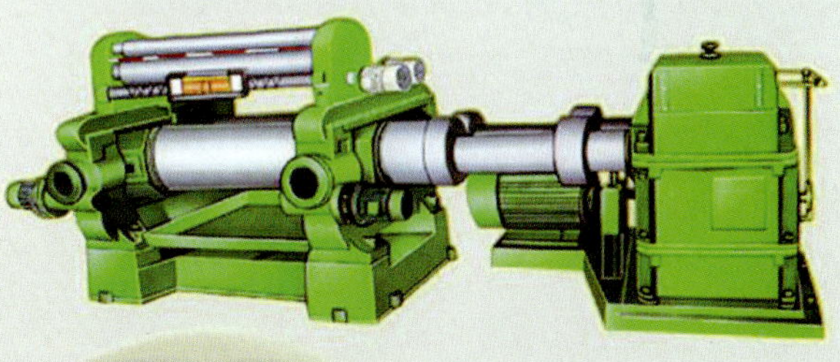

开放式炼胶（塑）机系列产品主要技术参数

规格	辊径×长度/(mm×mm)	辊筒速比	一次投料量
X(S)K160	160×320	1:1.35	1.2 kg
X(S)K250	250×620	1:1.10	10.15 kg
X(S)K360	360×900	1:1.25	15～20 kg
X(S)K400	400×1 000	1:1.277	25～35 kg
X(S)K450	450×1 200	1:1.27	30～50 kg
X(S)K560	560/510×1 530	1:1.315	50～60 kg
X(S)K550	550×1 500	1:1.25	50～65 kg
X(S)K610	610×1 820	1:1.25	150 kg·h^{-1}
XKY660	660×2 130	1:1.09	165 kg·h^{-1}
XKR660	660×2 130	1:1.24	450 kg·h^{-1}
X(S)K710	710×2 540	1:1.09	190 kg·h^{-1}
XKY710	710×2 200	1:1.15	190 kg·h^{-1}
X(S)K760	760×2 800	1:1.15	230 kg·h^{-1}
XKP560	560/510×800	1:1.42	2 000 kg·h^{-1}/(3～5目)
XKJ480	610/480×800	1:1.815	
XKF480	610/480×800	1:1.55	250 kg

X(S)M系列下卸料密炼机

厂址：江苏无锡市南门外后宅镇
邮编：214145
传真：0510-88990983
电话：0510-88996860（直线）
销售电话：0510-88993888转
8107,8108,8109

腾森橡胶轮胎（威海）有限公司

腾森橡胶轮胎（威海）有限公司是一家现代化的台湾合资企业，坐落在美丽的滨海城市——威海。公司拥有国内先进的丁基内胎、摩托车、电动车轮胎的生产设备和技术，注册资本 1300 万美元，厂区占地面积 7.73 万平方米，员工 600 人，将形成年产丁基内胎 1000 万条、高档摩托车轮胎 850 万套的生产能力。

自 2007 年正式投产以来，秉承“诚信至上，合作共赢”的理念，腾森走过了一条高速发展的道路，现旗下拥有“腾森”、“奥利森”和“朗森”三大品牌，生产的高档丁基内胎和摩托车、电动车轮胎产品，为众多国内外知名企业提供产品配套，并向二十多个国家和地区客户提供全面、优质的服务。

公司通过了 TS16949、ISO14001、IS09001 等管理体系认证和 CCC、CQC、美国 DOT、印尼 SNI 产品认证，为优良的产品品质提供了强有力的保障。同时，凭借良好的品牌形象，过硬的产品质量，顾客至上的优质服务，赢得了省级“文明诚信百佳台资企业”、“山东省诚信企业”、威海经技区“纳税明星企业”、“科技进步先进企业”、“热心公益慈善捐助及支持新农村建设先进企业”等荣誉，获得了社会各界的广泛认同。

“海阔凭鱼跃，天高任鸟飞”。腾森人志存高远，不会满足于已取得的成就，立志成为轮胎行业的标杆型企业，造出世界上一流的轮胎产品，为“中国创造”贡献自己的力量，腾森必将拥有更辉煌灿烂的明天！

夢想在路上實現

騰森輪胎
Tiumsun
网址：www.tiumsun.com
客服电话：400 007 9599
企业使命：兴企业，兴中华
企业愿景：行业典范，永续经营
核心价值观：创造价值，实现自我
企业精神：自强不息，创新超越
经营理念：诚信至上，合作共赢
服务理念：您的满意是我们不懈的追求
中国橡胶工业协会会员展示专版

河北华密橡胶有限公司
Hebei Huami Rubber Co.,Ltd.

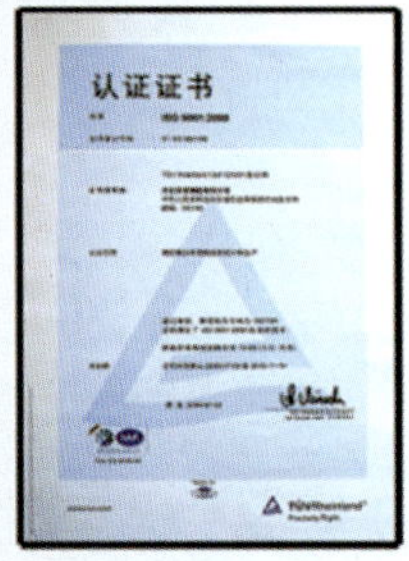

河北华密橡胶有限公司始建于1989年，本公司以橡胶制品及特种混炼胶为主体的专业生产厂家。公司位于河北省邢台市京深高速公路北出口东四公里处，交通便利，现占地面积5.6万平方米，厂房面积2.4万平方米，公司现有员工360名，其中具有高级职称工作人员10名，中级职称36名。公司引进国际一流的生产设备和检验设备，采用先进的生产工艺，并与多家企业、单位和高校展开深层次合作——成立产学研究基地。

华密牌产品曾荣获“河北省著名商标”、“中国优质名牌产品”等称号，并先后通过莱茵的ISO/TS16949:2008、ISO9001、ISO14001:2004、OHSAS18001:1999等体系认证，并于2007年8月被认定为“河北省高新技术企业”。

目前，公司已成立了河北华密橡胶制品研发中心，中心主要以研发汽车橡胶制品零部件为主，其下属部门主要有产品设计部、产品模具设计部、工艺工装设计部、材料配方设计部、中心实验室、模具加工中心、橡胶混炼中心等。公司新上年产8000吨特种混炼胶，9000万套橡胶制品生产线。在国内有较强的生产能力，主要产品为各汽车工厂配套，产品已批量出口到欧美、中东及东南亚，所售华密牌产品得到很高的赞誉。

我们坚持“做精致产品，创国际品牌”的企业经营理念。我们真诚希望海内外客户前来惠顾，携手共创辉煌！

地址：河北省任县河头段邢德路北侧　　邮编(P.C)：055150
Add:　North side of the road from Xingtai to Dezhou,Hetou Area, Ren County, Hebei Province.
电话(Tel)：86-0319-7609668/7609666　　传真(Fax)：86-0319-7609988
E-mail：business@hmxj.com　　Http://www.hmxj.com

精彩回力 足下生辉

——记上海回力鞋业有限公司

Fresh Experience in Warrior's Shoes

Report on the Shanghai Warrior Shoes Co., Ltd.

上海回力鞋业有限公司是上海华谊（集团）公司旗下的全资子公司，专业从事“回力”牌运动鞋及各类鞋产品的研发、制造和销售，产品畅销全国，并出口东南亚、中东和欧美等几十个国家和地区。

回力鞋业创建于1927年，距今已走过80多个春秋。其“回力”商标注册于1935年，1997年被认定为上海市著名商标，1999年被认定为中国驰名商标。“回力”鞋类产品先后荣获国家质量银质奖、及上海市优质产品奖，连续数年获上海市名牌产品称号，并荣获第21届西班牙国际质量奖，为“回力”产品赢得了国际声誉。

优质的产品来源于优秀的管理。该公司已通过ISO9001：2000质量管理体系的认证，又在2010年上海世博会期间取得上海世博会特许商品生产商和零售商资格，并按时完成世博会招募产品订单，为上海世博会增添了一份光彩。

回力鞋业立足“以人为本、崇尚运动、促进健康”的产品开发理念，坚持“时尚运动、健康运动、专业运动”三位一体的产品定位方向，坚持以技术创新为企业发展的核心动力，在积极开发普及型、大众化运动休闲鞋系列产品的同时，还着力研发具有较高技术含量的冷粘专业体育用鞋、户外健身运动鞋，以及彩绘时尚运动休闲鞋等系列产品，并以品牌运作、技术管理的方式拓展了各种轻便注塑休闲鞋、雨鞋、凉鞋及室内外拖鞋等系列产品，努力为提高中国竞技体育和全民健身运动水平和创造美好生活而作出应有的贡献。

回力鞋业愿与全国各地及海内外经销商竭诚合作，共同为振兴和发展民族品牌不断创造新的业绩。

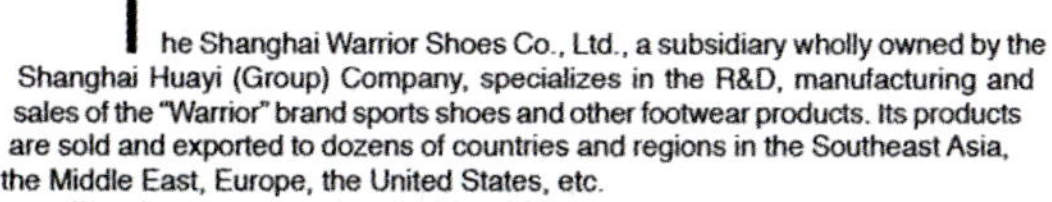

The Shanghai Warrior Shoes Co., Ltd., a subsidiary wholly owned by the Shanghai Huayi (Group) Company, specializes in the R&D, manufacturing and sales of the "Warrior" brand sports shoes and other footwear products. Its products are sold and exported to dozens of countries and regions in the Southeast Asia, the Middle East, Europe, the United States, etc.

The Company was founded in 1927 and has a history of more than 80 years. The "Warrior" trademark, registered in 1935, was identified as the famous trademark in Shanghai in 1997 and the well-known trademark in China in 1999. The "Warrior" shoes have won the national quality silver medal prize, the quality product award of Shanghai Municipality, the Shanghai famous product title for several consecutive years, and won the 21st Spain International Quality Award, which have gained international reputation for the "Warrior" products. Quality products come from excellent management. The Company has passed the certification of ISO9001: 2000 quality management system. During the Expo 2010 Shanghai, it has gained the qualification of licensed product manufacturer and retailer for the Expo Shanghai and timely completed the product orders of the Expo, adding a luster to the Expo Shanghai.

The Company, based on the product development philosophy of "take people as the foremost and advocate sports to promote health", adheres to the product positioning integrating the "fashionable sports, healthy sports, and professional sports", and takes technical innovation as the core drive for development. In the positive development of common models, popular sports and leisure footwear products, it also focuses on the R&D of professional cold sticky sports shoes with high technology, outdoor fitness sports shoes, fashionable athleisure shoes with paintings and other products. Besides, it works hard to expand a variety of light plastic shoes, boots, sandals, indoor and outdoor slippers and other products by means of brand promotion and technology management, aiming to make its due contribution to improve China's competitive sports and national mass fitness level.

The Shanghai Warrior Shoes Co., Ltd. is willing to cooperate with the dealers around the country and abroad to revitalize and develop the national brand and continue to create new achievements.

2

图片说明
Caption

1.“回力”牌时尚、经典、专业运动休闲鞋系列产品在2010年第26届北京体育用品博览会上受到消费者青睐。2.“回力”原创艺术手绘鞋。3.“回力”原创艺术手绘鞋和运动休闲鞋在2009年上海国际工业博览会上参展。4.2010年上海世博会期间，“回力”世博特许商品在世博园区内受到欢迎。

1. The "Warrior" brand fashion, classic and professional sports and leisure shoes series favored by consumers in the 26th Beijing Sporting Goods Fair in 2010. 2. "Warrior" original artistic hand-painted shoes. 3. "Warrior" original artistic hand-painted shoes and athleisure shoes exhibited in the Shanghai International Industry Fair 2009. 4. In the Expo 2010 Shanghai, the licensed "Warrior" Expo products sold in the Expo site.

黄岩浙东橡胶助剂有限公司

黄岩浙东橡胶助剂有限公司是集生产、开发、销售为一体的专业橡胶助剂企业。公司由金坛市浙东橡胶助剂厂、武穴市浙东橡胶助剂制造厂、鹤壁市浙东橡胶助剂厂和黄岩浙东橡胶助剂进出口有限公司组成。专业生产橡胶防老剂、促进剂、抗氧剂系列产品(计50余种),种类齐全,通过了ISO9001:2000质量管理体系认证,保证了产品质量的稳定提升,年产值3亿元。

公司本着“以质量求生存,靠信誉求发展”的宗旨,依靠已积累的技术优势,将防老剂RD的二、三、四聚合体含量提高到60%以上;促进剂BZ、PZ、ZDC、DPTT细度提高到300目以上,同时对老产品2246进行技术改造,提高了产品的技术含量。公司顺应市场需要,扩大了促进剂DOTG的生产规模,增加抗氧剂DBHA、LD及医药原料M(精制)、DM(精制)、TETD(精制)、偶联剂Si-69(HP-669)等新产品的生产,并研制开发了当今国际橡胶加工应用的新方向-复合助剂、防老剂4010NA、4020、防甲、防丁等粉状的环保型产品。特别是4010NA(粉状)产品的开发,达到了水抽出率低、色迁移性小、毒性低,加强了分散性和协同效应等目的。且以较低的价格得到广泛的认同和赞誉,为轮胎、橡胶、塑料等行业提供了更大的选择余地。

顾客的满意是我们工作的目标,顾客的价值提升是我们工作价值的体现,浙东公司真诚为广大顾客服务。

新品种:

与众不同的、新工艺环保型防老剂4010NA(N)

适合于各种轮胎及橡胶制品,采用新工艺新方法,毒性低,变色性小,易分散,低水抽出率,提高抗光老化性能,具有优异的抗热氧老化、抗臭氧老化、抗疲劳性能。

与众不同的、新工艺环保型防老剂4020(N)

采用了新工艺新方法,改善了4020的夏季结块、称量使用不便的现象,毒性低、易分散,具有优异的抗热氧臭氧和抗疲劳性能,改善了产品的视觉外观。

与众不同的、新工艺环保型抗氧剂264(N)

在一定程度上提升了264的防老化及抗氧化性能,不变色、无毒,无味,无污染,易分散,不喷霜,长效性能更佳。

与众不同的、新工艺环保型硫化剂HTDM

新型的硫化剂、促进剂,用量只需DTDM一半,符合国际轮胎行业的亚硝胺含量标准,并符合国际橡胶轮胎行业对亚硝胺含量控制的新要求,比DTDM更少,可以降低到在国际许可范围之内,而且由于高有效硫含量,在作促进剂时,硫磺用量可以相应降低,操作安全,无焦烧,硫化范围广,具有优异的抗还原性,能提高硫化胶的物理机械性能和耐老化性能。使用本品的胶料不喷霜、不污染、不变色,与秋兰姆、噻唑类促进剂并用,可提高硫化速度。

与众不同的、新工艺环保型复合防丁、防甲

采用了改变工艺路线的办法,将该品种诱发致癌因素的β-萘胺含量控制在安全范围内,大大减少了产品对人体的毒性伤害,并具有优良的防老化及综合防护性能。

与众不同的、新工艺环保型防老剂MB(N)

采用了新工艺路线的方法,是非污染型防老剂,与原MB具有同等的防老化性能和防铜害性能,不易喷霜、不变色,抗热氧老化性能较好,长效性能更佳。

与众不同的、新工艺环保型有机锌

有效降低使该氧化锌中的重金属杂质含量,更趋近于环保,具有硫化活性高,硫化时间短,可等量取代配方中氧化锌做活性剂使用,在保证产品性能的同时,可以降低生产成本。

公司产品

防老剂:MB、MBZ、RD、4010NA、4020、BLE、BLE-C、BLE-W、DFC-34、SP-C、NBC、DNP、AW、AW(粉)、DTPD(3100)

促进剂:M、DM、MZ、DBM、CZ、NS、DZ、NOBS、NA-22、DTDM、ZDC、PX、PZ、BZ、TMTD、TMTM、TETD、DPTT、D、DOTG、TBZTD、EPDM

抗氧剂:2246、264、DBHA、LD、1010、300 有机锌

硫化剂:VA-7-70 防焦剂:CTP 交联剂:TAIC、DCP 综合助剂

医药中间体:2-硫醇基苯并噻唑(精制M)、二硫化二苯并噻唑(精制DM)、二硫化四乙基秋兰姆(精制TETD)

地址:浙江黄岩劳动北路总商会大厦14层 联系人:张方海 章裕峰 彭尤森

电话:0576-84222427 84111112 84223588 84222428 84215196

传真:0576-84211218 手机:13705768123 13705765650 13705768801

http://www.zhedongauxiliary.com E-mai:hyzd@zhedongauxiliary.com

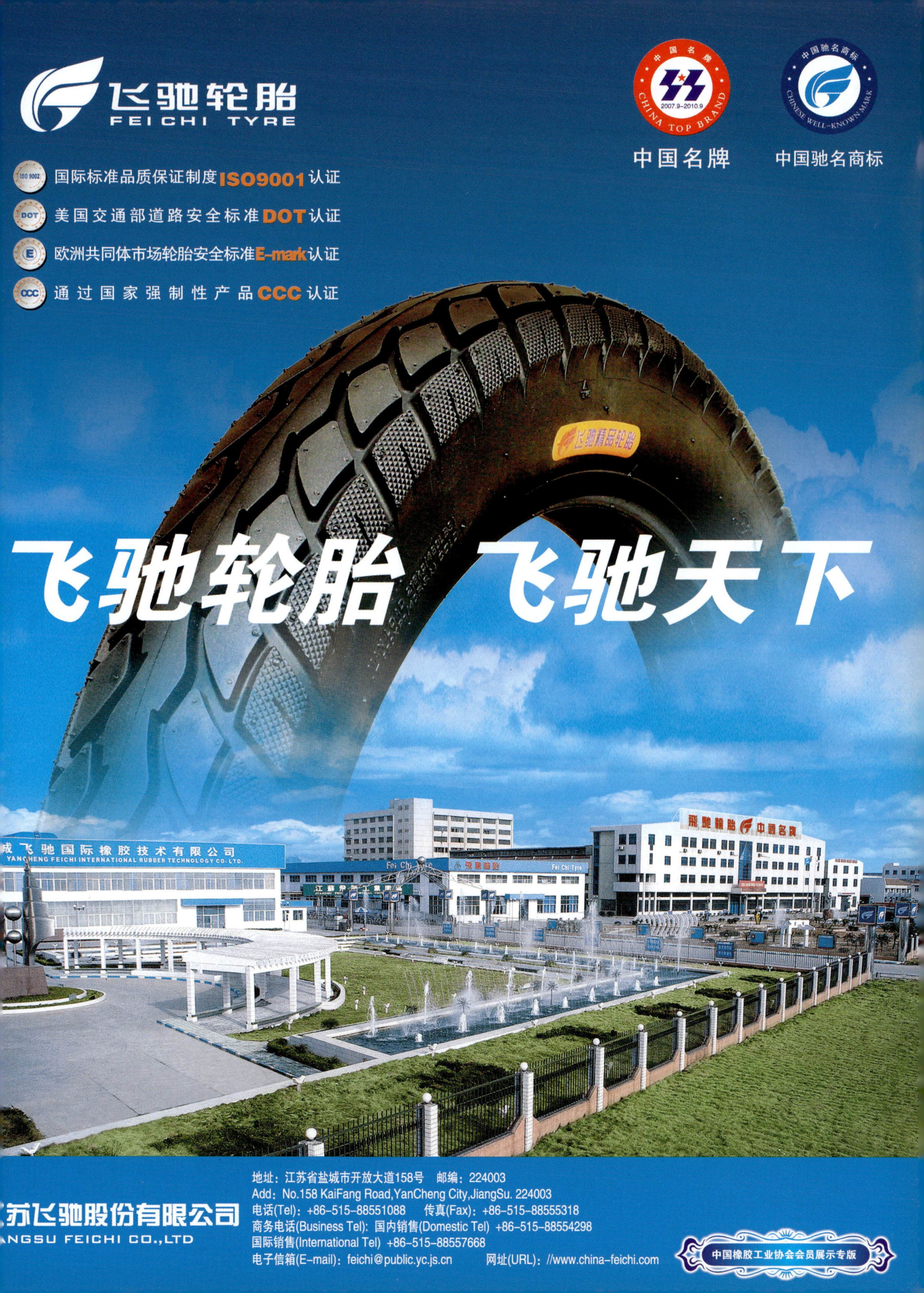

中国名牌

中国驰名商标

国际标准品质保证制度ISO9001认证

美国交通部道路安全标准DOT认证

欧洲共同体市场轮胎安全标准E-mark认证

通过国家强制性产品CCC认证

飞驰轮胎　飞驰天下

苏飞驰股份有限公司

ANGSU FEICHI CO.,LTD

地址：江苏省盐城市开放大道158号　邮编：224003

Add：No.158 KaiFang Road,YanCheng City,JiangSu. 224003

电话(Tel)：+86-515-88551088　传真(Fax)：+86-515-88555318

商务电话(Business Tel)：国内销售(Domestic Tel) +86-515-88554298

国际销售(International Tel) +86-515-88557668

电子信箱(E-mail)：feichi@public.yc.js.cn　网址(URL)：//www.china-feichi.com

浙江鑫星橡胶有限公司

浙江鑫星橡胶有限公司，创建于 1998 年，公司注册资本 5000 万元，是一家集工贸一体化企业，公司主要经营橡胶国际进出口贸易、转口贸易、加工贸易、对销贸易及国内贸易业务，自营生产自行车内胎、冷补胶及粘胶剂等产品。下设青岛叁陆玖国际贸易有限公司，浙江白金树贸易有限公司等分公司，年销售额达到 30 个亿。

北京博天亚认证有限公司
质量管理体系认证证书
浙江鑫星橡胶有限公司
自行车内胎及冷补胶的生产

公司经过 10 多年的发展，已经从原有的劳动密集型向知识经济型转变，从简单的加工生产型企业转向集工贸一体化的集团企业发展。公司位于浙江省天台县杨柳河，在 62 省道旁，交通十分便利。目前公司拥有员工 180 人，其中技术人员占员工总数25%，大专以上学历员工人数占员工总数的 50% 以上。企业总占地面积约合 180 亩，总建筑面积 80000 平方米。公司管理制度完善、销售渠道畅通、技术力量雄厚，生产的系列产品在全省同行中名列前茅。

Beijing BTIHEA Certification Co., Ltd.
QUALITY MANAGEMENT SYSTEM CERTIFICATE
ZHEJIANG XINXING RUBBER CO., LTD.
PRODUCTION OF BICYCLE TUBE AND COLD PATCH

公司拥有广泛的橡胶采购渠道和完善的销售渠道，已与东南亚各产胶国等几十家橡胶供应商建立了长期战略合作伙伴关系。同时，公司在青岛、厦门、萧山等地建立了橡胶分销渠道，并跟国内几十家大型轮胎厂建立了长期稳定的供货关系。而且在天津、山东等地拥有多家合作工厂为公司生产自行车内外胎，年出口自行车内胎 2000 万条、自行车外胎 1000 万条。产品主要以外销为主，销往欧美、中东、西非、东欧及东南亚等国家和地区。

RIA
浙江鑫星橡胶有限公司
诚信橡胶贸易商
(2010.3–2012.3)
中国橡胶工业协会

2003 年公司的“鑫星”商标被评为“台州市著名商标”，并一直延续至今。公司还通过 ISO9001 质量管理体系，并多次被地方政府评为“二十强企业”、“先进私营企业”、“优秀企业”、“重合同守信用单位”、“诚信企业”、“县重点骨干企业”、“小巨人企业”等。

公司全体员工坚持“以质量求生存、以信誉求繁荣，一切为用户着想，真诚为用户服务”的质量方针，目前公司内部正致力于产品品位的改善，更加注重产品内涵和形象的创新。竭诚欢迎您的光临惠顾，我们在互利互惠的基础上，共同开拓橡胶用品市场，创建美好的明天。

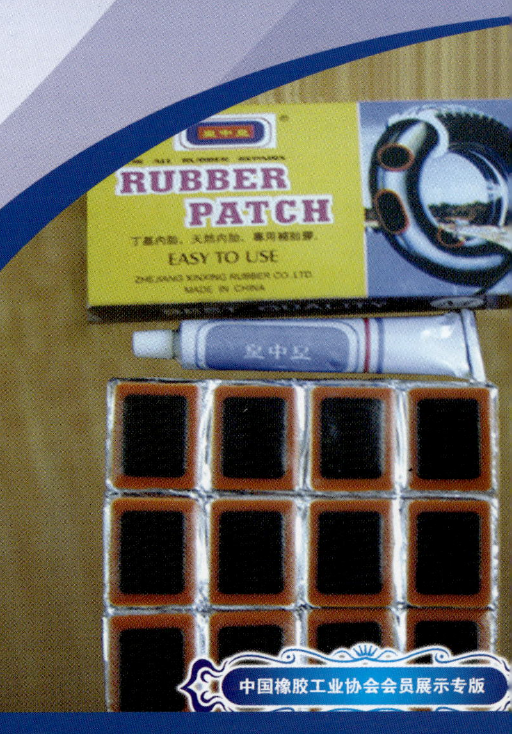

地址：浙江省天台县杨柳河
电话：0086-576-83737188
传真：0086-576-83737258
邮编：317200
网址：www.cnxinxinggroup.cn.alibaba.com

海麗化學 HAILI CHEMICAL

专业化学原料销售商

Professional chemicals distributor

海丽简介

海丽化学创立于2000年，专业从事化学原料代理经销与自主研发、委外加工业务。企业发展至今，已在全国设立东莞、昆山、重庆、武汉、天津五个独立公司和山东青岛、福建泉州两个代表处。海丽化学以“做中国专业的化学原料销售商”为愿景，先后获得中石化上海高桥、台湾台懋、美锌、巴斯夫等知名品牌的代理业务！海丽化学将以“在中国打造两小时服务半径”为着力点，不断在全国设立更多的代表处，努力为客户提供快速、优质的服务，成为国内外化学原料生产商在中国市场的理想合作伙伴。

海丽企业总部于2009年7月迁入东莞松山湖科技产业园区，并重点投入人才引进和实验室建设两项工作。现有博士一名，硕士五名，本科及资深工程师二十余名！通过2009年和2010年的两期研发中心建设，公司已经成立了橡胶、塑料和化学分析实验室，具备完善的橡塑各领域的应用与物理、化学性能测试的能力。

值此十周年之际，海丽化学期待与业界伙伴通力合作，共创辉煌！

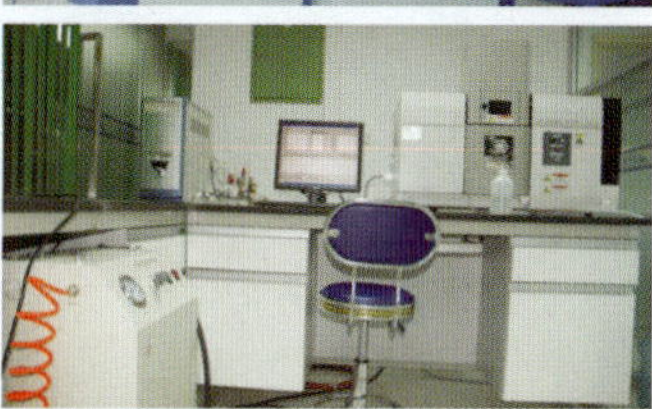

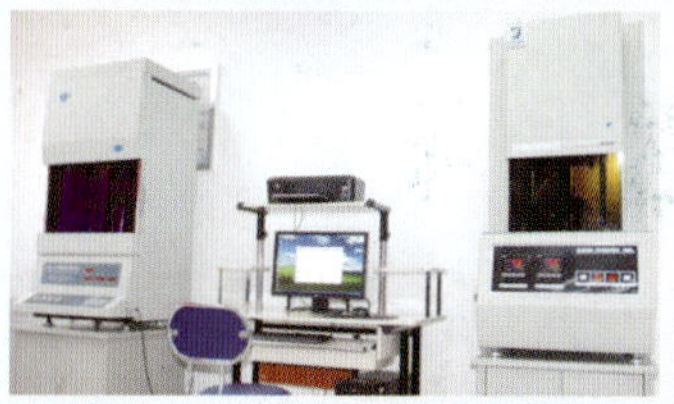

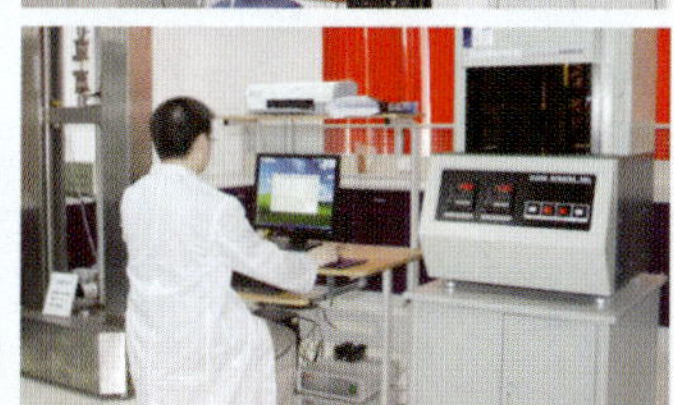

产品序列

A:氧化锌系列　B:架桥剂系列　C:耐磨剂系列　D:发泡剂系列　E:阻燃剂系列　F:丁苯胶乳

G:增塑均匀剂系列　H:抗静电以及其它功能材料　I:吸震胶　J:橡塑副牌料　K:羧基丁苯胶乳

東莞市海麗商貿有限公司(總部)

地址:東莞松山湖科技產業園區生產力大厦1樓　電話:0769-23075188　傳真:0769-22489117　網址:www.hailichem.com　E-mail:haili@hailichem.com

昆山海麗橡塑原料有限公司
地址:昆山市巴城鎮民營工業區仁和路北側
電話:0512-57850826/29　傳真:0512-57850825

重慶市海鑫塑料原料有限公司
地址:重慶市渝北區龍溪街道紅金街2號市總商會大厦19樓
電話:023-67534488　傳真:023-67533986

天津海敦橡塑原料銷售有限公司
地址:天津市河東區新開路渤海創智大厦11樓
電話:022-24335092/3/5/6　傳真:022-24335091

武漢海麗化工有限公司
地址:武漢市漢口江漢區新華路良友大厦20樓
電話:027-85355800/49/51　傳真:027-85355853

中国橡胶工业协会会员展示专版

青岛喜盈门双驼轮胎有限公司

QINGDAO XIYINGMEN DOUBLE CAMEL TYRE CO.,LTD

总经理：王志庆

企业理念：以人为本、追求完美

企业精神：团结、求实、开拓、创新

质量方针：质量至上、顾客至上、持续改进

企业简介 About Us

青岛喜盈门双驼轮胎有限公司是中国橡胶工业协会主席团成员单位、力车胎分会副理事长单位。公司位于风景优美的崂山脚下，毗邻308国道、济青、青银、青威高速公路，与青济、青烟铁路纵横交错，距流亭国际机场10公里，青岛港30公里，海陆空立体交叉，交通十分便利。

公司拥有先进的生产工艺装备，完善的检测手段和一大批经验丰富的高水平专业技术力量。主要生产各系列摩托车轮胎、农业轮胎、各类载重汽车轮胎共五大类、150多个规格近500个品种。已具备年产摩托车轮胎2000万套，载重轮胎150万（标）套的生产能力。

公司一向重视产品质量，实施名牌战略，发展品牌经济，积极引进国内外先进技术和生产工艺，产品严格按照国家、国际先进标准进行设计、生产和检测，具有完善的质量管理体系，已通过ISO9001: 2000国际质量体系认证、ISO14000: 2004环境管理体系认证、ISO/TS16949质量体系认证、中国强制性产品“3C”认证，并获得美国“DOT ”认证、欧洲“ECE”认证，巴西“INMETRO”认证、印尼“SNI”认证。2003年、2004年和2007年“双驼”牌摩托车轮胎先后荣获了“青岛名牌”、“山东省名牌”和“中国名牌”产品称号。“双驼”牌商标先后获得了“青岛市著名商标”和“山东省著名商标”。2005年“双驼”牌农业轮胎获得了“山东省名牌”。

企业荣誉 Honor

地址：青岛市城阳区惜福镇
邮箱：shuangtuo123@126.com
电话：0532-87889263 87889888
网址：www.doublecamel.com

雅吉国际贸易(上海)有限公司

R1 International Trading (Shanghai) Co. Ltd.

公司简介

雅吉国际贸易有限公司是一家全球性的国际贸易公司，主要从事天然橡胶、复合胶及合成橡胶的采购和销售。总部设在新加坡，在马来西亚、泰国、日本、越南、中国、印度、意大利、俄罗斯都设有分公司。2010 年，集团销售量超过 75 万吨。我们坚信以优质的服务、良好的货物品质和及时的交货承诺，一定能赢来更多橡胶消费者的青睐。

主要股东背景

马代克国际有限公司（Mardec International Sdn. Bhd）

马代克是 R1 的控股公司，已成立超过 40 年。最初由马来西亚政府组建，以提高马来西亚近 50 万家小园主所生产的橡胶品质并促进橡胶的销售。近年来，马代克已经从一家国内橡胶生产商发展成国际经营与合作的大企业。其生产的橡胶及橡胶部件已经完全融入到我们生活的方方面面，从家用电器、服装、体育用品，到汽车、桥梁、医用器械，甚至高科技机械。他们的产品还被广泛运用到国防、基础建设和航空工业。

嘉吉亚太有限公司 (Cargill Asia Pacific Ltd.)

嘉吉公司是一家国际性的食品、农业、金融和工业产品及服务的供应商和营销者。嘉吉作为一家私营公司成立于 1865 年，在 66 个国家拥有 131,000 名员工。如今嘉吉在中国大陆拥有 5,000 多名员工，运营了 39 家独资和合资工厂。在 2010 年，嘉吉销售和其他收入为 1079 亿美元，净收入为 26 亿美元。

服务和解决方案

我们拥有经验丰富的专业人士，对全球橡胶行业有着深刻的认识。我们一直致力于了解客户的需求并提供新颖的解决方案。

雅吉国际贸易（上海）有限公司 电话：86-21-6875 7077 传真：86-21-6875 1208
雅吉国际贸易（上海）有限公司（青岛代表处） 电话：86-532-8584 6855 传真：86-532-8584 6955
公司网址： http://www.r1international.com

宏昌模具 Honcar

荣成宏昌模具有限公司，坐落于国家森林公园、省级旅游区——槎山脚下，占地65000平方米，拥有固定资产8000万元。前身为创建于1985年的荣成市橡胶模具厂，2000年通过技术改造，成为从事汽车子午线轮胎活络模具研发、生产的专业化公司。已形成年产钢质活络模具600套，精铸铝合金模具400套的生产能力。

公司先后从瑞士、日本、美国等国家和地区，引进五轴五联动、四轴四联动等十余台数控加工中心、一台三座标测量仪。配备了台湾，大陆制造的大、中型专用设备。采用当今世界先进的CAD／CAM／CAE—CNC一体化制模技术，构成了创建国内一流轮胎模具公司的坚实基础。精铸铝合金轮胎模具采用“日本低压铸造生产技术”，其铝镁合金材料(A7CA)及辅助材料为日本生产。

多年来，宏昌人以“诚信、务实、高效、创新”为宗旨，在积极追求为顾客提供更优质的产品、更完善服务的同时，不断积累和沉淀企业的无形资产，为企业的未来，备足了动力。

2002年公司成为“中国橡胶工业协会”会员单位，2004年通过了ISO9001国际质量管理体系认证。所产荣模牌轮胎模具，被中国市场品牌战略论坛组委会评定为“全国质量合格评定用户满意十佳品牌”(重点推广单位)。2010年被中国橡胶协会评为轮胎行业5大推荐品牌。

宏昌的今天正美好!宏昌的未来更辉煌!

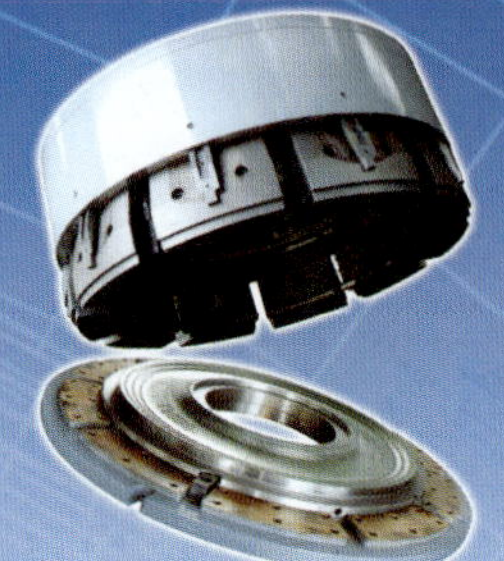

热板式斜平面结构活络模具

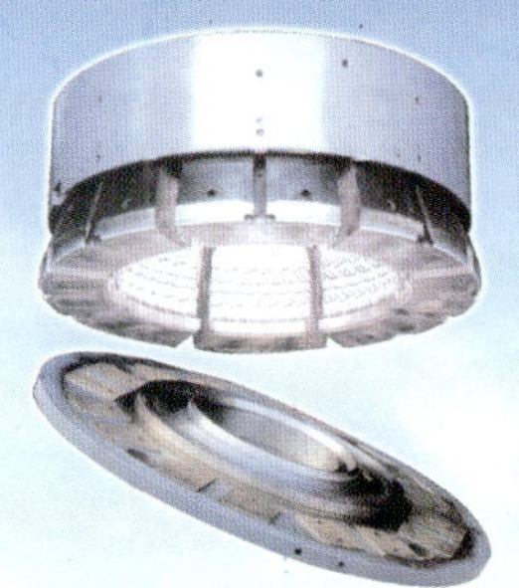

热板式园锥面结构活络模具

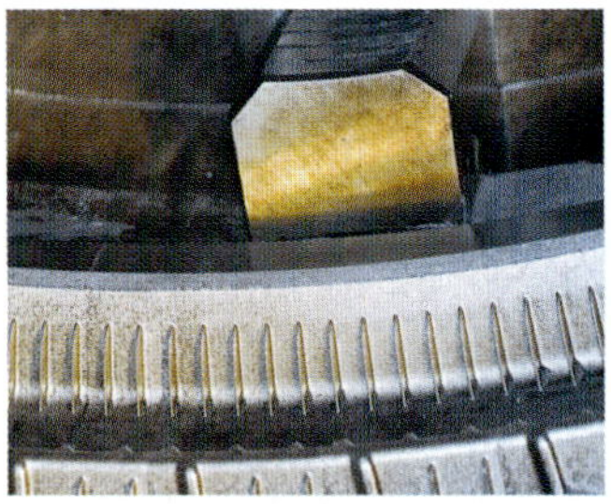

向心胎肩钢片成型

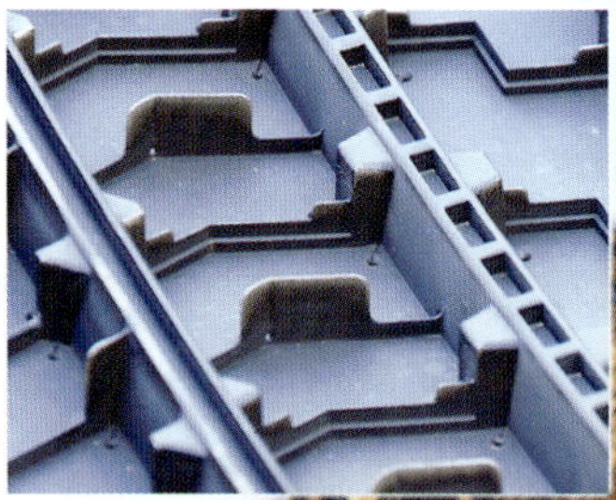

钢制花纹块

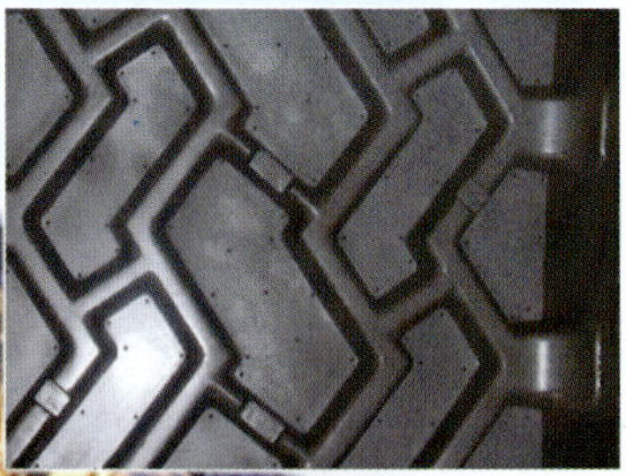

工程胎模具花纹

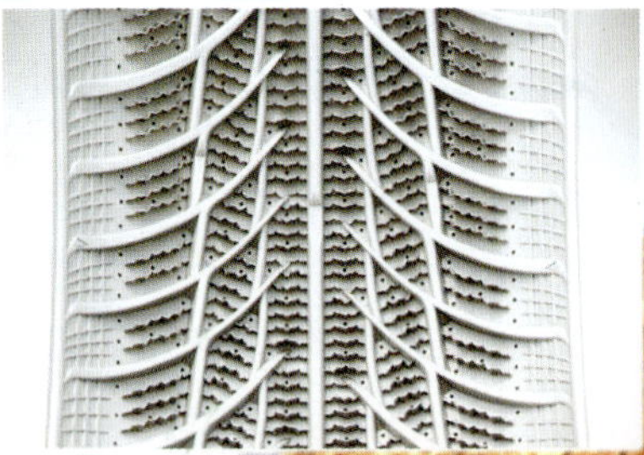

精铸铝雪地胎模具花纹

中国橡胶工业协会会员展示专版

甲牌轮胎甲天下

徐州徐轮橡胶有限公司
XuZhou Armour Rubber Co.,Ltd.
地址：江苏徐州工业园区徐轮路1号　电话：0516-87608088

云南西双版纳维盛橡胶有限公司

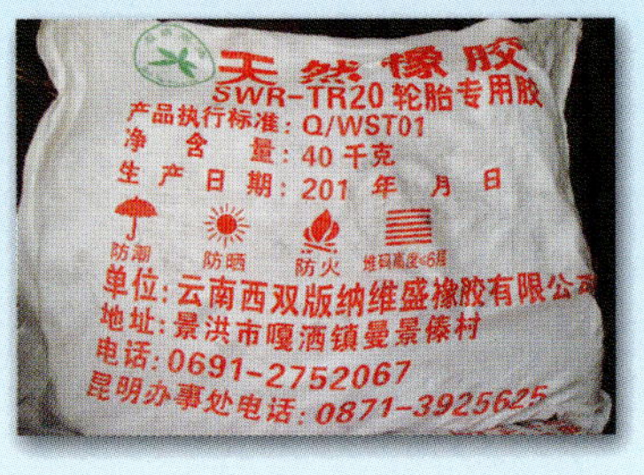

云南西双版纳维盛橡胶有限公司成立于 2006 年，位于云南省西双版纳州景洪市嘎洒镇曼景傣村，占地面积 100 亩，公司主要经营橡胶种植、收购、加工、销售；货物进出口、技术进出口等业务。公司先后获得发展非公经济先进企业、州级环境友好企业、诚信橡胶贸易商等荣誉。

维盛公司主要产品有 SCR5、SCR10、SWR-TR20，产品广泛应用于一切要求强度耐磨特性的橡胶制品，轮胎内外胎、密封件、防护胶垫、汽车小配件、震动垫、自行车胎和其它通用橡胶制品。产品各项性能均达到国家标准，产品主要销往东北、上海、浙江、江苏、河北、河南、天津、山东等地，形成了产、供、销一条龙。公司现有“版纳顺达”、“三鱼”两大主导品牌，其中“版纳顺达”牌在市场上的知名度逐渐提高，以优质品质和服务赢得了客户的青睐。

同时，维盛公司依托西双版纳丰富的天然橡胶资源和地方党委、政府及相关部门的大力支持，全体员工团结拼搏，开拓进取，不断克服重重困难使公司规模逐步扩大，在缅甸第四特区开展罂粟替代种植、替代发展项目，现实施的项目有二个：一个是投资建设年产 6000 吨天然橡胶的缅甸勐拉永胜橡胶制品厂，现已运行生产；另一个是开展“缅甸勐拉维盛橡胶种植有限公司的 6 万亩橡胶种植基地”项目，现已开垦种植橡胶基地 3.8 万多亩。2012 年后种植橡胶将逐年开割。同时公司充分发挥地域优势，与泰国、缅甸、越南等国外橡胶供应商建立了长期友好的橡胶进出口贸易关系渠道。

维盛公司始终坚持以“创新求发展，质量求生存，诚信求明天，环保求效益”的发展理念，做强做大企业，希望与各界朋友建立长期友好合作。

地址：云南省西双版纳州景洪市景洪东路 7 号电子商贸城 1C–21　　邮编：666100
网址：http://www.bnsdgs.com　　电话：0691–2752067（供销部）

浙江环球鞋业有限公司

● 中国驰名商标 ● 浙江省名牌产品 ● 浙江省著名商标

浙江环球鞋业有限公司是中国橡胶工业协会胶鞋分会理事单位，中国（瑞安）胶鞋名城先进企业。公司创办于1988年，现有员工600人，其中各类专业技术人员37人，占地43666m²，建筑面积25761m²，拥有七条具有国内先进水平的胶鞋生产线，具有年产1100万双中高档布面胶鞋的综合生产能力，主要技术经济指标居国内胶鞋行业前列。公司坚持按行业标准组织生产和控制产品质量，2003年通过了ISO9001质量体系认证，2006年通过了标准化良好行为企业和计量检测体系确认，把企业管理和产品质量提高到了新的水平。

公司的产品分为胶鞋和休闲鞋两大类，胶鞋产值和销售额连续三年突破亿元，其中2010年销售额达1.4亿元，再创历史新高，实现利税同步增长。公司的环球牌胶鞋内销全国各省、市、区，已形成遍布全国的销售网络体系。公司拥有进出口自营权，部分产品销往亚洲、欧洲、非洲等二十多个国家和地区。2006年公司加快了外向型经济的发展，产品远销美国等发达国家，取得开拓国际市场的新突破。

近几年公司努力实现从“数量经济”向“品牌经济”转变，公司的品牌建设经历了“质量立企”、“品牌兴企”两个阶段，连续实现中国橡胶工业协会质量授信产品、浙江省名牌产品、浙江省著名商标、中国驰名商标的品牌战略目标。2008年公司在央视投放广告，进一步加强公司的品牌宣传力度、提升品牌的市场影响力。

董事长：余月钦

环球厂貌

环宇开拓 誉满全球

● 瑞安市三星级企业

● 瑞安市行业领军企业

● 仙降十强企业

地址：浙江省瑞安市仙降镇工业区 邮编：325217
电话：0577-65580633 / 8750 传真：0577-65031068
http://www.chinahuanqiu.cn E-mail:huanqiu.shoes@163.com

山西鑫升集团
山西黑马炭黑有限公司

XINSHENG COKING GROUP CO.,LTD.

集团公司董事长：张高升

山西黑马炭黑有限公司成立于2008年7月，前身为山西鑫升焦化集团炭黑厂，地处煤化工基地山西省运城地区河津市。山西鑫升焦化集团是集选煤、炼焦、化产、发电、煤焦油加工、炭黑生产、运输、天然气供应、进出口贸易为一体的大型综合性企业集团，现已形成年产110万吨焦炭、120万吨洗煤、30万吨煤焦油深加工、8万吨炭黑和5600万KWH发电的经营规模和能力，是山西省运城市焦化行业的龙头企业，国家焦炭出口重点企业，相继荣获"山西省大二型乡镇企业"、"纳税信用A级企业"、运城市"出口创汇先进企业"、"纳税先进企业"和"市级龙头企业"等荣誉称号。

山西黑马炭黑有限公司现有两条湿法硬质生产线及一条软质炭黑生产线和30万吨配套焦油加工生产线，并配有相关的包装、贮存、维护维修的生产设施，形成完整的炭黑产业生产销售链。目前，轮胎钢网的生产线正在建设中，预计年底投产。公司的炭黑二期规划正在紧锣密鼓地实施当中，二期建成后，公司将拥有近15万吨/年炭黑生产能力，并能生产软、硬质6大系列产品。

公司具有四大优势：

1、资源优势：地处山西煤化工基地，110万吨焦炭及30万吨煤焦油加工相配套，拥有丰富的原料油优势。

2、成本优势：独特的生产工艺，利用焦炉煤气做燃料，造就了循环经济的低成本优势。

3、质量优势：选用先进的生产和工艺检测设备，引进一大批行业专家和技术骨干，保证了稳定优质的产品质量。

4、运输优势：铁路运输上，公司拥有自己的两条铁路专线。公路运输上，公司拥有自己的上百辆的运输车队。港口外贸运输上，公司有连云港等办事处，长期办理海运业务。正是这些优势，使得公司炭黑产品供不应求，并与河南风神、青岛双星、徐州徐轮、杭州中策、三角轮胎等知名企业建立了良好的合作关系。

山西黑马炭黑有限公司始终把发展作为第一要务，以科学发展观统揽全局，优化产业链；加大科技投入，提高产能、污染治理以及安全生产综合效益；创新机制，提升管理；积极探索产品创新、节能减排、清洁生产、职业健康安全的可持续发展新路。

公司将一如既往地与各界朋友真诚合作，以诚实守信、开拓进取和追求卓越的精神共同塑造优质产品、绿色环境、安全健康的和谐"鑫升"。

公司地址：山西省河津市樊家庄工业园区　邮编：043300　电话：0359-5367143　传真：0359-5367143

中国橡胶工业协会会员展示专版

台州宏元工艺有限公司

台州宏元工艺有限公司是一家集生产各类工业帆布，单浴、双浴浸胶加工、橡胶产业为一体的企业集团，公司主要为输送带、轮胎等产品提供骨架材料，产品研发、生产始终走在市场的前沿，各项技术指标保持国内领先，产品畅销全国。

公司主要产品：各类输送带用帆布、轮胎用帘子布。

1. **浸胶 EP、PP、NN 帆布。**
2. **浸胶抗皱布、无皱布。**
3. **浸胶涤纶帘子布。**
4. **浸胶锦纶帘子布。**

规格：80、100、125、150、200、250、300、350、400
宽度：60cm~185cm

公司奉行“质量一流，诚实守信，开拓创新，与时俱进”的企业精神，秉承“以人为本，诚信是金”的经营理念，全体宏元人以“严谨踏实的工作作风、严格规范的管理制度、严密精确的质量保障机制”自律；以客户满意为公司的永恒追求，朝着多元化、品牌化、国际化的大型企业集团迈进，努力把宏元打造成中国规模领先的工业用布生产企业和浸胶加工产业基地。真诚地愿意与客户朋友携手共进，共同努力，共创辉煌！

地　址：浙江省三门县工业园区工业大道6号
电　话：0576-83310508　传　真：0576-83310505
联系人：吴郭军　张礼钗　手　机：13906552618　13186905901
网　址：www.tzhygy.com.cn

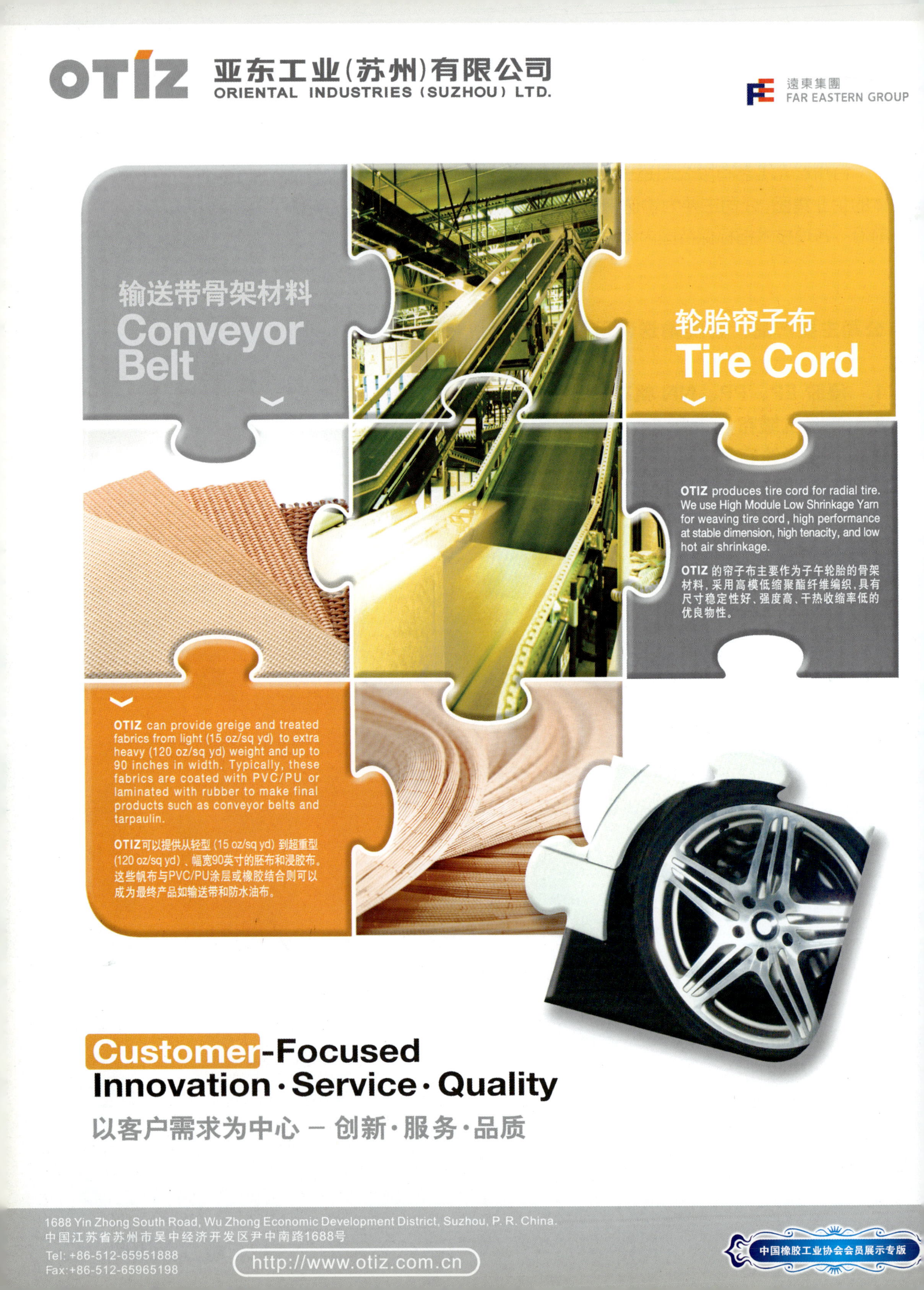

亚东工业(苏州)有限公司
ORIENTAL INDUSTRIES (SUZHOU) LTD.

输送带骨架材料
Conveyor Belt

轮胎帘子布
Tire Cord

OTIZ produces tire cord for radial tire. We use High Module Low Shrinkage Yarn for weaving tire cord, high performance at stable dimension, high tenacity, and low hot air shrinkage.

OTIZ 的帘子布主要作为子午轮胎的骨架材料，采用高模低缩聚酯纤维编织，具有尺寸稳定性好、强度高、干热收缩率低的优良物性。

OTIZ can provide greige and treated fabrics from light (15 oz/sq yd) to extra heavy (120 oz/sq yd) weight and up to 90 inches in width. Typically, these fabrics are coated with PVC/PU or laminated with rubber to make final products such as conveyor belts and tarpaulin.

OTIZ可以提供从轻型 (15 oz/sq yd) 到超重型 (120 oz/sq yd)、幅宽90英寸的胚布和浸胶布。这些帆布与PVC/PU涂层或橡胶结合则可以成为最终产品如输送带和防水油布。

Customer-Focused
Innovation · Service · Quality

以客户需求为中心 — 创新·服务·品质

1688 Yin Zhong South Road, Wu Zhong Economic Development District, Suzhou, P. R. China.
中国江苏省苏州市吴中经济开发区尹中南路1688号
Tel: +86-512-65951888
Fax: +86-512-65965198

DOT
E11
TS16949 ISO14001 ISO9001
荣获多项品质认证
国际品质、行销全球、值得信赖！
K1053
BICYCLE
TREKKING
K1081
BICYCLE
ROAD
K438
MOTORCYCLE
UTILITY
K433F
MOTORCYCLE
STREET
KR26
ASSYMETRICAL
PASSENGER CAR
KENDA
建大轮胎
建大轮胎为您提供高度可靠的安全保证！
主要产品为
●自行车胎 ●机车胎 ●工业用车胎 ●汽车类车胎
建大橡胶(中國)有限公司
台灣精品2010
TAIWAN EXCELLENCE
地址：江苏省昆山经济技术开发区昆嘉路2号
电话：0512-57614172-4
E-mail:kcs0800@kenda.com.cn
传真：0512-57614171
中国橡胶工业协会会员展示专版

世达密封
STAR SEALING

奥力斯油封
AOLIS OIL SEAL

广州市世达密封实业有限公司
Guangzhou STAR Sealing Industrial CO.,Ltd

广州奥力斯油封有限公司
Guangzhou AOLIS Oil Seal CO.,Ltd.

世达集团，总部位于广州市机场路夏茅，专业研发、生产、销售各类密封件及汽车用橡胶零件。集团拥有从意大利、日本、法国、台湾引进的全套塞雅油封生产线设备、橡胶注射机、真空平板硫化机、具备国际领先生产技术水平，品质保证值得信赖，在同行业中极具优势。

我们的产品主要应用于汽车、工程机械、家电三大行业，产品畅销海内外，出口额占总销售的30%以上。目前已与本田、日产、南京依维柯、卡特彼勒、BOSCH、住友电装、NSK、ITW、TI、柳工、三叶、本田制锁、昭和、WABCO、佛吉亚、弗列加、松下、东风易进、美标、日立、大金、美的、TTI、东芝等客户提供配套服务。

公司成立于1991年，建立了一支高素质的员工队伍，顺畅运用ERP管理系统，推行6σ管理及精益生产活动，并取得了ISO9001、QS9000 、ISO14001 、TS16949的环境、质量体系认证。

“追求创新、品质至上，建立永续经营的企业。服务社会，为公司全体员工谋福利”是集团的经营方针，我们将不懈努力，与各方朋友一起共创双赢。

地　　址：广州市机场路2721号
邮　　编：510425
电　　话：86-020-86082311
传　　真：86-020-86083390
营业电话：86-20-86082312-200

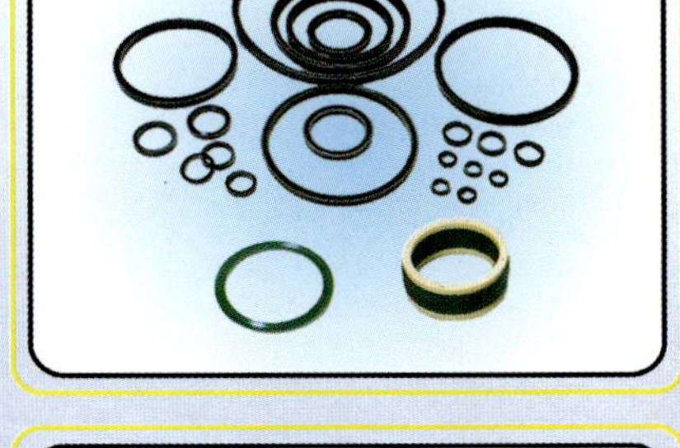

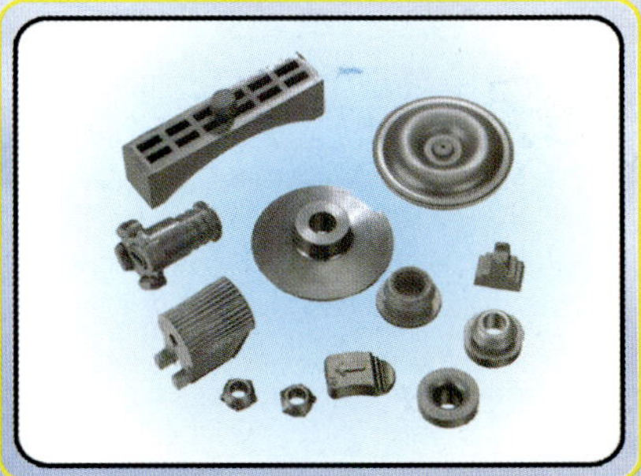

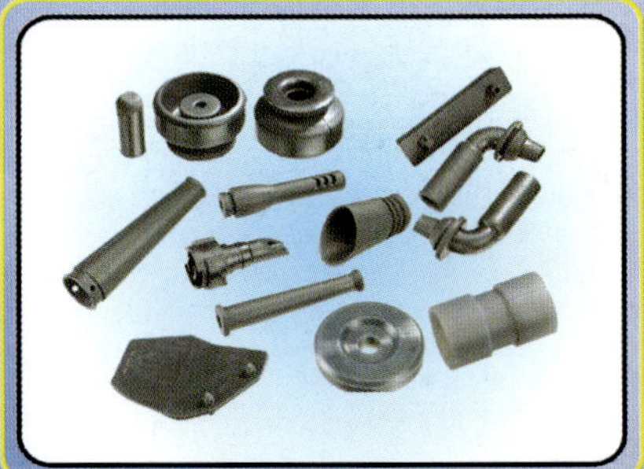

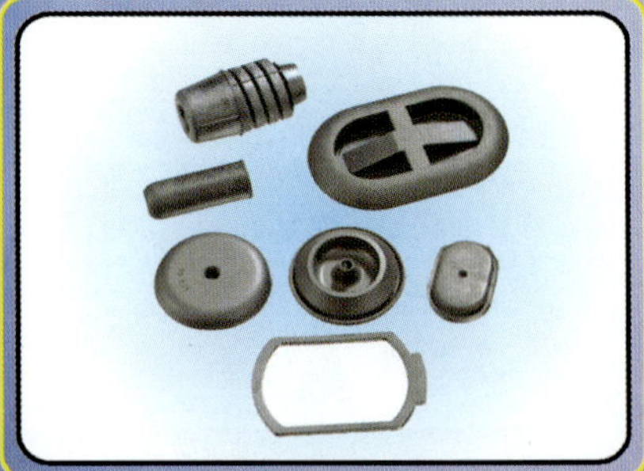

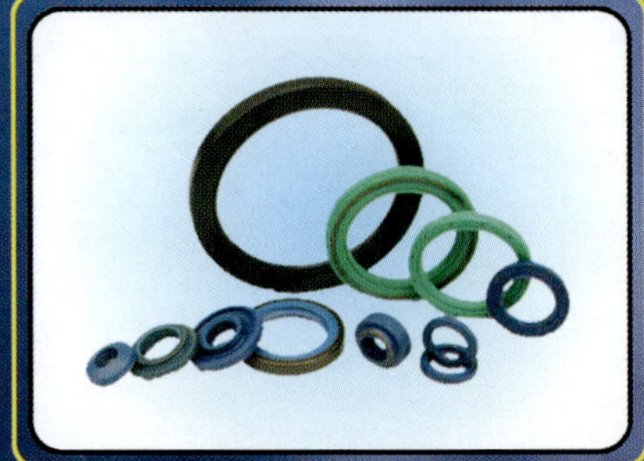

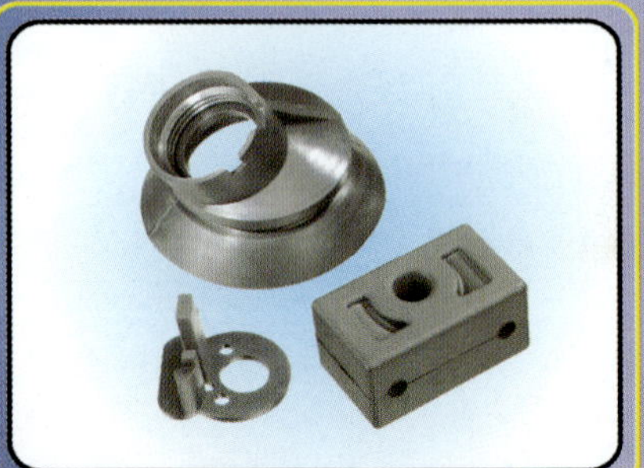

中国橡胶工业协会会员展示专版

上海瑞洋橡胶化工有限公司

Shanghai Rui Yang Rubber Chemical Co.,Ltd.

上海瑞洋橡胶化工有限公司成立于 1994 年初，是一家以经营进口和国产天然、合成橡胶及橡胶辅料为主的贸易公司，公司设有专用的仓库和配备的运输车辆，经过十几年的市场运作，公司在橡胶贸易领域取得了骄人的成绩。

公司基本功能是：一、从事各类橡胶原料的国际、国内贸易；二、为集团各产业公司提供价格信息服务以及橡胶原料配套采购。其主要经营品种有丁苯胶、丁基胶、乳胶、顺丁胶、烟胶、标胶、异戊二烯、丁腈胶、氯丁胶、三元乙丙胶等等。橡胶辅料品种主要有硬脂酸、防老剂、促进剂、炭黑、氧化锌等。

公司拥有一支精通业务、诚待客户、开拓进取的销售团队，在公司领导的带领下，全体员工同心协力，以主人翁的姿态，发挥团队精神与全国各地众多的客户建立了良好持久的合作伙伴关系。

上海瑞洋橡胶化工有限公司在 2008 年被推选为中国橡胶工业协会第二届橡胶材料专业委员会常务理事，并被中国橡胶工业协会评为“诚信橡胶贸易商”。公司自始至终坚持“客户至上，诚信为本，互惠互利，谋求双赢”的经营理念，至精至诚地服务于全国各地的客户，赢得了业内同行以及全国各地客户的信赖和支持。

随着市场的发展成熟，行业内给予本公司肯定和至高的荣誉，让本公司有了更大的动力和挑战。公司必将延续我们的经营理念，以“历史”为基础，以“足下”为起点，上海瑞洋橡胶化工有限公司愿与国内外客商和谐共创橡胶市场新的辉煌。

地址：上海市徐家汇路 388 号 1503 室

邮编：200025

电话：021-53828095　53820609

传真：021-53069628

http://www.ruiyang.com

E-mail:ry@ruiyang.com

浙江凯欧传动带有限公司,位于浙江省三门县高枧方下洋工业区,是一家集科研、设计、开发、生产、销售和服务于一体的高新技术企业，其产品广泛用于汽车、摩托车、农业机械及工业、家用电器等领域，是国家重点新产品生产企业。

公司始终坚持“质量至上、诚信为本”，并做到严把产品质量关，确保为顾客提供优质的产品和服务。从而赢得了广大用户信赖。随着传动带产品应用领域的不断延伸，国内市场不断的拓展，公司规模也逐年扩大。在注重保证高质量传统产品的同时,不断开发新产品，市场占有率直线上升。在国外：现在已与欧美、中东、南非、东南亚等30多个国家和地区有着良好的贸易往来；在国内：已遍布全国各地形成一定规模的销售网络体系，在国内外市场上赢得了良好的声誉，深受客户好评。

公司本着品质至上、优质服务、开拓创新、诚实守信的经营宗旨，竭诚为客户提供优质服务！

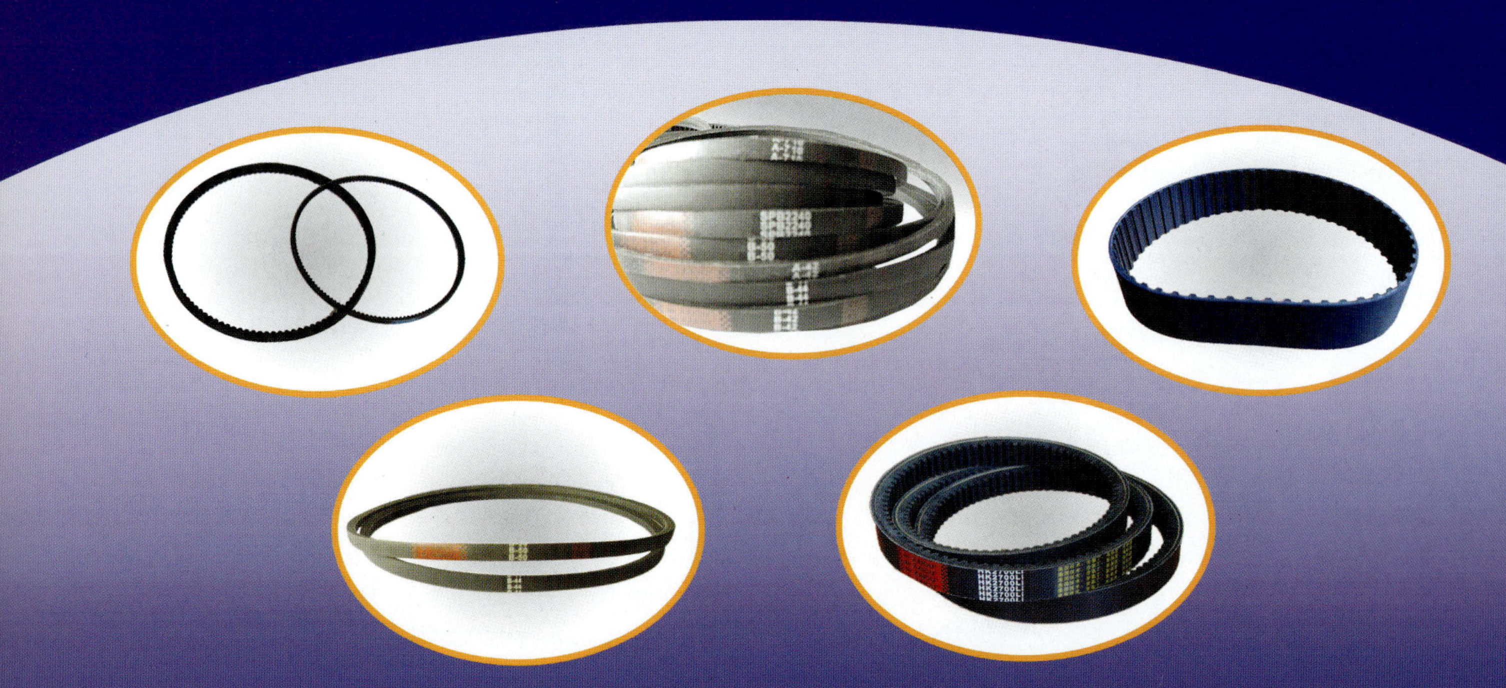

法定代表人：叶继笔 地址：浙江三门高枧工业区 邮编：317102 电话：0576－83117118 传真：0576－83119609

网址：www.kaioubelt.com E-mail：kaiou@126.com

ZhenJiang Suhui Latex Products Co., Ltd.

镇江苏惠乳胶制品有限公司成立于 1994 年，经过十几年的持续发展，公司现拥有固定资产近亿元，厂区占地近 8.2 万平方米，建筑面积 4.8 万平方米，拥有员工 800 多名，各类工程技术人员 120 多人，拥有 22 条国内领先的自动化生产线，是国内规模较大的橡胶医用制品专业生产企业，年产各类橡胶手套 10 亿多只，2010 年公司完成销售 3 亿多元，出口创汇 3200 多万美元。公司先后通过美国 FDA 认证，欧盟 ISO13485：2003 质量体系认证，ISO9001:2008 质量体系认证。目前公司产品主要出口美国、欧盟和日本市场，并且大力拓展国内市场。

公司主要产品为乳胶手术手套，乳胶检查手套，丁腈检查手套，PVC 手套，特殊涂层手套。为保证产品的技术含量，我公司先后申请了数项自主知识产权，其中纳米碳酸钙手套和芦荟手套深受国外客户的欢迎和好评。

质量是企业的生存之道，公司一直坚持以质量为中心的发展原则，配备了规模庞大的后处理检验设备和团队，因此也赢得了对质量要求严格的外商的信任。

企业不光是创造经济价值，也需要创造社会价值，所以在发展的同时，我们也不忘回报社会。2002 年，公司投资七百余万元建造了一套污水处理设备。从 2000 年开始，公司先后投资为所在地的行政村铺路建桥，改善了当地农民的生活环境，并且每年重阳节资助一批鳏寡孤独老人。

公司先后被评为江苏省文明单位、江苏省医疗器械生产诚信企业、江苏省 AAA 级资信企业、镇江市安全生产示范企业、镇江市文明单位、扬中市劳动关系和谐企业；2009 年被认定为江苏省高新技术企业。近几年来，公司先后承担了部分省级火炬和星火计划，产品先后被授予“江苏省名牌产品”、“江苏省高新技术产品”、“镇江市科技进步奖”等称号。

地址：中国江苏省扬中市新坝镇黄山套　　邮编：212200　　电话：0511-88424053
传真：0511-88425798　　网址：www.zjsuhuirj.com

中国出口名牌企业
国家高新技术企业
高性能轮胎领导企业
世界一流超高性能轮胎

青岛福临轮胎有限公司是一家集轮胎研发、生产及国内外贸易于一体的公司。公司自 2003 年成立以来，一直致力于轮胎高新技术研发和品牌的建设与发展，多年来公司已研发了世界一流的轮胎系列产品，填补了中国 10 余种轮胎新规格，拥有 30 多项轮胎设计自主知识产权，走在中国高性能轮胎的前列。主要品牌“FULLRUN”、“ANTYRE”、“FULLWAY”和“CLEAR”已成为国际市场上的知名品牌。其中，“FULLRUN”品牌的轮胎荣获“2008-2009 年度重点培育和发展的青岛市出口名牌”的荣誉称号。公司通过的认证有 ISO9001（国际）、CCC（中国）、DOT（美国）、INMETRO（巴西）、NOM（墨西哥）、GCC（中东）、ECE（欧盟）和 E-mark 欧洲噪音认证等。

自公司成立以来，在“以观念创新为先导、以战略创新为方向、以组织创新为保障、以技术创新为手段、以市场创新为目标”的企业文化核心的指引下，公司建立了完善规范的国内外市场销售网络，连续七年业务量成倍增长，轮胎畅销国内 30 多个省市及世界 100 多个国家和地区。产品 90% 出口，公司已签订的国外代理经销商 300 多家。连续五年轮胎年出口过亿美元，2010 年外贸出口额突破 3 亿美元，内贸销售额达 2 亿元，连续五年保持中国外贸型公司轮胎出口前列。2011-2015 年，公司将紧紧围绕“转方式、调结构”要求，通过产业集约、科技创新、品牌营销推动企业深层次的发展，2011 年外贸出口可达到 5 亿美元，2015 年计划出口额达到 10 亿美元。

2008 年公司组建了自己的轮胎生产基地 – 青岛福轮科技有限公司，工厂占地 30 万平方米，目前以生产 18-32 寸的超高性能轮胎为主，年产 100 万条。到 2013 年将形成年产 1000 万套的制造能力，年产值将达到 40 亿元人民币。2010 年，工厂通过了高新技术企业的认定，公司的发展将再迈上一个新台阶。

展望未来，公司将继续秉承“诚信、拼搏、创新、奉献”的企业精神，在全体员工的辛勤劳动和正确的发展战略指引下，公司必将提供更多高品质、高技术含量的轮胎产品，奉献人类社会！

Qingdao Fullrun Tyre Corp., Ltd is a professional enterprise which specialized in tyre design, manufacture and domestic and foreign trade business. Founded in 2003, Fullrun has been dedicated to the high-tech tyre R&D and brand construction and development. Nowadays, Fullrun has developed series of world-class tyres, owned more than 30 national patents, among them over 10 sizes have filled in the gap of the domestic market. Fullrun has been the leader of China high-performance tyre manufacture and main brand FULLRUN, ANTYRE, CLEAR and FULLWAY have already become the famous brand in the world. In 2008, FULLRUN brand has been honored as the “2008-2009 export famous brand” by Qingdao Government. Fullrun has also obtained the certificates of ISO9001:2000, CCC, DOT, INMETRO, NOM, GCC, ECE, E-mark and S-mark etc.

Since the company founded, under the guidance of the core of Fullrun corporate culture— taking concept innovation as our pioneer, strategic innovation as our orientation, organization innovation as our security, technical innovation as our approach and market innovation as our goal, Fullrun has formed an integrated sales network in the domestic and foreign markets, and sales volume has kept double growth in the past seven years. 90% of our products are for export and our company has signed exclusive agency agreement with over 300 foreign companies. The annual amount of exports from our company has been more than 100 million dollars in the 5 consecutive years and particularly, during 2010, our turnover has achieved 300 million dollars for foreign trade and 200 million RMB for domestic sales. Fullrun has maintained the biggest tyre exporter in China for 5 consecutive years. During 2011-2015, in positive response to the call of transforming the model and adjusting the structure, through the deeper development by intensive industries, technology innovation and brand marketing, Fullrun can export 500 million dollars in 2011 and plans to export 1000 million dollars in 2015!

In 2008, Fullrun has set our own 300,000 m^2 production base in Qingdao, China-Fullrun tyre tech Co.,Ltd. specialized in the 18〃 to 32〃 extra high-performance tyres, and the annual production capacity have been up to 1 million pieces. By 2013, the production capacity would be 10 million pieces, and the annual output would reach RMB400 million. In 2010, the factory has been awarded with the title of High-Tech Enterprise; We are going to ascend a new higher stage of development from now on.

Looking into the future, with the belief to the enterprise sprite of "Integrity, Endeavor, Innovation and Dedication", under the hard work of all our staffs and following the company correct development strategy guidance, Fullrun will provide more excellent quality and high-tech tyres to dedicate the society.

青岛福临轮胎有限公司
FULLRUN TYRE CORP., LTD

销售热线：外销：0532-85936931
　　　　　内销：0532-85936921
公司地址：山东省青岛市南区闽江路 2 号国华大厦 B-11F
http: www.fullruntyre.com

河北友联橡胶制品有限公司

友联橡胶公司是橡胶密封产品的专业生产企业，产品广泛用于给排水管道、消防管道、污水管道等；本公司集研发、生产制造、销售于一体，生产设备先进，检测设备精良，现可生产 MJ 系列胶圈、滑入式 T 型胶圈、T 型防脱落胶圈、各种型号的 O 型圈、油封等多种系列，上百种规格的产品，质量稳定，性能可靠，90% 的产品远供美国市场二十年畅销不衰；本公司通过了 IS0900I 国际质量体系认证和美国 UL 体系认证。ISO14001 环境管理体系认证，美国 NSF61 饮用水安全认证。

发展才是硬道理，社会发展的日新月异，拉动城镇建设的高速发展，给我们企业和产品提供了良好的发展机遇和市场。我们将继续坚持“友联连友、共创富有、追求卓越、奋斗不息”的企业精神和“雷厉风行、纪律严明”的做事风格，以及“靠质量求生存，靠科技求发展”的发展战略，以“节约社会资源、保护自然环境”为己任，不断否定自我，完善自我，强大自我。竭诚与广大客户联手，共创美好的未来。

曲靖众一精细化工股份有限公司

众一公司始建于2006年10月，2007年7月投产，位于曲靖市越州工业园区内，占地面积237亩、资产总额9.9亿元、员工1100人，是一家以焦炉煤气资源综合利用、煤焦油精细化深加工为主的股份制企业。

公司现有产能为25万吨/年煤焦油深加工、12万吨/年炭黑、6万吨/年合成氨，提供炭黑、煤焦油、合成氨三个系列产品。

- 炭黑系列产品有橡胶用炭黑（N220、N330、N234、N375、N326、N110、N550、N660、N774等）、ZY系特品炭黑、热裂解炭黑、半补强炭黑、混气炭黑、色素炭黑、导电炭黑等30多个品种。
- 煤焦油系列产品有精蒽、咔唑、喹啉、甲基萘（α、β）、精酚、工业萘、工业芘、蒽油、洗油、改质沥青等20多个品种。
- 合成氨系列产品有碳铵、液氨2个品种。

公司通过了ISO 9001:2008质量体系、ISO 14001:2004环境管理体系、OHSAS18000职业健康安全管理体系认证，被认定为国家高新技术企业和云南省企业技术中心，建立有炭黑及煤化精细研究所，申报自主知识产权23项。我们始终致力于提供使客户成功和满意的产品，不断帮助全国客户和合作伙伴取得成功。

“互惠互利、协作共赢”，我们期待与您携手共创美好未来。

3万吨特品炭黑

富氧燃烧技术运用于炭黑生产

蒽油深加工

生产线DCS自动化控制

省委书记到我公司检查指导工作

镇江振邦化工有限公司

镇江振邦化工有限公司（前身为镇江市第二化工厂），是中国橡胶工业协会会员单位，主要产品有：飞轮牌橡胶促进剂和丰露牌农药福美双，在行业内享有较高的知名度，公司于 1997 年 8 月加入江苏索普集团，成为集团下属的全资子公司。

公司的前身镇江市第二化工厂，创办于 1962 年，从 1968 年开始生产橡胶促进剂，经过多年努力逐步成为橡胶促进剂品种较为齐全的重点生产厂家。划入江苏索普集团后，利用集团公司的公用工程、基础化工原料和先进化工管理的优势，加强技术改造，使企业经济快速的发展。目前公司拥有的生产装置可实现产能 CBS 6000 吨 / 年，NS 4000 吨 / 年、NOBS 1500 吨 / 年、DM 3000 吨 / 年、TMTD 4000 吨 / 年，各种造粒生产能力达到 7000 吨 / 年。

公司在积极实施技改的同时，注重新品开发。近几年开发了 50%、60%、80% 含量福美双，M-Na 盐、TETD、精制 M 等新产品，通过技术合作和品牌输出，在原料充足的内蒙乌海建立了 M 的生产基地，为企业的发展积累了后劲，奠定了坚实的基础。2000 年公司被认定为江苏省高新技术企业，2004 年认定为国家火炬计划重点新技术企业。

公司一贯重视企业的社会责任，对三废的处理富有成效，通过了 ISO14001 环境体系认证，职工的收入逐年增长。公司连续多年被评为重合同守信用企业，通过了 ISO9002 质量管理体系的认证，产品质量得到国内外客户的一致好评，与诸多世界轮胎制造商建立了良好的合作关系。

花园式工厂

车间一角

厂区一角

原料仓库

中控分析室

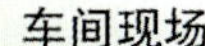
车间现场

仓库现场

董 事 长：宋勤华
总 经 理：周禾大
联系电话：0511－88910600　0511-88910658
传　　真：0511－83366570
网　　址：www.sopo.com.cn

山东正方轮胎有限公司

山东正方轮胎有限公司是山东省轮胎行业的重点骨干企业，公司总资产3455万元，2007年摩托车轮胎销售量150万套，销售收入7104万元。公司通过了“CCC”强制性产品认证、ISO9001-2000质量管理体系认证、DOT认证、AA级标准化良好行为认证、计量合格确认证书等认证。公司拥有先进的工艺设备、雄厚的技术力量，完善的检测手段，具有较强的开发研制能力，2005年研发的真空轮胎，以可靠的质量深受市场青睐。2006年研发的沙滩摩托车轮胎全部随整车出口国外，填补了省内空白，创造了业内奇迹。

公司始终坚定不移地以打造名牌产品为目标，积极推进和大力实施名牌战略；不断提升品牌价值，被泰安市评为消费者满意单位，被轻骑集团评为“金牌供应商”。

山东正方轮胎有限公司打假纪实

山东正方轮胎有限公司主要生产正喜牌农用三轮车轮胎及两轮摩托车轮胎，在短短三年的时间里，由于该企业重视质量，经营有方，逐步赢得了市场的认可，其产品深受客户青睐，自开工投产以来，始终是供不应求，但这也引起了个别不法之徒的特别关注，近半年来，市场上陆续出现了假冒的正喜轮胎，企业的信誉受到了严重的损害，为了维护企业的合法权益，山东正方轮胎有限公司会同各管理部门采取了跨地区联合行动，由于情报准确，措施得力，于12月12日在广饶县境内现场查获了一个造假窝点，管理部门将根据进一步的调查结果对造假者予以惩处。

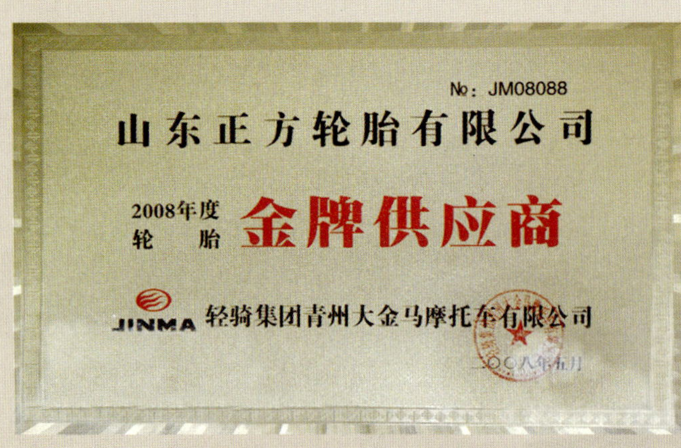

ZHENG 正喜 XI®

央视上榜品牌

地址：山东宁阳茅庄工业园　电话：+86538-6810189　手机：13562868058　传真：+86-538-5752818

http://www.zftyre.com　E-mail：zftyre@163.com

赞南科技(上海)有限公司

公司简介

赞南科技（上海）有限公司是一家充满创新能力的高新技术企业，公司研发总部位于上海市莘闵高科技创业园，在长三角地区建立了多家紧密合作的生产加工基地。公司创始人詹正云博士为上海市领军人才和学科带头人，公司被授予上海市博士后基地企业，目前公司已拥有十多项自主知识产权，并与国内外知名院校的教授合作，共同开展项目研究和技术咨询服务。

公司目前已形成了一支以留美博士为核心的高效研发团队和有丰富管理经验的管理团队。公司自主创新研发成功了“詹氏催化剂”，经过不断完善和优化，建立了具有国际领先水平的催化技术平台，系统地开展了在高分子新材料领域的应用研究，特种橡胶 HNBR 项目已获得成功。

赞南催化技术平台

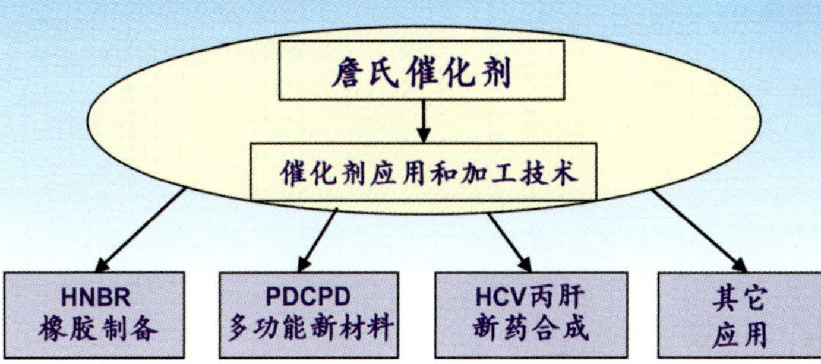

赞南 HNBR 产品型号对照表

赞南型号 (Zhanber™)	丙烯腈(ACN)含量(%; ± 1)	碘值(± 3) (mg/100mg)	门尼粘度 (± 5)	瑞翁型号 (Zetpol)	碘值(± 3) (mg/100mg)	门尼粘度 (± 7)	朗盛型号 (Therban)	残余双键 (%)	门尼粘度 (± 7)
ZN25158	25	15	80	3310	15	80	N/A		
ZN35056	34.5	5	65	2000L	<7	65	A3406	<0.9	63
ZN35057	34.5	5	75	2000L	<7	65	A3407/ B3627	<0.9 2.0±0.5	70 66
ZN35058	34.5	5	85	2000	<7	85	B3629	2.0±0.5	87
ZN35155	34.5	15	55	2010L	11	57.5	C3446	3.95±1.05	61
ZN35156	34.5	15	65	2010L	11	57.5	C3446	3.95±1.05	61
ZN35157	34.5	15	75	2010	11	85	C3467	5.5±1.0	68
ZN35158	34.5	15	85	2010	11	85	C3467	5.5±1.0	68
ZN35255	34.5	25	55	2020L	28	57.5	N/A		
ZN35256	34.5	25	65	2020L	28	57.5	N/A		
ZN35257	34.5	25	75	2020	28	78	N/A		
ZN43056	43	5	65	1000L	<7	70	A4307	<0.9	63
ZN43156	43	15	65	N/A			C4367	5.5±1.0	61
ZN50156	50	15	65	0020	23	65	AT 5065 VP	6.0±1.0	55

型号参数说明：如ZN35155，第一、二位35：表示丙烯腈35%(±1），第三、四位15：表示碘值15(±3）(加氢度95%），第五位5：表示门尼粘度为55(± 5）

联系方式

地址：上海市闵行区华宁路 4026 号　网址：www.zannan.com
联系方式：市场部电话：021-54426255、54428322-802　技术部电话：021-24283353、54428322-818
传真：86-21-24283356　邮箱：business@zannan.com

山东曹县斯递尔化工科技有限公司座落于山东曹县民营经济园区，占地 90000 平方米。公司集生产、开发于一体，主要从事橡胶助剂的生产和经营，产品畅销国内二十多个省、市，并出口到全球 20 多个国家和地区。

公司设备先进，测试手段齐全，技术力量雄厚。主要产品为橡胶助剂系列，其中防老剂 TMQ(RD) 生产能力 18000 吨 / 年，促进剂 TMTD（福美双）生产能力为 10000 吨 / 年，其它促进剂 MBT、NS、MBTS、CBS、NOBS、DTDM 等产能为 10000 吨 / 年。企业通过了 ISO9001：2008 国际质量管理体系认证和 ISO14001：2004 环境管理体系认证。公司以“质量至上，服务至上，用户至上”为宗旨，赢得了国内外客户的信赖。

公司以技术进步为依托，与国内多所大专院校、科研院所建立了广泛合作关系，为企业的技术进步奠定了坚实的基础。本公司愿以可靠的信誉和优良的品质为保证，希望与国内外朋友建立真诚友好、互惠双赢的合作关系。

公司质量方针：以技术进步提高产品质量和服务质量，不断满足市场需求和客户要求。
公司经营理念：诚信重义，优质高效，公平双赢。
公司生产原则：安全，环保，质量，效率。

主要产品：
橡胶促进剂：TMTD NS M DM CBS NOBS DTDM ETDM
橡胶防老剂：RD 4010ND 4020 等

- 地址：山东曹县民营经济园区
- 邮编：274400
- 内贸电话：0530-3366208
- 外贸电话：0530-3366216
- 传真：0530-3366666
- 网址：www.stairchem.com
- E-mail:stairchem@163.com

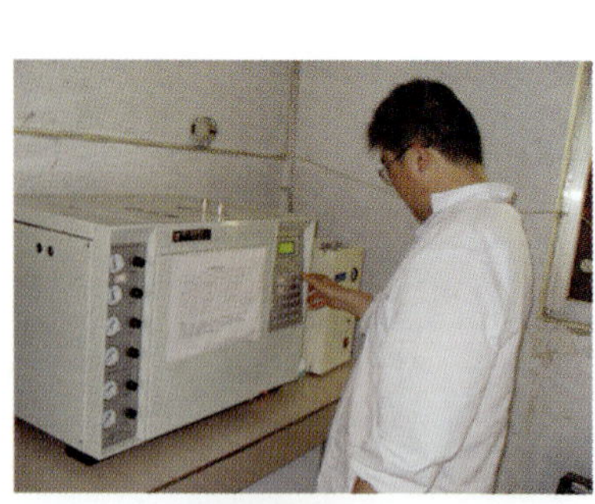

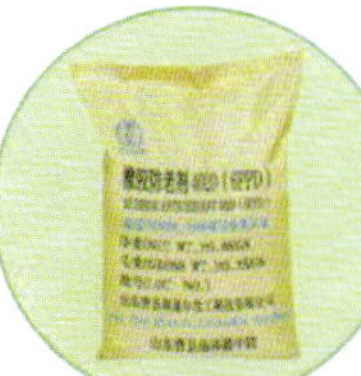

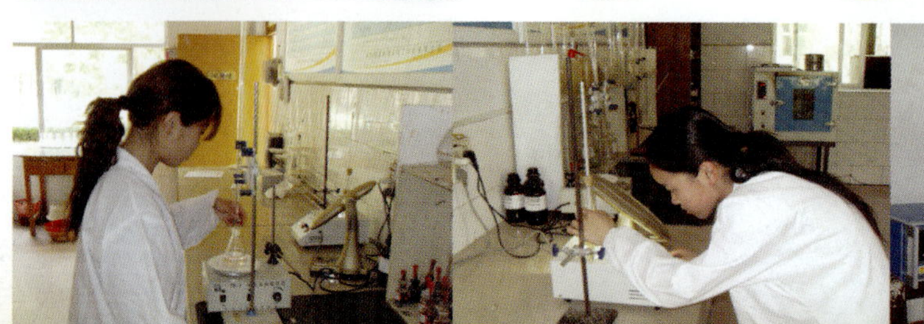

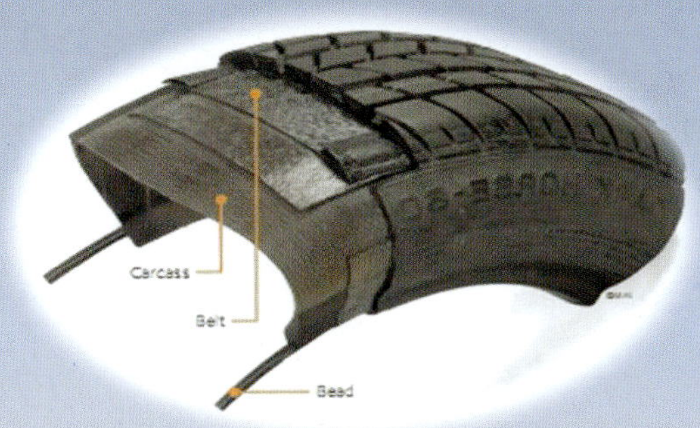

As a worldwide steel company, Arcelormittal has over 320,000 employees in over 60 countries, and 13 R&D Centers with many production plants in more than 27 countries. In the past 20 years, Arcelormittal has concentrated in the development in China. Our target is to set up a sustainable development industry with our Chinese partners, to create values through cyclic, scalable and pluralistic achievement. Arcelormittal has rich proprietary technologies and managing skills. We are utilizing all these skills into each plant, each procedure as well as each function through systematization. Arcelormittal is applying its global technology into efficient resource utilization and environment protection field.

As a wholly-owned subsidiaries of the Arcelormittal group, Arcelormittal Rongcheng Steel Cord Com., Ltd. provides wire solutions with powerful technology and equipment, excellent after-sale service to our customers all over the world.

安赛乐米塔尔是一家全球化的钢铁企业，在60多个国家拥有32万名员工，13个研究中心，并在27个国家设有工厂。在过去的20多年里，安赛乐米塔尔一直致力于中国的业务发展。我们旨在与中国伙伴共同建设一个可持续发展的稳定行业，通过循环化、规模化和多元化创造价值。安赛乐米塔尔拥有丰富的专业技术知识和管理技能，通过系统化运作，使每家工厂、每个工艺、每个职能都能得以有效地利用，并且已经将其全球领先的技术充分的运用在提高资源利用和环保领域等方面。

作为安赛乐米塔尔集团的全资子公司，安赛乐米塔尔荣成钢帘线有限公司正以强大的技术装备、完善的售后服务为遍布世界各地的客户提供全新的高性价比的线材解决方案。

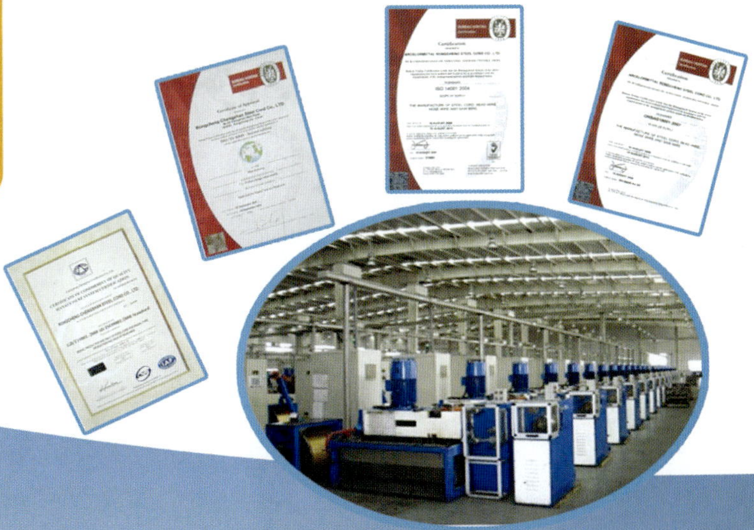

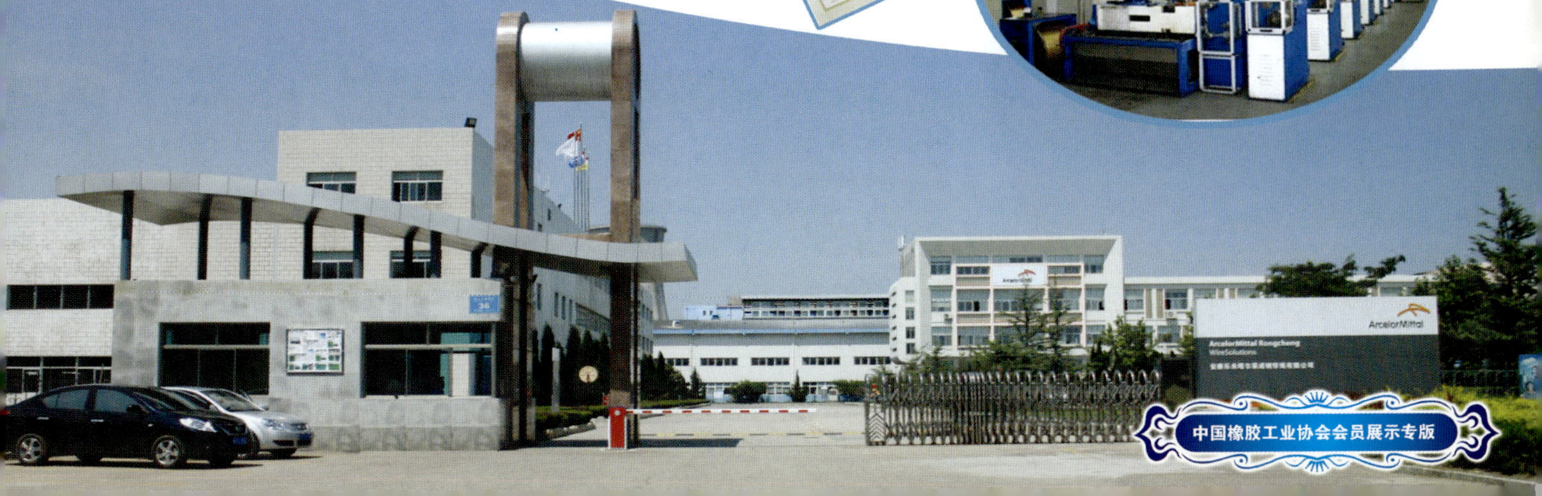

中国橡胶工业协会会员展示专版

米勒工程线绳(苏州)有限公司

追求卓越品质 成就市场领先

米勒工程线绳（苏州）有限公司是德国 MEP-OLBO Group 在中国的全资子公司，前身为 1993 年成立的吴江富达工业线绳有限公司。德国 MEP-OLBO Group 是橡胶制品骨架材料行业的全球市场领导者，位于三大洲的生产工厂为橡胶工业提供优质的骨架材料。米勒（苏州）也稳居中国线绳市场前列。

我司拥有同行业中先进的生产设备，这其中包括技术领先的德国 Saurer Allma 捻线机，瑞士 Benninger 浸胶机，全自动的配浆装置等等。先进的生产设备，保障了我司生产出性能优异品质稳定的产品。我司还建有恒温恒湿实验室，引进了国际领先的实验仪器，如 Instron 强力机、油热仪、捻度机等，确保了我们产品在生产过程中的严格控制与产成品各项指标的精确检验。

我司以精湛的生产工艺向客户提供多达 200 多种的硬线绳、软线绳和胶管纱。线绳作为三角传动带、同步带等的骨架材料，具有高强度、高尺寸稳定性、高粘合性能承受高速运转，经受高温考验。胶管纱作为承受中高压的胶管的骨架材料，应用于汽车动力转向胶管、制动胶管、空调胶管、工业用胶管和特殊用途胶管。

创新是我们的传统。创新能力伴随着我们和客户共同成长。在这个特殊领域，我们大刀阔斧地进行创新，持之以恒地开展技术研发。研究和开发是我们所重视的。因此，几十年来，我们都能够及时为客户提供完美的解决方案。接下来的几年中，米勒－奥博仍会在研发方面进行大量投资。未来我们也会进一步寻找和发展与客户的合作。

我司通过了 ISO9001:2008 质量管理体系认证，开发和生产的每一个环节和流程都根据国际承认的质量管理体系标准加以完善，并且可以追溯。我司还顺利通过了 ISO 14001:2004 环境管理体系认证和 OHSAS18001:2007 职业健康安全体系认证，证明我们严格遵守环保规范，注重劳动保护和法律安全。我们全球各地的客户都知道，在这里他们找到了可靠的伙伴。

米勒公司愿以精湛的技术、优质的产品、一流的服务，携手客户共同创造管带行业的辉煌！因为我们知道：共同合作才能寻找到完美的方案。

产品－胶管纱

产品－软线

产品－硬线

淄博齐翔石油化工集团有限公司

淄博齐翔石油化工集团有限公司座落于齐国故都临淄区金山镇，与胶济铁路和济青高速相邻，交通便利。公司成立于 1998 年 7 月 2 日，前身为中国石化集团齐鲁石化公司直属集体企业，于 2004 年 7 月 2 日整体改制成为民营企业。齐翔集团注册资本 4,547.945 万元，现拥有淄博齐翔腾达化工股份有限公司、淄博齐翔惠达化工有限公司、淄博新齐翔工业设备安装工程有限公司、青岛联华志远实业有限公司、淄博双兴油脂化工有限公司、淄博胜发化工有限公司、淄博三鹏化工有限公司等 7 个全资（控股）子公司，其中，淄博齐翔腾达化工股份有限公司于 2010 年 5 月 18 日在深圳证券交易所正式挂牌上市。

齐翔集团主导产品有甲乙酮、甲基叔丁基醚（MTBE）、异丁烯、叔丁醇、羧基丁苯胶乳、各种化工助剂等共 20 余种，2010 年产品产量超过 46 万吨，销售收入超过 30 亿元，其中，甲乙酮年生产能力达 13.5 万吨，是国内较大、世界第 5 的甲乙酮生产企业，产品质量达到国际先进水平，远销美国、加拿大、韩国、印度等十几个国家。

齐翔集团先后通过了 ISO9001 质量体系认证、GB/T28001 职业健康安全体系认证和 HSE 体系认证，先后荣获“山东省百强私营企业”、“山东省重合同守信用企业”、“山东省设备管理先进单位”、“AAA 级信用企业”、“山东省明星劳服企业”、淄博市“工业明星企业”、临淄区“明星企业”等一系列荣誉称号。

上图：年产 8 万吨甲乙酮装置

下图：现代化操作室

厦门市盟友进出口有限公司

厦门市盟友进出口有限公司成立于 2000 年，是一家从事进出口贸易的企业，主要业务涉及橡胶、化工塑料、油脂等。盟友公司自成立以来，一直立足于自身的专业化经营，特别是在橡胶行业，确立了套期保值、期现结合，经营品种多样化的发展战略。盟友公司已发展成为中国橡胶行业知名经营企业之一，赢得了业内同行及客户的信赖与支持。

公司主营天然橡胶、复合橡胶和合成橡胶及各种用途进口 EVA 、 POE 等化工原料。进口天然橡胶包括标胶、烟胶和乳胶、3L 标胶、5L 标胶、CV 胶，进口复合天然橡胶包括碳黑标胶复合胶、硬脂酸标胶复合胶、烟胶复合胶，主要的采购商为泰国、马来西亚、印度尼西亚、越南等，国产天然橡胶，主要包括海南产国标一号、海南产国标二号、云南产国标一号、云南产国标二号以及海南产乳胶，并在全国主要城市设有仓库，常年保有橡胶库存。公司年营业额 8 亿多人民币。

EVA 及 POE 贸易地区覆盖了美国、德国、日本、韩国、新加坡、台湾等十几个国家和地区，先后与国内外众多的行业内知名企业建立了良好的贸易伙伴关系。

盟友公司坚持全面实施国际化战略，大量引进高端人才，构筑了公司的先进管理模式，公司不断加强对外合作，遵循市场规则，尊重合作双方的权益，以合作公司价值最大化为准则，强调互利、双赢。在认真经营产品和服务的同时，高度重视资本运营在企业发展中的作用，为公司可持续发展奠定了坚实基础。

同时，作为厦门塑料橡胶同业商会橡胶分会会长企业，盟友公司以“诚实团结、信誉至上、发展创新、效率至上”为宗旨，贯彻诚信无价、互惠互利的原则，致力于联合战略合作伙伴共同发展，为海内外各界朋友搭建合作桥梁，开展贸易，提供优质服务，携手共创辉煌的未来。

“天行健，君子自强不息”，我们坚信：以人为本的企业文化可让我们从优秀走向卓越，从成功走向辉煌！

盟友的服务就是让客户感动，盟友的专业就是让效益共赢

地址：厦门市象屿路 88 号保税市场大厦 11K 单元
电话：0592-2612377 6039277
传真：0592-6032636
网址：http://www.friends-ally.com

烟台中策橡胶有限公司

烟台中策橡胶有限公司位于风景秀丽、气候宜人的沿海开放城市－山东烟台，是目前国内乃至亚洲规模较大的实心轮胎专业生产基地，企业性质为中外合资，公司注册资金 6000 万元，占地面积 10 万平米，年生产各种规格的实心轮胎 60 万条。

烟台中策橡胶有限公司拥有各种尺寸的平板硫化机 80 多台，目前世界上先进的钢圈压配式实心轮胎注射生产线 2 条，各种实心轮胎模具 600 多付，产品分为：充气形态式实心轮胎，钢圈压配式实心轮胎，幅板式实心轮胎三大系列，180 多个规格品种，可以生产 29.5-25 以下的各种规格的实心轮胎（含无印痕轮胎），产品通过 ISO9001/2000 质量体系认证，多次获得“国家新产品”等奖项，拥有实心胎行业的多项自主知识产权，50% 的产品销量出口到北美、欧洲、东南亚等地，在国内外拥有完善的销售网络体系。

公司产品配套品牌：丰田，林德，卡特彼勒，合力，小松，日立 -TCM, 海斯特，力至优，斗山，克拉克，台励福等。

烟台中策有限公司本着“专业生产，国际化发展”的经营方针，欢迎海内外的同行业朋友前来加盟合作，共同发展！

轮胎国内业务　电话：0535-6530702/6529584　传真：0535-6533493　邮箱：ytzcwsr@163.com

轮胎国际业务　电话：0535-6529547　传真：0535-6529624/6525674　邮箱：ytzc@ec.com.cn

http://www.csirubber.com

内蒙古宏立达橡塑机械有限责任公司

——原呼和浩特市橡塑机械总厂

60年专业生产，值得信赖

内蒙古宏立达橡塑机械有限责任公司的前身是1954年建厂的原呼和浩特橡塑机械总厂，专业生产橡胶挤出机有近60年的历史，具有极高的研发能力和雄厚的加工实力，是国内生产挤出机规格、型式齐全的厂家之一。产品遍布全国轮胎、胶管、胶条、胶辊、电缆、再生胶等行业，并销往台湾，香港地区和出口东南亚，北非欧美等国家。

滤胶机系列

XJW-250冷喂料挤出机，该机为给“胶粉+EVA”造粒用

宽幅胶片挤出生产线，采用欧姆龙的激光测厚系统，整条线采用变频无级同步控制，具有国内领先水平。

胶辊缠绕包胶机，获国家重点新产品证书，可成型胶辊直径：Φ30～2200mm（专利证号：ZL2006 2 0138768.6）

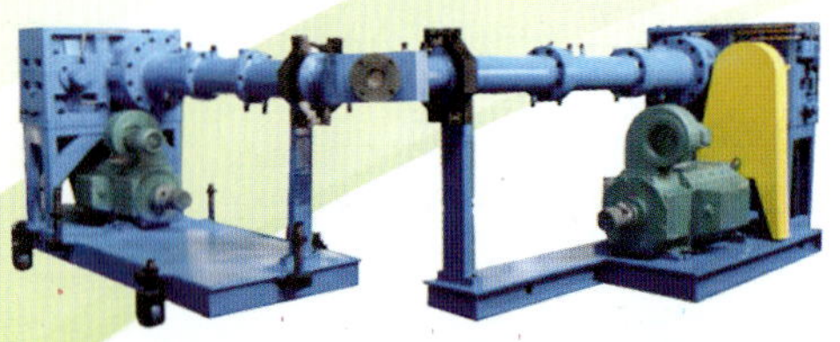

双复合排气冷喂料挤出机组系列，用于胶条复合挤出

冷喂料排气挤出机系列广泛用于胶条、电缆、橡塑共混发泡材料等行业（专利证号：ZL2007 2 0193043.1）

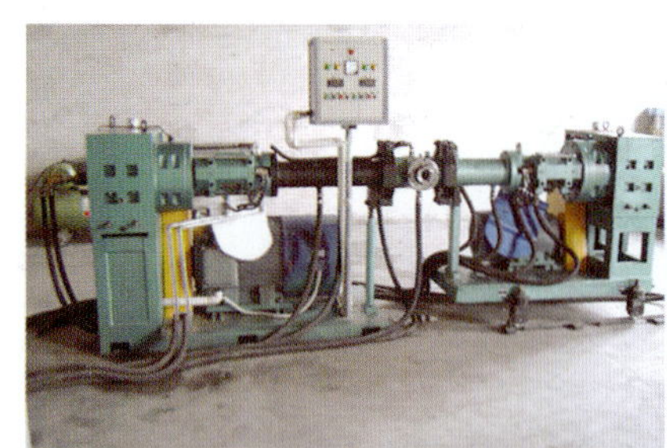

双复合挤出机组系列用于电缆、胶管复合挤出

销钉类挤出机系列（专利证号：ZL2007 2 0193084.0）

双复合销钉冷喂料挤出机组系列，用于轮胎复合挤出

光机电一体化橡胶卷材挤出连续硫化生产线

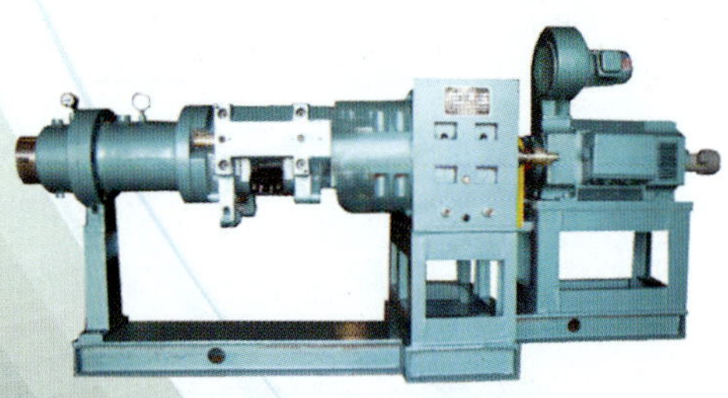

热喂料挤出机系列，该台设备为丁基内胎专用挤出机

地址：内蒙古自治区呼和浩特．海拉尔西街123号
电话：0471—3813437　3811587　3813503
传真：0471—3811251
Email:nmghldxj@163.com

联系人：丁春光　13704710076
http://nmghld.cn.alibaba.com

无锡玮泰橡胶工业有限公司

中外合资无锡玮泰橡胶工业有限公司坐落于江苏江阴市徐霞客镇北渚工业园区 C3，与无锡惠山工业园区相邻，紧靠 G42(沪蓉原沪宁)、G2（京沪）和 S38（沿江）高速公路，北依长江、南迎太湖，水路交通便捷，人文环境优越。公司于 2001 年正式注册成立，总占地面积 22000 余平方米，建筑面积 12000 余平方米。一期总投资额 5000 万元人民币，已建成年产轮胎胶囊 10 万条，销售额为 3600 万元人民币的生产线。

公司技术来源于国外橡胶研究院的特殊胶料设计，吸收了日本生产轮胎胶囊 40 多年的生产工艺经验。彰显出独特的胶囊性能，能够使胶囊的正常老化寿命超过 600 次，相比其他厂家的胶囊使用寿命提高 50%，降低了胶囊的永久变形性，同时提高了胶囊的耐曲挠性和耐热性，缩短轮胎的硫化时间，提高轮胎的生产量，降低能源的消耗。我公司生产的高导热胶囊，能使轮胎企业在不增加加硫设备的前提下提高 8% 的生产效率。在行业内拥有领先的核心技术及生产工艺，

生产产品主要分普通高寿命胶囊和高导热高寿命胶囊 2 大系列，生产包括 PCR/LTR、TBR/OTR 等，加硫用胶囊和其它用途的专用橡胶胶囊，为轮胎企业提供：胶囊模具开发、胶囊结构设计、胶囊产品应用的全过程，全方位服务。

公司现有人员达 36 人，专业技术人员 5 人。拥有轮胎胶囊制造业先进的生产及检测设备，生产设备主要由台湾制造：万马力电脑全自动密炼机、上辅机、挤出压片机，挤出机、滤胶机、裁断机、注射式硫化机等。检测设备从日本台湾引进：橡胶导热仪、炭黑分散度仪、比重计、粘度仪、硫变仪、曲挠机、老化箱、万能电子拉力机等。生产过程严格把关，对原材料至成品的各项物理、化学指标进行全面的跟踪控制，确保产品质量始终如一。从接受订单开始，我们能随时提供订单状况、装运日期、线路、特殊处理、价格及其他客户所需的信息。24 小时内能作出快速反应，满足客户需求。

公司将以——为世界轮胎企业提供优质的胶囊为经营目标；秉着创新、追求卓越的经营理念；以打造精品、奉献社会、诚信自律、持续发展为经营方针；朝着生产专业化、质量标准化、营销竞争化、管理科学化的战略目标不断地发展壮大。

全自动密闭式炼胶机

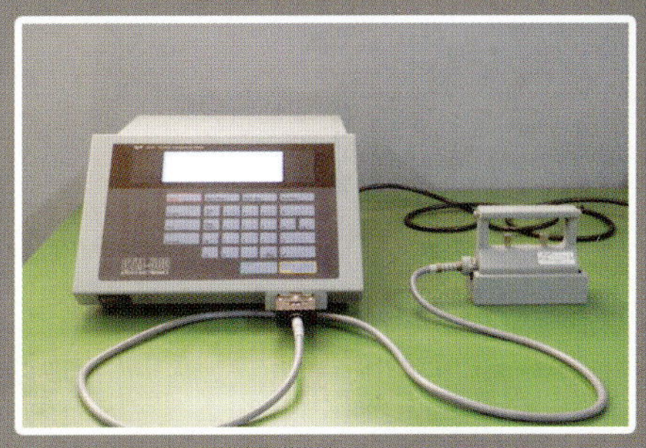

橡胶导热仪

无转子流变仪、门尼测试仪、电子拉力机

现代化的仓储管理

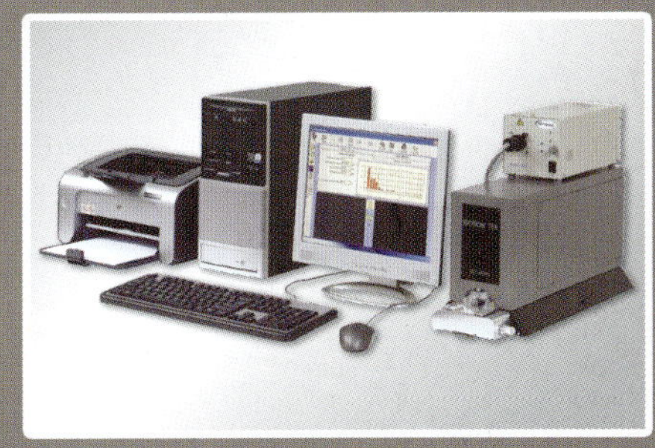

炭黑分散度仪

无锡纬泰橡胶工业有限公司

地址：江苏省江阴徐霞客镇北渚工业园 C3 邮编：214406
电话：(86)0510-86528666 传真：(86)0510-86520333
邮箱：rongxingkeji@yahoo.cn
客户服务热线：(86)0510-86528666
联系人：张云 15961688368 李剑 13913832251

Dragon Wave Industry co.,LTD.

Add：Industry Area C3 Beizhu Xuxiake Town JiangYin JiangSu P.C：214406
Tel：(86)0510-86528666 Fax：(86)0510-86520333
E-mail：rongxingkeji@yahoo.cn
http：//www.weiti-online.com.

上海胶带橡胶有限公司

SHANGHAI RUBBERBELT CO.,LTD.

BAOSTEEL
授予 上海胶带橡胶有限公司
宝钢优秀供应商
Excellent Supplier
2008 - 2009
宝山钢铁股份有限公司

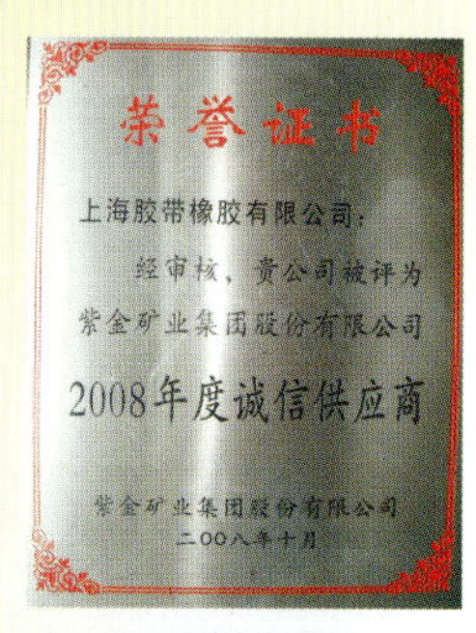
荣誉证书
上海胶带橡胶有限公司：
经审核，贵公司被评为
紫金矿业集团股份有限公司
2008年度诚信供应商
紫金矿业集团股份有限公司
二〇〇八年十月

上海鼎立科技发展（集团）股份有限公司下属子公司上海胶带橡胶有限公司诞生于1947年。公司主要生产、销售各类输送带、三角带等产品，先后获国家银质奖、上海市名牌产品奖、原化工部优质产品奖，并连续七年被评为上海市名牌产品，名列上海市名牌50强。旗下骆驼牌商标是上海市著名商标，在国内外享有较高的声誉。

公司技术中心为上海市一级技术中心，技术实力雄厚，研发能力强。采用德国DIN、日本JIS、中国GB等标准，为客户量身定制，满足各种不同需求。

公司客户：公司被宝钢集团公司连续八年评为“A类供应商”；是紫金矿业集团连续4年的“合格供应商”；是世界高炉专利商卢森堡PAUL WURTH公司指定供货商。

公司规划：2010-2012年适逢市政工程契机，公司整体迁址，投资2.5亿元，异地重建扩建。以适应市场需求，总体提高公司生产能力和产品质量，更好的服务于广大新老客户。

服务热线：021-65852270
销售热线：021-65415210
地址：奉贤区木华北路699号
网址：www.rubberbelt.cn
邮编：201424

输送带生产现场

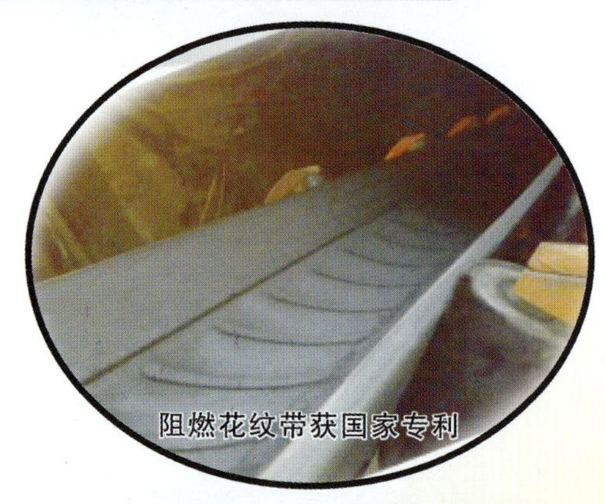
阻燃花纹带获国家专利

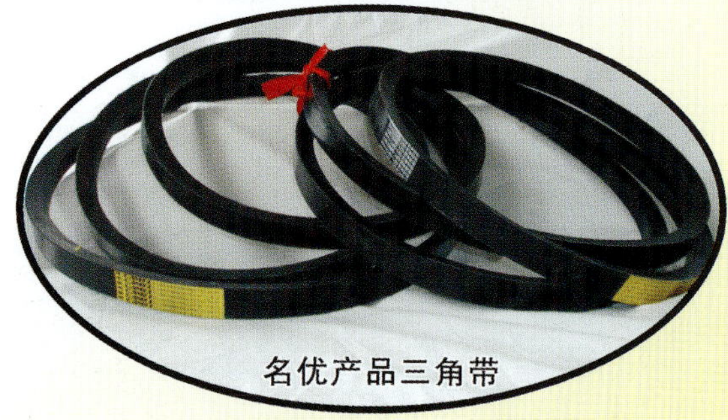
名优产品三角带

试验室工作现场 公司产品待外运

无锡市万丰橡胶厂

无锡市万丰橡胶厂坐落于无锡市东港镇，企业创建于一九九七年八月，属民营企业，工厂占地面积 98 亩，拥有总资产 7000 多万元，现有职工 320 人，工程技术人员 28 名。全年回收废旧轮胎生产各种再生橡胶 40000 吨，其中胎面再生胶 15000 吨，丁基再生胶 15000 吨，精细胶粉 10000 吨，特别是本厂生产的汽车制动气室皮膜，年产量达 600 万只。企业拥有自营进出口权，2008 年再生橡胶出口创汇超过 800 万美元，目前企业综合实力在全国同行业中名列前十强，2006 年“万丰”牌再生橡胶被中国橡胶工业协会评选为行业推荐品牌，2007 年 6 月被评为安全环保清洁生产先进企业，同年八月又被中国橡胶工业协会评为全国废橡胶循环利用示范企业，是江苏省循环经济试点企业。

企业在 2001 年通过了 ISO9001：2000 以及 TS-16949 质量体系认证，已形成了严格的科学管理、技术先进和高品质的质量保证体系，企业始终坚持“科技领先市场，品质追求卓越“的方针。

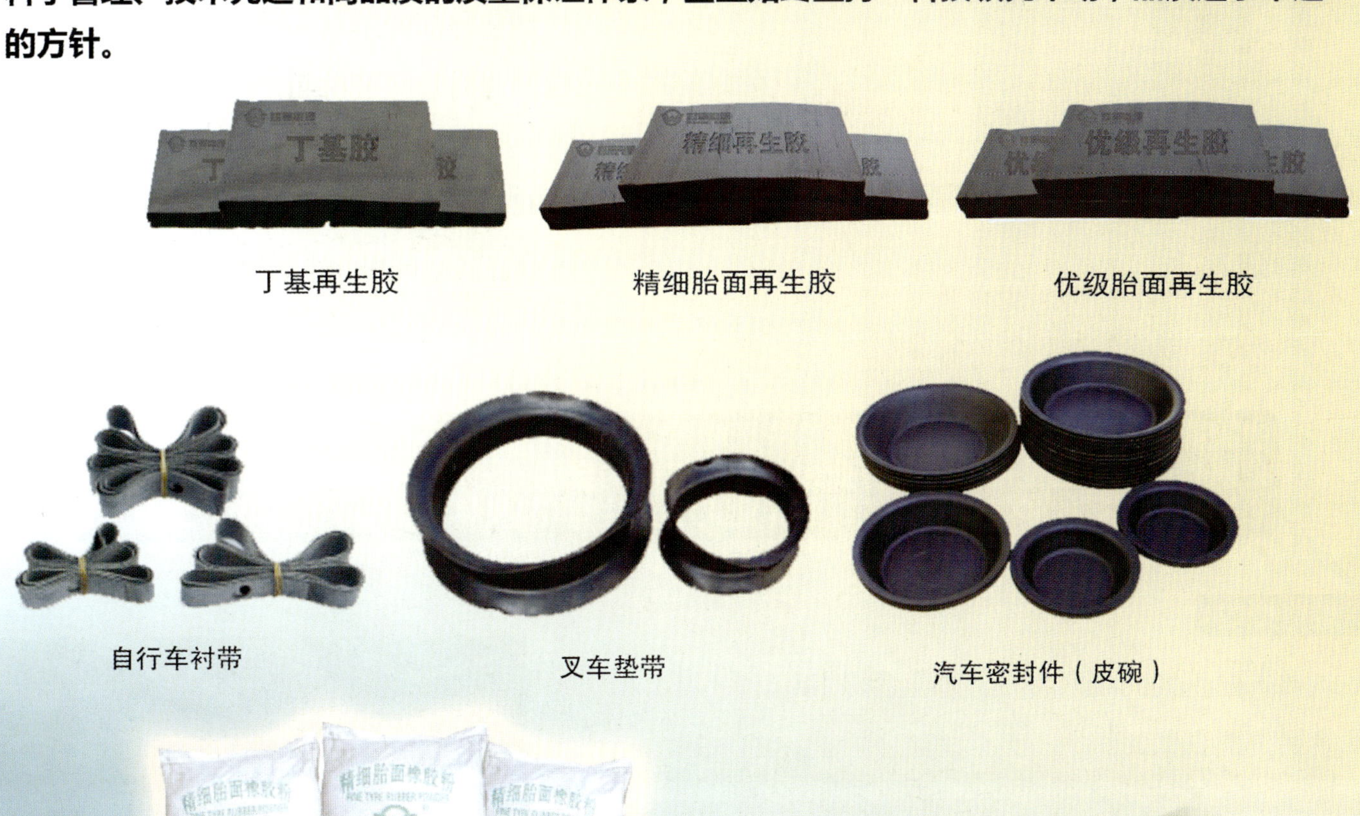

丁基再生胶　　精细胎面再生胶　　优级胎面再生胶

自行车衬带　　叉车垫带　　汽车密封件（皮碗）

胶粉（胶末）

地址：江苏省无锡市锡山区东港镇建港路 47 号　　厂长：尤万民

电话：0510-88764127/88766127/88350127

传真：0510-88768940/88353127

2012中国橡胶年会
中国橡胶工业展

China Rubber Conference & China Rubber Expo 2012

2012年3月19-22日　中国•青岛•香格里拉大饭店

中国橡胶工业协会 主办

橡胶年会概况

设立1个主会场和6个分会场。

主会场：国内外经济、强国战略、世界橡胶供需、汽车工业等相关领域发展等

分会场一：轮胎

分会场二：天然橡胶，合成橡胶，期货市场

分会场三：中国液压胶管

分会场四：橡胶减震制品

分会场五：绿色橡胶补强材料

分会场六：橡胶助剂和橡胶骨架材料

中国橡胶年会暨中国橡胶工业展是中国橡胶工业协会主办的一年一度的国际橡胶专业会议和展览，也是中国橡胶行业最专业最权威的会展之一。2011年共吸引了来自20多个国家和地区的4000多名橡胶行业专业人士，共有120家展商参加了中国橡胶工业展。

展览概况

总展出面积3000平米，预计参展企业150家。

参展范围：

1、橡胶原材料：天然橡胶、合成橡胶、热塑性弹性体、骨架材料、再生橡胶及胶粉等；

2、橡胶机械设备：橡胶产品制造和测试用设备和技术等；

3、橡胶助剂：各类橡胶用助剂、炭黑、填充剂等；

4、橡胶制品：轮胎、力车胎、胶管、胶带、胶鞋、汽车用橡胶制品等。

让世界了解中国橡胶工业　　让中国橡胶工业走向世界

电话：010-84924069, 84924091, 010-84936888转107/123/243

网址：www.cria.org.cn　　邮箱：expo@cria.org.cn　info@cria.org.cn